建筑给水排水
供热通风与空调专业
实用手册

主编　杜　渐
主审　王凤君

中国建筑工业出版社

图书在版编目（CIP）数据

建筑给水排水 供热通风与空调专业实用手册/杜渐主编.—北京：中国建筑工业出版社，2004
ISBN 978-7-112-06780-0

Ⅰ.建… Ⅱ.杜… Ⅲ.①房屋建筑设备-给排水系统-技术手册 ②建筑-供热-技术手册③建筑-通风-技术手册④建筑-空气调节-技术手册 Ⅳ.TU8-62

中国版本图书馆CIP数据核字（2004）第076846号

本书极富创意地将建筑给水排水、供热通风与空调专业所涉及的相关知识，包括基础知识、制图、材料学、给水排水、供热、燃气、通风与空调、施工技术、工程预算与施工组织管理等方面的知识，用表格等形式表现出来，方便使用。在尽量采用我国的最新标准和规范基础上，还汲取了德国和欧洲一些比较新的技术成果。

本书贴近和方便中等和高等院校相关专业的学生学习使用，也能满足工程技术人员使用的要求。

*　*　*

责任编辑：姚荣华
责任设计：孙　梅
责任校对：刘　梅　张　虹

建筑给水排水 供热通风与空调专业实用手册
主编　杜　渐
主审　王凤君
*
中国建筑工业出版社出版、发行（北京西郊百万庄）
各地新华书店、建筑书店经销
北京密东印刷有限公司印刷
*
开本：850×1168毫米 1/16 印张：39½ 插页：6 字数：960千字
2004年12月第一版 2014年12月第三次印刷
定价：**80.00**元
ISBN 978-7-112-06780-0
（12734）

本社网址：http://www.cabp.com.cn
网上书店：http://www.china-building.com.cn

本 书 编 委 会

前　言

在我国，虽然建筑给水排水、供热通风与空调专业有很多设计和施工手册，但是，对于中等和高等职业院校建筑给水排水、供热通风与空调专业的教学来说，还没有一本适合学生用的专业实用手册。随着我国教学改革的深入发展，迫切需要一本这样的手册。

南京职业教育中心的杜渐老师在德国进修后，从德国学生使用的《给水排水、供热通风与空调专业手册》中受到启发；并且，得到黑龙江建筑职业技术学院王凤君院长、沈阳建筑工程学院职业技术学院刘春泽院长、内蒙古职业技术学院贺俊杰副院长和黑龙江建筑职业技术学院热能工程技术系邢玉林主任的大力支持，同时，德国慕尼黑汉斯·赛德尔基金会专家冈特·汉克先生给予了热情的鼓励和指导，在有关院校专业教师和工程技术人员的努力下，使得本专业手册得以面世。

本手册将供热通风与空调专业的学生在校学习中所接触的基础知识、制图、材料学、给水排水、供热、燃气、通风与空调、施工技术、工程预算与施工组织管理等方面的知识以表格的形式表达出来，以方便使用。

在编写中，根据职业技术教育的特点，力求简明扼要，不仅适合中等和高等职业学院的学生使用，同时也能够满足工程技术人员使用的要求。在编写中，尽量采用了我国的最新标准和规范，汲取了德国和欧洲比较新的技术成果。

本书由南京职业教育中心杜渐主编，黑龙江建筑职业技术学院邢玉林任副主编，黑龙江建筑职业技术学院王凤君主审。

各章编写分工如下：

第一章由南京职业教育中心杜渐负责，参加编写的有齐齐哈尔铁路工程学校孙中南、房艳波、郑彤、申风华、孙成田、南京职业教育中心谢兵江苏省城市建设工程学校孔祥敏。

第二章由河南省建筑工程学校王东萍负责，参加编写的有黑龙江建筑职业技术学院邢玉林、李大宇。

第三章由黑龙江省建筑材料行业协会赵德刚编写。

第四章由南京职业教育中心杜渐负责，参加编写的有南京建筑工程学校余宁、山东建筑工程学院张金和、南京职业教育中心谢兵。

第五章和第十三章由山东建筑工程学院张金和负责。

第六章由北京城市建设工程学校尹桦负责，参加编写的有北京城市建设工程学校喻静。

第七章由山东省城市建设工程学校张培新负责。参加编写的有上海市公用事业学校汤敏。

第八章由山西建筑职业技术学院宋建华、贾永康负责。

第九章和第十一章由平顶山工学院王靖负责，参加编写的有平顶山工学院周恒涛、牛朝辉、金友发、黑龙江建筑职业技术学院邢玉林、李大宇。

第十章由内蒙古职业技术学院的贺俊杰负责，参加编写的有内蒙古职业技术学院布林、赵宜华、刘奇、谭翠萍、黑龙江建筑职业技术学院苏德权、邢玉林。

第十二章由南京职业教育中心杜渐负责。

南京职业教育中心杜渐参加了各章的编写，并翻译了有关章节的德文资料。黑龙江建筑职业技术学院邢玉林参加了编写、统稿和审稿工作。

由于编者水平有限，手册中难免存在许多漏误之处，恳请广大读者批评指正。

编　者

2004 年 2 月

Vorwort

Das vorliegende Fachbuch ist das Ergebnis der erfolgreichen Zusammenarbeit zwischen chinesischen und deutschen Fachleuten.

Das erfolgreiche Entstehen dieses Buches ist auch begründet durch die langjährige Kooperationsbereitschaft zwischen dem Erziehungs-, dem Bauministerium der VR China, in Peking und der Hanns-Seidel-Stiftung München, in Deutschland, die erst die Basis dieser Zusammenarbeit ermöglichten.

Herr Du Jian, der an einer Meisterschule in Deutschland studierte ist Autor dieser Fachbuchreihe, die sowohl die bestehende chinesische Technik zusammenfasst, aber auch den augenblicklichen Stand deutscher und internationaler Technik auf dem Fachgebiet zeigt.

Das vorliegende Fachbuch stellt eine hervorragende Verbindung zwischen den bestehenden Standards und den zukünftigen Anforderungen her.

Herr Wang Fengjun, Präsident der Fachführungskomission der Universitäten und Fachakademien des Bauministeriums der VR China, ist autorisierter Lektor dieser Fachbuchreihe. Mit seinem Urteil verbindet sich Fachkenntnis gleichzeitig mit dem Anspruch an eine moderne Ausbildung und auf hervorragende Fachliteratur.

Das umfassende Buch ist ein hervorragendes Nachschlagewerk für Facharbeiter, Lehrer, Studenten, Techniker und Ingenieure.

Fachberatung
Günter Hank
Dipl. Ing.

序

您面前的这本专业手册是中国和德国专业人员通力合作的成果。

这本书卓有成效的产生，是建立在中华人民共和国教育部、建设部和德国慕尼黑汉斯—赛德尔基金会多年合作的基础上。

这本专业手册的主编杜渐先生，曾经在德国师傅学校进行学习。该书汇集了现有的中国技术，也展示了现在德国和国际技术方面的水平，并将现有的标准和未来的要求结合在一起。

中国建设部普通高等教育高等职业教育专业指导委员会主任王凤君先生是这本手册的主审，他结合了对专业知识和职业教育两方面的要求对该书进行审阅。

这本手册可以作为专业技术工人、教师、学生、技术员和工程师的工具书。

专业顾问
冈特·汉克
学士学位工程师

目　录

1. 基础部分

1.1 数学、物理

1.1-1 罗马数字

Ⅰ 1	Ⅱ 2	Ⅲ 3	Ⅳ 4	Ⅴ 5	Ⅵ 6	Ⅶ 7	Ⅷ 8	Ⅸ 9	Ⅹ 10	ⅩⅩ 20	ⅩⅩⅩ 30	ⅩL 40	L 50
LⅩ 60	LⅩⅩ 70	LⅩⅩⅩ 80	ⅩC 90	C 100	CC 200	CCC 300	CD 400	D 500	DC 600	DCC 700	DCCC 800	CM 900	M 1000

1.1-2 希腊字母

字 母		拼 音	字 母		拼 音	字 母		拼 音
大 写	小 写		大 写	小 写		大 写	小 写	
A	α	alfa	I	ι	lota	P	ρ	ro
B	β	beita	K	κ	kapa	Σ	σ	sigma
Γ	γ	gama	Λ	λ	lamda	T	τ	tau
Δ	δ	delta	M	μ	mju:	Υ	υ	üpsilon
E	ε	epsilon	N	ν	nju:	Φ	ϕ	fi
Z	ζ	tseta	Ξ	ξ	ksi	X	χ	tsi
H	η	eita	O	ο	omikron	Ψ	ψ	psi
Θ	θ	teita	Π	π	pi	Ω	ω	omeiga

1.1-3 SI国际单位制基本量和基本单位

量的名称	量的符号	单位名称	单位符号	量的名称	量的符号	单位名称	单位符号
长 度	L	米	m	物质的量	M	摩 尔	mol
时 间	t	秒	s	电流强度	I	安 培	A
温 度	T	开尔文	K	光 强	I	坎德拉	cd
质 量	m	千 克	kg				

1.1-4 部分国际单位制导出单位

量的名称	量的符号	单 位 名 称	单位符号	关 系
力	F	牛顿	N	$1N = 1kg \cdot m/s^2$
压强	p	帕斯卡	Pa	$1Pa = 1N/m^2$
密度	ρ	千克每立方米	kg/m^3	
摄氏温度	t	摄氏度	℃	1℃ = 1K
功（能） 热量	W	焦耳	J	$1J = 1N \cdot m$ $= 1Ws$
功率 热流	P（$\dot{Q}$）	瓦特	W	$1W = 1J/s$
比热	c	焦耳每千克开尔文	J/（kg·K）	
速度	v	米每秒	m/s	
加速度	a	米每秒平方	m/s^2	
体积流量	Q（$\dot{V}$）	立方米每秒	m^3/s	
质量流量	G（$\dot{m}$）	千克每秒	kg/s	1kg/h = 3600kg/s
电荷量	q	库仑	C	$1C = 1A \cdot s$
电压	U	伏特	V	1V = W/A
电阻	R	欧姆	Ω	1Ω = 1V/A
平面角	α、β、γ	弧度	rad	2π rad = 360° 1rad = 57.296°

1.1-5 国际单位之外的单位

量的名称	单位名称	单位符号	与 SI 单位的换算	量的名称	单位名称	单位符号	与 SI 单位的换算
时　间	分 小时 天	min h d	1min = 60s 1h = 60min = 3600s 1d = 24h = 86400s	平面角	秒 分 度	″ ′ °	1″ = 0.0000048rad 1′ = 0.00029rad 1° = 0.01745rad
质　量	吨	t	1t = 1000kg	体积	升	L	$1000L = 1m^3$
压　强	巴	bar	$1bar = 10^5Pa$				

1.1-6 不再允许使用的单位

量的名称	单位名称	单位符号	与 SI 单位的换算	量的名称	单位名称	单位符号	与 SI 单位的换算
长　度	英　寸	in	1in = 25.4mm	压　强	千克力每平方厘米 米水柱	kgf/cm^2 mH_2O	$1kgf/cm^2 = 9.81 \cdot 10^4Pa$ $10.19mH_2O = 10^5Pa$
热　量	千　卡	kcal	1kcal = 1.163W	功　率	马　力	PS	1PS = 735.5W

1.1-7 单位的前缀

前缀	前缀符号	因　数	指数	前缀	前缀符号	因　数	指　数
纳	n	0.000000001	10^{-9}	十	da	10	10^1
微	μ	0.000001	10^{-6}	百	h	100	10^2
毫	m	0.001	10^{-3}	千	k	1000	10^3
厘	c	0.01	10^{-2}	百万	M	1000000	10^6
分	d	0.1	10^{-1}	吉	G	1000000000	10^9

1.1-8 工程压力单位的换算

压　力	$N/m^2 = Pa$	bar	mbar = hPa	mmH_2O	$kgf/cm^2 = at$	Torr	atm
$1N/m^2 = Pa =$	1	10^{-5} 0.00001	10^{-2} 0.01	0.102	1.02×10^{-5} 0.0000102	7.5×10^{-3} 0.0075	9.87×10^{-6} 0.00000987
1bar =	10^5 100000	1	10^3 1000	1.02×10^4 10200	1.020	7.5×10^2 750	0.987
1mbar = 1hPa =	10^2 100	10^{-2} 0.01	1	10.20	1.02×10^{-3} 0.00102	0.750	9.87×10^{-4} 0.000987
$1mmH_2O =$	9.81	9.81×10^{-5} 0.0000981	9.81×10^{-2} 0.0981	1	10^{-4} 0.0001	7.355×10^{-2} 0.07355	9.68×10^{-5} 0.0000968
$1kgf/cm^2 = 1at =$	9.81×10^4 98100	0.981	9.81×10^2 981	10^4 10000	1	7.355×10^2 735.5	0.968
1Torr =	1.333×10^2 133.3	1.333×10^{-3} 0.001333	1.333	13.6	1.36×10^{-3} 0.00136	1	1.32×10^{-3} 0.00132
1atm =	1.013×10^5 101300	1.013	1.013×10^3 1013	1.033×10^4 10330	1.033	7.6×10^2 760	1

在计算时，用 $1mbar = 10mmH_2O$ 可以满足精确度

1.1-9 热功率（功率、热流）单位的换算

热　功　率	kW	J/s = W	MJ/h	kcal/min	kcal/h
1kW =	1	10^3 1000	3.6	14.33	8.6×10^2 860
1J/s = 1W =	10^{-3} 0.001	1	3.6×10^{-3} 0.0036	1.433×10^{-2} 0.01433	0.860
1MJ/h =	0.2778	2.778×10^2 277.8	1	3.98	2.388×10^2 238.8
1kcal/min =	6.9768×10^{-3} 0.0069768	69.768	0.2512	1	60
1kcal/h =	1.163×10^{-3} 0.001163	1.163	4.1868×10^{-3} 0.0041868	1.667×10^{-2} 0.01667	1

1.1-10　热量（功、能）的单位换算

热　量	kWh	MJ	J = Ws	cal	kcal	Mcal
1kWh =	1	3.6	3.6×10^{6} 3600000	8.6×10^{5} 860000	8.6×10^{2} 860	0.860
1MJ =	0.2778	1	10^{6} 1000000	2.388×10^{5} 238800	2.388×10^{2} 238.8	0.2388
1J = 1Ws =	2.778×10^{-7} 0.0000002778	10^{-6} 0.000001	1	0.2388	2.388×10^{-4} 0.0002388	2.388×10^{-7} 0.0000002388
1cal =	1.163×10^{-6} 0.000001163	4.1868×10^{-3} 0.0041868	4.1868		10^{-3} 0.001	10^{-6} 0.000001
1kcal =	1.163×10^{-3} 0.001163	4.1868×10^{-6} 0.0000041868	4.1868×10^{3} 4186.8	10^{3} 1000	1	10^{-3} 0.001
1Mcal =	1.163	4.1868	4.1868×10^{6} 4186800	10^{6} 1000000	10^{3} 1000	1

1.1-11　分式计算

加：$\dfrac{b}{a}+\dfrac{d}{c}=\dfrac{bc+ad}{ac}$	乘：$\dfrac{b}{a}\times\dfrac{d}{c}=\dfrac{bd}{ac}$
减：$\dfrac{b}{a}-\dfrac{d}{c}=\dfrac{bc-ad}{ac}$	除：$\dfrac{b}{a}\div\dfrac{d}{c}=\dfrac{bc}{ad}$

1.1-12　乘方和开方

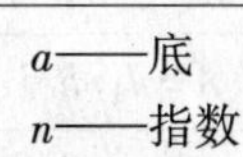

乘方： $a^{n}=a\cdot a\cdot a\cdots a=b$	a——底 n——指数 b——幂	开方： $\sqrt[n]{b}=a$	b——被开方数 n——根指数 a——根

1.1-13　勾股定理（毕达哥拉斯定理）

$$c^{2}=a^{2}+b^{2}$$

$c=\sqrt{a^{2}+b^{2}}$	$a=\sqrt{c^{2}-b^{2}}$	$b=\sqrt{c^{2}-a^{2}}$

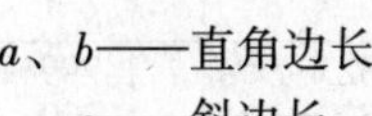

a、b——直角边长

c——斜边长

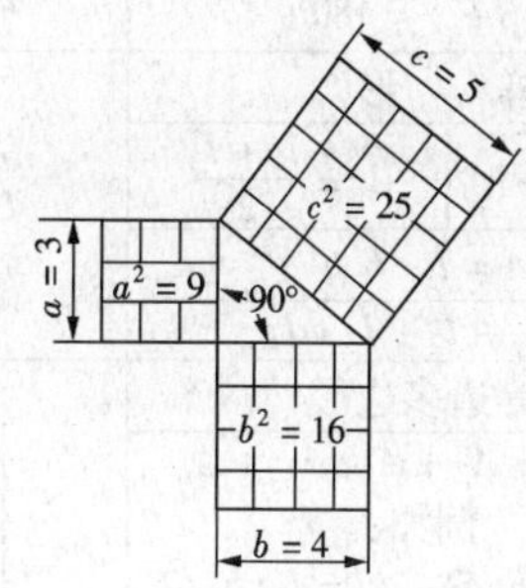

1.1-14　直角三角形中的三角函数

$\sin\alpha=\dfrac{a}{c}$	$\cos\alpha=\dfrac{b}{c}$	$\tan\alpha=\dfrac{a}{b}$	$\cot\alpha=\dfrac{b}{a}$	$\alpha+\beta+\gamma=180°$ $\gamma=90°$

α——锐角

$\sin\alpha$——α 角的正弦函数

$\cos\alpha$——α 角的余弦函数

$\tan\alpha$——α 角的正切函数

$\cot\alpha$——α 角的余切函数

a——角的对边

b——角的邻边（直角边）

c——角的邻边（斜边）

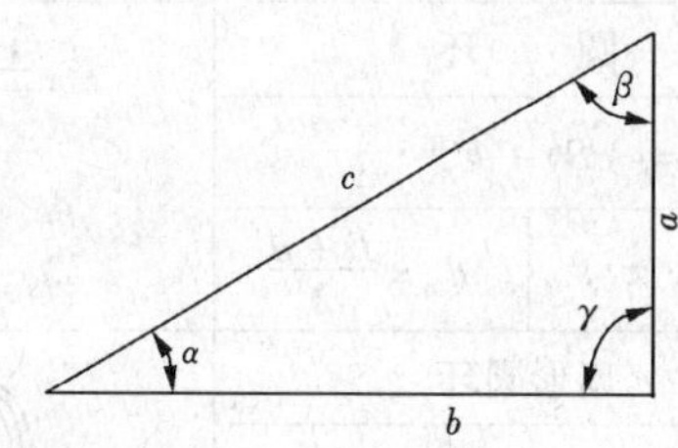

1.1-15 百分数的计算

$$p=\frac{w\cdot 100\%}{g}$$

$$w=\frac{p\cdot g}{100\%}$$

$$g=\frac{w\cdot 100\%}{p}$$

p——百分率
w——百分值
g——基准值

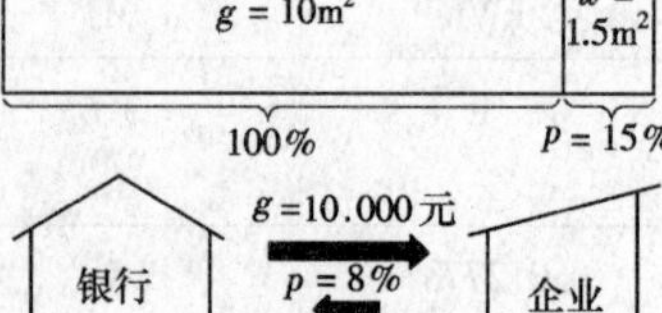

1.1-16 坡度

$$i=\frac{h}{l},\quad i=\frac{h}{l}\cdot 100\%,\quad i=1:\frac{l}{h}$$

i——坡度，没有单位
h——高差，m
l——水平方向的距离，m

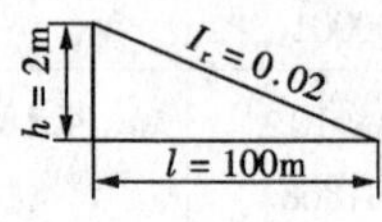

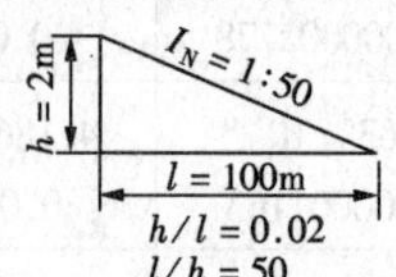

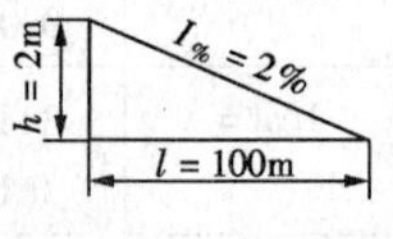

1.1-17 面积

面积单位换算：$1m^2=100dm^2=10000cm^2=1000000mm^2$

边长——l，l_1，l_2　　周长——U　　直径——D，d　　弧长——l_B
高——h　　面积——A　　中心直径——d_m　　壁厚——s
对角线——e　　多边形边数——n　　半径——r　　角度——α

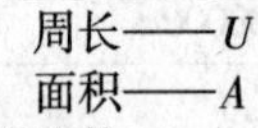

正 方 形

$A=l\times l$　　$U=4\times l$

$e=\sqrt{2}\cdot l$

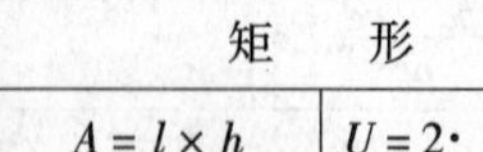

菱 形

$A=l\times h$　　$U=4\times l$

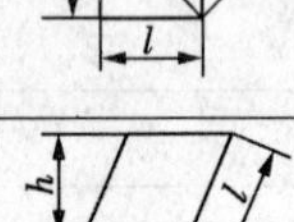

三 角 形

$A=\frac{l\cdot h}{2}$　　$U=l+l_1+l_2$

$\alpha+\beta+\gamma=180°$

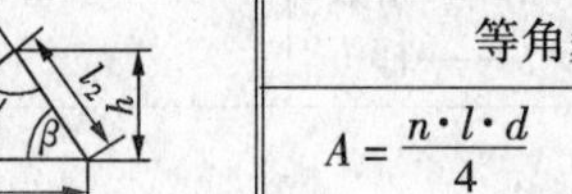

梯 形

$A=\frac{l_1+l_3}{2}\cdot h$　　$l_n=\frac{l_1+l_3}{2}$

$A=l_m\cdot h$

$U=l_1+l_2+l_3+l_4$

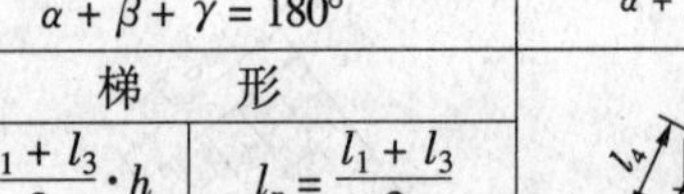

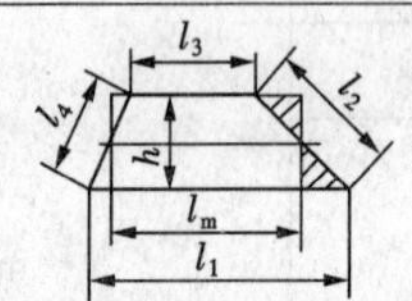

不等边多边形

$A=A_1+A_2+A_3+\cdots+A_n$

例如：

$A_1=l_1\cdot h_1/2$，$A_2=l_2\cdot h_2/2$

$A=A_1+A_2$

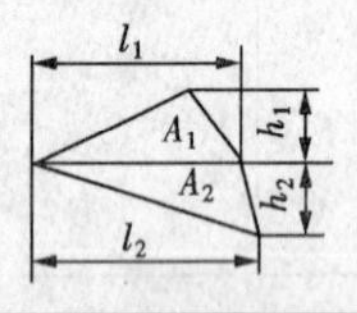

圆

$A=d^2\cdot\frac{\pi}{4}$　　$U=d\cdot\pi$

圆 环

$A=(D^2-d^2)\cdot\frac{\pi}{4}$

$A=d_m\cdot\pi\cdot s$　　$d_m=\frac{D+d}{2}$

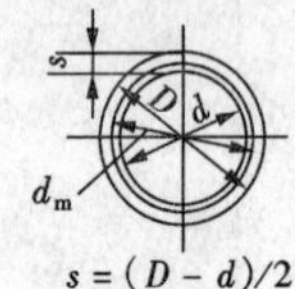

扇形圆环

$A=(D^2-d^2)\cdot\frac{\pi}{4}\cdot\frac{\alpha}{360°}$

$l=\frac{d_m\cdot\pi\cdot\alpha}{360°}$　　$D_m=\frac{D+d}{2}$

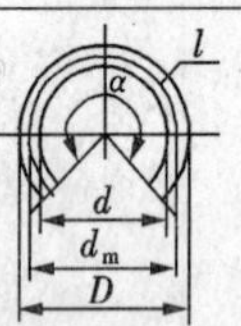

矩 形

$A=l\times h$　　$U=2\cdot(l+h)$

$e=\sqrt{l^2+h^2}$

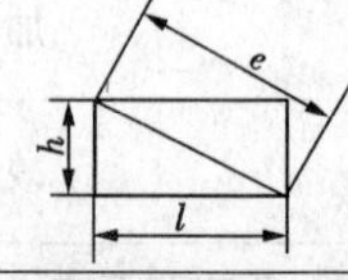

平行四边形

$A=l_1\cdot h$　　$U=2\cdot(l_1+l_2)$

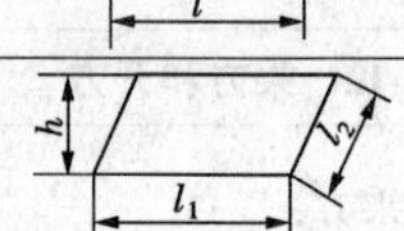

等角多边形

$A=\frac{n\cdot l\cdot d}{4}$　　$A=n\cdot A_\Delta$

$\alpha=\frac{360°}{n}$　　$\beta=180°-\alpha$

$d=\sqrt{D^2-l^2}$　　$l=D\cdot\sin\frac{360°}{2n}$

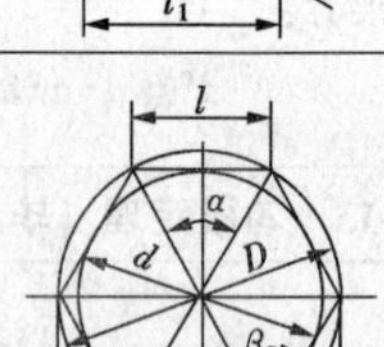

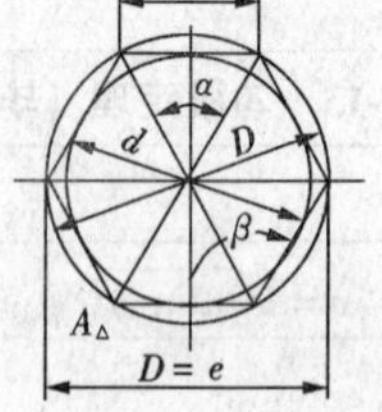

n	l	D = e	A	A
3	$0.867\cdot D$	$2.000\cdot d$	$0.325\cdot D^2$	$1.299\cdot d^2$
4	$0.707\cdot D$	$1.414\cdot d$	$0.500\cdot D^2$	$1.000\cdot d^2$
5	$0.588\cdot D$	$1.236\cdot d$	$0.595\cdot D^2$	$0.908\cdot d^2$
6	$0.500\cdot D$	$1.155\cdot d$	$0.649\cdot D^2$	$0.866\cdot d^2$
8	$0.383\cdot D$	$1.082\cdot d$	$0.707\cdot D^2$	$0.828\cdot d^2$
10	$0.309\cdot D$	$1.052\cdot d$	$0.735\cdot D^2$	$0.812\cdot d^2$
12	$0.259\cdot D$	$1.035\cdot d$	$0.750\cdot D^2$	$0.804\cdot d^2$

椭 圆

$A=D\cdot d\cdot\frac{\pi}{4}$　　$U=\frac{D+d}{2}\cdot\pi$

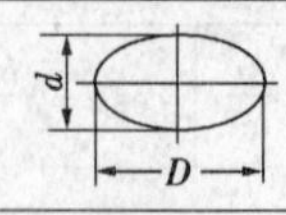

扇 形

$A=\frac{d^2\cdot\pi}{4}\cdot\frac{\alpha}{360°}$

$L_B=\frac{d\cdot\pi\cdot\alpha}{360°}$　　$A=\frac{l_B\cdot r}{2}$

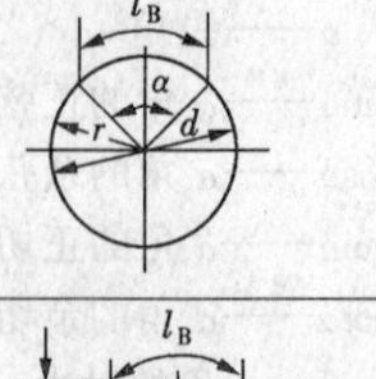

弓 形

$A=\frac{r^2\cdot\pi\cdot\alpha}{360°}-\frac{l\cdot(r-h)}{2}$

$l=d\cdot\sin\left(\frac{\alpha}{2}\right)$　　$h=r-\sqrt{r^2-\frac{l^2}{4}}$

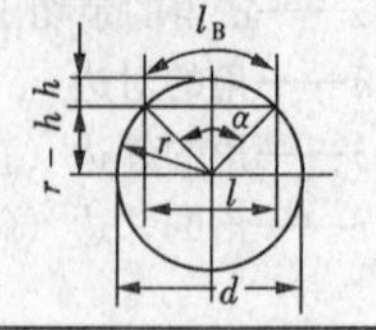

1.1-18 体积

体积单位换算：$1m^3 = 1000dm^3 = 1000000cm^3 = 1000000000mm^3$

V——体积　A_1——底面　A_2——顶面
A_0——表面积　A_M——侧面积　h——高
h_{s1}，h_{s2}——侧高　l，l_2，l_3——底面、顶面边　l_K——棱、母线
D，d——直径　e——对角线

立方体

$V = l^3$　　$l = \sqrt[3]{V}$

$A_M = 4 \cdot l^2$　$A_O = 6 \cdot l^2$

$e = \sqrt{3 \cdot l^2}$

圆柱体

$V = \frac{d^2 \cdot \pi}{4} \cdot h$

$A_M = d \cdot \pi \cdot h$

$A_O = A_M + 2 \cdot A_1$

A_M = 管子表面积

棱柱体

$V = A_G \cdot h$　　$V = l_1 \cdot l_2 \cdot h$

$A_M = 2 \cdot h \cdot (l_1 + l_2)$

$A_O = A_M + 2 \cdot A_1$

$e = \sqrt{l_1^2 + l_2^2 + h^2}$

$A_1 = A_2$ 参见表 1.1.17

离心柱体

$V = (D^2 - d^2) \cdot \frac{\pi}{4} \cdot h$

$A_M = D \cdot \pi \cdot h$

$A_O = (D^2 - d^2)\frac{\pi}{2} + (D + d) \cdot \pi \cdot h$

A_M = 管子表面积

棱锥体

$V = \frac{l_1 \cdot l_2 \cdot h}{3}$

$A_M = h_{s1} \cdot l_1 + h_{s2} \cdot l_2$

$A_O = A_M + l_1 \cdot l_2$

$h_{s2} = \sqrt{h^2 + \frac{l_1^2}{4}}$　　$h_{s1} = \sqrt{h^2 + \frac{l_2^2}{4}}$

$h = \frac{3 \cdot V}{l_1 \cdot l_2}$

圆锥体

$V = \frac{d^2 \cdot \pi}{4} \cdot \frac{h}{3}$

$A_M = \frac{h_s \cdot d \cdot \pi}{2}$

$A_O = A_M + \frac{d^2 \cdot \pi}{4}$

$h_s = \sqrt{\frac{d^2}{4} + h^2}$

棱台

$V = \frac{h}{3} \cdot (A_1 + A_2 + \sqrt{A_1 \cdot A_2})$

$A_M = (l_1 + l_2) \cdot h_{s1} + (l_3 + l_4) \cdot h_{s2}$

$A_O = A_M + l_1 \cdot l_3 + l_2 \cdot l_4$

$h_{s1} = \sqrt{\frac{(l_3 - l_4)^2}{4} + h^2}$

$h_{s2} = \sqrt{\frac{(l_1 - l_2)^2}{4} + h^2}$

A_1 和 A_2 参见表 1.1.17

圆台

$V = \frac{h \cdot \pi}{12} \cdot (D^2 + d^2 + D \cdot d)$

$A_M = \frac{h_s \cdot \pi}{2} \cdot (D + d)$

$A_O = A_M + (D^2 + d^2)\frac{\pi}{4}$

$h_s = \sqrt{\frac{(D - d)^2}{4} + h^2}$

球体

$V = \frac{d^3 \cdot \pi}{6}$

$A_O = d^2 \cdot \pi$

$d = \sqrt{\frac{A_O}{\pi}}$ or $d = \sqrt[3]{\frac{6 \cdot V}{\pi}}$

球冠体

$V = h^2 \cdot \pi \cdot \left(\frac{D}{2} - \frac{h}{3}\right)$

$A_M = D \cdot \pi \cdot h$

$A_O = D \cdot \pi \cdot h + \frac{d^2 \cdot \pi}{4}$

1.1-19 速度，直线运动

$$v = \frac{s}{t}$$

v——速度，m/s
s——路程，m
t——时间，s

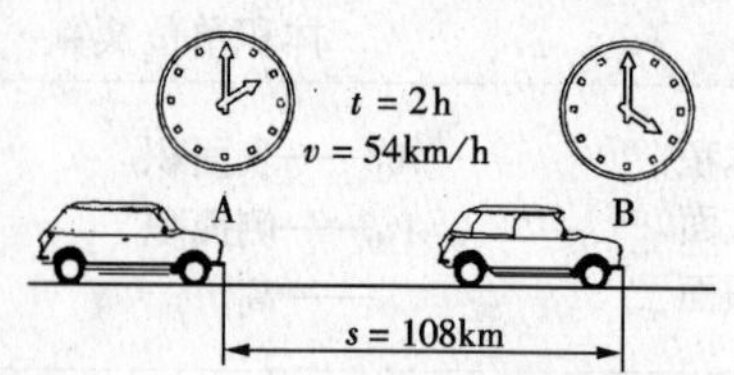

1.1-20 匀速圆周运动

$$v = d \cdot \pi \cdot n \quad 或 \quad v = 2 \cdot r \cdot \pi \cdot n$$

v——圆周速度，m/s
n——转数，r/s
d——直径，m
r——半径，m

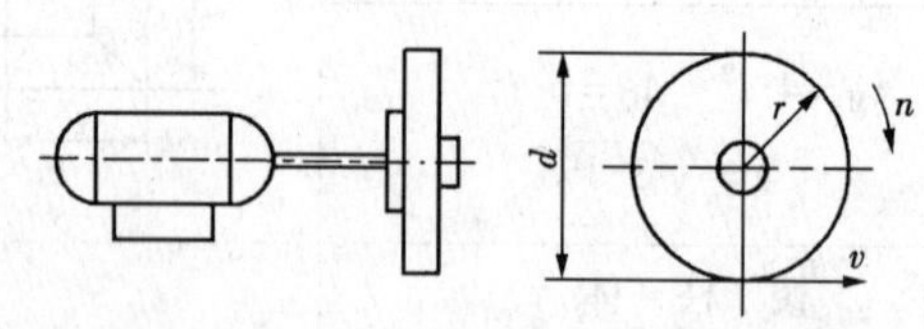

1.1-21 匀加速和匀减速直线运动

加速度：$a = \frac{\Delta v}{t}$或$a = \frac{2 \cdot s}{t^2}$

末速度：$v = \frac{2 \cdot s}{t}$或$v = \sqrt{2 \cdot a \cdot s}$

a——加速度或减速度，m/s²
v——末速度或初速度，m/s
t——时间，s
s——路程，m

初速度为0的匀加速运动

末速度为0的匀减速运动

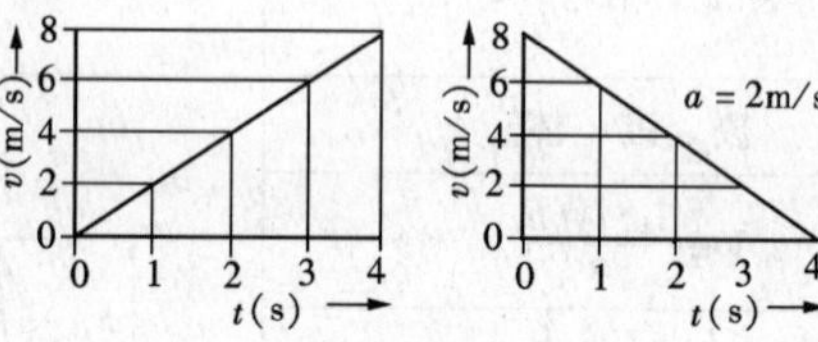

1.1-22 传动

$$i = \frac{n_1}{n_2} = \frac{d_2}{d_1} = \frac{M_2}{M_1}$$

i——传动比，没有单位
n_1、n_2——转数，r/min
d_1、d_2——直径，m
M_1、M_2——转矩，Nm

1. 主动轮

2. 从动轮

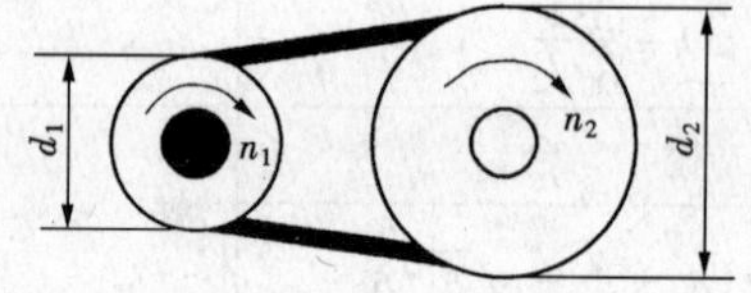

1.1-23 体积流量

$$Q = \frac{V}{t} = A \cdot v$$

Q——体积流量，m³/s
V——体积，m³
t——时间，s
A——断面截面积，m²
v——流速，m/s

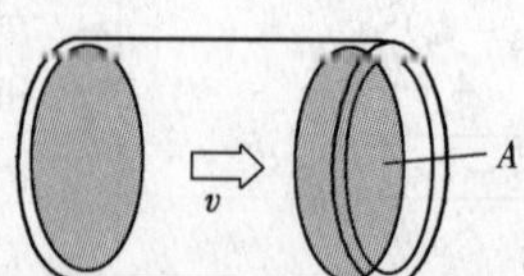

1.1-24 质量和密度

$m = V \cdot \rho$	$\rho = \frac{m}{V}$
m——质量，kg V——体积，m³ ρ——密度，kg/m³	

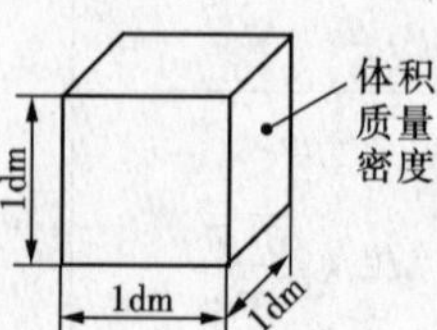

1.1-25 力

$F = m \cdot a$	$1N = 1kg \cdot 1m/s^2$

F——作用力，N

m——质量，kg

a——加速度，m/s^2

例如：要使一个质量为 5kg 的物体产生 $3m/s^2$ 的加速度，所需要的力：

$$F = m \cdot a = 5kg \cdot 3m/s^2 = 15N$$

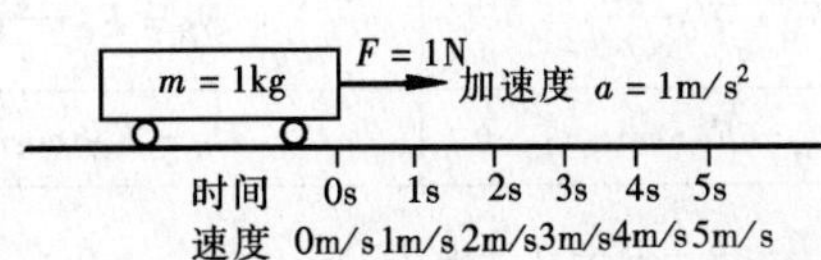

如果使质量为 1kg 的物体产生 $1m/s^2$ 的加速度，它所受的力为 1N

1.1-26 重力

$G = m \cdot g$	$G = 9.81m/s^2 = 9.81N/kg$

G——重力，N

m——质量，kg

g——重力加速度，m/s^2

例如：质量为 12kg 的物体所受到的重力为：

$$G = m \cdot g = 12kg \cdot 9.81m/s^2 = 117.7N$$

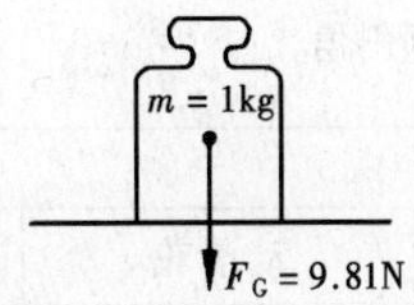

1.1-27 弹力

$$F = k \cdot x$$

F——弹力，N

k——倔强系数，N/m

x——弹簧变形长度，m

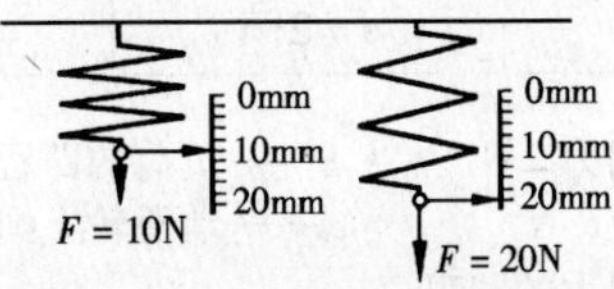

1.1-28 摩擦力

静摩擦力或滑动摩擦力：$F_R = \mu \cdot F_N$	滚动摩擦力：$F_R = \frac{f}{r} \cdot F_N$

F_R——摩擦力，N

F_N——垂直于支承面的正压力，N

μ——摩擦系数（无单位）

f——滚动摩擦系数，m

r——半径，m

材料对	静摩擦系数 μ		滑动摩擦系数 μ		材料对	滚动摩擦系数 f (cm)
	干燥的	有润滑剂的	干燥的	有润滑剂的		
钢/钢	0.15	0.10	0.15	0.1 ~ 0.05	轮胎/沥青	0.015
钢/灰口铸铁	0.18	0.15	0.18	0.1 ~ 0.08	铸铁/铸铁	0.005
钢/黄铜	0.18	0.10	0.10	0.06 ~ 0.03	钢/软钢	0.05
钢/尼龙	0.30	0.15	0.30	0.12 ~ 0.05	钢/淬火钢	0.001
滚动轴承	—	—	—	0.003 ~ 0.001	球轴承和滚动轴承	0.0005 ~ 0.001

1.1-29 力的合成与分解

$$\vec{F}_R = \vec{F}_1 + \vec{F}_2$$

$\vec{F}_R$：合力，N

$\vec{F}_1$、$\vec{F}_2$：分力，N

例如：$F_1 = 4N$，$F_2 = 2N$，$F_R = ?$ N

1. $F_R = F_1 + F_2 = 3N + 2N = 5N$
2. $F_R = F_1 - F_2 = 3N - 2N = 1N$
3. 测得 $L = 2.3cm ⇨ F_R = 4.6N$
4. 测得 $L_1 = 1cm ⇨ F_1 = 2N$，
   $L_2 = 1.5cm ⇨ F_2 = 3N$

1. 同向力相加

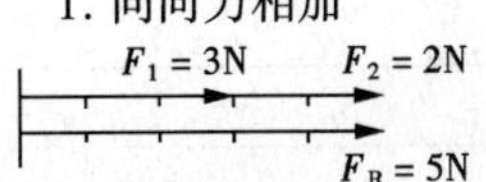

2. 反向力相减

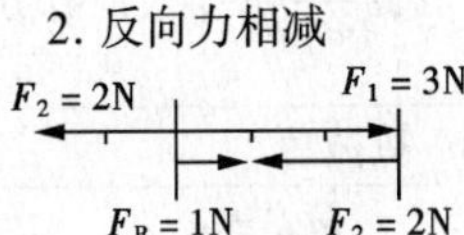

3. 力的合成

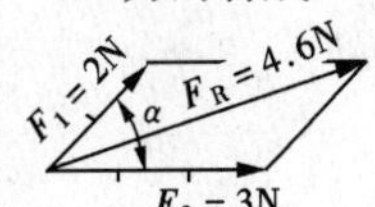

4. 力的分解

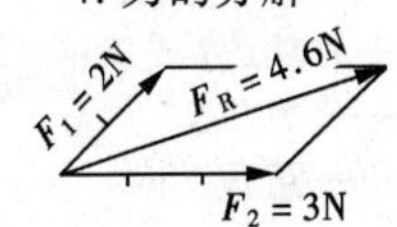

1.1-30　斜面

$F_H = F_G \cdot \frac{h}{s}$	$F_N = F_G \cdot \frac{l}{s}$
$F_H = F_G \cdot \sin\alpha$	$F_N = F_G \cdot \cos\alpha$

F_H——平行于斜面的下滑力，N
F_G——重力，N
F_N——垂直于斜面的正压力，N
h——斜面的高，m
s——斜面的长，m
l——斜面水平方向的长，m
α——斜面的倾斜角，°

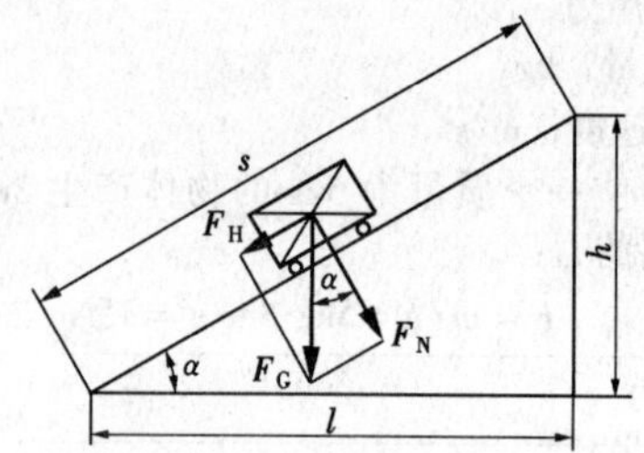

1.1-31　滑轮

定滑轮	动滑轮	滑轮组
$F = F_G$	$F = \frac{F_G}{2}$	$F = \frac{F_G}{n}$
$s = h$	$s = 2 \cdot h$	$s = n \cdot h$

F——作用力，N　　h——负荷的路程，m
F_G——重力，N　　n——动滑轮上绳索根数
s——作用力的路程，m
定滑轮改变力的方向
动滑轮减少作用力的大小

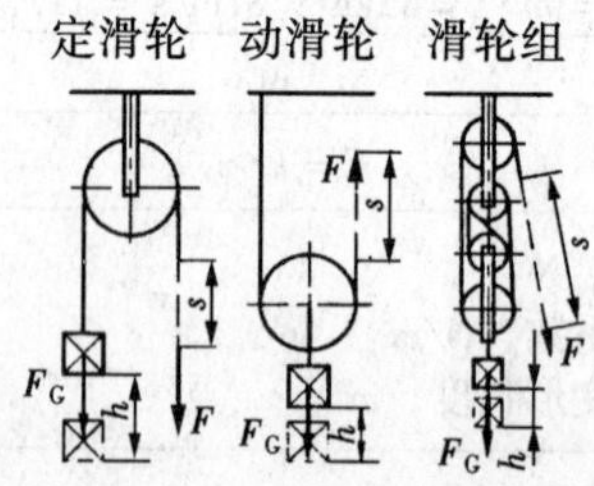

1.1-32　力矩

$$F = F \cdot l$$

M——力矩，Nm
F——力，N
l——力臂，m
力臂是转动点到力的作用线的垂直距离

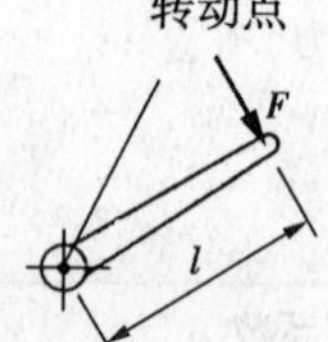

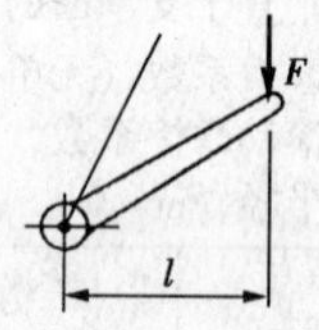

1.1-33　杠杆定理

$$M_1 = M_2 \text{ 或 } F_1 \cdot l_1 = F_2 \cdot l_2 \text{ 或 } \Sigma \overrightarrow{M}_i = \Sigma \overleftarrow{M}_j$$

M_1、M_2——力矩，Nm
F_1、F_2——力，N
l_1、l_2——（支点到力作用线的垂直距离）力臂，m
$\Sigma \overrightarrow{M}_i$——所有顺时针方向的力矩和，Nm
$\Sigma \overleftarrow{M}_j$——所有反时针方向的力矩和，Nm

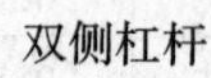

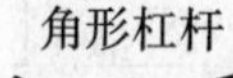

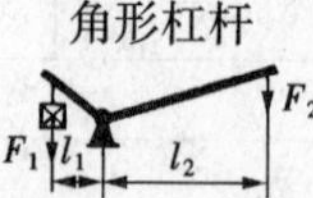

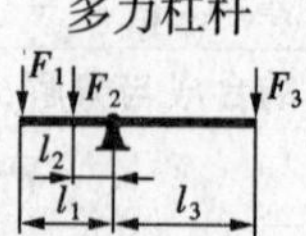

1.1-34　机械功

$W = F \cdot s$	1N·1m = 1J

W——功，J 或 Nm
F——力，N
s——路程，m

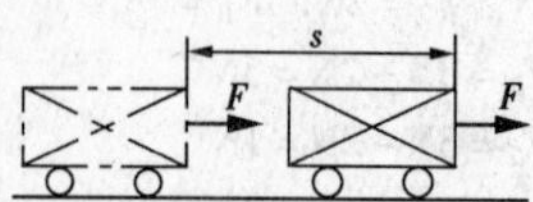

1N 的力将力的作用点沿着力的作用线移动了 1m，即做功 1J

1.1-35　势能（位能）

$W_P = F_G \cdot h$	$W_P = m \cdot g \cdot h$	1Nm = 1J = 1Ws

W_P——势能，J或Nm，或Ws
F_G——重力，N
m——质量，kg
g——重力加速度，m/s^2
h——高差，m

1.1-36　动能

$W_K = \frac{m}{2} \cdot v^2$	$1kg \cdot 1\frac{m^2}{s^2} = 1Nm = 1J$

W_K——动能，J或Nm，或Ws
m——质量，kg
v——速度

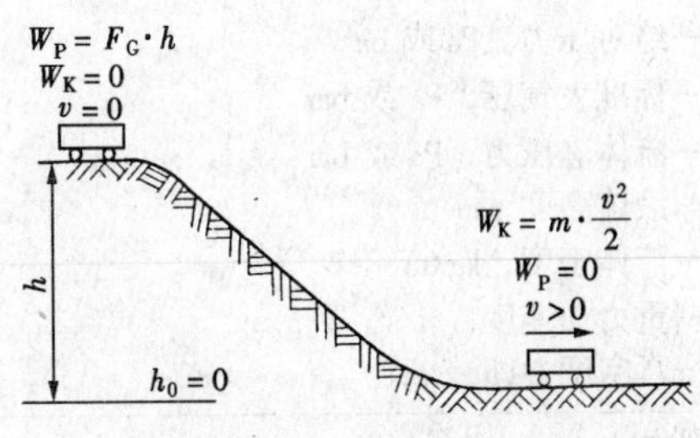

1.1-37　机械功率

$P = \frac{W}{t}$或$p = \frac{F \cdot s}{t} = F \cdot v$	$\frac{1J}{1s} = 1W$

P——功率，W或J/s，或Nm/s
W——功，J或Nm
t——时间，s
F——力，N
s——路程，m
v——速度，m/s

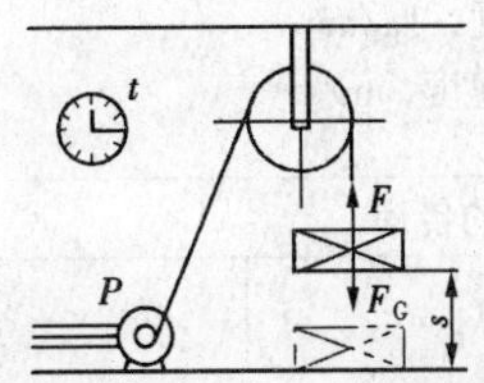

如果在1s时间内做了1J的功，其功率为1W。

1.1-38　效率

$\eta = \frac{P_{ch}}{P_r}$或$\eta = \frac{W_y}{W_z}$	$\eta = \eta_1 \cdot \eta_2 \cdot \eta_3 \cdots$

η——总效率
η_1、η_2、η_3——分步效率
P_{ch}——输出功率，W
P_r——输入功率，W
W_y——有用功，J
W_z——总功，J

例如：

$\eta = \eta_1 \cdot \eta_2 \cdot \eta_3 = 0.8 \cdot 0.95 \cdot 0.6 = 0.456 = 45.6\%$

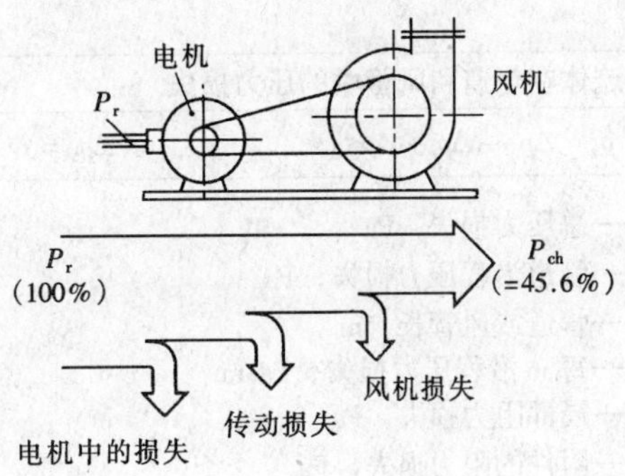

1.1-39　压强

$p = \frac{F}{A}$	$1Pa = 1N/m^2$ $10^5Pa = 1bar$

p——压强，Pa或N/m^2
F——作用力，N
A——受力面积，m^2

例如：150mbar = 15000Pa = 15kPa

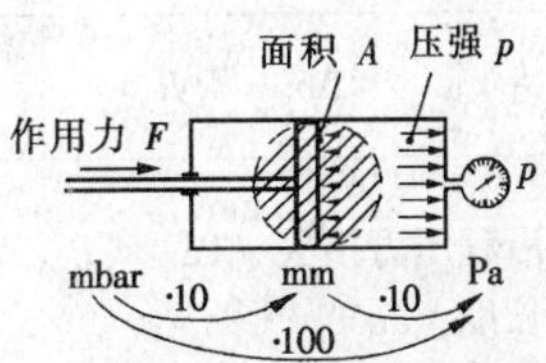

1N的力压在$1m^2$的面积上，则产生的压强为1Pa

1.2　流体力学

1.2-1　流体静压强

$p = h \cdot \rho \cdot g$	$1bar = 10.20mH_2O$

p——流体静压强，Pa
h——流体高度，m
ρ——液体密度，kg/m^3

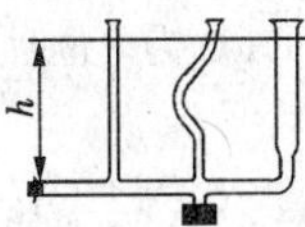

1.2-2 大气压，绝对压力，真空度

$p_x = p_j - p_0$	$p = h \cdot \rho \cdot g$	$p_k = p_0 - p_j$

p_x——相对压力，Pa 或 bar
p_j——绝对压力，Pa 或 bar
p_0——标准大气压，Pa 或 bar
p——流体静压力，Pa 或 bar
h——液体高度，m
ρ——液体密度，kg/m^3
g——重力加速度，m/s^2
p_k——真空度，Pa 或 bar

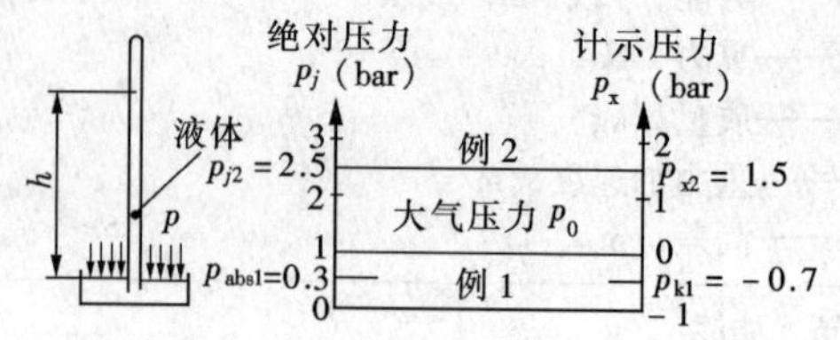

1.2-3 浮力

$$F = V \cdot \rho \cdot g$$

F——浮力，N
V——浸入液体的物体体积，m^3
ρ——液体密度，kg/m^3
g——重力加速度，m/s^2

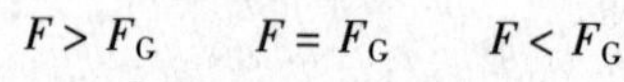

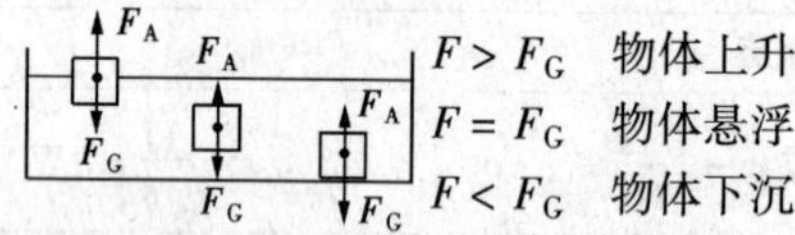

$F > F_G$　物体上升
$F = F_G$　物体悬浮
$F < F_G$　物体下沉

1.2-4 流体压强的传递

$\frac{F_1}{F_2} = \frac{A_1}{A_2}$	$p_1 = p_2$

F_1、F_2——作用在活塞上的力，N
A_1、A_2——活塞面积，cm^2

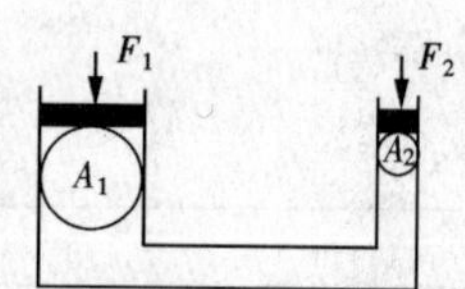

1.2-5 流体在管道和风管中的压力损失

$p_z = \Delta p_y + \Delta p_j + \Delta p_{shb}$	$\Delta p_y = l \cdot R$

p_z——总压力损失，Pa
Δp_y——管道沿程压力损失，Pa
l——管道或风管长，m
R——每 m 沿程压力损失，Pa/m
Δp_j——局部阻力损失，Pa
Δp_{shb}——附件的阻力损失，Pa

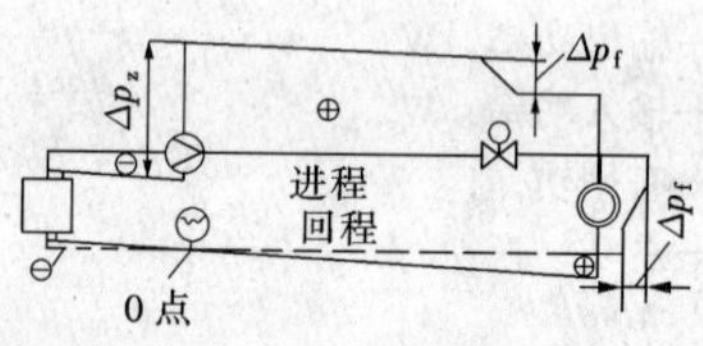

1.2-6 管道的沿程压力损失

$\Delta p_y = l \cdot \frac{\lambda}{d} \cdot \frac{v^2 \cdot \rho}{2}$	$\Delta p_y = l \cdot R$	$R = \frac{\lambda}{d} \cdot \frac{v^2 \cdot \rho}{2}$

Δp_y——管道沿程压力损失，Pa
l——管道长度，m
d——管道内径，m
λ——管道沿程阻力系数，没有单位
v——流动速度，m/s
ρ——介质密度，kg/m^3
R——单位管长沿程压力损失，Pa/m

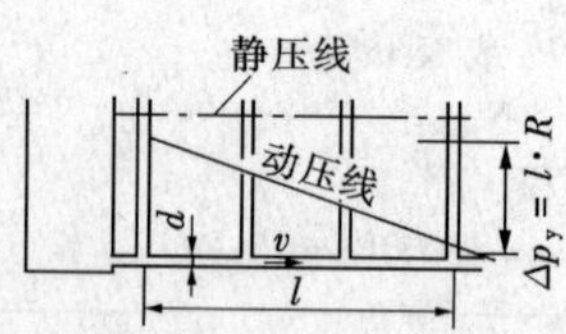

管道沿程阻力系数要考虑的因素有：
管壁的粗糙度
流体的紊流情况
介质的黏度

当沿程水头损失取 mH_2O 为单位时，可用下列符号和公式：

$$h_y = \lambda \cdot \frac{l}{d} \cdot \frac{v^2}{2g} mH_2O$$

1.2-7 局部阻力压力损失

$$\Delta p_j = \Sigma\zeta \cdot p_d \qquad p_d = \frac{\rho \cdot v^2}{2}$$

Δp_j——局部阻力压力损失，Pa
ζ——局部阻力系数，无单位
p_d——动压强，Pa
ρ——介质密度，kg/m^3
v——流动速度，m/s
当局部水头损失取 mH_2O 为单位时，可用下列符号和公式：

$$h_j = \zeta \cdot \frac{v^2}{2g} \ (mH_2O)$$

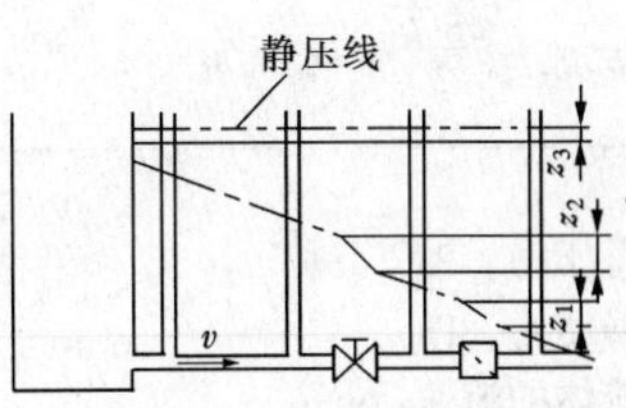

1.2-8 阀门压力损失，阀门特性参数 k_v 以及局部阻力系数 ζ 的换算

$$\Delta p_v = \left(\frac{Q}{k_v}\right)^2 \cdot 1bar \qquad k_v = \frac{Q}{\sqrt{\Delta p_v}} \qquad \zeta = \left(\frac{0.05A}{k_v}\right)^2$$

Δp_v——阀门的压力损失，bar
Q——体积流量，m^3/h
k_v——在 $\Delta p = 1bar$ 时的体积流量，m^3/h
k_{vs}——在阀门完全开启和阀门压力损失 $\Delta p = 1bar$ 时的体积流量
A——净管截面积，mm^2
ζ——局部阻力系数，无单位

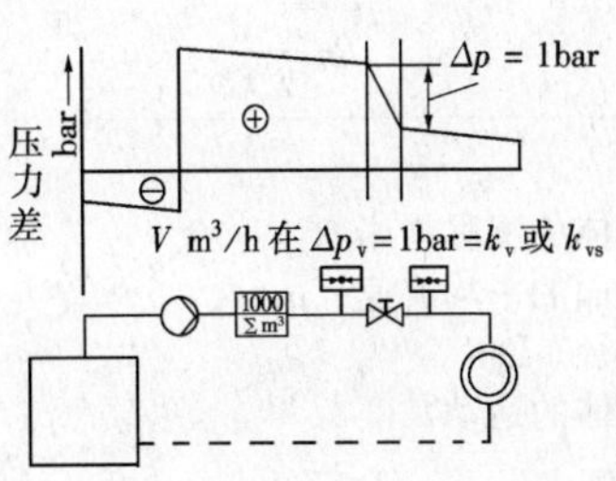

1.2-9 流体直径（当量直径）

对于任意形状的横截面：$d_g = \frac{4 \cdot A}{U}$

对于矩形截面：$d_x = \frac{2 \cdot a \cdot b}{a + b}$

d_g——当量直径，mm 或 m
A——横截面积，mm^2 或 m^2
U——管道的使用周长，mm，或 m
a、b——风管边长，mm，或 m

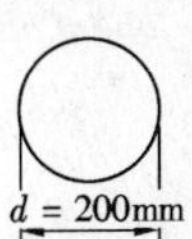

$U = 628mm$
$A = 31416mm^2$
$d_g = 200mm$

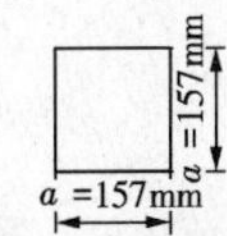

$U = 628mm$
$A = 24649mm^2$
$d_g = 157mm$

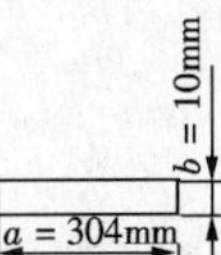

$U = 628mm$
$A = 3040mm^2$
$d_g = 19.4mm$

1.2-10 流体连续性方程

$$Q_1 = Q_2 = 恒量 \quad 或 \quad v_1 \cdot A_1 = v_2 \cdot A_2 = 恒量$$

Q_1、Q_2——体积流量，m^3/s
v_1、v_2——流速，m/s
A_1、A_2——断面横截面积，m^2

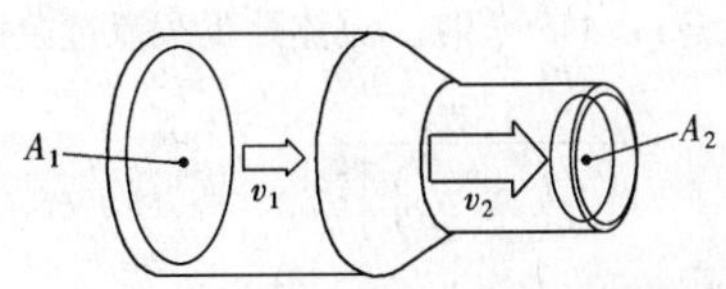

1.2-11 热水采暖系统自然循环压力

$$\Delta p = h \cdot \Delta\rho \cdot g \qquad \Delta\rho = \rho_2 - \rho_1$$

Δp——自然循环压力，Pa
h——升力高度，m
g——重力加速度，m/s^2
$\Delta\rho$——密度差，kg/m^3
ρ_2——冷液柱的密度，kg/m^3
ρ_1——暖液柱的密度，kg/m^3

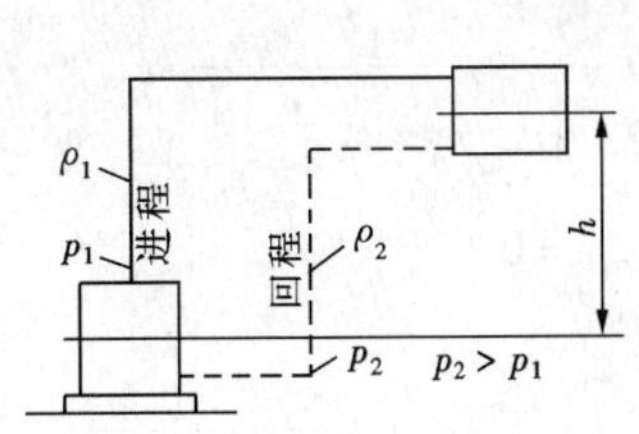

1.2-12 恒定流实际液体能量方程（伯努利方程，不考虑管道阻力损失）

$$p_z = p_{j1} + \frac{v_1^2 \cdot \rho}{2} + h_1 \cdot \rho \cdot g = p_{j2} + \frac{v_2^2 \cdot \rho}{2} + h_2 \cdot \rho \cdot g$$

在 ρ 比较小的时候，$h \cdot \rho \cdot g$ 可以忽略不计。

p_z——总压力，Pa
p_{j1}，p_{j2}——静压力，Pa
v_1，v_2——流体的流速，m/s
ρ——介质密度，kg/m^3
h_1，h_2——几何高度，m
g——重力加速度，m/s^2

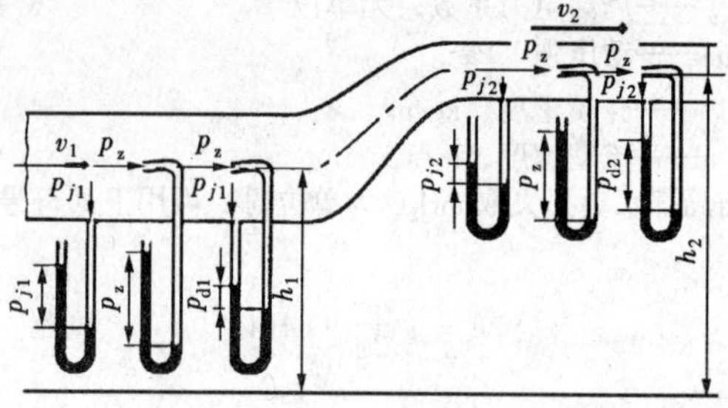

1.2-13 雷诺数

$$Re = \frac{vd}{\gamma}$$

Re——流体的实际雷诺数
v——断面的平均流速，m/s
d——管径，mm
γ——流体的运动黏度

1.2-14 沿程阻力系数

当 $Re < Re_k = 2300$ 时，流体处于层流区 $\lambda = \frac{64}{Re}$

当 $Re > Re_k = 2300$ 时，流体处于紊流区，

1. 分区经验公式：

当 $v < 11\frac{v}{\Delta}$时，流体处于紊流光滑区

$$\lambda = \frac{0.3164}{Re^{0.25}} \ (Re < 10^5)$$

$$= 2\lg\ (Re\sqrt{\lambda}0.8)$$

当 $11\frac{v}{\Delta} \leqslant v \leqslant 445\frac{v}{\Delta}$时，流体处于紊流过渡区

$$\lambda = \frac{1.42}{\left[\lg\left(Re\frac{\Delta}{d}\right)\right]^2}$$

$$\frac{1}{\sqrt{\lambda}} = -2\lg\left(\frac{\Delta}{3.7d} + \frac{2.51}{Re\sqrt{\lambda}}\right)$$

当 $v \geqslant 445\left(\frac{v}{\Delta}\right)$时，流体处于紊流粗糙区

$$\lambda = \frac{1}{\left[1.74 + 2\lg\left(\frac{d}{2\Delta}\right)\right]^2}$$

$$\lambda = 0.11\left(\frac{\Delta}{d}\right)^{0.25}$$

2. 综合经验公式：

在供热工程中：$\lambda = 0.11\left(\frac{\Delta}{d} + \frac{68}{Re}\right)^{0.25}$

在通风工程中：$\frac{1}{\sqrt{\lambda}} = -2\lg\left(\frac{\Delta}{3.7d} + \frac{2.51}{Re\sqrt{\lambda}}\right)$

在给排水工程中：

当 $v < 1.2$m/s 时，$\lambda = \frac{0.0179}{d^{0.3}}\left(1 + \frac{0.876}{v}\right)^{0.3}$

当 $v \geqslant 1.2$m/s 时，$\lambda = \frac{0.021}{d^{0.3}}$

管壁较光滑 Δ δ

管壁粗糙 Δ δ

1.2-15　泵的提升压力（扬程）

$$H = H_j + \Sigma h = H_x + H_y + \Sigma h$$

H——水泵扬程，mH_2O

H_j——水泵净扬程，mH_2O

H_x——水泵吸水高度，mH_2O

H_y——水泵压水高度，mH_2O

Σh——管路的总水头损失，mH_2O

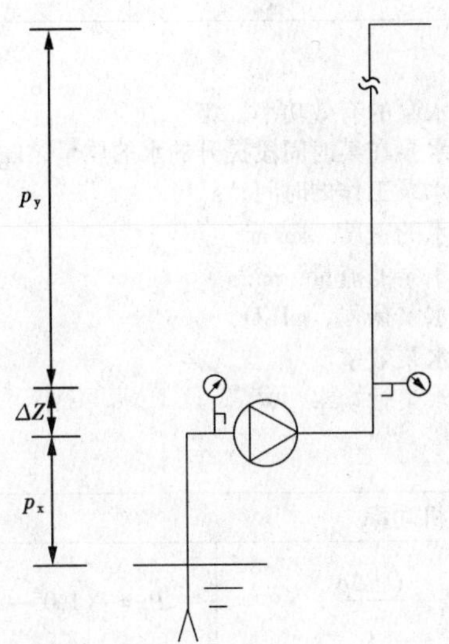

$$p = p_x + p_y + \Delta Z + \frac{v_2^2 - v_1^2}{2g} \approx p_x + p_y + \Delta Z$$

p——水泵扬程，mH_2O（MPa）

p_x——水泵真空表读数，mH_2O（MPa）

p_y——水泵压力表读数，mH_2O（MPa）

ΔZ——压力表与真空表的高差，mH_2O（MPa）

v_1——吸水管中水的流速，m/s

v_2——压水管中水的流速，m/s

g——重力加速度，m/s^2

注：由于$\frac{v_2^2 - v_1^2}{2g}$数值不大，在估算水泵扬程时可以忽略不计

修正后的水泵允许吸上真空高度和水泵的最大安装高度

$$H'_s = H_s - (10 - H_a) - (H_t - 0.24)$$

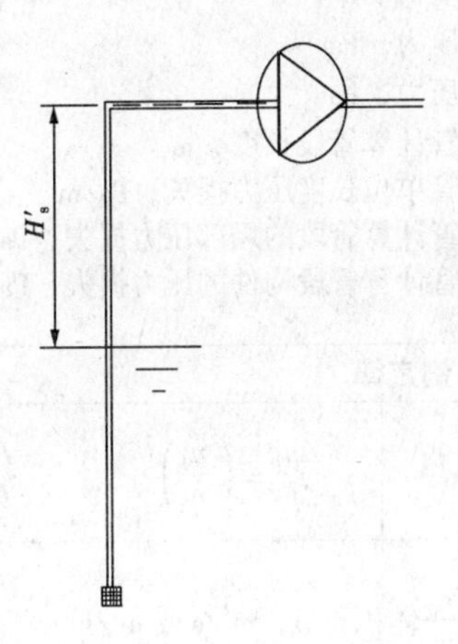

H'_s——修正后的水泵允许吸上真空高度，mH_2O

H_s——铭牌上水泵允许吸上真空高度，mH_2O

H_a——水泵装置地点的实际大气压，mH_2O（参见下表）

H_t——实际工作温度时的汽化压力，mH_2O（参见下表）

$$H_s = H'_s - \frac{v^2}{2g} - H_\omega \qquad v = \frac{Q}{\frac{\pi \cdot D^2}{4}} = \frac{Q}{0.785D^2}$$

H_s——水泵的最大安装高度，m

H'_s——修正后的水泵允许吸上真空高度，mH_2O

v——水泵进口处流速，m/s

g——重力加速度，m/s^2

H_ω——吸水管中各项水头损失和吸水头部水头损失之和，mH_2O

Q——吸水管流量，m^3/s

D——吸水管内径，m

海拔高度和大气压 H_a 之间的关系

海拔高度（m）	0	100	200	300	400	500	600	700	800	900	1000	1500	2000
大气压（mH_2O）	10.33	10.2	10.1	10.0	9.8	9.7	9.6	9.5	9.4	9.3	9.2	8.6	8.2

水温和汽蚀余量 H_t 之间的关系

水温（℃）	0	5	10	20	30	40	50	60	70	80	90	100
汽化压力（mH_2O）	0.06	0.09	0.12	0.24	0.43	0.75	1.25	2.02	3.17	4.82	7.14	10.33

1.2-16 水泵的有效功率、轴功率、效率和配套功率

$$P' = \frac{m \cdot g \cdot H}{t} = \rho \cdot Q \cdot H \qquad \eta_b = \frac{P'}{P} \qquad P_p = K \cdot \frac{P}{\eta_z} \qquad \eta = \eta_b \cdot \eta_z$$

P'——水泵的有效功率，W
m——水泵在某时间段提升的水的质量，kg
t——水泵工作的时间，s
ρ——水的密度，kg/m^3
Q——水泵的流量，m^3/s
H——水泵扬程，mH_2O
η_b——水泵效率
P——水泵轴功率，W

P_p——水泵配套功率，W
K——电动机备用系数，为 1.05 ~ 1.40
P——水泵轴功率，W
η_z——传动效率
η——总效率

湿式转子水泵总效率近似值

电动机功率（W）	≤100	≤500	≤2500
效率（%）	5 ~ 25	20 ~ 40	30 ~ 50

1.2-17 风机功率

$$P_r = \frac{Q \cdot \Delta p}{\eta} \qquad P_p = (1.05 \sim 1.20)\ P_r$$

$$\Delta p = \Delta p_j + \Delta p_d \qquad \Delta p_j = (l \cdot R + Z) + \Delta p_g$$

P_r——风机输入功率，W
Q——风量，m^3/s
Δp——设备的总压力差，Pa
η——总效率
P_p——电动机功率，W
Δp_j——静压力，Pa
Δp_d——动压力，Pa
l——风管计算管段长度，m
R——风管单位长度压力损失，Pa/m
Z——风管计算管段的局部压力损失，Pa/m
Δp_g——风管计算管段构件的压力损失，Pa/m

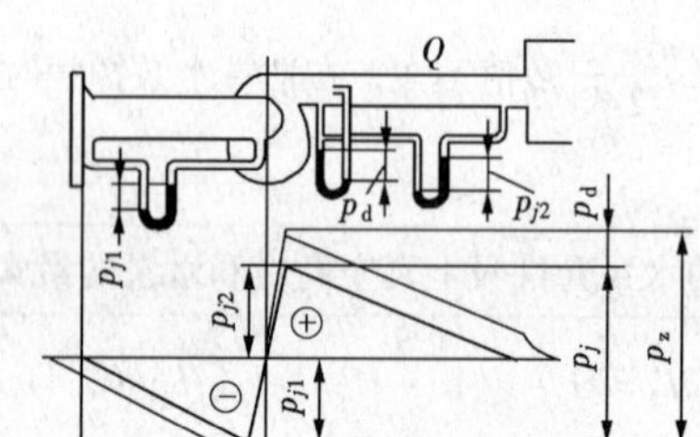

风机总效率近似值

小型风机	0.3 ~ 0.6
中型风机	0.7 ~ 0.8
大型风机	0.65 ~ 0.9

1.2-18 正比例定律

$$\frac{Q_1}{Q_2} = \frac{n_1}{n_2} \qquad \frac{\Delta p_1}{\Delta p_2} = \left(\frac{n_1}{n_2}\right)^2 \qquad \frac{P_1}{P_2} = \left(\frac{n_1}{n_2}\right)^2$$

Q_1、Q_2——体积流量，m^3/s 或 m^3/h
n_1、n_2——转数，r/min
Δp_1、Δp_2——压差，Pa 或 bar
P_1、P_2——驱动功率，W 或 kW

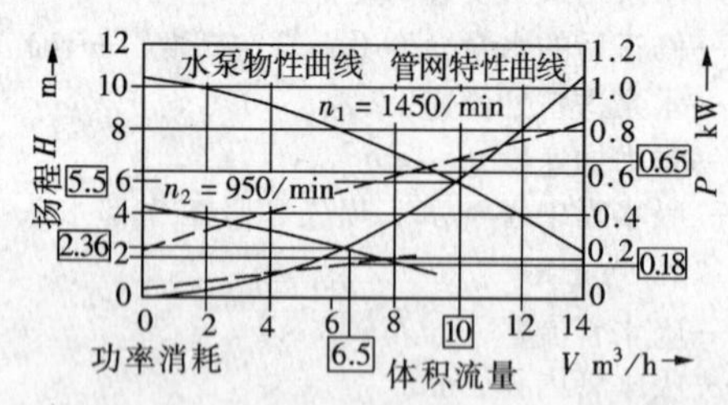

1.2-19 活塞泵的体积流量

$$Q = V \cdot n \cdot i \cdot \lambda$$

Q——体积流量，L/min
V——汽缸体积，L
n——转数，r/min
i——效率
λ——排送系数

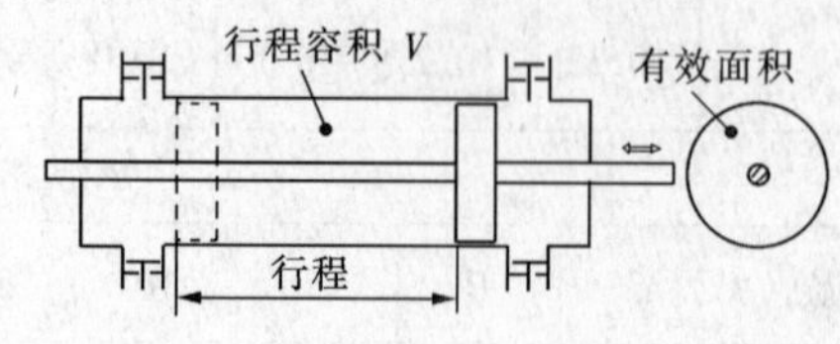

1.3 热力学、燃烧学

1.3-1 温度

0K = −273℃或0℃ = 273K

温度换算：

由℃换算成K：$T = t + 273\text{K}$

由K换算成℃：$t = T - 273℃$

$$\Delta T = T_2 - T_1 \text{ 或 } \Delta t = t_2 - t_1,\ \Delta T = \Delta t$$

ΔT、Δt——温差，单位都采用K

T_2、T_1——热力学温度（绝对温标），K

t_2、t_1——摄氏温度，℃

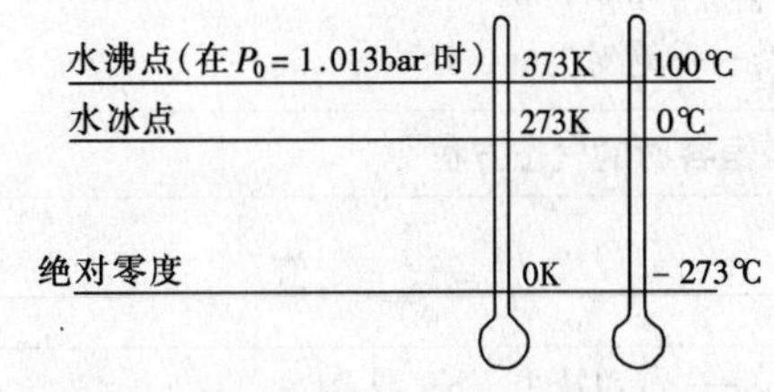

1.3-2 线性膨胀

$$\Delta l = l_0 \cdot \alpha \cdot \Delta t,\ \Delta t = t_2 - t_1$$

Δl——长度变化，m

l_0——在温度变化前的长度，m

α——线胀系数，1/K

Δt——温差，K

t_1——初始温度，℃

t_2——最终温度，℃

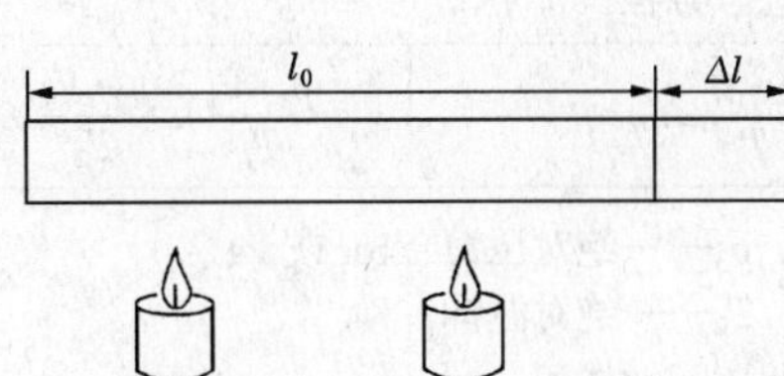

1.3-3 在热膨胀受到阻碍时的力的作用

$$F = A \cdot E \cdot \alpha \cdot \Delta t \qquad \Delta t = t_2 - t_1 \qquad E = \frac{\sigma \cdot l_0}{\Delta l}$$

F——力，N

E——弹性模量，N/mm²

A——截面积，mm²

α——线形膨胀系数，1/K

Δt——温差，K

σ——拉伸或压缩应力，N/mm²

l_0——温度变化前的长度，m

Δl——长度的变化，m

t_1——初始温度，℃

t_2——最终温度，℃

A

F　F

输入热

材料	E (N/mm²)
钢	210000
铜	130000
锌	80000
铝	70000
灰口铸铁	80000
PVC	30000
PE-HD	1400
PP	1300

1.3-4 固体和液体的体积膨胀

$$\Delta V = V_0 \cdot \gamma \cdot \Delta t \qquad \Delta t = t_2 - t_1$$

ΔV——体积的变化，m³

V_0——温度变化前的体积，m³

γ——体胀系数，1/K

Δt——温差，K

t_1——初始温度，℃

t_2——终止温度，℃

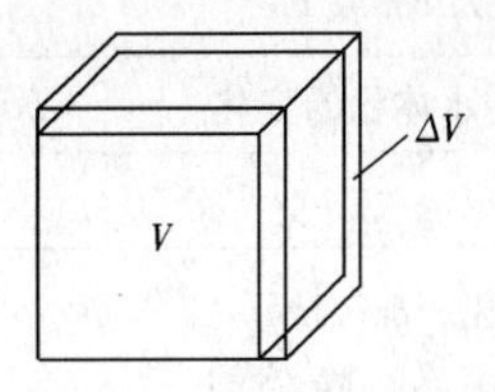

1.3-5 水的体积膨胀

$$\Delta V = m \cdot \Delta v \qquad \Delta v = v_2 - v_1$$

ΔV——体积的变化，dm³或L

m——水的质量，kg

Δv——比容差，dm³/kg

v_1——加热前的比容，dm³/kg

v_2——加热后的比容，dm³/kg

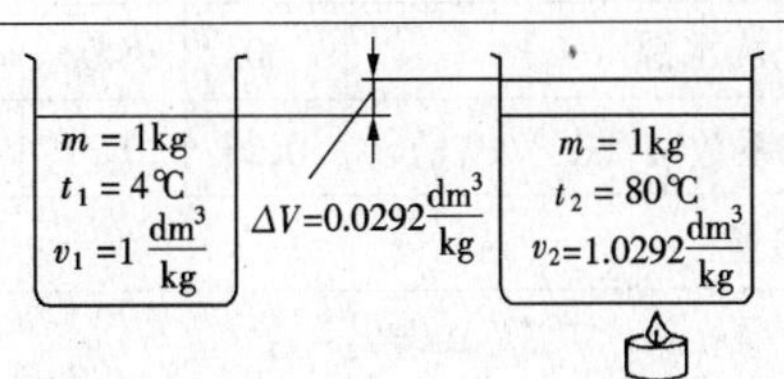

1.3-6 在恒温时的气态方程

$$p_1 \cdot V_1 = p_2 \cdot V_2 = \text{定值}$$

p_1，p_2——绝对压力，bar或Pa（$p_j = p_x + p_0$）

V_1，V_2——体积，m³

p_x——相对压力，bar或Pa

p_0——大气压，bar或Pa

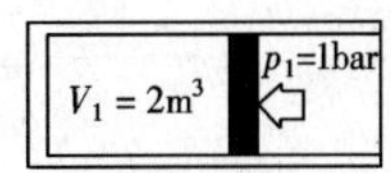

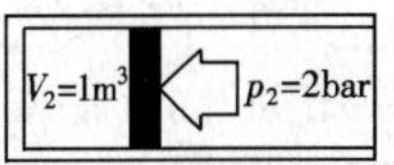

1.3-7 在恒压时的气态方程

$$\frac{V_1}{T_1}=\frac{V_2}{T_2}=\text{定值}$$

V_1，V_2——体积，m^3

T_1，T_2——绝对温标，K

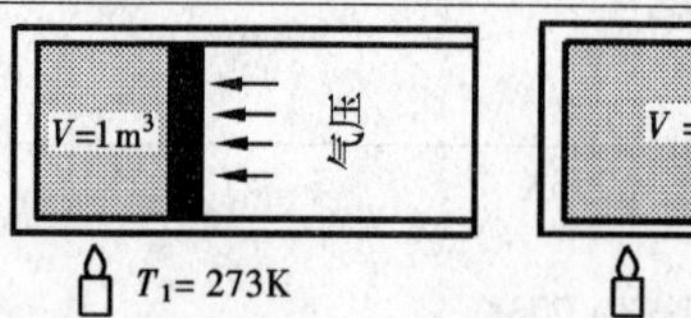

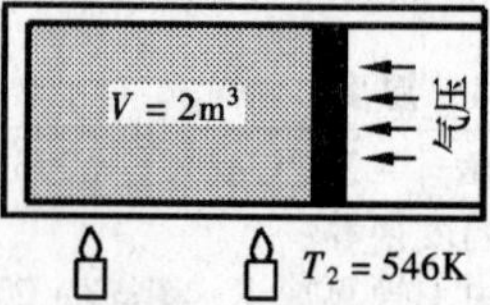

1.3-8 在恒容时的气态方程

$$\frac{p_1}{T_1}=\frac{p_2}{T_2}=\text{定值}$$

p_1，p_2——绝对压力，bar 或 Pa

T_1，T_2——绝对温标，K

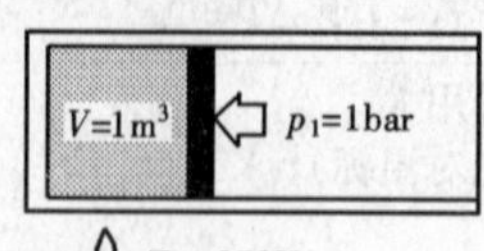

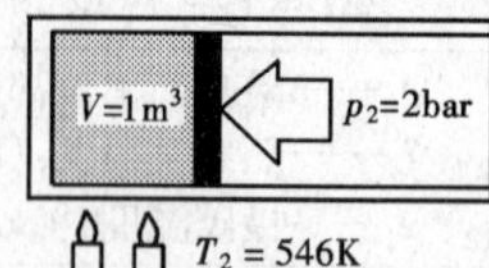

1.3-9 全气态方程

$$\frac{p\cdot V}{T}=m\cdot R \qquad \frac{p_1\cdot V_1}{T_1}=\frac{p_2\cdot V_2}{T_2}=\text{定值}$$

p_1，p_2，p_3——绝对压力，bar 或 Pa

T，T_1，T_2——绝对温标，K

V，V_1，V_2——体积，m^3

m——气体质量，kg

R——气体常数，J/（kg·K）

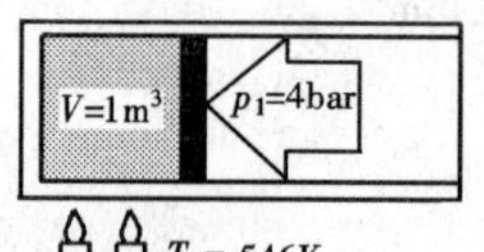

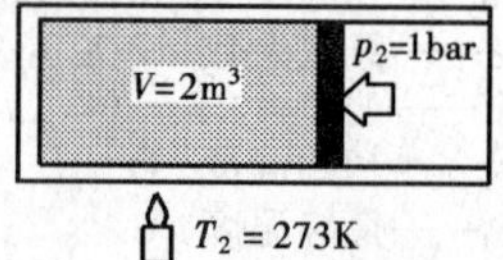

1.3-10 隔膜闭式膨胀水箱的压力

$$V_n=（V_e+V_V）\cdot\frac{p_e+1}{p_e-p_0} \qquad p_a=（p_0+1）\cdot\frac{V_n}{V_n-V_V}-1$$

V_n——膨胀水箱的额定容量（全部容量），L

V_V——集水前容量，L

V_e——膨胀体积，L

p_0——膨胀水箱的预压（只是气垫压力），bar 或 Pa

p_a——初始压力，bar 或 Pa

p_R——饮用水加热设备中的静压力，bar 或 Pa

p_e——终止压力，最大的设计计算压力（例如 2bar），bar 或 Pa

p_{st}——静压力（高差），bar 或 Pa

p_D——蒸汽压力 bar 或 Pa

用气体压力作为计示压力

采暖	饮用水加热
$p_0\geqslant p_{st}+p_D$	$p_0=p_R-0.2$

水的容纳

$V_o\geqslant V_e+V_V$

V_V 集水前容量

V_V ≥ 设备容量的 0.5%，至少 3.0L

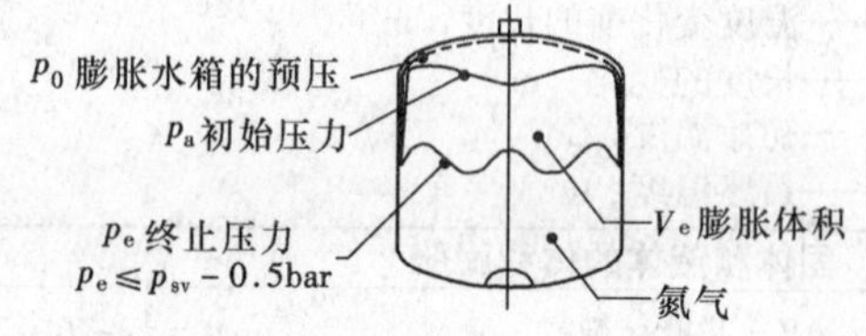

1.3-11 随时间的水体积的变化

$$Q=\mu\cdot P$$

Q——体积变化，dm^3/h

μ——热膨胀系数，dm^3/kWh

P——热功率，kW

Q　溢流阀　压力记录泵

平均水温（℃）	30	40	50	60	70	80	90	100	110	120	140
热膨胀系数 μ（dm^3/kWh）	0.26	0.34	0.40	0.46	0.52	0.57	0.63	0.68	0.73	0.78	0.90

1.3-12 热量

$Q=m\cdot c\cdot\Delta t$	$\Delta t=t_2-t_1$	$t_2=t_1+\Delta t$ $t_1=t_2-\Delta t$
$m=\frac{Q}{c\cdot\Delta t}$	$\Delta t=\frac{Q}{m\cdot c}$	

Q——热量，Wh 或 J

m——质量，kg

c——比热，J/（kg·K）

t_2，t_1——温度，℃

Δt——温差，℃

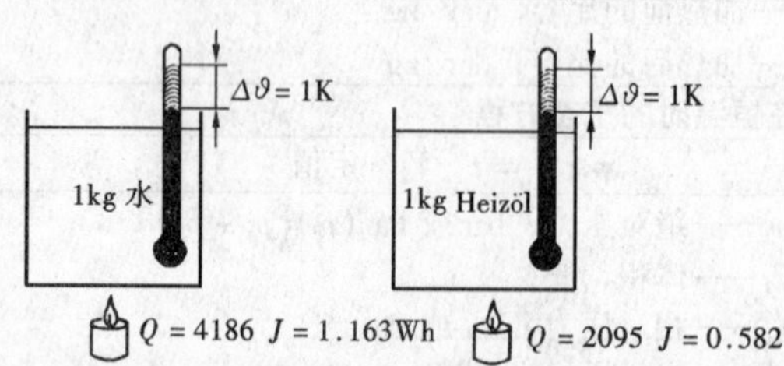

1.3-13 混合温度

$$Q_h = Q_l + Q_r \qquad t_h = \frac{m_l \cdot c_l \cdot t_l + m_r \cdot c_r \cdot t_r}{m_h \cdot c_h}$$

水的混合温度可用下列公式：

$$t_h = \frac{m_l \cdot t_l + m_r \cdot t_r}{m_h}$$

冷　水	热　水
$t_l = \frac{m_h \cdot t_h - m_r \cdot t_r}{m_l}$	$t_r = \frac{m_h \cdot t_h - m_l \cdot t_l}{m_r}$
$m_l = m_r \cdot \frac{t_r - t_h}{t_h - t_l}$	$m_r = m_l \cdot \frac{t_h - t_l}{t_r - t_h}$
$m_l = m_h \cdot \frac{t_r - t_h}{t_r - t_l}$	$m_r = m_h \cdot \frac{t_h - t_l}{t_r - t_l}$

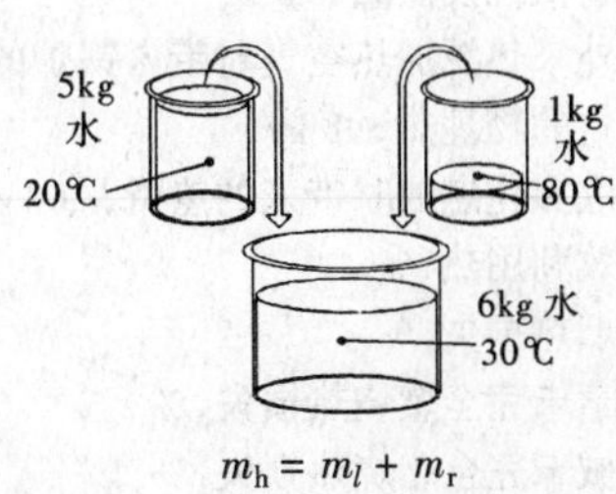

$m_h = m_l + m_r$

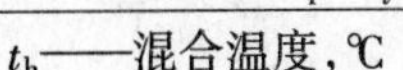

t_h——混合温度，℃
m_h——混合水质量，kg
t_l——冷水温度，℃
m_l——冷水质量，kg
t_r——热水温度，℃
m_r——热水质量，kg

1.3-14 融解潜热

$$Q = m \cdot q_s$$

Q——融解潜热，Wh 或 J
m——质量，kg
q_s——单位质量融解潜热，Wh/kg，J/kg

1.3-15 汽化潜热（与压力有关）

$$Q = m \cdot r$$

Q——汽化潜热，Wh 或 J
m——质量，kg
r——单位质量融解潜热，Wh/kg 或 J/kg

在 $p_j = 1.013$bar 时的温度变化、水的凝聚态和热的输入

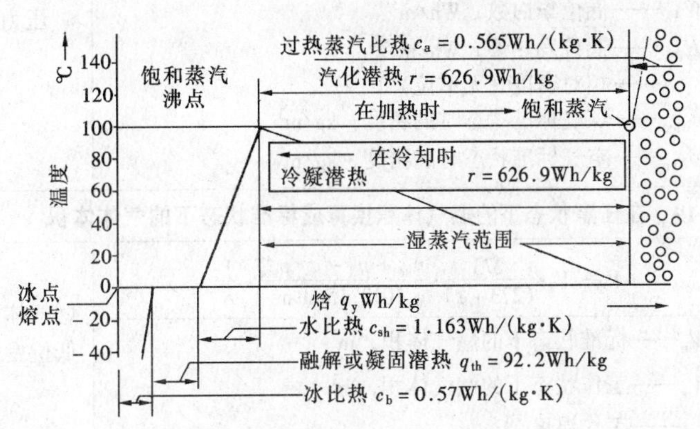

1.3-16 燃料的发热量

$$Q = m_r \cdot H_{dW} \text{或} Q = V_r \cdot H_{dW}$$

Q——热量，J 或 Wh
m_r——燃料质量，kg
V_r——燃料体积，m^3
H_{dW}——低位发热量，J/kg，Wh/kg 或 J/m^3，Wh/m^3
H_{gW}——高位发热量，J/kg，Wh/kg 或 J/m^3，Wh/m^3
H_{dWg}——低位工作发热量，J/m^3 或 Wh/m^3

低位发热量 H_{dw}
空气（78% N_2，21% O_2）
1kg C → CO_2 + 9356 Wh/kg
1kg H → H_2O + 33120 Wh/kg
1kg S → SO_2 + 2561 Wh/kg

燃　料	无烟煤	冶金焦	干木材 阔叶	干木材 针叶	干泥煤	燃油[2]
H_{gW}，kWh/kg[1]	9.48	8.25	4.76	4.13	4.17	12.8
H_{dW}，kWh/kg[1]	9.24	8.21	4.33	3.69	3.79	11.9
$V_{ko,min}$，m^3/kg[3]	8.56	7.82	3.90	3.48	3.43	11.2
CO_{2max}，%	19.1	20.7	20.4	20.5	20.0	15.4

燃　料	天然气 低值	天然气 高值	城市煤气	丙烷	丁烷 9,
H_s，kWh/kg[1]	10.0	11.1	5.0	28.1	37.0
H_j，kWh/kg[1]	9.0	10.0	4.5	25.9	34.1
$V_{ko,min}$，m^3/kg[3]	8.6	9.6	3.9	24.4	32.2
CO_{2max}，%	11.8	12.0	14.6	13.7	14.0

[1]近似值。[2]燃油的发热量取 $H_{dW} = 10$kWh/l。[3]理论空气消耗量

1.3-17 热平衡

$Q_r = Q^y_{dW} + Q_{wl} + i_r + Q_\phi$	$Q_r \approx Q^y_{dW}$
$100\% = q_1 + q_2 + q_3 + q_4 + q_5 + q_6$	

Q_r——输入的热量，J/kg
Q^y_{dW}——燃料低位发热量，J/kg
Q_{wl}——用外来热源加热空气时带入锅炉的热量，J/kg
i_r——燃料的物理热，J/kg
Q_ϕ——蒸汽雾化燃油时带入的热量，J/kg
q_1——有效利用热，%
q_2——排烟热损失，%
q_3——化学未完全燃烧热损失，%
q_4——机械未完全燃烧热损失，%
q_5——炉体散热热损失，%
q_6——灰渣热损失，%

1.3-18 华白数和相对密度

$W_s = \frac{H_{gW}}{\sqrt{d}}$	$W_i = \frac{H_{dW}}{\sqrt{d}}$	$d = \frac{\rho_{Nmq}}{\rho_{Nkq}}$

W_{gW}——高位华白数，Wh/m^3
H_{gW}——高位发热量，Wh/m^3
W_{dW}——低位华白数，Wh/m^3
H_{dW}——低位发热量，Wh/m^3
d——相对密度（无单位）
ρ_{Nmq}——煤气标准状态时的密度，kg/m^3
ρ_{Nkq}——空气标准状态时的密度，kg/m^3

华白数相同的燃气在燃烧器上产生相同的热负荷

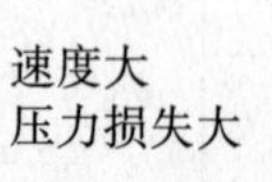
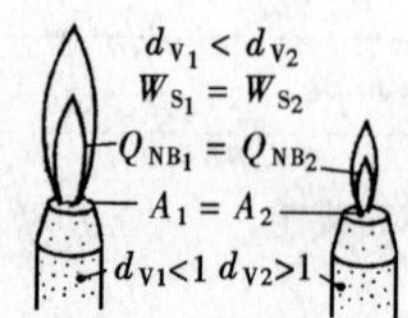

1.3-19 在任意状态下的燃气体积换算成标准状态下的气体体积

$$V_n = V_g \cdot \frac{273}{(273+t)} \cdot \frac{p_{kq} + p_d - \varphi \cdot p_{szq}}{1013.15\text{mbar}} \cdot \frac{1}{K}$$

V_n——标准状态下的燃气体积，m^3
V_g——工作状态下的燃气体积，m^3
t——工作温度，℃
p_{kq}——大气压力，mbar
p_d——动压，mbar
p_{szq}——水蒸气的饱和状态压力，mbar
ϕ——燃气的相对湿度（小数形式）
K——可压缩性系数，在 $p_d \leqslant 1000$mbar 时，$K = 1$

燃气体积
低位发热量

例：已知 $V_g = 4630m^3$，$p_{kq} = 1013$mbar，$p_d = 20$mbar，$t = 10$℃，$\phi = 0\%$，求 $V_n = m^3$？

$$V_n = 4630m^3 \cdot \frac{273}{273+10} \cdot \frac{(1013+20)\ \text{mbar}}{1013.15\text{mbar}} = 4554m^3$$

1.3-20 热功率

加热或冷却过程	$P = \frac{Q}{t}$	$P = \frac{m \cdot C \cdot \Delta T}{t}$
燃　烧	$P = \dot{m}_r \cdot H_{dW}$	$P = \dot{V}_r \cdot H_{dW}$

P——热功率，W
Q——热量，J 或 Wh
t——时间，s
m——质量，kg
$\dot{m}_r$——燃料质量流量，kg/h
$\dot{V}_r$——燃料体积流量，m^3/h
H_{dW}——低位发热量，Wh/kg 或 Wh/m^3
c——比热，Wh/（kg·K）
ΔT——温差，K

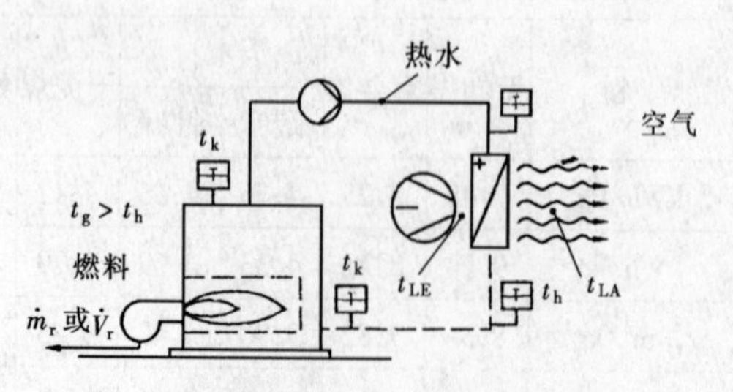

1.3-21 加热时间、取水点热水流量和温差

加热时间	$t=\dfrac{Q}{P}$ 或 $t=\dfrac{m\cdot c\cdot\Delta T}{P}$	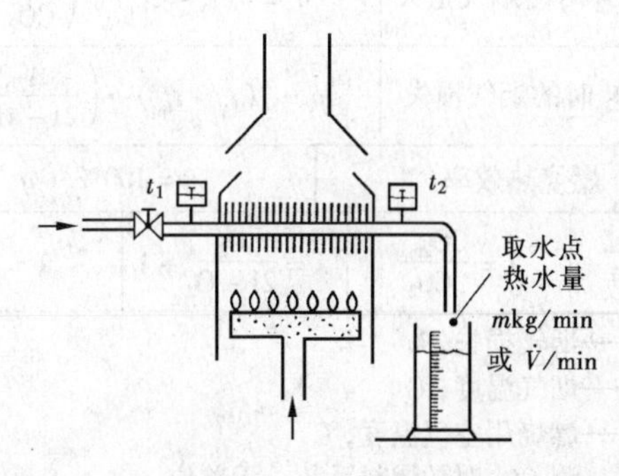
取水点热水流量	$\dot{m}=\dfrac{P}{c\cdot\Delta t}$；或 $\dot{m}=\dfrac{P}{c\cdot\Delta t}\cdot\dfrac{1}{60}\ \dfrac{\text{kg}}{\text{min}}$	
温　差	$\Delta T=\dfrac{P}{m\cdot c}K$	
P——热功率，W Q——热量，Wh 或 J t——加热时间，s m——质量，kg c——比热，Wh/（kg·K） ΔT——温差，K $\dot{m}$——质量流量，kg/h（体积流量单位为 L/min）		

1.3-22 燃料燃烧功率

$P_r=\dot{V}_r\cdot H_{dW}$	$P_r=\dot{m}_r\cdot H_{dW}$	燃料输入的热功率称为燃料燃烧功率 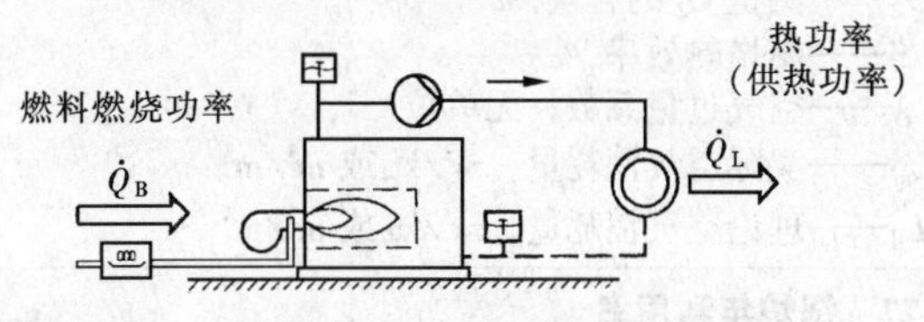
P_r——燃料燃烧功率，W $\dot{V}_r$——燃气体积流量，m^3/h $\dot{m}_r$——燃料质量流量，kg/h H_{dW}——工作低位发热量，Wh/m^3 或 Wh/kg，或 Wh/L		

1.3-23 锅炉每小时的燃料消耗量

$B=\dfrac{D\ (i''_q-i')\ +D_{ps}\ (i_{ps}-i')}{\eta\cdot Q^y_{dW}}\cdot 100$	考虑机械未完全燃烧热损失的影响时： $B_i=B\left(\dfrac{100-q_4}{100}\right)$
B——锅炉每小时的燃料消耗量，kg/h D——蒸汽产量，kg/h i''_q——蒸汽焓，kJ/kg i'——给水焓，kJ/kg D_{ps}——排污量，kg/h i_{ps}——排污水焓，kJ/kg	B_i——考虑机械未完全燃烧热损失的影响时的锅炉每小时的燃料消耗量，kg/h B——锅炉每小时的燃料消耗量，kg/h q_4——机械未完全燃烧热损失，%

1.3-24 设备效率

$\eta=\dfrac{P_{ch}}{P_{ru}}$	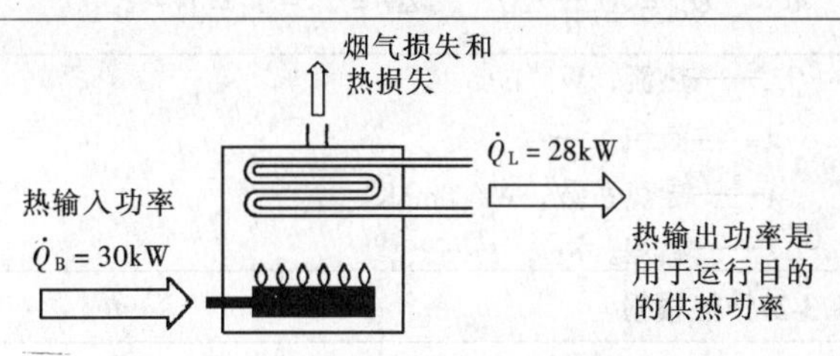
η——设备效率（无单位） P_{ch}——输出功率，W P_{ru}——输入功率，W	

1.3-25 设备连接值和调节值

设备容量	$Q_{sb}=\dfrac{P_{Nru}}{H_{dW}}$	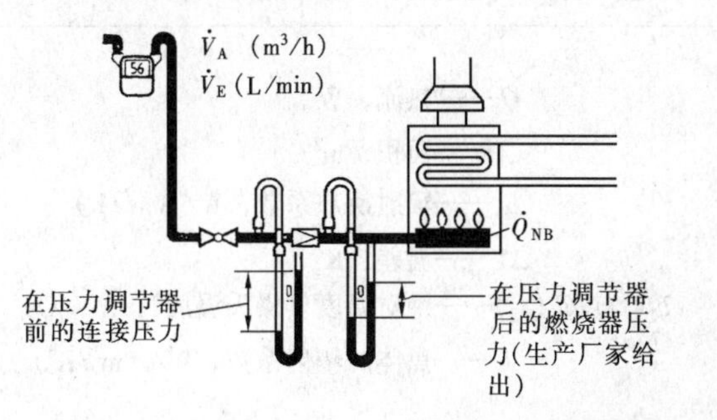
调节值	$Q_t=\dfrac{P_{Nru}}{H_{dW}}\cdot\dfrac{1000\text{L/min}}{60\text{min/h}}$	
Q_{sb}——设备连接值，m^3/h Q_t——调节值，L/min P_{Nru}——额定输入功率，W H_{dW}——工作低位发热量，Wh/m^3		

1.3-26 烟气损失，燃烧热效率和空气过量系数

测量 CO_2 时的烟气损失	$q_y=(t_y-t_{kq})\cdot\left(\frac{A_1}{CO_2}+B\right)$	
测量 O_2 时的烟气损失	$q_y=(t_y-t_{kq})\cdot\left(\frac{A_2}{21-O_2}+B\right)$	
燃烧热效率	$\eta=100\%-q_y$	
空气过量系数	$\lambda=\frac{CO_{2max}}{CO_2}$	$\lambda=\frac{O_2}{21-O_2}+1$; $\lambda=\frac{L_{sj}}{L_{ll}}$

q_A——烟气损失，%
t_A——烟气温度，℃
t_{kq}——燃烧用空气温度，℃
A_1——测 CO_2 时的燃料系数，无单位
A_2——测 O_2 时的燃料系数，无单位
CO_2——测量 CO_2 的含量，%
CO_{2max}——测量 CO_2 的最大含量，%
O_2——测量 O_2 的含量，%
η——燃烧热效率，%
λ——空气过量系数，无单位
L_{sj}——实际空气消耗量，m^3/kg 或 m^3/m^3
L_{ll}——理论空气消耗量，m^3/kg 或 m^3/m^3

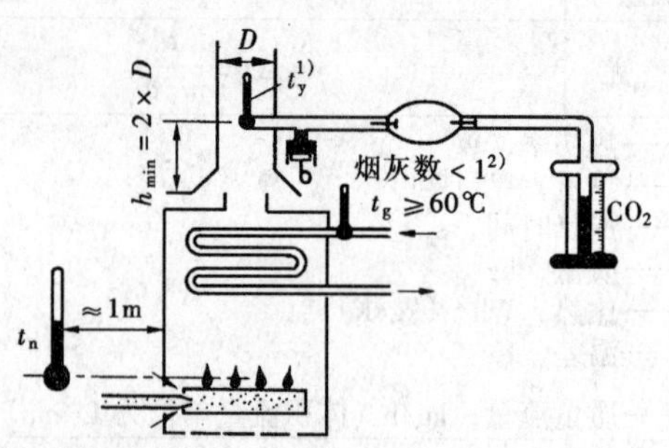

1) 在烟气流核心部分测量
2) 在雾化燃烧器时，烟灰数≤2

1.3-27 锅炉年利用率

$$\eta_a=\frac{\eta}{\left[\frac{b_a}{b_{wq}}-1\right]\cdot q_B+1}$$

η_a——锅炉年利用率，%
η——锅炉效率，%
b_a——锅炉运行准备时间，h/a
b_{wq}——锅炉完全利用的时间，h/a
q_B——运行准备的热损失，无单位

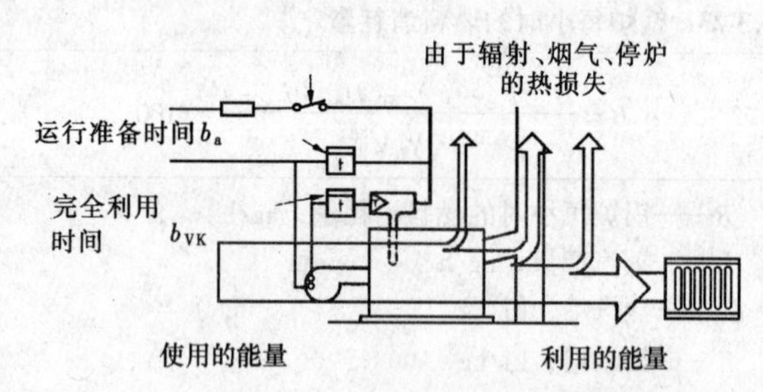

1.3-28 热传导

$$Q_{ch}=A\cdot\frac{\lambda}{d}\cdot\Delta T \qquad \Delta T=T_2-T_1=t_2-t_1$$

Q_{ch}——热流，W
A——面积，m^2
λ——导热系数，W/(m·K)
ΔT——温差，K

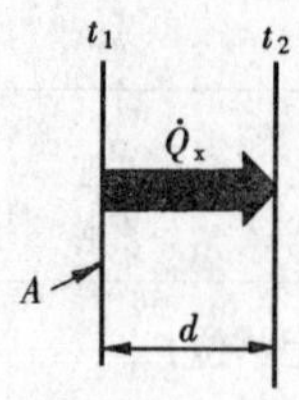

1.3-29 热辐射

$$Q_f=A\cdot\alpha_s\cdot\Delta T \qquad \Delta T=T_2-T_1=t_2-t_1$$

$$\alpha_s=C\cdot\frac{\left(\frac{T_1}{100}\right)^4-\left(\frac{T_2}{100}\right)^4}{T_1-T_2}$$

Q_f——热流，W
A——面积，m^2
α_s——辐射换热系数，W/(m^2·K)
ΔT——温差，K
$T_1(t_1)$、$T_2(t_2)$——绝对温度（摄氏温度），K（℃）
C——黑体的辐射系数，W/($m^2\cdot K^4$)

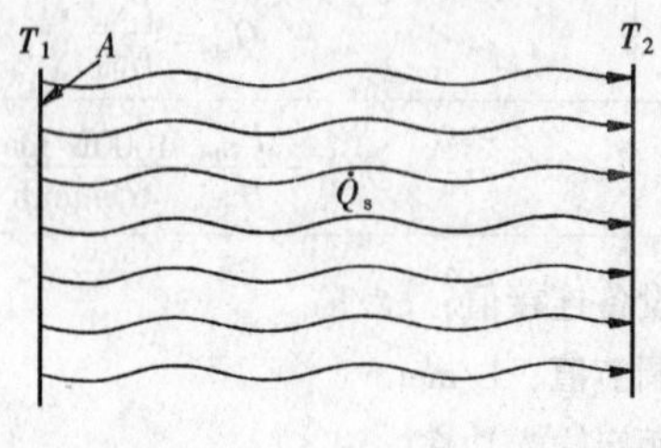

1.3-30 热对流

$Q_{dl} = A \cdot \alpha_{dl} \cdot \Delta T$	$\alpha_{dl} = \dfrac{1}{R_{\alpha}}$	$\Delta T = T_2 - T_1 = t_2 - t_1$

Q_{dl}——热流，W

A——面积，m^2

α_{dl}——对流换热系数，W/（$m^2 \cdot K$）

ΔT——温差，K

$T_1(t_1)$、$T_2(t_2)$——绝对温度（摄氏温度），K（℃）

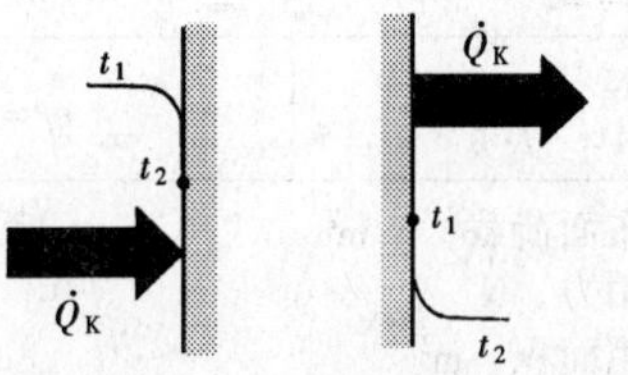

1.3-31 围护结构基本耗热量

$Q = F \cdot K \cdot \Delta T$	$Q = F \cdot \dfrac{1}{R_K} \cdot \Delta T$

$$\Delta T = T_n - T_{wn} = t_n - t_{wn}$$

Q——围护结构基本耗热量，W

F——围护结构面积，m^2

K——围护结构的传热系数，W/（$m^2 \cdot K$）

ΔT——采暖房间室内外温差，K

T_n——冬季室内计算绝对温度，K

T_{wn}——采暖室外计算绝对温度，K

T_n——冬季室内计算摄氏温度，℃

t_{wn}——采暖室外计算摄氏温度，℃

R_K——围护结构传热总热阻，$m^2 \cdot K/W$

$$R_K = R_n + R_1 + R_2 + \cdots + R_w = R_n + \sum_{i=1}^{n} \frac{d_i}{\lambda_i} + R_w$$

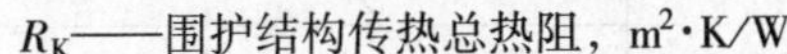

$$= \frac{1}{\alpha_n} + \sum_{i=1}^{n} \frac{d_i}{\lambda_i} + \frac{1}{\alpha_w} \qquad K = \frac{1}{R_K}$$

R_K——围护结构传热总热阻，$m^2 \cdot K/W$

K——围护结构的传热系数，W/（$m^2 \cdot K$）

R_n——内表面换热阻值，$m^2 \cdot K/W$

R_w——外表面换热阻值，$m^2 \cdot K/W$

R_1、R_2…——各种材料层的热阻，$m^2 \cdot K/W$

α_n——内表面换热系数，W/（$m^2 \cdot K$）

α_w——外表面换热系数，W/（$m^2 \cdot K$）

d_1、d_2…——各种材料层的厚度，m

λ_1、λ_2…——各种材料的导热系数，W/（$m \cdot K$）

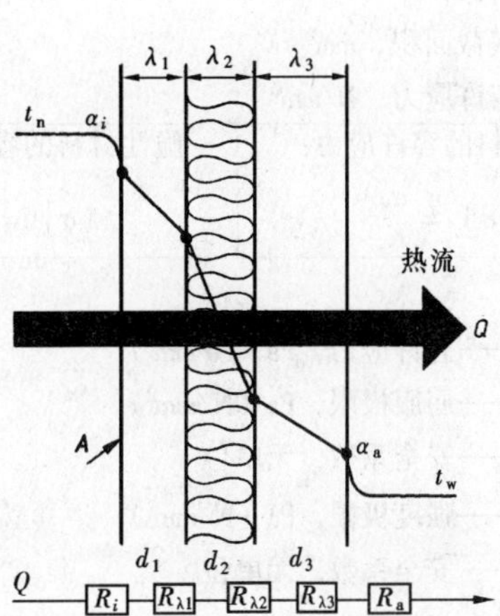

1.3-32 对数温差

$\Delta t_{pj} = \dfrac{\Delta t_{max} - \Delta t_{min}}{\ln \dfrac{\Delta t_{max}}{\Delta t_{min}}}$	在$\dfrac{\Delta t_{max}}{\Delta t_{min}} \leqslant 0.7$时

Δt_{pj}——平均温差，K

ln——自然对数

Δt_{max}、Δt_{min}——最大温差、最小温差，K

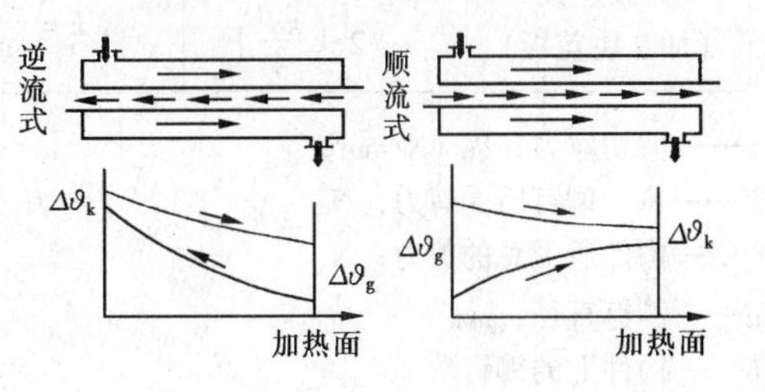

1.4 工程力学

1.4-1 均匀荷载

$q=\frac{G}{A}=\frac{m\cdot g}{l\cdot b}$	$q_l=\frac{m\cdot g}{l}$

q——均布面荷载，N/m^2
G——作用力，N
A——作用面积，m^2
m——构件质量，kg
g——重力加速度，m/s^2
q_l——均布线荷载，N/m
l——作用面的长度，m
b——作用面的宽度，m

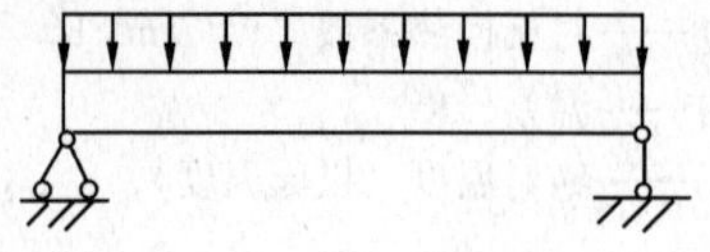

1.4-2 轴向拉伸应力和压缩应力

拉伸应力	$\sigma=\frac{N}{A}\leqslant[\sigma]$	$A=\frac{N}{[\sigma]}$
压缩应力	$\sigma=-\frac{N}{A}\leqslant[\sigma]$	$A=\frac{N}{[\sigma]}$

σ——拉伸、压缩应力，Pa（N/mm^2）
N——荷载，N
A——横截面积，mm^2
$[\sigma]$——容许应力，N/mm^2

塑性材料的容许应力：	脆性材料的容许应力：
$[\sigma]=\frac{\sigma_s}{K_s}$	$[\sigma]=\frac{\sigma_b}{K_b}$

$[\sigma]$——容许应力，Pa（N/mm^2）
σ_s——屈服极限，Pa（N/mm^2）
K_s——安全系数，无单位
σ_b——强度极限，Pa（N/mm^2）
K_s、K_b——安全系数，无单位

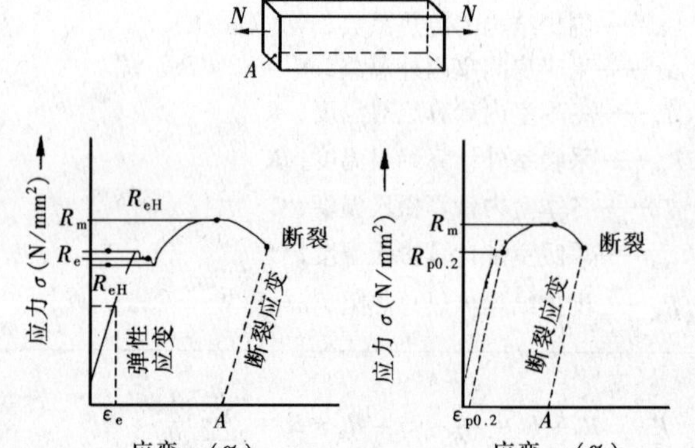

安全系数

钢　材	铸铁、混凝土	木　材
$K_s=1.5\sim2.0$	$K_b=2.0\sim5.0$	$K_b=4.0\sim6.0$

1.4-3 剪切应力

$$\tau=\frac{F}{A}$$

τ——剪力应力，Pa（N/mm^2）
F——剪力，N
A——受力面，mm^2

铆接	搭接连接	$\tau=\frac{F}{\frac{\pi d^2}{4}}$	$F=\frac{F_z}{n}$
	对接连接（加2块盖板）	$\tau=\frac{F}{2\cdot\left(\frac{\pi d^2}{4}\right)}$	$F=\frac{F_z}{n}$

τ——剪切应力，Pa（N/mm^2）
F——每个铆钉所受剪力，N
F_z——构件所受总的剪力，N
d——铆钉直径，mm
n——构件上的铆钉数

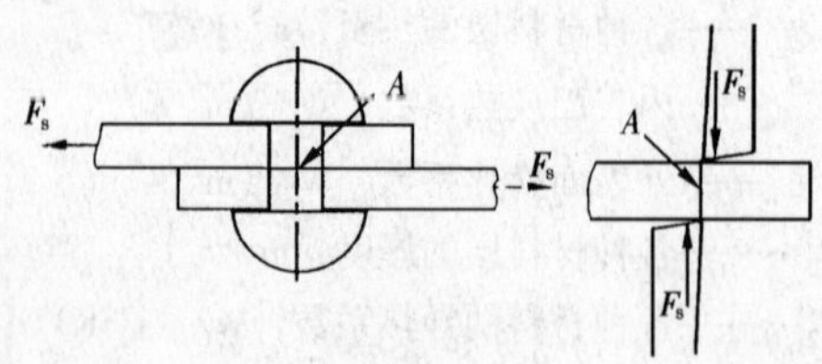

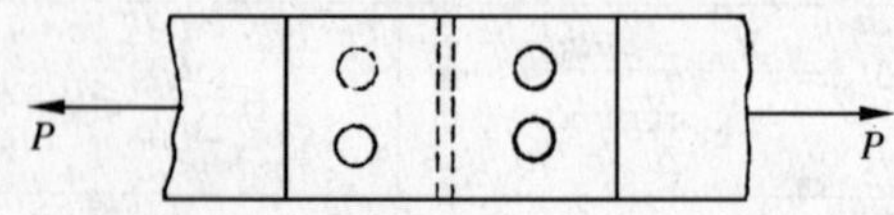

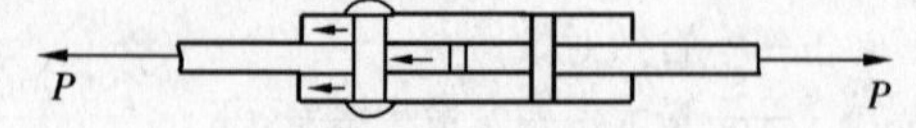

1.4-4 弯曲应力

$\sigma=\dfrac{M}{W}=\dfrac{M\cdot y}{I_z}$	$W=\dfrac{I_z}{y}$
矩形截面	$I_z=\dfrac{bh^3}{12}$
圆形截面	$I_z=\dfrac{\pi r^4}{4}=\dfrac{\pi d^4}{64}$

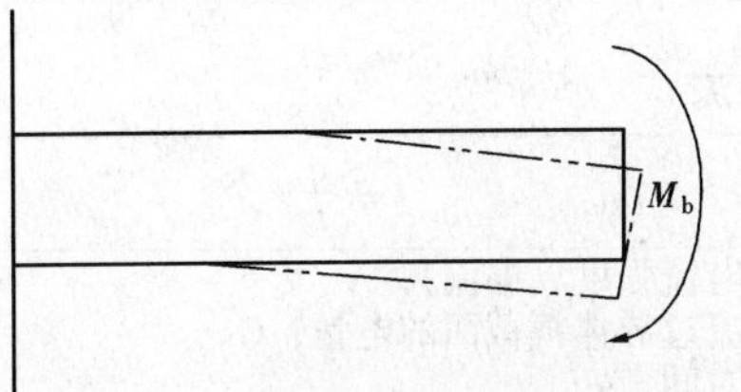

$$\sigma_{max}=\frac{M_{max}}{W}=\frac{M_{max}\cdot y_{max}}{I_z}$$

σ——弯曲应力，Pa（N/mm^2）
M——作用在该截面上的弯矩，N·m
W——截面系数（抗弯截面模量），mm^3
y——该点与中性轴的距离，mm
I_z——横截面对中性轴的惯性矩，mm^4
b、h——矩形截面的宽、高，mm

σ_{max}——最大弯曲应力，Pa（N/mm^2）
M_{max}——最大弯矩，N·m
W——截面系数（抗弯截面模量），mm^3
y_{max}——弯曲边缘与中性轴的最大距离，mm
I_z——危险截面对中性轴的惯性矩，mm^4

1.4-5 弯矩的荷载

荷载情况	荷　载	最大弯矩	荷载情况	荷　载	最大弯矩
	$F_A=F$	$M_{b\,max}=F\cdot l$		$F_A=\dfrac{F_1\cdot e+F_2\cdot c}{l}$ $F_B=\dfrac{F_1\cdot a+F_2\cdot d}{l}$	$M_{b\,max}=F_A\cdot a$ $M_{b\,max}=F_B\cdot c$
	$F_A=F_B=\dfrac{F}{2}$	$M_{b\,max}=\dfrac{F\cdot l}{4}$		$F_A=q\cdot l$	$M_{b\,max}=\dfrac{q\cdot l^2}{2}$
	$F_A=\dfrac{F\cdot b}{l}$ $F_B=\dfrac{F\cdot a}{l}$	$M_{b\,max}=\dfrac{F\cdot a\cdot b}{l}$		$F_A=F_B=\dfrac{q\cdot l}{2}$	$M_{b\,max}=\dfrac{q\cdot l^2}{8}$

1.4-6 轴向截面系数

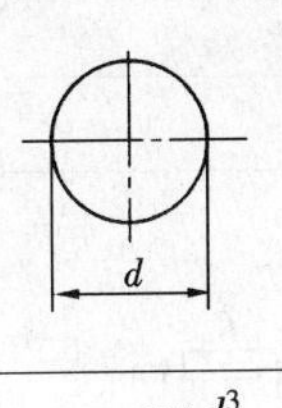

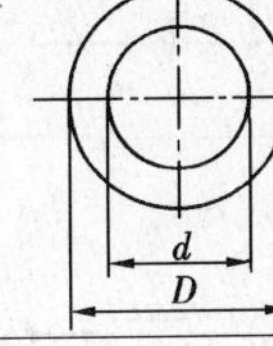

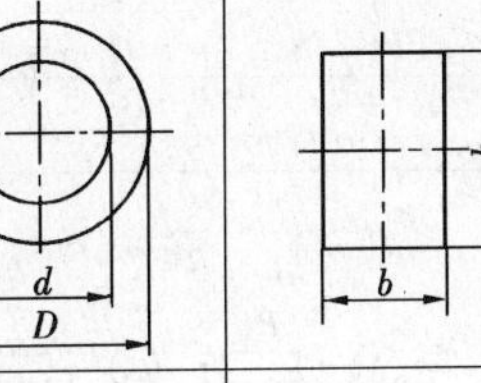

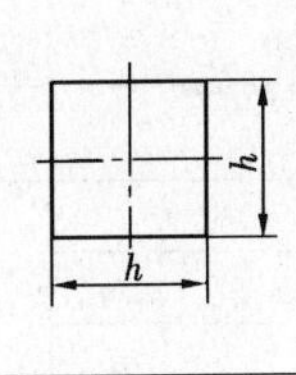

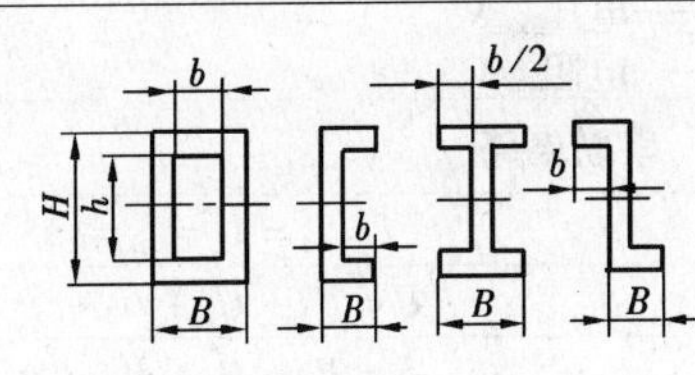

$W_a=\dfrac{\pi\cdot d^3}{32}$	$W_a=\dfrac{\pi\cdot(D^4-d^4)}{32\cdot D}$	$W_a=\dfrac{b\cdot h^2}{6}$	$W_a=\dfrac{b\cdot h^3}{6}$	$W_a=\dfrac{B\cdot H^3-b\cdot h^3}{6\cdot H}$

1.4-7 机械近似计算中的容许应力比较

负荷情况：Ⅰ静止　Ⅱ波动　Ⅲ交替

应　力	状态	Q370	Q500	应　力	状态	Q370	Q500
拉伸和压缩	Ⅰ	100～150	140～210	弯曲	Ⅰ	110～165	150～220
	Ⅱ	65～95	90～135		Ⅱ	70～105	100～150
	Ⅲ	45～70	65～95		Ⅲ	50～75	70～105
剪切	Ⅰ	80～120	110～170	扭曲	Ⅰ	65～95	85～125
	Ⅱ	50～75	70～110		Ⅱ	40～60	55～85
	Ⅲ	35～55	50～70		Ⅲ	30～45	40～60

常用材料的容许应力

材料名称	容许应力（MPa）		材料名称	容许应力（MPa）	
	拉　伸	压　缩		拉　伸	压　缩
03 钢	160	160	松木（顺纹）	6～7.5	9～1.2
16Mn 钢	230	230	杉木（顺纹）	5.5～7	8～1.1
铸　铁	28～80	160～200	砖砌物	0～0.2	0.6～2.5
混凝土	0.1～0.7	1～9			

1.5 电工学

1.5-1 电流

$$I=\frac{q}{t}$$

I——电流强度（电流），A
q——流过导体横截面的电量，C
t——时间，s

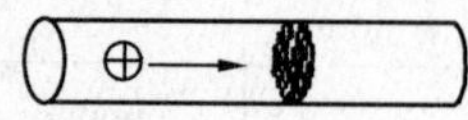

1.5-2 电压

$$U_{AB}=V_A-V_B$$

U_{AB}——电场或电路中 A、B 两点间的电压，V
V_A——电场或电路中 A 点的电位，V
V_B——电场或电路中 B 点的电位，V

$$U_{AB}=\frac{W}{q}$$

U_{AB}——电场或电路中 A、B 两点间的电压，V
W——电荷 Q 从 A 点移到 B 点时电场力所做的功，J
q——电荷量，C

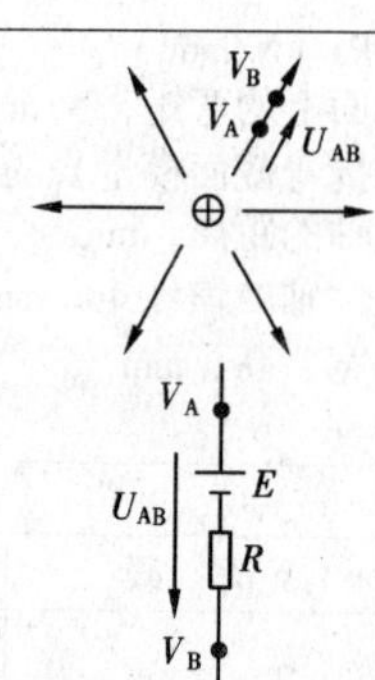

1.5-3 电阻

$$R=\frac{\rho\cdot l}{S}$$

R——导体的电阻，Ω
ρ——导体材料的电阻率，Ω·m
l——导体长度，m
S——导体的截面积，m^2

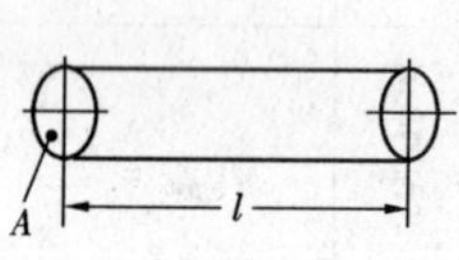

材　料	ρ $\Omega\cdot mm^2/m$
铝	0.0278
银	0.0167
铜	0.0178
钢	0.125
康式合金	0.49

1.5-4 部分电路欧姆定律

$$I=\frac{U}{R}$$

I——电流，A
U——电压，V
R——电阻，Ω

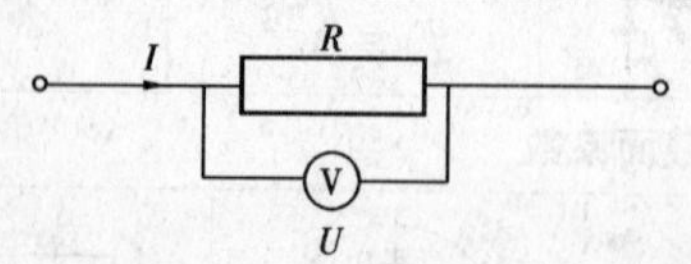

1.5-5 串联电路

$$I=I_1=I_2=I_3=\cdots$$
$$U=U_1+U_2+U_3+\cdots$$
$$R=R_1+R_2+R_3+\cdots$$

I——总电流，A
I_1、I_2、I_3——分电流，A
U——总电压，V
U_1、U_2、U_3——分电压，V
R——总电阻，Ω
R_1、R_2、R_3——分电阻，Ω

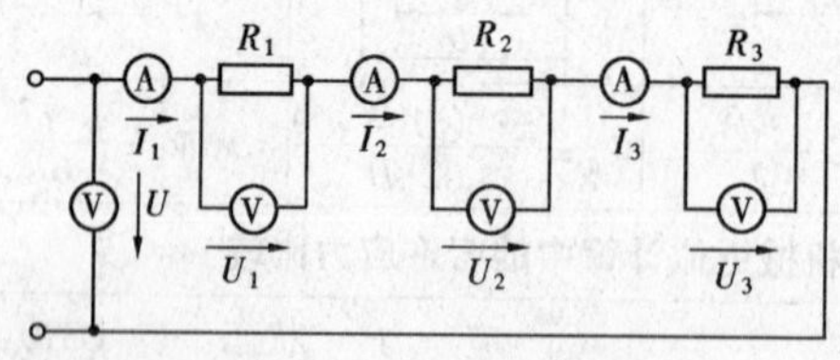

1.5-6 并联电路

$$I=I_1+I_2+I_3+\cdots$$
$$U=U_1=U_2=U_3=\cdots$$
$$\frac{1}{R}=\frac{1}{R_1}+\frac{1}{R_2}+\frac{1}{R_3}+\cdots$$

I——总电流，A
I_1、I_2、I_3——分电流，A
U——总电压，V
U_1、U_2、U_3——分电压，V
R——总电阻，Ω
R_1、R_2、R_3——分电阻，Ω

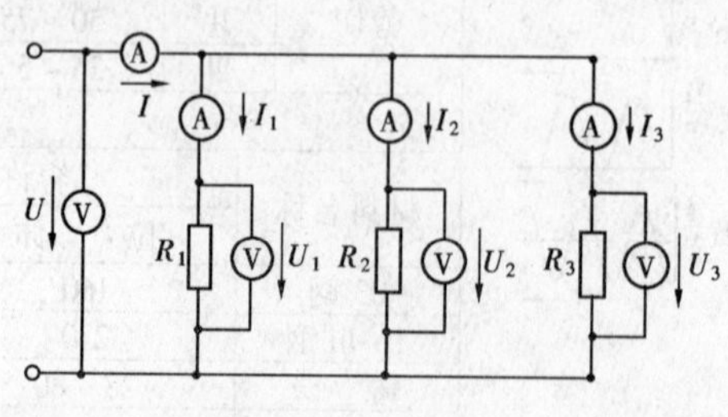

1.5-7 全电路欧姆定律

$I = \frac{E}{R + r}$	$E = U_R + U_r = I \cdot R + I \cdot r$

I——电流，A
E——电动势，V
R——外电路电阻，Ω
r——内电路电阻，Ω
U_R——外电路电压，V
U_r——内电路电压，V

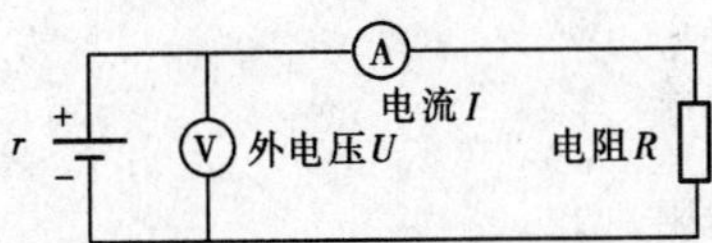

1.5-8 交流电流与交流电压

$$i = I_m \cdot \sin(\omega t + \phi)$$

$$u = U_m \cdot \sin(\omega t + \phi)$$

i——交流电流瞬时值，A
I_m——交流电流最大值，A
ω——角频率，rad/s
t——时间，s
ϕ——初相角，rad
u——交流电压瞬时值，V
U_m——交流电压最大值，V

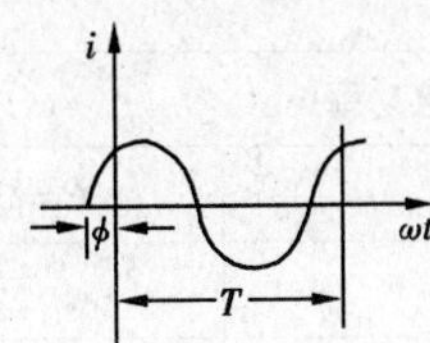

$U_m = \sqrt{2} \cdot U$	$I_m = \sqrt{2} \cdot I$
$U = 0.707 U_m$	$I = 0.707 I_m$

U——交流电压有效值，V
U_m——交流电压最大值，V
I——交流电流有效值，A
I_m——交流电流最大值，A

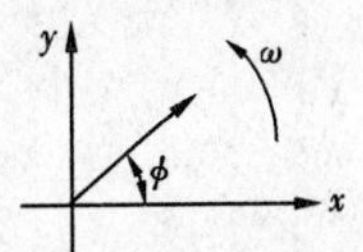

1.5-9 变压器

$\frac{U_1}{U_2} = \frac{N_1}{N_2} = K$	$\frac{I_1}{I_2} = \frac{N_2}{N_1} = \frac{1}{K}$

U_1——初级线圈电压，V
U_2——次级线圈电压，V
N_1——初级线圈匝数，匝
N_2——次级线圈匝数，匝
I_1——初级线圈电流，A
I_2——次级线圈电流，A
K——线圈匝数比（无单位）

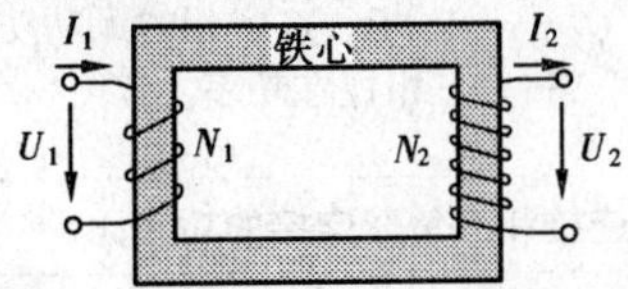

1.5-10 桥式电路

在 $U_d = 0$ 和 $I_d = 0$ 时，

$$\frac{R_1}{R_2} = \frac{R_3}{R_4} \text{或} R_1 \cdot R_4 = R_2 \cdot R_3$$

$R_{1\cdots4}$——电阻，Ω
U_d——对角电压，V
I_d——对角电流，A

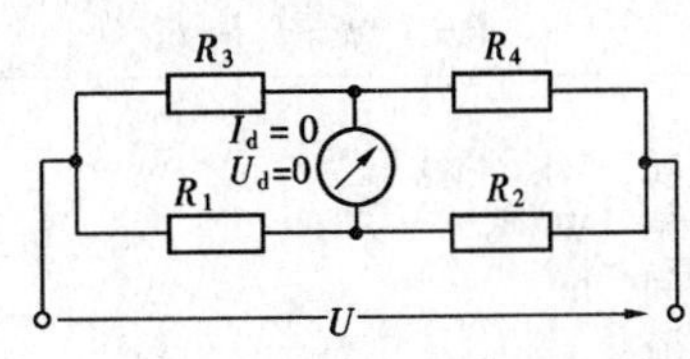

1.5-11 直流电路功率

$P = U \cdot I$	$P = \dfrac{U^2}{R}$	$P = I^2 \cdot R$

P——功率，W
I——电流，A
U——电压，V
R——电阻，Ω

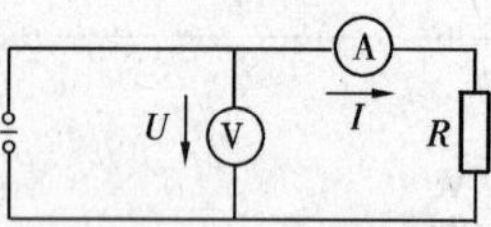

1.5-12 交流电路功率

$P = U \cdot I \cdot \cos\varphi$	$S = U \cdot I$

P——功率，W
I——电流，A
U——电压，V
S——视在功率，W
$\cos\varphi$——功率因数，无单位

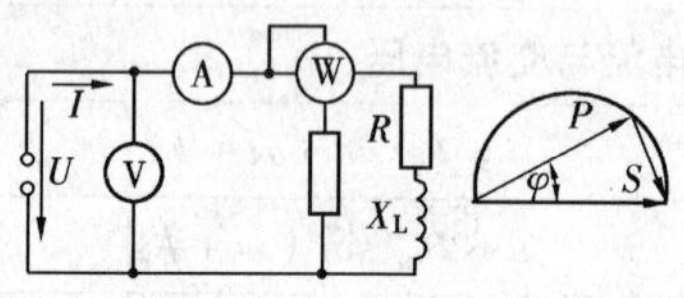

1.5-13 三相交流电功率

$P = \sqrt{3} \cdot U \cdot I \cdot \cos\varphi$	$P = 3 \cdot U_x \cdot I_x \cdot \cos\varphi$
星形连接	三角形连接
$I_x = I$ 并 $U_x = \dfrac{U}{\sqrt{3}}$	$U_x = U$ 并 $I_x = \dfrac{I}{\sqrt{3}}$

P——功率，W
U——线电压，V
I——线电流，A
U_x——相电压，V
I_x——相电流，A
$\cos\varphi$——功率因数，无单位

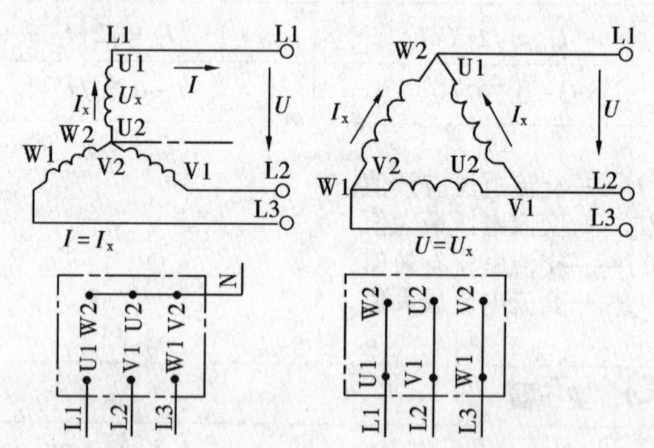

$P = P_A + P_B + P_C$	$S = \sqrt{P^2 + Q^2}$
$Q = Q_A + Q_B + Q_C$	

P——三相总有功功率，W
P_A、P_B、P_C——A、B、C 各相的有功功率，W
Q——三相总无功功率，W
Q_A、Q_B、Q_C——A、B、C 各相的无功功率，W
S——三相视在功率，W

1.5-14 星形连接和三角形连接的功率比

$$P_{\Delta} = 3 \cdot P_Y$$

P_{Δ}——三角形连接功率，W
P_Y——星形连接功率，W
注：在网路电压相同时

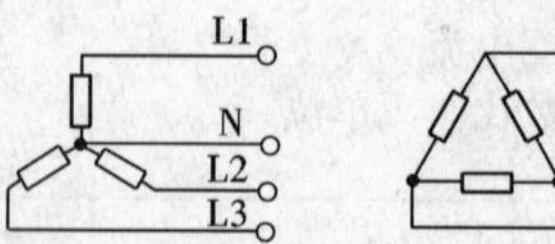

1.5-15 电功

$$W = P \cdot t = I \cdot U \cdot t$$

W——电功，Wh，kWh
P——功率，W
t——时间，h
I——电流，A
U——电压，V

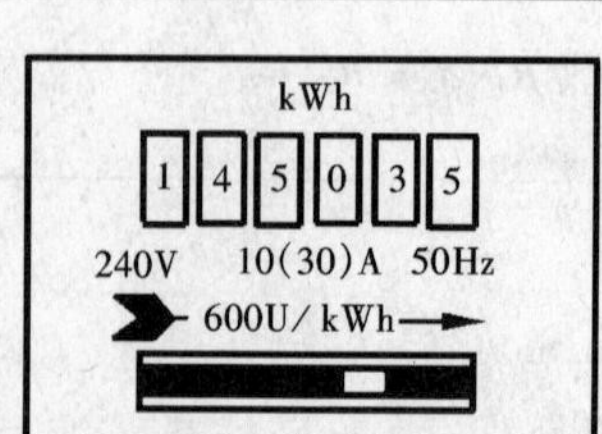

1Wh = 3600Ws
1kWh = 3600000Ws

1.6 控制和调节技术

1.6-1 控制和调节的作用

1. 减少燃料的消耗、能源的费用以及环境的负荷
2. 使得操作更少和更简单
3. 具有安全和防护功能，提高运行安全性，例如在有弊病时及时关断，避免运行故障，保护人和设备（例如在温度过高时）
4. 精确地保持所希望的或所需要的值（例如压力、流量、温度）
5. 改善热的舒适性（采暖、通风、空调）
6. 保护构件，例如防止腐蚀（锅炉）、污染（过滤器）、溢水等
7. 精确地保持室内空气的状态，来提高经济性（生产率）
8. 遵守法规（例如供热设备的、热防护的、环境保护的规定）

1.6-2 调节回路的表示（举例：室温的调节）

调节回路是由两个主要部分组成	1. 调节装置：探头（测量部件），调节器，伺服驱动装置 2. 调节对象：执行机构（这里是阀门），散热器，室温影响

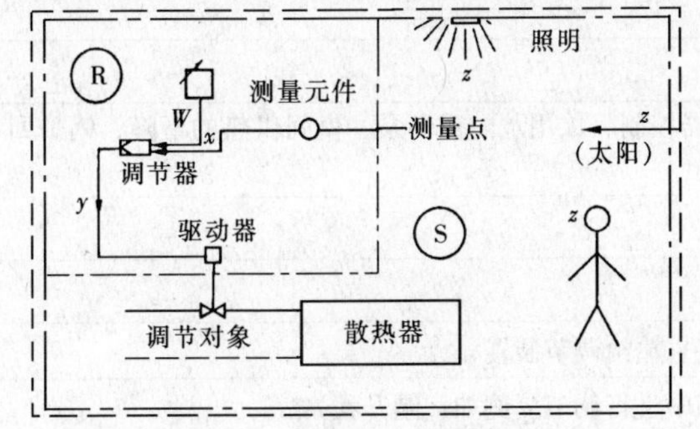

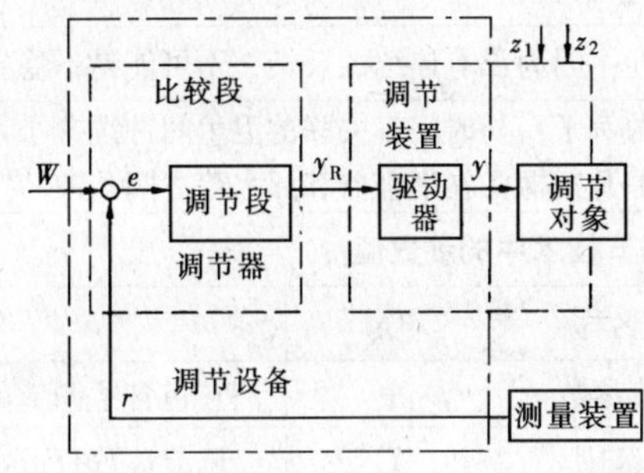

含6个调节回路组单元的方框图（信号流程图）

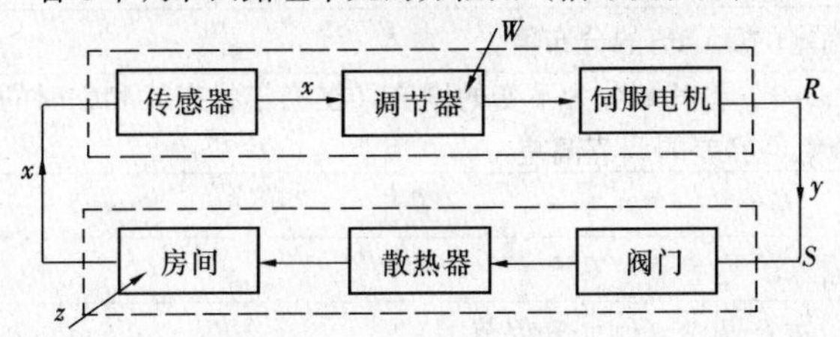

调节是一个连续的、将调节参数与指令参数相比较、然后给予相应的均衡影响的过程

注意：测量－比较－调节

1.6-3 调节回路的其他例子（德国）

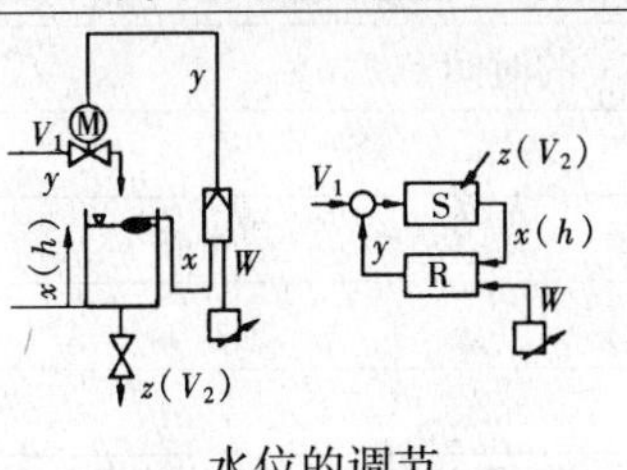

水位的调节

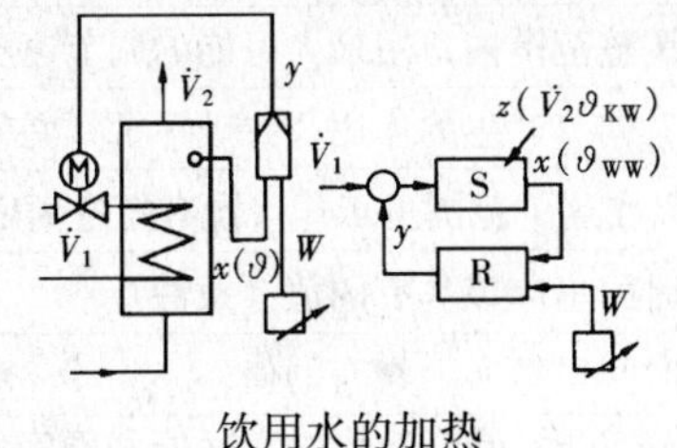

饮用水的加热

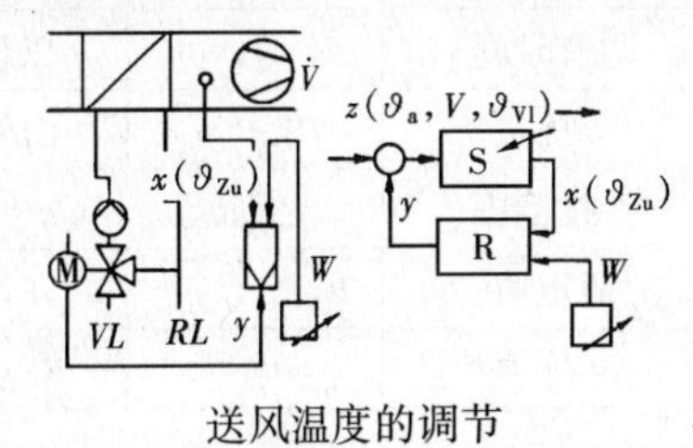

送风温度的调节

1.6-4 调节的分类、划分的依据和区别特征

分类依据	种 类 和 特 征
按调节参数	温度调节器，湿度调节器，压力调节器，通风调节器，水位调节器
按调节能源	无辅助能源的调节器、电动调节器、气动调节器、电子调节器
按调节性质（传递性）	非连续性调节器（开关式调节器）：两点式调节器，多点式调节器 连续性调节器：P（比例式）调节器，I（积分式）调节器，PI（比例-积分式）调节器
按指令参数 w	恒量调节（w 调节在一个固定的值）；跟踪调节（调节参数值随着变动的指令参数值而变动）；程序调节（根据时间计划给出指令参数的跟踪调节）
按信号作用[1)]和信息描述	时间连续性调节（调节参数非中断的调节）；多参数调节（最终调节参数取多个不同的值－2点式、3点式调节器）；断续调节（调节参数在一定的时刻连续地重复更正与指令），适配调节，模拟调节，数字调节，DDC（直接数字控制）

[1)]信号＝信息的描述，与传递、加工和储存有关

1.6-5 调节和控制的比较

<table>
<tr><th>原理图</th><th>原理和信号流程图</th><th>作用、解释和举例</th></tr>
<tr><td>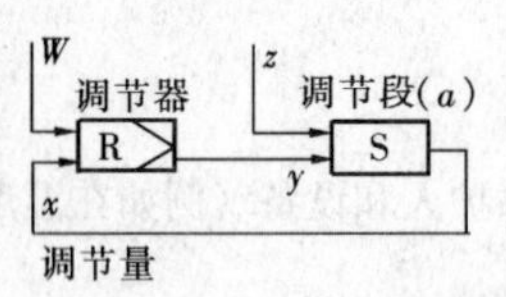</td><td>调节回路：封闭的作用过程
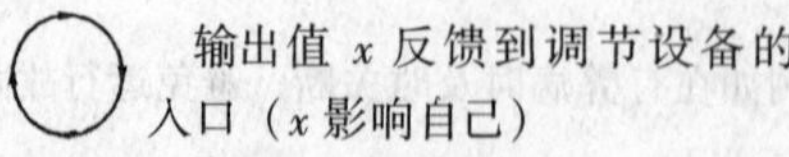输出值 x 反馈到调节设备的入口（x 影响自己）</td><td>一个参数保持规定的值。如图（a）所示，测量室温 θ（$=x$），再调节器中与 w 进行比较，如果需要的话，通过阀门的调节又可以达到规定值</td></tr>
<tr><td colspan="3">稳定性：在进行灵敏调节时，由于反馈，可能处于不稳定状态</td></tr>
<tr><td colspan="3">其他的例子：锅炉温度的调节、压差的调节（例如水泵）、供水温度的调节、湿度的调节、送风温度的调节、饮用水加热的调节</td></tr>
<tr><td>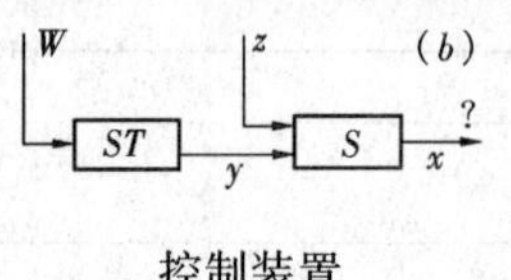控制装置</td><td>控制回路：开式的作用过程
输出的值 x 不需要监控，也不必送到比较机构 = 没有反馈</td><td>有目的地影响一台设备或仪器。例如在图（a）中，由室外温度（没有测量室温 θ_1）来控制阀门的调节（调节供水温度）</td></tr>
<tr><td colspan="3">稳定性：因为没有连续的反馈，不可能是不稳定的状态。</td></tr>
<tr><td colspan="3">其他的例子：与时间有关联的卫生间冲洗（小便斗）、燃烧器控制、饮用水的循环泵、夜间供热的下降、锅炉回水温度的提升（探头在集水器和回水箱之间）</td></tr>
</table>

1.6-6 调节技术中的参数值

参数名称	符号	含义
被调节参数	x	它包含了调节的目的，并将它输给调节装置
调节范围	X_h	调节参数只可以在这个范围中进行调节（例如：阀升程）
反馈值	r	由测量调节值 x 引起的、送入比较点的值
指令参数	w	从外部输入的、让调节器确定的额定值的分布值
静差（余差）	e	在比较元件中形成的差值 $w-r$。将其划分为不变的调节（在稳定状态）和临时的调节（根据 w 的变化）。要避免负静差的调节偏差
调节输出值	y_R	调节装置的输入值
调整值	y	将调节装置的作用传递到输入段
调整范围	Y_h	调整值 y 在这个范围里可以进行调整（例如升程范围）
调节速度	v_y	用 y 改变的速度（例如阀门的关闭）
调节时间	T_y	在整个调整范围内，用最大可能的调节速度调整 y 的时间
干扰量	z	由外部对调节产生的作用，并破坏了"调节保护"
干扰范围	Z_h	x 值可以在这个范围里工作（没有超过额定偏差）
额定值		在观察时间里应该具有的值（条件）
实际值		在观察时间里事实上具有的值
额定值偏差	x_w	$=x-w=-e$，调节参数的实际值和额定值的差。如果实际值大于额定值，它是正值
调节装置		根据任务，通过执行机构来影响调节对象
调节对象		影响终端的系统部分；输入参数 y、输出参数 x、z 的影响
调节器		由比较元件和调节机构组成的功能单元
调节机构		由静差 e 来产生调节器的输出参数 y_R
测量装置		用来接受、校正、传输和输出参数
测量元件		感受实际值的装置（例如室温传感器、湿度传感器）
测量点		由测量元件来感受要调节的参数的地方
执行机构		接受 x 的影响和"抵制" x_w 的构件

1.6-7 执行机构一览表

执行机构	结构类型	调节方式
截止阀	直杆、斜杆	阀升程调节
旋塞	2通、3通、4通	旋转调节
混合阀	三通、四通	旋转调节
闸板	没有/有挡块	旋转调节
水泵	离心式、轴流式等	转数、频率
风机	离心式、轴流式	转数
燃烧器	单级、双级	燃料、功率
电动执行结构	继电器、接触器、各种开关、调节式变压器	开关调节、线圈调节、压力调节

执行机构和传感器的安排

调节器 AF K K FT K 操作设备 RF KTF VF VF_B M M M

1.6-8 室内和室外温度传感器位置安放的要求

室内温度传感器对温度应该灵敏

1. 安装在地板上方约1.5m高
2. 避免安装在太阳直接辐射和穿堂风处
3. 不要安装在邻近热源处（散热器、灯等）
4. 不要安装在冷的和热的墙壁上（外墙、烟囱）
5. 不要安装在壁龛内（热对流差的位置）

室外温度传感器应该尽可能使 θ_o 正确。

1. 避免强烈的太阳辐射（尽可能在东北面）
2. 不要安装在排气口、窗户和烟囱的上方
3. 避免安装在壁龛、楼顶和阳台突出物处（热对流差）
4. 传感器上不要粉刷和油漆
5. 要安装在保养和检修时易于到达的地方（或设梯子）

1.6-9 比例调节器（P-调节器）、特征和曲线

对于每一个额定值的偏差，P-调节器都有一个从属的调整值，即在每个调节参数 Δx 改变时，调节器就会反应，产生一个与此成比例的调整值 Δy 的变化

例如

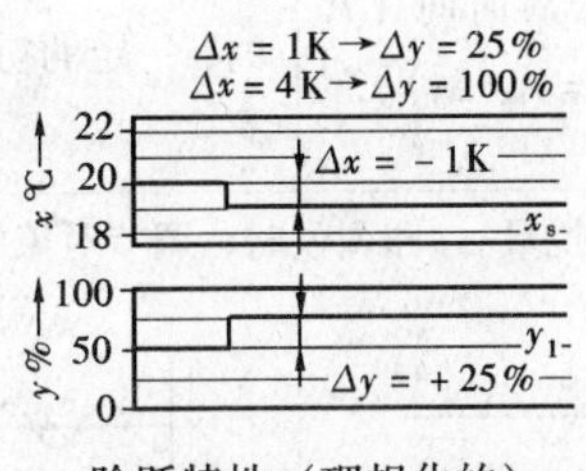

调节器的转换系数 $K_R = \Delta y / \Delta x$ 表示，当调节参数改变一个单位时调整值 y 如何变化：$\Delta y = K_R \cdot \Delta x$。在线性调节器上：$K_R = Y_h X_P$

阶跃特性（理想化的）

比例偏差是实际值与额定值的持久偏差（持久的额定值偏差）。当 X_P 减小时，它也变小。在负载状态大于50%时为负值，在负载状态小于50%时为正值

比例范围 $X_P = 4K$

调整值 y（%）	0	25	50	75	100
实际值 x_i（℃）	22	21	20	19	18
比例偏差 Δx_p（K）	+2	+1	±0	−1	−2

比例范围 $X_P = 2K$

调整值 y（%）	0	25	50	75	100
实际值 x_i（℃）	21	20.5	20	19.5	19
比例偏差 Δx_p（K）	+1	+0.5	±0	−0.5	−1

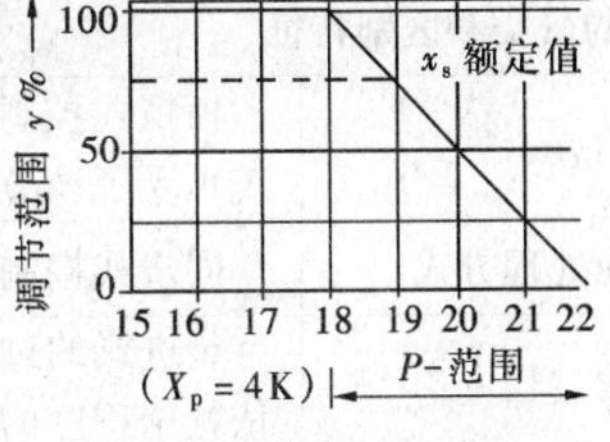

比例调节器静态特性曲线

比例调节范围 X_P 是描述调节器灵敏度的。它是改变调节参数 x 的范围，以使得调整值沿着整个调节范围顺次闭合（调整值 y 被 Y_H 所限定）

X_P 越小，调节差值或比例偏差就越小，但是就更容易波动

X_P 尽可能小（相当于K大）→调节精确（比例偏差小）

X_P 尽可能大（相当于K小）→调节稳定（没有波动）

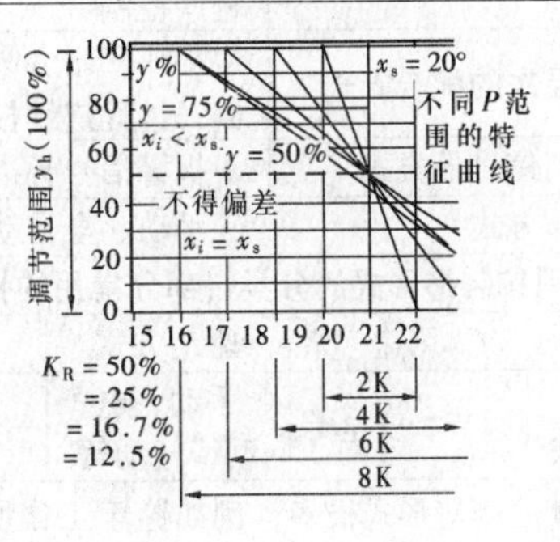

典型例子：温控阀（X_P 是在阀升程 0 和 100 之间改变体积流量的温度范围）、压差调节器、减压阀、温度调节器（饮用水的加热）

1.6-10　积分调节器（I）和比例—积分调节器（PI）—阶跃响应

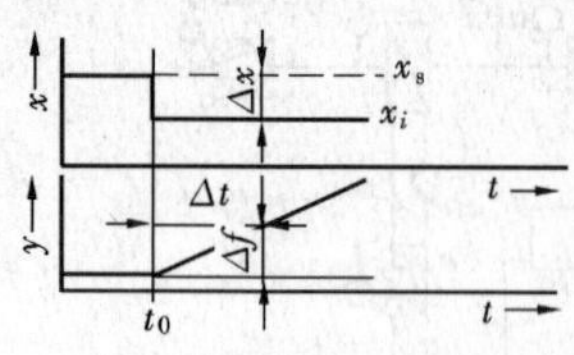

I—调节器：

• Δx 与调整值 y 的时间积分成比例

• 比例与调节速度有关系

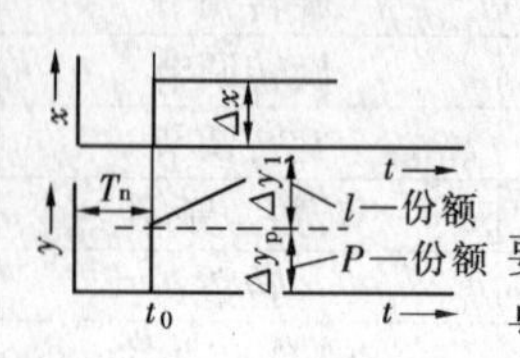

PI 调节器：

$$\Delta y_{PI} = \Delta y_P + \Delta y_I$$

T_n = 再调整时间，是使得要达到相当于 P 部分调节信号变化的量相等而在调节器中 I 部分所需要的时间

1.6-11　调节对象、调节性质、调节参数的阶跃响应—波动性质

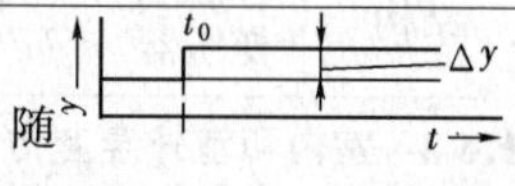

1. 调节对象（在调节点和测量点之间的设备部分）是受影响的设备范畴

2. 人们将之划分为自均衡调节对象（P-调节对象）和无自均衡调节对象（I 调节对象）。随着 X 的变化，在时间上方产生了跳跃式的调整值的改变 Δy：

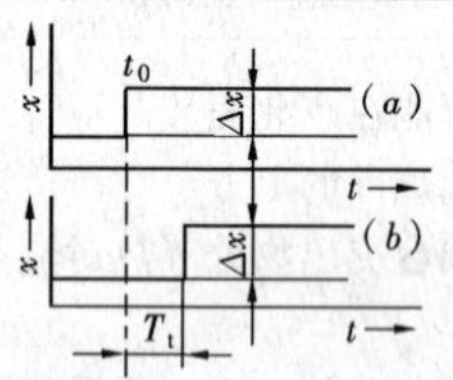

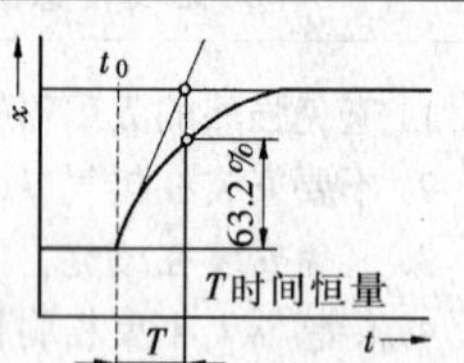

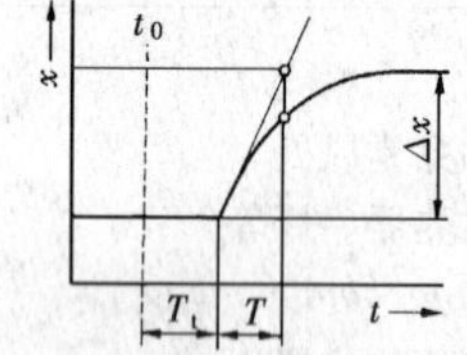

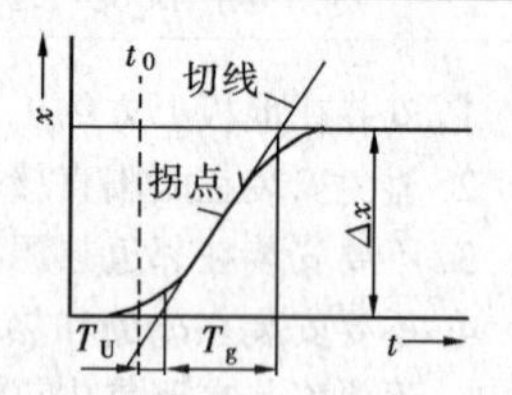

（a）无延迟的调节对象（x 紧跟着 y） （b）随着滞后时间（T_t（根据 T_t，$\Delta x = K_s \cdot \Delta y$）	第一级调节对象 x 紧随着没有滞后时间 T_t 的、一定的初始速度变化	第一级有滞后时间的调节对象 T_t = 直至调整值改变时、在测量点实际值变化的时间	第二级和高一级调节对象 T_u = 延迟时间，T_g = 均衡时间，$S = T_u/T_g$ 是调节对象的难度

在产生了干扰量 Δz 和调整时，调节对象的波动性质

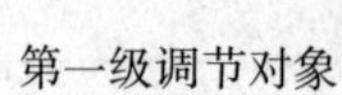

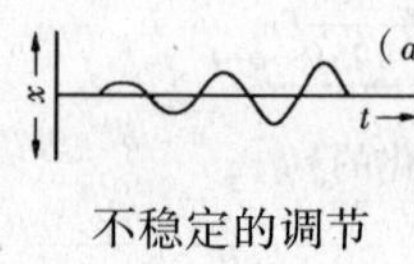

不稳定的调节

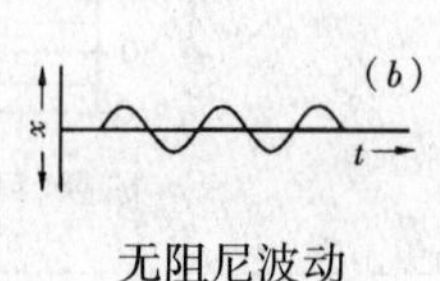

无阻尼波动

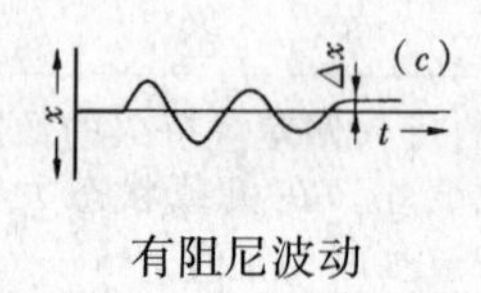

有阻尼波动

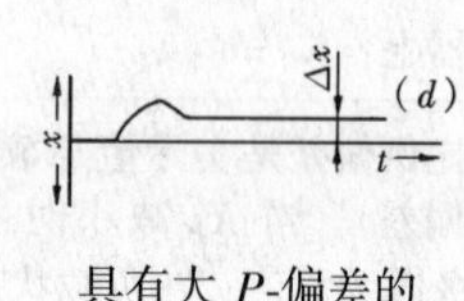

具有大 P-偏差的

1.6-12　控制的分类和区别特征

根据信息的表示方式	模拟式控制（也称为时间-位移计划控制）；数字式控制（DDC-控制，当一个计算系统承受了调节任务并立即影响执行机构）；二进制式控制
根据信号的处理方式	同步式控制（依赖于节拍）；异步式控制（无节拍）；联动式控制
根据控制的过程方式	步进式的过程（通常是程序设计好的）；时间制导式控制（时间元件，计时器等）；依赖于程序的控制（由控制设备给出信号）
根据程序的执行方式	联络程序式控制；储存程序式控制（程序在存储器里）；可任意编程序的控制；置换程序控制
根据分层次的配合方式	单独控制（例如手动或自动转换控制，储存，定位，观测，报警，放大）；组合控制；过程连续控制
根据控制信号的方式	报警信号，边界信号，输入信号，输出信号，响应，控制指令
根据操作方式	手动、全自动、半自动、调整（事先锁定的处理）

1.6-13　阀门按制造形式的分类（部分常用的）

结构形式	用途	驱动方式	特征曲线	阀门流通断面	材料	连接	填料函
通孔式 斜座直通式	调节、安全等	手动、电动、气动等	线形相同 百分数	圆形、圆锥形、逻辑门	灰口铸铁、炮铜、不锈钢	螺纹连接、法兰连接等	皱纹气囊、聚四氟乙烯等

阀门的其他制造形式很多，例如鉴于工作原理和用途的有电磁阀、温控阀、节流阀、截止阀、电动阀、止回阀、泄压阀、转换阀、过压安全阀、顺序串联阀、膨胀阀、点火燃气阀、主气阀、帽形阀、排空阀、减压阀、排气阀等

1.6-14 三通调节阀，流量调节阀的特征曲线

A	调节门	连接在	流量变化的管段上（功率受影响）
B	旁通门		互补的流量变化的管段上（调整）
AB	叠加门		流量恒定的管段上（总的体积流量）

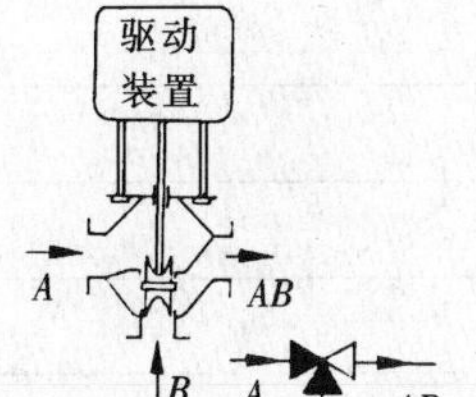

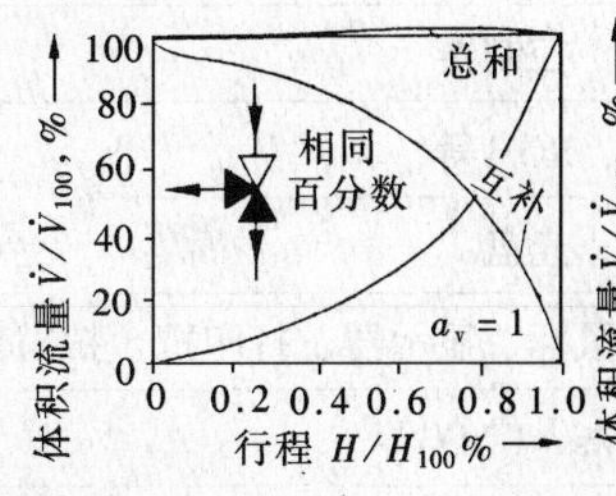

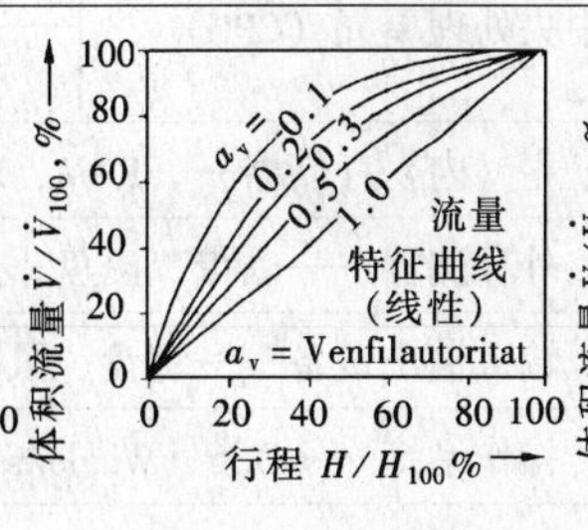

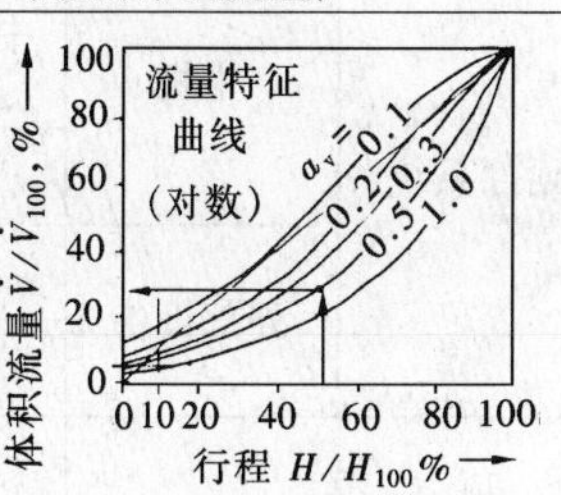

三通阀：用做混合阀	三通阀：用做分配阀
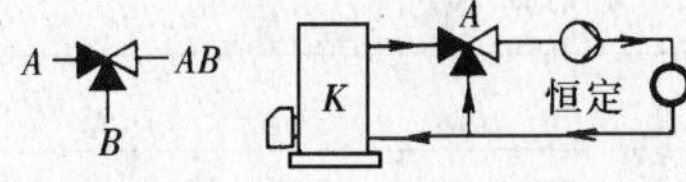	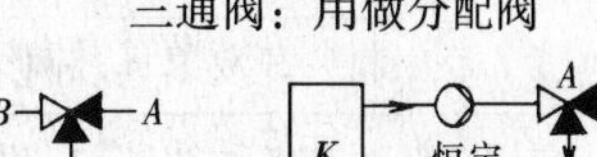

1.6-15 根据曲线、k_V 和 k_{VS}值计算和选择阀门

k_v 值	阀门在压力降为 1bar 时的流量（m^3/h）（k_{VS}的百分数）
k_{VS}值	在阀门全开启时（阀门升程 100%）的阀门系列的 k_V 值

由 $\frac{\Delta p_1}{\Delta p_2} = \left(\frac{Q_1}{Q_2}\right)^2$ 得出 $\frac{1\text{bar}}{\Delta p_{阀}} = \left(\frac{k_V}{Q}\right)^2$

$\Delta p = \left(\frac{Q}{k_V}\right)^2$	$Q = k_V \cdot \sqrt{\Delta p}$	$k_V = \frac{Q}{\sqrt{\Delta p}}$

例子：一调节阀 $k_V = 10m^3/h$，$\Delta p = 5000Pa$，$Q = 2200m^3/h$。

$$Q_{100} = 10m^3/h \cdot \sqrt{\frac{0.05\text{bar}}{1\text{bar}}} = 2.23m^3/h$$

（与曲线比较）

水的密度 $\rho = 1000kg/m^3$

阀门许可系数 α_V（阀门的压力损失占总压力损失 $\Delta p_{总}$ 的份额）

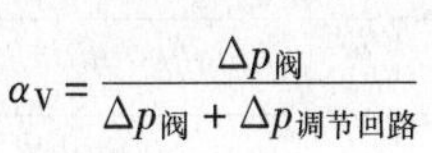 $\alpha_V = \frac{\Delta p_{阀}}{\Delta p_{阀} + \Delta p_{调节回路}}$	根据调节任务，α_V 值应该在 0.3 ~ 0.6 之间

$\Delta p_{调节道路}$ = 受调节阀影响的回路的压力降

体积流量 m^3/h

k_V = 80, 63, 50, 40, 31.5, 25, 20, 16, 12.5, 10, 8, 6.30, 5, 4, 3.15, 2.50, 2.00, 1.60, 1.25, 1.00, 0.80, 0.63, 0.5, 0.4, 0.315, 0.25

Δp_Vmbar →

阀门中的压力降

1.6-16 流体开关（选择），比例式压力阀—设备

对用户的流量调节	对用户的混合量的调节 混合点在阀门之外	混合点在阀门上	对用户的流量调节	
2 5 A→AB 1 3	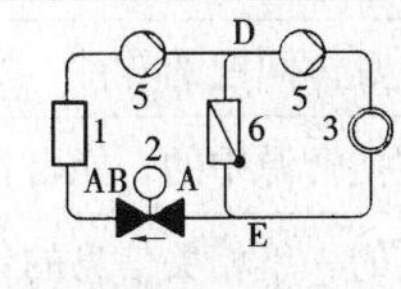	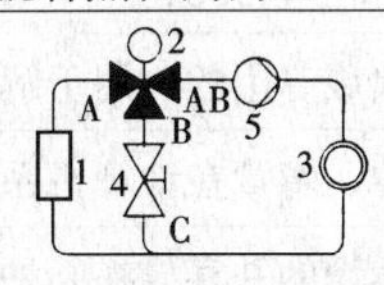	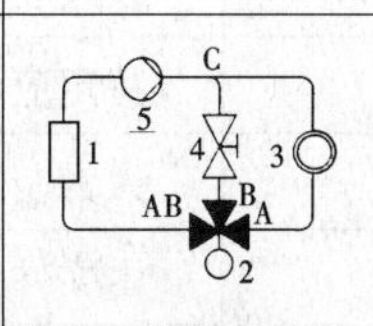	1. 产热或制冷设备 2. 执行机构（阀门） 3. 用户 4. 平衡机构 5. 循环泵 6. 止回机构
$p_{A-AB} = p_{AB-A}$	$p_{A-AB} = p_{AB-D} + p_{E-A}$	$p_{A-AB} = p_{C-A} = p_{C-B}$	$p_{A-AB} = p_{C-A} = p_{C-B}$	$\Delta p_{A-AB} = \Delta p_{阀}$

对用户的混合量的调节

所谓的注入式	混合，无压式用户
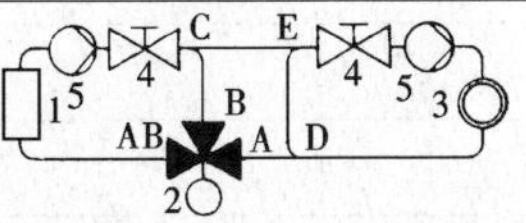	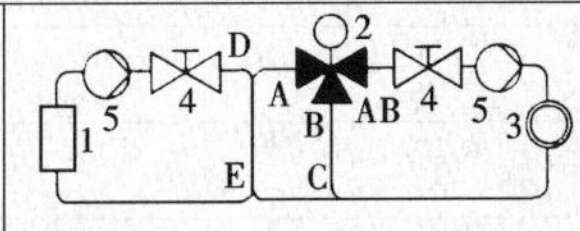

$p_{A-AB} = p_{D-A} + p_{C-E}$（需要仔细地平衡）

• 混合调节：当在用户回路中的体积流量 Q（通常）应该保持恒定时采用

• 流量调节：当在用户需要一个恒定的供给温度时采用（例如带去湿的空气冷却器、饮用水加热器）；三通设在回流管路上

• 有关 k_{VS}值的阀门选择

1.7 计算机基础知识

1.7-1 计算机的组成

硬件系统	主机	中央处理单元（CPU）	运算器
			控制器
		主（内）存储器——RAM、ROM 等	
	外部设备	外存储器——磁带、磁盘、光盘	
		输入输出设备——键盘、鼠标、显示器、打印机、扫描仪等	
软件系统	系统软件	操作系统——DOS、Windows、UNIX 等	
		程序设计语言处理软件	
		开发工具、网络软件、诊断软件	
	应用软件——各种软件包、网络套件、群件等		

计算机硬件系统的组成

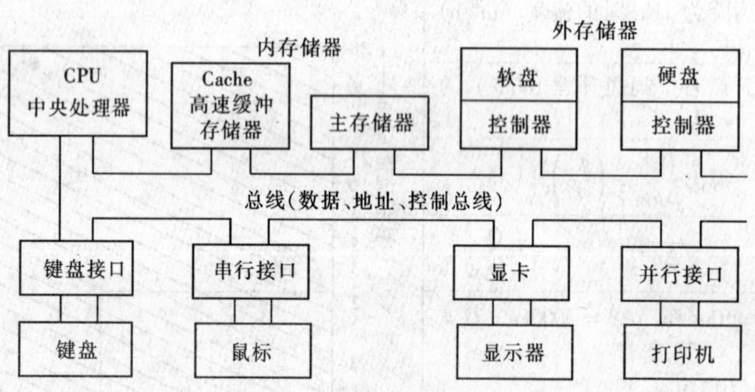

1.7-2 计算机的基本概念

名　称	作　用
中央处理器（CPU）	完成各种运算，并控制计算机各个部件协调工作
存储器	用来存储数据和程序的设备
输入设备	将外界信息读入计算机的设备
输出设备	将计算机处理或计算后得到的结果记录、显示或打印出来的设备
操作系统	直接管理和协调计算机系统的软、硬件资源，并能控制程序执行的系统软件
基本输入输出系统（BIOS）	存放在 ROM 中，提供对 PC 的 I/O 设备的最基本和初步的操作系统服务
应用软件	特定应用领域专用的，用于解决用户具体问题的软件
计算机病毒	人为制造的、隐藏在计算机系统的数据资源中的、能自我复制进行传播的程序
文件	由文件名标识的并存放在某种介质上的一组相关信息的集合
文件目录	是一组相关文件目录项的集合，其中包含了文件的若干属性
文件路径	文件在目录结构中的位置
桌面	占据整个屏幕的区域
窗口	桌面上的矩形工作区
菜单	多个命令项的集合

1.7-2 计算机的基本概念（续）

名　称	作　用
多媒体计算机系统	综合处理多媒体信息，使多种信息建立联系，并具有交互性
计算机网络	将地理位置不同、具备独立功能的多台计算机、终端及其附属设备用通信线路连接起来实现互相通信并共享资源
计算机通信	将一台计算机产生的数字信息通过通信信道传送给另一台计算机
电子邮件（E-mail）	通过因特网发送和接收的信件

1.7-3 MSDOS 命令显示文件目录

命　令	功　能	举　例	说　明
attrib	设置文件的属性	attrib test	设置文件 test 的属性：s－系统文件；r－只读文件
backup	磁盘备份	Backup c：*.* a：	把 c 盘根目录下的所有文件备份到 a 盘中
cd	改变目录	cd dbase	进入当前目录下的 dbase 目录
cls	清屏幕	cls	清除屏幕上的画面，并使光标移到屏幕的左上角
comp	文件比较	Comp x．bas y．bas	比较文件 x．bas 和文件 y．bas，并显示比较结果
copy	文件复制	Copy filel file2	拷贝文件 filel，并命名为 file2
data	设置系统日期	data 18-02-2002	设置系统日期：2002 年 2 月 18 日
del	文件删除	del large．dat	删除当前目录下的 large．dat 文件
dir	显示文件目录	dir dir *．bas dir/p；dir/w	显示当前目录清单 显示当前目录下扩展名为．bas 的所有文件分屏显示；多列显示
diskcomp	全盘比较	diskcomp a：b：	将复制好的 b 盘和 a 盘进行比较
diskcopy	全盘复制	diskcopy a：b：	将 a 盘上内容原样复制到 b 盘上
format	格式化磁盘	format a：	将 a 盘格式化
md	建立目录	md pascal	在当前目录下建立 pascal 子目录
print	打印文件	print lager．dat	打印文件 lager．dat
rd	删除目录	rd pascal	删除当前目录下的 pascal 子目录
ren	文件改名	Ren *．dat *．dbf	将扩展名为．dat 文件改名为扩展名是．dbf 的文件
sys	系统复制命令	sys a：	将 c 盘上的系统文件传送到 a 盘上
time	设置系统时间	time 20:10:00	设置系统时间为：20:10:00
type	显示或打印文件内容	type material．bas	显示文件名为 material．bas 的文件内容

1.7-4 程序流程图

标准程序流程图的符号

名　称	符　号	名　称	符　号	名　称	符　号
数　据		处　理		特定处理	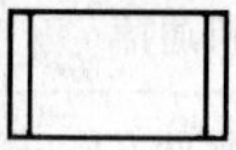
连接符	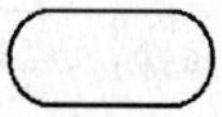	端点符	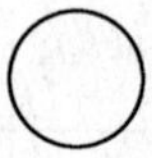	判　断	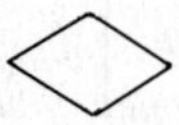
循环上界限		循环下界限	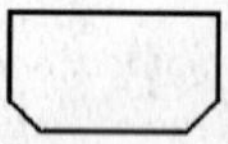	流　线	——
并行方式	══	虚　线	----	注释符	---[

1.7-5 程序设计的基本步骤

1. 分析问题、建立模型
2. 确定算法、画流程图
3. 编写程序
4. 调试运行程序
5. 建立文档资料
6. 程序维护

（流程图是程序设计中很有用的工具，它直观、清晰、易懂、便于检查、交流和修改，详细的流程图可以作为编写程序的依据。）

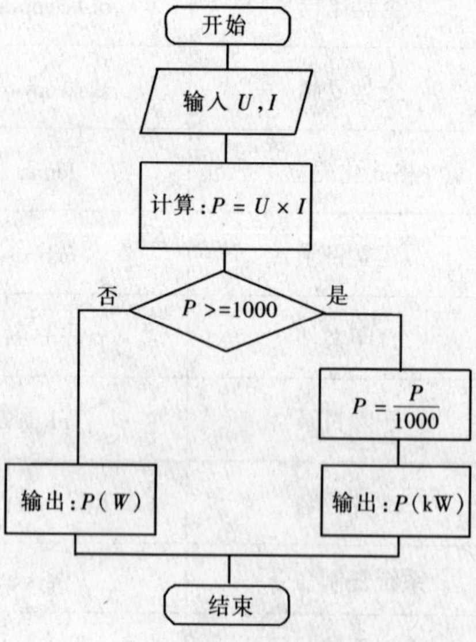

开始

输入 U, I

计算：$P = U \times I$

$P >= 1000$

否

是

$P = \frac{P}{1000}$

输出：P(W)

输出：P(kW)

结束

程序流程图图例

2 技术交流的工具

技术交流的工具，指的是有关绘图标准、图幅大小、比例、尺寸标注、作图原理、施工图的绘制与识读等方面的内容，它是工程技术各专业的基础知识，是建筑工程技术专业统一的标准，是建筑工程各专业所要共同遵从的。因此，我们称之为“技术交流的工具”

2.1 绘图标准

2.1-1 字体

工程图纸上常用文字有汉字、阿拉伯数字、拉丁字母，有时也用罗马数字、希腊字母。不论墨线图还是铅笔图，为避免模糊不清而出现不必要的错误，图纸上的文字均应用墨水书写，并应排列整齐，字体端正，笔画清晰，间隔均匀，不得潦草，以免错认或者辨认不清

给水排水专业
暖通专业
学生手册
ABCDEFGH
IJKLMNOP
QRSTUVWXYZ
1234567890
斜体字母：
ABCDEFGH
IJKLMNOP
QRSTUVWXYZ
1234567890

• 写字前，先打好控制大小的格子（小的数字和字母也可以只画上下两条控制线），待写好后擦去

• 书写汉字要采用简化汉字，遵从国务院公布的《简化汉字方案》和有关规定，并宜用长仿宋体字。书写时要求横平竖直，结构匀称，并注意起笔与落笔的笔锋。笔画的粗度一般为字高的1/20。国内的工程图纸不允许用繁体字

• 字体的号数（即字号），就是字体的高度，其系列规定为：2.5，3.5，5，7，10，14，20（mm）。该系列的公比为 $1:\sqrt{2}$。长仿宋体字的字宽即是小一号字的字高

• 长仿宋体汉字的字高不小于3.5mm，阿拉伯数字、拉丁字母、罗马数字的字高不小于2.5mm

• 字母及数字与汉字同行并列书写时，字高宜比汉字小一号或两号

• 字母“I”、“O”、“Z”不能单独使用，譬如纵向定位轴线的编号，以免与阿拉伯数字的“1”、“0”、“2”相混淆

• 阿拉伯数字、拉丁字母以及罗马数字可以根据需要写成直体或斜体，一般情况下手写体以斜体较多。斜体的倾斜度为向右侧倾斜15°，其宽度和高度与相应的直体数字及字母相同（如左图所示）

• 数字及字母的笔画宽度为字高的1/10

• 小写字母的高度是大写字母高度的7/10

• 数字、字母间的间隔为字高的1/5

首层平面图

南立面图

A-A 剖面图

字号及使用范围

字号	3.5	5	7	10	14	20
字宽	2.5	3.5	5	7	10	14
	详图的数字标题 标题的比例数字 剖面的代号 标题中部分说明 一般文字说明		各种图的标题		大标题 封面标题	
	尺寸、标高及其他数字		表格名称详图及附注的标题			

2.1-2 图线线型

在绘制建筑工程图时，为了表示图中不同的构配件及各种图示内容，并使之主次分明，易于识读，就必须使用不同粗细的多种线型。建筑工程图中的图线线型有实线、虚线、单点长画线、双点长画线、折断线、波浪线等

图线的线型、线型及用途

名称		线型	线宽	一般用途
实线	粗		b	主要可见轮廓线、新建的各种给排水管线、剖面图中剖切部分的轮廓线等
	中		$0.5b$	可见轮廓线、原有的各种给排水管线或循环水管线等
	细		$0.25b$	可见轮廓线、尺寸线、尺寸界线、标高线、图例线等
虚线	粗		b	新建的各种给排水管线、总平面中地下建筑及构筑物等
	中		$0.5b$	不可见轮廓线、原有给排水管线、拟扩建工程的轮廓线等
	细		$0.25b$	不可见轮廓线、图例线等
单点长画线	粗		b	结构图中梁和屋架的位置线、起重机轮廓线等
	中		$0.5b$	见有关专业制图标准
	细		$0.25b$	定位轴线、中心线、对称线等
双点长画线	粗		b	结构图中预应力钢筋线等
	中		$0.5b$	见有关专业制图标准
	细		$0.25b$	假想轮廓线、原始轮廓线等
折断线			$0.25b$	断开界线
波浪线			$0.25b$	断开界线、构造层次断开线

在建筑工程图中，不同的图线宽度是互成一定比例的，即粗线、中粗线、细线三者线宽之比为 b:$0.5b$:$0.25b$，其中粗线线宽为 b。为使线宽系列简单易记、方便使用，并有利于国际国内的统一标准及技术的交流，线宽之间采用 $\sqrt{2}$为公比，具体线宽组见下表：

线宽组

b	2.0	1.4	1.0	0.7	0.5	0.35
$0.5b$	1.0	0.7	0.5	0.35	0.25	0.18
$0.25b$	0.5	0.35	0.25	0.18	—	—

注意事项：

1. 虚线、点画线或双点画线的线段长度和间隔应相等
2. 点画线、双点画线在较小的图中可用实线代替
3. 点画线、双点画线的两端不应是点而应是线段
4. 虚线与其他线交接时应是线段交接（若工程管线实际确实未交接时除外）
5. 图线不得与文字符号重叠混淆，如不可避免时应避让文字符号，保证文字清晰
6. 虚线为实线的延长线时，不得与实线连接
7. 在绘制圆或者圆弧的中心线时，其圆心应为线段的交点，且中心线两端应超出圆弧 2～3mm
8. 折断线直线间的符号和波浪线均可徒手画出
9. 折断线和波浪线只可用细实线绘制

2.1-3 图纸幅面规格

建筑工程图为了合理使用图纸，图面简洁清晰，便于进行技术交流，方便设计与施工，以及图纸的装订与管理，应做到幅面规格基本统一。国家为此颁布并几次修订了国家标准《房屋建筑制图统一标准》，具体要求见下表：

图纸幅面规格

尺寸代号	幅面代号				
	A_0	A_1	A_2	A_3	A_4
$b\times l$	841×1189	594×841	420×594	297×420	210×297
c	10			5	
a	25				

1. 表中幅面尺寸为裁边后的尺寸
2. 从表中可知，A_0 的面积为 $1m^2$，A_1 号图幅是 A_0 号图幅对开，A_2 号图幅是 A_1 号图幅对开，余者类推
3. 图纸幅面尺寸系列的公比为$\sqrt{2}$，即 $L=\sqrt{2}B$
4. 图纸幅面通常有两种形式—横式和立式，常用形式为横式
5. 无论图纸是否装订，均应在图幅内画出图框，图框线用粗实线绘制
6. 为缩微摄影的方便，可采用对中符号，其线宽为 0.35mm
7. 必要时图纸可以加长，加长尺寸如下表：

图纸加长尺寸

幅面代号	长边尺寸	长边加长后尺寸
A_0	1189	1486，1635，1783，1932，2080，2230，2378
A_1	841	1051，1261，1471，1682，1892，2102
A_2	594	743，891，1041，1189，1338，1486，1635，1783，1932，2080
A_3	420	630，841，1051，1261，1471，1682，1892

2.1-4 标题栏

建筑工程图纸均有工程名称、图名、设计人、绘图人、设计号、审批人的签名及日期等，将这些内容集中放在图纸的右下角的标题栏内，标题栏也叫图标

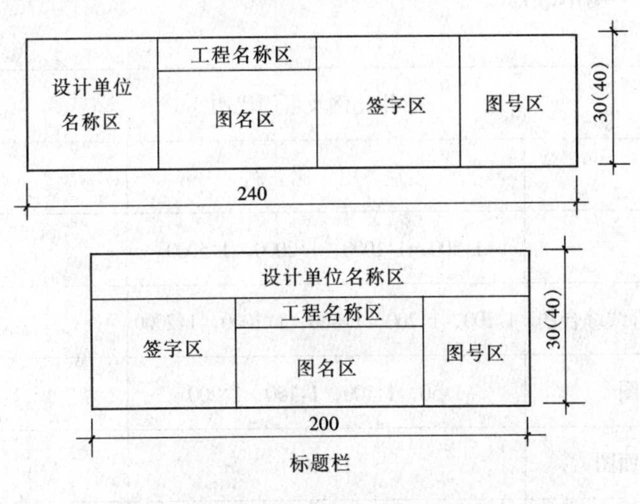

标题栏

2.1-5 会签栏

建筑工程图纸的会签栏是用作各工种负责人签字及其日期的表格，会签栏内应填写会签人员所代表的专业、姓名、日期等，其尺寸应为100mm×20mm，绘制会签栏的线宽为0.35mm

会签栏与图标一样，格式和内容均有一定的规定，有的设计单位也根据自己的需要自行确定

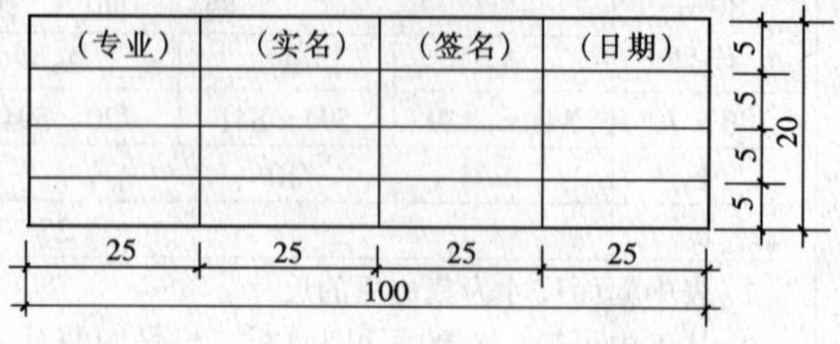

会签栏

建筑工程图纸的图框线和标题栏线的线宽见下表：

图框线和标题栏线的线宽（mm）

图纸幅面	图框线	标题栏外框线	标题栏、会签栏分格线
A_0，A_1	1.4	0.7	0.35
A_2，A_3，A_4	1.0	0.7	0.35

2.1-6 图名与比例

对于建筑工程制图，一般需要进行缩小后再绘制在图纸上；而对于一个很小的建筑构配件或某一局部，由于很小可能需要进行放大后再绘制在图纸上。图样中图形与实物之间相对应的线性尺寸之比，称为图样的比例

比例应以阿拉伯数字表示。比值为1的比例称原值比例，即1:1，比值大于1的称为放大比例，如2:1、5:1等；比值小于1的称为缩小比例，如1:2、1:50、1:100、1:500、1:1000等，一般建筑制图多采用缩小比例

比例宜注写在图名的右侧，其基准线应与图名字的基准线取平；比例的字号应比图名的字号小一号或两号，并在图名下画一条横粗线（注意：是一条而不是两条），其粗度应不粗于本图纸中所画图形的粗实线，并且，同一张图纸上的这种横线其粗度应一致。横线长度应以图名的文字所占长短为准，不要任意加长。例如：

首层平面图　1:100

在一张图纸当中，如果各图所用比例都一样的话，也可以把它们的共同比例统一写在图纸的标题栏内

实际绘制图纸时，应掌握好选用的比例，根据图样的用途及所绘物体的复杂程度，优先选用下表中的“常用比例”，特殊情况下也可选用“可用比例”

常用比例及可用比例

图　名	常用比例	可用比例
总平面图	1:500，1:1000，1:2000，1:5000	1:2500，1:10000
总图专业的竖向布置图、管线综合图	1:100，1:200，1:500，1:1000，1:2000	1:300，1:5000
平面图、设备布置图	1:50，1:100，1:150，1:200	1:300，1:400
图样内容较简单的平面图	1:200	1:400，1:500
大样详图	1:1，1:2，1:5，1:10，1:20，1:50	1:3，1:4，1:6，1:15，1:25，1:30，1:40，1:60

2.1-7 尺寸标注

在建筑工程图中，一般要求除了按比例绘制外，还必须准确、详细、完整地标注建筑构配件的实际尺寸，作为工程概预算和施工的依据。但水暖专业的系统图可不按比例绘制，也不标注尺寸，但应标注标高

2.1-7-1 直线尺寸标注

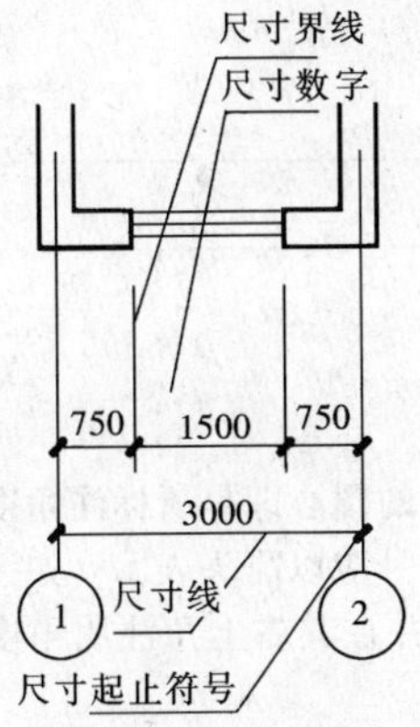

尺寸组成四要素

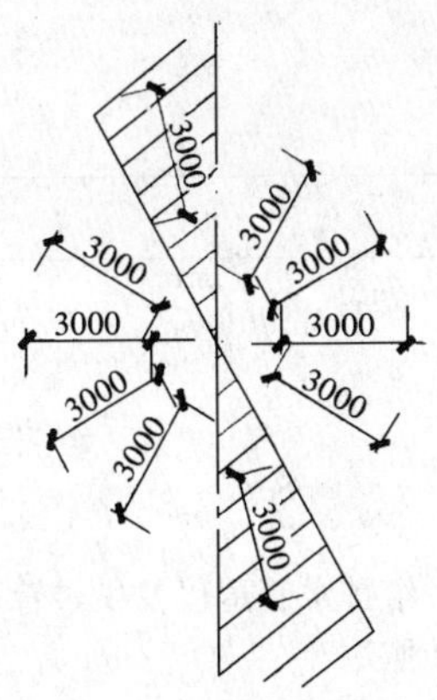

尺寸数字的读数方向

尺寸标注的组成：尺寸标注由尺寸线、尺寸界线、尺寸起止符号和尺寸数字组成

1. 尺寸线

①尺寸线应以细实线绘制

②中心线、尺寸界线等其他任何图线均不得用作尺寸线

③线性尺寸的尺寸线必须与被标注的长度方向平行

④两道尺寸线之间的间隔及其与被标注的轮廓线之间的间隔宜为 6～10mm

2. 尺寸界线

①尺寸界线应以细实线绘制

②一般情况下，线性尺寸的尺寸界线垂直于尺寸线，并超出 2～3mm

③尺寸界线与所标注轮廓线的距离不小于 2mm

④连续标注时，中间的尺寸界线可画得较短

⑤图形的轮廓线、中心线、定位轴线等可作为尺寸界线

⑥相平行的尺寸线的排列，由内向外宜为小尺寸、分尺寸、总尺寸

3. 尺寸起止符号

①尺寸起止符号应以与尺寸界线顺时针成 45°角，中粗斜短线绘制

②其长度宜为 2～3mm

③同一张图纸上尺寸起止符号的线宽度和长度应保持一致

④画 45°粗斜短线不清晰时，可改用箭头作为起止符号

⑤同一张图纸上的尺寸箭头应保持一致

⑥特殊情况下可用小圆点（直径为 1.4～2b）代替

4. 尺寸数字

①表示物体的实际尺寸，尺寸数字与比例无关

②建筑工程制图中，除标高及总平面以米计外，其余均以毫米为单位

③尺寸数字的高度为 3.5mm，最小不得小于 2.5mm

④尺寸数字宜注写在尺寸线上方的中部，应整齐、统一、端正

⑤若注写位置不够时，可采用错开或引出标注的形式

⑥尺寸数字的方向有水平、竖直、倾斜三种，注写尺寸的读数方向有一定的规定，应按左图的形式注写，不得倒写，以避免错读，比如数字 89 倒写时就成了 98，因此，必须按规定书写

⑦任何图线不得穿交尺寸数字，不可避免时图纸必须断开

⑧尺寸数字与尺寸线的间距为 1mm

2.1-7-2　半径、直径、球的尺寸标注	
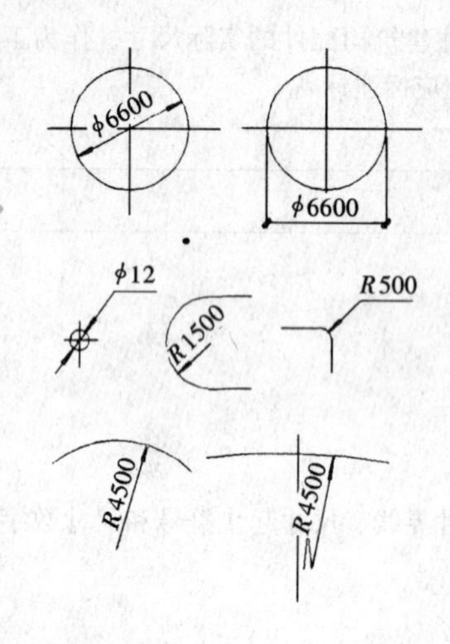	1. 半径尺寸线必须从圆心画起或者对准圆心 2. 直径尺寸线应通过圆心或者对准圆心；也可引用线性尺寸的标注方式 3. 半径数字前应加注半径符号“R” 4. 直径数字前应加注“ϕ” 5. 球的直径和半径数字，应分别在“ϕ”或“R”前再加写拉丁字母“S” 6. 半径数字、直径数字应沿尺寸线来注写 7. 标注半径、直径或球的尺寸时，尺寸线应画上箭头 8. 较小的圆或圆弧的直径及半径的尺寸线，可标注在外侧 9. 当圆心在有限的图纸空间以外时，半径尺寸线应画成折线状，并对准圆心
2.1-7-3　角度、弧长、弦长的尺寸标注	
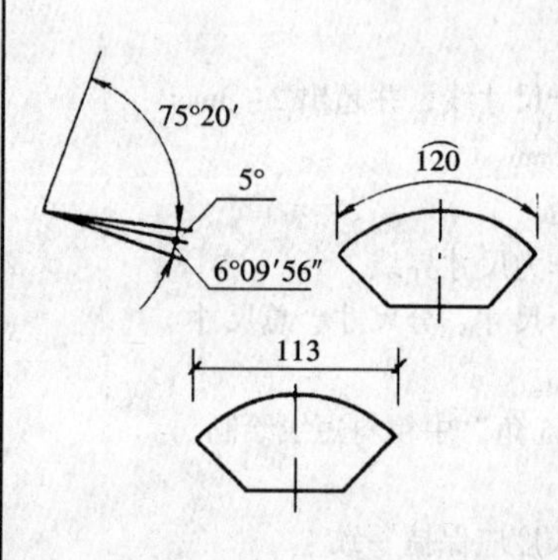	1. 角度　尺寸线应为细实线绘制的圆弧，该圆弧的圆心即是所标注角度的顶点，角度本身的两个边作为尺寸界线，尺寸起止符号应以箭头表示（如无足够位置可用圆点代替），角度的数字一律水平注写，并在其右上角注明角度的单位：度、分、秒 2. 弧长　尺寸线是以细实线绘制的该圆弧的同心圆弧，尺寸界线是垂直于该圆弧的细实线，尺寸起止符号以箭头表示，弧长的数字上方应加“︵”符号 3. 弦长　尺寸线是平行于该弦的细实线，尺寸界线为垂直于该弦的细实线，尺寸起止符号应以中粗斜短线表示（形同线性标注）
2.1-7-4　坡度的尺寸标注	
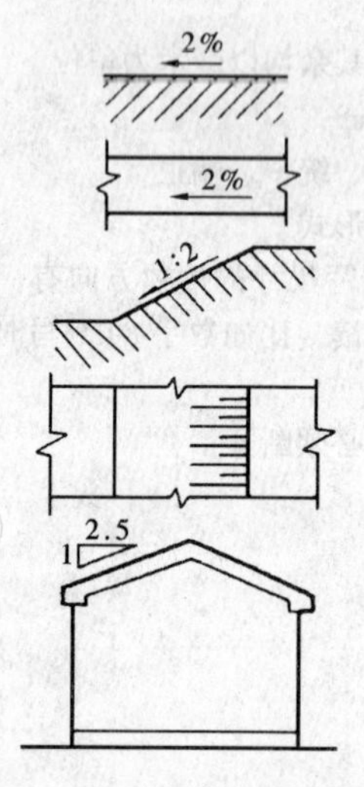	在建筑水暖施工图中，总平面地面雨水的排除、给排水管道以及供热管道的敷设等经常会有一定的坡度，我们需要掌握坡度的画法 标注坡度时，应加注坡度符号“←”。坡度符号是沿坡度方向以细实线绘制指向下坡的单向箭头（切记箭头方向是指向下坡，而非指向上坡），并在该箭头的一侧或一端标注坡度数字（数字形式为百分数、比例形式、小数均可） 坡度也可用直角三角形形式标注

2.1-7-5　标高的标注

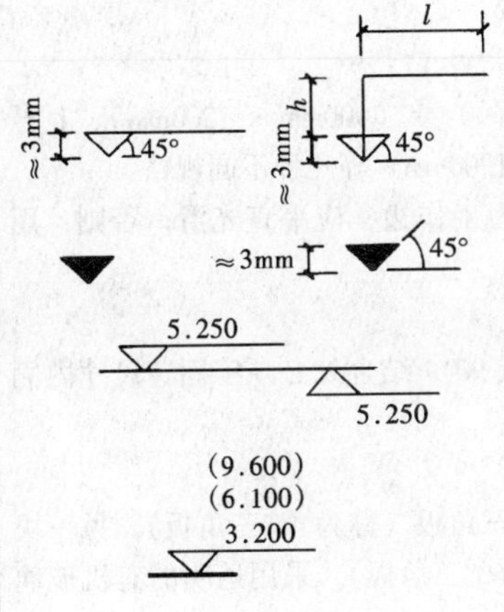

在建筑水暖施工图中，室内给水管道、采暖管道的管道中心，排水管道的管底和室外管道的管底均须标注标高，画法见左图

标高符号应以直角等腰三角形表示

当标注位置不够时，可采用引出的方法绘制，h 根据实际需要取适当高度，l 取适当长度注写标高数字

总平面图室外地坪标高符号，易用涂黑的三角形表示

标高符号的尖端应指至被注高度的位置。尖端一般应向下，也可向上。标高数字应注写在标高符号的左端或右端

标高数字应以米为单位，注写到小数点以后第三位。总平面图中可以注写到小数点以后两位

零点标高应注写成 ±0.000，正数前不加“+”，负数前应加“-”，例如 3.000、-0.600

在图样的同一位置需表示几个不同标高时，标高数字可按左图的方式注写

2.1-7-6　其他

连续排列的等长尺寸，可以用乘积的形式标注，即“个数×等长尺寸=总长”。比如，10个连续 100mm，可注写为“10×100=1000”

在单线图上，管线或杆件的长度，可直接将尺寸数字沿相应的杆件或管线的一侧注写，其尺寸读数规则如前所述

外形为非圆曲线的构件，可用坐标的形式标注尺寸，标注非圆曲线上有关的点的相应坐标

构配件内的构造因素（如孔、槽等）如果相同，可仅标注其中一个要素的尺寸。对称构配件采用对称省略画法时，该对称构配件的尺寸线应略超过对称符号，仅在尺寸线的一端画尺寸起止符号，尺寸数字应按整体全尺寸注写，其注写位置宜与对称符号对齐

2.2　基本几何图形画法

任何工程制图，都是由各种几何图形组合而成。对于几何图形，应能够根据已知条件，依照几何学的原理，及作图方法，利用制图工具和仪器准确地把它画出来。熟练掌握基本几何图形的画法，诸如：作直线的平行线、作直线的垂线、等分线段、画正多边形等，可以提高制图的准确性和速度，并保证制图的质量

2.2-1 绘图工具及其使用

绘图工具常用的有图板、丁字尺（或一字尺）、三角板、比例尺、曲线板和绘图仪器等

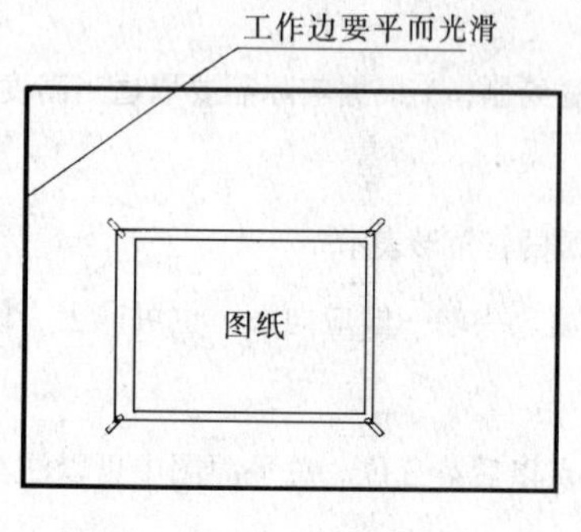

图板

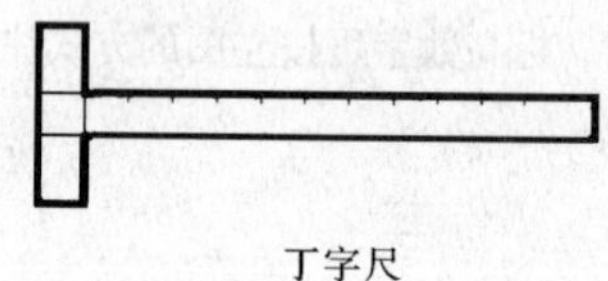

丁字尺

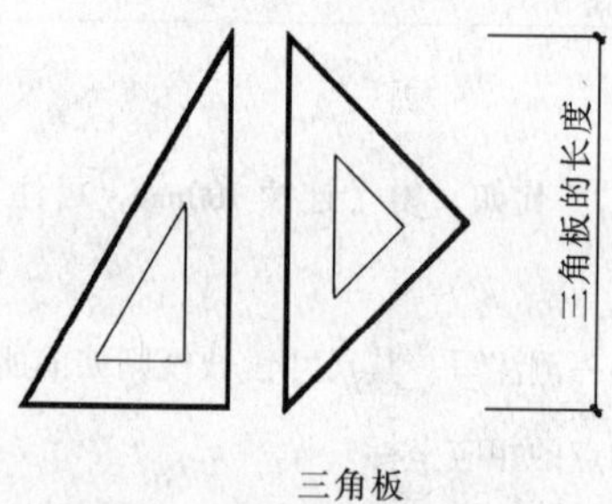

三角板

比例尺

1. 图板

2. 铺放图纸的长方形案板，有 0 号（900mm × 1200mm）、1 号（600mm × 900mm）和 2 号（900mm × 1200mm）等几种不同规格

图板四周镶有木制边框，其左边为工作边，应平直光滑，否则，用丁字尺画出的平行线就不准确

3. 丁字尺

丁字尺由尺头和尺身组成，二者成 90°，结合处必须牢固，尺寸内侧为滑动边应光滑平直，尺身带有刻度

4. 三角板

在一副三角板中有一块 45°的直角三角板（称为 45°三角板），另一块的锐角分别为 30°和 60°（称为 30°或 60°三角板），采用透明的有机玻璃制成，其规格有 200mm、250mm、300mm 等

5. 比例尺

多为三棱柱体，故又称三棱尺，三个面共有六种不同的比例刻度，绘图时可借助比例尺对实物进行缩放。例如，比例尺的刻度有 1:100，1:200，1:300，1:400，1:500，1:600

6. 铅笔

铅笔的种类很多，绘图铅笔上刻有表示铅芯软硬程度的代号，“B”表示软而浓的铅芯，“H”表示硬而淡的铅芯，并在代号前加阿拉伯数字“1～6”表示软硬的程度。在绘图时应保持铅笔具有较尖的铅芯头，以保证绘制线条的宽度均匀

7. 直线笔

直线笔又名鸭嘴笔，是用来画墨线的，它由笔杆和两片钢片组成，钢片带有螺母以调节线条的粗细。使用时应保证钢片外侧表面无墨水，以避免污染纸面，笔位应位于行笔方向的铅垂面内，使两钢片同时接触纸面并略向前倾斜。现在一般用绘图笔代替直线笔

8. 圆规和分规

圆规是画圆和圆弧的专用仪器，其附件有三种插腿：铅芯插腿、直线笔插腿、钢针插腿，分别可用来画铅笔线图、墨线图或当分规用。用铅笔画圆时，铅笔芯应磨削成 45°斜面并使针脚略长于铅芯

分规是用来量取线段和等分线段的工具。分规两腿均装有钢针，两针尖伸出应一样长，作图才能准确

其他绘图工具

除上述工具外，尚需有削铅笔刀、橡皮、擦图片、量角器、曲线板及掸灰屑用的小刷子和胶带纸等。这些工具均不难掌握。另外，绘图用的各种模板也可以大大提高绘图速度和质量

2.2-2 绘图的一般方法与步骤

绘制铅笔图

绘铅笔图分准备工作、绘制底稿、加深图线等步骤

绘图前的准备工作

①准备必要的绘图工具和仪器并擦拭干净

②按图样的大小和比例选择合适的图纸幅面

③将图纸正面向上用胶带纸固定在图板上（用橡皮擦，易起毛的为反面）

绘制底稿

①布图。根据所绘图样估计大小、图形及尺寸标注、文字说明的位置等，使图形分布合理、匀称、协调、美观

②确定先后顺序，依次绘制底稿

③用 H 或 2H 铅笔轻绘底稿。先画轴线后画墙线，先画主要轮廓后画细部

加深图线

①加深细实线、点画线、折断线、波浪线及尺寸线、尺寸界线等细的图线

②加深曲线或圆弧，先画粗实线后画虚线

③自上而下依次加深水平向粗实线

④自左向右依次加深竖直向粗实线

⑤自左上方或右上方加深倾斜粗实线

⑥加深中实线、虚线，次序与加深粗实线相同

⑦画材料图例

⑧写工程字

绘墨线图

绘制墨线图的步骤与绘制铅笔图一样，先主后次，先难后宜，先圆弧后直线

2.2-3 直线的平行线、垂直线及等分线段的绘制

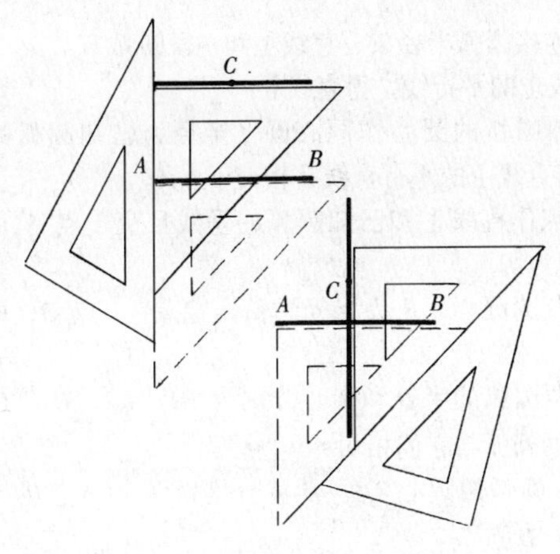

1. 过已知点 *C* 作已知直线 *AB* 的平行线

①将三角板的一直角边靠在直线 *AB* 上

②在三角板的另一直角边再靠上另一三角板（若点 *C* 到直线 *AB* 的距离较远也可以改为直尺）

③滑动前一三角板至 *C* 点

④过 *C* 点画一直线即为所求直线

2. 过已知点 *C* 作已知直线 *AB* 的垂线

①用 45°三角板的一直角边对准直线 *AB*

②在其斜边靠上另一三角板或直尺

③使前一三角板沿直尺滑动，且其另一直角边对准点 *C*

④过 *C* 点画一直线即为所求直线

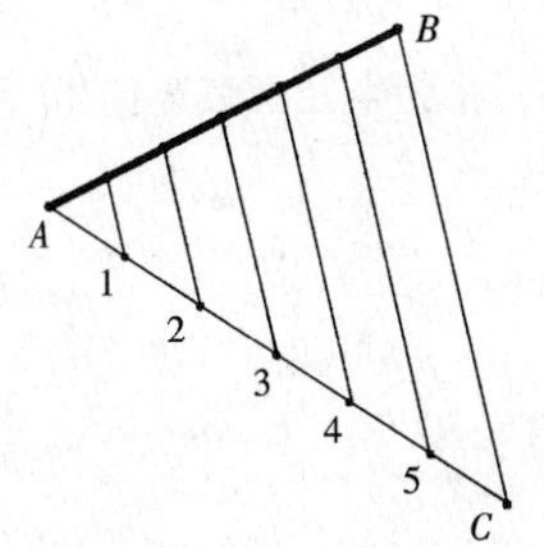

3. 等分线段 *AB*

①过点 *A* 作任意直线 *AC*（线段的任一端点均可）

②用直尺或分规在直线 *AC* 上截取等分的份数（本例为 5 等分），得 1，2，3，4，5，各点

③连接 *B*5 两点

④过其余的 1，2，3，4 各点作 *B*5 的平行线，交于线段 *AB* 的各点即为所求的等分点

2.2-4　正多边形的画法

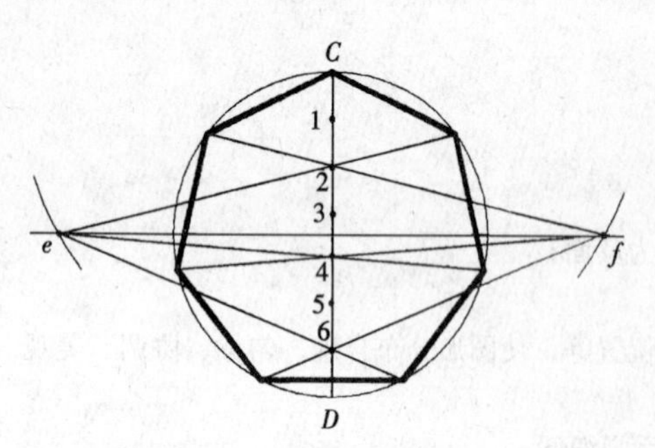

圆内接等边三角形、正方形、六边形都可以运用丁字尺和两个不同角度的三角板直接绘出，这里从略，仅介绍一般正多边形的近似画法。以正七边形为例

①将圆的直径 *CD* 等分为七等分（方法如前所述）

②以 *C* 点为圆心，以 *CD* 为半径画弧；该弧交于圆的对称中心线（垂直于直径）*CD* 于 *e*、*f* 两点

③分别自点 *e*、*f* 连直径 *CD* 上的双数等分点，得到与圆周相交点 *g*、*h*、*i*、*j*、*k*、*l*

④连接 *Cg*、*gh*、*hi*、*ij*、*jk*、*kl*、*lC*，所得图形即为圆内接正七边形

2.2-5　圆弧连接

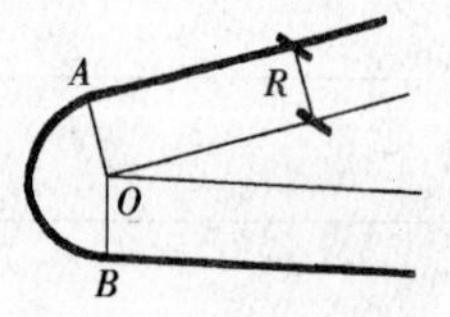

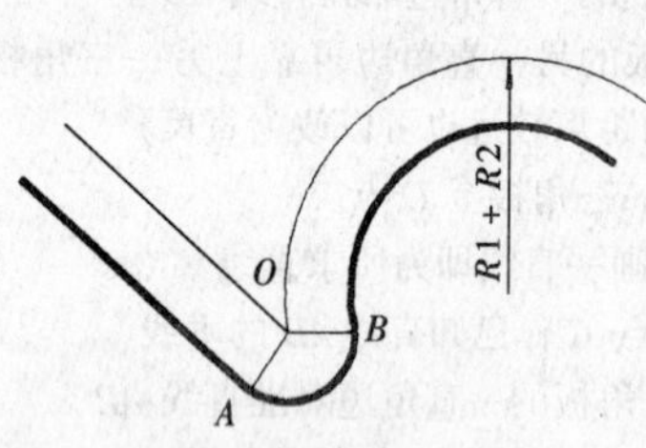

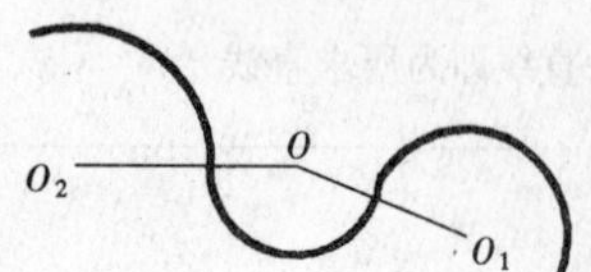

1. 已知连接圆弧半径 *R*、两直线Ⅰ、Ⅱ

①作两直线Ⅰ、Ⅱ的平行线，其间距为 *R*

②以上所作两直线Ⅰ、Ⅱ的平行线则相交于点 *O*

③过 *O* 点分别作两直线Ⅰ、Ⅱ的垂线并交于 *A*、*B*，*A*、*B* 两点即是切点

④以 *O* 点为圆心，以 *R* 为半径画弧连接点 *AB* 即得所要图形

2. 已知连接圆弧半径 *R*、直线Ⅰ和一段圆弧

①作直线Ⅰ的平行线，得直线Ⅱ

②过已知圆弧的圆心作同心圆（半径为已知圆弧的半径 + *R*），并与直线Ⅰ的平行直线Ⅱ相交于点 *O*

③过 *O* 点作直线Ⅰ和已知圆弧的垂线且交于点 *A*、点 *B*、*A*、*B* 点即为切点

④以点 *O* 为圆心，*R* 为半径画弧连接点 *A*、点 *B*，即得所要图形

3. 已知两圆弧的半径和圆心分别为 *R*1、*R*2，O_1、O_2，求半径为 *R* 的圆弧与它们相切

①过已知圆弧的圆心 O_1、O_2，分别以 $R_1 + R$、$R_2 + R$ 画弧，相交于 *O* 点

②连接 OO_1、OO_2，分别交已知圆弧于 *AB* 两点，*AB* 点即是切点

③以点 *O* 为圆心，*R* 为半径画弧连接 *AB* 两点，即得所要图形

2.2-6 椭圆画法

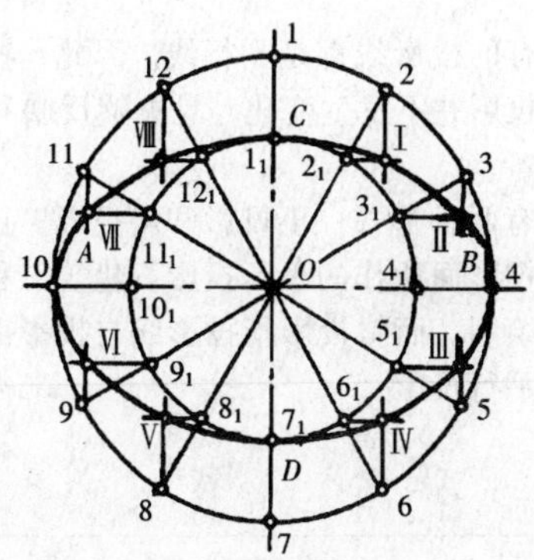

同心圆法

①以要画椭圆的长轴 AB 及短轴 CD 的交点（即椭圆心）O 为圆心，分别以 AB 和 CD 为直径画圆

②通过圆心作一定数量的直径，分别与两同心圆交得 1、2、3…以及 1_1、2_1、3_1…等点

③通过大圆上各点作垂线

④通过小圆上各点作水平线，交相应的垂线于Ⅰ、Ⅱ、Ⅲ…等点

⑤用曲线板光滑连接点 C、Ⅰ、Ⅱ、Ⅲ…等各点，即是所求的椭圆

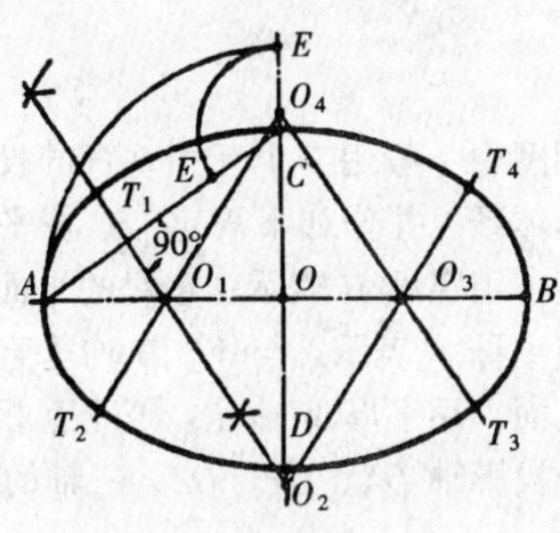

四心圆弧法近似椭圆

①定出椭圆的长短轴 AB、CD

②连接 AC，并作 $OE=OA$，又做 $CE_1=CE$ 及 AC 的中垂线

③该中垂线交长短轴于 O_1、O_2，同理得 O_3、O_4

④分别以 O_1、O_2、O_3、O_4 为圆心，以 O_1A、O_2C、O_3B 及 O_4D 为半径画弧即可得所求椭圆

2.3 基本投影与展开图

2.3-1 投影的概念

投影是假定一束光线，沿一定方向能够透过物体，在一个平面上产生图形

投影的三要素：投影线：投影所假定的光线

投影面：承受投影的平面

物体：指所求投影的物体

2.3-2 投影的分类

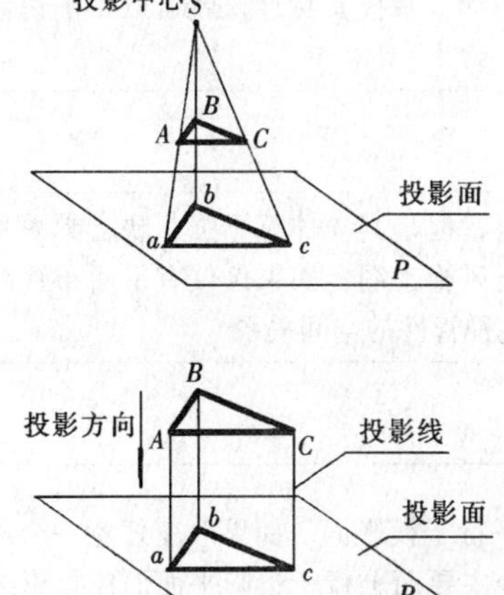

1. 中心投影

由一点发出的放射状的投影线作出的投影叫做中心投影

特点：投影线相交于一点（投影点相当于点光源）。因此，如果物体的位置移动，则其投影也随之发生变化

利用中心投影法可以绘制建筑的透视图。投影线的交点就是建筑物的灭点。对于水暖通风专业的图纸用处不大

2. 平行投影

用一束平行的投影线所作出的投影就叫做平行投影

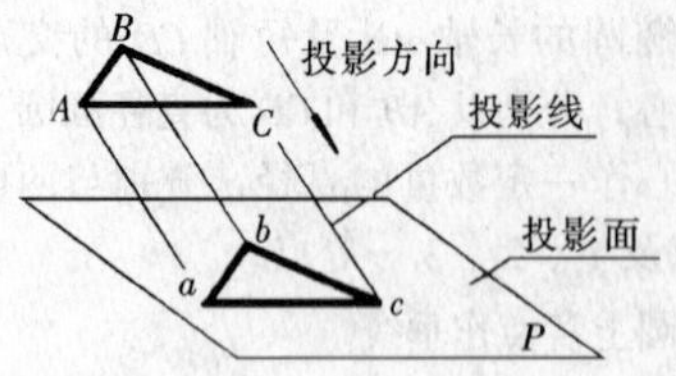

特点：所有的投影线都是平行线。因此，物体的位置移动时，其投影并不发生变化，且能够反映物体的真实形状和大小

平行投影有两种形式：正投影和斜投影。正投影指投影线垂直于投影面所作的平行投影。建筑工程制图即是依此原理而绘制。而斜投影指投影线与投影面有一定夹角时所作的平行投影

2.3-3　三面正投影

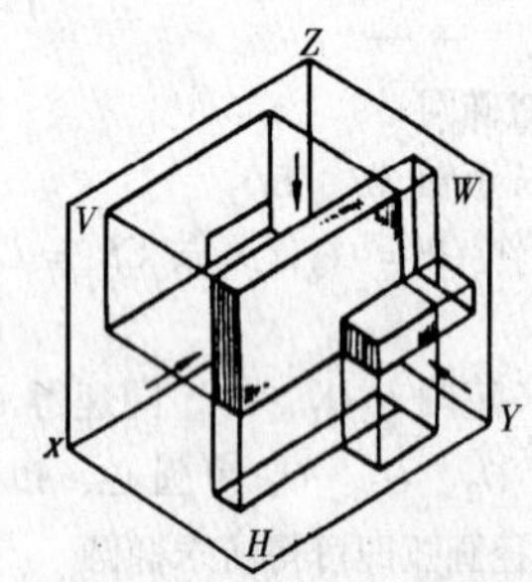

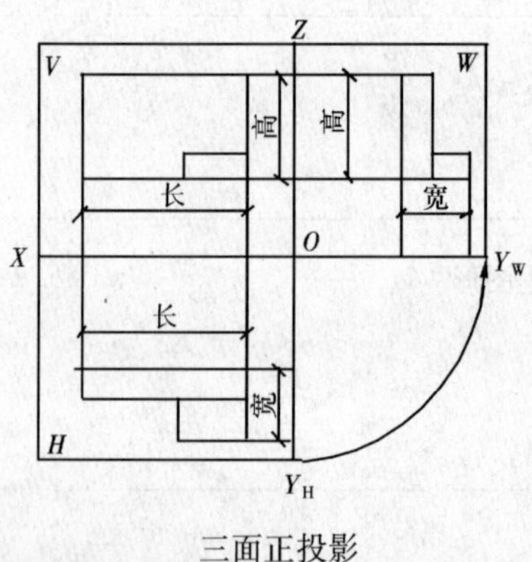

三面正投影

建筑工程制图中一般用三个互相垂直的投影面来建立一个三面投影体系，并作如下规定：水平平面叫水平投影面或水平面，用字母 H 表示；正对的平面叫正投影面或正立面，用字母 V 表示；与 V、H 均垂直的平面叫侧投影面或侧立面，用字母 W 表示。三个互相垂直的投影面相交于三个投影轴 OX、OY、OZ，三轴的交点 O 称作原点

三面投影尽管可以反映空间物体不同侧面的形状，但为了方便制图，就应该把三个投影面展开在一个平面上，有如下规定：V 面不动，H 面绕 OX 轴向下转 90°；而 W 面绕 OZ 轴向右转 90°

三面正投影的特性：V 面中反映形体的长和高；H 面中反映形体的长和宽；W 面中反映形体的宽和高。并在三个投影图中存在如下关系：V、H 面"长对正"；V、W 面"高平齐"；H、W 面"宽相等"。简单地说，"长对正，高平齐，宽相等"（简称为"三等"）即是其投影特性

建筑物的各部分，包括点、线、面以及体，均可以在三面投影图中准确的求出来，但因其技术性强，不容易理解，且水暖通风施工图的识读不需要太扎实的画法几何知识，只要理解其内涵，掌握其特性，就可以正确识读，故这里不再赘述

2.3-4　轴测投影

正投影法绘制的建筑工程图，尽管可准确反映空间物体的形状及大小，但是其立体感不强，缺乏制图基础的人难以看懂，而轴测投影图立体感强，弥补了三面投影的不足。对于水暖通风施工图，如果仅仅有平面布置图很难表达清楚，一般需要用轴测投影原理绘制的系统图，作为辅助样图，说明各种管件的空间关系

2.3-4-1　轴测图的形成

正投影的两个条件：一是投影线垂直于投影面；一是形体的主要面平行于投影面。如果改变任意一个条件，即保持投影线垂直于投影面而使形体倾斜于投影面；或者，保持形体的一个主要面平行于投影平面而使投影线倾斜于投影面。这样画出的能同时表达形体的长、宽、高三维形象投影图，称为轴测投影图，简称轴测图

2.3-4-2 轴测投影的种类

当投影线垂直于投影面，而形体倾斜于投影面所求得的轴测投影图，称正轴测

当投影线倾斜于投影面，而形体平行于投影面所求得的轴测投影图，称斜轴测

如下图所示：

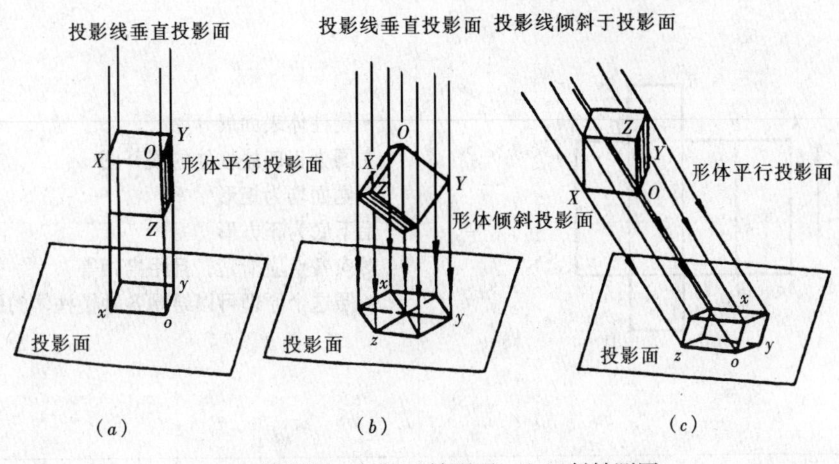

（*a*）正投影图；（*b*）正轴测图；（*c*）斜轴测图

2.3-4-3 斜轴测投影

在建筑工程制图中，绘制轴测投影图一般有四种方法：正等轴测、正二等轴测、正面斜轴测、水平斜轴测，水暖通风专业的系统图一般均采用正面斜轴测投影的画法。因为这种方法作图方便且较为美观

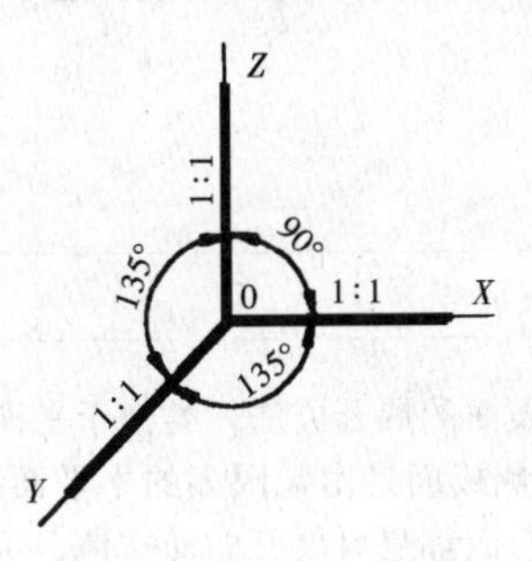

正面斜轴测的特性：

①*OX* 轴为水平轴，*OZ* 轴为铅垂轴，*OY* 轴与 *OZ* 轴的夹角为 135°，且 Y 轴方向可左可右（水暖通风专业的系统图习惯为左侧，见左图）

②三个方向的轴向变形系数：*OX*、*OY* 和 *OZ* 相等，且均等于 1

③轴测投影面与 *V* 面平行，因此 *V* 面上的投影在轴测投影面上反映实形

④轴测轴的方向可以取相反方向，画图时轴测轴可以向相反方向任意延长

⑤画图时，常把 *OX* 轴选定为左右走向的轴，*OY* 轴选定为前后走向的轴，*OZ* 轴为上下走向的轴

绘制正面斜轴测图，布图方向应与设备工程图的平面图一致，并宜按比例绘制。当局部管道按比例不易表示清楚时，可不按比例

2.3-5 展开图

把围成立体的表面，按其实际形状、大小依次摊平在一个平面上，称为立体表面的展开。立体表面展开后所得的平面图形，就叫展开图

在建筑工程中，用薄形材料（如钢板、薄钢板等）制作空心立体时（比如像暖通专业的空调通风管道），或制作各种钢筋混凝土构件支模板时，构件的外表面展开图就是施工下料的依据。因此，绘制构件的展开图对我们是十分有用的

画展开图的实质，就是求作立体表面的实形

2.3-5-1　平面立体表面的展开

平面立体的所有表面均为平面，只要求出其所有表面的实形，然后依次将它们摊开在一个平面上，就是该平面立体的展开图

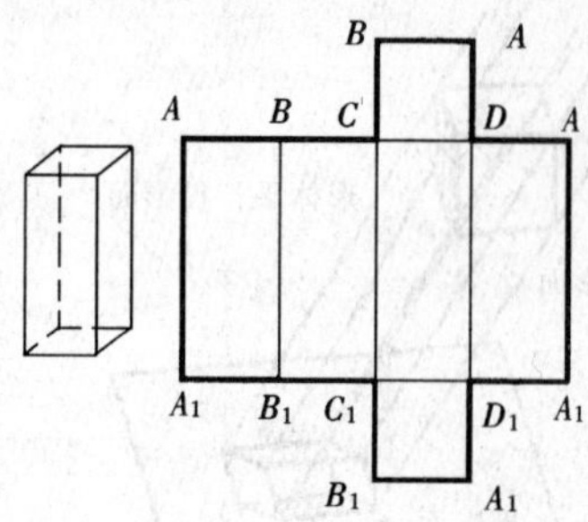

- 棱柱体表面展开图

左图为正四棱柱体的展开图
四侧面均为矩形
上下底为正方形
对应各点应清楚，且距离相等
依照这个原理可以绘制各种棱柱体的展开图

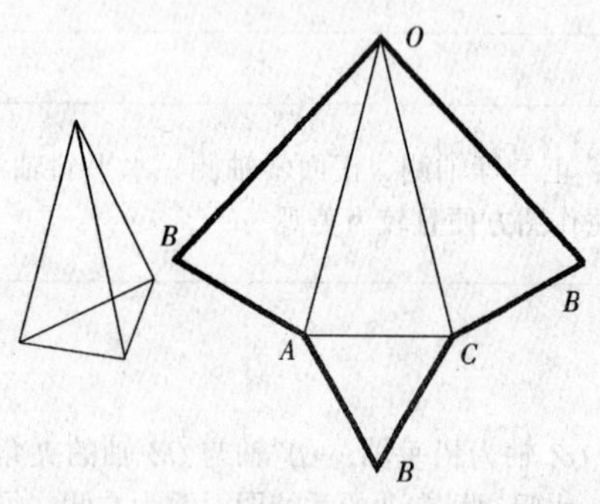

- 正棱锥体表面展开图

左图为正三棱锥体的展开图
其底面为等边三角形△ABC
可以利用投影的原理求出三棱锥体的棱长
同理可求出底边长
依照这个原理可以绘制各种棱锥体的展开图

2.3-5-2　曲面立体的展开图

曲面立体的曲面，有可展开和不可展开之分。由可展开曲面构成的曲面立体表面的展开方法，类似于平面立体的表面展开方法。譬如，圆柱体的外表面、圆锥体的外表面，我们可以想象为其侧棱面是由无限多的小平面组成的，即圆柱体和圆锥体设想为，其底由无限多条边组成的棱柱体和棱锥体。所以，它们都是可展开曲面立体，可以用以下介绍的方法求出。而对于不可展开的曲面若需要画展开图时，只能采取近似法来绘制

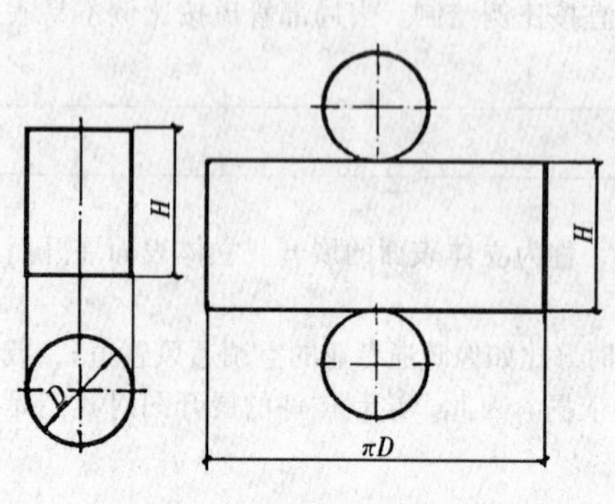

圆柱体的表面展开图
左图为高度为 H 的圆柱体的表面展开图
其上下底均为等于圆柱直径 D 的圆
中间部分为矩形，高 = H
长 = 圆周长 πD

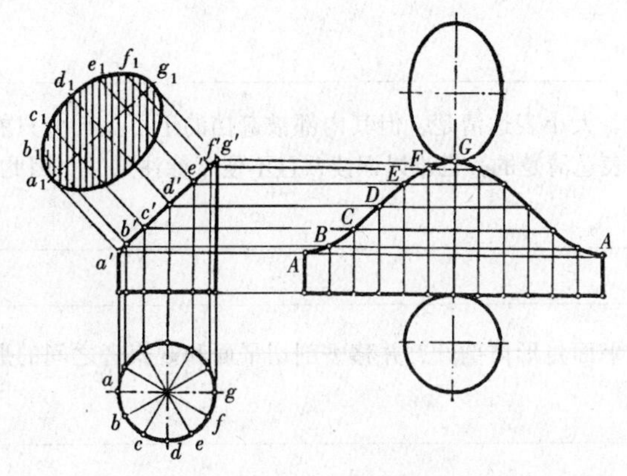

圆柱体被正垂面截断后的表面展开图作图步骤如下：

①将水平投影分为十二等分，并过各等分点作素线

②将圆柱体的底圆展开为直线（长为 πD），且分为十二等分，过各等分点作垂线

③在所作垂线上量取各素线长得点 A、B、C…，并用圆滑曲线相连接

④绘出底面的实形为圆

⑤其截面的实形为椭圆，并绘出

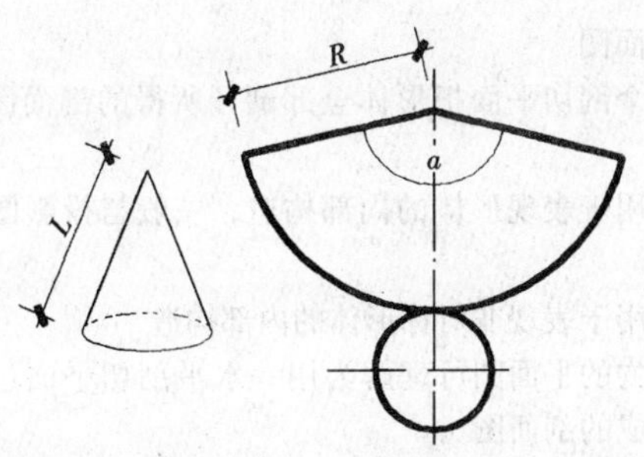

圆锥体的表面展开图

左图为正圆锥体的表面展开图

圆锥面展开后为一扇形：

半径 R = 素线实长 L

圆心角 $a = 180° \times D/L$

底面为圆形实形

2.3-5-3　变形接头表面的展开图

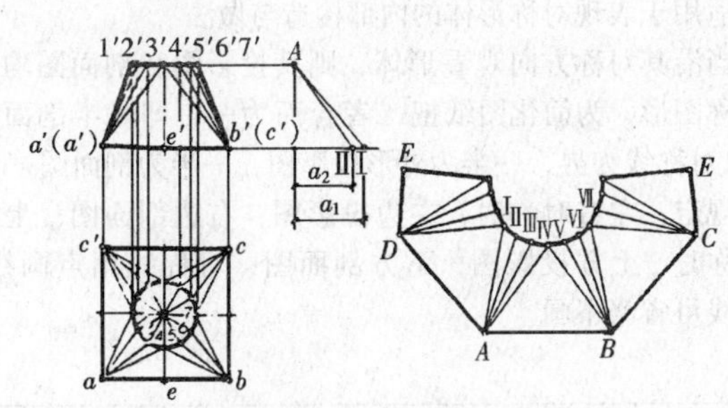

方圆接头的表面展开图

方圆接头可以一端接圆管，而另一端接方形管，在管道工程中有时会用到这种接头。它是由四个全等三角形和四部分完全相同的斜椭圆面组成的

作图时，只要分别作出三角形的实形以及椭圆部分的实形，并绘制出来即可

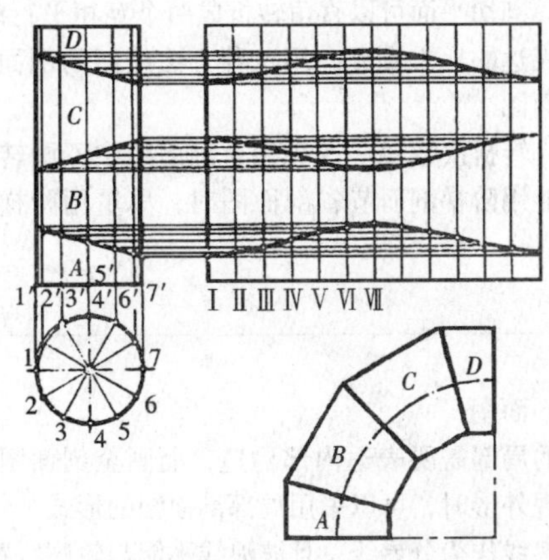

直角弯头的表面展开图

直角弯头可以用于需转弯的等径相交的圆管

其形状应该是四分之一圆环，但圆环为不可展开曲面，给加工带来很多麻烦，所以，加工时只能用若干段等径斜口圆柱相连（左图所示为四段组成）

如果我们将每隔一段的斜口圆柱体旋转 180°，就得到一个真正的圆柱体。可以看出，直角弯头是由一圆柱体用正垂面斜截加工而成的

因此，把圆柱体展开后，再画出截交线的展开图即可

2.4 剖面图与断面图

利用三面投影原理及轴测投影原理，可以把形体的外部形状、大小表达清楚，但其内部被遮挡的不可见部分只能用虚线表示。如果形体的内部不可见部分比较复杂时，是很难表达清楚的，也难以识读，且不便于标注尺寸。因此，在建筑工程制图中，采用剖面图和断面图来解决这一难题

2.4-1 剖面图概念

为了表达形体的内部构造或做法，我们可以假想用一个剖切平面将形体剖开，并移去剖切平面和观察者之间的那一部分，画出余下部分的正投影图，就叫剖面图

2.4-2 剖面图的种类

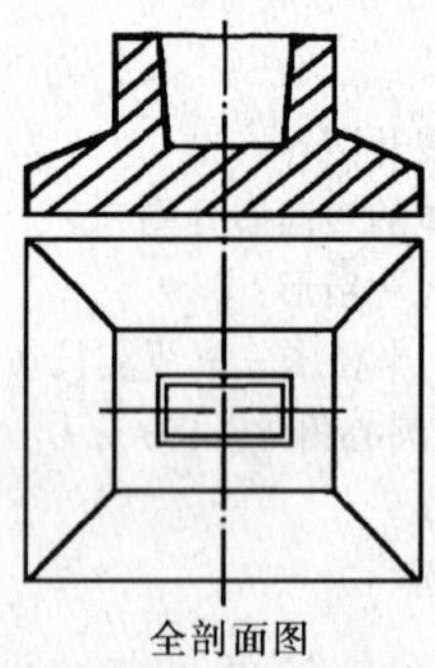 全剖面图	全剖面图 用一个剖切平面把形体全部剖开所得的剖面图，称全剖面图 主要用于表现形体的内部构造，一般与投影图配合使用 它适用于表现非对称形体的内部构造 建筑物的平面图可理解为用一水平剖切平面过窗台以上所形成的剖面图 一独立基础的全剖面图见左图
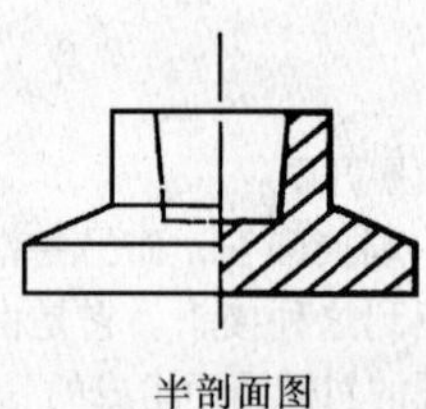 半剖面图	半剖面图 适用于表现对称形体的内部构造与做法 当沿其对称方向观看形体，则其投影图和剖面图均为对称图形，为简化图纸把二者合而为一，即是半剖面图(以对称线为界，一半为外形投影图，一半为剖面图) 规定：左右对称时，左边投影图，右边剖面图；上下对称时，上方投影图，下方剖面图；对称线用点画线；虚线可省略不画
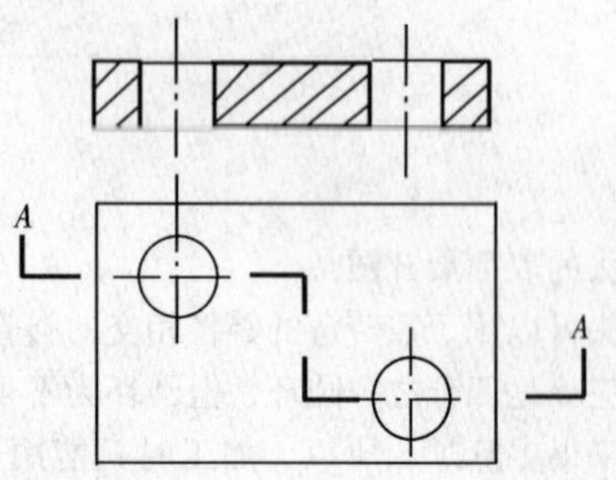	阶梯剖面图 如果用一个剖切平面不能把形体需要表达的内容表达清楚时，剖切平面可以直角转折成两个互相平行的平面，沿着需表达的地方剖开，用这种方法绘制的剖面图叫做阶梯剖面图 规定：转折次数以一次为限；剖面图中不画转折的分界线；能用阶梯剖面节省剖面图时，尽量用阶梯剖面图的形式
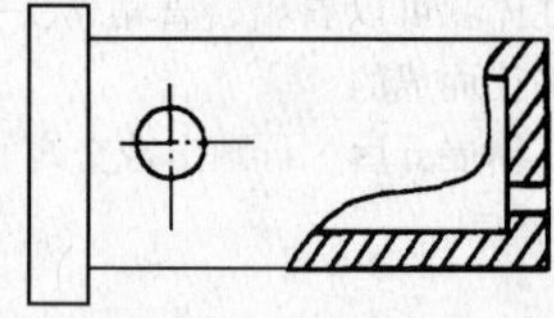	局部剖面图 形体的局部需要表达内部构造，而画全剖面图时又不利于表现外形时，可以采用局部剖面图的形式 以波浪线作为分界线，且波浪线不能与轮廓线重合

2.4-3　剖面图的画法

为读图方便，应该把所画剖面图的剖切位置和投影方向，标注于相应的平面图或立面图中，并给每一个剖面图及其剖切位置加以编号

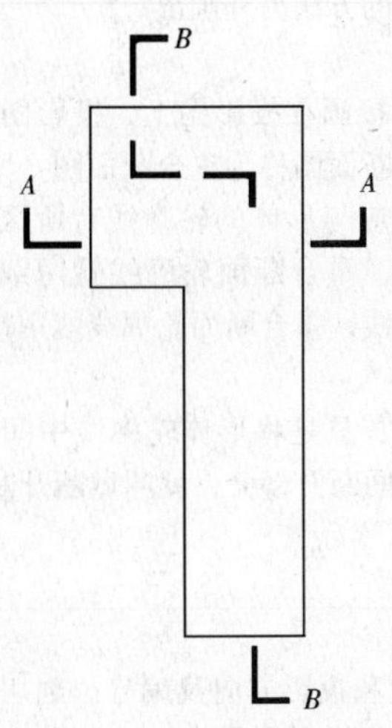

①剖切位置

假想的剖切平面是与所剖切的形体的某一投影面垂直的，因此剖切平面在该投影面上的投影积聚为一条直线，此线成为剖切线

剖切线用两段断开的短粗实线表示，且尽量不穿越图面上的其他图线

②剖视方向

在绘制剖切位置的剖切线两端同侧各画一段与之垂直的短粗实线（可比剖切线略细），表示观看方向为朝向这一侧

③编号

编号一般可采用阿拉伯数字、罗马数字、英文字母等，如1—1剖面图、Ⅰ—Ⅰ剖面图、A—A剖面图等。并规定剖面编号写在画有短粗实线表示投影方向的一侧

④剖面符号

在建筑工程制图中，由于剖面图会剖着各种各样的材料，比如，砖墙、灰土、木材、钢铁、混凝土以及钢筋混凝土等，所以，《建筑制图标准》中规定了不同建筑材料的表示符号，具体见有关章节

剖面图在建筑工程施工图中应用非常广泛，无论平面、立面、剖面图，还是节点大样，基本都离不开剖面图，建筑的各层平面图可以认为是过各层窗台上方建筑的水平剖面；建筑的剖面图是为了表示建筑物内部的结构和构造形式，表达门窗等洞口高度、台阶踏步高度和层高等内容，也是不可或缺的；表达各种构件的断面形状大小以及剖面节点大样，更是非常普及。因此，掌握和应用剖面图是学习建筑识图的重要理论基础

2.4-4　断面图的形成及与剖面图的区别

在实际工程当中，有时需要表达建筑构配件的断（截）面形状，通常要画出其断（截）面图

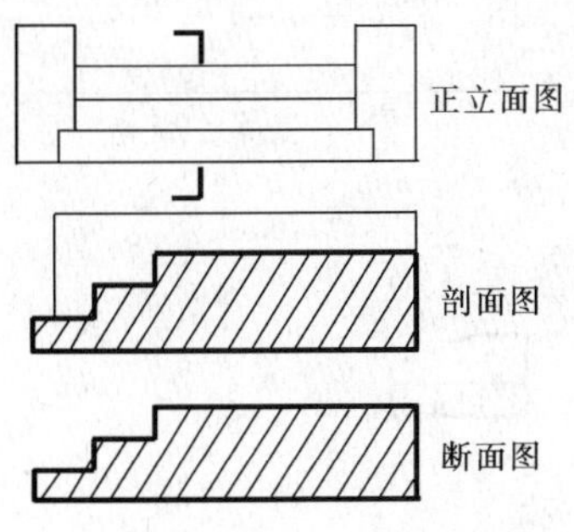

断面图类似于剖面图，也是用一假想的剖切平面将形体剖开后，剖切平面与形体形成的截交线所围成的平面形状叫做断面（或截面）。我们把这一截面投影到投影面上，所得的投影图称作断面图（或截面图）。断面图与剖面图的区别，就在于断面图仅将断面投影于投影面，剖面图是将断面和剩余部分一起投影到投影面上得到的投影图

2.4-5　断面图的种类

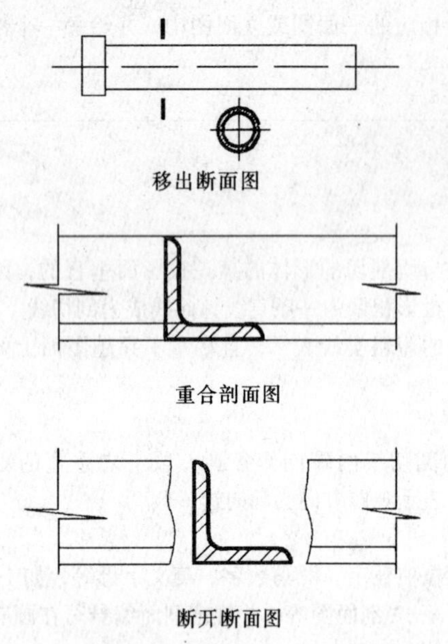

断面图根据布置的位置不同，可分为移出断面图、重合断面图、断开断面图三种

①移出断面图

将形体的断面图画在投影图的一侧，称为移出断面图。一般不宜离得太远，以便识读；如果表达不清也可用变比例（一般是放大）的方法另外画出

②重合断面图

将形体的断面图直接画在投影图上，投影图和断面图就重合在一起，这种断面图称为重合断面图

重合断面的轮廓线应与形体的轮廓线有所区别，若形体的轮廓线为粗实线，重合断面轮廓线就用细实线；若形体的轮廓线为细实线，重合断面轮廓线就用粗实线

③断开断面图

类似于重合断面图，只是将形体轮廓线中间断开一部分，而将断面画在中间断开部分，就叫做断开断面图

断面图的标注类似于剖面图，也需要在基本投影图中用剖切符号表明剖切位置和投影方向及编号。剖切位置、编号与剖面图相同，所不同的是剖视方向不用画出，只是用编号数字的标注位置来表示其投影方向，数字标注在哪一侧，就表示向哪个方向投影

断面图中也需要绘制出表示材料种类的图例，图例符号与剖面图中的相同

2.5　螺纹的表示

2.5-1　机械制图的基本视图

在建筑工程中，广泛使用着各种施工机械设备，施工人员应能够识读有关机械图样，以便对施工机械进行正常的维修与保养。机械制图与建筑制图有很多相似之处，但机械制图与建筑工程制图也有较大的差异

基本视图的有关视图规定如下：

主视图——由前向后投影所得的视图，相当于建筑工程制图中的正立面图

俯视图——由上向下投影所得的视图，相当于建筑工程制图中的平面图

左视图——由左向右投影所得的视图，相当于建筑工程制图中的左侧立面图

右视图——由右向左投影所得的视图，相当于建筑工程制图中的右侧立面图

仰视图——由下向上投影所得的视图，相当于建筑工程制图中的吊顶平面图

后视图——由后向前投影所得的视图，相当于建筑工程制图中的背立面图

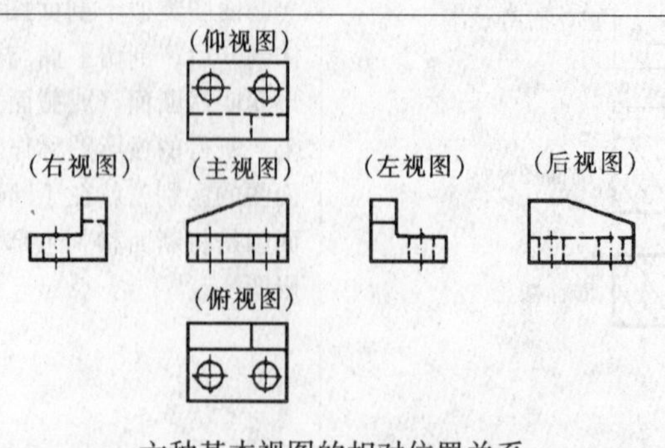

六种基本视图的相对位置关系

类似于建筑工程制图，机械制图也不是所有图样均需要六视图，在一般情况下，六视图中的主视图、俯视图、左视图较为常用

机械制图的图名标柱于图形的上方，并且不画下划线，这一点与建筑制图是有区别的

2.5-2　特殊视图

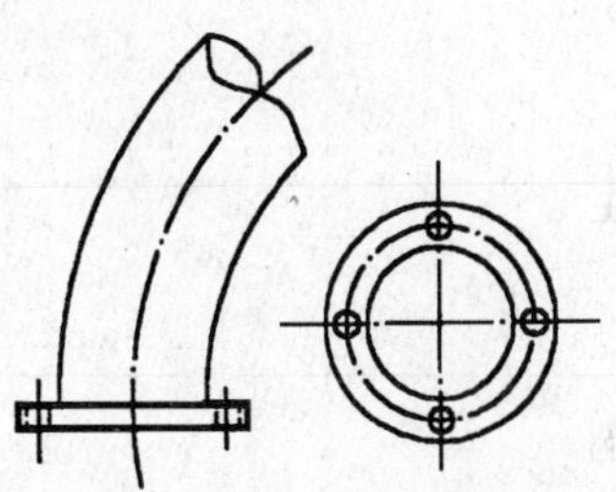

六视图是最基本的视图，但是，机械图样千姿百态，有时基本视图表达不清图样的形状，而有时又显得多余或重复，这时可以选用特殊视图。譬如，斜视图、斜剖视图、局部视图等均为特殊视图

左图示一弯管，若采用六视图的表达方法就显得不太合适，比如用仰视图来表示其底面，就不能很好地反映出来，而采用B向的局部视图来表示时，其底面的情况就能较为清晰地反映出来

2.5-3　螺纹

螺纹是将螺钉、螺栓与螺母、螺孔等连接起来或起传动作用的部分

所有机械都是由许多零件组装而成，而螺纹零件被广泛地采用于各部件之间的连接或传动，因此，螺纹是最基本的机械零件

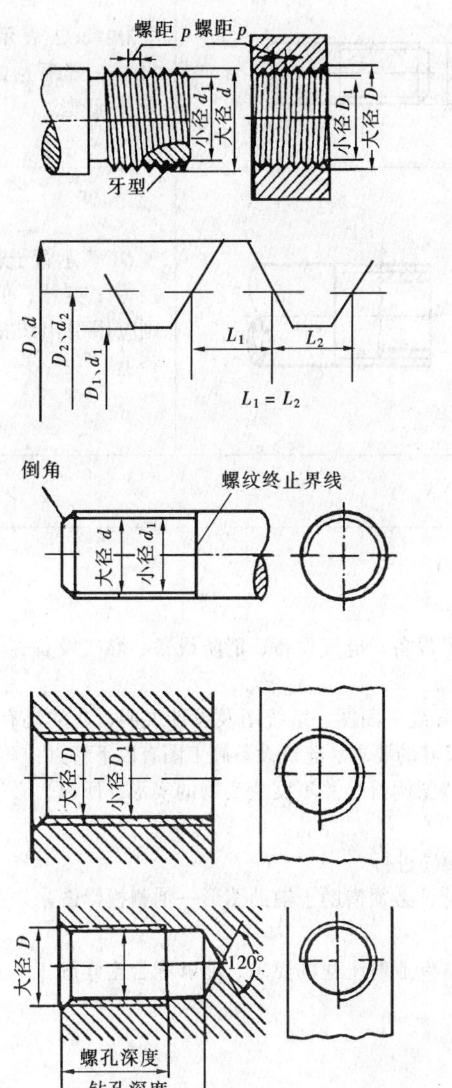

螺纹各部分的名称

在零件的外表面上加工出来的螺纹称为外螺纹。如螺钉、螺栓等

在零件的内表面上加工出来的螺纹称为内螺纹。如螺母、螺孔等

螺纹要想起到连接或传动的作用，必须成对使用，且其牙形、直径、螺距及旋向也必须相同

螺纹的画法

①外螺纹的画法

大径（指牙顶处直径）用粗实线表示

小径（指牙底处直径）用细实线表示

螺纹终止界面处画成粗实线

若已知大径 d，则小径 $d_1 \approx 0.85d$

为易于旋入螺母而做的倒角应表示出来

在外螺纹投影为圆的视图中：

粗实线圈表示大径

细实线圈表示小径，且只画出3/4圈

倒角不画出

②内螺纹的画法

在剖视图中的画法：

大径用细实线表示

小径用粗实线表示（$D_1 \approx 0.85D$）

剖面图例线仅画到小径的粗实线为止

在投影为圆的视图中：

细实线圈表示大径，且只画3/4圈

粗实线圈表示小径

即使有倒角也不画出

③螺纹连接的画法

旋合部位用外螺纹的表示方法来表示

其中的外螺纹不应剖视

未旋合部位仍按各自的画法表示

2.5-4 螺纹的类型及其标注

内外螺纹的画法适用于各种类型的螺纹，而在图示上不同类型螺纹的区别，就在于螺纹的代号和标注上，其他方面并无区别

常用的连接螺纹有：普通螺纹（以 *M* 表示）和管螺纹（以 *G* 表示）

普通螺纹分为粗牙和细牙两种

具体的标注见下表：

常用连接螺纹的类型及其标注

螺纹类型	牙　形	图　例	说　明
粗牙普通螺纹	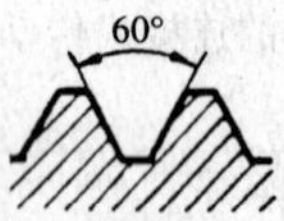 60°	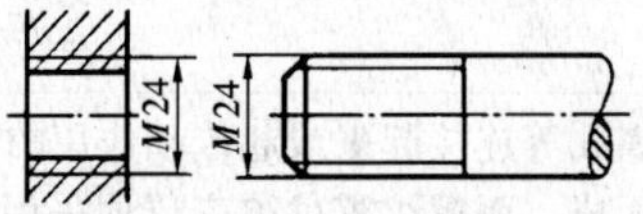 M24　M24	*M*24 表示大径为 24mm 的粗牙普通螺纹
细牙普通螺纹		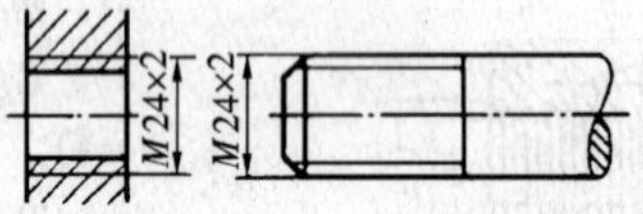 M24×2　M24×2	*M*24 × 2 表示大径为 24mm，螺距为 2mm 的细牙普通螺纹
管螺纹	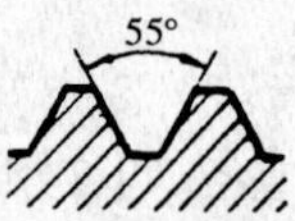 55°	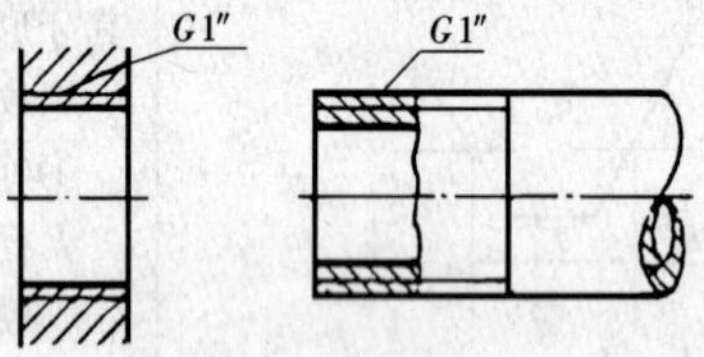 G1″　G1″	*G*1″表示管子通孔的直径为 1 英寸，但其尺寸则应用引出线标注于大径上

2.6 管线图和轴测图

建筑设备主要包括：给排水设备、供暖设备、空调设备、通风设备、电气设备、消防设备、燃气设备等。设备施工图所表达的内容是这些设备安装及制做的依据

建筑设备施工图是由基本图样和详图组成的。其基本图包括管线平面图、系统图及设计说明，有的还有原理图，并有室内、室外之分。详图主要包括局部部件的加工、及安装尺寸的要求。建筑设备施工图有以下特点：

①各种设备以及系统一般采用统一的图例符号来表示。但这些图例符号并不反映实物的实形，所以，必须正确掌握各种图例符号的意义

②各种设备系统都有自己的走向，识读或绘制时应按一定的顺序进行

③各种设备系统通常是交叉安装的，仅靠平面图难以表达清楚，必须借助于辅助图形—轴测投影图来表达各系统的空间关系。所以，系统图也是很重要的

④各种设备系统的安装与土建部分是配套施工的。应注意设备专业对土建的要求，能够配合土建施工，并能够正确识读相关的土建部分的施工图

2.6-1 给排水施工图分类

给排水一般指生产或生活用水的供给和生产或生活污水及废水排除系统。给排水施工图就是指表示该系统的施工样图。分为室内给排水和室外给排水两大部分。室内给排水系统包括给排水平面图、系统图（用轴测投影图表示）、详图以及设计说明等；室外给排水系统包括设备系统平面图、纵断面图、详图以及施工说明等

2.6-2 给排水平面图内容

给排水平面图主要表达该系统的平面布置。室内给排水系统有：用水设备的类型、定位及安装；管线的平面位置、管径及编号；各零部件的平面位置；进出管的定位、管径及与室外管网的关系等。室外给排水系统有：取水工程；净水工程；输配水泵站；排水网；污水处理工程的平面位置及相互关系等。我们主要介绍室内给排水系统

对于不太复杂的给排水系统，只要不至于混淆不清，可以把给水与排水放在一张平面图中，叫给排水平面图，而将其系统图分开来画，较复杂的给排水系统一般应把给水与排水平面分开来画。制图标准规定了一些常用的图例符号（如下表所示），在绘图时可直接选用，不太常用的可自行设计，并在图中给出图例

2.6-3 给排水施工图常用图例

符　号	名　称	符　号	名　称
	给水管		排水管
	立式洗脸盆	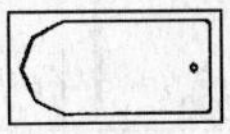	浴　盆
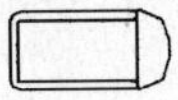	蹲式大便器	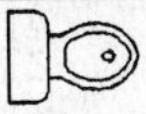	坐式大便器
	立式小便器		挂式小便器
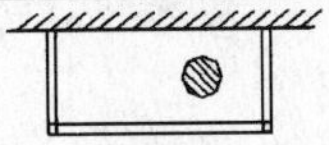	小便槽	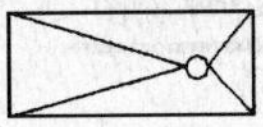	盥洗槽
	污水池		地　漏
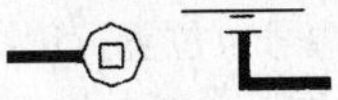	清扫口		检查口
	存水弯		水龙头
	室内单出口消火栓		淋浴喷头
	水泵接合器		闭式自动喷洒头
	水表井	DN > 50　DN ≤ 50	截止阀
	水　泵		闸　阀
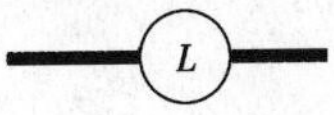 L	水流指示器		蝶　阀
	通气帽		止回阀
	水　表		

2.6-4　给水平面图与排水平面图

给水平面图中主要表示供水管线的平面走向以及用水房间的卫生器具和给水设备，也包括给水立管的位置及编号，建筑定位轴线尺寸应显示，并标注卫生器具和给水设备的平面定位尺寸

排水平面图主要表示排水管网的平面走向以及污水排出装置。识读起来并不难。在一般的民用建筑给排水系统的设计中，有生活废水（如淋浴、盥洗、洗菜等）与粪便污水，排水立管尽可能靠近室外管网，以利于排水的通畅。下图即是一个给水与排水合在一起的公共卫生间的给排水平面图

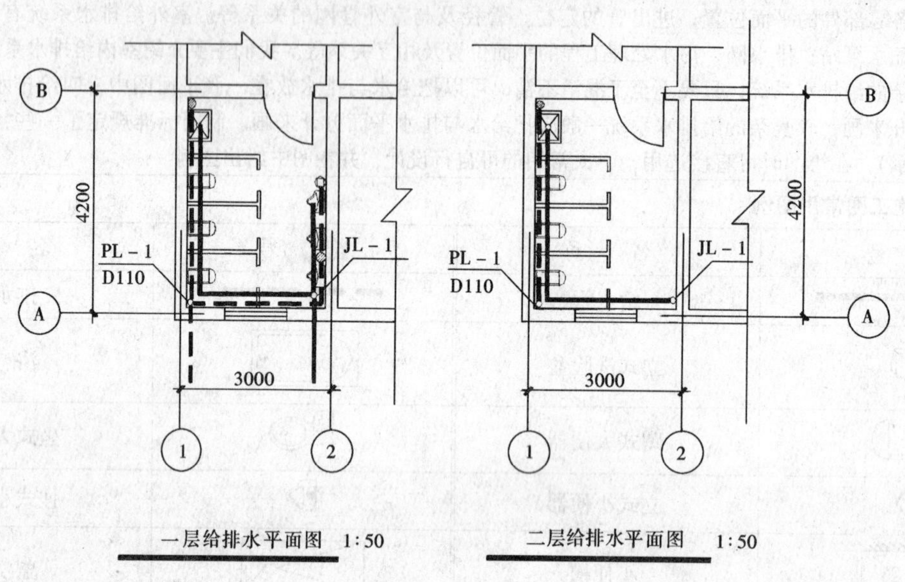

2.6-5　给排水系统图（轴测图）

给排水由于管道系统复杂，互相交错甚至上下平行，很难表示清楚，读图时也较困难，而运用轴测投影图就可以清楚地表示出给排水管网的空间位置关系，立体感强，便于识读。建筑设备一般采用斜二等测投影的画法来绘制系统图。轴测图可以清晰的标注管道的空间走向、坡度、位置、标高、管径，用水设备的种类、型号、位置。读图时，给水按照树状由干到枝的顺序，排水按照由枝到干的顺序逐层分析，也就是按照水流的方向读图，并要与平面图结合起来一起识读，下图即是以上平面图的轴测图

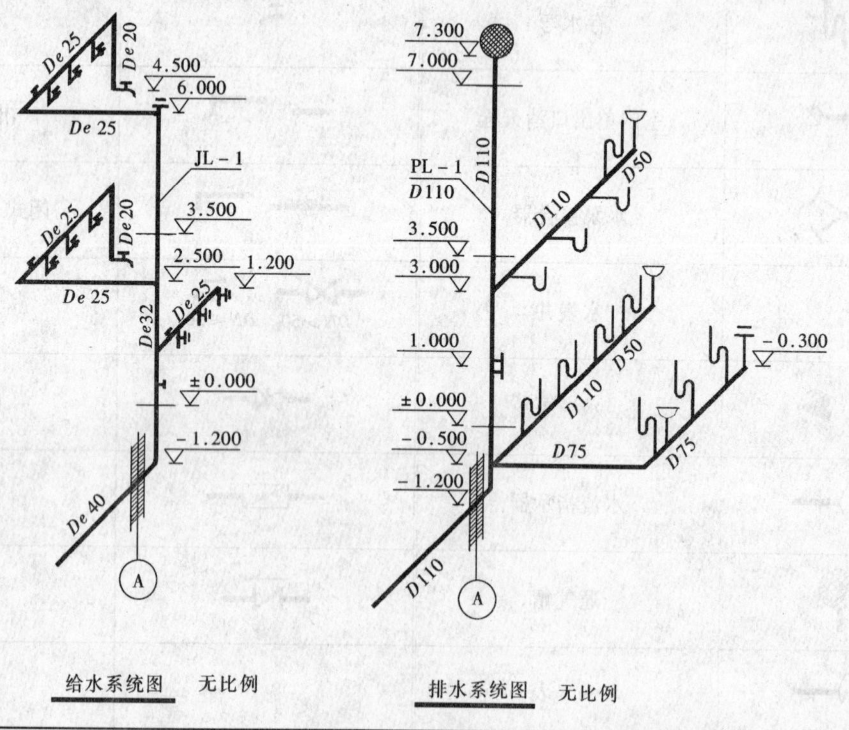

2.6-6 供暖施工图组成

供暖系统主要由三部分组成：①热源；②输热管道；③散热设备。根据供暖面积的大小可分为局部供暖、集中供暖和区域供暖；从环保及节能的角度以区域供暖为佳，尤其是对于大中城市。根据热媒的不同又可分为热水采暖、蒸汽采暖、以及热风采暖三类。另外，根据采暖管网的布置方式又有上行式、下行式、单管式和双管式等四种形式

供暖施工图也有室内和室外之分。室内部分施工图包括采暖平面图、系统图（以轴测投影图的形式表示）、施工详图以及施工说明；室外部分施工图包括总平面图、管道纵剖面图、详图以及施工说明

2.6-7 供暖施工图常用图例

符　号	名　称	符　号	名　称
	热水（蒸汽）干管		回水（凝结水）干管
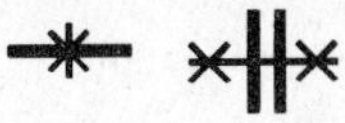	固定支架		矩形补偿器
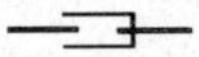	套管补偿器		波纹管补偿器
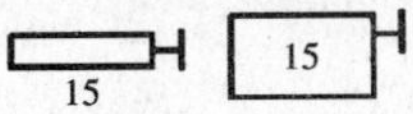 15　15	散热器及手动放气阀	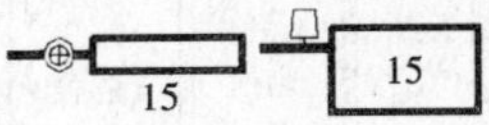 15　15	散热器及控制阀
	自动排气阀	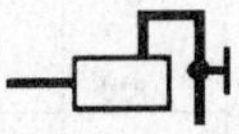	集气罐、排气装置
	除污器	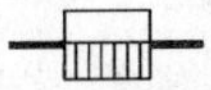 或 	疏水器
 T　或 	温度计	 或 	压力表
	水　泵		止回阀
 $DN>50$ 　$DN\leqslant50$	截止阀		闸　阀

2.6-8 供暖平面图

供暖平面图主要表示供暖系统的平面布置。其中包括管线（供热、回水干管）的走向、各采暖设备及零部件的型号规格和平面定位、散热器的片数等

在识读供暖施工图时，要掌握各种图例符号所代表的意义，应按供热管道的走向去看，顺序读图，看供暖管道从哪里引入，经过哪些管道以及散热设备，又经过哪些回水管道或冷凝水管道而回到管网中去。若结合采暖系统图一起识读，就更为容易。下图即为一采暖平面图的局部

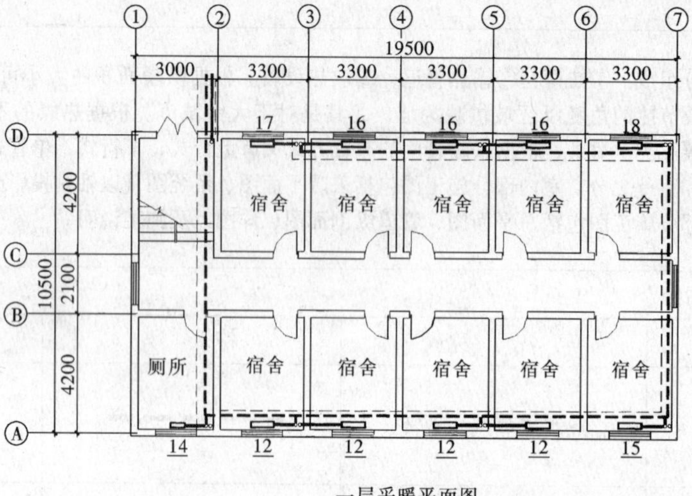

一层采暖平面图 1:100

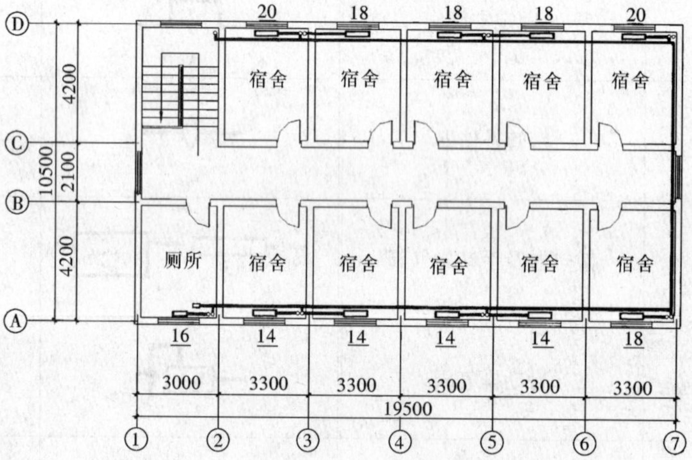

二层采暖平面图 1:100

2.6-9 供暖系统图（轴测图）

供暖系统图是采用斜轴测投影的方法绘制的。图中应标明散热器的位置、片数，管线的位置、管径、编号、标高等。与平面图相比显得更为直观，更易于看出整个供暖系统的空间关系，并帮助识读平面图

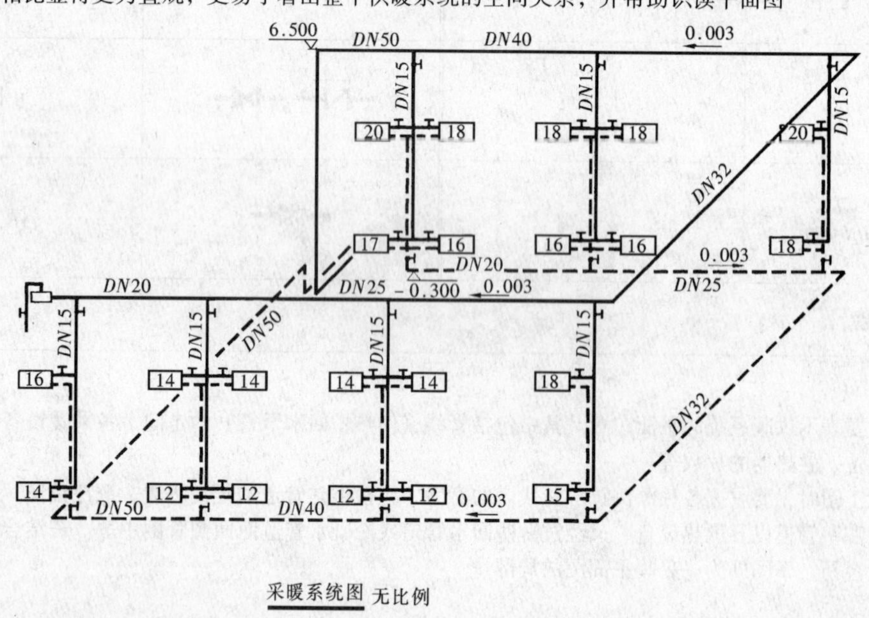

采暖系统图 无比例

注：识读供暖施工图，关键要分清供水和回水管道，并判断出管道的敷设方式，看清楚各散热器的位置、片数，以及其他构配件和零部件的位置、规格型号等，读图时一定要按供暖管网的走向进行，就会事半功倍

2.6-10　通风施工图组成

通风分自然通风和机械通风。通风施工图设计一般指机械通风设计，机械通风按照作用的范围不同可分为局部通风和全面通风。通风施工图包括平面图、剖面图、系统图（以轴测投影图的形式表示）、详图以及设计说明。通风施工图一般也都用一些图例符号表示

2.6-11　通风施工图的常用图例符号

符　号	名　称	符　号	名　称
	砌筑风、烟道		插板阀
	蝶　阀		风管止回阀
	三通调节阀	70℃常开	防火阀
280℃	排烟阀	□或○	风口（通用）
通用表示法、送风、回风	气流方向		空气加热、冷却器
或	轴流风机		离心风机
	减振器	F.M. 或	流量计

2.6-12　通风平面图、剖面图

通风平面图要表达通风管道、通风设备的平面布置。一般应包括以下内容：风道、风口、调节阀等设备的位置；风道、设备等与墙面的距离以及各部尺寸；进出风口的空气流动方向；风机、电动机的规格型号等。除了平面图之外，通风施工图还应有剖面图，以表示风管设备在垂直方向的布置以及标高的高度尺寸

下图为一通风施工图的剖面图、平面图

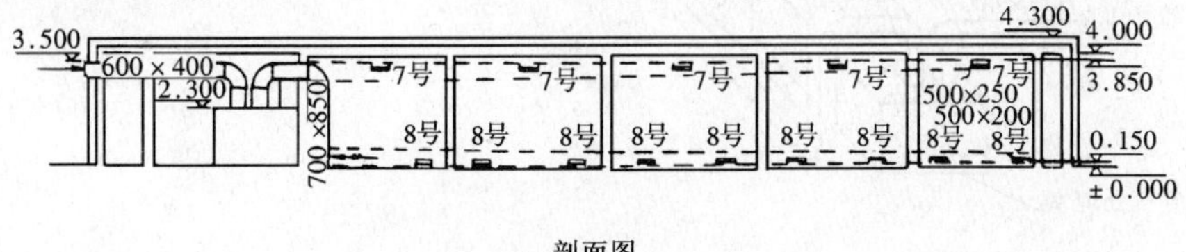

剖面图

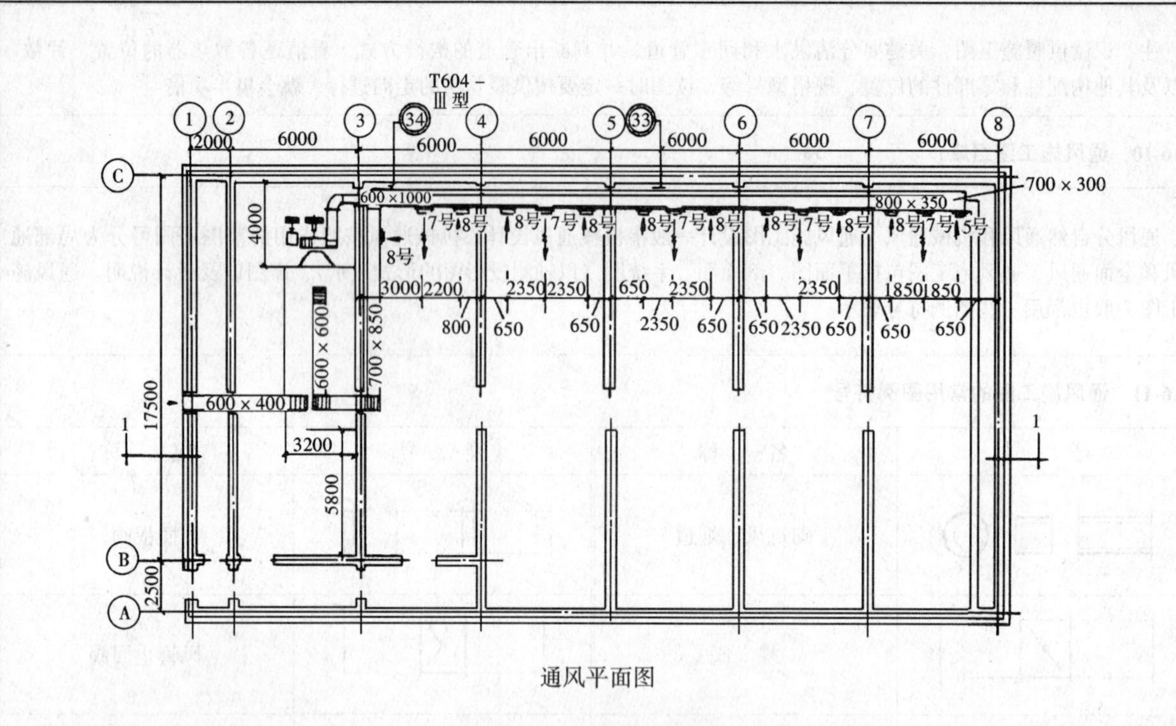

通风平面图

2.6-13　通风系统图（轴测图）

同样道理，通风系统图可以清晰地表现出通风管道在实际空间中的曲折变化与走向，立体感较强，与平面图和剖面图结合起来识读，容易理解

通风施工图的详图也是很重要的，尤其是管道及其各种各样的接头的展开图，是施工下料的依据

下图为一通风系统图举例

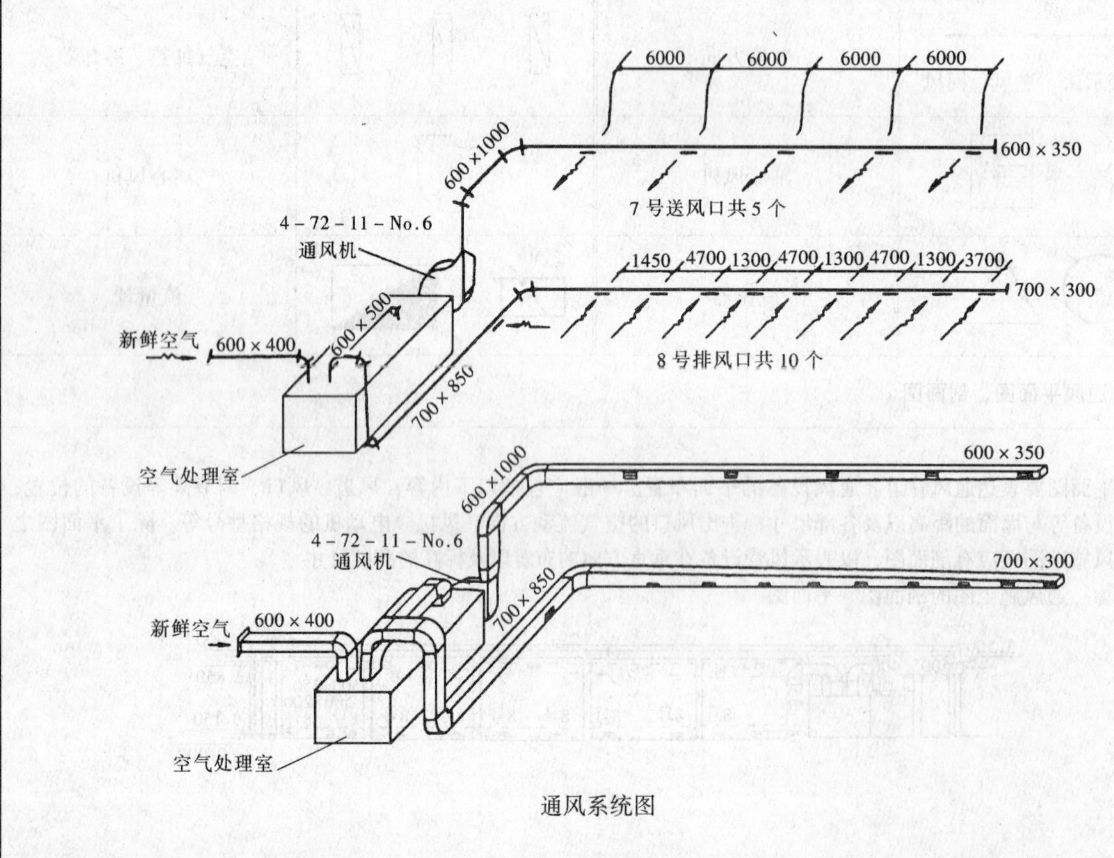

通风系统图

2.7 建筑物与构筑物的表示

2.7-1 常用建筑总平面图图例

一栋建筑物在施工的过程中，必须与各专业相互配合。建筑设备各专业的施工，一般是在土建工程基本完成之后进行的，当然，其中的地下部分除外，但是同样离不开与土建部分的配合，诸如设备留洞、预埋件的预埋以及对土建部分的各种要求等。其中尤其是土建专业的建筑施工图，与设备的水暖电通风空调专业的联系更为紧密，我们所用的条件图就是建筑专业所提供的，因此，设备各专业的设备工程师必须具有正确识读建筑施工图的能力，同时，设备工程师也必须具有与建筑师进行技术交流的能力

名称	图例
新建的建筑物	
原有的建筑物	
计划扩建的预留地或建筑物	
拆除的建筑物	
新建的地下建筑物或构筑物	
建筑物下面的通道	
散状材料露天堆场	
其他材料露天堆场或露天作业场	
透水路堤	
过水路面	
室内设计标高（注到水数后两位）	(绝对标高)
室外标高	(标高)
斜井或平洞	
拦水（渣）坝	
铺砌场地	
敞棚或敞廊	
高架式料仓	
漏斗式贮仓	
冷却塔（池）	
水塔、贮罐	
水池、坑槽	
烟　　囱	
测量坐标	X(南北方向轴线) Y(东西方向轴线)
施工坐标	A(南北方向轴线) B(东西方向轴线)
方格网交叉点标高	(施工高度) | (设计标高) (原地面标高)
填方区、挖方区、未整平区及零点线	+ / / − + / −
填挖边坡	
护　　坡	

2.7-1　常用建筑总平面图图例（续）

名称	图例	名称	图例
分水脊线		地沟管线	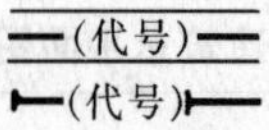 （代号） （代号）
分水谷线		管桥管线	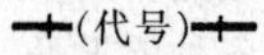 （代号）
洪水淹没线		架空电力电讯线	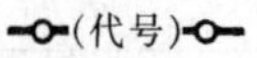 （代号）
截水沟或排洪沟	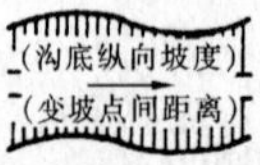 （沟底纵向坡度） （变坡点间距离）	针叶乔木	
排水明沟	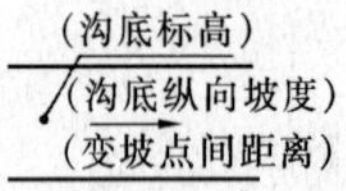 （沟底标高） （沟底纵向坡度） （变坡点间距离）	针叶灌木	
管线	（沟底标高） （沟底纵向坡度） （变坡点间距离） （代号）	阔叶乔木	
	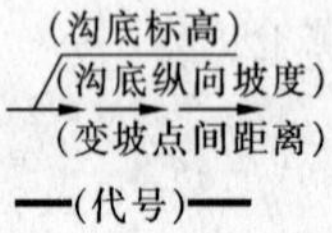	阔叶灌木	

2.7-2　常用建筑构造及门窗图例

名称	图例	名称	图例
土　墙	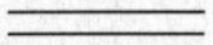	烟　道	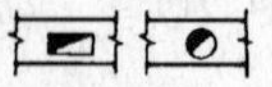
隔　断		通风道	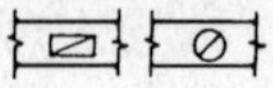
栏　杆	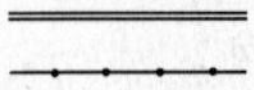	顶　层	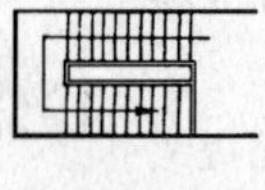
坡　道	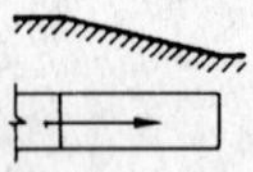	楼梯标准层	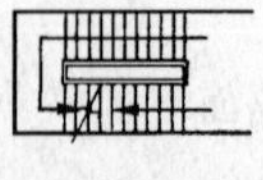
检查孔	 可见　不可见	底　层	
孔　洞	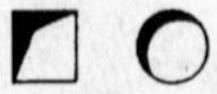	电　梯（非标）	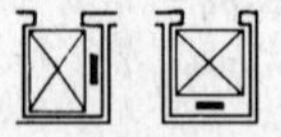
坑　槽	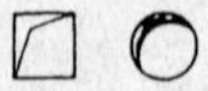	墙上构造柱（非标）	
墙预留洞	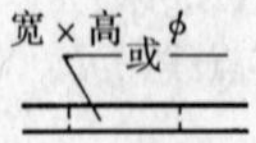 宽×高或ϕ		
墙预留槽	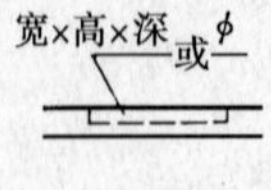 宽×高×深或ϕ		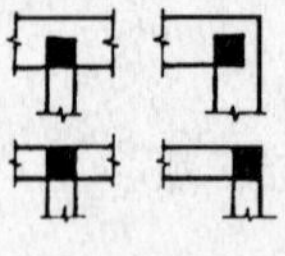

2.7-2　常用建筑构造及门窗图例（续）

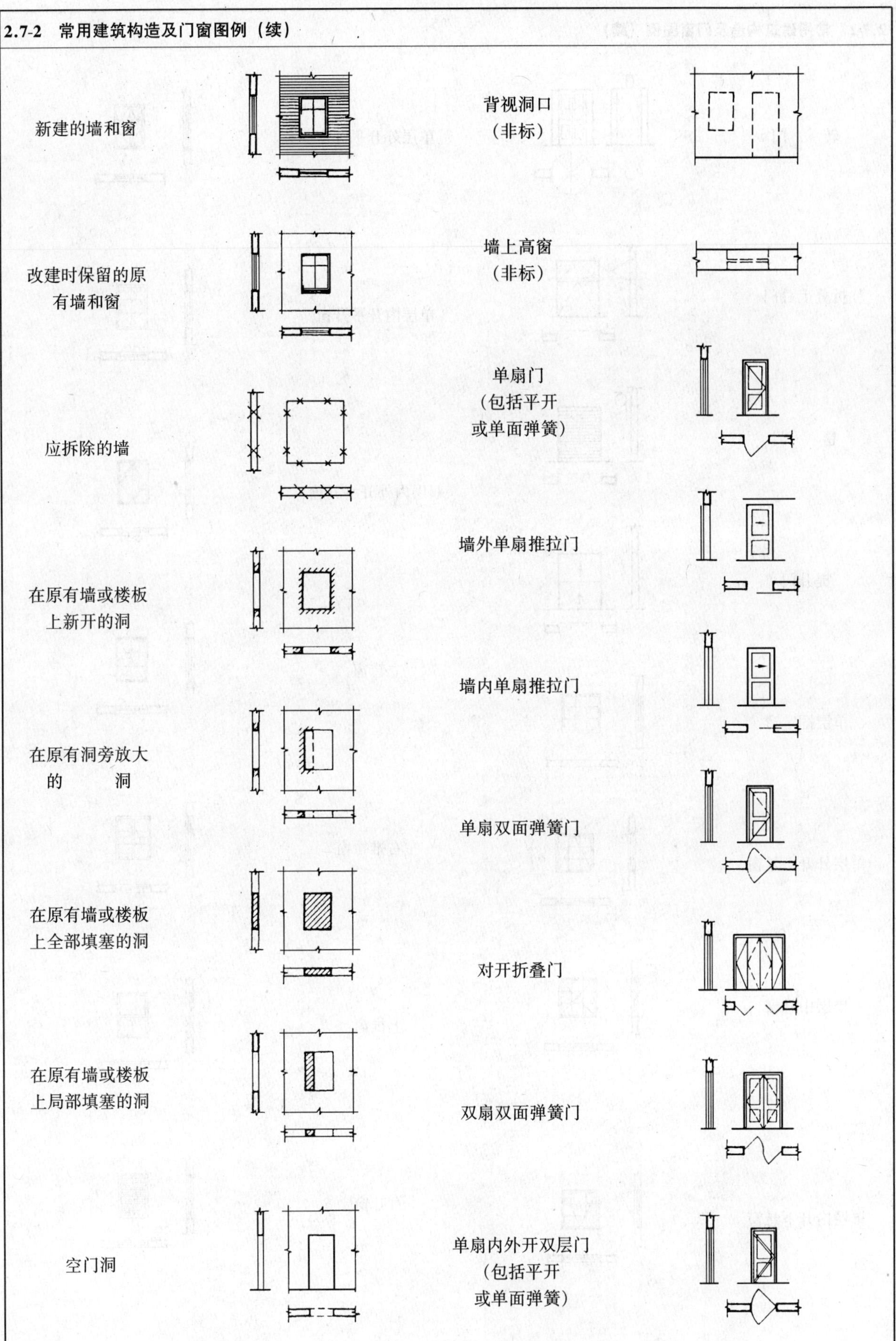

2.7-2 常用建筑构造及门窗图例（续）

转　门

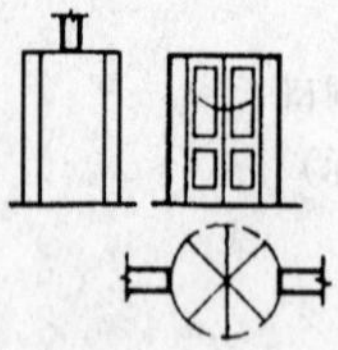

折叠上翻门

卷　门

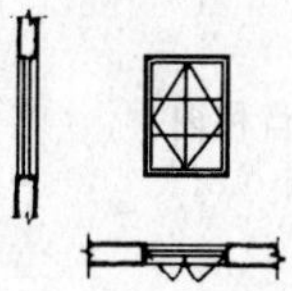

提升门

单层固定窗

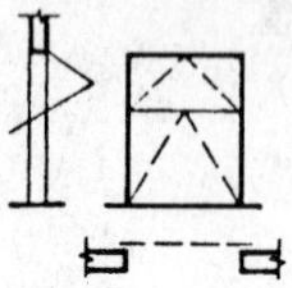

单层外开上悬窗

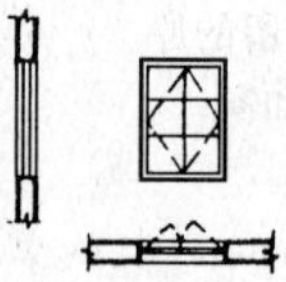

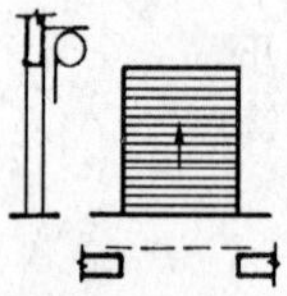

单层中悬窗

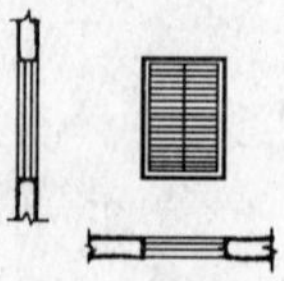

单层内开下悬窗

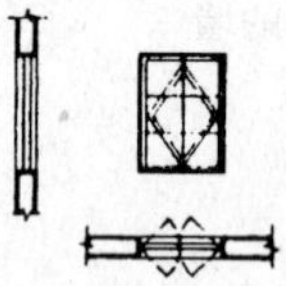

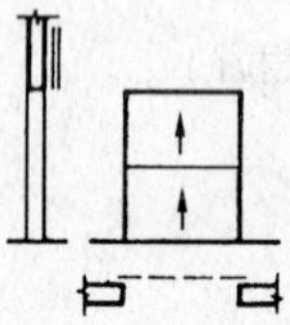

单层外开平开窗

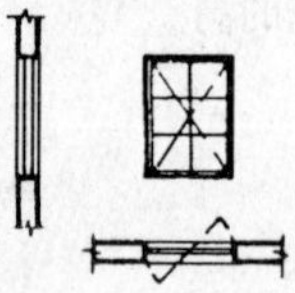

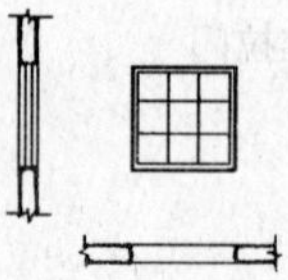

单层内开平开窗

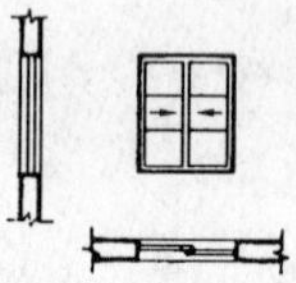

双层内外开平开窗

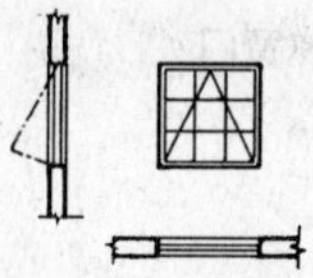

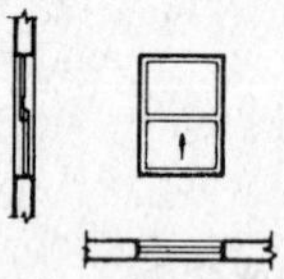

立转窗

左右推拉窗

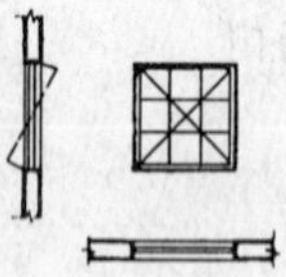

上推窗

百叶窗

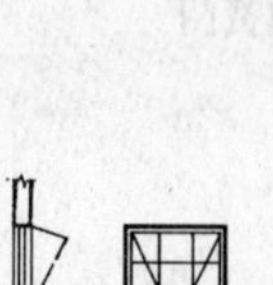

2.7-3 建筑材料剖面图例

名称	名称
自然土层	纤维材料
夯实土层	松散材料
砂、灰土	金　属
砂、砾石 碎砖三合土	木　材
天然石材	胶合板
毛　石	石膏板
普通砖	网状材料
耐火砖	液　体
空心砖	玻　璃
混凝土	橡　胶
钢筋混凝土	塑　料
焦渣，矿渣	防水材料
多孔材料	粉　刷
饰面砖	

2.7-4 建筑施工图

本手册选出一套建筑施工图，附于后面，作为范图识读

2.8　参考尺寸

2.8-1　人体尺寸

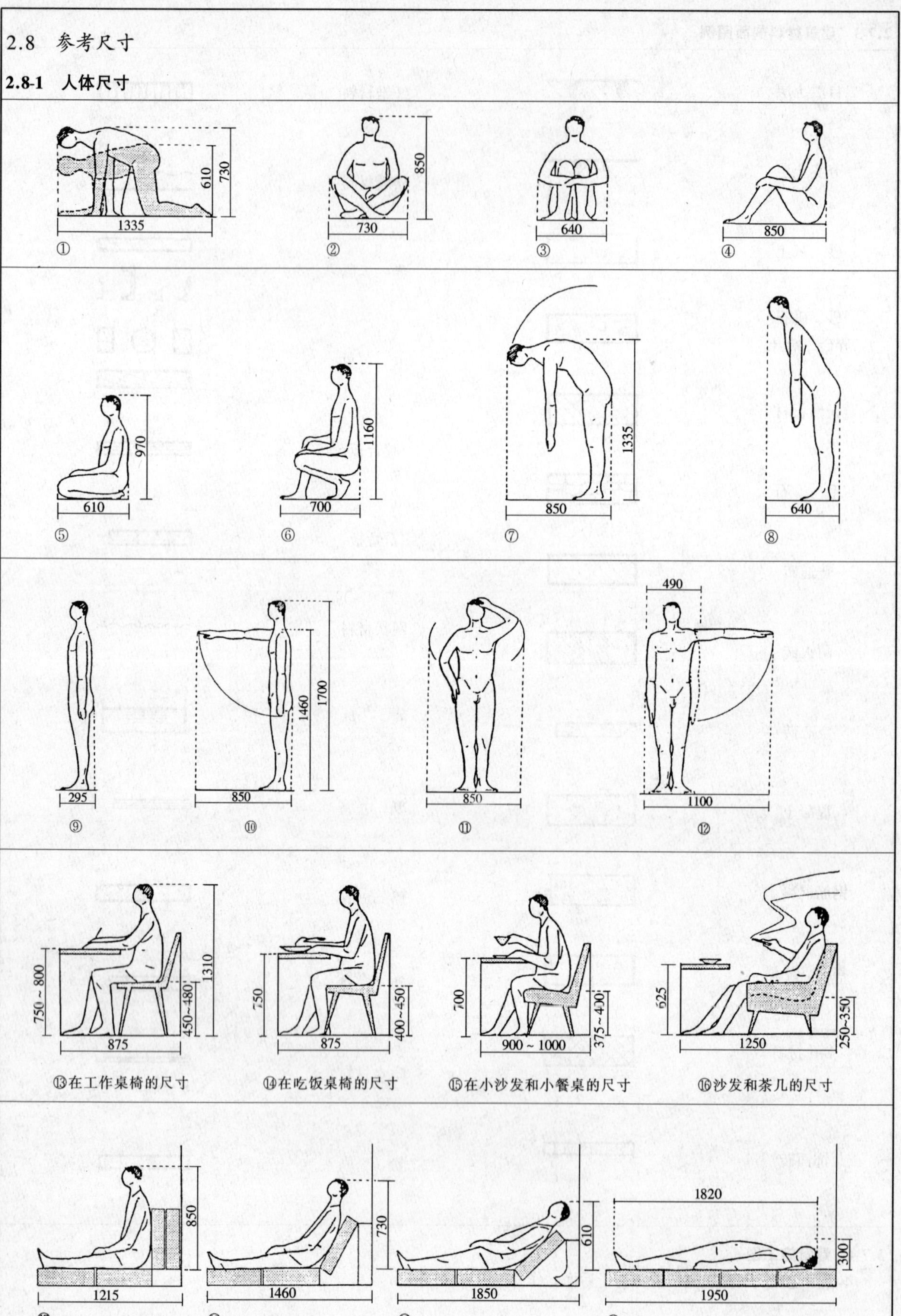

2.8-2 在墙之间的占地尺寸（人在活动时附加 10 %的宽度）

①

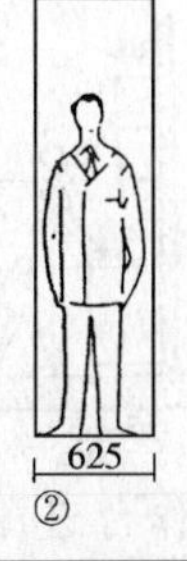

②

③

④

⑤

⑥

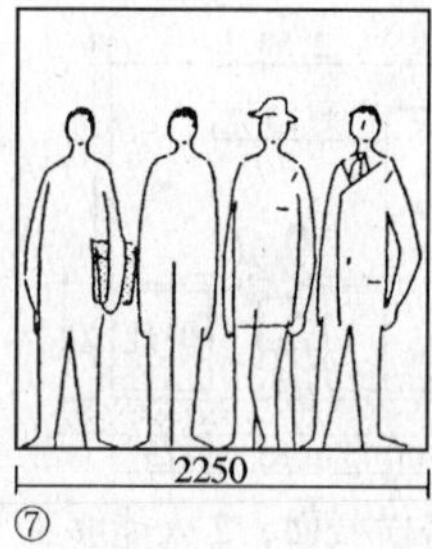

⑦

2.8-3 人群的占地尺寸

①密排

②一般情况

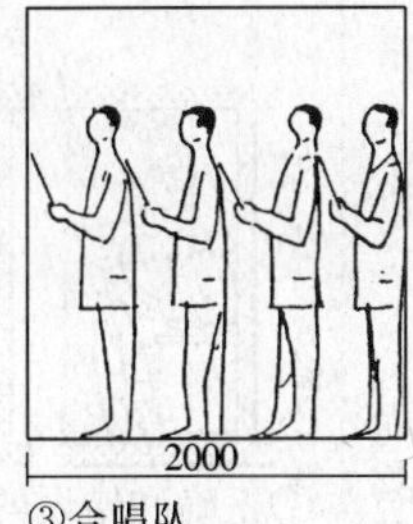

③合唱队

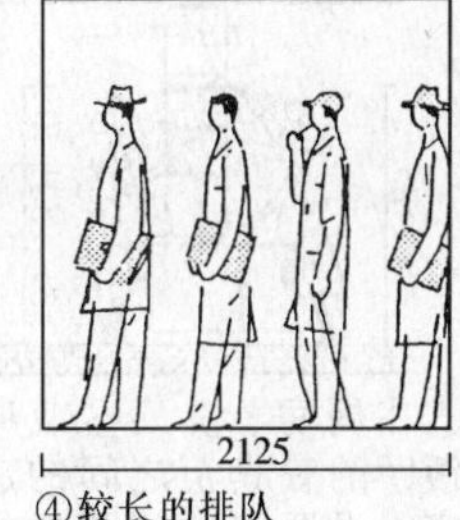

④较长的排队

⑤肩上有背包

2.8-4 步伐

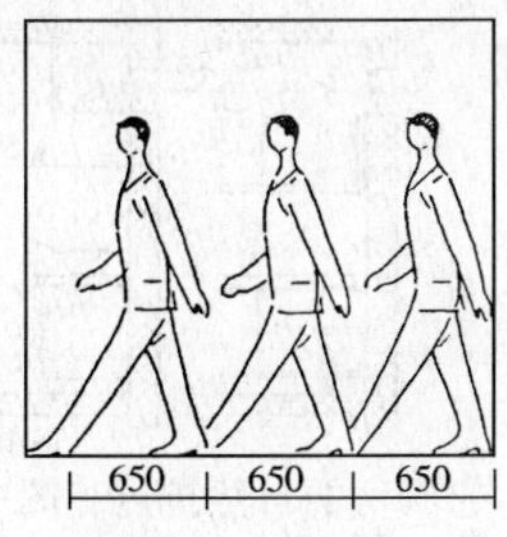

①齐步走

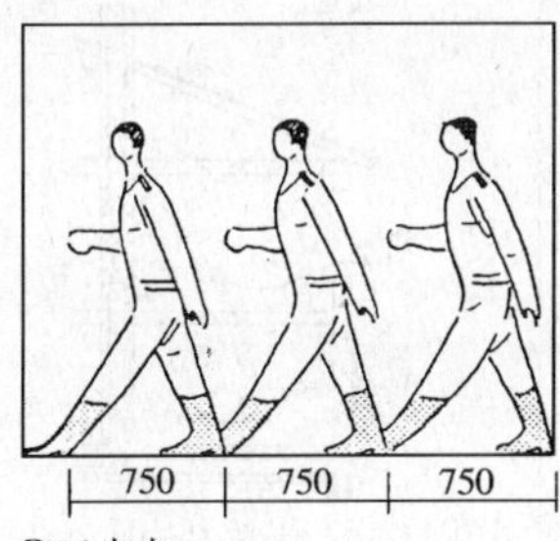

②正步走

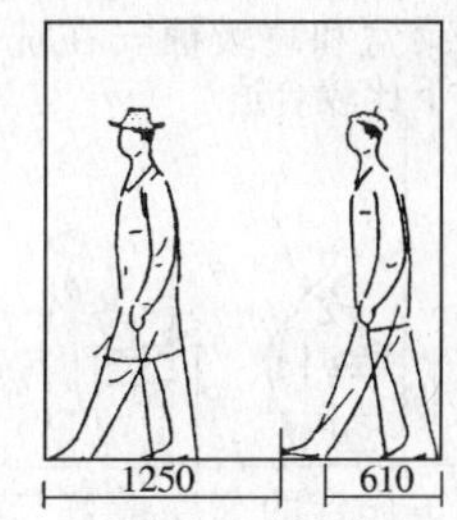

③散步

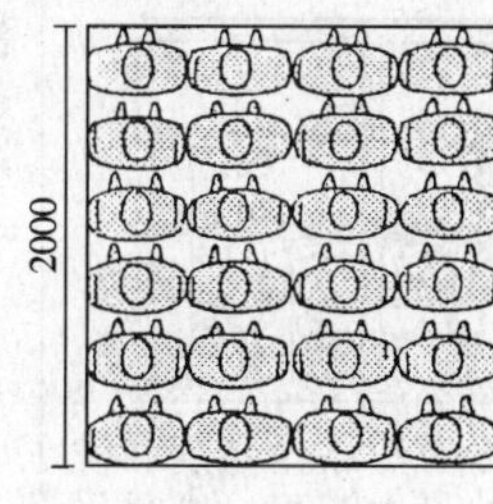

④每平方米最多容纳人数=6人（例如缆车）

2.8-5 人体不同姿势的占地尺寸

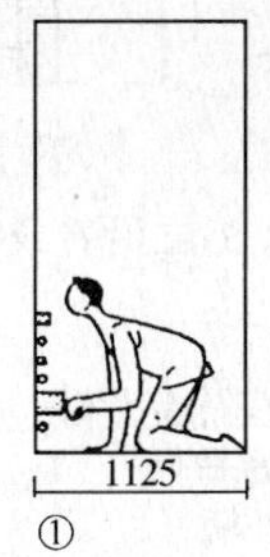

①

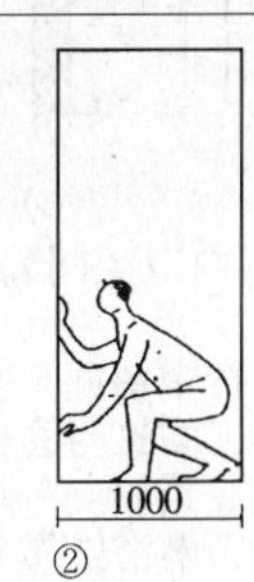

②

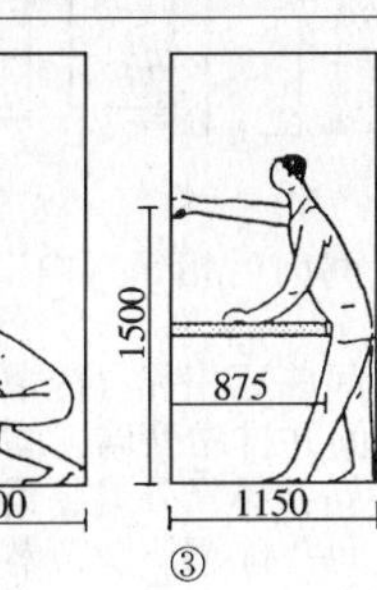

③

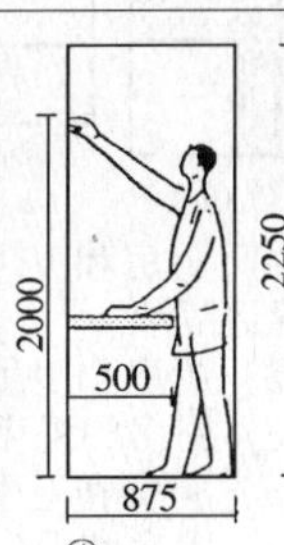

④

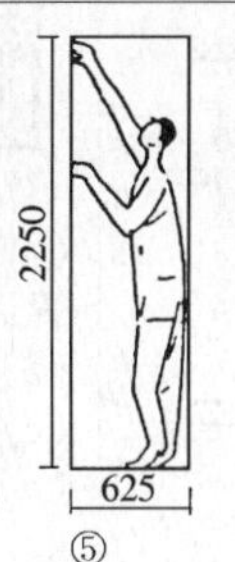

⑤

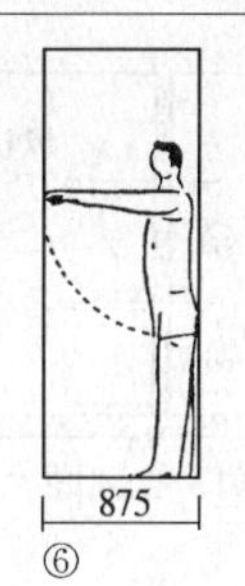

⑥

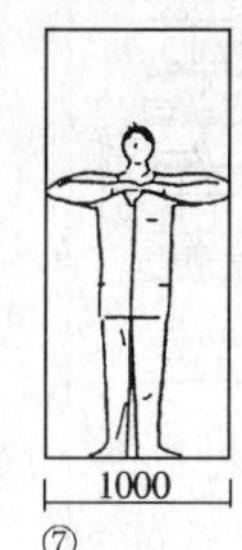

⑦

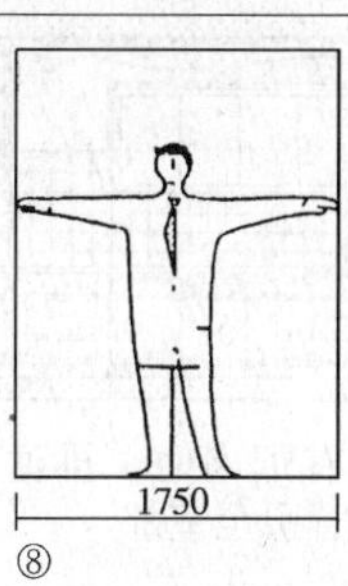

⑧

2.8-6 手里拿着物品（提包、拐棍和雨伞）

①

②

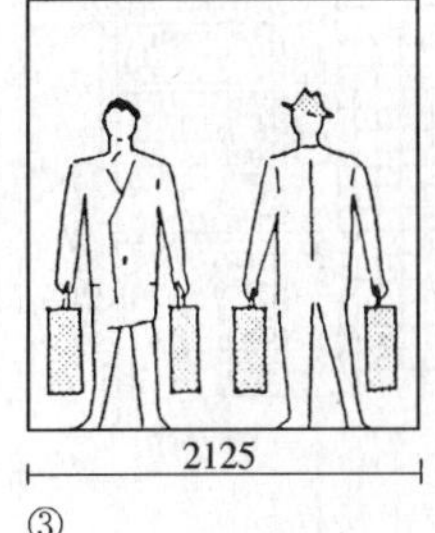

③

④

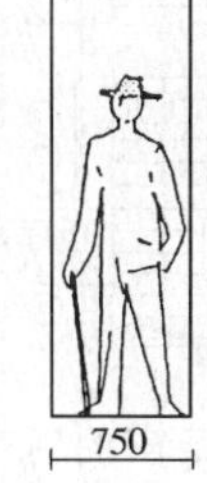

⑤

⑥

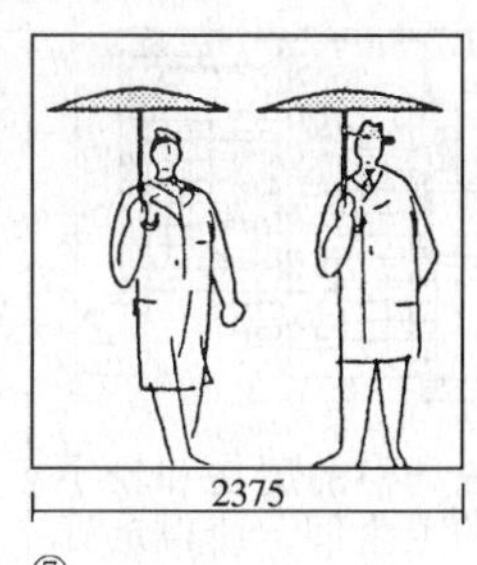

⑦

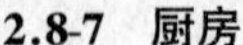

2.8-7 厨房

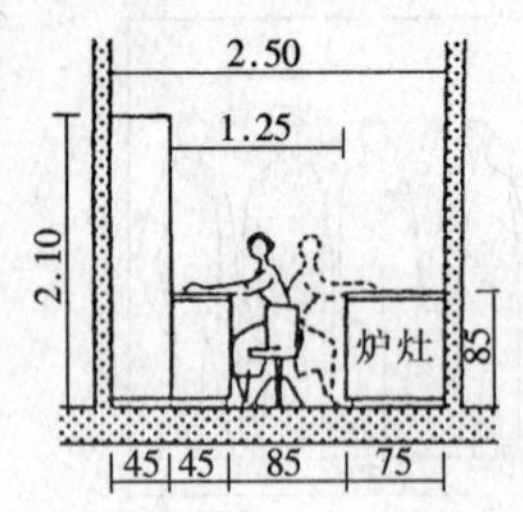

①厨房横截面，2人能够工作

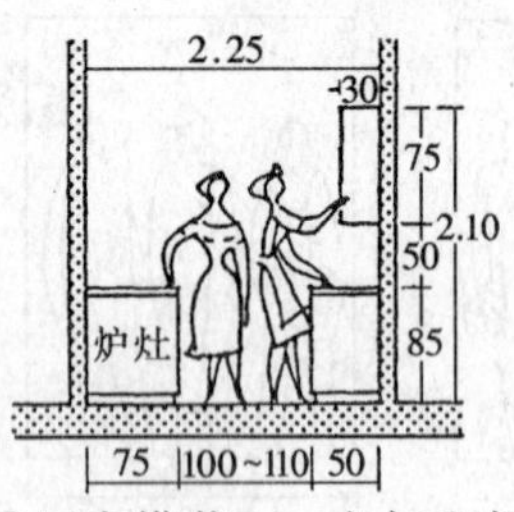

②厨房横截面，主妇和帮手工作

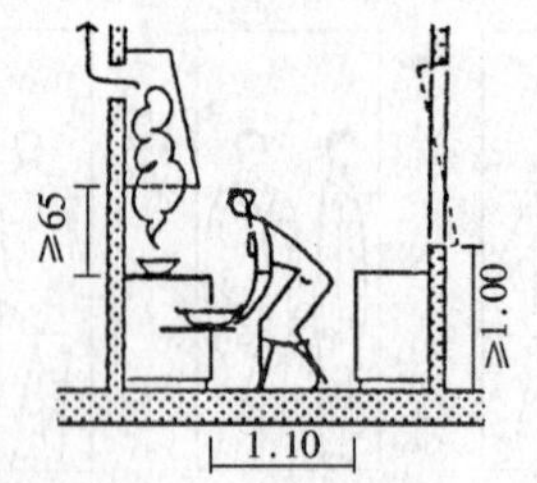

③灶上安有排油烟机，排烟管在墙内，有相应的活动空间

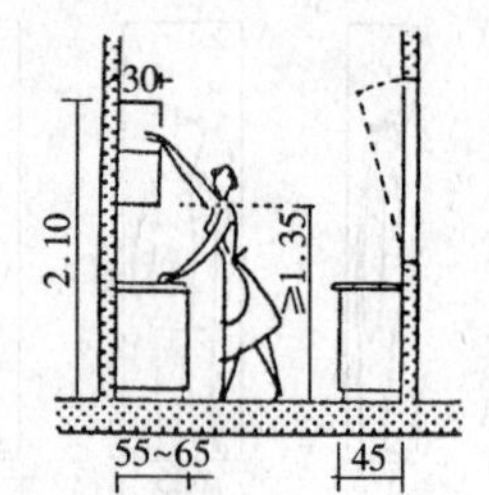

④工作台进深 55 ~ 66cm，地柜进深 45cm

⑤在厨房预留一块主妇可以坐着工作的地方。最好在抽屉上安一块可抽拉的工作板、砧板

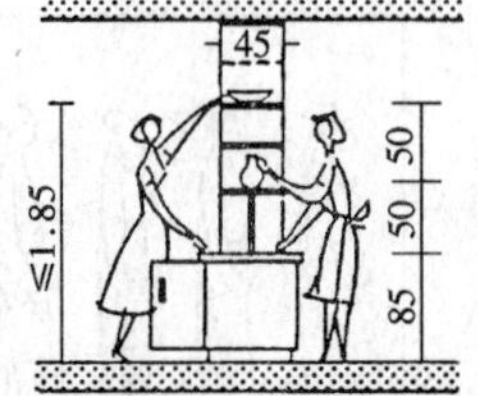

⑥在厨房、洗菜盆或通向饭厅的餐具柜之间的递菜窗上设置向两侧开放的餐具格子

⑦正确和错误的厨房照明

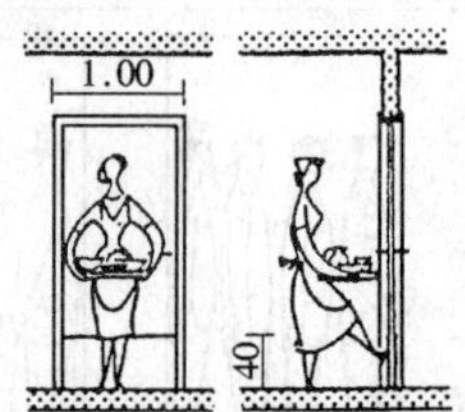

⑧在配菜室和饭厅之间最好安装双向门。因为门常用脚撞开，应用金属或塑料件包上

⑨通常的洗涤盆高度和洗菜盆的最大高度。难得用的餐具放在较高的架子上

洗菜盆和垃圾桶安在洗菜盆下比较合适

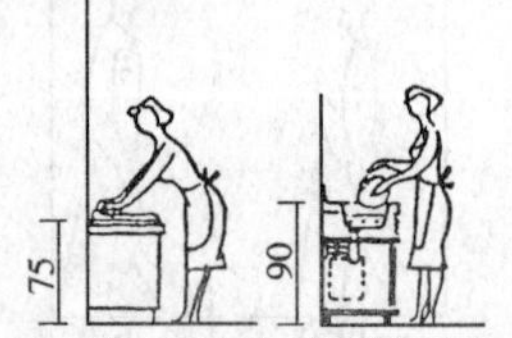

⑩工作台的高度最好与洗菜盆和灶台一致

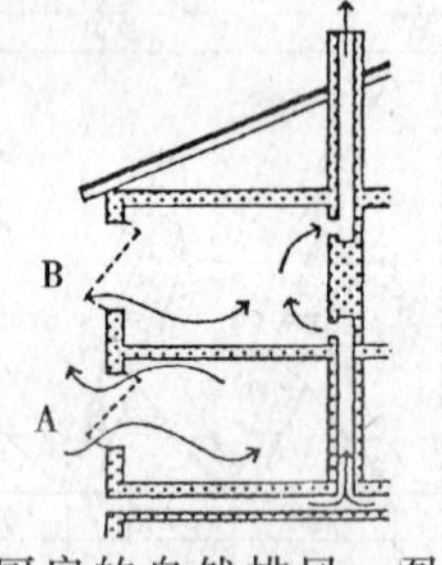

⑪厨房的自然排风，图中B比A好

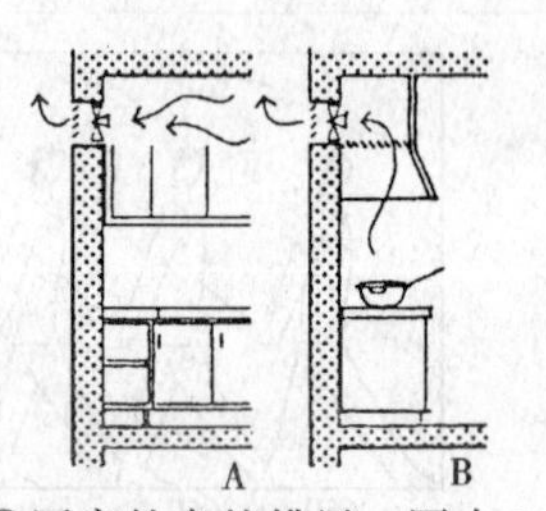

⑫厨房的自然排风，图中 B 比 A 好

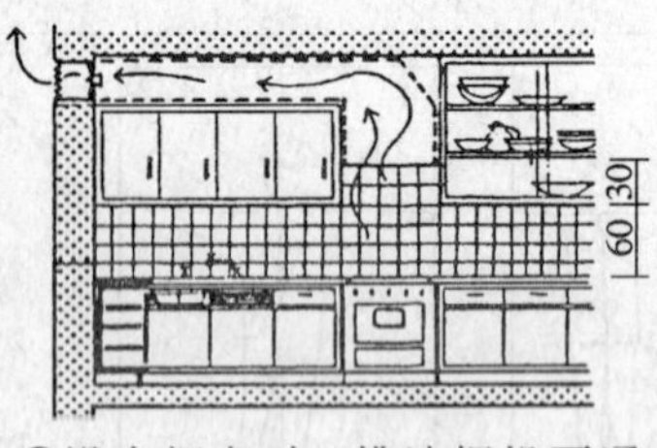

⑬没有烟囱时，排油烟机可通过风管引至室外

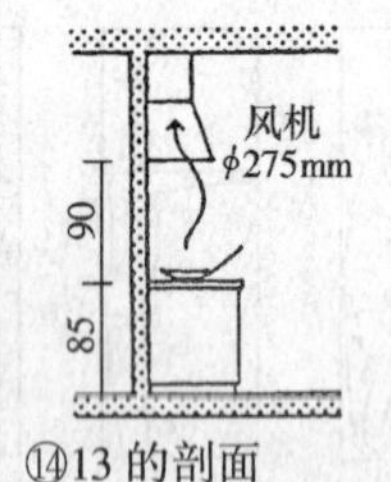

⑭13 的剖面

(*a*) (*b*) (*c*) (*d*) (*e*)

(*a*) 厨房和卫生间前后相邻（内卫生间）。浴缸沿着或横对管道隔墙
(*b*) 厨房和卫生间前后相邻（内淋浴间）
(*c*) 厨房和卫生间并排靠外墙，浴缸与管道隔墙平行
(*d*) 厨房和卫生间并排靠外墙，浴缸与外墙平行
(*e*) 厨房和卫生间并排靠外墙，淋浴缸靠外墙

⑮卫生间和厨房的一般排列

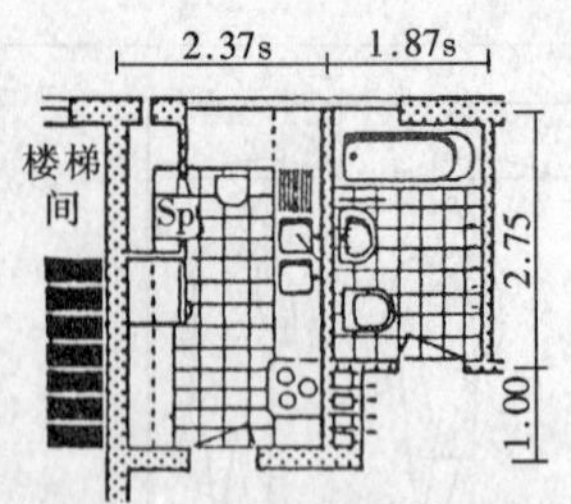

⑯带餐具柜的厨房和较小进深的卫生间，使得走廊和更衣间宽敞些

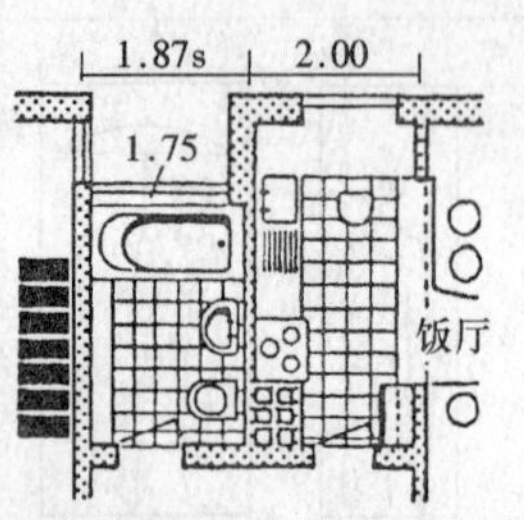

⑰带较宽的递菜窗的厨房可以进早餐

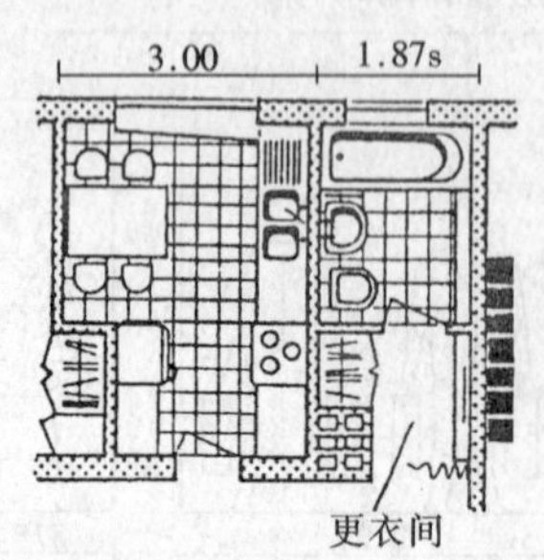

⑱带餐桌的厨房

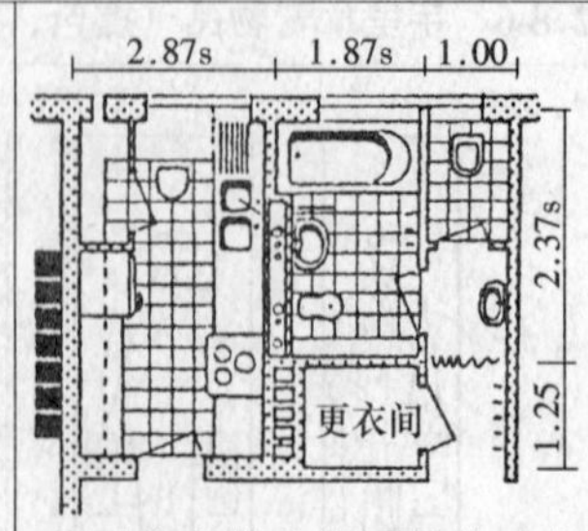

⑲厨房和带公共用具的卫生间。厕所和更衣间需要自己的分路系统

2.8-8 厨房洗涤盆、洗碗机和洗衣机

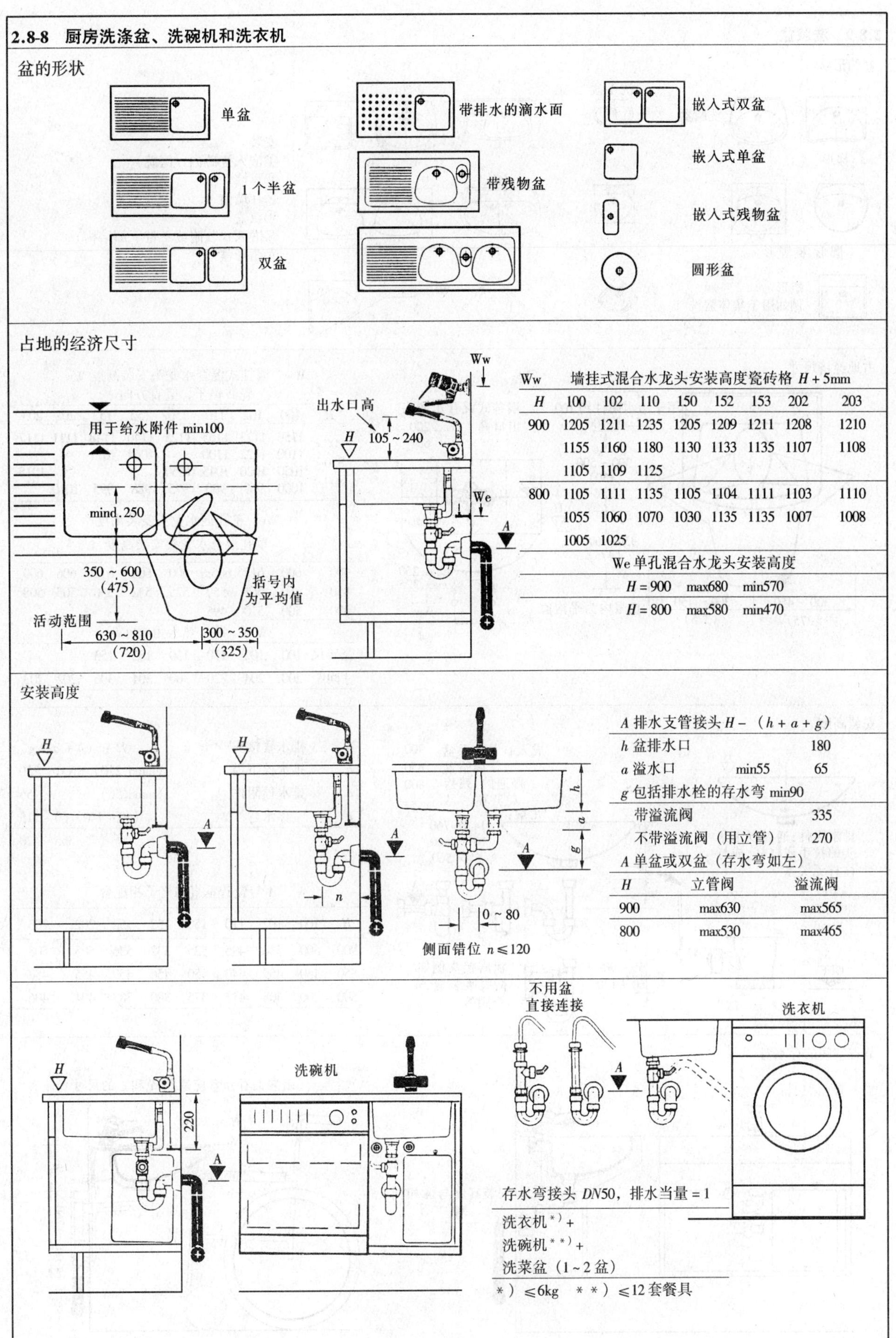

Ww	墙挂式混合水龙头安装高度瓷砖格 $H+5$mm							
H	100	102	110	150	152	153	202	203
900	1205	1211	1235	1205	1209	1211	1208	1210
	1155	1160	1180	1130	1133	1135	1107	1108
	1105	1109	1125					
800	1105	1111	1135	1105	1104	1111	1103	1110
	1055	1060	1070	1030	1135	1135	1007	1008
	1005	1025						

We 单孔混合水龙头安装高度		
$H=900$	max680	min570
$H=800$	max580	min470

A 排水支管接头 $H-(h+a+g)$		
h 盆排水口		180
a 溢水口	min55	65
g 包括排水栓的存水弯 min90		
带溢流阀		335
不带溢流阀（用立管）		270
A 单盆或双盆（存水弯如左）		
H	立管阀	溢流阀
900	max630	max565
800	max530	max465

存水弯接头 $DN50$，排水当量 = 1

洗衣机*) +
洗碗机**) +
洗菜盆（1~2 盆）

*) ≤6kg **) ≤12 套餐具

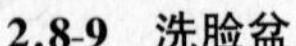

2.8-9 洗脸盆

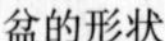

盆的形状

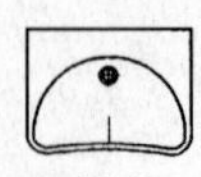

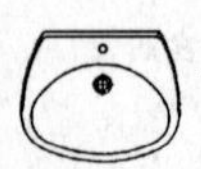

洗脸盆

梯形

洗手盆

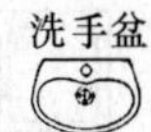

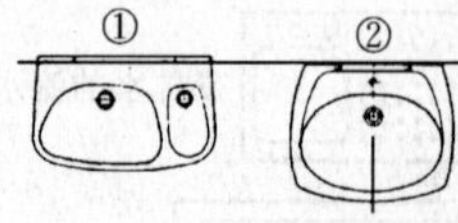

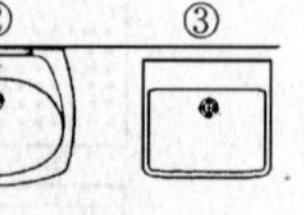

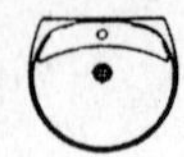

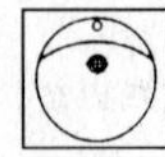

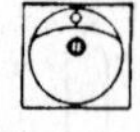

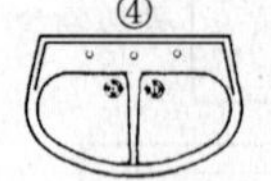

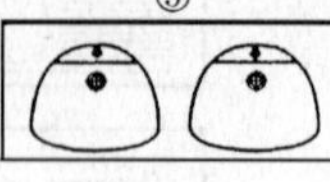

圆形，椭圆形

矩形
例如用于集体盥洗

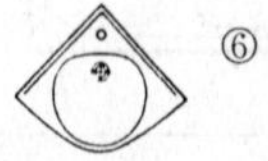

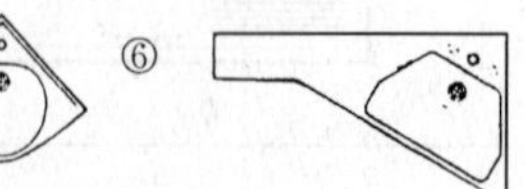

安装
①嵌入瓷砖内（医院）
②靠墙
③在墙前
④双盆
⑤嵌入式（附或不带下部结构）
⑥角形盆

占地经济尺寸

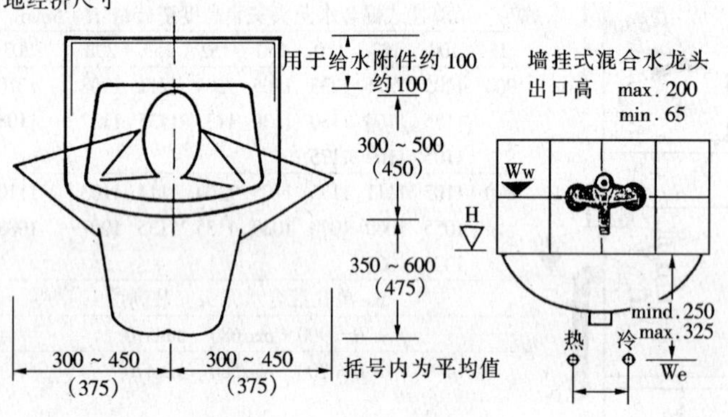

Ww 墙挂式混合水龙头安装高度 Ww
瓷砖格子，竖直方向

H	100	102	110	150	152	153	202	203
900 <	1150	1173	1155	1125	1140	1148	1111	1117
850 <	1100	1122	1100		1064	1071		
800 <	1050	1020	1045	1050				1015
	1000	969	990	975	988	995	1010	

We 单孔混水龙头安装高度
单孔混合水龙头安装高度

900	600	612	605m	600	608	612	606	609
850	550	561	550	525	532	536	505	508
800	500	510	495					

W-K 冷、热水角阀间距

瓷砖尺	100	102	110	150	152	153		
寸间距	200	204	220	300	304	306	202	203

安装高度

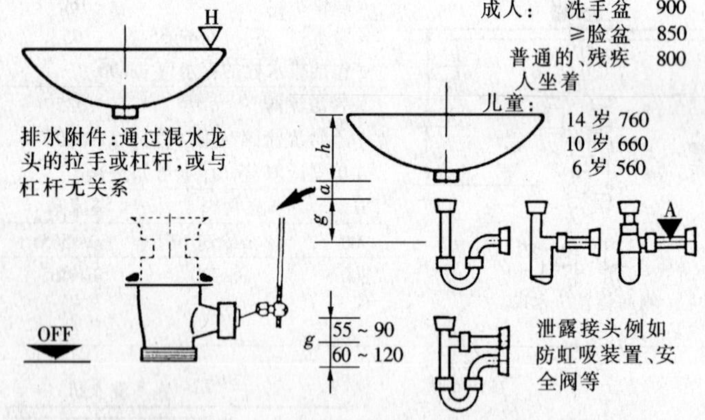

A	排水管接头	H－（h＋a＋g）
h	排水栓下沿	（mind. 210）EN31 250
a	排水栓附件	（mind. 50） 55
g	存水弯	（40～140）60－115
		365－420

A 与瓷砖垂直的格子相配合

H	100	102	110	150	152	152	202	203
900	500	510	495	525	532	536	505	508
850	450	459	440	450	456	459	455	457
800	400	408	413	375	380	383	404	406

节省空间的存水弯

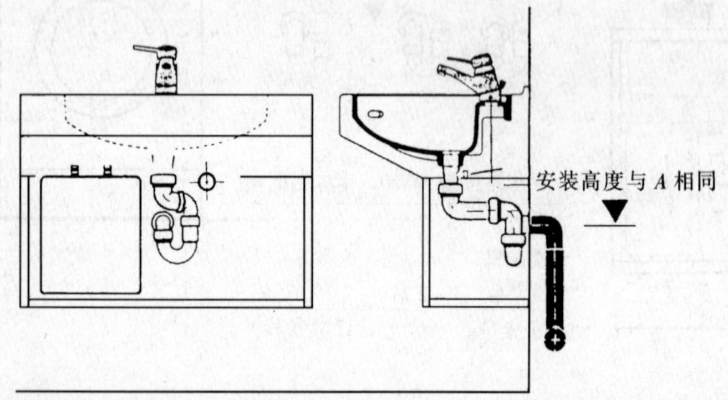

暗装的存水弯应遵照 h 和 g 的尺寸

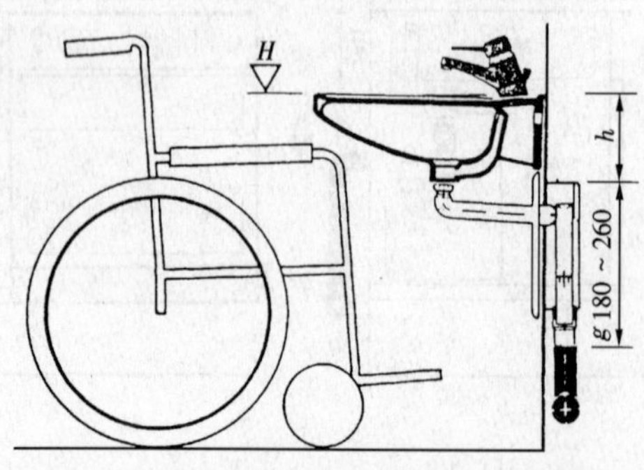

2.8-10 浴缸

盆的形状

		总高	材料
①	标准浴缸		
	1600×700	475	铸铁
	1700×750	475	钢板
	非标准浴缸		
	1020~1850	420~575	与上同
	650~850		+塑料
②	人体形状（对角浴缸尺寸、材料、水容量尽可能对人体舒适		
③	圆形、椭圆形、随意形状		
④	多用途浴缸，有台阶，（坐式）浴缸，上部附可坐的浴缸		

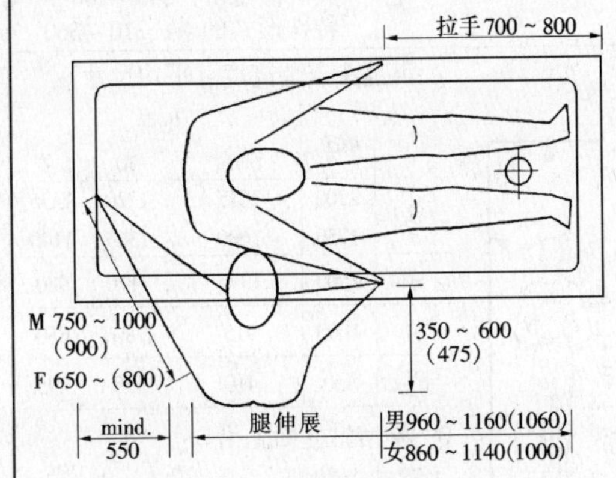

占地经济尺寸

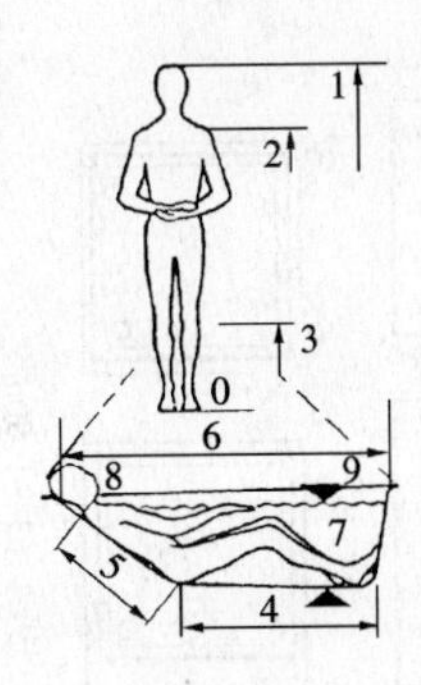

尺寸	高	男	女
1	身高	1600~1870	1500~1770
2	肩高	1310~1530	1200~1460
3	膝	510~590	450~550
4	膝在水下	1090	1020
5	背长	540~640	490~590
6	净长	1600=1460	
	标准	1700=1550	
7	水位或溢水口	370	
8	头自由度	50°	
9	脚自由度	45°	

安装高度

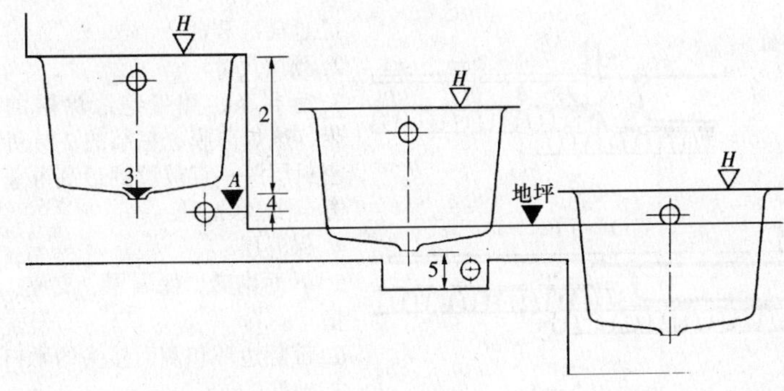

A 排水接头至少比排水栓下沿低30mm（根据存水弯的形式），在标准浴缸，*H*-505

H 安装高度，与瓷砖配合

（瓷砖缝约6.5mm,在瓷砖格子下5mm）

垂直瓷砖格子：

	100	102	110	150	152	153	202	203
高	595	607	655	595	603	607	601	604
标准	495	505	545					
深	395	403	435	445	451	454	399	401
	295	301	325	295	299	301		
沉下	195	199	215	145	147	148	197	198
	95	97	105					

瓷砖安装高度：*H*=550

2 总尺寸（*H*－排水栓下沿 415~570）

3 排水栓上沿高出15mm

4 存水弯接头

5 排水栓结构尺寸 塑料 120

黄铜 见厂家说明

连接的可能方式

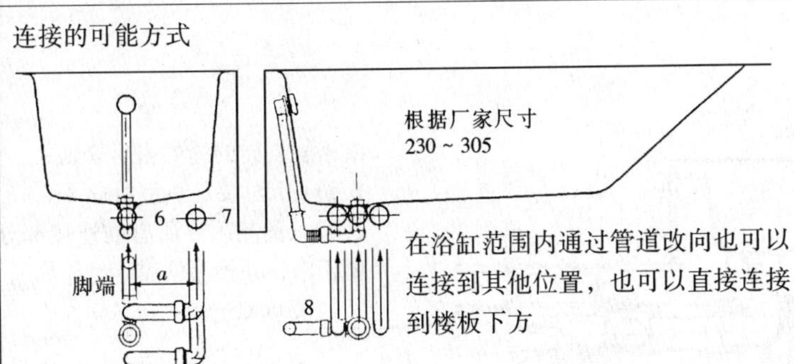

在浴缸范围内通过管道改向也可以连接到其他位置，也可以直接连接到楼板下方

楼板没有凹槽的最小安装高度

总尺寸	(2)	420	450	475	500	575
地面铺层	65	465	495	520	545	620
	85	445	475	500	525	600

6 黄铜存水弯

7 塑料存水弯 *a* min 120

max 270

8 连接弯头在排水栓前

在排水栓中心轴线

在排水栓后

（根据厂家不同要求）

2.8-11 淋浴盆

安装形式

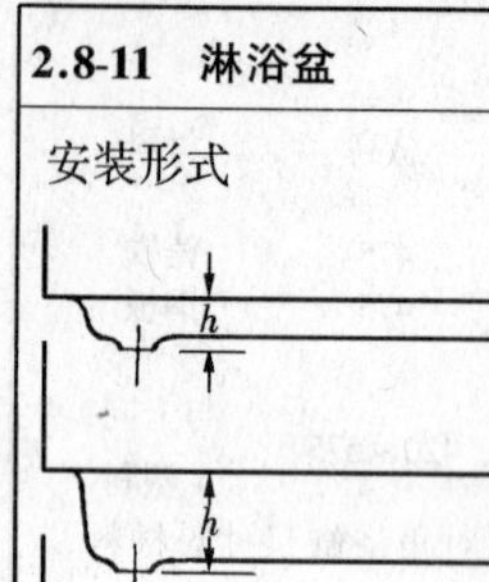

嵌入地平面

淋浴缸沉入地面少许凹坑只用于排水连接

淋浴缸高度超过地面铺层的结构高度

穿过楼板凹坑

地面厚度根据结构 50~110mm

安装抬高

建议在养老院、学校、旅馆的淋浴缸排出口厚度高于地面接头，以便排水

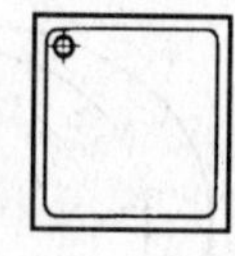

淋浴缸　高　材料

特别浅型　h

800×800　50　铸铁

800×800　55　钢

800×800　65

800×840　65　陶瓷

普通型　h = 150/160/175

800×800

900×900　铸铁、钢

1000×1000　陶瓷、塑料

750×800

750×900　矩形

具有溢水 h：240~280

特殊形式的 h：310~360

占地尺寸：经济尺寸

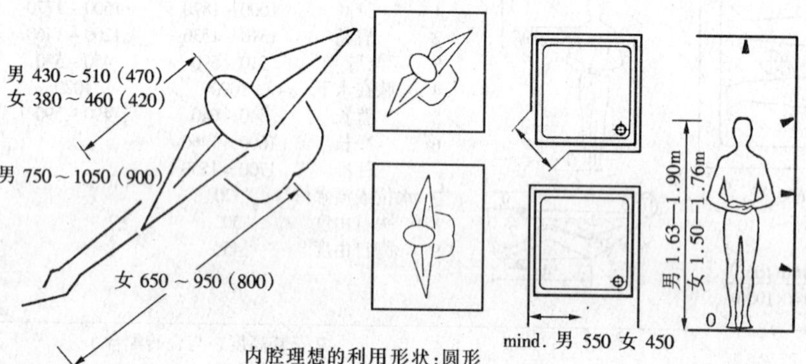

淋蓬头安装高度（平均尺寸）：

	成人	儿童		
		bis14	10	6岁
头	2200	2015	1720	1435
	1750	1600	1365	1140
颈	1500	1375	1170	980
臂	1000	915	780	650
下肢	450	410	350	295

0：淋浴缸立面上沿

手臂向上伸展

男 1920~2320　女 1720~2150

地面安装建议

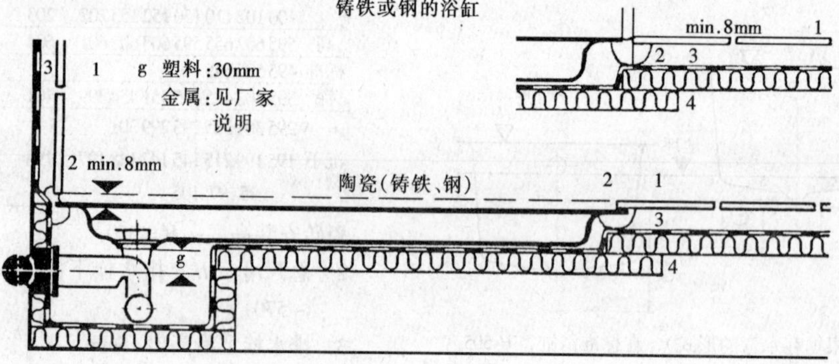

1. 地砖、瓷砖
2. 预留尺寸
3. 密封条，如带绝缘涂层的铅护带，熔焊薄膜，粘结的2层沥青纸密封层厚一直敷设到最高淋蓬头上方至少30cm处
4. 保温层
5. 下面砌砖、保温罩、支座、隔声垫
6. 带翻边环和侧面接头的承口
7. 地漏
8. 连接内接头
9. 用轻质混凝土填充，应事先用隔声垫绝缘

安装抬高式

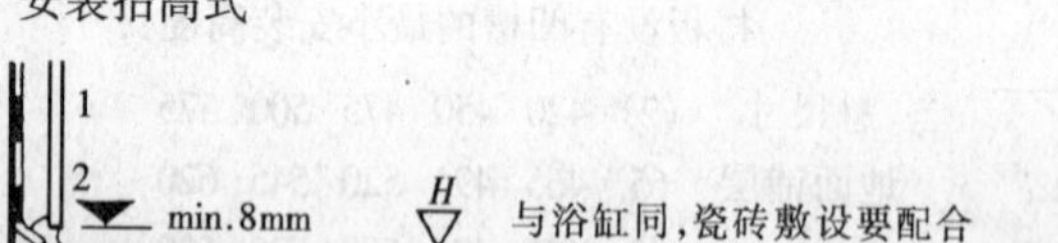

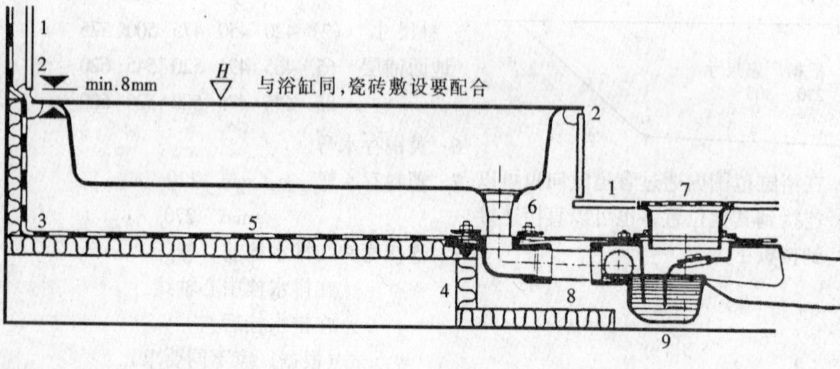

淋浴缸瓷砖的缝的密封规则：

1. 缝的尺寸要足够大（min.8mm）
2. 良好的粘附：所有的连接部分要干净，并预涂粘胶
3. 缝要填塞饱满

2.8-12 冲洗盆

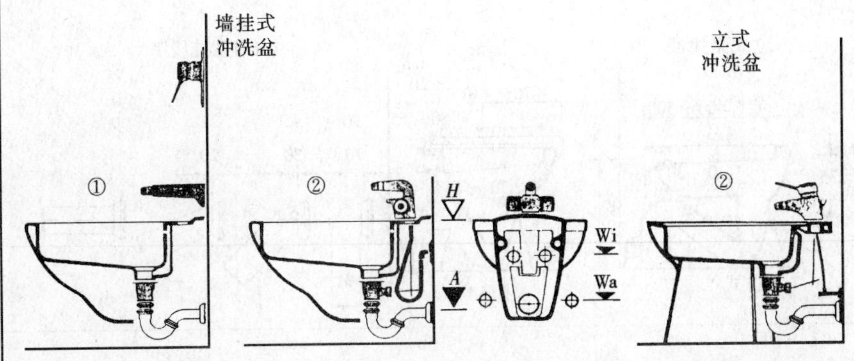

附件区别特征：

①墙挂式混水龙头

②单孔混水龙头

Wi：给水接头（在罩内，不可见），大多数 Wi = 250mm

Wa：常规的，如立式冲洗盆的给水接头 Wa = 100 ~ 200mm

占地尺寸：经济尺寸

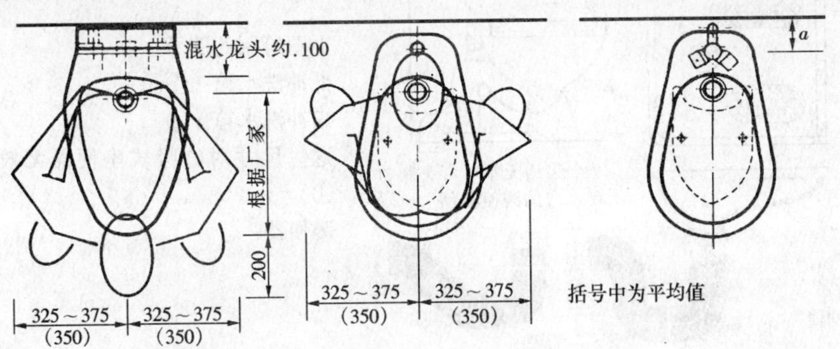

在背对墙用混水龙头清洗人体后面时，冲洗盆前的最小人体占地尺寸为 550mm（起立尺寸）。

在面对墙使用时，坐着与墙的距离由冲洗盆的附件确定，在清洗人体前面时，坐着较陡。起立时，950 ~ 1350 高的位置不能设突出的部件。带防虹吸的附件：

a　min80

安装高度

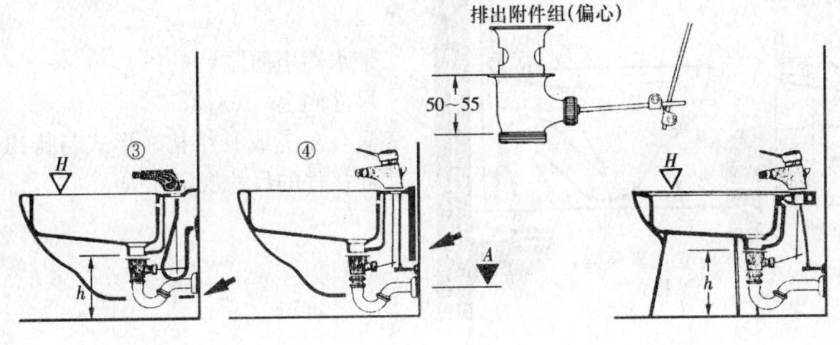

H：如普通墙挂坐便器　400

立式冲洗盆　380 ~ 400

h：冲洗盆出水口净高　180 ~ 200

存水弯下净空 min40

A：立式冲洗盆　120 ~ 100mm

墙挂式冲洗盆不等点

③陶瓷紧固件在 *A* 之下

④陶瓷紧固件在 *A* 之上

允许偏差或者向下，或者向上，许多形式的平均值 *A* = 110

冲洗盆的用途

2.8-13 坐便器

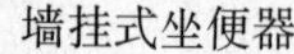

墙挂式坐便器

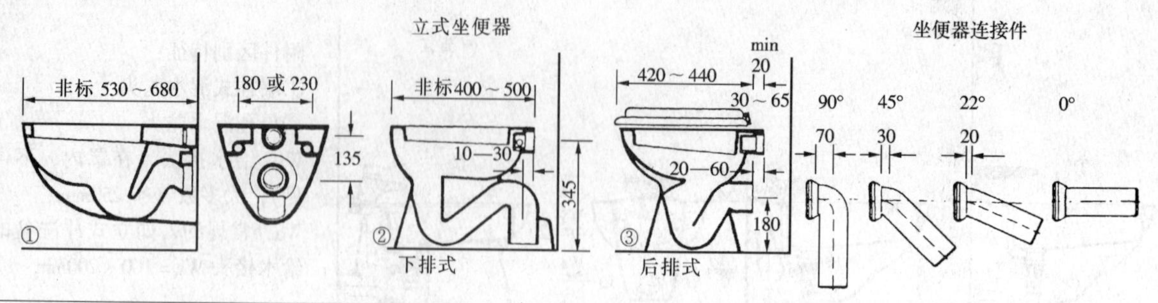

占地尺寸：经济尺寸

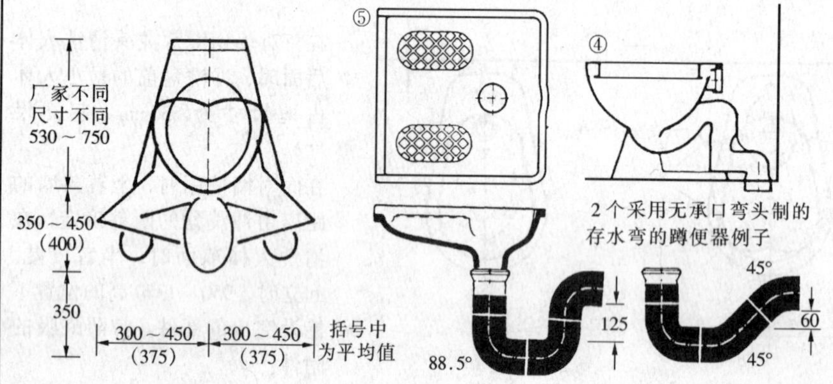

上图绘制的例子：

低冲洗水箱：①③

扁冲洗水箱：②

这些尺寸对虹吸式坐便器无效：④

蹲便器：⑤

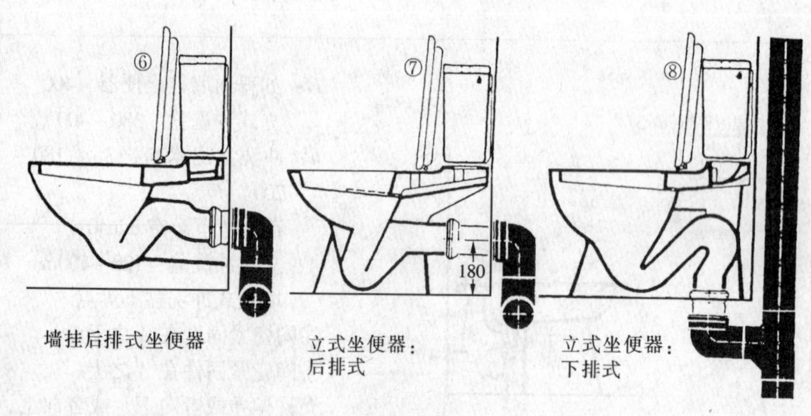

带水箱坐便器

尺寸同上　⑥⑦⑧

只有在⑦或⑪结构，形式与排出连接件的尺寸规定无关

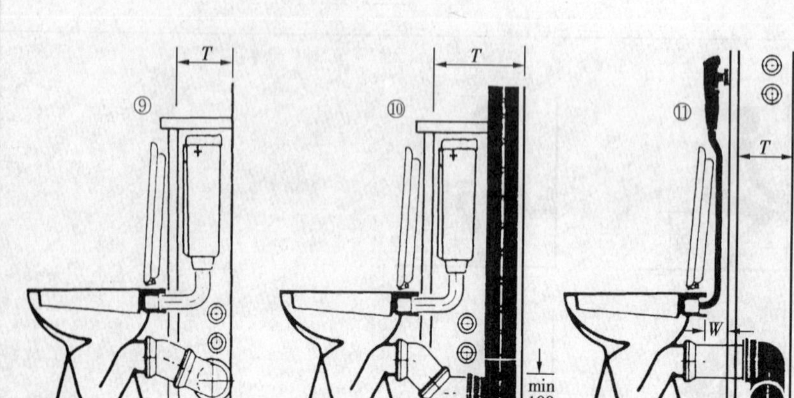

暗装的节省空间深度：min$T$	
⑨立式坐便器 立管在侧面	120～280
⑩立管在冲洗 水箱后面	280～320
⑪无承口 DN100 弯头	138
管卡	25　163
压力冲洗阀：	
坐靠档板在乙字弯下： 冲洗管 $D/2$	14
冲洗管—墙净尺寸	10
坐便器坐靠限位	35

W：min59

2.8-14 小便器

小便器形式　　冲洗和排出的区别　　冲洗阀在墙内　　冲洗阀在墙内，附存水弯

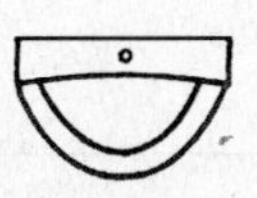

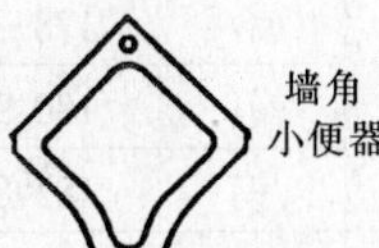

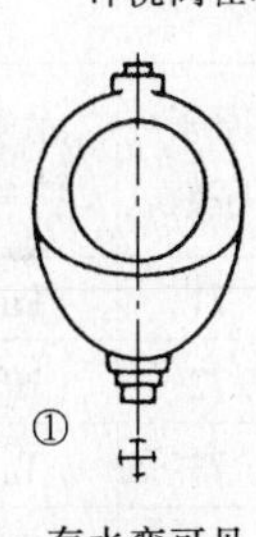

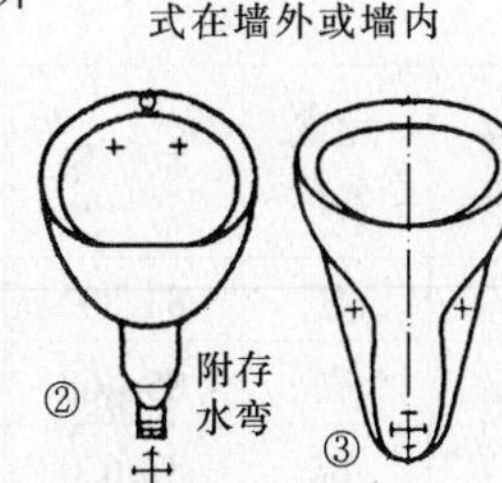

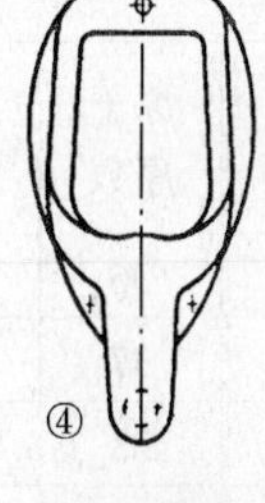

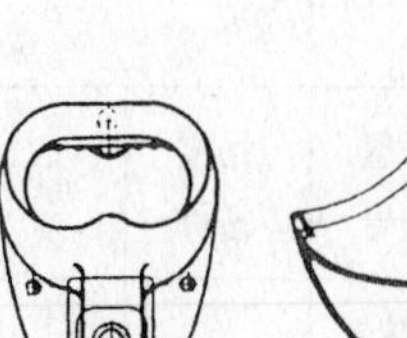

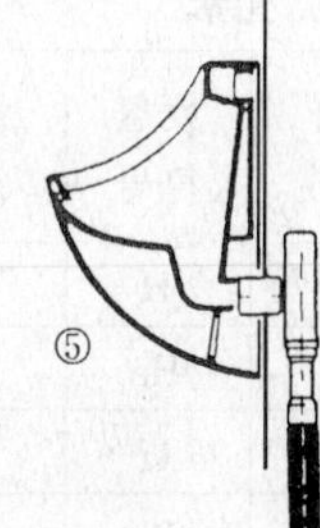

占地尺寸：经济尺寸

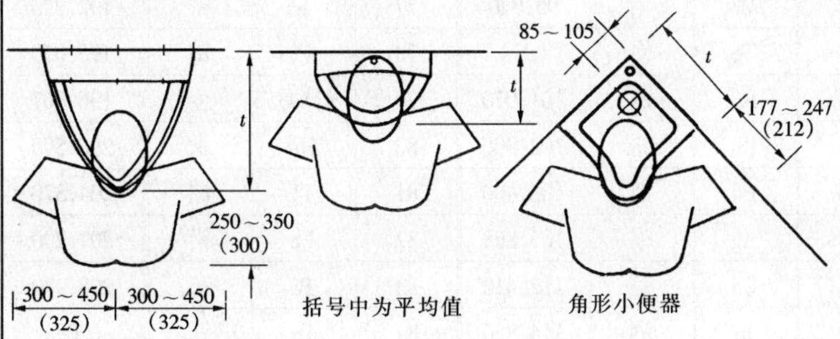

括号中为平均值　　角形小便器

t：有效外露部分　225～420
根据不同形式

H：安装高度

成人　　标准　　600

大个子　（1.70～1.80m）　650～700

8岁以下儿童　　500

W：给水接头，与瓷砖配合安装（冲洗装置在墙内的二盖板中心）瓷砖格（垂直）

100	102	110	150	152	153	202	203
1200	1224	1210	1200	1216	1224	1212	1218
1100	1122	1100	1050	1064	1071	1010	1015
1000	1020	990					

安装高度

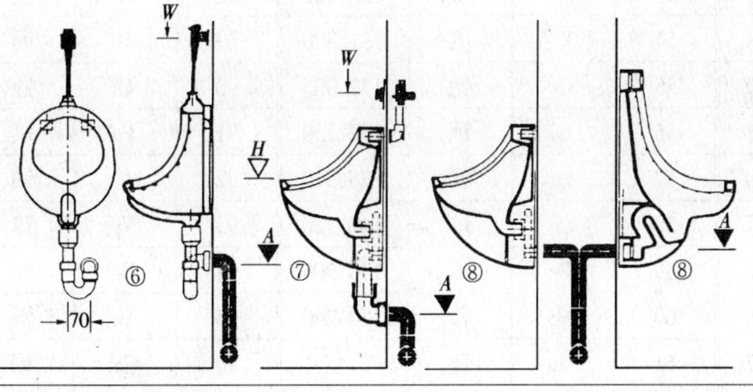

A：排水接头高度

在隐藏式排出时普通形式

可采用　⑧

存水弯可见　⑥

排出支管向下　⑦

立式小便器

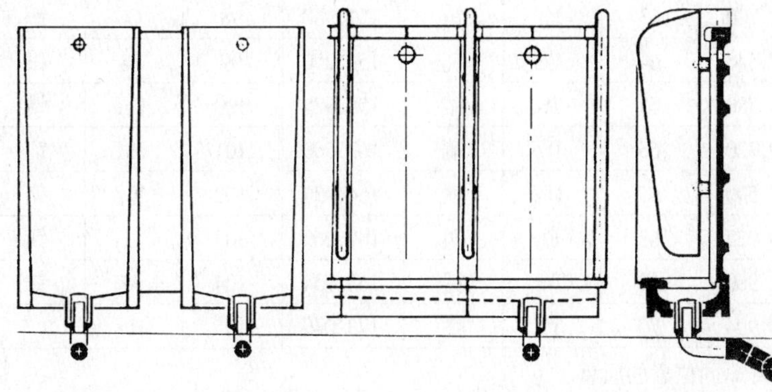

器具支管的尺寸（*DN*）

小便器	器具支管	水平支管
单个	50	50
3～6个	50	75
6个以上	50	100

3. 材料学

3.1 化学

3.1-1 元素

原子序数	元素符号	元素名称	原子量	原子序数	元素符号	元素名称	原子量	原子序数	元素符号	元素名称	原子量
1	H	氢	1.008	36	Kr	氪	83.800	71	Lu	镥	174.967
2	He	氦	4.003	37	Rb	铷	85.468	72	Hf	铪	178.490
3	Li	锂	6.941	38	Sr	锶	87.620	73	Ta	钽	180.948
4	Be	铍	9.012	39	Y	钇	88.906	74	W	钨	183.850
5	B	硼	10.810	40	Zr	锆	91.220	75	Re	铼	186.207
6	C	碳	12.011	41	Nb	铌	92.906	76	Os	锇	190.200
7	N	氮	14.007	42	Mo	钼	95.940	77	Ir	铱	192.220
8	O	氧	15.999	43	Tc	锝	（97）	78	Pt	铂	195.050
9	F	氟	18.998	44	Ru	钌	101.070	79	Au	金	196.967
10	Ne	氖	20.179	45	Rh	铑	102.906	80	Hg	汞	200.590
11	Na	钠	22.990	46	Pd	钯	106.400	81	Tl	铊	204.370
12	Mg	镁	24.305	47	Ag	银	107.868	82	Pb	铅	207.200
13	Al	铝	26.982	48	Cd	镉	112.410	83	Bi	铋	208.980
14	Si	硅	28.086	49	In	铟	114.820	84	Po	钋	（209）
15	P	磷	30.974	50	Sn	锡	118.690	85	At	砹	（210）
16	S	硫	32.060	51	Sb	锑	121.750	86	Rn	氡	（222）
17	Cl	氯	35.453	52	Te	碲	127.600	87	Fr	钫	（223）
18	Ar	氩	39.948	53	I	碘	126.905	88	Ra	镭	226.025
19	K	钾	39.098	54	Xe	氙	131.300	89	Ac	锕	（227）
20	Ca	钙	40.080	55	Cs	铯	132.905	90	Th	钍	232.038
21	Sc	钪	44.956	56	Ba	钡	137.330	91	Pa	镤	（231）
22	Ti	钛	47.900	57	La	镧	138.910	92	U	铀	238.029
23	V	钒	50.941	58	Ce	铈	140.120	93	Np	镎	（237）
24	Cr	铬	51.996	59	Pr	镨	140.908	94	Pu	钚	（244）
25	Mn	锰	54.938	60	Nd	钕	144.240	95	Am	镅	（243）
26	Fe	铁	55.847	61	Pm	钷	（145）	96	Cm	锔	（247）
27	Co	钴	58.933	62	Sm	钐	150.400	97	Bk	锫	（247）
28	Ni	镍	58.700	63	Eu	铕	151.960	98	Cf	锎	（251）
29	Cu	铜	63.546	64	Gd	钆	157.250	99	Es	锿	（254）
30	Zn	锌	65.380	65	Tb	铽	158.925	100	Fm	镄	（257）
31	Ga	镓	69.720	66	Dy	镝	162.500	101	Md	钔	（258）
32	Ge	锗	72.590	67	Ho	钬	164.930	102	No	锘	（259）
33	As	砷	74.922	68	Er	铒	167.260	103	Lr	铹	（260）
34	Sn	锡	78.960	69	Tm	铥	168.934	104	Rf	铲	（261）
35	Br	溴	79.904	70	Yb	镱	173.040	105	Ha		（262）

注：括号中的原子量是最长寿命同位素的质量

3.1-2 重要物质的名称与分子式

名　称	分子式	名　称	分子式	名　称	分子式
氢气	H_2	盐酸	HCl	乙醇 （酒精）	C_2H_5OH
氧气	O_2	硫酸	H_2SO_4	乙醚	$C_2H_5O\ C_2H_5$
氮气	N_2	硝酸	HNO_3	丙酮	$(CH_3)_2CO$
一氧化碳	CO	磷酸	H_3PO_4	水	H_2O
二氧化碳	CO_2	碳酸	H_2CO_3	甘油	$C_3H_5\ (OH)_3$
二氧化硫	SO_2	碳酸钙 （石灰石）	$CaCO_3$	碳酸钠 （纯碱）	Na_2CO_3
二氧化氮	NO_2	氧化钙 （生石灰）	CaO	氢氧化钠 （烧碱）	$NaOH$
氨	NH_3	氢氧化钙 （熟石灰）	$Ca\ (OH)_2$	氢氧化钾	KOH
甲烷	CH_4	石膏	$CaSO_4 \cdot 2H_2O$	磷酸钠	Na_3PO_4
乙烷	C_2H_6	碳化钙 （电石）	CaC_2	磷酸氢二钠	Na_2HPO_4
乙烯	C_2H_4	氯化钠 （食盐）	$NaCl$	磷酸二氢钠	NaH_2PO_4
丙烷	C_3H_8	氯化钙	$CaCl_2$	次氯酸钙 （漂白粉）	$Ca\ (ClO)_2$
丁烷	C_4H_{10}	亚硫酸	H_2SO_3	高锰酸钾	$KMnO_4$
苯	C_6H_6	氯化锌	$ZnCl_2$	乙酸	CH_3COOH
甲苯	$C_6H_5\text{-}CH_3$	碱式碳酸铜 （铜绿）	$CuCO_3 \cdot Cu\ (OH)_2$	草酸	$H_2C_2O_4$

3.2 材料的物理性质

3.2-1 水的温度、密度和比容

t—温度，℃；ρ—密度，kg/m^3；v——比容，m^3/kg；λ—导热系数，W/（m·K）

t (℃)	ρ (kg/m^3)	v (m^3/kg)	λ [W/(m·K)]	t (℃)	ρ (kg/m^3)	v (m^3/kg)	λ [W/(m·K)]	t (℃)	ρ (kg/m^3)	v (m^3/kg)	λ [W/(m·K)]
		冰		36	9937	10063		76	9741	10266	
−50	8900	11236		37	9933	10067		77	9735	10272	
±0	9170	10905	2.210	38	9930	10070		78	9729	10279	
		水		39	9927	10074		79	9723	10285	
±0	9998	10002	0.558	40	9923	10078	0.623	80	9716	10292	0.670

3.2-1 水的温度、密度和比容（续）

t—温度，℃；ρ—密度，kg/m^3；v——比容，m^3/kg；λ—导热系数，W/（m·K）

t (℃)	ρ (kg/m^3)	v (m^3/kg)	λ [W/(m·K)]	t (℃)	ρ (kg/m^3)	v (m^3/kg)	λ [W/(m·K)]	t (℃)	ρ (kg/m^3)	v (m^3/kg)	λ [W/(m·K)]
1	9999	10001		41	9919	10082		81	9710	10299	
2	9999	10001		42	9915	10086		82	9704	10305	
3	9999	10001		43	9911	10090		83	9697	10312	
4	1000	10000		44	9907	10094		84	9691	10319	
5	1000	10000		45	9902	10099		85	9684	10326	
6	1000	10000		46	9898	10103		86	9678	10333	
7	9999	10001		47	9894	10107		87	9671	10340	
8	9999	10001		48	9889	10112		88	9665	10347	
9	9998	10002		49	9884	10117		89	9658	10354	
10	9997	10003	0.563	50	9880	10121	0.842	90	9652	10361	0.680
11	9997	10003		51	9876	10126		91	9644	10369	
12	9996	10004		52	9871	10131		92	9638	10376	
13	9994	10006		53	9866	10136		93	9630	10384	
14	9993	10007		54	9862	10140		94	9624	10391	
15	9992	10008		55	9857	10145		95	9616	10399	
16	9990	10010		56	9852	10150		96	961.0	10406	
17	9998	10012		57	9846	10156		97	960.2	10414	
18	9987	10013		58	9842	10161		98	965.6	10421	
19	9985	10015		59	9837	10166		99	958.9	10429	
20	9983	10017	0.593	60	9832	10171	0.657	100	9581	10437	0.683
21	9981	10019		61	9826	10177		105	9545	10477	
22	9976	10022		62	9821	10182		110	9507	10519	0.685
23	9978	10024		63	9815	10188		115	9468	10562	
24	9974	10026		64	9810	10193		120	9429	10606	0.686
25	9971	10029		65	9805	10199		130	9346	10700	0.686
26	9968	10032		66	9799	10205		140	9258	10801	0.685
27	9966	10034		67	9792	10211		150	9168	10908	0.684
28	9963	10037		68	9788	10217		160	9073	11022	0.683
29	9960	10040		69	9782	10223		170	8973	11145	0.679
30	9957	10043	0.611	70	9777	10228	0.666	180	8869	11275	0.625
31	9954	10046		71	9770	10235		190	8760	11415	0.670
32	9951	10049		72	9765	10241		200	8647	11565	0.663
33	9947	10053		73	9759	10247		220	8403	11900	0.645
34	9944	10056		74	9753	10253		250	7992	12513	
35	9940	10060		75	9748	10259		300	7122	14041	

3.2-2　饱和状态的水蒸气压力表

绝对压力	计算压力	饱和汽化温度	比容		蒸汽密度	焓				汽化潜热	
			水	蒸汽		水		蒸汽			
p_{js} (bar)	p_b (bar)	θ_s (℃)	V' (dm^3/kg)	V'' (m^3/kg)	e'' (kg/m^3)	h' (kJ/kg)	h' (Wh/kg)	h'' (kJ/kg)	h'' (Wh/kg)	r (kJ/kg)	r (Wh/kg)
0.01		7.0	1.0001	129.2	0.0077	29.3	8.1	2514	698.4	2485	690.3
0.05		32.9	1.0052	28.19	0.0355	137.8	38.3	2562	711.6	2424	673.3
0.1		45.8	1.0102	14.67	0.0681	191.8	53.3	2585	718.0	2393	664.7
0.2		60.1	1.0172	7.65	0.1307	251.5	69.9	2610	725.0	2358	655.1
0.3	负压	69.1	1.0223	5.229	0.1912	289.3	80.4	2625	729.3	2336	648.9
0.5		81.3	1.0301	3.240	0.3086	340.6	94.6	2646	735.0	2305	640.4
0.7		90.0	1.0361	2.365	0.4229	376.8	104.7	2660	738.9	2283	634.3
0.9		96.7	1.0412	1.869	0.5350	405.2	112.6	2671	741.9	2266	629.3
1.0	0	99.6	1.0434	1.694	0.5904	417	115.8	2675	743.2	2258	627.2
1.0123	0.0123	100	1.0437	1.673	0.5977	419.1	116.4	2676	743.3	2257	626.9
1.1	0.1	102.3	1.0455	1.549	0.6455	429	119.2	2680	744.4	2251	625.3
1.2	0.2	104.8	1.0476	1.428	0.7002	439	121.9	2683	745.3	2244	623.3
1.3	0.3	107.1	1.0495	1.325	0.7547	449	124.7	2687	746.4	2238	621.7
1.4	0.4	109.3	1.0513	1.236	0.8088	458	127.2	2690	747.2	2232	620.0
1.5	0.5	111.4	1.0530	1.159	0.8628	467	129.7	2693	748.1	2226	618.4
1.6	0.6	113.3	1.0547	1.091	0.9165	475	131.9	2696	748.9	2221	616.9
1.7	0.7	115.2	1.0562	1.031	0.9700	483	134.2	2699	749.7	2216	615.6
1.8	0.8	116.9	1.0579	0.977	1.0230	491	136.4	2702	750.6	2211	614.2
1.9	0.9	118.6	1.0597	0.929	1.076	498	138.3	2704	751.1	2206	612.8
2.0	1.0	120.2	1.0608	0.885	1.129	505	140.3	2706	751.8	2201	611.6
2.5	1.5	127.4	1.0675	0.718	1.392	535	148.6	2716	754.6	2181	605.8
3.0	2.0	133.5	1.0735	0.606	1.651	561	155.8	2724	758.9	2163	600.9
3.5	2.5	138.9	1.0789	0.524	1.908	584	162.2	2731	758.8	2147	596.5
4.0	3.0	143.6	1.0839	0.462	2.163	605	168.1	2738	760.4	2133	592.5
4.5	3.5	147.9	1.0885	0.414	2.417	623	173.1	2743	761.9	2120	588.8
5	4	151.8	1.0928	0.375	2.669	640	177.8	2747	763.2	2107	585.4
6	5	158.8	1.1009	0.316	3.170	670	186.1	2755	765.4	2085	579.2
7	6	165.0	1.1082	0.2727	3.667	697	193.6	2762	767.2	2065	573.6
8	7	170.4	1.1150	0.2403	4.162	721	200.3	2767	768.8	2046	568.5
9	8	175.4	1.1213	0.2148	4.655	743	206.4	2772	770.0	2029	563.8
10	9	179.9	1.1274	0.1943	5.147	763	211.9	2776	771.2	2013	559.3
11	10	184.1	1.1331	0.1774	5.637	781	216.9	2780	772.1	1999	555.1
12	11	188.0	1.1386	0.1632	6.127	798	221.7	2782	773.0	1984	551.2
13	12	191.6	1.1438	0.1511	6.617	815	226.4	2786	773.7	1971	547.4
14	13	195.0	1.1489	0.1407	7.106	830	230.6	2788	774.4	1958	543.8
15	14	198.3	1.1539	0.1317	7.596	845	234.7	2790	775.0	1945	540.3
16	15	201.4	1.1586	0.1237	8.085	859	238.6	2792	775.5	1933	537.0
17	16	204.3	1.1633	0.1166	8.575	872	242.2	2793	775.9	1921	533.8
18	17	207.1	1.1678	0.1103	9.065	885	245.8	2795	776.3	1910	530.6
19	18	209.8	1.1723	0.1047	9.555	897	249.2	2796	776.7	1899	527.6
20	19	212.4	1.1766	0.0955	10.05	909	252.5	2797	777.0	1888	524.6
40	39	250.3	1.2521	0.0498	20.10	1087	301.9	2800	777.9	1713	475.8
60	59	275.6	1.3187	0.0324	30.83	1214	337.2	2785	773.6	1571	436.5
80	79	295.0	1.3842	0.0235	42.51	1317	365.8	2760	766.6	1443	400.8
100	99	311.0	1.4526	0.0180	55.43	1408	391.1	2728	757.7	1320	366.6
150	149	342.1	1.6579	0.0103	96.71	1611	447.5	2615	726.4	1004	278.9
200	199	365.7	2.0370	0.0059	170.2	1826	507.2	2418	671.8	592	164.4
221.2	220.2	374.2	3.17	0.0032	315.5	2107	585.3	2107	585.4	0	0

3.2-3 重要固体的密度、比热和导热系数

ρ—密度，kg/m³；c—比热，J/（kg·K）或 Wh/（kg·K）；λ—导热系数，W/（m·K）

物质	ρ (kg/m³)	c		λ [W/(m·K)]	物质	ρ (kg/m³)	c		λ [W/(m·K)]
		[J/(kg·K)]	[Wh/(kg·K)]				[J/(kg·K)]	[Wh/(kg·K)]	
金属和合金									
镍	8.80	460	0.128	87	铜	8.90	390	0.108	393
铝 99.5%	2.70	920	0.26	221	黄铜 CuZn28	8.56	390	0.108	92
硬铝	2.75～2.87	500	0.139	165	黄铜 CuZn10	8.80	390	0.108	110
铁	7.86	465	0.129	71	康铜	8.90	410	0.114	22.5
灰铸铁	7.1～7.3	545	0.151	46～63	炮铜 CuSn10	8.74	377	0.105	59
钢 0.2%C	7.85	460	0.128	50	磷青铜		360	0.100	36～79
钢 0.6%C	7.84	460	0.128	46	镁	1.74	1010	0.281	171
18%Cr8%Ni 合金钢	7.88	500	0.139	15	锑	6.69	210	0.058	17
金	19.30	125	0.035	314	铅	11.34	130	0.036	35
银（纯）	10.50	238	0.066	418	铬	7.10	500	0.139	86
锰	7.30	460	0.128	50	铂	21.40	130	0.037	71
铅	11.34	130	0.36	35.1	钨	19.30	142	0.039	197
钛	4.45	573	0.159	16	铋	9.80	125	0.035	9.6
其他固体材料									
沥青	1.1～2.0	920	0.26	0.7	玻璃窗户	2.5	840	0.23	0.81
混凝土	1.6～2.3	880～1300	0.244～3.6	0.75～1.5	石灰砂砖	1.9	720	0.2	1.0
焦油	1.1	1630	0.453	0.160	0℃冰	0.92	2052	0.57	2.21
大理石	2.5～2.7	810	0.23	2.8	锅炉水垢	2.3	1260	0.35	0.6～2.3
纤维混凝土	2.0	736	0.21	0.34～0.44	软木板	0.1～0.3	1590	0.442	0.03～0.06
新鲜脂	0.93	2510	0.697	0.21	刨花板	0.65	1700	0.472	0.14
石膏纸板	0.9	900	0.25	0.21	颗粒状软木	0.035～0.06	1380	0.383	0.33
萘	1.145	1280	0.36	0.3	橡胶	1.1	2010	0.56	0.17
花岗岩	2.5	840	0.23	3.50	干皮革	1.0	1510	0.42	0.159
天然石墨	1.8～2.3	840	0.23	11.6～174	硬纸板	0.8	1260	0.35	0.07～0.22
玻璃纸	1.42	1470	0.41	0.17	瓷	2.3	840	0.23	1.28

3.2-3 重要固体的密度、比热和导热系数（续）

ρ—密度，kg/m³；c—比热，J/（kg·K）或 Wh/（kg·K）；λ—导热系数，W/（m·K）

物质	ρ (kg/m³)	c [J/(kg·K)]	c [Wh/(kg·K)]	λ [W/(m·K)]	物质	ρ (kg/m³)	c [J/(kg·K)]	c [Wh/(kg·K)]	λ [W/(m·K)]
赛璐珞纸	0.7～1.1	1340	0.37	0.07～0.14	石蜡	0.87～0.93	3270	0.91	0.21～0.29
石英	2.1～2.65	840	0.23	1.26	烟灰	1.6～1.7	—	—	0.07～1.20
砂地面	1.6	—	—	1.07	耐火砖	1.7～2.0	835	0.23	0.46～1.16
新鲜雪	0.10	2090	0.58	0.11	砖	1.6～1.8	840	0.24	0.38～0.52
黏土地面	1.5	880	0.24	1.28	干黏土	1.8	830	0.223	0.84
风干泥煤	0.5～0.9	1880	0.52	0.06～0.08	蜡	0.96～1.04	3430	0.95	0.084
瓦楞纸板	0.035	—	—	0.041	胶合板	0.55	1700	0.472	0.14

热塑性塑料

物质	ρ	c [J/(kg·K)]	c [Wh/(kg·K)]	λ	物质	ρ	c [J/(kg·K)]	c [Wh/(kg·K)]	λ
丙烯腈 ABS	1.06	1550	0.43	0.15	聚甲基丙烯酸甲酯（有机玻璃）	1.18	1300	0.361	0.19
聚酰胺（尼龙）	1.13	1900	0.528	0.27					
聚乙烯 PE-HD	0.95	2150	0.597	0.35	聚丙烯	0.91	1700	0.472	0.22
					聚苯乙烯	1.05	1300	0.361	0.17
PE-LD	0.92	1800	0.5	0.42	聚氯乙烯	1.39	980	0.272	0.17
PE-X	0.94	2100	0.583	0.43	聚偏氯乙烯	1.78	1000	0.28	0.13

热固性塑料

物质	ρ	c [J/(kg·K)]	c [Wh/(kg·K)]	λ
酚醛树脂	1.27	1600	0.044	0.23
环氧树脂	1.15～12	—	—	0.21
聚酯树脂	1.3～1.6	—	—	0.21

硬泡沫塑料

材料	ρ (kg/m³)	λ (W/m·K)	热稳定性 (℃)
聚酯板	0.008～0.015	0.041	＜＋100
聚苯乙烯板	0.015～0.050	0.041	－200～＋70
聚氨酯	0.030～0.200	0.035	－40～＋90

3.2-4 液态物质（在20℃时）的密度、比热和导热系数

ρ—密度，kg/m³；c—比热，J/（kg·K）或 Wh/（kg·K）；λ—导热系数，W/（m·K）

物质	ρ (kg/m³)	c [J/(kg·K)]	c [Wh/(kg·K)]	λ [W/(m·K)]	物质	ρ (kg/m³)	c [J/(kg·K)]	c [Wh/(kg·K)]	λ [W/(m·K)]
丙酮	0.80	2220	0.617	0.161	乙醇	0.79	2390	0.663	0.186
防冻剂 N（100%）	1.143	2380	0.660	—	防冻剂 L（100%）	1.052	2500	0.694	—
汽油	0.68～0.78	2000～2090	0.556～0.581	—	苯	0.88	1720	0.477	0.154
啤酒	1.03	3770	1.050	—	乙二醇	1.114	2300	0.639	0.29
丁烷(0.5℃)	0.60	2280	0.633	—	无水甘油	1.25	2430	0.674	0.285
氟利昂 R12	1.33	894	0.248	0.081 (0℃)	氟利昂 R22	1.22	1089	0.303	0.099 (0℃)

3.2-4 液态物质（在 20℃时）的密度、比热和导热系数（续）

ρ—密度，kg/m^3；c—比热，J/（kg·K）或 Wh/（kg·K）；λ—导热系数，W/（m·K）

物质	ρ (kg/m³)	c [J/(kg·K)]	c [Wh/(kg·K)]	λ [W/(m·K)]	物质	ρ (kg/m³)	c [J/(kg·K)]	c [Wh/(kg·K)]	λ [W/(m·K)]
燃油 EL, 10～20℃	0.8～0.86	1880～2010	0.523～0.559	—	燃油 S, 100～200℃	0.95～0.97	1800～2200	0.5～0.611	—
食盐溶液（20%）	1.15	3430	0.954	—	机油	0.91	1680	0.465	0.116～0.174
甲醇	0.79	2470	0.686	0.202	萘	1.145	1810	0.500	—
苛性钠（100%）	1.83	3270	0.908	—	煤油	0.78～0.86	2140	0.593	0.151
丙烷（-43℃）	0.585	2410	0.670	—	盐酸（10%）	1.05	3140	0.871	—
硫酸（100%）	1.84	1380	0.384	0.198～0.314	硝酸（100%）	1.51	3100	0.862	—
海水	1.02～1.03	—	—	—	蒸馏水	1.0	4190	1.163	0.669（0℃）
乙醚	0.71	2340	0.651	0.138	甲苯	0.87	1720	0.477	0.141
二甲苯	0.86～0.88	1720	0.651	—	润滑油	0.89	1670	0.464	—

3.2-5 气态物质（在 0℃，$p_j=1.013$bar 时）的密度和比热

ρ—密度，kg/m^3；c_p—在恒压时的比热，kJ/（kg·K）；c_V—在恒容时的比热，kJ/（kg·K）

物质	分子式	ρ (kg/m³)	c_p [kJ/(kg·K)]	c_V [kJ/(kg·K)]	物质	分子式	ρ (kg/m³)	c_p [kJ/(kg·K)]	c_V [kJ/(kg·K)]
乙炔	C_2H_2	1.171	1.5114	1.2142	干空气	—	1.293	1.0048	0.7159
氨	NH_3	0.771	2.0557	1.5659	甲烷	CH_4	0.717	2.1604	1.6370
氩	Ar	1.78	0.5234	0.3182	丙烷	C_3H_8	2.011	1.549	1.36
苯	C_6H_6	3.63	0.95	0.846	氧气	O_2	1.429	0.9169	0.6573
丁烷	C_4H_{10}	2.708	1.599	1.457	氦	He	0.18	5.2335	3.1610
氯	Cl_2	3.22	0.473	0.356	城市煤气	—	～0.52	2.646	1.934
天然气	—	～0.84	—	—	氮气	N_2	1.250	1.0383	0.7411
乙烷	C_2H_6	1.356	1.7292	1.4445	氢气	H_2	0.090	14.235	10.111
乙烯	C_2H_4	1.261	1.6119	1.2895	一氧化碳	CO	1.250	1.0425	0.7453
氟利昂 R22	CHF_2Cl	3.86	0.61	0.523	二氧化碳	CO_2	1.977	0.8206	0.6280
二氧化硫	SO_2				水蒸气[1]	H_2O	0.598	2034	1.527

[1]在 100℃时有效

3.2-6 气体的气体常数、密度和比热

m—物质的摩尔质量，g/mol；R—气体常数，J/（kg·K）；ρ—在0℃，$p_j=1.013$bar时密度，kg/m³；c_p—在恒压时的比热，kJ/（kg·K）；c_V—在恒容时的比热，kJ/（kg·K）。c_p、c_V为0℃的值

气体	m $\left(\frac{g}{mol}\right)$	R $\left(\frac{J}{kg\cdot K}\right)$	ρ $\left(\frac{kg}{m^3}\right)$	c_p $\left(\frac{kJ}{kg\cdot K}\right)$	c_V $\left(\frac{kJ}{kg\cdot K}\right)$	气体	m $\left(\frac{g}{mol}\right)$	R $\left(\frac{J}{kg\cdot K}\right)$	ρ $\left(\frac{kg}{m^3}\right)$	c_p $\left(\frac{kJ}{kg\cdot K}\right)$	c_V $\left(\frac{kJ}{kg\cdot K}\right)$
氩	39.95	208.2	1.784	0.52	0.32	氧气	32.0	259.8	1.429	0.91	0.65
二氧化碳	44.0	188.9	1.977	0.82	0.63	氮气	28.01	296.8	1.250	1.04	0.74
空气（无CO_2）	28.96	287.1	1.293	1.00	0.72	氢气	2.016	4124.0	0.0899	14.38	1.40
						水蒸气	18.02	463	0.0048	1.86	1.40

3.2-7 0.1MPa时气体和蒸汽的导热系数

物质	t（℃）						
	-200	-100	0	50	100	200	300
	$10^3\cdot\lambda$ [W/（m·K）]						
废气	—	—	23	28	32	40	49
醚（乙醚）	—	—	13.3	17.4	22.6	34.4	—
醇（乙醇）	—	—	13.8	17.4	21.3	—	—
氨	—	—	22.0	—	32.6	46.5	58.1
苯	—	—	8.84	12.9	17.6	28.4	—
氯	—	—	7.8	—	11.6	15.1	17.4
氯仿	—	—	6.5	8.0	10.0	14.0	17.4
R12	—	—	9.3	11.6	14.0	—	—
氦	59.1	103.2	143.6	160.5	171.0	—	—
二氧化碳	—	8.1	14.3	17.8	21.3	28.3	35.2
一氧化碳	—	15.1	23.0	—	29.1	34.9	—
空气	—	16.4	24.2	27.9	31.0	38.4	46.5
甲烷	—	—	30.0	37	—	—	—
甲醇	—	—	14.3	18.1	22.1	—	—
氧	—	16.2	24.5	28.3	31.7	40.7	47.7
二氧化硫	—	—	8.4	—	—	—	—
氮	—	16.5	24.3	27.4	30.5	38.4	44.2
水蒸气	—	—	19	21.5	24.8	33.1	43.3
氢	51.5	116.3	175.6	202.4	224.5	266.3	296.6

3.2-8 水蒸气和干空气的比热

t（℃）	c		t（℃）	c	
	水蒸气 [kJ/（kg·K）]	干空气 [kJ/（kg·K）]		水蒸气 [kJ/（kg·K）]	干空气 [kJ/（kg·K）]
0	1.8573	1.0015	600	2.0072	1.0495
100	1.8719	1.0057	700	2.0406	1.0650
200	1.8922	1.0112	800	2.0744	1.0708
300	1.9177	1.0190	900	2.1082	1.0809
400	1.9463	1.0281	1000	2.1421	1.0903
500	1.9760	1.0384	1100	2.1759	1.0996

3.2-9 在运动空气中垂直平壁的换热系数

空气速度：$v \leqslant 5m/s$								空气速度：$v \geqslant 5m/s$							
$\alpha_K = 6.2 + 4.2 \cdot v \left(\frac{W}{m^2 \cdot K}\right)$								$\alpha_K = 7.6 \cdot v^{0.8} \left(\frac{W}{m^2 \cdot K}\right)$							
v $\left(\frac{m}{s}\right)$	α_K $\left(\frac{W}{m^2 \cdot K}\right)$	v $\left(\frac{m}{s}\right)$	α_K $\left(\frac{W}{m^2 \cdot K}\right)$	v $\left(\frac{m}{s}\right)$	α_K $\left(\frac{W}{m^2 \cdot K}\right)$	v $\left(\frac{m}{s}\right)$	α_K $\left(\frac{W}{m^2 \cdot K}\right)$	v $\left(\frac{m}{s}\right)$	α_K $\left(\frac{W}{m^2 \cdot K}\right)$	v $\left(\frac{m}{s}\right)$	α_K $\left(\frac{W}{m^2 \cdot K}\right)$	v $\left(\frac{m}{s}\right)$	α_K $\left(\frac{W}{m^2 \cdot K}\right)$	v $\left(\frac{m}{s}\right)$	α_K $\left(\frac{W}{m^2 \cdot K}\right)$
0.1	6.6	1	10.4	2.5	16.7	4	23.0	5	27.5	8	40.1	12	55.5	18	76.7
0.3	7.5	1.5	12.5	3	18.8	4.5	25.1	6	31.9	9	44.1	14	62.8	20	83.5
0.5	8.3	2	14.6	3.5	20.9	5	27.2	7	38.0	10	48.0	16	69.8	25	99.8

3.2-10 不同表面的辐射系数和黑度

t—表面温度,℃；C—辐射系数，W/（$m^2 \cdot K^4$）；a—黑度，无单位

材料表面	t (℃)	a	C $\left(\frac{W}{m^2 \cdot K^4}\right)$	材料表面	t (℃)	a	C $\left(\frac{W}{m^2 \cdot K^4}\right)$
绝对黑体		1	5.77	人的皮肤		0.81	~4.7
混凝土	20	0.91	5.23	白瓷砖		0.87	5.0
抛光、光亮的金属表面	20	0.02~0.03	0.115~0.173	石膏、粉刷层、砖	20	0.9~0.94	5.2~5.4
磨光的铬	120	0.058	0.33	木材、纸、瓷器	20	0.9~0.94	5.2~5.4
铁				涂色			
·蚀刻的	150	0.128	0.74	·铝青铜	100	0.35~0.43	2.0~2.5
·轧制氧化皮	20	0.77	4.443	·散热器漆	100	0.925	5.34
·铸铁砂皮	100	0.80	4.62	·白油彩		0.88~0.97	5.1~5.6
·强烈锈蚀的	20	0.85	4.90	·无光泽的黑漆	80	0.97	5.6
·锻造的	20	0.24	1.38				
镀锌薄钢板	38	0.28	1.59				
有光滑氧化层表皮的钢板	20	0.82	4.65	铝			
铜				·抛光的	50~500	0.04~0.06	0.23~0.34
·抛光的	20	0.03	0.17	·严重氧化	50~500	0.2~0.3	1.13~1.70
·轻微变色	20	0.037	0.21	·轧制的	170	0.04	0.231
·被氧化的	130	0.76	4.4				
黄铜				铬镍合金	52~1034	0.64~0.76	3.63~4.31
·抛光	38	0.05	0.28				
·无光泽	38	0.22	1.25	灰色、氧化的铅	38	0.28	1.59
抛光的金	200~600	0.02~0.03	0.11~0.17	抛光的银	200~600	0.02~0.03	0.11~0.17

3.2-10 不同表面的辐射系数和黑度（续）

玻璃	38～85	0.94	5.33	水（厚度大于0.1mm）		0.96	5.44
雪	0	0.8	4.54	油毛毡	20	0.93	5.27
抹灰的砖墙	20	0.94	5.33	锅炉炉渣	0～1000	0.97～0.70	5.50～3.97

3.2-11 不同材料表面对太阳辐射的吸收系数值

面层材料	表面状况	颜色	吸收系数	面层材料	表面状况	颜色	吸收系数
红瓦屋面	旧	红褐	0.70	拉毛水泥墙面	粗糙、旧	米黄	0.65
灰瓦屋面	旧	浅灰	0.52	红色花岗岩	磨光	红色	0.55
水泥瓦屋面	旧	银灰	0.75	白色大理石	磨光	白色	0.44
石棉水泥瓦屋面	旧	浅灰	0.75	深色大理石	磨光	深色	0.65
油毡屋面	旧	黑色	0.85	石灰粉刷墙面	新、光滑	白色	0.48
绿豆砂护面	—	浅黑	0.65	水刷石墙面	旧、粗糙	灰色	0.70
水泥屋面及墙面	—	青灰	0.70	浅色面砖及涂料	—	浅黄 浅绿	0.50
红砖墙面	旧	红褐	0.75	薄钢板	光滑、旧	灰黑	0.89
硅酸盐砖墙面	不光滑	灰白	0.50	薄钢板	光滑、新	灰色	0.66
混凝土墙面	光滑	暗灰	0.73	草地	新鲜	草绿	0.80
灰砂砖墙面	—	灰色	0.50	沥青路面	平滑	灰色	0.81
拉毛水泥墙面	粗糙、旧	蓝灰	0.63	水面	亮	蓝绿	0.95

3.2-12 不同材料的蓄热系数（24h）

S—蓄热系数，W/（m^2·K）；ρ—干密度，kg/m^3

材料	S $\left(\frac{W}{m^2\cdot K}\right)$	ρ $\left(\frac{kg}{m^3}\right)$	材料	S $\left(\frac{W}{m^2\cdot K}\right)$	ρ $\left(\frac{kg}{m^3}\right)$	材料	S $\left(\frac{W}{m^2\cdot K}\right)$	ρ $\left(\frac{kg}{m^3}\right)$
木材、建筑板材、橡木、枫树（热流方向垂直木材）	4.90	700	橡木、枫树（热流方向平行木材）	6.93	700	黏土陶粒混凝土	10.36 8.93 7.25	1600 1400 1200
松木、云杉（热流方向垂直木材）	3.85	500	松木、云杉（热流方向平行木材）	5.55	500	自燃煤矸石或炉渣混凝土	11.68 9.54 7.63	1700 1500 1300
软木板	1.95 1.09	300 150	水泥刨花板	7.27 4.56	1000 700	膨胀矿渣珠混凝土	10.46 9.05	2000 1800
胶合板	4.57	600	石膏板	5.28	1050	稻草板	2.33	300
纤维板	8.13 5.28	1000 600	碎石、卵石混凝土	15.36 13.57	2300 2100	粉煤灰陶粒混凝土	11.40 9.16 7.78	1700 1500 1300
石棉水泥板	8.52	1800	石棉水泥隔热板	2.58	500	钢筋混凝土	17.20	2500
木屑板	1.54	200	水泥砂浆	11.37	1800	石灰水泥砂浆	10.75	1700
石灰砂浆	10.07	1600	石灰石膏砂浆	9.44	1500	保温砂浆	4.44	800
重砂浆砌筑黏土砖砌体	10.63	1700	轻砂浆砌筑黏土砖砌体	9.96	1700	灰砂砖砌体	12.72	1900

3.2-13 各种物质的熔点和熔解热

t—熔点,℃; q_r—熔解热, kJ/kg 或 Wh/kg

物质	t (℃)	q_r		物质	t (℃)	q_r		物质	t (℃)	q_r	
		(kJ/kg)	(Wh/kg)			(kJ/kg)	(Wh/kg)			(kJ/kg)	(Wh/kg)
金属											
铝	658	356	111	金	1063	67	19	银	960	105	29
锑	631	167	46	钾	63	54	15	锌	419	112	31
铅	327	24	6.7	铜	1083	209	58	锡	232	59	16
汞	-39	12	3.3	镉	321	54	15	铋	271	54	15
铬	1800	293	81	钼	2600	288	80	钨	3380	251	70
纯铁	1530	272	76	钠	98	113	31	锂	180	138	38
低碳钢	1350~1450	205	57	镍	1455	293	81	锰	650	209	57
铸铁	1130~1200	96~138	27~38	铂	1733	113	31	伍德合金	60	33.5	9
其他固体											
硒	220	69	19	石墨,碳	~3540	—	—	菱形的硫磺	113	39	11
硅	1420	164	45	萘	80	151	42	糖	160	56	15
冰	0	332	92.2	氯化钠	802	52	14.4	黄蜡	64	—	—
瓷漆	~960	—	—	硬石蜡	54	147	41				

3.2-14 各种物质的沸点和气化热(在 $p_j = 1.013$bar 时)

t—沸点,℃; q_r—气化热, kJ/kg 或 Wh/kg

物 质	分子式	t (℃)	q_r		物 质	分子式	t (℃)	q_r	
			(kJ/kg)	(Wh/kg)				(kJ/kg)	(Wh/kg)
液体									
丙酮	C_3H_6O	56.1	523	145	丁烷	C_4H_{10}	0.5	402	112
苯	C_6H_6	80.1	396	103	乙醚	$C_4H_{10}O$	34.5	846	235
氟利昂 R22[1)]	CHF_2Cl	-40.8	205	57	氟利昂 R502[1)]	—	-45.6	147	41
燃油 EL[2)]	—	80~150	260	72	水	H_2O	100	2257	627
甲醇	CH_4O	64.7	1101	300					
气体									
氦气	He	-268.9	21	6	氮气	N_2	-196	201	55
氢气	H_2	-253	460	125	氨	NH_3	-33.4	1369	380
空气	—	-192.3	197	55	二氧化碳	CO_2	-78	573	159
丙烷	C_3H_8	-42.6	448	124	氧气	O_2	-183	213	58
甲烷	CH_4	-162	511	139	一氧化碳	CO	-162	218	59
二氧化硫	SO_2	-10	402	110					
金属									
汞	Hg	357	301	82	铜	Cu	2330	4646	1291
铁	Fe	2500	6363	1768	锌	Zn	907	1800	500
金	Au	2700	1758	488	锡	Sn	2337	2595	721
铝	Al	2270	11721	3194	镍	Ni	3000	6195	1688
镁	Mg	1110	5651	1540	钨	W	5000		

1)为 0℃时值; 2)为 100℃时值

3.2-15 液体的体积膨胀系数 γ（在 $t=20℃$ 和 $p_j=1.013bar$ 时）

物 质	γ $\left(\frac{dm^3}{m^3\cdot K}\right)$	γ $\left(\frac{m^3}{m^3\cdot K}\right)$	物 质	γ $\left(\frac{dm^3}{m^3\cdot K}\right)$	γ $\left(\frac{m^3}{m^3\cdot K}\right)$	物 质	γ $\left(\frac{dm^3}{m^3\cdot K}\right)$	γ $\left(\frac{m^3}{m^3\cdot K}\right)$
丙酮	1.35	0.00135	苯	1.22	0.00122	汞	0.182	0.000182
乙醚	1.09	0.00109	甘油	0.50	0.00050	水[1]	0.21	0.00021
汽油			燃油 EL	0.70	0.00070	乙醇	1.09	0.00109
氟利昂 R22	1.00	0.00100	煤油	0.92～1.00	0.00092～0.00100	矿物油	0.75	0.00075
甲醇	1.17	0.00117	甲苯	1.08	0.00108	橄榄油	0.75	0.00075

[1]该值为20℃时有效，在4～100℃之间的平均值为0.46dm³/（m³·K）

3.2-16 固体的线膨胀系数 α（温度在0～100℃之间）

物 质	α $\left(\frac{mm}{m\cdot 100K}\right)$	α_T $\left(\frac{1}{K}\right)$	物质	α $\left(\frac{mm}{m\cdot 100K}\right)$	α_T $\left(\frac{1}{K}\right)$
金属					
铝	2.38	0.0000238	黄铜	1.84	0.0000184
铅	2.90	0.0000290	镍	1.30	0.0000130
青铜	1.75	0.0000175	镍钢 20Ni	1.95	0.0000195
铬	0.70	0.00000170	非合金钢	1.15	0.0000115
铬钢 13Cr	1.10	0.0000110	铁	1.14	0.0000114
铸铁	1.04	0.0000104	钛	0.82	0.0000082
铜	1.65	0.0000165	锌	1.40	0.0000140
因钢（镍铁合金 36Ni）	0.15	0.0000015	合金锌（钛锌合金）	2.20	0.0000220
金	1.42	0.0000142	银	1.89	0.0000189
锰	2.30	0.0000230	铂	0.89	0.0000089
锡	2.05	0.0000205	铍	1.15	0.0000115
纯铁	1.23	0.0000123	镁	2.57	0.0000257
钼	0.49	0.0000049	钒	0.83	0.0000083
塑料					
耐冲击丙烯酰腈	8.0	0.00008	聚乙烯 PE-HD 和 PE-LD	20.0	0.00020
聚丁烯 PB	15.0	0.00015	PE-X（交联）	18.0	0.00018
聚丙烯 PP-C	18.0	0.00018	聚氯乙烯 PVC	8～10	0.00008～0.00010
PUR 硬泡沫	7.0	0.00007	聚苯乙烯	8.5	0.000085
硬橡胶	1.70～2.80	0.0000170～0.0000180	电木	2.1～3.6	0.000021～0.000036
其他物质					
石棉水泥（板材）	1.00	0.0000100	石灰石	0.70	0.0000070
快速抹灰浆	0.46～0.90	0.0000046～0.0000090	烧结硬砖	0.28～0.48	0.0000028～0.0000048
硅酸盐水泥	1.40	0.0000140	水泥砂浆	0.85～1.35	0.0000085～0.0000135
松木，平行纤维方向	0.76	0.0000076	棕木，平行纤维方向	0.30	0.0000030
松木，垂直纤维方向	5.44	0.0000544	棕木，垂直纤维方向	5.80	0.0000580
冰（－20～－1℃）	5.10	0.0000510	瓷	0.30	0.0000030
纤维水泥	1.00	0.0000100	石英玻璃	0.05	0.0000005

3.2-16　固体的线膨胀系数 α（温度在 0～100℃之间）（续）

石膏板	2.50	0.0000250	发泡混凝土	1.08	0.0000108
窗玻璃	1.00	0.0000100	普通钢筋混凝土	1.20	0.0000120
花岗岩	0.8～1.18	0.0000080～0.0000118	大理石	0.20～2.00	0.0000020～0.0000200
石灰砂砖	0.78	0.0000078	红砖	0.36～0.58	0.0000036～0.0000058

3.2-17　导热系数近似值 k

热传导 从……→通过……→到……	$k\left(\frac{W}{m^2\cdot K}\right)$	热传导 从……→通过……→到……	$k\left(\frac{W}{m^2\cdot K}\right)$
水→钢→水	300～500[1)]	空气→钢→空气	10～16
水→铜→水	350～500[1)]	空气→铜→空气	8～17
蒸汽→钢→水	930～1390	空气→耐火砖→空气	5～7
蒸汽→铜→水	1160～2910	烟气[3)]→钢→水	9～10
水→金属→空气[2)]	10～29	烟气[3)]→钢→蒸汽	11～14

[1)]根据水的流向和速度；[2)]散热器 8～15；[3)]也有效于燃气

3.2-18　气体和蒸气的临界压力和临界温度

p_k—临界压力，MPa；t_k—临界温度，℃

材　料	分子式	p_k (MPa)	t_k (℃)	材　料	分子式	p_k (MPa)	t_k (℃)
丙酮	C_3H_6O	5.9	236	二氧化碳	CO_2	7.35	31
乙炔	C_2H_2	6.34	35.7	空气	—	3.77	-140.7
氨	NH_3	11.27	132.4	氯甲烷	CH_3Cl	6.67	143.1
苯	C_6H_6	4.7	288.6	二氯甲烷	CH_2Cl_2	9.94	245
二乙胺	$C_4H_{11}N$	3.74	223	氧	O_2	5.0	-118.8
二甲胺	C_2H_7N	5.29	164	甲苯	C_7H_9	4.05	321
乙醇	C_2H_6O	6.38	243	二氧化硫	SO_2	7.88	157.3
溴乙烷	C_2H_5Br	6.02	233	氮	N_2	3.26	-147.1
氯乙烷	C_2H_5Cl	5.19	185	氢	H_2	1.29	-239.9
氦	He	0.23	-267.9	水蒸气	H_2O	22.1	374.1

3.2-19　10^5Pa 时干空气密度

t (℃)	ρ (kg/m³)	t (℃)	ρ (kg/m³)	t (℃)	ρ (kg/m³)
0	1.293	100	0.946	200	0.746
20	1.204	120	0.898	300	0.616
40	1.127	140	0.853	400	0.524
60	1.059	160	0.815	500	0.456
80	1.000	180	0.778	1000	0.277

3.3 金属材料标准

3.3-1 金属材料的分类

类别		分类		品种
黑色金属（铁族金属）	铁	生铁：含碳量大于2%	炼钢生铁	
			铸造生铁	
			普通生铁	
			特种生铁	
		铸铁：由各种铸造生铁配制铸造而成	按断口颜色	灰口铸铁
				白口铸铁
			按生产方法和组织性能	普通灰口铸铁
				孕育铸铁
				可锻铸铁
				球墨铸铁
				特殊性能铸铁
	钢	含碳量小于2%	非合金钢	普通质量非合金钢
				优质非合金钢
				特殊质量非合金钢
			低合金钢	普通质量低合金钢
				优质低合金钢
				特殊质量低合金钢
			合金钢	优质合金钢
				特殊质量合金钢
有色金属（非铁族金属）	铁族金属之外的金属和合金	铜及铜合金	纯铜（紫铜）	
			铜锌合金（黄铜）	
			铜锡合金（锡青铜）	
			铜铝合金（铝青铜）	
			铜镍合金（白铜）	
		铝及铝合金	纯铝、铝合金	
		镁及镁合金		
		镍及镍合金		

3.3-2 常用钢铁产品名称与符号

名称	易切削钢	碳素工具钢	焊接用钢	压力容器用钢	锅炉钢	高级	沸腾钢	半镇静钢	特级
符号	易，Y	碳，T	焊，H	容，R*	锅，g*	高，A*	沸，F*	半，b*	特，T

标有*的符号位于牌号尾部，无*的符号位于牌号头部

3.3-3 钢铁产品牌号表示总原则

钢铁产品牌号的组成	
	汉语拼音字母：表示产品名称、用途、特性和工艺方法
	化学元素符号：表示产品中的主要元素
	阿拉伯数字：表示元素含量或力学性能

3.3-4 生铁牌号

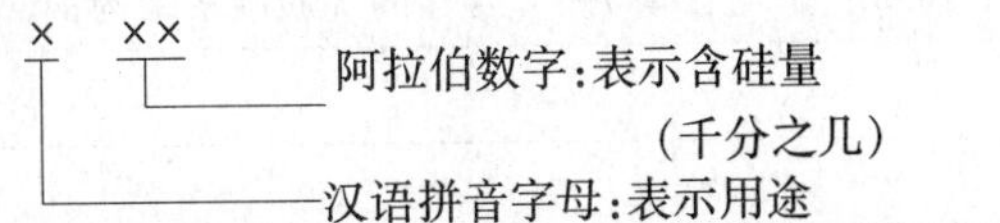

L08：平均含硅量为0.8‰的炼钢用生铁
Z30：平均含硅量为3.0‰的铸造用生铁
Q16：平均含硅量为1.6‰的球墨铸铁用生铁

3.3-5 铸铁牌号

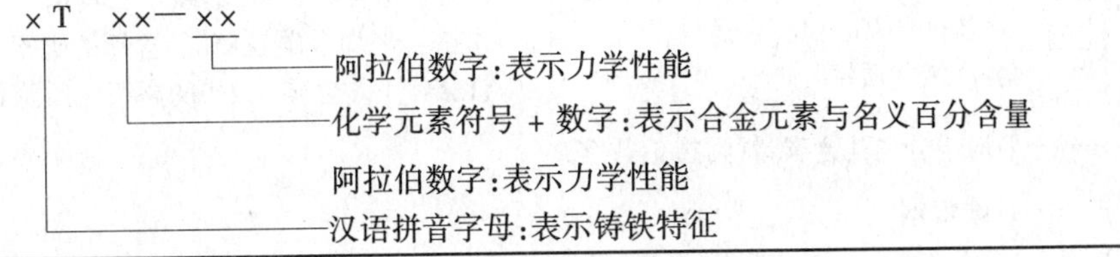

3.3-5 铸铁牌号（续）

QT400-17	球墨铸铁，抗拉强度 400MPa，延伸率 17%
MT Cu 1 P Ti-150	耐磨铸铁，Cu 的名义百分含量为 1%，含有 P、Ti 元素，抗拉强度 150MPa

3.3-6 各类铸铁名称、牌号表示方法及实例

灰铸铁	蠕墨铸铁	球墨铸铁	黑心可锻铸铁	白心可锻铸铁	珠光体可锻铸铁
HT	RuT	QT	KHT	KBT	KZT
耐墨铸铁	冷硬铸铁	耐蚀铸铁	抗磨白口铸铁	抗磨球墨铸铁	耐蚀球墨铸铁
MT	LT	ST	KmBT	KmQT	SQT
耐热铸铁	耐热球墨铸铁	奥氏体铸铁			
RT	RQT	AT			

注：1. 牌号中常规 C、Si、Mn、S、P 元素一般不标注，有特殊作用时才标注其符号
2. 合金化元素含量不小于 1%时，用整数表示
3. 合金化元素按其含量递减次序排列，含量相等时按元素符号的字母顺序排列

3.3-7 铸钢的牌号

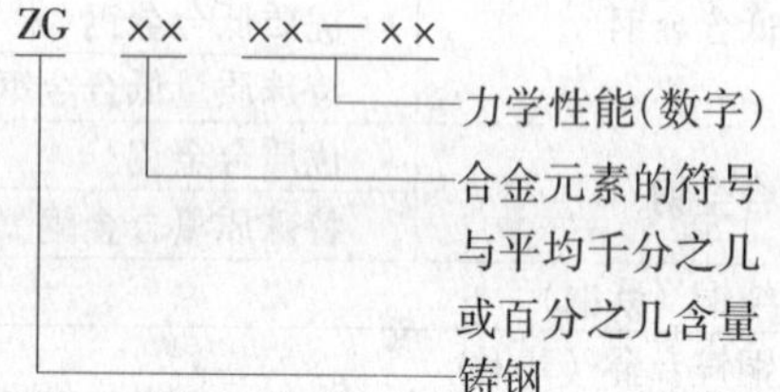

ZG 200-400：铸钢，屈服强度 200MPa，抗拉强度 400MPa

ZG 20 Cr 13：铸钢，C 的名义千分含量 2‰，Cr 的名义百分含量 13%

ZG 15 Cr 1Mo 1 V：铸钢，C 的名义千分含量 1.5‰，Cr 的名义百分含量 1%，钼的名义百分含量 1%，V 的名义百分含量小于 0.9%

3.3-8 碳素结构钢的牌号

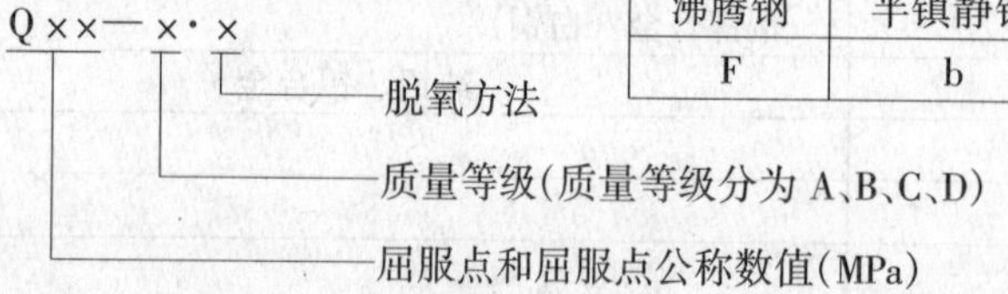

沸腾钢	半镇静钢	镇静钢	特殊镇静钢	Z、TZ 在牌号中省略
F	b	Z	TZ	

Q235-A·F	屈服点公称数值 235MPa，质量等级 A 级的碳素结构钢，沸腾钢

3.3-9 优质碳素结构钢的牌号

×× ×

脱氧方法(F、b、Z-不标注)、较高含锰量(Mn)、高级优质碳素结构钢(A)、特殊用途

平均千分之几含碳量(阿拉伯数字)

08F：平均含碳 0.8‰的沸腾钢	45：平均含碳 4.5‰的优质碳素结构钢
20A：平均含碳 2‰的优质碳素结构钢	70Mn：平均含碳 7‰、含锰的优质碳素结构钢
20g：平均含碳 2‰的锅炉用优质碳素结构钢	

3.3-10 碳素工具钢的牌号

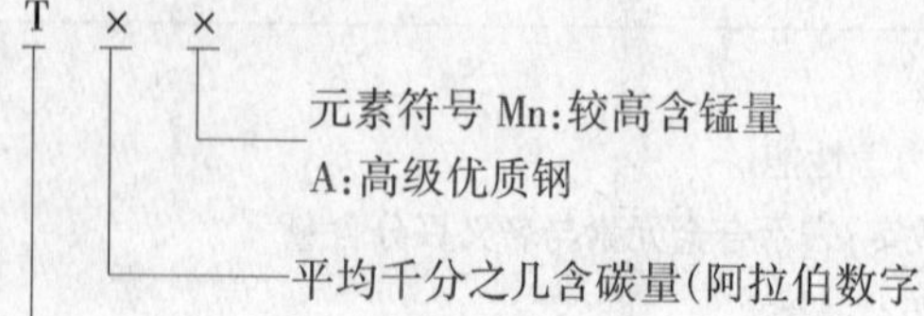

T7：平均含碳 0.7%的碳素工具钢

T8Mn：平均含碳 0.8%、含锰的碳素工具钢

T12A：平均含碳 1.2%的高级优质工具钢

3.3-11 低合金结构钢的牌号

Q ×××× ×
- ×（末位）：质量等级(A、B、C、D、E)
- ××××：屈服点数值(MPa)
- Q：屈服点

Q390A：屈服点 390MPa、质量 A 等的低合金结构钢

3.3-12 合金钢的牌号

×× ×× ×
- ×（末位）：拼音字母(A:高级优质;其他符号:用途)
- ××（中间）：元素符号 + 数字:合金元素和平均百分之几或千分之几含量
- ××（首位）：平均含碳量万分之几:2 位数字(不锈耐酸钢、耐热钢等)；平均含碳量千分之几:1 位数字(合金工具钢、高速工具钢、高碳轴承钢等)

例如：20MnV、38CrMoAlA、60Si2Mn、4CrW2Si、W6Mo5Cr4V2、00Cr18Ni10N

3.3-13 纯有色金属代号

纯有色金属冶炼产品	纯有色金属加工产品
化学元素符号 - 数字（化学元素符号：有色金属；数字：纯度）	拼音字母(或化学元素符号) - 数字（拼音字母(或化学元素符号)：有色金属；数字：纯度）
Cu-1：1 号纯铜 In-05：99.999%高纯铟（5 个 9）	L1：1 号纯铝加工产品 Ag1：1 号纯银加工产品

铜	铝	镍	镁	其他有色金属
T	L	N	M	元素符号

3.3-14 铜合金牌号

二元铜合金：拼音字母 + 数字
- 数字：基元素铜的含量
- 拼音字母：铜合金代号

黄铜	青铜	白铜
H	Q	B

H68：含 68%铜的普通黄铜

三元铜合金：拼音字母 + 化学元素符号 + 数字 - 数字
- 数字（末位）：添加元素或杂质总和含量
- 数字（前）：基元素铜或添加元素的平均含量
- 化学元素符号：添加元素符号
- 拼音字母：铜合金名称

HPb59-1：含 59%铜、平均含 1%铅的黄铜

HSi80-3：含 80%铜、平均含 3%硅的黄铜

QSn6.5-0.1：平均含锡 6.5%、杂质总和 0.1%的青铜

QA19-4：平均含铝 9%、含铁 4%的青铜

B30：平均含镍 30%的白铜

3.3-15 铝合金牌号

名称	防锈铝	硬铝	超硬铝	特殊铝	锻铝
牌号	LF	LY	LC	LT	LD
实例	LF21	LY2	LC9	LT1	LD8

3.3-16 变形铝及铝合金国际四位数字体系牌号

国际四位数字体系牌号中第一位数字的意义

1	2	3	4	5	6	7	8	9
纯铝（铝含量不小于99.00%）	Cu	Mn	Si	Mg	Mg + Si	Zn	其他元素	备用组

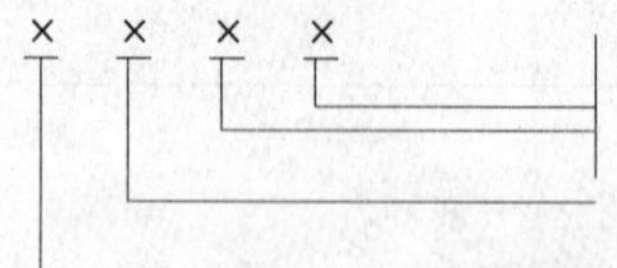

同一组中不同的铝合金或铝的纯度

合金元素或杂质极限含量

铝及铝合金的组别

例：1070（纯铝冷轧板）、5052（铝合金轧制板）

3.3-17 变形铝及铝合金国际四位字符体系牌号

未命名为国际四位数字体系牌号的变形铝及铝合金，应采用四位字符牌号命名
国际四位数字体系牌号中第一位数字的意义

1×××	纯铝（铝含量不小于99.00%）	6×××	以镁和硅为主要合金元素并以 Mg2Si 相为强化相的铝合金
2×××	以铜为主要合金元素的铝合金	7×××	以锌为主要合金元素的铝合金
3×××	以锰为主要合金元素的铝合金	8×××	以其他合金元素为主要合金元素的铝合金
4×××	以硅为主要合金元素的铝合金	9×××	备用合金组
5×××	以镁为主要合金元素的铝合金		

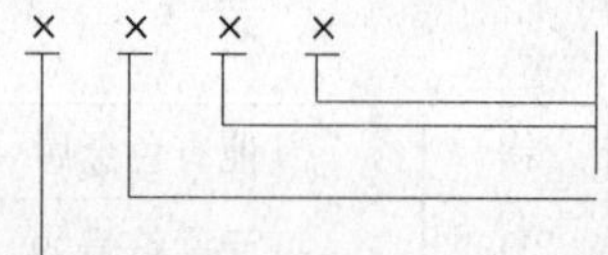

同一组中不同的铝合金或铝的纯度

大写字母(C、I、L、N、O、P、Q、Z除外),原始铝或铝合金改型情况

数字,铝及铝合金的组别

例：1A90（精铝板）、5A03（铝合金轧制板）

3.3-18 金属材料力学性能指标

名称和分类		单位	说明	
弹性模数	正弹性模数 E	MPa	金属在弹性范围内，外力和变形的比例系数	
	剪切弹性模数 G			
比例极限 σ_p		MPa	对金属施加拉力而变形成直线阶段时的最大极限负荷 P_p 与试样原横截面积 F 之比	
弹性极限 σ_c		MPa	在弹性变形阶段，金属材料所能承受的、不产生永久变形的最大应力	
强度极限 σ	抗拉强度 σ_b	MPa	金属受外力作用，在断裂前，单位面积上所能承受的最大荷载	外力是拉力时的强度极限
	抗弯强度极限 σ_w			外力是弯曲力时的强度极限
	抗压强度极限 σ_y			外力是压力时的强度极限
	抗剪强度极限 τ			外力是剪切力时的强度极限
屈服强度极限（屈服点）σ_s		MPa	金属受荷载时，当荷载不再增加，而金属本身变形却继续增加（屈服）时的应力	
条件屈服强度 $\sigma_{0.2}$		MPa	金属发生屈服现象时，产生永久残余变形量等于试样原长0.2%时的应力	
伸长率（延伸率）	δ_5	%	金属受外力作用被拉断后，其标距部分所增加的长度与原标距长度相比的百分数	试样标距长度为其直径5倍时的伸长率
	δ_{10}			试样标距长度为其直径10倍时的伸长率

3.3-18 金属材料力学性能指标（续）				
断面收缩率 Ψ		%	金属受外力作用被拉断后，其横截面的缩小量与原横截面积相比的百分数	
冲击功	A_{KU}	J	当一定形状和尺寸的试样经一次冲击而断裂时所吸收的能量	采用夏比U形缺口
	A_{KV}			采用夏比V形缺口
冲击韧性值	α_{KU}	J/cm^2	冲击功除以试样缺口处的横截面积所得的商	采用夏比U形缺口
	α_{KV}			采用夏比V形缺口
布氏硬度	HBS	MPa	将一定直径的钢球压入金属表面，以其加在钢球上的荷载除以压痕面积所得的商	采用的球为钢球 HBS≤450
	HBW			采用的球为硬质合金球，HBW≥650
洛氏硬度	HRC		以1471N（150kgf）载荷，将顶角120°的圆锥形金刚石的压头，压入金属表面，取其压痕深度来计算金属的硬度	主要测定淬火钢及较硬的金属材料（HB=230~700）
	HRA		以588.4N（60kgf）载荷，与HRC同样的压头，所测定出来的硬度	一般用来测定硬度很高或硬而薄的金属材料，如碳化物
	HRB		以980.7N（100kgf）载荷和直径为1.59mm（J即1/16in）的淬硬钢球所测定的硬度	主要用于测定HB=60~230较软的金属材料，如软钢、退火钢、铜、铝等
	HRF		以588.4N（60kgf）载荷和直径为1.59mm（J即1/16in）的淬硬钢球所测定的硬度	用于薄软钢板、退火铜合金等
表面洛氏硬度	HR15N	—	用147.1N（15kgf）载荷，将顶角120°的圆锥形金刚石的压头，压入金属表面，取其压痕深度来计算硬度的大小	
	HR30N		用294.2N（30kgf）载荷，其余相同条件时测定的硬度	
	HR45N		用441.3N（45kgf）载荷，其余相同条件时测定的硬度	
	HR15T		用147.1N（15kgf）载荷和压入直径1.59mm的淬硬钢球所测定的硬度	
	HR30T		用294.2N（30kgf）载荷和压入直径1.59mm的淬硬钢球所测定的硬度	
	HR45T		用441.3N（45kgf）载荷和压入直径1.59mm的淬硬钢球所测定的硬度	
维氏硬度	HV	MPa	用49.03~980.7N的载荷，将顶角为136°的金刚石四方角锥体压入金属表面，以其荷载除以压痕面积所得的商	

3.4 塑料

3.4-1 塑料缩写符号

符号	名称	塑料种类	生产类型	符号	名称	塑料种类	生产类型
ABS	丙烯腈-丁二烯-苯乙烯共聚物	T	M	PE-X	交联聚乙烯	T	M
ASA	丙烯腈-苯乙烯-丙烯酯共聚物	T	M	PIB	聚异丁烯	T	M
CA	乙酸酯纤维素	T	K	PMMA	聚甲基丙烯酸甲酯	T	M
EP	环氧树脂	D	A	PP	聚丙烯	T	M
EPDM	乙烯-丙烯-三聚物橡胶	E	Vul	PS	聚苯乙烯	T	M
EPS	泡沫聚苯乙烯	T	M	PTFE	聚四氟乙烯	T	M
NBR	丁二烯-丙烯腈橡胶	E	Vul	PUR	聚氨酯	D/T	A
NCR	丙烯腈-氯丁二烯橡胶	E	Vul	PVAC	聚醋酸乙烯酯	T	M
PA	聚酰胺（尼龙）	T	K.O.A	PVC	聚氯乙烯	T	M
PAN	聚丙烯腈	T	M	PVC-C	过氯化聚氯乙烯	T	M
PB	聚丁二烯	T	M	PVDF	聚偏氟乙烯	T	M
PC	聚碳酸酯	T	M	SAN	苯乙烯-丙烯腈共聚物	T	M
PE	聚乙烯	T	M	SB	苯乙烯含量过剩的苯乙烯-丁二烯	T	M
PE-HD	高密度聚乙烯	T	M	SI	甲基硅酮橡胶	E	K
PE-LD	低密度聚乙烯	T	M				

A：加成聚合物；D：热固性塑料；E：弹性塑料；K：缩聚物；M：聚合物；T：热塑性塑料；Vul：硫化

3.4-2 PE和PP的熔化指标数（g/10min）

缩写符号	000	001	003	006	012	022	045	060
质量（g/10min）	<0.1	0.1~0.2	0.2~0.4	0.4~0.8	0.8~1.5	1.5~3.0	3.0~6.0	6.0~12

3.4-3 塑料机械和热特性及其用途

ρ—密度，kg/dm^3；α—线膨胀系数，1/K；t_y—允许工作温度，℃；λ—导热系数，W/（m·K）；R_m——抗拉强度，N/mm^2

缩写	名称	ρ (kg/dm^3)	R_m (N/mm^2)	α (1/K)	λ [W/(m·K)]	t_y (℃)	用途
热塑性塑料							
PVC-U	聚氯乙烯-硬	1.38	50	0.00008	0.16	+70	檐沟，容器，管道
PVC-P	聚氯乙烯-软	1.30	8~25	0.00020	0.17	+60	密封条，型材，薄膜

3.4-3 塑料机械和热特性及其用途（续）							
缩写	名称	ρ (kg/dm^3)	R_m (N/mm^2)	α (1/K)	λ [W/(m·K)]	t_y (℃)	用途
PVC-C	过氯化聚氯乙烯	1.40	50	0.00008	—	+95	冷、热水
PVDF	聚偏氟乙烯	1.78	57	0.00012	0.13	-40~+140	管道，薄膜
PE-HD	高密度聚乙烯	0.95	20	0.00016	0.42	-60~+60	燃气、饮用水、排水管、油箱、薄膜
PE-LD	低密度聚乙烯	0.92	11~20	0.00022	0.35		
PE-X	交联聚乙烯	0.94	18	0.00018	0.43	+95	供热，饮用水，饮用热水
PS	聚苯乙烯	1.05	40~50	0.00008	0.15	+70	外壳，可视玻璃，包装
PS-E	泡沫聚苯乙烯	≤0.05	22~34	—	0.041	-200~+70	泡沫材料，隔热材料
PA	聚酰胺（尼龙）	1.13	35~75	0.00010	0.26	+100	软管，管道，纺织纤维
PMMA	聚甲基丙烯酸甲酯	1.18	70	0.00008	0.19	+68	玻璃化、模塑材料
PB	聚丁二烯	0.93	17	0.00015	0.21	+95	供热、热水管
PIB	聚异丁烯	0.93	3	0.00010	0.28	-30~+70	填缝材料，粘接材料，密封带
PP	聚丙烯	0.91	33	0.00010	0.28	+95	饮用水、高温水、排水管道、包装
PP-C	聚丙烯-共聚合	0.91	21	0.00018	0.24	+60	地面式采暖
ABS	丙烯腈-苯乙烯-丙烯酯共聚物	1.06	40~50	0.00008	0.15	+100	高温水、排水管道
热固性塑料							
UP树脂	不饱和聚酯树脂	1.3~1.6	80~140	0.000025	0.21	-50~+130	合成树脂混凝土，粘接材料
EP	环氧树脂	1.15~1.2	近似于UP树脂				工业地面
PUR泡沫	聚氨酯泡沫	0.015~0.050	0.2~2	—	0.035	-40~+90	隔热、缓冲材料
UF泡沫	尿素树脂泡沫	≤0.015	—	—	0.041	+100	泡沫材料，胶粘剂

3.4-4 塑料在 20℃时的耐抗性

塑 料	酸		碱		汽油油脂	塑 料	酸		碱		
	弱	强	弱	强			弱	强	弱	强	
PVC-U	+	+	+	+	+	PIB	+	+	+	+	
PVC-P	+	0	+	0	0	PP	+	−	+	+	
PE	+	+	+	+	+	UP 树脂	+	0	0	−	
PS	+	+	+	+	+	EP	+	+	+	+	
PA	−	−	+	−	+	PUR 泡沫	+	−	+	0	
PMMA	+	−	+	+	+	UF 泡沫	0	−	+	−	
PB	+	+	+	+	+	PS 泡沫	+	+	+	+	

+：耐抗；0：有条件耐抗；−：不耐抗

3.4-5 聚乙烯的耐腐蚀性

介 质 名 称	温度（℃）	浓度（%）	耐 腐 蚀 性
硫 酸	20 60	70 70	尚 耐 不 耐
硝 酸	50	50	尚 耐
盐 酸	10 10	10 36	尚 耐 尚 耐
氢 氟 酸	60 <60	70 浓	尚 耐 耐
氢氧化钠	10 10	10 40	尚 耐 尚 耐

3.4-6 聚氯乙烯的耐腐蚀性

介质名称	温度（℃）	浓度（%）	耐腐蚀性
硫酸	20 40 71 60 20	10 ≤40 70 96 100	不耐 耐 耐 尚耐 耐
盐酸	40 60 60 60	≤30 ≤30 饱和 浓	耐 尚耐 耐 尚耐
氢氧化钠	71 60 60	25 ≤40 50~60	耐 尚耐 耐
磷酸	40 60 30	≤30 30~90 100	耐 耐 不耐
氢氟酸	20 60 20 20	≤40 40 75 98	耐 尚耐 尚耐 不耐
硝酸	60 60 71 20 50 20	≤50 70 40 95~98 ≤50 50~70	尚耐 尚耐 耐 不耐 耐 耐
氯化钠	≤60 60	任何 稀	耐 尚耐
四氯化碳	20 60	100 100	尚耐 不耐
草酸	40 60 60	稀 稀 饱和	耐 尚耐 耐
氟气	20 60	—	尚耐 不耐
氯气	20 40 20~60 20 60	±10 ±10 ±100 （湿） $5g/m^3$ （湿）	尚耐 耐 尚耐 尚耐 不耐

3.4-7 塑料的特征颜色

颜色	塑料	使用领域	颜色	塑料	使用领域
深灰色	PVC	冷水管	中灰色 红色	PP，PVC-C	耐高温水管 难以燃烧
黑色	PE-HD，PE-LD				
本色/黑色	PE-X	冷水管和热水管	中灰色	ABS	耐高温水管，一般可燃
黑色	PB				
米色/黑色	PVC	埋地敷设的燃气管	浅灰色	PVC，PE	檐沟和雨水管
黄色	PE-HD				
本色/黑色[1]	PE-X	地面式采暖 可通行面采暖 面式采暖	浅灰色	PVC	有使用限制的排水管
黑色	PE-HD PB				
本色/灰色[1]	PP-C				
棕橙色	PVC	埋地敷设的排水管	[1]咨询其他的颜色		
黑	PE-HD				

3.4-8 泡沫塑料的颜色标记

热塑性聚苯乙烯硬泡沫		热固性硬泡沫		
PS-颗粒泡沫	PS 挤压泡沫	PUR 聚氨酯	PF 酚醛树脂	UF 尿素树脂
白　色	淡绿至淡灰	蜜　黄	褐黄/棕	无　色

3.4-9 塑料的燃烧试验

塑料	可燃性	火焰	气味	密度[1]（kg/dm^3）
PVC	难	黄色，边缘绿色，飞溅	类似盐酸的刺激性气味	≥1.30
PE	易[2]	明亮黄色，焰心蓝色	在焰心熄灭后，有蜡的气味	≤0.95
PS	易[2]	明亮红黄色，浓烟	类似苯的不愉快的甜味	1.05
PA	易[2]	淡蓝色，边缘黄色	类似牛角燃烧的气味	1.13
ABS	易[2]	明亮黄色，有烟	有甜味和附带类似橡皮气味	1.06
PMMA	易[2]	明亮黄色，边缘蓝色	水果类的甜味	1.18
PIB	易[2]	明亮	类似橡皮气味	0.93
PP	易[2]	明亮黄色，焰心蓝色	在焰心熄灭后，有蜡的气味	0.91
UP 树脂	易[2]	黄色和红色，浓烟	苯的气味，燃烧油脂的气味	>1.30
EP	易[2]	明亮，有烟	苯酚味	>1.15
PUR-泡沫	易[2]	明亮	刺激性的异氰酸味	≥0.015
UF-泡沫	难	黄色，边缘淡蓝色	尿素、氨的气味	≤0.015

[1]在密度小于 1 时试样浮在水面上；[2]在离开点燃火焰时继续燃烧

3.5 防腐

3.5-1 腐蚀的种类

腐蚀分类的根据	腐 蚀 的 种 类		
腐蚀环境	介质腐蚀 杂散电流腐蚀	大气腐蚀 细菌腐蚀	土壤腐蚀、磨损腐蚀、应力腐蚀
腐蚀机理	化学腐蚀	电化学腐蚀	物理腐蚀

种类	图例	产生的原因	种类	图例	产生的原因
面型腐蚀	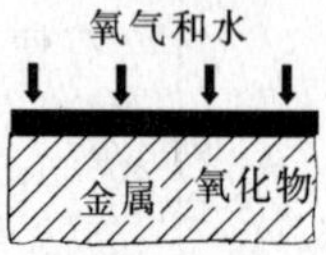 氧气和水 金属 氧化物	空气、水或化学试剂	露点腐蚀	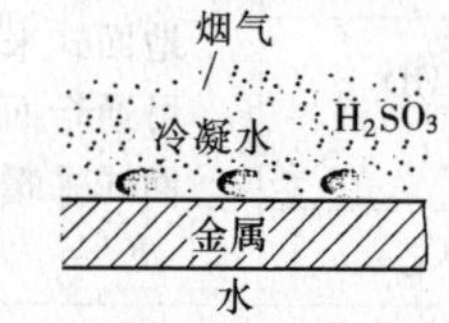 烟气 H_2SO_3 冷凝水 金属 水	低于露点，H_2SO_3 和 H_2SO_4 及水的产生
局部腐蚀	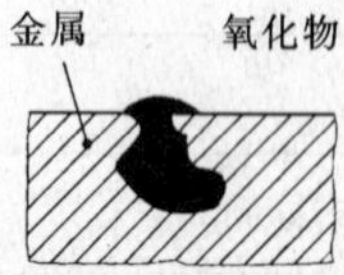 金属 氧化物	局部的电化学反应（金属屑、通气的原电池）	裂纹腐蚀	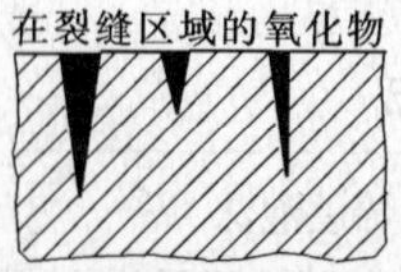 在裂缝区域的氧化物	浓差偏移或裂纹中的杂质
接触腐蚀	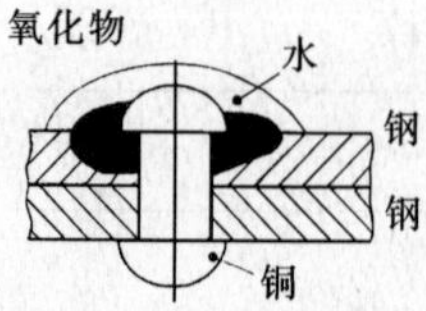 氧化物 水 钢 钢 铜	与不同电位的金属和电解质接触	气蚀	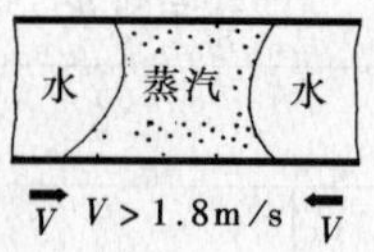 水 蒸汽 水 V $V > 1.8\text{m/s}$ V	气泡和高的流速击碎金属表面
晶间腐蚀	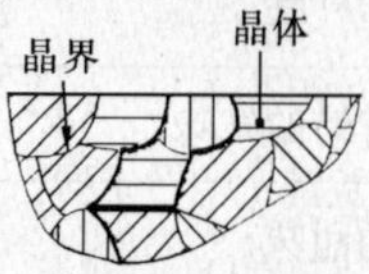 晶界 晶体	合金成分在晶粒的边缘析出	侵蚀	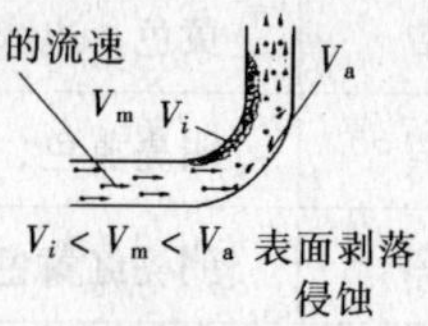 高的流速 V_m V_i V_a $V_i < V_m < V_a$ 表面剥落侵蚀	由于固体颗粒或高的流速的摩擦，机械的损伤
穿晶腐蚀	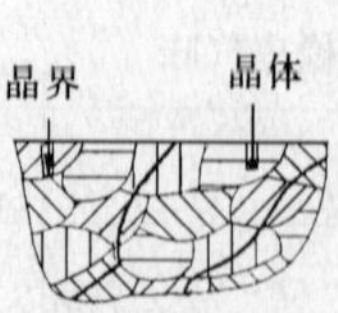 晶界 晶体	微小的电压差和强烈的拉应力	通气的原电池腐蚀	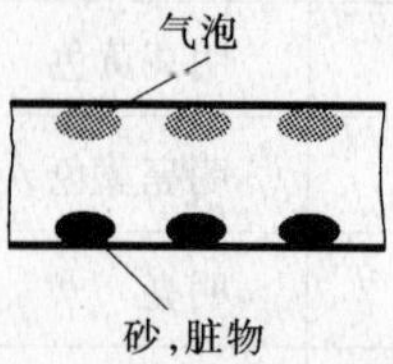 气泡 砂，脏物	由于例如砂和污垢颗粒，局部产生较高的浓度

3.5-2 钢材表面原始锈蚀等级

锈蚀等级	锈 蚀 状 况
A级	覆盖着完整的氧化皮或只有极少量的钢材表面有锈
B级	部分氧化皮已松动，翘起或脱落，已有一定锈的钢材表面
C级	氧化皮大部分翘起或脱落，大量生锈，但用目测还看不到锈蚀的钢材表面
D级	氧化皮几乎全部翘起或脱落，大量生锈，目测时能见到锈蚀的钢材表面

3.5-3 钢材表面除锈质量等级

质量等级	质量标准
手动工具除锈（St2 级）	手动工具（铲刀，钢丝刷等）除掉钢表面上松动、翘起的氧化皮，疏松的锈，疏松的旧涂层及其他污物。可保留粘附在钢表面且不能被钝油灰刀剥掉的氧化皮、锈和旧涂层
电动工具除锈（St3 级）	用电动工具（如动力旋转钢丝刷等）彻底地除掉钢表面上所有松动或翘起的氧化皮，疏松的锈，疏松的旧涂层及其他污物。可保留粘附在钢表面且不能被钝油灰刀剥掉的氧化皮、锈和旧涂层
清扫级喷射除锈（Sa1 级）	用喷（抛）射磨料的方式除去钢表面上松动、翘起的氧化皮，疏松的锈，疏松的旧涂层及其他污物。清理后钢表面上几乎没有肉眼可见的油、油脂、灰土、松动的氧化皮、疏松的锈和疏松的旧涂层。允许在钢表面上留有牢固粘附着的氧化皮、锈和旧涂层
工业级喷射除锈（Sa2 级）	用喷（抛）射磨料的方式除去大部分钢表面的氧化皮、锈、旧涂层及其他污物。经清理后，钢表面上几乎没有肉眼可见的油、油脂、灰土、氧化皮、锈和旧涂层。允许在钢表面上留有均匀分布的，牢固粘附着的氧化皮、锈和旧涂层。其总面积不得超过总除锈面积的 3%
近白级喷射除锈（Sa2 级）	用喷（抛）射磨料的方式除去几乎所有的氧化皮、锈、旧涂层及其他污物，经清理后，钢表面上几乎没有肉眼可见的油、油脂、灰土、氧化皮、锈和旧涂层，允许在钢表面上留有均匀分布的氧化皮、斑点和锈迹，其总面积不得超过总除锈面积的 5%
白级喷射除锈（Sa3 级）	用喷（抛）射磨料的方式彻底地清除所有的氧化皮、锈、旧涂层及其他污物。经清理后，钢表面上没有肉眼可见的油、油脂、灰土、氧化皮、锈和旧涂层，仅留有均匀分布的锈斑、氧化皮斑点或旧涂层斑点造成的轻微痕迹

注：1. 上述各喷（抛）射除锈质量等级所达到的表面粗糙程度应适合规定的涂装要求

2. 喷射除锈后的钢表面，在颜色的均匀性上允许受钢材的钢号、原始锈蚀程度、轧制或加工纹路以及喷射除锈余痕所产生的变色作用的影响

3.5-4 纯金属的电极电位

电极电位
− 2.0 1.0 ±0 1.0 1.5 + V
金属 Mg Al Zn Cu Au

金属	U	金属	U	金属	U
金	+1.50	铅	−0.13	铬	−0.56
氧（电极）	+1.20	锡	−0.14	锌	−0.76
银	+0.80	镍	−0.23	锰	−1.04
铜	+0.34	镉	−0.40	铝	−1.67
氢（电极）	±0	铁	−0.44	镁	−2.40

在标准液体溶液中，金属（纯金属、合金）或非金属等和氢电极之间的电压称为标准电极电位（U）；金属的电位就是其当时溶液和腐蚀性的程度。金属的电位越负，它在溶液中溶解得就越快

3.5-5 金属表面的防腐

方式	过程	用途	方式	过程	用途
阴极保护	用导线将保护金属与非贵重金属组成的消耗阳极连接起来	热水罐，埋地管道，油箱	油、脂、蜡涂层	涂敷油、脂、蜡层	传动件或轴承
顺序原则	金属按照正确的顺序安装	管道安装，板材加工	涂料或油漆涂层	喷涂或浸染法，风干或烘干	受气候影响的部件，板材
热浸镀法	将保护材料浸入熔池中，以敷上金属镀层（Zn、Pb、Sn、Al 等）	防空气和水的板材和管材	焦油沥青涂层	涂抹或浸染法，可能的情况用麻布条缠上	埋地敷设的燃气管、水管和油管，埋地油箱
电镀	电化学电解法，得到金属电镀层 Cu、Cr、Ni 等	防空气和水的附件和管材	塑料涂层	火焰喷涂 PVC、PE、PA 粉料或粒料，或熔槽法	
包覆金属	通过轧制或挤压，包覆金属 Cu、Ni、Ag	板材	搪瓷或釉涂层	在 500～1000℃时，用熔化的釉涂敷在金属上面	热水罐，浴缸

3.5-6 水和蒸汽设备对水的性质的要求

计算压力在 1bar 以下、供热功率不大于 1700kW 的蒸汽锅炉	给水[1]	锅炉水	采暖水的工作温度	<100℃	≤120℃
pH 值	≥9	10.5～12	在 1000kW 以下的 pH 值	8～9.5	9～10
密度 °Be		0.1～0.25	在 1000kW 以上的 pH 值	8.5～9.5	9～10
酸的容量 (mol/m³)		1～12	氧含量 O_2 (mg/L)		0.10
氧含量 O_2 (mg/L)	≤0.10		酸的容量 (mol/m³)		0.02～0.5
碱土金属的总和[2] (mol/m³)	≤0.015		碱土金属的总和		
自由碳酸的含量	n.n.		小于 350kW 时 (mol/m³)	1～3	≤2[4]
结合的碳酸含量 (mg/L)	≤25		小于 1000kW 时 (mol/m³)	1～2	≤1[4]
高锰酸钾消耗量 (mg/L)	≤10		小于 1750kW 时 (mol/m³)	1	≤1[4]
磷酸盐含量 P_2O_5 (mg/L)		10～15	大于 1750kW 时 (mol/m³)	<0.3	
铁含量 (mg/L)	≤0.05[2]		磷酸盐含量 P_2O_5 (mg/L)		≤25
导电率[3] (μS/cm)		≤5000	肼 N_2H_4 (mg/L)	2～5[5]	0.1～2.0
油脂 (mg/L)	<3.0[2]		亚硫酸钠 Na_2SO_3 (mg/L)	5～20[5]	10～40

[1]在小于 200kW 供热功率的小型锅炉在第一次注水时可以使用未处理过的水。[2]在连续补水的设备中，铁的含量可以不大于 0.05mg/L，碱土金属 0.01mol/m³，油脂含量检测不到。[3]用 HCl 中和，酚酞指示。[4]也适用于给水；在补水量较大时，水的硬度不大于 0.3mol/m³。[5]在 350kW 以上时有效

4. 连接技术

4.1 刀具与公差配合

4.1-1 标准麻花钻头的组成和类型（德国标准）

横刃 主切削刃 棱边 后面

α—侧后角,°；β—侧楔角,°；γ—侧切削角,°；σ—顶角,°

类型	γ	σ	使用范围
N	16°~30°	118°	$R_m \leq 700N/mm^2$ 的钢和铸钢，可锻/灰口铸铁和脆黄铜
		130°	$R_m > 700N/mm^2$ 的钢和铸钢，可锻/灰口铸铁和脆黄铜
		140°	不锈钢、铝合金、铜
H	10°~13°	80°	胶合板、硬橡胶、大理石
		118°	软黄铜
		140°	奥氏体钢、镁合金
W	35°~40°	80°	胶木
		118°	轴承合金、锌合金
		130°	铜、铝、软铝合金

4.1-2 麻花钻头钻削的参考值

R_m—抗拉强度，N/mm^2　　d—钻头直径，mm

f—进刀量，mm/转　　v_c—切削速度，m/min

切削材料	R_m (HB)[1]	高速钢钻头 v_c	高速钢 f, d 6	10	16	25	硬质合金钻头 v_c	硬质合金 f, d 6	16	25
非合金钢 C<0.2%	500	30~40	0.1	0.16	0.20	0.30	100~150	0.04	0.08	0.16
C0.2%~0.3%	600	25~30	0.12	0.20	0.25	0.40	100~150	0.04	0.08	0.16
C0.3%~0.4%	700	25~30	0.12	0.20	0.25	0.40	80~130	0.04	0.08	0.12
C0.4%~0.5%	800	20~30	0.08	0.12	0.16	0.25	80~130	0.04	0.08	0.12
合金钢	800	15~25	0.08	0.12	0.16	0.25	80~130	0.04	0.08	0.12
	900	15~20	0.05	0.08	0.10	0.16	70~120	0.04	0.08	0.12
	1000	10~20	0.05	0.08	0.10	0.16	60~100	0.04	0.08	0.12
耐锈蚀、耐酸、耐热钢	600	6~10	0.05	0.08	0.12	0.16	60~120	0.03	0.06	0.10
	900	4~8					20~40			
铸铁和可锻铸铁	<（250）	12~18	0.10	0.16	0.20	0.30	60~80	0.06	0.12	0.20
	<（320）	5~15	0.08	0.12	0.16	0.25	40~70	0.04	0.08	0.16
淬火钢	48~64[2]	3~5	0.05	0.08	0.10	0.16	10~30	0.02	0.04	0.08
铜	—	40~60	0.12	0.20	0.25	0.40	~180	0.02	0.04	0.08
塑性铜合金	—	20~50	0.12	0.20	0.25	0.40	~150	0.05	0.08	0.16
塑性铝合金	—	~100	0.12	0.20	0.25	0.40	~150	0.04	0.06	0.10
铝合金，Si≤10%	—	~65	0.12	0.20	0.25	0.40	~180	0.04	0.06	0.10

[1]布氏硬度；[2]这些值表示洛氏硬度 HRC

4.1-3 常用车刀切削部分的构造要素、主要几何角度和粗糙高度

构造要素

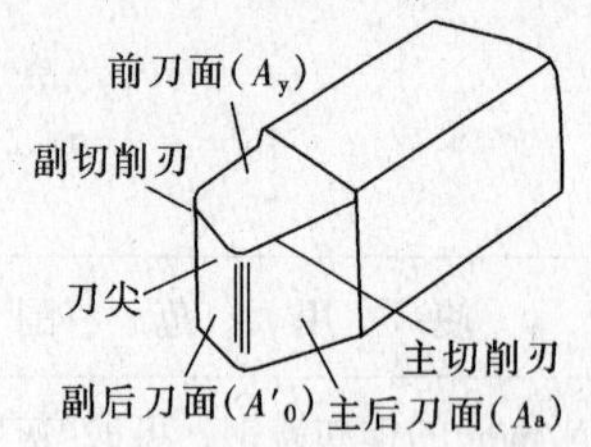

前刀面（A_{γ}）
副切削刃
刀尖
主切削刃
副后刀面（A'_0）
主后刀面（A_α）

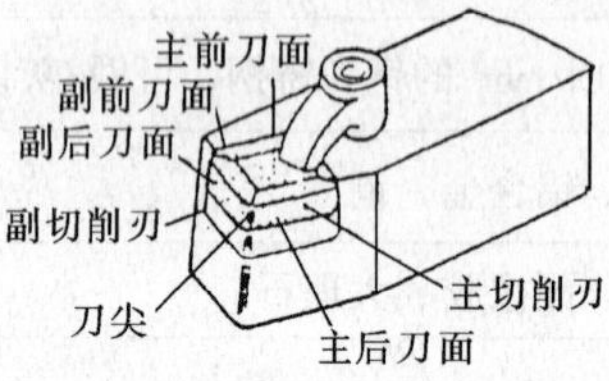

主前刀面
副前刀面
副后刀面
副切削刃
刀尖
主切削刃
主后刀面

刀具基面平面图

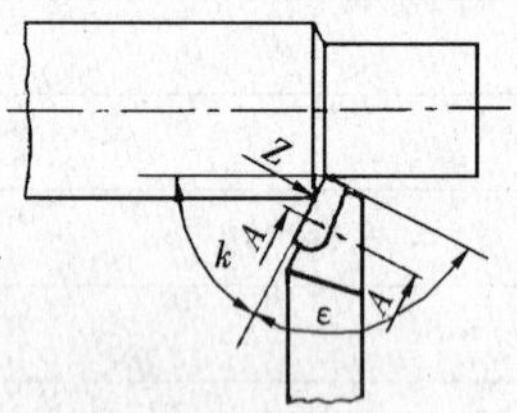

刀具 *A-A* 部面

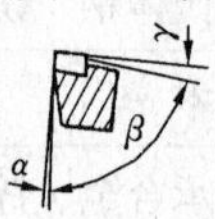

刀具基面前视图

K—主偏角；*α*—后角；
ε—刀尖角；*β*—楔角；
λ—刃倾角；*γ*—切削角

刀尖半径 *r*（mm）	粗车		细车		精车	
	粗糙高度（μm）					
	100	63	25	16	6.3	4
	进刀量（mm/转）					
0.4	0.57	0.45	0.28	0.20	0.14	0.10
0.8	0.80	0.63	0.40	0.30	0.20	0.16
1.2	1.00	0.80	0.50	0.40	0.25	0.20
1.6	1.13	0.90	0.60	0.45	0.30	0.23
2.4	1.40	1.30	0.70	0.55	0.35	0.28

4.1-4 高速钢和硬质合金车刀切削用量参考值

R_m—抗拉强度，N/mm²；a_p—切削深度，mm；∡—角度，°；*f*—进刀量，mm/转；v_c—切削速度，m/min；*T*—耐用度，mm

用高速钢车刀切削

材料	R_m	刀具材料[1]	*f*	a_p	v_c	∡*α*	∡*γ*	∡*λ*	*T*
结构钢、渗碳钢、调质钢、工具钢	< 500	S10-4-3-10	0.1 0.5	0.5 3	75 ~ 60 65 ~ 50	8	18	0 ~ 4	60
		S18-1-2-10	1.0	6	50 ~ 35	8	18	− 4	
	500 ~ 700	S10-4-3-10	0.1 0.5	0.5 3	70 ~ 50 50 ~ 30	8	14	0 ~ 4	60
		S18-1-2-10	1.0	6	35 ~ 25	8	14	—	
易切削钢	≤700	S10-4-3-10 和 S18-1-2-10	0.1 0.3 0.6	0.5 3 6	90 ~ 60 75 ~ 50 55 ~ 35	8	~ 20	0 ~ 4	240
	> 700	S10-4-3-10 和 S18-1-2-10	0.1 0.3 0.5	0.5 3 6	70 ~ 40 50 ~ 30 40 ~ 20	8	~ 20	0 − 4	240
非合金铸钢、低合金调质铸钢、耐热铸钢	< 500	S10-4-3-10	0.1 0.5 1.0	0.5 3 6	70 ~ 50 50 ~ 30 35 ~ 25	8	18	0 ~ 4 − 4	60
铸铁	< 250	S12-1-4-5	0.1 0.3 0.6	0.5 3 6	40 ~ 32 32 ~ 23 23 ~ 15	8	0 ~ 6	0 — —	60
铜合金	—	S10-4-3-10	0.3 0.6	3 6	150 ~ 100 120 ~ 80	10	18 ~ 30	+ 4	120
铝合金	< 900	S10-4-3-10	0.6	6	180 ~ 120	10	25 ~ 35	+ 4	240

[1] 这组数字按照 W、Mo、V、Co 的顺序表示合金元素百分比

4.1-4　高速钢和硬质合金车刀切削用量参考值（续）

用硬质合金车刀切削（切削深度 $a_p = 3\text{mm}$，耐用度 $T = 15\text{min}$）

材　料	R_m	硬质合金	f	v_c	材　料	R_m	硬质合金	f	v_c
非合金的和合金的钢和铸钢	< 500	P10	0.10	260 ~ 340	铸铁、可锻铸铁	< 700	K10	0.25	140 ~ 190
			0.25	220 ~ 280				0.50	130 ~ 180
			0.50	190 ~ 250	铜和铜合金	—	K10	0.10	350 ~ 600[1)]
	500 ~ 900	P10	0.10	170 ~ 310				0.25	300 ~ 500
			0.25	120 ~ 250	不能淬透的铝	—	K10	~ 0.8	~ 2000[2)]
			0.50	100 ~ 210					
高合金、不锈钢和铸钢	< 900	P25	0.25	90 ~ 140	能淬透的铝，Si < 10%	—	K10	~ 0.6	~ 1200[2)]
			0.50	80 ~ 115					
	> 900	P25	0.25	60 ~ 90	同上，Si > 10%	—	K10	0.6	400[3)]
			0.50	50 ~ 75					
					1) $a_p = 1\text{mm}$；2) $a_p \leqslant 6\text{mm}$；3) $a_p \leqslant 4\text{mm}$				

用硬质合金车刀切削时的工具角度

材料	R_m	∢α	∢γ	∢λ	材料	R_m（HB）	∢α	∢γ	∢λ
结构钢和渗碳钢	< 500	6 ~ 8	12 ~ 18	− 4	铸钢	300 ~ 350	6 ~ 8	12	− 4
	500 ~ 800	6 ~ 8	12	− 4	灰口铸铁	~ 2200HB	6 ~ 8	8 ~ 12	− 4
结构钢和调质钢	750 ~ 900	6 ~ 8	12	− 4	铝合金	~ 1000HB	10	12	− 4
调质钢	850 ~ 1100	6 ~ 8	8 ~ 12	− 4	铜合金	~ 1200HB	10	12	0

4.1-5　常用铣刀类型

（*a*）圆柱形铣刀；（*b*）端铣刀；（*c*）、（*d*）三面刃圆盘铣刀；（*e*）立铣刀；（*f*）键槽铣刀；（*g*）T形槽铣刀；（*h*）角度铣刀；（*i*）、（*j*）成型铣刀

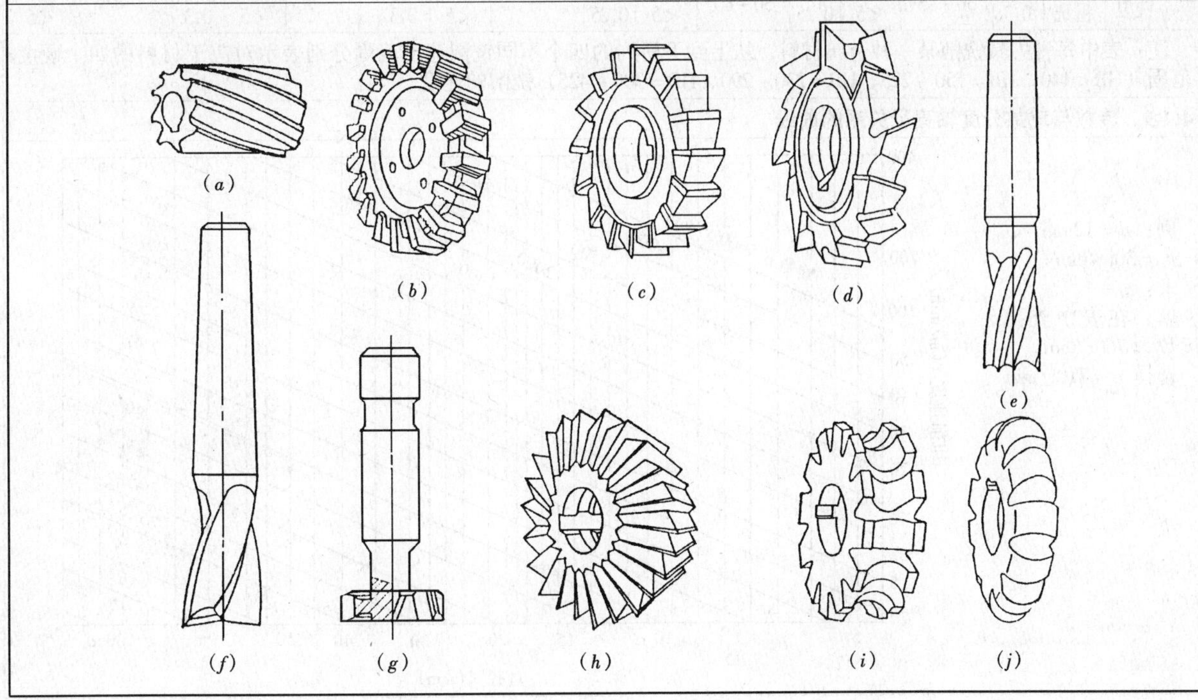

4.1-6 常用铣刀的加工范围

铣水平面	铣垂直面	铣斜面	铣直槽	铣T形槽	铣特形面
用圆柱形铣刀、端铣刀	用端铣刀、立铣刀	用角度铣刀、端铣刀	用盘型铣刀、立铣刀	用圆盘铣刀加上T形槽铣刀	用成型铣刀

4.1-7 铣刀几何角度及参量

β—铣刀的螺旋角；
γ_n—法前角；γ_0—端前角；
α_n—法后角；α_0—端后角；
n—铣刀转数，r/min；
f_z—每齿进给量，mm/z；
z—铣刀刀齿数；
α_p—铣削深度，mm；
$v_f = v_c$—铣削速度，m/min

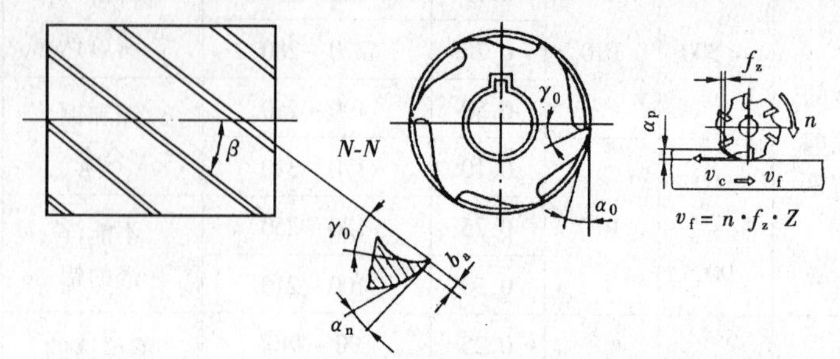

4.1-8 铣削用量的选择

刀具材料	铣刀类型		被加工金属材料 碳钢 f_z	v_f	α_p	合金钢 f_z	v_f	α_p	工具钢 f_z	v_f	α_p	灰口铸铁 f_z	v_f	α_p	可锻铸铁 f_z	v_f	α_p
高速钢	端铣刀	精铣	0.1		1	0.07		1	0.07		1	0.1		1	0.1		1
		粗铣	0.3	25 ~ 42	<6	0.25	21 ~ 36	<6	0.20	—	<6	0.35	24 ~ 36	<6	0.4	42 ~ 50	<6
	盘形铣刀	精铣	0.05		0.5 ~ 2	0.05		0.5 ~ 2	0.05		0.5 ~ 2	0.07		0.5 ~ 2	0.07		0.5 ~ 2
		粗铣	0.2	21 ~ 39	<5	0.2	15 ~ 30	<5	0.15	12 ~ 18	<5	0.25	15 ~ 21	<5	0.25	15 ~ 36	<5
	立铣刀	精铣	0.03		1	0.02		1	0.025		1	0.07		1	0.05		1
		粗铣	0.15		<6	0.10		<6	0.10		<6	0.18		<6	0.20		<6
	成型铣刀	精铣	0.07	15 ~ 36	0.5 ~ 2	0.05	12 ~ 27	0.5 ~ 2	0.07	15 ~ 23	0.5 ~ 2	0.07	9 ~ 18	0.5 ~ 2	0.07	9 ~ 21	0.5 ~ 2
		粗铣	0.1		<5	0.1		<5	0.1		<5	0.12		<5	0.15		<5
	圆柱铣刀	精铣	0.07	9 ~ 21	0.5 ~ 2	0.05	6 ~ 15	0.5 ~ 2	0.05	—	0.5 ~ 2	0.1	—	0.5 ~ 2	0.1	—	0.5 ~ 2
		粗铣	0.2		<5	0.2		<5	0.15		<5	0.3		<5	0.35		<5
硬质合金	端铣刀	精铣	0.1	1.25 ~ 2.5	1	0.075	70 ~ 130	1	0.07	—	1	0.2	110 ~ 115	1	0.1	100 ~ 200	1
		粗铣	0.3	60 ~ 120	<6	0.2	60 ~ 110	<6	0.25	45 ~ 70	<6	0.5	60 ~ 120	<6	0.4	83 ~ 120	<6
	盘形铣刀	精铣	0.1	54 ~ 115	0.5 ~ 2	0.05	55 ~ 100	0.5 ~ 2	0.05	60 ~ 83	0.5 ~ 2	0.125	45 ~ 90	0.5 ~ 2	0.1	40 ~ 90	0.5 ~ 2
		粗铣	0.3	36 ~ 75	<5	0.25	30 ~ 80	<5	0.25	—	<5	0.3	—	<5	0.3	—	<5

注：表中每种刀具铣削某一种金属材料，从上到下所列的四个不同铣削速度范围分别表示对应于材料的四个硬度范围（HB < 140、HB = 150 ~ 225、HB = 230 ~ 290、HB = 300 ~ 425）铣削的速度

4.1-9 转数与对数分度轴直径关系的曲线

例：$d = 12$mm，
$v_c = 30$m/min
求：$n = ?$
解：在表中查出读数为760r/min，
选择 $n = 710$r/min

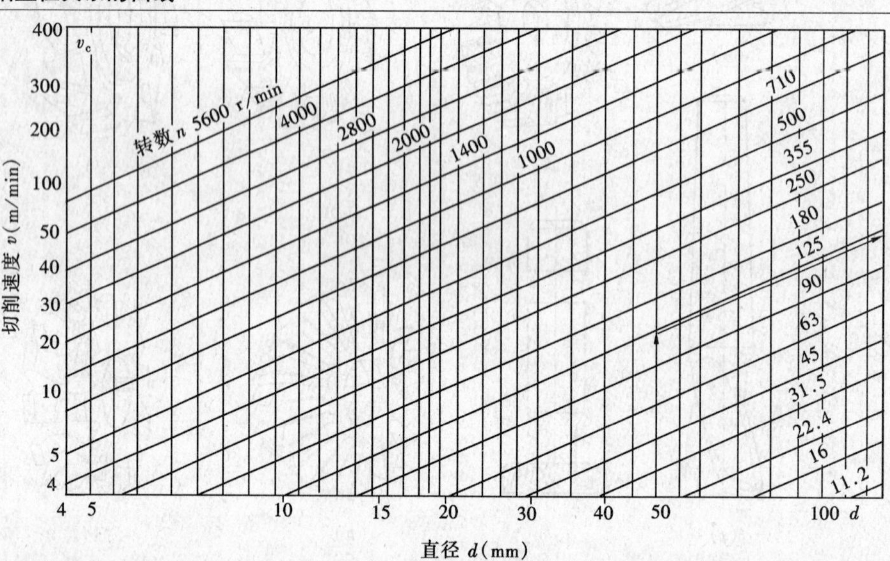

4.1-10 长度和角度的一般公差

公差等级		公称尺寸范围（mm）内长度的极限偏差（mm）							
缩写符号	名称	0.5~3	3~6	6~30	30~120	120~400	400~1000	1000~2000	2000~4000
f	精密	±0.05	±0.05	±0.1	±0.15	±0.2	±0.3	±0.5	—
m	中等	±0.1	±0.1	±0.2	±0.3	±0.5	±0.8	±1.2	±2
c	粗糙	±0.2	±0.3	±0.5	±0.8	±1.2	±2	±3	±4
v	很粗	—	±0.5	±1	±1.5	±2.5	±4	±6	±8

在短臂公称尺寸范围（mm）内角度（度和分）的极限偏差

缩写符号	≤10	10~50	50~120	120~400	≥400	缩写符号	≤10	10~50	50~120	120~400	≥400
f *m*	±1°	±0°30′	±0°20′	±0°10′	±0°5′	*c*	±1°30′	±1°	±0°30′	±0°15′	±0°10′
						v	±3°	±2°	±1°	±0°30′	±0°20′

4.1-11 配合

孔：*ES*：孔的上偏差，*EI*：孔的下偏差

轴：*es*：轴的上偏差，*ei*：轴的下偏差

余隙配合	过渡配合	盈配合
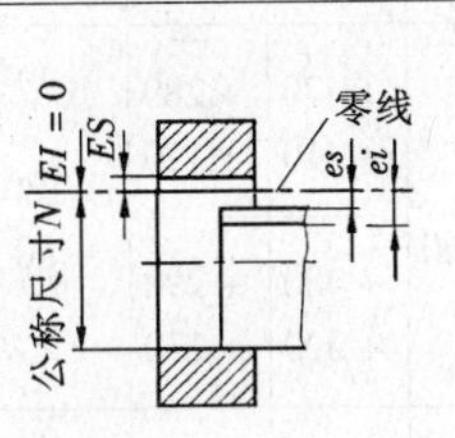	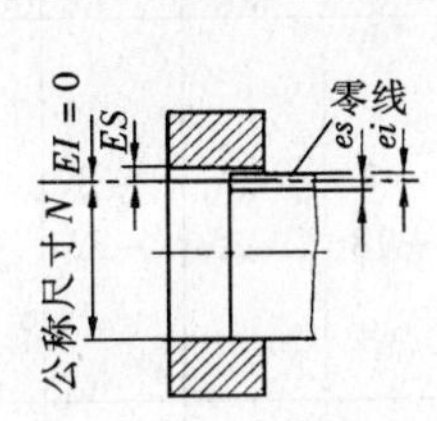	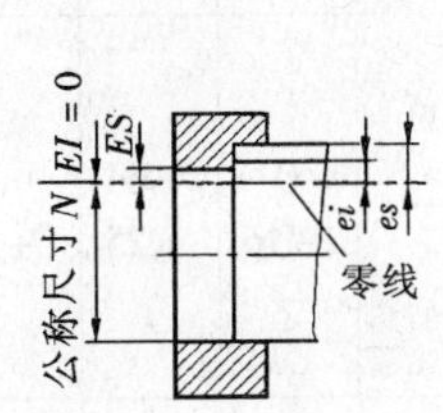

最大孔尺寸：$G_{nR} = N + ES$

最小孔尺寸：$G_{uB} = N + EI$

最大轴尺寸：$G_{nW} = N + es$

最小轴尺寸：$G_{uW} = N + ei$

4.1-12 基孔—轴的主要极限偏差 ISO 286-2

公称尺寸范围（mm）	极限尺寸（mm）									极限尺寸（mm）					
	孔	轴								孔	轴				
	H7	f7	g6	h6	k6	m6	n6	r6	s6	H11	a11	c11	d9	h9	h11
3~6	+12 0	−10 −22	−4 −12	0 −8	+9 +1	+12 +4	+16 +8	+23 +15	+27 +19	+75 0	−270 −345	−70 −145	−30 −60	0 −30	0 −75
6~10	+15 0	−13 −28	−5 −14	0 −9	+10 +1	+15 +6	+19 +10	+28 +19	+32 +23	+90 0	−280 −370	−80 −170	−40 −76	0 −36	0 −90
10~14	+18 0	−16 −34	−6 −17	0 −11	+12 +1	+18 +7	+23 +12	+34 +23	+39 +28	+110 0	−290 −400	−95 −205	−50 −93	0 −43	0 −110
14~18															
18~24	+21 0	−20 −41	−7 −20	0 −13	+15 +2	+21 +8	+28 +15	+41 +28	+48 +35	+130 0	−300 −430	−110 −240	−65 −117	0 −52	0 −130
24~30															
30~40	+25 0	−25 −50	−9 −25	0 −16	+18 +2	+25 +9	+33 +17	+50 +34	+59 +43	+160 0	−310 −470	−120 −280	−80 −142	0 −62	0 −160
40~50											−320 −480	−130 −290			
50~65	+30 0	−30 −60	−10 −29	0 −19	+21 +2	+30 +11	+39 +20	+60 +41	+72 +53	+190 0	−340 −530	−140 −330	−100 −174	0 −74	0 −190
65~80								+62 +43	+78 +59		−360 −550	−150 −340			
80~100	+35 0	−36 −71	−12 −34	0 −22	+25 +3	+35 +13	+45 +23	+73 +51	+93 +71	+220 0	−380 −600	−170 −390	−120 −207	0 −87	0 −220
100~120								+76 +54	+101 +79		−410 −630	−180 −400			

4.1-13　基轴—孔主要的极限偏差 ISO 286-2

公称尺寸范围（mm）	极限尺寸（mm）										极限尺寸（mm）				
	轴	孔									轴	孔			
	h6	F8	G7	H7	J7	K7	M7	N7	R7	S7	h11	A11	C11	D11	H11
3～6	0 －8	＋28 ＋10	＋16 ＋4	＋12 0	＋6 －6	＋3 －9	0 －12	－4 －16	－11 －23	－15 －27	0 －75	＋345 ＋270	＋145 ＋70	＋78 ＋30	＋75 0
6～10	0 －9	＋35 ＋13	＋20 ＋5	＋15 0	＋8 －7	＋5 －10	0 －15	－4 －19	－13 －28	－17 －32	0 －90	＋370 ＋280	＋170 ＋80	＋98 ＋40	＋90 0
10～18	0 －11	＋43 ＋16	＋24 ＋6	＋18 0	＋10 －8	＋6 －12	0 －18	－5 －23	－16 －34	－21 －39	0 －110	＋400 ＋290	＋205 ＋95	＋120 ＋50	＋110 0
18～30	0 －13	＋53 ＋20	＋28 ＋7	＋21 ＋0	＋12 －9	＋6 －15	0 －21	－7 －28	－20 －41	－27 －48	0 －130	＋430 ＋300	＋240 ＋110	＋149 ＋65	＋130 0
30～40	0 －16	＋64 ＋25	＋34 ＋9	＋25 0	＋14 －11	＋7 －18	0 －25	－8 －33	－25 －50	－34 －59	0 －160	＋470 ＋310	＋280 ＋120	＋180 ＋80	＋160 0
40～50												＋480 ＋320	＋290 ＋130		
50～65	0 －19	＋76 ＋30	＋40 ＋10	＋30 0	＋18 －12	＋9 －21	0 －30	－9 －39	－30 －60	－42 －72	0 －190	＋530 ＋340	＋330 ＋140	＋220 ＋100	＋190 0
65～80									－32 －62	－48 －78		＋550 ＋360	＋340 ＋150		
80～100	0 －22	＋90 ＋36	＋47 ＋12	＋35 0	＋22 －13	＋10 －25	0 －35	－10 －45	－38 －73	－58 －93	0 －220	＋600 ＋380	＋390 ＋170	＋260 ＋120	＋220 0
100～120									－41 －76	－66 －101		＋630 ＋410	＋400 ＋180		

4.2　螺纹

4.2-1　螺纹的种类

名　称	标记字母	螺纹断面	缩写/举例	额定尺寸	用　途
米制 ISO 螺纹	M	60°	M24	1～68mm	调节螺纹，普通螺纹
			M24×1	1～1000mm	细螺纹，普通螺纹
具有大的间隙			M24	12～180mm	膨胀螺栓
圆柱形 管螺纹	G	55°	G1¼[1] G1¼A	1/8～6in	管螺纹，螺纹不密封的
圆柱形 管内螺纹	Rp		Rp1/2	1/16～6in	螺纹密封的螺纹管、管件、管子螺纹连接
			Rp1/2	1/8～1½in	
圆锥形 管外螺纹	R	55° 1:16	R1/2	1/16～6in	
			R1/2	1/8～1½in	

1) 内螺纹

4.2-2 英制螺纹的尺寸

圆锥形外螺纹 R
（锥度 1:16）

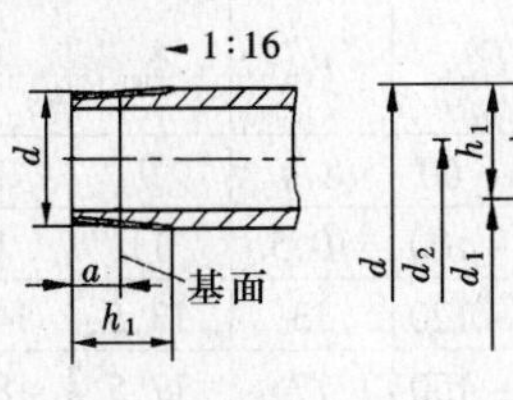

圆柱形内螺纹 Rp

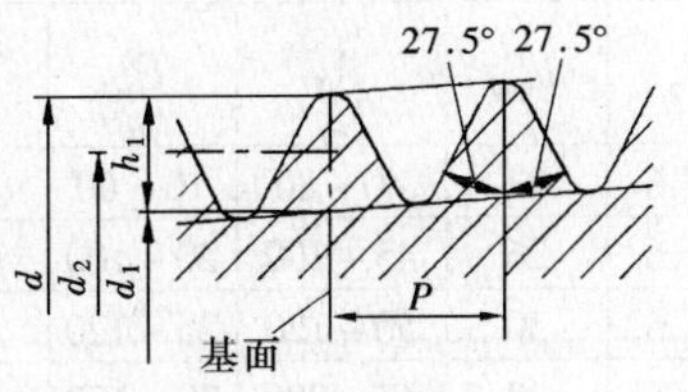

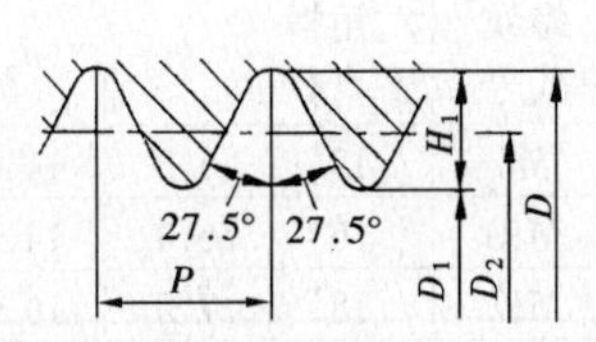

Z—每英寸螺纹头数
t—平均旋入长度，mm
P—螺距，mm
R—英制外螺纹
Rp—英制内螺纹
LH—左螺纹

一个 3/4 圆柱型管内螺纹的符号：管螺纹 Rp3/4

DN	代号		Z	l_1	t	a	d = D	$d_2 = D_2$	$d_1 = D_1$	P	$h_1 = H_1$
6	R1/8	Rp1/8	28	6.5	7	4.0	9.728	9.147	8.566	0.907	0.581
8	R1/4	Rp1/4	19	9.7	10	6.0	13.157	12.301	11.445	1.337	0.856
10	R3/8	Rp3/8	19	10.1	10	6.4	16.662	15.806	14.950	1.337	0.856
15	R1/2	Rp1/2	14	13.2	13	8.2	20.955	19.793	18.631	1.814	1.162
20	R3/4	Rp3/4	14	14.5	15	9.5	26.441	25.279	24.117	1.814	1.162
25	R1	Rp1	11	16.8	17	10.4	33.249	31.770	30.291	2.309	1.479
32	R1¼	Rp1¼	11	19.1	19	12.7	41.910	40.431	38.952	2.309	1.479
40	R1½	Rp1½	11	19.1	19	12.7	47.803	46.324	44.845	2.309	1.479
50	R2	Rp2	11	23.4	24	15.9	59.614	58.135	56.656	2.309	1.479
65	R2½	RP2½	11	26.7	27	17.5	75.184	73.705	73.226	2.309	1.479
80	R3	Rp3	11	29.8	30	20.6	87.884	86.405	84.926	2.309	1.479
100	R4	Rp4	11	35.8	36	25.4	113.030	111.551	110.172	2.309	1.479
125	R5	Rp5	11	40.1	40	28.6	138.430	136.951	135.472	2.309	1.479
150	R6	Rp6	11	40.1	40	28.6	163.830	163.830	160.872	2.309	1.479

4.2-3 米制 ISO 螺纹尺寸（mm）（德国）

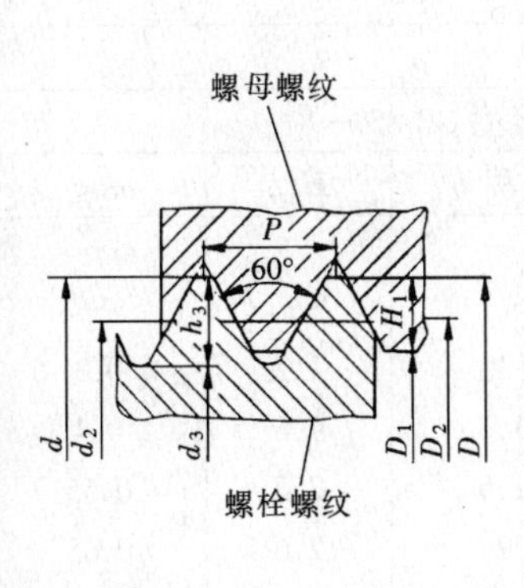

d = D	P	$d_2 = D_2$	d_2	D_1	h_3	H_3	A_s[1)]	D_0[2)]	SW[3)]
M6	1	5.35	4.77	4.92	0.61	0.54	20.1	5.0	10
M8	1.25	7.19	6.47	6.65	0.77	0.68	36.6	6.8	13
M10	1.5	9.03	8.16	8.38	0.92	0.81	58.0	8.5	16
M12	1.75	10.86	9.85	10.11	1.07	0.95	84.3	10.2	18
M16	2	14.70	13.55	13.84	1.23	1.08	157	14.0	24
M20	2.5	18.38	16.93	17.29	1.53	1.35	245	17.5	30
M24	3	22.05	20.32	20.75	1.84	1.62	353	21.0	36
M30	3.5	27.73	25.71	26.21	2.15	1.89	561	26.5	46

1) 压力面，mm；2) 芯孔钻头直径；3) 六角扳手直径

4.2-4　带调节螺纹的六角螺栓（mm）

符号：六角螺栓 ISO-标准代码-M 螺纹直径×公称长度—强度等级

ISO 4014-M16×80-5.6

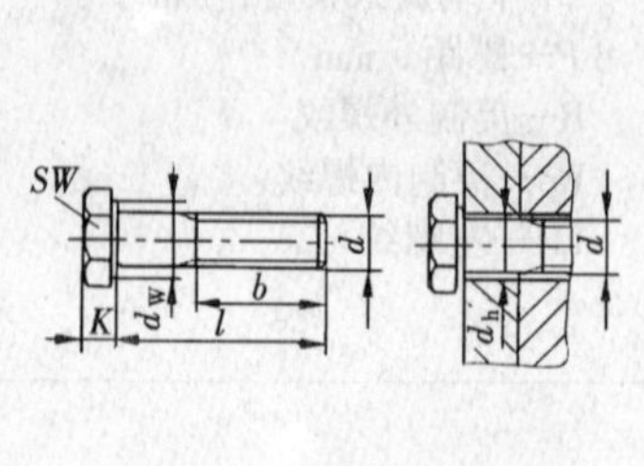

螺纹代号	六角扳手直径	k	d_w	b_{min}	l_{N1}[1]	l_{Dg}[2]	d_{nt}	d_{hm}	d_{hg}
M8	13	5.3	11.6	22	40～80	16～60	8.4	9	10
M10	16	6.4	14.6	26	45～100	20～100	10.5	11	12
M12	18	7.5	16.6	30	50～120	25～120	13	13.5	14.5
M16	24	10	22.5	38	65～200	30～150	17	17.5	18.5
M20	30	12.5	28.2	46	80～200	40～200	21	22	24
M24	36	15	33.3	54	90～240	50～200	25	26	28
M30	46	18.7	42.8	66	110～300	60～200	31	33	35

[1] l_{N1}—螺纹至螺栓头长度，16、20、25、30～65、70、80、90～270、280、300～360（mm）

[2] l_{Dg}—带颈部的螺栓长度

4.2-5　带调节螺纹的六角螺母和垫圈（mm）

螺母符号：六角螺母 ISO 4032-M16-5[1]

d	六角扳手直径	d_w	m_2	m_3	m_5	d_1	d_2	h
M8	13	11.6	6.8	7.5	4	9	16	1.6
M10	16	14.6	8.4	9.3	5	11	20	2
M12	18	16.6	10.8	12	6	13.5	24	2.5
M16	24	22.5	14.8	16.4	8	17.5	30	3
M20	30	27.7	18	20.3	10	22	37	3
M24	36	33.3	21.5	23.9	12	26	44	4
M30	46	42.8	25.6	28.6	15	33	56	4

标准号	F[1]	m_h
ISO 4032	6，8，10	m_2
ISO 4033	9，10，12	m_3
ISO 4035	04，05	m_5

[1]强度等级

4.2-6　弹簧垫圈（标准型 GB 93—87，轻型 GB 859—87）

附图及标记示例

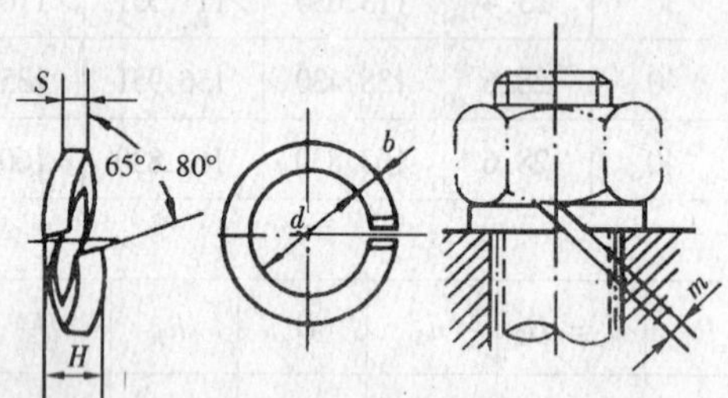

标记示例：

规格 16mm，材料为 65Mn，表面氧化的标准型和轻型弹簧垫圈分别为：

垫圈 GB 93—87 16

垫圈 GB 859—87 16

规格（螺纹大径）	尺寸（mm）							
	d_{min}	标准型 GB 93—87			轻型 GB 859—87			
		公称 S	H_{min}	$m≤$	公称 S	公称 b	H_{min}	$m≤$
2	2.1	0.5	1	0.25	—	—	—	—
2.5	2.6	0.65	1.3	0.33	—	—	—	—
3	3.1	0.8	1.6	0.40	0.6	1	1.2	0.3
4	4.1	1.1	2.2	0.55	0.8	1.2	1.6	0.4
5	5.1	1.3	2.6	0.65	1.1	1.5	2.2	0.55
6	6.1	1.6	3.2	0.8	1.3	2	2.6	0.65
8	8.1	2.1	4.2	1.05	1.6	2.5	3.2	0.8
10	10.2	2.6	5.2	1.3	2	3	4	1
12	12.2	3.1	6.2	1.55	2.5	3.5	5	1.25
(14)[1]	14.2	3.6	7.2	1.8	3	4	6	1.5

4.2-6 弹簧垫圈（标准型 GB 93—87，轻型 GB 859—87）（续）

规格（螺纹大径）	尺寸 (mm)							
	d_{min}	标准型 GB 93—87			轻型 GB 859—87			
		公称 S	H_{min}	$m\leqslant$	公称 S	公称 b	H_{min}	$m\leqslant$
16	16.2	4.1	8.2	2.05	3.2	4.5	6.4	1.6
(18)[1]	18.2	4.5	9	2.25	3.6	5	7.2	1.8
20	20.2	5	10	2.5	4	5.5	8	2
(22)[1]	22.5	5.5	11	2.75	4.5	6	9	2.25
24	24.5	6	12	3	5	7	10	2.5
(27)[1]	27.5	6.8	13.6	3.4	5.5	8	11	2.75
30	30.5	7.5	15	3.75	6	9	12	3
(33)[1]	33.5	8.5	17	4.25	—	—	—	—
36	36.5	9	18	4.5	—	—	—	—

[1]括号内的尺寸尽量不采用

4.2-7 螺栓和螺母的强度等级（mm）

螺栓	强度等级	3.6	4.6	4.8	5.6	5.8	6.8	8.8	9.8	10.9	12.9
5.8	抗拉强度 R_b (N/mm²)	300	400		500		600	800	900	1000	1200
	屈服点 σ_s 或条件屈服极限 $\sigma_{0.2}$ (N/mm²)	180	240	320	300	400	480	640	720	900	1080
	断裂伸长率（%）	25	22	14	20	10	8	12	10	9	8

螺母

螺母高		$0.5\leqslant m<0.8d$		$m\geqslant0.8d$							
强度等级		04	05	4	5		6	8	9	10	12
所属螺栓	强度等级	未定		3.6,4.6,4.8	3.6;4.6;4.8	5.6;5.8	6.8	8.8	9.8	10.9	12.9
	尺寸	全部		>M16	≤M16	≤M39			≤M16	≤M39	

4.3 焊接

4.3-1 常用熔化焊的方法、特点及其应用范围

焊接方法		原理	应用范围				说明
			被焊材料	厚度 (mm)	主要接头形式	被焊件特点及工作条件	
气焊		一般利用乙炔与氧气混合燃烧的火焰产生的高温(约3000℃)熔化焊件和焊丝而进行金属焊接	钢	≥0.5 <6	对接	在不大的载荷下工作	生产率低，焊后易变形，但火焰易控制，灵活性较强，常用于焊接薄钢板、小管径管材和黄铜
			铸铁				
			铜及其合金、铝及其合金	铝≥0.5 紫铜≥1.5	对接	用于不重要结构	
			硬质合金		堆焊		
电弧焊	手工电弧焊	利用电弧产生高温来熔化金属进行焊接	钢	>2	对接、搭接、T字接	在静止、冲击和振动载荷下工作，要求坚固、紧密的焊缝。焊接接头在大多数情况下可实现与母材等强度	手工焊具有较高的灵活性和适应性，设备简单耐用，应用非常广泛 埋弧焊熔深大，质量好，生产率高，节省焊接材料和电能，但对接头加工与装配间隙要求较高，适于长缝
			铜及其合金、铝及其合金	≥1	对接		
			铸铁		焊补		
	埋弧焊	在一层颗粒状的可熔焊剂覆盖下燃烧，电弧光不外露，而用的金属电极是不间断送进的裸焊丝	钢、铝、铜及其合金	≥3 ≥6 ≥4	对接，搭接		

4.3-1　常用熔化焊的方法、特点及其应用范围(续)

焊接方法		原理	被焊材料	厚度(mm)	主要接头形式	被焊件特点及工作条件	说明
气体保护焊	氩弧焊	利用电弧产生高温来熔化金属，并通以氩气或 CO_2，使电弧和熔池与周围的空气隔离，从而获得优质焊接接头	不锈钢、耐热钢、铝、铜、镁、钛及其合金以及锆、钼等薄壁焊件	>0.5 从生产率考虑，以 3mm 以下为宜	对接，搭接，T字接	在不大载荷下工作，要求致密性、耐蚀性和耐热性 焊前必须将金属表面清理干净，因为惰性气体只能保护液体金属而不能脱氧精炼，若存在氧气、杂质，焊后会藏在焊缝金属中	电弧可见，焊接过程便于控制与调整，质量好、效率高 氩弧焊表面无熔渣，成形美观，但不可在有风的地方进行焊接 CO_2 气体保护焊比氩弧焊的成本低
	CO_2 气体保护焊		低碳钢、低合金结构钢、不锈钢、耐热钢	薄板与厚板			

注：熔化焊还有电渣焊、电子束焊、激光焊、塑料焊等

4.3-2　钎焊的特点及其应用范围

焊接方法		原理	应用范围：被焊材料	应用范围：厚度(mm)	应用范围：主要接头形式	应用范围：被焊件特点及工作条件	说明
钎焊	软焊	利用毛细管作用，熔融钎料润湿母材，填充间隙并与母材相互溶解和扩散而实现连接	各种金属	≤1.5	搭接、对接	连接用其他焊接方法难于焊接的工件、并对强度要求不高的场合。装配要求较高	钎料熔点比焊件低，焊接时焊件本身不熔化。软焊的工作点低于 450℃，硬焊的工作点高于 450℃。钎焊接头平整光滑，焊件变形小。用于铜及其合金导线、管材硬质合金刀具等焊接
	硬焊						

4.3-3　焊条型号分类

型号分类	熔敷金属化学组成	型号分类	熔敷金属化学组成
EDP	普通低中合金钢	EDD	高速钢
EDR	热强合金钢	EDZ	合金铸铁
EDCr	高铬钢	EDZCr	高铬铸铁
EDMn	高锰钢	EDCoCr	钴基合金
EDCrMn	高铬锰钢	EDW	碳化钨
EDCrNi	高铬镍钢	EDT	特殊型

4.3-4　焊条药皮类型和焊接电流种类

末尾数字	药皮类型	焊接电流
-00	特殊型	交流或直流
-03	钛钙型	
-15	低氢钠型	直流（反接）
-25		
-08	石墨型	交流或直流（反接）
-16	低氢钾型	
-17		
-26		

4.3-5　焊条焊接位置及焊条耐吸潮表示符号

符号	0，1	2	4	M	R	－1
含义	全位置焊接（平、立、仰、横）	平焊 平角焊	向下立焊	耐吸潮及力学性能有特殊规定	耐吸潮	冲击性能有特殊规定

4.3-6　碳钢焊条型号

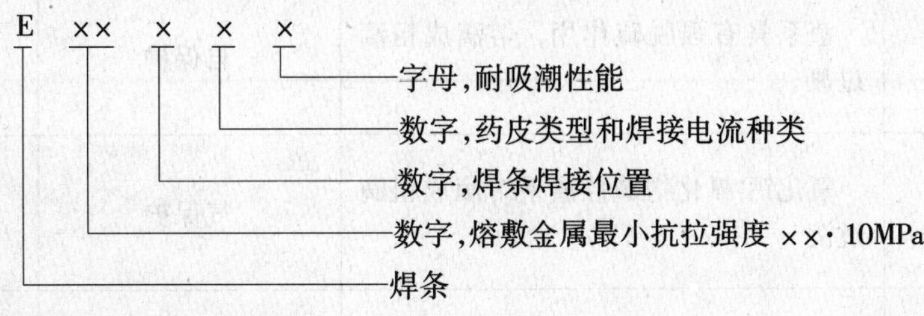

例：E4315R、E4301、E5001、E4312、E4303

4.3-7　低合金钢焊条型号

与碳钢焊条相同，后缀字母为熔敷金属的化学成分分类代号。例：E5515-B3-VWB（熔敷金属有钒、钨、硼元素）、E5015-Al、E5500-B1、E5518-B2、E5500-B2-V

4.3-8　不锈钢焊条型号

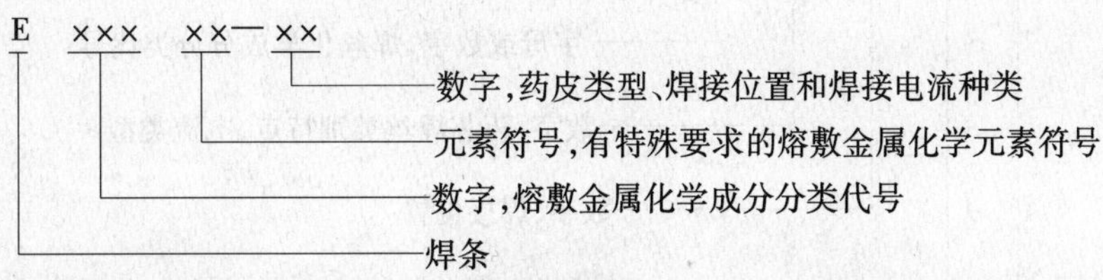

例：E410NiMo-26、E320、E308Mo、E316L、E318V、E11MoVNiW

4.3-9　堆焊焊条型号

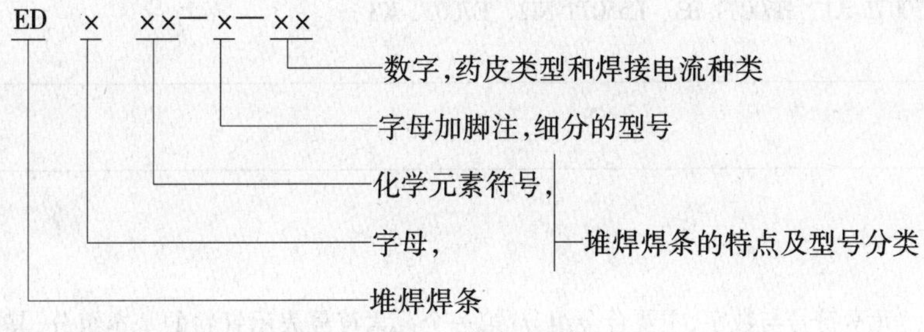

例：EDPCrMo-A_1-03、EDPMn2-6、EDPCrSi、EDCr、EDD、EDZ、EDZCr

4.3-10　铜及铜合金焊条

E后面的字母直接用元素符号表示型号分类，同一分类中有不同化学成分要求时，用字母或数字表示，并用“－”与前面元素符号分开。

例：ECuSi-A、ECuSn-B、ECuAL-C

4.3-11　气体保护电弧焊用碳钢、低合金钢焊丝

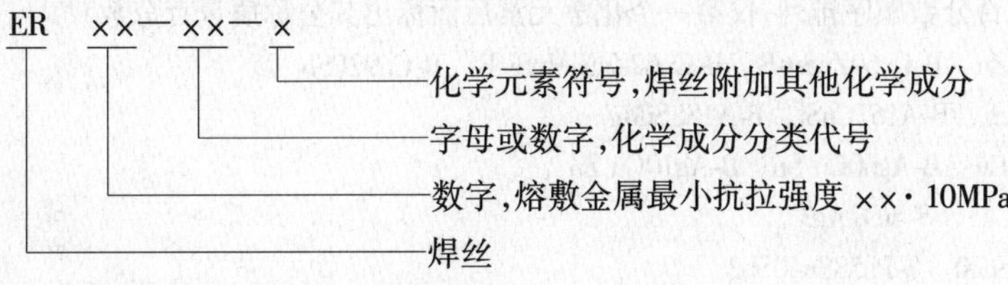

例：ER55-B2-Mn、ER49-1、ER62-B3、ER55-C1、ER55-D2

4.3-12　低合金钢药芯焊丝

型　号	焊丝渣系特点	保护类型	电流类型
E×××T1-×	渣系以金红石为主体，熔滴成喷射或细滴过渡	气保护	直流，焊丝接正极
E×××T4-×	渣系具有强脱硫作用，熔滴成粗滴过渡	自保护	直流，焊丝接正极
E×××T5-×	氧化钙-氟化物碱性渣系熔滴成粗滴过渡	气保护	直流，焊丝接正极
E×××T8-×	渣系具有强脱硫作用	自保护	直流，焊丝接负极
E×××T×-G	渣系、电弧焊特性、焊缝成形及极性不作规定		

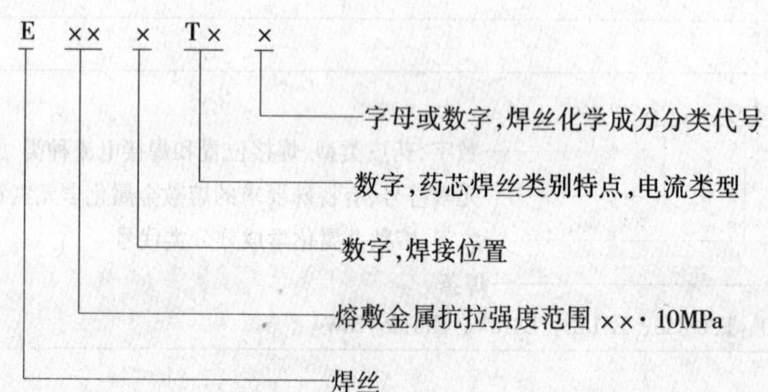

例：E601T1-B3、E500T5-A1、E600T1-B3、E550T1-Ni2、E700T1-K3

4.3-13　钎料型号

S—××××

——元素符号与数字,主要合金组分(第一个元素符号表示钎料的基本组分,其他元素符号按其质量百分数顺序排列,每个元素符号的后面都要标出其公称质量百分数)

——软钎料

B—××××

——元素符号与数字,主要合金组分(第一个元素符号表示钎料的基本组分,其他元素符号按其质量百分数顺序排列,仅第一个化学元素后面标出其公称质量百分数)

例：铜基钎料 B-Cu54Zn、B-Cu60ZnSn-R、B-Cu62ZnNiMnSi-R、B-Cu92PSb

铝基钎料 B-A188Si、B-A167CuSi、B-A188SiMg

银基钎料 B-Ag72Cu、B-Ag60Cu Sn、B-Ag10Cu Zn

锡基钎料 S-Sn97Cu3、S-Sn97Ag3

铅基钎料 S-Pb70Sn30、S-Pb58Sn40Sb2

4.3-14　钎焊剂

钎剂作用		1. 去除钎焊工件和钎料表面氧化膜；2. 保护钎焊表面在加热过程中不继续氧化；3. 改善钎料对钎焊金属表面的湿润性		
常用钎剂名称		化学成分（%）	钎焊温度（℃）	适用范围
无机软钎焊剂	氯化锌溶液	$ZnCl_2$40，H_2O60	290~350	锡钎钎料钎焊钢、铜及铜合金
	氯化锌氯化铵溶液	$ZnCl_2$20，NH_4Cl15，H_2O65	180~320	
	钎剂膏	$ZnCl_2$20，NH_4Cl15，凡士林 65	180~320	
	氯化锌盐酸溶液	$ZnCl_2$25，HCl25，H_2O50	180~320	锡钎钎料钎焊铬钢，不锈钢，镍铬合金
	磷酸溶液	$H_3PO_4$40~60，H_2O 余量		
	剂 1205	$ZnCl_2$50，$NH_4Cl_2$15，$CdCl_2$30，NaF5	250~400	镉基、锌基钎料钎焊铝青铜、铝黄铜
有机软钎焊剂	乳酸型	乳酸 15，水 85	180~280	锡铅钎料钎焊钢、黄铜、青铜
	盐酸型	盐酸 5，水 95	150~330	
	松香型	松香 100（或松香 30，酒精 70）	150~300	钎焊铜、镉、锡、银
	活化松香型	松香 30，水杨酸 2.8，三乙醇胺 1.4 酒精余量	150~300	钎焊铜及铜合金
		松香 30，氯化锌 3，氯化铵 1，酒精 66	290~360	钎焊铜、铜合金、镀锌铁及镍
		松香 24，三乙醇胺 2，盐酸二乙胺 4 酒精余量	200~350	
硬钎焊剂	硼砂型	硼砂 100	850~1150	铜基钎料钎焊碳钢、铜及铜合金
	硼酸型	硼砂 25，硼酸 75		
	剂 201	硼酸 80，硼砂 14.5，氯化钙 5.5		铜基钎料钎焊不锈钢、合金钢、高温合金
	剂 101	硼酸 30，氟硼酸钾 70	550~850	银基钎料钎焊铜及铜合金、合金钢、不锈钢、高温合金
	剂 102	硼酐 35，氟硼酸钾 23，氟化钾 42	600~850	
	剂 103	碳酸钾≤5，氟硼酸钾≥95	550~750	
	剂 104	硼砂 50，硼酸 35，氟化钾 15	650~850	银基钎料炉中纤焊铜合金、碳钢、不锈钢
铝的软钎焊剂	剂 204	三乙醇胺 83，氟硼酸 10，氟硼酸镉 7	180~275	说明：无机软钎剂残渣的腐蚀性强，钎焊后须清洗干净
	氯化锌型	$ZnCl_2$90，NH_4Cl8，NaF2	300~400	
	剂 203	$ZnCl_2$50，$SnCl_2$28，NH_4Br-15，NaF2	270~380	
	Φ220A	$ZnCl_2$80，NH_4Cl18，KF1.2 LiF0.6，NaF0.2	320~450	
铝的硬钎焊剂	剂 201	LiCl32，KCl50，$ZnCl_2$8，NaF10	450~620	适用于火焰钎焊
	剂 202	LiCl42，KCl28，$ZnCl_2$24，NaF6	420~620	
	剂 207	LiCl27，KCl45，NaCl20，$ZnCl_2$2	560~620	火焰或炉中钎焊

说明：1. 无机软钎剂清除氧化膜能力强，热稳定性好，但它的残渣有强烈腐蚀作用、焊后须清洗干净

2. 有机软钎剂有较强的去氧化物能力、热稳定性尚好，其残渣腐蚀性较轻微、要求高的产品焊后须清洗残渣、一般产品不清洗

3. 硬钎剂中含有毒的氟化物、钎焊场地必须通风良好

4.3-15 焊条基本尺寸（mm）

焊条直径[1]		焊条长度		焊条夹持端长度	
基本尺寸	极限偏差	基本尺寸	极限偏差	焊条直径	夹持端长度
2.0、2.5	±0.05	250～350	±2		
3.2、4.0、5.0		350～450		≤4.0	10～30
5.6、6.0、6.4、8.0		450～700		≥5.0	15～35

[1]允许制造直径2.4mm或2.6mm焊条代替2.5mm焊条，直径3.0mm焊条代替3.2mm焊条，直径4.8mm焊条代替5.0mm焊条，直径5.8mm焊条代替6.0mm焊条

[2]根据需方要求，允许通过协议供应其他尺寸的焊条

4.3-16 电焊钳规格

规格（A）	额定焊接电流（A）	负载持续率（%）	工作电压≈（V）	适用焊条直径（mm）	连接电缆截面积（mm²）≥	温升≤℃
160（150）	160（150）	60	26	2.0～4.0	25	35
250	250	60	30	2.5～5.0	35	40
315（300）	315（300）	60	32	3.2～5.0	35	40
400	400	60	36	3.2～6.0	50	45
500	500	60	40	4.0～（8.0）	70	45

4.3-17 气焊和电弧焊的焊缝准备

t—焊件厚度，mm；b—焊缝宽度，mm；[1]电焊；[2]通常焊接不需要填充材料

焊缝形式	材料	t	示意图	b[1]	焊缝形式	材料	t	示意图	b[1]
翻边焊缝[2]	钢 铜 铝	≤1.5	≥t+1, R≈t	—	V形焊缝	钢管 钢板 铜 铝	≤16 3～10 3～12 3～12	60°, t, b	≤3 ≤3 3～6 0
对接焊缝	钢管 钢板 铜 铝	≤3 ≤4 ≤3 ≤3	b, t	≤3 ≤5 ≤4 0	Y形焊缝	钢管 钢板	5～40	≈60°, 2.4, t, b	1～4

4.3-18 手工电弧焊焊接电流参考值

焊条、焊丝直径（mm）	2	3.2	4	5
平焊焊接电流（A）	50～65	80～130	125～200	190～250

立焊和横焊的焊接电流比平焊减少15%，仰焊的焊接电流比平焊减少15%～20%

4.3-19 压力气瓶（德国）

V_0—在1bar时的气体体积；p_{el}—气瓶的注入压力，bar；注入量—m³或kg

气体类型	色标	连接螺纹	V_0	p_{el}	注入量	气体类型	色标	连接螺纹	V_0	p_{el}	注入量
氧气	蓝色	G3/4	20 40 50	200 150 200	4m³ 6m³ 10m³	丙烷	红色	W21，81×1¼LH	12 27 79	8.3 8.3 8.3	5kg 11kg 33kg

4.3-19　压力气瓶（德国）（续）

气体类型	色标	连接螺纹	V_0	p_{el}	注入量	气体类型	色标	连接螺纹	V_0	p_{el}	注入量
乙炔	黄色[1)]	弓形拉紧夹	10 40 50	18 19 19	2kg 8kg 10kg	混合气	灰色	W21，18×1¼LH	10 20 50	200 200 200	$2m^3$ $4m^3$ $10m^3$
氢气	红色	W21，81×1¼LH	10 50	200 200	$2m^3$ $10m^3$	氩气	灰色	W21，81×1¼LH	10 50	200 200	$2m^3$ $10m^3$
二氧化碳	灰色	W21，81×1¼LH	10 50	58 58	7.5kg 20kg	氦气	灰色	W21，81×1¼LH	10 50	200 200	$2m^3$ $10m^3$
氮气	绿色	W24，32×1¼	10 40 50	200 150 200	$2m^3$ $6m^3$ $10m^3$						

[1)]我国为白色

4.3-20　射吸式焊炬基本参数

型号	氧气工作压力（MPa）					焰芯长度≥（mm）					焊炬总长度（mm）	焊接低碳钢厚度（mm）	乙炔使用压力（MPa）	可换焊嘴个数
	1号	2号	3号	4号	5号	1号	2号	3号	4号	5号				
H01-2	0.1	0.125	0.15	0.2	0.25	3	4	5	6	8	300	0.5～2	0.001～0.1	5
H01-6	0.2	0.25	0.3	0.35	0.4	8	10	11	12	13	400	2～6		
H01-12	0.4	0.45	0.5	0.6	0.7	13	15	17	18	19	500	6～12		
H01-20	0.6	0.65	0.7	0.75	0.8	20	21	21	21	21	600	12～20		

4.3-21　射吸式割炬基本参数

型　号	氧气工作压力（MPa）				可见切割氧流长度（mm）				割炬总长度（mm）	切割低碳钢厚度（mm）	乙炔使用压力（MPa）	可换割嘴个数
	1号	2号	3号	4号	1号	2号	3号	4号				
G01-30	0.2	0.25	0.3	—	60	70	80	—	500	3～30	0.001～0.1	3
G01-100	0.3	0.4	0.5	—	80	90	100	—	550	10～100		3
G01-300	0.5	0.65	0.8	1.0	110	130	150	170	650	100～300		4

4.3-22　气焊橡皮胶管

颜色	允许工作压力（MPa）	使用气瓶	颜色	允许工作压力（MPa）	使用气瓶
红色	≤1.5	氧气瓶	绿色或黑色	0.5～1.0	乙炔瓶

4.4　工作安全标志

4.4-1　工作场所安全标志

命令标志	戴防护眼镜	戴安全帽	戴隔声耳罩	穿防护鞋
警告标志	危险位置	悬空荷载	火灾危险	剧毒物质
禁止标志	禁止进入	禁止吸烟	禁止火、敞露的光、吸烟	不要用水溶解

4.4-2　危险的工作物质

T	Xn	Xi	C	E	F
剧毒	有害健康	有刺激性	有腐蚀性	有爆炸危险	易　燃

5. 管材、管件、型材和附件

5.1 管材

5.1-1 公称压力 *PN* 等级（bar）

1、1.6、2.5、4、6、10、25、40、63、100、160、250、400、630、1000、1600

5.1-2 公称直径 *DN*[1]（mm）

3	4	5	6	8	10	12[2]	15[2]	20	25	32	40	50	65	70[3]	80	100
125	150	200	250	300	350	400	450	500	600	700	800	900	1000	1200	1400	1600

[1] *DN* 是公称直径的缩写符号。[2] 对于小的管缩紧螺母和管接头也标为 *DN*12 和 *DN*16。[3] 只用于无压的排水管

5.1-3 钢管

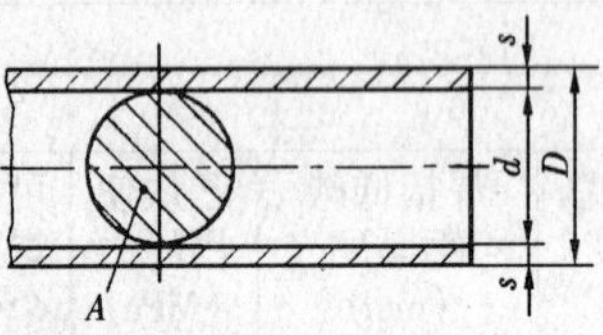

A—净截面积，cm^2；
A_0—管材表面积，m^2/m；
m—管材质量，kg/m；
V—管材容积，L/m；
R—英制管螺纹

结构类型：无缝或焊接的
供货形式：生产长度为 6m，没有螺纹和管件，或有螺纹和管件
钢材：Q235、Q255、Q275 等
适用范围：液体 *PN*25，空气和无危险的气体 *PN*10

管材表面	
类型	德国缩写符号
黑色	—
黑色，适于镀锌	A
镀锌	B
外表面有非金属被覆层	C
内表面有防护被覆层	D

适用中等重量和重螺纹管				中等重量螺纹管					重螺纹管				
DN	R	*D* (mm)	A_0 (m^2/m)	*s* (mm)	*d* (mm)	*A* (cm^2)	*V* (L/m)	*m* (kg/m)	*s* (mm)	*d* (mm)	*A* (cm^2)	*V* (L/m)	*m* (kg/m)
10	R3/8	17.2	0.054	2.35	12.5	1.23	0.12	0.852	2.90	11.4	1.02	0.10	1.02
15	R1/2	21.3	0.067	2.65	16.0	2.01	0.20	1.22	3.25	14.8	1.72	0.17	1.45
20	R3/4	26.9	0.085	2.65	21.6	3.66	0.37	1.58	3.25	20.4	3.27	0.33	1.90
25	R1	33.7	0.106	3.25	27.2	5.81	0.58	2.44	4.05	25.6	5.15	0.51	2.97
32	R1¼	42.4	0.133	3.25	35.9	10.12	1.01	3.14	4.05	34.3	9.24	0.92	3.84
40	R1½	48.3	0.152	3.25	41.8	13.72	1.37	3.61	4.05	40.2	12.69	1.27	4.43
50	R2	60.3	0.189	3.65	53.0	22.06	2.21	5.10	4.50	51.3	20.67	2.07	6.17
65	R2½	76.1	0.239	3.65	68.8	37.18	3.72	6.51	4.50	67.1	35.36	3.54	7.90
80	R3	88.9	0.279	4.05	80.8	51.28	5.13	8.47	4.85	79.2	49.27	4.93	10.1
100	R4	114.3	0.359	4.50	105.3	87.09	8.71	12.1	5.40	103.5	84.13	8.41	14.4
125	R5	139.7	0.439	4.85	130.0	132.73	13.27	16.2	5.40	128.9	130.5	13.05	17.8
150	R6	165.1	0.519	4.85	155.4	189.67	18.97	19.2	5.40	154.3	186.99	18.70	21.2

5.1-4 无缝钢管，焊接钢管

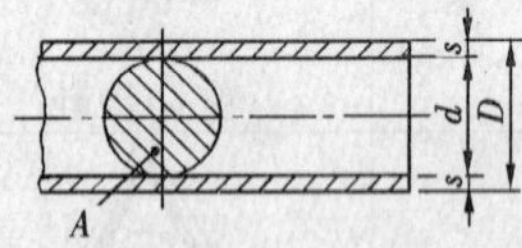

D—外径，mm；A_0—管材表面积，m^2/m；*S*—标准壁厚，mm；
V—容积，L/m；*d*—内径，mm；*m*—管材质量，kg/m；
A—净截面积，cm^2

类型：黑色表面或根据协议（例如镀锌），无缝或焊接的
供货长度：产品长度根据生产厂家，直径和壁厚不同，定长 ± 500mm 或精确长度 max + 15mm，或根据协议
适用范围：

工作温度 $t_g \leqslant 300℃$		工作温度 $t_g \leqslant 450℃$	工作温度 $t_g > 450℃$
非合金钢		耐热钢	
$D \leqslant 219$mm：$PN \leqslant 64$bar $D \leqslant 660$mm：$PN \leqslant 25$bar	所有 *D*：$PN \leqslant 160$bar	$D \leqslant 63.5$mm：$PN \leqslant 80$bar $D > 63.5$mm：$PN \leqslant 32$bar	$D \leqslant 63.5$mm：$PN > 80$bar $D > 63.5$mm：$PN > 32$bar

焊接钢管	直缝焊接钢管
	螺旋缝焊接钢管（自动埋弧焊和高频焊接）
无缝钢管	冷拔（轧）
	热轧（挤压、扩）

5.1-5 结构用冷拔（轧）无缝钢管（GB/T 8162—1987）

外径 (mm)	壁厚 (mm)													
	0.25	0.30	0.40	0.50	0.60	0.80	1.0	1.2	1.4	1.5	1.6	1.8	2.0	2.2
	钢管理论质量（kg/m）													
16	0.097	0.116	0.154	0.191	0.228	0.300	0.370	0.438	0.504	0.536	0.568	0.630	0.691	0.749
18	0.109	0.131	0.174	0.216	0.258	0.340	0.419	0.497	0.573	0.610	0.647	0.719	0.789	0.857
19	0.115	0.138	0.183	0.228	0.272	0.359	0.444	0.527	0.608	0.647	0.687	0.763	0.838	0.911
20	0.122	0.146	0.193	0.240	0.287	0.379	0.469	0.556	0.642	0.684	0.726	0.808	0.888	0.966
22	—	—	0.212	0.265	0.317	0.418	0.518	0.616	0.711	0.758	0.805	0.897	0.986	1.07
25	—	—	0.242	0.302	0.361	0.477	0.592	0.704	0.815	0.869	0.923	1.03	1.13	1.24
27	—	—	0.262	0.327	0.391	0.517	0.641	0.763	0.884	0.943	1.00	1.13	1.23	1.34
28	—	—	0.272	0.339	0.406	0.537	0.666	0.793	0.918	0.98	1.04	1.16	1.28	1.40
29	—	—	0.282	0.351	0.412	0.556	0.691	0.823	0.953	1.02	1.08	1.21	1.33	1.45
30	—	—	0.292	0.364	0.435	0.576	0.715	0.852	0.987	1.05	1.12	1.25	1.38	1.51
32	—	—	0.311	0.388	0.465	0.616	0.765	0.911	1.056	1.13	1.20	1.34	1.48	1.62
34	—	—	0.331	0.413	0.494	0.655	0.814	0.971	1.125	1.20	1.28	1.43	1.58	1.72
36	—	—	0.350	0.438	0.524	0.695	0.863	1.030	1.195	1.28	1.36	1.52	1.68	1.83
38	—	—	0.370	0.462	0.553	0.734	0.912	1.089	1.26	1.35	1.44	1.61	1.78	1.94
40	—	—	0.390	0.487	0.583	0.774	0.962	1.148	1.33	1.42	1.52	1.69	1.87	2.05
42	—	—	—	—	—	—	1.010	1.207	1.40	1.50	1.60	1.79	1.97	2.16
44.5	—	—	—	—	—	—	1.073	1.281	1.49	1.59	1.69	1.90	2.10	2.29
45	—	—	—	—	—	—	1.090	1.296	1.51	1.61	1.71	1.92	2.12	2.32
48	—	—	—	—	—	—	1.160	1.385	1.61	1.72	1.83	2.05	2.27	2.48
50	—	—	—	—	—	—	1.21	1.44	1.68	1.79	1.91	2.14	2.37	2.59
51	—	—	—	—	—	—	1.23	1.47	1.71	1.83	1.95	2.18	2.42	2.65
53	—	—	—	—	—	—	1.28	1.53	1.78	1.91	2.03	2.27	2.52	2.76
54	—	—	—	—	—	—	1.31	1.56	1.82	1.94	2.07	2.32	2.56	2.81
56	—	—	—	—	—	—	1.36	1.62	1.89	2.02	2.15	2.41	2.66	2.92
57	—	—	—	—	—	—	1.38	1.65	1.92	2.05	2.19	2.45	2.71	2.97
60	—	—	—	—	—	—	1.46	1.74	2.02	2.16	2.31	2.58	2.86	3.14
63	—	—	—	—	—	—	1.53	1.83	2.13	2.27	2.42	2.72	3.01	3.30
65	—	—	—	—	—	—	1.58	1.89	2.20	2.35	2.50	2.81	3.11	3.41
70	—	—	—	—	—	—	1.70	2.04	2.37	2.53	2.70	3.03	3.35	3.68
73	—	—	—	—	—	—	1.78	2.12	2.47	2.64	2.82	3.16	3.50	3.84
75	—	—	—	—	—	—	1.82	2.18	2.54	2.72	2.90	3.25	3.60	3.95
76	—	—	—	—	—	—	1.85	2.21	2.58	2.76	2.94	3.29	3.65	4.00
80	—	—	—	—	—	—	—	—	2.71	2.90	3.09	3.47	3.85	4.22
85	—	—	—	—	—	—	—	—	2.89	3.09	3.29	3.69	4.09	4.49
89	—	—	—	—	—	—	—	—	3.02	3.24	3.45	3.87	4.29	4.71
90	—	—	—	—	—	—	—	—	3.06	3.27	3.49	3.91	4.34	4.76
95	—	—	—	—	—	—	—	—	3.23	3.46	3.69	4.14	4.59	5.03
100	—	—	—	—	—	—	—	—	3.40	3.64	3.88	4.36	4.83	5.31
108	—	—	—	—	—	—	—	—	3.68	3.94	4.20	4.71	5.23	5.74
110	—	—	—	—	—	—	—	—	3.75	4.01	4.28	4.80	5.33	5.85
120	—	—	—	—	—	—	—	—		4.38	4.67	5.25	5.82	6.39
125	—	—	—	—	—	—	—	—	—	—	—	5.47	6.07	6.66
130	—	—	—	—	—	—	—	—	—	—	—	—	—	—
133	—	—	—	—	—	—	—	—	—	—	—	—	—	—
140	—	—	—	—	—	—	—	—	—	—	—	—	—	—
150	—	—	—	—	—	—	—	—	—	—	—	—	—	—

5.1-5　结构用冷拔（轧）无缝钢管（GB/T 8162—1987）（续）

外径 (mm)	壁厚 (mm)													
	2.5	2.8	3.0	3.2	3.5	4.0	4.5	5.0	5.5	6.0	6.5	7.0	7.5	8.0
	钢管理论质量(kg/m)													
16	0.832	0.91	0.962	1.01	1.08	1.18	1.28	1.36	—	—	—	—	—	—
18	0.956	1.05	1.11	1.17	1.25	1.38	1.50	1.60	—	—	—	—	—	—
19	1.02	1.12	1.18	1.25	1.34	1.48	1.61	1.73	1.83	1.92	—	—	—	—
20	1.08	1.19	1.26	1.33	1.42	1.58	1.72	1.85	1.97	2.07	—	—	—	—
22	1.20	1.33	1.41	1.48	1.60	1.78	1.94	2.10	2.24	2.37	—	—	—	—
25	1.39	1.53	1.63	1.72	1.86	2.07	2.28	2.47	2.64	2.81	2.97	3.11	—	—
27	1.51	1.67	1.78	1.88	2.03	2.27	2.50	2.71	2.92	3.11	3.29	3.45	—	—
28	1.57	1.74	1.85	1.96	2.11	2.37	2.61	2.84	3.05	3.26	3.45	3.63	—	—
29	1.63	1.81	1.92	2.04	2.20	2.47	2.72	2.96	3.19	3.40	3.61	3.80	3.98	—
30	1.70	1.88	2.00	2.12	2.29	2.56	2.83	3.08	3.32	3.55	3.77	3.97	4.16	4.34
32	1.82	2.02	2.15	2.27	2.46	2.76	3.05	3.33	3.59	3.85	4.09	4.32	4.53	4.74
34	1.94	2.15	2.29	2.43	2.63	2.96	3.27	3.58	3.87	4.14	4.41	4.66	4.90	5.13
36	2.07	2.29	2.44	2.59	2.81	3.16	3.50	3.82	4.14	4.44	4.73	5.01	5.27	5.52
38	2.19	2.43	2.59	2.75	2.98	3.35	3.72	4.07	4.41	4.74	5.05	5.35	5.64	5.92
40	2.31	2.57	2.74	2.90	3.15	3.55	3.94	4.32	4.68	5.03	5.37	5.70	6.01	6.31
42	2.44	2.71	2.89	3.06	3.32	3.75	4.16	4.56	4.95	5.33	5.69	6.04	6.38	6.71
44.5	2.59	2.88	3.07	3.26	3.53	4.00	4.44	4.87	5.29	5.70	6.09	6.47	6.84	7.20
45	2.62	2.91	3.11	3.30	3.54	4.04	4.49	4.93	5.36	5.77	6.17	6.56	6.94	7.30
48	2.81	3.12	3.33	3.54	3.84	4.34	4.83	5.30	5.76	6.21	6.65	7.08	7.49	7.89
50	2.93	3.26	3.48	3.70	4.01	4.54	5.05	5.55	6.04	6.51	6.97	7.42	7.86	8.29
51	2.99	3.33	3.55	3.77	4.10	4.64	5.16	5.67	6.17	6.66	7.13	7.60	8.05	8.48
53	3.11	3.47	3.70	3.93	4.27	4.83	5.38	5.92	6.44	6.95	7.45	7.94	8.42	8.88
54	3.18	3.54	3.77	4.01	4.36	4.93	5.49	6.04	6.58	7.10	7.61	8.11	8.60	9.08
56	3.30	3.67	3.92	4.17	4.53	5.13	5.71	6.29	6.85	7.40	7.93	8.46	8.97	9.47
57	3.36	3.74	4.00	4.25	4.62	5.23	5.83	6.41	6.99	7.55	8.10	8.63	9.16	9.67
60	3.55	3.95	4.22	4.48	4.88	5.52	6.16	6.78	7.39	7.99	8.58	9.15	9.71	10.26
63	3.73	4.16	4.44	4.72	5.14	5.82	6.49	7.15	7.80	8.43	9.06	9.67	10.26	10.85
65	3.85	4.29	4.59	4.88	5.31	6.02	6.71	7.40	8.07	8.73	9.38	10.01	10.63	11.25
70	4.16	4.64	4.96	5.27	5.74	6.51	7.27	8.01	8.75	9.47	10.18	10.88	11.56	12.23
73	4.35	4.85	5.18	5.51	6.00	6.81	7.60	8.38	9.16	9.91	10.66	11.39	12.11	12.82
75	4.47	4.99	5.33	5.67	6.17	7.00	7.82	8.63	9.43	10.21	10.98	11.74	12.48	13.22
76	4.53	5.05	5.40	5.75	6.26	7.10	7.93	8.75	9.56	10.36	11.14	11.91	12.67	13.42
80	4.78	5.33	5.70	6.06	6.60	7.50	8.38	9.25	10.10	10.95	11.78	12.60	13.41	14.20
85	5.09	5.68	6.07	6.46	7.04	7.99	8.93	9.86	10.78	11.69	12.58	13.46	14.33	15.19
89	5.33	5.95	6.36	6.77	7.38	8.38	9.38	10.36	11.33	12.28	13.22	14.16	15.07	15.98
90	5.39	6.02	6.44	6.85	7.47	8.48	9.49	10.48	11.46	12.43	13.38	14.33	15.22	16.18
95	5.70	6.37	6.81	7.24	7.90	8.98	10.04	11.10	12.14	13.17	14.19	15.19	16.18	17.16
100	6.01	6.71	7.18	7.64	8.33	9.47	10.60	11.71	12.82	13.91	14.99	16.05	17.11	18.15
108	6.50	7.26	7.77	8.27	9.02	10.26	11.49	12.70	13.90	15.09	16.27	17.44	18.59	19.73
110	6.63	7.40	7.92	8.43	9.19	10.46	11.71	12.95	14.17	15.39	16.59	17.78	18.96	20.12
120	7.24	8.09	8.66	9.22	10.06	11.44	12.82	14.18	15.53	16.87	18.20	19.51	20.81	22.10
125	7.54	8.42	9.03	9.61	10.49	11.94	13.37	14.80	16.21	17.61	18.99	20.37	21.73	23.08
130	7.86	8.78	9.40	10.00	10.92	12.43	13.93	15.41	16.89	18.35	19.80	21.23	22.66	24.07
133	8.05	8.98	9.62	10.24	11.18	12.72	14.26	15.78	17.29	18.79	20.28	21.75	23.21	24.66
140	—	—	10.14	10.80	11.78	13.42	15.04	16.65	18.24	19.83	21.40	22.96	24.51	26.04
150	—	—	10.88	11.58	12.65	14.40	16.15	17.88	19.60	21.31	23.00	24.68	26.36	28.01

5.1-5　结构用冷拔（轧）无缝钢管（GB/T 8162—1987）（续）

外　径（mm）	壁　厚　（mm）			外　径（mm）	壁　厚　（mm）		
	7	7.5	8		7	7.5	8
	钢管理论质量（kg/m）				钢管理论质量（kg/m）		
32	4.32	4.53	4.73	95	15.19	16.18	17.16
38	5.35	5.64	5.92	102	16.40	17.48	18.54
42	6.04	6.38	6.71	108	17.43	18.59	19.73
45	6.56	6.94	7.30	114	18.47	19.70	20.91
50	7.42	7.86	8.29	121	19.68	20.99	22.29
54	8.11	8.60	9.07	127	20.71	22.10	23.48
57	8.63	9.16	9.67	133	21.75	23.21	24.66
60	9.15	9.71	10.26	140	22.96	24.51	26.04
63.5	9.75	10.36	10.95	146	23.99	25.62	27.22
68	10.53	11.19	11.84	152	25.03	26.73	28.41
70	10.88	11.56	12.23	159	26.24	28.02	29.79
73	11.39	12.11	12.82	168	27.79	29.68	31.56
76	11.91	12.67	13.42	180	29.86	31.90	33.93
83	13.12	13.96	14.80	194	32.28	34.49	36.69
89	14.15	15.07	15.98	203	33.83	36.16	38.47

5.1-6　结构用热轧（挤压、扩）无缝钢管（GB/T 8163—1987）

外　径（mm）	壁　厚　（mm）							
	2.5	3	3.5	4	4.5	5	5.5	6	6.5
	钢　管　理　论　质　量　（kg/m）								
32	1.82	2.15	2.46	2.76	3.05	3.33	3.59	3.85	4.09
38	2.19	2.59	2.98	3.35	3.72	4.07	4.41	4.73	5.05
42	2.44	2.89	3.32	3.75	4.16	4.56	4.95	5.33	5.69
45	2.62	3.11	3.58	4.04	4.49	4.93	5.36	5.77	6.17
50	2.93	3.48	4.01	4.54	5.05	5.55	6.04	6.51	6.97
54	—	3.77	4.36	4.93	5.49	6.04	6.58	7.10	7.61
57	—	3.99	4.62	5.23	5.83	6.41	6.98	7.55	8.09
60	—	4.22	4.88	5.52	6.16	6.78	7.39	7.99	8.58
63.5	—	4.48	5.18	5.87	6.55	7.21	7.87	8.51	9.14
68	—	4.81	5.57	6.31	7.05	7.77	8.48	9.17	9.86
70	—	4.96	5.74	6.51	7.27	8.01	8.75	9.47	10.18
73	—	5.18	6.00	6.81	7.60	8.38	9.16	9.91	10.66
76	—	5.40	6.26	7.10	7.93	8.75	9.56	10.36	11.14
83	—	—	6.86	7.79	8.71	9.62	10.51	11.39	12.26
89	—	—	7.38	8.38	9.38	10.36	11.33	12.23	13.22
95	—	—	7.90	8.98	10.04	11.10	12.14	13.17	14.19
102	—	—	8.50	9.67	10.82	11.96	13.09	14.20	15.31
108	—	—	—	10.26	11.49	12.70	13.90	15.09	16.27
114	—	—	—	10.85	12.15	13.44	14.72	15.98	17.23
121	—	—	—	11.54	12.93	14.30	15.67	17.02	18.35
127	—	—	—	12.13	13.59	15.04	16.48	17.90	19.31
133	—	—	—	12.72	14.26	15.78	17.29	18.79	20.28
140	—	—	—	—	15.04	16.65	18.24	19.83	21.40
146	—	—	—	—	15.70	17.39	19.06	20.72	22.36
152	—	—	—	—	16.37	18.13	19.87	21.60	23.32
159	—	—	—	—	17.14	18.99	20.82	22.64	24.44
168	—	—	—	—	—	20.10	22.04	23.97	25.89
180	—	—	—	—	—	21.58	23.67	25.74	27.81
194	—	—	—	—	—	23.30	25.60	27.82	30.05
203	—	—	—	—	—	—	—	29.15	31.50

5.1-7 低、中压锅炉用无缝钢管（结构用）[2]（GB 3087—1982）

低、中压锅炉用无缝钢管：用 10 号、20 号优质碳素钢制造，用于公称压力 $PN \leqslant 2.5$MPa，温度 $t \leqslant 450$℃的过热蒸汽，高温水工程。

直径（mm） \ 壁厚（mm）	1.5	2.0	2.5	3.0	3.5	4.0	4.5	5.0
10	×[1]	×	×					
12	×	×	×					
14		×	×	×				
16		×	×	×				
17		×	×	×				
18		×	×	×				
19		×	×	×				
20		×	×	×				
22		×	×	×	×	×		
24		×	×	×	×	×		
25		×	×	×	×	×		
29			×	×	×	×		
30			×	×	×	×		
32			×	×	×	×		
35			×	×	×	×		
38			×	×	×	×		
40			×	×	×	×		
42			×	×	×	×	×	×
45			×	×	×	×	×	×
48			×	×	×	×	×	×
51			×	×	×	×	×	×
57				×	×	×	×	×
60				×	×	×	×	×
63.5				×	×	×	×	×

直径（mm） \ 壁厚（mm）	3.0	3.5	4.0	4.5	5.0	6.0	7.0	8.0	9.0	10.0	11.0	12.0	13.0	14.0	15.0	16.0	17.0	18.0	19.0	20.0	21.0	22.0	23.0	24.0	25.0	26.0
70	×	×	×	×	×	×																				
76		×	×	×	×	×	×	×																		
83		×	×	×	×	×	×	×																		
89			×	×	×	×	×	×																		
102			×	×	×	×	×	×	×	×	×	×														
108			×	×	×	×	×	×	×	×	×	×														
114			×	×	×	×	×	×	×	×	×	×														
121			×	×	×	×	×	×	×	×	×	×														
127			×	×	×	×	×	×	×	×	×	×														
133			×	×	×	×	×	×	×	×	×	×	×	×	×	×	×	×								
159				×	×	×	×	×	×	×	×	×	×	×	×	×	×	×	×	×	×	×	×	×	×	×
168				×	×	×	×	×	×	×	×	×	×	×	×	×	×	×	×	×	×	×	×	×	×	×
194				×	×	×	×	×	×	×	×	×	×	×	×	×	×	×	×	×	×	×	×	×	×	×
219						×	×	×	×	×	×	×	×	×	×	×	×	×	×	×	×	×	×	×	×	×
245						×	×	×	×	×	×	×	×	×	×	×	×	×	×	×	×	×	×	×	×	×
273							×	×	×	×	×	×	×	×	×	×	×	×	×	×	×	×	×	×	×	×
325								×	×	×	×	×	×	×	×	×	×	×	×	×	×	×	×	×	×	×
377										×	×	×	×	×	×	×	×	×	×	×	×	×	×	×	×	×
426											×	×	×	×	×	×	×	×	×	×	×	×	×	×	×	×

1）“×”号表示有此产品规格

2）钢管分热轧和冷拔（轧）两种，本表所列规格用于低、中压锅炉过热蒸汽管、沸水管

5.1-8 高压锅炉用热轧（挤、扩）无缝钢管（GB 5310—1995）

锅炉用高压无缝钢管：用优质碳素钢和金属结构钢制造，用于输送高温、高压的汽水介质

公称外径（mm）	公称壁厚（mm）														
	2.0	2.5	2.8	3.0	3.2	3.5	4.0	4.5	5.0	5.5	6.0	(6.5)	7.0	(7.5)	8.0
	理论质量（kg/m）														
22	0.986	1.20	1.33	1.41	1.48										
25	1.13	1.39	1.53	1.63	1.72	1.86									
28	—	1.57	1.74	1.85	1.96	2.11									
32	—	—	2.02	2.15	2.27	2.46	2.76	3.05	3.33						
38	—	—	2.43	2.59	2.75	2.98	3.35	3.72	4.07	4.41					
42	—	—	2.71	2.89	3.06	3.32	3.75	4.16	4.56	4.95	5.33	—	—	—	—
48	—	—	3.12	3.33	3.54	3.84	4.34	4.83	5.30	5.76	6.21	6.65	7.08	—	—
51	—	—	3.33	3.55	3.77	4.10	4.64	5.16	5.67	6.17	6.66	7.13	7.60	8.05	8.48
57	—	—	—	—	—	4.62	5.23	5.83	6.41	6.98	7.55	8.09	8.63	9.16	9.67
60	—	—	—	—	—	4.88	5.52	6.16	6.78	7.39	7.99	8.58	9.15	9.71	10.26
76	—	—	—	—	—	6.26	7.10	7.93	8.75	9.56	10.36	11.14	11.91	12.67	13.42
83	—	—	—	—	—	—	7.79	8.71	9.62	10.51	11.39	12.26	13.12	13.96	14.80
89	—	—	—	—	—	—	8.38	9.38	10.36	11.33	12.28	13.22	14.15	15.07	15.98
102	—	—	—	—	—	—	—	10.82	11.96	13.09	14.20	15.31	16.40	17.48	18.54
108	—	—	—	—	—	—	—	11.49	12.70	13.90	15.09	16.27	17.43	18.59	19.73
114	—	—	—	—	—	—	—	—	13.44	14.72	15.98	17.23	18.47	19.70	20.91
121	—	—	—	—	—	—	—	—	14.30	15.67	17.02	18.35	19.68	20.99	22.29
133	—	—	—	—	—	—	—	—	15.78	17.29	18.79	20.28	21.75	23.21	24.66
146	—	—	—	—	—	—	—	—	—	—	20.71	22.36	23.99	25.62	27.22
159	—	—	—	—	—	—	—	—	—	—	22.64	24.44	26.24	28.02	29.79
168	—	—	—	—	—	—	—	—	—	—	—	25.89	27.79	29.68	31.56
194	—	—	—	—	—	—	—	—	—	—	—	—	32.28	34.49	36.69
219	—	—	—	—	—	—	—	—	—	—	—	—	—	39.12	41.63

5.1-9 低压流体输送用焊接钢管和镀锌焊接钢管（GB/T 3092、3091—1993）

低压流体输送用焊接钢管，用 Q195，Q215 和 Q235A 制造，可输送水、燃气、蒸汽等低压介质，按其表面质量分为镀锌焊接钢管和非镀锌焊接钢管，按其壁厚分为普通管和加厚管两种，普通管用来输送 $PN \leqslant 1.0$MPa 的常温介质，加厚管用于输送 $PN \leqslant 1.6$MPa 的常温介质。

DN		*D*		普通钢管			加厚钢管		
				壁 厚			壁 厚		
(mm)	(in)	公称尺寸 (mm)	允许偏差	公称尺寸 (mm)	允许偏差 (%)	理论质量 (kg/m)	公称尺寸 (mm)	允许偏差 (%)	理论质量 (kg/m)
6	1/8	10.0	±0.50mm	2.00	+12 −15	0.39	2.50	+12 −15	0.46
8	1/4	13.5		2.25		0.62	2.75		0.73
10	3/8	17.0		2.25		0.92	2.75		0.97
15	1/2	21.3		2.75		1.26	3.25		1.45
20	3/4	26.8		2.75		1.63	3.50		2.01
25	1	33.5		3.25		2.42	4.00		2.91
32	$1\frac{1}{4}$	42.3		3.25		3.13	4.00		3.78
40	$1\frac{1}{2}$	48.0		3.50		3.84	4.25		4.58
50	2	60.0	±1%	3.50		4.88	4.50		6.16
65	$2\frac{1}{2}$	75.5		3.75		6.64	4.50		7.88
80	3	88.5		4.00		8.34	4.75		9.81
100	4	114.0		4.00		10.85	5.00		13.44
125	5	140.0		4.00		13.42	5.50		18.24
150	6	165.0		4.50		17.81	5.50		21.63

1. 表中的公称口径系近似内径的名义尺寸，不表示公称外径减去两个公称壁厚所得的内径
2. 钢管的通常长度为 4~10m。钢管按定尺、倍尺长度供应时，允许偏差为 +20mm
3. 钢管用 GB/T 700 规定的 Q195、Q215 和 Q235A 钢制造。也可采用易焊接的其他软钢制造。其牌号由供方选择
4. 钢管用炉管和电焊方法制造。镀锌采用热浸镀锌法
5. 钢管不带螺纹按原制造状态交货。根据需方要求，供需双方协议，公称口径大于 10mm 的钢管可带螺纹交货
6. 公称直径小于或等于 50mm 的钢管应进行弯曲试验。弯曲试验时不带填充物，黑管弯曲半径等于钢管公称外径的 6 倍，镀锌管应等于外径的 8 倍，弯曲角度为 90°，焊缝位于弯曲方向的侧面。试验结果，试样上不应有裂缝及锌层剥落现象
7. 钢管应进行水压试验，普通钢管试验水压为 2.5MPa，加厚钢管为 3.0MPa
8. 标记示例：

公称口径为 20mm 的钢管：

1）无螺纹炉焊钢管标记为：

炉钢管光-20-GB/T 3092—1993

2）带锥形螺纹的电焊钢管标记为：

电钢管锥-20-GB/T 3092—1993

3）加厚无螺纹炉焊钢管标记为：

炉厚钢管光-20-GB/T 3092—1993

4）6m 定尺长度无螺纹电焊钢管标记为：

电钢管光-20×6000-GB/T 3092—1993

5）2m 倍尺长度、加厚、带锥形螺纹电焊钢管标记为：

电厚钢管锥-20×2000 倍-GB/T 3092—1993

5.1-10　直缝电焊钢管（GB/T 13793—1992）

外 径（mm）	壁 厚 （mm）											
	0.5	0.6	0.8	1.0	1.2	1.4	1.5	1.6	1.8	2.0	2.2	2.5
	钢管的理论质量（kg/m）											
14		0.198	0.260	0.321	0.379	0.435	0.462	0.489				
15		0.213	0.280	0.345	0.403	0.470	0.499	0.529				
16		0.228	0.300	0.370	0.438	0.504	0.536	0.568				
17		0.243	0.320	0.395	0.468	0.539	0.573	0.608				
18		0.257	0.339	0.419	0.497	0.573	0.610	0.647				
19		0.272	0.359	0.444	0.527	0.608	0.647	0.687				
20		0.287	0.379	0.469	0.556	0.642	0.684	0.726	0.808	0.888		
21			0.399	0.493	0.586	0.677	0.721	0.765	0.852	0.937		
22			0.418	0.518	0.616	0.711	0.758	0.805	0.897	0.985	1.074	
25			0.477	0.592	0.704	0.815	0.869	0.923	1.036	1.134	1.237	1.387
28			0.537	0.666	0.793	0.918	0.980	0.942	1.163	1.282	1.400	1.572
30			0.576	0.715	0.852	0.987	1.054	0.121	1.252	1.381	1.508	1.695
32				0.764	0.911	1.056	1.128	1.199	1.341	1.480	1.617	1.819
34				0.814	0.971	1.125	1.202	1.278	1.429	1.578	1.725	1.942
37				0.888	0.059	1.229	1.313	1.397	1.562	1.726	1.888	2.127
38				0.912	1.089	1.264	1.350	1.486	1.607	1.776	1.942	2.189
40				0.962	1.148	1.333	1.424	1.515	1.696	1.874	2.051	2.312
45				1.09	1.30	1.51	1.61	1.71	1.92	2.12	2.32	2.62
46					1.33	1.54	1.65	1.75	1.96	2.17	2.38	2.68
48					1.38	1.61	1.72	1.83	2.05	2.27	2.48	2.81
50					1.44	1.68	1.79	1.91	2.14	2.37	2.59	2.93
51					1.47	1.71	1.83	1.95	2.18	2.42	2.65	2.99
53					1.53	1.78	1.90	2.03	2.27	2.52	2.76	3.11
54					1.56	1.82	1.94	2.07	2.32	2.56	2.81	3.17
60					1.74	2.02	2.16	2.30	2.58	2.86	3.14	3.54
63.5					1.84	2.14	2.29	2.44	2.74	3.03	3.33	3.76
65							2.35	2.50	2.81	3.11	3.41	3.85
70							2.37	2.70	3.03	3.35	3.68	4.16
76							2.76	2.91	3.29	3.65	4.00	4.53
80							2.90	3.09	3.47	3.85	4.22	4.78
83							3.01	3.21	3.60	3.99	4.38	4.96
89							3.24	3.45	3.87	4.29	4.71	5.33
95							3.46	3.69	4.14	4.59	5.03	5.70
101.6							3.70	3.95	4.43	4.91	5.39	6.11
102							3.72	3.96	4.45	4.93	5.41	6.13
108												
114												
114.3												
121												

5.1-10 直缝电焊钢管（GB/T 13793—1992）（续）												
外 径（mm）	壁 厚 （mm）											
	2.8	3.0	3.2	3.5	3.8	4.0	4.2	4.5	4.8	5.0	5.4	5.6
	钢管的理论质量（kg/m）											
14												
15												
16												
17												
18												
19												
20												
21												
22												
25												
28	1.740											
30	1.878	1.997										
32	2.016	2.145										
34	2.154	2.293										
37	2.361	2.515										
38	2.430	2.589	2.745	2.978								
40	2.569	2.737	2.904	3.150								
45	2.91	3.11	3.30	3.58	3.86							
46	2.98	3.18	3.38	3.668	3.95							
48	3.12	3.33	3.54	3.84	4.14							
50	3.26	3.48	3.69	4.01	4.33							
51	3.33	3.55	3.77	4.10	4.42							
53	3.47	3.70	3.93	4.27	4.61							
54	3.54	3.77	4.01	4.36	4.93							
60	3.95	4.22	4.48	4.88	5.27							
63.5	4.19	4.48	4.76	5.18	5.59							
65	4.29	4.59	4.88	5.31	5.73							
70	4.64	4.96	5.27	5.74	6.20							
76	5.05	5.40	5.74	6.26	6.77							
80	5.83	5.70	6.06	6.60	7.14							
83	5.54	5.92	6.30	6.86	7.42	7.79						
89	5.95	6.36	6.77	7.38	7.98	8.38						
95	6.37	6.81	7.24	7.90	8.55	8.98						
101.6	6.82	7.89	7.76	8.47	9.16	9.63						
102	6.85	7.22	7.80	8.50	9.20	9.67						
108		7.77	8.27	9.02	9.76	10.26	10.75	11.49	12.22	12.70		
114		8.21	8.74	9.54	10.33	10.85	11.37	12.15	12.93	13.44	14.46	14.97
114.3		8.23	8.77	9.56	10.35	10.88	11.40	12.18	12.96	13.48	14.50	15.01
121		8.73	9.30	10.14	10.98	11.54	12.10	12.93	13.75	14.30	15.39	15.94

5.1-10 直缝电焊钢管（GB/T 13793—1992）（续）

外径 (mm)	壁厚 (mm)									
	3.0	3.2	3.5	3.8	4.0	4.2	4.5	4.8	5.0	5.4
	钢管的理论质量（kg/m）									
127	9.17	9.77	10.66	11.54	12.13	12.72	13.59	14.46	15.04	16.19
133			11.18	12.11	12.72	13.34	14.26	15.17	15.78	16.99
139.3			11.72	12.70	13.35	13.99	14.96	15.92	16.56	17.83
140			11.78	12.76	13.42	14.07	15.04	16.00	16.65	17.92
152			12.82	13.80	14.60	15.31	16.37	17.42	18.13	19.52
159					15.3	16.0	17.1	18.3	19.0	20.5
165.1					15.9	16.7	17.8	19.0	19.7	21.3
168.1					16.2	17.0	18.2	19.4	20.1	21.7
177.8					17.1	18.0	19.2	20.5	21.3	23.0
180					17.4	18.2	19.5	20.7	21.6	23.3
193.7					18.7	19.6	21.0	22.4	23.3	25.1
203							22.0	23.5	24.4	26.3
219.1							23.8	25.4	26.4	28.5
244.5							26.6	28.4	29.5	31.8
267									32.3	34.8
273									33.0	35.6
298.5										
323.9										
325										
351										
355.6										
368										
377										
402										
406.4										
419										
425										
457										
478										
480										
508										

外径 (mm)	壁厚 (mm)									
	5.6	6.0	6.5	7.0	8.0	9.0	10.0	11.0	12.0	12.7
	钢管的理论质量（kg/m）									
127	16.76	17.90								
133	17.59	18.79								
139.3	18.46	19.72								
140	18.56	19.83								
152	20.22	21.60								
159	21.2	22.6	24.4	26.2						
165.1	22.0	23.5	25.4	27.3						
168.3	22.5	24.0	25.9	27.8						
177.8	23.8	25.4	27.5	29.5	33.5					
180	24.1	25.7	27.8	29.9	33.9					
193.7	26.0	27.8	30.0	32.2	36.6					
203	27.3	29.1	31.5	33.8	38.5					
219.1	29.5	31.5	34.1	36.6	41.6	46.6				
244.5	33.0	35.3	38.1	41.0	46.7	52.3				
267	36.1	38.6	41.8	44.9	51.1	57.3	63.4			
273	36.9	39.5	42.7	48.9	52.3	58.6	64.9			
298.5	40.4	43.3	46.8	50.3	57.3	54.3	71.1	78.0		
323.9	44.0	47.0	50.9	54.7	62.3	69.9	77.4	84.9		
325		47.2	51.1	54.9	62.5	70.1	77.7	85.2		
351		51.0	55.2	59.4	67.7	75.9	84.1	92.2		
355.6		51.7	56.0	60.2	68.6	76.9	85.2	93.5	101.7	
368		53.6	57.9	62.3	71.0	79.7	88.3	96.8	105.3	
377		54.9	59.4	63.9	72.8	81.7	90.5	99.28	108.0	
402		58.6	63.4	68.2	77.7	87.2	96.7	106.1	115.4	
406.4		59.2	64.1	68.9	78.6	88.2	97.8	107.3	116.7	123.3
419		61.1	66.1	71.1	81.1	91.0	100.9	110.7	120.4	127.2
425		62.1	67.2	72.3	82.5	92.5	102.6	112.6	122.5	129.4
457		66.7	72.3	77.7	88.5	99.4	110.2	121.0	131.7	139.1
478		69.8	75.6	81.3	92.7	104.1	115.4	126.7	131.7	145.7
480		70.1	75.9	81.6	93.1	104.5	115.9	127.2	138.5	146.3
508		74.3	80.4	85.5	98.6	110.7	122.8	134.8	146.8	155.1

1. 通常长度：外径小于或等于 30mm，长度 2～6m；外径大于 30～70mm，长度 2～8m；外径大于 70mm，长度 2～10m

2. 外径不大于 16mm 的钢管，应为实用性笔直；外径大于 16mm 钢管，弯曲度小于或等于 1.5mm/m

3. 钢管外径小于或等于 152mm，其椭圆度不大于外径允许公差的 75%；外径大于 152mm，其椭圆度不大于外径允许公差

4. 标记示例：

用 10 号钢制造的外径 70mm，壁厚 3.0mm 的钢管：

1）精度为 D_2，S_3，长度为 1450mm 倍尺（BC）的软态焊管（HG），标记为：

HG－R－10－70D_2×3.0×1450BC　GB/T 13793—1992

2）精度为 D_3，S_3，长度为通常长度的软态焊管，标记为：

HG－R－10－70×3.0－GB/T 13793—1992

5.1-11　承压流体输送用螺旋缝埋弧焊钢管[2)]（SY 5036—83）

公称直径 DN (mm)	公称外径 (mm)	公称壁厚 (mm) 6	7	8	9	10	11	12	13	14	15	16
		每米理论质量 (kg/m)										
300	323.9	47.54	55.21	62.82	72.39							
350	355.6	52.23	60.68	69.08	77.43							
	(377)[1)]	55.40	64.37	73.30	82.18							
400	406.4	59.75	69.45	79.10	88.70	98.26						
	(426)[1)]	62.65	72.83	82.97	93.05	103.09						
450	457	67.23	78.18	89.08	99.94	110.74	121.49	132.19	142.85			
500	508	74.78	86.99	99.10	111.25	123.31	135.32	147.29	159.20			
	(529)[1)]	77.89	90.61	103.29	115.92	128.49	141.02	153.50	165.93			
550	559	82.33	95.79	109.21	122.57	135.89	149.16	162.38	175.55			
600	610	89.87	104.60	119.27	133.89	148.47	162.99	177.47	191.90			
	(630)[1)]	92.83	108.05	123.22	138.33	153.40	168.42	183.39	198.31			

1）本表中未加括号的钢管公称外径采纳了 ISO 336 标准中的系列 1 直径，并按 API5LS 增补了 559，660 两个直径，加括号者为不包括在 ISO 336 标准中的保留直径

2）根据需方的要求，经供需双方协议，可供应：

a. 介于本表所列最大与最小尺寸（包括公称外径和公称壁厚）之间的其他尺寸钢管

b. 不在本表所列最大与最小尺寸之间的其他尺寸钢管

3）*DN*＞1420 的钢管的订货须经供需双方协议确定

5.1-12　承压流体输送用螺旋缝高频焊钢管（SY 5038—83）

本表中未加括号的钢管公称外径采纳了 ISO 336 标准中的系列 1 直径，并增补了 ISO 336 标准系列中的 177.8，298.5 两个直径；加括号者为不包括在 ISO 336 标准中的保留直径

根据需方要求，并经供需双方协议，可供应：

a. 介于本表所列最大与最小尺寸（包括公称外径和公称壁厚）之间的其他尺寸钢管

b. 不在本表所列最大与最小尺寸之间的其他尺寸钢管

公称直径 DN (mm)	公称外径 (mm)	公称壁厚 (mm) 4	5	6	7	8
		每米理论质量 (kg/m)				
150	168.3	16.21	20.14	24.02		
	177.8	17.14	21.31	25.42		
200	193.7	18.71	23.27	27.77		
	219.1		26.40	31.53	36.61	
250	244.5		29.53	35.29	41.00	
	273		33.05	39.51	45.92	
300	298.5			43.28	50.32	
	323.9			47.04	54.71	
350	355.6			51.73	60.18	68.58
	(377)			54.90	63.87	72.80
400	406.4			59.25	68.95	78.60

5.1-13　结构用不锈钢热轧（挤、扩）无缝钢管的尺寸规格（GB/T 14975—1994）（mm）

不锈钢无缝钢管：用于输送强腐蚀介质或低温高压介质，制造方法有热轧（热挤压）和冷拔（轧）两种

外径＼壁厚	4.5	5	6	7	8	9	10	11	12	13	14	15	16	17	18	19	20	22	24	25	26	28
68	◎	◎	◎	◎	◎	◎	◎	◎	◎													
70	◎	◎	◎	◎	◎	◎	◎	◎	◎													
73	◎	◎	◎	◎	◎	◎	◎	◎	◎													
76	◎	◎	◎	◎	◎	◎	◎	◎	◎													
80	◎	◎	◎	◎	◎	◎	◎	◎	◎													
83	◎	◎	◎	◎	◎	◎	◎	◎	◎													
89	◎	◎	◎	◎	◎	◎	◎	◎	◎													
95	◎	◎	◎	◎	◎	◎	◎	◎	◎	◎	◎											
102	◎	◎	◎	◎	◎	◎	◎	◎	◎	◎	◎											
108	◎	◎	◎	◎	◎	◎	◎	◎	◎	◎	◎											
114		◎	◎	◎	◎	◎	◎	◎	◎	◎	◎											
121		◎	◎	◎	◎	◎	◎	◎	◎	◎	◎											
127		◎	◎	◎	◎	◎	◎	◎	◎	◎	◎											
133		◎	◎	◎	◎	◎	◎	◎	◎	◎	◎											
140			◎	◎	◎	◎	◎	◎	◎	◎	◎	◎	◎									
146			◎	◎	◎	◎	◎	◎	◎	◎	◎	◎	◎									
152			◎	◎	◎	◎	◎	◎	◎	◎	◎	◎	◎									
159			◎	◎	◎	◎	◎	◎	◎	◎	◎	◎	◎									
168				◎	◎	◎	◎	◎	◎	◎	◎	◎	◎	◎	◎							
180					◎	◎	◎	◎	◎	◎	◎	◎	◎	◎	◎							
194					◎	◎	◎	◎	◎	◎	◎	◎	◎	◎	◎							
219					◎	◎	◎	◎	◎	◎	◎	◎	◎	◎	◎	◎	◎	◎	◎	◎	◎	◎

◎表示热轧钢管规格

5.1-14 结构用不锈钢冷拔（轧）无缝钢管（GB/T 14975—1994）（mm）

●表示冷拔（轧）钢管规格

钢管的通常长度规定如下：

热轧（挤、扩）钢管 …………………………………………………………………………………… 2～12m

冷拔（轧）钢管 ………………………………………………………………………………………… 1～8m

钢管的弯曲度不得大于如下规定：

壁厚＜15mm …………………………………………………………………………………………… 1.5mm/m

壁厚≥15mm …………………………………………………………………………………………… 2.0mm/m

热扩管 …………………………………………………………………………………………………… 3.0mm/m

标记示例：

用00Cr17Ni14Mo2钢制造的外径为25mm，壁厚为2mm，定尺长度为6000mm的钢管，其标记为：

钢管 00Cr17Ni14Mo2－25×2×6000－GB/T 14975—1994 I

壁厚 / 外径	1.0	1.2	1.4	1.5	1.6	2.0	2.2	2.5	2.8	3.0	3.2	3.5	4.0	4.5	5.0	5.5	6.0	6.5	7.0	7.5	8.0
16	●	●	●	●	●	●	●	●	●	●	●	●	●								
18	●	●	●	●	●	●	●	●	●	●	●	●	●	●							
19	●	●	●	●	●	●	●	●	●	●	●	●	●	●							
20	●	●	●	●	●	●	●	●	●	●	●	●	●	●							
22	●	●	●	●	●	●	●	●	●	●	●	●	●	●	●						
25	●	●	●	●	●	●	●	●	●	●	●	●	●	●	●	●	●				
27	●	●	●	●	●	●	●	●	●	●	●	●	●	●	●	●	●				
28	●	●	●	●	●	●	●	●	●	●	●	●	●	●	●	●	●	●			
30	●	●	●	●	●	●	●	●	●	●	●	●	●	●	●	●	●	●	●		
32	●	●	●	●	●	●	●	●	●	●	●	●	●	●	●	●	●	●	●		
34	●	●	●	●	●	●	●	●	●	●	●	●	●	●	●	●	●	●	●		
36	●	●	●	●	●	●	●	●	●	●	●	●	●	●	●	●	●	●	●		
38	●	●	●	●	●	●	●	●	●	●	●	●	●	●	●	●	●	●	●		
40	●	●	●	●	●	●	●	●	●	●	●	●	●	●	●	●	●	●	●		
42	●	●	●	●	●	●	●	●	●	●	●	●	●	●	●	●	●	●	●	●	
45	●	●	●	●	●	●	●	●	●	●	●	●	●	●	●	●	●	●	●	●	●
48	●	●	●	●	●	●	●	●	●	●	●	●	●	●	●	●	●	●	●	●	●
50	●	●	●	●	●	●	●	●	●	●	●	●	●	●	●	●	●	●	●	●	●
51	●	●	●	●	●	●	●	●	●	●	●	●	●	●	●	●	●	●	●	●	●
53	●	●	●	●	●	●	●	●	●	●	●	●	●	●	●	●	●	●	●	●	●
54	●	●	●	●	●	●	●	●	●	●	●	●	●	●	●	●	●	●	●	●	●
56	●	●	●	●	●	●	●	●	●	●	●	●	●	●	●	●	●	●	●	●	●
57	●	●	●	●	●	●	●	●	●	●	●	●	●	●	●	●	●	●	●	●	●
60	●	●	●	●	●	●	●	●	●	●	●	●	●	●	●	●	●	●	●	●	●
63				●	●	●	●	●	●	●	●	●	●	●	●	●	●	●	●	●	●
65				●	●	●	●	●	●	●	●	●	●	●	●	●	●	●	●	●	●
70					●	●	●	●	●	●	●	●	●	●	●	●	●	●	●	●	●
73								●	●	●	●	●	●	●	●	●	●	●	●	●	●
75								●	●	●	●	●	●	●	●	●	●	●	●	●	●
76								●	●	●	●	●	●	●	●	●	●	●	●	●	●
80								●	●	●	●	●	●	●	●	●	●	●	●	●	●
85								●	●	●	●	●	●	●	●	●	●	●	●	●	●
89								●	●	●	●	●	●	●	●	●	●	●	●	●	●
90										●	●	●	●	●	●	●	●	●	●	●	●
95										●	●	●	●	●	●	●	●	●	●	●	●
100										●	●	●	●	●	●	●	●	●	●	●	●
108												●	●	●	●	●	●	●	●	●	●
114												●	●	●	●	●	●	●	●	●	●
127												●	●	●	●	●	●	●	●	●	●
133												●	●	●	●	●	●	●	●	●	●
140												●	●	●	●	●	●	●	●	●	●
146												●	●	●	●	●	●	●	●	●	●
159												●	●	●	●	●	●	●	●	●	●
140												●	●	●	●	●	●	●	●	●	●
146												●	●	●	●	●	●	●	●	●	●
159												●	●	●	●	●	●	●	●	●	●

5.1-15　铜管（紫铜）

主要由 T_2、T_3、T_4 和 TUP（脱氧铜）制造，按制造方法的不同分为拉制和挤制

拉制铜管（GB/T 1527—1987）

外　径（mm）	壁　厚（mm）															
公称尺寸	0.5	0.75	1.0	1.5	2.0	2.5	3.0	3.5	4.0	4.5	5.0	6.0	7.0	8.0	9.0	10.0
3,4,5,6,7	○	○	○	○	○	—	—	—	—	—	—	—	—	—	—	—
8,9,10,11,12,13,14,15	○	○	○	○	○	○	○	○	—	—	—	—	—	—	—	—
16,17,18,19,20	—	—	○	○	○	○	○	○	○	○	—	—	—	—	—	—
21,22,23,24,25,26,27,28,29,30	—	—	○	○	○	○	○	○	○	○	○	—	—	—	—	—
31,32,33,34,35,36,37,38,38,40	—	—	○	○	○	○	○	○	○	○	○	—	—	—	—	—
41,42,43,44,45,46,47,48,49,50	—	—	○	○	○	○	○	○	○	○	○	○	—	—	—	—
52,54,55,56,68,60	—	—	○	○	○	○	○	○	○	○	○	○	—	—	—	—
62,64,65,66,68,70	—	—	—	○	○	○	○	○	○	○	○	○	○	○	○	○
72,74,75,76,78,80	—	—	—	○	○	○	○	○	○	○	○	○	○	○	○	○
82,84,85,86,88,90,92,94,96,98,100	—	—	—	○	○	○	○	○	○	○	○	○	○	○	○	○
105,110,115,120,125,130,135,140,145,150	—	—	—	—	○	○	○	○	○	○	○	○	○	○	○	○
155,160,165,170,175,180,185,190,195,200	—	—	—	—	—	○	○	○	○	○	○	○	○	○	○	○
210,220,230,240,250	—	—	—	—	—	—	○	○	○	○	○	○	○	—	—	—
260,270,280,290,300,310,320,330,340,350,360	—	—	—	—	—	—	—	○	○	○	○	—	—	—	—	—

“○”表示有产品，“—”表示无产品

挤制铜管（GB/T 1528—1987）

外　径（mm）		壁　厚（mm）															
公称尺寸	允许偏差	5	6	7	7.5	8	8.5	9	10	12.5	15	17.5	20	22.5	25	27.5	30
		壁厚允许偏差(mm)															
		±0.5	±0.6	±0.7	±0.75	±0.8	±0.85	±0.9	±1.0	±1.2	±1.4	±1.6	±1.8	±1.8	±2.0	±2.2	±2
30,32,34,36	±0.35	○	○	—	—	—	—	—	—	—	—	—	—	—	—	—	—
38,40,42,44,45	±0.45	○	○	○	○	○	○	○	○	—	—	—	—	—	—	—	—
50,55,60	±0.60	○	—	—	○	—	—	—	○	○	○	○	—	—	—	—	—
65,70	±0.70	○	—	—	○	—	—	—	○	○	○	○	○	—	—	—	—
75,80	±0.80	—	—	○	○	—	—	○	○	○	○	○	○	○	○	—	—
85,90	±0.90	—	—	—	○	—	—	—	○	○	○	○	○	○	○	○	○
95,100,105	±1.0	—	—	—	○	—	—	—	○	○	○	○	○	○	○	○	○
110,115,120	±1.2	—	—	—	—	—	—	—	○	○	○	○	○	○	○	○	○
125,130	±1.3	—	—	—	—	—	—	—	○	○	○	○	○	○	○	○	○
135,140	±1.4	—	—	—	—	—	—	—	○	○	○	○	○	○	○	○	○
145,150	±1.5	—	—	—	—	—	—	—	○	○	○	○	○	○	○	○	○
155,160	±1.6	—	—	—	—	—	—	—	○	○	○	○	○	○	○	○	○
165,170	±1.7	—	—	—	—	—	—	—	○	○	○	○	○	○	○	○	○
175,180	±1.8	—	—	—	—	—	—	—	○	○	○	○	○	○	○	○	○
185,190	±1.9	—	—	—	—	—	—	—	○	○	○	○	○	○	○	○	○
195,200	±2.0	—	—	—	—	—	—	—	○	○	○	○	○	○	○	○	○
210,220	±2.2	—	—	—	—	—	—	—	○	○	○	○	○	○	○	○	○
230,240,250	±2.5	—	—	—	—	—	—	—	○	○	○	—	○	—	○	—	○
260,270,280	±2.8	—	—	—	—	—	—	—	○	○	○	—	○	—	○	—	○
290,300	±3.0	—	—	—	—	—	—	—	—	—	—	—	○	—	○	—	○

“○”表示有产品，“—”表示无产品

5.1-16　给水用聚氯乙烯（PVC-U）管材的公称压力和规格尺寸（GB/T 10002.1—1996）（mm）

公称外径 d_e	壁厚 e				
	公称压力 p_N				
	0.6MPa	0.8MPa	1.0MPa	1.25MPa	1.6MPa
20	—	—	—	—	2.0
25	—	—	—	—	2.0
32	—	—	—	2.0	2.4
40	—	—	2.0	2.4	3.0
50	—	2.0	2.4	3.0	3.7
63	2.0	2.5	3.0	3.8	4.7
75	2.2	2.9	3.6	4.5	5.6
90	2.7	3.5	4.3	5.4	6.7
110	3.2	3.9	4.8	5.7	7.2
125	3.7	4.4	5.4	6.0	7.4
140	4.1	4.9	6.1	6.7	8.3
160	4.7	5.6	7.0	7.7	9.5
180	5.3	6.3	7.8	8.6	10.7
200	5.9	7.3	8.7	9.6	11.9
225	6.6	7.9	9.8	10.8	13.4
250	7.3	8.8	10.9	11.9	14.8
280	8.2	9.8	12.2	13.4	16.6
315	9.2	11.0	13.7	15.0	18.7
355	9.4	12.5	14.8	16.9	21.1
400	10.6	14.0	15.3	19.1	23.7
450	12.0	15.8	17.2	21.5	26.7
500	13.3	16.8	19.1	23.9	29.7
560	14.9	17.2	21.4	26.7	—
630	16.7	19.3	24.1	30.0	—
710	18.9	22.0	27.2	—	—
800	21.2	24.8	30.6	—	—
900	23.9	27.9	—	—	—
1000	26.6	31.0	—	—	—

5.1-17　不同温度的下降系数

公称压力系指管材在20℃条件下输送水的工作压力。若水温在25~45℃之间时，应按本表不同温度的下降系数（f_t）修正工作压力。用下降系数乘以公称压力（p_N）得到最大允许工作压力

温　度（℃）	下降系数 f_t	温　度（℃）	下降系数 f_t
$0<t\leqslant25$	1	$35<t\leqslant45$	0.63
$25<t\leqslant35$	0.8		

5.1-18　建筑排水用硬聚氯乙烯管材的规格尺寸（GB/T 5836.1—1992）（mm）

公称外径 d_e	平均外径极限偏差	壁厚 e		长度 l[1)]	
		基本尺寸	极限偏差	基本尺寸	极限偏差
40	+0.3 0	2.0	+0.4 0	4000 或 6000	±10
50	+0.3 0	2.0	+0.4 0		
75	+0.3 0	2.3	+0.4 0		
90	+0.3 0	3.2	+0.6 0		
110	+0.4 0	3.2	+0.6 0		
125	+0.4 0	3.2	+0.6 0		
160	+0.5 0	4.0	+0.6 0		

1）长度亦可由供需双方协商确定

5.1-19　埋地排污、废水用硬聚氯乙烯（PVC-U）管材的外径和壁厚（GB/T 10002.3—1996）（mm）

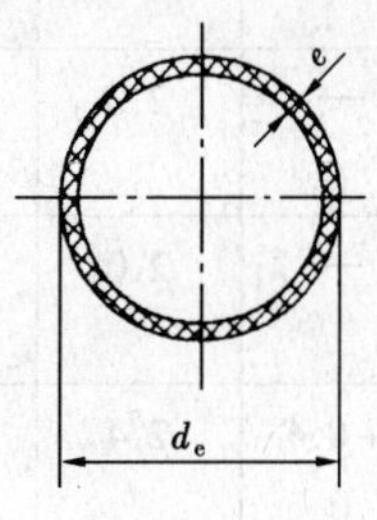

管材尺寸

公称外径 d_e	公称壁厚 e		
	刚度等级（kPa）		
	2	4	8
	管材系列		
	S25	S20	S16.7
110	—	3.2	3.2
125	3.2	3.2	3.7
160	3.2	4.0	4.7
200	3.9	4.9	5.9
250	4.9	6.2	7.3
315	6.2	7.7	9.2
400	7.8	9.8	11.7
500	9.8	12.3	14.6
630	12.3	15.4	18.4

室外埋地排水用环刚度 2、4、8 系列管材，室内埋地排水用环刚度 4、8 系列管材

5.1-20　给水用高密度聚乙烯管材的公称外径、壁厚和压力（GB/T 13663—1992）（mm）

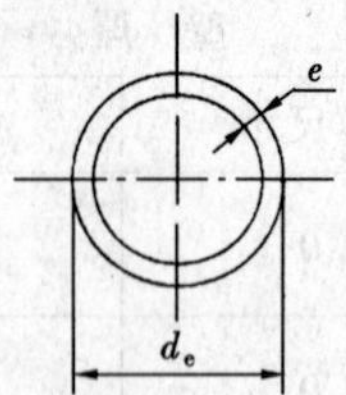

d_e—公称外径　e—公称壁厚

公称外径	用管件连接管的平均外径极限偏差	热承插连接管的平均外径极限偏差	压力等级							
			公称压力 0.25MPa		公称压力 0.4MPa		公称压力 0.6MPa		公称压力 1.0MPa	
			公称壁厚	极限偏差	公称壁厚	极限偏差	公称壁厚	极限偏差	公称壁厚	极限偏差
16	+0.3 0	±0.2	—	—	—	—	—	—	2.0	+0.4 0
20	+0.3 0	±0.3	—	—	—	—	—	—	2.0	+0.4 0
25	+0.3 0	±0.3	—	—	—	—	2.0	+0.4 0	2.3	+0.5 0
32	+0.3 0	±0.3	—	—	—	—	2.0	+0.4 0	2.9	+0.5 0
40	+0.4 0	±0.4	—	—	2.0	+0.4 0	2.4	+0.5 0	3.7	+0.6 0
50	+0.5 0	±0.4	—	—	2.0	+0.4 0	3.0	+0.5 0	4.6	+0.7 0
63	+0.6 0	±0.5	2.0	+0.4 0	2.4	+0.5 0	3.8	+0.5 0	5.8	+0.8 0
75	+0.7 0	±0.5	2.0	+0.4 0	2.9	+0.6 0	4.5	+0.6 0	6.8	+0.9 0
90	+0.9 0	±0.7	2.2	+0.5 0	3.5	+0.6 0	5.4	+0.7 0	8.2	+1.1 0
110	+1.0 0	±0.8	2.7	+0.5 0	4.2	+0.7 0	6.6	+0.8 0	10.0	+1.2 0
125	+1.2 0	±1.0	3.1	+0.5 0	4.8	+0.7 0	7.4	+0.9 0	11.4	+1.3 0
140	+1.3 0	±1.0	3.5	+0.6 0	5.4	+0.8 0	8.3	+1.0 0	12.7	+1.5 0
160	+1.5 0	±1.2	4.0	+0.6 0	6.2	+0.9 0	9.5	+1.1 0	14.6	+1.7 0
180	+1.7 0	—	4.4	+0.7 0	6.9	+0.9 0	10.7	+1.2 0	16.4	+1.9 0
200	+1.8 0	—	4.9	+0.7 0	7.7	+1.0 0	11.9	+1.3 0	18.2	+2.1 0
225	+2.1 0	—	5.5	+0.8 0	8.6	+1.1 0	13.4	+1.4 0	20.5	+2.3 0

5.1-21　给水用低密度聚乙烯管材的规格尺寸及其偏差（QB 1930—1993）（mm）

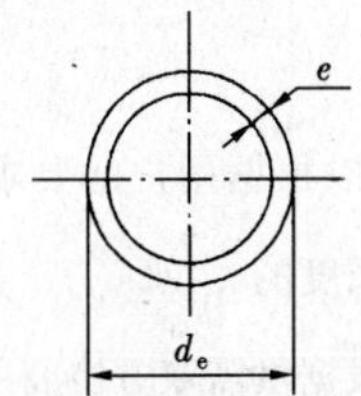

d_e—公称外径　e—壁厚

输送水温在40℃以下埋地的给水用管材

公称外径 d_e	平均外径 极限偏差	公称压力[1]（MPa）					
		*PN*0.4		*PN*0.6[2]		*PN*1.0	
		管材系列[3]					
		S-6.3		S-4		S-2.5	
		壁厚 *e*		壁厚 *e*		壁厚 *e*	
		公称值	极限偏差	公称值	极限偏差	公称值	极限偏差
16	+0.3 0	—	—	2.3	+0.5 0	2.7	+0.5 0
20	+0.3 0	2.3	+0.5 0	2.3	+0.5 0	3.4	+0.6 0
25	+0.3 0	2.3	+0.5 0	2.8	+0.5 0	4.2	+0.7 0
32	+0.3 0	2.4	+0.5 0	3.6	+0.6 0	5.4	+0.8 0
40	+0.4 0	3.0	+0.5 0	4.5	+0.7 0	6.7	+0.9 0
50	+0.5 0	3.7	+0.6 0	5.6	+0.8 0	8.3	+1.1 0
63	+0.6 0	4.7	+0.7 0	7.1	+1.0 0	10.5	+1.3 0
75	+0.7 0	5.5	+0.8 0	8.4	+1.1 0	12.5	+1.5 0
90	+0.9 0	6.6	+0.9 0	10.1	+1.3 0	15.0	+1.7 0
110	+1.0 0	8.1	+1.1 0	12.3	+1.5 0	18.3	+2.1 0

1）公称压力为管材在20℃时的工作压力

2）作为计算使用公称压力0.63MPa

3）管材系列（S）由 δ/P 之比得出，其中 δ 为20℃时建议的设计应力2.5MPa，P 为管材在20℃时的公称压力额定值

5.1-22 给水用聚丙烯（PP）管材的公称外径、壁厚及其偏差（QB 1929—1993）(mm)

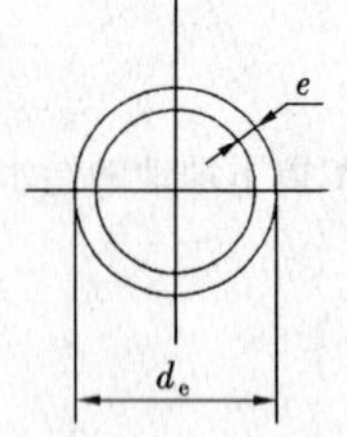

d_e—公称外径　e—壁厚

管材标准长度为4m，也可以根据用户的要求由供需双方协商决定。管材长度的极限偏差为管材长度的 $^{+2}_{0}\%$

管材颜色应为黑色，也可根据供需双方协商决定

管材内外壁应光滑、平整，不允许有气泡、裂纹、分解变色线及明显的沟槽、凹陷、杂质等，管材切口应基本垂直于管材轴线

公称外径 d_e	外径偏差	管材型号											
		公称压力 (MPa)[1]											
		*PN*0.25		*PN*0.4		*PN*0.6		*PN*1.0		*PN*1.6		*PN*2.0	
		管系列[2]											
		S-20		S-12.5		S-8.0		S-5.0		S-3.2		S-2.5	
		壁厚 e		壁厚 e		壁厚 e		壁厚 e		壁厚 e		壁厚 e	
		公称值	极限偏差	公称值	极限偏差	公称值	极限偏差	公称值	极限偏差	公称值	极限偏差	公称值	极限偏差
16	$^{+0.3}_{0}$	—	—	—	—	—	—	1.8	$^{+0.4}_{0}$	2.2	$^{+0.5}_{0}$	2.7	$^{+0.5}_{0}$
20	$^{+0.3}_{0}$	—	—	—	—	1.8	$^{+0.4}_{0}$	1.9	$^{+0.4}_{0}$	2.8	$^{+0.5}_{0}$	3.4	$^{+0.6}_{0}$
25	$^{+0.3}_{0}$	—	—	—	—	1.8	$^{+0.4}_{0}$	2.3	$^{+0.5}_{0}$	3.5	$^{+0.6}_{0}$	4.2	$^{+0.7}_{0}$
32	$^{+0.3}_{0}$	—	—	—	—	1.9	$^{+0.4}_{0}$	2.9	$^{+0.5}_{0}$	4.4	$^{+0.7}_{0}$	5.4	$^{+0.8}_{0}$
40	$^{+0.4}_{0}$	—	—	1.8	$^{0.4}_{0}$	2.4	$^{+0.5}_{0}$	3.7	$^{+0.6}_{0}$	5.5	$^{+0.8}_{0}$	6.7	$^{+0.9}_{0}$
50	$^{+0.5}_{0}$	1.8	$^{+0.4}_{0}$	2.0	$^{+0.4}_{0}$	3.0	$^{+0.5}_{0}$	4.6	$^{+0.7}_{0}$	6.9	$^{+0.9}_{0}$	8.3	$^{+1.1}_{0}$
63	$^{+0.6}_{0}$	1.8	$^{+0.4}_{0}$	2.4	$^{+0.5}_{0}$	3.8	$^{+0.6}_{0}$	5.8	$^{+0.8}_{0}$	8.6	$^{+1.1}_{0}$	10.5	$^{+1.3}_{0}$
75	$^{+0.7}_{0}$	1.9	$^{+0.4}_{0}$	2.9	$^{+0.5}_{0}$	4.5	$^{+0.7}_{0}$	6.8	$^{+0.9}_{0}$	10.3	$^{+1.3}_{0}$	12.5	$^{+1.5}_{0}$
90	$^{+0.9}_{0}$	2.2	$^{+0.5}_{0}$	3.5	$^{+0.6}_{0}$	5.4	$^{+0.8}_{0}$	8.2	$^{+1.1}_{0}$	12.3	$^{+1.5}_{0}$	15.0	$^{+1.7}_{0}$
110	$^{+1.0}_{0}$	2.7	$^{+0.5}_{0}$	4.2	$^{+0.7}_{0}$	6.6	$^{+0.9}_{0}$	10.0	$^{+1.2}_{0}$	15.1	$^{+1.8}_{0}$	18.3	$^{+2.1}_{0}$
125	$^{+1.2}_{0}$	3.1	$^{+0.6}_{0}$	4.8	$^{+0.7}_{0}$	7.4	$^{+1.0}_{0}$	11.4	$^{+1.4}_{0}$	17.1	$^{+2.0}_{0}$	20.8	$^{+2.3}_{0}$
140	$^{+1.3}_{0}$	3.5	$^{+0.6}_{0}$	5.4	$^{+0.8}_{0}$	8.3	$^{+1.1}_{0}$	12.7	$^{+1.5}_{0}$	19.2	$^{+2.2}_{0}$	23.3	$^{+2.6}_{0}$

5.1-22　给水用聚丙烯（PP）管材的公称外径、壁厚及偏差（QB 1929—1993）（mm）（续）

公称外径 d_e	外径偏差	管材型号											
		公称压力（MPa）[1]											
		*PN*0.25		*PN*0.4		*PN*0.6		*PN*1.0		*PN*1.6		*PN*2.0	
		管系列[2]											
		S-20		S-12.5		S-8.0		S-5.0		S-3.2		S-2.5	
		壁厚 *e*		壁厚 *e*		壁厚 *e*		壁厚 *e*		壁厚 *e*		壁厚 *e*	
		公称值	极限偏差	公称值	极限偏差	公称值	极限偏差	公称值	极限偏差	公称值	极限偏差	公称值	极限偏差
160	+1.5 0	4.0	+0.6 0	6.2	+0.9 0	9.5	+1.2 0	14.6	+1.7 0	21.9	+2.4 0	26.6	+2.9 0
180	+1.7 0	4.4	+0.7 0	6.9	+0.9 0	10.7	+1.3 0	16.4	+1.9 0	24.6	+2.7 0	29.9	+3.2 0
200	+1.8 0	4.9	+0.7 0	7.7	+1.0 0	11.9	+1.4 0	18.2	+2.1 0	27.3	+3.0 0	—	—
225	+2.1 0	5.5	+0.8 0	8.6	+1.1 0	13.4	+1.6 0	20.5	+2.3 0	—	—	—	—
250	+2.3 0	6.2	+0.9 0	9.6	+1.2 0	14.8	+1.7 0	22.7	+2.5 0	—	—	—	—
280	+2.6 0	6.9	+0.9 0	10.7	+1.3 0	16.6	+1.9 0	25.4	+2.8 0	—	—	—	—
315	+2.9 0	7.7	+1.0 0	12.1	+1.5 0	18.7	+2.1 0	28.6	+3.1 0	—	—	—	—

1）公称压力（*PN*）为管材在20℃时的工作压力。最大连续工作压力是在20℃下，以水为介质并以推算寿命为50年作基础确定的

2）管材系列（S）由 δ/P 之比得出，其中 δ 为20℃时建议的设计应力为5.0MPa，P 为管材在20℃时的公称压力额定值

5.1-23　ABS工程塑料管规格

公称直径 *DN*（mm）	设计外径 *de*（mm）	压力等级（MPa）			理论壁厚（mm）		
		B级	C级	D级	B级	C级	D级
15	21				2.0	2.0	2.3
20	25				2.0	2.0	2.8
25	32	0.6	0.9	1.6	2.0	2.4	3.6
32	40				2.0	3.0	4.5
40	50				2.4	3.7	5.6
50	63				3.0	4.7	7.1
65	75				3.6	5.5	8.4
80	94				4.3	6.6	—
100	110	0.6	0.9	1.6	5.3	8.1	—
125	140				6.7	10.3	—
150	160				7.7	11.8	—
175	200				9.6	14.9	—
200	225				10.8	16.6	—

5.1-24 德国聚乙烯给水压力管1)

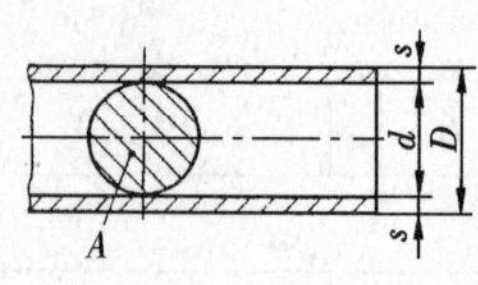

A—净面积，cm^2
V—容积，L/m
m—质量，kg/m
管材和管件可以相互熔焊
供货形式：通常是黑色的
长度：直管 5m、6m、12m

卷曲成环状的长度 (m)	PE-HD DN	PE-LD DN
50	≤125	25~80
100	≤125	15~80
200	≤100	25~50
300	≤50	15~32

高密度聚乙烯管 PE-HD2)												低密度聚乙烯管 PE-LD							
管材		PN10					PN16					管材		PN10					
DN	D (mm)	s (mm)	d (mm)	A (cm^2)	V (L/m)	m (kg/m)	s (mm)	d (mm)	A (cm^2)	V (L/m)	m (kg/m)	DN	D (mm)	s (mm)	d (mm)	A (cm^2)	V (L/m)	m (kg/m)
10	16	1.8	12.4	1.21	0.12	0.08	2.3	11.4	1.02	0.10	0.10	10	20	3.4	13.2	1.37	0.14	0.17
15	20	1.9	16.2	2.06	0.21	0.11	2.8	14.4	1.63	0.16	0.15	15	25	4.2	16.6	2.16	0.22	0.27
20	25	2.3	20.4	3.27	0.33	0.17	3.5	18.0	2.54	0.25	0.24	20	32	5.4	21.2	3.53	0.35	0.44
25	32	3.0	26.0	5.31	0.53	0.28	4.5	23.0	4.15	0.42	0.39	25	40	6.7	26.6	5.56	0.56	0.68
32	40	3.7	32.6	8.35	0.83	0.43	5.6	28.8	6.51	0.65	0.61	32	50	8.4	33.2	8.66	0.87	1.06
40	50	4.6	40.8	13.1	1.31	0.66	6.9	36.2	10.3	1.03	0.93	40	63	10.5	42.0	13.9	1.39	1.67
50	63	5.8	51.4	20.8	2.07	1.05	8.7	45.6	16.3	1.63	1.48	50	75	12.5	50.0	19.6	1.96	2.36
65	75	6.9	61.2	29.4	2.94	1.48	10.4	54.2	23.1	2.31	2.10	—3)	90 3)	15.0	60.0	28.3	2.83	3.40
80	90	8.2	73.6	42.5	4.25	2.11	12.5	65.0	33.2	3.32	3.02	65	110	18.4	73.2	42.1	4.21	5.09
—3)	110	10.0	90.0	63.6	6.36	3.13	15.2	79.6	49.8	4.98	4.49	80	125	20.9	83.2	54.4	5.44	6.56
1000	125	11.4	102.2	82.0	8.20	4.06	17.3	90.4	64.2	6.42	5.80	—	—	—	—	—	—	—
125	160	14.6	130.8	134	13.4	6.63	22.1	115.8	105	10.5	9.47	—	—	—	—	—	—	—
150	180	16.4	147.2	170	17.0	8.38	24.9	130.2	133	13.3	12.0	—	—	—	—	—	—	—
200	250	22.8	204.4	328	32.8	16.1	34.5	181.0	257	25.7	23.1	—	—	—	—	—	—	—

1)给水管必须至少承受 p_g = 10bar 压力　2)PE-HD1 型不再用于管材　3)非标准公称直径

5.1-25 德国高密度聚乙烯燃气压力管（PE-HD）

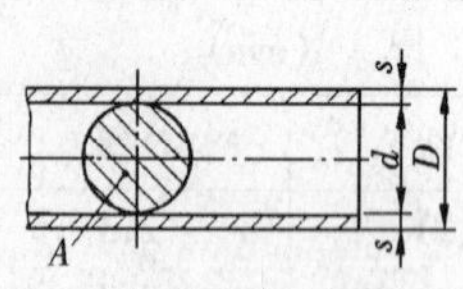

A——净面积，cm^2
V——容积，L/m
m——质量，kg/m

颜色：黄色（管件黑色）

供货长度：DN≤125 成环状的 100m，DN≥32 的也有直管 6m、12m

管　材		PN6max. PN=1					PN10max. PN=4				
DN	D (mm)	s (mm)	d (mm)	A (cm^2)	V (L/m)	m (kg/m)	s (mm)	d (mm)	A (cm^2)	V (L/m)	m (kg/m)
20	25	2.3	20.4	3.27	0.33	0.17	2.3	20.4	3.27	0.33	0.17
25	32	3.0	26.0	5.31	0.53	0.28	3.0	26.0	5.31	0.53	0.28
32	40	3.7	32.6	8.35	0.83	0.43	3.7	32.6	8.35	0.83	0.43
40	50	4.6	40.8	13.1	1.31	0.66	4.6	40.8	13.1	1.31	0.66
50	63	5.8	51.4	20.8	2.07	0.97	5.8	51.4	20.8	2.07	1.05
65	75	4.3	66.4	34.63	3.46	1.05	6.9	61.2	29.4	2.94	1.48
80	90	5.1	79.8	50.01	5.00	1.38	8.2	73.6	42.5	4.25	2.11
—1)	110	6.3	97.4	74.51	7.45	2.07	10.0	90.0	63.6	6.36	3.13
100	125	7.1	110.8	96.42	9.64	2.65	11.4	102.2	82.0	8.20	4.06
125	160	9.1	141.8	157.9	15.8	4.33	14.6	130.8	134.4	13.4	6.66
150	180	10.2	159.6	200.1	20.0	5.45	16.4	147.2	170.2	17.0	8.38
200	225	12.8	199.4	312.3	31.2	8.46	20.5	184.0	265.9	26.6	13.0

1) 非标准公称直径

5.1-26 德国交连聚乙烯管（PE-X[1]）

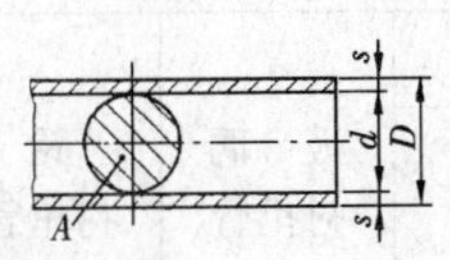

A—净面积，cm^2

V—容积，L/m

m—质量，kg/m

使用范围：70℃以下的室内给水和采暖系统

供货长度：环状[2]的可达300m，直管长度可达12m，超过12m的要根据协议

管材		PN12.5					PN20				
DN	D (mm)	s (mm)	d (mm)	A (cm^2)	V (L/m)	m (kg/m)	s (mm)	d (mm)	A (cm^2)	V (L/m)	m (kg/m)
10	12	—	—	—	—	—	1.8	8.4	0.55	0.06	0.06
	14[2]	2.0	10.0	0.79	0.08	0.08	—	—	—	—	—
	16	1.8[3]	12.4	1.21	0.12	0.08	2.2	11.6	1.06	0.11	0.10
	18[2]	2.0	14.0	1.54	0.15	0.10	—	—	—	—	—
15	20	1.9	16.2	2.06	0.21	0.11	2.8	14.4	1.63	0.16	0.15
20	25	2.3	20.4	3.27	0.33	0.17	3.5	18.0	2.54	0.25	0.24
25	32	2.9	26.2	5.39	0.54	0.27	4.4	23.2	4.23	0.42	0.38
32	40	3.7	32.6	8.35	0.83	0.43	5.5	29.0	6.61	0.66	0.59
40	50	4.6	40.8	13.1	1.31	0.66	6.9	36.2	10.3	1.03	0.93
50	63	5.7	51.6	20.9	2.09	1.03	8.7	45.6	16.3	1.63	1.47

1)还允许用符号VPE　2)各个生产厂家数据不同　3)用于地面式采暖的管壁厚 $s \geqslant 1.5$mm

5.1-27 德国聚丙烯管（PP）

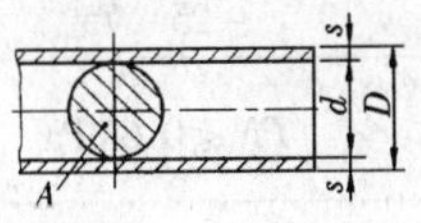

A—净面积，cm^2　V—容积，L/m　m——质量，kg/m

使用范围：PP-B型用于给水[1]和地面式采暖，PP-R型用于给水[1]、生活热水[1]和采暖[2]

供货长度：环状[3]的可达100m，直管长度可达4m

管材		PN10					管材		PN20					PN25				
DN	D (mm)	s (mm)	d (mm)	A (cm^2)	V (L/m)	m (kg/m)	DN	D (mm)	s (mm)	d (mm)	A (cm^2)	V (L/m)	m (kg/m)	s (mm)	d (mm)	A (cm^2)	V (L/m)	m (kg/m)
—	—	—	—	—	—	—	—[4]	12	2.0	8.0	0.50	0.05	0.06	2.4	7.2	0.41	0.04	0.07
12	16	1.8	12.4	1.21	0.12	0.08	10	16	2.7	10.6	0.88	0.09	0.11	3.2	9.6	0.72	0.07	0.13
15	20	1.9	16.2	2.06	0.21	0.11	—[4]	20	3.4	13.2	1.37	0.14	0.17	4.0	12.0	1.13	0.11	0.19
20	25	2.3	20.4	3.27	0.33	0.16	15	25	4.2	16.6	2.16	0.22	0.27	5.0	15.0	1.77	0.18	0.30
25	32	3.0	26.0	5.31	0.53	0.27	20	32	5.4	21.2	3.53	0.35	0.43	6.4	19.2	2.90	0.29	0.49
32	40	3.7	32.6	8.35	0.83	0.41	25	40	6.7	26.6	5.56	0.56	0.67	8.0	24.0	4.52	0.45	0.77
40	50	4.6	40.8	13.1	1.31	0.64	32	50	8.4	33.2	8.66	0.87	1.05	10.0	30.0	7.07	0.71	1.19
50	63	5.8	51.4	20.6	2.07	1.01	40	63	10.5	44.0	15.2	1.52	1.65	12.6	40.6	12.6	1.26	1.89
65	75	6.9	61.2	29.4	2.94	1.42	50	75	12.5	50.0	19.6	1.96	2.34	15.0	45.0	15.9	1.59	2.68
80	90	8.2	73.6	42.5	4.25	2.03	—[4]	90[4]	15.0	60.0	28.3	2.83	3.36	18.0	54.0	22.9	2.29	3.86
—[4]	110	10.0	90.0	63.6	6.36	3.01	65	110	18.4	73.2	42.1	4.21	5.04	22.0	66.0	34.2	3.42	5.76
100	125	11.4	102.2	82.0	8.20	3.91	80	125	20.9	83.2	54.4	5.44	6.49	25.0	75.0	44.2	4.42	7.43

1)给水管道必须符合给水要求，生活热水管道工作温度 $t_g \leqslant 70$℃、$PN \geqslant 10$bar　2) $t_g \leqslant 70$℃、$PN \geqslant 3$bar　3)生产厂家数据　4)非标准公称直径

5.1-28 衬里管

特点	类型			
在光管的内壁或外壁粘附不同的材料。防腐蚀、减少流体的阻力、电绝缘，也可防止金属离子混入和铁污染	橡胶衬里管		玻璃衬里管	铅衬里管
	天然橡胶（软质和硬质）	合成橡胶（软质和硬质）：氯丁橡胶、苯乙烯橡胶等		

衬里橡胶的性能和适用范围

项目	硬质胶	半硬质胶	软质胶
化学稳定性	优	好	良
耐热性	好	好	良
耐差性	差	良	优
耐磨性	良	好	优
耐冲击性	差	差	优
耐老化性	差	优	好
抗气体渗透性	优	良	差
弹性	差	差	优
与金属粘结力	优	优	良
使用温度范围（℃）	0~85	-27~75	-25~75
使用压力范围	*PN*≤0.6MPa（表压、真空度≤600Hg）（操作温度40℃，真空度700mmHg）		*PN*≤0.6MPa
衬胶厚度（mm）	2~6		

5.1-29 金属塑料复合管

类型	结构		特点和使用范围
钢塑复合管	外管为钢管，内衬塑料	ST/PVC（钢/聚氯乙烯）	既有钢管的机械性能，又有塑料的耐腐蚀性能。用于输送生活饮用水、纯净水
		ST/PE（钢/聚乙烯）	
		ST/PP（钢/聚丙烯）	
涂塑钢管	有缝或无缝钢管的内外壁涂塑	聚氯乙烯涂料	外径21~3191mm，长度3~7.5mm。涂层厚度：*DN*<50时为1mm，*DN*≥50时为1.5mm。用于纯净水和腐蚀性介质
		聚乙烯涂料	
		环氧树脂涂料	
铝塑复合管	内外各一层塑料，中间铝层及胶合层	冷水	国家尚无标准。热水复合管的介质温度小于等于90℃（短时间可以达到110℃）；在地面式采暖中，当*PN*=6bar时，介质温度小于等于60℃（短时间可以达到70℃）
		热水	
		特种流体	

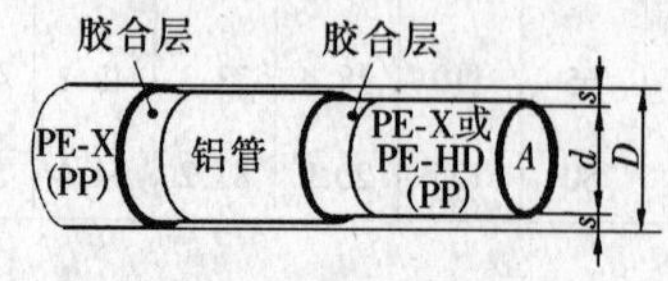

V—管道容积，L/m
m—质量，kg/m

5.1-29 金属塑料复合管（续）

供货形式	PE-X/Al/PE-X						PE-X/Al/PE-HD						PP/Al					
	环形管 $l \leqslant 200$m $D = 14 \sim 32$mm 直管 $l = 5$m $D = 16 \sim 63$mm						$l = 50$m $D = 16 \sim 26$mm $l = 5$m $D = 16 \sim 50$mm						$l = 100$m $D = 16 \times 2.7$mm $l = 4$m $D = 16 \sim 110$mm					
Rohr	PE-X/Al/PE-X[1] *PN*10						PE-X/Al/PE-HD[1] *PN*20						PP/Al[1)3)] *PN*25					
DN	*D* (mm)	*s* (mm)	*d* (mm)	*A* (cm^2)	*V* (L/m)	*m* (kg/m)	*D* (mm)	*s* (mm)	*d* (mm)	*A* (cm^2)	*V* (L/m)	*m* (kg/m)	*D*[3] (mm)	*s* (mm)	*d* (mm)	*A* (cm^2)	*V* (L/m)	*m* (kg/m)
—	14	2.0	10.0	0.79	0.08	0.09	—	—	—	—	—	—	—	—	—	—	—	—
10	16	2.0	12.0	1.13	0.11	0.10	16	2.25	11.5	1.03	0.10	0.13	16	2.7	10.6	0.88	0.09	0.19
—	18	2.0	14.0	1.54	0.15	0.12	—	—	—	—	—	—	20	3.4	13.2	1.37	0.14	0.21
15	20	2.25	15.5	1.89	0.19	0.15	20	2.5	15	1.76	0.18	0.19	25	4.2	16.6	2.16	0.22	0.33
20	25	2.5	20.0	3.14	0.31	0.20	26	3.0	20	3.14	0.31	0.30	32	5.4	21.2	3.53	0.35	0.51
25	32	3.0	26.0	5.31	0.53	0.33	32	3.0	26	5.31	0.53	0.42	40	6.7	26.6	5.56	0.56	0.76
32	40	4.0	32.0	8.04	0.80	0.50	40	3.5	33	8.55	0.86	0.60	50	8.4	33.2	8.66	0.87	1.15
40	50	4.5	41.0	13.2	1.32	0.71	50	4.0	42	13.9	1.39	0.84	63	10.5	42.0	13.9	1.39	1.75
50	63	6.0	51.0	20.4	2.04	1.22	—	—	—	—	—	—	75	12.5	50.0	19.6	1.96	2.49

	DN	*D* (mm)	*D* (mm)	*M* (kg/m)
PVC/AL/PE	—	14	10	0.098
	10	16	12	0.102
	15	20	16	0.162
	20	25	20	0.202
	25	32	26	0.313
	32	40	32	0.478
	40	50	42	0.730
	50	62	53	1.210

[1]生产厂家规格数据有差异
[2]在复合管用于饮用水系统时，材质必须符合要求
[3]提供直径可达 $D = 110$mm

5.1-30 液压挤压式管件系统钢管

用于饮用水安装[1]	用于采暖安装
管材：不锈钢管[2]、无缝钢管、焊接钢管 供货长度：6m/根 $p_g \leqslant 16$bar，$t_g \leqslant 95$℃[3] 弯曲半径：$r \geqslant 3.5 \cdot D$，$D \leqslant 28$，冷弯[4]	管材：不锈钢管、无缝钢管、焊接钢管 供货长度：6m/根 $p_g \leqslant 16$bar，$t_g \leqslant 110$℃ 弯曲半径：$r \geqslant 3.5 \cdot D$（可在 -10℃弯曲[4]）

V—管子容积，L/m　　D_a—塑料外衬外径，mm
d—管子内径，mm　　$D \times s$—外径 × 壁厚，mm × mm
A_0—管子表面积，m^2/m　　*m*—管子质量，kg/m

$D \times s$ (mm)	*d* (mm)	*A* (cm^2)	*V* (L/m)	*m* (kg/m)	A_0 (m^2/m)	$D \times s$ (mm)	*d* (mm)	*A* (cm^2)	*V* (L/m)	*m* (kg/m)	D_a[4] (mm)
15 × 1.0[5]	13	1.327	0.133	0.333	0.0471	12 × 1.2	9.6	0.724	0.072	0.338	14
18 × 1.0	16	2.01	0.201	0.410	0.0566	15 × 1.2[6]	12.6	1.247	0.125	0.434	17
22 × 1.2	19.6	3.017	0.302	0.624	0.0691	18 × 1.2	15.6	1.911	0.191	0.536	20
28 × 1.2[5]	25.6	5.147	0.514	0.709	0.0879	22 × 1.5	19	2.835	0.284	0.824	24
35 × 1.5	32	8.042	0.804	1.240	0.1099	28 × 1.5[6]	25	4.909	0.491	1.052	30
42 × 1.5[5]	39	11.95	1.194	1.503	0.1319	35 × 1.5	32	8.042	0.804	1.320	37
54 × 1.5[5]	51	20.43	2.043	1.972	0.1696	42 × 1.5[6]	39	11.95	1.195	1.620	44
76.1 × 2	72.1	40.83	4.08	3.55	0.2390	54 × 1.5	51	20.43	2.043	2.098	56
88.9 × 2	84.9	56.61	5.66	4.15	0.2793						
108 × 2	104	84.95	8.49	5.05	0.3393						

[1]不可以用手工熔焊、硬焊和软焊连接　[2]水中氯离子含量小于 1g/L（≈30mol/m^3）　[3]在附带加热时，管内壁温度小于 60℃　[4]根据生产厂家　[5]和[6]根据生产厂家与有关标准

5.2 管件

5.2-1 可锻铸铁管件（欧洲规格）

使用范围：　　　　　　　　　　　　　　　　　　　　　　表面：黑色（Fe）或镀锌（Zn）

$PN \leqslant 25$bar，在 $-20℃ \leqslant t_g \leqslant +120℃$

$PN \leqslant 20$bar，在 $t_g \leqslant +300℃$　　　　（大部分尺寸与我国相近）

类型	90°角弯			45°角弯			90°短弧弯			90°长弧弯			管箍	
	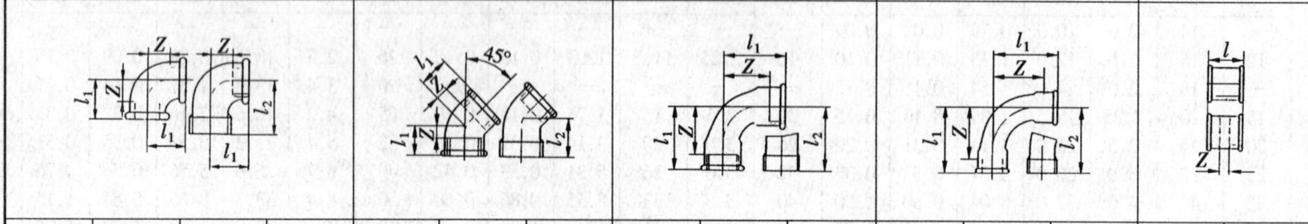													
R，Rp	l_1	z	l_2	l_1	z	l_2	l_1	z	l_2	l_1	z	l_2	l	z
⅜	25	15	32	20	10	25	36	26	36	48	38	42	30	10
½	28	15	37	22	9	28	45	32	45	55	42	48	36	10
¾	33	18	43	25	10	32	50	35	50	69	54	60	39	9
1	38	21	52	28	11	37	63	46	63	85	68	75	45	11
1¼	45	26	60	33	14	43	76	57	76	105	86	95	50	12
1½	50	31	65	36	17	46	85	66	85	116	97	105	55	17
2	58	34	74	43	19	55	102	78	102	140	116	130	65	17
2½	69	42	88	48[1)]	21[2)]	54[2)]	115[2)]	88[2)]	115[2)]	176	149	165	74[3)]	20[3)]
3	78	48	98	54[1)]	24[2)]	61[2)]	127[2)]	97[2)]	127[2)]	205	175	190	80[3)]	20[3)]
4	96	60	118	—	—	—	165[2)]	129[2)]	165[2)]	260	224	245	94[3)]	22[3)]

1）有右螺纹，左螺纹

2）生产厂家的数据不全一样

3）只有右螺纹

类型	45°弧弯			30°弧弯			等径三通		双弧三通		活接头			
	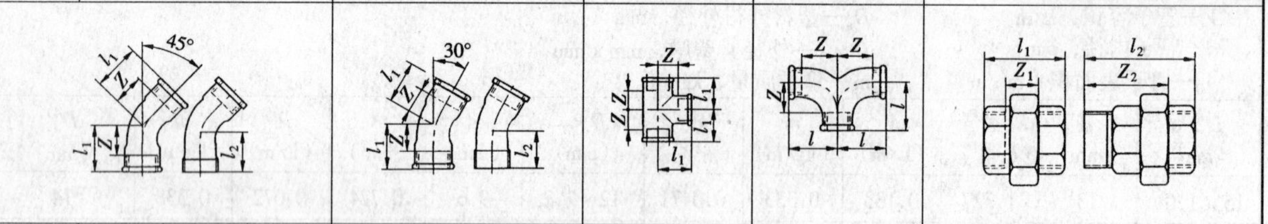													
R，Rp	l_1	z	l_2	l_1[1)]	z[1)]	l_2[1)]	l_1[2)]	z[2)]	l	z	l_1	z_1	l_2	z_2
⅜	30	20	24	—	—	—	25	15	36	26	45	25	58	48
½	36	23	30	30	17	24	28	15	45	32	48	22	66	53
¾	43	28	36	36	21	30	33	18	50	35	52	22	72	57
1	51	34	42	44	27	36	38	21	63	46	58	24	80	63
1¼	64	45	54	52	33	44	45	26	76	57	65	27	90	71
1½	68	49	58	56	37	46	50	31	85	66	70	32	95	76
2	81	57	70	66	42	54	58	34	102	78	78	30	106	82
2½	99	72	86	80	53	66	69	42	—	—	85	31	118	91
3	113	83	100	92	62	77	78	48	—	—	95	35	130	100
4	141[1)]	105[1)]	130[1)]	114	78	100	96	60	—	—	110	38	150[1)]	114[1)]

5.2-1 可锻铸铁管件（欧洲规格）（续）

类型	角弯					短接	带螺纹法兰				变径弯头（内、外螺纹）					
R，Rp	l_1	z_1	l_2	z_2	l_3	l	D	l	z	b	R，Rp	l_1	z_1	l_2	z_2	l_3
⅜	25	15	52	42	65	38[1)]	90	20	10	14	½×⅜	26	13	26	16	33
½	28	15	58	45	76	44[1)]	95	20	7	14	¾×½	30	15	31	18	40
¾	33	18	62	47	82	47[1)]	105	24	9	16	1×½	32	15	34	21	—
1	38	21	72	55	94	53[1)]	115	24	7	16	1×¾	35	18	36	21	46
1¼	45	26	82	63	107	57[2)]	140	26	7	16	1¼×¾	36	17	41	26	52[4)]
1½	50	31	90	71	115	59[2)]	150	26	8	16	1¼×1	40	21	42	25	56
2	58	34	100	76	128	68[2)]	165	28	5	18	1½×1	42	23	46	29	62[4)]
2½	72[1)]	45[1)]	130[1)]	103[1)]	128[1)]	75[2)]	185	32	5	18	1½×1¼	46	27	48	29	64[4)]
3	78[1)]	48[1)]	134[1)]	104[1)]	164[1)]	83[2)]	200	34	6	20[3)]	2×1½	52	28	55	36	—
4	—	—	—	—	—	95[2)]	220	38	2	20	2½×2	61	34	66	42	—

类型	变径管箍补心	R，Rp	l_1	z_1	l_2	z_2	R，Rp	l_1	z_1	l_2	z_2
		½×⅜	36	13	24	14	1½×1	55	19	31	14
		¾×⅜	39	14	26	16	1½×1¼	55	17	31	12
		¾×½	39	11	26	13	2×1	65	24	35	18
		1×⅜	45	18	29	19	2×1¼	65	22	35	16
		1×½	45	15	29	16	2×1½	65	22	35	16
		1×¾	45	13	29	14	2½×1½	74	28	40	21
		1¼×½	50	18	31	18	2½×2	74	23	40	16
		1¼×¾	50	16	31	16	3×2	80	26	44	20
		1¼×1	50	14	31	14	3×2½	80	23	44	17
		1½×½	55	23	31	18	4×2½	94	31	51	42
		1½×¾	55	21	31	16	4×3	94	28	51	21

1）有右螺纹和左螺纹
2）只有右螺纹
3）*PN*10，4个螺栓孔；*PN*16，8个螺栓孔
4）生产厂家给定数据

5.2-1　可锻铸铁管件（欧洲规格）（续）

类型	变径接头					变径三通				
R，Rp	l_1	z	l_2	R	l	Rp（1×2）	l_1	z_1	l_2	z_2
⅜×⅛	—	13	20	⅜×¼	38	⅜×¼	23	13	23	13
⅜×¼	—	10	20	½×¼	44	⅜×½	26	16	26	13
½×⅛	—	17	24	½×⅜	44	½×¼	24	11	24	14
½×¼	—	14	24	¾×⅜	47	½×⅜	26	13	26	16
¾×¼	—	16	26	¾×½	47	½×¾	31	18	30	15
1×¼	—	19	29	1×½	53	½×1	34	21	32	15
1×⅜	—	19	29	1×¾	53	¾×¼	26	11	27	17
1¼×⅜	—	21	31	1¼×½	57	¾×⅜	28	13	28	18
2×½	48	35	35	1¼×¾	57	¾×½	30	15	31	18
2×¾	48	33	35	1¼×1	57	¾×1	36	21	35	18
2½×1	54	37	40	1½×1	59	¾×1¼	41	26	36	17
2½×1¼	54	35	40	1½×1¼	59	1×¼	28	11	31	21
3×1	59	42	44	2×1¼	68	1×⅜	30	13	32	22
3×¼	59	40	44	2×1½	68	1×½	32	15	34	21
3×1½	59	40	44	2½×2	75	1×¾	35	18	36	21
4×2	69	45	51	3×2	83	1×1¼	42	25	40	21
4×2½	69	42	51	3×2½	83	1×1½	46	29	42	23

Rp（1×2）	l_1	z_1	l_2	z_2
1¼×3/8	32	13	36	26
1¼×1/2	34	15	38	25
1¼×¾	36	17	41	26
1¼×1	40	21	42	25
1¼×1½	48	29	46	27
1¼×2	54	35	48	24
1½×½	36	17	42	29
1½×¾	38	19	44	29
1½×1	42	23	46	29
1½×1¼	46	27	48	29
1½×2	55	36	52	28
2×½	38	14	48	35
2×¾	40	16	50	35
2×1	44	20	52	35
2×1¼	48	24	54	35
2×1½	52	28	55	36
2½×1	47	20	60	43
2½×1¼	52	25	62	43
2½×1½	55	28	63	44
2½×2	61	34	66	42
3×1	51	21	67	50
3×1¼	55	25	70	51
3×1½	58	28	71	52
3×2	64	34	73	49
3×2½	72	42	76	49
4×2	70	34	86	62
4×3	84	48	92	62

类型：变径三通

接口2和3变径或只有接口3变径接口β1×2×3

Rp（1×2×3）	l_1	z_1	l_2	z_2	l_3	z_3
½×⅜×⅜	26	13	26	16	25	15
½×½×⅜	28	15	28	15	26	16
¾×⅜×½	28	13	28	18	26	13
¾×½×⅜	30	15	31	18	26	16
¾×½×½	30	15	31	18	28	15
¾×¾×⅜	33	18	33	18	28	18
¾×¾×½	33	18	33	18	31	18
1×½×½	32	15	34	21	28	15
1×½×¾	32	15	34	21	30	15
1×¾×½	35	18	36	21	31	18
1×¾×¾	35	18	36	21	33	18
1×1×½	38	21	38	21	34	21
1×1×¾	38	21	38	21	36	21

Rp（1×2×3）	l_1	z_1	l_2	z_2	l_3	z_3
1¼×½×1	34	15	38	25	32	15
1¼×¾×1	36	17	41	26	35	18
1¼×1×¾	40	21	42	25	36	21
1¼×1×1	40	21	42	25	38	21
1¼×1¼×½	45	26	45	26	38	25
1¼×1¼×¾	45	26	45	26	41	26
1¼×1¼×1	45	26	45	26	42	25
1¼×1½×1	48	29	46	27	46	29
1½×½×1¼	36	17	42	29	34	15
1½×¾×1¼	38	19	44	29	36	17
1½×1×1¼	42	23	46	29	40	21
1½×1¼×1¼	46	27	48	29	45	26
1½×1½×½	50	31	50	31	42	29
1½×1½×¾	50	31	50	31	44	29
1½×1½×1	50	31	50	31	46	29
1½×1½×1¼	50	31	50	31	48	29
2×¾×1½	40	16	50	35	38	19
2×1×1½	44	20	52	35	42	23
2×1¼×1¼	48	24	54	35	45	26
2×1½×1½	52	28	55	36	50	31
2×2×¾	58	34	58	34	50	35
2×2×1	58	34	58	34	52	35
2×2×1¼	58	34	58	34	54	35
2×2×1½	58	34	58	34	55	36

锁紧螺母

Rp	m	s
¼	6	22
⅜	7	27
½	8	32
¾	9	36
1	10	46
1¼	11	55
1½	12	60
2	13	75
2½	16	95
3	19	105

5.2-2 钢制 45°弯头、90°弯头和 180°弯头（GB 12459—90）（mm）

一般用 20 号钢钢管以热煨弯法或冲压制成，使用压 $PN \leqslant 10MPa$，按弯曲角度有 45°、90°弯头，弯曲半径 $R = 1.0DN$、$R = 105DN$

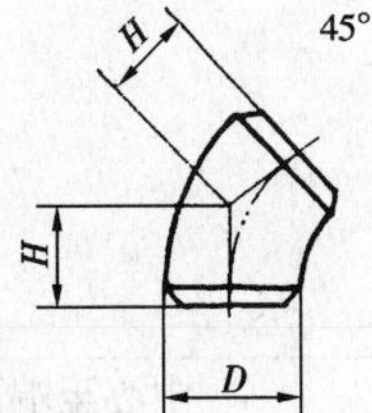

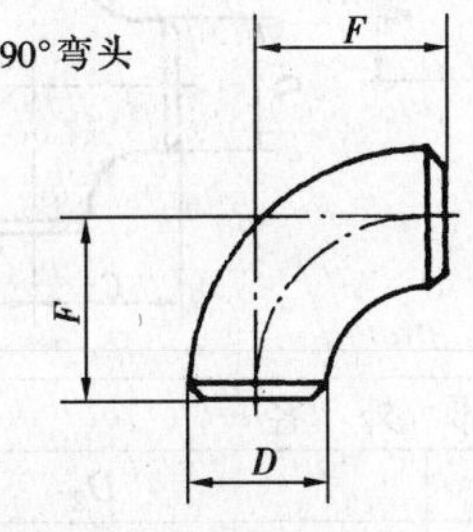

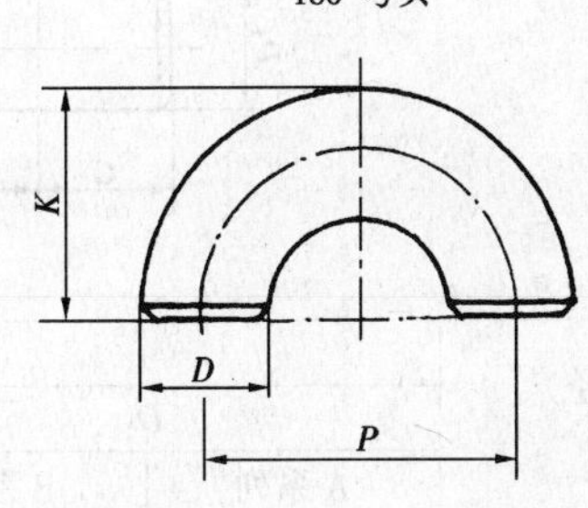

无缝弯头

公称通径 DN	端部外径 D		中心至端面尺寸			中心至中心尺寸		背面至端面尺寸	
			45°弯头 H	90°弯头 F		180°弯头 P		180°弯头 K	
	A 系列	B 系列	长半径	长半径	短半径	长半径	短半径	长半径	短半径
15	21.3	18	16	38	—	76	—	48	—
20	26.9	25	16	38	—	76	—	51	—
25	33.7	32	16	38	25	76	51	56	41
32	42.4	38	20	48	32	95	64	70	52
40	48.3	45	24	57	38	114	76	83	62
50	60.3	57	32	76	51	152	102	106	81
65	76.1	76	40	95	64	191	127	132	100
80	88.9	89	47	114	76	229	152	159	121
90	101.6	—	55	133	89	267	178	184	140
100	114.3	108	63	152	102	305	203	210	159
125	139.7	133	79	190	127	381	254	202	197
150	168.3	159	95	229	152	457	305	313	237
200	219.1	219	126	305	203	610	406	414	313
250	273.0	273	158	381	254	762	508	518	391
300	323.9	325	189	457	305	914	610	619	467

5.2-3 钢制无缝等径三通和四通（GB 12459—90）（mm）

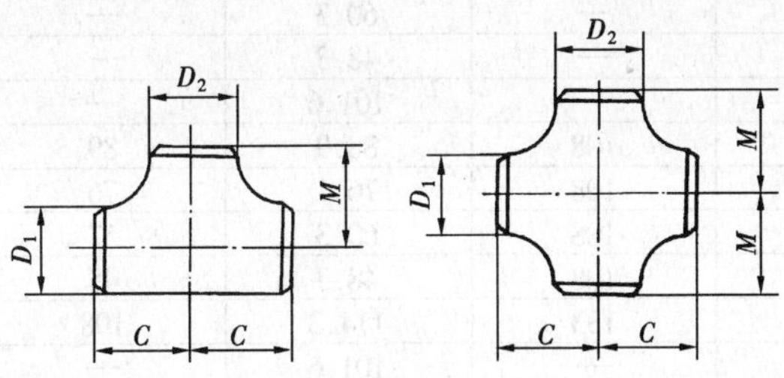

公称通径 DN	端部外径 D_1，D_2		中心至端面尺寸 C，M	公称通径 DN	端部外径 D_1，D_2		中心至端面尺寸 C，M
	A 系列	B 系列			A 系列	B 系列	
15	21.3	18	25	90	101.6	—	95
20	26.9	25	29	100	114.3	108	105
25	33.7	32	38	125	139.7	133	124
32	42.4	38	48	150	168.3	159	143
40	48.3	45	57	200	219.1	219	178
50	60.3	57	64	250	273.0	273	216
65	76.1	76	76	300	323.9	325	254
80	88.9	89	86				

5.2-4 钢制无缝异径三通、四通（GB 12459—90）（mm）

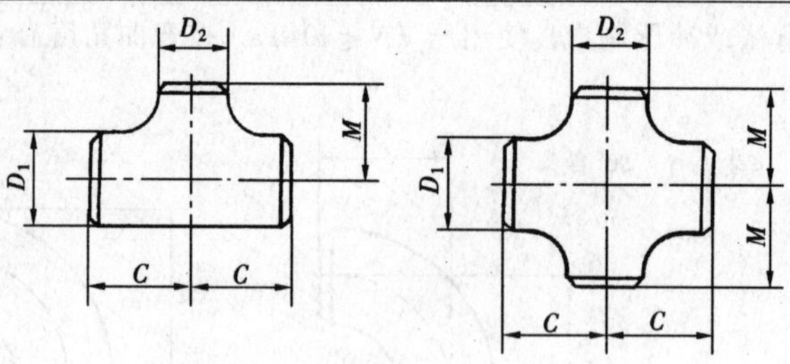

公称通径 DN	端部外径				中心至端面尺寸	
	D_1		D_2		C	M
	A系列	B系列	A系列	B系列		
20×20×15	26.9	25	21.3	18	29	29
25×25×20	33.7	32	26.9	25	38	38
25×25×15	33.7	32	21.3	18	38	38
32×32×25	42.4	38	33.7	32	48	48
32×32×20	42.4	38	26.9	25	48	48
32×32×15	42.4	38	21.3	18	48	48
40×40×32	48.3	45	42.4	38	57	57
40×40×25	48.3	45	33.7	32	57	57
40×40×20	48.3	45	26.9	25	57	57
40×40×15	48.3	45	21.3	18	57	57
50×50×40	60.3	57	48.3	45	64	60
50×50×32	60.3	57	42.4	38	64	57
50×50×25	60.3	57	33.7	32	64	51
50×50×20	60.3	57	26.9	25	64	44
65×65×50	76.1	76	60.3	57	76	70
65×65×40	76.1	76	48.3	45	76	67
65×65×32	76.1	76	42.4	38	76	64
65×65×25	76.1	76	33.7	32	76	57
80×80×65	88.9	89	76.1	76	86	83
80×80×50	88.9	89	60.3	57	86	76
80×80×40	88.9	89	48.3	45	86	73
80×80×32	88.9	89	42.4	38	86	70
90×90×80	101.6	—	88.9	—	95	92
90×90×65	101.6	—	76.1	—	95	89
90×90×50	101.6	—	60.3	—	95	83
90×90×40	101.6	—	48.3	—	95	79
100×100×90	114.3	—	101.6	—	105	102
100×100×80	114.3	108	88.9	89	105	98
100×100×65	114.3	108	76.1	76	105	95
100×100×50	114.3	108	60.3	57	105	89
100×100×40	114.3	108	48.3	45	105	86
125×125×100	139.7	133	114.3	108	124	117
125×125×90	139.7	—	101.6	—	124	114
125×125×80	139.7	133	88.9	89	124	111
125×125×65	139.7	133	76.1（73）	76	124	108
125×125×50	139.7	133	60.3	57	124	105
150×150×125	168.3	159	139.7	133	143	137
150×150×100	168.3	159	114.3	108	143	130
150×150×90	168.3	—	101.6	—	143	127
150×150×80	168.3	159	88.9	89	143	124
150×150×65	168.3	159	76.1（73）	76	143	121
200×200×150	219.1	219	168.3	159	178	168
200×200×125	219.1	219	139.7	133	178	162
200×200×100	219.1	219	114.3	108	178	156
200×200×90	219.1	—	101.6	—	178	152
250×250×200	273.0	273	219.1	219	216	208
250×250×150	273.0	273	168.3	159	216	194

5.2-5 钢制无缝异径管（GB 12459—90）（mm）

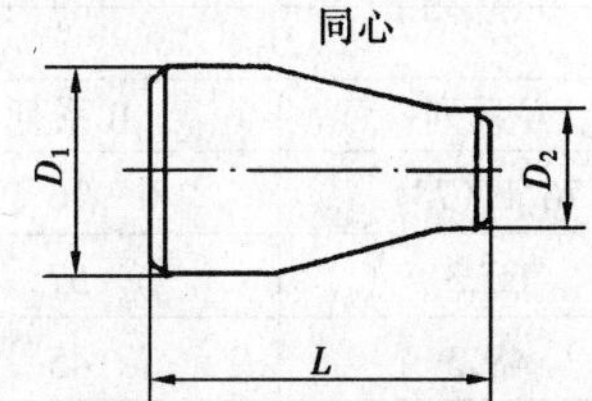

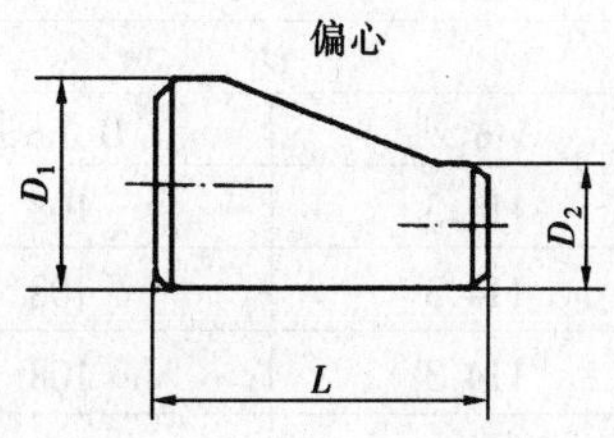

公称通径 DN	端部外径				长度 L
	D_1		D_2		
	A系列	B系列	A系列	B系列	
20×15	26.9	25	21.3	18	38
25×20	33.7	32	26.9	25	51
25×15	33.7	32	21.3	18	51
32×25	42.4	38	33.7	32	51
32×20	42.4	38	26.9	25	51
32×15	42.4	38	21.3	18	51
40×32	48.3	45	42.4	38	64
40×25	48.3	45	33.7	32	64
40×20	48.3	45	26.9	25	64
40×15	48.3	45	21.3	18	64
50×40	60.3	57	48.3	45	76
50×32	60.3	57	42.4	38	76
50×25	60.3	57	33.7	32	76
50×20	60.3	57	26.9	25	76
65×50	76.1（73）	76	60.3	57	89
65×40	76.1（73）	76	48.3	45	89
65×32	76.1（73）	76	42.4	38	89
65×25	76.1（73）	76	33.7	32	89
80×65	88.9	89	76.1（73）	76	89
80×50	88.9	89	60.3	57	89
80×40	88.9	89	48.3	45	89
80×32	88.9	89	42.4	38	89
90×80	101.6	—	88.9	—	102
90×65	101.6	—	76.1（73）	—	102
90×50	101.6	—	60.3	—	102
90×40	101.6	—	48.3	—	102
90×32	101.6	—	42.4	—	102
100×90	114.3	—	101.6	—	102
100×80	114.3	108	88.9	89	102

5.2-5 钢制无缝异径管（GB 12459—90）（mm）（续）

公称通径 DN	端部外径				长度 L
	D_1		D_2		
	A 系列	B 系列	A 系列	B 系列	
100×65	114.3	108	76.1（73）	76	102
100×50	114.3	108	60.3	57	102
100×40	114.3	108	48.3	45	102
125×100	139.7	133	114.3	108	127
125×90	139.7	—	101.6	—	127
125×80	139.7	133	88.9	89	127
125×65	139.7	133	76.1（73）	76	127
125×50	139.7	133	60.3	57	127
150×125	168.3	159	139.7	133	140
150×100	168.3	159	114.3	108	140
150×90	168.3	—	101.6	—	140
150×80	168.3	159	88.9	89	140
150×65	168.3	159	76.1（73）	76	140
200×150	219.1	219	168.3	159	152
200×125	219.1	219	139.7	133	152
200×100	219.1	219	114.3	108	152
200×90	219.1	—	101.6	—	152
250×200	273.0	273	219.1	219	178

5.2-6 钢制有缝异径管（GB/T 13401—90）（mm）

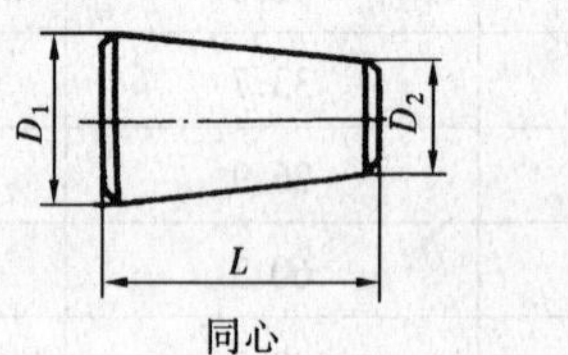

同心

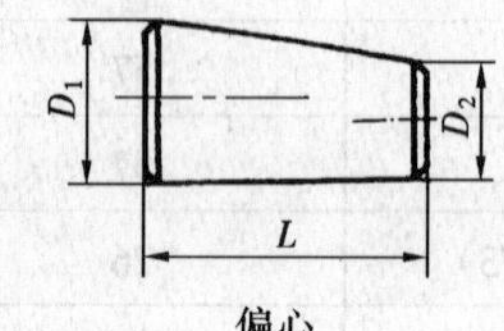

偏心

公称通径 DN	端部外径				长度 L
	D_1		D_2		
	A 系列	B 系列	A 系列	B 系列	
350×300	356	377	324	325	330
350×250	356	377	273	273	330
350×200	356	377	219	219	330
350×150	356	377	168	159	330
400×350	406	426	356	377	356
400×300	406	426	324	325	356
400×250	406	426	273	273	356
400×200	406	426	219	219	356
450×400	457	480	406	426	381
450×350	457	480	356	377	381
450×300	457	480	324	325	381
450×250	457	480	273	273	381

5.2-7 国产可锻铸铁管件

管接头外形规格尺寸

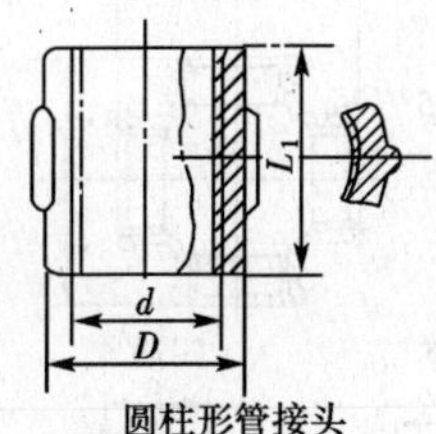

圆柱形管接头

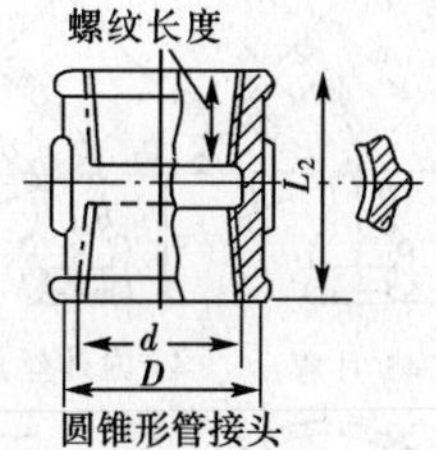

圆锥形管接头

公称直径 d		外径 D	圆柱形螺纹		圆锥形螺纹	
(mm)	(in)	(mm)	长度 L_1 (mm)	公称压力 (MPa)	长度 L_2 (mm)	公称压力 (MPa)
15	1/2	27	34	1.6	38	1.6
20	3/4	35	38	1.6	42	1.6
25	1	42	42	1.6	48	1.6
32	1¼	51	48	1.6	52	1.6
40	1½	57	52	1.6	56	1.6
50	2	70	56	1.0	60	1.0
70	2½	88	64	1.0	66	1.0
80	3	101	70	1.0	—	—
100	4	128	84	1.0	—	—

弯头、45°弯头、侧孔弯头、三通、月弯外形规格尺寸

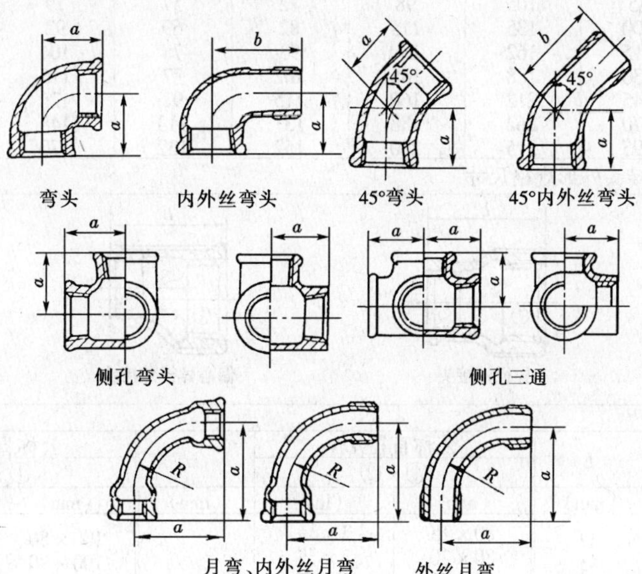

公称直径 DN		弯头 内外丝弯头		45°弯头 45°内外丝弯头		侧孔弯头	侧孔三通	月弯、内外丝月弯、外丝月弯	
		a	b	a	b	a	a	a	R
(mm)	(in)	(mm)							
15	1/2	27	40	21	31	27	27	52	34
20	3/4	32	47	25	36	32	32	65	45
25	1	38	54	29	42	38	38	82	55
32	1¼	46	62	34	49	46	46	100	72
40	1½	48	68	37	51	48	48	115	82
50	2	57	79	42	59	57	57	140	105
65	2½	69	92	49	71	69	69	175	135
80	3	78	104	54	79	78	78	205	162
90	3½	87	115	60	85	87	87	232	188
100	4	97	126	65	96	97	97	260	212
125	5	113	148	74	110	113	113	318	262
150	6	132	170	82	127	132	132	375	315

5.2-7 国产可锻铸铁管件（续）

45°月弯、U形弯、三通、四通及通丝外形规格尺寸

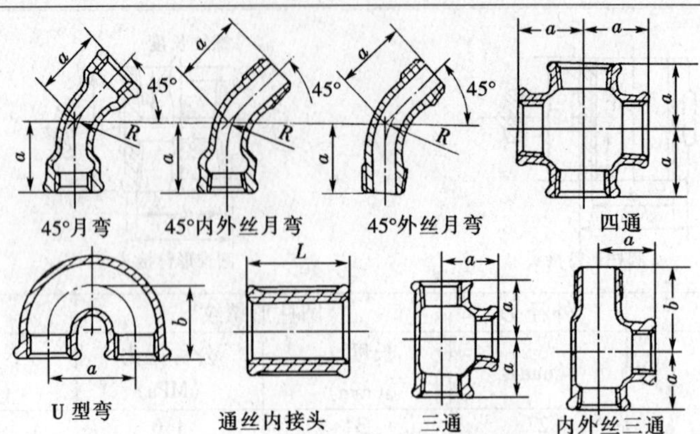

45°月弯　45°内外丝月弯　45°外丝月弯　四通

U型弯　通丝内接头　三通　内外丝三通

公 称 直 径 DN		45°月弯、45°内外丝月弯、45°外丝月弯		U形弯头		三通、内外丝三通		四 通	通丝内接头
		a	R	a	b	a	b	a	L
(mm)	(in)	(mm)							
15	1/2	38	34	38	33	27	40	27	34
20	3/4	45	45	50	41	32	47	32	38
25	1	55	55	62	50	38	54	38	44
32	1¼	63	72	75	60	46	62	46	50
40	1½	70	82	82	62	48	68	48	54
50	2	85	105	98	72	57	79	57	60
65	2½	100	135	115	82	69	92	69	70
80	3	115	162	130	93	78	104	78	75
90	3½	130	188	145	102	87	115	87	80
100	4	145	212	160	115	97	126	97	85
125	5	170	262	188	131	113	148	113	95
150	6	195	315	220	152	132	170	132	105

异径外接头偏心异径外接头外形规格尺寸

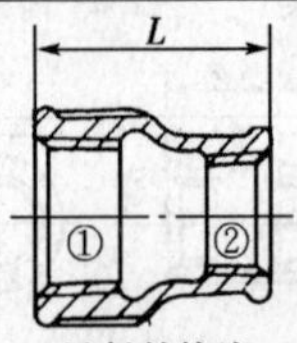

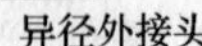
异径外接头

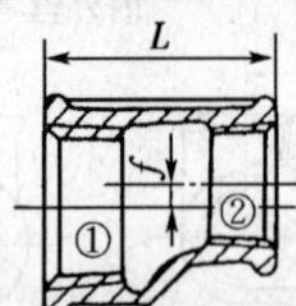

偏心异径外接头

异径外接头规格尺寸

公称直径 DN ①×②		L	公称直径 DN ①×②		L	公称直径 DN ①×②		L
(mm)	(in)	(mm)	(mm)	(in)	(mm)	(mm)	(in)	(mm)
20×15	¾×½	39	80×15	3×½	72	100×80	4×3	85
25×15	1×½	43	80×20	3×¾		100×90	4×3½	
25×20	1×¾	43	80×25	3×1		125×20	5×¾	95
32×15	1¼×½	49	80×32	3×1¼		125×25	5×1	
32×20	1¼×¾	49	80×40	3×1½		125×32	5×1¼	
32×25	1¼×1	49	80×50	3×2		125×40	5×1½	
40×15	1½×½	53	80×65	3×2½		125×50	5×2	
40×20	1½×¾		90×15	3½×½	78	125×65	5×2½	
40×25	1½×1		90×20	3½×¾		125×80	5×3	
40×32	1½×1¼		90×25	3½×1		125×90	5×3½	
50×15	2×½	59	90×32	3½×1¼		125×100	5×4	
50×20	2×¾		90×40	3½×1½		150×20	6×¾	105
50×25	2×1		90×50	3½×2		150×25	6×1	
50×32	2×1¼		90×65	3½×2½		150×32	6×1¼	
50×40	2×1½		90×80	3½×3		150×40	6×1½	
65×15	2½×½	65	100×15	4×½	85	150×50	6×2	
65×20	2½×¾		100×20	4×¾		150×65	6×2½	
65×25	2½×1		100×25	4×1		150×80	6×3	
65×32	2½×1¼		100×32	4×1¼		150×90	6×3½	
65×40	2½×1½		100×40	4×1½		150×100	6×4	
65×50	2½×2		100×50	4×2		150×125	6×5	
			100×65	4×2½				

5.2-7 国产可锻铸铁管件（续）

中小异径三通及规格尺寸

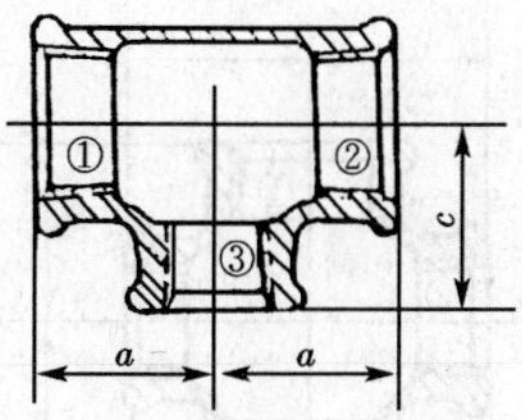

公称直径 DN ①×②×③		a	c	公称直径 DN ①×②×③		a	c
mm	in	mm		mm	in	mm	
10×10×8	⅜×⅜×¼	20	22	90×90×15	3½×3½×½	47	71
15×15×8	½×½×¼	24	24	90×90×20	3½×3½×¾	50	73
15×15×10	½×½×⅜	26	25	90×90×25	3½×3½×1	54	75
20×20×8	¾×¾×¼	25	27	90×90×32	3½×3½×1¼	57	77
20×20×10	¾×¾×⅜	28	28	90×90×40	3½×3½×1½	60	78
20×20×15	¾×¾×½	29	30	90×90×50	3½×3½×2	65	80
25×25×8	1×1×¼	27	31	90×90×65	3½×3½×2½	74	82
25×25×10	1×1×⅜	30	32	90×90×80	3½×3½×3	80	85
25×25×15	1×1×½	32	33	100×100×15	4×4×½	50	79
25×25×20	1×1×¾	34	35	100×100×20	4×4×¾	54	80
32×32×8	1¼×1¼×¼	30	37	100×100×25	4×4×1	57	83
32×32×10	1¼×1¼×⅜	33	38	100×100×32	4×4×1¼	61	86
32×32×15	1¼×1¼×½	34	38	100×100×40	4×4×1½	63	86
32×32×20	1¼×1¼×¾	38	40	100×100×50	4×4×2	69	87
32×32×25	1¼×1¼×1	40	42	100×100×65	4×4×2½	78	90
40×40×8	1½×1½×¼	31	38	100×100×80	4×4×3	83	91
40×40×10	1½×1½×⅜	34	39	100×100×90	4×4×3½	90	95
40×40×15	1½×1½×½	35	42	125×125×20	5×5×¾	55	96
40×40×20	1½×1½×¾	38	43	125×125×25	5×5×1	60	97
40×40×25	1½×1½×1	41	45	125×125×32	5×5×1¼	62	100
40×40×32	1½×1½×1¼	45	48	125×125×40	5×5×1½	66	100
50×50×8	2×2×¼	34	45	125×125×50	5×5×2	72	103
50×50×10	2×2×⅜	37	46	125×125×65	5×5×2½	81	105
50×50×15	2×2×½	38	48	125×125×80	5×5×3	87	107
50×50×20	2×2×¾	41	49	125×125×90	5×5×3½	93	109
50×50×25	2×2×1	44	51	125×125×100	5×5×4	100	111
50×50×32	2×2×1¼	48	54	150×150×20	6×6×¾	60	108
50×50×40	2×2×1½	52	55	150×150×25	6×6×1	64	110
65×65×15	2½×2½×½	41	57	150×150×32	6×6×1¼	67	113
65×65×20	2½×2½×¾	44	58	150×150×40	6×6×1½	70	114
65×65×25	2½×2½×1	48	60	150×150×50	6×6×2	75	115
65×65×32	2½×2½×1¼	52	62	150×150×65	6×6×2½	85	118
65×65×40	2½×2½×1½	55	62	150×150×80	6×6×3	92	120
65×65×50	2½×2½×2	60	65	150×150×90	6×6×3½	97	125
80×80×15	3×3×½	43	65	150×150×100	6×6×4	102	125
80×80×20	3×3×¾	46	66	150×150×125	6×6×5	116	128
80×80×25	3×3×1	50	68				
80×80×32	3×3×1¼	55	70				
80×80×40	3×3×1½	58	72				
80×80×50	3×3×2	62	72				
80×80×65	3×3×2½	72	75				

5.2-7 国产可锻铸铁管件（续）

异径四通外形及规格尺寸

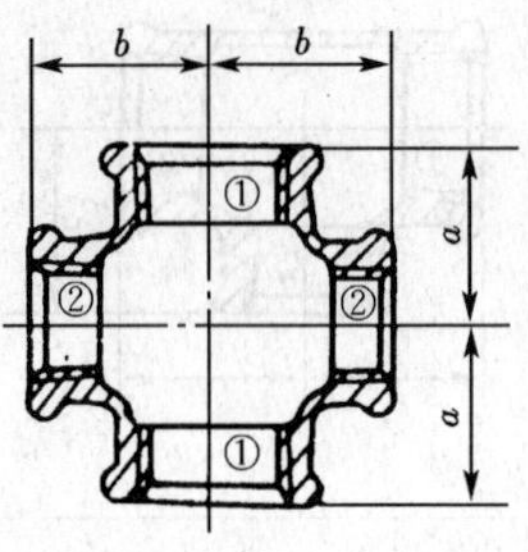

公称直径 DN ①×②		a	b	公称直径 DN ①×②		a	b	公称直径 DN ①×②		a	b
mm	in	mm		mm	in	mm		mm	in	mm	
20×15	¾×½	27	31	80×20	3×¾	46	66	100×90	4×3½	90	95
25×15	1×½	32	33	80×25	3×1	50	68	125×20	5×¾	55	96
25×20	1×¾	34	35	80×32	3×1¼	55	70	125×25	5×1	60	97
32×15	1¼×½	34	38	80×40	3×1½	58	72	125×32	5×1¼	62	100
32×20	1¼×¾	38	40	80×50	3×2	62	72	125×40	5×1½	66	100
32×25	1¼×1	40	42	80×65	3×2½	72	75	125×50	5×2	72	103
40×15	1½×½	35	42	90×15	3½×½	47	71	125×65	5×2½	81	105
40×20	1½×¾	38	43	90×20	3½×¾	50	73	125×80	5×3	87	107
40×25	1½×1	41	45	90×25	3½×1	54	75	125×90	5×3½	93	109
40×32	1½×1¼	45	48	90×32	3½×1¼	57	77	125×100	5×4	100	111
50×15	2×½	38	48	90×40	3½×1½	60	78	150×20	6×¾	60	108
50×20	2×¾	41	49	90×50	3½×2	65	80	150×25	6×1	64	110
50×25	2×1	44	51	90×65	3½×2½	74	82	150×32	6×1¼	67	113
50×32	2×1¼	48	54	90×80	3½×3	80	85	150×40	6×1½	70	114
50×40	2×1½	52	55	100×15	4×½	50	79	150×50	6×2	75	115
65×15	2½×½	41	57	100×20	4×¾	54	80	150×65	6×2½	85	118
65×20	2½×¾	44	58	100×25	4×1	57	83	150×80	6×3	92	120
65×25	2½×1	48	60	100×32	4×1¼	61	86	150×90	6×3½	97	125
65×32	2½×1¼	52	62	100×40	4×1½	63	86	150×100	6×4	102	125
65×40	2½×1½	55	62	100×50	4×2	69	87	150×125	6×5	116	128
65×50	2½×2	60	65	100×65	4×2½	78	90				
80×15	3×½	43	65	100×80	4×3	83	91				

5.2-7 国产可锻铸铁管件（续）

内接头、异径内接头外形、规格尺寸

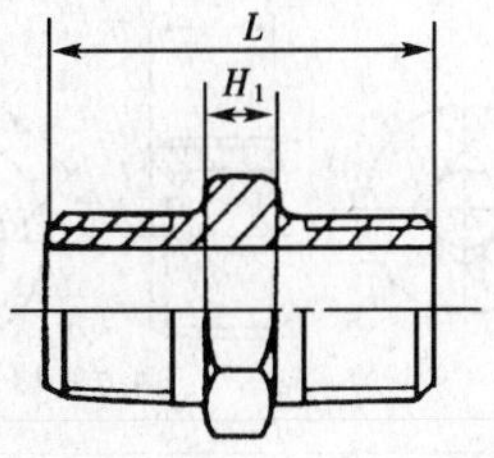

内接头

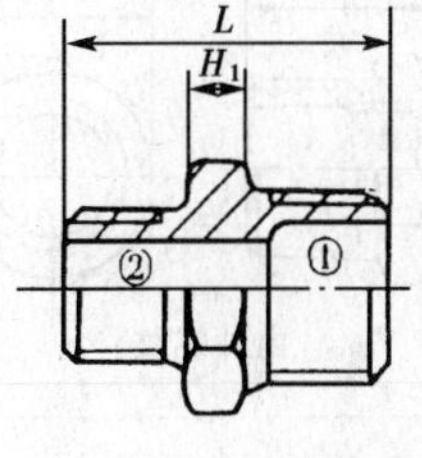

异径内接头

内接头规格尺寸

公称直径 DN		L	H_1	S	公称直径 DN		L	H_1	S
mm	in	mm			mm	in	mm		
15	½	44	8	25	25	1	54	9	36
20	¾	48	8	30	32	1¼	60	9	46
40	1½	62	9	52	90	3½	90	12	105
50	2	68	9	64	100	4	99	14	117
65	2½	78	10	80	125	5	107	16	145
80	3	84	12	92	150	6	119	20	170

异径内接头规格尺寸

公称直径 DN ①×②		L	H_1	S
mm	in	mm		
20×15	¾×½	46	8	30
25×15	1×½	49	9	36
25×20	1×¾	51		
32×15	1¼×½	52	9	46
32×20	1¼×¾	54		
32×25	1¼×1	57		
40×15	1½×½	53	9	52
40×20	1½×¾	55		
40×25	1½×1	58		
40×32	1½×1¼	61		
50×15	2×½	56	9	64
50×20	2×¾	58		
50×25	2×1	61		
50×32	2×1¼	64		
50×40	2×1½	65		
65×15	2½×½	62	10	80
65×20	2½×¾	64		
65×25	2½×1	66		
65×32	2½×1¼	69		
65×40	2½×1½	70		
65×50	2½×2	73		
80×15	3×½	66	12	92

公称直径 DN ①×②		L	H_1	S
mm	in	mm		
80×20	3×¾	68	12	92
80×25	3×1	70		
80×32	3×¼	73		
80×40	3×1½	74		
80×50	3×2	77		
80×65	3×2½	82		
90×15	3½×½	69	12	105
90×20	3½×¾	71		
90×25	3½×1	73		
90×32	3½×1¼	76		
90×40	3½×1½	77		
90×50	3½×2	80		
90×65	3½×2½	85		
90×80	3½×3	87		
100×15	4×½	74	14	117
100×20	4×¾	76		
100×25	4×1	79		
100×32	4×1¼	82		
100×40	4×1½	83		
100×50	4×2	86		
100×65	4×2½	90		

公称直径 DN ①×②		L	H_1	S
mm	in	mm		
100×80	4×3	92	14	117
100×90	4×3½	95		
125×20	5×¾	81	16	145
125×25	5×1	84		
125×32	5×1¼	87		
125×40	5×1½	88		
125×50	5×2	91		
125×65	5×2½	95		
125×80	5×3	97		
125×90	5×3½	100		
125×100	5×4	102		
150×20	6×¾	89	20	170
150×25	6×1	92		
150×32	6×1¼	95		
150×40	6×1½	96		
150×50	6×2	99		
150×65	6×2½	103		
150×80	6×3	105		
150×90	6×3½	108		
150×100	6×4	113		
150×125	6×5	115		

5.2-7 国产可锻铸铁管件（续）

螺母、螺纹、管堵外形规格尺寸

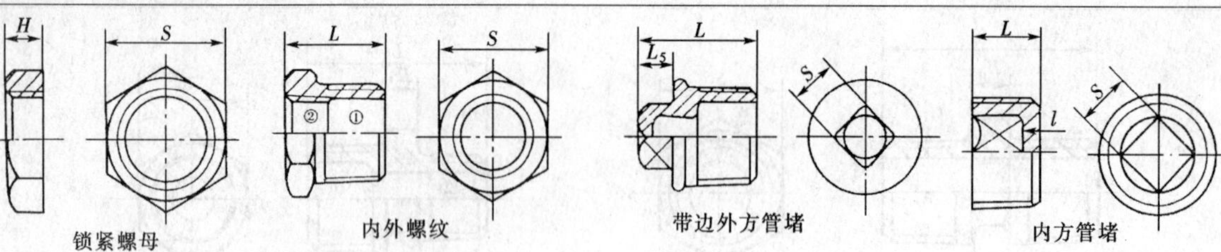

锁紧螺母规格尺寸

公称直径 DN		H	S	公称直径 DN		H	S	公称直径 DN		H	S
mm	in	mm		mm	in	mm		mm	in	mm	
15	½	9	31	40	1½	13	63	90	3½	20	121
20	¾	10	38	50	2	15	77	100	4	22	137
25	1	11	47	65	2½	17	93	125	5	25	163
32	1¼	12	56	80	3	18	109	150	6	33	191

内外螺纹规格尺寸

公称直径 DN ①×②		L	S
mm	in	mm	
20×15	¾×½	28	30
25×15	1×½	31	36
25×20	1×¾		
32×15	1¼×½	34	46
32×20	1¼×¾		
32×25	1¼×1		
40×15	1½×½	35	52
40×20	1½×¾		
40×25	1½×1		
40×32	1½×1¼		
50×15	2×½	39	64
50×20	2×¾		
50×25	2×1		
50×32	2×1¼		
50×40	2×2½		
65×15	2½×½	44	80
65×20	2½×¾		
65×25	2½×1		
65×32	2½×1¼		
65×40	2½×1½		
65×50	2½×2		

公称直径 DN ①×②		L	S
mm	in	mm	
80×15	3×½	48	92
80×20	3×¾		
80×25	3×1		
80×32	3×1¼		
80×40	3×1½		
80×50	3×2		
80×65	3×2½		
90×15	3½×½	51	105
90×20	3½×¾		
90×25	3½×1		
90×32	3½×1¼		
90×40	3½×1½		
90×50	3½×2		
90×65	3½×2½		
90×80	3½×3		
100×15	4×½	56	117
100×20	4×¾		
100×25	4×1		
100×32	4×1¼		
100×40	4×1½		
100×50	4×2		
100×65	4×2½		

公称直径 DN ①×②		L	S
mm	in	mm	
100×80	4×3	56	117
100×90	4×3½		
125×20	5×¾	61	145
125×25	5×1		
125×32	5×1¼		
125×40	5×1½		
125×50	5×2		
125×65	5×2½		
125×80	5×3		
125×90	5×3½		
125×100	5×4		
150×20	6×¾	69	170
150×25	6×1		
150×32	6×1¼		
150×40	6×1½		
150×50	6×2		
150×65	6×2½		
150×80	6×3		
150×90	6×3½		
150×100	6×4		
150×125	6×5		

带边外方管堵规格尺寸

公称直径 DN		L	L_5	S	公称直径 DN		L	L_5	S
mm	in	mm			mm	in	mm		
15	½	30	9	10	65	2½	56	16	30
20	¾	33	10	12	80	3	59	16	34
25	1	37	11	16	90	3½	65	19	40
32	1¼	41	12	18	100	4	69	19	44
40	1½	45	14	22	125	5	75	21	50
50	2	48	14	27	150	6	85	26	65

内方管堵规格尺寸

公称直径 DN		L	t	S	公称直径 DN		L	t	S
mm	in	mm			mm	in	mm		
15	½	15	4	10	40	1½	23	6	20
20	¾	17	5	12	50	2	26	7	26
25	1	19	5	16	65	2½	30	8	32
32	1¼	22	6	19					

5.2-7 国产可锻铸铁管件（续）

各种活接头外形、规格尺寸

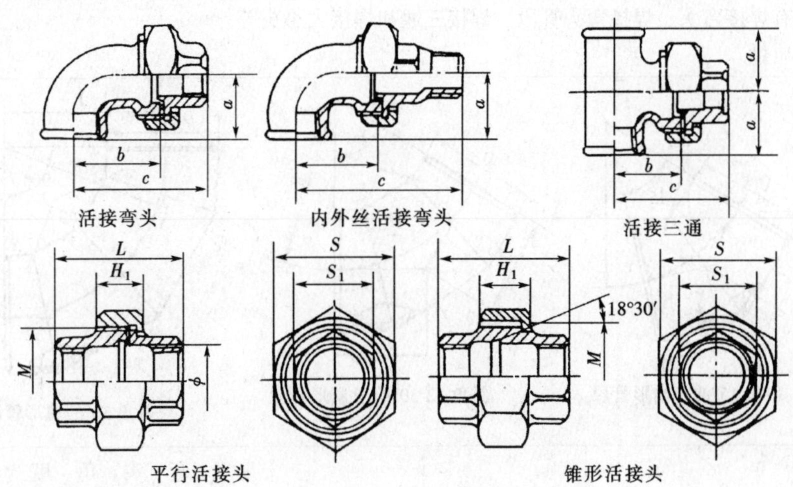

活接弯头、内外丝活接弯头规格尺寸

公称直径 DN		a	b	c	c_1	公称直径 DN		a	b	c	c_1
mm	in	mm				mm	in	mm			
15	½	27	40	62	80	40	1½	48	68	99	125
20	¾	32	47	71	91	50	2	57	79	113	142
25	1	38	54	81	103	65	2½	69	92	166	196
32	1¼	46	62	92	117						

活接三通规格尺寸

公称直径 DN		a	b	c	公称直径 DN		a	b	c
mm	in	mm			mm	in	mm		
15	½	27	40	62	40	1½	48	68	99
20	¾	32	47	71	50	2	57	79	113
25	1	38	54	81	65	2½	69	92	166
32	1¼	46	62	92					

平行活接头规格尺寸

公称直径 DN		M	ϕ	L	H_1	S_1	S	公称直径 DN		M	ϕ	L	H_1	S_1	S
mm	in	mm						mm	in	mm					
15	½	39×2	27	48	18	27	42	65	2½	100×2	84	86	30	85	112
20	¾	42×2	31	53	19	33	52	80	3	115×2	97	95	33	98	127
25	1	52×2	39	60	21	40	60	90	3½	130×2	107	107	35	112	143
32	1¼	62×2	48	65	23	50	70	100	4	145×2	123	116	38	125	158
40	1½	72×2	56	69	24	56	81	125	5	175×2	150	132	43	151	188
50	2	82×2	68	78	26	69	94	150	6	205×2	175	146	48	178	219

锥形活接头规格尺寸

公称直径 DN		M	L	H_1	S_1	S	公称直径 DN		M	L	H_1	S_1	S
mm	in	mm					mm	in	mm				
15	½	39×2	48	17	27	45	65	2½	100×2	86	28	85	112
20	¾	42×2	53	18	33	52	80	3	115×2	95	31	98	127
25	1	52×2	60	20	40	60	90	3½	130×2	107	34	112	143
32	1¼	62×2	65	22	50	70	100	4	145×2	116	38	125	158
40	1½	72×2	69	24	56	81	125	5	175×2	132	43	151	188
50	2	82×2	78	26	69	94	150	6	205×2	146	48	178	219

5.2-8 焊接钢管件

用无缝钢管或焊接钢管经下料焊接加工而成的管件

常见的焊接管件有焊接弯头、焊接弯头管段、焊接三通和焊接大小头等

焊接弯头尺寸及质量

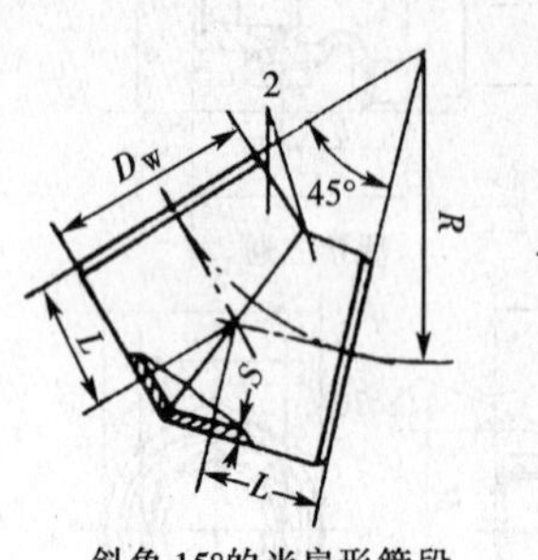

斜角 15°的半扇形管段

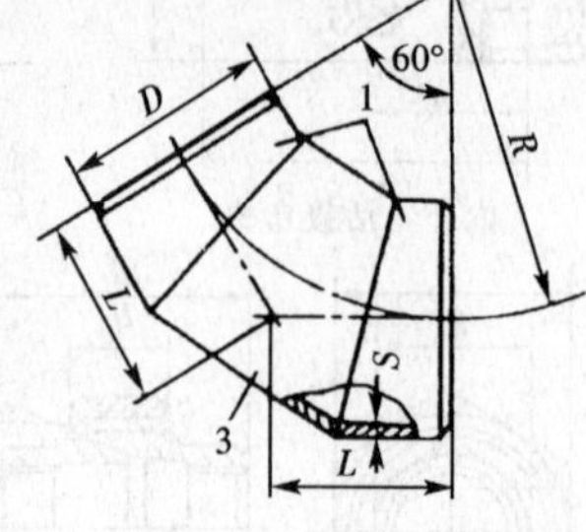

斜角 22°30′的半扇形管段

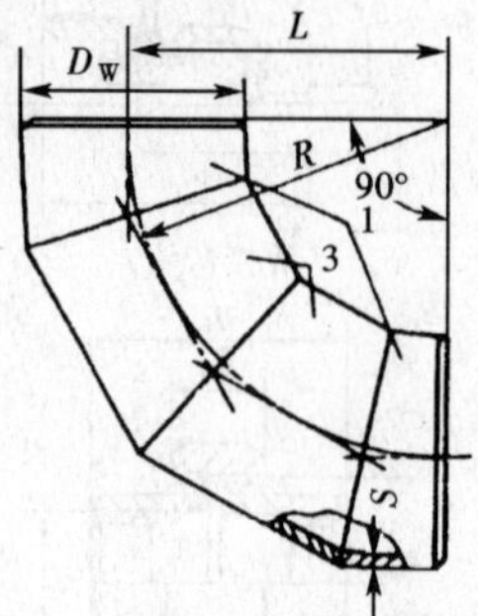

斜角 30°的扇形管段

尺寸 (mm)				PN (MPa) <	弯头角度					
					45°		60°		90°	
DN	D_w	S	R		L (mm)	质量 (kg)	L (mm)	质量 (kg)	L (mm)	质量 (kg)
150	159	4.5 6 8 10	225	4.0 6.4 * *	93	3.3 4.3 5.74 7.17	130	4.29 5.67 7.56 9.45	225	6.47 8.46 11.3 14.1
200	219	6 7 10	300	2.5 6.4 *	124	7.92 9.35 13.20	173	10.4 12.2 17.3	300	15.6 18.4 26
250	273	7 8 10	375	2.5 6.4 *	155	14.6 16.6 20.8	216	18.9 21.6 27	375	27.5 31.4 39.3
300	325	8 10 14	450	4.0 6.4 *	186	21.4 29.6 41.0	260	30.9 38.6 53.7	450	41.8 56.0 80.4
350	377	9 12 14	525	4.0 6.4 *	217	36.4 48.1 56.1	303	47.5 62.6 73.1	525	71.2 94.0 110.0
400	426	7 10 12 14	600	2.5 4.0 6.4 *	243	36.4 51.8 62.2 72.5	346	47.5 67.6 81.1 94.6	600	71.2 101 133 141
500	530	7 8	500	1.6 2.5	207	38 43.4	289	49.4 58.5	500	74 84.8
		7 8	750	1.6 2.5	310	56.4 64.5	435	73.6 84.1	750	110 126
600	630	7 10	600	1.6 2.5	249	54.1 77.1	346	70.3 100	600	106 151
		7 10	900	1.6 2.5	372	80.7 115	520	105 150	900	157 225

1. PN 值适用于非腐蚀性和低腐蚀性介质
2. * 者适用于中腐蚀性介质，适用于压力由计算确定

5.2-8 焊接钢管件（续）

等径焊接三通尺寸与质量（$PN < 10\text{MPa}$）

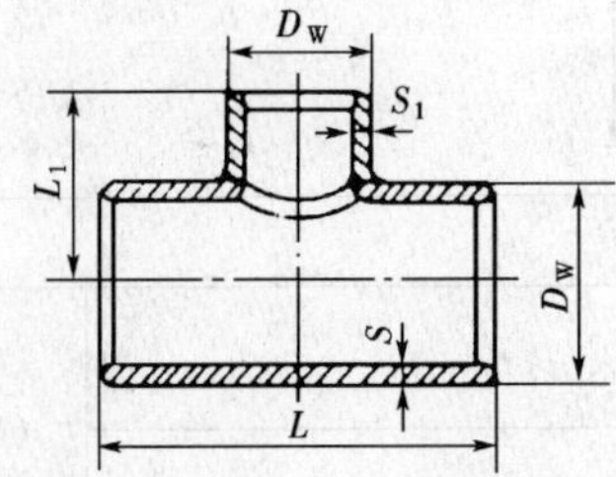

DN500、DN600的三通用电焊钢管制作，其余可用无缝钢管制作

尺寸 (mm)						质量 (kg)	PN (MPa) <
DN	D_W	L	L_1	S	$D_W \times S$		
150	159	450	220	8	159×6	17.8	6.4
				11	159×8	24	10.0
				16	159×10	34	10.0[1)]
200	219	500	250	10	219×7	33.7	6.4
				14	219×10	46.4	10.0
				20	219×12	64.7	10.0[1)]
250	273	600	305	11	273×8	55.1	6.4
				16	273×12	79	6.4[1)]
				20	273×14	97.5	10.0
300	325	700	330	14	325×10	92	6.4
				20	325×14	129	6.4[1)]
				22	325×16	145	10.0
				28	325×16	176	10.0[1)]
350	377	800	375	16	377×12	138	6.4
				20	377×14	176	6.4[1)]
				25	377×18	218	10.0
				30	377×18	360	10.0[1)]
400	426	900	405	12	426×10	135	4.0
				16	426×12	179	4.0[1)]
				20	426×14	222	6.4
				25	426×14	275	6.4[1)]

1）用于中等腐蚀介质的管道，其余均用于非腐蚀性介质及低腐蚀性介质的管道

5.2-8 焊接钢管件（续）

异径焊接三通尺寸及质量（$PN < 10$MPa）

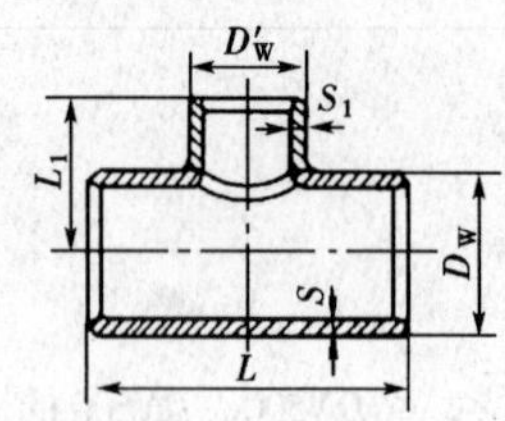

尺寸 (mm)								PN (MPa) <	质量 (kg)
$DN \times DN'$	D_W	D'_W	L	L_1	S	S_1	（例）$D_W \times S - D'_W \times S_1$		
150×100	159	108	450	210	6 11 16	7 7 9	159×6－108×4 159×8－108×5 150×10－108×7	1.54 2.0 2.77	64 100 100*
150×125	159	133	450	220	8 11 16	7 7 10	159×6－133×4 159×8－133×7 159×10－133×9	1.6 2.05 2.9	64 100 100*
200×125	219	133	500	250	10 14 20	7 7 10	219×7－133×4 219×10－133×7 219×12－133×9	2.82 3.75 5.22	64 100 100*
200×150	219	159	500	250	10 14 20	7 8 11	219×7－159×6 219×10－159×8 219×12－159×10	2.86 3.86 5.82	64 100 100*
250×150	273	159	600	280	11 16 20	7 8 11	273×8－159×6 273×12－159×8 273×14－159×10	4.53 6.35 7.7	64 64* 100
250×200	273	219	600	280	11 16 20	9 10 14	273×8－219×7 273×12－219×10 273×14－219×12	4.78 6.56 8.24	64 64* 100
300×200	325	219	700	330	14 20 22	9 10 14	325×10－219×7 325×14－219×10 325×16－219×12	8.05 11.3 12.3	64 64* 100
300×250	325	273	700	330	14 20 22	9 11 16	325×10－273×8 325×14－273×12 325×16－273×14	8.13 11.4 12.7	64 64* 100
350×250	377	273	800	360	16 20 25	9 11 16	377×12－273×8 377×14－273×12 377×18－273×14	11.9 14.7 18.3	64 64* 100

5.2-8 焊接钢管件（续）

焊接同心、偏心异径管尺寸与质量（$PN<4$MPa）

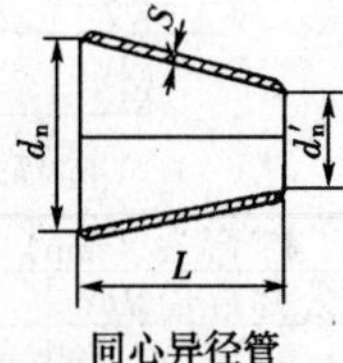

同心异径管

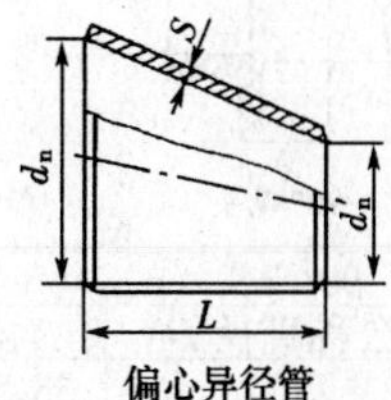

偏心异径管

尺　寸　(mm)						质　量 (kg)
$DN\times DN'$	d_n	d'_n	L	S	（例）$D_W\times S-D'_W\times S_1$	
150×100 150×125	151	99 124	140	5	159×4.5－108×4 159×4.5－133×4	2.3 2.5
150×100 150×125	147	92 117	140	8	159×7－108×7 159×7－133×7	3.6 3.9
200×125 200×150	206	124 149	180	8	219×7－133×4 219×7－159×4.5	6.4 6.7
200×125 200×150	206	117 143	180	8	219×8－133×7 219×8－159×7	6.3 6.6
250×150 250×200	259	149 204	190	8	273×7－159×4.5 273×7－219×7	8.5 9.2
250×150 250×200	259	143 201	190	10	273×9－159×7 273×9－219×8	10.4 11.5
300×200 300×250	309	204 257	225	10	325×9－219×7 325×9－273×7	15.3 16.6
300×150 300×200 300×250	307	143 201 253	225	10	325×10－159×7 325×10－219×8 325×10－273×9	14.1 15.3 16.1
350×250 350×300	361	255 307	300	10	377×9－273×7 377×9－325×9	24.6 25.8
350×250 350×300	360	253 303	300	10	377×10－273×9 377×10－325×10	24 26.4
400×300 400×350	408	305 357	350	10	426×10－325×9 426×10－377×9	33 34.4
400×300 400×350	406	303 355	350	12	426×11－325×10 426×11－377×10	39.6 41.3
500×350 500×400	514	357 404	600	10	530×9－377×9 530×9－426×10	65.7 70.7
500×350 500×400	506	355 402	600	14	530×14－377×10 530×14－426×11	92.9 98.9

1. 表中所列的质量系指同心异径管的质量，偏心异径管的质量需加大 1%～3%
2. 表列异径管可用单块钢板卷制单缝焊接；也可用两块钢板卷制双缝焊接
3. $DN<400$ 的异径管可用于 $PN<4$MPa 的条件下，$DN500$ 则用于 $PN<1.6$MPa 的条件下
4. 所用的钢板厚度可较表中规定厚度值大 1mm 或小 1mm

5.2-9 给水硬聚氯乙烯管件

90°弯头、45°弯头规格尺寸

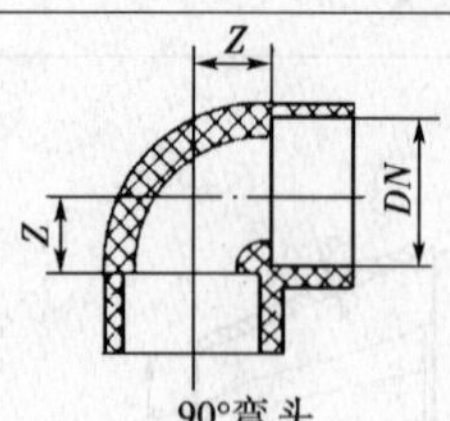

90°弯头

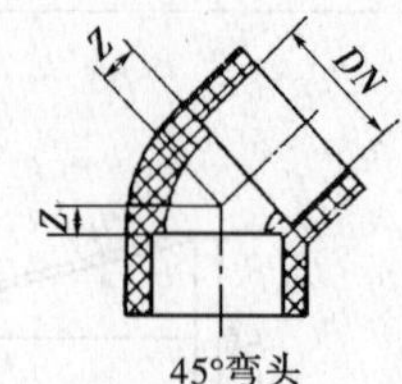

45°弯头

90°弯头（mm）		90°弯头（mm）		45°弯头（mm）		45°弯头（mm）	
承口公称直径 *DN*	*Z*	承口公称直径 *DN*	*Z*	承口公称直径 *DN*	*Z*	承口公称直径 *DN*	*Z*
20	11 ± 1	75	38.5^{+4}_{-1}	20	5 ± 1	75	16.5^{+4}_{-1}
25	$13.5^{+1.2}_{-1}$	90	46^{+5}_{-1}	25	$6^{+1.2}_{-1}$	90	19.5^{+5}_{-1}
32	$17^{+1.6}_{-1}$	110	56^{+6}_{-1}	32	$7.5^{+1.6}_{-1}$	110	23.5^{+6}_{-1}
40	21^{+2}_{-1}	125	63.5^{+6}_{-1}	40	9.5^{+2}_{-1}	125	27^{+6}_{-1}
50	$26^{+2.5}_{-1}$	140	71^{+7}_{-1}	50	$11.5^{+2.5}_{-1}$	140	30^{+7}_{-1}
65	$32.5^{+3.2}_{-1}$	160	81^{+8}_{-1}	65	$14^{+3.2}_{-1}$	160	34^{+8}_{-1}

90°三通、45°三通规格尺寸（mm）

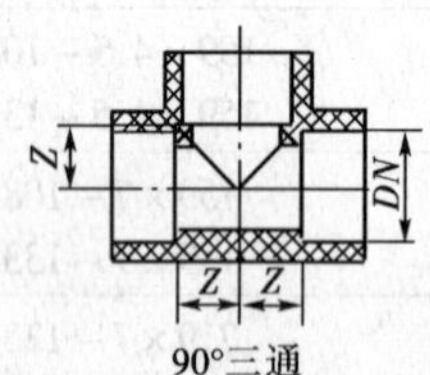

90°三通

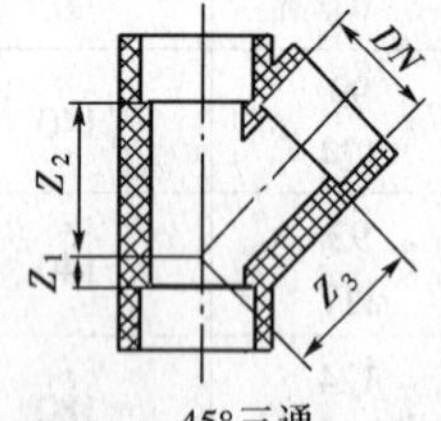

45°三通

90°三通		45°三通			90°三通		45°三通		
承口公称直径 *DN*	*Z*	承口公称直径 *DN*	Z_1	Z_2	承口公称直径 *DN*	*Z*	承口公称直径 *DN*	Z_1	Z_2
20	11 ± 1	20	6^{+2}_{-1}	27 ± 3	75	38.5^{+4}_{-1}	75	17^{+2}_{-1}	94^{+9}_{-3}
25	$13.5^{+1.2}_{-1}$	25	7^{+2}_{-1}	33 ± 3	90	46^{+5}_{-1}	90	20^{+3}_{-1}	112^{+11}_{-3}
32	$17^{+1.6}_{-1}$	32	8^{+2}_{-1}	42^{+4}_{-3}	110	56^{+6}_{-1}	110	24^{+3}_{-1}	137^{+13}_{-4}
40	21^{+2}_{-1}	40	10^{+2}_{-1}	51^{+5}_{-3}	125	63.5^{+6}_{-1}	125	27^{+3}_{-1}	157^{+15}_{-4}
50	$26^{+2.5}_{-1}$	50	12^{+2}_{-1}	63^{+6}_{-3}	140	71^{+7}_{-1}	140	30^{+4}_{-1}	175^{+17}_{-5}
65	$32.5^{+3.2}_{-1}$	65	14^{+2}_{-1}	79^{+7}_{-3}	160	81^{+8}_{-1}	160	35^{+4}_{-1}	200^{+20}_{-6}

异径管（长型）（短型）规格尺寸

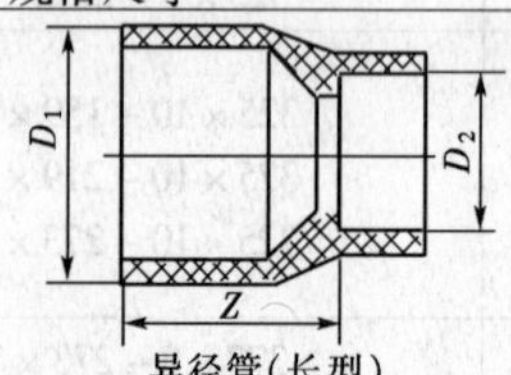

异径管（长型）

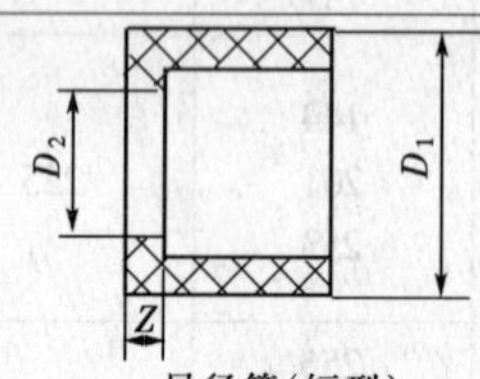

异径管（短型）

异径管长型（mm）						异径管短型（mm）					
直径		*Z*	直径		*Z*	直径		*Z*	直径		*Z*
D_1	D_2		D_1	D_2		D_1	D_2		D_1	D_2	
25	20	25 ± 1	65	40	54 ± 1.5	25	20	2.5 ± 1	65	40	11.5 ± 1
32	20	30 ± 1	65	50	54 ± 1.5	32	20	6 ± 1	65	50	6.5 ± 1
32	25	30 ± 1	75	32	62 ± 1.5	32	25	3.5 ± 1	75	32	21.5 ± 1
40	20	36 ± 1.5	75	40	62 ± 1.5	40	20	10 ± 1	75	40	17.5 ± 1
40	25	36 ± 1.5	75	50	62 ± 1.5	40	25	7.5 ± 1	75	50	12.5 ± 1
40	32	36 ± 1.5	75	65	62 ± 1.5	40	32	4 ± 1	75	65	6 ± 1
50	20	44 ± 1.5	90	40	74 ± 2	50	20	15 ± 1	90	40	25 ± 1
50	25	44 ± 1.5	90	50	74 ± 2	50	25	12.5 ± 1	90	50	20 ± 1
50	32	44 ± 1.5	90	65	74 ± 2	50	32	9 ± 1	90	65	13.5 ± 1
50	40	44 ± 1.5	90	75	74 ± 2	50	40	5 ± 1	90	75	7.5 ± 1
65	25	54 ± 1.5	110	50	88 ± 2	65	25	19 ± 1	110	50	30 ± 1
65	32	54 ± 1.5	110	65	88 ± 2	65	32	15.5 ± 1	110	65	23.5 ± 1
110	75	88 ± 2	140	90	111 ± 2	110	75	17.5 ± 1	140	90	25 ± 1
110	90	88 ± 2	140	110	111 ± 2	110	90	10 ± 1	140	110	15 ± 1
125	65	100 ± 2	140	125	111 ± 2	125	65	31 ± 1	140	125	7.5 ± 1
125	75	100 ± 2	160	90	126 ± 2	125	75	25 ± 1	160	90	35 ± 1
125	90	100 ± 2	160	110	126 ± 2	125	90	17.5 ± 1	160	110	25 ± 1
125	110	100 ± 2	160	125	126 ± 2	125	110	7.5 ± 1	160	125	17.5 ± 1
140	175	111 ± 2	160	140	126 ± 2	140	75	32.5 ± 1	160	140	10 ± 1

5.2-9 给水硬聚氯乙烯管件（续）

套管、管堵规格尺寸

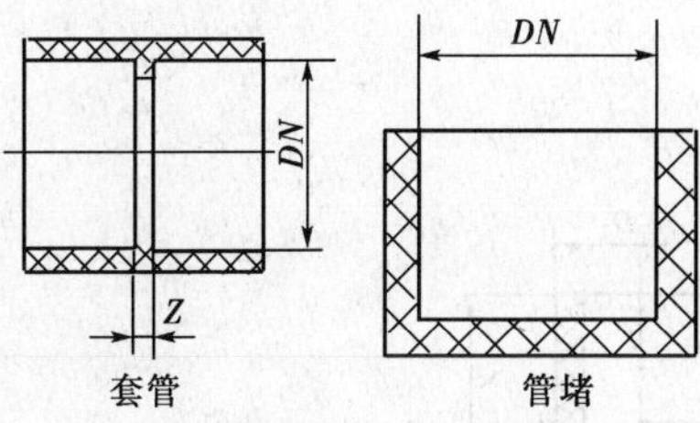

套管 管堵

套管 (mm)				管堵 (mm)	
承口公称直径 DN	Z	承口公称直径 DN	Z	公称直径 DN	Z
20	3 ± 1	75	4^{+2}_{-1}	20	75
25	$3^{+1.2}_{-1}$	90	5^{+2}_{-1}	25	90
32	$3^{+1.6}_{-1}$	110	6^{+3}_{-1}	32	110
40	3^{+2}_{-1}	125	6^{+3}_{-1}	40	125
50	3^{+2}_{-1}	140	8^{+3}_{-1}	50	140
65	3^{+2}_{-1}	160	8^{+4}_{-1}	65	160

活接头规格尺寸（mm）

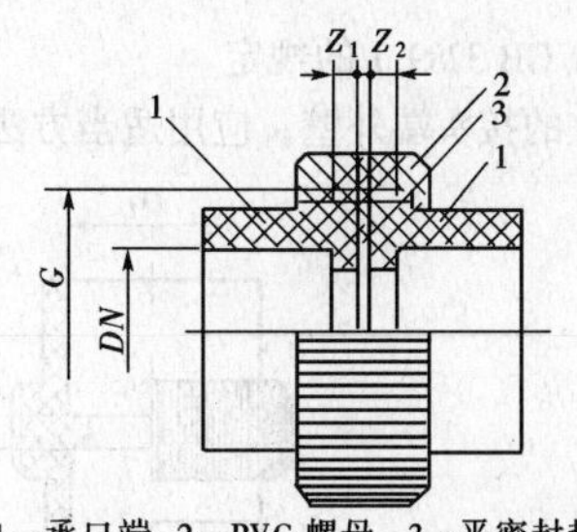

1—承口端 2—PVC 螺母 3—平密封垫圈

接头端（承口）			接头螺母	接头端（承口）			接头螺母
DN	Z_1	Z_2	G (in)	DN	Z_1	Z_2	G (in)
20	8 ± 1	3 ± 1	1	40	10^{+2}_{-1}	3 ± 1	2
25	$8^{+1.2}_{-1}$	3 ± 1	1¼	50	12^{+2}_{-1}	3 ± 1	2¼
32	$8^{+1.6}_{-1}$	3 ± 1	1½	65	15^{+2}_{-1}	3 ± 1	2¾

5.2-10 变接头

PVC 变螺纹

变接头 90°弯头、90°三通规格尺寸（mm）

螺纹应符合 GB3289.1 的规定

在有内螺纹的接头外壁，应用适当方法加强

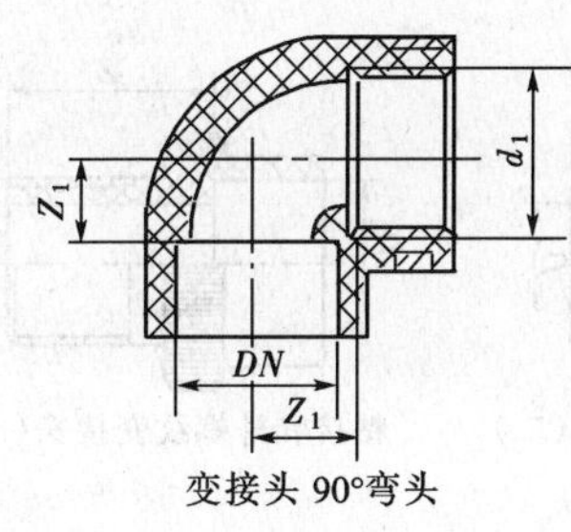

变接头 90°弯头

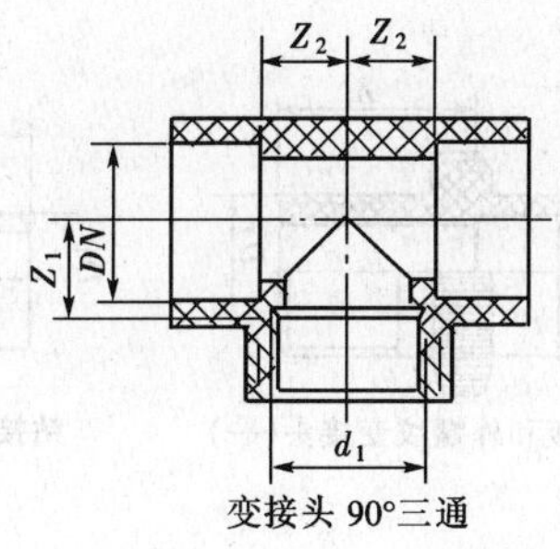

变接头 90°三通

种类 / 项目		90°弯头		90°三通		种类 / 项目		90°弯头		90°三通	
承口公称直径 DN	螺纹公称尺寸 DN	Z_1	Z_2	Z_1	Z_2	承口公称直径 DN	螺纹公称尺寸 DN	Z_1	Z_2	Z_1	Z_2
20	15	11 ± 1	14 ± 1	14 ± 1	11 ± 1	40	32	21^{+2}_{-1}	28^{+2}_{-1}	28^{+2}_{-1}	21^{+2}_{-1}
25	20	$13.5^{+1.2}_{-1}$	$17^{+1.2}_{-1}$	$17^{+1.2}_{-1}$	$13.5^{+1.2}_{-1}$	50	40	$26^{+2.5}_{-1}$	$38^{+2.8}_{-1}$	$38^{+2.5}_{-1}$	$26^{+2.5}_{-1}$
32	25	$17^{+1.6}_{-1}$	$22^{+1.6}_{-1}$	$22^{+1.6}_{-1}$	$17^{+1.6}_{-1}$	65	50	$32.5^{+3.2}_{-1}$	$47^{+3.2}_{-1}$	$47^{+3.2}_{-1}$	$32.5^{+3.2}_{-1}$

5.2-10 变接头（续）

粘接和内螺纹变接头规格尺寸

1 螺纹应符合 GB 3289.1 的规定

2 在有内螺纹的接头端外壁，应用适当方法加强

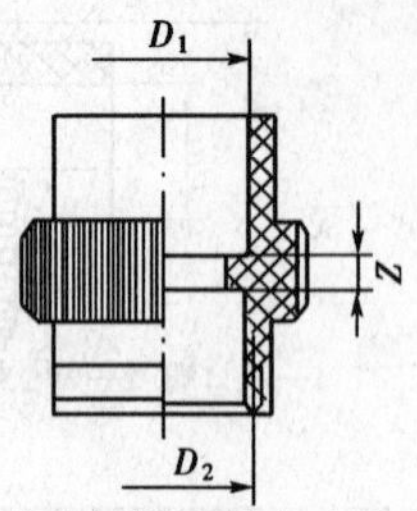

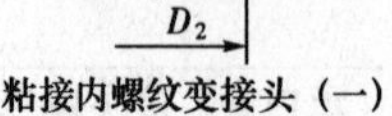

粘接内螺纹变接头（一）

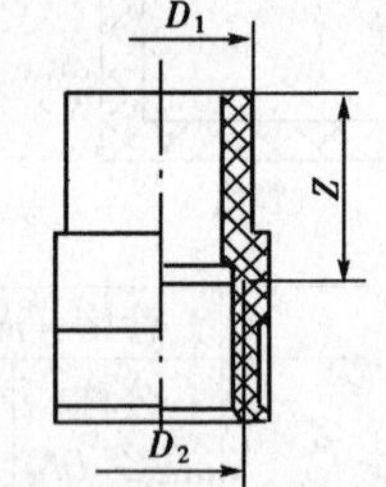

粘接内螺纹变接头（二）

粘接内螺纹变接头（一）			粘接内螺纹变接头（二）			粘接内螺纹变接头（一）			粘接内螺纹变接头（二）		
承口直径 D_1（mm）	螺纹尺寸 D_2（in）	Z（mm）	承口直径 D_1（mm）	螺纹尺寸 D_2（in）	Z（mm）	承口直径 D_1（mm）	螺纹尺寸 D_2（in）	Z（mm）	承口直径 D_1（mm）	螺纹尺寸 D_2（in）	Z（mm）
20	Rc1/2	5 ± 1	20	Rc3/8	24 ± 1	40	Rc1¼	5^{+2}_{-1}	40	Rc1	38^{+2}_{-1}
25	Rc3/4	$5^{+1.2}_{-1}$	25	Rc1/2	$27^{+1.2}_{-1}$	50	Rc1½	7^{+2}_{-1}	50	Rc1¼	$46^{+2.5}_{-1}$
32	Rc1	$5^{+1.6}_{-1}$	32	Rc3/4	$32^{+1.6}_{-1}$	60	Rc2	7^{+2}_{-1}	65	Rc1½	$57^{+3.2}_{-1}$

粘接和外螺纹变接头的规格尺寸

螺纹应符合 GB 3289.1 规定

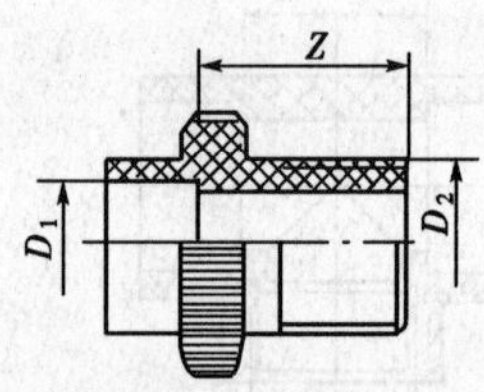

粘接和外螺纹变接头(一)

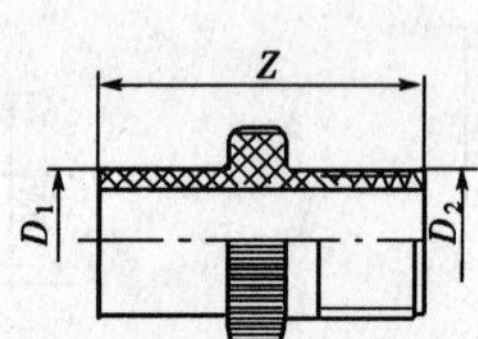

粘接和外螺纹变接头(二)

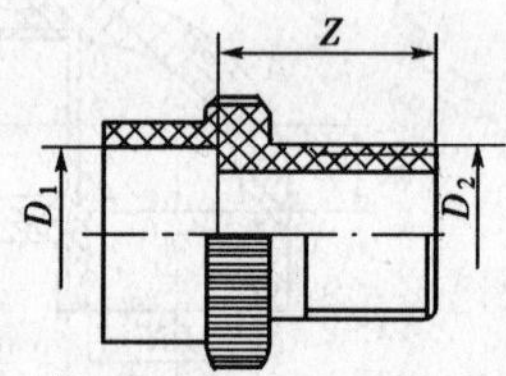

粘接和外螺纹变接头(三)

承口直径 D_1（mm）	外螺纹变接头（一）		外螺纹变接头（二）		外螺纹变接头（三）	
	螺纹尺寸 D_2（in）	Z（mm）	螺纹尺寸 D_2（in）	Z（mm）	螺纹尺寸 D_2（in）	Z（mm）
20	Rc1/2	5 ± 1	Rc3/8	24 ± 1	R1/2	23 ± 1
25	Rc3/4	$5^{+1.2}_{-1}$	Rc1/2	$27^{+1.2}_{-1}$	R3/4	$25^{+1.2}_{-1}$
32	Rc1	$5^{+1.6}_{-1}$	Rc3/4	$32^{+1.6}_{-1}$	R1	$28^{+1.6}_{-1}$
40	Rc1¼	5^{+2}_{-1}	Rc1	38^{+2}_{-1}	R1¼	31^{+2}_{-1}
50	Rc1½	7^{+2}_{-1}	Rc1¼	$46^{+2.5}_{-1}$	R1½	$32^{+2.5}_{-1}$
65	Rc2	7^{+2}_{-1}	Rc1½	$57^{+3.2}_{-1}$	R2	$38^{+3.2}_{-1}$

5.2-11 ABS和PVC-U管件接头

90°和45°弯头规格尺寸

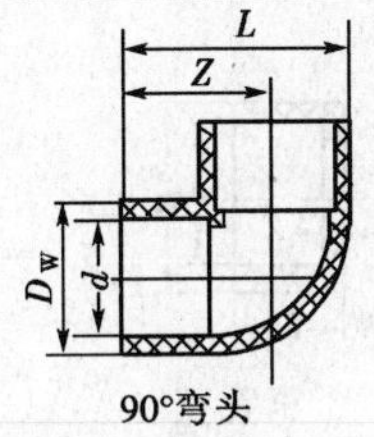

90°弯头

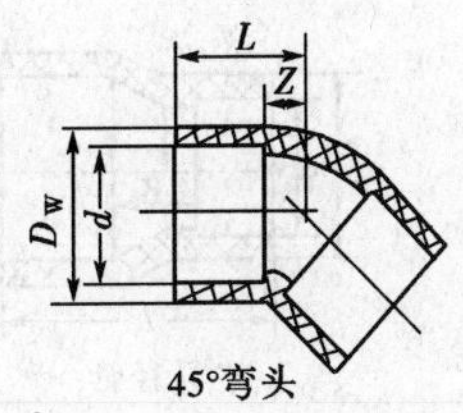

45°弯头

公称直径 DN（mm）	90°弯头 外形尺寸（mm）				45°弯头 外形尺寸（mm）				生产厂家
	d	L	Z	D_W	d	L	Z	D_W	
15	21	44	25	31	—	—	—	—	浙江佑利工程塑料管道总厂，安徽百通塑胶有限公司、四川川路塑胶有限公司生产UPVC
20	25	50	35	32	25	32	27	32	
25	32	60	40	40	32	40	31	40	
32	40	74	50	50	40	50	36	50	
40	50	87	57	60	50	60	44	60	
50	63	109	72	74	63	74	51	74	
65	75	128	84	88	75	88	71	88	
80	94	158	104	108	94	106	74	108	
100	110	184	124	122	110	128	88	122	
125	140	204	132	156	—	—	—	—	
150	160	258	169	179	—	—	—	—	
200	225	348	224	248	—	—	—	—	

三通和四通规格尺寸

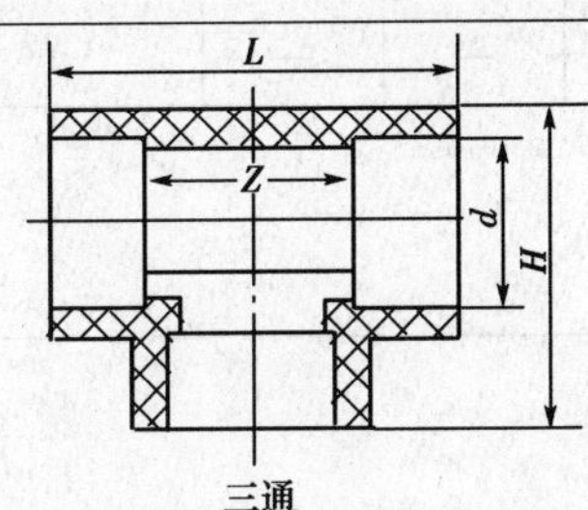

三通

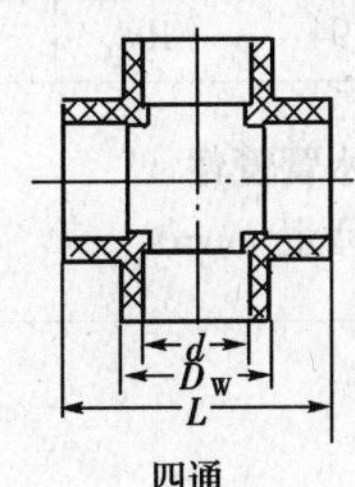

四通

公称直径 DN（mm）	三通 外形尺寸（mm）				四通 外形尺寸（mm）			生产厂家
	d	L	H	Z	d	D_W	L	
15	21	61	46	22	21	26	62	浙江佑利工程塑料管道总厂，安徽百通塑胶有限公司、四川川路塑胶有限公司生产UPVC
20	25	71	50	27	25	31	70	
25	32	80	60	34	32	40	80	
32	40	108	74	42	40	48	95	
40	50	118	88	52	50	60	116	
50	63	140	106	65	63	74	141	
65	75	170	128	76	75	87	170	
80	94	188	153	92	94	106	204	
100	110	243	185	112	110	128	240	
125	140	294	205	142	140	156	276	
150	160	334	263	162	160	178	348	
200	225	466	325	228	225	248	485	

5.2-11　ABS 和 PVC-U 管件接头（续）

异径管和束管规格尺寸

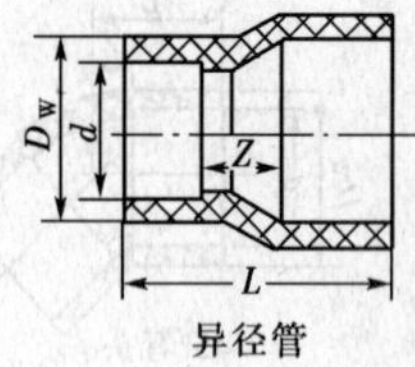

异径管

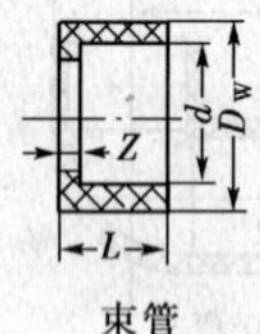

束管

公称直径 DN（mm）	异径管 外形尺寸（mm）				束管 外形尺寸（mm）				生产厂家
	d	D_W	L	Z	d	D_W	L	Z	
15～20	21	25	40	5	21	25	20	4	浙江佑利工程塑料管道总厂，安徽百通塑胶有限公司、四川川路塑胶有限公司生产 UPVC
20～25	25	32	53	8	25	32	18	3	
25～32	32	40	62	8	32	40	25	3	
32～40	40	50	72	11	40	50	30	5	
40～50	50	63	82	13	50	63	35	5	
50～65	63	75	85	7	63	75	43	6	
65～80	75	94	105	14	75	94	56	6	
80～100	94	110	112	14	94	110	67	7	
100～125	110	140	140	14	—	—	—	—	
125～150	140	160	180	20	—	—	—	—	
150～200	160	225	233	24	—	—	—	—	
100～150	110	160	180	14	—	—	—	—	
50～80	63	94	108	24	—	—	—	—	

5.2-12　硬聚氯乙烯排水管管件

45°、90°弯头规格尺寸（mm）

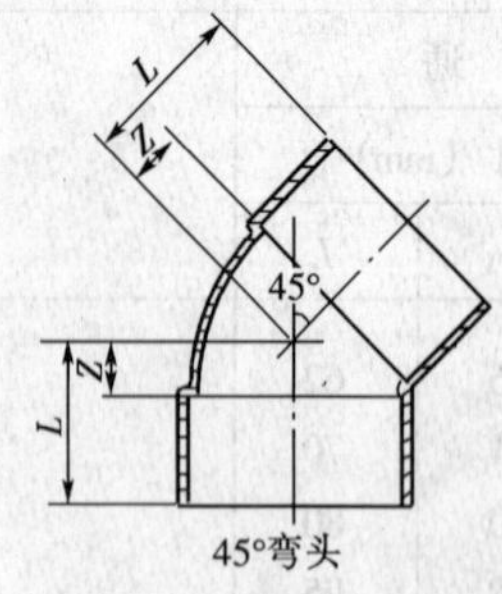

45°弯头

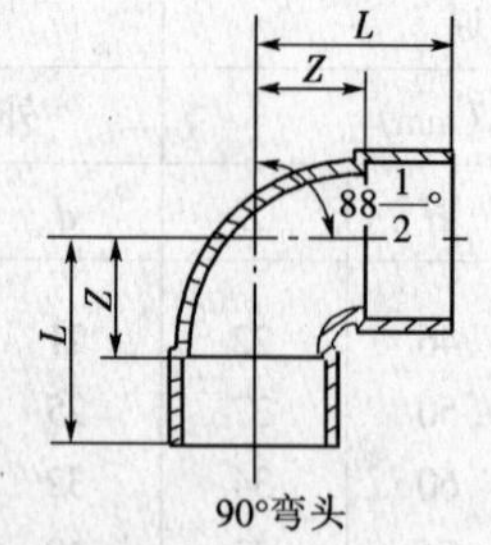

90°弯头

公称外径 D	45°弯头 Z	45°弯头 L	90°弯头 Z	90°弯头 L	公称外径 D	45°弯头 Z	45°弯头 L	90°弯头 Z	90°弯头 L
50	12	37	40	65	110	25	73	70	118
75	17	57	50	90	125	29	80	72	123
90	22	68	52	98	160	36	94	90	148

5.2-12　硬聚氯乙烯排水管管件（续）

45°三通、90°三通规格尺寸（mm）

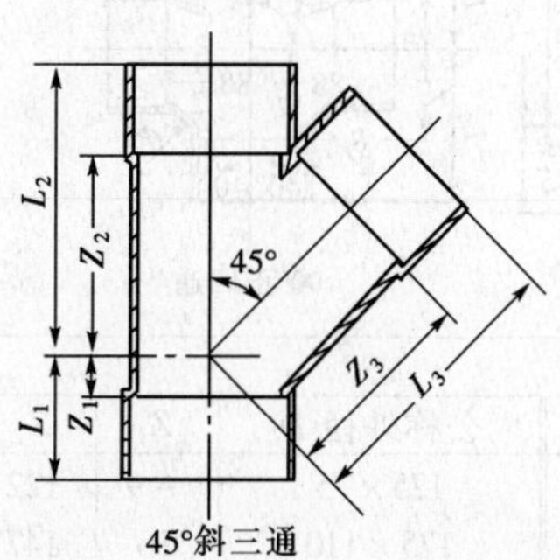

45°斜三通

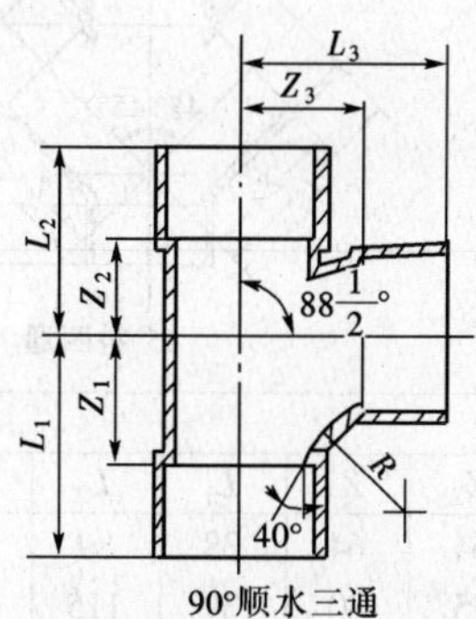

90°顺水三通

45°斜三通规格尺寸

公称外径 D	Z_1	Z_2	Z_3	L_1	L_2	L_3
50×50	13	64	64	38	89	89
75×50	-1	75	80	39	115	105
75×75	18	94	94	58	134	134
90×50	-8	87	95	38	133	120
90×90	19	115	115	65	161	161
110×50	-16	94	110	32	142	135
110×75	-1	113	121	47	161	161
110×110	25	138	138	73	186	186
125×50	-26	104	120	25	155	145
125×75	-9	122	132	42	173	172
125×110	16	147	150	67	198	198
125×125	27	157	157	78	208	208
160×75	-26	140	158	32	198	198
160×90	-16	151	165	42	209	211
160×110	-1	165	175	57	223	223
160×125	9	176	183	67	234	234
160×160	34	199	199	92	257	257

90°顺水三通规格尺寸

公称外径 D	Z_1	Z_2	Z_3	L_1	L_2	L_3	R
50×50	30	26	35	55	51	60	31
75×75	47	39	54	87	79	94	49
90×90	56	47	64	102	93	110	59
110×50	30	29	65	78	77	90	31
110×75	48	41	72	96	89	112	49
110×110	68	55	77	116	103	125	63
125×125	77	65	88	128	116	139	72
160×160	97	83	110	155	141	168	82

瓶型三通的规格尺寸（mm）

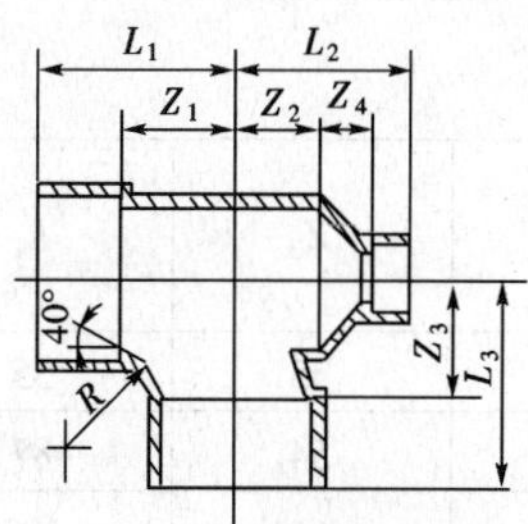

公称外径 D	Z_1	Z_2	Z_3	Z_4	L_1	L_2	L_3	R
110×50	68	55	77	21	116	101	125	63
110×75	68	56	77	23	116	104	117	63

5.2-12 硬聚氯乙烯排水管管件（续）

45°斜四通、90°正四通规格尺寸

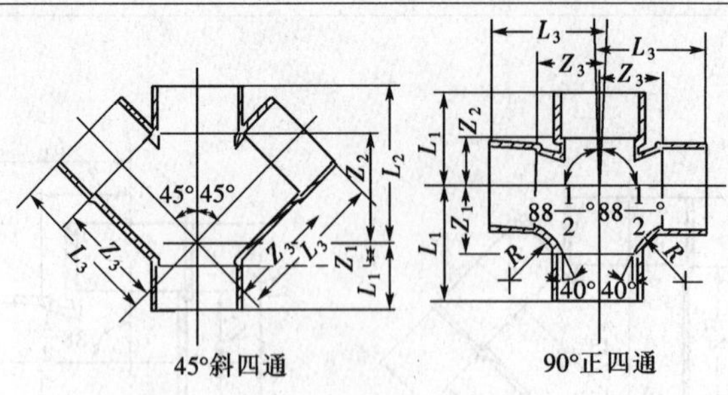

45°斜四通规格尺寸（mm）

公称外径 D	Z_1	Z_2	Z_3	L_1	L_2	L_3	公称外径 D	Z_1	Z_2	Z_3	L_1	L_2	L_3
50×50	13	64	64	38	89	89	125×75	−9	122	132	42	173	172
75×50	−1	75	80	39	115	105	125×110	16	147	150	67	198	198
75×75	18	94	94	58	134	134	125×125	27	157	157	78	208	208
90×50	−8	87	95	38	133	120	160×75	−26	140	158	32	198	198
90×90	19	115	115	65	161	161	160×90	−16	151	165	42	209	211
110×50	−16	94	110	32	142	135	160×110	−1	165	175	57	223	223
110×75	−1	113	121	47	161	161	160×125	9	176	183	67	234	234
110×110	25	138	138	73	186	186	160×160	34	199	199	92	257	257
125×50	−26	104	120	25	155	145							

90°正四通规格尺寸

公称外径 D	Z_1	Z_2	Z_3	L_1	L_2	L_3	R	公称外径 D	Z_1	Z_2	Z_3	L_1	L_2	L_3	R
50×50	30	26	35	55	51	60	31	110×75	48	41	72	96	89	112	49
75×75	47	39	54	87	79	94	49	110×110	68	55	77	116	103	125	63
90×90	56	47	64	102	93	110	59	125×125	77	65	88	128	116	139	72
110×50	30	29	65	78	77	90	31	160×160	97	83	110	155	141	168	82

直角四通规格尺寸

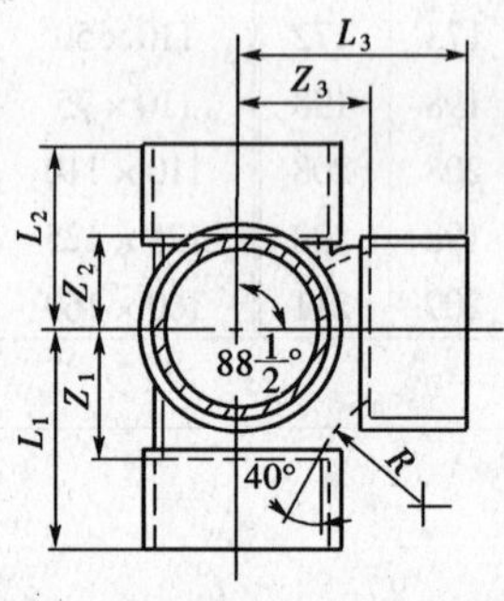

公称外径 DN (mm)	Z_1	Z_2	Z_3	L_1	L_2	L_3	R
50×50	30	26	35	55	51	60	31
75×75	47	39	54	87	79	94	49
90×90	56	47	64	102	93	110	59
110×50	30	29	65	78	77	90	31
110×75	48	41	72	94	89	112	49
110×110	68	55	77	116	103	125	63
125×125	77	65	88	128	116	139	72
160×160	97	83	110	155	141	168	82

5.2-12 硬聚氯乙烯排水管管件（续）

存水弯

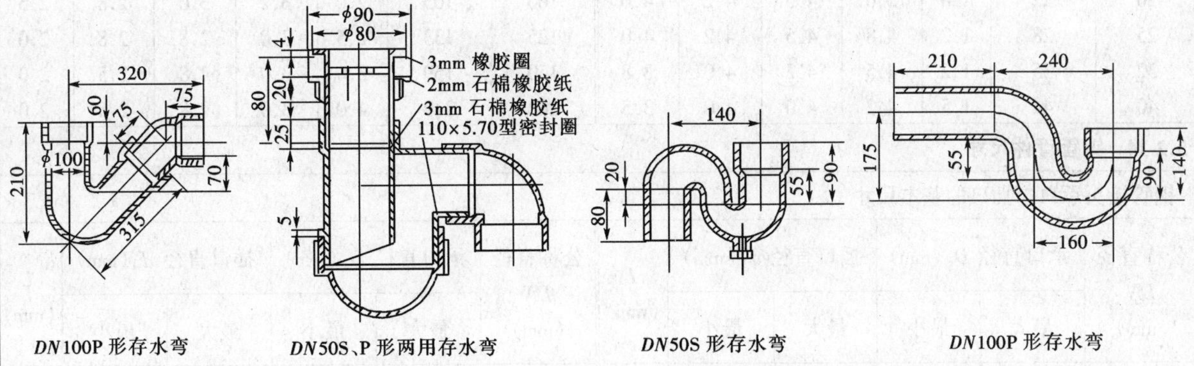

*DN*100P 形存水弯　*DN*50S、P 形两用存水弯　*DN*50S 形存水弯　*DN*100P 形存水弯

5.2-13 铜管件工作压力

LT 铜管接头各种温度下的工作压力（H 系列）

公称通径 *DN* (mm)	铜管外径 D_W (mm)	壁厚 *T* (mm)	工作压力（MPa） 70℃	100℃	150℃	200℃	公称通径 *DN* (mm)	铜管外径 D_W (mm)	壁厚 *T* (mm)	工作压力（MPa） 70℃	100℃	150℃	200℃
5	6	0.75	11	10.2	10	8	40	44	2	3.8	3.5	3.2	2.2
6	8	1	10.5	10.0	10	7	50	55	2	3.5	3.2	3	2
8	10	1	9	8.5	8.5	6.5	65	70	2.5	3.2	3	3	1.8
10	12	1	7	6.5	6.2	5.0	80	85	2.5	3	2.5	2.5	1.5
15	16	1	6	5.5	5.2	4	100	105	2.5	2.5	2.3	2.3	1.3
20	19	1.5	5.8	5.2	4.5	3.5	125	133	3	2.5	2.3	2.3	1.2
25	28	1.5	4.5	4	4	3	150	159	4.5	2.5	2.3	2.3	1.2
32	35	1.5	4	3.5	3.5	2.5	200	219	6	2.5	2.3	2.2	1.5

5.2-13　铜管件工作压力（续）

LT铜管接头（B系列）在各种温度下的工作压力

公称通径 DN（mm）	铜管外径 D_W（mm）	壁厚 T（mm）	工作压力（MPa）				公称通径 DN（mm）	铜管外径 D_W（mm）	壁厚 T（mm）	工作压力（MPa）			
			70℃	100℃	150℃	200℃				70℃	100℃	150℃	200℃
10	12	0.75	5.5	5	4.5	4.2	50	55	1.5	4.0	3.8	3.8	3.5
15	16	0.8	5.2	4.8	4.5	4.2	65	70	1.8	3.5	3.2	3.0	2.8
	19	1.0	5.2	4.8	4.5	4.2	80	85	2.0	3.5	3.2	3.0	2.8
20	22	1.0	5.0	4.5	4.2	4.0	100	105	2.0	3.2	3.0	2.8	2.5
25	28	1.2	4.8	4.5	4.2	4.0	125	133	2.5	3.0	2.8	2.8	2.0
32	35	1.2	4.5	4.2	4.0	3.8	150	159	3.0	3.0	2.8	2.5	2.0
40	44	1.5	4.2	4.0	4.0	3.5	200	219	4.0	3.0	2.8	2.5	2.0

5.2-14　铜管管件尺寸

铜管接头承口与插口的基本尺寸

公称直径 DN（mm）	承口直径 D（mm）		插口直径 d（mm）		L（mm）	公称直径 DN（mm）	承口直径 D（mm）		插口直径 d（mm）		L（mm）
	最大	最小	最大	最小			最大	最小	最大	最小	
5	6.08	6.03	6.00	5.95	6	40	44.25	44.10	44.00	43.90	22
6	8.08	8.03	8.00	7.95	6	50	55.30	55.15	55.00	54.90	25
8	10.08	10.03	10.00	9.95	6	65	70.30	70.15	70.00	69.90	28
10	12.08	12.03	12.00	11.95	8	80	85.40	85.20	85.00	84.90	28
12	16.10	16.05	16.00	15.95	10	100	105.45	105.20	105.00	104.90	30
15	19.15	19.05	19.00	18.95	12	125	133.50	133.30	133.00	132.90	35
20	22.18	22.05	22.00	21.90	13	150	159.80	159.50	159.00	158.90	40
25	28.20	28.05	28.00	27.90	16	200	219.90	219.80	219.00	218.90	50
32	35.20	35.08	35.00	34.90	20						

101号三承等径三通规格尺寸

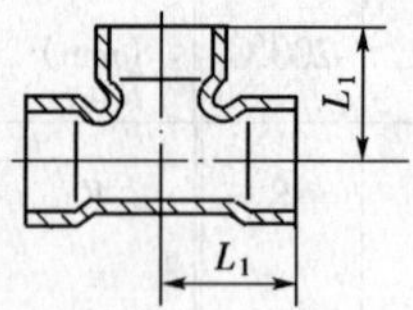

DN（mm）	L_1（mm）	生　产　厂	DN（mm）	L_1（mm）	生　产　厂
5	11	乐清铜管件厂	40	47	乐清铜管件厂
6	13		50	54	
8	14		65	65	
10	17		80	78	
15	22		100	93	
	25		125	106	
20	28		150	131	
25	33		200	163	
32	39				

5.2-14　铜管管件尺寸（续）

102 号三承异径三通规格尺寸

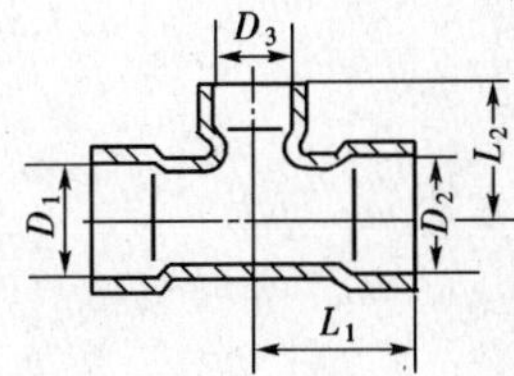

DN (mm)	D_1 (mm)	D_2 (mm)	D_3 (mm)	L_1 (mm)	L_2 (mm)	DN (mm)	D_1 (mm)	D_2 (mm)	D_3 (mm)	L_1 (mm)	L_2 (mm)	生产厂
8×5	10	10	6	12	11	50×32	55	55	35	48	50	乐清铜管件厂
8×6	10	10	8	13	11	50×40	55	55	44	52	52	
10×6	12	12	8	14	13	65×25	70	70	28	47	54	
15×8	16	16	10	20	16	65×32	70	70	35	50	58	
15×10	16	16	12	20	18	65×40	70	70	44	55	60	
20×15	22	22	16	24	23	65×50	70	70	55	61	62	
	22	22	19	25	24	80×32	85	85	35	52	65	
25×15	28	28	16	27	26	80×40	85	85	44	55	67	
	28	28	19	28	28	80×50	85	85	55	61	70	
25×20	28	28	22	30	30	80×65	85	85	70	69	73	
32×15	35	35	16	32	30	100×50	105	105	55	65	80	
	35	35	19	32	32	100×65	105	105	70	73	83	
32×20	35	35	22	34	34	100×80	105	105	85	80	83	
32×25	35	35	28	36	35	125×80	133	133	85	86	97	
40×15	44	44	19	34	36	125×100	133	133	105	96	99	
40×20	44	44	22	34	36	150×100	159	159	105	105	113	
40×25	44	44	28	38	38	150×125	159	159	133	114	118	
40×32	44	44	35	42	40	200×100	219	219	105	110	145	
50×20	55	55	22	42	44	200×125	219	219	133	124	150	
50×25	55	55	28	44	46	200×150	219	219	159	140	155	

103 号一承二插、104 号双承一插异径三通规格尺寸

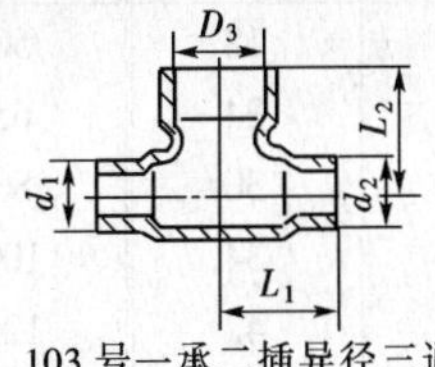

103 号一承二插异径三通

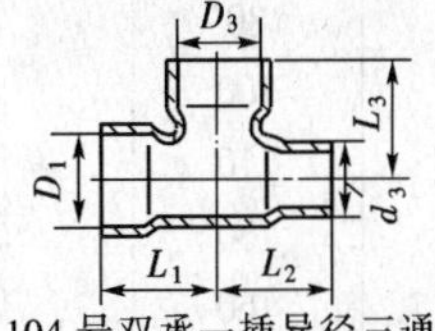

104 号双承一插异径三通

103 号一承二插异径三通

DN	d_1	d_2	D_3	L_1	L_2	生产厂
(mm)						
10×15	12	12	16	22	19	乐清铜管件厂
15×20	16	16	22	28	26	
	19	19	22	30	26	
20×25	22	22	28	35	32	

104 号双承一插异径三通

DN	D_1	d_2	D_3	L_1	L_2	L_3	生产厂
(mm)							
20×15	22	16	22	28	30	28	乐清铜管件厂
	22	19	22	28	32	28	
25×15	28	16	28	33	34	33	
	28	19	28	33	35	33	
25×20	28	22	28	33	34	33	

5.2-14 铜管管件尺寸（续）

双承一内螺纹和内螺纹等径三通规格尺寸

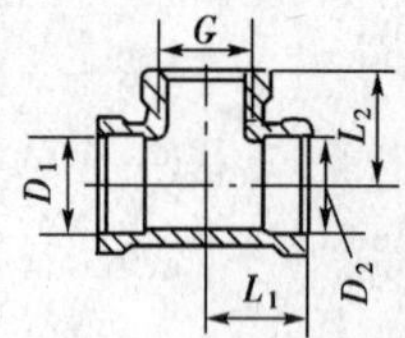

105 号双承一内螺纹三通

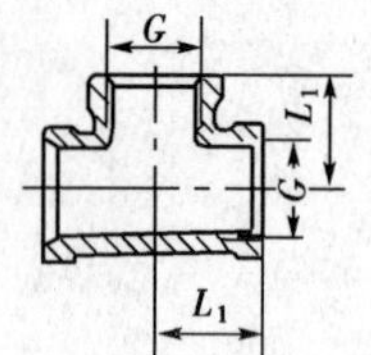

106 号内螺纹等径三通

105 号双承一内螺纹三通							106 号等径内螺纹三通			
DN (mm)	D_1 (mm)	D_2 (mm)	*G* (mm)	L_1 (mm)	L_2 (mm)	生产厂	*DN* (mm)	*G* (mm)	L_1 (mm)	生产厂
15	16	16	15	24	26	乐清铜管件厂	15	15	29	乐清铜管件厂
	19	19	15	26	28					
20	22	22	20	30	32		20	20	34	
20×15	22	22	20	27	30					
25	28	28	25	36	37		25	25	39	
25×20	28	28	20	33	34					
25×15	28	28	15	30	32					

45°双承和 45°承插弯头规格尺寸

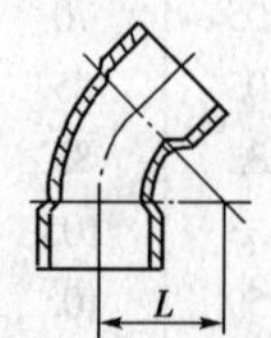

201 号 45°双承弯头

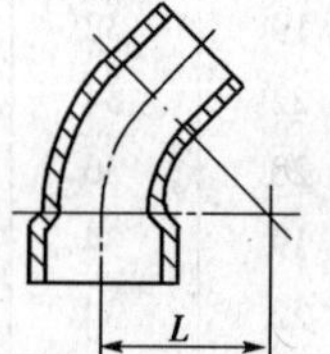

202 号 45°承插弯头

201 号 45°双承弯头					202 号 45°承插弯头				
DN (mm)	*L* (mm)	*DN* (mm)	*L* (mm)	生产厂	*DN* (mm)	*L* (mm)	*DN* (mm)	*L* (mm)	生产厂
10	18	50	80	乐清铜管件厂	10	18	50	80	乐清铜管件厂
15	24	65	100			24	65	100	
	30	80	110		15	30	80	110	
20	34	100	130		20	34	100	130	
25	42	125	160		25	42	125	160	
32	54	150	190		32	54	150	190	
40	66	200	250		40	66	200	250	

90°双承、承插和内螺纹弯头规格尺寸

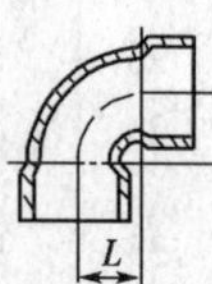

301 号 90°双承弯头

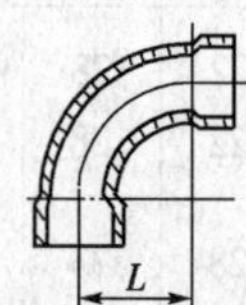

302号90°双承弯头

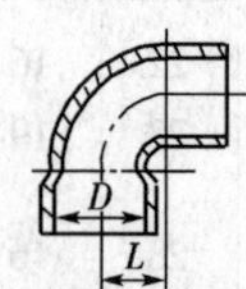

303 号 90°承插弯头

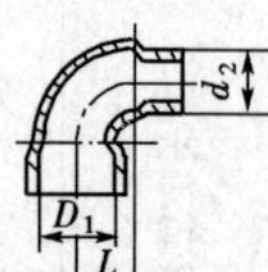

304 号 90°异径承插弯头

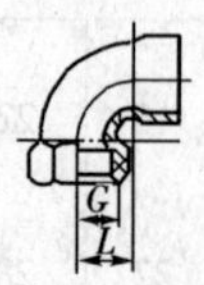

305 号 90°承口内螺纹弯头

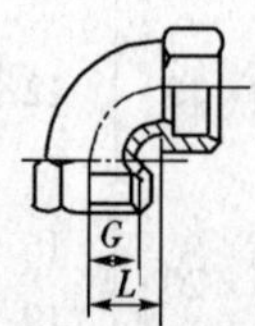

306 号 90°内螺纹弯头

5.2-14 铜管管件尺寸（续）

301 号 90°双承弯头

DN（mm）	*L*（mm）	*DN*（mm）	*L*（mm）	生产厂
10	8	50	38	乐清铜管件厂
15	10	65	50	
	11	80	60	
20	14	100	80	
25	18	125	100	
32	22	150	120	
40	28	200	150	

302 号 90°双承弯头

DN（mm）	*L*（mm）	*DN*（mm）	*L*（mm）	生产厂
5	8	40	66	乐清铜管件厂
6	10	50	80	
8	15	65	100	
10	18	80	110	
	24	100	130	
15	30	125	160	
20	34	150	190	
25	42	200	250	
32	54			

303 号 90°承插弯头

DN（mm）	*L*（mm）	*DN*（mm）	*L*（mm）	生产厂
5	8	40	28	乐清铜管件厂
6	10	50	38	
8	15	65	50	
10	8	80	60	
15	10	10	80	
	11	125	100	
20	14	150	120	
25	18	200	150	
32	22			

304 号 90°异径承插弯头

DN	D_1（mm）	d_2（mm）	*L*（mm）	生产厂
15 × 10	16	12	12	乐清铜管件厂
20 × 15	22	16	16	
	22	19	16	
25 × 15	28	19	20	
25 × 20	28	22	20	

305 号 90°承口内螺纹弯头

DN（mm）	*G*（mm）	*L*（mm）	生产厂
	15	10	乐清铜管件厂
15	15	12	
20	20	16	
25	25	20	

306 号 90°内螺纹弯头

DN（mm）	*G*（mm）	*L*（mm）	生产厂
10	10	10	乐清铜管件厂
15	15	12	
20	20	16	
25	25	20	

180°双承、承插、双插弯头规格尺寸

401 号 180°双承弯头　　402 号 180°承插弯头　　403 号 180°双插弯头

401 号 180°双承弯头

DN（mm）	*L*（mm）	*DN*（mm）	*L*（mm）	生产厂
5	25	15	60	乐清铜管件厂
6	28	20	68	
8	30	25	84	
10	38	32	108	
15	48	40	136	

402 号 180°承插弯头

DN（mm）	*L*（mm）	*DN*（mm）	*L*（mm）	生产厂
5	25	15	60	乐清铜管件厂
6	28	20	68	
8	30	25	84	
10	38	32	108	
15	48	40	136	

403 号 180°双插弯头

DN（mm）	*L*（mm）	*DN*（mm）	*L*（mm）	生 产 厂
5	25	15	60	乐清铜管件厂
6	28	20	68	
8	30	25	84	
10	38	32	108	
15	48	40	136	

5.2-14　铜管管件尺寸（续）

501 号、502 号、503 号双承双插接头规格尺寸

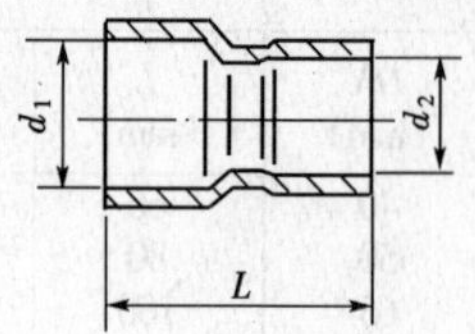

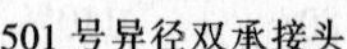

501 号异径双承接头

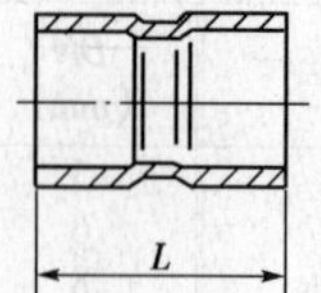

502 号等径双承接头

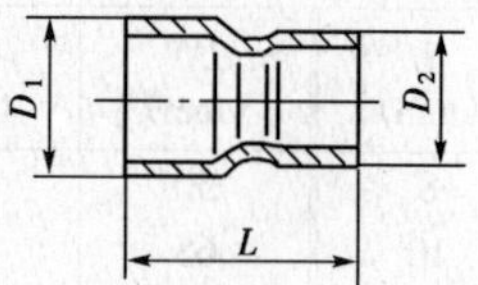

503 号双插异径接头

501 号异径双承接头

DN (mm)	d_1 (mm)	d_2 (mm)	L (mm)	DN (mm)	d_1 (mm)	d_2 (mm)	L (mm)	生产厂
8×5	10	6	20	50×40	55	44	58	乐清铜管件厂
8×6	10	8	20	65×32	70	35	65	
10×8	12	10	20	65×40	70	44	68	
15×8	16	10	25	65×50	70	55	68	
15×10	16	12	32	80×40	85	44	74	
20×10	22	12	35	80×50	85	55	78	
20×15	22	16、19	40	80×65	85	70	76	
25×15	28	16、19	42	100×50	105	55	84	
25×20	28	22	40	100×65	105	70	88	
32×15	35	16、19	46	100×80	105	85	88	
32×20	35	22	48	125×80	133	85	108	
32×25	35	28	48	125×100	133	105	110	
40×20	44	22	52	150×100	159	105	120	
40×25	44	28	54	150×125	159	133	120	
40×32	44	35	54	200×125	219	133	150	
50×25	22	28	56	200×150	219	159	150	
50×32	55	35	58					

502 号等径双承接头

DN (mm)	L (mm)	DN (mm)	L (mm)	生产厂
5	12	40	52	乐清铜管件厂
6	14	50	60	
8	16	65	68	
10	18	80	75	
15	26 30	100 125	80 102	
20	35	150	120	
25	40	200	200	
32	46			

503 号双插异径接头

DN (mm)	D_1 (mm)	D_2 (mm)	L (mm)	DN (mm)	D_1 (mm)	D_2 (mm)	L (mm)	生产厂
20×15	22	16（19）	40	65×32	70	35	65	乐清铜管件厂
25×15	28	16（19）	42	65×40	70	44	68	
25×20	28	22	40	65×50	70	55	68	
32×15	35	16（19）	46	80×40	85	44	74	
32×20	35	22	48	80×50	85	55	78	
32×25	35	28	48	80×65	85	70	76	
40×20	44	22	52	100×50	105	55	84	
40×25	44	28	54	100×65	105	70	88	
40×32	44	35	54	100×80	105	85	88	
50×25	55	28	56	125×80	133	85	108	
50×32	55	35	58	125×100	133	105	110	
50×40	55	44	58					

5.2-14 铜管管件尺寸（续）

513 号、514 号内螺纹接头规格尺寸

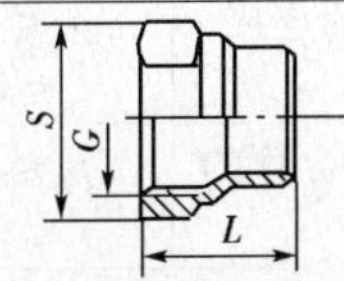

513 号承口内螺纹接头

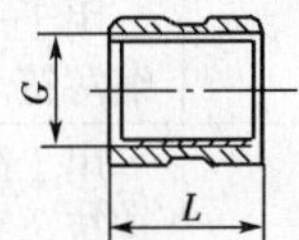

514 号内螺纹等径接头

513 号承口内螺纹接头

DN (mm)	G (mm)	L (mm)	S (mm)	生产厂
15	15	28	27	乐清铜管件厂
	15	30	27	
20	20	34	32	
25	25	38	42	
32	32	42	48	
40	40	45	50	
50	50	50	70	

514 号内螺纹等径接头

DN (mm)	G (mm)	L (mm)	生产厂
15	15	34	乐清铜管件厂
20	20	38	
25	25	42	
32	32	48	
40	40	50	
50	50	56	

525 号、526 号、527 号、531 号内外螺纹接头规格尺寸

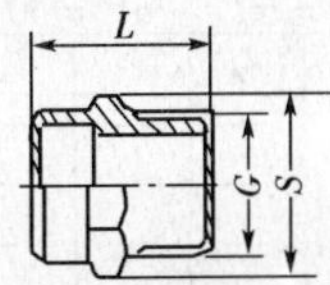

525 号承口外螺纹接头

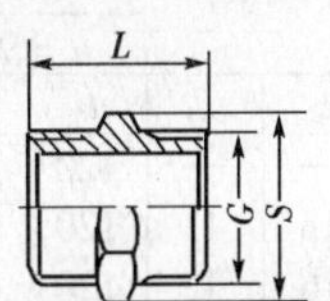

526 号外螺纹接头

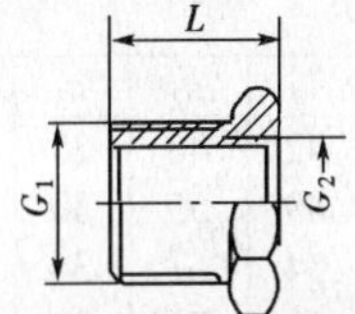

527 号内外螺纹接头

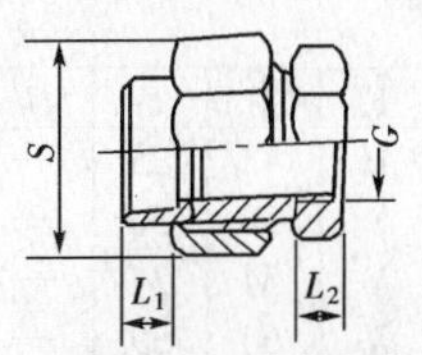

531 号承口内螺纹接头

525 号承口外螺纹接头

DN (mm)	G (mm)	L (mm)	S (mm)	生产厂
15	15	35	27	乐清铜管件厂
20	20	39	32	
25	25	41	40	
32	32	47	45	
40	40	52	55	
50	50	58	65	

526 号外螺纹接头

DN (mm)	G (mm)	L (mm)	S (mm)	生产厂
15	15	40	24	乐清铜管件厂
20	20	46	27	
25	25	50	36	
32	32	56	45	
40	40	60	55	
50	50	66	65	

527 号内外螺纹接头

DN (mm)	G_1	G_2	L (mm)	生产厂
	(mm)			
20×15	20	15	30	乐清铜管件厂
25×20	25	20	32	

531 号承口内螺纹接头

DN (mm)	G (mm)	L_2 (mm)	L_1 (mm)	S (mm)	生产厂
15	15	15	20	36	乐清铜管件厂
20	20	17	20	42	
25	25	19	20	46	
32	32	22	22	55	
40	40	23	25	65	
50	50	26	25	75	

532 号承口外螺纹、533 号双承、534 号内螺纹活接头规格尺寸

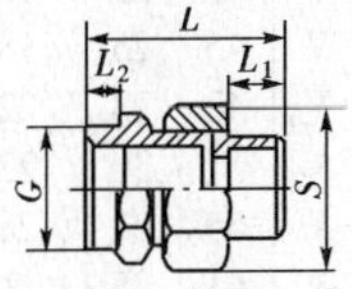

532 号承口外螺纹活接头

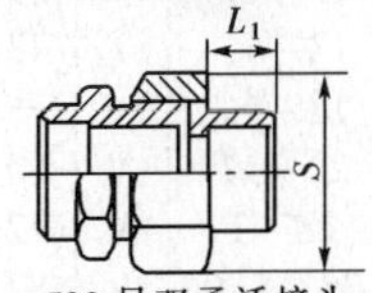

533 号双承活接头

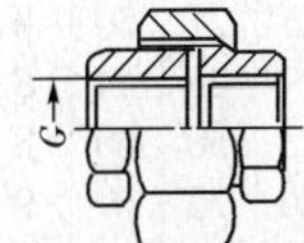

534 号内螺纹活接头

532 号承口外螺纹活接头

DN (mm)	G (mm)	L_1 (mm)	L_2 (mm)	L (mm)	S (mm)	生产厂
15	15	20	15	66	36	乐清铜管件厂
20	20	20	17	68	42	
25	25	20	19	76	46	
32	32	22	22	82	55	
40	40	25	23	90	65	
50	50	25	26	95	75	

5.2-15 液压挤压式连接管件（德国，mm）

管件材料	使用范围	工作条件
非合金钢、铜合金和 PE	用于采暖系统中钢管、PE 管和复合管的连接，缩写符号“K” H 或 V[1]	$p_g \leqslant 1.6$MPa $t_g \leqslant 110$℃
不锈钢、铜合金和 PE	用于给水系统中不锈钢管、PE 管和复合管的连接，缩写符号“K” T 或 V[1]	$p_g \leqslant 1.6$MPa $t_g \leqslant 95$℃

安装要求：

1. 管端应去毛刺
2. 管段在插入管件后应能轻松旋转
3. 在插入管件时不要使用油脂作润滑剂
4. 在用液压钳挤压前，应校正管件位置
5. 管件不要作为固定点
6. 不锈钢管不要使用生料带
7. 管道在事后的绝热包扎时应细心

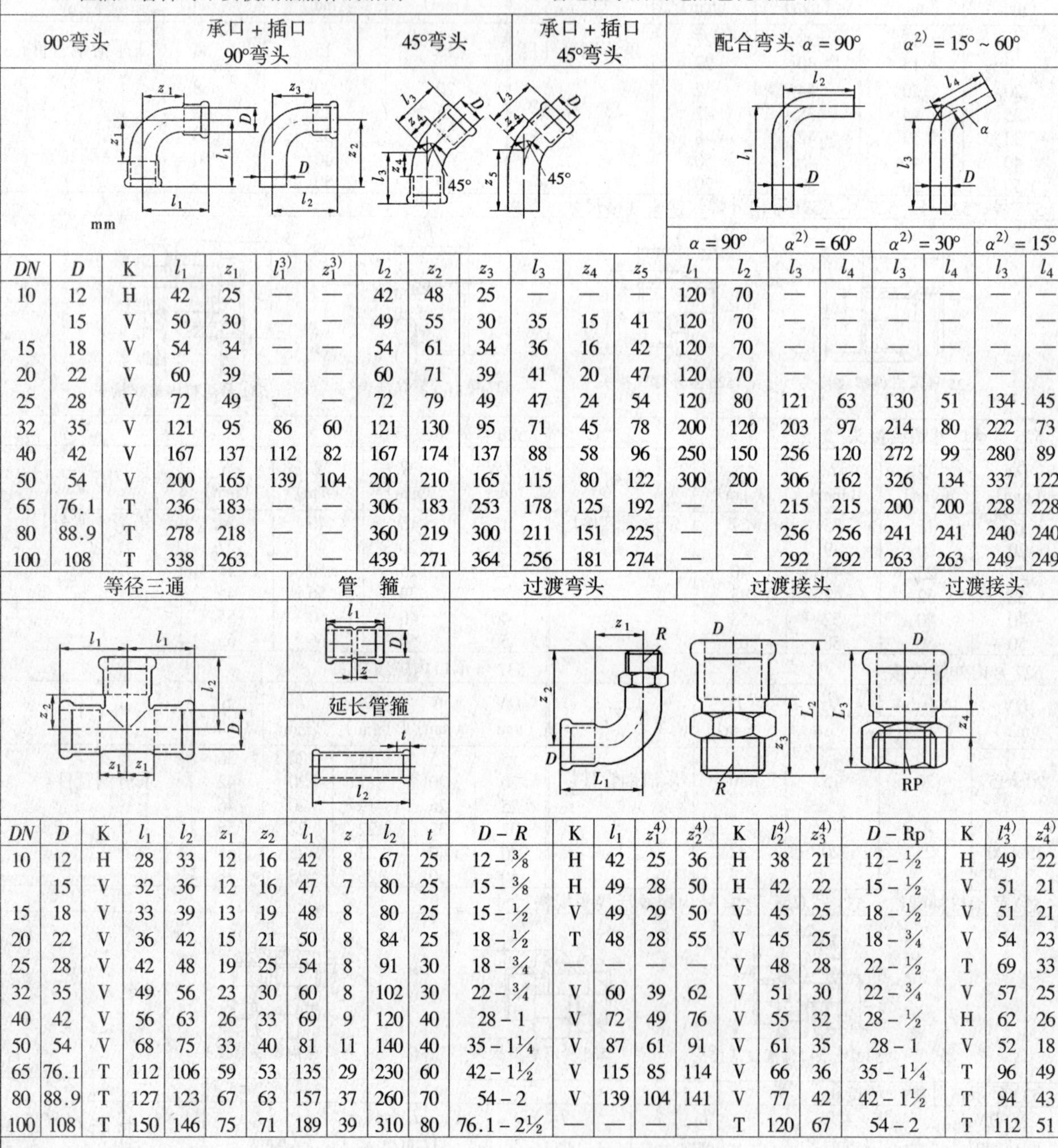

DN	D	K	90°弯头 l_1	90°弯头 z_1	l_1[3]	z_1[3]	承口＋插口90°弯头 l_2	z_2	z_3	45°弯头 l_3	z_4	z_5	α = 90° l_1	α = 90° l_2	α[2] = 60° l_3	α[2] = 60° l_4	α[2] = 30° l_3	α[2] = 30° l_4	α[2] = 15° l_3	α[2] = 15° l_4
10	12	H	42	25	—	—	42	48	25	—	—	—	120	70	—	—	—	—	—	—
	15	V	50	30	—	—	49	55	30	35	15	41	120	70	—	—	—	—	—	—
15	18	V	54	34	—	—	54	61	34	36	16	42	120	70	—	—	—	—	—	—
20	22	V	60	39	—	—	60	71	39	41	20	47	120	70	—	—	—	—	—	—
25	28	V	72	49	—	—	72	79	49	47	24	54	120	80	121	63	130	51	134	45
32	35	V	121	95	86	60	121	130	95	71	45	78	200	120	203	97	214	80	222	73
40	42	V	167	137	112	82	167	174	137	88	58	96	250	150	256	120	272	99	280	89
50	54	V	200	165	139	104	200	210	165	115	80	122	300	200	306	162	326	134	337	122
65	76.1	T	236	183	—	—	306	183	253	178	125	192	—	—	215	215	200	200	228	228
80	88.9	T	278	218	—	—	360	219	300	211	151	225	—	—	256	256	241	241	240	240
100	108	T	338	263	—	—	439	271	364	256	181	274	—	—	292	292	263	263	249	249

DN	D	等径三通 K	l_1	l_2	z_1	z_2	管箍 l_1	z	延长管箍 l_2	t	过渡弯头 $D-R$	K	l_1	z_1[4]	z_2[4]	过渡接头 K	l_2[4]	z_3[4]	过渡接头 $D-\mathrm{Rp}$	K	l_3[4]	z_4[4]
10	12	H	28	33	12	16	42	8	67	25	12 – ⅜	H	42	25	36	H	38	21	12 – ½	H	49	22
	15	V	32	36	12	16	47	7	80	25	15 – ⅜	H	49	28	50	H	42	22	15 – ½	V	51	21
15	18	V	33	39	13	19	48	8	80	25	15 – ½	V	49	29	50	V	45	25	18 – ½	V	51	21
20	22	V	36	42	15	21	50	8	84	25	18 – ½	T	48	28	55	V	45	25	18 – ¾	V	54	23
25	28	V	42	48	19	25	54	8	91	30	18 – ¾	—	—	—	—	V	48	28	22 – ½	T	69	33
32	35	V	49	56	23	30	60	8	102	30	22 – ¾	V	60	39	62	V	51	30	22 – ¾	V	57	25
40	42	V	56	63	26	33	69	9	120	40	28 – 1	V	72	49	76	V	55	32	28 – ½	H	62	26
50	54	V	68	75	33	40	81	11	140	40	35 – 1¼	V	87	61	91	V	61	35	28 – 1	V	52	18
65	76.1	T	112	106	59	53	135	29	230	60	42 – 1½	V	115	85	114	V	66	36	35 – 1¼	T	96	49
80	88.9	T	127	123	67	63	157	37	260	70	54 – 2	V	139	104	141	V	77	42	42 – 1½	T	94	43
100	108	T	150	146	75	71	189	39	310	80	76.1 – 2½	—	—	—	—	T	120	67	54 – 2	T	112	51

1）管件用符号 V 表示的是用非合金钢和不锈钢制造的　2）不锈钢的配合弯头
3）弯头带短臂　4）不锈钢管件可比它长约 21mm

5.2-15 液压挤压式连接管件（德国，mm）（续）

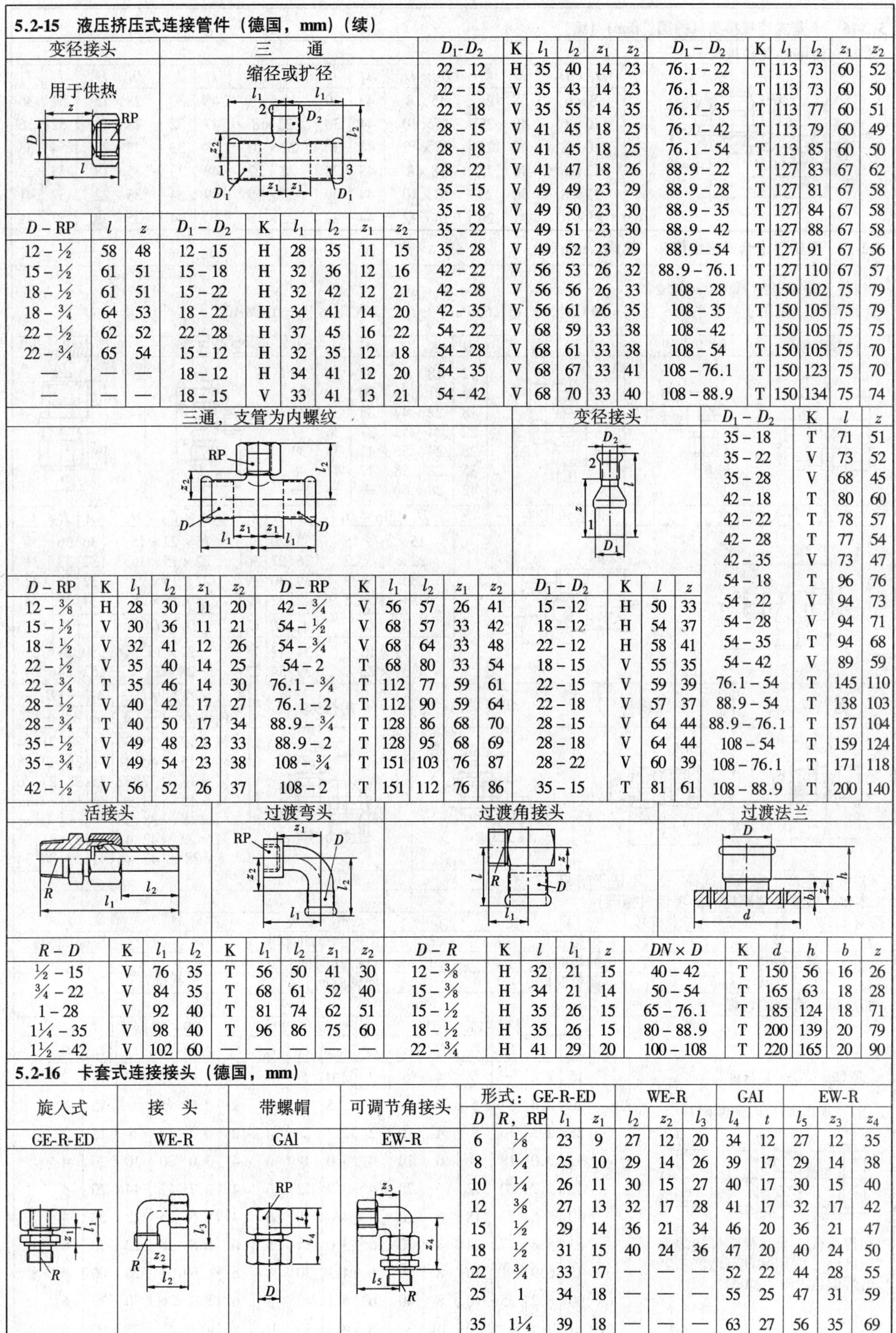

变径接头 用于供热

$D-RP$	l	z
12 – ½	58	48
15 – ½	61	51
18 – ½	61	51
18 – ¾	64	53
22 – ½	62	52
22 – ¾	65	54
—	—	—
—	—	—

三　通 缩径或扩径

D_1-D_2	K	l_1	l_2	z_1	z_2
12 – 15	H	28	35	11	15
15 – 18	H	32	36	12	16
15 – 22	H	32	42	12	21
18 – 22	H	34	41	14	20
22 – 28	H	37	45	16	22
15 – 12	H	32	35	12	18
18 – 12	H	34	41	12	20
18 – 15	V	33	41	13	21
22 – 12	H	35	40	14	23
22 – 15	V	35	43	14	23
22 – 18	V	35	55	14	35
28 – 15	V	41	45	18	25
28 – 18	V	41	45	18	25
28 – 22	V	41	47	18	26
35 – 15	V	49	49	23	29
35 – 18	V	49	50	23	30
35 – 22	V	49	51	23	30
35 – 28	V	49	52	23	29
42 – 22	V	56	53	26	32
42 – 28	V	56	56	26	33
42 – 35	V	56	61	26	35
54 – 22	V	68	59	33	38
54 – 28	V	68	61	33	38
54 – 35	V	68	67	33	41
54 – 42	V	68	70	33	40
76.1 – 22	T	113	73	60	52
76.1 – 28	T	113	73	60	50
76.1 – 35	T	113	77	60	51
76.1 – 42	T	113	79	60	49
76.1 – 54	T	113	85	60	50
88.9 – 22	T	127	83	67	62
88.9 – 28	T	127	81	67	58
88.9 – 35	T	127	84	67	58
88.9 – 42	T	127	88	67	58
88.9 – 54	T	127	91	67	56
88.9 – 76.1	T	127	110	67	57
108 – 28	T	150	102	75	79
108 – 35	T	150	105	75	79
108 – 42	T	150	105	75	75
108 – 54	T	150	105	75	70
108 – 76.1	T	150	123	75	70
108 – 88.9	T	150	134	75	74

三通，支管为内螺纹

$D-RP$	K	l_1	l_2	z_1	z_2
12 – ⅜	H	28	30	11	20
15 – ½	V	30	36	11	21
18 – ½	V	32	41	12	26
22 – ½	V	35	40	14	25
22 – ¾	T	35	46	14	30
28 – ½	V	40	42	17	27
28 – ¾	T	40	50	17	34
35 – ½	V	49	48	23	33
35 – ¾	V	49	54	23	38
42 – ½	V	56	52	26	37
42 – ¾	V	56	57	26	41
54 – ½	V	68	57	33	42
54 – ¾	V	68	64	33	48
54 – 2	T	68	80	33	54
76.1 – ¾	T	112	77	59	61
76.1 – 2	T	112	90	59	64
88.9 – ¾	T	128	86	68	70
88.9 – 2	T	128	95	68	69
108 – ¾	T	151	103	76	87
108 – 2	T	151	112	76	86

变径接头

D_1-D_2	K	l	z
15 – 12	H	50	33
18 – 12	H	54	37
22 – 12	H	58	41
18 – 15	V	55	35
22 – 15	V	59	39
22 – 18	V	57	37
28 – 15	V	64	44
28 – 18	V	64	44
28 – 22	V	60	39
35 – 15	T	81	61
35 – 18	T	71	51
35 – 22	V	73	52
35 – 28	V	68	45
42 – 18	T	80	60
42 – 22	T	78	57
42 – 28	T	77	54
42 – 35	V	73	47
54 – 18	T	96	76
54 – 22	V	94	73
54 – 28	V	94	71
54 – 35	T	94	68
54 – 42	V	89	59
76.1 – 54	T	145	110
88.9 – 54	T	138	103
88.9 – 76.1	T	157	104
108 – 54	T	159	124
108 – 76.1	T	171	118
108 – 88.9	T	200	140

活接头				过渡弯头					过渡角接头					过渡法兰					
$R-D$	K	l_1	l_2	K	l_1	l_2	z_1	z_2	$D-R$	K	l	l_1	z	$DN \times D$	K	d	h	b	z
½ – 15	V	76	35	T	56	50	41	30	12 – ⅜	H	32	21	15	40 – 42	T	150	56	16	26
¾ – 22	V	84	35	T	68	61	52	40	15 – ⅜	H	34	21	14	50 – 54	T	165	63	18	28
1 – 28	V	92	40	T	81	74	62	51	15 – ½	H	35	26	15	65 – 76.1	T	185	124	18	71
1¼ – 35	V	98	40	T	96	86	75	60	18 – ½	H	35	26	15	80 – 88.9	T	200	139	20	79
1½ – 42	V	102	60	—	—	—	—	—	22 – ¾	H	41	29	20	100 – 108	T	220	165	20	90

5.2-16 卡套式连接接头（德国，mm）

旋入式 GE-R-ED；接　头 WE-R；带螺帽 GAI；可调节角接头 EW-R

形式：GE-R-ED				WE-R			GAI		EW-R		
D	R，RP	l_1	z_1	l_2	z_2	l_3	l_4	t	l_5	z_3	z_4
6	⅛	23	9	27	12	20	34	12	27	12	35
8	¼	25	10	29	14	26	39	17	29	14	38
10	¼	26	11	30	15	27	40	17	30	15	40
12	⅜	27	13	32	17	28	41	17	32	17	42
15	½	29	14	36	21	34	46	20	36	21	47
18	½	31	15	40	24	36	47	20	40	24	50
22	¾	33	17	—	—	—	52	22	44	28	55
25	1	34	18	—	—	—	55	25	47	31	59
35	1¼	39	18	—	—	—	63	27	56	35	69

5.2-16　卡套式连接接头（德国，mm）（续）

带密封锥的锥变径接头

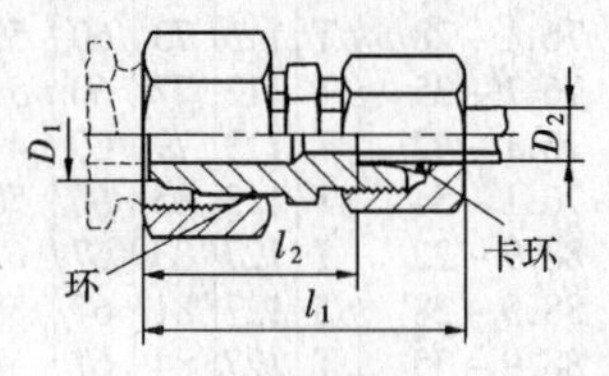

$D_1\times D_2$	l_1	l_2	$D_1\times D_2$	l_1	l_2	$D_1\times D_2$	l_1	l_2	$D_1\times D_2$	l_1	l_2
8×6	38	24	15×8	43	29	18×15	45	30	28×15	51	36
10×6	40	25	15×10	44	30	22×8	47	32	28×18	52	36
10×8	40	25	15×12	44	30	22×10	48	33	28×22	54	38
12×6	40	25	18×8	43	28	22×12	48	33	35×18	55	39
12×8	40	25	18×10	44	29	22×15	49	34	35×22	57	41
12×10	41	26	18×12	44	29	22×18	50	34	35×28	57	41

5.2-17　带压环卡套式连接接头（德国，mm）

材料：CuZn39Pb3 或 CuZn40Pb2

使用范围：只用于给水系统，在 $t_g=20℃$时，$p_g\leqslant1.6$MPa；在 $t_g\leqslant120℃$时，$p_g\leqslant0.6$MPa

内接接头　　90°角接头　　三　通

D	E	A_1	A_2	A_3	B
12	18	42	32	29	29
15	21	46	30	30	30
18	22	47	35	35	35
22	24	52	37	36	37
28	24	56	41	38	39
35	28	58	47	47	48
42	28	60	—	—	—

变径三通　　变径内接接头

三通，支管内螺纹　　带盖角接头

$D_1\times Rp\times D_1$	A	B	C	$D_1\times D_2\times D_3$	A	B	C
15×½×15	33	26	33	15×22×15	36	36	36
22×½×22	36	27	36	22×15×15	32	33	31
28×½×28	39	30	39	22×15×22	32	38	32
28×¾×28	42	32	42	28×15×28	34	35	34
$Rp\times D_1$	A_1	B_1	C_1	$D_1\times D_2$	A_1	E_1	E_2
½×15	34	42	18	22×15	50	24	21
¾×22	39	54	22	28×22	52	24	24

过渡接头　　过渡接头　　角接头　　角接头

$R\times D$	A_1	—	A_3	—	B_1	—
$Rp\times D$	—	A_2	—	A_4	—	B_2
⅜×12	29	30	31	32	21	24
½×15	40	41	31	36	27	28
½×18	37	32	35	38	27	26
¾×15	38	—	—	—	—	—
¾×18	38	38	—	—	—	—
¾×22	42	43	37	37	31	31
1×28	47	46	41	39	38	34

1）根据生产厂家资料选择　2）不适于暗装

5.2-18　热塑性塑料熔焊参考值（德国）

符号	意　义	符号	意　义	符号	意　义	符号	意　义
D	管外径，mm	l_N	焊接长度，mm	t_{Kf}	定形的冷却时间，s	t_F	焊缝加压时间，s
s_m	最小壁厚，mm	t_A	加热时间，s	t_K	总冷却时间，s		
l_s	刮皮长度，mm	t_U	调整时间，s	t_H	静置时间，s		

加热板－管箍的熔焊

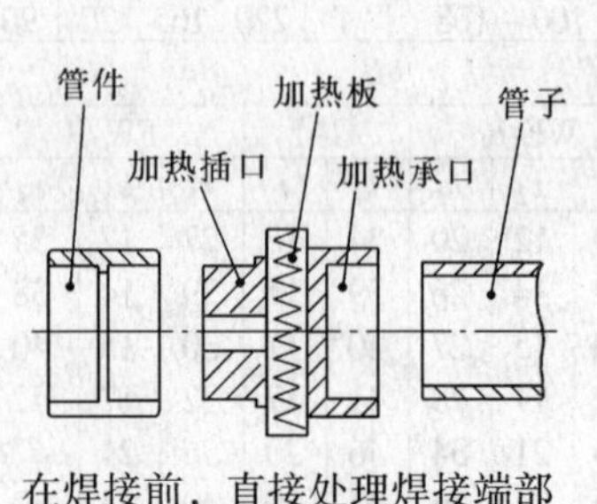

在焊接前，直接处理焊接端部

连接面一般用除油剂清洗

熔焊温度 250～270℃

材料 PE－HD							PP				PB－根据生产厂家				
D	s_m	l_s[1]	t_A	t_U	t_{Kf}	t_K	s_{min}	t_A	t_U	t_K	s_{min}	l_N	t_A	t_H	t_K
16	1.8	—	5	4	6	2	2.0	5	4	2	2.0	15	5	15	2
20	2.0	14	5	4	6	2	2.5	5	4	2	2.0	15	6	15	2
25	2.3	16	7	4	10	2	2.7	7	4	2	2.3	18	6	15	2
32	3.0	18	8	6	10	4	3.0	8	6	4	3.0	20	10	20	4
40	3.7	20	12	6	20	4	3.7	12	6	4	3.7	22	14	20	4
50	4.6	23	18	6	20	4	4.6	18	6	4	4.6	25	18	30	4
63	5.8	27	24	8	30	6	3.6	24	8	6	5.8	28	22	30	6
75	6.9	31	30	8	30	6	4.3	30	8	6	6.9	31	26	60	6
90	8.2	35	40	8	40	6	5.1	40	8	6	8.2	36	30	75	6
110	10.0	41	50	10	50	8	6.3	50	10	8	10.0	42	35	90	6

5.2-18 热塑性塑料熔焊参考值（德国）（续）

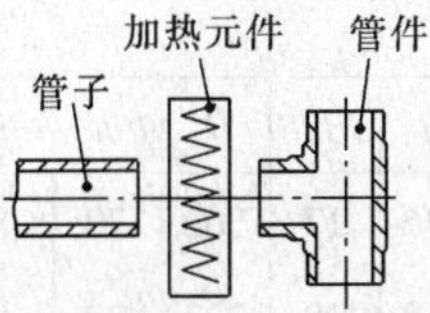

加热元件－对焊材料：PE－HD						PP					
s	h 2)	t_A 3)	t_U	t_F	t_K 4)	s	h 2)	t_A 3)	t_U	t_F	t_K 4)
<4.5	0.5	≤45	<5	≤5	≥6	2~3.9	0.5	≤65	<4	≤6	≥6
4.5~7	1.0	≤70	<6	≤6	≥10	4.3~6.9	0.5	≤115	<5	≤8	≥12
7~12	1.5	≤120	<8	≤8	≥16	7.0~11.4	1.0	≤180	<6	≤10	≥20
12~19	2.0	≤190	<10	≤11	≥24	12.2~18.2	1.0	≤290	<8	≤15	≥30
19~26	2.5	≤260	<12	≤14	≥32	20.1~25.5	1.5	≤330	<10	≤20	≥40

1) 根据生产厂家，刮皮长度应符合工具刀具长度　2) 在 PE－HD 管时，当均衡压力 $p=0.15\text{N/mm}^2$；对于 PP 管，当 $p=0.10\text{N/mm}^2$ 时的均衡时间里，端部隆起的高度　3) 对于 PE－HD 管、当 $p \leqslant 0.02\text{N/mm}^2$ 和对于 PP 管、$p \leqslant 0.01\text{N/mm}^2$ 时，$t_A=10\text{s}$　4) 在焊缝压力等于均衡压力时的冷却时间

5.2-19 PE－HD 压力管加热电阻丝－熔焊管件（德国）

颜色：用于给水和燃气管道的为黑色

管件中有电阻丝，留有电极，接通电极后即可将管件与管子熔焊在一起

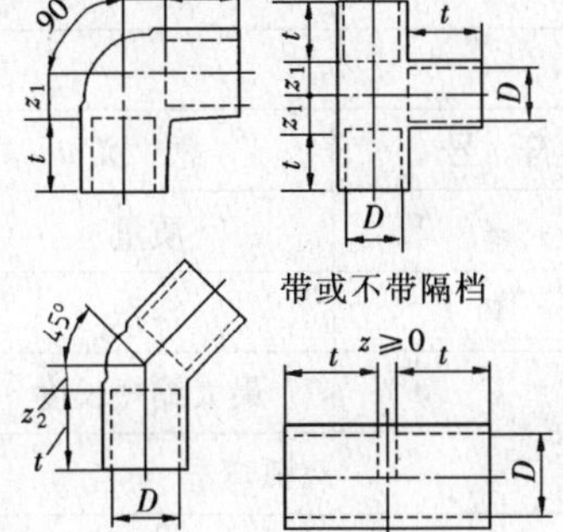

DN	D	t_{min}	t_{max}	z_1	z_2
15	20	15	37	10	3
20	25	15	40	13	3
25	32	16	44	16	4
32	40	18	49	20	5
40	50	20	55	25	6
50	63	23	63	32	7
65	75	25	70	38	9
80	90	28	79	45	10
—	110	32	85	55	13
100	125	35	90	63	14
125	160	42	101	80	18
150	180	46	108	—	—
200	225	55	123	—	—

管道钻孔定心夹具 1)

类型	DN_2	D_2	G	ϕ
A	15	20	1″	14
B	15~25	20~32	1″	16
C	25~30	32~63	2″	30
D	25~50	32~63	2″	35

管道钻孔定心夹具 1)（选择）

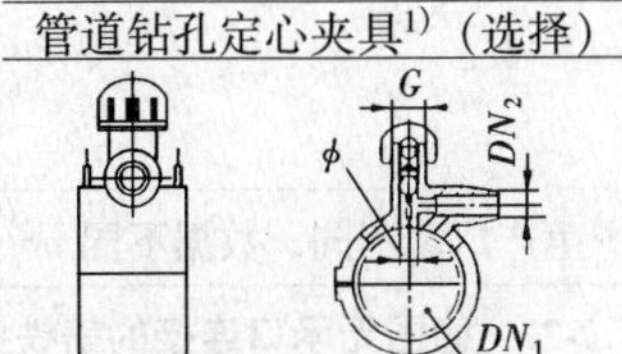

管道钻孔定心夹具类型

D_1/D_2	20	25	32	40	50	63
40	A	—	—	—	—	—
50	B	B	B	—	—	—
63	B	B	B	D	D	D
75	—	—	D	D	D	D
90	B	B	B	D	D	D
110	B	B	B	C	D	C/D
125	B	B	B	D	D	C
160	B	B	C	C	D	D
180	—	—	D	D	D	D
225	—	—	D	D	D	D

1) 根据生产厂家

5.2-20 用于 PN10 的电阻丝熔焊和对焊 PE－HD 接头（德国）

$l_2 = l_2 + \approx 10\text{mm}$

			弯头 90°		弯头 45°和 30°		弧弯 90°		罩形堵头		等径三通			变径三通				
DN	D	s	z_1	l_1	z_2	l_2	z	l	z	l	z_1	l_1	z_2	DN_1	DN_2	z_3	z_4	l_3
15	20	3	70	60	—	—	95	56	45	40	110	35	55	50	40	215	100	55
20	25	3	80	65	—	—	100	66	45	40	115	40	55	65	40	255	110	55
25	32	3	95	75	55	45	125	66	55	45	140	45	70		50	255	120	60
32	40	3.7	105	80	60	50	155	78	60	50	165	50	80	80	50	270	135	65
40	50	4.6	120	90	70	55	170	85	70	60	185	55	95		65	270	130	70
50	63	5.8	135	100	80	60	185	95	80	65	215	60	110	100 2)	65	310	150	70
65	75	6.9	110	75	90	70	200	100	90	75	260	70	130		80	310	155	75
80	90	8.2	130	80	100	80	215	110	105	80	275	75	140	100	110 2)	340	165	85
— 2)	110	10.0	150	90	105	80	240	130	120	90	315	85	160	125	80	345	175	75
100	125	11.4	165	100	130	100	270	140	135	100	345	90	170		110 2)	390	190	85
125	160	14.6	190	105	135	115	315	152	155	110	405	95	200	150	125	410	205	90
150	180	16.4	225	130	175	130	—	—	190	140	515	130	255	200	125	490	245	100
200	225	20.5	225	120	180	125	405	182	210	140	535	115	270		150	550	270	130

变　径

ND_1	ND_2	l_1	l_2	l	ND_1	ND_2	l_1	l_2	l	ND_1	ND_2	l_1	l_2	l
25	15	45	40	90	50	25	60	45	130	110 2)	80	80	75	175
	20	44	40	90		32	60	50	130	100	50	85	55	190
32	15	45	35	100		40	65	55	150		80	86	70	190
	20	45	40	100	65	40	65	55	150	125	80	100	75	220
	25	45	40	100		50	65	60	150		110 2)	90	85	220
40	20	55	40	120	80	50	70	60	160		100	95	95	230
	25	55	45	120		65	75	60	160	150	100	130	95	275
	32	55	50	120	110 2)	50	80	60	175	200	125	120	100	265

5.2-20　用于 *PN*10 的电阻丝熔焊和对焊 PE－HD 接头（德国）（续）

PE－HD 预焊组件和拆卸法兰

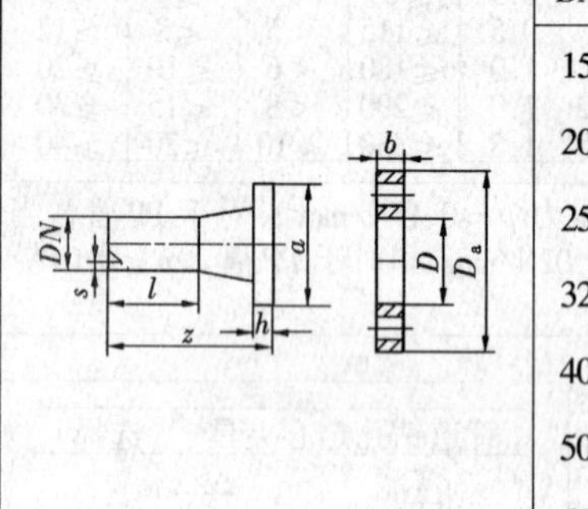

DN	z	l	a	h	D_a	b	n	DN	z	l	a	h	D_a	b	n
15	80	45	45	7	96	12	4	80	140	95	136	17	202	20	8
20	80	40	58	9	106	12	4	–[2)]	140	95	158	18	222	20	8
25	80	45	68	10	116	16	4	100	175	120	158	25	229	20	8
32	100	65	78	11	141	16	4	125	180	120	212	25	287	24	8
40	100	65	88	12	151	18	4	150	175	125	212	30	287	24	8
50	120	80	102	14	166	18	4	200	180	115	268	32	341	24	8
65	125	85	122	16	187	18	4	—	—	—	—	—	—	—	—

[1)]生产厂家不同，数据不同　[2)]这是管外径，非公称直径

5.2-21　德国无承口连接的铸铁排水 SML 管和管件

材　　料		符　号	意　义	符　号	意　义
管道和管件	球墨铸铁	s	管道壁厚	m	质量
密封圈	EPDM 合成橡胶	s_F	管件壁厚	V	容积
一般供货长度为 3m		A_0	表面积	k	最大缩短长度

管　　道　　　　弧弯 45°　　　　双弧弯

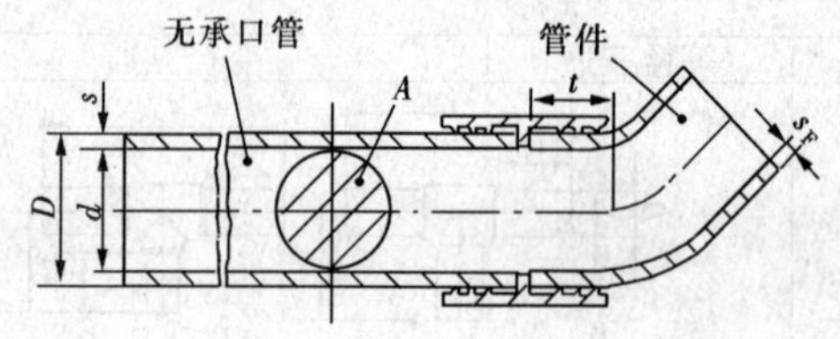

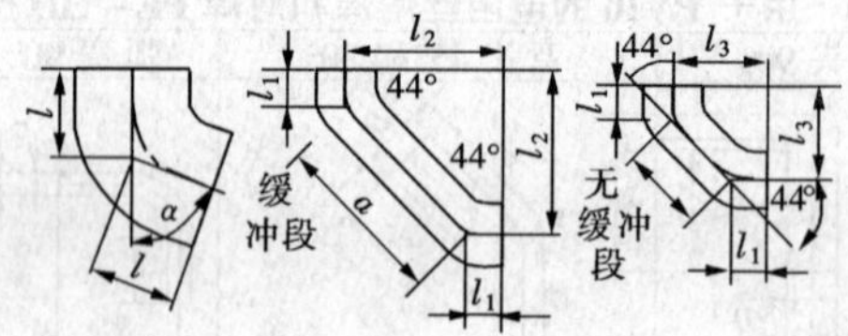

DN	D	s	s_F	t	d	A (cm²)	V (L/m)	A_0 (m²/m)	m (kg/m)	DN	88° l	70° l	45° l	30° l	15° l	双45°弯头 l_1	l_2	a	l_3
40	48	3.0	4.0	30	42	13.9	1.39	0.15	3.1	40	70	—	50	—	—	—	—	—	—
50	58	3.5	4.2	30	51	20.4	2.04	0.18	4.4	50	75	65	50	45	40	50	—	—	121
70	78	3.5	4.2	35	71	39.6	3.96	0.25	6.0	70	90	75	60	50	45	60	273	301	145
100	110	3.5	4.2	40	103	83.3	8.33	0.35	8.5	100	110	90	70	60	50	70	291	312	170
125	135	4.0	4.7	45	127	126.7	12.7	0.42	11.9	125	125	105	80	70	60	80	308	322	195
150	160	4.0	5.3	50	152	181.4	18.2	0.50	14.3	150	145	120	90	80	65	90	326	334	219
200	210	5.0	6.0	60	200	314.2	31.4	0.65	23.3	200	180	145	110	95	80	—	—	—	—

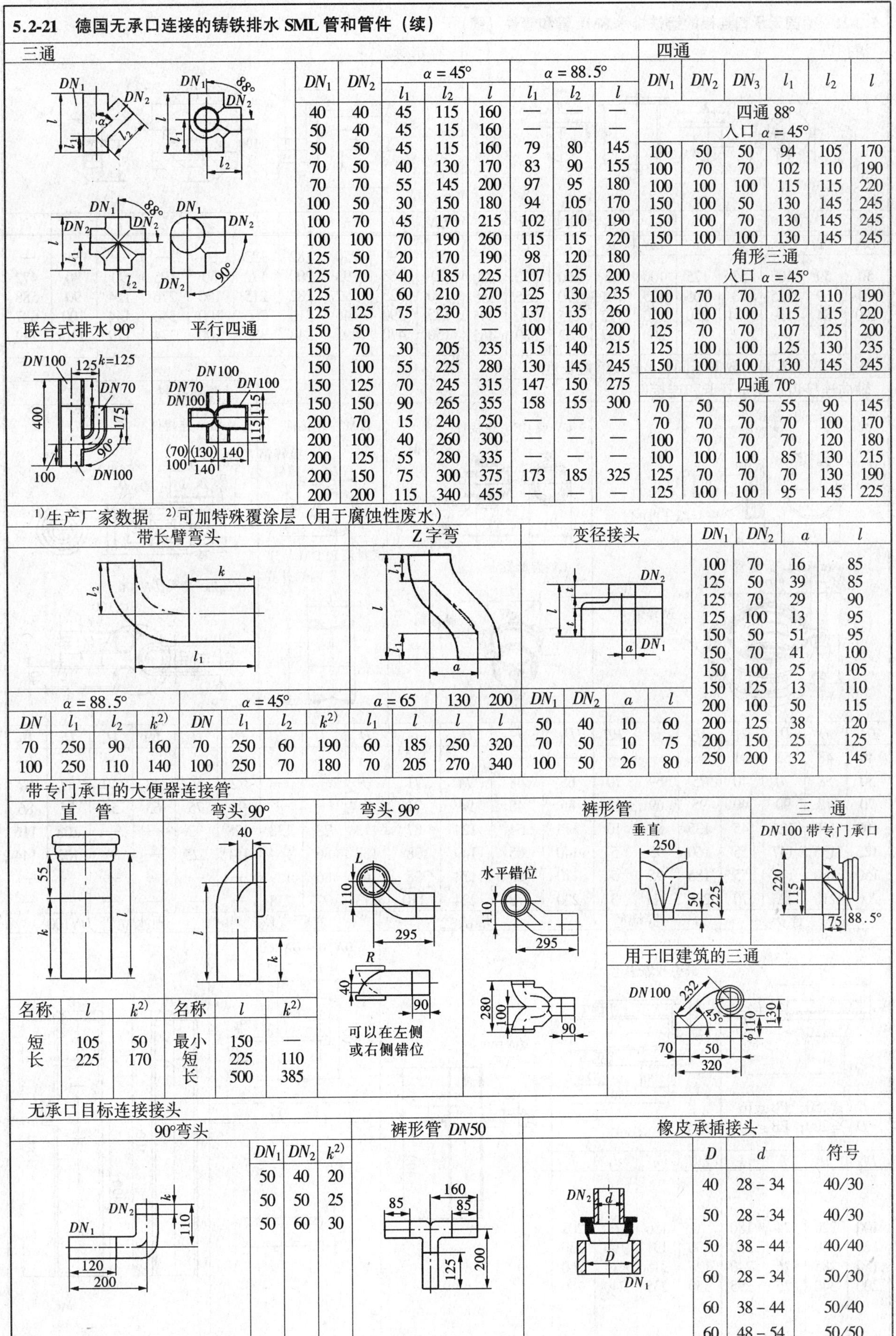

5.2-21 德国无承口连接的铸铁排水 SML 管和管件（续）

三通

DN_1	DN_2	α = 45° l_1	α = 45° l_2	α = 45° l	α = 88.5° l_1	α = 88.5° l_2	α = 88.5° l
40	40	45	115	160	—	—	—
50	40	45	115	160	—	—	—
50	50	45	115	160	79	80	145
70	50	40	130	170	83	90	155
70	70	55	145	200	97	95	180
100	50	30	150	180	94	105	170
100	70	45	170	215	102	110	190
100	100	70	190	260	115	115	220
125	50	20	170	190	98	120	180
125	70	40	185	225	107	125	200
125	100	60	210	270	125	130	235
125	125	75	230	305	137	135	260
150	50	—	—	—	100	140	200
150	70	30	205	235	115	140	215
150	100	55	225	280	130	145	245
150	125	70	245	315	147	150	275
150	150	90	265	355	158	155	300
200	70	15	240	250	—	—	—
200	100	40	260	300	—	—	—
200	125	55	280	335	—	—	—
200	150	75	300	375	173	185	325
200	200	115	340	455	—	—	—

联合式排水 90°　　平行四通

四通

DN_1	DN_2	DN_3	l_1	l_2	l
四通 88° 入口 α = 45°					
100	50	50	94	105	170
100	70	70	102	110	190
100	100	100	115	115	220
150	100	50	130	145	245
150	100	70	130	145	245
150	100	100	130	145	245
角形三通 入口 α = 45°					
100	70	70	102	110	190
100	100	100	115	115	220
125	70	70	107	125	200
125	100	100	125	130	235
150	100	100	130	145	245
四通 70°					
70	50	50	55	90	145
70	70	70	70	100	170
100	70	70	70	120	180
100	100	100	85	130	215
125	70	70	70	130	190
125	100	100	95	145	225

1)生产厂家数据　2)可加特殊覆涂层（用于腐蚀性废水）

带长臂弯头　　Z字弯　　变径接头

DN	α = 88.5° l_1	l_2	k2)	DN	α = 45° l_1	l_2	k2)	a = 65 l_1	l	130 l	200 l
70	250	90	160	70	250	60	190	60	185	250	320
100	250	110	140	100	250	70	180	70	205	270	340

DN_1	DN_2	a	l
50	40	10	60
70	50	10	75
100	50	26	80

DN_1	DN_2	a	l
100	70	16	85
125	50	39	85
125	70	29	90
125	100	13	95
150	50	51	95
150	70	41	100
150	100	25	105
150	125	13	110
200	100	50	115
200	125	38	120
200	150	25	125
250	200	32	145

带专门承口的大便器连接管

直　管　　弯头 90°　　弯头 90°　　裤形管　　三　通

名称	l	k2)	名称	l	k2)
短	105	50	最小	150	—
长	225	170	短	225	110
			长	500	385

可以在左侧或右侧错位

水平错位

垂直

DN100 带专门承口

用于旧建筑的三通

无承口目标连接接头

90°弯头　　裤形管 DN50　　橡皮承插接头

DN_1	DN_2	k2)
50	40	20
50	50	25
50	60	30

D	d	符号
40	28 – 34	40/30
50	28 – 34	40/30
50	38 – 44	40/40
60	28 – 34	50/30
60	38 – 44	50/40
60	48 – 54	50/50

5.2-21 德国无承口连接的铸铁排水 SML 管和管件（续）

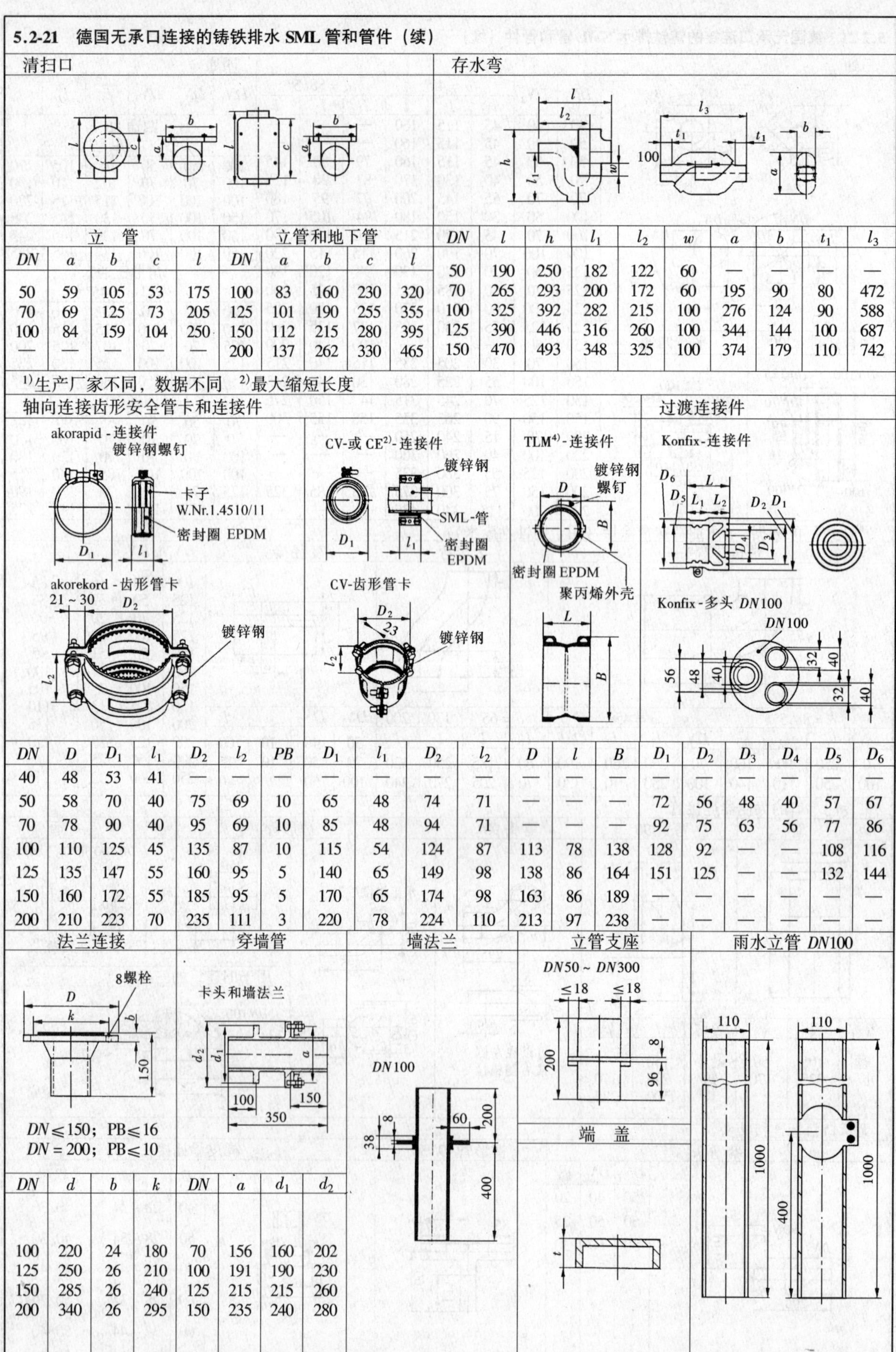

清扫口

立管					立管和地下管				
DN	a	b	c	l	DN	a	b	c	l
50	59	105	53	175	100	83	160	230	320
70	69	125	73	205	125	101	190	255	355
100	84	159	104	250	150	112	215	280	395
—	—	—	—	—	200	137	262	330	465

存水弯

DN	l	h	l_1	l_2	w	a	b	t_1	l_3
50	190	250	182	122	60	—	—	—	—
70	265	293	200	172	60	195	90	80	472
100	325	392	282	215	100	276	124	90	588
125	390	446	316	260	100	344	144	100	687
150	470	493	348	325	100	374	179	110	742

1)生产厂家不同，数据不同　2)最大缩短长度

轴向连接齿形安全管卡和连接件；过渡连接件

DN	D	D_1	l_1	D_2	l_2	PB	D_1	l_1	D_2	l_2	D	l	B	D_1	D_2	D_3	D_4	D_5	D_6
40	48	53	41	—	—	—	—	—	—	—	—	—	—	—	—	—	—	—	—
50	58	70	40	75	69	10	65	48	74	71	—	—	—	72	56	48	40	57	67
70	78	90	40	95	69	10	85	48	94	71	—	—	—	92	75	63	56	77	86
100	110	125	45	135	87	10	115	54	124	87	113	78	138	128	92	—	—	108	116
125	135	147	55	160	95	5	140	65	149	98	138	86	164	151	125	—	—	132	144
150	160	172	55	185	95	5	170	65	174	98	163	86	189	—	—	—	—	—	—
200	210	223	70	235	111	3	220	78	224	110	213	97	238	—	—	—	—	—	—

法兰连接；穿墙管

DN	d	b	k	DN	a	d_1	d_2
100	220	24	180	70	156	160	202
125	250	26	210	100	191	190	230
150	285	26	240	125	215	215	260
200	340	26	295	150	235	240	280

5.3 法兰

5.3-1 法兰的作用

法兰是固定在管子或设备上带有螺栓孔的凸缘轮盘。法兰连接就是把接在两个设备或管口上的相对垂直于连接轴线上的一对法兰，中间加入垫片，然后用螺栓拉紧，使其成为一个严密整体的一种可拆卸接头。主要用于管子与管子、管子与管道附件（如阀门），管子与设备需要拆卸场所的连接

5.3-2 法兰的分类与标准

分类	根据材质	铸铁法兰、钢法兰、塑料法兰、铜法兰、铝法兰、玻璃法兰、玻璃钢法兰
	根据连接方式	以钢制管法兰为例有整体法兰、螺纹法兰、焊接法兰、松套法兰
	按照密封面形式	平面式、凸面式、凹凸式、梯形槽式、榫槽式
法兰标准	国标颁布前	原第一机械工业部法兰标准（JB 78—85—59） 化学工业部法兰标准（HG 5008—5028—58） 石油工业部法兰标准（SYJ 4—64）
	国标颁布后	国家机械委员会对铸铁法兰和钢制管法兰制定了一系列国家标准，这些标准的铸铁制法兰适用于公称压力 *PN* 为 0.25～2.5MPa，公称直径 *DN*10～*DN*100。钢制法适用于公称压力 *PN* 为 0.25～42.0MPa，公称直径 *DN*10～*DN*400

5.3-3 灰铸铁法兰的尺寸（GB 4216.2～6—84）

灰铸铁法兰与垫片：按国家标准（GB 4216—84）制造，共分为 0.25、0.6、1.0、2.5（MPa）压力系列

灰铸铁管法兰尺寸（GB 4216.2～6—84）（mm）

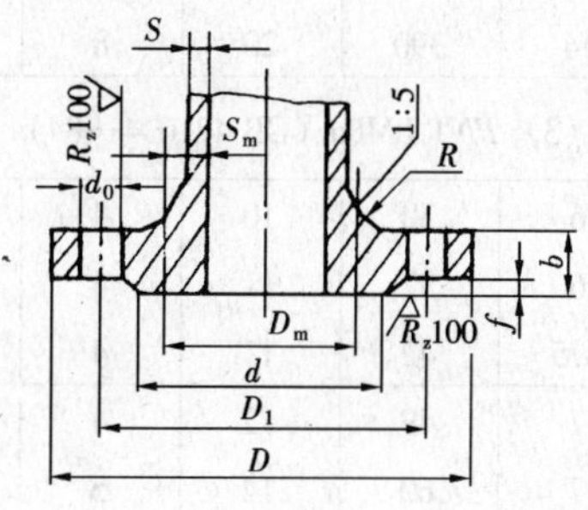

公称直径 *DN*	法兰			法兰颈				密封面		螺栓螺纹及通孔		
	D	D_1	b	S[1]	D_m	S_m	R	d	f	T_h	d_0	n（个）
（1）*PN*0.25MPa（GB 4216.4—84）												
10	75	50	12	6	26	8	3	35	2	M10	11	4
15	80	55	12	6	31	8	3	40	2	M10	11	4
20	90	65	14	6.5	38	8	4	50	2	M10	11	4
25	100	75	14	7	47	11	4	60	2	M10	11	4
32	120	90	16	7	56	12	4	70	2	M12	13.5	4
40	130	100	16	7.5	64	12	4	80	3	M12	13.5	4
50	140	110	16	7.5	74	12	4	90	3	M12	13.5	4
65	160	130	16	8	89	12	4	110	3	M12	13.5	4
80	190	150	18	8.5	108	14	5	128	3	M16	17.5	4
100	210	170	18	9	128	14	5	148	3	M16	17.5	4
125	240	200	20	9.5	155	15	5	178	3	M16	17.5	8
150	265	225	20	10	180	15	5	202	3	M16	17.5	8
200	320	280	22	11	234	17	6	258	3	M16	17.5	8
250	375	335	24	12	286	18	6	312	3	M16	17.5	12
300	440	395	24	13	336	18	6	365	4	M20	22	12

5.3-3 灰铸铁法兰的尺寸（GB 4216.2～6—84）（续）

公称直径	法 兰			法 兰 颈				密封面		螺栓螺纹及通孔		
DN	D	D_1	b	$S^{1)}$	D_m	S_m	R	d	f	T_h	d_0	n（个）
（2）PN0.6MPa（GB 4216.3—84）												
10	75	50	12	6	26	8	3	35	2	M10	11	4
15	80	55	12	6	31	8	3	40	2	M10	11	4
20	90	65	14	6.5	38	9	4	50	2	M10	11	4
25	100	75	14	7	47	11	4	60	2	M10	11	4
32	120	90	16	7	56	12	4	70	2	M12	13.5	4
40	130	100	16	7.5	64	12	4	80	3	M12	13.5	4
50	140	110	16	7.5	74	12	4	90	3	M12	13.5	4
65	160	130	16	8	89	12	4	110	3	M12	13.5	4
80	190	150	18	8.5	108	14	5	128	3	M16	17.5	4
100	210	170	18	9	128	14	5	148	3	M16	17.5	4
125	240	200	20	9.5	155	15	5	178	3	M16	17.5	8
150	265	225	20	10	180	15	5	202	3	M16	17.5	8
175	290	255	22	11	209	17	6	232	3	M16	17.5	8
200	320	280	22	11	234	17	6	258	3	M16	17.5	8
225	345	305	22	11	259	17	6	282	3	M16	17.5	8
250	375	335	24	12	286	18	6	312	3	M16	17.5	12
300	440	395	24	13	336	18	6	365	4	M20	22	12
350	490	445	26	14	390	20	8	415	4	M20	22	12
（3）PN1.0MPa（GB 4216.4—84）												
10	90	60	14	6	30	10	4	42	2	M12	13.5	4
15	95	65	14	6	37	11	4	47	2	M12	13.5	4
20	105	75	16	6.5	42	11	4	58	2	M12	13.5	4
25	115	85	16	7	49	12	4	68	2	M12	13.5	4
32	140	100	18	7	60	14	5	78	3	M16	17.5	4
40	150	110	18	7.5	68	14	5	88	3	M16	17.5	4
50	165	125	20	7.5	80	15	5	102	3	M16	17.5	4
65	185	145	20	8	95	15	5	122	3	M16	17.5	4
80	200	160	20	8.5	114	17	6	133	3	M16	17.5	8
100	220	180	24	9.5	138	18	6	158	3	M16	17.5	8
125	250	210	26	10	165	20	8	184	3	M16	17.5	8
150	285	240	26	11	190	20	8	212	3	M20	22	8
175	315	270	28	12	217	21	8	242	3	M20	22	8
200	340	295	28	11	240	20	8	268	3	M20	22	8
225	370	325	28	11	265	20	8	295	3	M20	22	8
250	395	350	28	12	292	21	8	320	3	M20	22	12
300	445	400	28	13	342	21	8	370	4	M20	22	12
350	505	460	30	14	396	23	8	430	4	M20	22	16
400	565	515	32	14	448	24	10	482	4	M24	26	16
450	615	565	32	15	498	24	10	532	4	M24	26	20
500	670	620	34	16	552	26	10	585	4	M24	26	20

5.3-3 灰铸铁法兰的尺寸（GB 4216.2～6—84）（续）

公称直径	法兰			法兰颈				密封面		螺栓螺纹及通孔		
DN	D	D_1	b	S[1]	D_m	S_m	R	d	f	T_h	d_0	n（个）
（4）PN1.6MPa（GB 4216.5—84）												
10	90	60	14	6	30	10	4	42	2	M12	13.5	4
15	95	65	14	6	37	11	4	47	2	M12	13.5	4
20	105	75	16	6.5	42	11	4	58	2	M12	13.5	4
25	115	85	16	7	49	12	4	68	2	M12	13.5	4
32	140	100	18	7	60	14	5	78	2	M16	17.5	4
40	150	110	18	7.5	68	14	5	88	3	M16	17.5	4
50	165	125	20	7.5	80	15	5	102	3	M16	17.5	4
65	185	145	20	8	95	15	5	122	3	M16	17.5	4
80	200	160	22	8.5	114	17	6	133	3	M16	17.5	8
100	220	180	24	9.5	136	18	6	158	3	M16	17.5	8
125	250	210	26	10	165	20	8	184	3	M16	17.5	8
150	285	240	26	11	190	20	8	212	3	M20	22	8
200	340	295	30	12	246	23	8	268	3	M20	22	12
250	405	355	32	14	298	24	10	320	3	M24	26	12
300	460	410	32	15	348	24	10	370	4	M24	26	12
（5）PN2.5MPa（GB 4216.6—84）												
10	90	60	16	6.5	30	10	4	42	2	M12	13.5	4
15	95	65	16	7	37	11	4	47	2	M12	13.5	4
20	105	75	18	7.5	44	12	5	58	2	M12	13.5	4
25	115	85	18	8	53	14	5	68	2	M12	13.5	4
32	140	100	20	8.5	62	15	5	78	2	M16	17.5	4
40	150	110	20	9	70	15	5	88	3	M16	17.5	4
50	165	125	22	10	84	17	6	102	3	M16	17.5	4
65	185	145	24	11	101	18	6	122	3	M16	17.5	8
80	200	160	26	12	120	20	6	133	3	M16	17.5	8
100	235	190	25	14	142	21	6	158	3	M20	22	8
125	270	220	30	15	171	23	6	184	3	M24	26	8
150	300	250	34	17	202	26	8	212	3	M24	26	8
200	360	310	34	15	252	26	10	278	3	M24	26	12
250	425	370	36	18	304	27	10	335	3	M27	30	12
300	485	430	40	20	360	30	10	390	4	M27	30	16

[1] 在保证法兰强度条件下，允许采用其他数值。

5.3-4 灰铸铁管法兰公称压力、试验压力和工作压力（GB 4216.1—84）（MPa）

公称压力 PN	材料牌号	试验压力 p_1	在下列温度下的最大工作压力 p_{max}			
			120℃	200℃	250℃	300℃
0.25	HT200	0.4	0.25	0.2	0.18	0.15
0.6	HT200	0.9	0.6	0.49	0.44	0.35
1	HT200	1.5	1	0.78	0.69	0.59
1.6	HT200	2.4	1.6	1.27	1.09	0.98
2.5	HT250	3.8	2.5	2	1.75	1.5

5.3-5　灰铸铁管法兰用石棉橡胶垫片尺寸（GB 4216.9—84）(mm)

公称通径 DN	内径 d_1	外径 D_0				
		公称压力 PN (MPa)				
		0.25	0.6	1.0	1.6	2.5
10	18	38	38	45	45	45
15	22	43	43	50	50	50
20	28	53	53	60	60	60
25	35	63	63	70	70	70
32	43	75	75	82	82	82
40	49	85	85	92	92	92
50	61	95	95	107	107	107
65	77	115	115	127	127	127
80	90	132	132	142	142	142
100	115	152	152	162	162	168
125	141	182	182	192	192	195
150	169	207	207	218	218	225
175	195	237	237	248	248	255
200	220	262	262	273	273	285
225	245	287	287	302	302	310
250	274	318	318	328	330	342
300	325	373	373	378	385	402
350	368	423	423	438	445	458
400	420	473	473	490	495	515
450	470	528	528	540	555	565
500	520	578	578	595	615	625

垫片厚度小于等于 2mm。当厚度大于 2mm 的由供需双方协商

5.3-6　平面整体钢制管法兰（GB 9113.1～2—88）(mm)

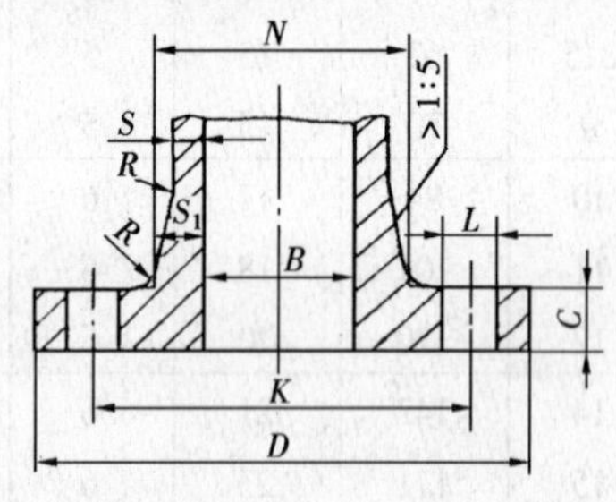

公称通径 DN	管子外径 D	螺栓孔中心圆直径 K	螺栓孔径 L	螺栓 数量 n	螺栓 螺纹 T_h	法兰厚度 C	法兰颈 N	法兰颈 R	法兰颈 S	法兰颈 S_{1max}
(1) PN1.6MPa (GB 9113.1—88)										
10	90	60	14	4	M12	14	30	3	6	10
15	95	65	14	4	M12	14	37	3	6	11
20	105	75	14	4	M12	16	44	4	6.5	12
25	115	85	14	4	M12	16	53	4	7	14
32	140	100	18	4	M16	18	60	5	7	14
40	150	110	18	4	M16	18	70	5	7.5	15
50	165	125	18	4	M16	20	84	5	8	17
65	185	145	18	4	M16	20	103	6	8	19
80	200	160	18	8	M16	20	120	6	8.5	20
100	220	180	18	8	M16	22	140	6	9.5	20
125	250	210	18	8	M16	22	165	6	10	20
150	285	240	22	8	M20	24	190	8	11	20
200	340	295	22	12	M20	24	246	8	12	23
250	405	355	26	12	M24	26	296	10	14	23
300	460	410	26	12	M24	28	350	10	15	25
350	520	470	26	16	M24	30	406	10	16	28
400	580	525	30	16	M27	32	458	10	18	29
450	640	585	30	20	M27	34	510	12	20	30

5.3-6　平面整体钢制管法兰（GB 9113.1～2—88）(mm)（续）

公称通径 DN	法兰内径 B	法兰外径 D	螺栓孔中心圆直径 K	螺栓孔径 L	螺栓 数量 n	螺栓 螺纹 T_h	法兰厚度 C	法兰颈 N	法兰颈 S_{min}
(2) *PN*2.0MPa（GB 9113.2—88）									
25	25	110	79.5	16	4	M14	11.5	49	4.0
32	32	120	89.0	16	4	M14	13.0	59	4.8
40	38	130	98.5	16	4	M14	14.5	65	4.0
50	51	150	122.5	20	4	M18	16.6	78	5.6
65	64	180	139.5	20	4	M18	17.5	90	5.6
80	76	190	152.5	20	4	M18	19.5	108	5.6
100	102	230	190.5	20	8	M18	24.0	135	6.3
125	127	255	216.0	22	8	M20	24.0	164	7.1
150	152	280	241.5	22	8	M20	25.5	192	7.1
200	203	345	298.5	22	8	M20	29.0	346	7.9
250	254	405	362.0	26	12	M24	30.5	305	8.6
300	305	485	432.0	26	12	M24	32.0	365	9.5

其他带颈平焊钢制管法兰可查 GB 9116—88

5.3-7　凸面整体钢制管法兰（GB 9113.3～5—88）(mm)

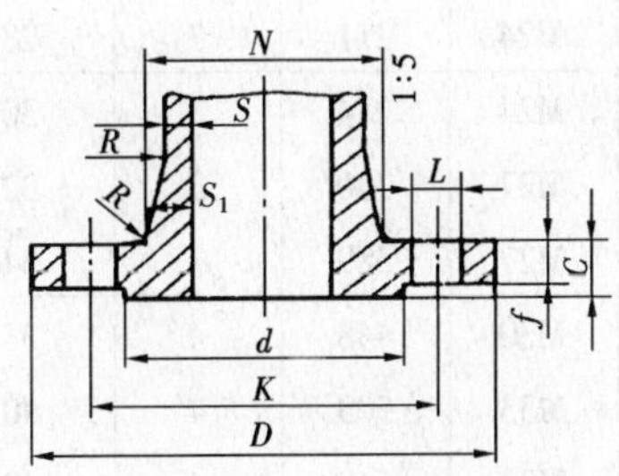

公称通径 DN	连接尺寸 法兰外径 D	螺栓孔中心圆直径 K	螺栓孔径 L	螺栓 数量 n	螺栓 螺纹 T_h	密封面 d	密封面 f	法兰厚度 C	法兰颈 N	法兰颈 R	法兰颈 S	法兰颈 S_{1max}
(1) *PN*1.6MPa（GB 9113.3—88）												
10	90	60	14	4	M12	41	2	14	30	3	6	10
15	95	65	14	4	M12	46	2	14	37	3	6	11
20	105	75	14	4	M12	56	2	16	44	4	6.5	12
25	115	85	14	4	M12	65	3	16	53	4	7	14
32	140	100	18	4	M16	76	3	18	60	5	7	14
40	150	110	18	4	M16	84	3	18	70	5	7.5	15
50	165	125	18	4	M16	99	3	20	84	5	8	17
65	185	145	18	4	M16	118	3	20	103	6	8	19
80	200	160	18	8	M16	132	3	20	120	6	8.5	20
100	220	180	18	8	M16	156	3	22	140	6	9.5	20
125	250	210	18	8	M16	184	3	22	165	6	10	20
150	285	240	22	8	M20	211	3	24	190	8	11	20
200	340	295	22	12	M20	266	3	24	246	8	12	23
250	405	355	26	12	M24	319	3	26	296	10	14	23
300	460	410	26	12	M24	370	4	28	350	10	15	25
350	520	470	26	16	M24	429	4	30	406	10	16	28
400	580	525	30	16	M27	480	4	32	458	10	18	29
450	640	585	30	20	M27	548	4	34	510	12	20	30

5.3-7　凸面整体钢制管法兰（GB 9113.3～5—88）（mm）（续）

公称通径 DN	连接尺寸					密封面		法兰厚度 C	法兰颈			
	法兰外径 D	螺栓孔中心圆直径 K	螺栓孔径 L	螺栓								
				数量 n	螺纹 T_h	d	f		N	R	S	S_{1max}
（2）PN2.5MPa（GB 9113.4—88）												
10	90	60	14	4	M12	41	2	14	30	3	6	10
15	95	65	14	4	M12	46	2	14	37	3	6	11
20	105	75	14	4	M12	56	2	16	44	4	6.5	12
25	115	85	14	4	M12	65	3	16	53	4	7	14
32	140	100	18	4	M16	76	3	18	60	5	7	14
40	150	110	18	4	M16	84	3	18	70	5	7.5	15
50	165	125	18	4	M16	99	3	20	84	5	8	17
60	185	145	18	8	M16	118	3	22	103	6	8.5	19
80	200	160	18	8	M16	132	3	24	120	6	9	20
100	235	190	22	8	M20	156	3	24	140	6	10	20
125	270	220	26	8	M24	184	3	26	165	6	11	20
150	300	250	26	8	M24	211	3	28	192	8	12	21
200	360	310	26	12	M24	274	3	30	252	8	12	26
250	425	370	30	12	M27	330	3	32	304	10	14	27
300	485	430	30	16	M27	389	4	34	364	10	15	32
350	555	490	33	16	M30	448	4	38	418	10	16	34
400	620	550	36	16	M33	503	4	40	470	10	18	35
450	670	600	36	20	M33	548	4	42	520	12	20	35
（3）PN4.0MPa（GB 9113.5—88）												
10	90	60	14	4	M12	41	2	14	30	3	6	10
15	95	65	14	4	M12	46	2	14	37	3	6	11
20	105	75	14	4	M12	56	2	16	44	4	6.5	12
25	115	85	14	4	M12	65	3	16	53	4	7	14
32	140	100	18	4	M16	76	3	18	60	5	7	14
40	150	110	18	4	M16	84	3	18	70	5	7.5	15
50	165	125	18	4	M16	99	3	20	84	5	8	17
65	185	145	18	8	M16	118	3	22	103	6	8.5	19
80	200	160	18	8	M16	132	3	24	120	6	9	20
100	235	190	22	8	M20	156	3	24	140	6	10	20
125	270	220	26	8	M24	184	3	26	165	6	11	20
150	300	250	26	8	M24	211	3	28	192	8	12	21
200	375	320	30	12	M27	284	3	34	254	8	14	27
250	450	385	33	12	M30	345	3	38	312	10	16	31
300	515	450	33	16	M30	409	4	42	370	10	17	35
350	580	510	36	16	M33	465	4	46	426	10	19	38
400	660	585	39	16	M36	535	4	50	476	10	21	38
450	685	610	39	20	M36	560	4	50	526	12	21	38

5.3-8　平面板式平焊钢制管法兰（GB 9119.1～4—88）（mm）

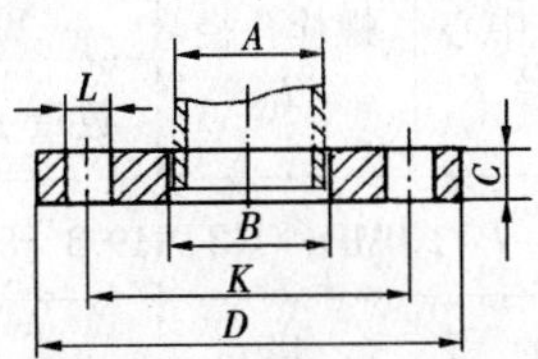

公称通径 *DN*	管子外径 *A*	法兰外径 *D*	螺栓孔中心圆直径 *K*	螺栓孔径 *L*	螺栓		法兰厚度 *C*	法兰内径 *B*	法兰理论质量（kg）
					数量 *n*	螺纹 T_h			
（1）*PN*0.25MPa（GB 9119.1—88）									
10～600	按 GB9119.2—88　*PN*0.6MPa 的法兰尺寸								
700	711	860	810	26	24	M24	36	由用户规定	47.70
800	813	975	920	30	24	M27	38		61.24
900	914	1075	1020	30	24	M27	40		72.71
1000	1016	1175	1120	30	28	M27	42	由用户规定	82.59
1200	1220	1375	1320	30	32	M27	44		99.93
1400	1420	1575	1520	30	36	M27	48		120.05
（2）*PN*0.6MPa（GB 9119.2—88）									
10	17.2	75	50	11	4	M10	12	18.0	0.36
15	21.3	80	55	11	4	M10	12	22.0	0.40
20	26.9	90	65	11	4	M10	14	27.5	0.59
25	33.7	100	75	11	4	M10	14	34.5	0.72
32	42.4	120	90	14	4	M12	16	43.5	1.16
40	48.3	130	100	14	4	M12	16	49.5	1.35
50	60.3	140	110	14	4	M12	16	61.5	1.48
65	76.1	160	130	14	4	M12	16	77.5	1.86
80	88.9	190	150	18	4	M16	18	90.5	2.95
100	114.3	210	170	18	4	M16	18	116.0	3.26
125	139.7	240	200	18	8	M16	20	141.5	4.31
150	168.3	265	225	18	8	M16	20	170.5	4.75
200	219.1	320	280	18	8	M16	22	221.5	6.88
250	273.0	375	335	18	12	M16	24	276.5	8.92
300	323.9	440	395	22	12	M20	24	327.5	11.91
350	355.6	490	445	22	12	M20	26	359.0	16.83
400	406.4	540	495	22	16	M20	28	411.0	19.83
450	457.0	595	550	22	16	M20	30	462.0	24.56
500	508.0	645	600	22	20	M20	32	513.5	28.13
600	610.0	755	705	26	20	M24	36	616.5	39.14
700	711.0	860	810	26	24	M24	40	由用户规定	—
800	813.0	975	920	30	24	M27	44		—
900	914.0	1075	1020	30	24	M27	48		—
1000	1016.0	1175	1120	30	28	M27	52		—

5.3-8 平面板式平焊钢制管法兰（GB 9119.1～4—88）（mm）（续）

公称通径 *DN*	管子外径 *A*	法兰外径 *D*	螺栓孔中心圆直径 *K*	螺栓孔径 *L*	螺栓 数量 *n*	螺栓 螺纹 T_h	法兰厚度 *C*	法兰内径 *B*	法兰理论质量（kg）
（3）*PN*1.0MPa（GB 9119.3—88）									
10	17.2	90	60	14	4	M12	14	18.0	0.60
15	21.3	95	65	14	4	M12	14	22.0	0.67
20	26.9	105	75	14	4	M12	16	27.5	0.94
25	33.7	115	85	14	4	M12	16	34.5	1.11
32	42.4	140	100	18	4	M16	18	43.5	1.82
40	48.3	150	110	18	4	M16	18	49.5	2.08
50	60.3	165	125	18	4	M16	20	61.5	2.73
65	76.1	185	145	18	4	M16	20	77.5	3.32
80	88.9	200	160	18	8	M16	20	90.5	3.76
100	114.3	220	180	18	8	M16	22	116.5	5.00
125	139.7	250	210	18	8	M16	22	141.5	5.41
150	168.3	285	240	22	8	M20	24	170.5	7.14
200	219.1	340	295	22	8	M20	24	221.5	9.27
250	273.0	395	350	22	12	M20	26	276.5	11.82
300	323.9	445	400	22	12	M20	28	327.5	14.66
（4）*PN*1.6MPa（GB 9119.4—88）									
10	17.2	90	60	14	4	M12	14	18.0	0.60
15	21.3	95	65	14	4	M12	14	22.0	0.67
20	26.9	105	75	14	4	M12	16	27.5	0.94
25	33.7	115	85	14	4	M12	16	34.5	1.11
32	42.4	140	100	18	4	M16	18	43.5	1.82
40	48.3	150	110	18	4	M16	18	49.5	2.08
50	60.3	165	125	18	4	M16	20	61.5	2.73
65	76.1	185	145	18	4	M16	20	77.5	3.32
80	88.9	200	160	18	8	M16	20	90.5	3.70
100	114.3	220	180	18	8	M16	22	116.5	5.00
125	139.7	250	210	18	8	M16	22	141.5	5.41
150	168.3	285	340	22	8	M20	24	170.5	7.14
200	219.1	340	295	22	12	M20	26	221.5	9.73
250	273.0	405	355	26	12	M24	29	276.5	14.20
300	323.9	460	410	26	12	M24	32	327.5	18.98

5.3-9　凸面板式平焊钢制管法兰（GB 9119.5～10—88）（mm）

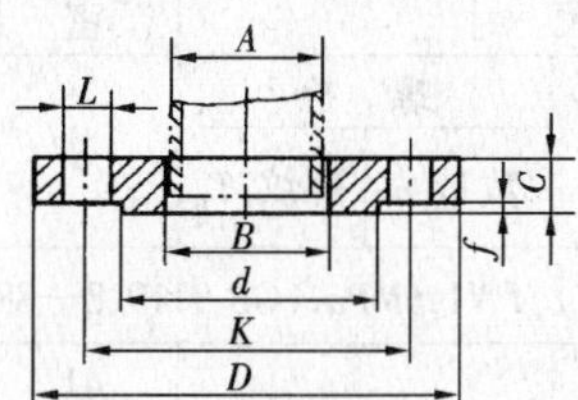

公称通径 DN	管子外径 A	连接尺寸					密封面		法兰厚度 C	法兰内径 B	法兰理论质量（kg）
		法兰外径 D	螺栓孔中心圆直径 K	螺栓孔径 L	螺栓		d	f			
					数量 n	螺纹 T_h					
（1）PN0.25MPa（GB 9119.5—88）											
10～600	按 GB 9119.6—88 PN0.6MPa 的法兰尺寸										
700	711	860	810	26	24	M24	772	5	36	由用户规定	43.77
800	813	975	920	30	24	M27	878	5	38		56.00
900	914	1075	1020	30	24	M27	978	5	40		66.80
1000	1016	1175	1120	30	28	M27	1078	5	42	由用户规定	76.63
1200	1220	1375	1320	30	32	M27	1280	5	44		94.23
1400	1420	1575	1520	30	36	M27	1480	5	48		120.86
（2）PN0.6MPa（GB 9119.6—88）											
10	17.2	75	50	11	4	M10	33	2	12	18.0	0.31
15	21.3	80	55	11	4	M10	38	2	12	22.0	0.35
20	26.9	90	65	11	4	M10	48	2	14	27.5	0.53
25	33.7	100	75	11	4	M10	58	3	14	34.5	0.60
32	42.4	120	90	14	4	M12	69	3	16	43.5	0.99
40	48.3	130	100	14	4	M12	78	3	16	49.5	1.17
50	60.3	140	110	14	4	M12	88	3	16	61.5	1.28
65	76.1	160	130	14	4	M12	108	3	16	77.5	1.61
80	88.9	190	150	18	4	M16	124	3	18	90.5	2.60
100	114.3	210	170	18	4	M16	144	3	18	116.0	2.85
125	139.7	240	200	18	8	M16	174	3	20	141.5	3.86
150	168.3	265	225	18	8	M16	199	3	20	170.5	4.23
200	219.1	320	280	18	8	M16	254	3	22	221.5	6.23
250	273.0	375	335	18	12	M16	309	3	24	276.5	8.15
300	323.9	440	395	22	12	M20	363	4	24	327.5	10.53
350	355.6	490	445	22	12	M20	413	4	26	359.5	15.26
400	406.4	540	495	22	16	M20	463	4	28	411.0	18.12
450	457.0	595	550	22	16	M20	518	4	30	462.0	22.64
500	508.0	645	600	22	20	M20	568	4	32	513.5	26.58
600	610.0	755	705	26	20	M24	667	5	36	616.5	35.70
700	711.0	860	810	26	24	M24	772	5	40	—	—
（3）PN1.0MPa（GB 9119.7—88）											
10	17.2	90	60	14	4	M12	41	2	14	18.0	0.53
15	21.3	95	65	14	4	M12	46	2	14	22.0	0.59
20	26.9	105	75	14	4	M12	56	2	16	27.5	0.85
25	33.7	115	85	14	4	M12	65	3	16	34.5	0.96
32	42.4	140	100	18	4	M16	76	3	18	43.5	1.59
40	48.3	150	110	18	4	M16	84	3	18	49.5	1.82
50	60.3	165	125	18	4	M16	99	3	20	61.5	2.43
65	76.1	185	145	18	4	M16	118	3	20	77.5	3.48
80	88.9	200	160	18	8	M16	132	3	20	90.5	3.95
100	114.3	220	180	18	8	M16	156	3	22	116.0	4.52
125	139.7	250	210	18	8	M16	184	3	22	141.5	4.93
150	168.3	285	240	22	8	M20	211	3	24	170.5	6.53
200	219.1	340	295	22	8	M20	266	3	24	221.5	8.51
250	273.0	395	350	22	12	M20	319	3	26	276.5	10.92
300	323.9	445	400	22	12	M20	370	3	28	327.5	13.30

5.3-9 凸面板式平焊钢制管法兰（GB 9119.5～10—88）（mm）（续）											
公称直径 DN	管子外径 A	连接尺寸					密封面		法兰厚度 C	法兰内径 B	法兰理论质量 (kg)
		法兰外径 D	螺栓孔中心圆直径 K	螺栓孔径 L	螺栓		d	f			
					数量 n	螺纹 T_h					
(4) PN1.6MPa（GB 9119.8—88）											
10	17.2	按 GB 9119.10—88 中 PN4.0MPa 的法兰尺寸					41	2	14	18.0	0.53
15	21.3						46	2	14	22.0	0.59
20	26.9						56	2	16	27.5	0.85
25	33.7						65	3	16	34.5	0.96
32	42.4						76	3	18	43.5	1.59
40	48.3						84	3	18	49.5	1.82
50	60.3						99	3	20	61.5	2.43
65	76.1	185	145	18	4	M16	118	3	20	77.5	2.97
80	88.9	200	160	18	8	M16	132	3	20	90.5	3.23
100	114.3	220	180	18	8	M16	156	3	22	116.0	4.52
125	139.7	250	210	18	8	M16	184	3	22	141.5	4.93
150	168.3	285	240	22	8	M20	211	3	24	170.5	6.53
200	219.1	340	295	22	12	M20	266	3	26	221.5	9.01
250	273.0	405	355	26	12	M24	319	3	29	276.5	13.20
300	323.9	460	410	26	12	M24	370	3	32	327.5	17.34

5.3-10 平面对焊钢制管法兰（GB 9115.1～5—88）（mm）

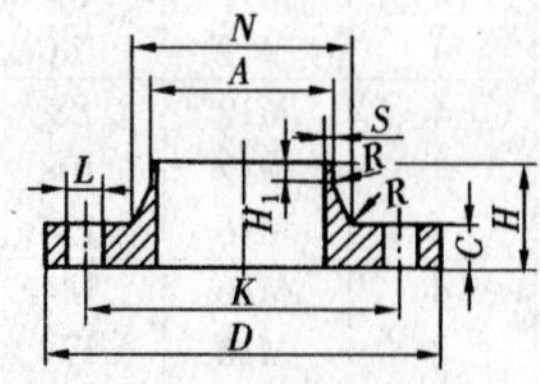

公称通径 DN	法兰焊端外径（管外径）A	法兰外径 D	螺栓孔中心圆直径 K	螺栓孔径 L	螺栓		法兰厚度 C	法兰高度 H	法兰颈			
					数量 n	螺纹 T_h			N	S	H_1	R
(1) PN0.25MPa（GB 9115.1—88）												
10	17.2	75	50	11	4	M10	12	28	26	1.6	6	3
15	21.3	80	55	11	4	M10	12	30	30	1.8	6	3
20	26.9	90	65	11	4	M10	14	32	38	1.8	6	4
25	33.7	100	75	11	4	M10	14	35	42	2.0	6	4
32	42.4	120	90	14	4	M12	16	35	55	2.3	6	5
40	48.3	130	100	14	4	M12	16	38	62	2.3	7	5
50	60.3	140	110	14	4	M12	16	38	74	2.3	8	5
65	76.1	160	130	14	4	M12	16	38	88	2.6	9	6
80	88.9	190	150	18	4	M16	18	42	102	2.9	10	6
100	114.3	210	170	18	4	M16	18	45	130	3.2	10	6
125	139.7	240	200	18	8	M16	20	48	155	3.6	10	6
150	168.3	265	225	18	8	M16	20	48	184	4.0	12	8
200	219.1	320	280	18	8	M16	22	55	236	4.5	15	8
250	273.0	375	335	18	12	M16	24	60	290	5.0	15	10
300	323.9	440	395	22	12	M20	24	62	342	5.6	15	10
350	355.6	490	445	22	12	M20	24	62	385	5.6	15	10
400	406.4	540	495	22	16	M20	24	65	438	6.3	15	10
450	457.0	595	550	22	16	M20	24	65	492	6.3	15	12

5.3-10　平面对焊钢制管法兰（GB 9115.1～5—88）（mm）（续）

公称通径 DN	法兰焊端外径（管外径）A	法兰外径 D	螺栓孔中心圆直径 K	螺栓孔径 L	螺栓		法兰厚度 C	法兰高度 H	法兰颈			
					数量 n	螺纹 T_h			N	S	H_1	R
（2）PN0.6MPa（GB 9115.2—88）												
10	17.2	75	50	11	4	M10	12	28	26	1.6	6	3
15	21.3	80	55	11	4	M10	12	30	30	1.8	6	3
20	26.9	90	65	11	4	M10	14	32	38	1.8	6	4
25	33.7	100	75	11	4	M10	14	35	42	2.0	6	4
32	42.4	120	90	14	4	M12	16	35	55	2.3	6	5
40	48.3	130	100	14	4	M12	16	38	62	2.3	7	5
50	60.3	140	110	14	4	M12	16	38	74	2.3	8	5
65	76.1	160	130	14	4	M12	16	38	88	2.6	9	6
80	88.9	190	150	18	4	M16	18	42	102	2.9	10	6
100	114.3	210	170	18	4	M16	18	45	130	3.2	10	6
125	139.7	240	200	18	8	M16	20	48	155	3.6	10	6
150	168.3	265	225	18	8	M16	20	48	184	4.0	12	8
200	219.1	320	280	18	8	M16	22	55	236	4.5	15	8
250	273.0	375	335	18	12	M16	24	60	290	5.0	15	10
300	323.9	440	395	22	12	M20	24	62	342	5.6	15	10
350	355.6	490	445	22	12	M20	24	62	385	5.6	15	10
400	406.4	540	495	22	16	M20	24	65	438	6.3	15	10
450	457.0	595	550	22	16	M20	24	65	492	6.3	15	12
（3）PN1.0MPa（GB 9115.3—88）												
10	17.2	90	60	14	4	M12	14	35	28	2.0	6	3
15	21.3	95	65	14	4	M12	14	35	32	2.0	6	3
20	26.9	105	75	14	4	M12	16	38	39	2.0	6	4
25	33.7	115	85	14	4	M12	16	38	46	2.3	6	4
32	42.4	140	100	18	4	M16	18	40	56	2.6	6	5
40	48.3	150	110	18	4	M16	18	42	64	2.6	7	5
50	60.3	165	125	18	4	M16	20	45	74	2.9	8	5
65	76.1	185	145	18	4	M16	20	45	92	2.9	10	6
80	88.9	200	160	18	8	M16	20	50	110	3.2	10	6
100	114.3	220	180	18	8	M16	22	52	130	3.6	12	6
125	139.7	250	210	18	8	M16	22	55	150	4.0	12	6
150	168.3	285	240	22	8	M20	24	55	184	4.5	12	6
200	219.1	340	295	22	8	M20	24	62	234	6.3	16	8
250	273.0	395	350	22	12	M20	26	68	288	6.3	16	10
300	323.9	445	400	22	12	M20	26	68	342	7.1	16	10
350	355.9	505	460	22	16	M20	26	68	390	8.0	16	10
400	406.4	565	515	26	16	M24	26	72	440	8.8	16	10
450	457.0	615	565	26	20	M24	28	72	488	10.0	16	12
（4）PN1.6MPa（GB 9115.4—88）												
10	17.2	90	60	14	4	M12	14	35	28	2.0	6	3
15	21.3	95	65	14	4	M12	14	35	32	2.0	6	3
20	26.9	105	75	14	4	M12	16	38	39	2.0	6	4
25	33.7	115	85	14	4	M12	16	38	46	2.3	6	4
32	42.4	140	100	18	4	M16	18	40	56	2.6	6	5
40	48.3	150	110	18	4	M16	18	42	64	2.6	7	5
50	60.3	165	125	18	4	M16	20	45	74	2.9	8	5
65	76.1	185	145	18	4	M16	20	45	92	2.9	10	6
80	88.9	200	160	18	8	M16	20	50	110	3.2	10	6
100	114.3	220	180	18	8	M16	22	52	130	3.6	12	6
125	139.7	250	210	18	8	M16	22	55	158	4.0	12	6
150	168.3	285	240	22	8	M20	24	55	184	4.5	12	8
200	219.1	340	295	22	12	M20	24	62	234	6.3	16	8
250	273.0	405	355	26	12	M24	26	70	288	6.3	16	10
300	323.9	460	410	26	12	M24	26	78	342	7.1	16	10

5.3-11　凸面对焊钢制管法兰（GB 9115.6～11—88）（mm）

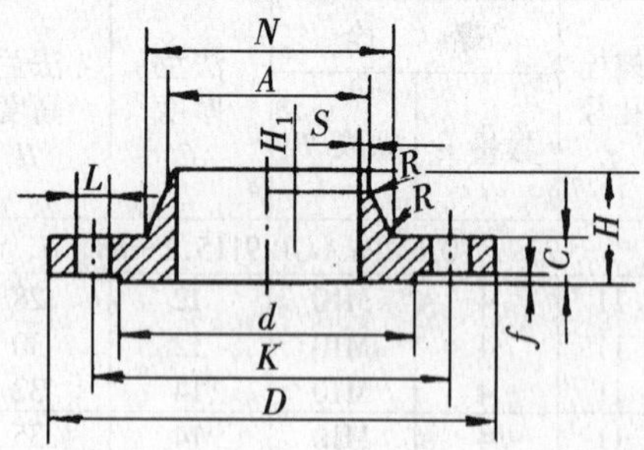

公称通径 DN	法兰焊端外径（管子外径）A	连接尺寸					密封面		法兰厚度 C	法兰高度 H	法兰颈	
		法兰外径 D	螺栓孔中心圆直径 K	螺栓孔径 L	螺栓							
					数量 n	螺纹 T_h	d	f			N	S
（1）PN0.25MPa（GB 9115.6—88）												
10	17.2	75	50	11	4	M10	33	2	12	28	26	1.6
15	21.3	80	55	11	4	M10	38	2	12	30	30	1.8
20	26.9	90	65	11	4	M10	48	2	14	32	38	1.8
25	33.7	100	75	11	4	M10	58	3	14	35	42	2.0
32	42.4	120	90	14	4	M12	69	3	16	35	55	2.3
40	48.3	130	100	14	4	M12	78	3	16	38	62	2.3
50	60.3	140	110	14	4	M12	88	3	16	38	74	2.3
65	76.1	160	130	14	4	M12	108	3	16	38	88	2.6
80	88.9	190	150	18	4	M16	124	3	18	42	102	2.9
100	114.3	210	170	18	4	M16	144	3	18	45	130	3.2
125	139.7	240	200	18	8	M16	174	3	20	48	155	3.6
150	168.3	265	225	18	8	M16	199	3	20	48	184	4.0
200	219.1	320	280	18	8	M16	254	3	22	55	236	4.5
250	273.0	375	335	18	12	M16	309	3	24	60	290	5.0
300	323.9	440	395	22	12	M20	363	4	24	62	342	5.6
350	355.6	490	445	22	12	M20	413	4	24	62	385	5.6
400	406.4	540	495	22	16	M20	463	4	24	65	438	6.3
450	457.0	595	550	22	16	M20	518	4	24	65	492	6.3
（2）PN0.6MPa（GB 9115.7—88）												
10	17.2	75	50	11	4	M10	33	2	12	28	26	1.6
15	20.9	80	55	11	4	M10	38	2	12	30	30	1.8
20	21.3	90	65	11	4	M10	48	2	14	32	38	1.8
25	33.7	100	75	11	4	M10	58	3	14	35	42	2.0
32	42.4	120	90	14	4	M12	69	3	16	35	55	2.3
40	48.3	130	100	14	4	M12	78	3	16	38	62	2.3
50	60.3	140	110	14	4	M12	88	3	16	38	74	2.3
65	76.1	160	130	14	4	M12	108	3	18	38	88	2.6
80	88.9	190	150	18	4	M16	124	3	18	42	102	2.9
100	114.3	210	170	18	4	M16	144	3	18	45	130	3.2
125	139.7	240	200	18	8	M16	174	3	20	48	155	3.6
150	168.3	265	225	18	8	M16	199	3	20	48	184	4.0

5.3-11　凸面对焊钢制管法兰（GB 9115.6～11—88）（mm）（续）

公称通径 DN	法兰焊端外径（管子外径）A	连接尺寸					密封面		法兰厚度 C	法兰高度 H	法兰颈	
		法兰外径 D	螺栓孔中心圆直径 K	螺栓孔径 L	螺栓							
					数量 n	螺纹 T_h	d	f			N	S
（2）*PN*0.6MPa（GB 9115.7—88）												
200	219.1	320	280	18	8	M16	254	3	22	55	236	4.5
250	273.0	375	335	18	12	M16	309	3	24	60	290	5.0
300	323.9	440	395	22	12	M20	363	4	24	62	342	5.6
350	355.6	490	445	22	12	M20	413	4	24	62	385	5.6
400	406.4	540	495	22	16	M20	463	4	24	65	438	6.3
450	457.0	595	550	22	16	M20	518	4	24	65	492	6.3
（3）*PN*1.0MPa（GB 9115.8—88）												
10	17.2	90	60	14	4	M12	41	2	14	35	28	2.0
15	21.3	95	65	14	4	M12	46	2	14	35	32	2.0
20	26.9	105	75	14	4	M12	56	2	16	38	39	2.0
25	33.7	115	85	14	4	M12	65	3	16	38	46	2.3
32	42.4	140	100	18	4	M16	76	3	18	40	56	2.6
40	48.3	150	110	18	4	M16	84	3	18	42	64	2.6
50	60.3	165	125	18	4	M16	99	3	20	45	74	2.9
65	76.1	185	145	18	4	M16	118	3	20	45	92	2.9
80	88.9	200	160	18	8	M16	132	3	20	50	110	3.2
100	114.3	220	180	18	8	M16	156	3	22	52	130	3.6
125	139.7	250	210	18	8	M16	184	3	22	55	158	4.0
150	168.3	285	240	22	8	M20	211	3	24	55	184	4.5
200	219.1	340	295	22	8	M20	266	3	24	62	234	6.3
250	273.0	395	350	22	12	M20	319	3	26	68	288	6.3
300	323.9	445	400	22	12	M20	370	4	26	68	342	7.1
350	355.6	505	460	22	16	M20	429	4	26	68	390	8.0
400	406.4	565	515	26	16	M24	480	4	26	72	440	8.8
450	457.0	615	565	26	20	M24	530	4	28	72	488	10.0
（4）*PN*1.6MPa（GB 9115.9—88）												
10	17.2	90	60	14	4	M12	41	2	14	35	28	2.0
15	21.3	95	65	14	4	M12	46	2	14	35	32	2.0
20	26.9	105	75	14	4	M12	56	2	16	38	39	2.0
25	33.7	115	85	14	4	M12	65	3	16	38	46	2.3
32	42.4	140	100	18	4	M16	76	3	18	40	56	2.6
40	48.3	150	110	18	4	M16	84	3	18	42	64	2.6
50	60.3	165	125	18	4	M16	99	3	20	45	74	2.9
65	76.1	185	145	18	4	M16	118	3	20	45	92	2.9
80	88.9	200	160	18	8	M16	132	3	20	50	110	3.2
100	114.3	220	180	18	8	M16	156	3	22	52	130	3.6
125	139.7	250	210	18	8	M16	184	3	22	55	158	4.0
150	168.3	285	240	22	8	M20	211	3	24	55	184	4.5
200	219.1	340	295	22	12	M20	266	3	24	62	234	6.3
250	273.0	405	355	26	12	M24	319	3	26	70	288	6.3
300	323.9	460	410	26	12	M24	370	4	28	78	342	7.1
350	355.6	520	470	26	16	M24	429	4	30	82	390	8.0
400	406.4	580	525	30	16	M27	480	4	32	85	444	8.8
450	457.0	640	585	30	20	M27	548	4	34	87	490	10.0
500	508.0	715	650	33	20	M30	609	4	36	90	546	11.0
600	610.0	840	770	36	20	M33	720	5	38	95	650	12.5

5.3-12 平面带颈平焊钢制管法兰（GB 9116.1～3—88）（mm）

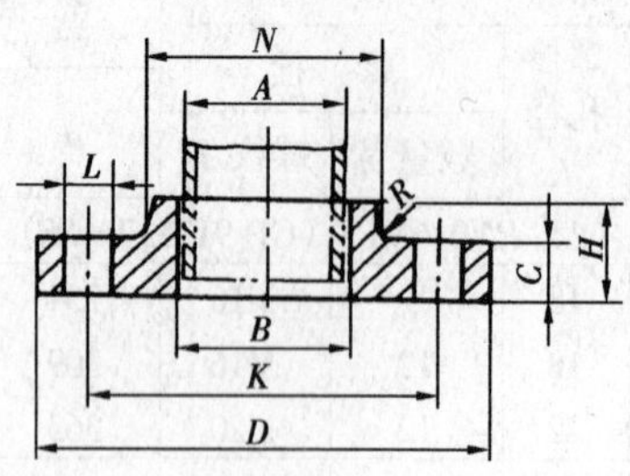

公称通径 DN	管子外径 A	法兰外径 D	螺栓孔中心圆直径 K	螺栓孔径 L	螺栓 数量 n	螺栓 螺纹 T_h	法兰厚度 C	法兰高度 H	法兰颈 N	法兰颈 R	法兰内径 B	法兰理论质量（kg）
(1) *PN*1.0MPa（GB 9116.1—88）												
10	17.2	90	60	14	4	M12	14	20	30	3	18.0	0.55
15	21.3	95	65	14	4	M12	14	20	35	3	22.0	0.62
20	26.9	105	75	14	4	M12	16	24	45	4	27.5	0.90
25	33.7	115	85	14	4	M12	16	24	52	4	34.5	1.03
32	42.4	140	100	18	4	M16	18	26	60	5	43.5	1.66
40	48.3	150	110	18	4	M16	18	26	70	5	49.5	1.93
50	60.3	165	125	18	4	M16	20	28	84	5	61.5	2.58
65	76.1	185	145	18	4	M16	20	32	104	6	77.5	3.17
80	88.9	200	160	18	8	M16	20	34	118	6	90.5	3.70
100	114.3	220	180	18	8	M16	22	40	140	6	116.5	5.17
125	139.7	250	210	18	8	M16	22	44	168	6	141.5	6.00
150	168.3	285	240	22	8	M20	24	44	195	8	170.5	7.59
200	219.1	340	295	22	8	M20	24	44	246	8	221.5	9.86
250	273.0	395	350	22	12	M20	26	46	298	10	276.5	12.37
300	323.9	445	400	22	12	M20	26	46	350	10	327.5	14.04
350	355.6	505	460	22	16	M20	26	53	400	10	359.9	22.34
400	406.4	565	515	26	16	M24	26	57	456	10	411.0	27.79
450	457.0	615	565	26	20	M24	28	63	502	12	462.0	31.92
(2) *PN*1.6MPa（GB 9116.2—88）												
10	17.2	90	60	14	4	M12	14	20	30	3	18.0	0.62
15	21.3	95	65	14	4	M12	14	20	35	3	22.0	0.73
20	26.9	105	75	14	4	M12	16	24	45	4	27.5	1.01
25	33.7	115	85	14	4	M12	16	24	52	4	34.5	1.20
32	42.4	140	100	18	4	M16	18	26	60	5	43.5	1.98
40	48.3	150	110	18	4	M16	18	26	70	5	49.5	2.21
50	60.3	165	125	18	4	M16	20	28	84	5	61.5	2.99
65	76.1	185	145	18	4	M16	20	32	104	6	77.5	3.71
80	88.9	200	160	18	8	M16	20	34	118	6	90.5	4.15
100	114.3	220	180	18	8	M16	22	40	140	6	116.0	5.14
125	139.7	250	210	18	8	M16	22	44	168	6	141.5	6.57
150	168.3	285	240	22	8	M20	24	44	195	8	170.5	8.22
200	219.1	340	295	22	12	M20	24	44	246	8	221.5	10.31
250	273.0	405	355	26	12	M24	26	46	298	10	276.5	14.25
300	323.9	460	410	26	12	M24	28	46	350	10	327.5	18.24

5.3-13 凸面带颈平焊钢制管法兰（GB 9116.4～8—88）（mm）

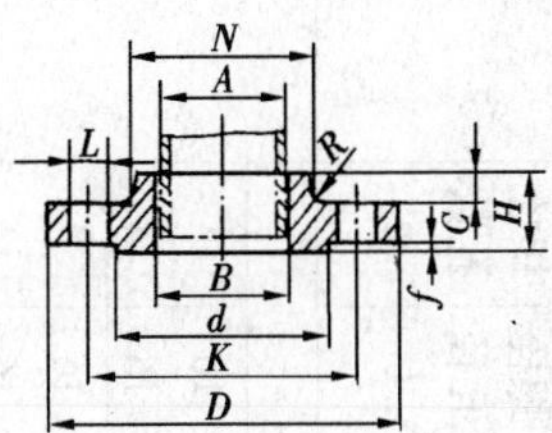

公称通径 DN	管子外径 A	连接尺寸					密封面		法兰厚度 C	法兰高度 H	法兰颈		法兰内径 B	法兰理论质量（kg）
		法兰外径 D	螺栓孔中心圆直径 K	螺栓孔径 L	螺栓 数量 n	螺栓 螺纹 T_h	d	f			N	R		
（1）*PN*1.0MPa（GB 9116.4—88）														
10	17.2	90	60	14	4	M12	41	2	14	20	30	3	18.0	0.55
15	21.3	95	65	14	4	M12	46	2	14	20	35	3	22.0	0.62
20	26.9	105	75	14	4	M12	56	2	16	24	45	4	27.5	0.90
25	33.7	115	85	14	4	M12	65	3	16	24	52	4	34.5	1.03
32	42.4	140	100	18	4	M16	76	3	18	26	60	5	43.5	1.66
40	48.3	150	110	18	4	M16	84	3	18	26	70	5	49.5	1.93
50	60.3	165	125	18	4	M16	99	3	20	28	84	5	61.5	2.58
65	76.1	185	145	18	4	M16	118	3	20	32	104	6	77.5	3.17
80	88.9	200	160	18	8	M16	132	3	20	34	118	6	90.5	3.70
100	114.3	220	180	18	8	M16	156	3	22	40	140	6	116.0	5.17
125	139.7	250	210	18	8	M16	184	3	22	44	168	6	141.5	6.00
150	168.3	285	240	22	8	M20	211	3	24	44	195	8	170.5	7.59
200	219.1	340	295	22	8	M20	266	3	24	44	246	8	221.5	9.86
250	273.0	395	350	22	12	M20	319	3	26	46	298	10	276.5	12.37
300	323.9	445	400	22	12	M20	370	4	26	46	350	10	327.5	14.04
350	355.6	505	460	22	16	M20	429	4	26	53	400	10	359.5	22.34
400	406.4	565	515	26	16	M24	480	4	26	57	456	10	411.0	27.79
450	457.0	615	565	26	20	M24	530	4	28	63	502	12	462.0	31.92
（2）*PN*1.6MPa（GB 9116.5—88）														
10	17.2	90	60	14	4	M12	41	2	14	20	30	3	18.0	0.51
15	21.3	95	65	14	4	M12	46	2	14	20	35	3	22.0	0.60
20	26.9	105	75	14	4	M12	56	2	16	24	45	4	27.5	0.93
25	33.7	115	85	14	4	M12	65	3	16	24	52	4	34.5	1.14
32	42.4	140	100	18	4	M16	76	3	18	26	60	5	43.5	1.75
40	48.3	150	110	18	4	M16	84	3	18	26	70	5	49.5	2.02
50	60.3	165	125	18	4	M16	99	3	20	28	84	5	61.5	2.78
65	76.1	185	145	18	4	M16	118	3	20	32	104	6	77.5	3.44
80	88.9	200	160	18	8	M16	132	3	20	34	118	6	90.5	3.82
100	114.3	220	180	18	8	M16	156	3	22	40	140	6	116.0	4.81
125	139.7	250	210	18	8	M16	184	3	22	44	168	6	141.5	6.15
150	168.3	285	240	22	8	M20	211	3	24	44	195	8	170.5	7.73
200	219.1	340	295	22	12	M20	266	3	24	44	246	8	221.5	9.85
250	273.0	405	355	26	12	M24	319	3	26	46	298	10	276.5	13.48
300	323.9	460	410	26	12	M24	370	4	28	46	350	10	327.5	17.39
350	355.6	520	470	26	16	M24	429	4	30	57	400	10	359.0	27.45
400	406.4	580	525	30	16	M27	480	4	32	63	456	10	411.0	38.10
450	457.0	640	585	30	20	M27	548	4	34	68	502	12	462.0	43.32

5.3-14 钢制管法兰的石棉橡胶垫片(GB 9126.1～3—88)

平面型钢制管法兰用石棉橡胶垫片(GB 9126.1—88)(mm)

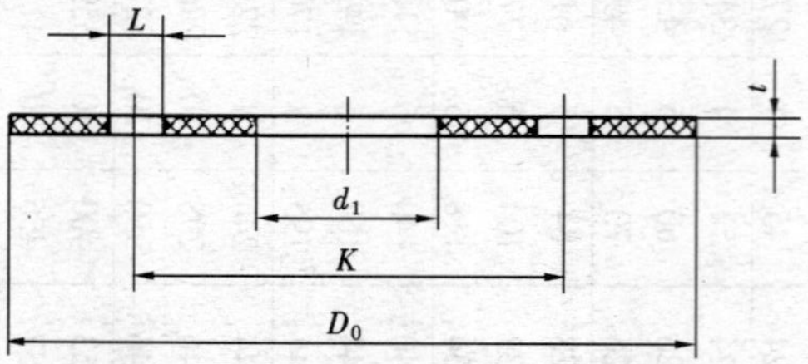

公称通径 DN	垫片内径 d_1	公称压力 PN(MPa) 0.25				0.6				1.0				1.6				2.0				垫片厚度 t
		垫片外径 D_0	螺栓孔中心圆直径 K	螺栓孔径 L	螺栓孔数 n	垫片外径 D_0	螺栓孔中心圆直径 K	螺栓孔径 L	螺栓孔数 n	垫片外径 D_0	螺栓孔中心圆直径 K	螺栓孔径 L	螺栓孔数 n	垫片外径 D_0	螺栓孔中心圆直径 K	螺栓孔径 L	螺栓孔数 n	垫片外径 D_0	螺栓孔中心圆直径 K	螺栓孔径 L	螺栓孔数 n	
10	18	按 PN0.6				75	50	11	4	按 PN1.6				90	60	14	4	—				1.5～3
15	22					80	55	11	4					95	65	14	4	90	60.5	16	4	
20	27					90	65	11	4					105	75	14	4	100	70.0	16	4	
25	34					100	75	11	4					115	85	14	4	110	79.5	16	4	
32	43					120	90	14	4					140	100	18	4	120	89.0	16	4	
40	49					130	100	14	4					150	110	18	4	130	98.0	16	4	
50	61					140	110	14	4					165	125	18	4	150	120.5	20	4	
65	77					160	130	14	4					185	145	18	4	180	139.5	20	4	
80	89					190	150	18	4					200	160	18	8	190	152.5	20	4	
100	115					210	170	18	4					220	180	18	8	230	190.5	20	8	
125	141					240	200	18	8					250	221	18	8	255	216.0	22	8	
150	169					265	225	18	8					285	240	22	8	280	241.5	22	8	
200	220	按 PN0.6				320	280	18	8	340	295	22	8	340	295	22	12	345	298.5	22	8	1.5～3
250	273					375	335	18	12	395	350	22	12	405	355	26	12	405	362.0	26	12	
300	324					440	395	22	12	445	400	22	12	460	410	26	12	485	432.0	26	12	
350	356					490	445	22	12	505	460	22	16	520	470	26	16	535	476.0	30	12	
400	407					540	495	22	16	565	515	25	16	580	525	30	16	600	540.0	30	16	
450	458					595	550	22	16	615	565	26	20	640	585	30	20	635	578.0	33	16	

凸面型钢制管法兰用石棉橡胶垫片（GB 9126.2—88）（mm）

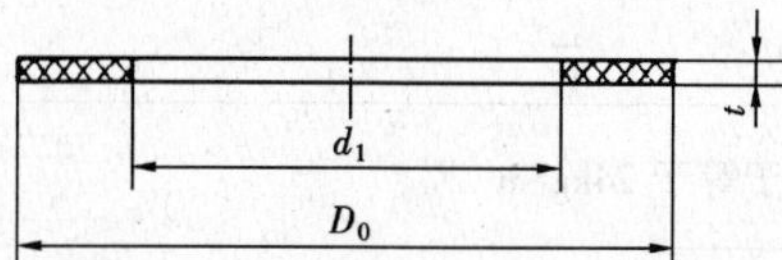

公称通径 DN	垫片内径 d_1	公称压力 PN（MPa）								垫片厚度 t
		0.25	0.6	1.0	1.6	2.0	2.5	4.0	5.0	
		垫片外径 D_0								
10	18	按 PN0.6	39	按 PN4.0	按 PN4.0	—	按 PN4.0	46	—	1.5～3
15	22		44			46.5		51	52.5	
20	27		54			56.0		61	64.5	
25	34		64			65.0		71	71.0	
32	43		76			75.0		82	80.5	
40	49		86			84.5		92	94.5	
50	61		96			102.5		107	109.0	
65	77		116			121.5		127	129.0	
80	89		132			134.5		142	148.5	
100	115		152	162	162	172.5		168	180.0	
125	141		182	192	192	196.5		194	215.0	
150	169		207	213	213	221.5		224	250.0	
200	220		262	273	273	278.5	284	290	306.5	
250	273		317	328	329	338.0	340	352	360.5	
300	324		373	378	384	408.0	400	417	421.0	
350	356		423	438	444	449.0	457	474	484.5	
400	407		473	489	495	513.0	514	546	538.5	
450	458		528	539	555	548.0	564	571	595.5	

凹凸面型钢制管法兰用石棉橡胶垫片（GB 9126.3—88）（mm）

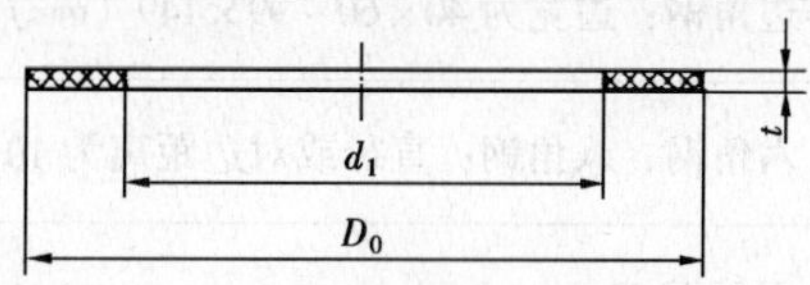

公称通径 DN	垫片内径 d_1	公称压力 PN（MPa）				垫片厚度 t
		1.6	2.5	4.0	5.0	
		垫片外径 D_0				
10	18	按 PN4.0	按 PN4.0	34	—	0.8～3
15	22			39	35.0	
20	27			50	43.0	
25	34			57	51.0	
32	43			65	63.5	
40	49			75	73.0	
50	61			87	92.0	
65	77			109	105.0	
80	89			120	127.0	
100	115			149	157.0	
125	141			175	186.0	
150	169			203	216.0	
200	220			259	270.0	
250	273			312	324.5	
300	324			363	381.0	
350	356			421	413.0	
450	458			523	533.0	
500	508			575	584.0	
600	610			675	690.0	
700	712	按 PN2.5	777	—		1.5～3
800	813		882			
900	915		987			
1000	1016		1091			

5.4 型材

5.4-1 型材的分类

类别	分类	细类	说明
钢轨			重轨：质量大于等于 24kg/m
			轻轨：质量小于 24kg/m
型钢	大型型钢		圆钢、方钢、六角钢、八角钢：直径或对边距离大于等于 81mm
			扁钢：宽度大于 101mm
			工字钢、槽钢（包括 I、U、T 工字钢）：宽度大于等于 180mm
		角钢	等边角钢：边宽大于等于 150mm
			不等边角钢：边宽大于等于 100mm × 150mm
	中型型钢		圆钢、方钢、六角钢、八角钢：直径或对边距离为 38 ~ 80mm
			扁钢：宽度为 60 ~ 100mm
			工字钢、槽钢（包括 I、U、T 工字钢）：宽度为小于 180mm
		角钢	等边角钢：边宽为 50 ~ 149mm
			不等边角钢：边宽为 40 × 60 ~ 99 × 149（mm）
	小型型钢		圆钢、方钢、六角钢、八角钢：直径或对边距离为 10 ~ 37mm
			扁钢：宽度小于等于 59mm
			异形断面钢：钢窗料包括在此类
		角钢	等边角钢：边宽为 20 ~ 49mm
			不等边角钢：边宽为 20 × 30 ~ 39 × 59（mm）
线材			直径为 5 ~ 9mm 的盘条及直条线材
带钢			包括热轧和冷拔各种规格的带钢
钢板			中厚钢板：厚度大于等于 4mm
			薄钢板：厚度小于 4mm
钢管			接缝钢管：焊接钢管、冷拔焊接管、优质钢焊接管、镀锌焊接管
			无缝钢管：热轧管和冷拔管

5.4-2 钢材的规格表示方法及理论质量换算公式

钢的密度——$\rho = 7850 \text{kg/m}^3 = 7.85 \text{kg/m}^3$

m——型材的理论质量，kg/m（钢板公式中的理论质量单位为 kg/m^2）

名称	横断面形状及标注方法	各部分称呼及代号	规格表示方法（mm）	理论质量换算方式（kg）
圆钢、钢丝	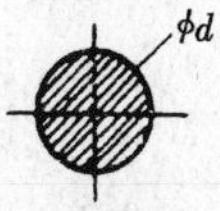 ϕd	d—直径	直径 例：$\phi 25$	$m = 0.00617 \times d^2$
方钢	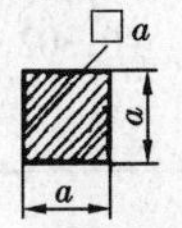 □a	a—边宽	边长 例：50^2 或 50×50	$m = 0.00785 \times a^2$
六角钢	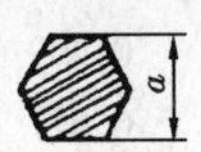 a	a—对边距离	对边距离 例：25	$m = 0.0068 \times a^2$
六角中空钢	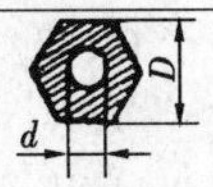 D, d	d—芯孔直径 D—内切圆直径	内切圆直径 例：25	$m = 0.0068 \times D^2 - 0.00617 \times d^2$
扁钢	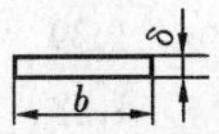 b, δ	δ—厚度 b—宽度	厚度×宽度 例：6×20	$m = 0.00785 \times b \times \delta$
钢板	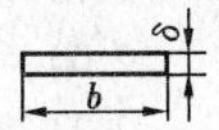 b, δ	δ—厚度 b—宽度	厚度或厚度×宽度×长度 例：9 或 $9 \times 1400 \times 1800$	$m = 7.82 \times \delta$
工字钢	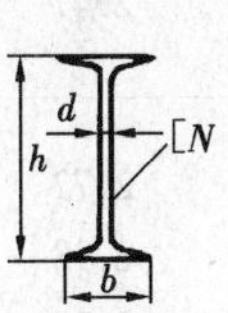 h, d, b, [N	h—高度 b—腿宽 d—腰厚 N—型号	高度×腿宽×腰厚或以型号表示 例：$100 \times 68 \times 4.5$ 或 #10	a. $m = 0.00785 \times d\ [h + 3.34\ (b - d)]$ b. $m = 0.00785 \times d\ [h + 2.65\ (b - d)]$ c. $m = 0.00785 \times d\ [h + 2.26\ (b - d)]$
槽钢	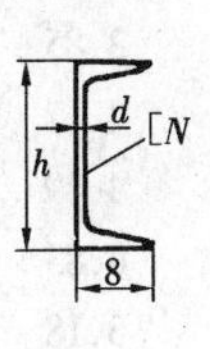 h, d, 8, [N	h—高度 b—腿宽 d—腰厚 N—型号	高度×腿宽×腰厚或以型号表示 例：$100 \times 48 \times 5.3$ 或 #10	a. $m = 0.00785 \times d\ [h + 3.26\ (b - d)]$ b. $m = 0.00785 \times d\ [h + 2.44\ (b - d)]$ c. $m = 0.00785 \times d\ [h + 2.24\ (b - d)]$
等边角钢	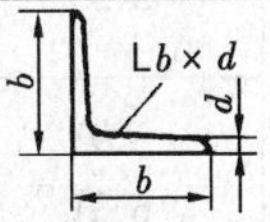 b, └$b \times d$, d	b—边宽 d—边厚	边宽^2×边厚 例：$75^2 \times 10$ 或 $75 \times 75 \times 10$	$m = 0.00795 \times d\ (2b - d)$
不等边角钢	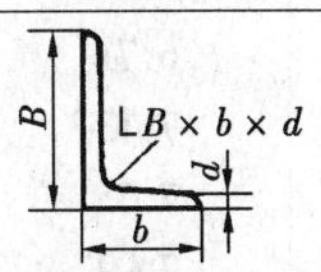 B, └$B \times b \times d$, b, d	B—长边宽度 b—短边宽度 d—边厚	长边宽度×短边宽度×边厚 例：$100 \times 75 \times 10$	$m = 0.00795 \times d\ (B + b - d)$
无缝（或焊接）钢管	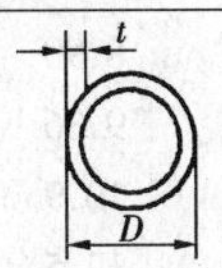 t, D	D—外径 t—壁厚	外径×壁厚×长度－钢号或外径×壁厚 例：$102 \times 4 \times 700 - 20$ 号或 102×4	$m = 0.02466 \times t \times\ (D - t)$

螺纹钢筋的规格以计算直径表示，预应力混凝土用钢绞线以公称直径表示，水、煤气输送钢管及电线套管以公称口径表示

5.4-3 热轧圆钢和方钢的尺寸规格（GB/T 702—1986）

直径 d（或边长 a）（mm）	精度组别 1 组	2 组	3 组	截面面积（cm^2） 圆钢	方钢	理论质量（kg/m） 圆钢	方钢
	允许偏差（mm）						
5.5	±0.20	±0.30	±0.40	0.2376	0.30	0.186	0.237
6				0.2827	0.36	0.222	0.283
6.5				0.3318	0.42	0.260	0.332
7				0.3848	0.49	0.302	0.385
8	±0.25	±0.35	±0.40	0.5027	0.64	0.395	0.502
9				0.6362	0.81	0.499	0.636
10				0.7854	1.0	0.617	0.785
*11				0.9503	1.21	0.746	0.95
12				1.131	1.44	0.888	1.13
13				1.327	1.69	1.04	1.33
14				1.539	1.96	1.21	1.54
15				1.767	2.25	1.39	1.77
16				2.011	2.56	1.58	2.01
17				2.270	2.89	1.78	2.27
18				2.545	3.24	2.00	2.54
19				2.835	3.61	2.23	2.83
20				3.142	4.00	2.47	3.14
21	±0.30	±0.40	±0.50	3.464	4.41	2.72	3.46
22				3.801	4.84	2.98	3.80
*23				4.155	5.29	3.26	4.15
24				4.524	5.76	3.55	4.52
25				4.909	6.25	3.85	4.91
26				5.309	6.76	4.17	5.31
*27				5.726	7.29	4.49	5.72
28				6.158	7.84	4.83	6.15
*29				6.605	8.41	5.18	6.60
30				7.069	9.00	5.55	7.06
*31	±0.40	±0.50	±0.60	7.548	9.61	5.93	7.54
32				8.042	10.24	6.31	8.04
*33				8.553	10.89	6.71	8.55
34				9.097	11.56	7.13	9.07
*35				9.621	12.25	7.55	9.62
36				10.18	12.96	7.99	10.2
38				11.34	14.44	8.90	11.3
40				12.57	16.00	9.86	12.6
42				13.85	17.64	10.9	13.8
45				15.90	20.25	12.5	15.9
48				18.10	23.04	14.2	18.1
50				19.64	25.00	15.4	19.6

5.4-3 热轧圆钢和方钢的尺寸规格（GB/T 702—1986）（续）

直径 d（或边长 a）（mm）	精度组别 1 组	精度组别 2 组	精度组别 3 组	截面面积（cm^2） 圆钢	截面面积（cm^2） 方钢	理论质量（kg/m） 圆钢	理论质量（kg/m） 方钢
	允许偏差（mm）						
53	±0.60	±0.70	±0.80	22.06	28.09	17.3	22.0
*55				23.76	30.25	18.6	23.7
56				24.63	31.36	19.3	24.6
*58				26.42	33.64	20.7	26.4
60				28.27	36.00	22.2	28.3
63				31.17	39.69	24.5	31.2
*65				33.18	42.25	26.0	33.2
*68				36.32	46.24	28.5	36.3
70				38.48	49.00	30.2	38.5
75				44.18	56.25	34.7	44.2
80				50.27	64.00	39.5	50.2
85	±0.9	±1.0	±1.1	56.75	72.25	44.5	56.7
90				63.62	81.00	49.9	63.6
95				70.88	90.25	55.6	70.8
100				78.54	100.00	61.7	78.5
105				86.59	110.25	68.0	86.5
110				95.03	121.00	74.6	95.0
115	±1.2	±1.3	±1.4	103.82	132.26	81.5	104
120				113.10	144.00	88.8	113
125				122.72	156.25	96.3	123
130				132.73	169.00	104	133
140				153.94	196.00	121	154
150				176.72	225.00	139	177
160	—	—	±2.0	201.06	256.00	158	201
170				226.98	289.00	178	227
180				254.47	324.00	200	254
190				283.53	361.00	223	283

5.4-4　扁钢规格（GB/T 704—1988）

宽　度（mm）	厚　　度（mm）												
	4	5	6	7	8	9	10	11	12	14	16	18	20
	理　论　质　量　（kg/m）												
10	0.31	0.39	0.47	0.55	0.63	—	—	—	—	—	—	—	—
12	0.38	0.47	0.57	0.66	0.75	—	—	—	—	—	—	—	—
14	0.44	0.55	0.66	0.77	0.88	—	—	—	—	—	—	—	—
16	0.50	0.63	0.75	0.88	1.00	1.15	1.26	—	—	—	—	—	—
18	0.57	0.71	0.85	0.99	1.13	1.27	1.41	—	—	—	—	—	—
20	0.63	0.78	0.94	1.10	1.26	1.41	1.57	1.73	1.88	—	—	—	—
22	0.69	0.86	1.04	1.21	1.38	1.55	1.73	1.90	2.07	—	—	—	—
25	0.78	0.98	1.18	1.37	1.57	1.77	1.96	2.16	2.36	2.75	3.14	—	—
28	0.88	1.10	1.32	1.54	1.76	1.98	2.20	2.42	2.64	3.08	3.53	—	—
30	0.94	1.18	1.41	1.65	1.88	2.12	2.36	2.59	2.83	3.30	3.77	4.24	4.71
32	1.00	1.26	1.51	1.76	2.01	2.26	2.55	2.76	3.01	3.52	4.02	4.52	5.02
35	1.10	1.37	1.65	1.92	2.20	2.47	2.75	3.02	3.30	3.85	4.40	4.95	5.50
40	1.26	1.57	1.88	2.20	2.51	2.83	3.14	3.45	3.77	4.40	5.02	5.65	6.28
45	1.41	1.77	2.12	2.47	2.83	3.18	3.53	3.89	4.24	4.95	5.65	6.36	7.07
50	1.57	1.96	2.36	2.75	3.14	3.53	3.93	4.32	4.71	5.50	6.28	7.06	7.85
55	1.73	2.16	2.59	3.02	3.45	3.89	4.32	4.75	5.18	6.04	6.91	7.77	8.64
60	1.88	2.36	2.83	3.30	3.77	4.24	4.71	5.18	5.65	6.59	7.54	8.48	9.42
65	2.04	2.55	3.06	3.57	4.08	4.59	5.10	5.61	6.12	7.14	8.16	9.18	10.20
70	2.20	2.75	3.30	3.85	4.40	4.95	5.50	6.04	6.59	7.69	8.79	9.89	10.99
75	2.36	2.94	3.53	4.12	4.71	5.30	5.89	6.48	7.07	8.24	9.42	10.60	11.78
80	2.51	3.14	3.77	4.40	5.02	5.65	6.28	6.91	7.54	8.79	10.05	11.80	12.56
85	—	3.34	4.00	4.67	5.34	6.01	6.67	7.34	8.01	9.34	10.68	12.01	13.34
90	—	3.53	4.24	4.95	5.65	6.30	7.07	7.77	8.48	9.89	11.30	12.72	14.13
95	—	3.73	4.47	5.22	5.97	6.71	7.46	8.20	8.95	10.44	11.93	13.42	14.92
100	—	3.92	4.71	5.50	6.28	7.06	7.85	8.64	9.42	10.99	12.56	14.13	15.70
105	—	4.12	4.95	5.77	6.59	7.42	8.24	9.07	9.89	11.54	13.19	14.84	16.48
110	—	4.32	5.18	6.04	6.91	7.77	8.64	9.50	10.36	12.09	13.82	15.54	17.27
120	—	4.71	5.65	6.59	7.54	8.48	9.42	10.36	11.30	13.19	15.07	16.95	18.84
125	—	—	5.89	6.87	7.85	8.83	9.81	10.79	11.78	13.74	15.70	17.66	19.62
130	—	—	6.12	7.14	8.16	9.18	10.20	11.23	12.25	14.29	16.33	18.37	20.41

5.4-5 普通工字钢（GB/T 706—88）

简图

符号意义：

h—高度　t—平均腿厚

b—腿宽　r—内圆弧半径

d—腰厚　r_1—腿端圆弧半径

型号	尺寸						截面面积	理论质量
	h	b	d	t	r	r_1	(cm²)	(kg/m)
	(mm)							
10	100	68	4.5	7.6	6.5	3.3	14.3	11.2
12.6	126	74	5	8.4	7	3.5	18.1	14.2
14	140	80	5.5	9.1	7.5	3.8	21.5	16.9
16	160	88	6	9.9	8	4	26.1	20.5
18	180	94	6.5	10.7	8.5	4.3	30.6	24.1
20a	200	100	7	11.4	9	4.5	35.5	27.9
20b	200	102	9	11.4	9	4.5	39.5	31.1
22a	220	110	7.5	12.3	9.5	4.8	42	33
22b	220	112	9.5	12.3	9.5	4.8	46.4	36.1
25a	250	116	8	13	10	5	48.5	38.1
25b	250	118	10	13	10	5	53.5	42
28a	280	122	8.5	13.7	10.5	5.3	55.45	43.4
28b	280	124	10.5	13.7	10.5	5.3	61.05	47.9
32a	320	130	9.5	15	11.5	5.8	67.05	52.7
32b	320	132	11.5	15	11.5	5.8	73.45	57.7
32c	320	134	13.5	15	11.5	5.8	79.95	62.8

5.4-6 普通槽钢（GB 707—88）

简图

符号意义：

h—高度　t—平均腿厚

b—腿宽　r—内圆弧半径

d—腰厚　r_1—腿端圆弧半径

型号	尺寸						截面面积	理论质量
	h	b	d	t	r	r_1	(cm²)	(kg/m)
	(mm)							
5	50	37	4.5	7	7	3.5	6.93	5.44
6.3	63	40	4.8	7.5	7.5	3.75	8.45	6.63
8	80	43	5	8	8	4	10.25	8.05
10	100	48	5.3	8.5	8.5	4.25	12.75	10.01
12.6	126	53	5.5	9	9	4.5	15.69	12.32
14a	140	58	6	9.5	9.5	4.75	18.52	14.54
14b	140	60	8	9.5	9.5	4.75	21.32	16.73
16a	160	63	6.5	10	10	5	21.96	17.24
16	160	65	8.5	10	10	5	25.16	19.75
18a	180	68	7	10.5	10.5	5.25	25.70	20.17
18	180	70	9	10.5	10.5	5.25	29.30	23.00
20a	200	73	7	11	11	5.5	28.84	22.64
20	200	75	9	11	11	5.5	32.84	25.78
22a	220	77	7	11.5	11.5	5.75	31.85	25.00
22	220	78	9	11.5	11.5	5.75	36.25	28.45
25a	250	79	7	12	12	6	34.92	27.41
25b	250	80	9	12	12	6	39.92	31.34
25c	250	82	11	12	12	6	44.92	35.26
28a	280	82	7.5	12.5	12.5	6.25	40.03	31.43
28b	280	84	9.5	12.5	12.5	6.25	45.63	35.82
28c	280	86	11.5	12.5	12.5	6.25	51.23	40.22
32a	320	88	8	14	14	7	48.51	38.08
32b	320	90	10	14	14	7	54.91	43.11
32c	320	92	12	14	14	7	61.31	48.13

5.4-7 热轧等边角钢的尺寸规格(GB/T 9787—1988)

b—边宽　　d—边厚
r—内圆弧半径　　r_1—边端内弧半径
r_2—边端外弧半径　　r_0—顶端圆弧半径
I—惯性矩　　i—惯性半径
W—截面系数　　Z_0—重心距离

角钢号数	尺寸(mm)			截面面积(cm²)	理论质量(kg/m)	外表面积(m²/m)	参考数值									
							X - X			$X_0 - X_0$			$Y_0 - Y_0$			$X_1 - X_1$	Z_0 (cm)
	b	d	r				I_x (cm⁴)	i_x (cm)	W_x (cm³)	I_{x0} (cm⁴)	i_{x0} (cm)	W_{x0} (cm³)	I_{y0} (cm⁴)	i_{y0} (cm)	W_{y0} (cm³)	I_{x1} (cm⁴)	
2	20	3	3.5	1.132	0.889	0.078	0.40	0.59	0.29	0.63	0.75	0.45	0.17	0.39	0.20	0.81	0.60
		4		1.459	1.145	0.077	0.50	0.58	0.36	0.78	0.73	0.55	0.22	0.38	0.24	1.09	0.64
2.5	25	3		1.432	1.124	0.098	0.82	0.76	0.46	1.29	0.95	0.73	0.34	0.49	0.33	1.57	0.73
		4		1.859	1.459	0.097	1.03	0.74	0.59	1.62	0.93	0.92	0.43	0.48	0.40	2.11	0.76
3.0	30	3	4.5	1.749	1.373	0.117	1.46	0.91	0.68	2.31	1.15	1.09	0.61	0.59	0.51	2.71	0.85
		4		2.276	1.786	0.117	1.84	0.90	0.87	2.92	1.13	1.37	0.77	0.58	0.62	3.63	0.89
3.6	36	3		2.109	1.656	0.141	2.58	1.11	0.99	4.09	1.39	1.61	1.07	0.71	0.76	4.68	1.00
		4		2.756	2.163	0.141	3.29	1.09	1.28	5.22	1.38	2.05	1.37	0.70	0.93	6.25	1.04
		5		3.382	2.654	0.141	3.95	1.08	1.56	6.24	1.36	2.45	1.65	0.70	1.09	7.84	1.07
4	40	3	5	2.359	1.852	0.157	3.59	1.23	1.23	5.69	1.55	2.01	1.49	0.79	0.96	6.41	1.09
		4		3.086	2.422	0.157	4.60	1.22	1.60	7.29	1.54	2.58	1.91	0.79	1.19	8.56	1.13
		5		3.791	2.976	0.156	5.53	1.21	1.96	8.76	1.52	3.10	2.30	0.78	1.39	10.74	1.17
4.5	45	3	5	2.659	2.088	0.177	5.17	1.40	1.58	8.20	1.76	2.58	2.14	0.89	1.24	9.12	1.22
		4		3.486	2.736	0.177	6.65	1.38	2.05	10.56	1.74	3.32	2.75	0.89	1.54	12.18	1.26
		5		4.292	3.369	0.176	8.04	1.37	2.51	12.74	1.72	4.00	3.33	0.88	1.81	15.25	1.30
		6		5.076	3.985	0.176	9.33	1.36	2.95	14.76	1.70	4.64	3.89	0.88	2.06	18.36	1.33

5.4-7 热轧等边角钢的尺寸规格(GB/T 9787—1988)(续)

角钢号数	尺寸(mm)			截面面积 (cm^2)	理论质量 (kg/m)	外表面积 (m^2/m)	参考数值										Z_0 (cm)
							$X-X$			X_0-X_0			Y_0-Y_0			X_1-X_1	
	b	d	r				I_x (cm^4)	i_x (cm)	W_x(cm^3)	I_{x0} (cm^4)	i_{x0} (cm)	W_{x0} (cm^3)	I_{y0} (cm^4)	i_{y0} (cm)	W_{y0} (cm^3)	I_{x1} (cm^4)	
5	50	3	5.5	2.971	2.332	0.197	7.18	1.55	1.96	11.37	1.96	3.22	2.98	1.00	1.57	12.50	1.34
		4		3.897	3.059	0.197	9.26	1.54	2.56	14.70	1.94	4.16	3.82	0.99	1.96	16.69	1.38
		5		4.803	3.770	0.196	11.21	1.53	3.13	17.79	1.92	5.03	4.64	0.93	2.31	20.90	1.42
		6		5.688	4.465	0.196	13.05	1.52	3.68	20.68	1.91	5.85	5.42	0.93	2.63	25.14	1.46
5.6	56	3	6	3.343	2.624	0.221	10.19	1.75	2.48	16.14	2.20	4.08	4.24	1.13	2.02	17.56	1.48
		4		4.390	3.446	0.220	13.18	1.73	3.24	20.92	2.18	5.28	5.46	1.11	2.52	23.43	1.53
		5		5.415	4.251	0.220	16.02	1.72	3.97	25.42	2.17	6.42	6.61	1.10	2.98	29.33	1.56
		8		8.367	6.568	0.219	23.63	1.68	6.03	37.37	2.11	9.44	9.89	1.09	4.16	47.24	1.68
6.3	63	4	7	4.978	3.907	0.248	19.03	1.96	4.13	30.17	2.46	6.78	7.89	1.26	3.29	33.35	1.70
		5		6.143	4.822	0.248	23.17	1.94	5.08	36.77	2.45	8.25	9.57	1.25	3.90	41.73	1.74
		6		7.288	5.721	0.247	27.12	1.93	6.00	43.03	2.43	9.66	11.20	1.24	4.46	50.14	1.78
		8		9.515	7.469	0.247	34.46	1.90	7.75	54.56	2.40	12.25	14.33	1.23	5.47	67.11	1.85
		10		11.657	9.151	0.246	41.09	1.88	9.39	64.85	2.36	14.56	17.33	1.22	6.36	84.31	1.93
7	70	4	8	5.570	4.372	0.275	26.39	2.18	5.14	41.80	2.76	8.44	10.99	1.40	4.17	45.74	1.86
		5		6.875	5.397	0.275	32.21	2.16	6.32	51.08	2.73	10.32	13.34	1.39	4.95	57.21	1.91
		6		8.160	6.406	0.275	37.77	2.15	7.48	59.93	2.71	12.11	15.61	1.38	5.67	68.73	1.95
		7		9.424	7.398	0.275	43.09	2.14	8.59	68.35	2.69	13.81	17.82	1.38	6.34	80.29	1.99
		8		10.667	8.373	0.274	48.17	2.12	9.68	76.37	2.68	15.43	19.98	1.37	6.98	91.92	2.03
(7.5)	75	5	9	7.412	5.818	0.295	39.97	2.33	7.32	63.30	2.92	11.94	16.63	1.50	5.77	70.56	2.04
		6		8.797	6.905	0.294	46.95	2.31	8.64	74.38	2.90	14.02	19.51	1.49	6.67	84.55	2.07
		7		10.160	7.976	0.294	53.57	2.30	9.93	84.96	2.89	16.02	22.18	1.48	7.44	98.71	2.11
		8		11.503	9.030	0.294	59.96	2.28	11.20	95.07	2.88	17.93	24.86	1.47	8.19	112.97	2.15
		10		14.126	11.089	0.293	71.98	2.26	13.64	113.92	2.84	21.48	30.05	1.46	9.56	141.71	2.22
8	80	5		7.912	6.211	0.315	48.79	2.48	8.34	77.33	3.13	13.67	20.25	1.60	6.66	85.36	2.15
		6		9.397	7.376	0.314	57.35	2.47	9.87	90.98	3.11	16.08	23.72	1.59	7.65	102.50	2.19
		7		10.860	8.525	0.314	65.58	2.46	11.37	104.07	3.10	18.40	27.09	1.58	8.58	119.70	2.23
		8		12.303	9.658	0.314	73.49	2.44	12.83	116.60	3.08	20.61	30.39	1.57	9.46	136.97	2.27
		10		15.126	11.874	0.313	88.43	2.42	15.64	140.09	3.04	24.76	36.77	1.56	11.08	171.74	2.35

5.4-7 热轧等边角钢的尺寸规格(GB/T 9787—1988)(续)

角钢号数	尺寸 (mm)			截面面积	理论质量	外表面积	参考数值										Z$_0$
							$X-X$			X_0-X_0			Y_0-Y_0			X_1-X_1	
	b	d	r	(cm^2)	(kg/m)	(m^2/m)	I_x (cm^4)	i_x (cm)	W_x(cm^3)	I_{x0} (cm^4)	i_{x0} (cm)	W_{x0} (cm^3)	I_{y0} (cm^4)	i_{y0} (cm)	W_{y0} (cm^3)	I_{x1} (cm^4)	(cm)
9	90	6		10.637	8.350	0.354	82.77	2.79	12.61	131.26	3.51	20.63	34.28	1.80	9.95	145.87	2.44
		7		12.301	9.656	0.354	94.83	2.78	14.54	150.47	3.50	23.64	39.18	1.78	11.19	170.30	2.48
		8	10	13.944	10.946	0.353	106.47	2.76	16.42	168.97	3.48	26.55	43.97	1.78	12.35	194.80	2.52
		10		17.167	13.476	0.353	128.58	2.74	20.07	203.90	3.45	32.04	53.26	1.76	14.52	244.07	2.59
		12		20.306	15.940	0.352	149.22	2.71	23.57	236.21	3.41	37.12	62.22	1.75	16.49	293.76	2.67
10	100	6		11.932	9.366	0.393	114.95	3.10	15.68	181.98	3.90	25.74	47.92	2.00	12.69	200.07	2.67
		7		13.796	10.830	0.393	131.86	3.09	18.10	208.97	3.89	29.55	54.74	1.99	13.26	233.54	2.71
		8		15.638	12.276	0.393	148.24	3.08	20.47	235.07	3.88	33.24	61.41	1.98	15.75	267.09	2.76
		10		19.261	15.120	0.392	179.51	3.05	25.06	284.68	3.84	40.26	74.35	1.96	18.54	334.48	2.84
		12		22.800	17.898	0.391	208.90	3.03	29.48	330.95	3.81	46.80	86.84	1.95	21.08	402.34	2.91
		14		26.256	20.611	0.391	236.53	3.00	33.73	374.06	3.77	52.90	99.00	1.94	23.44	470.75	2.99
		16	12	29.627	23.257	0.390	262.53	2.98	37.82	414.16	3.74	58.57	110.89	1.94	25.63	539.80	3.06
11	110	7		15.196	11.928	0.433	177.16	3.41	22.05	280.94	4.30	36.12	73.38	2.20	17.51	310.64	2.96
		8		17.238	13.532	0.433	199.46	3.40	24.95	316.49	4.28	40.69	82.42	2.19	19.39	355.20	3.01
		10		21.261	16.690	0.432	242.19	3.38	30.60	384.39	4.25	49.42	99.98	2.17	22.91	444.65	3.09
		12		25.200	19.782	0.431	282.55	3.35	36.05	448.17	4.22	57.62	116.93	2.15	26.15	534.60	3.16
		14		29.056	22.809	0.431	320.71	3.32	41.31	508.01	4.18	65.31	133.40	2.14	29.14	625.16	3.24
12.5	125	8		19.750	15.504	0.492	297.03	3.88	32.52	470.89	4.88	53.28	123.16	2.50	25.86	521.01	3.37
		10		24.373	19.133	0.491	361.67	3.85	39.97	573.89	4.85	64.93	149.46	2.48	30.62	651.93	3.45
		12		28.912	22.696	0.491	423.16	3.83	41.17	671.44	4.82	75.96	174.88	2.46	35.03	783.42	3.53
		14	14	33.367	26.193	0.490	481.65	3.80	54.16	763.73	4.78	86.41	199.57	2.45	39.13	915.61	3.61
14	140	10		27.373	21.488	0.551	514.65	4.34	50.58	817.27	5.46	82.56	212.04	2.78	39.20	915.11	3.82
		12		32.512	25.522	0.551	603.68	4.31	59.80	958.79	5.43	96.85	248.57	2.76	45.02	1099.28	3.90
		14		37.567	29.490	0.550	688.81	4.28	68.75	1093.56	5.40	110.47	284.06	2.75	50.45	1284.22	3.98
		16		42.539	33.393	0.549	770.24	4.26	77.46	1221.81	5.36	123.42	318.67	2.74	55.55	1470.07	4.06

5.4-8 热轧不等边角钢的尺寸规格(GB/T 9788—1988)

B—长边宽度　　b—短边宽度
d—边厚　　r—内圆弧半径
r_1—边端内弧半径　　r_2—边端外弧半径
r_0—顶端圆弧半径　　I—惯性矩
i—惯性半径　　W—截面系数
X_0—重心距离　　Y_0—重心距离

角钢号数	尺寸 (mm)				截面面积 (cm^2)	理论质量 (kg/m)	外表面积 (m^2/m)	参考数值													
								$X-X$			$Y-Y$			X_1-X_1		Y_1-Y_1		$u-u$			
	B	b	d	r				I_x (cm^4)	i_x (cm)	W_x (cm^3)	I_y (cm^4)	i_y (cm)	W_y (cm^3)	I_{x1} (cm^4)	Y_0 (cm)	I_{y0} (cm^4)	x_0 (cm)	I_u (cm^4)	i_u (cm)	W_u (cm^3)	tgα
2.5/1.6	25	16	3	3.5	1.162	0.912	0.080	0.70	0.78	0.43	0.22	0.44	0.19	1.56	0.86	0.43	0.42	0.14	0.34	0.16	0.392
			4		1.499	1.176	0.079	0.88	0.77	0.55	0.27	0.43	0.24	2.09	0.90	0.59	0.46	0.17	0.34	0.20	0.381
3.2/2	32	30	3		1.492	1.171	0.102	1.53	1.01	0.72	0.46	0.55	0.30	3.27	1.08	0.82	0.49	0.28	0.43	0.25	0.382
			4		1.939	1.522	0.101	1.93	1.00	0.93	0.57	0.54	0.39	4.37	1.12	1.12	0.53	0.35	0.42	0.32	0.374
4/2.5	40	25	3	4	1.890	1.484	0.127	3.08	1.28	1.15	0.93	0.70	0.49	5.39	1.32	1.59	0.59	0.56	0.54	0.40	0.386
			4		2.467	1.936	0.127	3.93	1.36	1.49	1.18	0.69	0.63	8.53	1.37	2.14	0.63	0.71	0.54	0.52	0.381
4.5/2.8	45	28	3	5	2.149	1.687	0.143	4.45	1.44	1.47	1.34	0.79	0.62	9.10	1.47	2.23	0.64	0.80	0.61	0.51	0.383
			4		2.806	2.203	0.143	5.69	1.42	1.91	1.70	0.78	0.80	12.13	1.51	3.00	0.68	1.02	0.60	0.66	0.380
5/3.2	50	32	3	5.5	2.431	1.908	0.161	6.24	1.60	1.84	2.02	0.91	0.82	12.49	1.60	3.31	0.73	1.20	0.70	0.68	0.404
			4		3.177	2.494	0.160	8.02	1.59	2.39	2.58	0.90	1.06	16.65	1.65	4.45	0.77	1.53	0.69	0.87	0.402
5.6/3.6	56	36	3	6	2.743	2.153	0.181	8.88	1.80	2.32	2.92	1.03	1.05	17.54	1.78	4.70	0.80	1.73	0.79	0.87	0.408
			4		3.590	2.818	0.180	11.45	1.79	3.03	3.76	1.02	1.37	23.39	1.82	6.33	0.85	2.23	0.79	1.13	0.408
			5		4.415	3.466	0.180	13.86	1.77	3.71	4.49	1.01	1.65	29.25	1.87	7.94	0.88	2.67	0.78	1.36	0.404

5.4-8 热轧不等边角钢的尺寸规格(GB/T 9788—1988)(续)

角钢号数	尺寸(mm)				截面面积	理论质量	外表面积	参考数值													
								X-X			Y-Y			X_1-X_1		Y_1-Y_1		u-u			
	B	b	d	r	(cm^2)	(kg/m)	(m^2/m)	I_x (cm^4)	i_x (cm)	W_x (cm^3)	I_y (cm^4)	i_y (cm)	W_y (cm^3)	I_{x1} (cm^4)	Y_0 (cm)	I_{y0} (cm^4)	x_0 (cm)	I_u (cm^4)	i_u (cm)	W_u (cm^3)	tgα
6.3/4	63	40	4	7	4.058	3.185	0.202	16.49	2.02	3.87	5.23	1.14	1.70	33.30	2.04	8.63	0.92	3.12	0.88	1.40	0.398
			5		4.993	3.920	0.202	20.02	2.00	4.74	6.31	1.12	2.21	41.63	2.08	10.86	0.95	3.76	0.87	1.71	0.396
			6		5.908	4.638	0.201	23.36	1.96	5.59	7.29	1.11	2.43	49.98	2.12	13.12	0.99	4.34	0.86	1.99	0.393
			7		6.802	5.339	0.201	26.53	1.98	6.40	8.24	1.10	2.78	58.07	2.15	15.47	1.03	4.97	0.86	2.29	0.389
7/4.5	70	45	4	7.5	4.547	3.570	0.226	23.17	2.26	4.86	7.55	1.29	2.17	45.92	2.24	12.26	1.02	4.40	0.98	1.77	0.410
			5		5.609	4.403	0.225	27.95	2.23	5.92	9.13	1.28	2.65	57.10	2.28	15.39	1.06	5.40	0.98	2.19	0.407
			6		6.647	5.218	0.225	32.54	2.21	6.95	10.62	1.26	3.12	68.35	2.32	18.58	1.09	6.35	0.98	2.59	0.404
			7		7.657	6.011	0.225	37.22	2.20	8.03	12.01	1.25	3.57	79.99	2.36	21.84	1.13	7.16	0.97	2.94	0.402
(7.5/5)	75	50	5	8	6.125	4.808	0.245	34.86	2.39	6.83	12.61	1.44	3.30	70.00	2.40	21.04	1.17	7.41	1.10	2.74	0.435
			6		7.260	5.699	0.245	41.12	2.38	8.12	14.70	1.42	3.88	84.30	2.44	25.37	1.21	8.54	1.08	3.19	0.435
			8		9.467	7.431	0.244	52.39	2.35	10.52	18.53	1.40	4.99	112.50	2.52	34.23	1.29	10.87	1.07	4.10	0.429
			10		11.590	9.098	0.244	62.71	2.33	12.79	21.96	1.38	6.04	140.80	2.60	43.43	1.36	13.10	1.06	4.99	0.423
8/5	80	50	5	8.5	6.375	5.005	0.255	41.96	2.56	7.78	12.82	1.42	3.32	85.21	2.60	21.06	1.14	7.66	1.10	2.74	0.388
			6		7.560	5.935	0.255	49.49	2.56	9.25	14.95	1.41	3.91	102.53	2.65	25.41	1.18	8.85	1.08	3.20	0.387
			7		8.724	6.848	0.255	56.16	2.54	10.58	16.96	1.39	4.48	119.33	2.69	29.82	1.21	10.18	1.08	3.70	0.384
			8		9.867	7.745	0.254	62.83	2.52	11.92	18.85	1.38	5.03	136.41	2.73	34.32	1.25	11.38	1.07	4.16	0.381
9/5.6	90	56	5	9	7.212	5.661	0.287	60.45	2.90	9.92	18.32	1.59	4.21	121.32	2.91	29.53	1.25	10.93	1.23	3.49	0.385
			6		8.557	6.717	0.286	71.03	2.88	11.74	21.42	1.58	4.96	145.59	2.95	35.58	1.29	12.90	1.23	4.13	0.384
			7		9.880	7.756	0.286	81.01	2.86	13.49	24.36	1.57	5.70	169.60	3.00	41.71	1.33	14.67	1.22	4.72	0.382
			8		11.183	8.779	0.286	91.03	2.85	15.27	27.15	1.56	6.41	194.17	3.04	47.93	1.36	16.34	1.21	5.29	0.380
10/6.3	100	63	6	10	9.617	7.550	0.320	99.06	3.21	14.64	30.94	1.79	6.35	199.71	3.24	50.50	1.43	18.42	1.38	5.25	0.394
			7		11.111	8.722	0.320	113.45	3.20	19.88	35.26	1.78	7.29	233.00	3.28	59.14	1.47	21.00	1.38	6.02	0.393
			8		12.584	9.878	0.319	127.37	3.18	19.08	39.39	1.77	8.21	266.32	3.32	67.88	1.50	23.50	1.37	6.78	0.391
			10		15.467	12.142	0.319	153.81	3.15	23.32	47.12	1.74	9.98	333.06	3.40	85.73	1.58	28.33	1.35	8.24	0.387
10/8	100	80	6		10.637	8.350	0.354	107.04	3.17	15.19	61.24	2.40	10.16	199.83	2.95	102.68	1.97	31.65	1.72	8.37	0.627
			7		12.301	9.656	0.354	122.73	3.16	17.52	70.08	2.39	11.71	233.20	3.00	119.98	2.01	36.17	1.72	9.60	0.626
			8		13.944	10.946	0.353	137.92	3.14	19.81	78.58	2.37	13.21	266.61	3.04	137.37	2.05	40.58	1.71	10.80	0.625
			10		17.167	13.476	0.353	166.87	3.12	24.24	94.65	2.35	16.12	333.63	3.12	172.48	2.13	49.10	1.69	13.12	0.622

5.4-8 热轧不等边角钢的尺寸规格(GB/T 9788—1988)(续)

角钢号数	尺寸(mm)				截面面积	理论质量	外表面积	参考数值													
								X - X			Y - Y			$X_1 - X_1$		Y_1-Y_1		u - u			
	B	b	d	r	(cm^2)	(kg/m)	(m^2/m)	I_x (cm^4)	i_x (cm)	W_x (cm^3)	I_y (cm^4)	i_y (cm)	W_y (cm^3)	I_{x1} (cm^4)	Y_0 (cm)	I_{y0} (cm^4)	x_0 (cm)	I_u (cm^4)	i_u (cm)	W_u (cm^3)	tgα
11/7	100	70	6	10	10.637	8.350	0.354	133.37	3.54	17.85	42.92	2.01	7.90	265.78	3.53	69.08	1.57	25.36	1.54	6.53	0.403
			7		12.301	9.656	0.354	153.00	3.53	20.60	49.01	2.00	9.09	310.07	3.57	80.82	1.61	28.95	1.53	7.50	0.402
			8		13.944	10.946	0.353	172.04	3.51	23.30	54.87	1.98	10.25	254.39	3.62	92.70	1.65	32.45	1.53	8.45	0.401
			10		17.167	13.476	0.353	208.39	3.48	28.54	65.88	1.96	12.48	443.13	3.70	116.83	1.72	39.20	1.51	10.29	0.397
12.5/8	125	80	7	11	14.096	11.066	0.403	227.98	4.02	26.86	74.42	2.30	12.01	454.99	4.01	120.32	1.80	43.81	1.76	9.92	0.408
			8		15.989	12.551	0.403	256.77	4.01	30.41	83.49	2.28	13.56	519.99	4.06	137.85	1.84	49.15	1.75	11.18	0.407
			10		19.712	15.474	0.402	312.04	3.98	37.33	100.67	2.26	16.56	650.09	4.14	173.40	1.92	59.45	1.74	13.64	0.404
			12		23.351	18.330	0.402	364.41	3.95	44.01	116.67	2.24	19.43	780.39	4.22	209.67	2.00	69.35	1.72	16.01	0.400
14/9	140	90	8	12	18.038	14.160	0.453	365.64	4.50	38.48	120.69	2.59	17.34	730.53	4.50	197.79	2.04	70.83	1.98	14.31	0.411
			10		22.261	17.475	0.452	445.50	4.47	47.31	146.03	2.56	21.22	913.20	4.58	243.92	2.12	85.82	1.96	17.48	0.409
			12		26.400	20.724	0.451	521.59	4.44	55.87	169.79	2.54	24.95	1096.09	4.66	296.89	2.19	100.21	1.95	20.54	0.406
			14		30.456	23.908	0.451	594.10	4.42	64.18	192.10	2.51	28.54	1279.20	4.74	348.82	2.27	114.13	1.94	23.52	0.403
16/10	160	100	10	13	25.315	19.872	0.512	668.69	5.14	62.13	205.03	2.85	26.56	1362.89	5.24	336.69	2.28	121.74	2.19	21.92	0.390
			12		30.054	23.592	0.511	784.91	5.11	73.49	239.06	2.82	31.28	1635.56	5.32	405.94	2.36	142.33	2.17	25.79	0.388
			14		34.709	27.247	0.510	896.30	5.08	84.56	271.20	2.80	35.83	1908.50	5.40	476.42	2.43	162.23	2.16	29.56	0.385
			16		39.281	30.835	0.510	1003.04	5.05	95.33	301.60	2.77	40.24	2181.79	5.48	548.22	2.51	182.57	2.16	33.44	0.382
18/11	180	110	10	14	28.373	22.273	0.571	956.25	5.80	78.96	278.11	3.13	32.49	1940.40	5.89	447.22	2.44	166.50	2.42	26.88	0.376
			12		33.712	26.464	0.571	1124.72	5.78	93.53	325.03	3.10	38.32	2328.38	5.98	538.94	2.52	194.87	2.40	31.66	0.374
			14		38.967	30.589	0.570	1286.91	5.75	107.76	369.55	3.08	43.97	2716.66	6.06	631.95	2.59	222.30	2.39	36.32	0.372
			16		44.139	34.649	0.569	1443.06	5.72	121.64	411.85	3.06	49.44	3105.15	6.14	726.46	2.67	248.94	2.38	40.87	0.369
20/12.5	200	125	12		37.912	29.761	0.641	1570.90	6.44	116.73	483.16	3.57	49.99	3193.85	6.54	787.74	2.83	285.79	2.74	41.23	0.392
			14		43.867	34.436	0.640	1800.97	6.41	134.65	550.83	3.54	57.44	3726.17	6.62	922.47	2.91	326.58	2.73	47.34	0.390
			16		49.739	39.045	0.639	2023.35	6.38	152.18	615.44	3.52	64.69	4258.86	6.70	1058.86	2.99	366.21	2.71	53.32	0.388
			18		55.526	43.588	0.639	2238.30	6.35	169.33	677.19	3.49	71.74	4792.00	6.78	1197.13	3.06	404.83	2.70	59.18	0.385

1)括号内型号不推荐使用

2)截面图中的 $r_1 = \frac{1}{3}d$ 及表中 r 值的数据用于孔型设计,不做交货条件

3)标记示例:

普通碳素钢 Q235A,尺寸为 160mm×100mm×10mm 热轧不等边角钢,标记为:

$$\text{热轧不等边角钢}\frac{160\times100\times10\text{-GB/T 9788—1988}}{\text{Q235A-GB/T 700—1988}}$$

5.5 管子的加工与管道固定件

5.5-1 管子的切断[1]

方 法	锯 割	刀 割	气 割	磨 割
工 具	弓锯[2]	割刀[3]	割炬[4]	砂轮切割机
适用范围	$DN \leqslant 15$ 的钢管[3] 塑料管 复合管	$DN \geqslant 20$ 的钢管 塑料管 铜管	$DN > 100$ 的钢管	$DN > 100$ 的钢管 铸铁管 $DN \geqslant 35$ 的铜管

[1]管子切断后，必须用管子铣刀将毛刺去除干净，并将管子端部整圆 [2]对于小口径的管子采用细齿锯条为宜 [3]对于 $DN \leqslant 15$ 的钢管，严禁用割刀下料；钢管的割刀规格有 1 号（DN20～25）、2 号（DN20～50）、3 号（DN25～75）、4 号（DN50～100） [4]不适于不锈钢管和铜管

5.5-2 管子的弯曲方法

类 型	冷 弯[1]	热 弯[2]
适用范围	铜管：$D \leqslant 22$，用手动弯管器；$D > 22$，用液压弯管器 钢管：$DN < 40$，用液压弯管器 复合管：$DN < 25$，用手动弯管器；$DN \geqslant 25$，用液压弯管器	钢管：$DN \geqslant 32$ 热塑性塑料管 铜管

[1]冷弯较小管径的铜管和复合管时，为防止弯曲处变形，在弯曲前应于管子内部添加弯曲弹簧或松香 [2]热弯时，为防止弯曲处截面变形，钢管一般要充砂，塑料管要加弯曲弹簧

5.5-3 管子的弯曲半径、弯曲方法和加热长度的确定

加热长度	经验公式
$l = \dfrac{2 \cdot r \cdot \pi \cdot \alpha}{360°}$	$l = 1.5 \cdot r$

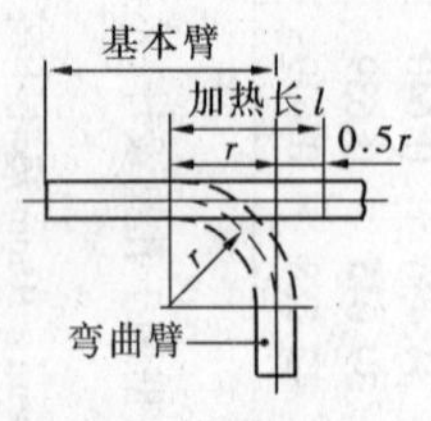

在弯曲前，加热长度的画线方法：

先在基本臂端画 r 长，然后在弯曲臂端画 $r/2$ 长[5]

弯曲半径[1]

钢管： 低压管 $r = (3 \sim 5) \cdot DN$

高压管 $r \geqslant 6 \cdot DN$

塑料管： PB 和 PE－X $r = 5 \cdot D$

PP $r = 6 \cdot D$

复合管：弯曲半径根据生产厂家的数据

铜管类型	强度状态[2]	D (mm)	弯曲半径 r_{min} 徒手[3]	弯曲半径 r_{min} 弯管器[3]
光亮的铜管 直管：R290 卷管：R220	R290	≤15	—	$\geqslant 3.5 \cdot D$
	R290	≤18	—	$\geqslant 4 \cdot D$
	R290	≥22[4]	—	$(4 \sim 5) \cdot D$
	R220	≤22	$(6 \sim 8) \cdot D$	$(3 \sim 6) \cdot D$
带 PVC 外衬的铜管	R290	≤18	—	$(5 \sim 5.5) \cdot D$
	R220	≤22	$(6 \sim 8) \cdot D$	$(5 \sim 5.5) \cdot D$
采暖用系列铜管	R220	≤18	$10.D$	$(5 \sim 5.5) \cdot D$
	R290	>18	以弯曲能力为先决条件[6]	

[1]弯曲半径不仅与材料有关，还与管径有关：小管径，弯曲半径小；大管径，弯曲半径大（例如钢管：$DN \leqslant 25$，$r = 3 \cdot DN$；$DN = 32 \sim 50$，$r = 3.5 \cdot DN$；$DN = 65 \sim 80$，$r = (4 \sim 4.5) \cdot DN$；$DN \geqslant 100$，$r = (4 \sim 5) \cdot DN$） [2]强度状态 R220（软）管可以手弯，R290（硬）用弯管器或热弯 [3]铜管也可以热弯 [4]充砂热弯或用弯管器 [5]当 $DN < 150$ 时，$r/2 \geqslant 400$mm；当 $DN \geqslant 150$ 时，$r/2 \geqslant 600$mm；该长度在弯曲时主要用来固定管子 [6]弯曲能力是指弯头背部管壁减薄小于等于 15%，弯管只可以用管材生产厂家允许的工具进行

5.5-4 管卡间距的参考值[1]

公称直径 *DN*	10	—	15	20	25	32	40	50	—	65	80	100	—	125
钢　管	2.25	—	2.75	3.00	3.5	3.75	4.25	4.75	—	5.50	6.00	6.00	—	6.00
外径（mm）	12	15	18	22	28	35	42	54	64	76.1	88.9	108	—	133
Cu 和不锈钢管 CrNi	1.25	1.25	1.50	2.00	2.25	2.75	3.00	3.50	4.00	4.25	4.75	5.00	—	5.00
外径（mm）	—	16	20	25	32	40	50	63	—	75	90	110	125	140
PVC　tg20℃	—	0.80	0.90	0.95	1.05	1.20	1.40	1.50	—	1.65	1.80	2.00	—	2.25
tg40℃	—	0.50	0.60	0.65	0.70	0.90	1.10	1.20	—	1.35	1.50	1.70	—	1.95
PE-HD　tg20℃	—	0.70	0.75	0.80	0.90	1.00	1.15	1.30	—	1.40	1.55	1.70	1.85	1.95
tg40℃	—	0.60	0.65	0.75	0.85	0.95	1.05	1.20	—	1.30	1.45	1.60	1.70	1.80

1)管卡的间距适用于钢管和铜管

5.5-5 充水的水平塑料管的管卡间距参考值[1]

在垂直管道上的管卡间距 I_{ch}：　　$I_{ch} = 1.3 \cdot I_{sh}$

D—管道外径，mm

材　料		工作温度（℃）水平管道的管卡间距（cm）															
DN	*D*	PVC[2]	PVC-C			PE[3]	PE-X			PB（*PN*16）		PP（*PN*10）			复合管	
		20	20	60	90	20	20	60	70	20	> 20[4]	20	60	80	PE-X/Al	PP/Al
10	16	80	85	70	50	—	55	40	40	50	100[4]	75	65	55	1.20	70[5]
15	20	90	100	80	75	75	60	50	45	60	100[4]	80	65	60	1.50	90[5]
20	25	95	105	90	80	80	65	55	50	70	120[4]	85	75	70	1.50	100[5]
25	32	105	115	105	90	90	75	60	55	80	120[4]	100	85	75	1.50	120[5]
32	40	120	135	115	100	100	85	70	65	100	120[4]	110	95	85	1.50	140[5]
40	50	140	160	125	115	115	95	75	70	120	150[4]	125	105	90	—	160[5]
50	63	150	170	135	130	130	105	85	80	140	150[4]	140	120	105	—	180[5]
65	75	165	185	145	135	140	115	95	85	160	150[4]	155	130	115	—	190[5]
80	90	180	200	160	140	155	125	105	95	180	200[4]	165	145	125	—	200[5]
100	110	200	220	180	150	170	140	115	105	200	200[4]	185	160	140	—	200[5]

1)生产厂家数据　2)适用于 *PN*10 和 *PN*16 的 PVC 管　3)适用于 *PN*10 的 PE 管　4)间距适用于托架敷设的管道　5)适用于 $t_g = 70℃$

5.5-6 钢管的管卡间距

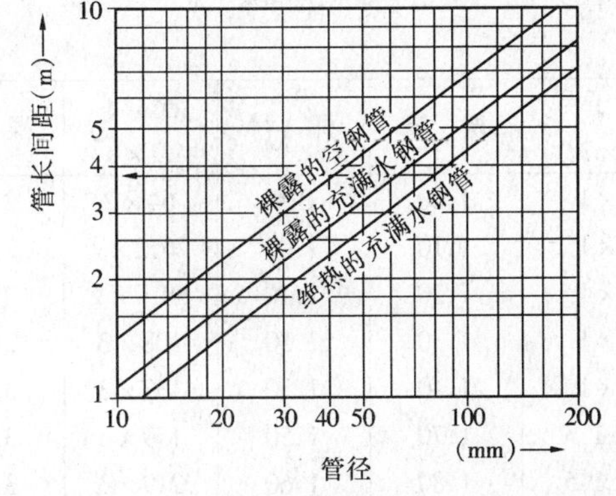

无坡度敷设（挠度 = 1mm/m）

5.5-7 钢管的热膨胀

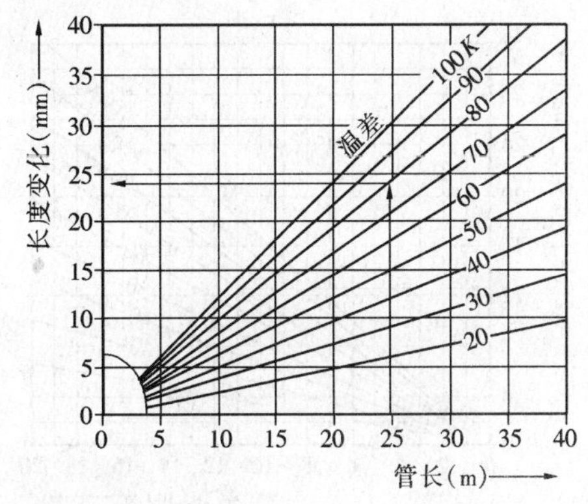

热膨胀系数 $\alpha = 0.000012$ 1/K

5.5-8 L形钢管的自然补偿能力

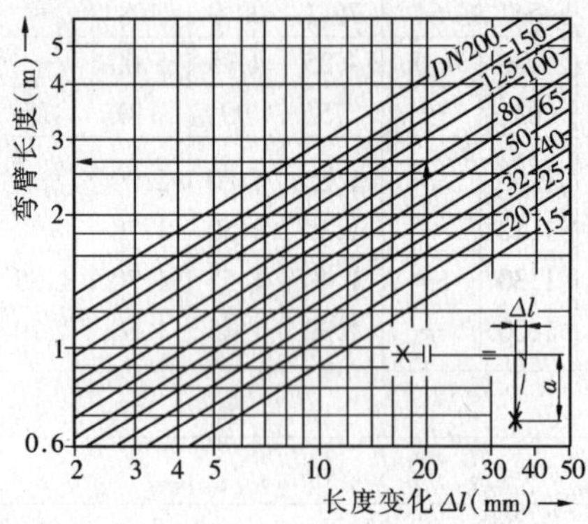

5.5-9 U形钢管补偿器的补偿能力

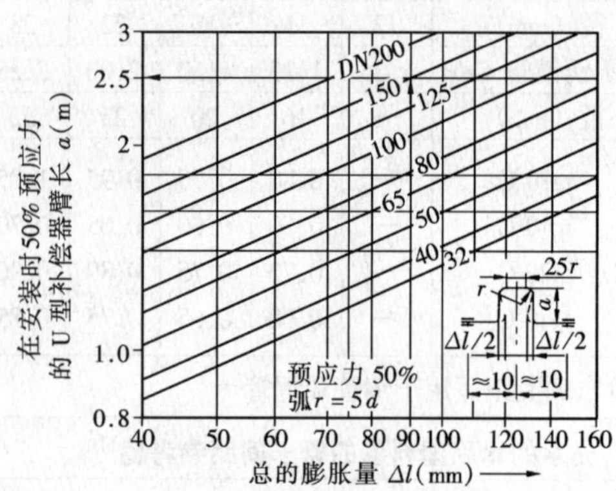

5.5-10 U形钢管补偿器反作用力

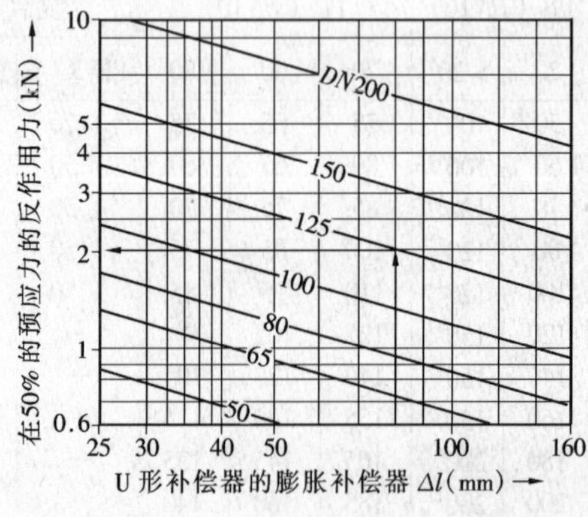

5.5-11 金属和橡胶波纹式补偿器的反作用力

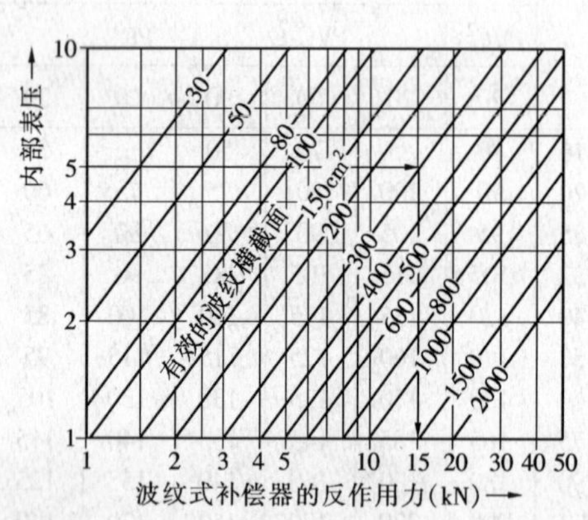

5.5-12 铜管和不锈钢管的热膨胀

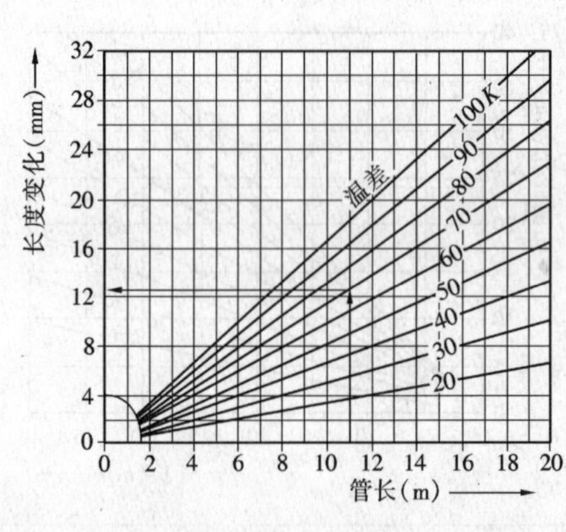

5.5-13 铜管的管卡间距(m)

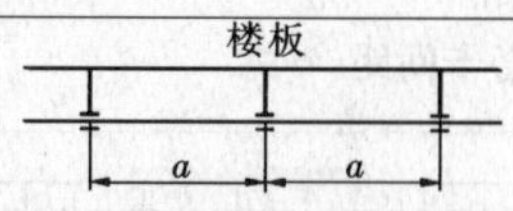

管子 $D\times s$	裸 露	外 衬	管 子 $D\times s$	裸 露
10×1	1.00	0.9	64×2	2.30
12×1	1.10	1.00	76.2×2	2.40
15×1	1.20	1.10	88.9×2	2.50
18×1	1.30	1.30	108×3	2.80
22×1	1.40	1.30	133×3	3.10
28×1.5	1.70	1.50	159×3	3.20
35×1.5	1.80	1.60	219×3	3.40
42×1.5	1.90	1.70	267×3	3.50
54×2	2.20	2.00		

5.5-14　L形铜管的自然补偿能力和臂长	**5.5-15　U形铜管补偿器的补偿能力和臂长**
L形补偿器	U形补偿器
5.5-16　L形不锈钢管的自然补偿能力和臂长	**5.5-17　U形不锈钢管补偿器的补偿能力和臂长**

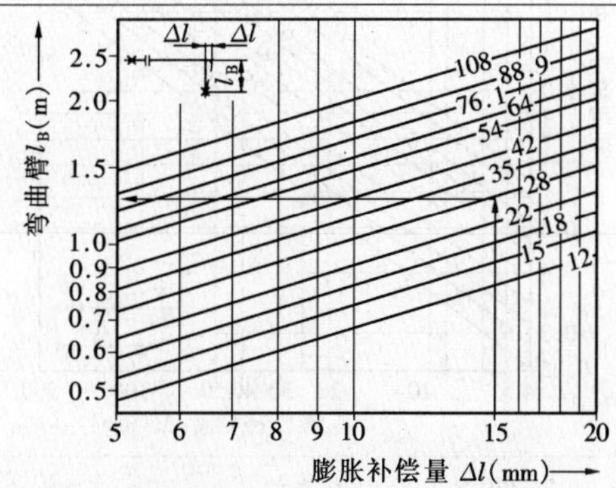

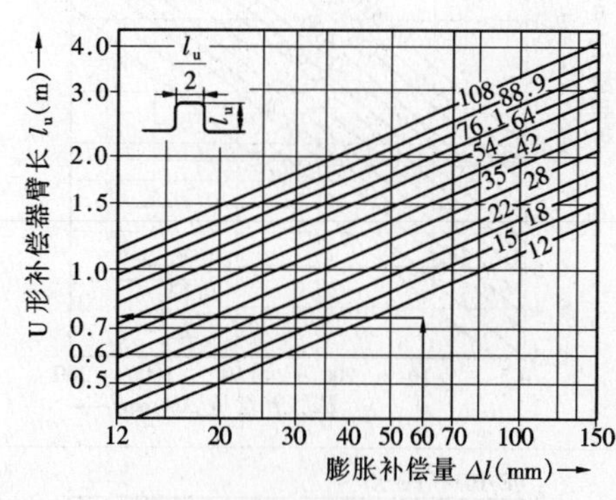

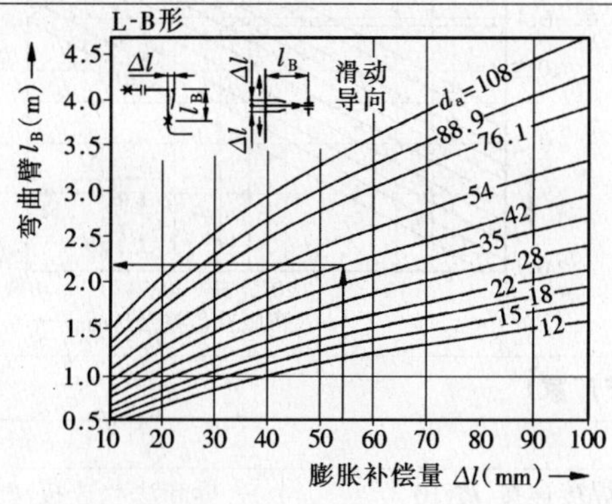

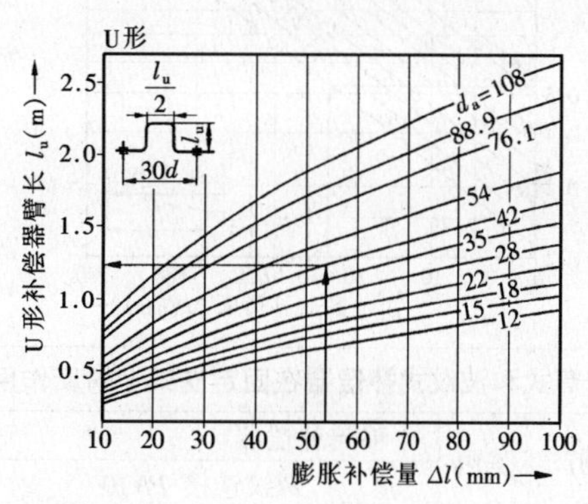

5.5-18　塑料管的热膨胀

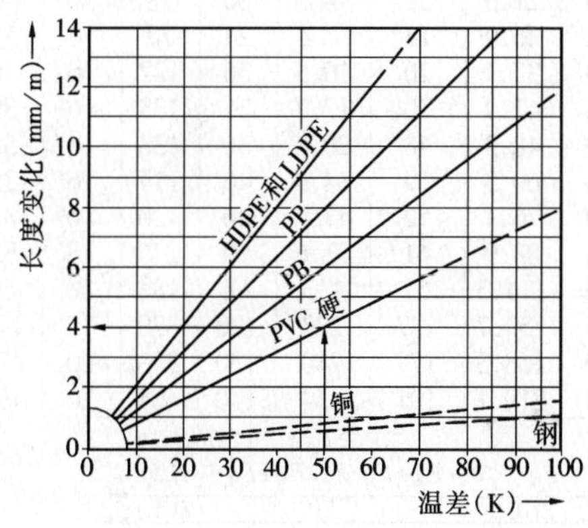

线形膨胀系数 α

材　　料	mm/(m·K)	1/K
PVC-U 和 PVC	0.08	0.00008
PE-LD,PE-HD 和 PE-X	0.20	0.00020
PP	0.16	0.00016
PB	0.12	0.00012
ABS 和 ASA	0.18	0.00018
复合管 PE/Al/PP	0.025	0.000025
复合管 PP/Al/PP	0.030	0.000030

例如:

一根PP管的初始长度为12m,从10℃加热到60℃,这根PP管伸长了多少mm?

根据曲线,在温差为60－10＝50℃时,

$\alpha = 5.0$mm/m,$\Delta l = l_0 \cdot \alpha = 12m\cdot 5.0mm/m = 60$mm

5.5-19 L 形塑料管的自然补偿能力

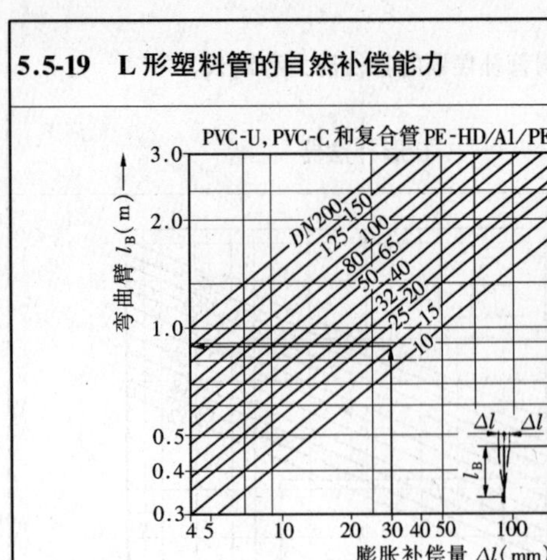

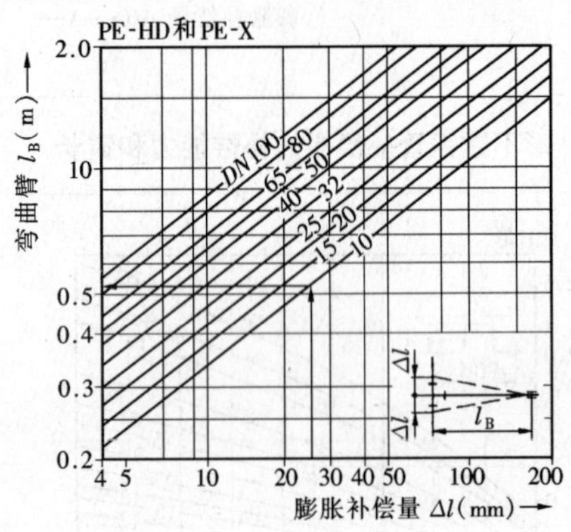

5.5-20 L 形塑料管的臂长

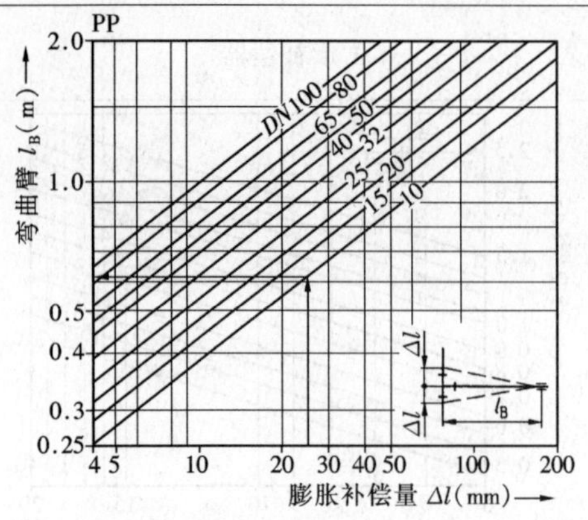

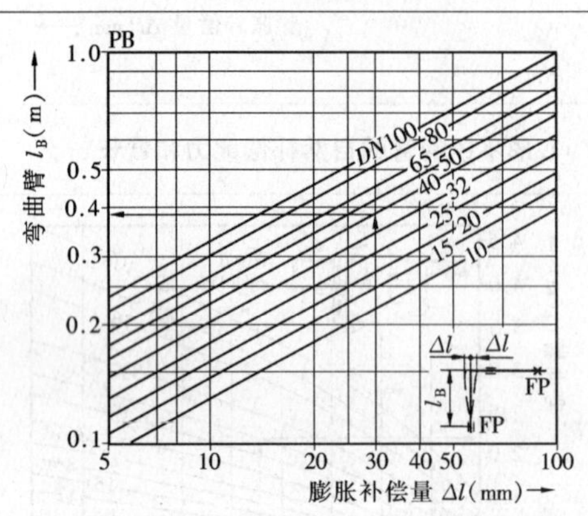

5.5-21 套筒式和波纹式补偿器在固定支架上的反作用力(根据生产厂家)

反作用力的产生是由：		轴向补偿器		
		螺纹连接 $PN10$	焊接连接 $PN10$	拆卸法兰连接 $PN10$
摩擦	$F_R = \mu \cdot F_n$	螺纹连接；预应力；$\frac{\Delta l}{2}$ $\frac{\Delta l}{2}$；R；l_0	焊接端 Q370；D；$\frac{\Delta l}{2}$ $\frac{\Delta l}{2}$；l_0；预应力	A_B 波纹横截面积 cm^2；b；Q37；l_0；$\frac{\Delta l}{2}$ $\frac{\Delta l}{2}$(预应力)
自身阻力	$F_W = l_1 \cdot c$			
内部	$F_1 = A_B \cdot p_e$			

DN	Δl[1]	l_0	R	c	A_B	Δl[1]	l_0	D	c	A_B	Δl[1]	l_0	b	c	A_B
15	60	350	1/2	21	4.2	60	310	21.3	21	4.2	20	78	14	40	4.3
20	60	402	3/4	13	7.2	60	362	26.9	13	7.2	24	78	14	35	7.4
25	60	370	1	20	10.6	60	330	33.7	20	10.5	36	122	16	40	10.6
32	60	426	1¼	20	17.7	60	366	42.4	20	17.7	36	138	16	39	18.2
40	60	420	1½	48	20.8	60	360	48.3	48	20.8	36	138	16	55	21.3
50	60	376	2	29	34.9	60	306	60.3	29	34.9	46	114	16	32	35.6
65	60	430	2½	52	47.7	60	360	76.1	52	47.7	40	120	16	37	54.0
80	—	—	—	—	—	60	306	88.9	41	71.6	50	146	18	35	72.8
100	—	—	—	—	—	60	306	114.3	67	113	68	184	18	66	115
125	—	—	—	—	—	120	465	139.7	177	203	120	370	15	177	203
150	—	—	—	—	—	120	475	168.3	177	280	130	390	20	177	281
200	—	—	—	—	—	150	495	219.1	191	454	140	405	20	192	448

F_n—垂直力，N
μ—摩擦系数
c—调节力，N/mm
l_1—补偿器的偏移,mm
A_B—波纹横截面,cm^2
p_e—计示压力,N/cm^2
ZGL—强制导向支架

固定支架反作用力

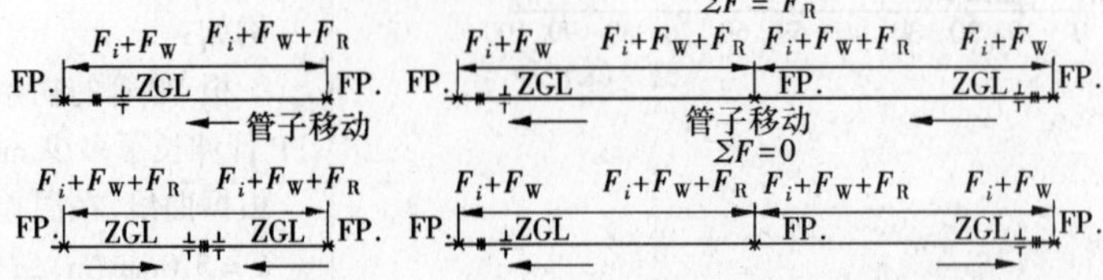

1)在 50%预应力时的最大补偿量

5.5-22 带连接螺纹的管卡、滑动支架和卡箍（德国） （mm）

结构形式：钢制镀锌

成型橡胶衬垫：EPDM 橡胶 -40~110℃，硅橡胶 -60~200℃

噪声减少：$\Delta L = 18 \sim 20$dB（A）

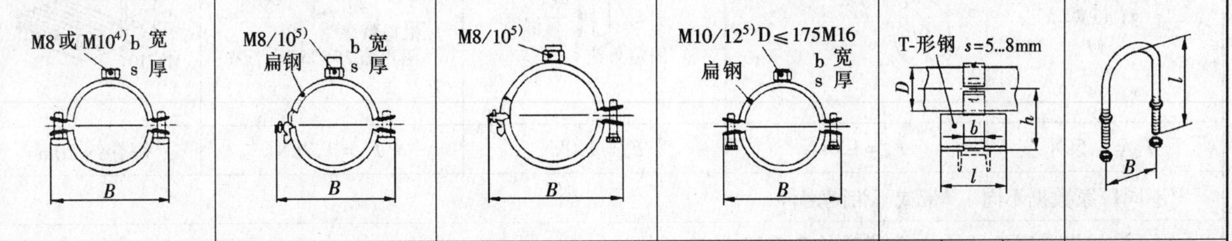

民用建筑管卡	轻型管卡	标准管卡	坚固管卡	滑动支架			卡箍[2]
M8 或 M10[4] b 宽 s 厚 B	M8/10[5] 扁钢 b 宽 s 厚 B	M8/10[5] B	M10/12[5] D≤175M16 扁钢 b 宽 s 厚 B	T-形钢 s=5...8mm D h b l			l B
[3] $F_e = 0.8$kN	$F_e = 1.0$kN	$F_e = 2.5$kN	$F_e = 5.0$kN	*DN*	*D*	*b*	螺纹
[4] $b = 20$，[4] $s = 1.5$	$b = 20$，$s = 1.0$	$b = 2.4$，$s = 2.0$	$b = 30$，$s = 3.0$	≤40	50	30	M8
螺杆连接螺纹				≤80	100	40	M10
M8；M10[4]	M8/10[5]	M8/10[5]	M10/12[5]；M16	≥100	100	50	M12

DN	范围	*B*	*DN*	范围	*B*	*DN*	范围	*B*	*DN*	范围	*B*	*DN*	*h*	*l*	*B*	*l*
8	12~15	55	8	8~11	49		67~71	113	100	108~114	174	15	—	—	30	45
10	16~19	59	10	12~16	49	65	72~77	119		114~119	179	20	79		35	60
15	20~23	63	15	17~20	53		78~84	126	125	122~127	187	25	82		42	67
20	25~28	69	20	21~24	57	80	87~93	134		137~142	203	32	87	160	51	76
25	32~35	76		25~28	63		99~104	160	150	156~162	223	40	90		57	82
32	40~45	92	25	29~32	67	100	108~112	167		162~168	229	50	135		71	95
40	48~52	99		33~37	71		114~118	174	175	175~180	244	65	145	180	87	111
50	54~58	105	32	37~41	75		122~127	179		190~200	263	80	151		100	123
	60~64	112		42~46	80	125	132~137	188		210~219	283	100[6]	184		121	157
65	75~80	134	40	47~51	86		137~142	194	200	217~224	288	125	195	200	146	172
		173	50	52~56	91	150	156~162	214		242~250	314	150	208		172	197
100	110~115			57~61	96		162~168	220	250	267~273	338	200	238		233	267

[1]根据生产厂家数据　[2]圆钢卡箍　[3]在 *DN*65 时，$F_e = 1.2$kN　[4] $DN \geq 65$ 时，$b = 25$mm，$s = 2$mm 和 M10　[5]用串级螺母　[6]有效于 $D = 110$mm 的管道

5.5-23 风管的固定件（德国）

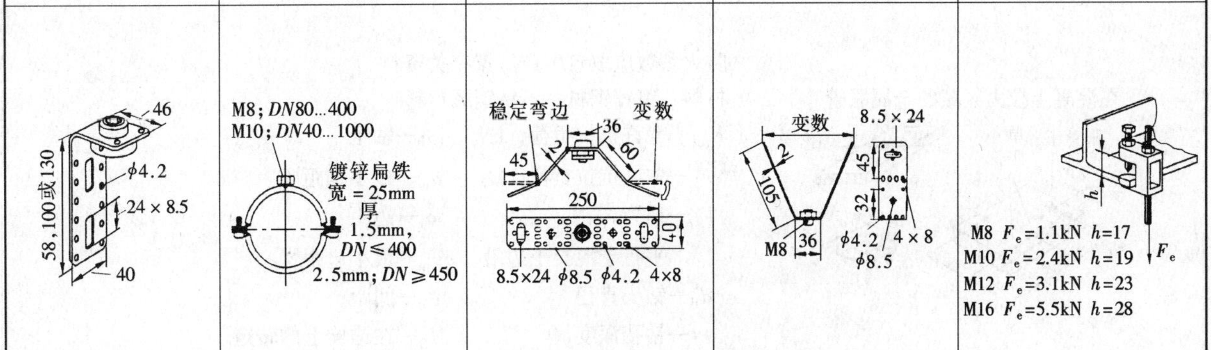

角　钢	风管管卡	风管紧固件	梯形板式吊架	承重夹子
46 58,100或130 ϕ4.2 24×8.5 40	M8；*DN*80...400 M10；*DN*40...1000 镀锌扁铁 宽 = 25mm 厚 1.5mm，*DN*≤400 2.5mm；*DN*≥450	稳定弯边　变数 45　2　36　80 250　40 8.5×24　ϕ8.5　ϕ4.2　4×8	变数　8.5×24 2　105　45　32 M8　36　ϕ4.2　4×8 ϕ8.5	h　F_e M8 F_e=1.1kN *h*=17 M10 F_e=2.4kN *h*=19 M12 F_e=3.1kN *h*=23 M16 F_e=5.5kN *h*=28
$F_e = 3.0$kN	$F_e = 1.5$kN	$F_e = 0.6$kN	$F_e = 0.6$kN	
悬　轭	钢带型吊架	固定角钢	隔声元件	导轨式隔声型材

5.5-23　风管的固定件（德国）（续）

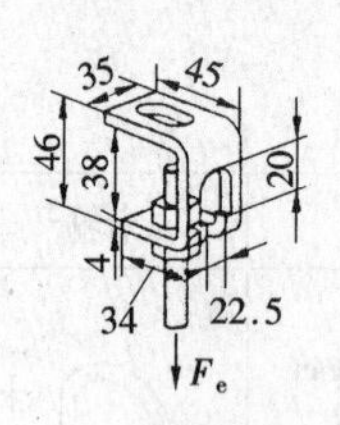	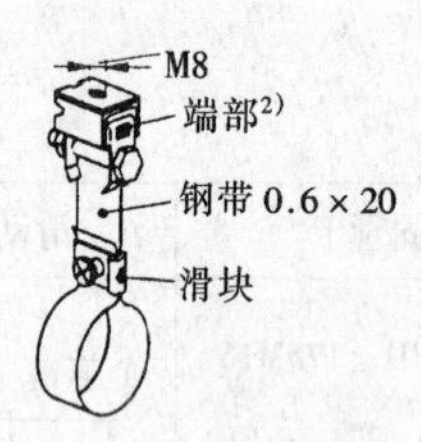	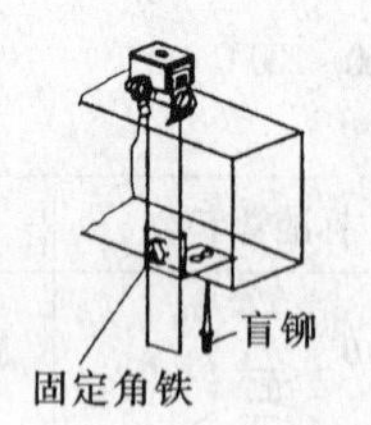	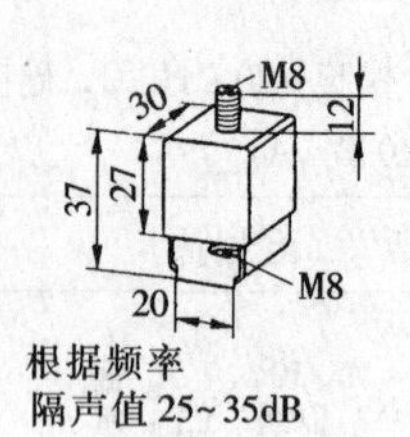	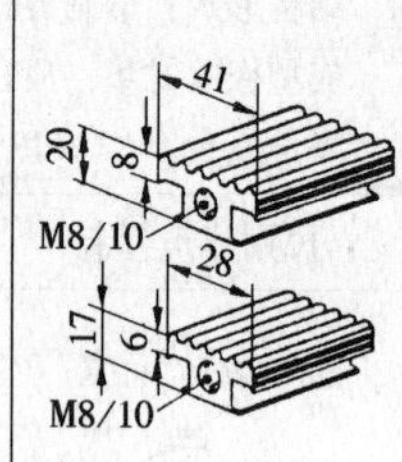
$F_e = 1.5kN$	$F_e = 1.0kN$	$F_e = 1.0kN$	$F_e = 1.2kN$	每卷约 20m

1)不同厂家数据不同　2)带或不带隔声件

5.5-24　镀锌安装附件（mm）和推荐的负载能力 F_e（kN）

螺　杆

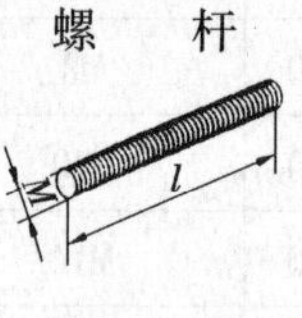

长螺帽 M（圆形）

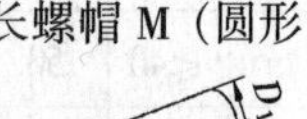

带环孔螺帽 RM

带叶片螺栓 B

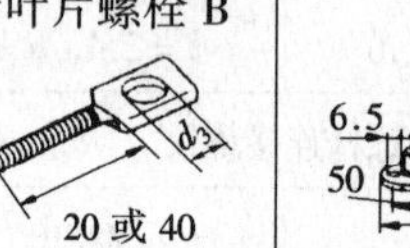

单孔

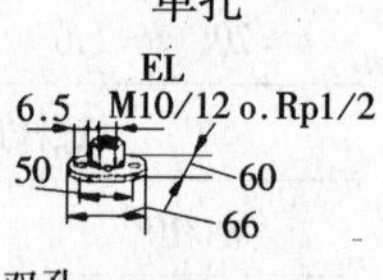

双孔

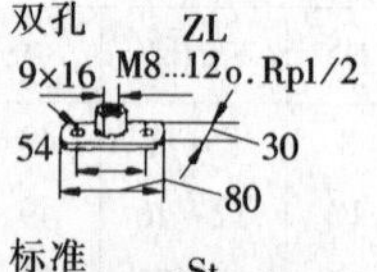

标准　St　11×18　M10...16 o. Rp1/2　85　40　120

悬挂附件

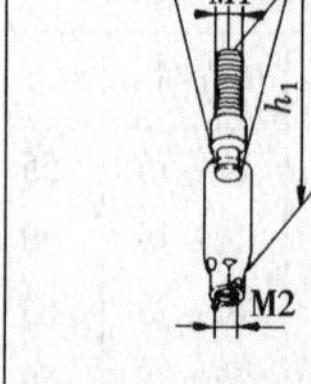

符号：M8/6 $\overline{\Delta}$

M8 = M_1；/6 = M_2

T形头螺钉

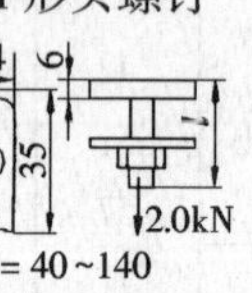

$l = 40 \sim 140$

长螺帽（六角形）M

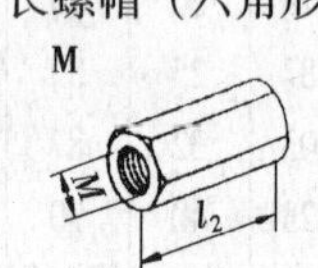

带环孔螺栓 RO

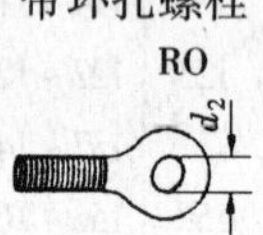

带长孔叶片螺帽 B-L　9　26　25　37

螺纹	螺杆	圆形，六边形				RM		RO		B		B-L	挂板	EL	ZL	St	PA		
	F_e	D_1	l_1	l_2	F_e	d_1	F_e	d_2	F_e	d_3	F_e	F_e	螺纹	F_e	F_e	F_e	螺纹	h	F_e
M6	3.2	10	20	—	3.2	10	0.96	7	0.6	8.5	2.0	—	M8	—	1.9	—	M8/6	72	1.5
M8	5.8	11	30	25	4.8	26	1.04	8.5	0.8	10.5	3.0	2.26	M10	2.0	2.5	2.0	M8/8	72	2.5
M10	9.2	13	30	30	9.2	26	1.04	—	—	12.5	4.0	2.26	M12	2.5	3.0	3.0	M10/10	72	2.5
M12	13.4	16	30	40	13.4	—	—	—	—	12.5	5.0	2.26	M16	—	—	3.5	M8i/8	65	2.5
M16	25.1	20	60	40	25.1	—	—	—	—	—	—	—	1/2	4.0	4.5	5.0	M12i/12	96	5.0

1)各个生产厂家给定的数据有微小偏差

5.5-25　金属和塑料胀管的允许负荷（kN，德国）

在混凝土拉力区域的金属胀管

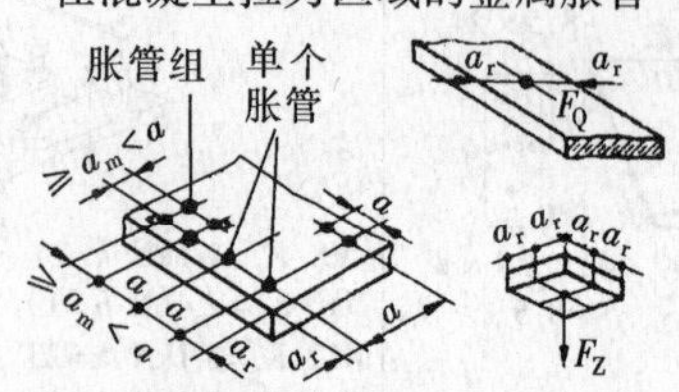

防火参数应取自生产厂家有关资料

材料：镀锌钢材、不锈钢或塑料

F_{zul}—允许抗拉负荷，kN　　a—轴距

F_Z—中心抗拉负荷，kN　　a_m—最小轴距1)

F_Q—横力，kN　　a_r—边距

平行于混凝土边沿　　$a_{r,m}$—最小边距1)

d_B—钻头直径　　a_Z—间距

t—钻孔深度　　M_D—在锚栓上的转矩

贯穿锚栓	重负荷锚栓	安全锚栓	整体式胀管

5.5-25 金属和塑料胀管的允许负荷（kN，德国）（续）

HST 或 HST-R：外螺纹；d_B；f；连接件

HSL[2)] 连接件：f；d_B

HSC 或 HSC-R：HSC-A；外螺纹；内螺纹；HSC-I；圆锥形螺栓；圆锥形螺栓；带自攻内螺纹的胀管

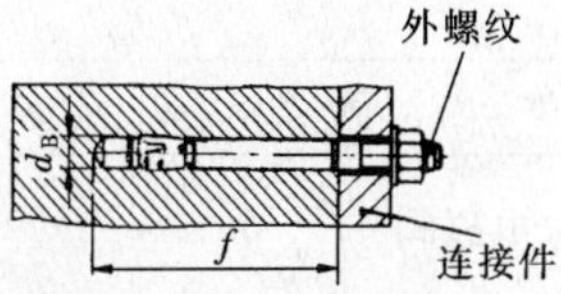

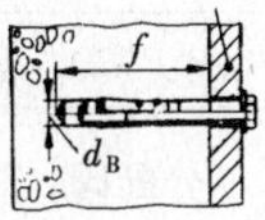

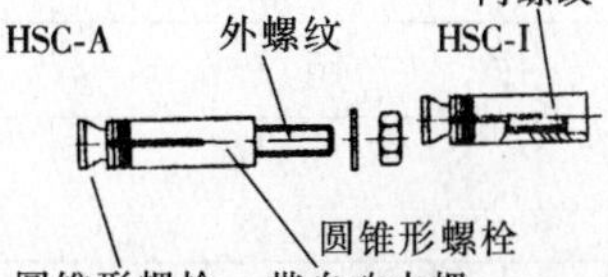

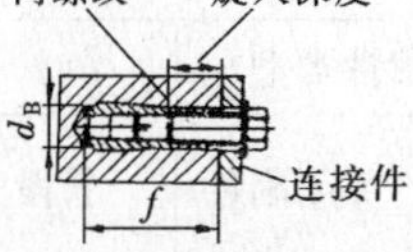

HKD-S 或 HKD-SR：内螺纹；旋入深度；d_B；连接件；f

锚栓螺纹尺寸	HST 或 HST-R M8	M10	M12	M16	HSL[2)] 连接件 M8	M10	M12	HSC 或 HSC-R AM8 IM6 ×40	AM10 IM8 ×40	AM8 IM10 ×50	AM12 IM10 ×60	– IM12 ×60	HKD-S 或 HKD-SR M8	M8 ×40	M10	M12
F_{zul} (kN)	1.5	2.5	3.5	6.0	2.5	3.5	6.0	1.5	1.5	2.5	3.5	3.5	0.8	0.8	0.8	0.8
d_e (mm)	8	10	12	16	12	15	18	14[4)]	16[4)]	14/18	18[4)]	20[4)]	10	10	12	15
t (mm)	≥65	≥80	≥95	≥115	≥80	≥90	≥105	46[4)]	46.5[4)]	56[4)]	68[4)]	69[4)]	30	40	40	50
a (mm)	140	180	200	250	150	180	240	160	160	200	240	240	400	400	400	400
$a_m^{1)}$ (mm)	50	60	70	80	50	60	80	50	50	50	60	60	—	—	—	—
a_r (mm)	70	90	100	125	100	120	160	80	80	100	120	120	100	100	200	200
$a_{r,m}^{1)}$ (mm)	50	60	70	80	100	120	160	50	50	50	60	60	—	—	—	—
M_D (Nm)	25	45	60	125	25	50	80									

充气混凝土胀管

HGS[3)]

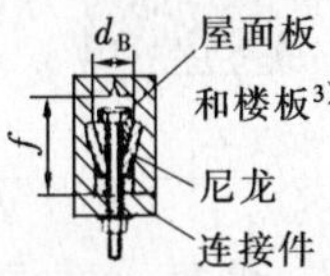

d_B；屋面板和楼板[3)]；f；尼龙；连接件

锚栓尺寸	M6	M8	M10
强度等级 P3.3			
F_{zul} (kN)	—	0.3	0.5
强度等级 P4.4			
F_{zul} (kN)	0.3	0.5	0.8
$d_B^{5)}$ (mm)	16[5)]	25[5)]	40[5)]
$t^{5)}$ (mm)	60[5)]	70[5)]	80[5)]
a (mm)	150	200	300
$a_m^{1)}$ (mm)	100	100	100
a_r (mm)	150	200	240
$a_{r,m}^{1)}$ (mm)	比较许可值		
M_D (Nm)			

带滤孔套筒的注射式锚栓

HIT-C 或 HIT-HY20

锚栓杆 HIT-A M8～12

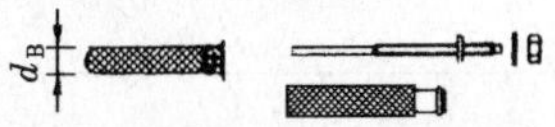

d_B

带滤孔套筒　带内螺纹 HIT

HIT-S16/22　M8～12 的锚栓套筒

锚栓尺寸		M8	M10	M12
A[6)]	滤孔套筒	16		
IG[6)]	滤孔套筒	16	22	22
允许负荷 F_{zul}kN				
HLz[7)]4，KSL[7)]4		0.6 (0.4)[8)]		
HLz[7)]6，KSL[7)]6		0.8 (0.6)[8)]		
HLz[7)]12，KSL[7)]12		1.4 (1.0)[8)]		
Hbl[7)]4，Hbn[7)]4		1.0		
t	(mm)	90		
a	(mm)	100		
a	(mm)	200 (Hbl，Hbn)		
$a_m^{1)}$	(mm)	50		
a_r	(mm)	200 (50[1)])		
a_z	(mm)	250		

混凝土和墙体通用胀管

HUD-1

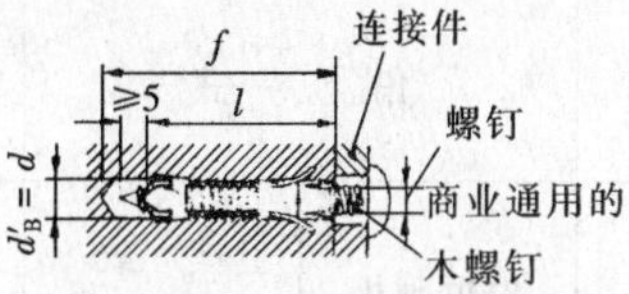

f；≥5；l；连接件；螺钉；$d_B=d$；商业通用的木螺钉

胀管尺寸	$d\times l$	5×25	6×30	8×40
螺　栓	(mm)	3.5～4	4.5～5	5～6
	(mm)	35	40	55
推荐负荷 F kN				
混凝土≥B15	(kN)	0.30	0.55	0.85
实心砖	(kN)	0.15	0.35	0.60
充气混凝土	(kN)	0.10	0.15	0.30
胀管尺寸	$d\times l$	10×50	12×60	14×70
螺钉	(mm)	7～8	8～10	10～12
t	(mm)	65	80	90
推荐负荷 F kN				
混凝土≥B15	(kN)	1.40	2.00	3.00
实心砖	(kN)	0.80	1.00	1.00
充气混凝土	(kN)	0.40	0.50	0.60

1)根据许可减少负荷。对于 HST（–R），根据许可应综合考虑轴间距和边间距　2)可以买到带六边形头、内六边形头和沉头螺栓的 HSL 锚栓　3)负荷应尽可能分摊到邻近的锚栓上　4)用台钻钻头钻孔　5)用后切削钻头钻孔　6)A＝锚栓杆外螺纹，IG＝锚栓胀管的内螺纹　7)HLz：空心砌块，KSL：石灰砂砖，Hbl：轻质混凝土－空心砌块，Hbn：混凝土空心砌块。数字表示强度等级　8)括号中的值适于 $\rho\leqslant 1.0\text{kg/dm}^3$ 的空心砌块

5.6 附件

5.6-1 给排水附件的分类

附件类型		作用	举例
给水控制附件	关闭附件	管段的开闭	分配阀、隐蔽阀、电磁阀
	调节附件	压力、温度和体积流量的调节	减压阀、集中生活用水混合阀
	安全附件	防止不允许的压力、温度和体积流量的发生	安全阀、热敏泄水安全阀、燃气调节和安全组阀
配水附件		管道末段的取水	混合水龙头、压力冲洗阀、水箱进水阀
保险附件		防止污水的虹吸污染饮用水	防虹吸装置、管段通气阀、管段隔断器
排水附件		污水的排放	排水栓、存水弯

5.6-2 常用给水控制附件

名称	类型		作用和特点	
截止阀	直杆式		开启、关闭和调节水量。关闭严密、开启省力，关闭后填料不与介质接触，便于检修；流体阻力较大，安装时要注意方向（低进高出）	
	斜杆式			
	角式			
闸阀	根据闸板构造	楔式	控制启闭，也可以调节流量。流体阻力小，启闭较省力；机构比较复杂，外形尺寸较大，密封面易磨损	
		平行式		
	根据阀杆位置	明杆式		
		暗杆式		
旋塞	根据通路	直通式	控制启闭，也可以调节流量。流体阻力小、流量大，开闭快，外形尺寸小；密封面易磨损，启闭时容易引起水锤（在要求比较高的地方，可以选择手柄旋转360°、栓塞旋转90°的旋塞）	
		三通式		
	根据填料	填料式		
		油封式		
止回阀（单向阀）	根据结构	升降式	自动启闭、控制水流沿一个方向流动，反向流动时则自动关闭	安装在水平管路上
				安装在垂直管路上
		旋启式		阀瓣分为单瓣、双瓣和多瓣式，既可安装在水平管路上，也可安装在垂直管路上
安全阀	根据构造	重锤杠杆式	当系统或设备内介质压力超过设计标准后，自动开启，排出少量介质，在系统或设备内压力低于限压后又自动关闭	
		弹簧式		
	根据功能	扬程式		
		全量程式		
	根据用途	安全阀		
		溢流阀		

5.6-2 常用给水控制附件（续）

减压阀	按结构	活塞式	当供给系统或设备的压力超过设计标准时，需先调节减压阀，使阀后的压力达到规定的要求
		膜片式	

5.6-3 常用配水附件的类型

配水附件：装在卫生器具及各取水点上的各种式样的水嘴，用来启闭和调节用水量

根据开启方式	根据结构	根据材料	根据流出介质	根据手柄数量	根据位置
接触式（手动式、脚踏式、按压式[1]）、无接触式[2]（红外电子式、光电式等）	旋塞式、球形阀式等	炮铜、可锻铸铁、不锈钢、塑料	冷水、热水、混合式[3]	单柄、双柄	台式、墙挂式、立式

[1]按压式水嘴出水的时间可以在安装时根据需要调节　[2]无接触式水嘴工作需要电源，采用的电源有电池或220V电网电压　[3]混合式又有温控式（依靠双金属片原理），可事先设定出水温度

5.6-4 阀门型号的组成与含义[1]

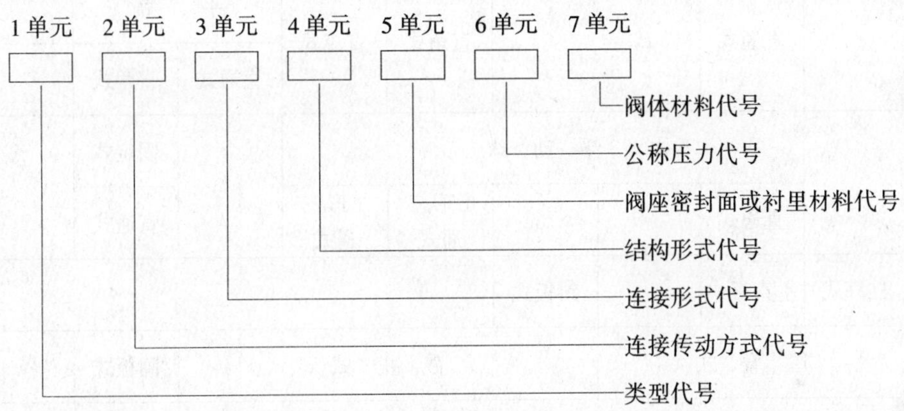

[1]本方法适用于通用阀门产品，特殊或非标产品的型号绘制方法按企业标准编制

5.6-5 阀门材料代号

密封面或衬里材料	代号	密封面或衬里材料	代号
铜合金	T	渗氮钢	D
橡胶	X	硬质合金	Y
尼龙塑料	N	衬胶	J
氟塑料	F	衬铅	Q
锡基轴承合金（巴式合金）	B	搪瓷	C
合金钢	H	渗硼钢	P

代号	Z	T	C	K	Q
阀体材料	灰铸铁	铜合金	碳钢	可锻铸铁	球墨铸铁

代号	I	P	R	V
阀体材料	Cr_5Mo $ZGCr_5Mo$	1Cr18Ni9Ti ZG1Cr18Ni9Ti CF_8（304） CF_3（304L）	1Cr18Ni12Mo2Ti ZG1Cr18Ni12Mo2Ti CF8M（316） CF3M（316L）	12Cr1Mo1V ZG12Cr1Mo1V

5.6-6 阀门的代号

代号		0	1	2	3	4	5	6	7	8	9
传动方式		电磁波	电磁-液动	电磁-液动	蜗轮	直齿轮	锥齿轮	气动	液动	气-液动	电动
连接形式			内螺纹	外螺纹		法兰		焊接	对夹	卡箍	卡套
类型代号		结构形式									
闸阀	Z	明杆					暗杆楔式				
		楔式			平行式						
		弹性闸阀	刚性								
			单闸板	双闸板	单闸板	双闸板	单闸板	双闸板			
截止阀	J		直通式			直角式	直流式	平衡			
节流阀	L							直通式	直角式		
球阀	Q		浮动球						固定式		
			直通式			L形三通式	T形三通式		直通式		
蝶阀	D	杠杆式	垂直板式		斜板式						
隔膜阀	G		屋脊式		截止式				闸板式		
旋塞阀	X				填斜式				油封式		
					直通式	T形三通式	四通式		L形直通式	T形三通式	
止回阀	H		升降式			旋启式					
			直通式	立式		单瓣	双瓣	多瓣			蝶形
安全阀	A	弹簧									
		封闭			不封闭	封闭					
					带扳手		带控制机构		带扳手		
		带散热片全启式	微启式	全启式	双弹簧微启式	全启式	微启式	全启式	微启式	全启式	脉冲式
减压阀	Y		薄膜式	弹簧薄膜式	活塞式	波纹管式	杠杆式				
疏水阀	S		浮球式		浮桶式		钟形浮子式		双金属片式	脉冲式	热动力式

5.6-7　闸阀（JB 309—75）

启闭件为闸板，由阀杆带动阀板沿阀座密封面作升降

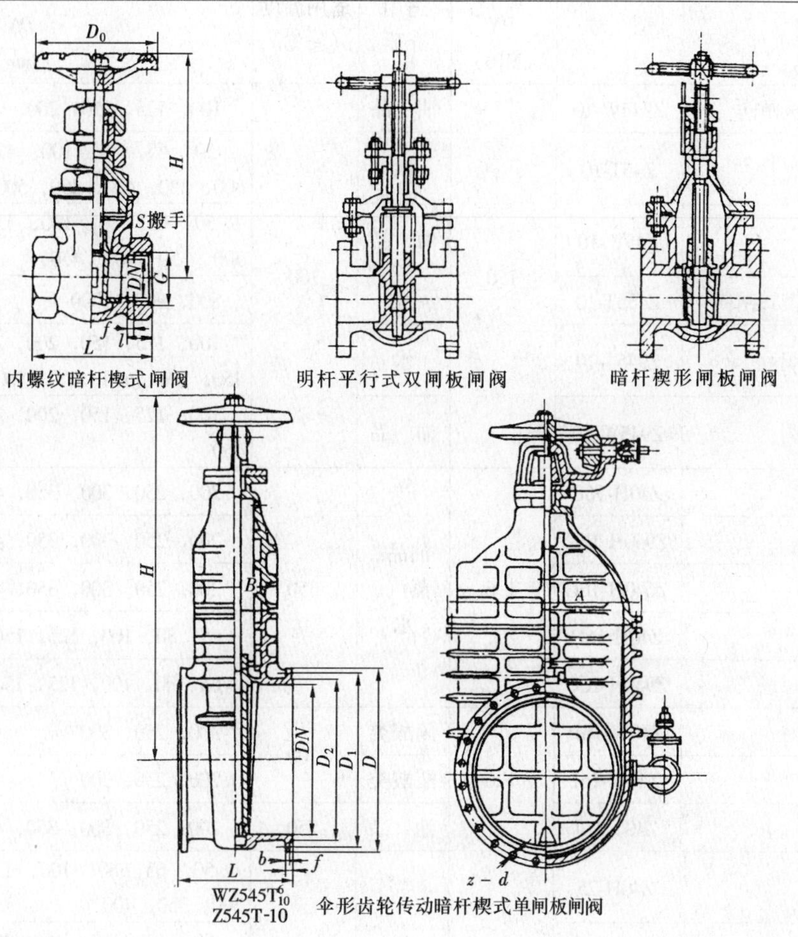

内螺纹暗杆楔式闸阀　明杆平行式双闸板闸阀　暗杆楔形闸板闸阀

WZ545T$^{6}_{10}$
Z545T-10

伞形齿轮传动暗杆楔式单闸板闸阀

名　　称	型　号	公称压力 PN（MPa）	适用介质	适用温度（≤℃）	公 称 通 径 DN（mm）
楔式双闸板闸阀	Z42W-1	0.1	煤　气	100	300，350，400，450，500
伞齿轮传动楔式双闸板闸阀	Z542W-1				600，700，800，900，1000
电动楔式双闸板闸阀	Z942W-1				600，700，800，900，1000，1200，1400
电动暗杆楔式双闸板闸阀	Z946T-2.5	0.25	水		1600，1800
电动暗杆楔式闸阀	Z945T-6	0.60			1200，1400
楔式闸阀	Z41T-10	1.0	蒸汽、水	200	50，65，80，100，125，150，200，250，300，350，400，450
楔式闸阀	Z41W-10		油　品	100	50，65，80，100，125，150，200，250，300，350，400，450
电动楔式闸阀	Z941T-10		蒸汽、水	200	100，125，150，200，250，300，350，400，450
平行式双闸板闸阀	Z44T-10				50，65，80，100，125，150，200，250，300，350，400
平行式双闸板闸阀	Z44W-10		油　品	100	50，65，80，100，125，150，200，250，300，350，400
液动楔式闸阀	Z741T-10		水		100，125，150，200，250，300，350，400，450，500，600
电动平行式双闸板闸阀	Z944T-10		蒸汽、水	200	100，125，150，200，250，300，350，400

5.6-7　闸阀（JB 309—75）（续）

名　　称	型　号	公称压力 *PN*（MPa）	适用介质	适用温度（≤℃）	公　称　通　径 *DN*（mm）
电动平行式双闸板闸阀	Z944W-10	1.0	油　品	100	100，125，150，200，250，300，350，400
暗杆楔式闸阀	Z45T-10		水		50，65，80，100，125，150，200，250，300，350，400，450，500，600，700
暗杆楔式闸阀	Z45W-10		油　品		50，65，80，100，125，150，200，250，300，350，400，450
正齿轮传动暗杆楔式闸阀	Z455T-10		水		800，900，1000
电动暗杆楔式闸阀	Z945T-10		水		100，125，150，200，250，300，350，400，450，500，600，700，800，900，1000
电动暗杆楔式闸阀	Z945W-10		油　品		100，125，150，200，250，300，350，400，450
楔式闸阀	Z40H-16C	1.6	油品、蒸汽、水	350	200，250，300，350，400
电动楔式闸阀	Z940H-16C				200，250，300，350，400
气动楔式闸阀	Z640H-16C				200，250，300，350，400，450，500
楔式闸阀	Z40H-16Q				65，80，100，125，150，200
电动楔式闸阀	Z940H-16Q				65，80，100，125，150，200
楔式闸阀	Z40W-16P	1.6	硝酸类	100	200，250，300
楔式闸阀	Z40W-16I		醋酸类		200，250，300
楔式闸阀	Z40Y-16I		油　品	550	200，250，300，350，400
楔式闸阀	Z40H-25	2.5	油品、蒸汽、水	350	50，65，80，100，125，150，200，250，300，350，400
电动楔式闸阀	Z940H-25				50，65，80，100，125，150，200，250，300，350，400
气动楔式闸阀	Z640H-25				50，65，80，100，125，150，200，250，300，350，400
楔式闸阀	Z40H-25Q				50，65，80，100，125，150，200
电动楔式闸阀	Z940H-25Q				50，65，80，100，125，150，200
伞齿轮传动楔式双闸板闸阀	Z542H-25	2.5	蒸汽、水	300	300，350，400，450，500
电动楔式双闸板闸阀	Z942H-25				300，350，400，450，500，600，700，800
承插焊楔式闸阀	Z61Y-40	4.0	油品、蒸汽、水	425	15，20，25，32，40
楔式闸阀	Z41H-40				15，20，25，32，40
楔式闸阀	Z40H-40				50，65，80，100，125，150，200，250
正齿轮传动楔式闸阀	Z400H-40				300，350，400
电动楔式闸阀	Z940H-40				50，65，80，100，125，150，200，250，300，350，400
气动楔式闸阀	Z640H-40				50，65，80，100，125，150，200，250，300，350，400
楔式闸阀	Z40H-40Q			350	50，65，80，100，125，150，200
电动楔式闸阀	Z940H-40Q				50，65，80，100，125，150，200
楔式闸阀	Z40Y-40P		硝酸类	100	200，250
正齿轮传动楔式闸阀	Z440Y-40P				300，350，400，450，500
楔式闸阀	Z40Y-40I		油　品	550	50，65，80，100，125，150，200，250

5.6-7 闸阀（JB 309—75）（续）

名　　称	型　号	公称压力 PN（MPa）	适用介质	适用温度（≤℃）	公 称 通 径 DN（mm）
楔式闸阀	Z40H-64	6.4	油品、蒸汽、水	425	50，65，80，100，125，150，200，250
正齿轮传动楔式闸阀	Z440H-64				300，350，400
电动楔式闸阀	Z940H-64				50，65，80，100，125，150，200，250，300，350，400，450，500，600，700，800
电动楔式闸阀	Z940Y-64I		油　品	550	300，350，400，450，500
楔式闸阀	Z40Y-64I	10.0	油品、蒸汽、水	450	50，65，80，100，125，150，200，250
楔式闸阀	Z40Y-100				50，65，80，100，125，150，200
正齿轮传动楔式闸阀	Z440Y-100				250，300
电动楔式闸阀	Z940Y-100				50，65，80，100，125，150，200，250，300
承插焊楔式闸阀	Z61Y-160	16.0	油品	450	15，20，25，32，40
楔式闸阀	Z41H-160				15，20，25，32，40
楔式闸阀	Z40Y-160				50，65，80，100，125，150，200
电动楔式闸阀	Z940Y-160				50，65，80，100，125，150，200，250，300
楔式闸阀	Z40Y-100I			550	50，65，80，100，125，150，200
电动楔式闸阀	Z940Y-160I				50，65，80，100，125，150，200

5.6-8 截止阀（JB 1681—75）

启闭件为阀瓣，由阀杆带动，沿阀座（密封面）轴线作升降运动

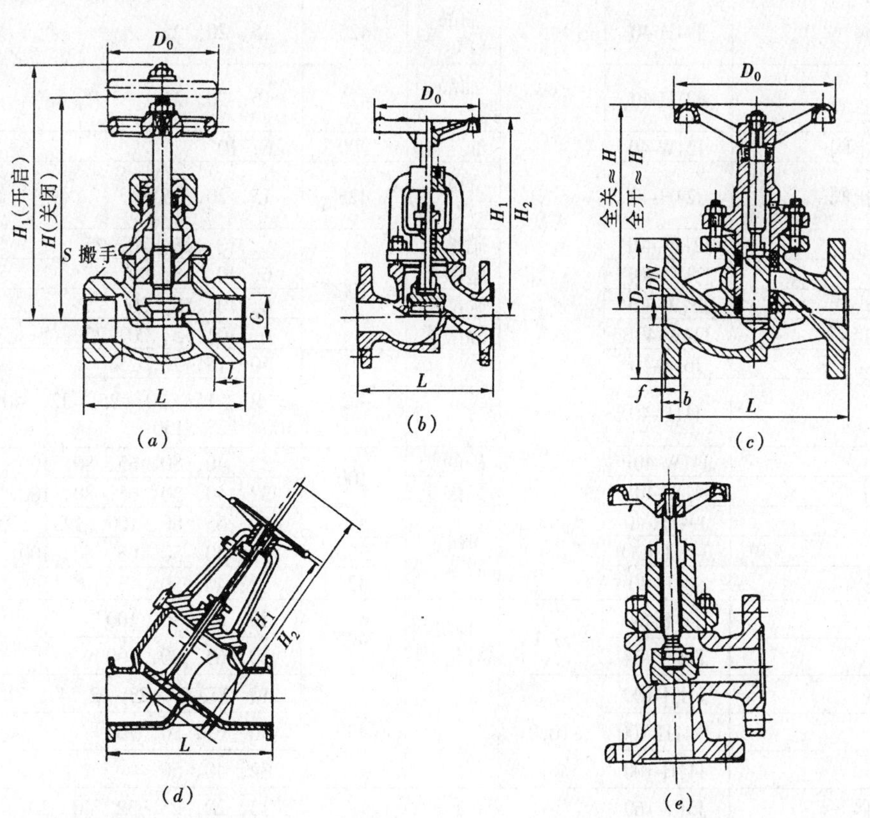

（a）内螺纹截止阀；（b）法兰截止阀；（c）柱塞式截止阀；（d）直流式截止阀；（e）角式截止阀

5.6-8 截止阀（JB 1681—75）（续）

名　　称	型　号	公称压力 *PN* （MPa）	适用介质	适用温度（≤℃）	公　称　通　径 *DN* （mm）
衬胶直流式截止阀	J45J-6	0.6	酸、碱类	50	40，50，65，80，100，125，150
衬铅直流式截止阀	J45Q-6		硫酸类	100	25，32，40，50，65，80，100，125，150
焊接波纹管式截止阀	WJ61W-6P		硝酸类		10，15，20，25
波纹管式截止阀	WJ41W-6P				32，40，50
内螺纹截止阀	J11W-16	1.6	油　品	100	15，20，25，32，40，50，65
内螺纹截止阀	J11T-16		蒸汽、水	200	15，20，25，32，40，50，65
截止阀	J41W-16		油　品	100	25，32，40，50，65，80，100，125，150
截止阀	J41T-16		蒸汽、水	200	25，32，40，50，65，80，100，125，150
截止阀	J41W-16P		硝酸类	100	80，100，125，150
截止阀	J41W-16R		醋酸类		80，100，125，150
外螺纹截止阀	J21W-25K	2.5	氨、氨液	-40 ~ 150	6
外螺纹角式截止阀	J24W-25K				6
外螺纹截止阀	J21B-25K				10，15，20，25
外螺纹角式截止阀	J24B-25K				10，15，20，25
截止阀	J41B-25Z				32，40，50，65，80，100，125，150，200
角式截止阀	J44B-25Z				32，40，50
波纹管式截止阀	WJ41W-25P	2.5	硝酸类	100	25，32，40，50，65，80，100，125，150
直流式截止阀	J45W-25P				25，32，40，50，65，80，100
外螺纹截止阀	J21W-40	4.0	油　品	200	6，10
卡套截止阀	J91W-40				6，10
卡套截止阀	J91H-40		油品、蒸汽、水	425	15，20，25
卡套角式截止阀	J94W-40		油　品	200	6，10
卡套角式截止阀	J94H-40		油品、蒸汽、水	425	15，20，25
外螺纹截止阀	J21H-40		油品、蒸汽、水	425	15，20，25
外螺纹角式截止阀	J24W-40		油　品	200	6，10
外螺纹角式截止阀	J24H-40		油品、蒸汽、水	425	15，20，25
外螺纹截止阀	J21W-40P		硝酸类	100	6，10，15，20，25
外螺纹截止阀	J21W-40R		醋酸类		6，10，15，20，25
外螺纹角式截止阀	J24W-40P		硝酸类		6，10，15，20，25
外螺纹角式截止阀	J24W-40R		醋酸类		6，10，15，20，25
承插焊截止阀	J61Y-40		油品、蒸汽、水	425	10，15，20，25
截止阀	J41H-40				10，15，20，25，32，40，50，65，80，100，125，150
截止阀	J41W-40P		硝酸类	100	32，40，50，65，80，100，125，150
截止阀	J41W-40R		醋酸类		32，40，50，65，80，100，125，150
电动截止阀	J941H-40		油品、蒸汽、水	425	50，65，80，100，125，150
截止阀	J41H-40Q			350	32，40，50，65，80，100，125，150
角式截止阀	J44H-40			425	32，40，50
截止阀	J41H-64	6.4	油品、蒸汽、水	425	50，65，80，100
电动截止阀	J941H-64				50，65，80，100
截止阀	J41H-100	10.0		450	10，15，20，25，32，40，50，65，80，100
电动截止阀	J941H-100				50，65，80，100
角式截止阀	J44H-100				32，40，50
承插焊、截止阀	J61Y-160	16.0	油品	450	15，20，25，32，40，50
截止阀	J41H-160				15，20，25，32，40，50
截止阀	J41Y-160I			550	15，20，25，32，40，50
外螺纹截止阀	J21W-160				6，10

5.6-9 节流阀（JB 1682—75）

通过启闭件（阀瓣）来改变阀门的通路截面积，以调节流量、压力

名　　称	型　号	公称压力 PN（MPa）	适用介质	适用温度（≤℃）	公称通径 DN（mm）
外螺纹节流阀	L21W-25W	2.5	氨、氨液	-40~150	10，15
外螺纹角式节流阀	L24W-25K				10，15
外螺纹节流阀	L21B-25K				20，25
外螺纹角式节流阀	L24B-25K				20，25
节流阀	L41B-25Z				32，40，50
角式节流阀	L44B-25Z				32，40，50
外螺纹节流阀	L21W-40	4.0	油品	200	6，10
卡套节流阀	L91W-40				6，10
外螺纹节流阀	L21W-40P		硝酸类	100	6，10，15，20，25
外螺纹节流阀	L21W-40R		醋酸类		6，10，15，20，25
外螺纹节流阀	L21H-40	4.0	油品、蒸汽、水	425	15，20，25
卡套节流阀	L91H-40				15，20，25
节流阀	L41H-40Q			350	32，40，50
节流阀	141H-40			425	10，15，20，25，32，40，50
节流阀	L41W-40P		硝酸类	100	32，40，50
节流阀	L41W-40R		醋酸类		32，40，50
节流阀	L41H-100	10.0	油品、蒸汽、水	450	10，15，20，25，32，40，50

5.6-10 旋塞阀（JB 312—75）

启闭件呈塞状，绕其轴线转动

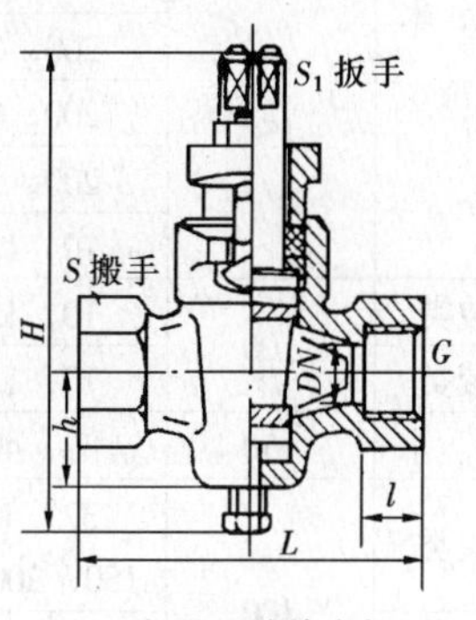

螺纹连接旋塞阀

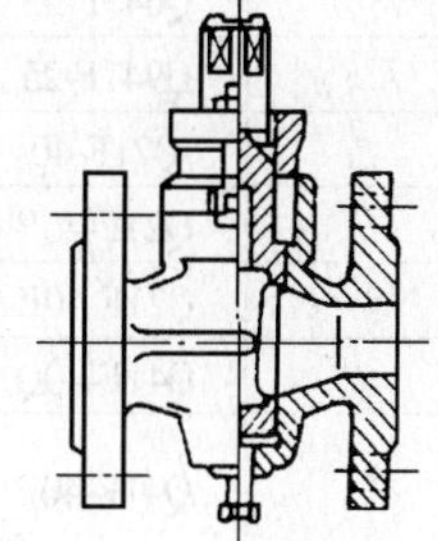
法兰连接旋塞阀

名　　称	型　号	公称压力 PN（MPa）	适用介质	适用温度（≤℃）	公称通径 DN（mm）
旋塞阀	X43W-6	0.6	油品	100	100，125，150
T形三通式旋塞阀	X44W-6				25，32，40，50，65，80，100
内螺纹旋塞阀	X13W-10T	1.0	水		15，20，25，32，40，50
内螺纹旋塞阀	X13W-10		油品		15，20，25，32，40，50
内螺纹旋塞阀	X13T-10		水		15，20，25，32，40，50
旋塞阀	X43W-10		油品		25，32，40，50，65，80
旋塞阀	X43T-10		水		25，32，40，50，65，80
油封T形三通式旋塞阀	X48W-10		油品		25，32，40，50，65，80，100
油封旋塞阀	X47W-16	1.6			25,32,40,50,65,80,100,125,150
旋塞阀	X43W-16I		含砂油品	580	50，65，80，100，125

5.6-11　球阀（JB 1683—75）

启闭件为球体，绕垂直于通路的轴线转动

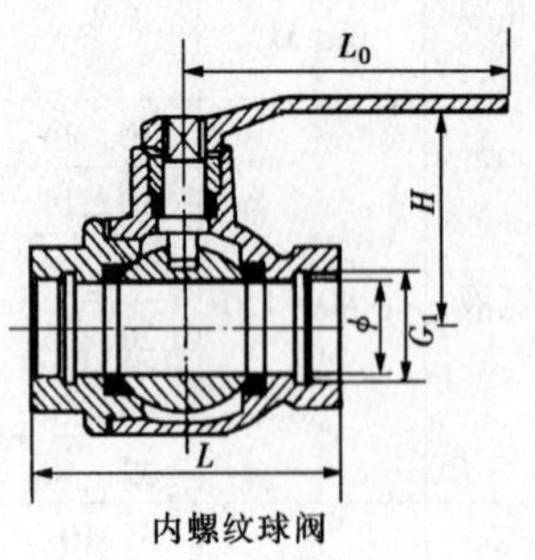

内螺纹球阀

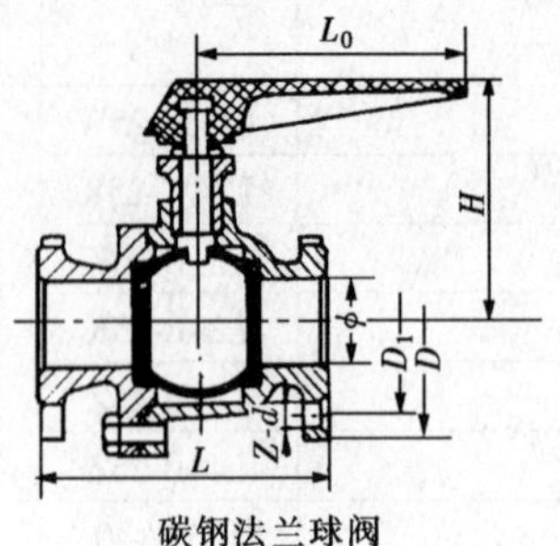

碳钢法兰球阀

名　　称	型　号	公称压力 *PN*（MPa）	适用介质	适用温度（≤℃）	公　称　通　径 *DN*（mm）
内螺纹球阀	Q11F-16				15，20，25，32，40，50，65
球阀	Q41F-16		油品、水		32，40，50，65，80，100，125，150
电动球阀	Q941F-16			100	50，65，80，100，125，150
球阀	Q41F-160P		硝酸类		100，125，150
球阀	Q41F-16R	1.6	醋酸类		100，125，150
L形三通式球阀	Q44F-16Q				15，20，25，32，40，50，65，80，100，125，150
T形三通式球阀	Q45F-16Q				15，20，25，32，40，50，65，80，100，125，150
蜗轮转动固定式球阀	Q347F-25		油品、水		200，250，300，350，400，500
气动固定式球阀	Q647F-25	2.5			200，250，300，350，400，500
电动固定式球阀	Q947F-25			150	200，250，300，350，400，500
外螺纹球阀	Q21F-40				10，15，20，25
外螺纹球阀	Q21F-40P		硝酸类	100	10，15，20，25
外螺纹球阀	Q21F-40R		醋酸类		10，15，20，25
球阀	Q41F-40Q		油品、水	150	32，40，50，65，80，100
球阀	Q41F-40P		硝酸类	100	32，40，50，65，80，100，125，150，200
球阀	Q41F-40R		醋酸类		32，40，50，65，80，100，125，150，200
气动球阀	Q641F-40Q		油品、水	150	50，65，80，100
电动球阀	Q941F-40Q				50，65，80，100
球阀	Q41N-64				50，65，80，100
气动球阀	Q641N-64				50，65，80，100
电动球阀	Q941N-64				50，65，80，100
气动固定式球阀	Q647F-64	6.4			125，150，200
电动固定式球阀	Q947F-64				125,150,200,250,300,350,400,500
电—液动固定式球阀	Q247F-64				125,150,200,250,300,350,400,500
气—液动固定式球阀	Q847F-64		油品、天然气	80	125,150,200,250,300,350,400,500
气—液动焊接固定式球阀	Q867F-64				400，500，600，700
电—液动焊接固定式球阀	Q267F-64				400，500，600，700

5.6-12 蝶阀

启闭件为蝶板，绕固定轴转动

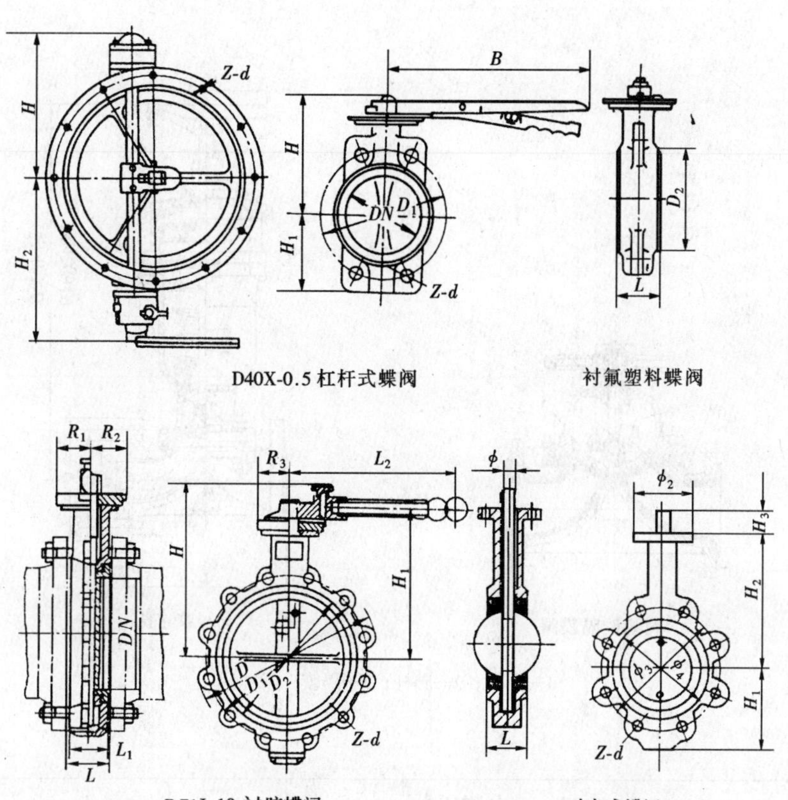

D40X-0.5 杠杆式蝶阀　　衬氟塑料蝶阀

D71J-10 衬胶蝶阀　　对夹式蝶阀

名称	型号	公称压力 PN (MPa)	适用介质	适用温度 (℃)	公称通径 DN (mm)	安装长度 L 范围 (mm)
杠杆式蝶阀	D40X-0.5	0.05	空气	-30~40	150、200、350、400	92、118、145、175
对夹式蝶阀	A 型 LT 型	1.0	海水、蒸汽、煤气、油品、酸、碱	-45~130	50、65、80、100、125、150、200、250、300、350、400	45、47、49、54、58、62.5、70、79.5、81、90
衬胶蝶阀	D71J-10 D71JN-10	1.0	清、污水、油品、酸碱	≤100℃	32、40、50、80、100、150、200、250、300	40、42、44、46、48、50、76、76、86
衬氟塑料蝶阀	D71F4-10 D371F4-10 D371J-10	1.0	J 型用于一般腐蚀性介质，F4 用于强蚀性介质	J≤65℃ F4≤150℃	100、150、200、250、300、350、400	52、56、60、68、78、78、100

5.6-13 隔膜阀（JB 1685—75）

启闭件为隔膜，由阀本带动沿阀本轴线升降运动并使致力作机构与介质隔开

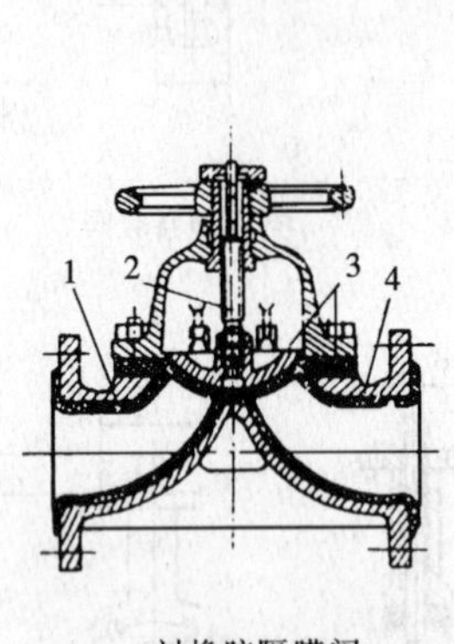

衬橡胶隔膜阀

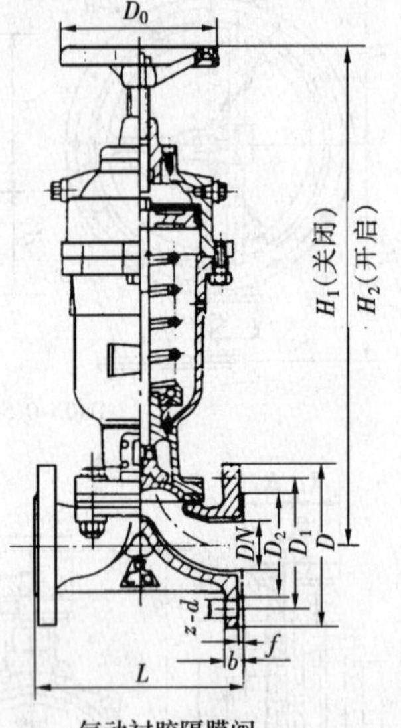

气动衬胶隔膜阀

1—阀体；2—阀杆；3—隔膜；4—衬里

名　　称	型　号	公称压力 PN （MPa）	适用介质	适用温度 （≤℃）	公称通径 DN （mm）
隔膜阀	G41W-6	0.6	酸碱类	65	15，20，25，40，50，65，80，100，125，150，200
衬胶隔膜阀	G41J-6				25，40，50，65，80，100，125，150，200，250，300
气动衬胶隔膜阀	G641-6				25，40，50，65，80，100，125，150，200
气动常开式衬胶隔膜阀	G6K41J-6				25，40，50，65，80，100，125，150，200
气动常闭式衬胶隔膜阀	G6B41J-6				25，40，50，65，80，100，125，150，200
电动衬胶隔膜阀	G941J-6				50，65，80，100，125，150，200
搪瓷隔膜阀	G41C-6			100	25，40，50，65，80，100，125，150，200

5.6-14 止回阀（JB 311—75）

启闭件为阀瓣，能自动阻止介质逆流

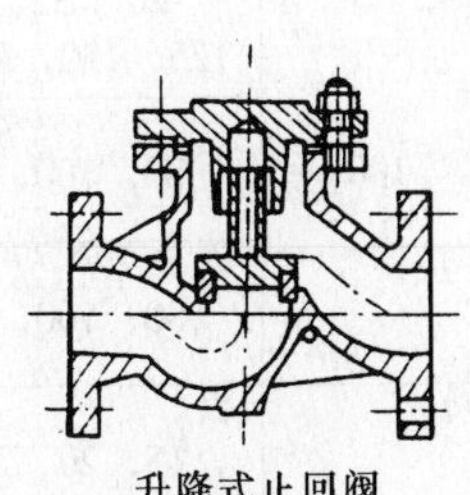

升降式止回阀

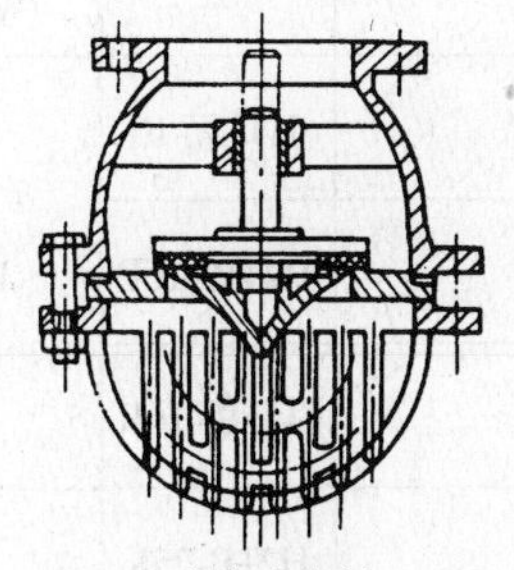

升降式底阀

旋启式止回阀

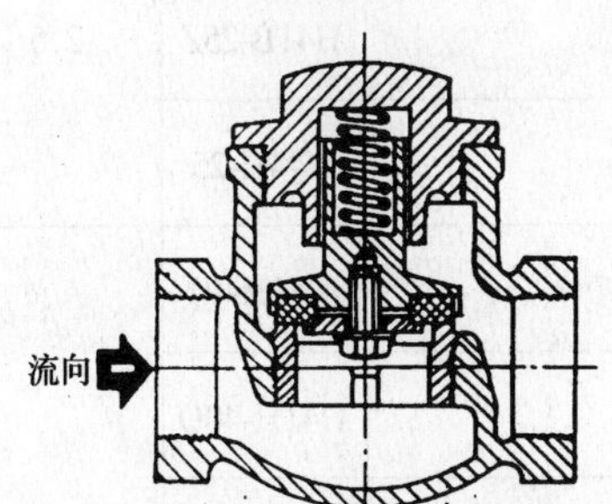

带有弹簧阻尼装置的升降式止回阀

名称	型号	公称压力 *PN* (MPa)	适用介质	适用温度 (≤℃)	公称通径 *DN* (mm)
内螺纹升降式底阀	H12X-2.5	0.25	水	50	50，65，80
升降式底阀	H42X-2.5				50，65，80，100，125，150，200，250，300
旋启双瓣式底阀	H46X-2.5				350，400，450，500
旋启多瓣式止回阀	H45X-2.5				1600，1800
旋启多瓣式止回阀	H45X-6	0.6			1200，1400
旋启多瓣式止回阀	H45X-10	1.0			700，800，900，1000
旋启式止回阀	H44X-10				50，65，80，100，125，150，200，250，300，350，400，450，500，600
旋启式止回阀	H44T-10		蒸汽、水	200	50，65，80，100，125，150，200，250，300，350，400，450，500，600
旋启式止回阀	H44W-10		油品	100	50，65，80，100，125，150，200，250，300，350，400，450
内螺纹升降式止回阀	H11T-16	1.6	蒸汽、水	200	15，20，25，32，40，50
内螺纹升降式止回阀	H11W-16		油品	100	15，20，25，32，40，50
升降式止回阀	H41T-16		蒸汽、水	200	25，32，40，50，65，80，100，125，150，200

5.6-14 止回阀（续）

名　　称	型　号	公称压力 *PN*（MPa）	适用介质	适用温度（≤℃）	公称通径 *DN*（mm）
升降式止回阀	H41W-16	1.6	油品	100	25，32，40，50，65，80，100，125，150，200
升降式止回阀	H41W-16P		硝酸类		80，100，125，150
升降式止回阀	H41W-16R		醋酸类		80，100，125，150
外螺纹升降式止回阀	H21B-25K	2.5	氨、氨液	－40～H50	15，20，25
升降式止回阀	H41B-25Z				32，40，50
旋启式止回阀	H44H-25		油品、蒸汽、水	350	200，250，300，350，400，450，500
升降式止回阀	H41H-40	4.0		425	10，15，20，25，32，40，50，65，80，100，125，150
升降式止回阀	H41H-40Q			350	32，40，50，65，80，100，125，150
旋启式止回阀	H44H-40			425	50，65，80，100，125，150，200，250，300，350，400
旋启式止回阀	H44Y-40I		油品		50，65，80，100，125，150，200，250
旋启式止回阀	H44W-40P		硝酸类	550	200，250，300，350，400
外螺纹升降式止回阀	H21W-40P				15，20，25
升降式止回阀	H41W-40P			100	32，40，50，65，80，100，125，150
升降式止回阀	H41W-40R		醋酸类		32，40，50，65，80，100，125，150
升降式止回阀	H41H-64	6.4	油品、蒸汽、水	425	50，65，80，100
旋启式止回阀	H44H-64				50，65，80，100，125，150，200，250，300，350，400，450，500
旋启式止回阀	H44Y-64I		油品	550	50，65，80，100，125，150，200，250，300，350，400，450，500
升降式止回阀	H41H-100	10	油品、蒸汽、水	450	10，15，20，25，32，40，50，65，80，100
旋启式止回阀	H44H-100				50，65，80，100，125，150，200
旋启式止回阀	H44H-160	16	油品、水		50，65，80，100，125，150，200，250，300
旋启式止回阀	H44Y-160I		油品	550	50，65，80，100，125，150，200
升降式止回阀	H41H-160			450	15，20，25，32，40
承插焊升降式止回阀	H61Y-160				15，20，25，32，40

5.6-15　减压阀（ZBJ 16004—88）

通过启闭件（阀瓣）的节流，将介质压力降低，并依靠介质本身的能量，使其中介质的能量自动保持稳定

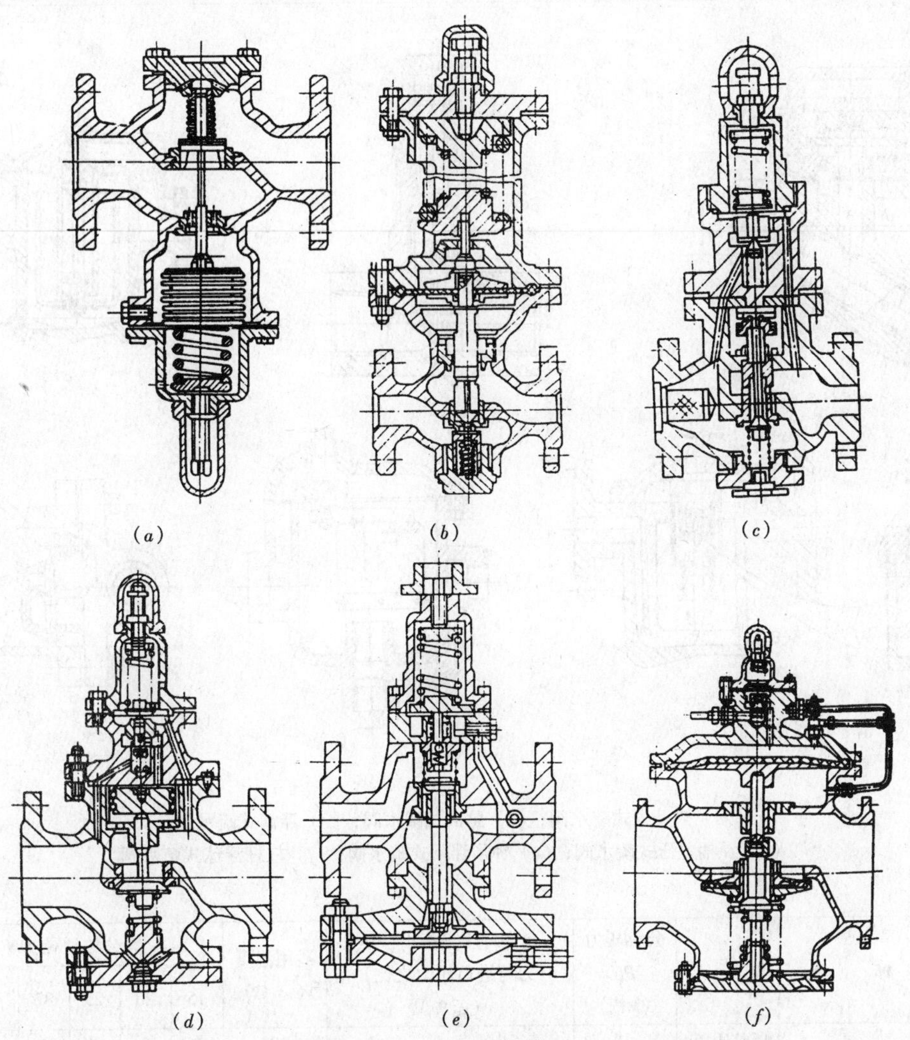

(*a*) 直接作用波纹管式；(*b*) 直接作用薄膜式；(*c*) 先导波纹管式；
(*d*) 先导活塞式；(*e*) 先导薄膜式；(*f*) 先导薄膜式

名　称	型　号	公称压力 *PN*（MPa）	介　质	最高温度（℃）	出口压力（MPa）
直接作用波纹管式减压阀	Y41T-40	1.0	蒸汽、空气	180	0.05～0.4
直接作用薄膜式减压阀	Y12N-40	4.0	空气	-40～70	0.05～2.5
直接作用薄膜式减压阀	Y42X-40	4.0	水、空气	70	1～2.5
直接作用薄膜式减压阀	Y42X-64	6.4	水、空气	70	1～2.5
先导活塞式减压阀	Y43H-16	1.6	蒸汽	200	0.05～1.0
先导活塞式减压阀	Y43H-16Q	1.6	蒸汽	300	0.05～1.0
先导活塞式减压阀	Y43F-16Q	1.6	水	0～70	0.1～1.0
先导活塞式减压阀	Y43X-16Q	1.6	空气	-40～70	0.05～1.0
先导活塞式减压阀	Y43H-25	2.5	蒸汽	350	0.1～1.6
先导活塞式减压阀	Y43F-25	2.5	水	0～70	0.1～1.6
先导活塞式减压阀	Y43X-25	2.5	空气	-40～70	0.1～1.6
先导活塞式减压阀	Y43H-40	4.0	蒸汽	400	0.1～2.5
先导活塞式减压阀	Y43F-40	4.0	水	0～70	0.1～2.5
先导活塞式减压阀	Y43X-40	-4.0	空气	-40～70	0.1～2.5
先导活塞式减压阀	Y43H-64	6.4	蒸汽	450	0.5～3.0
先导活塞式减压阀	Y43F-64	6.4	水	0～70	0.5～3.5
先导活塞式减压阀	Y43X-64	6.4	空气	-40～70	0.5～3.5
先导波纹管式减压阀	Y44H-16	1.6	蒸汽、空气	200	0.1～1.4
先导薄膜式减压阀	Y45X-16C	1.6	水	50	0.05～10
先导薄膜式减压阀	Y45H-16	1.6	蒸汽、空气	250	0.02～1.5

5.6-16 疏水阀（JB2762—79）

自动排放凝结水并阻止蒸汽通过

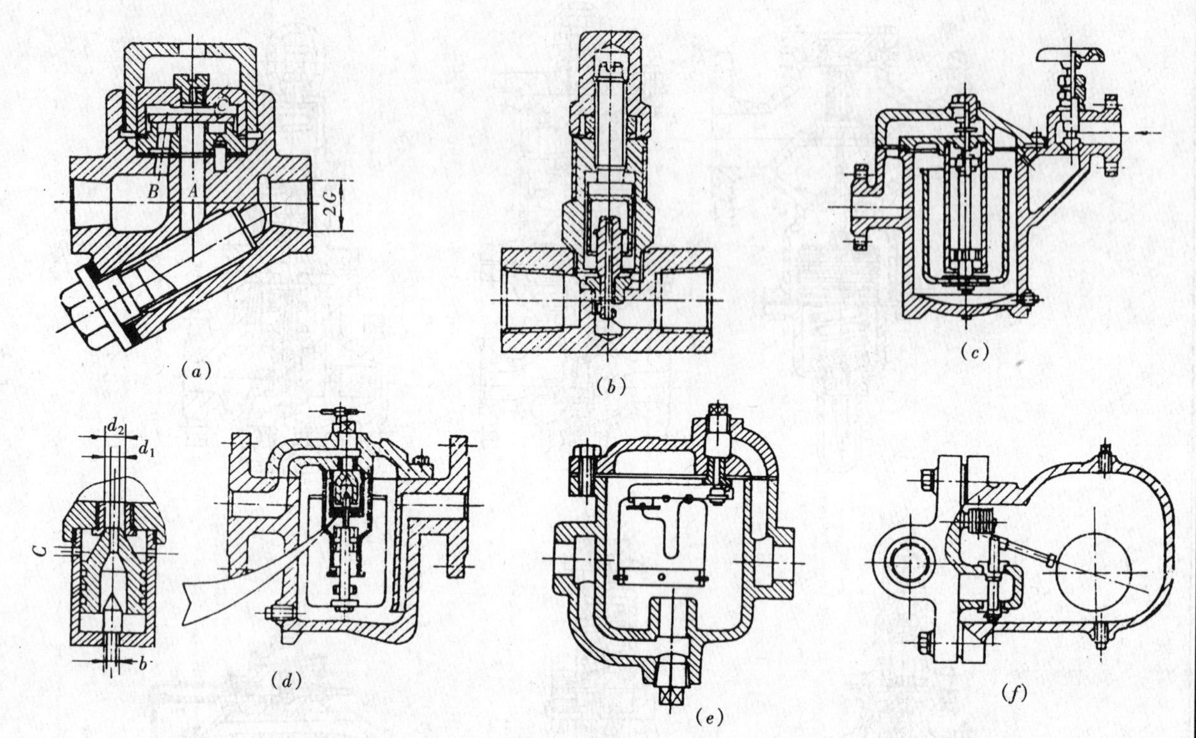

（a）热动力式疏水阀；（b）脉冲式疏水阀；（c）浮筒式疏水阀；
（d）浮桶差压式疏水阀；（e）钟形浮子式疏水阀；（f）杠杆浮球式疏水阀

名　　称	型　　号	公称压力 PN (MPa)	允许背压（指出口压力与进口压力之比）（≤%）	适用温度（≤℃）	公称通径 DN (mm)						
					15	20	25	32	40	50	80
浮球式疏水阀	S41H-16	1.6	80	200	△	△	△	△	△	△	
	S41H-160			350	△	△	△	△	△	△	△
	S41H-25	2.5			△	△	△	△	△	△	△
	S41H-40	4.0		425	△	△	△	△	△	△	
	S41H-64	6.4			△	△	△	△	△	△	
	S41H-160I	16		550	△	△	△	△	△	△	
浮桶式疏水阀	S43H-6	0.6		200	△	△	△	△	△	△	
	S43H-10	1.0			△	△	△	△	△	△	
内螺纹钟形浮子式疏水阀	S15H-16	1.6			△	△	△	△	△	△	
双金属片式疏水阀	S47H-16		50		△	△	△	△	△	△	
	S47H-25	2.5		350	△	△	△	△	△	△	
内螺纹脉冲式疏水阀	S18H-25		25		△	△	△		△	△	
内螺纹热动力式疏水阀	S19H-16	1.6	50	200	△	△	△	△	△	△	
热动力式疏水阀	S49H-16				△	△	△	△	△	△	
内螺纹热动力式疏水阀	S19H-40	4.0		425	△	△	△		△	△	
热动力式疏水阀	S49H-40				△	△	△		△	△	
承插焊热动力式疏水阀	S69H-40				△	△	△		△		
热动力式疏水阀	S49H-64	6.4			△	△	△				
	S49Y-100	10		450	△	△	△				
承插焊热动力式疏水阀	S69Y-100				△	△	△				
热动力式疏水阀	S49Y-160I	16		550	△	△	△				
承插焊热动力式疏水阀	S69Y-160I				△	△	△				

疏水阀的排水量、最小工作压差应在图样或产品使用说明书中注明

5.6-17　安全阀（JB 2202—77）

当管道或设备内的介质压力超过规定的值时，启闭件（阀瓣）自动开启排放；低于规定的值时，自动关闭，对管道或设备起保护作用

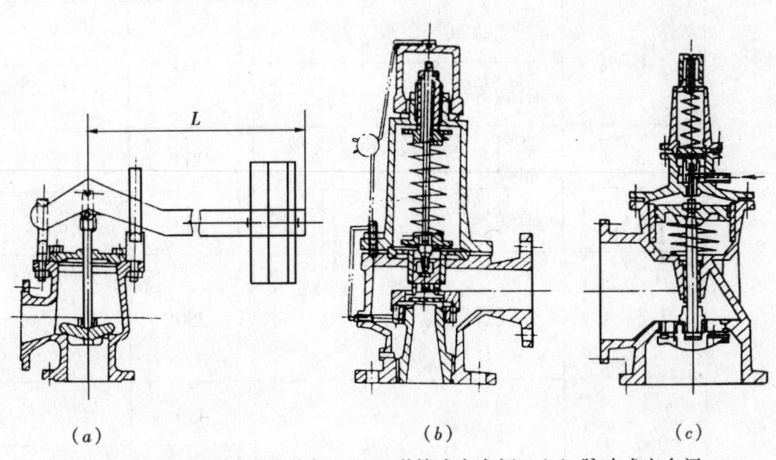

（a）杠杆重锤式安全阀；（b）弹簧式安全阀；（c）脉冲式安全阀

型　　号	公称压力 PN（MPa）	密封压力范围（MPa）	适　用　介　质	适用温度 ≤℃	公称通径 DN（mm）
A25W-10T	1	0.4～1	空气	120	15～20
A27H-10K	1	0.1～1	空气、蒸汽、水	200	10～40
A47H-16	1.6	0.1～1.6	空气、蒸汽、水	200	40～100
A21H-16C	1.6	0.1～1.6	空气、氨气、水、氨液	200	10～25
A21W-16P	1.6	0.1～1.6	硝酸等	200	10～25
A41H-16C	1.6	0.1～1.6	空气、氨气、水、氨液、油类	300	32～80
A41W-16P	1.6	0.1～1.6	硝酸等	200	32～80
A47H-16C	1.6	0.1～1.6	空气、蒸汽、水	350	40～80
A43H-16C	1.6	0.1～1.6	空气、蒸汽	350	80～100
A40H-16C	1.6	0.1～1.6	油类、空气	450	50～150
A40Y-16I	1.6	0.1～1.6	油类、空气	550	50～150
A42H-16C	1.6	0.06～1.6	油类、空气	300	40～200
A42W-16P	1.6	0.06～1.6	硝酸等	200	40～200
A44H-16C	1.6	0.1～1.6	油类、空气	300	50～150
A48H-16C	1.6	0.1～1.6	空气、蒸汽	350	50～150

5.6-17 安全阀（JB 2202—77）（续）

型号	公称压力 PN（MPa）	密封压力范围（MPa）	适用介质	适用温度 ≤℃	公称通径 DN（mm）
A21H-40	4	1.6～4	空气、氨气、水、氨液	200	15～25
A21W-40P			硝酸等		15～25
A41H-40		1.3～4	空气、氨气、水、氨液、油类	300	32～80
A41W-40P		1.6～4	硝酸等	200	32～80
A47H-40		1.3～4	空气、蒸汽	350	40～80
A43H-40					80～100
A43H-40		0.6～4	油类、空气	450	50～150
A40Y-40I				550	50～150
A42H-40		1.3～4		300	40～150
A42W-40P		1.6～4	硝酸等	200	40～150
A44H-40		1.3～4	油类、空气	300	50～150
A48H-40			空气、蒸汽	350	50～150
A41H-100	10	3.2～10	空气、水、油类	300	32～50
A40H-100		1.6～8	油类、空气	450	50～100
A40Y-100I				550	50～100
A40Y-100P				600	50～100
A42H-100		3.2～10	氮氢气、油类、空气	300	40～100
A44H-100	10	3.2～10	油类、空气	300	50～100
A48H-100			空气、蒸汽	350	50～100
A41H-160	16	10～16	空气、氮氢气、水、油类	200	15、32
A40H-160			油类、空气	450	50～80
A40Y-160I				550	50～80
A40Y-160P				600	50～80
A42H-160			氮氢气、油类、空气	300	15、32～80
A41H-320	32	16～32	空气、氮氢气、水、油类	200	15、32
A42H-320			氮氢气、油类、空气	300	32～50

注：安全阀无 DN65 和 DN125 两个规格

6. 给水与排水技术

6.1 给水技术

6.1-1 水的重要性

1. 人、动物、植物等一切生命的生存需要水
2. 人类的各个产业的生产需要水
3. 尽管海洋占地球表面 71%，海洋水资源占总水资源的 96.5%，但是淡水资源只占 2.5%（约 69% 的淡水为冰川），并在不断地减少
4. 中国人均淡水资源只占世界人均淡水资源的 1/4，中国是世界上严重缺水的 13 个国家之一

6.1-2 生活饮用水水质常规检验项目及限值

感官性状和一般化学指标			
色	不超过 15 度，并不得呈现其他异色	铜	1.0（mg/L）
浑浊度	不超过 1 度（NTU）[1]，特殊情况下不超过 5 度（NTU）	锌	1.0（mg/L）
臭和味	不得有异臭、异味	挥发酚类	（以苯酚计）0.002（mg/L）
肉眼可见物	不得含有	阴离子合成洗涤剂	0.3（mg/L）
pH	6.5～8.5	硫酸盐	250（mg/L）
总硬度	（以 $CaCO_3$ 计）450（mg/L）	氯化物	250（mg/L）
铝	0.2（mg/L）	溶解性总固体	1000（mg/L）
铁	0.3（mg/L）	耗氧量（以 O_2 计）	3（mg/L），特殊情况下不超过 5mg/L[2]
锰	0.1（mg/L）		
毒理学指标			
砷	0.05（mg/L）	汞	0.001（mg/L）
镉	0.005（mg/L）	硝酸盐（以 N 计）	20（mg/L）
铬（六价）	0.05（mg/L）	硒	0.01（mg/L）
氰化物	0.05（mg/L）	四氯化碳	0.002（mg/L）
氟化物	1.0（mg/L）	氯仿	0.06（mg/L）
铅	0.01（mg/L）		
细菌学指标			
细菌总数	100（CFU/mL）[3]	粪大肠菌群	每 100mL 水样中不得检出
总大肠菌群	每 100mL 水样中不得检出	游离余氯	在与水接触 30 分钟后应不低于 0.3mg/L，管网末梢水不应低于 0.5mg/L（适用于加氯消毒）
放射性指标[4]			
总 a 放射性	0.5（Bq/L）	总 b 放射性	1（Bq/L）

[1]表中 NTU 为散射浊度单位。[2]特殊情况包括水源限制等情况。[3]CFU 为菌落形成单位。[4]放射性指标规定数值不是限值，而是参考水平。放射性指标超过表中所规定的数值时，必须进行核素分析和评价，以决定能否饮用

6.1-3 给水管材的选用及特点				
管材		用途	特点	连接方法
铸铁管		$DN \geqslant 75$ 的给水管道，埋地的生活给水管道	不易腐蚀、造价低、耐久性好、自重大	承插连接、法兰连接
焊接钢管		生产及消防给水管道	强度大、接口方便、承压大、易腐蚀、易结垢	螺纹连接、焊接连接、法兰连接、卡式连接
镀锌钢管	热镀	生产及消防给水管道	同上	螺纹连接、法兰连接
	热镀+内覆层	生活、生产及消防给水管道	强度大、接口方便、承压大、内覆层不耐久	
无缝钢管	本色	当焊接钢管不能满足压力要求时或特殊情况下	同上，造价高	焊接连接、法兰连接
	根据需要			
聚氯乙烯管	PVC	生产给水管道	耐腐蚀、安装方便、质轻、价格低、耐热性差、强度低、易老化	承插连接、法兰连接
	PVC-U	生产、生活给水管道		
铜管		热水管道、高要求的饮用水管道	机械强度高、抗挠性好、不易结垢、耐静水腐蚀、美观、管壁薄、易碰坏、不耐动水侵蚀	钎焊连接、螺纹连接、法兰连接、焊接连接、套圈连接
聚丙烯管 PD-R		室内给水系统、室内热水供应	耐腐蚀、安装方便、质轻、价格较高、熔焊时在连接处易形成凸环、使局部阻力增大	熔焊、螺纹连接
三型聚丙烯管 PP-R		室内冷热水系统、纯净水系统		
聚乙烯管 PE		室内外给水管道	耐腐蚀、安装方便、质轻、不易结垢、易老化、连接处局部阻力较大	卡环锁紧连接
交联聚乙烯管 PE-X		室内冷热水供应、饮用水供应	耐腐蚀、安装方便、质轻、不易结垢、不易老化、连接处局部阻力较大	卡环锁紧连接、熔焊
铝塑复合管		室内冷热水供应	耐腐蚀、安装方便、质轻、不易结垢、不易老化、卡环锁紧连接处密封性能不好	卡环锁紧连接、承插挤压连接
不锈钢管		室内要求较高的冷、热水管道	强度高、耐腐蚀、安装方便、质轻、不易结垢、价格高	承插挤压连接、气体保护焊
玻璃钢夹砂管 RPM		引水工程、城市配水工程	耐腐蚀、安装方便、质轻	法兰连接

6.1-4 室内给水系统的分类

类别	作用	范围
生活给水系统	满足用户生活用水的水质、水量和水压的要求	饮用水系统、杂用水系统
生产给水系统	满足用户生产用水的水质、水量和水压的要求	直流给水系统、软化水给水系统
消防给水系统	满足用户消防用水的水量和水压的要求	消火栓给水系统、自动喷水灭火系统

6.1-5 生活与生产给水的水源

表面水：江、河、湖	地下水	海洋

6.1-6 表面水净化流程

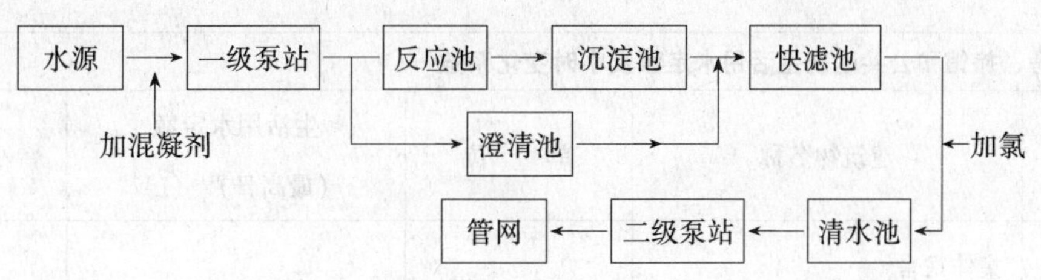

6.1-7 水处理的方式

方法		优点	缺点
过滤器		收集大颗粒固体，价格便宜	不够要求
磷酸盐稳定化处理		方法很简单	通常也不够要求
软化	离子交换	使用离子交换树脂和食盐	增加盐的浓度，氯离子浓度提高，水有腐蚀性
	静电	不填加化学试剂	作用有差异，设备复杂
	电磁	不填加化学试剂，设备较简单	作用有差异
超滤膜过滤		可以在管网压力下工作，过滤细菌、病毒分子	需要定期反洗、消毒
反渗透，部分脱盐		不会给环境增加负担，不要中和	还有盐留在水中，需要预处理
软化和反渗透		使用食盐，多年经验	10%的盐仍留在水中
离子交换的全脱盐		水可以作多用途	增加盐浓度，使用酸和碱，占地
脱碳酸盐硬度		处理水量大	需要预处理，费用高，非碳酸盐仍留在水中

6.1-8 住宅生活用水定额及小时变化系数

住宅类别	卫生器具设置标准	生活用水定额（最高日）[1)] [L/（P·d）]	小时变化系数
普通住宅	大便器、洗涤盆，无沐浴设备	85～150	3.0～2.5
	大便器、洗涤盆和沐浴设备	130～220	2.8～2.3
	大便器、洗涤盆、沐浴设备和热水供应	170～300	2.5～2.0
高级住宅和别墅	大便器、洗涤盆、沐浴设备和热水供应	300～400	2.3～1.8

1) 当地对住宅生活用水定额有具体规定时，可按当地规定执行。根据节约用水的原理，应该取中间值

6.1-9　德国居民日生活用水消耗量细目

140L/（P·d）

用　途	沐　浴	身体保养	洗涤餐具	饮用烧饭	清扫	洗车	花园喷水	洗涤衣物	冲洗厕所
消耗量	31%	6%	6%	3%	3%	2%	4%	14%	31%

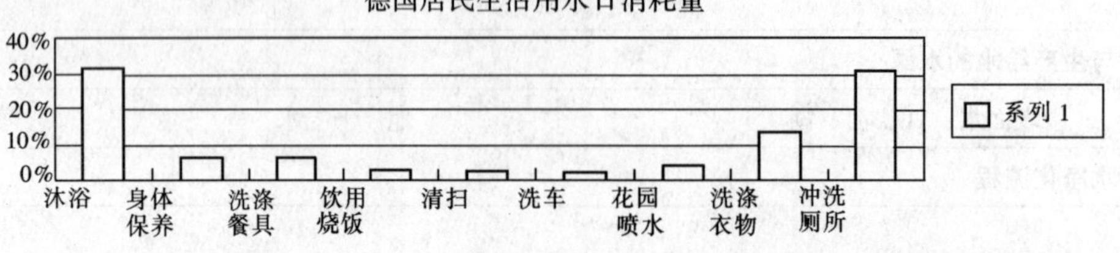

6.1-10　集体宿舍、旅馆和公共建筑生活用水定额及小时变化系数

序　号	建筑物名称	单　位	生活用水定额（最高日）[4]（L）	小时变化系数
1	集体宿舍[2]			
	有盥洗室	每人每日	50～100	2.5
	有盥洗室和浴室	每人每日	100～200	2.5
2	旅馆、招待所[2]			
	有集中盥洗室	每床每日	50～100	2.5～2.0
	有盥洗室和浴室	每床每日	100～200	2.0
	设有浴盆的客房	每床每日	200～300	2.0
3	宾馆			
	客房	每床每日	400～500	2.0
4	医院、疗养院、休养所[2]			
	有集中盥洗室	每病床每日	50～100	2.5～2.0
	有盥洗室和浴室	每病床每日	100～200	2.5～2.0
	设有浴盆的病房	每病床每日	250～400	2.0
5	门诊部、诊疗所	每病人每次	15～25	2.5
6	公共浴室			
	有淋浴器	每顾客每次	100～150	2.0～1.5
	设有浴池、淋浴器、浴盆及理发室	每顾客每次	80～170	2.0～1.5
7	理发室[5]	每顾客每次	10～25	2.0～1.5
8	洗衣房	每千克干衣	40～80	1.5～1.0

6.1-10 集体宿舍、旅馆和公共建筑生活用水定额及小时变化系数（续）

序　号	建筑物名称	单　位	生活用水定额（最高日）[4]（L）	小时变化系数
9	餐饮业			
	营业餐厅	每顾客每次	15～20	2.0～1.5
	工业企业、机关、学校食堂	每顾客每次	10～15	2.5～2.0
10	幼儿园、托儿所[1]			
	有住宿	每儿童每日	50～100	2.5～2.0
	无住宿	每儿童每日	25～50	2.5～2.0
11	商场	每顾客每次	1～3	2.5～2.0
12	菜市场[3]	每平方米每次	2～3	2.5～2.0
13	办公楼[2]	每人每班	30～60	2.5～2.0
14	中小学校（无住宿）[2]	每学生每日	30～50	2.5～2.0
15	高等院校（有住宿）[1]	每学生每日	100～200	2.0～1.5
16	电影院	每观众每场	3～8	2.5～2.0
17	剧院	每观众每场	10～20	2.5～2.0
18	体育场			
	运动员淋浴	每人每次	50	2.0
	观众	每人每场	3	2.0
19	游泳池			
	游泳池补充水	每日占水池容积	10%～15%	
	运动员淋浴	每人每场	60	2.0
	观众	每人每场	3	2.0

[1]高等院校、幼儿园、托儿所为生活用水综合指标

[2]集体宿舍、旅馆、招待所、医院、疗养院、休养所、办公楼、中小学校生活用水定额均不包括食堂、洗衣房的用水量。医院、疗养院、休养所指病房生活用水

[3]菜市场用水指地面冲洗用水

[4]生活用水定额除包括主要用水对象用水外，还包括工作人员用水。其中旅馆、招待所、宾馆生活用水定额包括客房服务员用水，不包括其他服务人员用水量。生活用水定额除包括冷水用水定额外，还包括热水用水定额和饮水定额

[5]理发室包括洗毛巾用水

6.1-11　工业企业建筑生活用水定额

车间卫生特征			生活用水（除淋浴用水外）			淋　浴　用　水		
有毒物质	粉　尘	其　他	用水定额[L/(人·班)]	时变化系　数	使用时间(h)	用水定额[L/(人·班)]	时变化系　数	使用时间(h)
极易经皮肤吸收引起中毒的剧毒物质（如有机磷、三硝基甲苯、四乙基铅等）		处理传染性材料，动物原料（如皮毛等）	25～35	3.0～2.5	8	60	1	1
易经皮肤吸收或有恶臭的物质（如丙烯晴、吡啶、苯酚等）	严重污染全身或对皮肤有刺激的粉尘（如炭黑，玻璃棉等）	高温作业、井下作业	25～35	3.0～2.5	8	60	1	1
其他毒物	一般粉尘（如棉尘）	重作业	25～35	3.0～2.5	8	40	1	1
不接触有毒物质或粉尘，不污染或轻度污染身体（如仪表、金属冷加工、机械加工等）			25～35	3.0～2.5	8	40	1	1

6.1-12　工业企业建筑卫生器具设置数量和使用人数

车间卫生特征级别	每个卫生器具使用人数				
	淋浴器	盥洗水龙头	大便器蹲位	小　便　器	净　身　器
1 2 3 4	3～4 5～8 9～12 13～24	20～30 20～30 31～40 31～40	男厕所100人以下，每25人设一蹲位；100人以上每增50人，增设一个蹲位。女厕所100人以下，每20人设一蹲位；100人以上每增35人，增设一个蹲位	男厕所每一个大便器，同时设小便器一个（或0.4m长小便槽）	女工人数100～200人设一具，200人以上每增200人增设一具

6.1-13　汽车库内的汽车冲洗用水定额

汽车种类	冲洗用水定额[L/（辆·日）]	冲洗时间(min)	冲　洗　次　数	
			同时冲洗数	每日冲洗数
小轿车、吉普车、小面包车	250～400	10	按洗车台数量	≤25辆车时，全部汽车每日冲洗一次；>25辆时，按全部汽车的70%～90%计算，但不少于25辆
大轿车、公共汽车、大卡车、载重汽车	400～600	10		
大型载重车、矿山载重车	600～800	10		
地面冲洗	2～3L/m²			

6.1-14 卫生器具的额定流量、当量、支管管径、流出水头

序号	给水配件名称	额定流量（L/s）	当　量	支管管径（mm）	配水点前所需的流出水头（MPa）
1	污水盆（池）水龙头	0.20	1.0	15	0.020
2	住宅厨房洗涤盆（池）水龙头	0.20 (0.14	1.0 (0.7)	15	0.015
3	食堂厨房盆（池）水龙头 普通水龙头	0.32 (0.24) 0.44	1.6 (1.2) 2.2	15 20	0.020 0.040
4	住宅集中给水龙头	0.30	1.5	20	0.020
5	洗手盆水龙头	0.15 (0.10)	0.75 (0.5)	15	0.020
6	洗脸盆水龙头、盥洗槽水龙头	0.20 (0.16)	1.0 (0.8)	15	0.015
7	浴盆水龙头	0.30 (0.20) 0.30 (0.20)	1.5 (1.0) 1.5 (1.0)	15 20	0.020 0.015
8	淋浴器	0.15 (0.10)	0.75 (0.5)	15	0.025~0.040
9	大便器 冲洗水箱浮球阀 自闭式冲洗阀	0.10 1.20	0.5 6.0	15 25	0.020 按产品要求
10	大便槽冲洗水箱进水阀	0.10	0.5	15	0.020
11	小便器 手动冲洗阀 自闭式冲洗阀 自动冲洗水箱进水阀	0.05 0.10 0.10	0.25 0.5 0.5	15 15 15	0.015 按产品要求 0.020
12	小便槽多孔冲洗管（每米长）	0.05	0.25	15~20	0.015
13	实验室化验龙头（鹅颈） 单联 双联 三联	0.07 0.15 0.20	0.35 0.75 1.0	15 15 15	0.020 0.020 0.020
14	净水器冲洗水龙头	0.10 (0.07)	0.5 (0.35)	15	0.030
15	饮水器喷嘴	0.05	0.25	15	0.020
16	洒水栓	0.40 0.70	2.0 3.5	20 25	按使用要求 按使用要求
17	室内洒水龙头	0.20	1.0	15	按使用要求
18	家用洗衣机给水龙头	0.24	1.2	15	0.020

注：表中括弧内的数值是指有热水供应时单独计算冷水或热水管道时采用

6.1-15 峰值流量计算公式

名称	公式	各量值意义	单位	备注
最高日用水量	$Q_d = \frac{mq_d}{1000}$	Q_d—最高日生活用水量	m^3/d	
		m—设计单位数	人、床、m^2	
		q_d—单位用水定额	L/人·日 L/（辆·日） L/（m^2·日）	见 6.1-8～6.1-13
最大小时生活用水量	$Q_h = K_h \frac{Q_d}{T}$	Q_h—最大小时生活用水量	m^3/h	
		Q_d—最高日生活用水量	m^3/d	
		T—每日使用时间	h/d	
		K_h—时变化系数		见 6.1-8，6.1-10
生活给水设计秒流量	1. 住宅、集体宿舍、宾馆、医院、幼儿园、学校等 $Q_g = \alpha 0.2\sqrt{N_g} + KN_g$	Q_g—计算管段生活给水设计秒流量	L/s	
		N_g—计算管段的卫生器具给水当量总数		见 6.1-14
		α、K—根据建筑物而确定的设计秒流量系数		见 6.1-16
	2. 工业企业生活间、公共浴室、洗衣房、公共食堂、影剧院、体育场等 $Q_g = \Sigma q_0 n_0 b$	Q_g—计算管段的生活给水设计秒流量	L/s	
		q_0—同类型的一个卫生器具给水额定流量	L/s	
		n_0—同类型卫生器具数量		
		b—卫生器具同时给水百分数		见 6.1-16

6.1-16 设计秒流量系数 α、K 值

序号	建筑物名称		α 值	K 值
1	住宅	有大便器、洗涤盆、无沐浴设备	1.05	0.0050
		有大便器、洗涤盆和沐浴设备	1.02	0.0045
		有大便器、洗涤盆、沐浴设备和热水供应	1.10	0.0050
2	幼儿园、托儿所		1.2	0
3	门诊部、诊疗所		1.4	
4	办公楼、商场		1.5	
5	学校		1.8	
6	医院、疗养院、休养所		2.0	
7	集体宿舍、旅馆、招待所、宾馆		2.5	
8	部队营房		3.0	
9	高级住宅、别墅		1.1	0.0050

6.1-17 卫生器具的同时给水百分数

卫生器具名称	工业企业生活间	公共浴室	洗衣房	公共饮食业	科研实验室	生产实验室	电影院剧院	体育场游泳池
洗涤盆（池）	33	15	25～40	50	—	—	—	—
洗手盆	50	20	—	60	—	—	50	70
洗脸盆、盥洗槽水龙头	60～100	60～100	60	60	—	—	50	80
浴盆	—	50	—	—	—	—	—	—
淋浴器	100	100	100	100	—	—	100	100
大便器冲洗水箱	30	20	30	60	—	—	50	70
大便器自闭式冲洗阀	5	3	4	60	—	—	10	15
大便槽自动冲洗水箱	100	—	—	—	—	—	100	100
小便器手动冲洗阀	50	—	—	50	—	—	50	70

6.1-17　卫生器具的同时给水百分数（续）

卫生器具名称	工业企业生活间	公共浴室	洗衣房	公共饮食业	科研实验室	生产实验室	电影院剧院	体育场游泳池
小便器自动冲洗水箱	100	—	—	50	—	—	100	100
小便槽多孔冲洗管	100	—	—	—	—	—	100	100
净身器	100	—	—	—	—	—	—	—
饮水器	30～60	30	30	—	—	—	30	30
开水器	—	—	—	90	—	—	—	—
器皿洗涤机	—	—	—	90	—	—	—	—
单联化验龙头	—	—	—	—	20	30	—	—
双联化验龙头	—	—	—	—	30	50	—	—
污水盆（池）	—	—	—	—	—	—	50	50

6.1-18　生活给水设计秒流量计算

N_g	住宅			幼儿园托儿所	门诊部诊疗所	办公楼商场	学校	医院疗养院休养所	集体宿舍招待所旅馆	部队营房
	$\alpha=1.05$ $K=0.0050$	$\alpha=1.02$ $K=0.0045$	$\alpha=1.10$ $K=0.0050$	$\alpha=1.2$	$\alpha=1.4$	$\alpha=1.5$	$\alpha=1.8$	$\alpha=2.0$	$\alpha=2.5$	$\alpha=3.0$
1	0.20	0.20	0.20	0.20	0.20	0.20	0.20	0.20	0.20	0.20
2	0.31	0.30	0.32	0.34	0.40	0.40	0.40	0.40	0.40	0.40
3	0.38	0.37	0.40	0.42	0.48	0.52	0.60	0.60	0.60	0.60
4	0.44	0.43	0.46	0.48	0.56	0.60	0.72	0.80	0.80	0.80
5	0.49	0.48	0.52	0.54	0.63	0.67	0.80	0.89	1.00	1.00
6	0.54	0.53	0.57	0.59	0.69	0.73	0.88	0.98	1.20	1.20
7	0.59	0.57	0.62	0.63	0.74	0.79	0.95	1.06	1.32	1.40
8	0.63	0.61	0.66	0.68	0.79	0.85	1.02	1.13	1.41	1.60
9	0.68	0.65	0.71	0.72	0.84	0.90	1.08	1.20	1.50	1.80
10	0.71	0.69	0.75	0.76	0.89	0.95	1.14	1.26	1.58	1.90
11	0.75	0.73	0.78	0.80	0.93	0.99	1.19	1.33	1.66	1.99
12	0.79	0.76	0.82	0.83	0.97	1.04	1.25	1.40	1.73	2.08
13	0.82	0.79	0.86	0.87	1.01	1.08	1.30	1.44	1.80	2.16
14	0.86	0.83	0.89	0.90	1.05	1.12	1.35	1.50	1.87	2.24
15	0.89	0.86	0.93	0.93	1.08	1.16	1.39	1.55	1.94	2.32
16	0.92	0.89	0.96	0.96	1.12	1.20	1.44	1.60	2.00	2.40
17	0.95	0.92	0.99	0.99	1.15	1.24	1.48	1.65	2.06	2.47
18	0.98	0.95	1.02	1.02	1.19	1.27	1.53	1.70	2.12	2.55
19	1.01	0.97	1.05	1.05	1.22	1.31	1.57	1.74	2.18	2.62
20	1.04	1.00	1.08	1.07	1.25	1.34	1.61	1.79	2.24	2.68
22	1.09	1.06	1.14	1.13	1.31	1.41	1.69	1.88	2.35	2.81
24	1.15	1.11	1.20	1.18	1.37	1.47	1.76	1.96	2.45	2.94
26	1.20	1.16	1.25	1.22	1.43	1.53	1.84	2.04	2.55	3.06
28	1.25	1.21	1.30	1.27	1.48	1.59	1.90	2.12	2.65	3.17
30	1.30	1.25	1.35	1.31	1.53	1.64	1.97	2.19	2.74	3.29
32	1.35	1.30	1.40	1.36	1.58	1.70	2.04	2.26	2.83	3.39
34	1.39	1.34	1.45	1.40	1.63	1.75	2.10	2.33	2.92	3.50
36	1.44	1.39	1.50	1.44	1.68	1.80	2.16	2.40	3.00	3.60
38	1.48	1.43	1.55	1.48	1.73	1.85	2.22	2.47	3.08	3.70
40	1.53	1.47	1.59	1.52	1.77	1.90	2.28	2.53	3.16	3.79
42	1.57	1.51	1.64	1.56	1.81	1.94	2.33	2.59	3.24	3.89
44	1.61	1.55	1.68	1.59	1.86	1.99	2.39	2.65	3.32	3.98

6.1-18　生活给水设计秒流量计算（续）

N_g	住宅			幼儿园 托儿所 $\alpha=1.2$	门诊部 诊疗所 $\alpha=1.4$	办公楼 商　场 $\alpha=1.5$	学　校 $\alpha=1.8$	医　院 疗养院 休养所 $\alpha=2.0$	集体宿舍 招待所 旅　馆 $\alpha=2.5$	部　队 营　房 $\alpha=3.0$
	$\alpha=1.05$ $K=0.0050$	$\alpha=1.02$ $K=0.0045$	$\alpha=1.10$ $K=0.0050$							
46	1.65	1.59	1.72	1.63	1.90	2.03	2.44	2.71	3.39	4.07
48	1.69	1.63	1.76	1.66	1.94	2.08	2.49	2.77	3.46	4.16
50	1.73	1.67	1.81	1.70	1.98	2.12	2.55	2.83	3.54	4.24
52	1.77	1.71	1.85	1.73	2.02	2.16	2.60	2.88	3.61	4.33
54	1.81	1.74	1.89	1.76	2.06	2.20	2.65	2.94	3.67	4.41
56	1.85	1.78	1.93	1.80	2.10	2.24	2.69	2.99	3.74	4.49
58	1.89	1.81	1.97	1.83	2.13	2.28	2.74	3.05	3.81	4.57
60	1.93	1.85	2.00	1.86	2.17	2.32	2.79	3.10	3.87	4.67
62	1.96	1.89	2.04	1.89	2.20	2.36	2.83	3.15	3.94	4.72
64	2.00	1.92	2.08	1.92	2.24	2.40	2.88	3.20	4.00	4.80
66	2.04	1.95	2.12	1.95	2.27	2.44	2.92	3.25	4.06	4.87
68	2.07	1.99	2.15	1.98	2.31	2.47	2.97	3.30	4.12	4.95
70	2.11	2.02	2.19	2.01	2.34	2.51	3.01	3.35	4.18	5.02
72	2.14	2.05	2.23	2.04	2.38	2.55	3.05	3.39	4.24	5.09
74	2.18	2.09	2.26	2.06	2.41	2.58	3.10	3.44	4.30	5.16
76	2.21	2.12	2.30	2.09	2.44	2.62	3.14	3.49	4.36	5.23
78	2.24	2.15	2.33	2.12	2.47	2.65	3.18	3.50	4.42	5.30
80	2.28	2.18	2.37	2.15	2.50	2.68	3.22	3.58	4.47	5.37
82	2.31	2.22	2.40	2.17	2.54	2.72	3.26	3.62	4.53	5.43
84	2.34	2.25	2.44	2.20	2.57	2.75	3.30	3.67	4.58	5.50
86	2.38	2.28	2.47	2.23	2.60	2.78	3.34	3.71	4.64	5.56
88	2.41	2.31	2.50	2.25	2.63	2.81	3.38	3.75	4.69	5.63
90	2.44	2.34	2.54	2.28	2.66	2.85	3.42	3.79	4.74	5.69
92	2.47	2.37	2.57	2.30	2.69	2.88	3.45	3.84	4.80	5.75
94	2.51	2.40	2.60	2.33	2.71	2.91	3.49	3.88	4.85	5.82
96	2.54	2.43	2.64	2.35	2.74	2.94	3.53	3.92	4.90	5.88
98	2.57	2.46	2.67	2.38	2.77	2.97	3.56	3.96	4.95	5.94
100	2.60	2.49	2.70	2.40	2.80	3.00	3.60	4.00	5.00	6.00
105	2.68	2.56	2.78	2.46	2.87	3.07	3.69	4.10	5.12	6.15
110	2.75	2.63	2.86	2.52	2.94	3.15	3.78	4.20	5.24	6.29
115	2.83	2.71	2.93	2.57	3.00	3.22	3.86	4.29	5.36	6.43
120	2.90	2.77	3.01	2.63	3.07	3.29	3.94	4.38	5.48	6.57
125	2.97	2.84	3.08	2.68	3.13	3.35	4.02	4.47	5.59	6.71
130	3.04	2.91	3.16	2.74	3.19	3.42	4.10	4.56	5.70	6.84
135	3.11	2.98	3.23	2.79	3.25	3.49	4.18	4.65	5.81	6.97
140	3.18	3.04	3.30	2.84	3.31	3.55	4.26	4.78	5.92	7.10
145	3.25	3.11	3.37	2.89	3.37	3.61	4.33	4.82	6.02	7.22
150	3.32	3.17	3.44	2.94	3.43	3.67	4.41	4.90	6.12	7.35
155	3.39	3.24	3.51	2.99	3.49	3.73	4.48	4.98	6.22	7.47
160	3.46	3.30	3.58	3.04	3.54	3.79	4.55	5.06	6.32	7.59
165	3.52	3.36	3.65	3.08	3.60	3.85	4.62	5.14	6.42	7.71
170	3.59	3.42	3.72	3.13	3.65	3.91	4.69	5.22	6.52	7.82
175	3.65	3.49	3.79	3.17	3.70	3.97	4.76	5.29	6.61	7.94
180	3.72	3.55	3.85	3.22	3.75	4.02	4.83	5.37	6.71	8.05
185	3.78	3.61	3.92	3.26	3.81	4.08	4.90	5.44	6.80	8.16

6.1-18 生活给水设计秒流量计算（续）

N_g	住宅			幼儿园 托儿所 $\alpha=1.2$	门诊部 诊疗所 $\alpha=1.4$	办公楼 商场 $\alpha=1.5$	学校 $\alpha=1.8$	医院 疗养院 休养所 $\alpha=2.0$	集体宿舍 招待所 旅馆 $\alpha=2.5$	部队 营房 $\alpha=3.0$
	$\alpha=1.05$ $K=0.0050$	$\alpha=1.02$ $K=0.0045$	$\alpha=1.10$ $K=0.0050$							
190	3.84	3.67	3.98	3.31	3.86	4.14	4.96	5.51	6.89	8.27
195	3.91	3.73	4.05	3.35	3.91	4.19	5.03	5.59	6.98	8.38
200	3.97	3.78	4.11	3.39	3.96	4.24	5.09	5.66	7.07	8.49
205	4.03	3.84	4.17	3.44	4.01	4.30	5.15	5.73	7.16	8.59
210	4.09	3.90	4.24	3.48	4.06	4.35	5.22	5.80	7.25	8.69
215	4.15	3.96	4.30	3.52	4.11	4.40	5.28	5.87	7.33	8.80
220	4.21	4.02	4.36	3.56	4.15	4.45	5.34	5.93	7.42	8.90
225	4.28	4.07	4.43	3.60	4.20	4.50	5.40	6.00	7.50	9.00
230	4.33	4.13	4.49	3.64	4.25	4.55	5.46	6.07	7.58	9.10
235	4.39	4.18	4.55	3.68	4.29	4.60	5.52	6.13	7.66	9.20
240	4.45	4.24	4.61	3.72	4.34	4.65	5.58	6.20	7.75	9.30
245	4.51	4.30	4.67	3.76	4.38	4.70	5.63	6.26	7.83	9.39
250	4.57	4.35	4.73	3.79	4.43	4.74	5.69	6.32	7.91	9.49
255	4.63	4.41	4.79	3.83	4.47	4.79	5.75	6.39	7.98	9.58
260	4.69	4.46	4.85	3.87	4.51	4.84	5.80	6.45	8.06	9.67
265	4.74	4.51	4.91	3.91	4.56	4.88	5.86	6.51	8.14	9.77
270	4.80	4.57	4.96	3.94	4.60	4.93	5.92	6.57	8.22	9.86
275	4.86	4.62	5.02	3.98	4.64	4.97	5.97	6.63	8.29	9.95
280	4.91	4.67	5.08	4.02	4.69	5.02	6.02	6.69	8.37	10.04
285	4.97	4.73	5.14	4.05	4.73	5.06	6.08	6.75	8.44	10.13
290	5.03	4.78	5.20	4.09	4.77	5.11	6.13	6.81	8.51	10.22
295	5.08	4.83	5.25	4.12	4.81	5.15	6.18	6.87	8.59	10.31
300	5.14	4.88	5.31	4.16	4.85	5.20	6.24	6.93	8.66	10.39
305	5.19	4.94	5.37	4.19	4.89	5.24	6.29	6.99	8.73	10.48
310	5.25	4.99	5.42	4.23	4.93	5.28	6.34	7.04	8.80	10.56
315	5.30	5.04	5.48	4.26	4.97	5.32	6.39	7.10	8.87	10.65
320	5.36	5.09	5.54	4.29	5.01	5.37	6.44	7.16	8.94	10.73
325	5.41	5.14	5.59	4.33	5.05	5.41	6.49	7.21	9.01	10.82
330	5.46	5.19	5.65	4.36	5.09	5.45	6.54	7.27	9.08	10.90
335	5.52	5.24	5.70	4.39	5.12	5.49	6.59	7.32	9.15	10.98
340	5.57	5.29	5.76	4.43	5.16	5.53	6.64	7.38	9.22	11.06
345	5.63	5.34	5.81	4.46	5.20	5.57	6.69	7.43	9.29	11.14
350	5.68	5.39	5.87	4.49	5.24	5.61	6.73	7.48	9.35	11.22
355	5.73	5.44	5.92	4.52	5.28	5.65	6.78	7.54	9.42	11.30
360	5.78	5.49	5.97	4.55	5.31	5.69	6.83	7.59	9.49	11.38
365	5.84	5.54	6.03	4.59	5.35	5.73	6.88	7.64	9.55	11.46
370	5.89	5.59	6.08	4.62	5.39	5.77	6.92	7.69	9.62	11.54
375	5.94	5.64	6.14	4.65	5.42	5.81	6.97	7.75	9.68	11.62
380	5.99	5.69	6.19	4.68	5.46	5.85	7.02	7.80	9.75	11.70
385	6.05	5.74	6.24	4.71	5.49	5.89	7.06	7.85	9.81	11.77
390	6.10	5.78	6.29	4.74	5.53	5.92	7.11	7.90	9.87	11.85
395	6.15	5.83	6.35	4.77	5.56	5.96	7.15	7.95	9.94	11.92
400	6.20	5.88	6.40	4.80	5.60	6.00	7.20	8.00	10.00	12.00
405	6.25	5.93	6.45	4.83	5.63	6.04	7.24	8.05	10.06	12.07
410	6.30	5.98	6.50	4.86	5.67	6.07	7.29	8.10	10.12	12.15

6.1-18 生活给水设计秒流量计算（续）

N_g	住宅			幼儿园 托儿所	门诊部 诊疗所	办公楼 商场	学校	医院 疗养院 休养所	集体宿舍 招待所 旅馆	部队 营房
	$\alpha=1.05$ $K=0.0050$	$\alpha=1.02$ $K=0.0045$	$\alpha=1.10$ $K=0.0050$	$\alpha=1.2$	$\alpha=1.4$	$\alpha=1.5$	$\alpha=1.8$	$\alpha=2.0$	$\alpha=2.5$	$\alpha=3.0$
415	6.35	6.02	6.56	4.89	5.70	6.11	7.33	8.15	10.19	12.22
420	6.40	6.07	6.61	4.92	5.74	6.15	7.38	8.20	10.25	12.30
425	6.45	6.12	6.66	4.95	5.77	6.18	7.42	8.25	10.31	12.37
430	6.50	6.17	6.71	4.98	5.81	6.22	7.47	8.29	10.37	12.44
435	6.55	6.21	6.76	5.01	5.84	6.26	7.51	8.34	10.43	12.51
440	6.60	6.26	6.81	5.03	5.87	6.29	7.55	8.30	10.49	12.59
445	6.65	6.31	6.87	5.06	5.91	6.33	7.59	8.44	10.55	12.66
450	6.70	6.35	6.92	5.09	5.94	6.36	7.64	8.49	10.61	12.73
455	6.75	6.40	6.97	5.12	5.97	6.40	7.68	8.53	10.67	12.80
460	6.80	6.45	7.02	5.15	6.01	6.43	7.72	8.58	10.72	12.87
465	6.85	6.49	7.07	5.18	6.04	6.47	7.76	8.63	10.78	12.94
470	6.90	6.54	7.12	5.20	6.07	6.50	7.80	8.67	10.84	13.01
475	6.95	6.58	7.17	5.23	6.10	6.54	7.85	8.72	10.90	13.08
480	7.00	6.63	7.22	5.26	6.13	6.57	7.89	8.76	10.95	13.15
485	7.05	6.68	7.27	5.29	6.17	6.61	7.93	8.81	11.01	13.21
490	7.10	6.72	7.32	5.31	6.20	6.64	7.97	8.85	11.07	13.28
495	7.15	6.77	7.37	5.34	6.23	6.67	8.01	8.90	11.12	13.35
500	7.20	6.81	7.42	5.37	6.26	6.71	8.05	8.94	11.18	13.42
550	7.67	7.26	7.91	5.63	6.57	7.04	8.44	9.38	11.73	14.07
600	8.14	7.70	8.39	5.88	6.86	7.35	8.82	9.80	12.25	14.70
650	8.60	8.13	8.86	6.12	7.14	7.65	9.18	10.20	12.75	15.30
700	9.06	8.55	9.32	6.35	7.41	7.94	9.52	10.58	13.23	15.87
750	9.50	8.96	9.77	6.57	7.67	8.22	9.86	10.95	13.69	16.43
800	9.94	9.37	10.22	6.79	7.92	8.49	10.18	11.31	14.14	16.97
850	10.37	9.77	10.66	7.00	8.16	8.75	10.50	11.66	14.58	17.49
900	10.80	10.17	11.10	7.20	8.40	9.00	10.80	12.00	15.00	18.00
950	11.22	10.56	11.53	7.40	8.63	9.25	11.10	12.33	15.41	18.49
1000	11.64	10.95	11.96	7.59	8.85	9.49	11.38	12.65	15.81	18.97
1050	12.05	11.34	12.38	7.78	9.07	9.72	11.67	12.96	16.20	19.44
1100	12.46	11.72	12.80	7.96	9.29	9.95	11.94	13.27	16.58	19.90
1150	12.87	12.00	13.21	8.14	9.50	10.17	12.21	13.56	16.96	20.35
1200	13.27	12.47	13.62	8.31	9.70	10.39	12.47	13.86	17.32	20.78
1250	13.67	12.84	14.03	8.49	9.90	10.61	12.73	14.14	17.68	21.21
1300	14.07	13.21	14.43	8.65	10.10	10.82	12.98	14.42	18.03	21.63
1350	14.74	13.57	14.83	8.82	10.29	11.02	13.23	14.70	18.37	22.05
1400	14.86	13.93	15.23	8.98	10.48	11.22	13.47	14.97	18.71	22.45
1450	15.25	14.29	15.63	9.14	10.66	11.42	13.71	15.28	19.04	22.8
1500	15.63	14.65	16.02	9.30	10.84	11.62	13.94	15.49	19.36	23.24
1550	16.02	15.01	16.41	9.45	11.02	11.81	14.17	15.75	19.69	23.62
1600	16.40	15.36	16.80	9.60	11.20	12.00	14.40	16.00	20.00	24.00
1650	16.78	15.71	17.19	9.75	11.37	12.19	14.62	16.25	20.31	24.37
1700	17.16	16.06	17.57	9.90	11.54	12.37	14.84	16.49	20.62	24.74
1750	17.53	16.41	17.95	10.04	11.71	12.55	15.06	16.73	20.92	25.10
1800	17.91	16.75	18.33	10.18	11.88	12.73	15.27	16.97	21.21	25.46
1850	18.28	17.10	18.71	10.32	12.04	12.90	15.48	17.20	21.51	25.81
1900	18.65	17.44	19.09	10.46	12.20	13.08	15.69	17.44	21.79	26.15
1950	19.02	17.78	19.46	10.60	12.36	13.25	15.90	17.66	22.08	26.50
2000	19.39	18.12	19.84	10.73	12.52	13.42	16.10	17.89	22.36	26.83

6.1-19 PE-X 管的管道摩擦阻力损失

d_i	*DN*8 8.4		*DN*12 11.6		*DN*15 14.4		*DN*20 18.0		d_i	*DN*25 23.2		*DN*32 29.0		*DN*40 36.2		*DN*50 45.6	
$\dot{V}$ (L/s)	*R* (mbar/m)	*V* (m/s)	*R* (mbar/m)	*V* (m/s)	*R* (mbar/m)	*V* (m/s)	*R* (mbar/m)	*V* (m/s)	$\dot{V}$ (L/s)	*R* (mbar/m)	*V* (m/s)	*R* (mbar/m)	*V* (m/s)	*R* (mbar/m)	*V* (m/s)	*R* (mbar/m)	*V* (m/s)
0.01	1.2	0.2	0.3	0.1	0.1	0.1	0.0	0.04	0.2	1.6	0.5	0.5	0.3	0.2	0.2	0.1	0.1
0.02	3.7	0.4	0.8	0.2	0.3	0.1	0.1	0.08	0.4	5.3	0.9	1.8	0.6	0.6	0.4	0.2	0.2
0.03	7.4	0.5	1.6	0.3	0.6	0.2	0.2	0.12	0.6	10.9	1.4	3.7	0.9	1.3	0.6	0.4	0.4
0.04	12.5	0.7	2.6	0.4	0.9	0.2	0.3	0.16	0.8	18.3	1.9	6.2	1.2	2.2	0.8	0.7	0.5
0.05	17.8	0.9	3.9	0.5	1.4	0.3	0.5	0.20	1.0	27.3	2.4	9.3	1.5	3.2	1.0	1.1	0.6
0.06	24.5	1.1	5.3	0.6	1.9	0.4	0.7	0.24	1.2	38.0	2.8	12.9	1.8	4.4	1.2	1.5	0.7
0.07	32.1	1.3	6.9	0.7	2.5	0.4	0.9	0.28	1.4	50.3	3.3	17.0	2.1	5.8	1.4	1.9	0.9
0.08	40.6	1.4	8.7	0.8	3.1	0.5	1.1	0.31	1.6	64.2	3.8	21.7	2.4	7.4	1.6	2.4	1.0
0.09	49.9	1.6	10.7	0.9	3.8	0.6	1.3	0.35	1.8	79.6	4.3	26.8	2.7	9.2	1.7	3.0	1.1
0.10	60.1	1.8	12.8	0.9	4.6	0.6	1.6	0.40	2.0	96.5	4.7	32.5	3.0	11.1	1.9	3.6	1.2
0.2	207.9	3.6	43.5	1.9	15.4	1.2	5.3	0.8	2.2	115.0	5.2	38.6	3.3	13.2	2.1	4.3	1.3
0.3	434.8	5.4	89.9	2.8	31.6	1.8	10.8	1.2	2.4			45.3	3.6	15.4	2.3	5.0	1.5
0.4	738.2	7.2	151.3	3.8	52.9	2.5	18.0	1.6	2.6			52.4	3.9	17.8	2.5	5.8	1.6
0.5			227.2	4.7	79.1	3.1	26.8	2.0	2.8			60.1	4.2	20.4	2.7	6.7	1.7
0.6			317.3	5.7	110.1	3.7	37.2	2.4	3.0			68.2	4.5	23.1	2.9	7.5	1.8
0.7					145.8	4.3	49.2	2.8	3.2			76.8	4.8	26.0	3.1	8.5	2.0
0.8					186.1	4.9	62.6	3.1	3.4			85.8	5.1	29.0	3.3	9.5	2.1
0.9					231.0	5.5	77.5	3.5	3.6					32.2	3.5	10.5	2.2
1.0					280.5	6.1	93.9	3.9	3.8					35.6	3.7	11.6	2.3
1.2							131.1	4.7	4.0					39.1	3.9	12.7	2.4

6.1-20 PE-X 管 *DN*12 的总压力损失（参考值）

长度（m）		1	2	3	4	5	6	7	8	9	10
$\dot{V}$（L/s）	v（m/s）	管道沿程损失与局部阻力损失（$l \cdot R + \Delta P_{ij}$）（mbar）									
0.07	0.7	17	24	31	38	45	52	57	66	72	79
0.10	0.9	32	45	57	70	83	96	109	121	134	147
0.13	1.2	54	74	94	114	134	154	174	194	214	234
0.15	1.4	72	98	124	150	177	203	229	255	281	307
0.20	1.9	129	172	216	259	303	346	390	433	477	520
0.22	2.1	156	208	259	311	363	415	467	518	570	622
0.25	2.4	200	265	329	394	459	524	589	653	718	783
0.30	2.8	274	364	454	544	634	723	813	903	993	1083
0.35	3.3	375	494	612	731	850	969	1088	1206	1325	1444
0.40	3.8	490	642	793	944	1096	1247	1398	1549	1700	1852

6.1-21 循环总管管径的参考值

管道类型	管径							
热水管	*DN*20	*DN*25	*DN*32	*DN*40	*DN*50	*DN*65	*DN*80	*DN*100
循环管	*DN*12	*DN*12	*DN*12	*DN*20	*DN*25	*DN*25	*DN*25	*DN*32

6.1-22 镀锌钢管的管道摩擦阻力损失

$\dot{V}$ (L/s)	DN10		DN15		DN20		DN25		DN32		DN40		DN50		DN65		DN80	
	R (mbar/m)	V (m/s)	R (mbar/m)	V (m/s)	R (mbar/m)	V (m/s)	R (mbar/m)	V (m/s)	R (mbar/m)	V (m/s)	R (mbar/m)	V (m/s)	R (mbar/m)	V (m/s)	R (mbar/m)	V (m/s)	R (mbar/m)	V (m/s)
0.07	6.3	0.6	1.8	0.3	0.4	0.2												
0.10	12.3	0.8	3.5	0.5	0.8	0.3	0.3	0.2	0.0	0.1	0.0	0.1						
0.20	46.2	1.6	12.9	1.0	2.8	0.5	0.9	0.3	0.2	0.2	0.1	0.1						
0.30	101.6	2.4	28.0	1.5	6.0	0.8	1.9	0.5	0.5	0.3	0.2	0.2	0.1	0.1				
0.40	178.3	3.3	43.8	2.0	10.3	1.1	3.2	0.7	0.8	0.4	0.4	0.3						
0.50	276.5	4.1	75.4	2.5	15.8	1.4	4.8	0.9	1.2	0.5	0.6	0.4	0.2	0.2	0.0	0.1	0.0	0.1
0.60	396.1	4.9	107.7	3.0	22.5	1.6	6.8	1.0	1.7	0.6	0.8	0.4						
0.75			166.9	3.7	34.6	2.0	10.5	1.3	2.5	0.7	1.1	0.5	0.4	0.3	0.1	0.2	0.0	0.1
0.85			213.5	4.2	44.2	2.3	13.4	1.4	3.2	0.8	1.5	0.6						
1.00			294.2	5.0	60.7	2.7	18.3	1.7	4.4	1.0	2.0	0.7	0.6	0.5	0.2	0.3	0.1	0.2
1.20					86.8	3.3	26.0	2.1	6.2	1.2	2.9	0.9	0.8	0.6	0.3	0.3	0.1	0.2
1.40					117.5	3.8	35.2	2.4	8.3	1.4	3.8	1.0	1.1	0.7	0.4	0.4	0.2	0.3
1.60					152.8	4.4	45.6	2.8	10.8	1.6	4.9	1.2	1.4	0.7	0.45	0.4	0.2	0.3
1.80					192.8	4.9	57.5	3.1	13.6	1.8	6.2	1.3	1.8	0.8	0.5	0.5	0.2	0.3
2.00					237.4	5.5	70.7	3.4	16.7	2.0	7.6	1.5	2.3	0.9	0.6	0.5	0.3	0.4
2.25							89.2	3.9	21.0	2.2	9.5	1.6	2.8	1.0	0.8	0.6	0.3	0.4
2.50							109.7	4.3	25.7	2.5	11.7	1.8	3.4	1.1	0.9	0.7	0.4	0.5
2.75							132.5	4.7	31.0	2.7	14.1	2.0	4.1	1.2	1.1	0.7	0.5	0.5
3.00							157.2	5.2	36.7	3.0	16.7	2.2	4.9	1.4	1.3	0.8	0.6	0.6
3.25									43.0	3.2	19.0	2.4	5.7	1.5	1.5	0.9	0.7	0.6
3.50									49.7	3.5	22.5	2.6	6.6	1.6	1.7	0.9	0.8	0.7
3.75	DN100		DN125		DN150				57.0	3.7	25.7	2.7	7.5	1.7	2.0	1.0	0.9	0.7
4.00	0.3	0.5	0.1	0.3	0.0	0.2			64.7	4.0	29.2	2.9	8.5	1.8	2.2	1.1	1.0	0.8
4.25									72.9	4.2	33.0	3.1	9.6	1.9	2.5	1.1	1.1	0.8
4.50									81.5	4.4	36.8	3.3	10.7	2.0	2.8	1.2	1.2	0.9
5.00	0.4	0.6	0.1	0.4	0.1	0.3			100.4	4.9	45.3	3.6	13.2	2.3	3.4	1.3	1.5	1.0
5.50											54.6	4.0	15.9	2.5	4.1	1.5	1.8	1.1
6.00	0.6	0.7	0.2	0.5	0.1	0.3					64.8	4.4	18.8	2.7	4.9	1.6	2.1	1.2
6.50											75.9	4.7	22.0	2.9	5.7	1.7	2.5	1.3
7.00	0.7	0.8	0.3	0.5	0.1	0.4					87.9	5.1	25.4	3.2	6.6	1.9	2.9	1.4
8.00	1.0	0.9	0.3	0.6	0.1	0.4							33.1	3.6	8.5	2.2	3.7	1.6
9.00	1.2	1.0	0.4	0.7	0.2	0.5							41.7	4.1	10.7	2.4	4.7	1.8
10.0	1.5	1.1	0.5	0.8	0.2	0.5							51.3	4.5	13.2	2.7	5.8	2.0
11.0	1.8	1.3	0.6	0.8	0.2	0.6							61.9	5.0	15.9	3.0	6.9	2.1
12.0	2.1	1.4	0.7	0.9	0.3	0.6									18.9	3.2	8.2	2.3
13.0	2.5	1.5	0.8	1.0	0.3	0.7									22.1	3.5	9.0	2.5
15.0	3.2	1.7	1.1	1.1	0.4	0.8									29.3	4.0	12.7	2.9
17.0	4.1	2.0	1.4	1.3	0.6	0.9									37.5	4.6	16.2	3.3
20.0	5.7	2.3	1.9	1.5	0.8	1.1											22.3	3.9
22.0	6.8	2.5	2.3	1.7	0.9	1.2											26.9	4.3
25.0	8.8	2.9	3.0	1.9	1.2	1.3											34.7	4.9
30.0	12.5	3.4	4.2	2.3	1.7	1.6												
35.0	17.0	4.0	5.7	2.6	2.3	1.8												

6.1-23 铜管的管道摩擦阻力损失

$d \times s$	*DN*10 12×1		*DN*12 15×1		*DN*15 18×1		*DN*20 22×1		*DN*25 28×1.5		*DN*32 35×1.5		*DN*40 42×1.5		*DN*50 54×2		64×2	
$\dot{V}$ (L/s)	*R* (mbar/m)	*V* (m/s)	*R* (mbar/m)	*V* (m/s)	*R* (mbar/m)	*V* (m/s)	*R* (mbar/m)	*V* (m/s)	*R* (mbar/m)	*V* (m/s)	*R* (mbar/m)	*V* (m/s)	*R* (mbar/m)	*V* (m/s)	*R* (mbar/m)	*V* (m/s)	*R* (mbar/m)	*V* (m/s)
0.05	7.7	0.6	2.2	0.4	0.8	0.2	0.3	0.1	0.1	0.1								
0.07	13.7	0.9	4.0	0.5	1.5	0.3	0.5	0.2	0.2	0.1								
0.10	25.4	1.3	7.3	0.8	2.7	0.5	1.0	0.3	0.3	0.2								
0.20	85.5	2.5	24.5	1.5	9.1	1.0	3.2	0.6	1.1	0.4	0.3	0.2	0.1	0.2	0.0	0.1	0.0	0.1
0.30	175.2	3.8	49.9	2.3	18.5	1.5	6.4	1.0	2.2	0.6								
0.40	292.5	5.1	83.1	3.0	30.8	2.0	10.6	1.3	3.7	0.8	1.1	0.5	0.4	0.3	0.1	0.2	0.1	0.1
0.50			123.6	3.8	45.7	2.5	15.7	1.6	5.4	1.0								
0.60			171.1	4.5	63.2	3.0	21.7	1.9	7.5	1.2	2.3	0.7	0.9	0.5	0.3	0.3	0.1	0.2
0.80					105.6	4.0	36.2	2.5	12.4	1.6	3.8	1.0	1.5	0.7	0.5	0.4	0.2	0.3
1.00					157.4	5.0	53.9	3.2	18.5	2.0	5.7	1.2	2.2	0.8	0.7	0.5	0.3	0.4
1.20							74.7	3.8	25.6	2.4	7.8	1.5	3.1	1.0	0.9	0.6	0.4	0.4
1.40							98.4	4.5	33.7	2.9	10.3	1.7	4.0	1.2	1.2	0.7	0.5	0.5
1.60							125.1	5.1	42.8	3.3	13.1	2.0	5.1	1.3	1.6	0.8	0.6	0.6
1.80									52.8	3.7	16.2	2.2	6.3	1.5	1.9	0.9	0.8	0.6
2.00									63.9	4.1	19.5	2.5	7.6	1.7	2.3	1.0	1.0	0.7
2.20									75.8	4.5	23.1	2.7	9.0	1.8	2.7	1.1	1.1	0.8
2.40									88.7	4.9	27.0	3.0	10.5	2.0	3.2	1.2	1.3	0.8
2.60											31.2	3.2	12.1	2.2	3.7	1.3	1.5	0.9
2.80											35.7	3.5	13.8	2.3	4.2	1.4	1.8	1.0
3.00											40.4	3.7	15.6	2.5	4.7	1.5	2.0	1.1
3.20											45.3	4.0	17.5	2.7	5.3	1.6	2.2	1.1
3.40	*DN*65		*DN*80		*DN*100		*DN*125		*DN*150		50.6	4.2	19.5	2.8	5.9	1.7	2.5	1.2
3.60	76.1×2		88.9×2		108×2.5		132×2.5		158×2.5		56.1	4.5	21.6	3.0	6.6	1.8	2.7	1.3
3.80	1.3	0.9	0.6	0.6	0.2	0.5	0.1	0.3	0.0	0.2	61.8	4.7	23.8	3.2	7.2	1.9	3.0	1.3
4.00	1.4	1.0	0.6	0.7	0.2	0.5	0.1	0.3	0.0	0.2	67.8	5.0	26.2	3.3	7.9	2.0	3.3	1.4
4.40	1.6	1.1	0.7	0.7	0.2	0.5	0.1	0.3	0.0	0.3			31.0	3.7	9.4	2.2	3.9	1.6
4.80	1.8	1.2	0.8	0.8	0.3	0.6	0.1	0.4	0.1	0.3			36.3	4.0	11.0	2.4	4.6	1.7
5.20	2.2	1.3	1.0	0.9	0.4	0.6	0.1	0.4	0.1	0.3			42.0	4.4	12.7	2.6	5.3	1.8
5.60	2.5	1.4	1.1	1.0	0.4	0.7	0.2	0.5	0.1	0.3			48.0	4.7	14.5	2.9	6.0	2.0
6.00	2.8	1.5	1.3	1.1	0.5	0.7	0.2	0.5	0.1	0.3			54.4	5.0	16.4	3.1	6.8	2.1
6.40	3.2	1.6	1.5	1.1	0.5	0.8	0.2	0.5	0.1	0.3					18.4	3.3	7.7	2.3
6.80	3.6	1.7	1.7	1.2	0.6	0.8	0.2	0.6	0.1	0.4					20.6	3.5	8.6	2.4
7.20	4.0	1.8	1.8	1.2	0.7	0.9	0.3	0.6	0.1	0.4					22.8	3.7	9.5	2.5
7.60	4.3	1.9	2.0	1.3	0.8	0.9	0.3	0.6	0.1	0.4					25.2	3.9	10.5	2.7
8.00	4.7	2.0	2.2	1.4	0.9	1.0	0.3	0.6	0.1	0.4					27.6	4.1	11.5	2.8
8.40	5.1	2.1	2.4	1.4	0.9	1.0	0.3	0.6	0.1	0.4					30.2	4.3	12.5	3.0
8.80	5.6	2.2	2.6	1.5	1.0	1.1	0.4	0.7	0.2	0.5					32.8	4.5	13.6	3.1
9.20	6.1	2.2	2.8	1.6	1.1	1.1	0.4	0.7	0.2	0.5					35.6	4.7	14.8	3.3
9.60	6.6	2.3	3.0	1.7	1.2	1.2	0.5	0.8	0.2	0.5					38.4	4.9	15.9	3.4
10.0	7.1	2.4	3.2	1.8	1.3	1.2	0.5	0.8	0.2	0.5					41.4	5.1	17.2	3.5
11.0	8.4	2.7	3.8	1.9	1.5	1.3	0.6	0.9	0.2	0.6							20.4	3.9
12.0	9.9	2.9	4.5	2.1	1.8	1.4	0.6	0.9	0.3	0.7							23.9	4.2
13.0	11.4	3.2	5.2	2.3	2.0	1.6	0.7	1.0	0.3	0.7							27.6	4.6
15.0	14.8	3.7	6.7	2.6	2.6	1.8	1.0	1.2	0.4	0.8								
17.00	18.5	4.2	8.4	3.0	3.3	2.0	1.2	1.3	0.5	0.9								
20.00	24.9	4.9	11.3	3.5	4.5	2.4	1.6	1.6	0.7	1.1								
25.00			17.0	4.4	6.7	3.0	2.4	2.0	1.0	1.4								
30.00					9.3	3.6	3.4	2.4	1.4	1.6								
35.00					12.3	4.2	4.5	2.8	1.8	1.9								

6.1-24 PVC－U 管的管道摩擦阻力损失（*PN*16，*t*＝10℃）

	*DN*10		*DN*15		*DN*20		*DN*25		*DN*32		*DN*40		*DN*50		*DN*65		*DN*80	
$\dot{V}$ (L/s)	*R* (mbar/m)	*V* (m/s)	*R* (mbar/m)	*V* (m/s)	*R* (mbar/m)	*V* (m/s)	*R* (mbar/m)	*V* (m/s)	*R* (mbar/m)	*V* (m/s)	*R* (mbar/m)	*V* (m/s)	*R* (mbar/m)	*V* (m/s)	*R* (mbar/m)	*V* (m/s)	*R* (mbar/m)	*V* (m/s)
0.10	6.0	0.7	2.1	0.4	0.7	0.3	0.2	0.2	0.4	0.1	0.0	0.1						
0.20	20.2	1.4	7.0	0.9	2.4	0.6	0.7	0.3	0.3	0.2	0.1	0.1	0.0	0.1	0.0	0.1	0.0	0.1
0.30	41.6	2.1	14.2	1.3	4.9	0.8	1.5	0.5	0.5	0.3	0.2	0.2						
0.40	69.8	2.8	23.7	1.8	8.2	1.1	2.5	0.7	0.9	0.4	0.3	0.3						
0.50	104.4	3.4	35.4	2.2	12.2	1.4	3.7	0.9	1.3	0.6	0.4	0.4	0.1	0.2	0.1	0.2	0.0	0.1
0.60	145.5	4.1	49.1	2.6	16.9	1.7	5.1	1.0	1.8	0.7	0.6	0.4						
0.70	192.8	4.8	64.9	3.1	22.3	2.0	6.7	1.2	2.3	0.8	0.8	0.5	0.3	0.3	0.1	0.2	0.1	0.2
0.80			82.7	3.5	28.3	2.3	8.5	1.4	2.9	0.9	1.0	0.6						
0.90			102.5	4.0	35.0	2.5	10.5	1.5	3.6	1.0	1.2	0.6	0.4	0.4	0.2	0.3	0.1	0.2
1.00			124.2	4.4	42.3	2.8	12.7	1.7	4.3	1.1	1.5	0.7	0.5	0.4	0.2	0.3	0.1	0.2
1.20			173.5	5.3	58.9	3.4	17.6	2.1	6.0	1.3	2.0	0.8	0.7	0.6	0.3	0.4	0.1	0.3
1.40					78.1	4.0	23.2	2.4	7.9	1.5	2.7	1.0	0.9	0.7	0.4	0.4	0.1	0.3
1.60					99.7	4.5	29.6	2.8	10.0	1.8	3.4	1.1	1.1	0.7	0.5	0.5	0.2	0.4
1.80	*DN*100		*DN*125		*DN*150		36.6	3.1	12.4	2.0	4.2	1.3	1.3	0.8	0.6	0.5	0.2	0.4
2.00	0.1	0.3	0.0	0.2	0.0	0.1	44.4	3.4	15.0	2.2	5.1	1.4	1.7	0.9	0.7	0.6	0.3	0.4
2.20							52.8	3.8	17.8	2.4	6.0	1.5	2.0	0.9	0.8	0.6	0.4	0.5
2.40							61.9	4.1	20.9	2.6	7.0	1.7	2.4	1.0	0.9	0.7	0.4	0.5
2.60							71.7	4.5	24.2	2.9	8.1	1.8	2.8	1.1	1.1	0.7	0.5	0.6
2.80							82.2	4.8	27.6	3.1	9.3	2.0	3.2	1.2	1.3	0.8	0.5	0.6
3.00	0.2	0.4	0.1	0.3	0.0	0.2	93.3	5.2	31.4	3.3	10.5	2.1	3.5	1.3	1.5	0.9	0.6	0.7
3.20									35.3	3.5	11.8	2.2	3.9	1.4	1.7	0.9	0.6	0.7
3.60	0.4	0.6	0.1	0.4	0.1	0.3			43.8	4.0	14.6	2.5	4.9	1.6	2.1	1.1	0.8	0.8
4.00	0.4	0.6	0.1	0.4	0.1	0.3			53.1	4.4	17.7	2.8	5.8	1.8	2.5	1.3	1.0	0.9
4.40	0.5	0.7	0.2	0.4	0.1	0.3			63.3	4.8	21.0	3.1	7.0	1.9	3.0	1.4	1.2	0.9
4.80	0.5	0.7	0.2	0.4	0.1	0.3					24.7	3.4	8.2	2.1	3.5	1.5	1.4	1.0
5.20	0.6	0.8	0.2	0.5	0.1	0.3					28.5	3.6	9.5	2.3	4.0	1.7	1.7	1.1
5.60	0.7	0.8	0.3	0.5	0.1	0.4					32.7	3.9	10.8	2.5	4.6	1.8	2.0	1.2
6.00	0.8	0.9	0.3	0.5	0.1	0.4					37.1	4.2	12.1	2.7	5.2	1.9	2.2	1.3
6.40	0.9	0.9	0.3	0.5	0.1	0.4					41.8	4.5	13.9	2.8	6.0	2.0	2.5	1.3
6.80	1.0	1.0	0.3	0.6	0.2	0.5					46.8	4.8	15.6	3.0	6.7	2.1	2.8	1.4
7.20	1.1	1.0	0.3	0.6	0.2	0.5					52.0	5.1	17.1	3.2	7.4	2.3	3.1	1.5
7.60	1.2	1.1	0.4	0.7	0.2	0.5							18.8	3.4	8.1	2.4	3.3	1.6
8.00	1.4	1.2	0.4	0.7	0.2	0.5							20.5	3.5	8.8	2.5	3.6	1.7
8.40	1.5	1.2	0.4	0.7	0.2	0.5							22.5	3.6	9.6	2.7	4.0	1.8
8.80	1.6	1.3	0.5	0.8	0.3	0.6							24.6	3.8	10.5	2.8	4.3	1.9
9.20	1.8	1.3	0.5	0.8	0.3	0.6							26.7	4.0	11.4	2.9	4.7	2.0
9.60	2.0	1.4	0.6	0.9	0.3	0.6							28.8	4.2	12.3	3.0	5.1	2.2
10.00	2.1	1.5	0.6	0.9	0.3	0.7							30.9	4.4	13.2	3.1	5.4	2.2
15.00	4.3	2.2	1.3	1.3	0.7	1.0									27.8	4.7	11.4	3.3
20.00	7.3	2.9	2.2	1.8	1.2	1.4											19.3	4.3
25.00	11.0	3.6	3.4	2.2	1.8	1.7												
30.00	15.3	4.4	4.7	2.7	2.5	2.1												

6.1-25　PE－HD 管的管道摩擦阻力损失（$t=10$℃）

d_l	*DN*15 16.0		*DN*20 20.4		*DN*25 26.0		*DN*32 32.6		*DN*40 40.8		*DN*50 51.4		*DN*65 61.2		*DN*80 73.6		*DN*100 102.2	
$\dot{V}$ (L/s)	R (mbar/m)	V (m/s)	R (mbar/m)	V (m/s)	R (mbar/m)	V (m/s)	R (mbar/m)	V (m/s)	R (mbar/m)	V (m/s)	R (mbar/m)	V (m/s)	R (mbar/m)	V (m/s)	R (mbar/m)	V (m/s)	R (mbar/m)	V (m/s)
0.1	2.8	0.5	0.9	0.3	0.3	0.2	0.1	0.1	0.0	0.1	0.0	0.0						
0.2	9.3	1.0	2.9	0.6	0.9	0.4	0.3	0.2	0.1	0.2	0.0	0.1						
0.3	19.0	1.5	5.9	0.9	1.9	0.6	0.6	0.4	0.2	0.2	0.1	0.1						
0.4	31.8	2.0	9.9	1.2	3.1	0.8	1.1	0.5	0.4	0.3	0.1	0.2						
0.5	47.4	2.5	14.7	1.5	4.5	0.9	1.6	0.6	0.5	0.4	0.2	0.2	0.0	0.2	0.0	0.1	0.0	0.1
0.6	65.9	3.0	20.3	1.8	6.3	1.1	2.1	0.7	0.7	0.5	0.2	0.3						
0.7	87.2	3.5	26.8	2.1	8.3	1.3	2.8	0.8	1.0	0.5	0.3	0.3						
0.8	111.1	4.0	34.1	2.4	10.6	1.5	3.6	1.0	1.2	0.6	0.4	0.4						
0.9	137.8	4.5	42.2	2.8	13.0	1.7	4.4	1.1	1.5	0.7	0.5	0.4	0.2	0.3				
1.0	167.1	5.0	51.0	3.1	15.8	1.9	5.3	1.2	1.8	0.8	0.6	0.5	0.3	0.3	0.1	0.2	0.0	0.1
1.2			71.1	3.7	21.9	2.3	7.3	1.4	2.5	0.9	0.8	0.6	0.4	0.4	0.1	0.2		
1.4			94.2	4.3	28.9	2.6	9.7	1.7	3.3	1.1	1.1	0.7	0.4	0.4	0.2	0.3		
1.6			120.4	4.9	36.8	3.0	12.3	1.9	4.2	1.2	1.4	0.8	0.5	0.5	0.2	0.4		
1.8					43.3	3.3	15.2	2.2	5.1	1.4	1.7	0.9	0.7	0.6	0.3	0.4		
2.0					52.8	3.7	18.4	2.4	6.2	1.5	2.0	1.0	0.9	0.7	0.4	0.5	0.1	0.2
2.2					65.8	4.1	21.9	2.6	7.4	1.7	2.4	1.1	1.0	0.7	0.4	0.5		
2.4					77.2	4.5	25.6	2.9	8.6	1.8	2.8	1.2	1.2	0.8	0.5	0.6	0.1	0.2
2.6					89.5	4.9	29.6	3.1	10.0	2.0	3.3	1.3	1.4	0.8	0.5	0.6	0.2	0.3
2.8							33.9	3.4	11.4	2.1	3.7	1.3	1.6	0.9	0.6	0.6	0.2	0.3
3.0							38.5	3.6	12.9	2.3	4.2	1.4	1.8	1.0	0.8	0.7	0.2	0.4
3.2							43.3	3.8	14.5	2.4	4.8	1.5	2.0	1.1	0.9	0.7	0.2	0.4
3.4							48.4	4.1	16.2	2.6	5.3	1.6	2.3	1.2	1.0	0.8	0.2	0.4
3.6	*DN*125		*DN*150				53.7	4.3	18.0	2.8	5.9	1.7	2.5	1.2	1.1	0.8	0.2	0.4
3.8	130.8		147.2				59.4	4.6	19.9	2.9	6.5	1.8	2.8	1.3	1.2	0.9	0.3	0.5
4.0	0.1	0.3	0.0	0.2			65.2	4.8	21.8	3.1	7.1	1.9	3.1	1.4	1.3	0.9	0.3	0.5
4.5									27.0	3.4	8.8	2.2	3.8	1.5	1.6	1.1	0.3	0.5
5.0	0.1	0.4	0.1	0.3					32.8	3.8	10.7	2.4	4.6	1.7	1.9	1.2	0.4	0.6
5.5									39.1	4.2	12.7	2.7	5.4	1.9	2.2	1.3	0.5	0.7
6.0	0.2	0.4	0.1	0.4					45.9	4.6	14.9	2.9	6.4	2.0	2.6	1.4	0.5	0.7
7.0	0.2	0.5	0.1	0.4							19.7	3.4	8.4	2.4	3.4	1.6	0.7	0.9
8.0	0.3	0.6	0.2	0.5							25.2	3.9	10.7	2.7	4.4	1.9	0.9	1.0
9.0	0.3	0.7	0.2	0.5							31.2	4.3	13.3	3.1	5.4	2.1	1.1	1.1
10.0	0.4	0.7	0.2	0.6							37.9	4.8	16.2	3.4	6.6	2.4	1.3	1.2
11.0	0.5	0.8	0.3	0.6									19.3	3.7	7.8	2.6	1.6	1.3
12.0	0.6	0.9	0.3	0.7									22.6	4.1	9.2	2.8	1.9	1.5
13.0	0.7	1.0	0.4	0.8									26.2	4.4	10.6	3.1	2.2	1.6
14.0	0.8	1.0	0.4	0.8									30.0	4.8	12.2	3.3	2.5	1.7
15.0	0.9	1.1	0.5	0.9									34.1	5.1	13.8	3.5	2.8	1.8
20.0	1.4	1.5	0.8	1.2											23.5	4.7	4.7	2.4
30.0	3.0	2.2	1.7	1.8													10.0	3.7

6.1-26 给水不锈钢管的管道摩擦阻力损失

	*DN*10		*DN*12		*DN*15		*DN*20		*DN*25		*DN*32		*DN*40	
$\dot{V}$ (L/s)	*R* (mbar/m)	*V* (m/s)	*R* (mbar/m)	*V* (m/s)	*R* (mbar/m)	*V* (m/s)	*R* (mbar/m)	*V* (m/s)	*R* (mbar/m)	*V* (m/s)	*R* (mbar/m)	*V* (m/s)	*R* (mbar/m)	*V* (m/s)
0.05	7.7	0.6	2.2	0.4	0.8	0.2	0.3	0.2	0.1	0.1				
0.10	25.4	1.3	7.3	0.8	2.7	0.5	1.0	0.3	0.3	0.2				
0.20	85.5	2.5	24.5	1.5	9.1	1.0	3.3	0.6	1.1	0.4	0.3	0.2	0.1	0.2
0.30	175.2	3.8	49.9	2.3	18.5	1.5	6.5	1.0	2.1	0.6				
0.40	292.5	5.1	83.1	3.0	30.8	2.0	10.8	1.3	3.6	0.8	1.1	0.5	0.4	0.3
0.50			123.6	3.8	45.7	2.5	16.0	1.6	5.3	1.0				
0.60			171.1	4.5	63.2	3.0	22.2	1.9	7.3	1.2	2.3	0.7	0.9	0.5
0.70			225.5	5.3	83.2	3.5	29.1	2.2	9.5	1.4				
0.80					105.6	4.0	37.0	2.5	12.0	1.6	3.8	1.0	1.5	0.7
0.90	*DN*50				130.3	4.5	45.6	2.9	14.8	1.8				
1.00	0.7	0.5			157.4	5.0	55.1	3.2	17.9	2.0	5.7	1.2	2.2	0.8
1.10							65.3	3.5	21.2	2.2				
1.20	0.9	0.6					76.3	3.8	24.8	2.4	7.8	1.5	3.1	1.0
1.30							88.1	4.1	28.6	2.6				
1.40	1.2	0.7					100.6	4.5	32.7	2.9	10.3	1.7	4.0	1.2
1.50							113.9	4.8	37.0	3.1				
1.60	1.6	0.8					127.9	5.1	41.5	3.3	13.1	2.0	5.1	1.3
1.70									46.3	3.5				
1.80	1.9	0.9							51.2	3.7	16.2	2.2	6.3	1.5
1.90									56.5	3.9				
2.00	2.3	1.0							62.0	4.1	19.5	2.5	7.6	1.7
2.20	2.6	1.1							73.5	4.5	23.1	2.7	9.0	1.8
2.40	3.1	1.2							86.0	4.9	27.0	3.0	10.5	2.0
2.60	3.6	1.3									31.2	3.2	12.1	2.2
2.80	4.1	1.4									35.7	3.5	13.8	2.3
3.00	4.6	1.5									40.4	3.7	15.6	2.5
3.20	5.2	1.6									45.3	4.0	17.5	2.7
3.40	5.8	1.7									50.6	4.2	19.5	2.8
3.60	6.5	1.8									56.1	4.5	21.6	3.0
3.80	7.1	1.9									61.8	4.7	23.2	3.2
4.00	7.7	2.0									67.8	5.0	26.2	3.3
4.20	8.4	2.2									74.1	5.2	28.6	3.5
4.40	9.2	2.2											31.0	3.7
4.60	10.0	2.3											33.6	3.9
4.80	10.8	2.4											36.3	4.0
5.00	11.6	2.5											39.1	4.2
5.20	12.5	2.6											42.0	4.4
5.40	13.3	2.8											44.9	4.5
5.60	14.2	2.9											48.0	4.7
5.80	15.0	3.0											51.1	4.9
6.00	16.1	3.1											54.4	5.0
6.20	17.1	3.2												

6.1-27　局部水头损失计算

V (m/s)	Σζ 为下列值时局部水头损失值（mH_2O）									
	0.5	1.0	1.2	1.4	1.6	1.8	2	3	4	5
0.60	0.0092	0.0184	0.0220	0.0257	0.0294	0.0331	0.0367	0.0551	0.0735	0.0918
0.70	0.0125	0.0250	0.0300	0.0350	0.0400	0.0450	0.0500	0.0749	0.1000	0.1249
0.80	0.0163	0.0326	0.0392	0.0457	0.0522	0.0587	0.0653	0.0979	0.1305	0.1632
0.85	0.0184	0.0368	0.0442	0.0516	0.0589	0.0663	0.0737	0.1105	0.1473	0.1842
0.90	0.0206	0.0413	0.0496	0.0578	0.0661	0.0743	0.0826	0.1239	0.1652	0.2065
0.95	0.0230	0.0460	0.0552	0.0644	0.0736	0.0828	0.0920	0.1380	0.1841	0.2301
1.00	0.0255	0.0510	0.0612	0.0714	0.0816	0.0918	0.1020	0.1530	0.2039	0.2549
1.10	0.0308	0.0617	0.0740	0.0864	0.0987	0.1110	0.1234	0.1851	0.2468	0.3085
1.20	0.0367	0.0734	0.0881	0.1028	0.1175	0.1322	0.1468	0.2203	0.2937	0.3671
1.30	0.0431	0.0862	0.1034	0.1206	0.1379	0.1551	0.1723	0.2585	0.3447	0.4308
1.40	0.0500	0.0999	0.1199	0.1399	0.1599	0.1799	0.1999	0.2998	0.3997	0.4997
1.50	0.0574	0.1147	0.1377	0.1606	0.1835	0.2065	0.2294	0.3442	0.4589	0.5736
1.60	0.0653	0.1305	0.1566	0.1827	0.2088	0.2349	0.2610	0.3916	0.5221	0.6526
1.70	0.0737	0.1473	0.1768	0.2063	0.2358	0.2652	0.2947	0.4420	0.5894	0.7367
1.80	0.0826	0.1652	0.1982	0.2313	0.2643	0.2973	0.3304	0.4956	0.6608	0.8260
1.90	0.0920	0.1841	0.2209	0.2577	0.2945	0.3313	0.3681	0.5522	0.7362	0.9203
2.00	0.1020	0.2039	0.2447	0.2855	0.3263	0.3671	0.4079	0.6118	0.8158	1.0197
2.20	0.1234	0.2468	0.2961	0.3455	0.3948	0.4442	0.4935	0.7403	0.9871	1.2339
2.40	0.1468	0.2937	0.3524	0.4111	0.4699	0.5286	0.5874	0.8810	1.1747	1.4684
2.60	0.1723	0.3447	0.4136	0.4825	0.5515	0.6204	0.6893	1.0340	1.3787	1.7233
2.80	0.1999	0.3997	0.4797	0.5596	0.6396	0.7195	0.7995	1.1992	1.5989	1.9986
3.00	0.2294	0.4589	0.5506	0.6424	0.7342	0.8260	0.9177	1.3766	1.8355	2.2944

V (m/s)	Σζ 为下列值时局部水头损失值（mH_2O）								
	6	7	8	9	10	12	15	17	20
0.60	0.1101	0.1285	0.1468	0.1652	0.1835	0.2203	0.2753	0.3120	0.3671
0.70	0.1499	0.1749	0.1999	0.2248	0.2598	0.2998	0.3747	0.4247	0.4997
0.80	0.1958	0.2284	0.2610	0.2937	0.3263	0.3916	0.4895	0.5547	0.6526
0.85	0.2210	0.2579	0.2947	0.3315	0.3684	0.4420	0.5526	0.6262	0.7367
0.90	0.2478	0.2891	0.3304	0.3717	0.4129	0.4956	0.6195	0.7021	0.8260
0.95	0.2761	0.3221	0.3681	0.4141	0.4601	0.5522	0.6902	0.7822	0.9203
1.00	0.3059	0.3569	0.4079	0.4589	0.5099	0.6118	0.7648	0.8668	1.0197
1.10	0.3702	0.4319	0.4935	0.5552	0.6169	0.7403	0.9254	1.0488	1.2339
1.20	0.4405	0.5139	0.5874	0.6608	0.7342	0.8810	1.1013	1.2481	1.4684
1.30	0.5170	0.6032	0.6893	0.7755	0.8617	1.0340	1.2925	1.4648	1.7233
1.40	0.5996	0.6995	0.7995	0.8994	0.9993	1.1992	1.4990	1.6988	1.9986
1.50	0.6883	0.8030	0.9177	1.0325	1.1472	1.3766	1.7208	1.9502	2.2944
1.60	0.7831	0.9137	1.0442	1.1747	1.3052	1.5663	1.9579	2.2189	2.6105
1.70	0.8841	1.0314	1.1788	1.3261	1.4735	1.7682	2.2102	2.5049	2.9470
1.80	0.9912	1.1564	1.3216	1.4867	1.6519	1.9823	2.4779	2.8083	3.3039
1.90	1.1044	1.2884	1.4725	1.6565	1.8406	2.2087	2.7609	3.2190	3.6812
2.00	1.2237	1.4276	1.6315	1.8355	2.0394	2.4473	3.0591	3.4670	4.0789
2.20	1.4806	1.7274	1.9742	2.2209	2.4677	2.9613	3.7016	4.1951	4.9354
2.40	1.7621	2.0557	2.3494	2.6431	2.9368	3.5241	4.4052	4.9925	5.8736
2.60	2.0680	2.4126	2.7573	3.1020	3.4466	4.1360	5.1700	5.8593	6.8933
2.80	2.3984	2.7981	3.1978	3.5976	3.9973	4.7967	5.9959	6.7954	7.9946
3.00	2.7532	2.2121	3.6710	4.1299	4.5889	5.5065	6.8831	7.8008	9.1774

6.1-28　局部水头损失占沿程水头损失的百分数

管网类型		局部水头损失占沿程水头损失的百分数（%）	备注
独用	生活给水管网	25～30	
	生产给水管网	20	
	消火栓消防给水管网	10	
	自动喷水灭火系统消防给水管网	20	
共用	生活、消防共用给水管网	20	根据组成共用给水管网的不同比例确定
	生产、消防共用给水管网	15	
	生活、生产消防共用给水管网	20	

6.1-29 给水局部阻力系数 ζ

局部阻力	符号	ζ
三通 分流		1.3
三通 在分流时的直流		0.3
三通 在合流时的直流		0.6
三通 在合流时的回合		3.0
三通 在分流时的分开		1.3
三通，弧形的 分流		0.9
三通，弧形的 合流		0.4
三通，弧形的 在分流时的直流		0.3
三通，弧形的 在合流时的直流		0.2
分水器出口 水箱出口		0.5
集水器入口 水箱入口		1.0
弧弯，粗糙 $r=d$ $r=2\cdot d$ $r=4\cdot d$		0.51 0.30 0.23
90°角弯		1.3

局部阻力	DN	符号	ζ
直座截止阀和隔膜阀	15 20 25 32 40～100		10.0 8.5 7.5 6.0 5.0
斜座截止阀	15 20 25～50 65		3.5 2.5 2.0 0.7
全开自由流出截止阀	15 20～25 32～50 65～80 100以上		2.0 5 1.0 0.7 0.6
角阀	10 15 20～40 50～100		7.0 4.0 2.0 3.5
平行闸板和楔形闸板闸阀	10～15 20～25 32～150		1.0 0.5 0.3
不带关闭阀的止回阀	15～20 25～40 50 65～100		7.7 4.3 3.8 2.5
带关闭阀的止回阀	20 25～50		6.0 5.0

6.1-29　给水局部阻力系数 ζ（续）

局部阻力	符号	ζ	局部阻力	DN	符号	ζ
45°角弯	⌐	0.4	翻板式止回阀	50 100 200	⊡	1.5 1.2 1.0
缩径管件		0.4				
扩径管件		0.6	减压阀开启		⋈	30
弧形补偿器	∩	1.0	波纹补偿器		∿∿	2.0

6.1-30　热水器的压力损失

直流式电热水器，温控调节	$\Delta p = 500\text{mbar}$	储存式电热水器，80L以下	$\Delta p = 200\text{mbar}$
直流式电热水器，流体控制	$\Delta p = 1000\text{mbar}$	燃气热水器/燃气壁挂式锅炉	$\Delta p = 800\text{mbar}$

6.1-31　室内给水系统所需水压计算方法

经验法	建筑层数	1	2	3	4	5	6	7	8	9	10
	最小服务水头（kPa）	100	120	160	200	240	280	320	360	400	440

计算法

$$H = 10H_1 + H_2 + H_3 + H_4 + H_5$$

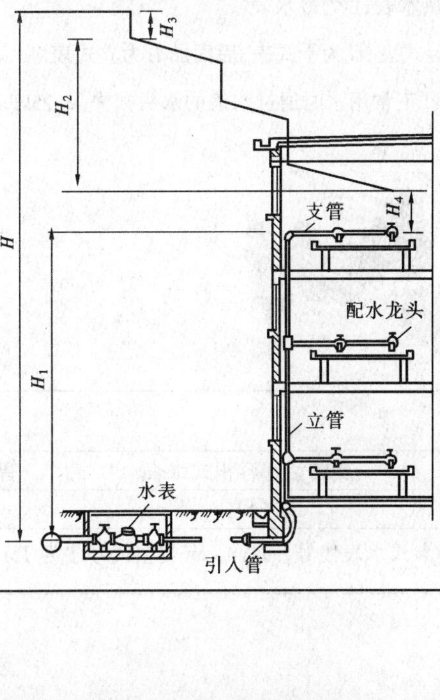

H—建筑给水引入管前所需水压

H_1—最不利配水点与引入管的标高差

H_2—建筑物内部给水管道的沿程和局部压力损失

H_3—水表的水头损失

H_4—最不利配水点流出水头

H_5—富裕水头，一般按 20kPa 考虑

6.1-32　水表的类型

分类方式	类　　型		特　　点
根据计量作用原理	速度型：根据在一定管径时，水的流速与流量成正比的原理计量		结构简单，价格便宜，普遍使用，旋翼式、螺翼式等都为这一类
	容积型：利用活塞容积的变化计量		旋转活塞容积式水表不受安装位置的限制，可以水平、垂直、倾斜安装，价格高
根据水表的叶轮构造	叶轮式（旋翼式）水表：叶轮旋转轴与水流垂直		因为水流阻力较大，用于测量较小流量、小口径水表
	翼轮复式水表：同时配有主表和副表（都为叶轮式水表），主表前有开闭器；水流量小时，开闭器自闭，水流通过副表计量；水流量大时，顶开开闭器，水流同时通过主、副表		用于用水量变化幅度较大的建筑物和单位
	螺翼式水表：翼轮轴旋转与水流方向平行	水平式 垂直式	因为水流阻力小，用于测量较大的流量、大口径水表
根据计量机构的位置	干式：传动机构和计量盘与水隔开		用于电子式、智能式水表
	湿式：传动机构和计量盘都浸在水中		用于机械读数水表
根据水的温度	冷水表：水温不高于50℃的系统		普通给水用户系统的入口
	热水表：水温不高于90℃的系统		热水用户系统的入口
智能式水表	用于远程计量和控制	IC卡水表 TM卡水表	预付费管道给水计量，需要电源（电池或交流电源）
		发讯式水表：通过干簧管、霍尔元件、光电元件等传感器远程计量，传输距离在150～500m	

6.1-33　叶轮式（旋翼式）水表的型号

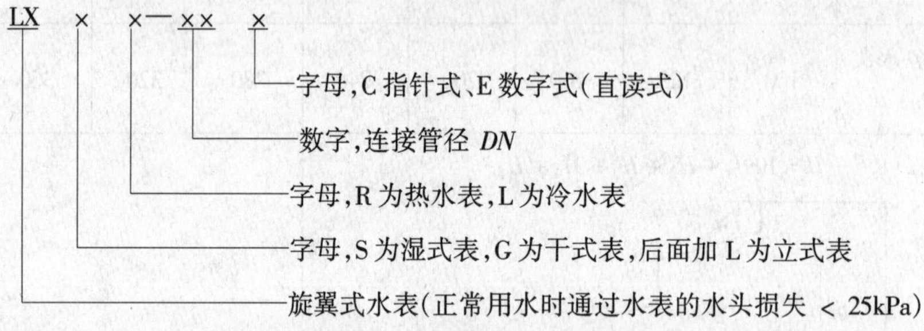

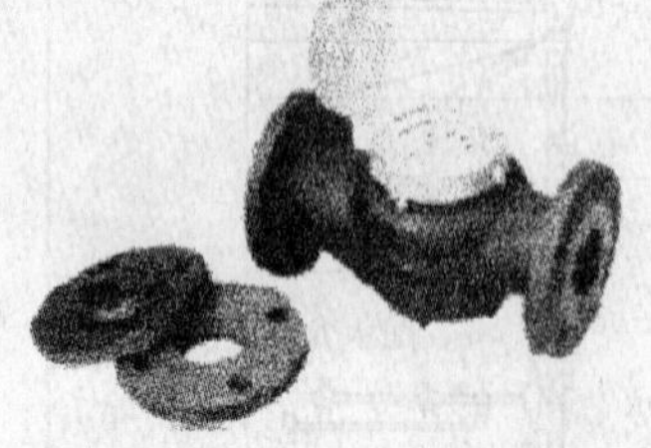

6.1-34　其他类型水表的型号

类　型	螺翼式水表	翼轮复式水表	旋转活塞容积式水表	智能IC卡式水表
型　号	LXL	LF	LXH	LXSIC

例如：LXHZ-8/T表示旋转活塞容积式水表，Z为智能卡式水表代号，*DN*8，卡类型代号T为TM卡

6.1-35 旋翼式水表[1)]技术参数

型　号	公称直径 (mm)	特性流量	最大流量	额定流量	最小流量	灵敏度≤ (m³/h)	最大示值 (m³)
		(m³/h)					
L×S-15	15	3	1.5	1.0	0.045	0.017	10000
L×S-20	20	5	2.5	1.6	0.075	0.025	10000
L×S-25	25	7	3.5	2.2	0.090	0.030	10000
L×S-32	32	10	5.0	3.2	0.120	0.040	10000
L×S-40	40	20	10.0	6.3	0.220	0.070	100000
L×S-50	50	30	15.0	10.0	0.400	0.090	100000
L×S-80	80	70	35.0	22.0	1.100	0.300	1000000
L×S-100	100	100	50.0	32.0	1.400	0.400	1000000
L×S-150	150	200	100.0	63.0	2.400	0.550	1000000

1)适用洁净冷水，水温不超过40℃。塑料壳水表最大压力为0.6MPa，金属壳水表最大压力为1.0MPa

6.1-36 螺翼式水表[2)]技术参数

公称直径 (mm)	流通能力[3)]	最大流量	额定流量	最小流量	最小示值	最大示值
	(m³/h)				(m³)	
80	65	100	60	2	0.01	1000000
100	110	150	100	3	0.01	1000000
150	275	300	200	5	0.01	1000000
200	500	600	400	10	0.10	10000000

2)水表要求水温不大于40℃，承受工作压力最大为1.0MPa

3)流通能力为水通过水表产生1mH_2O水头损失时的流量（正常用水时通过水表的水头损失<13kPa）

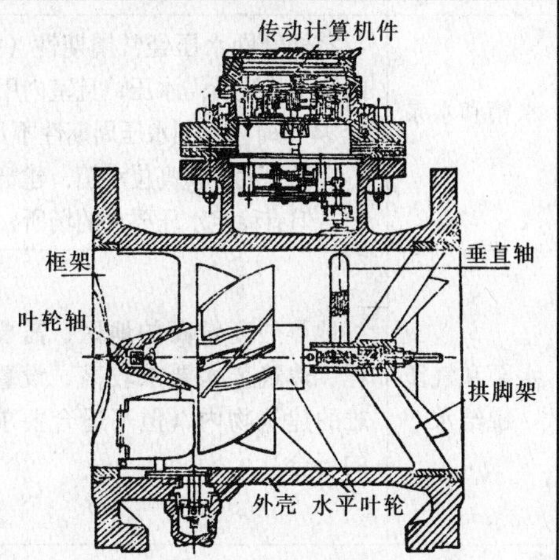

6.1-37 翼轮复式水表技术参数

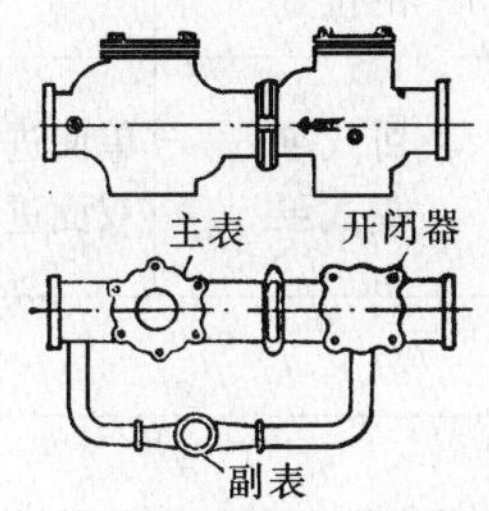

型　号	公称直径 (mm) 主表	公称直径 (mm) 副表	流量 (m³/h) 额定	流量 (m³/h) 最小	流量 (m³/h) 最大	流量 (m³/h) 灵敏度	系数 K	水头损失 (m) 额定	水头损失 (m) 最大
L×F-50	50	15	7	0.06	14	0.03	784	0.63	2.5
L×F-75	75	20	11	0.10	21	0.048	176.4	0.63	2.5
L×F-100	100	20	13	0.10	26	0.048	270.4	0.63	2.5
L×F-150	150	25	41	0.15	82	0.06	2689.6	0.63	2.5
L×F-200	200	25	45	0.15	92	0.12	3240	0.63	2.5

6.2 压力提升设备

6.2-1 压力提升的方式

方式	使用范围	特点
高位水箱给水	一天24小时内管网水压周期性不足（即高峰时间水压不足）、用水设备要求水压稳定和贮存事故水量，以及需要安全供水的场所	水箱利用管网的压力自动工作，不需要专人管理，运行费用低廉，在某种场合还能起到恒定水压的作用。由于设置高位水箱，增加了建筑物的荷载和防震要求，从而提高了建筑造价；若设计、施工和运行管理不善，水箱的水质会下降
水泵给水	室外给水管网的水压经常低于室内所需水压，且室内用水量较大并均匀的场所	供水安全可靠性较高。当发生电力故障时会使供水中断；当用水量减少时，水泵在低效率下运行，电能耗费较多
水箱和水泵给水	室外管网水压经常周期性（如夏季）低于室内给水系统所需水压，且室内用水量不均匀，一天24小时内管网水压周期性不足、缺水量很大，不宜设置大容积高位水箱，建筑物内需水量不均匀，但有稳定水压要求的场所	水箱和水泵联合工作，水泵可以间断开启；正确选择水泵，能使水泵高效率工作，同时水箱容积可大大减小；运行管理费用较低。水箱需要定期清洗
水泵和气压罐给水	地震烈度较高的地区、需要隐蔽的国防工程、建筑艺术要求较高、设置高位水箱有困难的建筑物内（但不适合要求供水压力稳定的场合）	供水压力是借罐内压缩空气维持，所以不受安装高度限制，灵活性大，易于改建、扩建和搬迁，投资少，建设速度快，便于加工和安装；气压罐密闭、水质不易污染，供水较安全可靠。调节能力小，水泵启动频繁，耗电量增加，设备使用年限降低，运行费用较高，供水压力变化幅度较大；需要定期补气

6.2-2 水泵的种类

分类方式	根据原理	根据水泵轴的位置	根据进水方式	根据级数	根据压力
水泵的处类	容积型（活塞泵、隔膜泵等）、速度型（离心泵、轴流泵等）	卧式泵 立式泵	单面进水（单吸） 双面进水（双吸）	单级泵 多级泵	低压泵 中压泵 高压泵

6.2-3 水泵的基本参数

名称	符号	单位	意义
扬程	H，p	mH_2O，MPa	单位质量的水通过水泵后所获得的机械能，为吸水高度、压水高度、管道沿程阻力和各项局部阻力之和
流量	Q，$\dot{V}$	m^3/h，L/h	水泵在单位时间内的出水量
转数	n	1/min	水泵叶轮每分钟旋转的次数
功率	P	kW	有效功率为单位时间内泵将一定质量的液体提升到某个高度
			轴功率为动力机输入水泵的功率
			配套功率为水泵应选配的电动机功率
效率	η	—	水泵的有效功率与轴功率的比值
允许吸上真空高度	H'_s	m	水池自由水面到水泵轴线的高度（理论高度为10.33m，由于受当地大气压、温度等影响，实际吸水高度要大大低于此值）

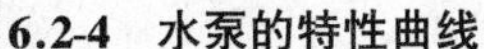

6.2-4　水泵的特性曲线

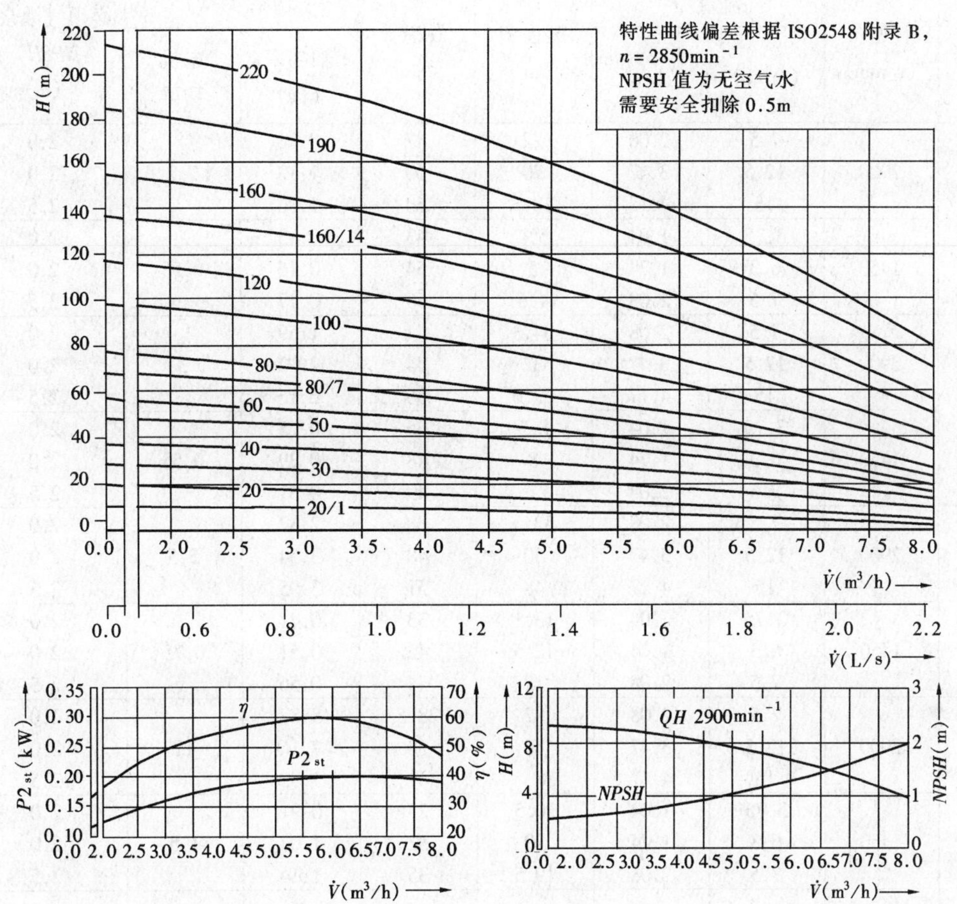

6.2-5　给水泵的型号与性能

名　称	型　号	性能、优缺点	适　用
IS 型单级单吸清水离心泵	例：IS80-65-160 80-泵入口直径 65-泵出口直径 160-叶轮名义直径	流量：6.3～400m³/h 扬程：5～125m	输送清水，温度不超过 80℃
LD 型立式单级单吸清水离心泵	例：LD80-160Z 80-泵进出口直径 160-叶轮名义直径 Z-直联轴式	流量：6.3～100m³/h 扬程：20～80m	输送清水，温度不超过 80℃
BG 型管道离心泵	例：BG50-20A 50-泵进出口直径 20-泵设计点扬程值 A-叶轮直径经第一次切割	流量：2.5～25m³/h 扬程：4～20m	输送清水、石油产品及无腐蚀性液体，温度不超过 80℃
G 型管道离心泵	例：G32 32-泵进出口直径	流量：2.4～80m³/h 扬程：8～30m	输送清水，温度不超过 80℃。 输送循环水或高层建筑给水

6.2-6 IS型单级单吸离心泵性能

型　　号	转速 n (r/min)	流量 Q (m^3/h)	流量 Q (L/s)	扬程 H (m)	效率 η (%)	功率（kW） 轴功率 (Pa)	功率（kW） 电机功率	必须气蚀余量 ($NPSH$) r (m)	泵重量 (kg)
$IS_{50\text{-}32\text{-}125}$	2900	7.5	2.08	22	47	0.96	2.2	2.0	44.5
		12.5	3.47	20	60	1.13		2.0	
		15	4.17	18.5	60	1.26		2.5	
	1450	3.75	1.04	5.4	43	0.13	0.55	2.0	
		6.3	1.74	5	54	0.16		2.0	
		7.5	2.08	4.6	55	0.17		2.5	
$IS_{50\text{-}32\text{-}160}$	2900	7.5	2.08	34.3	44	1.59	3	2.0	46
		12.5	3.47	32	54	2.02		2.0	
		15	4.17	29.6	56	2.16		2.5	
	1450	3.75	1.04	8.5	35	0.25	0.55	2.0	
		6.3	1.74	8	48	0.29		2.0	
		7.5	2.08	7.5	49	0.31		2.5	
$IS_{50\text{-}32\text{-}200}$	2900	7.5	2.08	52.5	38	2.82	5.5	2.0	39.5
		12.5	3.47	50	48	3.54		2.0	
		15	4.17	48	51	3.95		2.5	
	1450	3.75	1.04	13.1	33	0.41	0.75	2.0	
		6.3	1.74	12.5	42	0.51		2.0	
		7.5	2.08	12	44	0.56		2.5	
$IS_{50\text{-}32\text{-}250}$	2900	7.5	2.08	82	28.5	5.87	11	2.0	
		12.5	3.47	80	38	7.16		2.0	
		15	4.17	78.5	41	7.83		2.5	
	1450	3.75	1.04	20.5	23	0.91	1.5	2.0	
		6.3	1.74	20	32	1.07		2.0	
		7.5	2.08	19.5	35	1.14		2.5	
$IS_{65\text{-}50\text{-}125}$	2900	15	4.17	21.8	58	1.54	3	2.0	
		25	6.94	20	69	1.97		2.5	
		30	8.33	18.5	68	2.22		3.0	
	1450	7.5	2.08	5.35	53	0.21	0.55	2.0	
		12.5	3.47	5	64	0.27		2.0	
		15	4.17	4.7	65	0.30		2.5	
$IS_{65\text{-}50\text{-}160}$	2900	15	4.17	35	54	2.65	5.5	2.0	37
		25	6.94	32	65	3.35		2.0	
		30	8.33	30	66	3.71		2.5	
	1450	7.5	2.08	8.8	50	0.36	0.75	2.0	
		12.5	3.47	8.0	60	0.45		2.0	
		15	4.17	7.2	60	0.49		2.5	
$IS_{65\text{-}40\text{-}200}$	2900	15	4.17	53	49	4.42	7.5	2.0	48
		25	6.94	50	60	5.67		2.0	
		30	8.33	47	61	6.29		2.5	
	1450	7.5	2.08	13.2	43	0.63	1.1	2.0	
		12.5	3.47	12.5	55	0.77		2.0	
		15	4.17	14.8	57	0.85		2.5	
$IS_{65\text{-}40\text{-}250}$	2900	15	4.17	82	37	9.05	15	2.0	
		25	6.91	80	50	10.89		2.0	
		30	8.33	78	53	12.02		2.5	
	1450	7.5	2.08	21	35	1.23	2.2	2.0	
		12.5	3.47	20	46	1.48		2.0	
		15	4.17	19.4	48	1.65		2.5	

6.2-6 IS型单级单吸离心泵性能（续）

型 号	转速 n (r/min)	流 量 Q (m^3/h)	流 量 Q (L/s)	扬程 H (m)	效率 η (%)	功率 (kW) 轴功率 (Pa)	功率 (kW) 电机功率	必须气蚀余量 (NPSH) r (m)	泵重量 (kg)
$IS_{65-40-315}$	2900	15	4.17	127	28	18.5	30	2.5	
		25	6.94	125	40	21.3		2.5	
		30	8.33	123	44	22.8		3.0	
	1450	7.5	2.08	32.3	25	2.63	4	2.5	
		12.5	3.47	32.0	37	2.94		2.5	
		15	4.17	31.7	41	3.16		3.0	
$IS_{80-65-125}$	2900	30	8.33	22.5	64	2.87	5.5	3.0	
		50	13.9	20	75	3.63		3.0	
		60	16.7	18	74	3.98		3.5	
	1450	15	4.17	5.6	55	0.42	0.75	2.5	
		25	6.94	5	71	0.48		2.5	
		30	8.33	4.5	72	0.51		3.0	
$IS_{80-65-160}$	2900	30	8.33	36	61	4.82	7.5	2.5	41
		50	13.9	32	73	5.97		2.5	
		60	16.7	29	72	6.59		3.0	
	1450	15	4.17	9	55	0.67	1.5	2.5	
		25	6.94	8	69	0.79		2.5	
		30	8.33	7.2	68	0.86		3.0	
$IS_{80-50-200}$	2900	30	8.33	53	55	7.87	15	2.5	51
		50	13.9	50	69	9.87		2.5	
		60	16.7	47	71	10.8		3.0	
	1450	15	4.17	13.2	51	1.06	2.2	2.5	
		25	6.94	12.5	65	1.31		2.5	
		30	8.33	11.8	67	1.44		3.0	
$IS_{80-50-250}$	2900	30	8.33	84	52	13.2	22	2.5	87
		50	13.9	80	63	17.3		2.5	
		60	16.7	75	64	19.2		3.0	
	1450	15	4.17	21	49	1.75	3	2.5	
		25	6.94	20	60	2.27		2.5	
		30	8.33	18.8	61	2.52		3.0	
$IS_{80-50-315}$	2900	30	8.33	128	41	25.5	37	2.5	
		50	13.9	125	54	31.5		2.5	
		60	16.7	123	57	35.3		3.0	
	1450	15	4.17	32.5	39	3.4	5.5	2.5	
		25	6.94	32	52	4.19		2.5	
		30	8.33	31.5	56	4.6		3.0	

6.2-6 IS 型单级单吸离心泵性能（续）

型号	转速 n (r/min)	流量 Q (m^3/h)	流量 Q (L/s)	扬程 H (m)	效率 η (%)	功率（kW）轴功率 (Pa)	功率（kW）电机功率	必须气蚀余量 (NPSH) r (m)	泵重量 (kg)
$IS_{100-80-125}$	2900	60	16.7	24	67	5.86	11	4.0	50
		100	27.8	20	78	7.00		4.5	
		120	33.3	16.5	74	7.28		5.0	
	1450	30	8.33	6	64	0.77	1.5	2.5	
		50	13.9	5	75	0.91		2.5	
		60	16.7	4	71	0.92		3.0	
$IS_{100-80-160}$	2900	60	16.7	36	70	8.42	15	3.5	82.5
		100	27.8	32	78	11.2		4.0	
		120	33.3	28	75	12.2		5.0	
	1450	30	8.33	9.2	67	1.12	2.2	2.0	
		50	13.9	8.0	75	1.45		2.5	
		60	16.7	6.8	71	1.57		3.5	
$IS_{100-65-200}$	2900	60	16.7	54	65	13.6	22	3.0	83
		100	27.8	50	76	17.9		3.6	
		120	33.3	47	77	19.9		4.8	
	1450	30	8.33	13.5	60	1.84	4	2.0	
		50	13.9	12.5	73	2.33		2.0	
		60	16.7	11.8	74	2.61		2.5	
$IS_{100-65-250}$	2900	60	16.7	87	61	23.4	37	3.5	108
		100	27.8	80	72	30.3		3.8	
		120	33.3	74.5	73	33.3		4.8	
	1450	30	8.33	21.3	55	3.16	5.5	2.0	
		50	13.9	20	68	4.00		2.0	
		60	16.7	19	70	4.44		2.5	
$IS_{100-65-315}$	2900	60	16.7	133	55	39.6	75	3.0	
		100	27.8	125	66	51.6		3.6	
		120	33.3	118	67	57.5		4.2	
	1450	30	8.33	34	51	5.44	11	2.0	
		50	13.9	32	63	6.92		2.0	
		60	16.7	30	64	7.67		2.5	
$IS_{125-100-200}$	2900	120	33.3	57.5	67	28.0	45	4.5	96
		200	55.5	50	81	33.6		4.5	
		240	66.7	44.5	80	36.4		5.0	
	1450	60	16.7	14.5	62	3.83	7.5	2.5	
		100	27.8	12.5	76	4.48		2.5	
		120	33.3	11.0	75	4.79		3.0	

6.2-6 IS 型单级单吸离心泵性能（续）

型号	转速 n (r/min)	流量 Q (m³/h)	流量 Q (L/s)	扬程 H (m)	效率 η (%)	功率(kW) 轴功率 (Pa)	功率(kW) 电机功率	必须气蚀余量 (NPSH) r (m)	泵重量 (kg)
$IS_{125\text{-}100\text{-}250}$	2900	120	33.3	87	66	43.0	75	3.8	
		200	55.6	80	78	55.9		4.2	
		240	66.7	72	75	62.8		5.0	
	1450	60	16.7	21.5	63	5.59	11	2.5	
		100	27.8	20	76	7.17		2.5	
		120	33.3	18.5	77	7.84		3.0	
$IS_{125\text{-}100\text{-}315}$	2900	120	33.3	132.5	60	72.1	110	4.0	
		200	55.6	125	75	90.8		4.5	
		240	66.7	120	77	101.9		5.0	
	1450	60	16.7	33.5	58	9.4	15	2.5	
		100	27.8	32	73	11.9		2.5	
		120	33.3	30.5	74	13.5		3.0	
$IS_{125\text{-}100\text{-}400}$	1450	60	16.7	52	53	16.1	30	2.5	
		100	27.8	50	65	21.0		2.5	
		120	33.3	48.5	67	23.6		3.0	
$IS_{150\text{-}125\text{-}250}$	1450	120	33.3	22.5	71	10.4	18.5	3.0	
		200	55.6	20	81	13.5		3.0	
		240	66.7	17.5	78	14.7		3.5	
$IS_{150\text{-}125\text{-}315}$	1450	120	33.3	34	70	15.86	30	2.5	
		200	55.6	32	79	22.08		2.5	
		240	66.7	29	80	23.71		3.0	
$IS_{150\text{-}125\text{-}400}$	1450	120	33.3	53	62	27.9	45	2.0	
		200	55.6	50	75	36.3		2.8	
		240	66.7	46	74	40.6		3.5	

6.2-7 IS 型单级单吸离心泵外形及安装尺寸

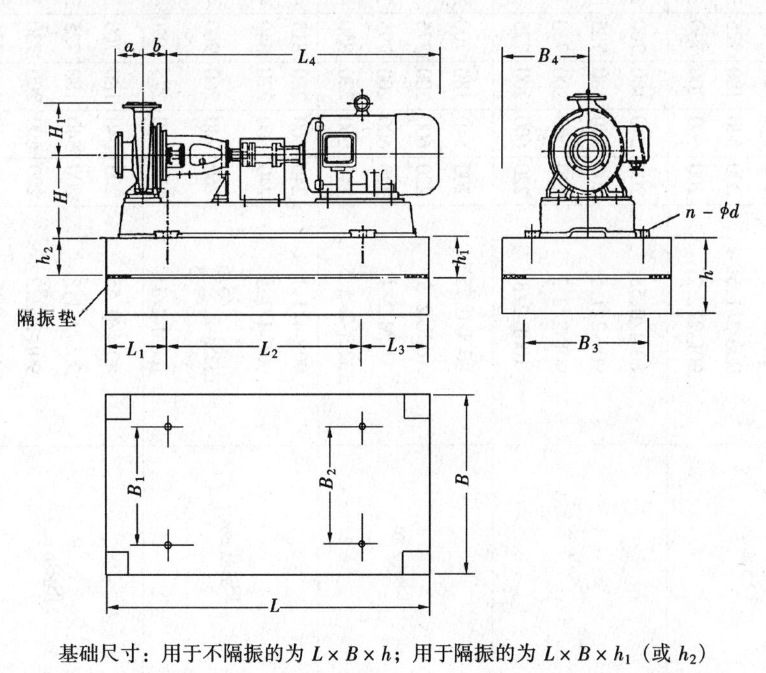

基础尺寸：用于不隔振的为 $L\times B\times h$；用于隔振的为 $L\times B\times h_1$（或 h_2）

6.2-7 IS型单级单吸离心泵外形及安装尺寸(续)

泵型号	机座号/功率 (kW)	泵外形和安装尺寸												不隔振基础			隔振基础				隔振垫型号	n-ϕd
		L_1	L_2	L_3	L_4	B_1	B_2	B_3	B_4	H	H_1	a	b	L	B	h	L	B	h_1	h_2		
$IS_{50\text{-}32\text{-}125}$	80-4/0.55	200	540	180	700	320	320	360	300	237	140	80	70	920	600	220	900	600	145	100	$SD_{42\text{-}1}$	4-ϕ18.5
	80-2/1.1	200	540	180	700	320	320	360	300	237			70	920	600							
	90S-2/1.5	200	540	180	725	320	320	360	300	237			70	920	600							
	90L-2/2.2	200	600	200	730	350	350	390	315	237			90	1020	630	200	1000	650	120	100	$SD_{41\text{-}1}$	
$IS_{50\text{-}32\text{-}160}$	80-4/0.55	200	540	180	700	320	320	360	300	257	160	80	70	920	600	230	900	600	145	100	$SD_{42\text{-}1}$	4-ϕ18.5
	90S-2/1.5	200	540	180	725	320	320	360	300	257			70	920	600							
	90L-2/2.2	220	600	200	730	350	350	390	315	257			90	1020	630							
	100L-2/3	220	600	200	775	350	350	390	315	257			90	1020	630	240	1000	650	120	100	$SD_{41\text{-}1}$	
$IS_{50\text{-}32\text{-}200}$	80-4/0.75	200	540	180	700	320	320	360	300	285	180	80	70	920	600	280	900	600	145	100	$SD_{42\text{-}1}$	4-ϕ18.5
	100L-2/3	220	600	200	775	350	350	390	315	285			90	1020	630							
	112M-2/4	220	600	200	795	350	350	390	315	285			90	1020	630							
	$132S_1$-2/5.5	240	660	220	850	400	400	450	345	235			110	1020	690	300	1100	750	195	150	$SD_{42\text{-}1.5}$	4-ϕ24
$IS_{50\text{-}32\text{-}250}$	90S-4/1.1	240	660	220	815	400	400	450	345	255	225	100	95	1120	690	250	1100	700	195	150	$SD_{42\text{-}1.5}$	4-ϕ24
	90L-4/1.5	240	660	220	840	400	400	450	345	255			95	1120	690							
	$132S_2^1$-2 /5.5 /7.5	260	740	260	960	440	440	490	365	270			115	1260	730							
	160M-2/11	275	840	275	1070	490	490	540	390	290			130	1390	780	350	1400	800	195	150	$SD_{42\text{-}2.5}$	
$IS_{65\text{-}50\text{-}125}$	80-4/0.55	200	540	180	700	320	320	360	300	237	140	80	70	920	600	230	900	600	145	100	$SD_{42\text{-}1}$	4-ϕ18.5
	90S-2/1.5	200	540	180	725	320	320	360	300	237			70	920	600							
	90L-2/2.2	220	600	200	730	350	350	390	315	237			90	1020	630							
	100L-2/3	220	600	200	775	350	350	390	315	237			90	1020	630	230	1000	650	120	100	$SD_{41\text{-}1}$	
$IS_{65\text{-}50\text{-}160}$	80-4/0.75	200	540	180	700	320	320	360	300	257	160	80	70	920	600	250	900	600	145	100	$SD_{42\text{-}1}$	4-ϕ18.5
	100L-2/3	220	600	200	775	350	350	390	315	257			90	1020	630							
	112M-2/4	220	600	200	795	350	350	390	315	257			90	1020	630							
	$132S_1$-2/5.5	240	660	220	850	400	400	450	345	207			110	1120	690	280	1100	700	195	150	$SD_{42\text{-}1.5}$	

6.2-7 IS型单级单吸离心泵外形及安装尺寸(续)

泵型号	机座号/功率(kW)	泵外形和安装尺寸												不隔振基础			隔振基础				隔振垫型号	n-φd
		L_1	L_2	L_3	L_4	B_1	B_2	B_3	B_4	H	H_1	a	b	L	B	h	L	B	h_1	h_2		
$IS_{65-40-200}$	80-4/0.55 /0.75	220	600	200	680	350	350	390	510	285			90	1020	630							
	90S-4/1.1	220	600	200	705	350	350	390	510	285	180	100	90	1020	630	250	1000	650	145	100	SD_{42-1}	4-φ18.5
	112M-2/4	220	600	200	795	350	350	390	510	285			90	1020	630							
	$132S_2$-2/5.5 /7.5	240	660	220	850	400	400	450	560	235			110	1120	690	300	1100	700	195	150	$SD_{42-1.5}$	4-φ24
$IS_{65-40-250}$	90S-4/1.1	240	660	220	815	400	400	450	560	255			95	1120	690							
	90L-4/1.5	240	660	220	840	400	400	450	560	255			95	1120	690							
	100L-4/2.2	240	660	220	885	400	400	450	560	255	225	100	95	1120	690	240	1100	700	195	150	$SD_{42-1.5}$	4-φ24
	$132S_2$-2/7.5	240	740	260	960	440	440	490	630	270			115	1260	730							
	160M-2/11 /15	275	840	275	1070	490	490	540	695	290			130	1390	780	350	1400	800	195	150	$SD_{42-2.5}$	
$IS_{65-40-315}$	100L-4/2.2 /3	260	740	260	885	440	440	490	630	290	250		95	1260	730							
	112M-4/4	260	740	260	870	440	440	490	630	290	250	125	95	1260	730	300	1200	750	195	150	SD_{42-2}	4-φ24
	160L-2/18.5	275	840	275	1115	490	490	540	695	290	270		130	1390	780							
	180M-2/22	275	840	275	1140	490	490	540	695	290	270		130	1390	780							
	200L-2/30	300	940	280	1220	550	550	610	760	330	250		155	1520	850	400	1500	850	195	150	SD_{42-3}	4-φ28
$IS_{80-65-125}$	804-/0.75	200	540	180	700	320	320	360	460	257			70	920	600	250	900	600	145	100	SD_{42-1}	
	100L-2/3	220	600	200	775	350	350	390	510	257	160	100	90	1020	630							4-φ18.5
	112M-2/4	220	600	200	795	350	350	390	510	257			90	1020	630							
	$132S_1$-2/5.5	240	660	220	840	400	400	450	560	207			110	1120	690	280	1100	700	195	150	$SD_{42-1.5}$	4-φ24
$IS_{80-65-160}$	80-4/0.75	220	600	200	680	350	350	390	510	285			90	1020	630							
	90S-4/1.1	220	600	200	705	350	350	390	510	285			90	1020	630	250	1000	650	145	100	SD_{42-1}	
	90L-4/1.5	220	600	200	730	350	350	390	510	285			90	1020	630							4-φ18.5
	112M-2/4	220	600	200	795	350	350	390	510	285	180	100	90	1020	630							
	132S-2/5.5 /7.5	240	660	220	850	400	400	450	560	235			110	1120	690	300	1100	700	195	150	$SD_{42-1.5}$	4-φ24

6.2-7　IS型单级单吸离心泵外形及安装尺寸(续)

泵型号	机座号/功率(kW)	泵外形和安装尺寸												不隔振基础			隔振基础				隔振垫型号	n-φd
		L_1	L_2	L_3	L_4	B_1	B_2	B_3	B_4	H	H_1	a	b	L	B	h	L	B	h_1	h_2		
$IS_{80-50-200}$	90S-4/1.1	220	600	200	705	350	350	390	315	285	200		90	1020	630							
	90L-4/1.5	220	600	200	730	350	350	390	315	285	200		90	1020	630							4-φ18.5
	100L-4/2.2	220	600	200	775	350	350	390	315	285	200	100	90	1020	630	250	1000	650	145	100	SD_{42-1}	
	132S$_2$-2/7.5	240	660	220	850	400	400	450	345	285	200		110	1120	690							4-φ24
	160M-2/11/15	260	740	240	955	440	440	490	365	300	200		130	1240	730	350	1200	750	195	150	SD_{42-2}	
$IS_{80-50-250}$	100L-4/3	240	660	220	885	400	400	450	345	305			95	1120	690	250	1100	700	195	150	$SD_{42-1.5}$	
	160M-2/15	275	840	275	1070	490	490	540	390	340	225	125	130	1390	780							4-φ24
	160L-2/18.5	275	840	275	1115	490	490	540	390	340			130	1390	780							
	180M-2/22	275	840	275	1140	490	490	540	390	340			130	1390	780	400	1400	800	195	150	SD_{42-3}	
$IS_{80-50-315}$	112M-4/4	260	740	260	885	440	440	490	365	365			115	1240	730							
	132S-4/5.5	260	740	260	960	440	440	490	365	365			115	1260	730	300	1200	700	195	150	SD_{42-2}	4-φ24
	180M-2/22	275	840	275	1140	490	490	540	390	385	280	125	130	1390	780							
	200L-2/30/37	300	940	280	1220	550	550	610	425	405			155	1520	850	400	1500	850	195	150	SD_{42-3}	4-φ28
$IS_{100-80-125}$	80-4/0.75	240	600	220	695	350	350	390	315	285			75	1060	630							
	90S-4/1.1	240	600	220	720	350	350	390	315	285			75	1060	630							4-φ18.5
	90L-4/1.5	240	600	220	745	350	350	390	315	285	180	100	75	1060	630	250	1000	650	145	100	SD_{42-1}	
	132S-2/7.5	260	660	240	865	400	400	450	345	285			95	1160	690							
	160M-2/11	280	740	260	970	440	440	490	365	300			115	1280	730	320	1200	750	195	150	SD_{42-2}	4-φ24
$IS_{100-80-160}$	90L-4/1.5	240	660	220	840	400	400	450	345	285			95	1060	690							
	100L-4/2.2	240	660	220	885	400	400	450	345	285			95	1060	690	250	1100	700	195	150	$SD_{42-1.5}$	4-φ24
	160M-2/11/15	295	840	295	1070	490	490	540	390	320	200	100	130	1430	780	350	1400	800	195	150	$SD_{42-2.5}$	

6.2-7 IS 型单级单吸离心泵外形及安装尺寸(续)

泵型号	机座号/功率 (kW)	泵外形和安装尺寸												不隔振基础			隔振基础				隔振垫型号	n-φd
		L_1	L_2	L_3	L_4	B_1	B_2	B_3	B_4	H	H_1	a	b	L	B	h	L	B	h_1	h_2		
$IS_{100-65-200}$	100L-4/3	280	740	280	905	440	440	490	365	270	225		115	1300	730							
	112M-4/4	280	740	280	925	440	440	490	365	270	225		115	1300	730	250	1200	700	195	150	SD_{42-2}	
	160M-2/15	295	840	295	1110	490	490	540	390	290	225	100	130	1430	780							4-φ24
	160L-2/18.5	295	840	295	1155	490	490	540	390	290	225		130	1430	780							
	180M-2/22	295	840	295	1180	490	490	540	390	290	225		130	1430	780	400	1400	800	195	150	SD_{42-3}	
$IS_{100-65-250}$	100L-4/3	280	740	280	920	440	440	490	365	290			100	1300	730							
	112M-4/4	280	740	280	940	440	440	490	365	290			100	1300	730							
	132S-4/5.5	280	740	280	1015	440	440	490	365	290	250	125	100	1300	730	300	1200	700	195	150	SD_{42-2}	4-φ24
	180M-2/22	295	840	295	1195	490	490	540	390	310			115	1430	780							
	200L-2 /30 /37	320	940	300	1275	550	550	610	425	330			140	1560	850	410	1500	850	195	150	SD_{42-3}	4-φ28
$IS_{100-65-315}$	132S-4/5.5	295	840	320	1030	490	490	540	390	335			115	1455	780							
	132M-4/7.5	295	840	320	1070	490	490	540	390	335			115	1455	780							4-φ24
	160M-4/11	295	840	320	1155	490	490	540	390	335			115	1455	780	350	1300	800	195	150	SD_{42-2}	
	200L-2/37	320	940	300	1305	550	550	610	425	355	280	125	140	1560	850							
	225M-2/45	360	1060	340	1305	600	600	660	450	355			180	1760	900							
	250M-2/55	360	1060	340	1420	600	600	660	450	355			180	1760	900							4-φ28
	280S-2/75	390	1200	370	1460	670	670	730	485	375			210	1960	970	520	1900	950	245	200	SD_{42-6}	
$IS_{125-100-200}$	112-4/4	290	740	290	940	440	440	490	365	290			100	1320	730							
	132S-4/5.5	290	740	290	1015	440	440	490	365	290			100	1320	730	300	1200	700	195	150	$SD_{42-2.5}$	4-φ24
	132M-4/7.5	290	740	290	1055	440	440	490	365	290	280	125	100	1320	730							
	180M-2/22	305	840	305	1195	490	490	540	390	310			115	1450	780							
	200L-2/37	330	940	310	1275	550	550	610	425	330			140	1580	850							4-φ28
	225M-2/45	330	940	310	1315	550	550	610	425	330			140	1580	850	440	1500	850	195	150	SD_{42-3}	

6.2-7 IS 型单级单吸离心泵外形及安装尺寸(续)

泵型号	机座号/功率 (kW)	泵外形和安装尺寸												不隔振基础			隔振基础				隔振垫型号	n-ϕd
		L_1	L_2	L_3	L_4	B_1	B_2	B_3	B_4	H	H_1	a	b	L	B	h	L	B	h_1	h_2		
	132S-4/5.5	305	840	330	1003	490	490	540	390	335			115	1475	780							
	132M-4/7.5	305	840	330	1070	490	490	540	390	335			115	1475	780							4-ϕ24
	160M-4/11	305	840	330	1155	490	490	540	390	335			115	1475	780	250	1300	800	195	150	$SD_{42-2.5}$	
$IS_{125-100-250}$	200L-2/37	330	940	310	1305	550	550	610	425	355	280	140	140	1580	850							
	225M-2/45	370	1060	350	1305	600	600	660	450	355			180	1780	900							
	250M-2/55	370	1060	350	1420	600	600	660	450	355			180	1780	900							4-ϕ28
	2805-2/75	400	1200	380	1460	670	670	730	485	355			210	1980	970	500	1900	950	245	200	SD_{42-6}	
	160M-4/11	305	840	330	1155	490	490	540	390	360			115	1475	780							4-ϕ24
	160L-4/15	330	940	310	1175	550	550	610	425	380			140	1580	850	300	1500	850	195	150	SD_{42-3}	
$IS_{125-100-315}$	280S-2/75	400	1200	380	1460	670	670	730	485	400	315	140	210	1980	970							
	280M-2/90	400	1200	380	1510	670	670	730	485	400			210	1980	970							4-ϕ28
	315S-2/110	400	1200	380	1650	740	740	800	520	400			210	1980	1040	800	1900	1000	245	200	SD_{42-8}	
	160L-4/15	370	1060	350	1155	606	600	660	450	410				1780	900							
$IS_{125-100-400}$	180M-4/18.5	370	1060	350	1180	600	600	660	450	410				1780	900							
	180L-4/22	370	1060	350	1220	600	600	660	450	410	355	140	160	1780	900							4-ϕ28
	200L-4/30	370	1060	350	1285	600	600	660	450	410				1780	900	400	1700	900	245	200	SD_{42-4}	
	160M-4/11	305	840	330	1155	490	490	540	390	360			115	1475	780		1500	850	195	150	SD_{42-3}	4-ϕ24
$IS_{150-125-250}$	160L-4/15	330	940	310	1175	550	550	610	425	380	355	140	140	1580	850							4-ϕ28
	180M-4/18.5	330	940	310	1200	550	550	610	425	380			140	1580	850	350	1540	850	195	150	SD_{42-3}	4-ϕ28
	180M-4/13.5	370	1060	350	1180	600	600	660	450	410				1780	900							
$IS_{150-125-315}$	180L-4/22	370	1060	350	1220	600	600	660	450	410	355	140	160	1780	900							4-ϕ28
	200L-4/30	370	1060	350	1285	600	600	660	450	410				1780	900	400	1700	900	245	200	SD_{42-4}	
	200L-4/30	370	1060	350	1285	600	600	660	450	455				1780	900							
$IS_{150-125-400}$	225S-4/37	370	1060	350	1330	600	600	660	450	455	400	140	160	1780	900							4-ϕ28
	225M-4/45	370	1060	350	1355	600	600	660	450	450				1780	900	450	1700	900	270	200	SD_{43-6}	

6.2-8 LD-Z 型泵性能（2900r/min）

型　号	流量（m^3/h）	扬程（m）	功率（kW）	效率（%）	汽蚀余量（m）
LD40-180Z	7.2	40	3	35.3	2.0
LD50-125Z	12.5	20	2.2	60	2.0
LD50-160Z	12.5	32	3	54	2.0
LD50-200Z	12.5	50	5.5	48	2.0
LD50-250Z	12.5	80	11	38	2.0
LD65-125Z	25	20	3	69	2.0
LD65-160Z	25	32	5.5	65	2.0
LD65-200Z	25	50	7.5	60	2.0
LD65-250Z	25	80	15	53	2.0
LD80-125Z	50	20	5.5	75	3.0
LD80-160Z	50	32	7.5	73	2.5
LD80-200Z	50	50	15	69	2.5
LD80-250Z	50	80	22	63	2.5
LD100-125Z	100	20	11	78	4.5
LD100-160Z	100	32	15	78	4.0
LD100-200Z	100	50	22	76	3.6
LD100-250Z	100	80	37	72	3.8

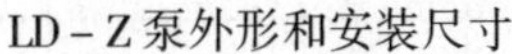
LD－Z 泵外形和安装尺寸

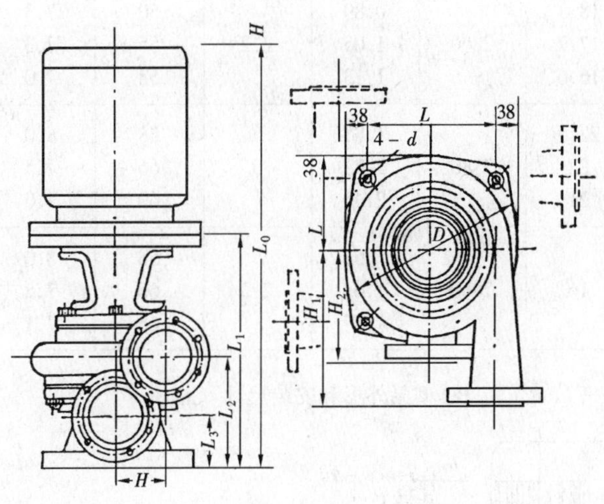

型　号	电机型号/功率（kW）	安装尺寸									4－d	进出口直径 DN（mm）	重量（kg）
		L_0	L_1	L_2	L_3	H	H_1	H_2	L	h			
LD40-180Z	Y100L-2B5/3	650	330	180	80	106	220	150	177		ϕ17.5	40	81
LD50-125Z	Y90L-2B5/2.2	625	341	196	96	85	93	125	177		ϕ17.5	50	
LD50-160Z	Y100L-2B5/3	660	340	190	96	101	220	150	177	380	ϕ17.5	50	86
LD50-200Z	$Y132S_1$-2B5/5.5	763	370	210	95	111	230	160	205	580	ϕ17.5	50	126
LD65-160Z	$Y132S_1$-2B5/5.5	763	370	210	105	102	230	160	205	500	ϕ17.5	65	126
LD65-200Z	$Y132S_2$-2B5/7.5	763	370	210	105	118	235	165	205	520	ϕ17.5	65	132
LD65-250Z	$Y160M_2$-2B5/15	836	405	225	105	139	260	180	248	660	ϕ19	65	214
LD80-160Z	$Y132S_1$-2B5/7.5	778	385	225	110	100	230	160	205		ϕ17.5	80	132
LD80-200Z	$Y160M_2$-2B5/15	895	405	225	115	121	245	175	248		ϕ19	80	208
LD80-250Z	Y180M-2B5/22	961	405	225	115	143	265	195	248		ϕ19	80	270
LD100-160Z	$Y160M_2$-2B5/15	950	460	280	120	120	240	165	248	830	ϕ19	100	220
LD100-200Z	Y180M-2B5/22	1016	460	280	120	134	265	190	248	900	ϕ19	100	270
LD100-250Z	$Y200L_2$-2B5/37	1136	480	280	120	157	270	195	269	900	ϕ19	100	367
LD100-125Z	$Y160M_1$-2B5/11	950	460	280	120	108	240	165	248		ϕ19	100	
LD80-125Z	$Y132S_1$-2B5/5.5	780	385	225	110	96	232	160	205		ϕ17.5	80	
LD65-125Z	Y100L-2B5/3	675	355	205	100	87	210	140	177		ϕ17.5	65	80

6.2-9　BG 型管道离心泵性能

泵型号	流量 Q		扬程 H	转速 n	功率 N		效率 η	允许吸上真空高度 H_s (m)	汽蚀余量 Δh	叶轮直径 D_2	泵重量 W
	(m^3/h)	(L/s)	(m)	(r/min)	轴功率 (kW)	电机功率 (kW)	(%)		(m)	(mm)	(kg)
BG40-8	4.8 6.0 7.2	1.33 1.67 2.00	9.6 9.3 8.8	2800	0.26 0.29 0.33	0.37	46 52 55	5.3 6 3.0	—	92	
BG40-12	3.8 6.0 7.7	1.07 1.67 2.14	13.6 12.5 10.4	2800	0.38 0.47 0.51	0.75	38 44 42	7.6 7.0 7.0	—	108	
BG50-12	10 12.5 15	2.78 3.47 4.17	13.8 13.2 12.7	2830	0.66 0.75 0.84	1.1	57 60 62	7.3 7.5 7.5		112	14
BG50-20	10 12.5 15	2.78 3.47 4.17	23 22.5 21	2860	1.25 1.39 1.48	2.2	50 55 58	7.3 7.3 7.0		138	14
BG50-20A	9.6 12 14.5	2.67 3.33 4.03	18.3 17.7 16.6	2860	0.89 1.05 1.13	2.2	50 55 58	7.3 7.3 7.0		125	14
BG65-20	17.5 24.5 30	4.86 6.8 8.33	22.5 22 21	2880	1.85 2.22 2.45	3	58 66 69	8.0 7.5 7.0		140	22
BG65-20A	17.5 21.5 26.0	4.86 6.19 7.44	16	2880	1.53 1.47 1.77	2.2	58 66 68	8.0 7.5 7.1		125	22

BG 型泵外形和安装尺寸（mm）

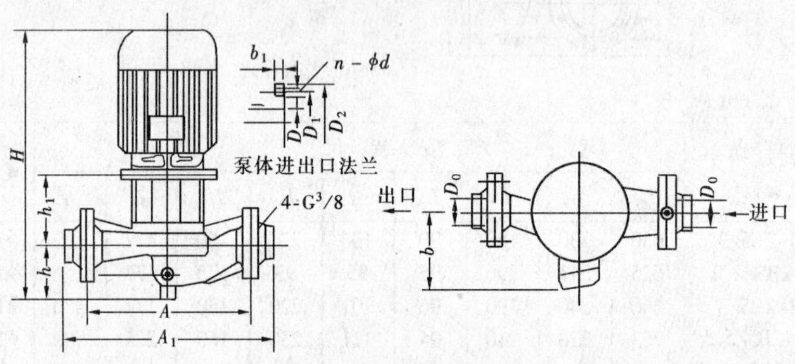

泵型号	泵外形和安装尺寸						进、出口法兰						结构形式	轴封型号	电机	
	A	A_1	h	h_1	H	b	D	D_0	D_1	D_2	$n-\phi d$	b_1			型号	功率
BG40-8	270	326	93	143	432	<95	40	G1½″	ϕ100	ϕ130	4-14	16	甲型	D20	1AD7112/T_2	370W
BG40-12	270	326	89	143	461	<95	40	G1½″	ϕ100	ϕ130	4-14	16	甲型	D20	1AD7132/T_2	750W
BG50-12	350	410	103	129	507	<140	50	G2″	ϕ110	ϕ140	4-14	16	乙型	D20	JO_2-12-2/T_2	1.1kW
BG50-20	370	430	93	152	555	<155	50	G2″	ϕ110	ϕ140	4-14	16	乙型	D20	JO_2-22-2/T_2	2.2kW
BG50-20A	370	430	93	152	555	—	50	G2″	ϕ110	ϕ140	4-14	16	乙型	D20	JO_2-21-2/T_2	1.5kW
BG65-20	452	516	113	152	595	<180	65	G2½″	ϕ130	ϕ160	4-14	16	乙型	D20	JO_2-31-2/T_2	3kW
BG65-20A	452	516	113	152	575	<155	65	G2½″	ϕ130	ϕ160	4-14	16	乙型	D20	JO_2-22-2/T_2	2.2kW

6.2-10 G型管道离心泵性能

泵型号	流量 Q (m³/h)	流量 Q (L/s)	扬程 H (m)	转速 n (r/min)	功率 N 轴功率 (kW)	功率 N 电动机功率 (kW)	效率 η (%)	允许吸上真空高度 H_s (m)	叶轮外径 D_2 (mm)	泵重量 W (kg)
	2.4	0.67	12		0.163		48	7.7		
G32	6.0	1.67	10	2800	0.297	0.75	55	7.5	105	36.5
	7.2	2.0	8		0.367		57	7.2		
	6.9	1.9	15		0.512		55	7.5		
G40	11.5	3.2	13.5	2800	0.705	1.1	60	7.3	112	42
	13.8	3.8	11.5		0.745		58	7.0		
	10	2.8	18		0.98		50	7.3		
G50	16.8	4.67	15.5	2800	1.313	1.5	54	7.0	125	51.5
	20	5.55	12		1.334		49	6.8		
	18	5	20		1.61		61	7		
G65	27	7.5	18.5	2800	1.94	2.2	70	6.5	130	56
	32	8.9	16		2.05		68	6		
	30	8.33	21.5		2.47		71	7		
G80	45	12.5	19.5	2800	3.06	4.0	78	6.6	134	85
	54	15	16.5		3.51		69	6		
	39.6	11	29		4.24		70	6.5		
G100	66	18.33	26	2900	6.23	7.5	75	6	147	192.3
	79	22	23		6.87		72	5.5		
	36	10	23		3.316		68	6.3		
G100A	60	16.67	21	2900	4.70	5.5	73	5.8	132	146.3
	72	20	19		5.32		70	5.3		

G型泵外形和安装尺寸（mm）

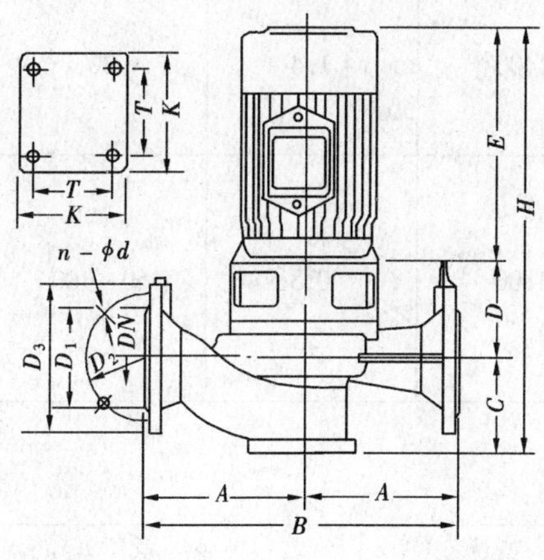

泵型号	泵外形和安装尺寸 A	B	C	D	E	H	K	T	进、出口法兰 DN	D_1	D_2	D_3	n-ϕd	泵重量 W (kg)
G32	140	280	80	100	241	421	125	100	32	78	100	135	4-18	36.5
G40	150	300	90	100	241	431	35	110	40	85	110	145	4-18	42
G50	165	330	100	113	256	469	140	115	50	100	125	160	4-18	51.5
G65	200	400	110	110	281	501	160	130	65	120	145	180	4-18	56
G80	225	450	140	120	391	651	200	160	80	135	160	195	4-18	85
G100	250	500	160	125	485	770	220	180	100	155	180	215	8-18	192.3
G100A	250	500	160	125	391	676	220	180	100	155	180	215	8-18	146.3

6.2-11 TPE 系列气压罐自动给水设备

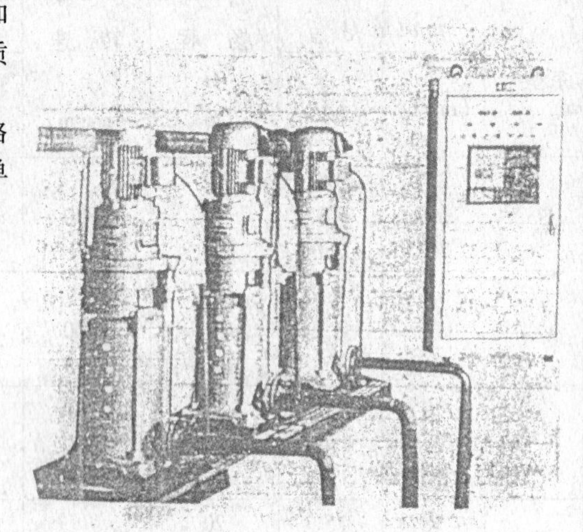

本机组的组成单元为配电柜、水泵和气压罐，由压力传感器和继电器实现恒压自动给水。气压罐内由胶胆隔离气与水，胶胆质量符合国家规定的有关卫生标准。

根据泵的流量和用水高峰期的用水量，可以装置 1 ~ 4 个规格相同的气压罐，可选用多台泵并联运行，也可选用 IS 型或 IL 型单级泵代替 DL 型多级泵。

型号示例：如 2TPE-30/48-14/6

2——压力罐数量

TPE——压力罐自动水供机组

30/48——供水量（m^3/h）/扬程（m）

14/6——压力罐规格

气压罐代号	公称压力（MPa）	公称直径（mm）	胶胆容积（m^3）	供水量（m^3/h）	配用水泵型号
T06/6	0.6	600	0.35	6	40DL × 2 ~ × 5
T06/10	1.0				40DL × 6 ~ × 8
T06/16	1.6				40DL × 9 ~ × 12
T10/6	0.6	1000	0.6	12.5	50DL × 2 ~ × 5
T10/10	1.0				50DL × 6 ~ × 8
T10/16	1.6				50DL × 9、× 10
T14/6	0.6	1400	1.4	30	65DL × 3、× 4
T14/10	1.0				65DL × 5、× 6
T14/16	1.6				65DL × 7 ~ × 9
T18 × 6	0.6	1800	0.3	50 ~ 100	80DL × 2、× 3 100DL × 2、× 3
T18/10	1.0				80DL × 4、× 5 100DL × 4、× 5
T18/16	1.6				80DL × 6 ~ × 8 100DL × 6 ~ × 8
T18/25	2.5				80DL × 9、× 10 100DL × 9、× 10

6.2-12 WPS 自动给水设备

WPS（D、B）系列参数性能表

设备型号	水泵选择				压力罐型号
代号-流量/扬程-功率/台数	型号	台数	功率	用水户数	直径/压力
WPS□-6.25/(23.6-14.6)-(1.5-11)/Ⅰ	40DL × (2 ~ 12)	1	1.5 ~ 11	20 ~ 40	T06/06.10.16
WPS□-125/(24.4-122)-(3-11)/Ⅰ	50DL × (2 ~ 10)	1	3 ~ 11	40 ~ 80	T06/06.10.16
WPS□-12.5/(23.6-141.6)-(1.5-11)/Ⅱ	40DL × (2 ~ 12)	2	1.5 ~ 11	40 ~ 80	T10/06.10.16
WPS□-18.75/(23.6-141.6)-(1.5-11)/Ⅲ	40DL × (2 ~ 12)	3	1.5 ~ 11	60 ~ 120	T10/06.10.16
WPS□-25/(23.6-141.6)-(1.5-11)/Ⅳ	40DL × (2 ~ 12)	4	1.5 ~ 11	80 ~ 160	T14/06.10.16
WPS□-25/(24.4-122)-(3-11)/Ⅰ	50DL × (2 ~ 10)	2	3 ~ 11	80 ~ 160	T14/06.10.16
WPS□-30/(32-160)-(5.5-30)/Ⅰ	65DL × (2 ~ 10)	1	5.5 ~ 30	80 ~ 240	T14/06.10.16

6.2-12　WPS 自动给水设备(续)

WPS(D、B)系列参数性能表

设备型号	水泵选择				压力罐型号
代号-流量/扬程-功率/台数	型号	台数	功率	用水户数	直径/压力
WPS□-37.5/(24.4-122)-(3-11)/Ⅱ	50DL×(2~10)	3	3~11	120~240	T14/06.10.16
WPS□-50/(40-200)-(11-55)/Ⅰ	80DL×(2~10)	1	11~55	240~400	T18/06.10.16.25
WPS□-50/(24.4-122)-(3-11)/Ⅳ	50DL×(2~10)	4	3~11	240~400	T18/06.10.16
WPS□-60/(32-160)-(5.5-30)/Ⅱ	65DL×(2~10)	2	5.5~30	240~480	T18/06.10.16
WPS□-90/(32-160)-(5.5-30)/Ⅲ	65DL×(2~10)	3	5.5~30	360~720	T18/06.10.16
WPS□-100/(40-200)-(18.5-90)/Ⅰ	100DL×(2~10)	1	18.5~90	400~800	T18/06.10.16.25
WPS□-100/(40-180)-(11-45)/Ⅱ	80DL×(2~9)	2	11~45	400~800	T18/06.10.16.25
WPS□-120/(32-160)-(5.5-30)/Ⅳ	65DL×(2~10)	4	5.5~30	480~960	T18/06.10.16
WPS□-150/(40-200)-(11-55)/Ⅲ	80DL×(2~10)	3	11~55	600~1200	T18/06.10.16.25
WPS□-160/(50-225)-(37-160)/Ⅰ	150DL×(2~9)	1	37~160	640~1280	T18/06.10.16.25
WPS□-200/(40-200)-(11-55)/Ⅳ	80DL×(2~10)	4	11~55	800~1000	T18/06.10.16.25
WPS□-200/(40-200)-(18.5-90)/Ⅱ	100DL×(2~10)	2	18.5~90	800~1000	T18/06.10.16.25
WPS□-300/(40-200)-(18.5-90)/Ⅲ	100DL×(2~10)	3	18.5~90	1200~2400	T18/06.10.16.25
WPS□-320/(50-225)-(37-160)/Ⅱ	150DL×(2~9)	2	37~160	1280~2560	T18/06.10.16.25
WPS□-400/(40-200)-(18.5-90)/Ⅳ	100DL×(2~10)	4	18.5~90	1600~3200	T18/06.10.16.25
WPS□-480/(50-225)-(37-160)/Ⅲ	150DL×(2~9)	3	37~160	1920~3840	T18/06.10.16.25
WPS□-640/(50-225)-(37-160)/Ⅳ	150DL×(2~9)	4	37~160	2560~5120	T18/06.10.16.25

选用 QJ 型井用潜水电泵的 WPS 系列型号及性能参数表

序号	型号	最高供水量[1] (m^3/h)	最高工作压力[2] (MPa)	配用电泵	
				型号	功率(kW)
1	WPS-Q-10/45-3	10	0.2	150QJ10-50	3
2	WPS-Q-10/90-5.5	10	0.5	150QJ10-100	5.5
3	WPS-Q-10/135-7.5	10	0.8	150QJ10-150	7.5
4	WPS-Q-32/52-7.5	32	0.3	200QJ32-52	7.5
5	WPS-Q-32/78-11	32	0.5	200QJ32-78	11
6	WPS-Q-32/85-13	32	0.8	200WJ32-91	13
7	WPS-Q-50/30-9.2	50	0.8	200QJ50-39	9.2
8	WPS-Q-50/60-15	50	0.5	200QJ50-65	15
9	WPS-Q-50/80-22	50	0.8	200QJ50-91	22
10	WPS-Q-80/30-15	80	0.3	200QJ80-44	15
11	WPS-Q-80/50-22	80	0.5	200QJ80-66	22
12	WPS-Q-80/80-37	80	0.8	200QJ80-99	37
13	WPS-Q-100/30-25	100	0.8	250QJ100-54	25
14	WPS-Q-100/50-30	100	0.5	250QJ100-72	30
15	WPS-Q-100/80-45	100	0.8	250QJ100-108	45

[1]最高供水量可先确定用水标准，再根据户数计算出。

[2]最高工作压力＝水井动水位＋建筑物供水所需最低水压值＋管路损失，其中水井动水位指电泵工作处于稳定状态时水位到地面距离

6.3 排 水 技 术

6.3-1 排水系统的分类

类 别	作 用
生活废水排水系统	排除洗脸盆、淋浴器、浴盆、洗涤盆等卫生器具排出的废水
生活污水排水系统	排除大便器、小便器、大便槽等卫生设备排出的污水
生产废水排水系统	排除工矿企业生产所产生的废水
生产污水排水系统	排除工矿企业生产所产生的污水
雨水排水系统	排除屋面雨水、雪水

6.3-2 排水系统的组成

图 式	组 成 部 分		作 用
	卫生器具	大便器、小便器、洗脸盆、浴盆、淋浴器、洗涤盆、地漏等	收集污废水，经存水弯和器具排水管排入横管
	排水管道	横管、立管、排出管	把各卫生器具排水管过来的污水排至立管，经排出管排至室外
	通气管	普通通气管、辅助通气管、专用通气管	排除排水管道中的有害气体，防止水封破坏，保证排水通畅
	清通设备	检查口、清扫口、检查井	通过清通设备，检查疏通排水管道
	特殊设备	污水抽升设备、污水局部处理设备	设水泵和集水池，把污水抽送到室外排水管网； 通过污水局部处理，改善水质，把污水排到室外排水管网

①排出管；②地下雨水管道；③横管；④单个器具水平支管；⑤水平支管；⑥卫生器具连接管；⑦立管；⑧通气管；⑨雨水立管；⑩壅水面

6.3-3 污水管道的最大计算充满度

污水管道名称	管径（mm）	最大计算充满度
生活污水管道	<125 150~200	0.5 0.6
生产废水管道	50~75 100~150 >200	0.6 0.7 1.0
生产污水管道	50~75 100~150 >200	0.6 0.7 0.8

$\frac{h}{d}$

6.3-4　卫生器具排水的流量、当量和排水管的管径、最小坡度

序　号	卫生器具名称	排水流量（L/s）	当　量	排　水　管	
				管径（mm）	最小坡度
1	污水盆（池）	0.33	1.0	50	0.025
2	单格洗涤盆（池）	0.67	2.0	50	0.025
3	双格洗涤盆（池）	1.00	3.0	50	0.025
4	洗手盆、洗脸盆（无塞）	0.10	0.3	32～50	0.020
5	洗脸盆（有塞）	0.25	0.75	32～50	0.020
6	浴盆	1.00	3.0	50	0.020
7	淋浴器	0.15	0.45	50	0.020
8	大便器				
	高水箱	1.5	4.5	100	0.012
	低水箱				
	冲落式	1.50	4.50	100	0.012
	虹吸式	2.00	6.0	100	0.012
	自闭式冲洗阀	1.50	4.50	100	0.012
9	小便器				
	手动冲洗阀	0.05	0.15	40～50	0.02
	自闭式冲洗阀	0.10	0.30	40～50	0.02
	自动冲洗水箱	0.17	0.50	40～50	0.02
10	小便槽（每米长）				
	手动冲洗阀	0.05	0.15	—	—
	自动冲洗水箱	0.17	0.50	—	—
11	化验盆（无塞）	0.20	0.60	40～50	0.025
12	净身器	0.10	0.30	40～50	0.02
13	饮水器	0.05	0.15	25～50	0.01～0.02
14	家用洗衣机[1)]	0.50	1.50	50	

[1)]家用洗衣机排水软管，直径为30mm

6.3-5　排水管道标准坡度和最小坡度

管　径（mm）	工业废水（最小坡度）		生　活　污　水	
	生产废水	生产污水	标准坡度	最小坡度
50	0.020	0.030	0.035	0.025
75	0.015	0.020	0.025	0.015
100	0.008	0.012	0.020	0.012
125	0.006	0.010	0.015	0.010
150	0.005	0.006	0.010	0.007
200	0.004	0.004	0.008	0.005
250	0.0035	0.0035	—	—
300	0.003	0.003	—	—

6.3-6 排水管道计算

名称	公式	各量值意义	单位	备注
生活污水设计秒流量	1. 住宅、集体宿舍、宾馆、医院、幼儿园、学校等 $q_u = 0.12a\sqrt{N_p} + q_{max}$	q_u—计算管段污水设计秒流量	L/s	
		N_p—计算管段的卫生器具排水当量总数		见 6.3-4
		a—根据建筑物用途而确定的设计秒流量系数		见 6.3-7
		q_{max}—计算管段上最大的一个卫生器具的排水流量	L/s	见 6.3-4
	2. 工业企业生活间、公共浴室、洗衣房、公共食堂、影剧院、体育场等 $q_u = \Sigma q_p n_0 b$	q_u—计算管段的污水设计秒流量	L/s	
		q_p—同类型的一个卫生器具排水流量	L/s	
		n_0—同类型卫生器具数量		
		b—卫生器具的同时排水百分数		见 6.3-9
排水横管水力计算	$V = \frac{1}{n} \cdot R^{\frac{2}{3}} I^{\frac{1}{2}}$	v—速度	m/s	
		R—水力半径	m	
		I—水力坡度		采用排水管道坡度
		n—粗糙系数		铸铁管 0.013 混凝土管 0.013~0.014 钢管 0.012 塑料管 0.009

6.3-7 根据建筑物用途而确定的设计秒流量系数

建筑物名称	集体宿舍、宾馆和其他公共建筑的公共盥洗室和厕所间	住宅、医院、疗养院、休养所的卫生间
a 值	1.5	2.0~2.5

6.3-8 排水立管管径

设有通气的生活排水立管最大排水能力			不通气的生活排水立管最大排水能力							
生活排水立管管径	排水能力（L/s）		生活排水立管管径	排水能力（L/s）						
				立管工作高度（m）						
	无专用通气立管	有专用通气立管		≤2	3	4	5	6	7	≥8
50	1.0	—	50	1.0	0.64	0.50	0.40	0.40	0.40	0.40
75	2.5	5	75	1.70	1.35	0.92	0.70	0.50	0.50	0.50
100	4.5	9	100	3.80	2.40	1.76	1.36	1.00	0.76	0.64
125	7.0	14	125	5.0	3.4	2.7	1.9	1.5	1.2	1.0
150	10.0	25								

6.3-9 卫生器具同时排水百分数

卫生器具名称	同时排水百分数（%）						
	工业企业生活间	公共浴室	洗衣房	电影院、剧院	体育场、游泳池	科学研究实验室	生产实验室
洗涤盆（池）	如无工艺要求时，采用33	15	25～40	50	50	盥洗室，厕所间，按 $q_n = 0.12\alpha\sqrt{N_p} + q_{max}$（L/s）计算	
洗手盆	50	20	—	50	70		
洗脸盆、盥洗槽水龙头	60～100	60～100	60	50	80		
浴盆	—	50	—	—	—		
淋浴器	100	100	100	100	100		
大便器冲洗水箱	30	20	30	50	70		
大便器自闭式冲洗阀	5	3	4	10	15		
大便槽自动冲洗水箱	100	—	—	100	100		
小便器手动冲洗阀	50	—	—	50	70		
小便器自动冲洗水箱	100	—	—	100	100		
小便槽自闭式冲洗阀	25	—	—	15	20		
净身器	100	—	—	—	—		
饮水器	30～60	30	30	30	30		
单联化验龙头						20	30
双联或三联化验龙头						30	50

6.3-10 排水管道允许负荷卫生器具当量值

建筑物性质	排水管道名称		允许负荷当量总数			
			50（mm）	75（mm）	100（mm）	150（mm）
住宅，公共居住建筑的小卫生间	横支管	无器具通气管	4	8	25	
		有器具通气管	8	14	100	
		底层单独排出	3	6	12	
	横干管			14	100	1200
	立管	仅有伸顶通气管	5	25	70	
		有通气立管			900	1000
集体宿舍、旅馆、医院、办公楼、学校等公共建筑的盥洗室、厕所	横支管	无环形通气管	4.5	12	36	
		有环形通气管			120	
		底层单独排出	4	8	36	
	横干管			18	120	2000
	立管	仅有伸顶通气管	6	70	100	2500
		有通气立管			1500	
工业企业生活间、公共浴室、洗衣房、公共食堂、实验室、影剧院、体育场	横支管	无环形通气管	2	6	27	
		有环形通气管			100	
		底层单独排出	2	4	27	
	横干管			12	80	1000
	立管（仅有伸顶通气）		3	35	60	800

6.3-11 室内排水管道水力计算表（$n = 0.013$）

Q—流量，L/s；v—流速，m/s；D—管道内径，mm

工业废水栏内，生活污水仅适用于粗实线以下部分

坡度	工业废水（生产废水和生产污水）										生产污水					
	$h/D = 0.6$				$h/D = 0.7$						$h/D = 0.8$					
	$D = 50$		$D = 75$		$D = 100$		$D = 125$		$D = 150$		$D = 200$		$D = 250$		$D = 300$	
	Q	v	Q	v	Q	v	Q	v	Q	v	Q	v	Q	v	Q	v
0.003															52.50	0.87
0.0035													35.00	0.83	56.70	0.94
0.004											20.60	0.77	37.40	0.89	60.60	1.01
0.005									8.85	0.68	23.00	0.86	41.80	1.00	67.90	1.24
0.006							6.00	0.67	9.70	0.75	25.20	0.94	46.00	1.09	74.40	1.31
0.007							6.50	0.72	10.50	0.81	27.20	1.02	49.50	1.18	80.40	1.33
0.008					3.80	0.66	6.95	0.77	11.20	0.87	29.00	1.09	53.00	1.26	85.80	1.42
0.009					4.02	0.70	7.36	0.82	11.90	0.92	30.80	1.15	56.00	1.33	91.00	1.51
0.01					4.25	0.74	7.80	0.86	12.50	0.97	32.60	1.22	59.20	1.41	96.00	1.59
0.012					4.64	0.81	8.50	0.95	13.70	1.06	35.60	1.33	64.70	1.54	105.00	1.74
0.015			1.95	0.72	5.20	0.90	9.50	1.06	15.40	1.19	40.00	1.49	72.50	1.72	118.00	1.95
0.02	0.79	0.46	2.25	0.83	6.00	1.04	11.00	1.22	17.70	1.37	46.00	1.72	83.60	1.99	135.80	2.25
0.025	0.88	0.72	2.51	0.93	6.70	1.16	12.30	1.36	19.80	1.53	51.40	1.92	93.50	2.22	151.00	2.51
0.03	0.97	0.79	2.76	1.02	7.35	1.28	13.50	1.50	21.70	1.68	56.50	2.11	102.50	2.44	166.00	2.76
0.035	1.05	0.85	2.98	1.10	7.95	1.38	14.60	1.60	23.40	1.81	61.00	2.28	111.00	2.64	180.00	2.98
0.04	1.12	0.91	3.18	1.17	8.50	1.47	15.60	1.73	25.00	1.94	65.00	2.44	118.00	2.82	192.00	3.18
0.045	1.19	0.96	3.38	1.25	9.00	1.56	16.50	1.83	26.60	2.06	69.00	2.58	126.00	3.00	204.00	3.38
0.05	1.25	1.01	3.55	1.31	9.50	1.64	17.40	1.93	28.00	2.17	72.60	2.72	132.00	3.15	214.00	3.55
0.06	1.37	1.11	3.90	1.44	10.40	1.80	19.00	2.11	30.60	2.38	79.60	2.98	145.00	3.45	235.00	3.90
0.07	1.48	1.20	4.20	1.55	11.20	1.95	20.60	2.28	33.10	2.54	86.00	3.22	156.00	3.73	254.00	4.20
0.08	1.58	1.28	4.50	1.66	12.00	2.08	22.00	2.44	35.40	2.74	93.40	3.47	165.50	3.94	274.00	4.40

坡度	生产废水						生活污水											
	$h/D = 1.0$						$h/D = 0.5$								$h/D = 0.6$			
	$D = 200$		$D = 250$		$D = 300$		$D = 50$		$D = 75$		$D = 100$		$D = 125$		$D = 150$		$D = 200$	
	Q	v	Q	v	Q	v	Q	v	Q	v	Q	v	Q	v	Q	v	Q	v
0.003					53.00	0.75												
0.0035			35.40	0.72	57.30	0.81												
0.004	20.80	0.66	37.80	0.77	61.20	0.87												
0.005	23.25	0.74	42.25	0.86	68.50	0.97											15.35	0.80
0.006	25.50	0.81	46.40	0.94	75.00	1.06											16.90	0.88
0.007	27.50	0.88	50.00	1.02	81.00	1.15									8.46	0.78	18.20	0.95
0.008	29.40	0.94	53.50	1.09	86.50	1.23									9.04	0.83	19.40	1.01
0.009	31.20	0.99	56.50	1.15	92.00	1.30									9.56	0.89	20.60	1.07
0.01	33.00	1.05	59.70	1.22	97.00	1.37							4.97	0.81	10.10	0.94	21.70	1.13
0.012	36.00	1.15	65.30	1.33	106.00	1.50					2.90	0.72	5.44	0.89	11.10	1.02	23.80	1.24
0.015	40.30	1.28	73.20	1.49	119.00	1.68			1.48	0.67	3.23	0.81	6.08	0.99	12.40	1.14	26.60	1.39
0.02	46.50	1.48	84.50	1.72	137.00	1.94			1.70	0.77	3.72	0.93	7.02	1.15	14.30	1.32	30.70	1.60
0.025	52.00	1.65	94.40	1.92	153.00	2.17	0.65	0.66	1.90	0.86	4.17	1.05	7.85	1.28	16.00	1.47	35.30	1.79
0.03	57.00	1.82	103.50	2.11	168.00	2.38	0.71	0.72	2.08	0.94	4.55	1.14	8.60	1.39	17.50	1.62	37.70	1.96
0.035	61.50	1.96	112.00	2.28	181.00	2.57	0.77	0.78	2.26	1.02	4.94	1.24	9.29	1.51	18.90	1.75	40.60	2.12
0.04	66.00	2.10	120.00	2.44	194.00	2.75	0.81	0.83	2.40	1.09	5.26	1.32	9.93	1.62	20.20	1.87	43.50	2.27
0.045	70.00	2.22	127.00	2.58	206.00	2.91	0.87	0.89	2.56	1.16	5.60	1.40	10.52	1.71	21.50	1.98	46.10	2.40
0.05	73.50	2.34	134.00	2.72	217.00	3.06	0.91	0.93	2.60	1.23	5.88	1.48	11.10	1.89	22.60	2.09	48.50	2.53
0.06	80.50	2.56	146.00	2.98	238.00	3.36	1.00	1.02	2.94	1.33	6.45	1.62	12.14	1.98	24.80	2.29	53.20	2.77
0.07	87.00	2.77	158.00	3.22	256.00	3.64	1.08	1.10	3.18	1.42	6.97	1.75	13.15	2.14	26.80	2.47	57.50	3.00
0.08	93.00	2.96	169.00	3.44	274.00	3.88	1.18	1.16	3.35	1.52	7.50	1.87	14.05	2.28	30.40	2.73	65.40	3.32

6.3-12　建筑排水硬聚氯乙烯管道最低横支管与立管连接处至排出管管底的垂直距离

建筑层数	≤4	5～6	7～12	13～19	≥20
h_1（m）	0.45	0.75	1.20	3.00	6.00

图　式		标　注
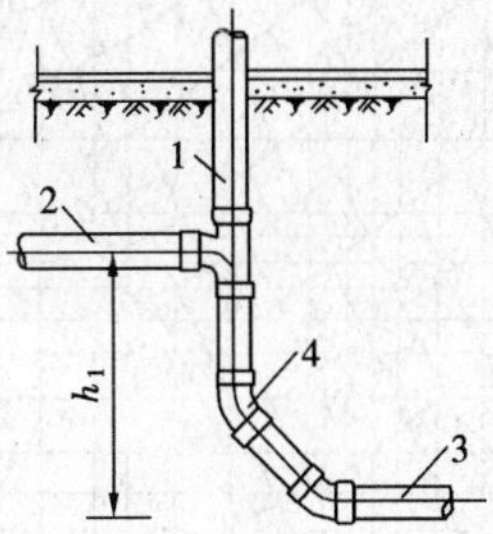 1 2 h_1 4 3 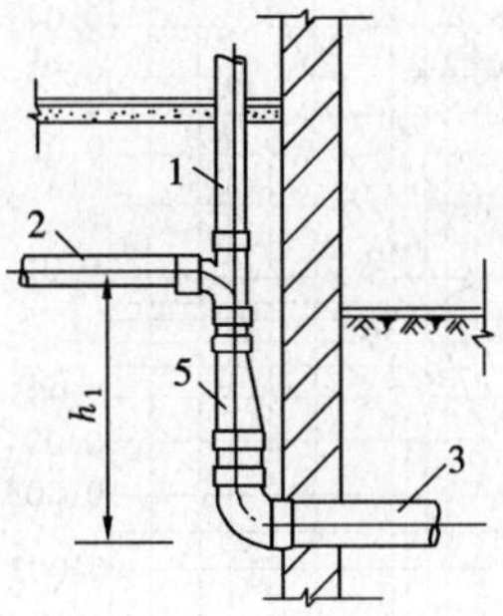	1 2 h_1 5 3	1—立管 2—横支管 3—排出管 4—45°弯头 5—偏心异径管

6.3-13　建筑排水硬聚氯乙烯横管最小坡度和最大计算充满度

管径（mm）	50	75	90	110	125	160
最小坡度	1.20	0.70	0.50	0.40	0.35	0.20
最大充满度	0.5	0.5	0.5	0.5	0.5	0.6

6.3-14　建筑排水硬聚氯乙烯排水立管最大排水能力（L/s）

管径（mm）	50	75	90	110	125	160
设伸顶通气立管	1.20	3.00	3.80	5.40	7.50	12.0
有专用通气立管或主通气立管	—	—	—	10.00	16.00	28.00

6.3-15　建筑排水硬聚氯乙烯通气管最小管径（mm）

通气管名称	排水管管径（mm）						
	40	50	75	90	110	125	160
器具通气管	40	40	—	—	50	—	—
环形通气管	—	40	40	40	50	50	—
通气立管	—	—	—	—	75	90	110

6.3-16 横管水力计算图

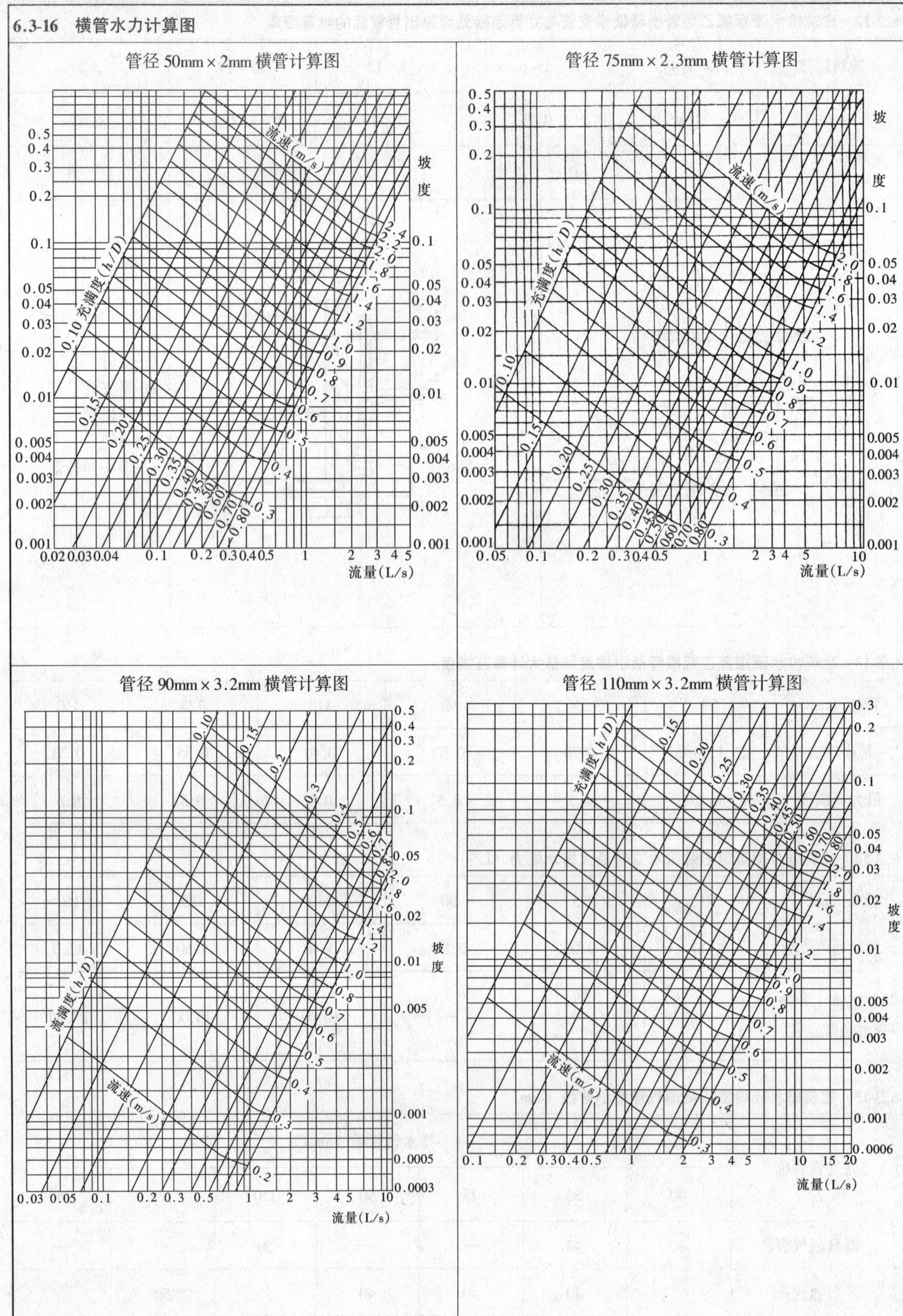

6.3-16　横管水力计算图（续）

管径 125mm×3.2mm 横管计算图

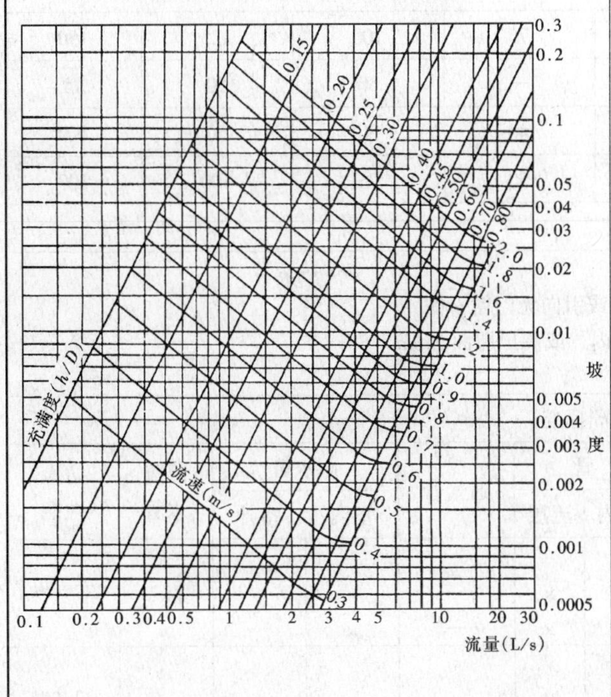

管径 160mm×4mm 横管计算图

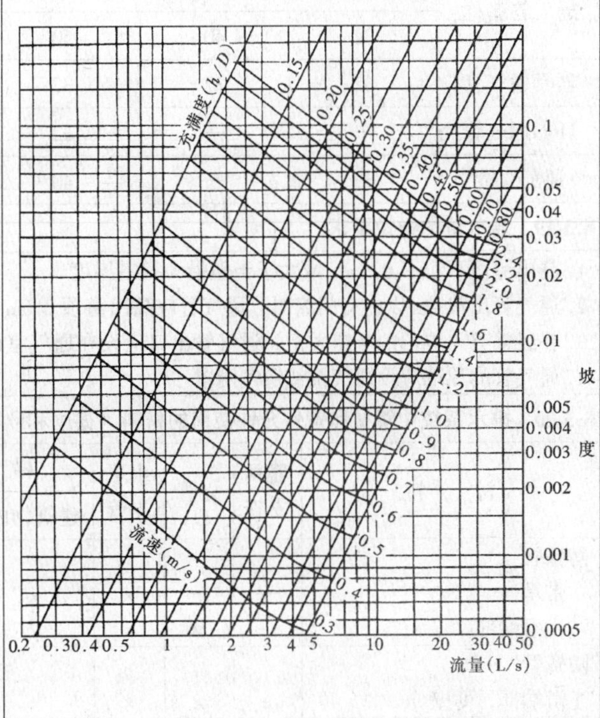

6.3-17　通气系统的类型与通气管的作用

专用通气系统

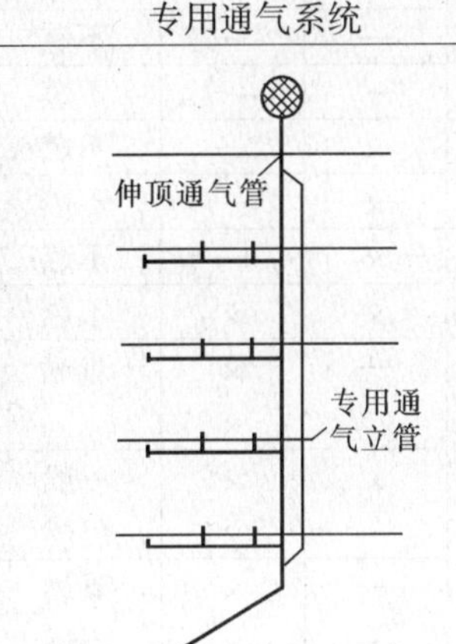

辅助通气系统

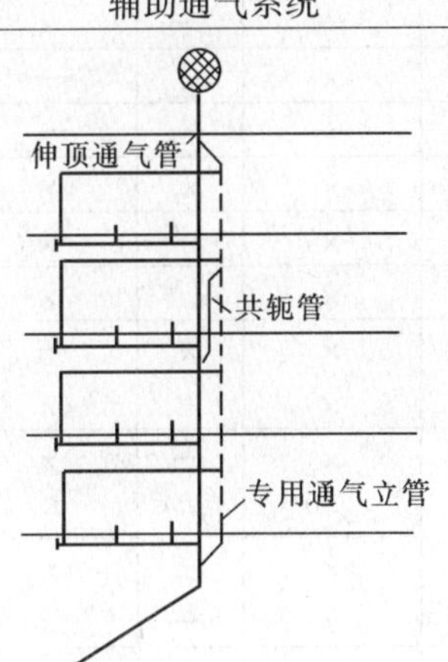

辅助通气系统

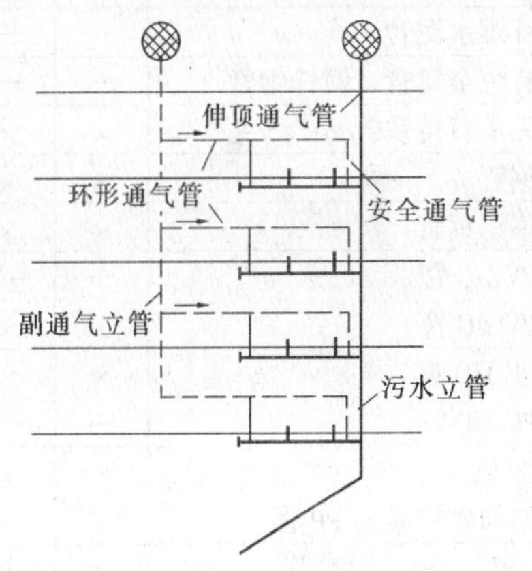

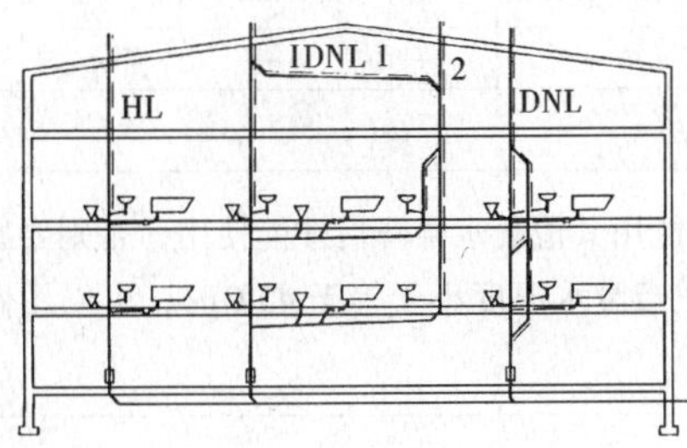

HL—主通气管　IDNL—间接辅助通气管　DNL—直接辅助通气管

1—接主通气管　2—直接伸出屋面

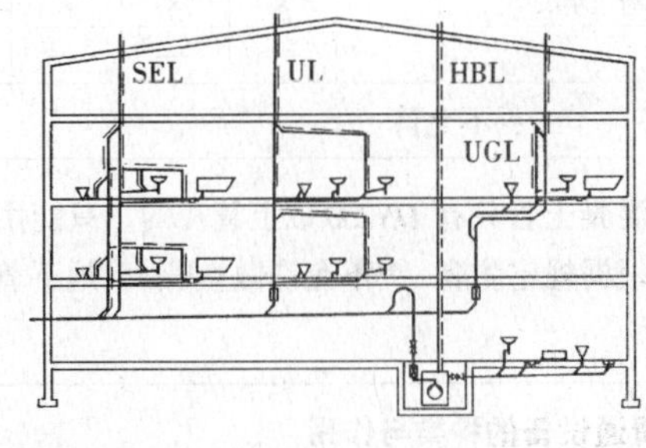

SEL—二次通气管　HBL—提升设备通气管　UL—旁通通气管

UGL—旁通管

通气管的作用	排除室内外排水管道中的有害气体和臭气，平衡管内压力，保证管内气压稳定，防止存水弯的水封在管道系统内排放污水时因压力失调而被破坏

6.3-18　通气管最小管径的确定

通气管名称	排　水　管　管　径（mm）						
	32	40	50	75	100	125	150
器具通气管	32	32	32	—	50	50	75
环形通气管	—	—	32	40	50	50	100
通气立管	—	—	40	50	75	100	100

6.3-19　通气管的敷设要求

1. 高出屋面不小于 0.3m，或大于当地最大积雪厚度
2. 通气管出口 4m 以内有门窗时，通气管应高出窗顶 0.6m 或引向无门窗一侧
3. 在经常有人停留的平屋面上，通气管出口应设在通气室内，或高出屋面 2.0m
4. 通气管的顶端应设通气帽或通气网罩

6.3-20　排水系统中管材和管件允许使用的材料（德国和欧洲标准）

材　　料	器具支管	立管	水平支管	横　管		通气管	雨水管		冷凝水管	防火性能
				建筑物内	土层		室内	室外		
陶瓷管										
带承口	—	—	×	×	×	—	×	—	×	不可燃
光滑端部	—	×	×	×	×	—	×	—	×	
陶瓷管										
光滑端部，薄壁	×	×	×	×	×	×	×	—	×	不可燃
带槽口混凝土管	—	—	—	—	1)	—	—	—	—	不燃
带承口混凝土管	—	—	×	×	×	—	—	—	—	
钢筋混凝土管	—	—	×	×	×	—	—	—	—	不燃
玻璃管	×	×	×	—	—	×	×	—	—	不燃
纤维水泥管	—	—	×	×	×	—	—	—	—[2]	不燃
有色金属管、镀锌钢管	—	—	—	—	—	—	—	×	—	不燃
无承口铸铁管	×	×	×	×	×	×	×	×	—	不燃
钢管	×	×	×	×	×[3]	×	×	×	—	不燃
不锈钢管	×	×	×	×	×[3]	×	×	×	×	不燃
PVC-U 管	—	—[6]	—[6]	×	×	—	—	—	×	难燃
PVC-C 管	×	×	×	×		×	×	×[4]	×	
PE-HD 管	×	×	×	×	—	×	×	×	×	一般
PE-HD 管	—	—	—	×[5]	×[5]	—	—	—	×	可燃
PP 管	×	×	×	×	—	×	×	—	×	难燃
添加矿物质的 PP 管	×	×	×	×	—	×	×	—	×	不燃
ABS、ASA、PVC 管	×	×	×	×	—	×	×	—	×	难燃
外部添加矿物质	×	×	×	×	—	×	×	—	×	不燃
UP-GF 管	—	—	—	×[5]	×[5]	—	—	—	×	5)

×：允许　　—：不允许

[1]带槽口混凝土管只有 *DN*250 以上管径的，只能用于排降水管　[2]只能用其他废水稀释后才能使用，否则要有特殊层　[3]外表要根据规定防腐　[4]不允许做立管　[5]地下管道不需要防火　[6]当废水温度小于等于 45℃时，可以用做立管和水平支管

6.3-21　清通设备的种类与作用

种类	检查口、清扫口、室内检查井、带有清扫口的管配件、地漏
作用	对管道系统进行清扫和检查，当管道出现堵塞时，可在清通设备处进行疏通

6.3-22 污水横管的直线管段上检查口或清扫口之间的最大距离				
管径（mm）	生产废水	生活污水及与生活污水成分接近的生产污水	含有大量悬浮物和沉淀物的生产污水	清扫设备的种类
	距离（m）			
50~75	15	12	10	检查口
	10	8	6	清扫口
100~150	20	15	12	检查口
	15	10	8	清扫口
200	25	20	15	检查口

6.3-23 立管上检查口设置的要求

1. 在民用建筑中，每隔两层设一个检查口，但在最低层和顶层必须设置检查口
2. 在其他建筑中，立管上检查口的距离不宜大于 10m
3. 立管上有乙字管时，则应在乙字管的上部设检查口
4. 检查口中心至地面的高度一般为 1.0m，高出该层卫生器具上边缘 0.15m

6.3-24 地漏的类型和设置的要求

类型	图例	设置要求
带水封、不带水封	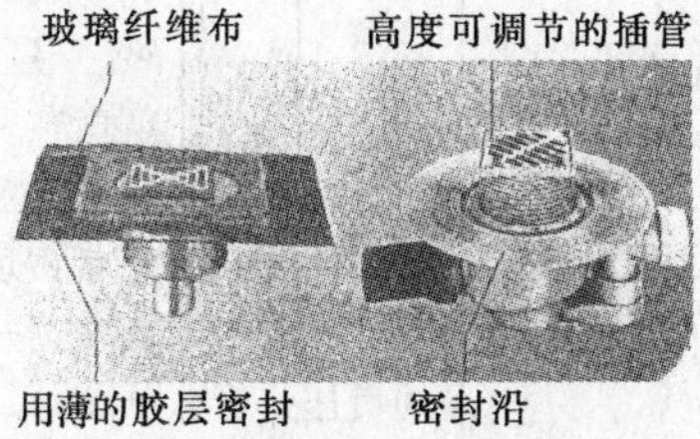 玻璃纤维布 高度可调节的插管 用薄的胶层密封 密封沿	1. 盥洗室、厕所、浴室、卫生间等湿式房间应设置地漏 2. 地漏应安装在易漏水的器具附近地面的最低处，地漏箅子顶面应低于设置处地面 5~10mm；周围地坪面要有不小于 0.01 的坡度，以利排水
铸铁、PVC、PE		
特殊要求的（如防爆地漏）		

*DN*50 地漏的集水半径为 6m，*DN*100 地漏的集水半径为 12m

6.3-25 存水弯的种类和作用

种类	S 式存水弯	P 式存水弯	瓶式存水弯
图示	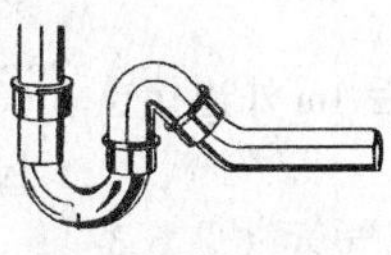	 排水栓 插入管	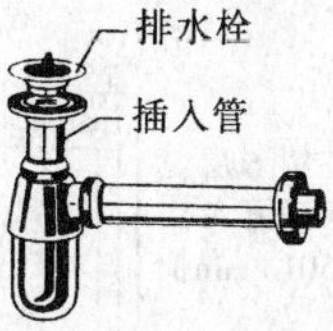 排水栓 插入管
作用	用存水弯来阻止室外管网中的臭气、有害气体及害虫通过卫生器具进入室内，以保证室内环境不受污染		

6.3-26　存水弯的水封高度

P型存水弯					S型存水弯					
图示					图示					
公称直径 DN	尺　寸				公称直径 DN	尺　寸				
	A	*X*	*R*	*C*		*B*	*E*	*F*	*R*	*L*
50	80	120	42.5	247.5	50	30	150	145	40.0	160
75	92	137	55.0	290.0	75	30	155	160	52.5	210
100	105	150	65.0	390.0	100	30	185	190	65.0	260
125	117	172	82.5	382.5	125	30	227	238	78.5	314

6.3-27　立管与水平支管的连接

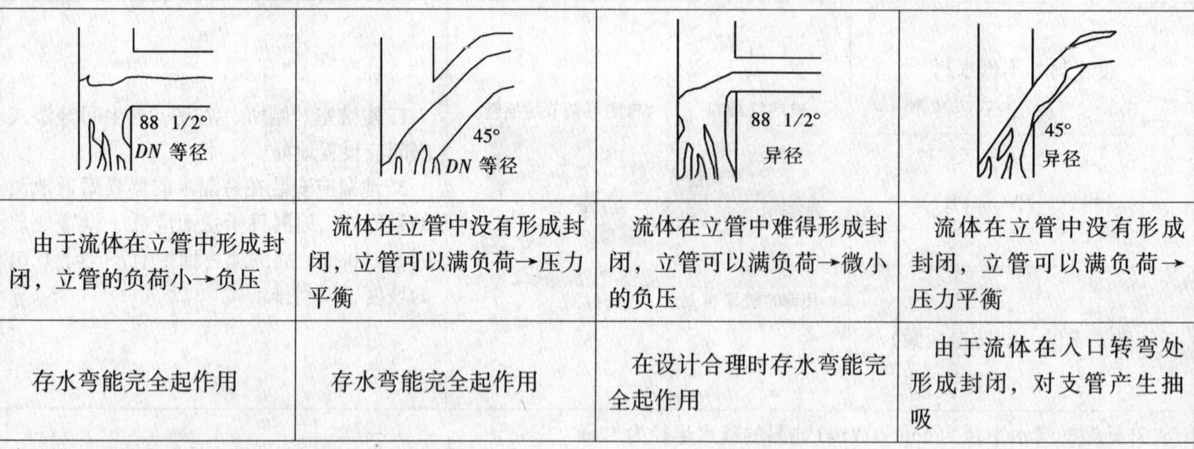

等径 88 1/2°	等径 45°	异径 88 1/2°	异径 45°
由于流体在立管中形成封闭，立管的负荷小→负压	流体在立管中没有形成封闭，立管可以满负荷→压力平衡	流体在立管中难得形成封闭，立管可以满负荷→微小的负压	流体在立管中没有形成封闭，立管可以满负荷→压力平衡
存水弯能完全起作用	存水弯能完全起作用	在设计合理时存水弯能完全起作用	由于流体在入口转弯处形成封闭，对支管产生抽吸

6.3-28　立管中的压力特性与立管的要求（德国）

在第6层连续流入150L/min时

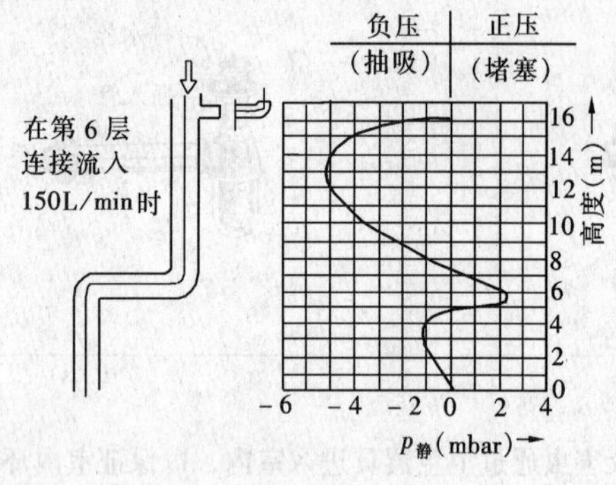

1. 立管应该尽可能直，立管与干管和通气管连接时不允许变径，主通气管伸出屋面

2. 在10～22m长的立管（相当于4～8层）的转弯上方2m内不允许有支管连接（见6.3～28*a*）

3. 只允许在转弯前或后1m外连接支管

4. 也可以选择旁通通气管（见6.3-28*c*）

5. 长于22m，或转弯小于2m有支管连接的应该用旁通管（见6.3-28*b*）或在横管或干管处设置直接过渡管（见6.3-28*d*）

6. 立管与横管连接时，应该用2个45°弯头和一个250mm长的中间节连接

2×45°弯头

≥200

250mm 中间节

6.3-28 立管中的压力特性与要求（德国）（续）

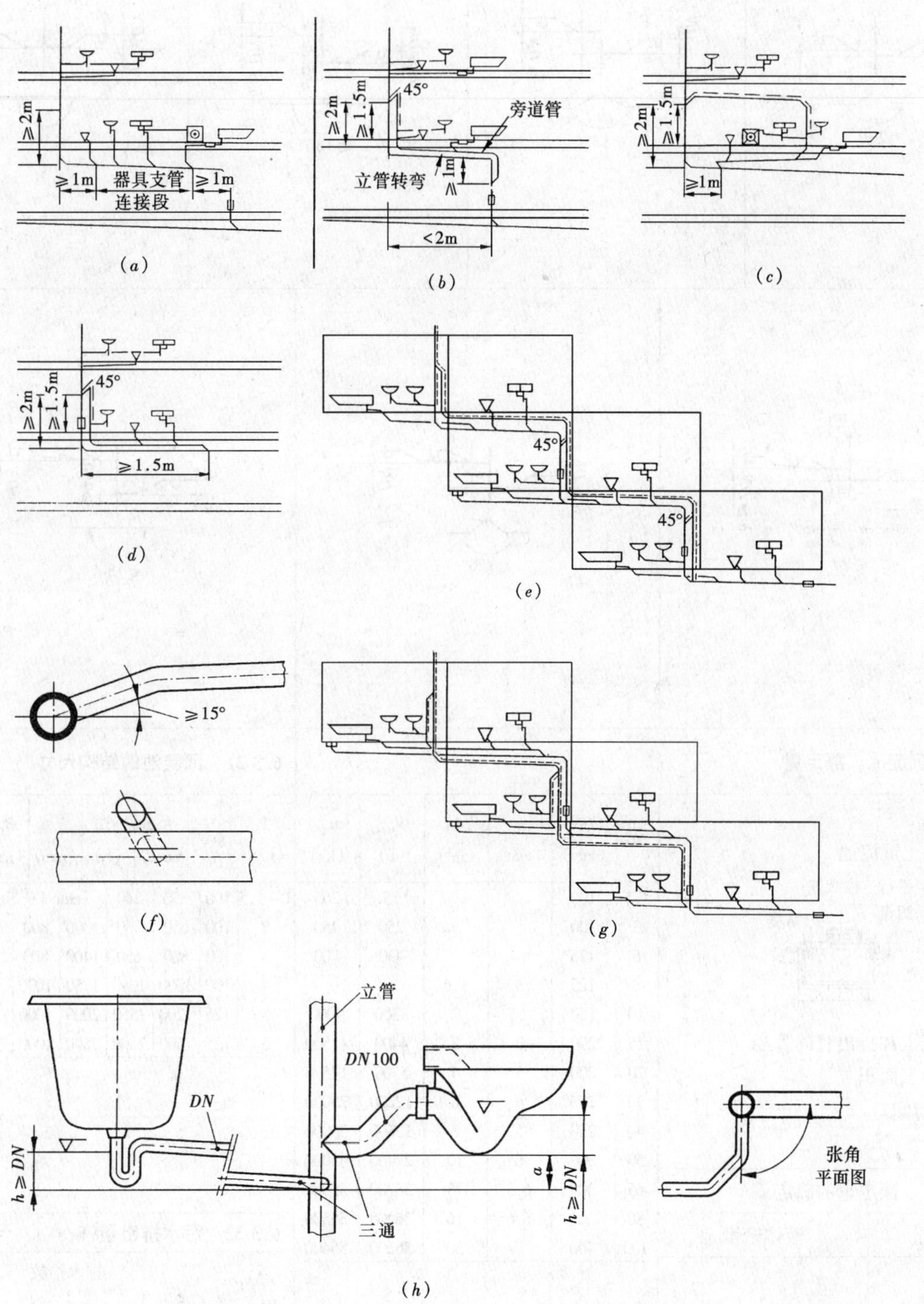

(*a*) 立管转弯不带旁通管；(*b*) 立管转弯带旁通管；(*c*) 旁通通气管；(*d*) 干管上的旁通管；(*e*) 多层错层立管与直接辅助通气管；(*f*) 污水管连接带坡度；(*g*) 多层错层与间接辅助通气管；(*h*) 专门用于大便器支管与水平支管连接相邻水平支管与立管连接，三通需错位 90°

6.3-29 大便器与立管的连接

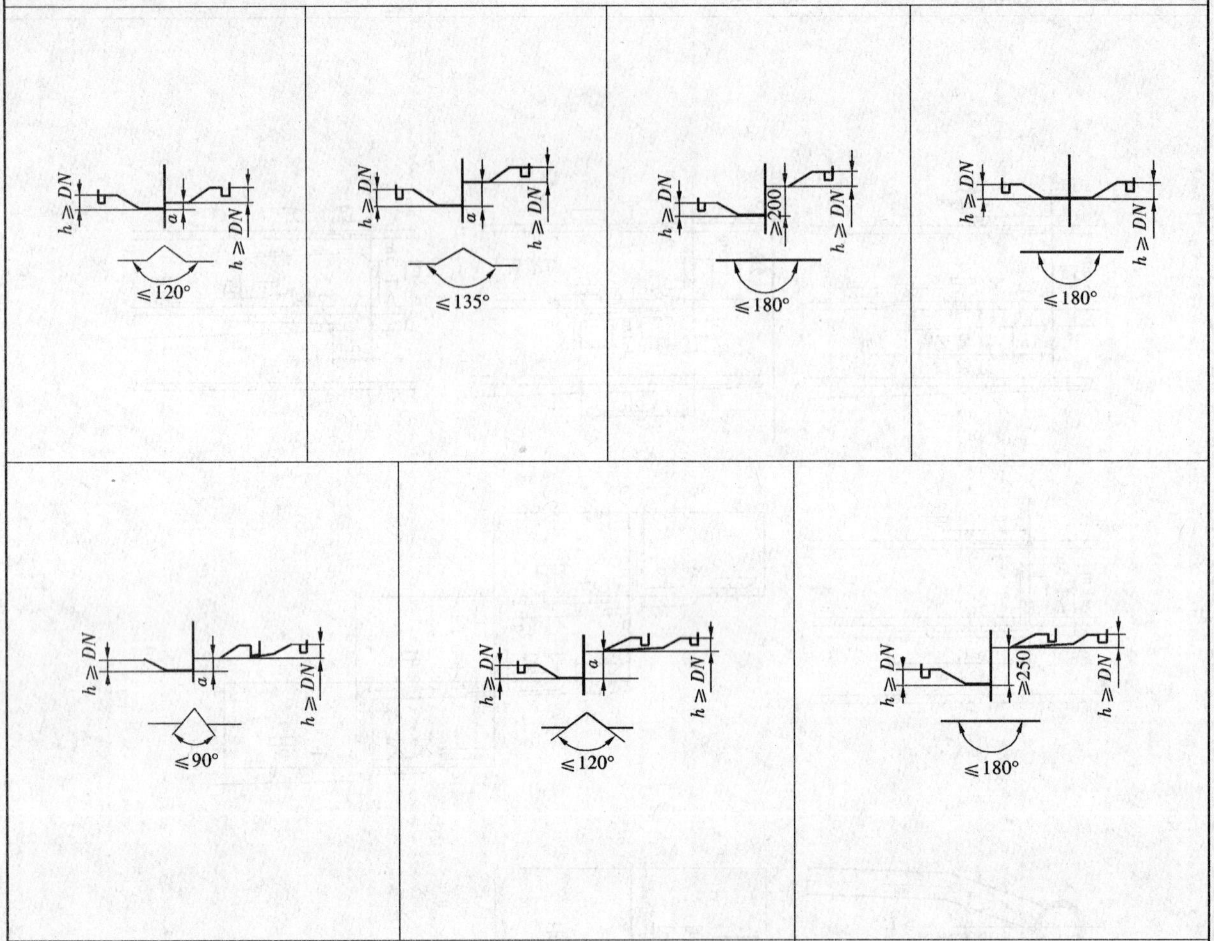

$h \geqslant DN$ a $h \geqslant DN$ $\leqslant 120°$

$h \geqslant DN$ a $h \geqslant DN$ $\leqslant 135°$

$h \geqslant DN$ $\geqslant 200$ $h \geqslant DN$ $\leqslant 180°$

$h \geqslant DN$ $h \geqslant DN$ $\leqslant 180°$

$h \geqslant DN$ a $h \geqslant DN$ $\leqslant 90°$

$h \geqslant DN$ a $h \geqslant DN$ $\leqslant 120°$

$h \geqslant DN$ $\geqslant 250$ $h \geqslant DN$ $\leqslant 180°$

6.3-30 沉淀池，额定量

钢筋混凝土沉淀池

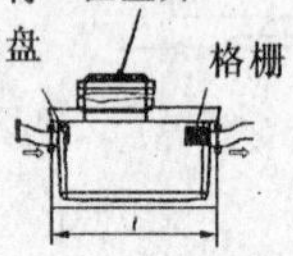

平行圆盘 检查井 格栅

[1] DN—流入和排出管的管径

A_0—最小表面积

t—停留时间

NG	DN (min)	t (min)	A_0 (m^2)	V_{max} (L)	m_{max} (kg)
1.5	100			55	265
3	100			250	450
6	125			430	700
8	125	3	1.6		
10	150	3	2	3300	9000
15	200	3	3	4400	11500
20	200	3	4	5300	14500
30	250	4	6	12200	25000
40	250	5	8	12800	30000
50	300	6	10	27400	45000
65	300	6.3	13	36200	55000
80	300	6.6	16	36200	55500
100	400	7	20	36200	55400

额定量的确定

额定量	液体密度
1倍 NG	≤0.85g/cm³
2倍 NG	≤0.90g/cm³
3倍 NG	≤0.95g/cm³

6.3-31 沉淀池的结构尺寸

V_s (L/s)	DN[1]	ϕ_{min} (mm)	V_{min} (L)	L_{min} (mm)	B_{min} (mm)	V_{min} (L)
1～1.5	100	650	240	rechteckig		
2	100	650	360	1000	800	520
3	100	800	650	1400	800	840
4	100	1000	1050	1750	1000	1400
5	125	1200	1550	2000	1000	1800
6	125	1500	2500	2500	1000	2500

6.3-32 污水排出量(L/s)

AV DN	排水栓数 1	2	3	4	7	10	15	20
15	0.5	1	1.5	2	3	4	5	6
20	1	2	3	4	6	8	10	12
25	1.7	3.5	5	7	10	13.5	17	20.5

6.3-33 轻质液体分离器

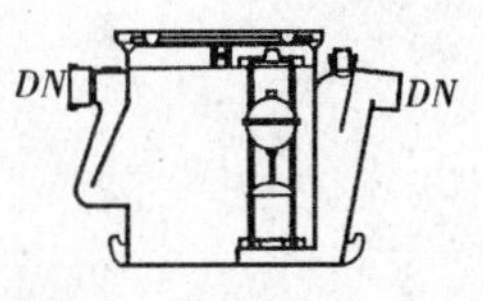

$\dot{V}_r$—在排放系数 $\Psi=1$ 的雨水排放量

1)雨水管[L/(s·ha)]允许连接的面积;大于 300L/(s·ha)时必须计算

液体密度小于水的密度

$\dot{V}_r$ (L/s)	DN150 [1]	DN200 [1]	DN300 [1]
1	70	50	35
1.5	100	75	50
2	140	100	70
3	200	150	100
4	270	200	135
5	340	250	170
6	400	300	200
10	670	500	335
15	1000	750	500
20	1400	1000	700
25	1700	1250	850

6.3-34 油脂分离器

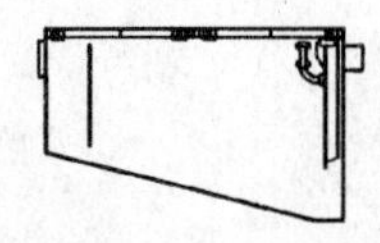

$\dot{V}_s$ = 额定量 NG

t—停留时间

NG≤9,为钢或铸铁的;NG>9,为钢筋混凝土的对于 400 人以下的餐馆:$\dot{V}_s$ = 2L/s,每增加 100 个食客加 0.25L/s,每增加 1 台洗碗机加 1L/s

$\dot{V}_s$ (L/s)	DN (min)	t (min)	m_{max} (kg)	V_{max} (L)
1	100	3	180	150
2	100	3	200	310
3	100	3	250	690
4	125	3	360	850
5	125	3	450	1460
7	125	3	660	1610
9	150	3	730	1810
12	150	4	17600	7100
15	200	4	17600	7100
20	200	5	27500	14200
25	200	5	27500	14200

6.3-35 防壅水倒灌双闭锁装置

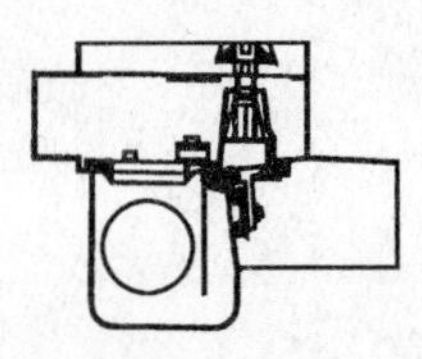

1)原始入口 DN70

连接管径	m (kg)	L (mm)	H (mm)
DN100[1]	14	360	270
DN100	43	445	260
DN125	48	470	310
DN150	60	520	345
DN200	94	590	425
DN250	141	630	590

6.3-36 淀粉分离器

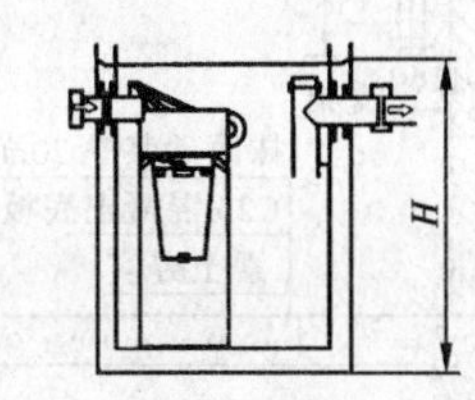

NG	ϕ (mm)	H (mm)	V (L)
0.5	900	1435	650
1	1100	1435	950
2	1440	1820	1450
3	2050	1660	2600
4	2050	2175	3800
6	2400	2110	5100

6.3-37 砖砌化粪池

1-5 号砖砌化粪池(无地下水)

活荷载	化粪池 有效容积 (m^3)	化粪池 池号	结构尺寸(mm) H_2	L	L_1	L_2	L_3	L_4	B	B_1	C	H	H_1	h_1
顶面不过汽车	2	1	550 800	3070	1400	750	2870	480	1430	750	240	1900	1400	550~950
	4	2	550 800	5280	3100	1000	5080	480	1690	750	370	1900	1400	550~950
	6	3	650 950	5230	3050	1000	5030	440	1940	1000	370	2100	1600	550~950
	9	4	650 950	6470	3050	1000	5030	—	2440	1500	370	2100	1600	550~950
	12	5	850 1250	6470	3050	1000	5030	—	2440	1500	370	2600	2100	550~950
顶面过汽车	2	1	550 800	3070	1400	750	2870	480	1430	750	240	1900	1400	500~900
	4	2	550 800	5280	3100	1000	5080	480	1690	750	370	1900	1400	500~900
	6	3	650 950	5230	3050	1000	5030	440	1940	1000	370	2100	1600	500~900
	9	4	650 950	6470	3050	1000	5030	—	2440	1500	370	2100	1600	500~900
	12	5	850 1250	6470	3050	1000	5030	—	2440	1500	370	2600	2100	500~900

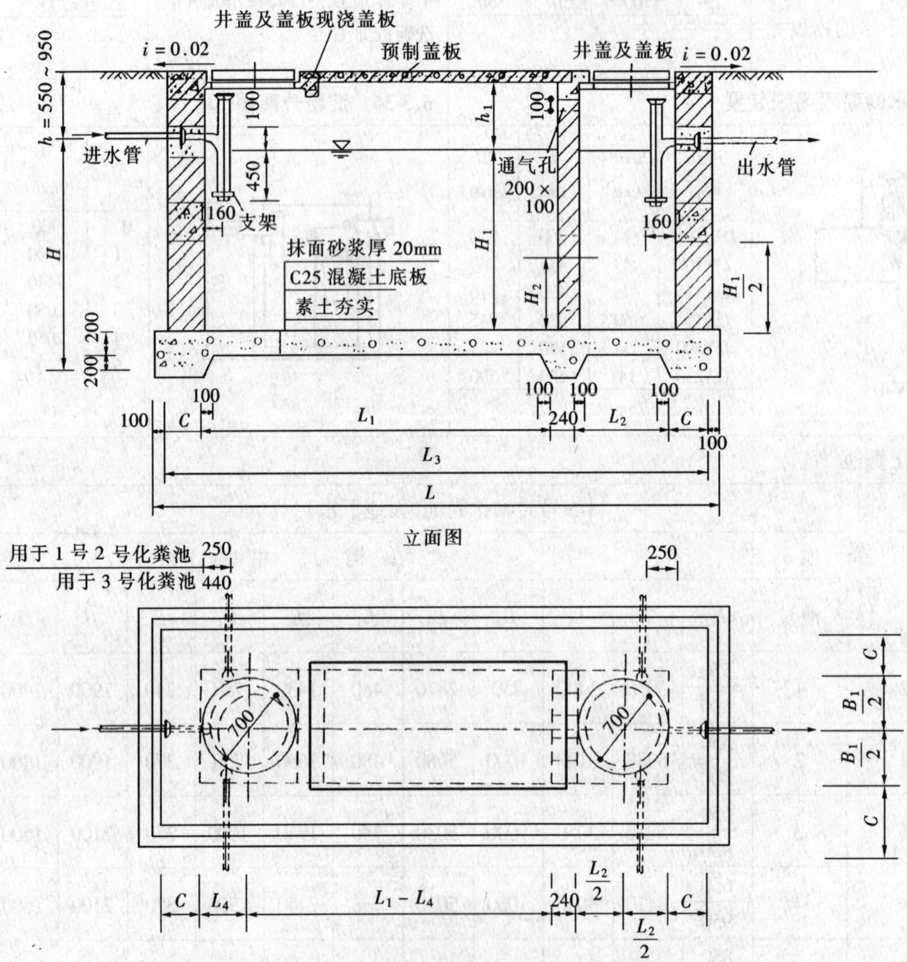

立面图

1-3 号砖砌化粪池平面图(无地下水)

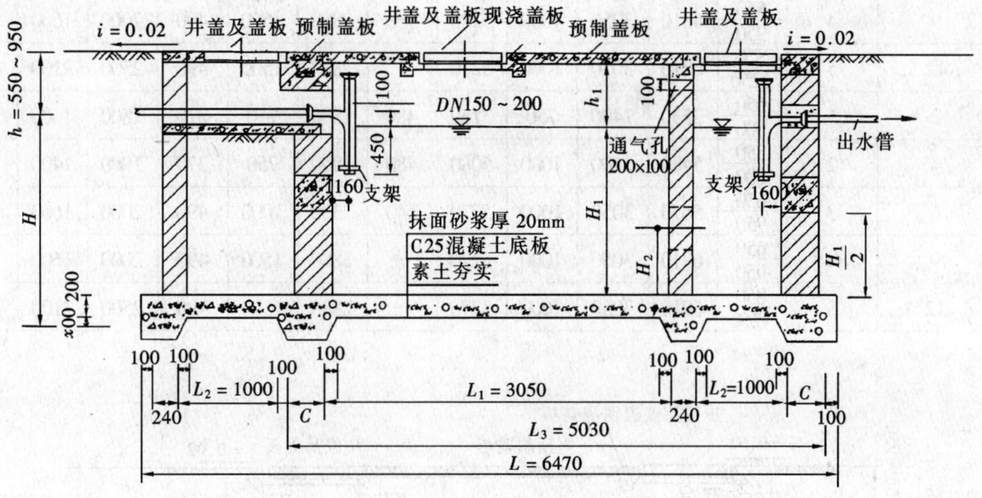

立面图

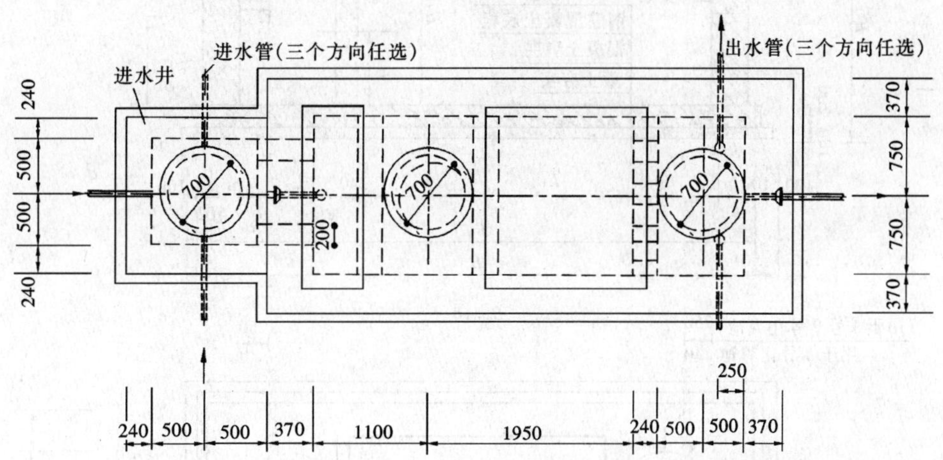

4-5 号砖砌化粪池平面图(无地下水)

1-5号砖砌化粪池(有地下水)

活荷载	化粪池		结构尺寸(mm)											
	有效容积(m^3)	池号	H_2	L	L_1	L_2	L_3	L_4	B	B_1	C_1	H	H_1	h_1
顶面不过汽车	2	1	550 800	3530	1400	750	3130	480	1890	750	370	1800	1400	550~950
	4	2	550 800	5480	3100	1000	5080	480	1890	750	370	1800	1400	550~950
	6	3	650 950	5670	3050	1000	5270	440	2380	1000	490	2000	1600	550~950
	9	4	650 950	6810	3050	1000	5270	—	2880	1500	490	2000	1600	550~950
	12	5	850 1250	6810	3050	1000	5270	—	2880	1500	490	2500	2100	550~950
顶面过汽车	2	1	550 800	3530	1400	750	3130	480	1890	750	370	1800	1400	500~900
	4	2	550 800	5480	3100	1000	5080	480	1890	750	370	1800	1400	500~900
	6	3	650 950	5670	3050	1000	5270	440	2380	1000	490	2000	1600	500~900
	9	4	650 950	6910	3050	1000	5270	—	2880	1500	490	2000	1600	500~900
	12	5	850 1250	6910	3050	1000	5270	—	2880	1500	490	2500	2100	500~900

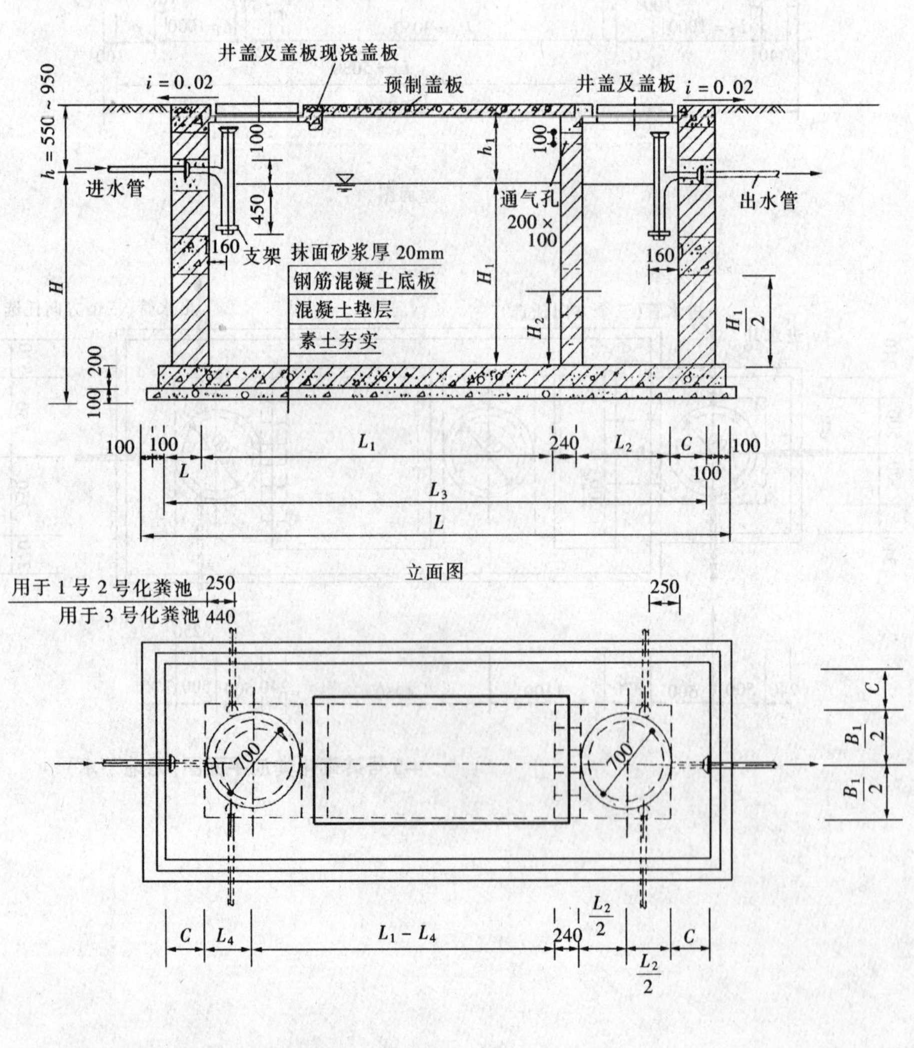

立面图

1-3号砖砌化粪池平面图(有地下水)

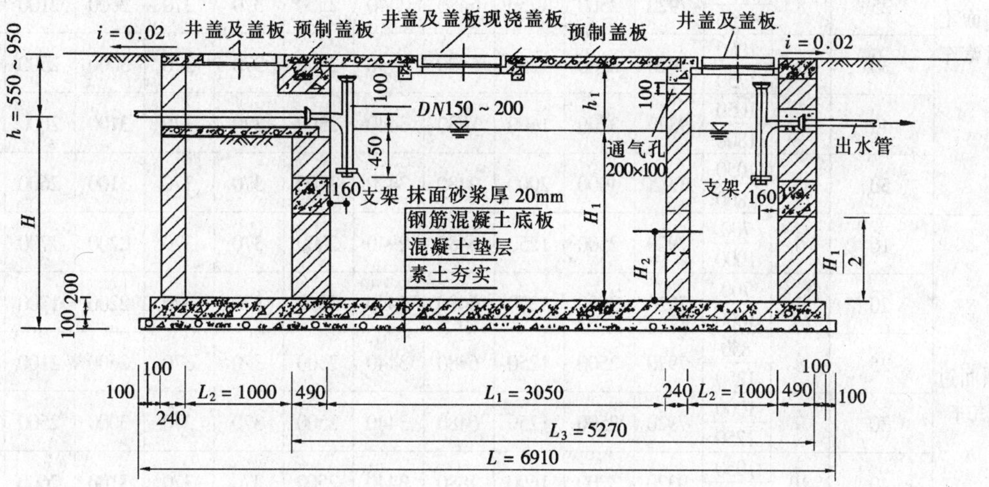

立面图

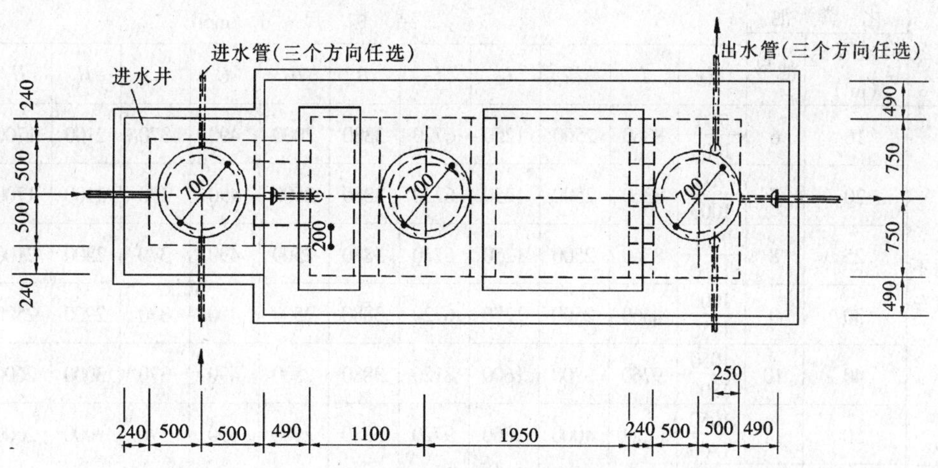

4-5 号砖砌化粪池平面图(有地下水)

6.3-37　砖砌化粪池(续)

6-11 号砖砌化粪池

地下水	活荷载	化粪池		结构尺寸(mm)											
		有效容积(m^3)	池号	H_2	L	L_1	L_2	L_3	B	B_1	C	C_1	H	H_1	h_1
无地下水	顶面不过汽车	16	6	700 1000	7920	2500	1250	6480	2940	2000	370	370	2200	1700	2750 ~ 3150
		20	7	700 1000	7920	2500	1250	6480	3440	2500	370	370	2200	1700	2750 ~ 3150
		25	8	850 1250	7920	2500	1250	6480	3440	2500	370	370	2600	2100	3150 ~ 3550
		30	9	1000 1750	7920	2500	1250	6480	3440	2500	370	370	3000	2500	3550 ~ 3950
		40	10	1050 1800	9320	3200	1600	7880	3440	2500	370	370	3100	2600	3650 ~ 4050
		50	11	1050 1800	10920	4000	2000	9480	3440	2500	370	370	3100	2600	3650 ~ 4050
	顶面过汽车	16	6	700 1000	7920	2500	1250	6480	2940	2000	370	370	2200	1700	2750 ~ 3150
		20	7	700 1000	7920	2500	1250	6480	3440	2500	370	370	2200	1700	2750 ~ 3150
		25	8	850 1250	7920	2500	1250	6480	3440	2500	370	370	2600	2100	3150 ~ 3550
		30	9	1000 1750	7920	2500	1250	6480	3440	2500	370	370	3000	2500	3550 ~ 3950
		40	10	1050 1800	9320	3200	1600	7880	3440	2500	370	370	3100	2600	3650 - 4050
		50	11	1050 1800	10920	4000	2000	9480	3440	2500	370	370	3100	2600	3650 ~ 4050

6-11 号砖砌化粪池

地下水	活荷载	化粪池		结构尺寸(mm)											
		有效容积(m^3)	池号	H_2	L	L_1	L_2	L_3	B	B_1	C	C_1	H	H_1	h_1
有地下水	顶面不过汽车	16	6	700 1000	8360	2500	1250	6720	3380	2000	490	370	2100	1700	2650 ~ 3050
		20	7	700 1000	8360	2500	1250	6720	3880	2500	490	370	2100	1700	2650 ~ 3050
		25	8	850 1250	8360	2500	1250	6720	3880	2500	490	370	2500	2100	3050 ~ 3450
		30	9	1000 1750	8360	2500	1250	6720	3880	2500	490	370	2900	2500	3450 ~ 3850
		40	10	1050 1800	9760	3200	1600	8120	3880	2500	490	370	3000	2600	3550 ~ 3950
		50	11	1050 1800	11360	4000	2000	9720	3880	2500	490	370	3000	2600	3550 ~ 3950
	顶面过汽车	16	6	700 1000	8360	2500	1250	6720	3380	2000	490	370	2100	1700	2650 ~ 3050
		20	7	700 1000	8360	2500	1250	6720	3880	2500	490	370	2100	1700	2650 ~ 3050
		25	8	850 1250	8360	2500	1250	6720	3880	2500	490	370	2500	2100	3050 ~ 3450
		30	9	1000 1750	8360	2500	1250	6720	3880	2500	490	370	2900	2500	3450 ~ 3950
		40	10	1050 1800	9760	3200	1600	8120	3880	2500	490	370	3000	2600	3550 ~ 3950
		50	11	1050 1800	11360	4000	2000	9720	3880	2500	490	370	3000	2600	3550 ~ 3950

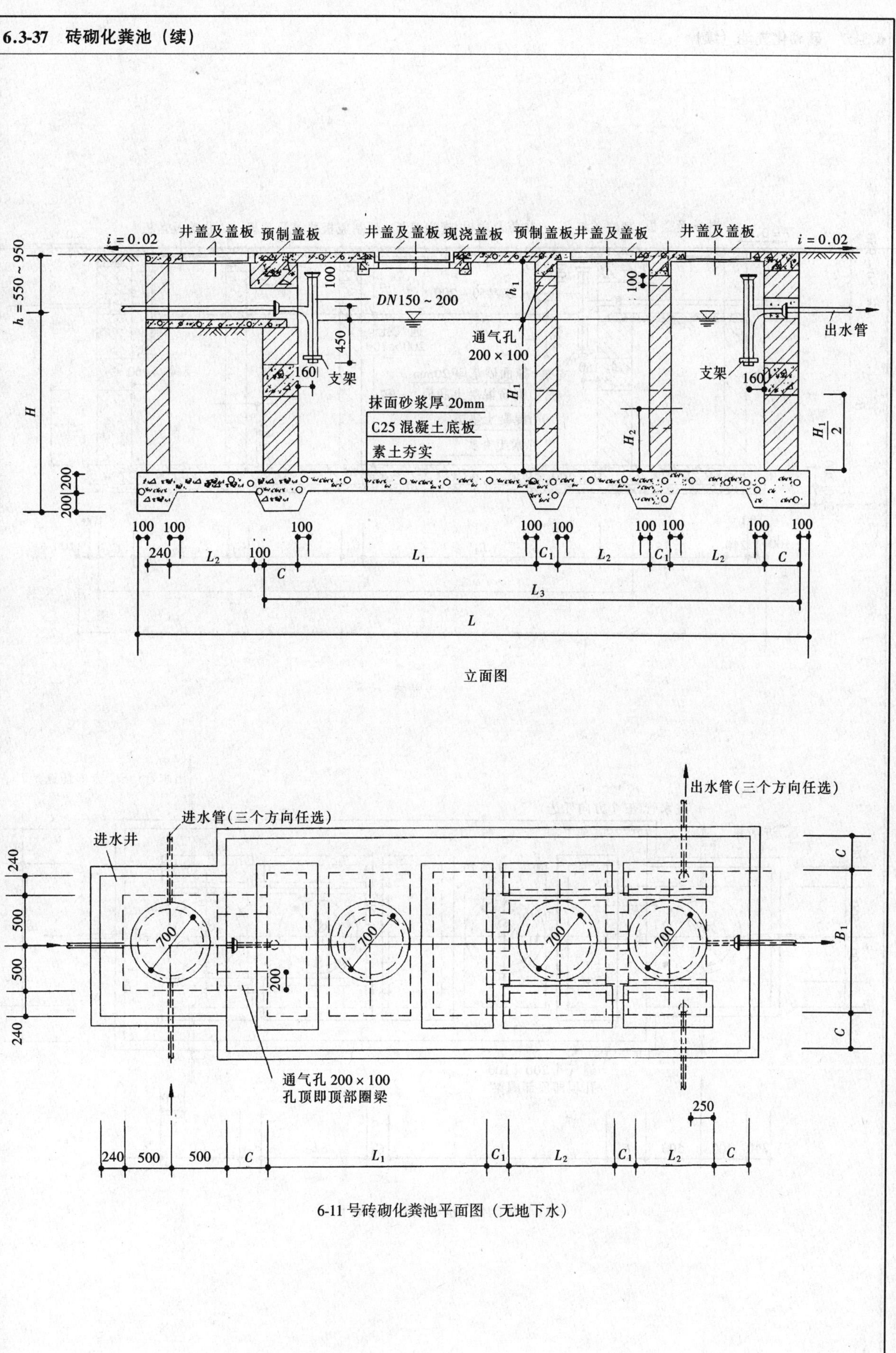

立面图

6-11 号砖砌化粪池平面图（无地下水）

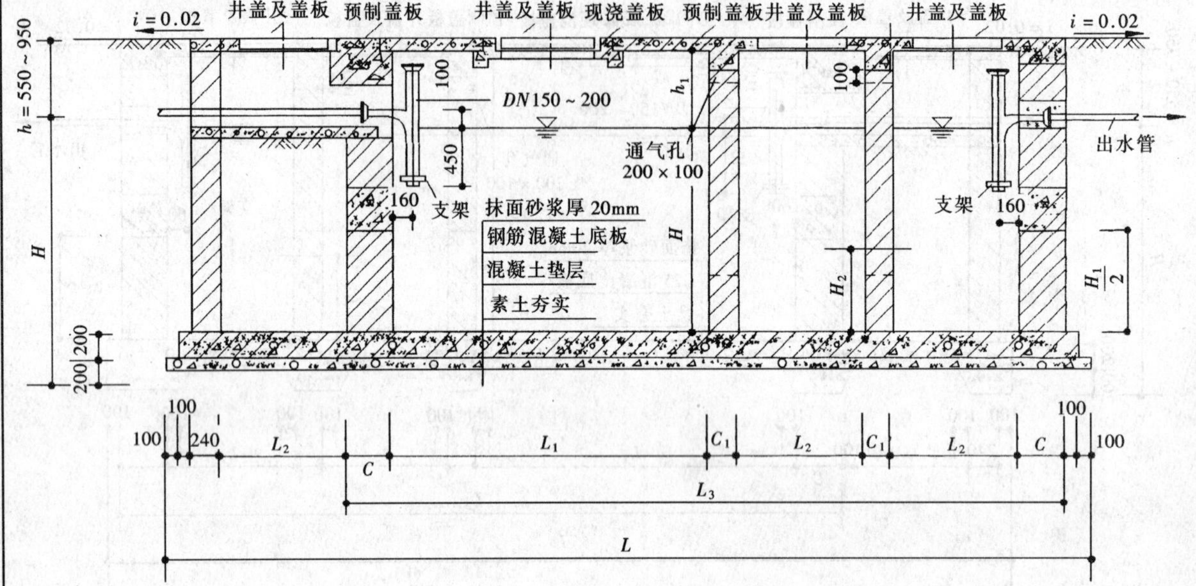

立面图

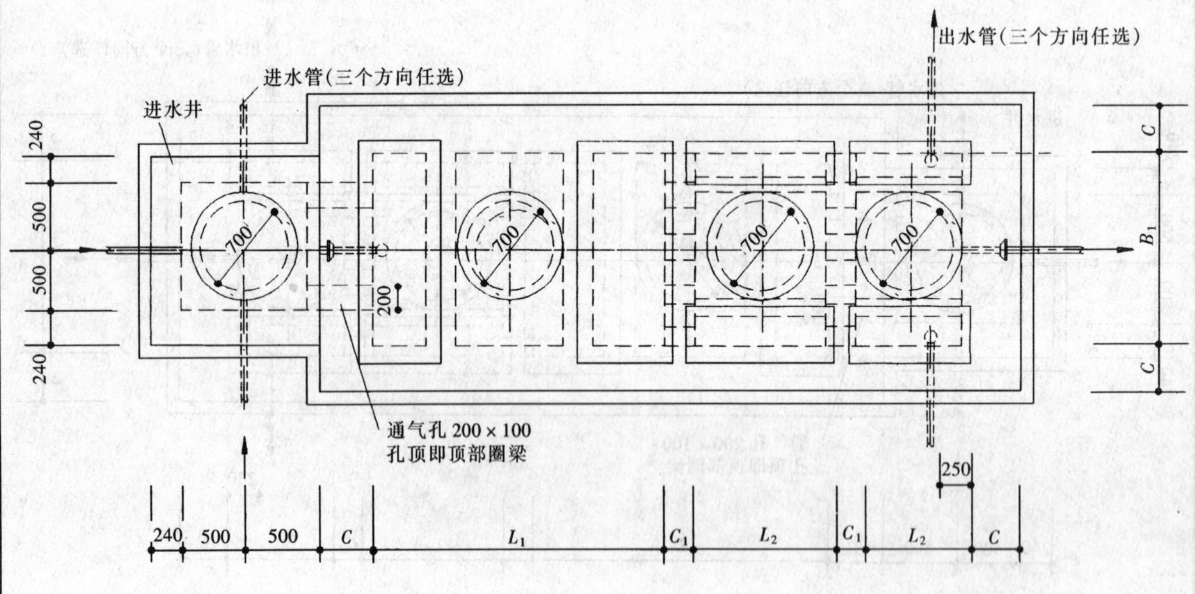

6-11 号砖砌化粪池平面图（有地下水）

6.3-38 砖砌沉淀池

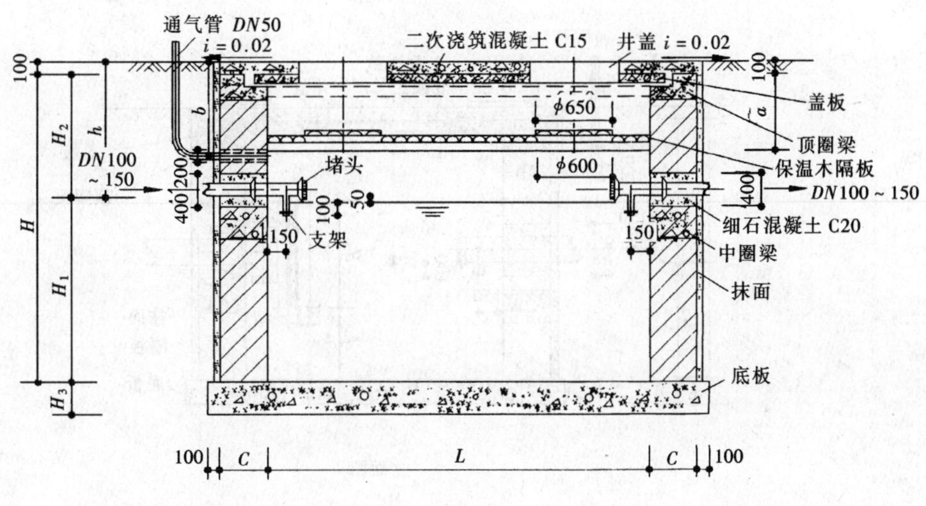

立面图

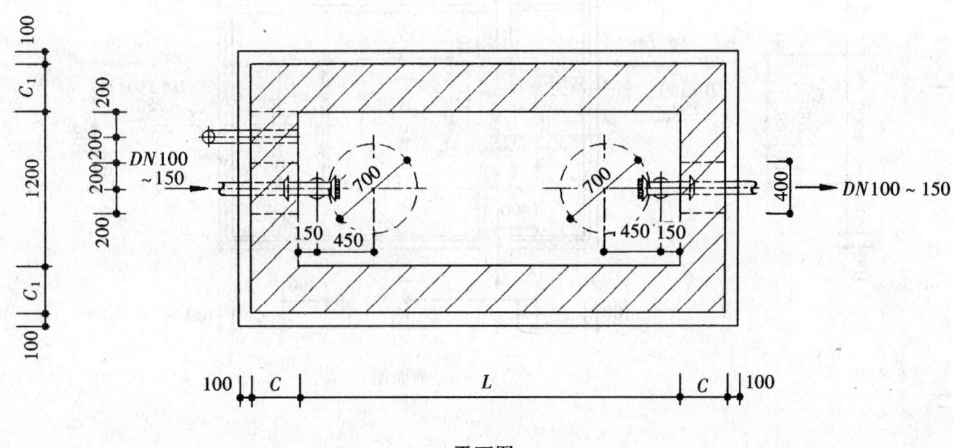

平面图

砖 砌 沉 淀 池 尺 寸

沉淀池　　排水管　　DN100 ~ 150 无地下水

型号 / 尺寸	H	h	L	C	C_1	H_1	H_2	H_3	a	b	有效容积
Ⅰ	2400 ~ 2800	1100 ~ 1500	3000	370	370	1400	1000 ~ 1400	250	600	800	4.86
Ⅱ	3100 ~ 3400	1200 ~ 1500	3500	370	490	2000	1100 ~ 1400	280	600	900	7.02
沉淀池　排水管 DN100 ~ 150 有地下水											
Ⅰ	2400 ~ 2800	1100 ~ 2500	3000	370	490	1400	1000 ~ 1400	280	600	800	4.86
Ⅱ	3100 ~ 3400	1200 ~ 1500	3500	490	620	2000	1100 ~ 1400	300	600	900	7.02

6.3-39　砖砌隔油池

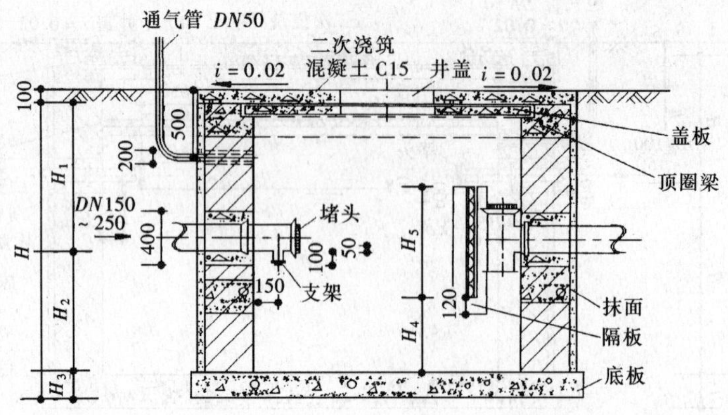

立面图

平面图

砖　砌　隔　油　池

型号 / 尺寸	H	H_1	H_2	H_3	H_4	H_5	L	C	C_1	A	有效容积
隔油池　排水管　DN150 ~ 250　无地下水											
Ⅰ	1850 ~ 2600	650 ~ 1400	1200	200	600	880	2000	370	490	1000	2.30
Ⅱ	1500 ~ 2250	650 ~ 1400	850	200	550	580	2000	370	490	1000	1.60
Ⅲ	1100 ~ 1900	600 ~ 1400	500	150	250	530	1500	240	370	750	0.68
Ⅳ	1000 ~ 1800	600 ~ 1400	400	150	150	430	1500	240	370	750	0.53
隔油池　排水管 DN150 ~ 250　有地下水											
Ⅰ	1850 ~ 2600	650 ~ 1400	1200	200	600	880	2000	370	370	1000	2.30
Ⅱ	1500 ~ 2250	650 ~ 1400	850	200	550	580	2000	370	370	1000	1.60
Ⅲ	1100 ~ 1900	600 ~ 1400	500	150	250	530	1500	370	490	750	0.68
Ⅳ	1000 ~ 1800	600 ~ 1400	400	150	150	430	1500	370	370	750	0.53

6.3-40　隔轻质燃油装置与其他装置顺序（德国）

用于燃油锅炉房、油库、停车场、洗车场、修车厂、车间等

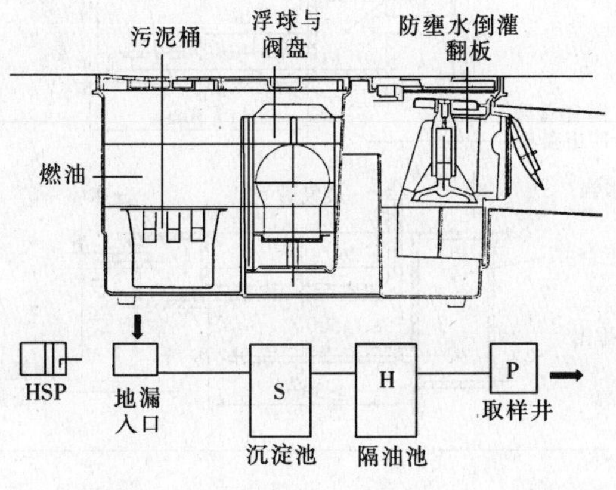

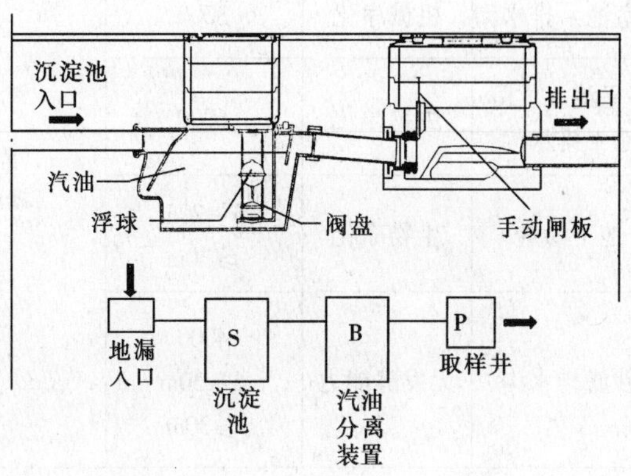

（*a*）带防壅水倒灌翻板的隔燃油装置
这种装置可以不设前置沉淀池，只可以容纳51
燃油，采用塑料挤压成型

（*b*）汽油分离装置

6.3-41　公共污水处理系统

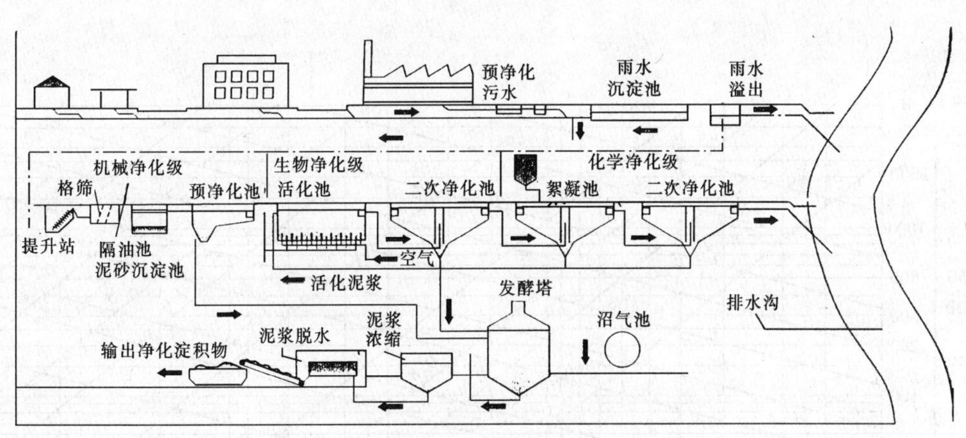

6.3-42 地下渗透法和砂滤法小型净化设备（德国）

使用范围：远离表面水、地下水位低于净化设备5m以上的农村

设备	污水处理方式	min V_z
多室池+排水沟	机械净化	3000
多室池+发酵池+排水沟	生物净化	6000
地下渗透	生物净化	6~20m ≥30m
砂滤排水沟	无发酵能力	4000 6~30m ≥30m

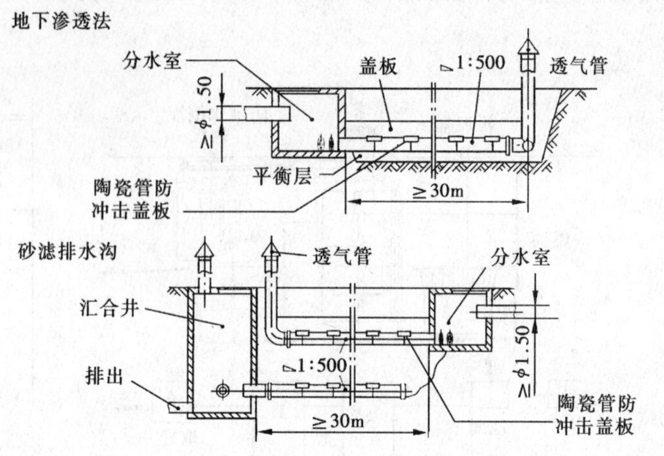

6.3-43 污水提升设备，总扬程和系数 K_P 的确定

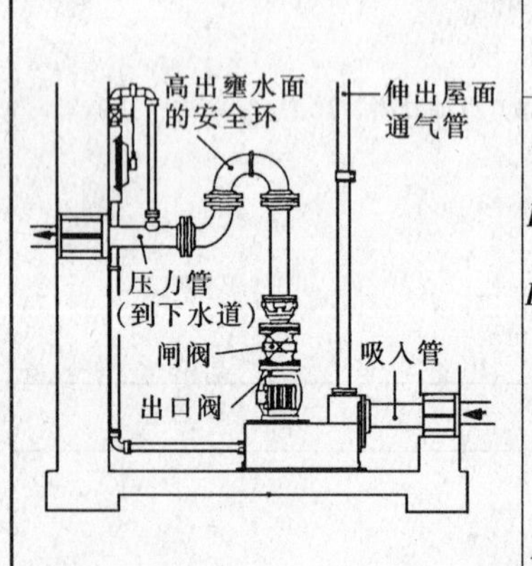

$$H_{ges} = H_{geo} + H_{Vges}$$

$$H_{Vges} = \frac{H_{V100}}{100m}(L_a + L)$$

$$V_S = K_P \cdot \sqrt{\Sigma AW_S}$$

H_{geo}	设备地面至压出管最高点
H_{Vges}	总压力损失
H_{V100}	压力损失（表6.3-44）
L	直管长
$L_ä$	附件和管件的当量长度
AW_s	卫生器具当量数

建筑物类型	K_P
住宅、旅馆、办公楼	0.2
学校，医院	0.7
大旅馆	0.7
盥洗池	1
公共淋浴室	1
工业实验室	1

6.3-44 在运行粗糙的100m直管的压力损失 H_{V100}

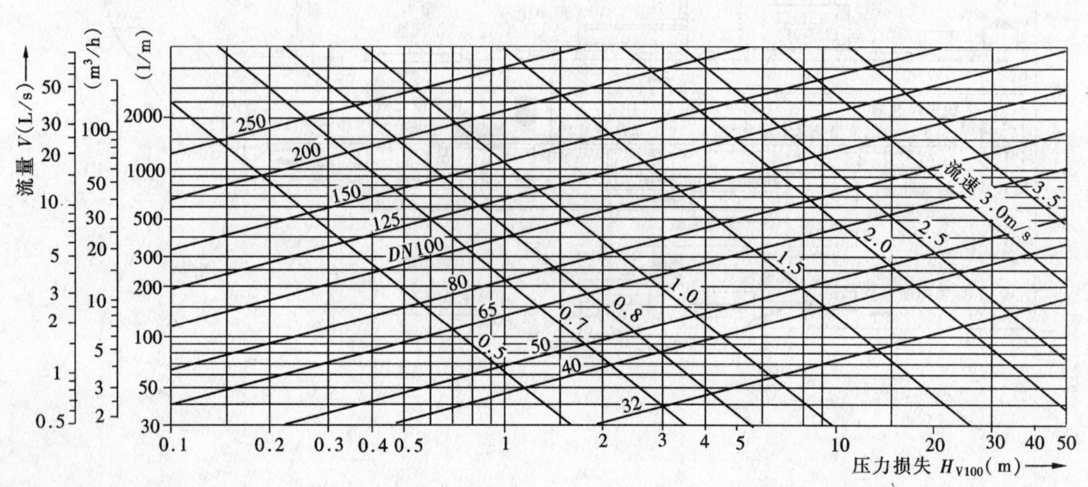

6.3-45　附件和管件的当量长度 $L_{ä}$

附件或管件　*DN*	32	40	50	65	80	100	125	150	200	250
闸阀	0.47	0.32	0.39	0.52	0.64	0.79	0.88	1.12	1.63	2.18
止回阀	1.70	1.48	1.84	2.60	3.30	4.26	5.71	7.26	10.58	13.60
球阀橡皮金属芯球	—	11.80	15.80	22.30	29.40	39.30	52.70	67.00	97.50	130.5
长弧弯	0.18	0.25	0.33	0.50	0.66	0.91	1.22	1.57	2.31	3.12
弧弯 90°	0.19	0.27	0.38	0.58	0.79	1.11	1.55	2.06	3.18	4.46
弧弯 45°	0.11	0.15	0.20	0.30	0.40	0.55	0.74	0.95	1.40	1.89
弧弯 30°	0.07	0.10	0.14	0.20	0.26	0.36	0.48	0.62	0.90	1.22
弧弯 22°	0.04	0.09	0.12	0.17	0.22	0.30	0.40	0.50	0.73	0.98
三通	2.35	3.14	4.20	5.95	7.56	9.82	14.02	18.40	28.50	40.30
自由流出口	0.73	0.98	1.31	1.86	2.45	3.28	4.39	5.58	8.14	10.89
止回阀	3.46	5.22	7.88	12.30	18.20	25.00	31.60	33.50	36.60	—
直通阀	3.16	4.32	5.90	8.75	11.75	15.70	19.80	22.90	29.30	—
直通阀自由流出	1.06	1.18	1.31	1.68	1.96	2.30	2.64	3.60	4.90	—
角阀	2.32	3.27	4.60	6.88	9.55	12.50	14.50	15.10	16.30	—
缩径件	1.08	1.45	1.94	3.53	3.19	4.85	6.50	6.15	17.90	16.10
扩径件	－0.85	－1.13	－1.50	－2.79	－2.45	－3.77	－5.05	－5.02	－13.8	－12.5
突然缩径	0.29	0.42	0.60	0.70	0.95	1.31	1.50	2.45	3.25	3.55
突然扩径	－0.24	－0.34	－0.48	－0.56	－0.76	－1.05	－1.20	－1.96	－2.60	－2.85

总是与最大直径有关

6.3-46　污水压出管和流量关系

DN	$d_a \times s$ (mm×mm)	d_i (mm)	$\dot{V}_i$（L/s）在流速 V_{min} 0.7m/s	$V_{min}^{1)}$ 1m/s	$V_{max}^{1)}$ 2.5m/s
32	—	32	0.563	0.804	2.010
	38.0×2.6	32.8	0.591	0.845	2.111
	42.4×3.25	35.9	0.708	1.012	2.529
	42.4×2.6	37.2	0.761	1.086	2.716
40	—	40	0.879	1.256	3.140
	48.3×3.25	41.8	0.960	1.372	3.429
	48.3×2.6	43.1	1.021	1.458	3.646
50	—	50	1.374	1.963	4.906
	57.0×2.9	51.2	1.440	2.058	5.145
	60.3×3.65	53	1.544	2.205	5.513
	60.3×2.9	54.5	1.632	2.332	5.829
65	—	65	2.322	3.317	8.292
	76.1×3.65	68.8	2.601	3.716	9.289
	76.1×2.9	70.3	2.716	3.880	9.699
80	—	80	3.517	5.024	12.560
	88.9×4.05	80.8	3.587	5.125	12.812
	88.9×3.2	82.5	3.740	5.343	13.357

DN	$d_a \times s$ (mm×mm)	d_i (mm)	$\dot{V}_{in}$（L/s）在流速 V_{min} 0.7m/s	$V_{min}^{1)}$ 1m/s	$V_{max}^{1)}$ 2.5m/s
100	—	100	5.485	7.850	19.625
	114.3×4.5	105.3	6.093	8.704	21.760
	114.3×3.6	107.1	6.303	9.004	22.511
125	—	125	8.586	12.266	30.664
	139.7×4.85	130	9.287	13.267	33.166
	139.7×4	131.7	9.531	13.616	34.039
150	—	150	12.364	17.663	44.156
	165.1×4.85	155.4	13.270	18.957	47.393
	165.1×4.5	156.1	13.390	19.128	47.821
175	—	175	16.828	24.041	60.102
	193.7×5.4	182.9	18.382	26.260	65.650
200	—	200	21.980	31.400	78.500
	219.1×5.9	207.3	23.614	33.734	84.335

1) 在 l 总 > 30m 时，V_{min} = 1m/s；V_{max} 陶瓷混凝土管 = 2.5～3.5m/s

对于粪便污水/雨水 min *DN*80

对于没有打散的粪便污水，min *DN*80

对于已打散的粪便污水，min *DN*50

6.3-47　小型污水提升设备的功率曲线和有关数据（德国厂家）

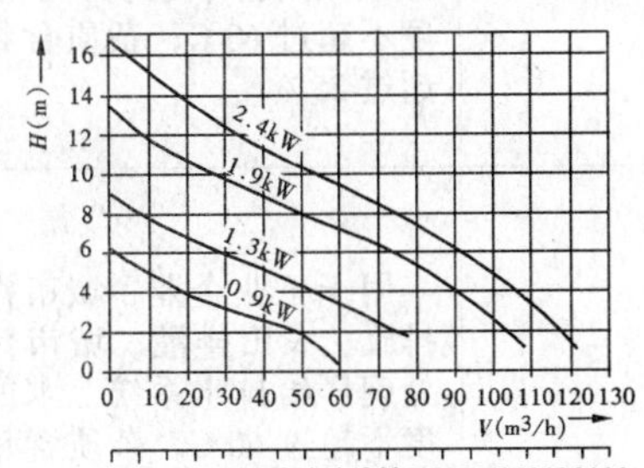

Nr.	P_2 (kW)	U (V)	I_N (A)	n (min^{-1})	*DN*	*H*	*B*	*T*	(kg)
1	0.9	400	2.6	1450	80	786	395	643	52
2	1.3	400	3.3	1450	80	786	395	643	52
3	1.9	400	5.5	1450	80	795	438	751	66
4	2.4	400	6.3	1450	80	795	438	751	66

电机（温/干）开关次数

电机功率（kW）		≤4	≤7.5	≤11	≤30	＞30
开关次数/h	湿转子	—	15	—	12	10
	干转子	30	—	25	20	10

6.3-48 污水提升设备型号、性能

名　称	型　号	性能、优缺点	适　用
PW型污水泵	例：4PW 4—泵出口直径 P—杂质泵 W—污水	流量：38～180m^3/h 扬程：8.5～48.5m	适用于城市、工业企业排除污水废水
PWF型耐腐蚀离心式污水泵	例：50PWF 50—泵出口直径 P—杂质泵 W—污水 F—耐腐蚀	流量：10～72m^3/h 扬程：12.5～18m	输送温度不超过80℃、带有酸性、碱性或其他腐蚀性的污水
PWL型立式污水泵	例：6PWL 6—泵出口直径 P—杂质泵 W—污水 L—立式	流量：43～700m^3/h 扬程：9.5～30m	输送温度不超过80℃、带有纤维或其他悬浮物的无腐蚀性的液体
WG型污水泵	例：80WG 80—泵出口直径 W—污水 G—高扬程	流量：3～110m^3/h 扬程：5～50m	输送温度不超过80℃、带有纤维或其他悬浮物的无腐蚀性的液体，适用于城市、工业企业排除污水废水
WGF型污水泵	例：80WG 80—泵出口直径 W—污水 G—高扬程 F—耐腐蚀	流量：3～110m^3/h 扬程：5～50m	输送温度不超过80℃、带有酸性、碱性或其他腐蚀性的污水
WL型立式污水泵	例：50WL-12A 50—泵进出口直径 W—污水 L—立式 12—泵设计点单级扬程值 A—叶轮直径经第一次切割	流量：10～25m^3/h 扬程：7～12m	适用于城市、工业企业排除污水废水及粪便用
QX型潜水电泵	例：QX10 Q—潜水电泵 X—泵进水口位置在潜水电泵的下方 10—泵设计点扬程	流量：8～120m^3/h 扬程：7～35m	用于工业企业、船舶、城市给排水、农田排灌。输送清水，温度不超过40℃
WQ系列潜水排污泵	例：WQ2000—20—160 W—污水 Q—潜水 2000—流量 20—扬程 160—功率		用于工业企业、城市污水排放、农田排灌，城市污水处理厂给排水系统。水的温度不超过60℃，杂质含量不超过25%
AS、AV系列潜水排污泵	例：AS1.6—2W/CB AS—单叶片轮 AV—旋流式叶轮 1.6—功率（加以圆整） 2—电机的级数 W—单机电机 CB—抗堵塞撕裂机构		用于工业企业、城市污水排放、农田排灌，城市污水处理厂给排水系统。水的温度不超过60℃，杂质含量不超过25%

6.3-49　PW型污水泵性能

泵型号	流量 Q (m³/h)	流量 Q (L/s)	扬程 H (m)	转速 n (r/min)	功率 N 轴功率 (kW)	功率 N 电动机功率 (kW)	效率 η (%)	允许吸上真空高度 H_s (m)	叶轮直径 D_2 (mm)	泵重量 W (kg)
2PW	25.7 43 51.6	7.15 11.95 14.3	22.4 18.3 16.4	2890	2.9 3.45 3.76	4	53.3 61.3 60.8		135	55
2½PW	36 60 72	10 16.6 20	11.6 9.5 8.5	1440	2.1 2.5 2.72	4	54 62 61.5	7.5 7.2 7	195	65
2½PW	43 90 108	12 25 30	34 26 24	2920	7.8 11 12.5	15	51 58 56	6 5 4.2	170	65
2½PW	43 90 108	12 25 30	48.5 43 39	2940	11.6 17 19.2	22	49 62 60	7 5.5 4.5	195	65
4PW	72 100 120	20 27.8 33.2	12 11 10.5	960	4 4.7 5.5	7.5	59 64 62	7 6.5 5.5	300	125
4PW	108 160 180	30 44.4 50	27.5 25.5 24.5	1460	13.5 18 19.5	30	60 62 61.5	7.8 7.5 7	300	125

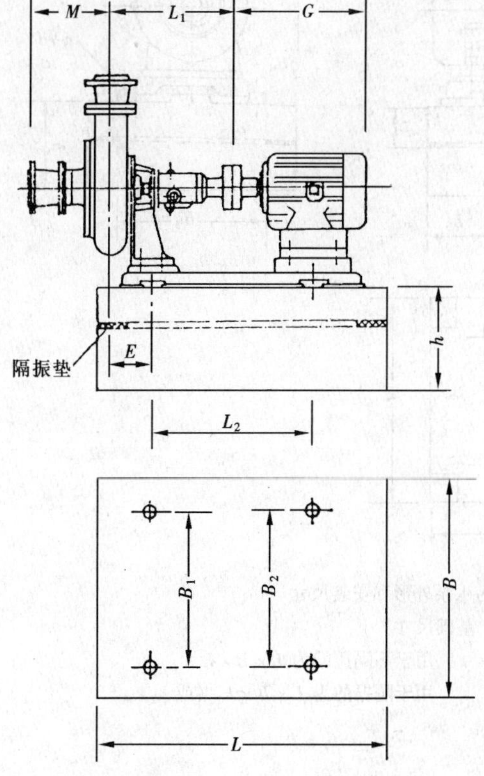

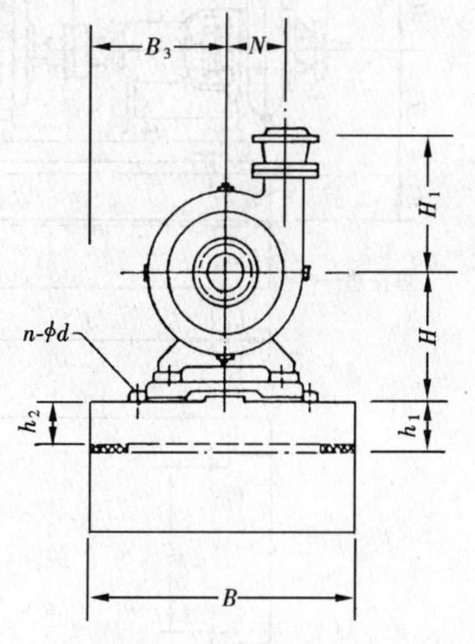

注：基础尺寸

用于不隔振的为 $L \times B \times h$

用于隔振的为 $L \times B \times h_1$(或 h_2)

PW型污水泵外形和安装尺寸

6.3-50 PWF 型泵性能表

泵型号	流量 Q (m³/h)	流量 Q (L/s)	扬程 H (m)	转速 n (r/min)	功率 N 轴功率 (kW)	功率 N 电动机功率 (kW)	效率 η (%)	允许吸上真空高度 H_s (m)	叶轮直径 D_2 (mm)	泵重量 W (kg)
50PWF	10 14.5 19	2.75 4 5.25	18 16 14.5	1440	2.35 2.47 2.58	4	20.5 25.5 29	5	239	106
80PWF	42 56 72	11.7 15.5 20	14 13.5 12.5	1440	3.5 4.1 4.5	5.5	45.5 50 54.5	5.5	230	115

注：生产厂家：石家庄水泵厂

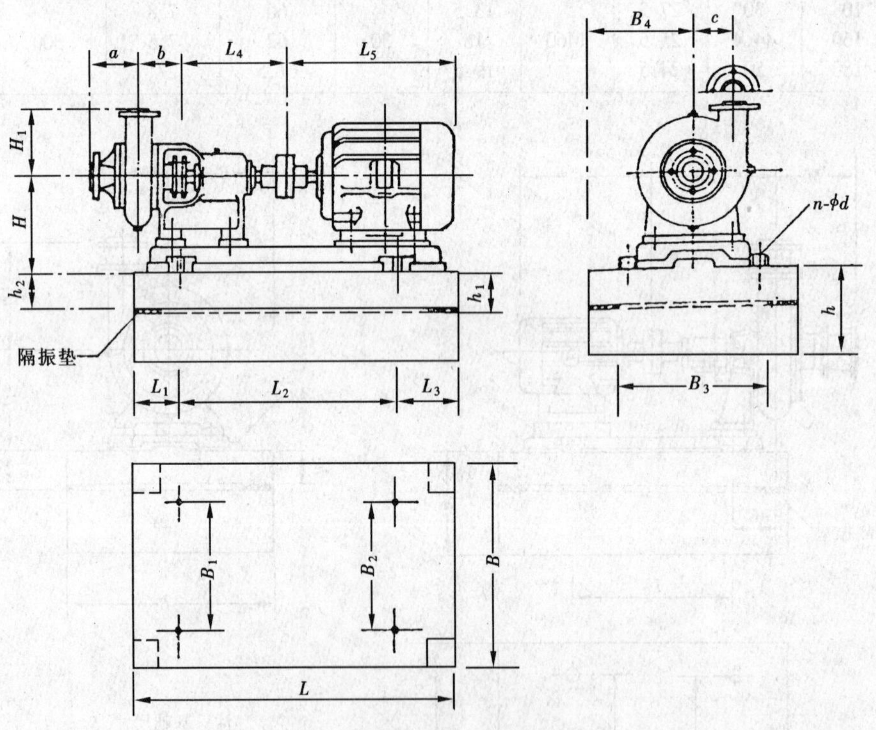

PWF 型耐腐蚀污水泵外形和安装尺寸

注：基础尺寸

用于不隔振的为 $L \times B \times h$

用于隔振的为 $L \times B \times h_1$（或 h_2）

6.3-51 PWL 型污水泵性能表

泵型号	流量 Q (m³/h)	流量 Q (L/s)	扬程 H (m)	转速 n (r/min)	功率 N 轴功率 (kW)	功率 N 电动机功率 (kW)	效率 η (%)	允许吸上真空高度 H_s (m)	叶轮直径 D_2 (mm)	泵重量 W (kg)
21/2PWL	43 90 108	12 25 24	34 26 24	2920	7.8 11 12.6	15	51 58 56	6 5 4.2	170	83
6PWL	250 350 450	69.5 97 125	30 27 23	1450	34 42 47	55	60 61 60	5 4.5 4	315	417
	200 300 400	56 83.3 111	16 14 12	980	13.5 17 20	30	65 67 65	7 6.8 6.5	335	417
8PWL	400 550 700	111 153 194.4	27.5 25 21	980	50 59.5 69	75	60 63 58	5.8 5.6	465	750
	350 500 650	97.2 139 180.5	15.5 13 9.5	730	23 29 33	45	64 61 51	7.5 6.5	465	750

注：生产厂家：石家庄水泵厂

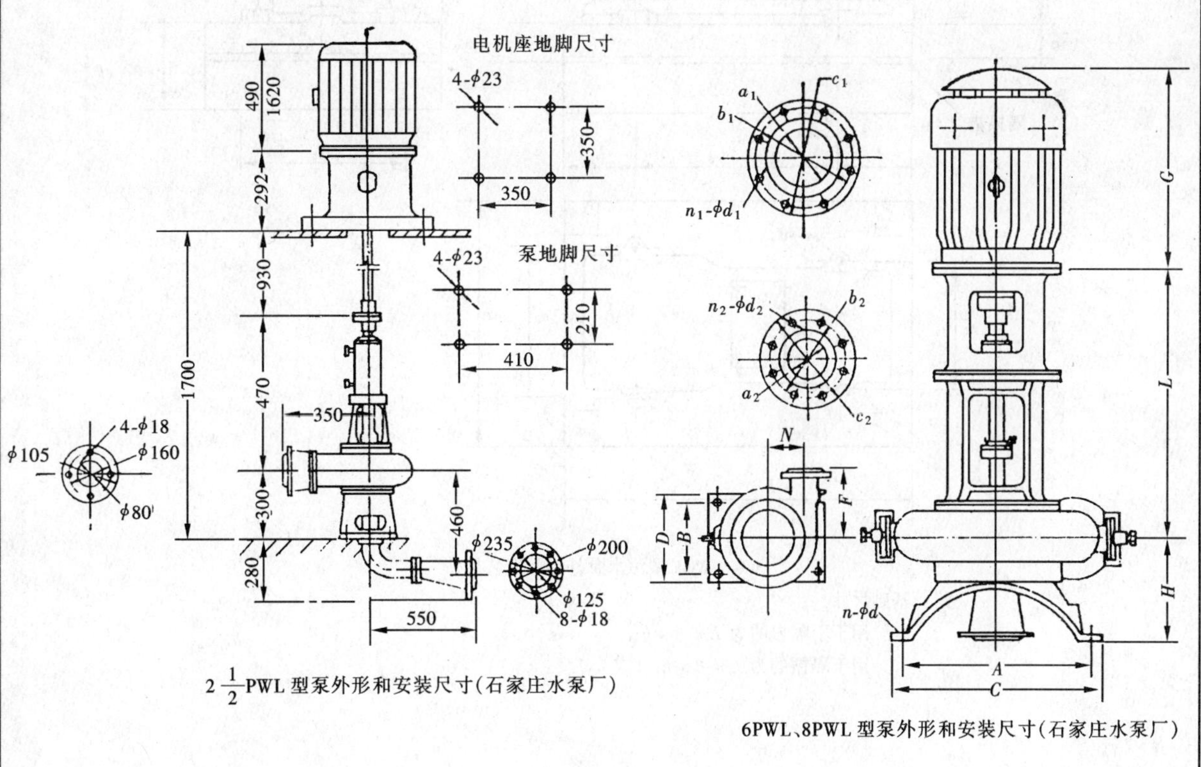

$2\frac{1}{2}$PWL 型泵外形和安装尺寸(石家庄水泵厂)

6PWL、8PWL 型泵外形和安装尺寸(石家庄水泵厂)

6.3-52　WG、WGF 型污水泵工作性能

型　号	流量 Q (m³/h)	流量 Q (L/s)	扬程 H (m)	转速 n (r/min)	泵轴功率 N (kW)	配电动机功率 (kW)	效率 η (%)	允许吸上真空高度 H_s (m)	叶轮直径 D (mm)	泵重 (kg)	主要生产厂
25 WG WGF	4.8～12.0	1.33～3.33	32.7～21.2	2860	1.64～1.98	3	26～35	7.0～3.5	170	—	石家庄水泵厂
	3.8～9.25	1.06～2.57	19.5～15.3		0.72～0.92	1.5	28～42	3.9～7.4	135		
	3.00～7.25	0.83～2.01	12.5～7.90	1700	0.39～0.47	1.1	26～33	6.6～5.7	170		
80WG	20～53	5.5～14.7	11.6～10.2	1440	1.33～2.16	3	47～68	8	196	70	
	25～70	6.94～19.4	19～16.5	1850	2.78～4.62	5.5	46.5～68	8.0～7.5	196		
	32～87	8.88～24.1	32～27	2940	6.19～9.81	11	45～65	7.5～6.5	170		
	40～110	11.1～30.56	48～42.5		10.9～18.5	22	48～69	7.5～6.5	196		

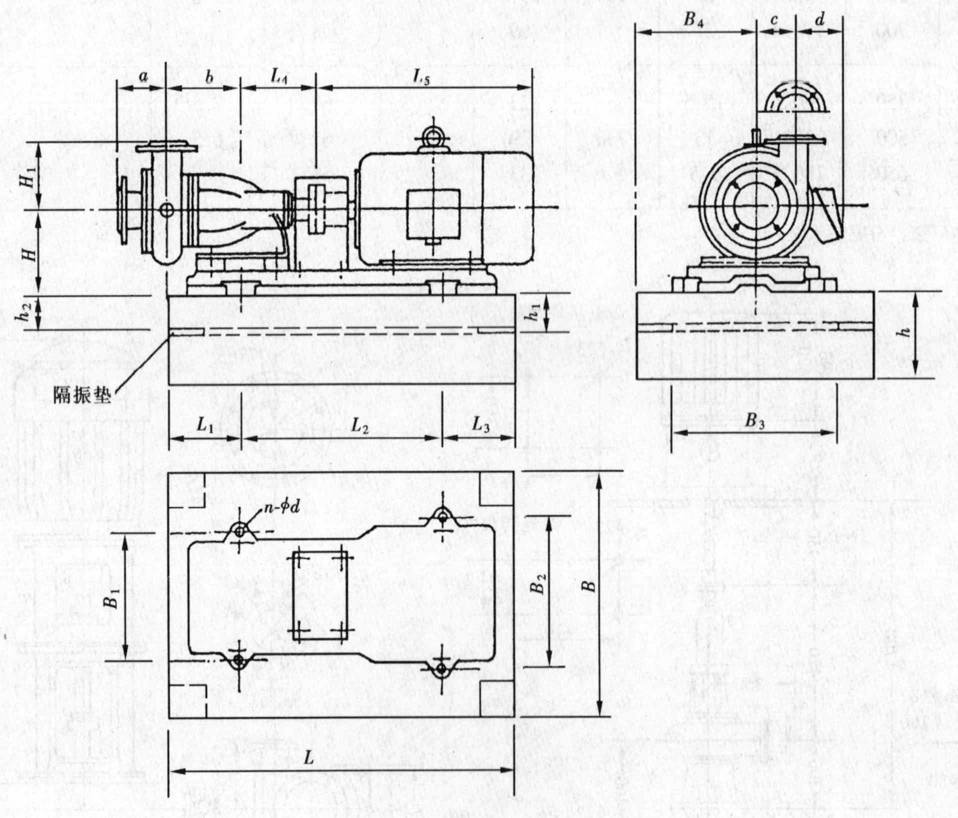

WG、WGF 型污水泵外形及安装尺寸

注：基础尺寸

用于不隔振的为 $L \times B \times h$

用于隔振的为 $L \times B \times h_1$（或 h_2）

6.3-53　PW 型污水泵外形和安装尺寸

泵型号	电动机型号/功率	泵外形和安装尺寸											不隔振基础			n-φd
		L_1	L_2	M	G	E	N	H	H_1	B_1	B_2	B_3	L	B	h	
2PW	Y112M-2/4	322	420	290	400	82	88	205	385	290	290	400	1400	800	800	4-φ18
2½PW	Y112M-4/4 $Y160M_2$-2/15 Y180M-2/22	440.5	560 600 700	510	400 600 670	170 207 218	112.5	275 275 350	735	385 430 420	385 430 546	400	1400	800	800	4-φ18
4PW	Y160M-6/7.5 Y200L-4/30	455	600 700	612	600 775	207 218	190	275 350	600	430 420	430 546	400	1400	800	800	4-φ18
4PWB	Y160M-4/11	448	600	605	600	200	190	275	570	430	430	400	1400	800	800	4-φ18

6.3-54　PWF 型耐腐蚀污水泵外形和安装尺寸

泵型号	电动机型号/功率（kW）	泵外形和安装尺寸														不隔振基础			隔振垫型号	n-φd
		L_1	L_2	L_3	L_4	L_5	B_1	B_2	B_3	B_4	H	H_1	a	b	c	L	B	h		
50PWF	Y112M-4/4.0	280	495	280	285	490	370	370	420	350	330	230	170	255	145	1060	700		SD	4-φ19
80PWF	Y132S-4/5.5	280	495	280	285	525	370	370	420	350	330	230	177	255	132	1060	700		SD	4-φ19

6.3-55　6PWL、8PWL 型泵外形和安装尺寸

泵型号	泵外形和安装尺寸										进口法兰				出口法兰				电动机	
	A	B	C	D	F	H	N	G	L	n-ϕd	a_1	b_1	c_1	n_1-ϕd_1	a_2	b_2	c_2	n_2-ϕd_2	型　号	功率（kW）
6PWL	590 590	355 355	670 670	470 470	355 355	285 285	215 215	807 932	952 952	4-27	200	280	315	8-18	150	240	280	8-23	JO2-81-6（L_3） JO2-91-4（L_3）	30 55
8PWL	750 750	500 500	850 850	650 650	420 420	410 410	300 300	932 1290	1155 1000		250	335	370	12-18	200	295	335	8-23	JO2-91-8（L_3） JSL115-6	40 75

6.3-56　WG、WGF 型污水泵外形和安装尺寸

泵型号	电动机型号/功率（kW）	泵外形和安装尺寸															不隔振基础			n-φd
		L_1	L_2	L_3	L_4	L_5	B_1	B_2	B_3	B_4	H	H_1	a	b	c	d	L	B	h	
25 WG WGF	Y100L-2/3 Y90S-2/1.5	240 240	398 335	190 190	187.5	391 325	—	— —	— —	— —	180	180	111.5	175	125	55 30	828 765	— —		4-φ20
80 WG WGF	Y180M-2/22 $Y160M_1$-2/11 $Y100L_2$-2/5.5	290 270 248	645 628 498	230 210 180	247 267 288.5	687 617 394	400 400 350	470 440 410	530 500 350	415 400 325	270 250 240	211	137	226 206 183.5	125	160 130 55	1165 1108 926	830 800 650		4-φ25

6.3-57 WL型立式污水泵性能

泵 型 号	流量 Q		扬程 H	转速 n	功率 N		效率 η	允许吸上真空高度 H_s	汽蚀余量 Δh	叶轮直径 D_2
	(m^3/h)	(L/s)	(m)	(r/min)	轴功率 (kW)	电机功率 (kW)	(%)	(m)	(m)	(mm)
50WL-12	10 12.5 15	2.78 3.47 4.17	12.6 12.1 11.3	2900	1.18	1.5	32 35 35	—	—	110
50WL-12A	10 12.5 15	2.78 3.47 4.17	8.4 8.0 7.2	2900	0.78	1.1	31 35 35	—	—	—
65WL-12	25	6.94	12	2850	1.7	2.2	48	—	—	—

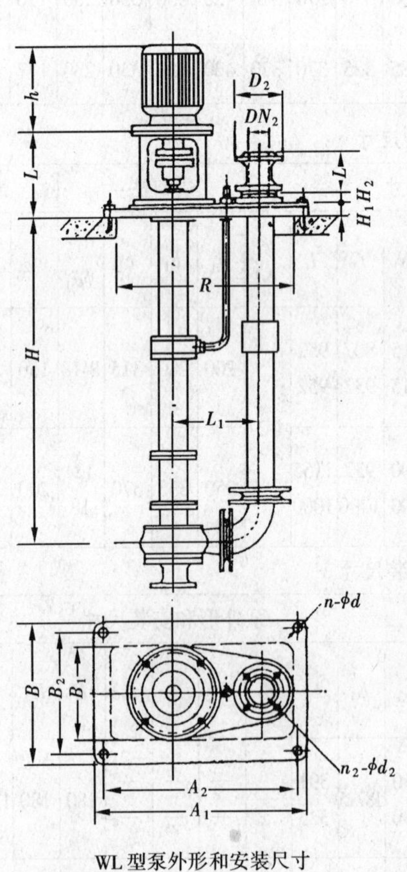

WL型泵外形和安装尺寸

6.3-58 卫生器具的安装高度

序号	卫生器具名称	卫生器具边缘离地面高度（mm）	
		居住和公共建筑	幼儿园
1	架空式污水盆（池）（至上边缘）	800	800
2	落地式污水盆（池）（至上边缘）	500	500
3	洗涤盆（池）（至上边缘）	800	800
4	洗手盆（至上边缘）	800	500
5	洗脸盆（至上边缘）	800	500
6	盥洗槽（至上边缘）	800	500
7	浴盆（至上边缘）	480	—
8	蹲、坐式大便器（从台阶面至高水箱底）	1800	1800
9	蹲式大便器（从台阶面至低水箱底）	900	900
10	坐式大便器（至低水箱底） 外露排出管式 虹吸喷射式	 510 470	 — 370
11	坐式大便器（至上边缘） 外露排出管式 虹吸喷射式	 400 380	 — —
12	大便槽（从台阶面至冲洗水箱底）	不低于2000	—
13	立式小便器（至受水部分上边缘）	100	—
14	挂式小便器（至受水部分上边缘）	600	450
15	小便槽（至台阶面）	200	150
16	化验盆（至上边缘）	800	—
17	净身器（至上边缘）	360	—
18	饮水器（至上边缘）	1000	—

6.3-59 卫生器具安装图

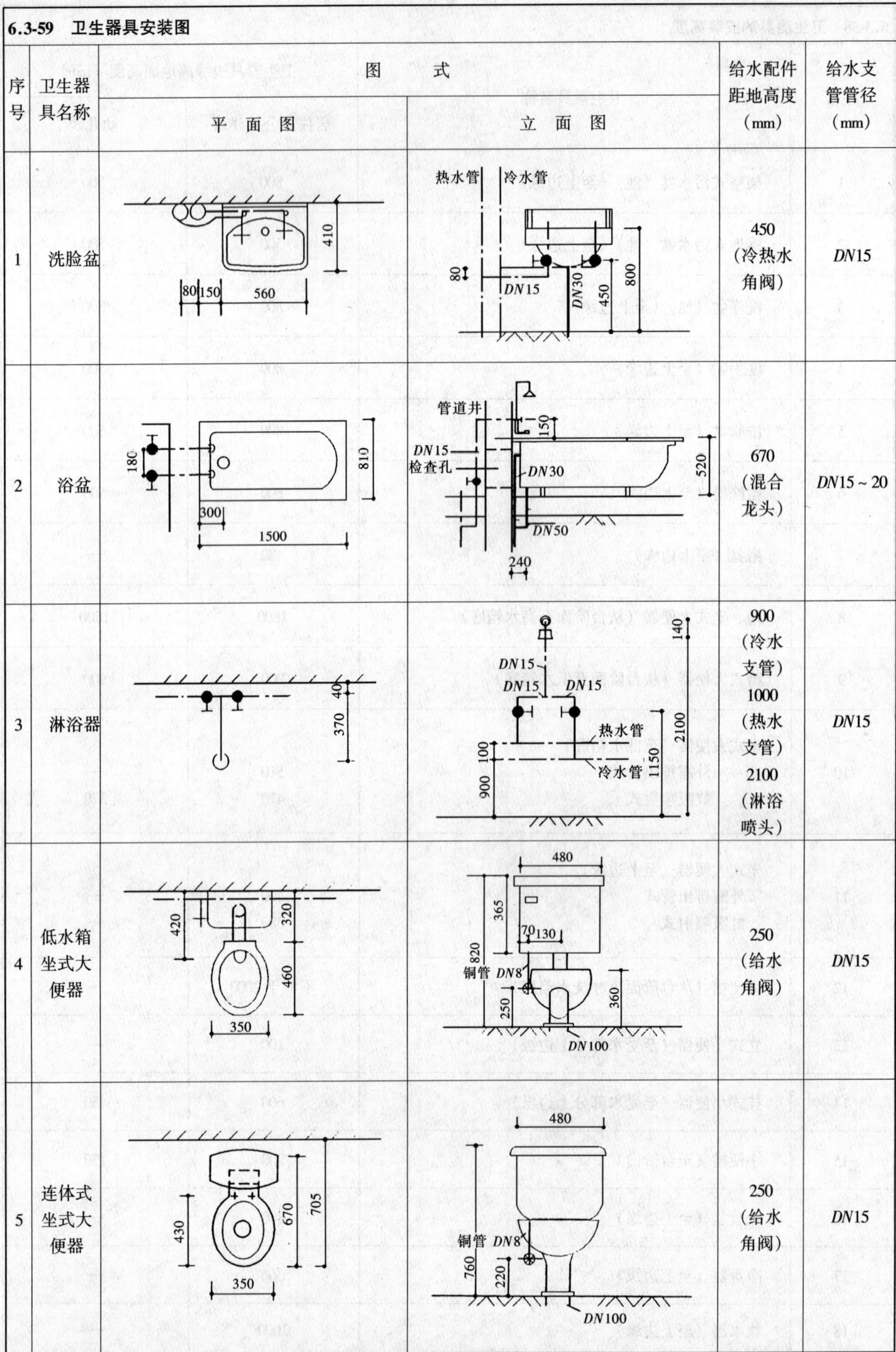

序号	卫生器具名称	图式：平面图	图式：立面图	给水配件距地高度（mm）	给水支管管径（mm）
1	洗脸盆			450（冷热水角阀）	*DN*15
2	浴盆			670（混合龙头）	*DN*15～20
3	淋浴器			900（冷水支管）1000（热水支管）2100（淋浴喷头）	*DN*15
4	低水箱坐式大便器			250（给水角阀）	*DN*15
5	连体式坐式大便器			250（给水角阀）	*DN*15

6.3-59 卫生器具安装图（续）

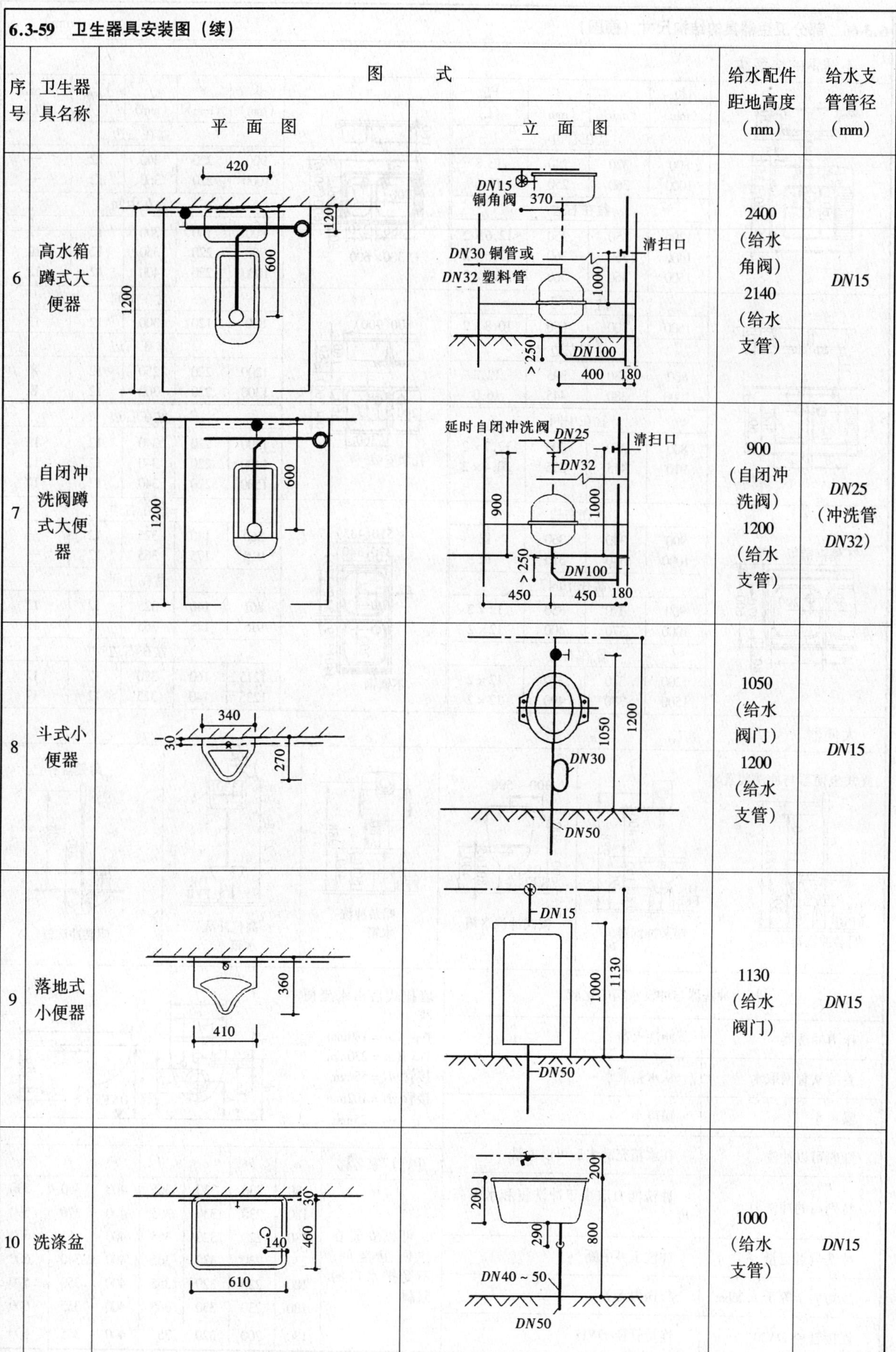

序号	卫生器具名称	图式 平面图	图式 立面图	给水配件距地高度（mm）	给水支管管径（mm）
6	高水箱蹲式大便器			2400（给水角阀） 2140（给水支管）	DN15
7	自闭冲洗阀蹲式大便器			900（自闭冲洗阀） 1200（给水支管）	DN25（冲洗管 DN32）
8	斗式小便器			1050（给水阀门） 1200（给水支管）	DN15
9	落地式小便器			1130（给水阀门）	DN15
10	洗涤盆			1000（给水支管）	DN15

6.3-60 部分卫生器具的结构尺寸（德国）

(mm)

不锈钢的洗菜盆

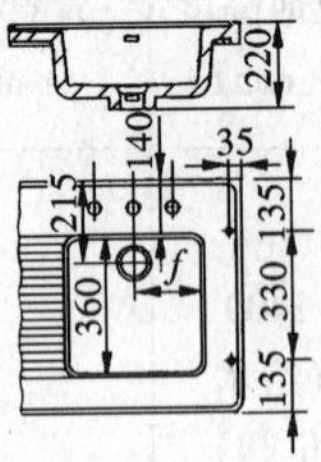

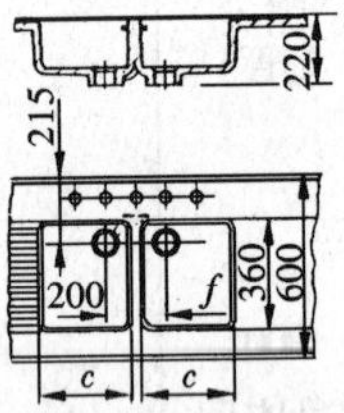

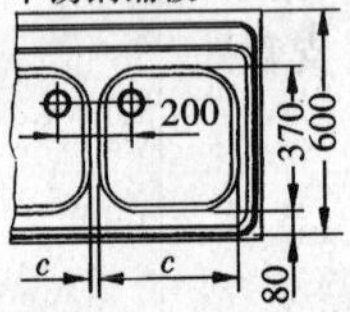

长 (mm)	c (mm)	f (mm)	V_{max} (L)
盆在右边			
800	320	240	13.8
1000	360	250	15.6
盆在右边			
1200	350	350	12.6×2
1400	360	360	13.0×2
1500	360	360	13.0×2
盆在中间			
1500	300	650	10.8×2
盆在左边			
800	330	395	12.2
1000	380	445	16.0
盆在中间			
800	360	300	17.7×2
910	415	355	20.4×2
盆在右边			
900	340	360	12
1000	340	310	12
盆在中间			
900	370	350	12×2
1000	370	400	12×2
盆在右边			
1200	340	320	12×2
1500	370	490	12×2

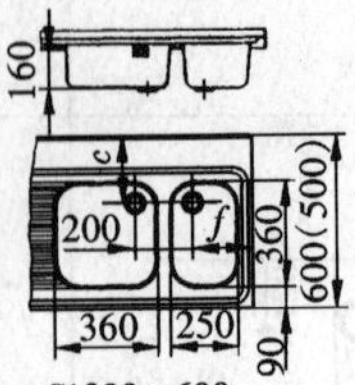

不锈钢铺板

C1300×600

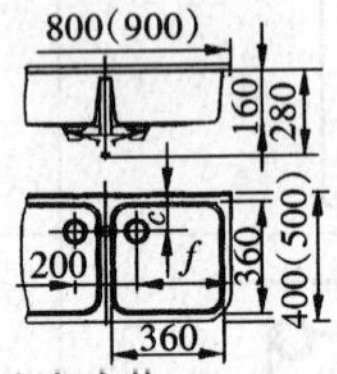

托架安装

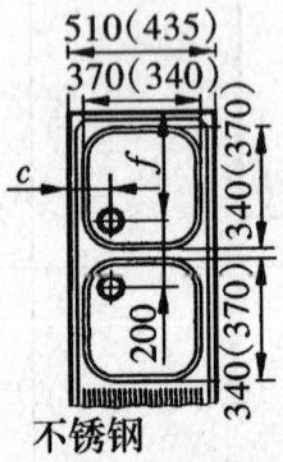

不锈钢

长 (mm)	c (mm)	f (mm)	V_{1max} (L)	V_{2max} (L)
盆在右边				
900	220	360	12	—
1000	220	360	12	—
盆在中间				
800	150	300	12	12
900	220	350	12	12
1000	220	400	12	12
盆在中间				
800	120	300	12	12
盆在右边				
1200	220	250	12	8
1300	220	300	12	8
盆在右边				
1300	220	340	12	12
1400	220	340	12	12
1500	220	340	12	12
盆在右边				
860	140	325	12	—
915	175	365	12	—
盆在中间				
861	140	325	12	12
915	175	365	12	12
盆在右边				
1215	160	320	12	12
1235	140	325	12	12

大便器

立式坐便器与冲洗装置

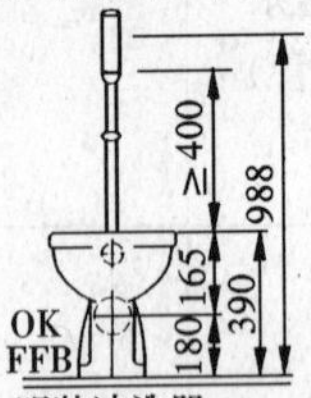

明装冲洗器

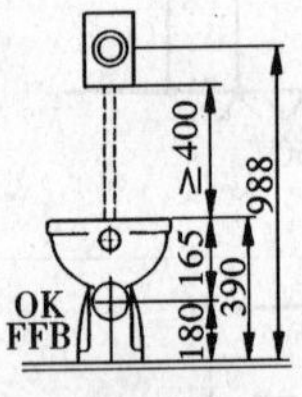

暗装冲洗器

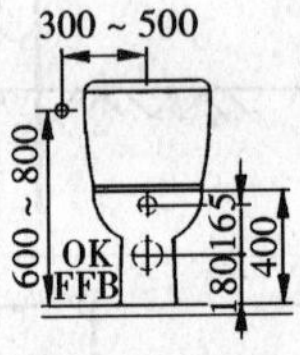

鞍式冲洗水箱

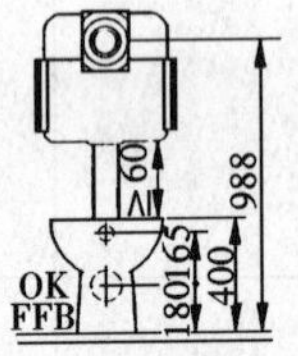

暗装冲洗水箱

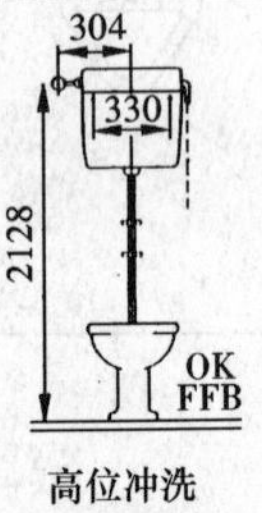

高位冲洗水箱

蹲便器

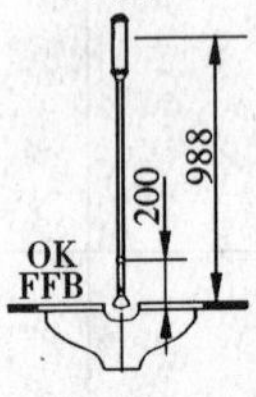

明装冲洗器

压力冲洗器与冲洗水箱的比较

压力冲洗器	冲洗水箱
直接从管网取水	从水箱取水
噪声小	噪声小
随时可以冲洗	在水箱充满水后可以冲洗
特别高的冲洗力	冲洗能力取决于冲洗量和水箱高度
冲洗量可定量	冲洗不可中断
压力大于等于 1.26bar	与压力无关
连接管径 *DN*20	连接管径 *DN*15

墙挂式后出水坐便器

Typ A $a = 180$mm
Typ B $a = 230$mm
接管 $d_1 = 55$mm
接管 $d_3 = 102$mm
g $d_2 = 25$mm

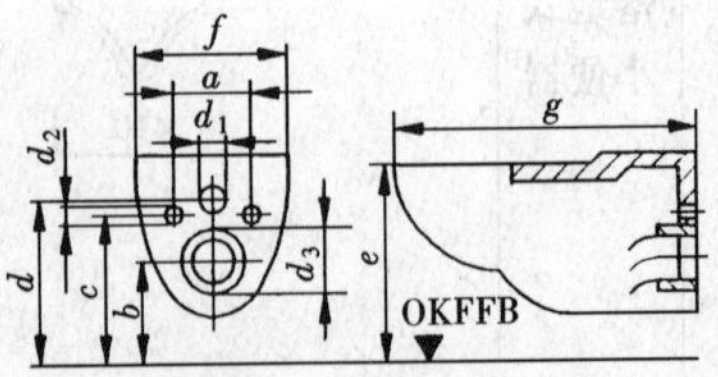

生产厂家名称	a	b	c	d	e	f	g
可以安装在住所卫生间，不受排水口的限制	180	230	330	365	400	360	530
	180	230	330	365	400	370	590
	180	220	320	355	400	355	600
	230	230	330	365	400	340	600
	180	220	320	355	400	350	570
	180	230	330	365	400	355	600
	180	200	320	355	400	355	600

6.3-60　部分卫生器具的结构尺寸（德国）（续）　　（mm）

小便器

有些小便器带存水弯，有些不带存水弯

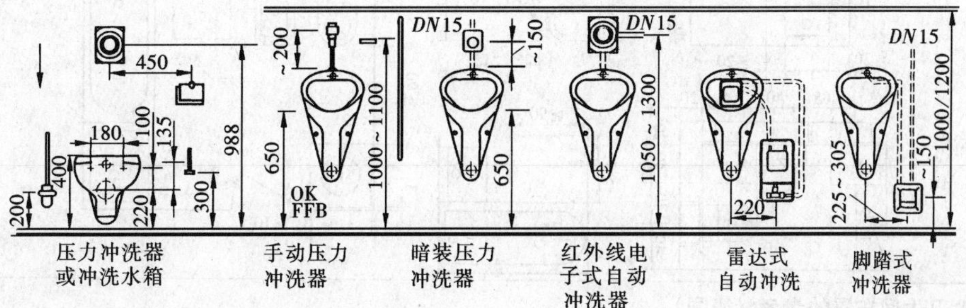

坐洗盆

坐洗盆高度
立式：380~400
墙挂式：390~410

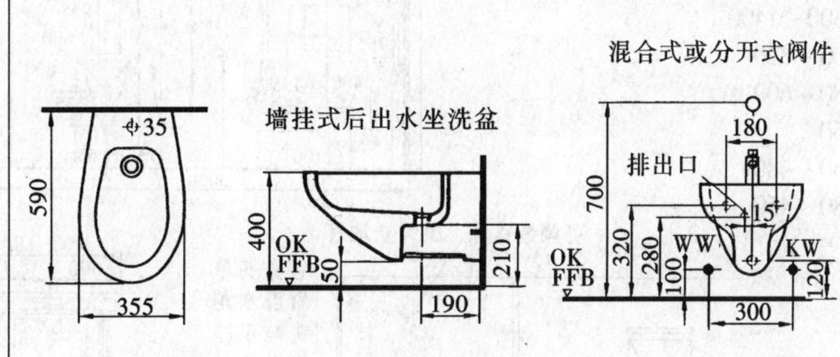

浴盆

安装高度	
住宅，旅馆	490~640
儿童，残疾人	380~450
进水管（高于盆上沿）	80~230
肥皂盆盘（高于盆上沿）	100~350
手柄（高于盆上沿）	70~150
软管接头（高于盆上沿）	450~800
淋蓬头挂架（高于盆上沿）	600~800
浴巾架（儿童可适当调低）	1397~1440

允许的浴盆尺寸	*l*（mm）	*b*（mm）	*t*（mm）	*V*（l）
	1250	680	430	85
	1400	660	410	99
	1500	680	430	100
	1600	700	430	115
	1650	700	430	140
	1650	750	450	150
	1700	750	450	160
	1800	770	450	200

盆　型	*l*	*b*	*t*	*V*	盆　型	*l*	*b*	*t*	*V*	盆　型	*l*	*b*	*t*	*V*
矩形	1500	700	430	145	角形	1300	1300	430	175	椭圆	1600	830	430	160
	1600	700	430	145		1330	1330	430	200		1700	800	430	170
	1600	750	430	150		1400	1400	430	230		1700	850	450	180
	1700	720	450	160		1415	1415	430	240		1710	900	450	190
	1700	750	450	160		1430	1430	430	250		1750	900	450	200
	1700	800	450	170		1450	1450	430	270		1800	900	460	210
	1750	800	450	180		1460	1460	450	280		1850	1170	460	230
	1800	800	450	200		1480	1480	450	290		1875	1135	460	230
	1800	900	500	220		1500	1500	450	300		1900	900	450	220
	1900	900	510	240		1700	1000	450	230		1900	1150	480	280
	2000	900	520	270		1800	1150	480	270		2100	1600	520	390

6.3-61 卫生间的布置参考

6.3-62 残疾人卫生间布置的参考（德国）

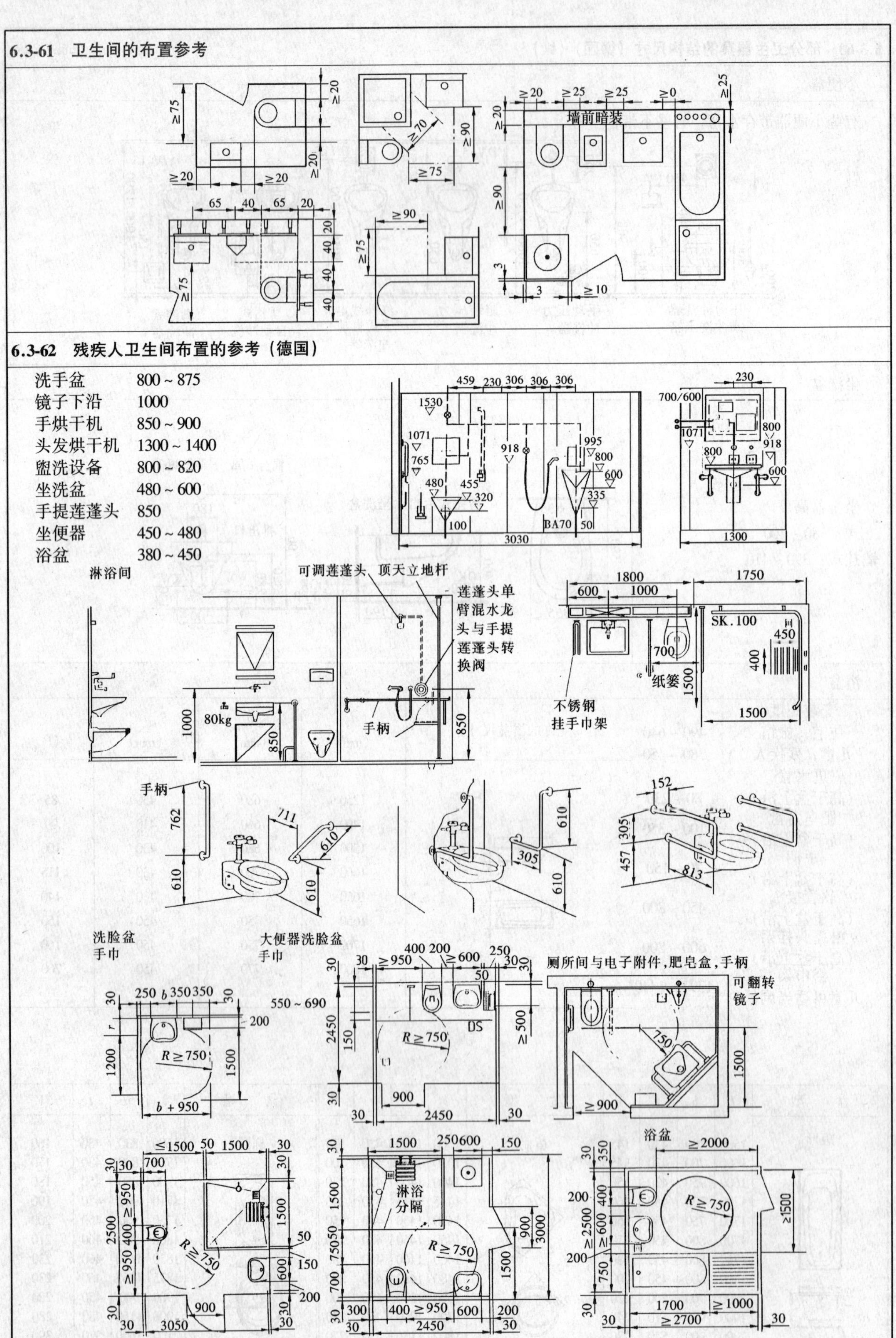

6.4 雨水系统

6.4-1 雨水排除系统的分类

类别			组成	适用范围
雨水无压排出系统	檐沟外排水		檐沟、雨水斗、立管	小型低层建筑物
	天沟外排水		天沟、雨水斗、立管及排出管	大面积工业厂房
	内排水系统	封闭式	天沟、雨水斗、连接管、悬吊管、立管、埋地管、排出管及检查口	要求较高的建筑物、地面不允许冒水
		敞开式	天沟、雨水斗、连接管、悬吊管、立管、埋地管及检查井或排水明渠、排出管	要求较高的建筑物、大面积工业厂房
压力流雨水排出系统（雨水虹吸排出系统）			雨水斗、连接管、悬吊管、立管、埋地管及检查井或排水明渠、排出管	要求较高的建筑物、大面积的工业厂房、体育场（馆）

6.4-2 压力流雨水排出系统的特点及与传统雨水排出系统的比较

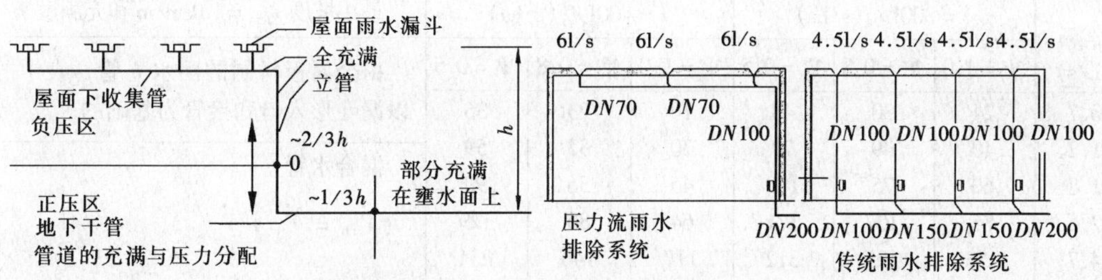

压力流屋面雨水漏斗

压力流雨水排出系统		传统雨水排出系统	
管道的管径较小	大大减少了管材使用量，节约了投资	管道的管径较大	管材使用量较大，投资较大
立管大大减少		立管数目较多	
雨水排放快速，特别适用于暴雨集中的地区		雨水排放缓慢，在暴雨时易使屋面集水，造成渗漏	
由于流速高，使得管道自清好		由于流速不高，管道自清不太理想	
由于靠负压排出雨水，管道不需要坡度		横管需要坡度	
设计相对较复杂，需要专门的计算软件		设计相对简单	

6.4-3 雨水排出量 $\dot{V}_r$（L/s）的计算和排出系数 Ψ

$\dot{V}_r = \Psi \cdot A \cdot \frac{r_{T(n)}}{10000}$	A——连接的降雨面，m^2 $r_{T(n)}$——设计降水强度，L/（s·ha） Ψ——排出系数

屋面的类型	Ψ
淌水面：屋面坡度大于3°，混凝土斜坡，接缝密封加强的面，接缝浇筑的碎石屋面	1.0
屋面坡度不大于3°	0.8
砾石屋面和粗放绿化的结构厚度在10cm以下的屋面	0.5
集约绿化的和粗放绿化的结构厚度在10cm以上的屋面	0.3
部分淌水、弱排水的屋面：混凝土碎石屋面，预制板绿豆砂屋面	0.7
碎石屋面，缝的比例大于15%（10cm×10cm和更小）	0.6
有排水沟的屋面	0.4
人可以活动并有排水沟的屋面	0.3
有或没有不明显排水的屋面： 停车场，有植被的地面，粗鹅卵石、碎渣石地面	0

6.4-4 雨水立管、连接管和连接的降水面积

DN	$\dot{V}_{r\,max}$ (L/s)	$r=300$L/（s·ha）			$r=400$L/（s·ha）		
		$\Psi=1.0$	$\Psi=0.8$	$\Psi=0.5$	$\Psi=1.0$	$\Psi=0.8$	$\Psi=0.5$
50	0.7	24	30	48	18	23	36
60	1.2	40	49	79	30	37	59
70	1.8	60	75	120	45	56	90
80	2.6	86	107	171	64	80	129
100	4.7	156	195	312	117	146	234
110	7.3	242	303	485	182	227	364
120	7.6	253	317	507	190	238	380
125	8.5	283	353	565	212	265	424
150	13.8	459	574	918	344	431	689
200	29.6	986	1233	1972	740	924	1479

最小坡度 $i_{min}=1.0$cm/m 和充满度 $h/d=0.7$

由金属板材制的雨水立管，表中的数值是以漏斗形入口和接管为基础的

混合水管

$$\dot{V}_{hh} = \dot{V}_w + \dot{V}_y$$

$\dot{V}_{hh}$——混合水排出量，L/s

$\dot{V}_w$——污水排出量，L/s

$\dot{V}_y$——雨水排出量，L/s

6.4-5 屋面雨水斗的最大排水流量

雨水斗规格（mm）	100	150
一个雨水斗排水流量（L/s）	12	26

6.4-6 雨水立管的最大允许汇水面积

管径（mm）	75	100	150	200	250	300
汇水面积（m^2）	360	680	1510	2700	4300	6100
排水流量（L/s）	10	19	42	75	120	170

6.4-7 雨水悬吊管和埋地管的最大计算充满度

序号	管道名称	管径（mm）	最大计算充满度
1	悬吊管		0.80
2	密封系统的埋地管		1.00
3	敞开系统的埋地管	≤300	0.50
		350～450	0.65
		≥500	0.80

6.4-8 我国部分城镇降雨强度						
城镇名称		降雨强度$\frac{q_5\ (L/s\cdot 100m^2)}{H\ (mm/h)}$				
		$P=1$	$P=2$	$P=3$	$P=4$	$P=5$
北京		3.23 116	4.01 145	4.48 161	4.81 173	5.06 182
上海		3.36 121	4.19 151	4.67 168	5.02 181	5.29 190
天津		2.77 100	3.48 125	3.89 140	4.19 151	4.42 159
河北	石家庄	2.76 99	3.51 126	3.93 142	4.25 153	4.49 162
河北	承德	2.64 95	3.30 119	3.68 132	3.93 142	4.14 149
河北	秦皇岛	2.66 96	3.26 117	3.61 130	3.87 139	4.06 146
河北	唐山	3.60 128	4.49 162	5.04 181	5.42 195	5.72 206
河北	廊坊	2.79 100	3.44 124	3.81 137	4.08 147	4.29 154
河北	沧州	3.68 133	4.56 164	5.07 183	5.44 196	5.72 206
河北	保定	2.55 92	3.08 111	3.39 122	3.61 130	3.78 136
河北	邢台	2.64 95	3.34 120	3.76 135	4.05 146	4.28 154
河北	邯郸	2.81 101	3.62 130	4.09 147	4.43 160	4.69 169
河北	衡水	3.43 124	4.47 161	5.07 183	5.50 198	5.83 210
河北	任邱	3.42 123	4.34 156	4.88 176	5.27 190	5.56 200
河北	张家口	2.14 77	2.80 101	3.19 115	3.46 125	3.67 132
山西	太原	2.31 83	2.92 105	3.27 118	3.52 127	3.72 134
山西	大同	1.78 64	2.35 85	2.69 97	2.93 106	3.12 112
山西	朔县	2.01 72	2.50 90	2.78 100	2.98 107	3.14 113
山西	原平	2.23 80	2.92 105	3.34 120	3.63 130	3.85 139
山西	阳泉	2.64 95	3.41 123	3.86 139	4.18 151	4.43 160

6.4-8 我国部分城镇降雨强度（续）

城镇名称		降雨强度 $\frac{q_5\ (L/s\cdot 100m^2)}{H\ (mm/h)}$				
		P = 1	P = 2	P = 3	P = 4	P = 5
山西	榆次	1.94 70	2.57 92	2.94 106	3.20 115	3.40 122
	离石	1.77 64	2.20 79	2.45 88	2.62 94	2.76 99
	长治	1.99 72	2.84 102	3.34 120	3.70 133	3.97 143
	临汾	2.10 76	2.69 97	3.04 110	3.29 118	3.48 125
	侯马	2.28 82	3.00 108	3.42 123	3.72 134	3.95 142
	运城	1.69 61	2.22 80	2.52 91	2.74 99	2.91 105
内蒙古	包头	2.27 82	2.92 106	3.33 120	3.61 130	3.83 138
	集宁	1.94 70	2.52 96	2.86 103	3.11 112	3.29 119
	赤峰	1.83 66	2.58 93	3.01 109	3.32 120	3.56 128
	海拉尔	1.80 65	2.37 85	2.70 97	2.94 106	3.12 113
吉林	长春	3.41 123	4.11 148	4.52 163	4.81 173	5.03 181
	白城	2.52 91	3.05 109	3.36 121	3.58 129	3.75 135
	前郭尔罗斯	2.64 96	3.19 115	3.51 126	3.74 135	3.91 141
	四平	3.57 129	4.32 156	4.76 172	5.08 183	5.32 191
	吉林	3.28 118	3.97 143	4.37 157	4.66 168	4.88 176
	海龙	2.61 94	3.32 120	3.73 134	4.03 145	4.25 153
	通化	4.39 158	5.32 192	5.86 211	6.25 225	6.55 236
	浑江	2.37 85	3.12 112	3.55 128	3.86 139	4.11 148
	延吉	2.54 91	3.07 111	3.38 122	3.61 130	3.78 136
	辽源	3.39 122	4.08 147	4.49 162	4.78 172	5.00 180

6.4-8 我国部分城镇降雨强度（续）						
城镇名称		降雨强度 $\frac{q_5}{H}$ $\frac{\text{(L/s·100m}^2\text{)}}{\text{(mm/h)}}$				
		P = 1	P = 2	P = 3	P = 4	P = 5
吉林	双辽	2.67 96	3.21 116	3.52 127	3.76 135	3.93 142
	长白	2.99 108	3.62 130	3.99 144	4.25 153	4.45 160
	敦化	2.74 99	3.32 119	3.66 132	3.90 140	4.08 147
	图们	2.44 88	2.95 106	3.25 117	3.46 125	3.63 131
	桦甸	3.86 139	4.68 168	5.16 186	5.49 198	5.76 207
辽宁	沈阳	2.86 103	3.57 128	3.97 142	4.26 153	4.48 161
	本溪	2.96 107	3.53 127	3.86 139	4.10 148	4.28 154
	丹东	2.72 98	3.26 117	3.58 129	3.81 137	3.98 143
	大连	2.44 88	2.93 105	3.21 116	3.41 123	3.57 128
	营口	2.66 96	3.28 118	3.64 131	3.89 140	4.09 147
	鞍山	2.83 102	3.42 123	3.77 136	4.02 145	4.21 152
	辽阳	2.73 98	3.35 121	3.71 134	3.97 143	4.16 150
	黑山	2.55 92	3.25 117	3.65 132	3.94 142	4.16 150
	锦州	3.01 108	3.78 136	4.24 152	4.56 164	4.80 173
	锦西	3.25 117	4.22 152	4.80 173	5.02 187	5.52 199
	绥中	2.71 98	3.37 121	3.76 135	4.03 145	4.24 153
	阜新	2.23 80	2.95 106	3.47 125	3.89 140	4.25 153
黑龙江	哈尔滨	2.67 96	3.39 122	3.81 137	4.11 148	4.34 156
	漠河	1.87 67	2.43 88	2.76 99	2.99 108	3.17 114
	呼玛	1.99 72	2.51 90	2.81 101	3.03 109	3.19 115

6.4-8 我国部分城镇降雨强度（续）

	城镇名称	降雨强度$\frac{q_5 \text{（L/s·100m}^2\text{）}}{H \text{（mm/h）}}$				
		$P=1$	$P=2$	$P=3$	$P=4$	$P=5$
黑龙江	黑河	2.49 90	3.12 112	3.48 125	3.74 135	3.94 142
	嫩江	2.37 85	2.94 106	3.28 118	3.52 127	3.70 133
	北安	2.32 83	2.91 105	3.26 117	3.50 126	3.69 133
	齐齐哈尔	2.37 85	3.00 108	3.37 121	3.64 131	3.84 138
	大庆	2.48 89	3.16 114	3.56 128	3.84 138	4.06 146
	佳木斯	2.64 89	3.19 115	3.61 130	3.92 141	4.16 149
	同江	2.55 92	3.19 115	3.57 129	3.84 138	4.05 146
	抚远	2.41 87	3.00 108	3.34 120	3.59 129	3.77 136
	虎林	2.27 82	2.95 106	3.35 121	3.63 131	3.85 139
	鸡西	2.36 85	2.91 105	3.22 116	3.45 124	3.62 130
	牡丹江	1.97 71	2.50 90	2.81 101	3.03 109	3.20 115
	伊春	2.16 78	2.86 103	3.26 117	3.55 128	3.77 136
	东宁	2.09 75	2.64 95	2.96 107	3.19 115	3.36 121
	尚志	2.43 87	3.02 109	3.37 121	3.62 130	3.81 137
	勃利	2.44 88	3.18 114	3.61 130	3.91 141	4.15 149
	饶河	2.01 72	2.46 89	2.73 98	2.92 105	3.06 110
	绥化	2.70 97	3.39 122	3.79 136	4.07 147	4.29 155
	通河	2.48 89	3.00 108	3.30 119	3.52 127	3.68 133
	绥芬河	2.02 73	2.47 89	2.72 98	2.91 105	3.05 110
	讷河	2.36 85	3.00 108	3.38 122	3.64 131	3.85 139

6.4-8 我国部分城镇降雨强度（续）

城镇名称		降雨强度$\frac{q_5\ (\mathrm{L/s\cdot 100m^2})}{H\ (\mathrm{mm/h})}$				
		$P=1$	$P=2$	$P=3$	$P=4$	$P=5$
黑龙江	双鸭山	2.39 86	2.95 106	3.28 118	3.51 126	3.69 133
山东	济南	2.86 103	3.52 127	3.90 140	4.17 150	4.38 158
	德州	2.89 104	3.50 126	3.86 139	4.11 148	4.31 155
	淄博	2.25 81	2.78 100	3.09 111	3.31 119	3.48 125
	潍坊	2.81 101	3.51 126	3.92 141	4.21 152	4.43 160
	掖县	3.03 109	3.95 142	4.50 162	4.88 176	5.18 186
	龙口	2.44 88	3.05 110	3.41 123	3.66 132	3.85 139
	长岛	2.60 94	3.25 117	3.64 131	3.90 140	4.11 148
	烟台	2.31 83	3.05 110	3.48 125	3.79 136	4.03 145
	莱阳	2.47 89	3.26 117	3.72 134	4.05 146	4.31 155
	海阳	3.50 126	4.37 157	4.87 175	5.23 188	5.51 198
	枣庄	3.17 114	3.94 142	4.39 158	4.71 170	4.95 178
	青岛	2.10 76	2.54 91	2.80 101	2.98 107	3.12 113
江苏	南京	2.92 105	3.51 126	3.86 139	4.10 148	4.29 155
	徐州	2.79 101	3.22 116	3.48 125	3.65 132	3.79 137
	连云港	2.16 78	2.69 97	3.01 108	3.23 116	3.40 123
	清江	2.88 104	3.45 124	3.79 136	4.02 145	4.20 151
	盐城	2.79 101	3.43 124	3.80 137	4.07 147	4.28 154
	扬州	2.20 79	2.63 95	2.88 104	3.05 110	3.19 115
	南通	2.17 78	2.67 96	2.95 106	3.16 114	3.32 119

6.4-8 我国部分城镇降雨强度（续）

城镇名称		降雨强度 $\frac{q_5\ (L/s \cdot 100m^2)}{H\ (mm/h)}$				
		P = 1	P = 2	P = 3	P = 4	P = 5
江苏	镇江	2.85 103	3.53 127	3.92 141	4.20 151	4.42 159
	常州	2.58 93	3.16 114	3.49 126	3.73 134	3.92 141
	无锡	2.14 77	2.68 96	2.99 108	3.21 116	3.38 122
	苏州	2.21 80	2.75 99	3.06 110	3.28 118	3.45 124
	高淳	2.87 103	3.62 130	4.06 146	4.37 157	4.62 166
	泗洪	2.17 78	2.57 93	2.80 101	2.97 107	3.10 112
	阜宁	2.69 97	3.13 113	3.36 121	3.52 127	3.65 131
	沭阳	2.97 107	3.52 127	3.85 138	4.08 147	4.25 153
	响水	2.56 92	3.20 115	3.57 129	3.84 138	4.04 146
	泰州	2.22 80	2.59 93	2.81 101	2.97 107	3.09 111
	江阴	2.52 91	3.28 118	3.72 134	4.03 145	4.27 154
	溧阳	1.71 61	2.10 76	2.33 84	2.50 90	2.62 94
	高邮	2.84 102	3.37 121	3.69 133	3.91 141	4.08 147
	东台	2.74 99	3.30 119	3.63 131	3.86 139	4.04 145
	太仓	2.00 72	2.46 89	2.73 98	2.92 105	3.06 110
	吴县	2.29 82	2.90 105	3.26 117	3.52 127	3.72 134
	句容	2.70 93	3.26 117	3.59 129	3.82 137	4.00 144
安徽	合肥	3.04 109	3.73 134	4.14 149	4.42 159	4.65 167
	蚌埠	2.85 102	3.51 126	3.89 140	4.17 150	4.37 158
	淮南	3.63 131	4.42 159	4.86 175	5.19 187	5.43 196

6.4-8 我国部分城镇降雨强度（续）						
城镇名称		降雨强度 $\frac{q_5\ (\mathrm{L/s\cdot 100m^2})}{H\ (\mathrm{mm/h})}$				
		$P=1$	$P=2$	$P=3$	$P=4$	$P=5$
安徽	芜湖	3.19 115	3.93 142	4.37 157	4.68 169	4.92 177
	安庆	3.32 120	4.09 148	4.56 164	4.88 176	5.13 185
浙江	杭州	2.98 107	3.74 135	4.18 151	4.49 162	4.74 171
	诸暨	4.02 145	5.06 182	5.67 204	6.10 220	6.43 231
	宁波	3.15 113	3.88 140	4.30 155	4.61 166	4.84 174
	温州	4.14 149	4.90 176	5.34 192	5.66 204	6.90 212
	兰溪	3.80 137	4.40 159	4.77 172	5.02 181	5.22 188
江西	南昌	4.23 152	5.10 184	5.62 202	5.98 215	6.26 226
	庐山	3.26 117	3.86 139	4.21 152	4.46 161	4.65 168
	修水	3.53 127	4.36 157	4.86 175	5.20 187	5.47 197
	波阳	3.26 117	3.83 138	4.16 150	4.39 158	4.58 165
	宜春	3.30 119	3.97 143	4.36 157	4.64 167	4.85 175
	贵溪	3.32 120	3.81 137	4.10 147	4.30 155	4.46 160
	吉安	4.15 149	4.75 171	5.10 184	5.34 193	5.54 199
	赣州	3.74 135	4.37 157	4.73 170	5.00 180	5.20 187
	景德镇	3.70 133	4.36 157	4.75 171	5.03 181	5.25 189
	萍乡	3.08 111	3.81 137	4.23 152	4.53 163	4.76 171
	九江	3.83 138	4.52 163	4.93 177	5.21 188	5.43 196
	湖口	3.65 131	4.31 155	4.69 169	4.97 179	5.18 186
	上饶	4.63 167	5.28 190	5.67 204	5.94 214	6.15 221

6.4-8 我国部分城镇降雨强度（续）

城镇名称		降雨强度 $\frac{q_5\ (L/s\cdot 100m^2)}{H\ (mm/h)}$				
		$P=1$	$P=2$	$P=3$	$P=4$	$P=5$
江西	婺源	3.54 128	4.05 146	4.34 156	4.55 164	4.71 170
	资溪	3.98 143	4.82 174	5.32 191	5.66 204	5.93 214
	莲花	3.47 125	4.01 145	4.33 156	4.56 164	4.73 170
	新余	2.54 92	3.06 110	3.36 121	3.57 129	3.74 134
	清江	4.12 148	4.98 179	5.48 197	5.83 210	6.11 220
	上高	3.26 117	3.97 143	4.38 158	4.68 168	4.90 177
	瑞金	4.43 159	5.14 185	5.57 200	5.86 211	6.10 219
	兴国	4.31 155	4.99 180	5.38 194	5.66 204	5.88 212
	井冈山	2.15 77	2.51 90	2.73 98	2.88 104	2.99 108
	龙南	3.23 116	3.77 136	4.09 147	4.31 155	4.49 162
	南丰	3.90 140	4.51 162	4.87 175	5.12 184	5.32 191
	都昌	2.20 79	2.59 93	2.83 102	2.99 108	3.12 112
	彭泽	2.48 89	2.92 105	3.17 114	3.35 120	3.49 126
	永修	4.05 146	4.90 176	5.39 194	5.74 207	6.01 216
	德安	2.51 90	3.04 110	3.35 121	3.57 129	3.74 135
	玉山	4.74 171	5.41 195	5.80 209	6.08 219	6.29 227
	安福	3.96 143	4.53 163	4.87 175	5.10 148	5.29 190
	弋阳	4.19 151	4.81 173	5.17 186	5.42 195	5.62 202
	临川	3.81 137	4.44 160	4.81 173	5.07 183	5.27 190
	隧川	4.40 158	5.09 183	5.49 198	5.78 208	6.00 216

6.4-8 我国部分城镇降雨强度（续）

城镇名称		降雨强度 $\frac{q_5\ (L/s\cdot 100m^2)}{H\ (mm/h)}$				
		$P=1$	$P=2$	$P=3$	$P=4$	$P=5$
江西	寻乌	3.74 135	4.37 157	4.74 171	5.00 180	5.20 187
	信丰	5.07 183	5.93 213	6.43 231	6.78 244	7.06 254
	会昌	3.72 134	4.35 157	4.72 170	4.98 179	5.18 187
	宁都	3.06 110	3.54 127	3.82 137	4.02 145	4.17 150
	广昌	3.94 142	4.56 164	4.92 177	5.17 186	5.37 193
	德兴	3.92 141	4.47 161	4.80 173	5.03 181	5.21 187
	进贤	4.18 151	4.94 178	5.38 194	5.69 205	5.94 214
	泰和	4.98 179	5.70 205	6.12 220	6.42 231	6.65 239
	乐平	3.59 129	4.15 149	4.48 161	4.71 170	4.89 176
	东乡	3.95 142	4.66 168	5.08 183	5.37 193	5.60 202
	金溪	3.31 119	3.86 139	4.18 151	4.41 159	4.59 165
	余干	3.67 132	4.31 155	4.68 168	4.95 178	5.16 186
	武宁	2.68 96	3.30 119	3.67 132	3.93 142	4.13 149
	丰城	3.50 126	4.23 152	4.65 167	4.95 178	5.19 187
	峡江	3.72 134	4.26 153	4.58 165	4.80 173	4.97 179
	奉新	4.57 164	5.58 201	6.18 222	6.60 238	6.93 249
	铜鼓	2.98 107	3.68 133	4.09 147	4.38 158	4.61 166
	乐安	4.04 146	4.71 170	5.11 184	5.38 194	5.60 202
福建	福州	3.48 125	4.13 149	4.52 163	4.79 172	5.00 180
	厦门	4.37 157	5.10 184	5.52 199	5.82 210	6.06 218

6.4-8 我国部分城镇降雨强度（续）

城镇名称		降雨强度 $\frac{q_5\ (\mathrm{L/s \cdot 100m^2})}{H\ (\mathrm{mm/h})}$				
		P = 1	P = 2	P = 3	P = 4	P = 5
福建	龙岩	4.42 159	5.61 202	6.31 227	6.81 245	7.19 259
	泉州	4.29 155	5.26 189	5.82 210	6.22 224	6.53 235
	三明	6.22 224	7.63 275	8.46 304	9.04 325	9.49 342
河南	郑州	3.31 119	4.35 157	4.95 178	5.38 194	5.72 206
	开封	2.81 101	3.44 124	3.80 137	4.06 146	4.26 153
	南丘	3.43 124	4.39 158	4.95 178	5.34 192	5.65 203
	安阳	2.63 95	3.46 125	4.07 147	4.57 165	4.99 180
	新乡	3.12 112	3.70 133	4.05 146	4.29 154	4.48 161
	济源	1.51 54	2.21 80	2.62 94	2.91 105	3.13 113
	洛阳	2.38 86	3.00 108	3.37 121	3.63 131	3.83 138
	许昌	2.42 87	2.95 106	3.26 117	3.49 126	3.61 132
	平顶山	3.53 127	4.42 159	4.94 178	5.31 191	5.60 202
	南阳	2.47 89	3.29 118	3.77 136	4.11 148	4.37 157
	卢氏	3.10 112	3.96 143	4.50 162	4.83 174	5.16 186
	信阳	2.66 96	3.38 122	3.88 140	4.28 154	4.61 166
	驻马店	2.54 92	3.24 116	3.65 131	3.94 142	4.17 150
湖北	汉口	3.13 113	3.83 138	4.24 153	4.53 163	4.76 171
	老河口	2.26 81	2.98 107	3.40 122	3.70 133	3.93 141
	随州	3.86 139	4.90 176	5.51 198	5.95 214	6.28 226
	恩施	4.04 145	4.93 178	5.46 197	5.82 210	6.11 220

6.4-8 我国部分城镇降雨强度（续）

城镇名称		降雨强度 $\frac{q_5\ (L/s\cdot 100m^2)}{H\ (mm/h)}$				
		$P=1$	$P=2$	$P=3$	$P=4$	$P=5$
湖北	荆州	2.45 88	3.12 112	3.52 127	3.80 137	4.02 145
	沙市	3.21 116	4.08 147	4.60 165	4.95 178	5.23 188
	黄石	4.10 148	4.98 179	5.49 198	5.85 211	6.14 221
	宜昌	3.28 118	3.72 134	3.94 142	4.09 147	4.20 151
	荆门	2.25 81	2.68 96	2.93 106	3.11 112	3.25 117
广东	广州	3.80 137	4.41 159	4.77 172	5.02 181	5.22 188
	韶关	3.99 144	4.75 171	5.19 187	5.51 198	5.75 207
	汕头	4.75 171	5.58 201	6.04 217	6.36 229	6.64 239
	深圳	4.78 172	5.86 211	6.49 234	6.93 250	7.28 262
	佛山	3.38 122	3.97 143	4.31 155	4.56 164	4.75 171
	（原广东）海口	4.21 151	4.71 170	5.01 180	5.22 188	5.38 194
广西	南宁	4.02 145	4.56 164	4.83 174	5.01 180	5.13 185
	河池	3.97 143	4.69 168	5.10 183	5.40 194	5.63 203
	融水	4.24 153	4.89 176	5.28 190	5.56 200	5.77 208
	桂林	3.64 131	4.08 147	4.33 156	4.52 163	4.66 168
	柳州	3.71 134	4.21 152	4.54 163	4.77 172	4.95 178
	百色	3.80 137	4.42 159	4.79 172	5.05 182	5.25 189
	宁明	3.82 138	4.54 163	4.95 178	5.25 189	5.48 197
	东兴	4.43 159	4.98 179	5.36 193	5.66 204	5.91 213
	钦州	4.59 165	5.29 191	5.70 205	5.99 216	6.22 224

6.4-8　我国部分城镇降雨强度（续）

城镇名称		降雨强度 $\frac{q_5\ (\mathrm{L/s\cdot 100m^2})}{H\ (\mathrm{mm/h})}$				
		$P=1$	$P=2$	$P=3$	$P=4$	$P=5$
广西	北海	4.64 167	5.26 189	5.61 202	5.81 211	6.06 218
	玉林	4.30 155	4.93 177	5.29 191	5.56 199	5.76 207
	梧州	4.46 161	5.09 183	5.45 196	5.71 206	5.92 213
	全州	3.31 119	3.87 139	4.19 151	4.43 159	4.61 166
	阳朔	3.73 134	4.27 154	4.58 165	4.80 173	4.97 179
	贵县	4.38 158	5.06 182	5.46 197	5.75 207	5.97 215
	桂平	4.53 163	5.17 186	5.55 200	5.82 209	6.02 217
	贺县	3.57 129	4.06 146	4.34 156	4.55 164	4.70 169
	罗城	3.54 128	4.16 150	4.52 163	4.77 172	4.97 179
	南丹	3.64 131	4.29 155	4.68 168	4.95 178	5.16 186
	平果	3.70 133	4.25 153	4.57 165	4.80 173	4.97 179
	田东	3.82 137	4.58 165	5.02 181	5.34 192	5.58 201
	田阳	3.62 130	4.28 154	4.67 168	4.95 178	5.16 186
	来宾	3.92 141	4.54 164	4.91 177	5.17 186	5.37 193
	鹿寨	4.46 161	5.10 183	5.47 197	5.73 206	5.94 214
	宜山	3.56 128	4.14 149	4.47 161	4.71 169	4.89 176
	兴安	3.45 124	4.00 144	4.32 155	4.54 164	4.72 170
	昭平	4.26 153	5.07 183	5.54 200	5.88 212	6.14 221
	柳城	3.50 126	4.11 148	4.47 161	4.73 170	4.93 177
	武鸣	3.57 129	4.15 150	4.50 162	4.74 171	4.93 177

6.4-8 我国部分城镇降雨强度（续）						
城镇名称		降雨强度$\frac{q_5}{H}$ $\frac{(\text{L/s}\cdot 100\text{m}^2)}{(\text{mm/h})}$				
		$P=1$	$P=2$	$P=3$	$P=4$	$P=5$
广西	田林	4.00 144	4.62 166	4.99 180	5.25 189	5.45 196
	隆林	3.32 119	3.86 139	4.18 150	4.41 159	4.58 165
	崇左	4.07 147	4.67 168	5.02 181	5.27 190	5.46 196
陕西	西安	1.34 49	1.87 68	2.21 80	2.43 88	2.61 94
	榆林	1.87 67	2.52 91	2.90 105	3.17 114	3.38 122
	子长	2.24 81	2.95 106	3.36 121	3.65 131	3.87 139
	延安	1.53 55	2.12 76	2.47 89	2.71 98	2.91 105
	宜川	2.57 92	3.35 121	3.80 137	4.13 149	4.38 158
	彬县	1.43 52	2.00 72	2.34 84	2.58 93	2.76 99
	铜川	1.87 68	2.66 96	3.12 112	3.44 124	3.69 133
	宝鸡	1.31 47	1.68 60	1.90 68	2.05 74	2.17 78
	商县	1.60 58	2.06 74	2.32 84	2.51 90	2.66 96
	汉中	1.39 50	1.82 66	2.08 75	2.26 81	2.40 87
	安康	1.60 58	2.06 74	2.33 84	2.53 91	2.68 96
	咸阳	1.69 61	2.45 88	2.90 104	3.22 116	3.46 125
	蒲城	2.01 72	2.73 98	3.16 114	3.46 124	3.69 133
宁夏	银川	1.12 40	1.40 51	1.57 56	1.68 61	1.78 64
甘肃	兰州	1.47 53	1.89 68	2.14 77	2.31 83	2.45 88
	张掖	0.42 15	0.65 24	0.84 30	1.01 36	1.16 42
	临夏	1.76 64	2.22 80	2.49 90	2.68 96	2.82 102

6.4-8 我国部分城镇降雨强度（续）

城镇名称		降雨强度 $\frac{q_5\ (L/s \cdot 100m^2)}{H\ (mm/h)}$				
		$P=1$	$P=2$	$P=3$	$P=4$	$P=5$
甘肃	靖远	1.26 45	1.77 64	2.07 75	2.28 82	2.45 88
	平凉	1.92 69	2.55 92	2.92 105	3.18 114	3.38 122
	天水	1.75 63	2.22 80	2.50 90	2.70 97	2.84 102
	敦煌	1.39 50	1.73 62	1.93 70	2.07 74	2.18 79
	玉门	1.59 54	1.98 68	2.21 76	2.37 85	2.50 87
湖南	长沙	2.75 99	3.31 119	3.64 131	3.87 139	4.05 146
	常德	2.99 108	3.80 137	4.28 154	4.62 167	4.88 176
	益阳	3.57 129	4.52 163	5.07 183	5.47 197	5.77 208
	株洲	4.07 146	5.23 188	5.91 213	6.39 230	6.76 244
	衡阳	3.57 128	4.28 154	4.70 169	5.00 180	5.23 188
	娄底	3.53 127	4.29 155	4.74 170	5.05 182	5.29 191
	醴陵	2.93 105	3.63 131	4.04 146	4.33 156	4.56 164
	冷水江	3.32 120	3.81 137	4.10 148	4.30 155	4.46 161
新疆	乌鲁木齐	0.39 14	0.49 18	0.54 20	0.58 21	0.62 22
	塔城	1.91 69	2.54 92	2.91 105	3.17 114	3.38 122
	乌苏	1.26 45	1.89 68	2.39 86	2.83 102	3.22 116
	石河子	0.81 29	1.62 58	2.44 88	3.27 118	4.10 148
	吐鲁番	0.73 26	0.90 32	1.00 36	1.08 39	1.14 41
四川	成都	3.07 111	3.49 126	3.68 132	3.79 137	3.87 139
	内江	3.20 115	3.88 140	4.27 154	4.54 163	4.76 171

6.4-8 我国部分城镇降雨强度（续）

城镇名称		降雨强度 $\frac{q_5\text{（L/s·100m}^2\text{）}}{H\text{（mm/h）}}$				
		$P=1$	$P=2$	$P=3$	$P=4$	$P=5$
四川	自贡	3.38 122	3.98 143	4.33 156	4.55 164	4.77 172
	重庆	3.07 111	3.69 133	4.02 145	4.25 153	4.42 159
	泸州	2.44 88	2.86 103	3.10 112	3.27 118	3.40 122
	宜宾	3.32 120	3.82 138	4.04 145	4.16 150	4.24 153
	乐山	2.47 89	2.91 105	3.17 114	3.34 120	3.47 125
	雅安	3.21 116	3.82 138	4.18 150	4.43 159	4.62 166
	渡口	2.54 91	3.01 108	3.28 118	3.48 125	3.63 130
	南充	1.81 65	1.95 70	2.00 72	2.04 73	2.06 74
	广元	3.24 117	4.20 151	4.67 168	4.93 178	5.13 185
	遂宁	2.86 103	3.28 118	3.54 127	3.70 133	3.82 138
	简阳	2.55 92	3.04 109	3.37 121	3.54 127	3.70 133
	甘孜	0.64 23	0.80 29	0.89 32	0.96 34	1.00 36
贵州	贵阳	2.96 107	3.53 127	3.90 140	4.14 149	4.32 156
	桐梓	2.84 102	3.35 121	3.66 132	3.87 139	4.03 145
	毕节	2.69 97	3.06 110	3.30 119	3.44 124	3.58 129
	水城	1.76 64	2.55 92	3.01 108	3.33 120	3.59 129
	安顺	3.42 123	4.04 145	4.36 156	4.56 164	4.71 169
	罗甸	3.09 111	3.49 126	3.66 132	3.74 135	3.80 137
	榕江	3.26 117	3.79 137	4.07 147	4.25 153	4.38 158
	湄潭	2.91 105	3.37 121	3.63 131	3.84 138	3.98 143

6.4-8 我国部分城镇降雨强度（续）

城镇名称		降雨强度 $\frac{q_5\ (\mathrm{L/s\cdot 100m^2})}{H\ (\mathrm{mm/h})}$				
		$P=1$	$P=2$	$P=3$	$P=4$	$P=5$
贵州	铜仁	3.36 121	4.06 146	4.50 162	4.76 172	4.86 175
云南	昆明	3.15 113	3.88 140	4.32 155	4.63 167	4.83 174
	丽江	1.54 55	1.98 71	2.24 81	2.42 87	2.57 92
	下关	1.96 71	2.57 93	2.93 106	3.19 115	3.38 122
	腾冲	2.41 87	2.98 107	3.27 118	3.47 125	3.62 130
	思茅	3.26 117	3.74 135	4.04 145	4.24 153	4.40 158
	昭通	2.36 85	2.72 98	2.92 105	3.05 110	3.15 113
	沾益	2.74 99	3.10 112	3.28 118	3.40 122	3.48 125
	开远	2.91 141	5.27 190	6.06 218	6.62 238	7.06 254
	广南	3.90 141	4.66 168	5.10 184	5.41 195	5.65 204
	临沧	2.80 101	3.19 115	3.40 123	3.53 127	3.63 131
	蒙自	2.29 82	3.02 109	3.44 124	3.75 135	3.98 143
	河口	3.70 133	4.11 148	4.42 159	4.60 166	4.73 170
	玉溪	3.41 123	4.73 170	5.50 198	6.05 218	6.48 233
	曲靖	2.30 83	3.18 114	3.96 133	4.05 146	4.34 156
	宜良	2.11 76	2.91 105	3.38 122	3.71 134	3.97 143
	东川	1.80 65	2.45 88	2.83 102	3.10 112	3.31 119
	楚雄	2.59 93	3.32 120	3.75 135	4.05 146	4.29 154
	会泽	1.79 64	2.29 83	2.59 93	2.80 101	2.96 107
	宣威	4.09 147	5.41 195	6.18 223	6.73 242	7.15 258

6.4-8 我国部分城镇降雨强度（续）						
城镇名称		降雨强度 $\frac{q_5\ (\text{L/s}\cdot 100\text{m}^2)}{H\ (\text{mm/h})}$				
		$P=1$	$P=2$	$P=3$	$P=4$	$P=5$
云南	大理	1.98 64	2.42 87	2.73 98	2.95 106	3.13 113
	保山	2.50 90	3.23 116	3.65 131	3.95 142	4.19 151
	个旧	1.96 70	2.62 94	3.00 108	3.28 118	3.49 126
	芒市	3.14 113	4.02 145	4.53 163	4.90 176	5.18 186
	陆良	2.46 89	3.41 123	3.97 143	4.36 157	4.67 168
	文山	1.48 53	1.95 70	2.22 80	2.42 87	2.57 93
	晋宁	2.21 79	3.10 111	3.62 130	3.99 144	4.28 154
	允景洪	2.48 89	3.20 115	3.62 130	3.92 141	4.15 149
青海	西宁	1.21 44	1.72 62	2.01 73	2.22 80	2.39 86
	同仁	0.81 29	1.10 40	1.28 46	1.40 50	1.49 54
西藏	拉萨	2.57 92	3.15 113	3.49 125	3.72 134	3.91 141
	林芝	2.70 97	3.17 114	3.51 126	3.75 135	3.94 142
	日喀则	2.68 97	3.29 118	3.64 131	3.89 140	4.09 147
	那曲	2.33 84	2.87 103	3.17 114	3.39 122	3.56 128
	泽当	2.51 90	3.08 111	3.41 123	3.64 131	3.83 138
	昌都	2.70 97	3.17 114	3.51 126	3.75 135	3.94 142

注：表中 P 为重限期(年)；q_5 为5min降雨强度；H 为小时降雨厚度，根据 q_5 值折算而来的

7. 燃气

7.1 燃气概述

燃气是各种气体燃料的总称。它能燃烧而放出热量，供城市居民和工业企业使用

燃气通常由一些单一气体混合而成，其组分主要是可燃气体。如碳氢化合物、氢及一氧化碳，同时也含有一些不可燃气体，如氮、二氧化碳及氧等，此外还含有少量的混杂气体及其他物质

7.1-1 常用的标准、规范及规程

《城镇燃气设计规范》（2002 年版）（GB 50028—93）	《聚乙烯燃气管道工程技术规程》（CJJ 63—95）
《城镇燃气输配工程施工及验收规范》（CJJ 33—89）	《燃气用埋地聚乙烯管材》（GBJ 15558.1—1995）
《城镇燃气设施运行、维护和抢修安全技术规程》（CJJ 51—2001）	《燃气用埋地聚乙烯管件》（GB 15555.2—1995）
《工业金属管道工程施工及验收规范》（GB 50235—97）	《家用燃气灶具》（GB 16410—1996）
《城市燃气分类》（GB/T 13611—92）	《家用燃气燃烧器具安装及验收规程》（CJJ 12—99）
《人工燃气质量标准》（GB 13612）	《燃气燃烧器具安全技术通则》（GB 16914—1997）
《天然气质量标准》（GB 17820）	《家用燃气快速热水器》（GB 6932—2001）
《液化石油气质量标准》（GB 11174—89）	《城镇燃气室内工程施工及验收规范》（CJJ 94—2003）

7.1-2 按气源分类

分　类	特　　点
天然气	是指在地下多孔地质构造中发现的自然形成的烃类气体和蒸汽的混合气体，有时也含有一些杂质，主要组分是低分子烷烃。由于来源不同，天然气一般有四种类型：气田气、油田伴生气、凝析气田气，以及矿井气
人工燃气	是指对固体或液体燃料加工所生产的可燃气体。主要有以下类型：干馏煤气、汽化煤气、高炉煤气、油制气等
液化石油气	主要从油、气开采或石油加工过程中所得。我国目前广泛应用的液化石油气主要是从炼油厂催化裂解气体中提取的。它的主要成分为丙烷、丙烯、丁烷、丁烯等石油系轻烃类
生物气	也称沼气，是指有机物质在隔绝空气及适宜的温度、酸碱度和含水量等条件下，受发酵微生物作用而产生的气体，称为生物气；其主要成分为甲烷、二氧化碳及少量的氢气、硫化氢和氨气等

7.1-3 按燃烧特性分类

国际煤联（IGU）燃气分类表

分　类	华白数 W（MJ/Nm^3）	典 型 燃 气
一类燃气	17.8～35.8	人工燃气，烃-空气混合气
二类燃气 L族 H族	35.8～53.7 35.8～51.6 51.6～53.7	天然气
三类燃气	71.5～87.2	液化石油气

7.1-3　按燃烧特性分类（续）

我国城市燃气的分类（干，0℃，101.3kPa）

分类		华白数 W（MJ/Nm^3）		燃烧势 CP		典型燃气举例
		标　准	范　围	标　准	范　围	
人工燃气	5R	22.7	21.1～24.3	94	55～96	上海等混合气
	6R	27.1	25.2～29.0	108	63～110	沈阳等混合气
	7R	32.7	30.4～34.9	121	72～128	北京等焦炉气
天然气	4T	18.0	16.7～19.3	25	22～57	抚顺阳泉等矿井气
	6T[1)]	26.4	24.5～28.2	29	25～65	锦州等液化气混空气
	10T	43.8	41.2～47.3	33	31～34	广东等天然气
	12T	53.5	48.1～57.8	40	36～88	四川等天然气
	13T	56.5	54.3～58.8	41	40～94	天津等油田伴生气
液化石油气	19Y	81.2	76.9～92.7	48	42～49	商品丙烷
	22Y	92.7	76.9～92.7	42	42～49	商品丁烷
	20Y	84.2	76.9～92.7	46	42～49	商品丙烷丁烷混合气

[1)]6T 系液化石油气混空气，燃烧特性接近天然气

7.1-4　燃气的热值

热值的概念和分类

单位数量的燃气完全燃烧时所放出的热量称为燃气的热值。燃气的热值可分为高热值和低热值

高热值是指单位数量的燃气完全燃烧后其烟气被冷却至原始温度，而其中的水蒸气以凝结水状态排出时所放出的热量

低热值是指单位数量的燃气完全燃烧后其烟气被冷却至原始温度，而其中的水蒸气仍为气态时所放出的热量

热值的计算

燃气的热值可由各单一气体的热值根据混合法则进行计算

$$H = \sum_{i=1}^{n} H_i r_i$$

H——燃气的热值，kJ/Nm^3

H_i——燃气中各可燃组分的热值，kJ/Nm^3

r_i——燃气中各可燃组分的容积成分

7.1-5　各种单一可燃气体的热值

气体名称	气体热值（kJ/Nm^3）	
	高热值	低热值
氢　气	12724	10768
一氧化碳	12615	12615
甲　烷	39752	35823
乙　炔	58370	56359
乙　烯	63294	59343
乙　烷	70191	64251
丙　烯	93456	87467
丙　烷	101039	93030

7.1-5 各种单一可燃气体的热值（续）

气体名称	高热值	低热值
丁烯	125559	117425
丁烷	133580	123364
戊烯	158848	148495
戊烷	168989	156374
苯	161887	155412
硫化氢	25306	23329

7.1-6 我国典型燃气的热值

燃气种类			高热值（MJ/Nm^3）	低热值（MJ/Nm^3）	备注
人工燃气	煤制气	焦炉煤气	19.84	17.63	北京 1965 年
		直立炭化炉煤气	18.06	16.15	东北 1970 年
		混合煤气	15.42	13.87	上海 1965 年
		发生炉煤气	6.01	5.75	天津 1965 年
		水煤气	11.46	10.39	天津 1965 年
	油制气	催化裂解气	18.49	16.53	上海 1972 年
		热裂解气	37.98	34.81	上海 1972 年
天然气		干天然气	40.43	36.47	四川 1965 年
		油田伴生气（1）	52.87	48.42	大庆 1965 年
		油田伴生气（2）	48.11	43.68	天津 1973 年
液化石油气		液化石油气（1）	123.77	115.15	北京 1973 年
		液化石油气（2）	122.38	113.87	大庆 1973 年
		概略值	117.59	108.40	

7.2 室内燃气管道的安装

7.2-1 室内燃气系统的组成

室内燃气系统一般由用户引入管、水平干管、进户总阀门、立管、用户立管、表前阀、燃气计量表、燃气用具连接管、灶前阀和燃气用具等组成。中压进户时，还设有调压（减压）装置

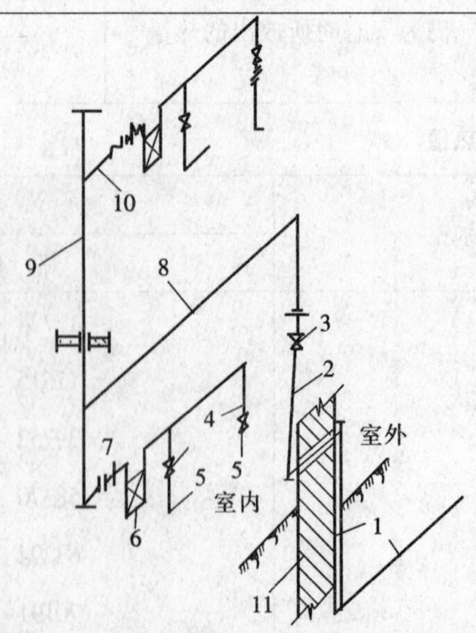

1—用户引入管；2—总立管；3—进户总阀门；4—灶前阀；5—燃具接头；6—燃气表；7—表前阀；8—水平干管；9—用户立管；10—用户支管；11—外墙

7.2-1 室内燃气系统的组成（续）

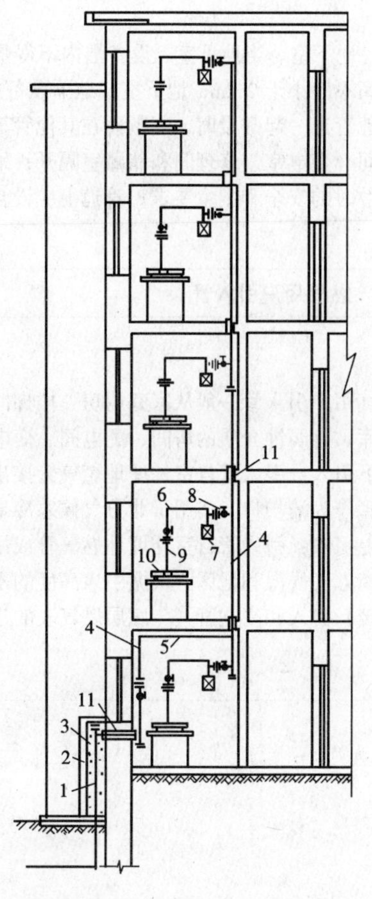

室内燃气管道系统剖面图

1—用户引入管；2—砖台；3—保温层；4—立管；5—水平干管；6—用户支管；7—燃气计量表；8—旋塞及活接头；9—用具连接管；10—燃气用具；11—套管

7.2-2 室内燃气管道安装的一般要求

1）燃气管道应明设，当建筑或工艺有特殊要求时可暗设，但必须便于安装和检修

2）不得安装在卧室、浴室、地下室、易燃易爆品仓库、有腐蚀性介质的房间、配电间、变电室、电缆沟、烟道和进风道等地方

3）不应敷设在潮湿或有腐蚀性介质的房间内，当必须敷设时，必须采取可靠的防腐蚀措施

4）燃气管道严禁引入卧室，当燃气水平管道穿越卧室、浴室或地下室时，必须采用焊接连接，且必须设置在套管中；燃气管道的立管不得敷设在卧室、浴室或厕所中

5）当室内燃气管道穿越楼板、楼梯平台、墙体时，必须安装在套管中

6）燃气管道自然补偿不能满足工作温度下极限变形时，应设补偿器，但不宜采用填料式补偿器

7）室内燃气管道安装，要求横平竖直，管道均应安装在牢固的建筑物上，要用固定件固定在墙上，如不能贴墙敷设，应用特别角铁固定或吊钉固定

8）输送干燃气的管道可不设坡度，输送湿燃气（包括气相液化石油气）的管道应设不小于0.003的坡度，必要时设排污管

9）室内燃气管道安装坡度原则是，小口径坡向大口径，大口径坡向干管，干管坡向总管，任何情况都不得向表内落水

10）输送湿燃气的燃气管道敷设在气温低于0℃的房间，或输送气相液化石油气管道所处的环境温度低于其露点温度时，均应采取保温措施

11）室内燃气管道和电气设备、相邻管道之间应有必要的安全净距

12）燃气管道与其他管道呈水平平行敷设时，净距不小于150mm；呈竖向敷设时，净距不小于100mm，并应安装于其他管道外侧；呈交叉敷设时，净距不小于5mm。燃气管道于电表、闸刀开关、配电箱相遇时，间距应大于300mm；与无套管电线间距应大于100mm；与有套管电线间距应大于50mm；与插座、保险盒、开关的间距应大于150mm；与电线交叉时应大于20mm

7.2-2　室内燃气管道安装的一般要求（续）

13）地下室、半地下室、设备层内不得敷设液化石油气管道，当敷设人工燃气、天然气管道时须符合下列要求：

净高不应小于2.2m；地下室或地下设备层内应设机械通风和事故排风设施；应有固定的防爆照明设备；燃气管道与其他管道一起敷设时，应敷设在其他管道外侧；燃气管道的连接须用焊接或法兰连接；须用非燃烧性的实体墙与电话间、变电室、修理间和储藏室隔开；地下室内燃气管道末端应设放散管，并引出地面以上，出口位置应保证吹扫放散时的安全和卫生要求；管道上应设自动切断阀、泄漏报警器和送排风系统等自动切断联锁装置

7.2-3　燃气用户引入管

燃气用户引入管一般从家庭厨房、楼梯间或走廊等便于修理的非居住房间处引入，不应从卧室、浴室、易燃易爆品仓库、有腐蚀介质的房间、配电间、变电室、电缆沟、烟道和进风道等处引入

地下引入：引入管自室外埋地燃气管接出，穿过建筑物基础及建筑物底层地坪，直接引入室内，在室内立管上设三通管作为清扫口。多用于北方气候塞冷地区

地上引入：引入管自室外埋地燃气管或用户箱式调压器接出，沿建筑物外墙，在一定高度穿过外墙引入室内。多用于南方气候温和地区。根据引入高度的不同，又分矮立管（室外地坪800mm左右处进户，矮立管顶端应采用三通管连接）引入和高立管（与底层燃气表的进口高度相适应，顶端宜采用三通管连接）引入

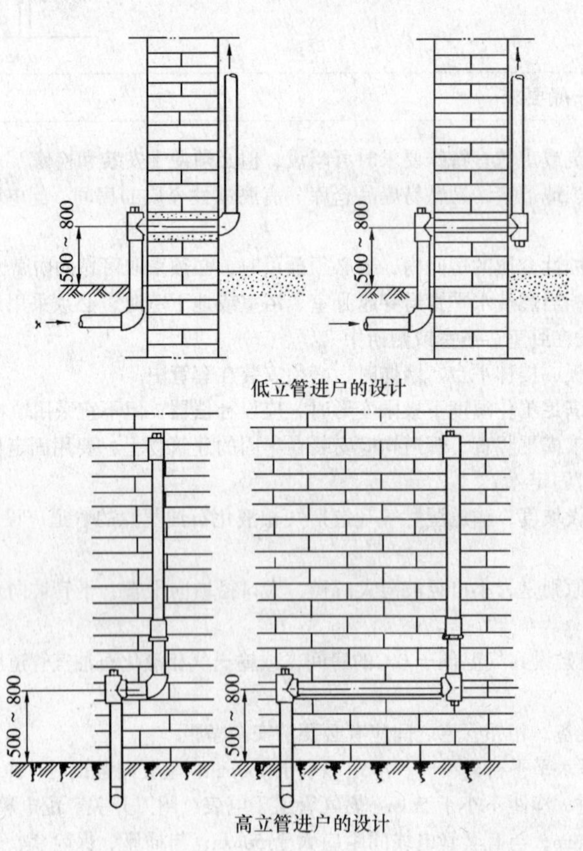

低立管进户的设计

高立管进户的设计

7.2-4 燃气引入管沉降补偿装置

高层建筑及沉降可能较大的建筑物（五楼以上）的燃气进户管必须采取沉降补偿措施，并放大横向引入管的坡度。通常采用波形补偿器作为沉降补偿措施

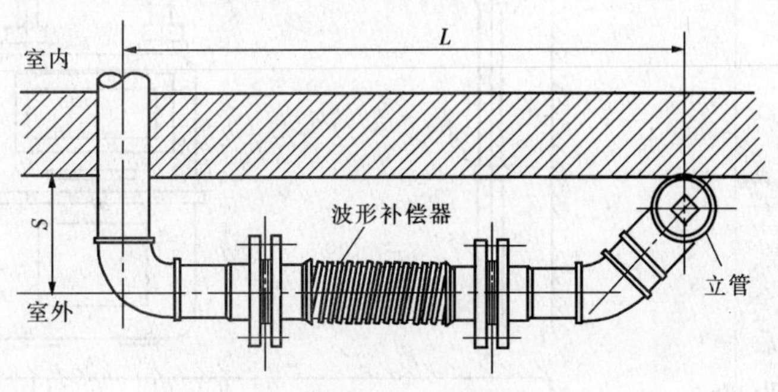

燃气引入管沉降补偿装置图

7.2-5 室内燃气管道系统安装质量检验

1）燃气管道和设备符合设计要求检验：燃气管道位置按图施工，尺寸、部位正确，设备安装符合设计要求

2）燃气管道和设备的外观检验：①室内燃气管坡度不小于1‰，明管坡度不宜过大，以免影响美观。②燃气管道要求固定在墙、支架等牢固的建筑物上，卡件与支架应与管径相配合，间距符合要求并设置稳固。③燃气管线走向选择是否合理，即管件最少，管线最短，选用支、卡件是否合适，集水管、放散管、测点设置是否合理。④燃气管道和设备安置恰当、美观，燃气表安装端正、不歪斜、位置正确，支、卡设置整齐，管道设备整齐有舒适感等

3）燃气管道与设备的气密性检验：燃气管道与设备的气密性检验的介质应使用空气、惰性气体，严禁用水。测压仪表可用玻璃U形压力计。①对于室内低压燃气管道工程，气密性试验压力为工作压力的两倍，但不小于3kPa，要求观测10min，无压力降为合格。②对于居民零星用户燃气装置，可用工作压力直接检验，要求观察3min，无压力降为合格。③对于工业企业及公共建筑低压燃气管道工程，气密性试验压力为工作压力的两倍，但不小于3kPa，管径大于或等于100mm，要求观测30min，无压力降为合格。管径小于100mm，要求观测10min，无压力降为合格

7.2-6 室内燃气管道系统的漏气检查

当嗅觉到室内有燃气或类似燃气的异味（类似臭鸡蛋、汽油、油漆的气味），有可能发生燃气泄漏，应迅速打开门窗，保证空气流通，再行查漏

1）"U"形玻璃管做气密性试验，是最简单、最精确的检漏方法，但只能判别管道、设备某段范围内的泄漏与否，无法确定漏气部位

2）皂液查漏，在管接口处等易泄漏处涂抹皂液，发生气泡增多处，表明该部位发生漏气

3）检漏仪查漏，将检漏仪置于管接口处、开关附近、管道法兰处等，检漏仪发出报警声，表明该部位发生漏气

4）鼻嗅查漏，可准确辨别燃气的漏气部位，但不宜时间过长以免中毒

5）在燃气管道系统的漏气检查时，严禁用明火检漏

6）查出漏气部位后，可暂用胶布包扎漏气部位或关闭阀门，再行处理

7.3　燃气附件与设备的安装

7.3-1　一般民用燃气表的安装

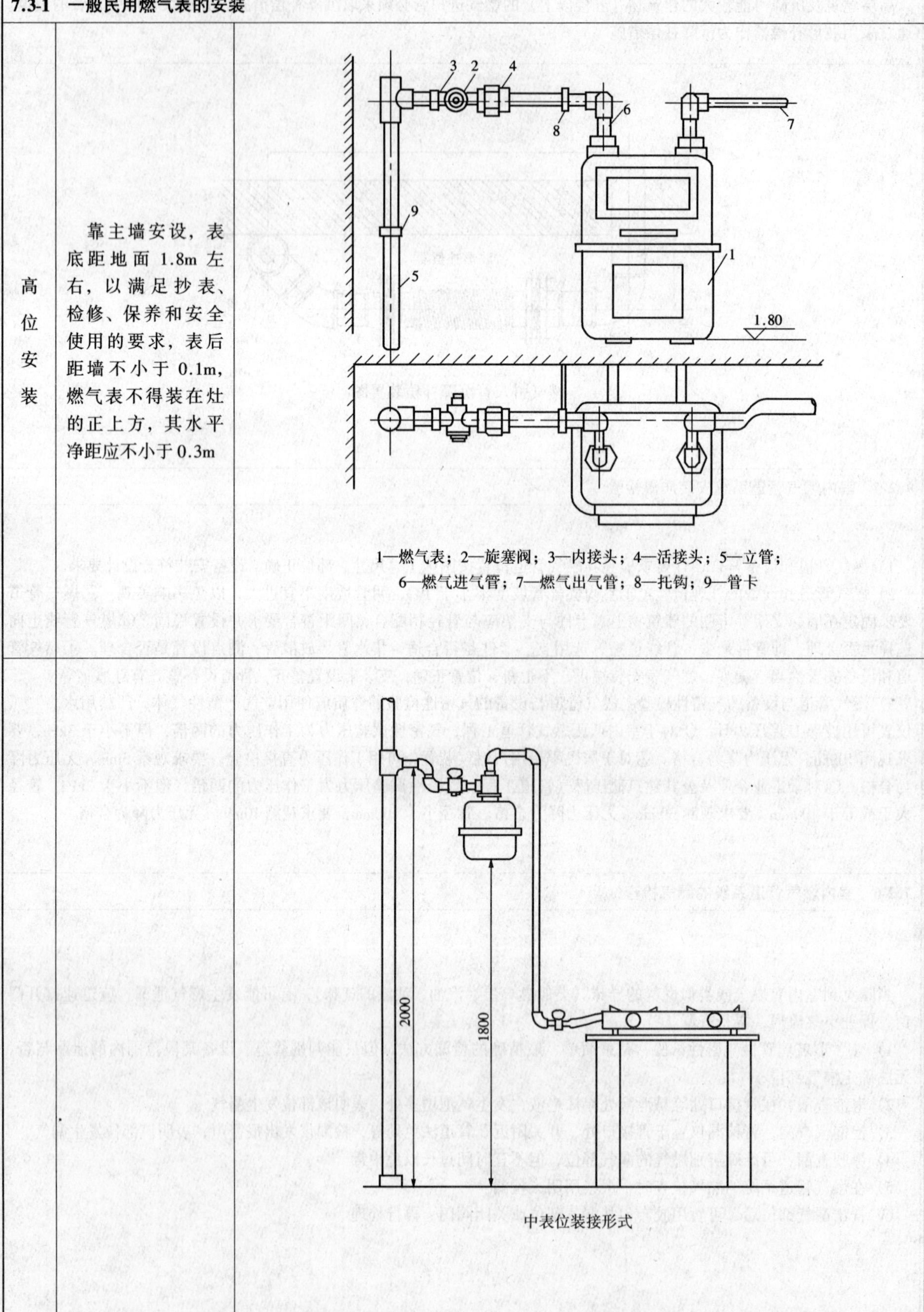

高位安装	靠主墙安设，表底距地面1.8m左右，以满足抄表、检修、保养和安全使用的要求，表后距墙不小于0.1m，燃气表不得装在灶的正上方，其水平净距应不小于0.3m	1—燃气表；2—旋塞阀；3—内接头；4—活接头；5—立管；6—燃气进气管；7—燃气出气管；8—托钩；9—管卡
		中表位装接形式

7.3-1 一般民用燃气表的安装（续）

低位安装	燃气表安装在燃气灶的灶台板下方，表底应垫起 50mm，表的出口与灶的连接均为垂直连接，而表的进口应根据具体情况采用水平连接（单管燃气表）或垂直连接（双管燃气表）	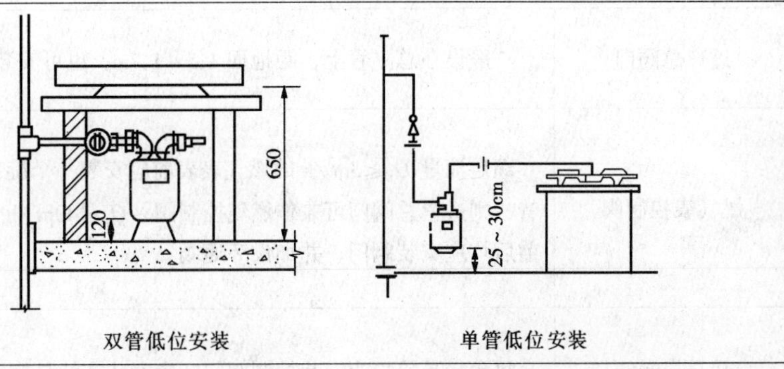 双管低位安装　单管低位安装

7.3-2 燃气表的集中安装

对于集体厨房分户计量时，可将燃气表集中安装在某个位置，但挂装于同一侧墙面的燃气表之间的净距应不小于 100mm，挂装于两直角墙面的两表内侧离墙距离之和应不小于 700mm	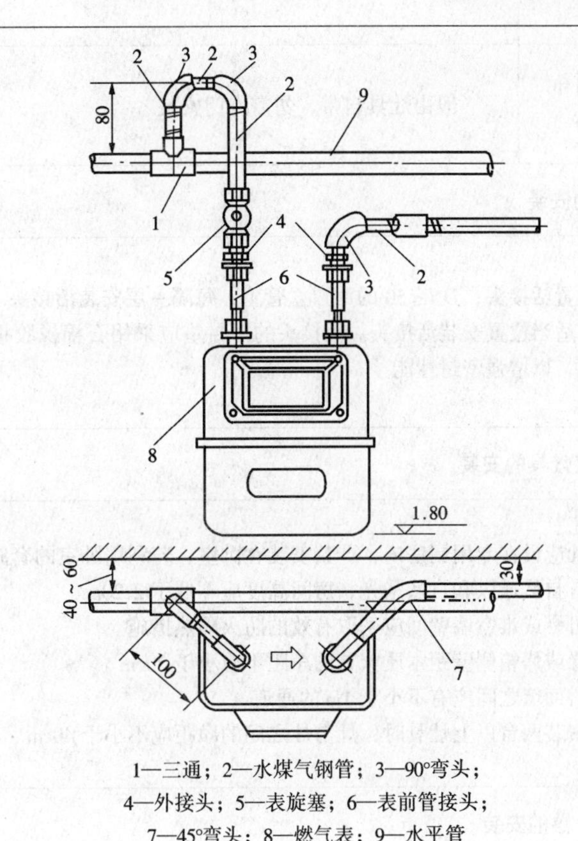 1—三通；2—水煤气钢管；3—90°弯头； 4—外接头；5—表旋塞；6—表前管接头； 7—45°弯头；8—燃气表；9—水平管

7.3-3 大型燃气表的安装

应尽量安装在单独的房间内，对于额定流量 $Q_n \geqslant 40m^3/h$ 的燃气表应设旁通管，旁通管和进出管上的阀门应采用明杆阀门，阀门不能与表进出口直接连接，应采用连接短管过渡，并设支架支撑，防止阀门和进出管的重力压在燃气表上	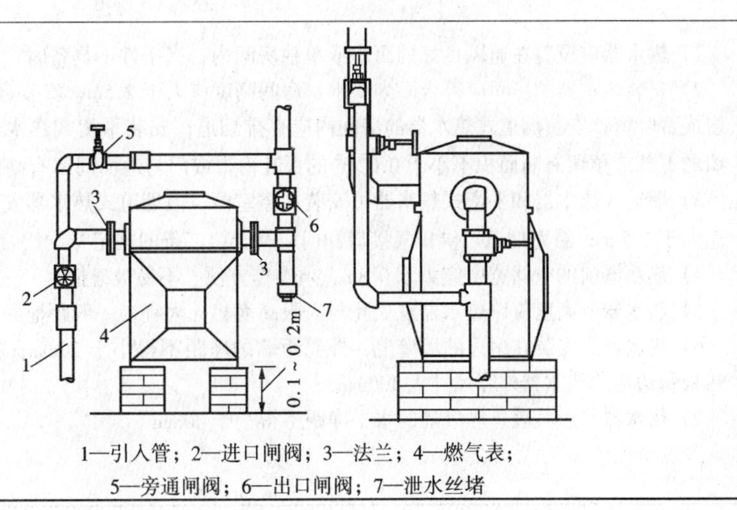 1—引入管；2—进口闸阀；3—法兰；4—燃气表； 5—旁通闸阀；6—出口闸阀；7—泄水丝堵

7.3-4 燃气阀门的安装

进户总阀门	一般设在总立管上，距地面 1.5 ~ 1.7m，也可安装在连接水平管上
燃气表控制阀	额定流量 $Q_n \leqslant 3m^3/h$ 的燃气表表前应安装一个旋塞阀；$Q_n \leqslant 25m^3/h$ 的燃气表，若靠近总立管，则进户总阀门可兼作燃气控制阀；$Q_n \leqslant 40m^3/h$ 的燃气表或不能中断供气的用户，燃气表前后均应安装阀门，并加设旁通阀
灶具控制阀	每台灶具前均应安装控制阀门，应安装在灶具支管距地面 1.4 ~ 1.5m 处
燃烧器控制阀和点火控制阀	一般由灶具自带，勿需专门安装

7.3-5 活接头的安装

阀门后均应设置活接头；$DN \leqslant 50$ 的用户立管上，每隔一层安装活接头一个，安装高度应便于安装拆卸；水平干管过长时，也应在适当位置安装活接头。活接头的密封垫应采用石棉橡胶板垫圈或耐油橡胶垫圈，垫圈表面应薄而均匀地涂一层黄油，以增强密封性能

7.3-6 家用燃气灶具的安装

1）家用燃气灶应设在专用厨房内，严禁安装在卧室，若利用卧室的套间作厨房时，应设门隔开
2）厨房应具有自然通风和自然采光，房间高度应不低于 2.20m
3）燃气灶与可燃或难燃墙壁间应采取有效的防火隔热措施
4）燃气灶边缘或烤箱侧壁距木质家具的净距不应小于 20cm
5）燃气灶与对面墙之间应有不小于 1m 的通道
6）同一厨房安装两台以上灶具时，灶与灶之间的净距应不小于 40cm

7.3-7 燃气热水器的安装

1）热水器应设置在通风良好的厨房或单独房间内，当条件不具备时，也可设在通风良好的过道内，不宜装在室外
2）安装热水器的房间应符合下列要求：房间高度应大于 2.5m；安装直排式热水器的房间外墙或窗的上部应有排气扇或百叶窗；安装烟道式热水器的房间内应有排烟道；安装平衡式热水器的房间外墙口应有供、排气接口；房间或墙的下部应预留有断面积不小于 $0.02m^2$ 的百叶窗，或门与地面间留有高度不小于 30mm 的间隔
3）烟道式热水器和平衡式热水器可安装在浴室内，但烟道式热水器安装在浴室内时必须符合下列要求：浴室容积应大于 $7.5m^3$；浴室烟道、供排气接口和门应符合第二条的规定
4）热水器前的空间宽度应大于 0.8m，须操作方便、不易被碰撞
5）热水器的高度应以热水器观火孔与人眼高度相齐为宜，一般距地面 1.5m
6）热水器应安装在耐火的墙壁上，外壳距墙的净距不得小于 20mm；如果安装在非耐火墙壁上时应垫隔热板，隔热板每边应比热水器外壳尺寸大 100mm
7）热水器与燃气表、燃气灶的水平净距不得小于 30mm

7.3-8 其他用户燃具的安装

其他用户的燃气用具主要有钢结构组合燃具、混合结构燃具及砖砌结构燃具三类。其特点是用气量较大、组件较多、要求的压力也不相同，因此应主要按照设计要求来安装。同时，还应遵守下列规定：

1）用气房间应有良好的通风和自然采光条件，房间高度不宜低于2.8m

2）商业用户的计量装置，宜设置在单独房间内，且房间内不应有潮湿、腐蚀性物品

3）在用气房间内，应有燃气泄漏报警装置，房间进气总管上应设有联动电磁切断阀

4）用气设备之间及用气设备与对面墙之间的净距应满足操作和维修的要求

7.3-9 燃气旋塞阀

类别	安装场所	连接管类		用途
		入口	出口	
进户旋塞阀	立管或水平干管	钢管	胶管	表前立管或水平干管 不用燃气时，切断燃气
燃具旋塞阀	燃具	胶管	喷嘴、燃烧器接管	为燃具点火、熄火 调节燃气流量 选择分配使用
中间旋塞阀	室内燃气管道	钢管 胶管	钢管 胶管	灶前阀门 停止某管路用气

7.3-10 燃气用具连接管

硬连接	软连接
连接管为钢管，其安装的要求同室内其他钢管	燃气管道应采用耐油橡胶软管或金属可挠性软管，水管应采用耐压软管 软管长度不得超过2m，不得穿过门、窗和墙，软管与接头连接处应用卡箍固定；应定期对软管进行检查，当软管老化或出现裂纹时，应更换新管

7.3-11 供给燃气用具足够空气所需房间的容积

$$Q = \frac{qV}{K}$$

Q——燃气用具热负荷，kW

q——房间允许容积热负荷，kW/m^3

V——房间容积，m^3

K——燃气用具的同时工作系数

关于燃气用具的热负荷，我国现行的标准规定：家用燃气灶主火燃烧器的额定热负荷不得大于2.5kW，热水器的热负荷不得大于11.63kW

房间允许容积热负荷 q 与通风次数、通风方式及房间的类型有关

房间允许容积热负荷指标（kW/m^3）

房间换气次数（次/h）	1	2	3	4	5
容积热负荷指标（kW/m^3）	0.4722	0.5833	0.6944	0.8056	0.9444

各种房间的自然通风次数（次/h）

房间种类	通风次数（次/h）	房间种类	通风次数（次/h）
1~2面外墙的房间	1	门厅	2~3
3~4面外墙的房间	2	客厅、餐厅	1~2
厨房	3~4	走廊	1

7.3-11　供给燃气用具足够空气所需房间的容积（续）

机械通风时燃具允许热负荷与排气量的关系			
允许热负荷（kW）	排气量（m^3/h）	允许热负荷（kW）	排气量（m^3/h）
11.4~13.6	450~500	27.2~35.5	1000~1300
13.6~17.7	500~650	60.0~68.6	2200~2520
23.0~27.0	850~990	108.8~121.4	4000~4500

7.3-12　燃气管道允许使用的管材

管材（可以使用+ 不可以使用-）	人工燃气和天然气		液化石油气	
	埋地敷设	室内敷设	埋地敷设	室内敷设
普通螺纹钢管	-	+	-	+
厚壁螺纹钢管[1]	+	+	+	+
无缝钢管[1] [2]	+	+	+	+
焊接钢管[1] [2]	+	+	+	+
焊接水煤气钢管[1]	+	-	+	+
无缝拉制铜管[3]	-	+	-	-
钎焊连接铜管[3]				
PVC 硬管，PEHD 管[4]	+	-	+	-
金属软管和专用软管[5]	-	+	-	+

[1]焊接连接必须符合质量规定，所有埋地钢管必须防腐，液化气管的壁厚至少为 2.5mm

[2]当壁厚至少为 2.6mm 时才可使用

[3]在下列情况下才可以使用：

管径≤22mm 时，壁厚至少为 1.0mm

22mm<管径≤42mm 时，壁厚至少为 1.5mm

管径>42mm 时，壁厚至少为 2.0mm

[4]专门的处理

[5]对于锅炉的连接，除了刚性管道外，只允许使用不锈钢软管

7.3-13　镀锌钢管的螺纹连接

1. 室内低压人工燃气镀锌钢管，宜使用厚白漆、聚四氟乙烯薄膜（生料带）作为接口密封填料
2. 室内低压天燃气镀锌钢管，应采用聚四氟乙烯薄膜（生料带）或一定规格的密封胶作为接口密封填料
3. 聚四氟乙烯薄膜（生料带）作为接口密封填料，在镀锌钢管的螺纹连接操作时，不可往回倒转，以免引起管道接口漏气
4. 室内低压燃气镀锌钢管螺纹连接后，管道螺纹外露部分应作防腐处理

7.4　室内燃气管道的计算

7.4-1　燃气用具的同时工作系数

同时工作系数反映燃气用具集中使用的程度，它与用户的生活规律、燃气用具的种类、数量等因素密切相关

确定室内燃气管道及庭院燃气支管的计算流量时，可根据所有燃具的额定流量及其同时工作系数确定

$$Q = \Sigma K_0 Q_n N$$

Q——计算流量，Nm^3/h

K_0——相同燃具或相同组合燃具的同时工作系数，按总户数选取

N——相同燃具或相同组合燃具数

Q_n——相同燃具或相同组合燃具的额定流量，Nm^3/h

7.4-1 燃气用具的同时工作系数（续）

居民生活用燃气双眼灶同时工作系数

燃具数 N	1	2	3	4	5	6	7	8	9	10
同时工作系数 K_0	1.00	1.00	0.85	0.75	0.68	0.64	0.60	0.58	0.55	0.54
燃具数 N	20	40	50	60	70	80	100	200	500	1000
同时工作系数 K_0	0.45	0.39	0.38	0.37	0.36	0.35	0.34	0.31	0.28	0.25

居民生活用燃气热水器同时工作系数

燃具数 N	1	2	3	4	5	6	7	8	9	10
同时工作系数 K_0	1.00	0.56	0.44	0.38	0.35	0.31	0.29	0.27	0.26	0.25
燃具数 N	20	40	50	60	70	80	100	200	500	1000
同时工作系数 K_0	0.22	0.20	0.18	0.15	0.14	0.13	0.12	0.11	0.10	0.09

居民生活用燃气双眼灶或烤箱灶和热水器同时工作系数

设备类型	户数									
	1	2	3	4	5	6	7	8	9	10
一个烤箱灶和一个热水器	0.70	0.51	0.44	0.38	0.36	0.33	0.30	0.28	0.26	0.25
一个双眼灶和一个热水器	0.80	0.55	0.47	0.42	0.39	0.36	0.33	0.31	0.29	0.27

设备类型	户数									
	15	20	30	40	50	60	70	80	90	100
一个烤箱灶和一个热水器	0.22	0.20	0.19	0.19	0.18	0.18	0.18	0.17	0.17	0.17
一个双眼灶和一个热水器	0.24	0.22	0.21	0.20	0.20	0.19	0.19	0.18	0.18	0.18

7.4-2 燃气管道的沿程压力损失计算公式

单位长度的摩擦阻力损失

$$\frac{\Delta P}{l} = 6.26 \times 10^7 \lambda \frac{Q^2}{d^5} \rho \frac{T}{T_0}$$

ΔP——燃气管道的摩擦阻力损失，Pa

λ——燃气管道的摩擦阻力系数

l——燃气管道的计算长度，m

Q——燃气管道的计算流量，m^3/h

d——管道内径，mm

ρ——燃气的密度，kg/m^3

T——设计中所采用的燃气温度，K

T_0——标准状态下的温度，273.15K

摩擦阻力系数 λ

$$\frac{1}{\sqrt{\lambda}} = -2\lg\left[\frac{K}{3.7d} + \frac{2.51}{Re\sqrt{\lambda}}\right]$$

lg——常用对数

K——管壁内表面的当量绝对粗糙度，mm

Re——雷诺数（无量纲），$Re = \frac{dv}{\upsilon}$

v——燃气的流速，m/s

υ——标准状态下燃气的运动黏度，m^2/s

当摩擦阻力系数 λ 采用手算时，宜按下列公式计算：

1）层流状态（$Re \leqslant 2100$）：$\lambda = \frac{64}{Re}$

2）临界状态（$Re = 2100 \sim 3500$）：$\lambda = 0.03 + \frac{Re - 2100}{65Re - 10^5}$

3）湍流（紊流）状态（$Re > 3500$）：

①钢管 $\lambda = 0.11\left(\frac{K}{d} + \frac{68}{Re}\right)^{0.25}$　②铸铁管 $\lambda = 0.102236\left(\frac{l}{d} + 5158\frac{dv}{Q}\right)^{0.284}$

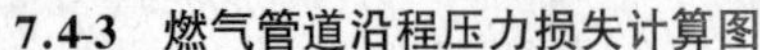

7.4-3 燃气管道沿程压力损失计算图

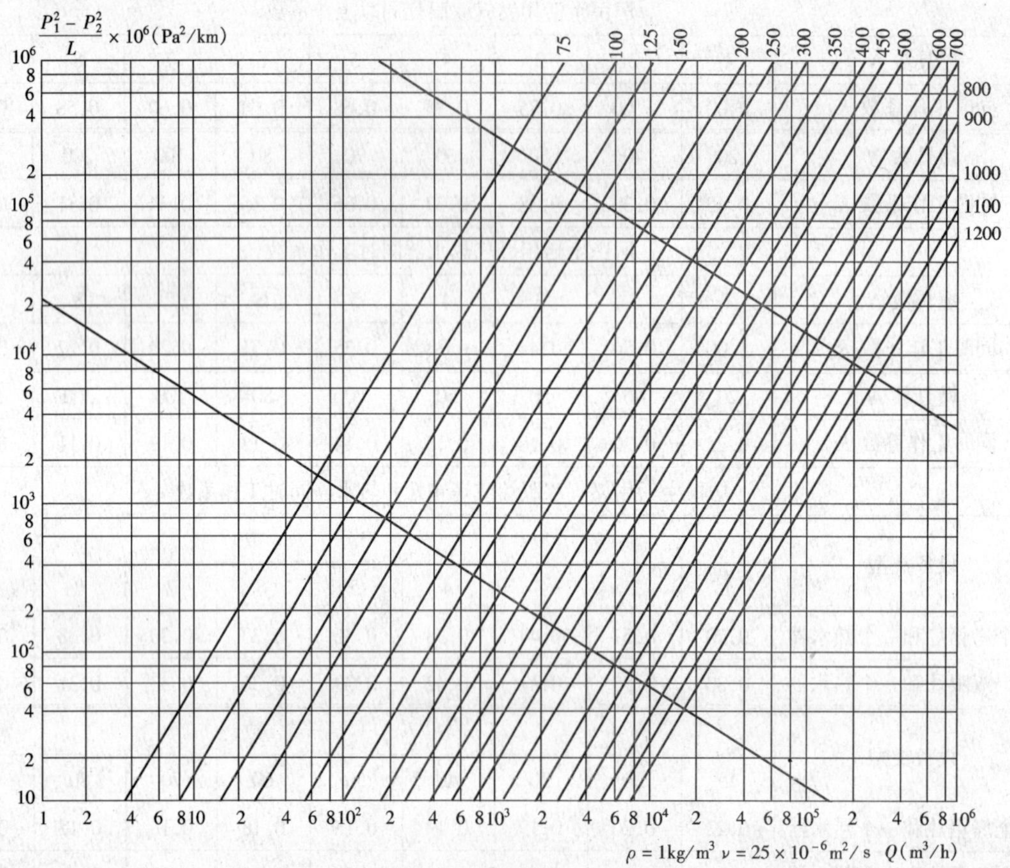

$\frac{P_1^2 - P_2^2}{L} \times 10^6$ (Pa²/km)

75 100 125 150 200 250 300 350 400 450 500 600 700 800 900 1000 1100 1200

10^6 8 6 4 2 10^5 8 6 4 2 10^4 8 6 4 2 10^3 8 6 4 2 10^2 8 6 4 2 10

1 2 4 6 8 10 2 4 6 8 10^2 2 4 6 8 10^3 2 4 6 8 10^4 2 4 6 8 10^5 2 4 6 8 10^6

$\rho = 1\text{kg/m}^3$ $\nu = 25 \times 10^{-6}\text{m}^2/\text{s}$ Q (m³/h)

人工燃气高、中压铸铁管水力计算图

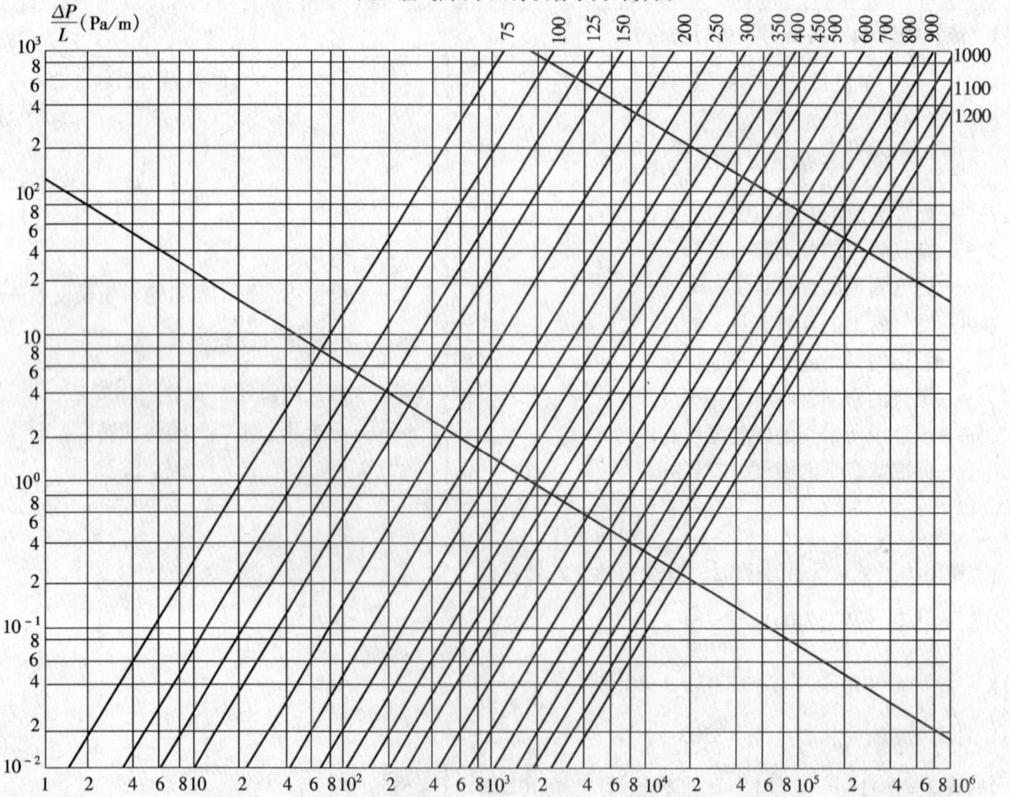

$\frac{\Delta P}{L}$ (Pa/m)

75 100 125 150 200 250 300 350 400 450 500 600 700 800 900 1000 1100 1200

10^3 8 6 4 2 10^2 8 6 4 2 10 8 6 4 2 10^0 8 6 4 2 10^{-1} 8 6 4 2 10^{-2}

1 2 4 6 8 10 2 4 6 8 10^2 2 4 6 8 10^3 2 4 6 8 10^4 2 4 6 8 10^5 2 4 6 8 10^6

$\rho = 1\text{kg/m}^3$ $\nu = 25 \times 10^{-6}\text{m}^2/\text{s}$ Q (m³/h)

人工燃气低压铸铁管水力计算图

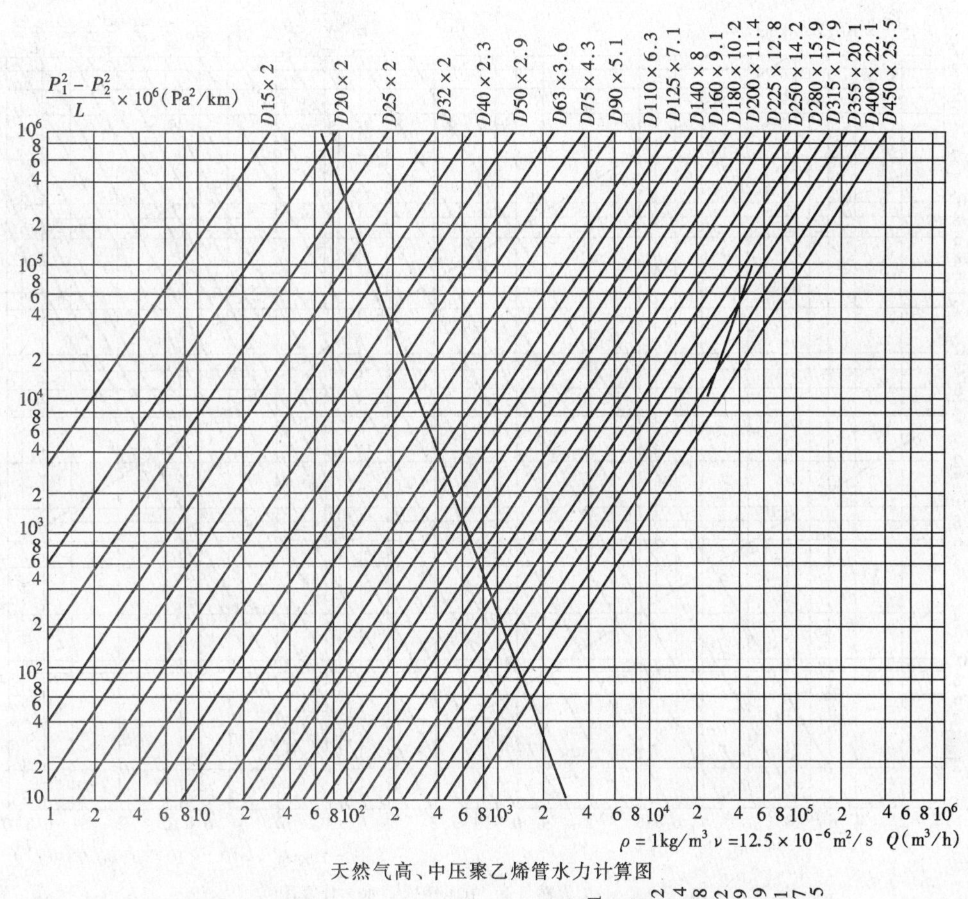

天然气高、中压聚乙烯管水力计算图

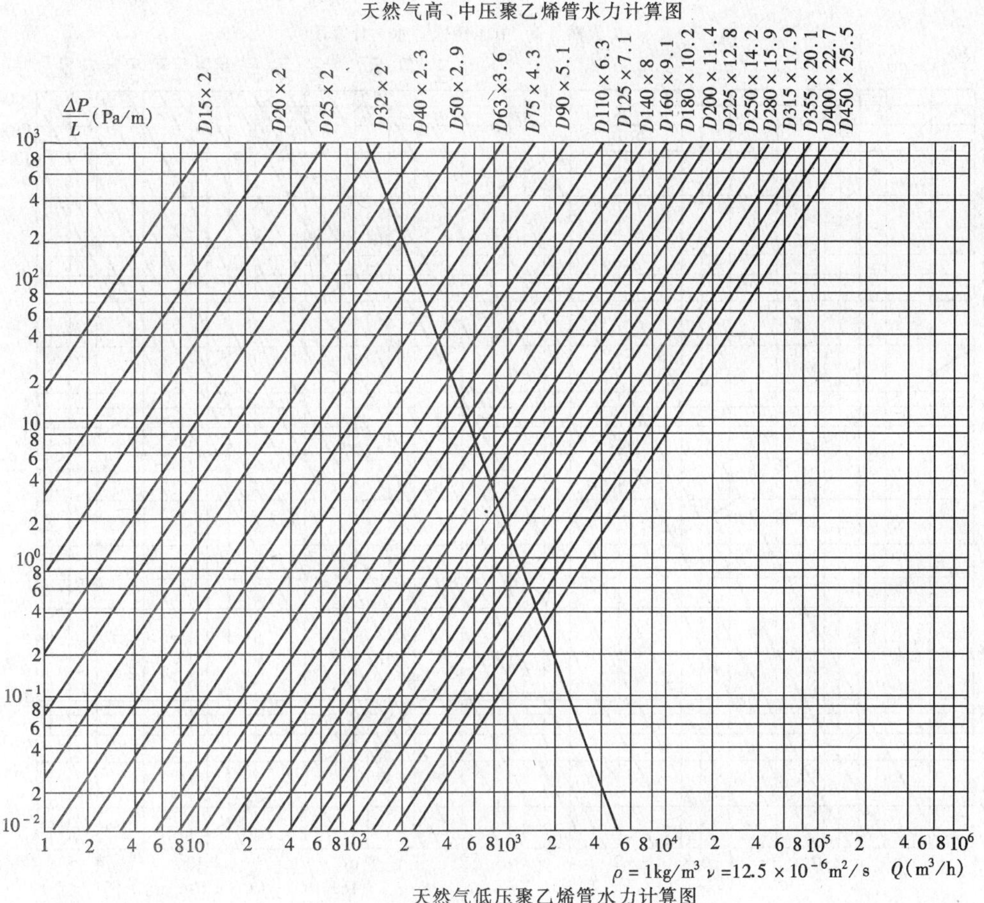

天然气低压聚乙烯管水力计算图

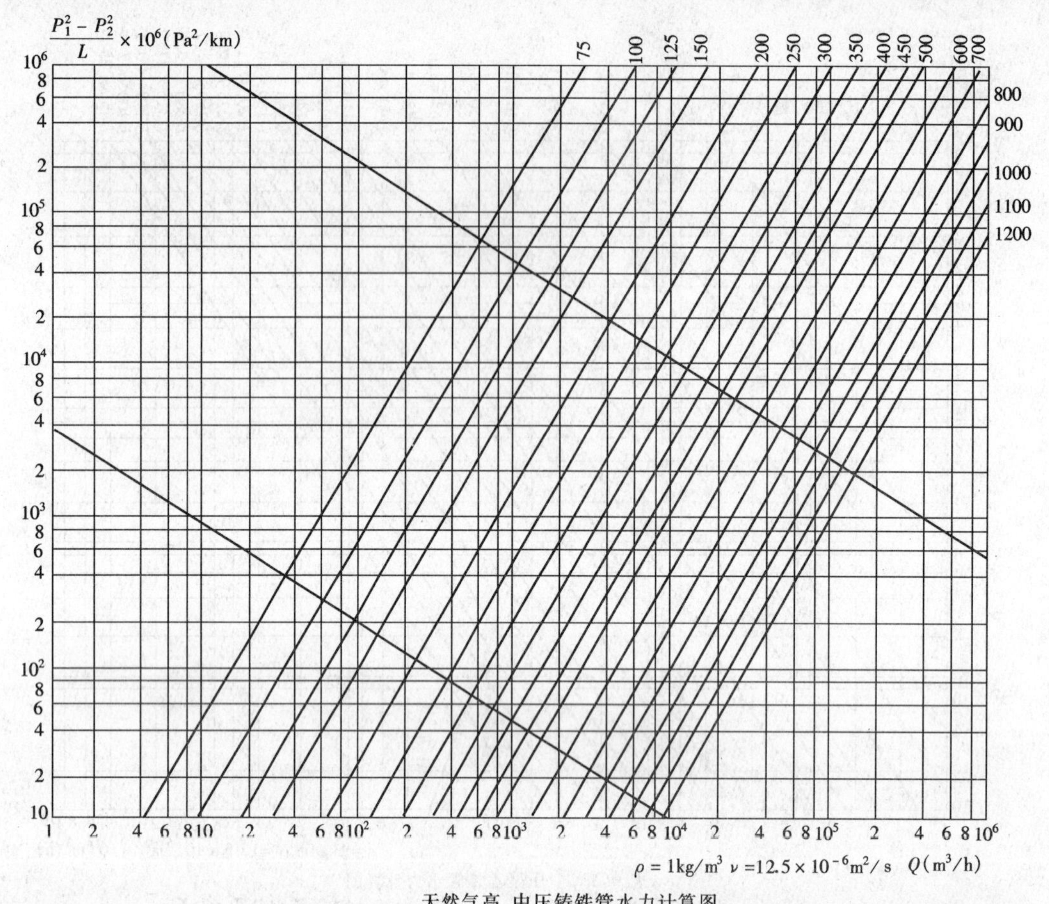

天然气高、中压铸铁管水力计算图

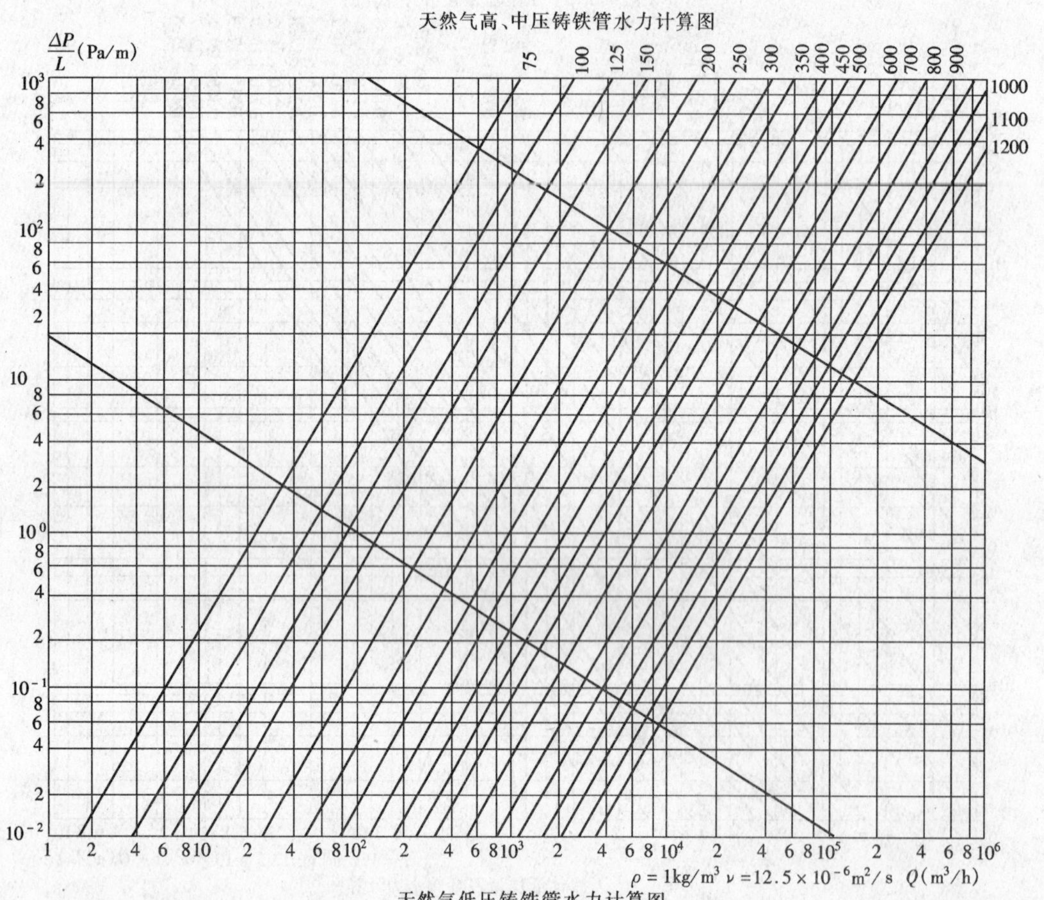

天然气低压铸铁管水力计算图

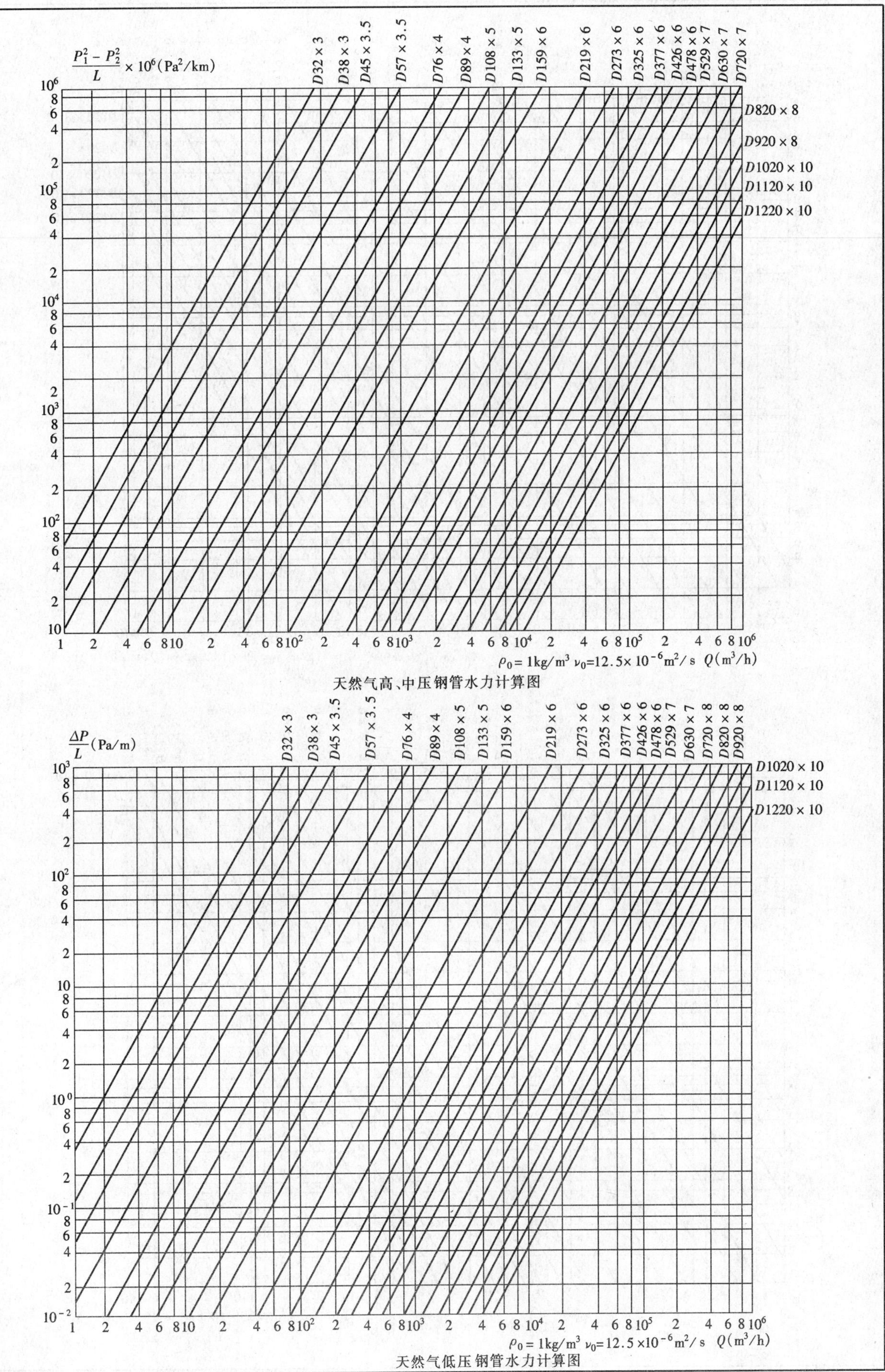

天然气高、中压钢管水力计算图

天然气低压钢管水力计算图

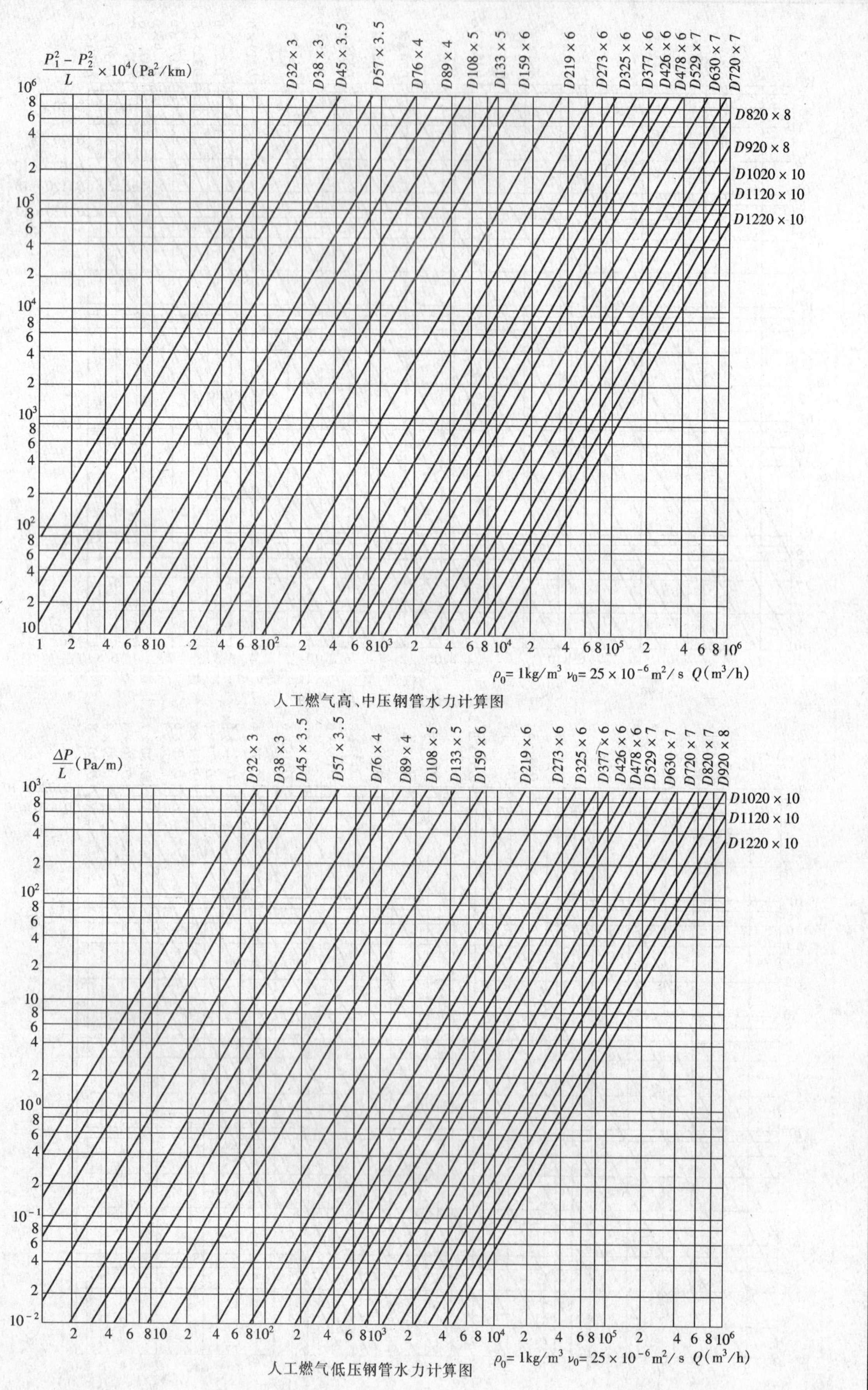

人工燃气高、中压钢管水力计算图

人工燃气低压钢管水力计算图

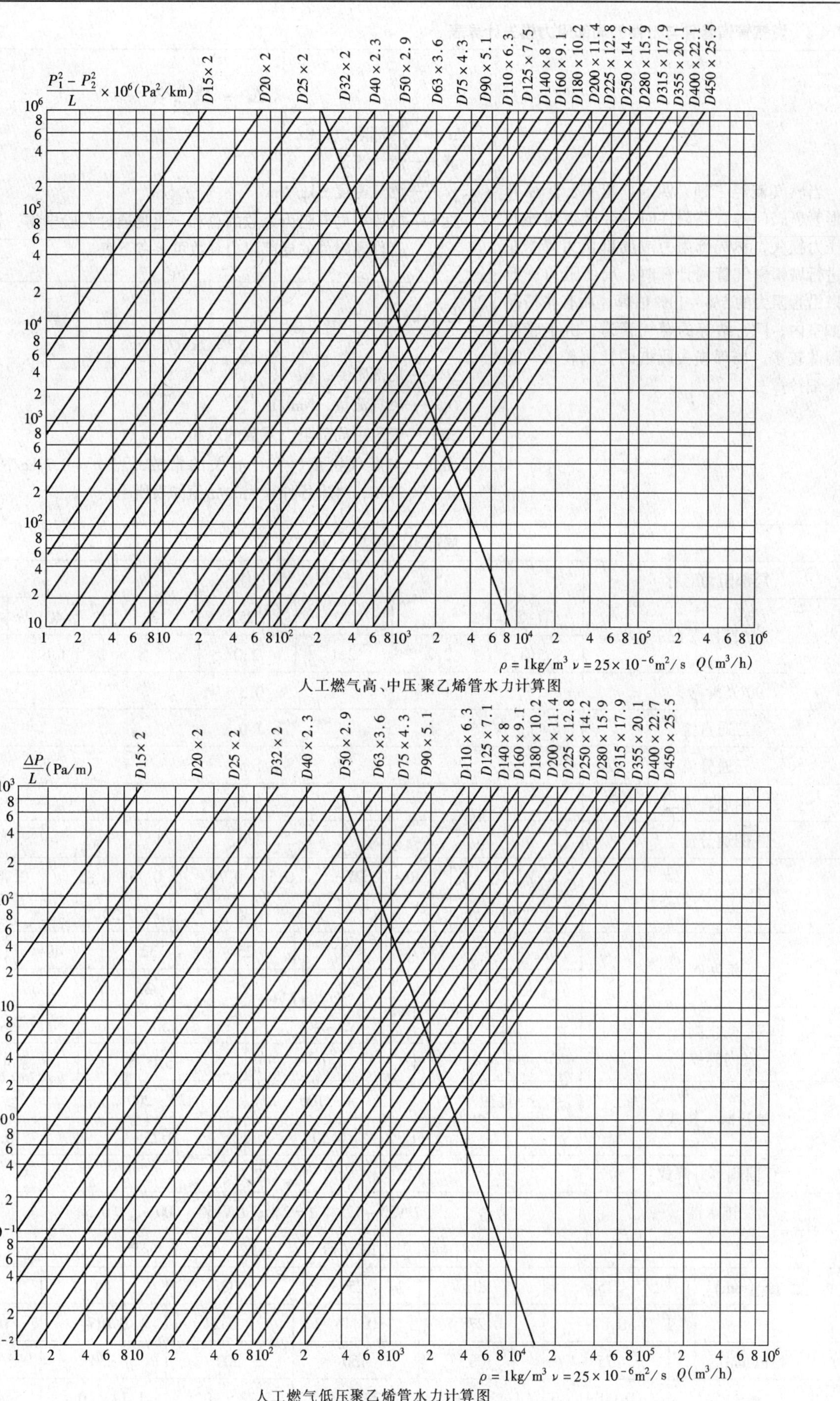

人工燃气高、中压聚乙烯管水力计算图

人工燃气低压聚乙烯管水力计算图

7.4-4 燃气管道管件与附件的局部阻力损失计算表

<table>
<tr><td rowspan="2">当燃气流经三通、四通、弯头、变径异形管、阀门等管路附件时，会产生额外的压力损失，称局部阻力或局部压力降。在进行城镇燃气管网计算时，局部阻力一般以沿程阻力的5%～10%估算；而有些情况如室内、厂、站等的燃气管道，由于管路附件较多，局部损失所占的比例较大，需详细计算</td><td>$$\Delta P = \Sigma\zeta \frac{W^2}{2}\rho_0$$
ΔP——局部阻力，Pa
W——燃气流速，m/s
ρ_0——燃气密度，kg/Nm³
$\Sigma\zeta$——管段中局部阻力系数的总和，通常通过实验求得，各种常用管件及附件的局部阻力系数可参考下表</td></tr>
<tr><td>简化公式：
$$\Delta P = \Sigma\zeta\alpha Q_0^2$$
ΔP——局部阻力，Pa
Q_0——燃气流量，Nm³/h
$\Sigma\zeta$——管段中局部阻力系数的总和
α——与燃气密度、管径有关的常数，当 $\rho = 0.71\text{kg/Nm}^3$，$T = 273\text{K}$，对应各种管径的 α 值如表所示</td></tr>
</table>

局部阻力系数 ζ 值

局部阻力名称	ζ值						
90°直径弯头	直径	15	20	25	32	40	≥50
	ζ值	2.2	2.1	2.0	1.8	1.6	1.1
90°光滑弯头	0.3						
三通直流	1.0						
三通分流	1.5						
四通直流	2.0						
四通分流	3.0						
异径管（大小头）	变径比	0～0.50	0.55～0.70	0.75～0.85	0.90～1.00		
	ζ值	0.50	0.35	0.20	0		
旋塞阀	直径	15	20	25	32	40	≥50
	ζ值	4	2	2	2	2	2
截止阀（内螺纹）	直径	25～40	50	≥65			
	ζ值	6.0	5.0	4.0			
闸板阀（楔式）	直径	50～100	125～200	≥300			
	ζ值	0.50	0.25	0.15			
止回阀（升降式）	7.0						
排水器	DN50～125，ζ = 2.0；DN150～600，ζ = 0.50						

局部阻力的 α 值

管径（mm）	15	20	25	32	40	50
α	0.879	0.278	0.114	0.0424	0.0174	0.00712
管径(mm)	75	100	150	200	250	300
α	0.00141	4.45×10^{-4}	8.79×10^{-5}	2.78×10^{-5}	1.14×10^{-5}	5.49×10^{-6}

7.4-5 燃气管道管件与附件的局部阻力损失计算图（用当量长度法）

当量长度 L_2 可按下式确定：

$$\Delta P = \Sigma\zeta \frac{W^2}{2}\rho_0 = \lambda \frac{L_2}{d} \cdot \frac{W^2}{2}\rho_0$$

$$L_2 = \Sigma\zeta \frac{d}{\lambda}$$

对于 $\zeta = 1$ 时各不同直径管道的当量长度可按下法求得：根据管段内径、燃气流速及运动黏度求出 Re，判别流态后采用不同的摩阻系数 λ 的计算公式，求出 λ 值，而后可得

$$l_2 = \frac{d}{\lambda}$$

实际工程中通常根据此式，对不同种类的燃气制成图表。通过图表可查出不同管径、不同流量时的当量长度。管段的计算长度则为 $L = L_1 + L_2 = \Sigma\zeta l_2$（$L_1$—管段的实际长度，m）

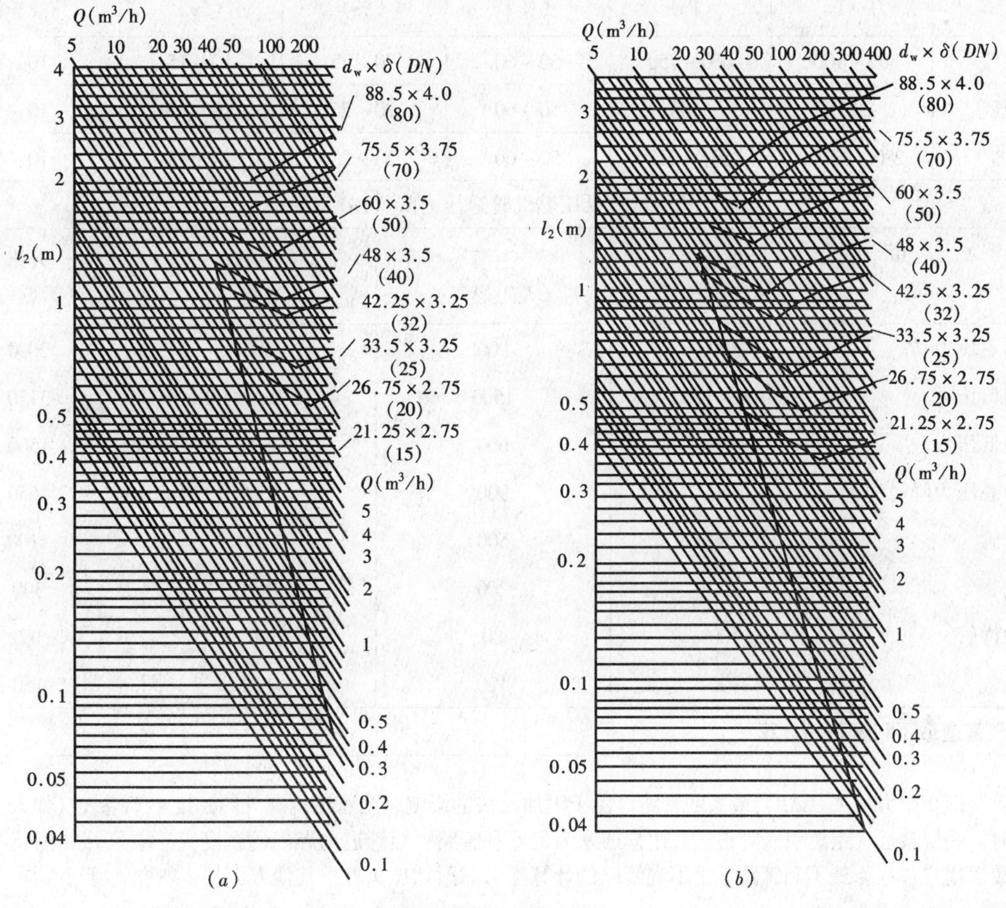

当量长度计算图（$\zeta = 1$）

（a）人工燃气（标准状态时 $v = 25 \times 10^6 m^2/s$）；（b）天然气（标准状态时 $v = 15 \times 10^6 m^2/s$）

d_w—管道外径，mm；δ—管壁厚度，mm；DN—公称直径，mm

计算室内燃气管道的局部阻力损失时，也可以沿程阻力损失的百分数估算，下列数据可供参考：

引入管：25%

立管：20%

支管（1～2m）：450%；支管（3～4m）：200%；支管（5～7m）：120%；支管（8m 以上）：50%

7.4-6　燃气管道的附加压头

由于燃气与空气的密度不同，当管段始末两端存在高差时（主要指立管），在燃气管道中将产生附加压头（也称附加压力）。附加压头可由下式计算：

$$\Delta P = g(\rho_a - \rho_g)\Delta H$$

式中　ΔP——附加压头，Pa

g——重力加速度，m/s^2

ρ_a——空气的密度，kg/m^3

ρ_g——燃气的密度，kg/m^3

ΔH——管道末端与始端的高差，m

当燃气向上流动时，ΔH 值为正，附加压头亦是正值；反之，ΔH 值为负，附加压头亦为负值

7.4-7　燃气管道的最大允许压力损失（压降）

燃气类别	燃具额定压力（Pa）	总压降（Pa）	干管压降（%）	支管压降（%）	燃气表压降（%）	表后管压降（%）
人工燃气	800～1000	600～750	50～60	20～25	10～15	10～15
天然气	2000	1500	50～60	20～25	10～15	10～15
液化石油气	2800～3000	2100～2250	50～60	20～25	10～15	10～15

几个城市低压燃气管道压力降（Pa）

城市 项目	北京（人工燃气）	上海（人工燃气）	沈阳（人工燃气）	天津（天燃气）
燃具的额定压力 P_n	800	900	800	2000
调压站出口压力	1100～1200	1500	1800～2000	3150
燃具前最低压力	600	600	600	1500
低压管道总压力降 ΔP	550	900	1300	1650
其中：干管	150	500	1000	1100
支管	200	200	100	300
户内管	100	80	80	100
燃气表	100	120	120	150

7.4-8　燃气管道最不利管路的计算

最不利管路即指阻力损失（ΔP）最大的管路。由于附加压头的影响，当管道内燃气的密度小于空气（如人工燃气、天然气）时，底层最远（距离引入管最远）用户通常为最不利管路；当管道内燃气的密度大于空气（如液化石油气）时，顶层最远用户往往为最不利管路。最不利管路的计算除考虑附加压头外，其他方面与一般燃气管道相同

7.4-9　室内燃气管道计算举例

室内燃气管网水力计算的目的是：确定管网各管段的合理管径，以满足用户对燃气的需求（主要是流量和压力）。一般可按下述步骤进行计算：

1. 选定和布置用户的燃气用具
2. 室内管道布线，并绘出管网的平面布置图和系统图
3. 根据系统图将各管段按顺序编号
4. 计算各管段的流量
5. 根据流量和允许压降预定各管段的管径
6. 根据预定的管径和流量精确计算实际的压降，并与允许压降相比较，若合适，则整个计算过程结束；反之，调整个别管段的管径，重新计算，直到实际压降与允许压降合适为止

7.4-9　室内燃气管道计算举例（续）

【例】　如图所示某居民住宅楼（五层），每户安装燃气两眼灶一台，额定流量为 $1.6m^3/h$，燃气的密度为 0.776 kg/Nm^3，室内温度为 15℃，假设室内燃气管道的允许总压降为 200Pa（参考 7.4-7）。试作该住宅楼室内燃气管道的水力计算。

【解】　计算过程如下：

1）按要求布置室内燃气管道及燃具，并绘制室内燃气管道的平面布置图和系统图。

2）将各管段按顺序编号，并标出管段长度，填入室内燃气管道水力计算表的第 1、5 列。

3）根据户数及燃具数查得相应的同时工作系数 K，然后计算管段的计算流量，分别填于计算表第 3、4 列。

4）假定室内管道的局部阻力为沿程阻力的 50%，根据室内管道的允许压降和管道的总长度，计算单位长度的允许压降。

$$\frac{\Delta P}{L} = \frac{200}{30 \times 1.5} = 4.44(\text{Pa/m})$$

5）根据单位长度的允许压降和管段流量查 7.4-3，初步确定各管段的管径，填入计算表第 6 列。初选管径时应遵照以下原则：多层住宅的燃气立管取同规格的管径，两相连管段的管径的变化不大于一级。

6）根据初选的管径和计算流量，从 7.4-3 查得实际的单位长度压降，并作如下修正：

$$\frac{\Delta P}{L} = \left(\frac{\Delta P}{L}\right)_{\text{图}} \times 0.776$$

然后填入计算表第 7 列。

7）第 7 列数值乘以管道长度求得沿程压力降 $\Delta P'$，填于计算表第 8 列。

8）根据室内管道管件的种类和数量，从 7.4-4 查得局部阻力系数 ζ，填于计算表第 9、14 列。

9）查 7.4-4 得各管段的局部阻力的 α 值，并作如下的修正：

$$\alpha = \alpha_{\text{表}} \frac{0.776}{0.71} \times \frac{288}{273}$$

则各管段的局部压力降按下面的公式计算

$$\Delta P'' = \Sigma \zeta \alpha Q_0^2$$

将计算结果填于计算表第 10 列。

10）根据管道系统图上所标管道的标高，计算各管段的始末两端的高差 H，并计算附加压头

$$\Delta P''' = g(\rho_a - \rho_g)H$$

分别填于计算表 11、12 列。

11）计算各管段总压力降

$$\Delta P = \Delta P' + \Delta P'' - \Delta P'''$$

填于计算表第 13 列。

12）校核室内引入管至最远用户的总压力降之和，并与允许压力降相比较

$$\Sigma \Delta P = 195.30 < 200\text{Pa}$$

总压力降之和小于并趋近于允许压力降，计算合格，否则，需改变个别管段管径，重新计算。

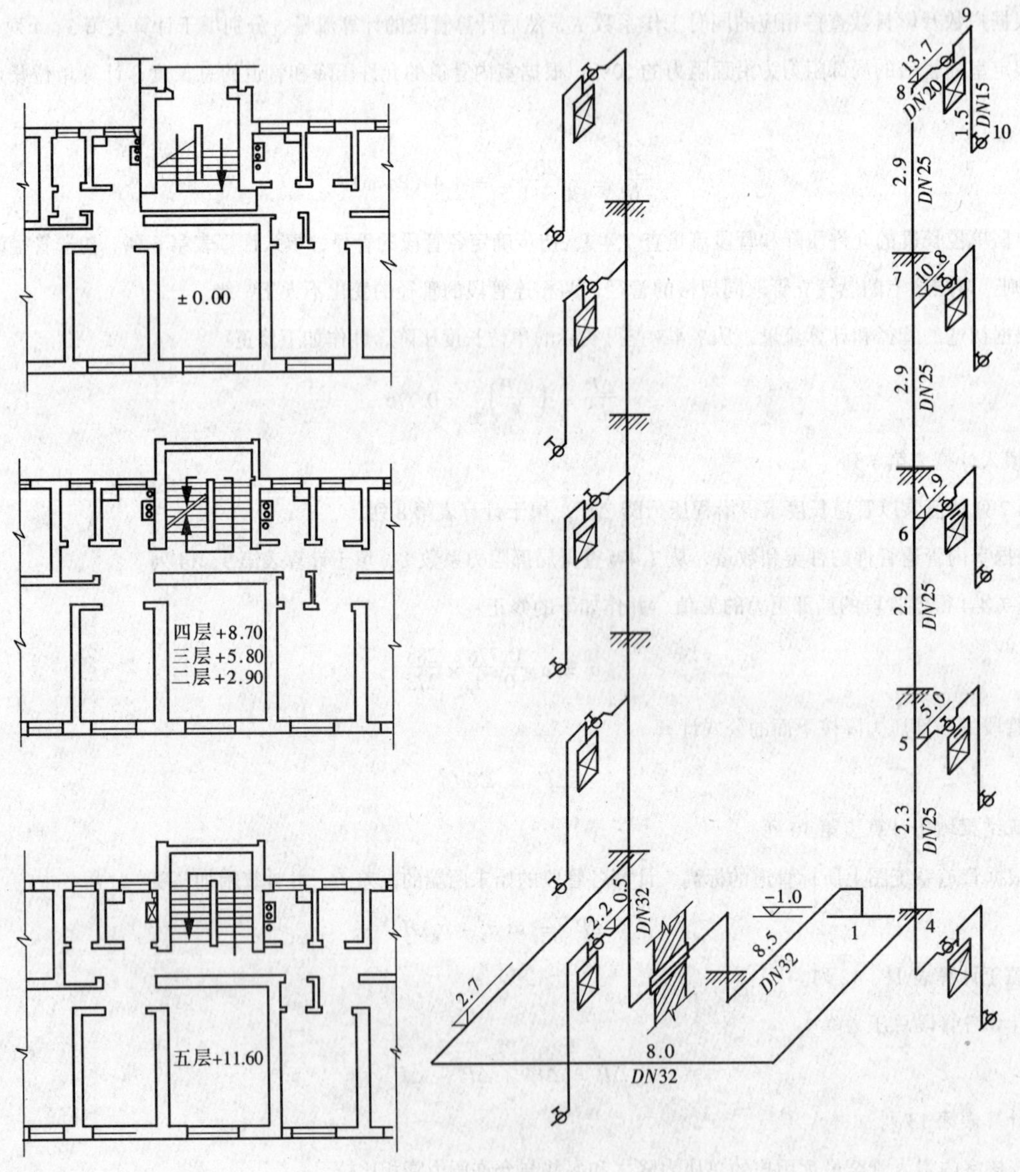

室内燃气管道平面布置及系统图

7.4-9 室内燃气管道计算举例（续）

室内燃气管道水力计算表

管段编号	户数 N（户）	同时工作系数 K	计算流量 Q（Nm^3/h）	长度 L（m）	管径 d（mm）	沿程单位长度压力降 $\Delta P/L$（Pa/m）	沿程压力降 $\Delta P'$（Pa）	局部阻力系数 ζ	局部压力降 $\Delta P''$（Pa）	管段始末端高差 H（m）	附加压头 $\Delta P'''$（Pa）	管段总压力降 ΔP（Pa）	备注
1	2	3	4	5	6	7	8	9	10	11	12	13	14
1—2	10	0.54	8.64	8.5	32	4.99	42.42	9.0	32.84	3.2	16.22	59.04	90°直角弯头×5　$\zeta=5\times1.8=9.0$
2—3	9	0.56	8.06	0.5	32	4.35	2.18	1.0	3.18	0.5	2.53	2.83	三通直流×1　$\zeta=1.0$
3—4	5	0.68	5.44	8.0	25	7.09	56.73	5.5	21.39	—	—	78.12	90°直角弯头×2　$\zeta=2\times2.0$ 三通分流×1　$\zeta=1.5$　} 5.5
4—5	4	0.75	4.80	2.3	25	5.52	12.70	1.5	4.54	2.3	11.67	5.57	三通分流×1　$\zeta=1.5$
5—6	3	0.85	4.08	2.9	25	3.99	11.57	1.0	2.19	2.9	14.70	−0.94	三通直流×1　$\zeta=1.0$
6—7	2	1.00	3.20	2.9	25	2.46	7.13	1.0	1.35	2.9	14.70	−6.22	三通直流×1　$\zeta=1.0$
7—8	1	1.00	1.60	2.9	25	0.614	1.78	1.0	0.34	2.9	14.70	−12.58	三通直流×1　$\zeta=1.0$
8—9	1	1.00	1.60	0.5	20	1.96	0.98	8.3	21.53	—	—	22.51	90°直角弯头×3　$\zeta=3\times2.1$ 旋塞×1　$\zeta=2.0$　} 8.3
9—10	1	1.00	1.60	1.5	15	8.59	12.88	10.6	27.50	−1.3	−6.59	46.97	90°直角弯头×3　$\zeta=3\times2.2$ 旋塞×1　$\zeta=4.0$　} 10.6
合计				30.0								195.30	

7.5 液化石油气供应

7.5-1 液化石油气用户供应方式

钢瓶一般置于厨房内，使用时打开钢瓶角阀，液化石油气依靠室温自然汽化，并经减压阀，压力降至 2500 ~ 3000Pa 进入燃具燃烧

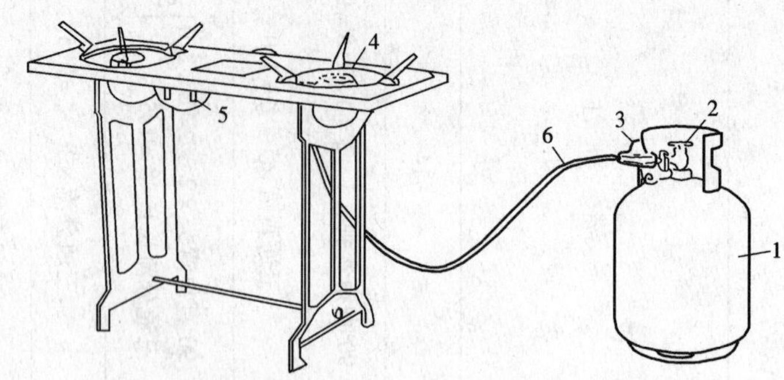

液化石油气单瓶供应系统

1—钢瓶；2—钢瓶角阀；3—调压器；4—燃具；5—燃具开关；6—耐油胶管

一个钢瓶工作而另一个为备用瓶。当工作瓶内液化石油气用完后，备用瓶开始工作，空瓶则用实瓶替换。如果两个钢瓶中间装有自动切换调压器，当一个钢瓶中的气用完后能自动接通另一个钢瓶

双瓶供应时，钢瓶多置于室外。应使用主要成分为丙烷的液化石油气，以减少气温对自然汽化的影响和尽量减少瓶内的残液量

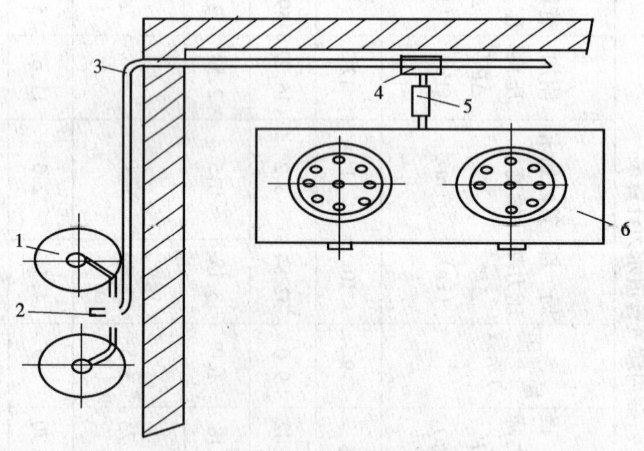

液化石油气双瓶供应系统

1—钢瓶；2—调压器；3—钢管；4—三通；5—橡胶管；6—燃具

瓶组供应，是指用多个钢瓶（即瓶组）为用户提供液化石油气，它一般采用自然汽化方式，常应用于用气量较大的用户，如住宅小区或建筑群、商业用户及小型工业用户。这种系统多采用 50kg 钢瓶，通常布置成两组，一组是使用部分，称为使用侧，另一组是待用部分，称为待用侧

当瓶用使用侧的钢瓶数超过 4 个时，通常设置专用的切换阀门以便于替换瓶组

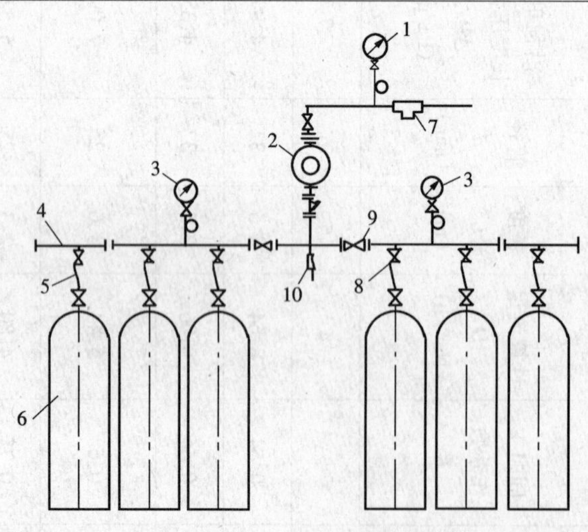

液化石油气瓶组供应系统

1—低压压力表；2—高低（中）压调压器；3—高压压力表；4—集气管；5—高压软管；6—钢瓶；7—备用供给口；8—阀门；9—切换阀；10—泄液阀

7.5-1　液化石油气用户供应方式（续）	
对于大型多层民用住宅、住宅群以及城市某个居民小区的供应，由于其用气量很大，常采用汽化站或混气站，用管道集中供气	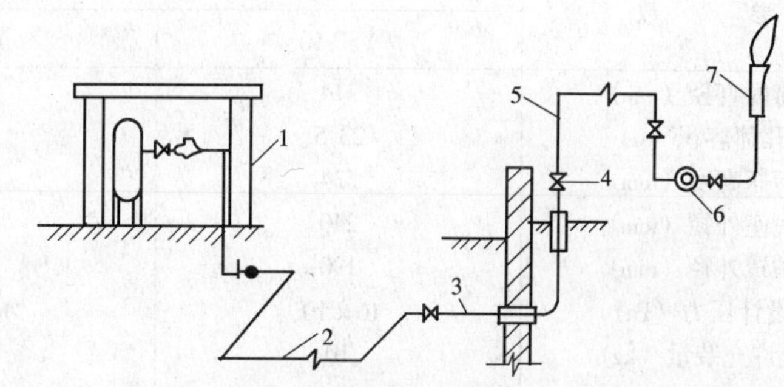液化石油气管道供应系统 1—汽化站（或混气站）；2—输配管道；3—引入管；4—进户阀门；5—室内管道；6—燃气表；7—燃气用具
7.5-2　液化石油气钢瓶的构造及技术特性	
钢瓶是供用户使用的盛装液化石油气的专用压力容器。供民用、商业及小型工业用户使用的钢瓶，其充装量一般为5kg、10kg、12.5kg、15kg和50kg 钢瓶的构造形式如图所示。一般由底座、瓶体、瓶嘴和护罩（或瓶帽）组成。充装量15kg以下的钢瓶瓶体，是由两个钢板冷冲压成形的封头拼焊而成，瓶体仅有一道环形焊缝。充装量在50kg以上的钢瓶瓶体，是由两个封头和一个圆筒拼焊而成，瓶体上有两道环形焊缝和一道纵向焊缝。瓶体底焊有圆形底座，便于立放和码垛。瓶体上部正中钻有圆孔，其上焊接瓶嘴，瓶嘴内孔为锥形螺纹，用以连接钢瓶阀门。钢瓶阀门与瓶嘴连接配套出厂。在瓶嘴周围焊有三个耳片，用螺栓将护罩与耳片连接在一起，用以保护瓶阀并便于手提搬动。50kg的钢瓶不用护罩，而是采用瓶帽	
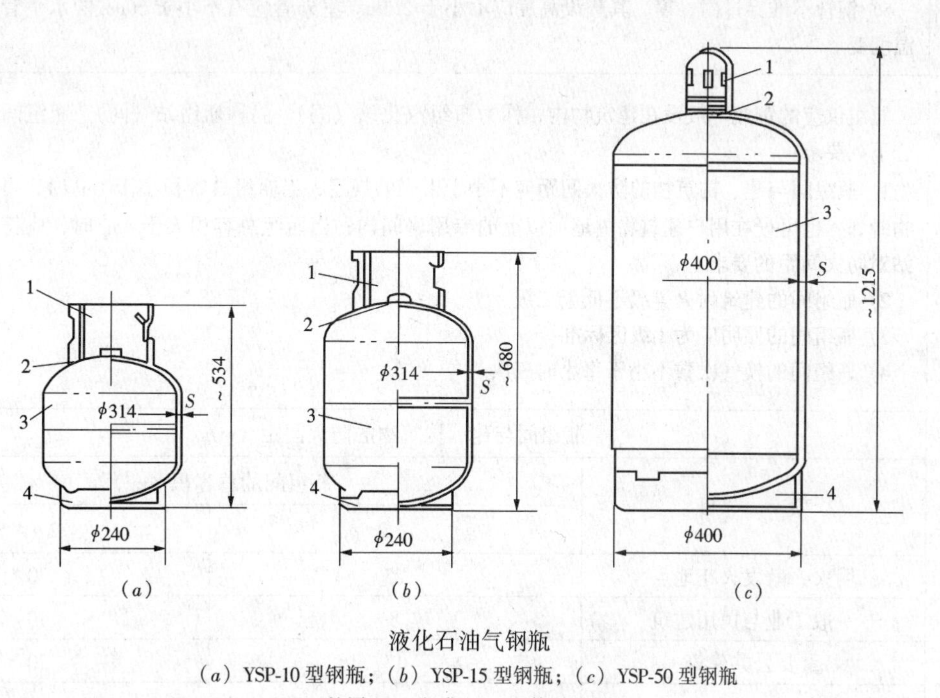液化石油气钢瓶 （*a*）YSP-10型钢瓶；（*b*）YSP-15型钢瓶；（*c*）YSP-50型钢瓶 1—护罩；2—瓶嘴；3—瓶体；4—底座	

7.5-2　液化石油气钢瓶的构造及技术特性（续）

液化石油气钢瓶的规格及其技术特性

参　　数	型　　号		
	YSP-10	YSP-15	YSP-50
筒内直径（mm）	314	314	400
几何容积（L）	23.5	35.5	118
钢瓶高度（mm）	534	680	1215
底座外径（mm）	240	240	400
护罩外径（mm）	190	190	—
设计压力（Pa）	16×10^5	16×10^5	16×10^5
允许充装量（kg）	10	15	15
壁厚（mm）16MnR,	2.5	2.5	3.5
16Mn20	3.0	3.0	4.0
重量（kg）16MnR,	10.85	14.07	47.60
16Mn20	12.52	16.12	52.50

7.5-3　液化石油气钢瓶的放置与安全保护

单瓶供应

1）钢瓶一般置于厨房内，不能安装在卧室、无通风设备的走廊、地下室和半地下室内

2）钢瓶与燃具、采暖炉、散热器、电气设备等的距离不应小于 1m；如安装遮热板，距离可减少至 0.5m

双瓶供应

1）钢瓶多置于室外，并放在薄钢板制成的箱内，箱门上有通风的百叶窗，如果不用金属箱也可用金属罩把钢瓶顶部遮盖起来

2）箱的基础（或瓶的底座）用不可燃材料，基础高出地面应不小于 10cm

3）钢瓶箱不宜设在建筑物的正面和运输频繁的通道里；为避免钢瓶受阳光的照射，应把钢瓶箱放在建筑物的背阴面

4）金属箱距一楼的门、窗应不小于 0.5m，距地下室和半地下室的门、窗（包括检查井、化粪池和地窖）应不小于 3m

5）钢管不准穿过门、窗，其敷设高度应不小于 2.5m。室外管应有不小于 50cm 的水平管段，以补偿温度变形

瓶组供应

瓶组供应的钢瓶一般设在建筑物内，称为瓶组汽化站（间），简称瓶组站（间）。瓶组间的布置应符合下列要求：

1）瓶组间与建、构筑物的防火间距应不小于下表的规定；当瓶组总容积小于 $1m^3$ 时，可与建、构筑物毗邻，也可设在用户建筑物内地面以上的专用房间内；当瓶组总容积大于 $4m^3$ 时，应符合瓶装供应站对防火间距的要求

2）瓶组间的建筑耐火等级不低于二级

3）瓶组间的照明应为 1 级区标准

4）瓶组间的换气次数不小于每小时三次

瓶组间与建、构筑物的防火间距（m）

项　　目	瓶组间的总容积（m^3）	
	<2	2~4
明火、散发火花地点	25	30
一般工业与民用建筑	8	10
重要公共建筑	15	20
道　　路	5	5

7.5-4 液化石油气钢瓶的检修

根据压力容器制造和安全使用的要求，延长钢瓶的使用年限，钢瓶在每次灌装之前都应该进行外观检查，将有缺陷、漆皮严重脱落、附件损坏以及根据上一次检查日期需要进行定期检查和试验的钢瓶，送到修瓶车间去全面的检查和修理

钢瓶检修的主要内容包括：检查钢瓶阀门，修理和更换钢瓶底座和护罩，进行水压试验和气密性试验，检查钢瓶的重量和容积以及除锈、喷漆等。检修程序如图所示

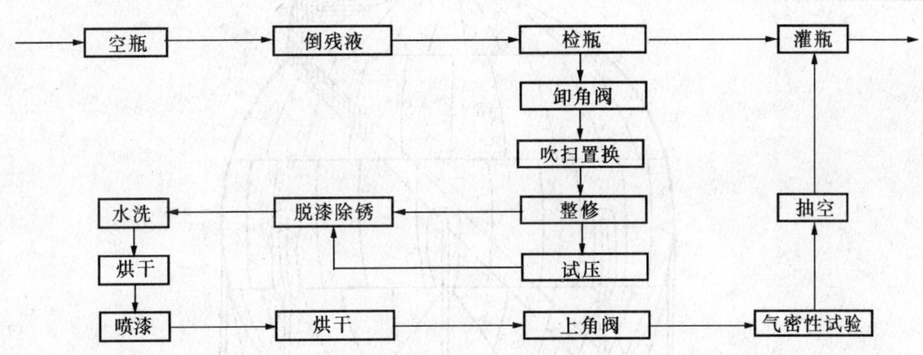

7.5-5 液化石油气贮罐的设置

管道供应的汽化站（或混气站）一般采用贮罐储存。贮罐可以设置在地上，也可以设置在地下，如图所示。贮罐的布置应遵守下列规定：

1）宜设置在供气对象所在地区常年主导风向的下风侧

2）应设有汽车槽车出入的道路

3）动力供应及上、下水设施便利和完善

4）站区四周应设置高度不低于 2.0m 的非燃烧实体围墙

5）地上贮罐与有关设施的防火间距应符合要求（见 7.5-6）

6）地下贮罐应埋设在冰冻线以下的土壤或罐池中；贮罐上的各种阀件和仪表应集中设置在人孔盖上，并用护罩保护；贮罐表面应采取有效的防腐措施

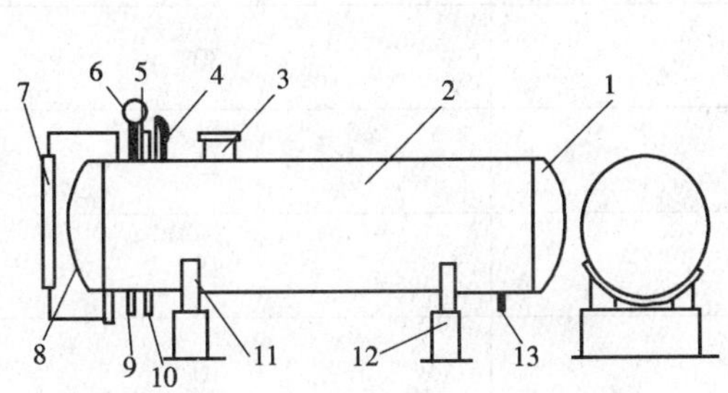

液化石油气地上贮罐（卧式圆筒形）

1—封头；2—筒体；3—人孔；4—安全阀；5—液相回流接管；6—压力表；7—液位计；8—温度计；9—气相进出口接管；10—液相进出口接管；11—鞍式支座；12—基础；13—排污管

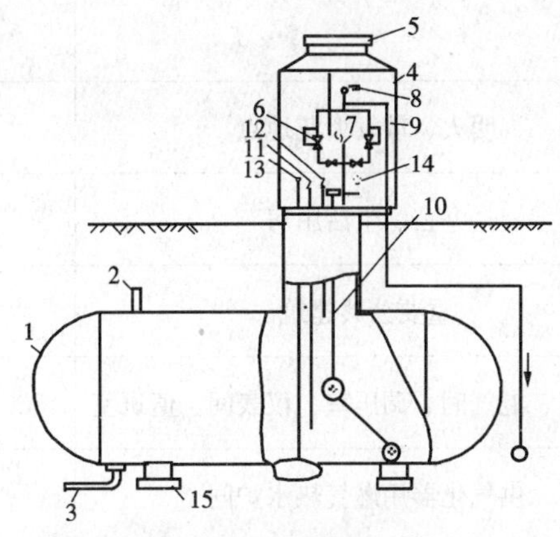

液化石油气地下贮罐（卧式圆筒形）

1—贮罐；2—贮罐间气相连接管；3—贮罐间液相连接管；4—护罩；5—风帽；6—减压器；7—高压安全阀；8—低压安全阀；9—贮罐输气管道；10—浮子式液位计；11—贮罐罐装阀门；12—贮罐气相管阀门；13—排污和倒空管阀门；14—压力表；15—贮罐支座

7.5-5 液化石油气贮罐的设置（续）

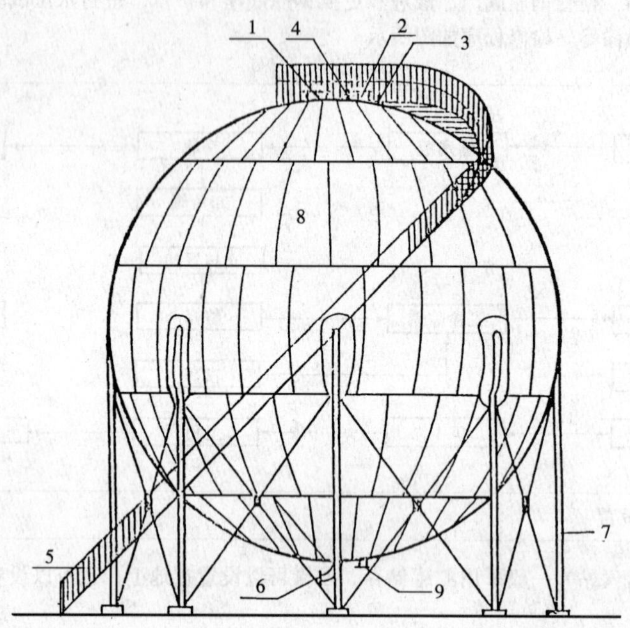

高压球型储气柜

1—人孔；2—液体或气体进口；3—压力计；4—安全阀；5—梯子；
6—液体或气体出口；7—支柱；8—球片；9—排冷凝水出口

7.5-6 液化石油气贮罐与有关设施的防火间距（m）

设施名称	贮罐总容积（m^3）[1]	
	≤10	11~30
明火、散发火花地点	30	35
办公、生活用房	20	25
重要公共建筑	25	30
汽化间、混气间、调压室、仪表间、值班室	12	15
供气化器用燃气热水炉间	12	18
主要道路	10	10
次要道路	5	5

[1] 当贮罐总容积超过 $30m^3$ 或单罐容积超过 $10m^3$ 时，防火间距应按液化石油气储配站的有关规定执行；地下贮罐的防火间距可按规定减少50%

8. 热水

8.1　热水供应系统的分类及选择

8.1-1　（生活）热水供应设备的任务和要求

1. 可以连续和无延迟地提供给用户 2. 维持所需要的温度 3. 具有尽可能小的运行费用的经济结构 4. 可以调节设备的温度（只有在特殊情况下大于60℃）	1. 较高的运行安全性和遵守有关的安全规定 2. 运行的卫生标准无可挑剔 3. 考虑设备的要求（例如保温、调节等） 4. 操作不复杂 5. 选择寿命长的材料	1. 正确地分配大型设备的贮水器（开关、调节） 2. 妥当的流体计算 3. 尽可能使用回收的能源（例如太阳能） 4. 要计算用户的使用量 5. 认真地保养

8.1-2　（生活）热水供应设备的节能措施

1. 间断循环，例如通过定时开关关闭水泵
2. 改善管道和贮水器的保温（减少热损失）
3. 通过自控装置限定最高水温60℃
4. 时间控制贮水器在一定的时间进行加热（考虑使用高峰）
5. 使用节水和节能的附件（例如淋浴），不要使用有渗漏的附件
6. 对多个家庭使用热水的费用要进行计量（热水表）
7. 更新技术上过时的热水供应设备，更换旧的产热器，使用理想的调节装置
8. 在采暖和热水供应的 Q 值相差特别大或突出的房间，两者的设备应分开

8.1-3　热水供应系统的分类

分类依据	分　　类
系统供应范围	局部热水供应系统；集中热水供应系统；区域热水供应系统
管网循环方式	全循环管网；半循环管网；非循环管网
管网运行方式	全天循环方式；定时循环方式
管网循环动力	自然循环方式；强制循环方式
系统是否闭开	闭式热水供应系统；开式热水供应系统
管网布置图式	上行下给式；下行上给式；分区供水

8.1-4　热水供应系统的综合图式

实际应用时，常将上述基本循环方式和管网布置图式按具体情况进行组合，设计成综合图式

8.1-4 热水供应系统的综合图式（续）

名称	图式	适用条件	优缺点	备注
开式上行下给全循环	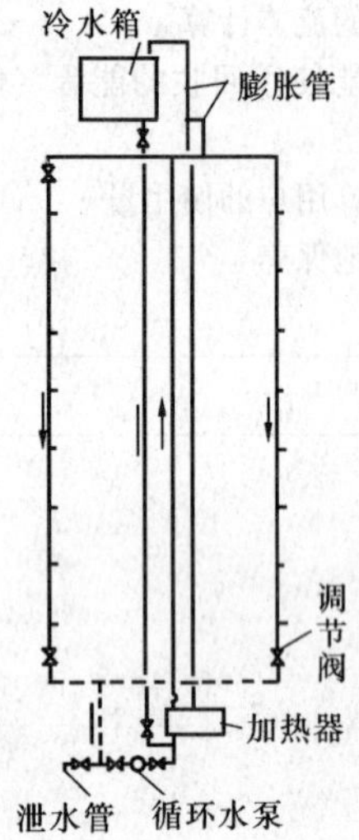 冷水箱 膨胀管 调节阀 加热器 泄水管 循环水泵	1. 配水干管可以敷设在顶层吊顶内或吊顶下时，或在顶层设有技术层时 2. 加热和贮存设备等可以设在底层或地下室内时 3. 对水温要求较严格的建筑物 4. 一般用于5层及5层以上的多层建筑或高层、超高层建筑的某一分区	1. 管材用量较少 2. 水头损失较小，有利于热水的自然循环 3. 可保证各配水点的水温要求 4. 供水横干管设在顶层，安装、检修不便 5. 若供水干管设在吊顶内，可能因漏水影响美观甚至损坏吊顶	1. 配水干管应有不小于0.003的坡度，坡向最好与水流方向相反，否则流速应小于0.8m/s 2. 在不能利用最低配水点泄水时，应在系统最低点设有泄水装置 3. 为使各回路循环水头损失相平衡，距加热器较远的立管可以适当放大管径，或在每根立管末端设调节阀或节流孔板，或将回水干管逆向布置 4. 在某配水立管设有大流量配水点时，为防止循环短路和逆向流动而影响其他回路，在其他回路末端宜设置止回阀 5. 加热器出口水温宜采用自动调节
开式下行上给全循环	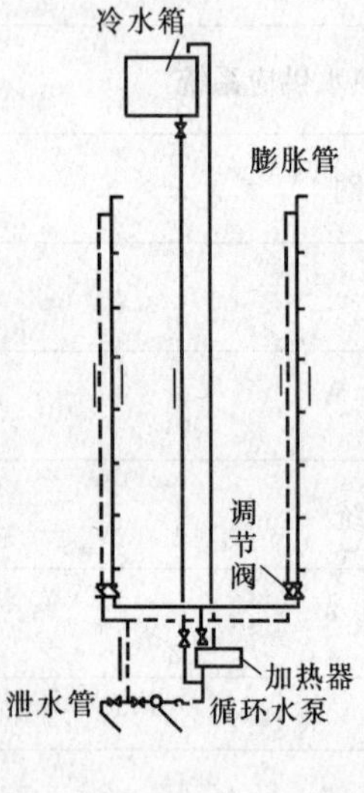 冷水箱 膨胀管 调节阀 加热器 泄水管 循环水泵	1. 供水干管不能设在顶层或设在顶层不能检修时 2. 供回水干管有条件设在底层管沟内或地下室内时 3. 对水温要求较严格且有条件设置循环水泵时 4. 一般用于5层及5层以上的多层建筑及高层、超高层建筑的底区	1. 可保证各配水点的水温 2. 管网安装、维修较方便 3. 可利用最高配水龙头排气，不需另设排气装置 4. 如水压较低，在下层大量用水时，可能影响上层出水量甚至形成负压吸入空气 5. 耗用管材较多 6. 循环水头损失较大，不利于自然循环	1. 在分支管不设循环管道时，一般回水立管是自最高分支点下约0.5m处与配水立管连接，以便集存空气 2. 为使各回路循环水头损失相均衡，距加热器较远的各立管可以适当放大管径，或将回水干管逆向配管，或在每根回水立管上设调节阀或节流孔板 3. 在不能利用最低配水点泄水时，应在系统最低点设有泄水装置

8.1-4　热水供应系统的综合图式（续）

名称	图　式	适　用　条　件	优　缺　点	备　注
开式上行下给全循环（顶层加热）	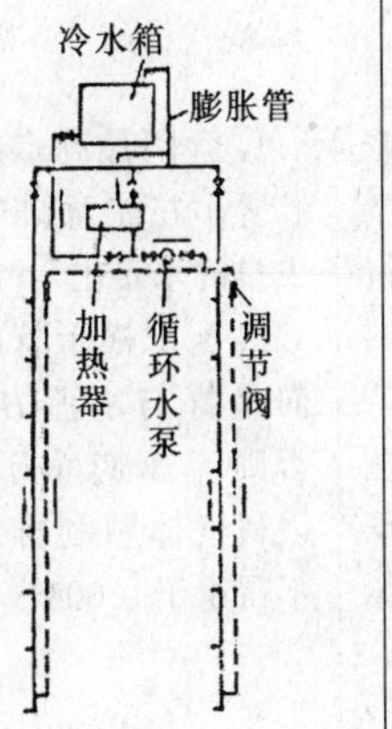	1. 有条件在顶层设置加热、贮存设备、循环水泵和供、回水干管时 2. 对水温要求较严格时 3. 一般用在顶层设有技术层的高层建筑或超高层建筑的最高区	1. 可保证配水点水温 2. 可降低加热器和贮水设备内的水压 3. 设备布置集中，便于集中维护管理 4. 可利用最低配水龙头泄水 5. 管材耗用较多 6. 占用上层使用面积较多，且在上层设置加热、循环设备对消声减振等处理不利 7. 必须设循环水泵，不能自然循环	1. 配水干管应有不小于0.003的坡度，坡向最好与水流方向相反，否则水流速度应小于0.8m/s 2. 为使各回路水头损失相均衡，距加热器较远的立管可适当放大管径，或将回水干管逆向配管 3. 每根回水立管的末端应设有调节阀或节流孔板
开式下行上给全循环（顶层加热）	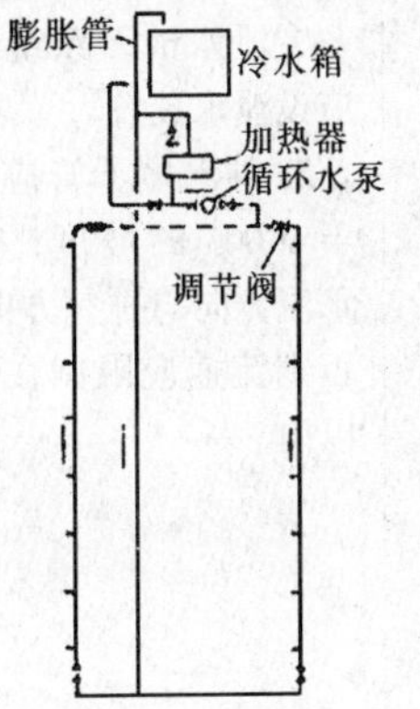	1. 有条件在顶层设置加热、贮存设备、循环泵和回水干管时和有条件在底层管沟或地下室内设置供水干管时 2. 对水温要求较严格时 3. 一般用于设有技术层的高层建筑或超高层建筑的最高区	1. 可保证配水点水温 2. 可降低加热、贮存设备器的压力，管材消耗较少 3. 设备布置集中，便于维护管理 4. 占用上层使用面积较多，而且在上层设加热、循环设备对消声减振等处理不利 5. 在下层大量用水时，若水压不足会影响上层用水，甚至形成负压吸入空气	1. 管网最高点应设置排气装置，排气时会有少量水带出，应有排水措施 2. 配水干管应有不小于0.003的坡度，坡向最好与水流方向相反，否则流速应小于0.8m/s 3. 在不能利用最低配水点泄水时，应在系统最低点设泄水装置 4. 为使各回路循环水头损失相均衡，距加热器较远的立管可适当放大管径，或将回水干管逆向配管 5. 在某些配水立管接有大流量配水点时，为防止循环短路和逆向流而影响其他回路，宜在其末端设止回阀 6. 配水立管末端应设调节阀或节流孔板
闭式下行上给半循环	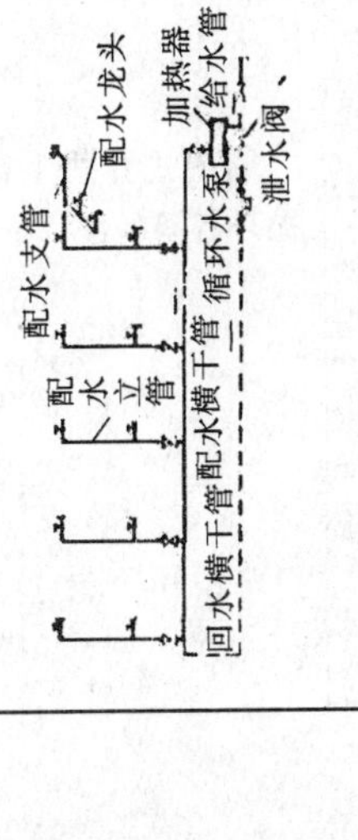	1. 供水和回水横干管有条件设在底层管沟或地下室内时 2. 对水温要求不太严格时 3. 一般用于低于5层且分支管长度不大时	1. 管网安装维修较方便 2. 可利用顶层配水点排气 3. 系统较简单，耗用管材较少 4. 仅能保证供水横干管中的设计水温，在立管和分支管较长时，配水温度变化较大	1. 在不能利用最低配水点泄水时，应在系统最低点设泄水装置 2. 横干管应有不小于0.003的坡度坡向加热器

8.1-4　热水供应系统的综合图式（续）

名称	图　式	适用条件	优缺点	备　注
闭式上行下给非循环	排气管 排气阀 配水槽干管 供水立管 配水龙头 供水竖干管 加热器 给水管 泄水阀	1. 供水横干管有条件设在顶层的建筑 2. 对热水温度要求不严格的建筑，如洗衣房、5层以下的其他建筑 3. 连续用热水的建筑，如公共浴室、某些工业建筑 4. 定时大量用热水的建筑，如工业企业淋浴室	1. 耗用管材少，投资省 2. 管网简单，安装维修方便 3. 间断和不均匀用水时，不能随时供给一定温度的热水 4. 若供水横干管敷设在吊顶内则维修不便，一旦漏水，有碍美观甚至损坏吊顶	1. 管网最高点应设排气装置，并注意排气时会有少量的水带出 2. 配水横干管的排气方向最好与水流方向一致，否则流速应小于 0.8m/s，以利气体顺利排出，坡度不得小于 0.003
闭式下行上给非循环	配水龙头 供水立管 供水横干管 加热器 给水管 泄水阀	1. 有条件在底层管沟或地下室内敷设横干管的建筑 2. 对热水温度要求不严格的建筑 3. 连续使用热水的建筑 4. 定时使用大量热水的建筑	1. 可利用顶层回水龙头排气，不必另设排气装置 2. 管材耗用少，投资省 3. 管网简单，安装维修方便 4. 间断和不均匀用水时，供水温度不稳定	1. 在不能利用最低配水龙头泄水时，系统最低点应设泄水装置 2. 供水横干管应有不小于 0.003 的坡度，最好使水流方向与排气方向一致，否则流速应限制在 0.8m/s 以内
开式并联上行下给全循环	冷水箱 膨胀管 冷水箱 膨胀管 调节阀 第三区 膨胀管 冷水箱 第二区 第一区 循环水泵 加热器	1. 有条件在顶层和中间层设置技术层时 2. 加热、贮存等设备可以设在底层或地下室时 3. 对热水温度要求较严格的建筑 4. 各类高层和超高层建筑广泛采用	1. 冷、热水压力稳定，可保证各配水点的水温要求 2. 供水安全可靠 3. 设备布置较集中，便于维护管理 4. 管材用量较少 5. 高区加热设备承受压力较高	同图式开式上行下给全循环各条备注

8.1-4 热水供应系统的综合图式（续）

名称	图式	适用条件	优缺点	备注
闭式集中并联	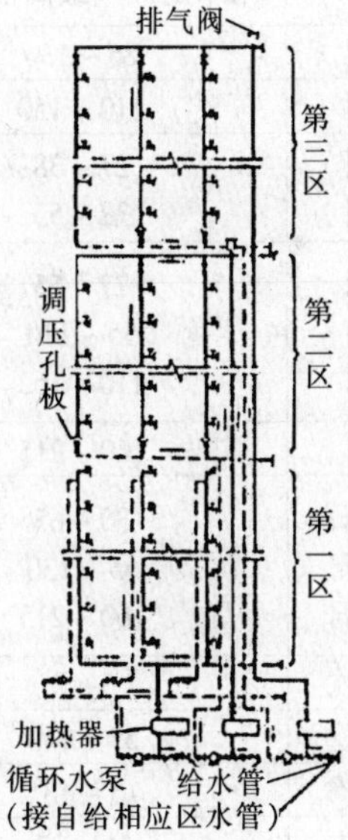 排气阀 第三区 第二区 第一区 调压孔板 加热器 循环水泵 给水管 （接自给相应区水管）	1. 每区最高层有条件设置横干管且地下室有条件布置配、回水横干管和加热等设备时 2. 对水温要求较严格时，采用调速水泵供水，不设高位水箱的高层建筑	1. 可不设技术层，减少占用使用面积 2. 第二、三区的加热器承受水压较大 3. 第一区厨房、洗衣房等用水最大，用水制度不同的房间与上层客房、办公室等共用一个系统，运行管理不便，还可能影响上层的正常使用 4. 参见前述有关图式说明	1. 横干管应有不小于0.003的坡度，坡向应便于排气 2. 系统最低点应设泄水装置 3. 应采取措施使各回路循环水头损失相均衡 4. 在不能利用最高配水点排气时，系统最高点应设排气装置
集中并联混合式	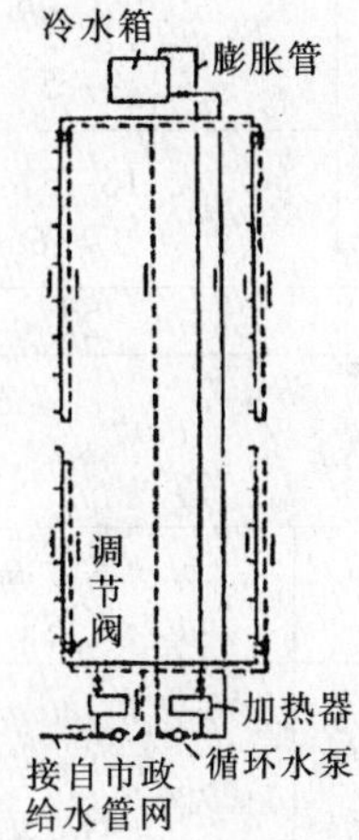 冷水箱 膨胀管 调节阀 加热器 循环水泵 接自市政给水管网	1. 顶层设有技术层，中间层不能设技术层和敷设横干管时 2. 外部管网水压较高且较稳定时 3. 对供水温度要求较严格时 4. 地下室有条件设置集中加热、贮存等设备时 5. 各类高层建筑均可采用	1. 设备布置较集中，便于维护管理 2. 可利用外部管网的给水压力，能源消耗少 3. 不占用中间各层的使用面积 4. 高区加热设备承受内压较大 5. 管材消耗量较多	1. 横干管应有不小于0.003的坡度，坡向应有利于气体排出 2. 在分支管不设循环管道时，回水立管一般宜在最高分支点下0.5m处与配水立管相接 3. 不能用配水点泄空的系统，应在最低点设泄水装置 4. 应采取措施使各回路的循环水头损失相均衡
在确定集中热水供应系统图式时，应考虑以下因素	1. 对于居住建筑，如住宅、医院、疗养院、旅馆、宾馆等，当给水压力大于350kPa时；对于非居住建筑，如办公楼、公共建筑、工业建筑等，当给水压力大于450kPa时；或压力波动较大时；为使用方便、减少设备的损坏和漏水、降低系统的振动和噪声，宜设置冷水箱、调压阀等减压、稳压措施 2. 对于高层建筑，热水供应系统的分区应与给水系统分区相同。为均衡冷热水压力，热水系统的水源应由相应区给水系统供给 3. 为便于运行管理，在采用定时供应热水方式时，对于要求不间断供应的房间（如医院手术室、产房等），宜设置单独的热水管网或局部热水供应系统 4. 为便于运行管理和减少相互干扰，对于用水量较大，用水制度不同的房间（如大型厨房、集体浴室、洗衣房等），宜设置单独的热水管网			

8.2 热水用水定额、水温和水质

8.2-1 人体和家庭清洗的专门热水消耗量

单项过程	用水量（L）	洗涤时间	水温（℃）	单项过程	用水量（L）	洗涤时间	水温（℃）	单项过程	用水量（L）	洗涤时间	水温（℃）
洗　手	4~6	3~5	37	洗上身	8~10	8~10	38	湿刮脸	2~4	3~4	40
洗　脸	4~6	3~5	37	洗下身	8~10	8~10	38	小　洗	5~15	8~12	40
刷　牙	1	3~4	37	洗全身	35~40	12~15	39	洗餐具	30~40	10~15	55
洗　脚	20~25	5~7	38	洗　头	10~20	8~12	37	家庭打扫	25~30	3~4	35

8.2-2　热水用水定额

建筑物生活用水定额[1)]

序号	建筑物名称	单位	用水定额（最高值）（L）
1	普通住宅：每户设有沐浴设备	每人每日	85 ~ 130
2	高级住宅和别墅：每户设有沐浴设备	每人每日	110 ~ 150
3	集体宿舍：有盥洗室 有盥洗室和浴室	每人每日 每人每日	27 ~ 38 38 ~ 55
4	普通旅馆、招待所：有盥洗室 有盥洗室和浴室 有设浴盆的客房	每床每日 每床每日 每床每日	27 ~ 55 55 ~ 110 110 ~ 162
5	宾馆、客房	每床每日	160 ~ 215
6	医院、疗养院、休养所：有盥洗室 有盥洗室和浴室 有设浴盆的客房	每病床每日 每病床每日 每病床每日	30 ~ 65 65 ~ 130 160 ~ 215
7	门诊部、诊疗所	每病人每次	5 ~ 9
8	公共浴室：设有淋浴器、浴盆、浴池及理发室	每顾客每次	55 ~ 110
9	理发室	每顾客每次	5 ~ 13
10	洗衣房	每公斤干衣	16 ~ 27
11	公共食堂、营业食堂 工业、企业、机关、学校食堂	每顾客每次 每顾客每次	4 ~ 7 3 ~ 5
12	幼儿园托儿所：有住宿 无住宿	每儿童每日 每儿童每日	16 ~ 32 9 ~ 16
13	休育场：运动员淋浴	每人每次	27

[1)]本表以60℃热水水温为计算温度

卫生器具的一次和小时热水用水定额及水温

序号	卫生器具名称	一次用水量（L）	小时用水量（L）	水温（℃）
1	住宅旅馆：带有淋浴器的浴盆 无淋浴器的浴盆 淋浴器 洗脸盆 盥洗槽水龙头	150 125 70 ~ 100 3 3	300 250 140 ~ 200 30 180	40 40 37 ~ 40 30 50
2	集体宿舍：淋浴器，有淋浴小间 无淋浴小间 盥洗槽水龙头	70 ~ 100 70 ~ 100 3 ~ 5	210 ~ 300 450 50 ~ 80	37 ~ 40 37 ~ 40 30
3	公共食堂：洗涤盆（池） 洗脸盆，工作人员用 顾客用 淋浴器	3 3 3 40	250 60 120 400	50 30 30 37 ~ 40
4	幼儿园、托儿所：浴盆，幼儿园 托儿所 淋浴器，幼儿园 托儿所 盥洗槽水龙头 洗涤盆（池）	100 30 30 15 1.5 1.5	400 120 180 90 25 180	35 35 35 35 30 50
5	医院、疗养院、休养所：洗手盆 洗涤盆（池） 浴盆	125 ~ 150 125 ~ 150 125 ~ 150	15 ~ 25 300 250 ~ 300	35 50 40

8.2-2 热水用水定额（续）

序号	卫生器具名称	一次用水量（L）	小时用水量（L）	水温（℃）
6	公共浴室：浴盆 淋浴器，有淋浴小间 无淋浴小间 洗脸盆	125 100～150 100～150 5	250 200～300 450～540 50～80	40 37～40 37～40 35
7	理发室：洗脸盆		35	35
8	实验室：洗脸盆 洗手盆		60 15～25	37～40 35
9	剧院：淋浴器 演员用洗脸盆	60 5	200～400 80	37～40 35
10	体育场：淋浴器	30	300	35
11	工业企业生活间：淋浴器，一般车间[1)] 脏车间[2)] 洗脸盆或盥洗槽水龙头：一般车间 脏车间	40 50 3 5	360～540 180～480 90～120 100～150	37～40 40 30 35
12	净身器	10～15	120～180	30
注：	[1)]一般车间指现行的《工业企业设计卫生标准》中规定的3、4级卫生特征的车间； [2)]脏车间指该标准中规定的1、2级卫生特征的车间			

8.2-3 水质

1. 生活用热水的水质，应符合现行的生活饮用水卫生标准的要求

2. 集中热水供应系统的热水在加热前的水质处理，应根据水质、水量、水温、使用要求等因素经技术经济比较后确定；对建筑用水宜进行水质处理

①按60℃计算的日用水量大于或等于10m³时，原水总硬度（以碳酸钙计）大于357mg/L时，洗衣房用水应进行水质处理，其他建筑用水宜进行水质处理

②按60℃计算的日用水量小于10m³时，其原水可不进行水质处理

8.2-4 水温

	分区[1)]	第1分区	第2分区	第3分区	第4分区	第5分区
冷水的计算温度应以当地最冷月平均水温资料确定，当无资料时，可按右表确定	地面水水温（℃）	4	4	5	10～15	7
	地下水水温（℃）	6～10	10～15	15～20	20	15～20
	[1)]分区的具体划分，应按现行的《室外给水设计规范》的规定确定					

	水质处理情况	热水锅炉和水加热器出口最高水温（℃）	配水点最低水温（℃）
热水锅炉或加热器出口的最高水温[2)]和配水点的最低水温可按右表确定	原水水质无需软化处理，原水水质需水质处理，且有水质处理	75	50
	原水水质需水质处理但未进行水质的处理	60	50
	[2)]当热水供应系统中供沐浴和盥洗用水，不供洗涤盆（池）洗涤用水时，配水点最低水温可不低于40℃		

8.3　热水量、耗热量的计算

8.3-1　计算公式与适用条件

计算类别	计算公式	适用条件	符号意义
热水量	$G_r = K_h \frac{mq_r}{24}$　(8.3-1) $G_r = \frac{q_h n_o b}{100}$　(8.3-2)	式（8.3-1）适用于住宅、旅馆、医院等建筑的集中热水供应系统全日供热水时的计算 式（8.3-2）适用工业企业生活间、公共浴室、学校、剧院、体育馆（场）等建筑的集中热水供应系统全日供热水时的计算	G_r—热水设计用水量，L/h m—用水计算单位数，人或床位数 q_r—热水用水定额，L/人或L/床等 K_h—住宅热水小时变化系数，全日供应热水时可按8.3-1、8.3-2、8.3-3中表采用 q_h—卫生器具热水小时用水定额，L/h，应按8.2-2中表采用 n_0—同类型卫生器具数 b—卫生器具同时使用百分数。公共浴室和工业企业生活间、学校、剧院及体育（场）等的浴室内的淋浴器和洗脸盆均应按100%计 G_l—冷水用水量，L/h G—混合水量，L/h t_r—热水温度,℃，应按8.2-1中表采用 t_l—冷水温度,℃，可参考8.2-3中表采用 ϕ_r—热水量占混合水量的百分数，当热水温度为55℃、60℃、65℃、70℃、75℃、80℃时，热水和冷水混合水量的百分数见8.3-3、8.3-4、8.3-5、8.3-6、8.3-7、8.3-8中表 Q—设计小时耗热量，W C—水的比热，J/（K·g）
混合水量	$G_h = G_r + G_l$　(8.3-3) $G_r = \frac{t_n - t_l}{t_r - t_l} G_h$ $= \phi_r Q_h$　(8.3-4) $G_l = (1 - \phi_r) G_h$　(8.3-5)	在使用式（8.3-2）时，卫生器具不同，要求水温不同，必须将其统一在相同水温情况下才能正确算出设计小时热水供应量。采用式（8.3-3）、式（8.3-4）、式（8.3-5）平衡关系式可计算出	
耗热量	$Q = \frac{G_r c(t_r - t_l)}{86400}$ $= K_h \frac{mq_r c \cdot (t_r - t_l)}{86400}$ (8.3-6) $Q = \frac{G_r c(t_r - t_l)}{3600}$ $= \Sigma \frac{q_h c(t_r - t_l) n_o b}{3600}$ (8.3-7)	式（8.3-6）适用条件同式（8.3-1） 式（8.3-7）适用条件同式（8.3-2） 集中热水供应系统当采用容积式或半容积式水加热器或由快速式半即热式水加热器，并附设有贮水器且容积符合要求时，其设计小时耗热量应按式（8.3-6）和式（8.3-7）计算确定 集中热水供应系统当由快速式或半即热式水加热器加热水，且不附设贮水器时，其设计小时耗热量应由设计秒流量确定 当旅馆、医院、疗养院已有卫生器具数时，可按式（8.3-7）计算设计小时耗热量，其卫生器具同时使用百分数，旅馆客房卫生间内浴盆可按30%～50%计，其他器具不计；医院、疗养院病房内卫生间的浴盆可按25%～50%，其他器具不计 不同类型建筑，由同一供热站供应热水时，应计算建筑物之间热水供应的同时使用百分数	

8.3-2　热水小时变化系数

住宅的热水小时变化系数 K_h 值

居住人数 m	100	150	200	250	300	500	1000	3000
K_h	5.12	4.49	4.13	3.88	3.70	3.28	2.86	2.48

旅馆的热水小时变化系数 K_h 值

床位数 m	150	300	450	600	900	1200
K_h	6.84	5.61	4.97	4.58	4.19	3.90

医院的热水小时变代系数 K_h 值

床位数 m	50	75	100	200	300	500
K_h	4.55	4.55	3.54	2.93	2.60	2.23

8.3-3　当供给热水温度为 55℃时热水量及冷水量占混合水量百分数

冷水温（℃） 混合水温（℃）	5	6	7	8	9	10	11	12	13	14	15	16	17	18	19	20
25	40	39	38	36	35	33	32	31	29	27	25	23	21	19	17	14
	60	61	62	64	65	67	68	69	71	73	75	77	79	81	83	86
30	50	49	48	47	46	45	43	42	41	39	38	36	34	32	31	29
	50	51	52	53	54	55	57	58	59	61	62	64	66	68	69	71
35	60	59	58	58	57	56	55	54	52	51	50	49	47	46	45	43
	40	41	42	42	43	44	45	46	48	49	50	51	53	54	55	57
37	64	63	62	62	61	60	59	58	57	56	55	54	53	51	50	49
	36	37	38	38	39	40	41	42	43	44	45	46	47	49	50	51
40	70	69	68	68	67	67	66	65	64	63	63	62	61	60	58	57
	30	31	32	32	33	33	34	35	36	37	37	38	39	40	42	43
42	74	73	72	72	72	70	70	70	69	68	68	67	66	65	64	63
	26	27	28	28	28	29	30	30	31	32	32	33	34	35	36	37
45	80	80	79	79	78	78	77	77	76	76	75	75	74	73	72	72
	20	20	21	21	22	22	23	23	24	24	25	25	26	27	28	28
50	90	90	89	89	89	89	89	89	88	88	88	88	88	87	87	86
	10	10	11	11	11	11	11	11	12	12	12	12	12	13	13	14
55	100	100	100	100	100	100	100	100	100	100	100	100	100	100	100	100
	00	00	00	00	00	00	00	00	00	00	00	00	00	00	00	00

8.3-4　当供给热水温度为 60℃时热水量及冷水量占混合水量百分数

冷水温（℃） 混合水温（℃）	5	6	7	8	9	10	11	12	13	14	15	16	17	18	19	20
25	36	35	34	33	31	30	29	27	26	24	22	20	19	17	15	13
	64	65	66	67	69	70	71	73	74	76	78	80	81	83	85	87
30	45	44	43	42	41	40	39	37	36	35	32	31	30	29	27	25
	55	56	57	58	59	60	61	63	64	65	68	69	70	71	73	75
35	55	54	53	52	51	50	49	48	47	46	44	43	42	41	39	38
	45	46	47	48	49	50	51	52	53	54	56	57	58	59	61	62
37	58	57	57	56	55	54	53	52	51	50	49	48	47	45	44	43
	42	43	43	44	45	46	47	48	49	50	51	52	53	55	56	57
40	64	63	62	62	61	60	59	58	57	57	56	55	54	52	51	50
	36	37	38	38	39	40	41	42	43	43	44	45	46	48	49	50
42	67	67	66	65	65	64	63	62	62	61	60	59	58	57	56	55
	33	33	34	35	35	36	37	38	38	39	40	41	42	43	44	45
45	73	72	72	71	71	70	69	69	68	67	67	66	65	64	64	63
	27	28	28	29	29	30	31	31	32	33	33	34	35	36	36	37
50	82	81	81	81	80	80	80	79	79	78	78	77	77	76	76	75
	18	19	19	19	20	20	20	21	21	22	22	23	23	24	24	25
55	91	91	91	90	90	90	90	90	89	89	89	89	89	88	88	88
	09	09	09	10	10	10	10	10	11	11	11	11	11	12	12	12
60	100	100	100	100	100	100	100	100	100	100	100	100	100	100	100	100
	00	00	00	00	00	00	00	00	00	00	00	00	00	00	00	00

8.3-5　当供给热水温度为 65℃时热水量及冷水量占混合水量百分数

冷水温（℃） 混合水温（℃）	5	6	7	8	9	10	11	12	13	14	15	16	17	18	19	20
25	33	32	31	30	29	27	26	25	23	22	20	18	17	15	13	12
	67	68	69	70	71	73	74	75	77	78	80	82	83	85	87	88
30	42	41	40	39	38	36	35	34	33	31	30	29	27	26	24	22
	58	59	60	61	62	64	65	66	67	69	70	71	73	74	76	78
35	50	41	58	47	46	45	44	43	42	41	40	39	37	36	35	33
	50	59	52	53	54	55	56	57	58	59	60	61	63	64	65	67
37	53	52	52	51	50	49	48	47	46	45	44	43	42	40	39	37
	47	48	48	49	50	51	52	53	54	55	56	57	58	60	61	63
40	58	58	57	56	55	55	54	53	52	51	50	49	48	47	46	44
	42	42	43	44	45	45	46	47	48	49	50	51	52	53	54	56
42	62	61	60	60	59	58	57	56	56	55	54	53	52	51	50	48
	38	39	40	40	41	42	43	44	44	45	46	47	48	49	50	52
45	67	66	65	65	64	64	63	62	62	61	60	59	58	57	56	54
	33	34	35	35	36	36	37	38	38	39	40	41	42	43	44	46

8.3-5 当供给热水温度为65℃时热水量及冷水量占混合水量百分数（续）

冷水温（℃） 混合水温（℃）	5	6	7	8	9	10	11	12	13	14	15	16	17	18	19	20
50	85 25	58 25	74 26	74 26	73 27	73 27	72 28	72 28	71 29	71 29	70 30	69 31	69 31	68 32	67 33	65 35
55	83 17	83 17	83 17	83 17	82 18	82 18	81 19	81 19	81 19	80 20	80 20	80 20	79 21	79 21	78 22	76 24
60	92 08	92 08	91 09	91 09	91 09	91 09	91 09	91 09	90 10	90 10	90 10	90 10	90 10	90 10	89 11	87 13
65	100 00	100 00	100 00	100 00	100 00	100 00	100 00	100 00	100 00	100 00	100 00	100 00	100 00	100 00	100 00	100 00

8.3-6 当供给热水温度为70℃时热水量及冷水量占混合水量百分数

冷水温（℃） 混合水温（℃）	5	6	7	8	9	10	11	12	13	14	15	16	17	18	19	20
25	31 69	30 70	29 71	27 73	26 74	25 75	24 76	22 78	21 79	20 80	18 82	17 83	15 85	13 87	12 88	11 89
30	38 62	37 63	37 63	36 64	35 65	33 67	32 68	31 69	30 70	29 71	27 73	26 74	25 75	23 77	22 78	20 80
35	46 54	45 55	44 56	44 56	43 57	42 58	41 59	40 60	39 61	38 62	36 64	35 65	34 66	33 67	31 69	30 70
37	49 51	48 52	48 52	47 53	46 54	45 55	44 56	43 57	42 58	41 59	40 60	39 61	38 62	37 63	36 64	34 66
40	54 46	53 47	52 48	52 48	51 49	50 50	49 51	48 52	47 53	46 54	45 55	44 56	43 57	42 58	41 59	40 60
42	57 43	56 44	56 44	55 45	54 46	53 47	53 47	52 48	51 49	50 50	49 51	48 52	47 53	46 54	45 55	44 56
45	62 38	61 39	60 40	60 40	59 41	58 42	58 42	57 43	56 44	55 45	55 45	54 46	53 47	52 48	51 49	50 50
50	69 31	69 31	68 32	68 32	67 33	67 33	66 34	66 34	65 35	64 36	64 36	63 37	52 38	62 38	61 39	60 40
55	77 23	77 23	76 24	76 24	75 25	75 25	75 25	74 26	74 26	73 27	73 27	72 28	72 28	71 29	71 29	70 30
60	85 15	84 16	84 16	84 16	84 16	83 17	83 17	83 17	82 18	82 18	82 18	81 19	81 19	81 19	80 20	80 20
65	92 08	92 08	92 08	92 08	92 08	92 08	92 08	91 09	91 09	91 09	91 09	91 09	91 09	91 09	90 10	90 10

8.3-7 当供给热水温度为75℃时热水量及冷水量占混合水量百分数

冷水温（℃） 混合水温（℃）	5	6	7	8	9	10	11	12	13	14	15	16	17	18	19	20
25	29 71	28 72	26 74	25 75	24 76	23 77	22 78	21 79	19 81	18 82	17 83	15 85	14 86	12 88	11 89	09 91
30	36 64	35 65	34 66	33 67	32 68	31 69	30 70	29 71	27 73	26 74	25 75	24 76	22 78	21 79	20 80	18 82
35	43 57	42 58	41 59	40 60	39 61	38 62	38 62	37 63	36 64	35 65	34 66	32 68	31 69	30 70	29 71	27 73
37	46 54	45 55	44 56	41 59	42 58	42 58	41 59	40 60	39 61	38 62	37 63	36 64	35 65	33 67	32 68	31 69
40	50 50	49 51	48 52	58 52	47 53	46 54	45 55	45 55	44 56	43 57	42 58	41 59	40 60	39 61	38 62	36 64
42	53 47	52 48	51 49	51 49	50 50	49 51	48 52	48 52	47 53	46 54	45 55	44 56	43 57	42 58	41 59	40 60
45	57 43	57 43	56 44	55 45	55 45	54 46	53 47	52 48	52 48	51 49	50 50	49 51	58 42	47 53	46 54	45 55
50	64 36	63 37	63 37	63 37	62 38	62 38	61 39	60 40	60 40	59 41	58 42	58 42	57 43	56 44	55 45	55 45
55	71 29	71 29	71 29	70 30	70 30	69 31	69 31	68 32	68 32	67 33	67 33	66 34	66 34	65 35	64 36	64 36
60	80 20	79 21	78 22	77 23	77 23	77 23	77 23	76 24	76 24	75 25	75 25	75 25	74 26	74 26	73 27	73 27
65	86 14	86 14	85 15	85 15	85 15	85 15	84 16	84 16	84 16	84 16	83 17	83 17	83 17	82 18	82 18	82 18

8.3-8 当供给热水温度为80℃时热水量及冷水量占混合水量百分数

混合水温（℃）＼冷水温（℃）	5	6	7	8	9	10	11	12	13	14	15	16	17	18	19	20
25	27	26	25	24	23	21	20	19	18	17	15	14	13	11	10	09
	73	74	75	76	77	79	80	81	82	83	85	86	87	89	90	91
30	33	32	32	31	30	29	28	27	25	24	23	22	21	19	18	17
	67	68	68	69	70	71	72	73	75	76	77	78	79	81	82	83
35	40	39	38	38	37	36	35	34	33	32	31	30	29	27	26	25
	60	61	62	62	63	64	65	66	67	68	69	70	71	73	74	75
37	43	42	41	40	40	39	38	37	36	35	34	33	32	31	30	28
	57	58	59	60	60	61	62	63	64	65	66	67	68	69	70	72
40	47	46	45	45	44	43	42	41	40	39	38	38	37	36	35	33
	53	54	55	55	56	57	56	59	60	61	62	62	63	64	65	67
42	49	49	48	47	47	46	45	44	43	42	42	41	40	39	38	37
	51	51	52	53	53	54	55	56	57	58	58	59	60	61	62	63
45	53	53	52	52	51	50	49	49	48	47	46	45	45	44	43	42
	47	47	48	48	49	50	51	51	52	53	54	55	55	56	57	58
50	60	60	59	58	58	57	57	56	55	55	54	53	52	52	51	50
	40	40	41	42	42	43	43	44	45	45	46	47	48	48	49	50
55	67	66	66	65	65	64	64	63	63	62	61	61	60	60	59	58
	33	34	34	35	35	36	36	37	37	38	39	39	40	40	41	42
60	73	73	73	72	72	71	71	71	70	70	69	69	68	68	67	67
	27	27	27	28	28	29	29	29	30	30	31	31	32	32	33	33
65	80	80	80	79	79	79	79	78	78	77	77	77	76	76	76	75
	20	20	20	21	21	21	21	22	22	23	23	23	24	24	24	25

8.4 热水加热装置

8.4-1 直接加热方式

名称	图式	适用条件	优缺点	注意事项
燃煤热水锅炉加热	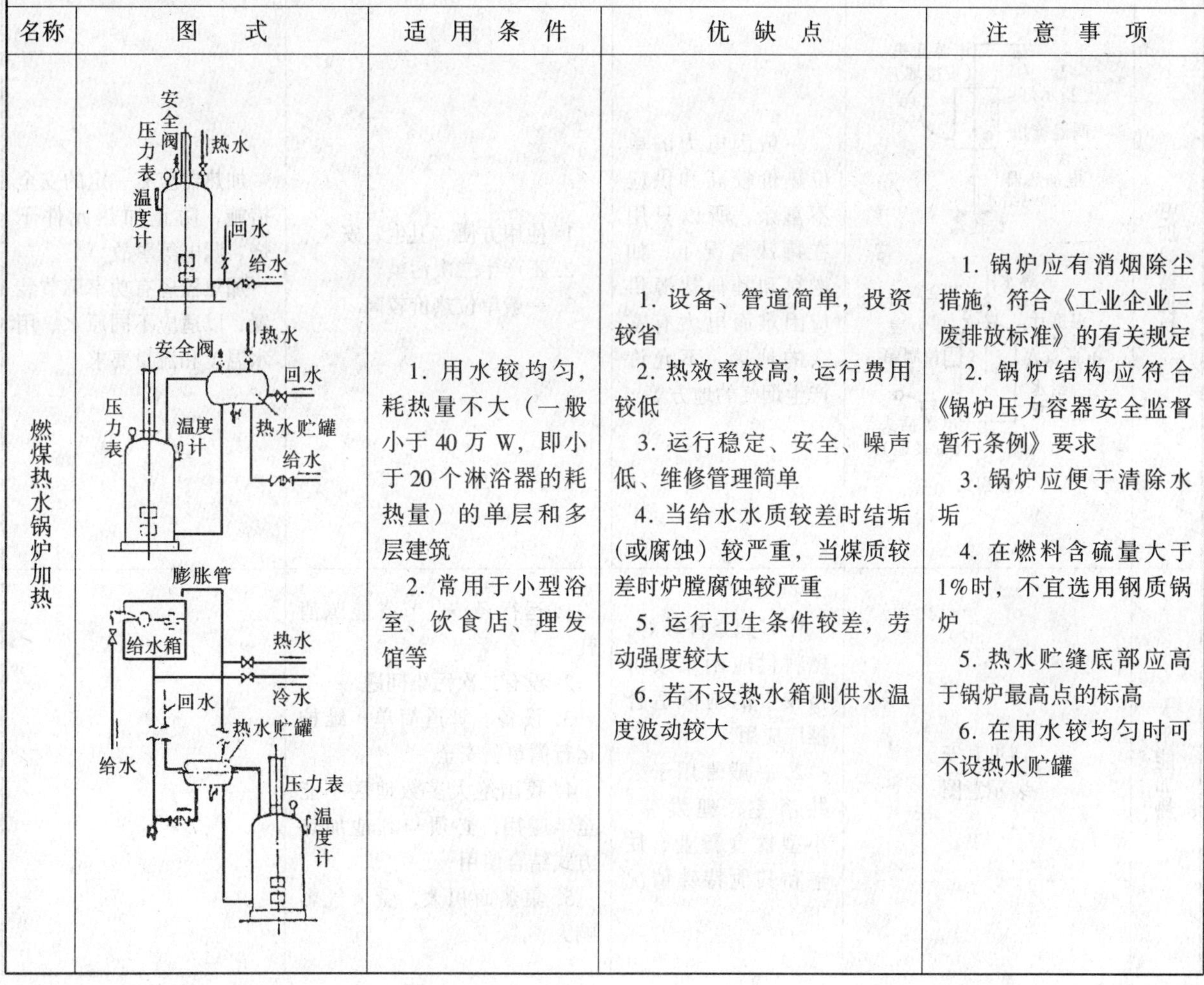	1. 用水较均匀，耗热量不大（一般小于40万W，即小于20个淋浴器的耗热量）的单层和多层建筑 2. 常用于小型浴室、饮食店、理发馆等	1. 设备、管道简单，投资较省 2. 热效率较高，运行费用较低 3. 运行稳定、安全、噪声低、维修管理简单 4. 当给水水质较差时结垢（或腐蚀）较严重，当煤质较差时炉膛腐蚀较严重 5. 运行卫生条件较差，劳动强度较大 6. 若不设热水箱则供水温度波动较大	1. 锅炉应有消烟除尘措施，符合《工业企业三废排放标准》的有关规定 2. 锅炉结构应符合《锅炉压力容器安全监督暂行条例》要求 3. 锅炉应便于清除水垢 4. 在燃料含硫量大于1%时，不宜选用钢质锅炉 5. 热水贮缝底部应高于锅炉最高点的标高 6. 在用水较均匀时可不设热水贮罐

8.4-1 直接加热方式（续）

名称	图　式	适用条件	优缺点	注意事项
煤气加热器加热	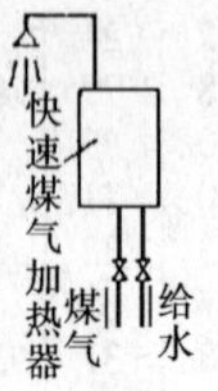 小 快速煤气加热器 煤气 给水 快速式 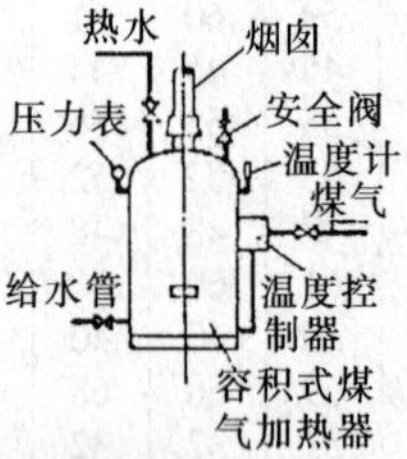 热水 烟囱 压力表 安全阀 温度计 煤气 给水管 温度控制器 容积式煤气加热器 容积式	1. 耗热量较小（一般小于 8 万 W，即小于 4 个淋浴器的耗热量）的用户 2. 常用于居住建筑、办公楼、饮食店、理发馆等	1. 设备、管道简单、使用方便，不需专人管理 2. 热效率较高，噪声低 3. 烟尘少、无炉灰，比较清洁卫生 4. 若安全措施不完善或使用不当，易发生烫伤和煤气事故 5. 当水质较差时，易产生结垢（或腐蚀） 6. 若没有自动调节装置，则出水温度波动较大	1. 加热器应有一定的安全措施，防止煤气泄漏、过热、超压等事故 2. 煤气加热器的设置应符合《城市煤气设计规范》的规定 3. 工厂车间、疗养院、休养所、学校、幼儿园、锅炉房及旅馆的单间浴室，不得使用单个煤气热水器
电加热器加热	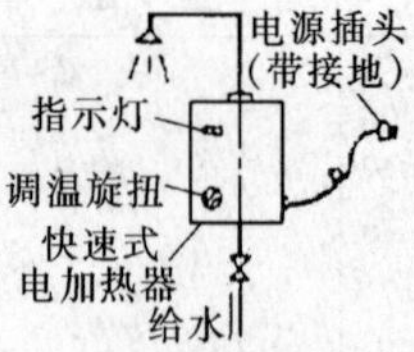 八 电源插头（带接地） 指示灯 调温旋扭 快速式电加热器 给水 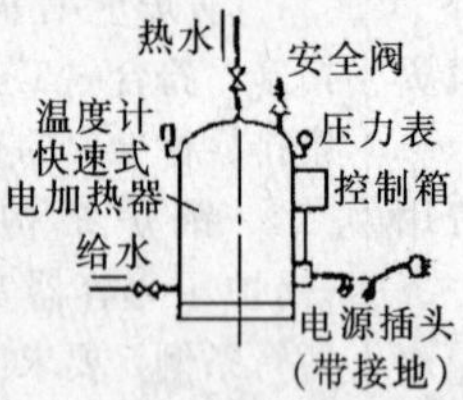 快速式 热水 安全阀 温度计 快速式电加热器 压力表 控制箱 给水 电源插头（带接地） 容积式	一般因电力的单位热价较高和供应不富余，所以只用在特殊情况下，如燃料和其他热源供应困难而电力有富余的地区、不允许产生烟气的地方等	1. 使用方便、卫生、安全 2. 不产生二次污染 3. 一般单位热价较高	加热器应有一定的安全措施，防止加热元件干烧、漏电等事故 加热器应有功率调节装置，以适应不同原水、用水温度和流量要求
太阳能加热器	详见其安装示意图	1. 日照条件较好，燃料供应困难或价格较贵的地区适合推广应用 2. 一般常用于公共浴室、理发室、小型饮食行业、住宅和其他特殊情况下	1. 运行经济、节省能源消耗 2. 没有二次污染问题 3. 设备、管道简单，维护运行简单，安全 4. 我国绝大多数地区不能全年应用，必须与其他加热方式结合使用 5. 集热面积大，受天气影响大	

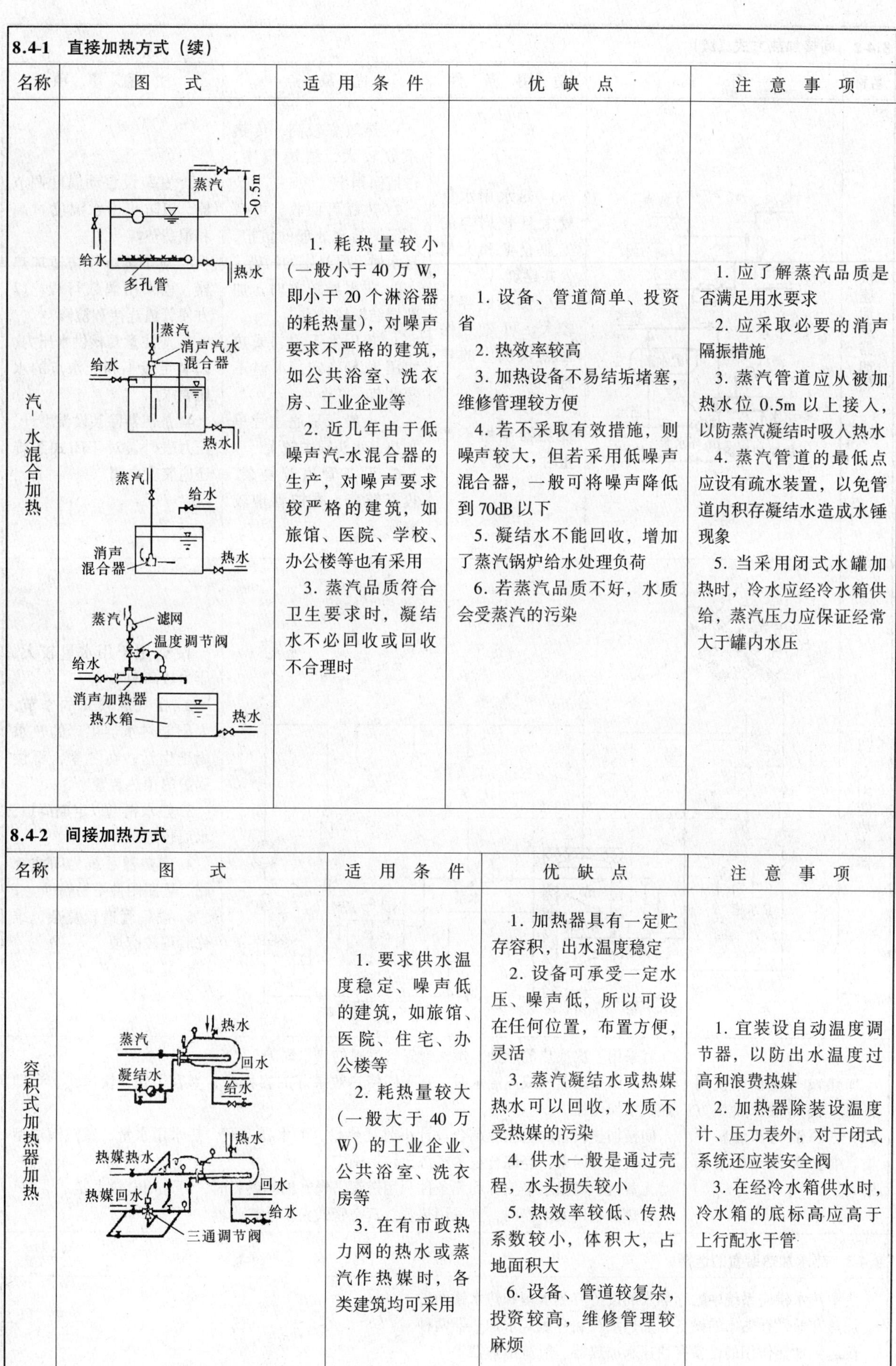

8.4-1　直接加热方式（续）

名称	图　式	适 用 条 件	优 缺 点	注 意 事 项
汽-水混合加热		1. 耗热量较小（一般小于 40 万 W，即小于 20 个淋浴器的耗热量），对噪声要求不严格的建筑，如公共浴室、洗衣房、工业企业等 2. 近几年由于低噪声汽-水混合器的生产，对噪声要求较严格的建筑，如旅馆、医院、学校、办公楼等也有采用 3. 蒸汽品质符合卫生要求时，凝结水不必回收或回收不合理时	1. 设备、管道简单、投资省 2. 热效率较高 3. 加热设备不易结垢堵塞，维修管理较方便 4. 若不采取有效措施，则噪声较大，但若采用低噪声混合器，一般可将噪声降低到 70dB 以下 5. 凝结水不能回收，增加了蒸汽锅炉给水处理负荷 6. 若蒸汽品质不好，水质会受蒸汽的污染	1. 应了解蒸汽品质是否满足用水要求 2. 应采取必要的消声隔振措施 3. 蒸汽管道应从被加热水位 0.5m 以上接入，以防蒸汽凝结时吸入热水 4. 蒸汽管道的最低点应设有疏水装置，以免管道内积存凝结水造成水锤现象 5. 当采用闭式水罐加热时，冷水应经冷水箱供给，蒸汽压力应保证经常大于罐内水压

8.4-2　间接加热方式

名称	图　式	适 用 条 件	优 缺 点	注 意 事 项
容积式加热器加热		1. 要求供水温度稳定、噪声低的建筑，如旅馆、医院、住宅、办公楼等 2. 耗热量较大（一般大于 40 万 W）的工业企业、公共浴室、洗衣房等 3. 在有市政热力网的热水或蒸汽作热媒时，各类建筑均可采用	1. 加热器具有一定贮存容积，出水温度稳定 2. 设备可承受一定水压、噪声低，所以可设在任何位置，布置方便，灵活 3. 蒸汽凝结水或热媒热水可以回收，水质不受热媒的污染 4. 供水一般是通过壳程，水头损失较小 5. 热效率较低、传热系数较小，体积大，占地面积大 6. 设备、管道较复杂，投资较高，维修管理较麻烦	1. 宜装设自动温度调节器，以防出水温度过高和浪费热媒 2. 加热器除装设温度计、压力表外，对于闭式系统还应装安全阀 3. 在经冷水箱供水时，冷水箱的底标高应高于上行配水干管

8.4-2　间接加热方式（续）

名称	图式	适用条件	优缺点	注意事项
快速加热器加热	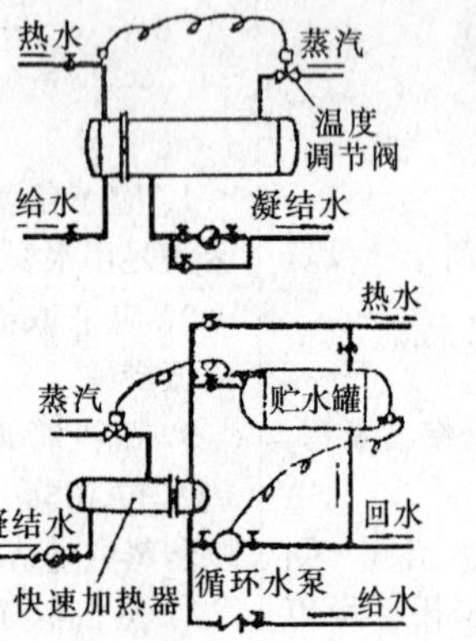	1. 热水用水量较大且较均匀的工业企业和大型公共建筑 2. 热力网容量较大，可充分保证热媒供应的建筑 3. 水质较好，加热器结垢不严重时	1. 热效率较高，传热系数较大，结构紧凑，占地面积小 2. 热媒可回收，可减少锅炉给水处理的负担，且水质不受热媒的污染 3. 在水质较差时，加热器结垢较严重 4. 若用水不均匀或热媒压力不稳定，水温不易调节 5. 一般水是通过管里加热，水头损失较大 6. 设备管道较复杂，投资较高，维护管理较麻烦	1. 宜装设自动温度调节器，以防止出水温度过高和浪费热媒 2. 对于多行程快速加热器，宜采用偶数行程，以方便管道连接和检修 3. 应注意复核供水压力，以满足最不利配水点的水压要求 4. 加热器除装设温度计、压力表外，对于闭式系统还应装安全阀
间接太阳能热水器	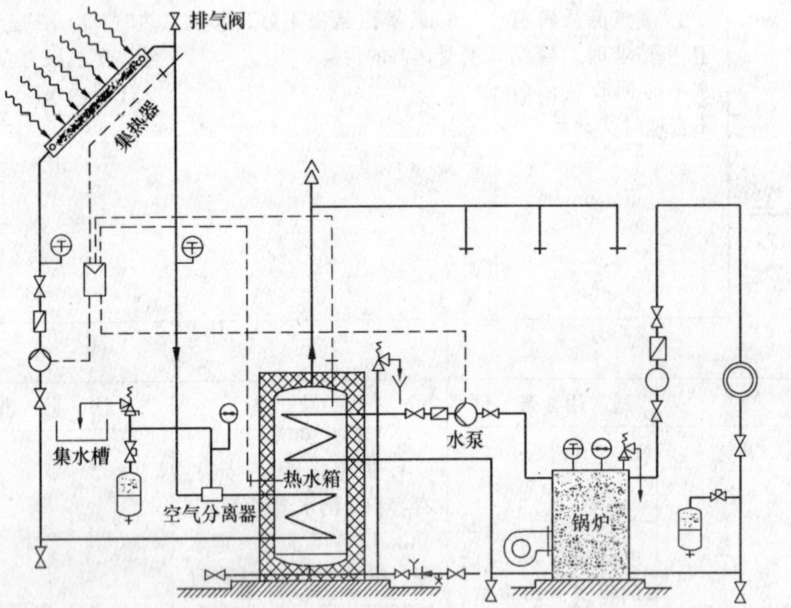			1. 适用于用水量较大、压力较高的系统 2. 在气温较高的季节，太阳能热水器生产的热水用于生活；在冬季，可供锅炉的预热装置 3. 热水箱可以定期清扫，水质较好 4. 集热器系统为闭式管路，管路附件不易腐蚀 5. 设备管道较复杂，维修管理较麻烦
加热设备应根据使用特点、耗热量、加热方式、热源情况和燃料种类、维护管理等因素选用	宜采用一次换热的燃油、燃气或煤气燃料的热水锅炉 当热源采用蒸汽或高温水时，宜采用传热效果好的容积式、半容积式、快速式、半即热式水加热器 间接加热设备的选型应结合设计小时耗热量、贮水器容积、热水用水量、蒸汽锅炉型号、数量等因素，经综合技术经济比较后确定 无蒸汽、高温水等热源和无条件利用燃汽、煤、油等燃料时，可采用电热水器 当热源利用太阳能时，宜采用热管、真空管式太阳能热水器			

8.4-3　热水加热装置的选择

集中热水供应系统中贮存热水的设备有热水箱和热水罐两种

加热和兼贮存热水的设备有加热水箱和容积式水加热器两种

仅起到加热作用的设备有快速水加热器、射流加热器等

8.4-4　水加热器加热面积及贮水器贮水容积计算

计算类别	计算公式	注意事项	备注
表面式水加热器加热面积	$F_{jr}=\frac{C_r Q_z}{\varepsilon K\Delta t_j}$　(8.4-1) $\Delta t_j=\frac{t_{mc}+t_{mz}}{2}-\frac{t_c+t_z}{2}$　(8.4-2) $\Delta t_j=\frac{\Delta t_{max}-\Delta t_{min}}{\ln\frac{\Delta t_{max}}{\Delta t_{min}}}$　(8.4-3)	式（8.4-2）中 Δt_j 适于容积式水加热器，式（8.4-3）中 Δt_j 适于快速式水加热器 热媒为蒸汽，其压力大于70kPa，应按饱和蒸汽温度计算；压力小于及等于70kPa，应按100℃计算 热媒为热力管网的热水，应按热力管网供回水的最低温度计算，但热媒的初温与被加热水的终温的温度差，不得小于10℃	式（8.4-1）中，K 为传热系数，其概略值见8.4-2
贮水器贮水容积	$V_z=\frac{Q_z}{(t_z-t_c)C}$　(8.4-4)	当热媒按设计秒流量供应，且有完善可靠的自动温度调节装置时，可不计算贮水器容积 容积式水加热器或加热水箱，当冷水从下部进入，热水从上部送出时，其计算容积宜附加20%～25%；当采用有导流装置的容积式水加热器时，其计算容积应附加10%～15%；当采用半容积式水加热时，或带有强制罐内水循环装置的容积式水加热器时，其计算容积可不附加	式（8.4-4）中 Q 为贮水器的贮热量，其值不得小于8.4.3中的规定

注：F_{jr}—表面式水加热器的加热面积，m^2

C_r—热水供应系统的热损失系数，宜采用1.1～1.2

Q—设计小时耗热量，W

ε—由于水垢和热媒分布不均匀影响传热效率的系数，一般采用0.8～0.6

K—传热系数，W/（m^2·K）

Δtj—热媒与被加热水的计算温度差，℃

t_{mc}，t_{mz}—热媒的初温和终温，℃

t_c，t_z—被加热水的初温和终温，℃

t_{max}—热媒和被加热水在水加热器一端的最大温度差，℃

t_{min}—热媒和被加热水在水加热器另一端的最小温度差，℃

V_z—贮水器的贮水容积，l

Q_z—贮水器的贮水热量，kJ

C—水的比热，（kJ/（kg·K））

8.4-5　加热器传热系数[1)]

容积式水加热器和加热水箱的传热系数

热媒性质	热媒流速（m/s）	被加热水流速（m/s）	传热系数（W/m^2·℃）	
			钢盘（排管）	铜盘（排管）
≤70kPa 蒸汽压力		<0.1	639.65～697.80	755.95～814.10
>70kPa 蒸汽压力		<0.1	697.80～755.95	814.10～872.25
80～115℃的热水	<0.5	<0.1	325.64～348.50	383.79～407.05

快速式水加热器的传热系数

被加热水的流速（m/s）	传热系数（W/m^2·℃）							
	热媒为热水时，热水的流速（m/s）						热媒为蒸汽[2)]时，蒸汽压力	热媒为蒸汽时，蒸汽压力
	0.5	0.75	1.0	1.5	20	2.5	≤100kPa	>100kPa
0.5	1104.85	1279.30	1395.60	1511.90	1628.20	1686.35	2733.05/2151.55	2558.60/2035.25
0.75	1244.41	1453.75	1570.75	1744.50	1918.95	1977.10	3430.85/2674.90	3198.25/2500.45
1.0	1337.45	1570.75	1744.50	2035.25	2209.70	2326.00	3954.20/3081.95	3663.45/2907.50
1.5	1511.90	1802.65	2035.25	2326.00	2558.60	2733.05	4535.70/3721.60	4186.80/3489.80
2.0	1628.20	1977.10	2209.70	2558.60	2849.35	3023.80	4535.70/4361.25	4186.80/4128.65
2.5	1744.50	2093.40	2384.15	2849.35	3198.25	3489.00	4535.70/4361.25	4186.80/4128.65

1) 表中所列数值未考虑结垢、铁锈和热媒分布不均匀因素的影响，所以，在传热面积计算式中还要再乘以系数 $\varepsilon=0.8\sim0.6$

2) 对热媒为蒸汽时，传热系数中分子部分所列数值为两回程汽—水快速加热器被加热水温升20～30℃时的 $K_{传}$ 值，分母部分所列数值为四回程汽—水快速加热器中被加热水温升60～65℃时的 $K_{传}$ 值

8.4-6 贮水器的贮热量要求

加 热 设 备	工业企业淋浴室不小于	其他建筑物不小于	
容积式水加热器或加热水箱	30min 设计小时耗热量	45min 设计小时耗热量	1)半即热式和快速式水加热器用于洗衣房或热源供应充分时，也应设贮水器贮存热量，其贮热量同有导流装置的容积式水加热器
有导流装置的容积式水加热器	20min 设计小时耗热量	30min 设计小时耗热量	
半容积式水加热器	15min 设计小时耗热量	15min 设计小时耗热量	
半即热式水加热器1)			
快速式水加热器1)			

8.4-7 常见热水加热装置的规格及安装示意图

直管式太阳能热水器

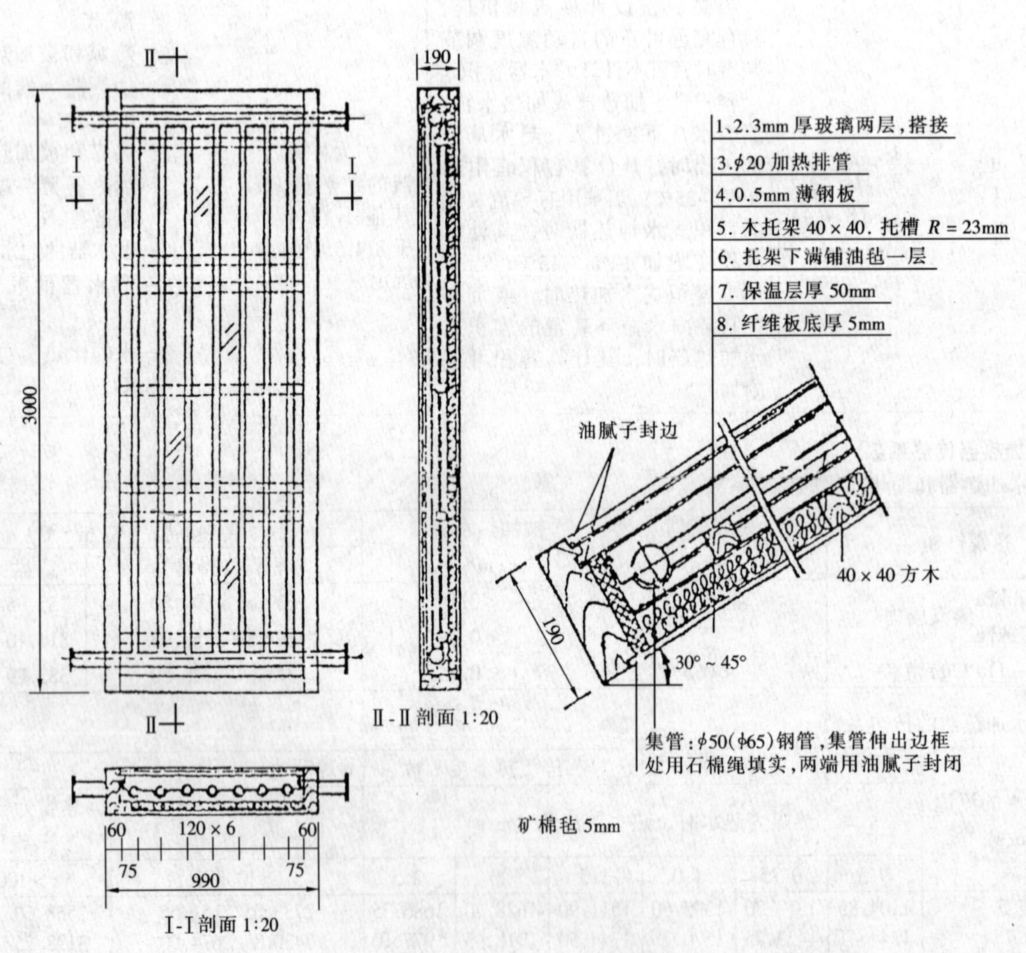

集热器一般朝正南方向安装，如果需要提早或延迟使用，可略转向东或西，但不要超过 15°。安装地点应避开风口及遮阳物。太阳能热水器通常设置在屋顶朝阳处，集热器与水平面的夹角，大体上接近于当地纬度数值为宜。对于管板式和真空管式集热器，一般设置贮热水箱，其构造要求与普通热水供应基本相同。

太阳能热水器水箱进出水口可设于下部，使水箱内热水排放干净彻底，水箱容积利用率高。热水器上可设水位水温测控仪，用以设定、控制水位和水温。另外还可设水满报警、电辅助加热器、自动上水、防结垢等辅助设施

排水器除单台使用外，也可多台串并联使用，以满足较大容量的用水要求

8.4-7 常见热水加热装置的规格及安装示意图（续）

真空管太阳能热水器

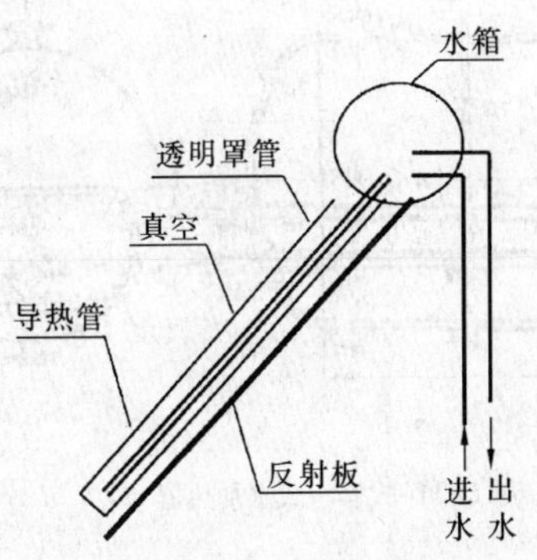

真空管热水器集热装置由透明罩管和涂黑的导热管组成，两层之间抽成真空。罩管一般采用硼硅玻璃和塑料，导热管采用导热性能好的材料，如铜质管。这种集热装置吸热效率高，绝热性能好，热效率较高，可全年使用，可生产 80～100℃的高温热水

蒸汽喷射加热器

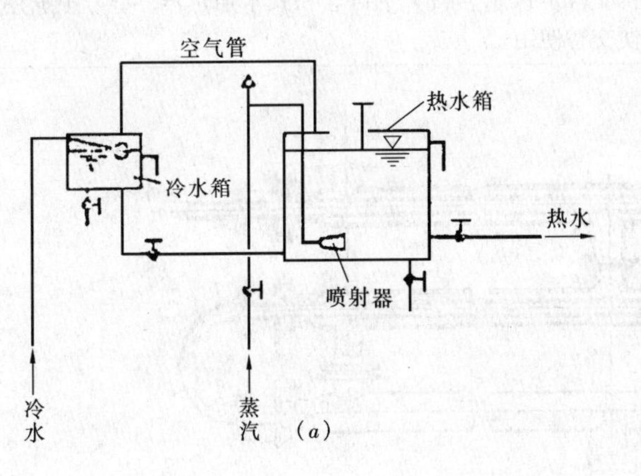

(*a*)

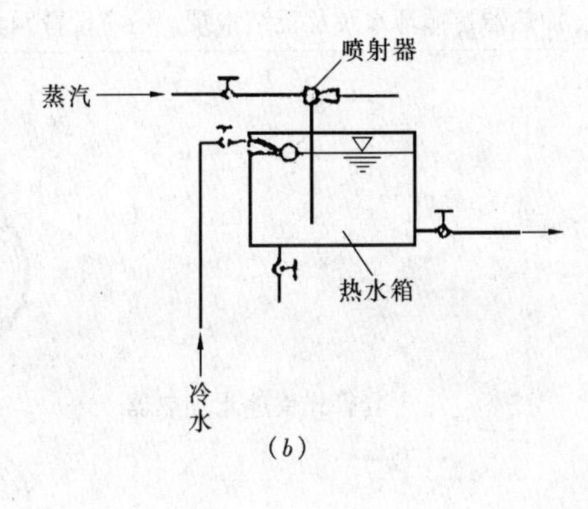

(*b*)

在喷射器等径三通上安装一个喷嘴，接上管子，即可直接加热冷水

直接加热贮热水箱示意

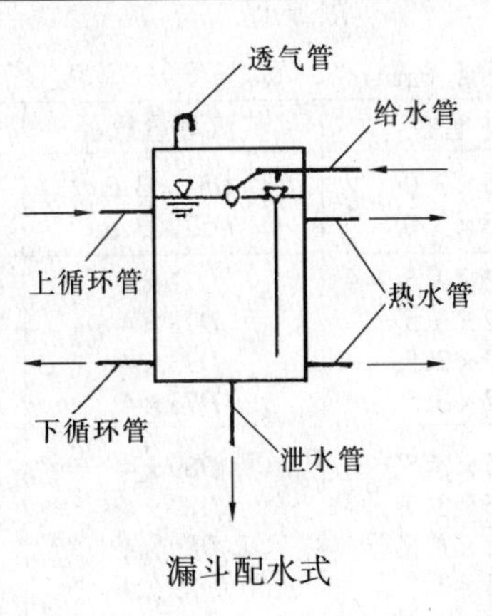

漏斗配水式

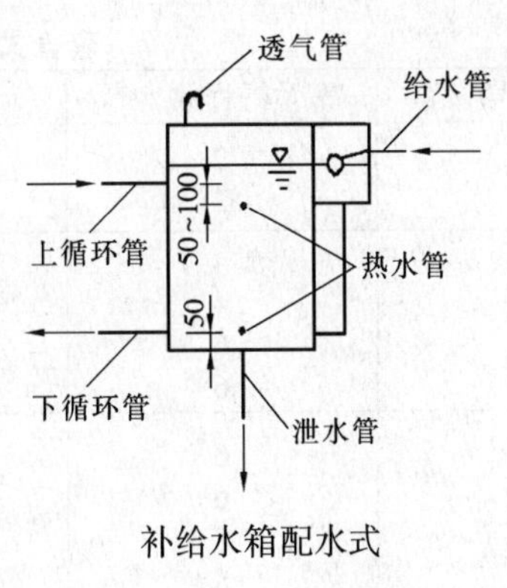

补给水箱配水式

8.4-7 常见热水加热装置的规格及安装示意图（续）

蒸汽水加热器

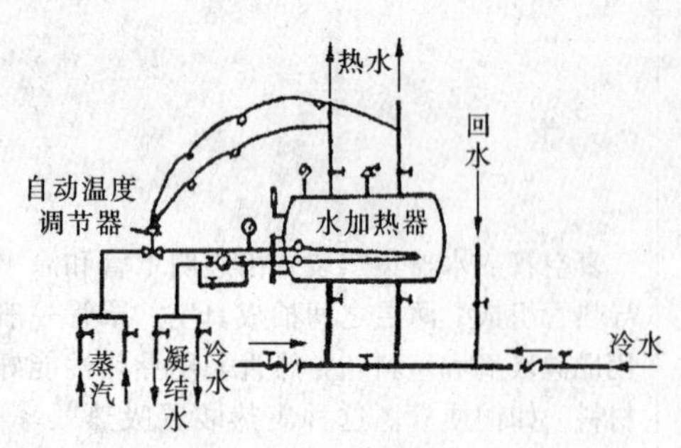

(a)水加热器配管图

(b)卧式容积式水加热器

卧式容积式水加热器主要规格尺寸（mm）

加热器型号	容积(L)	直径	长度	厚度	接管管径			
					蒸汽	回水	进水	出水
1	500	600	1950	4.0	50	50	50	80
2	700	700	2000	4.0	50	50	50	80
3	1000	800	2250	4.5	50	50	50	80
4	1500	900	2500	4.5	50	50	80	100
5	2000	1000	2750	5.0	50	50	80	100
6	3000	1200	3000	5.5	50	50	80	100
7	5000	1400	3500	6.0	50	50	80	100

一般使用压力不超过0.5MPa的蒸汽。水加热器的配管如（a）所示。（b）为卧容积式水加热器，型号根据用水量确定。加热器、循环水泵及凝结水泵，均应设置两台，以便交替使用

套管式快速水加热器

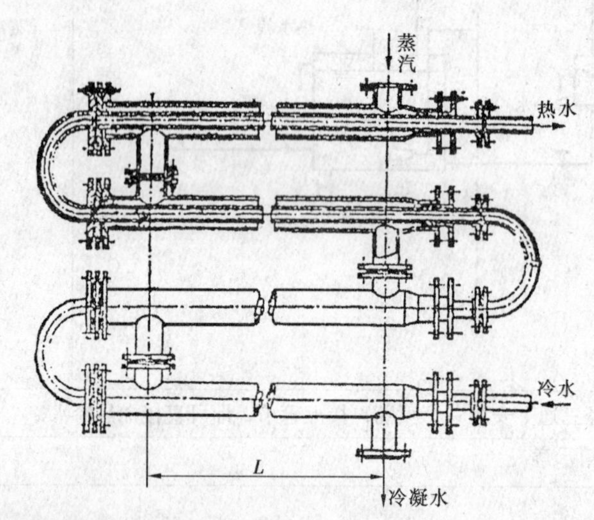

套管式快速水加热器主要规格性能（mm）

型号	行程数	单程有效长	热水管径	蒸汽套管管径	传热面积（m^2）
1号	2	3000	$D25\times3.0$	$D57\times3.5$	0.415
	2	4000	$D25\times3.0$	$D57\times3.5$	0.554
2号	4	3000	$D32\times3.5$	$D73\times4$	1.070
	4	4000	$D32\times3.5$	$D73\times4$	1.432
	6	3000	$D32\times3.5$	$D73\times4$	1.612
	6	4000	$D32\times3.5$	$D73\times4$	2.149
3号	6	3000	$D45\times3.5$	$D89\times4$	2.347
	6	4000	$D45\times3.5$	$D89\times4$	3.129
	8	3000	$D45\times3.5$	$D89\times4$	3.129
	8	4000	$D45\times3.5$	$D89\times4$	4.172

8.4-7 常见热水加热装置的规格及安装示意图（续）

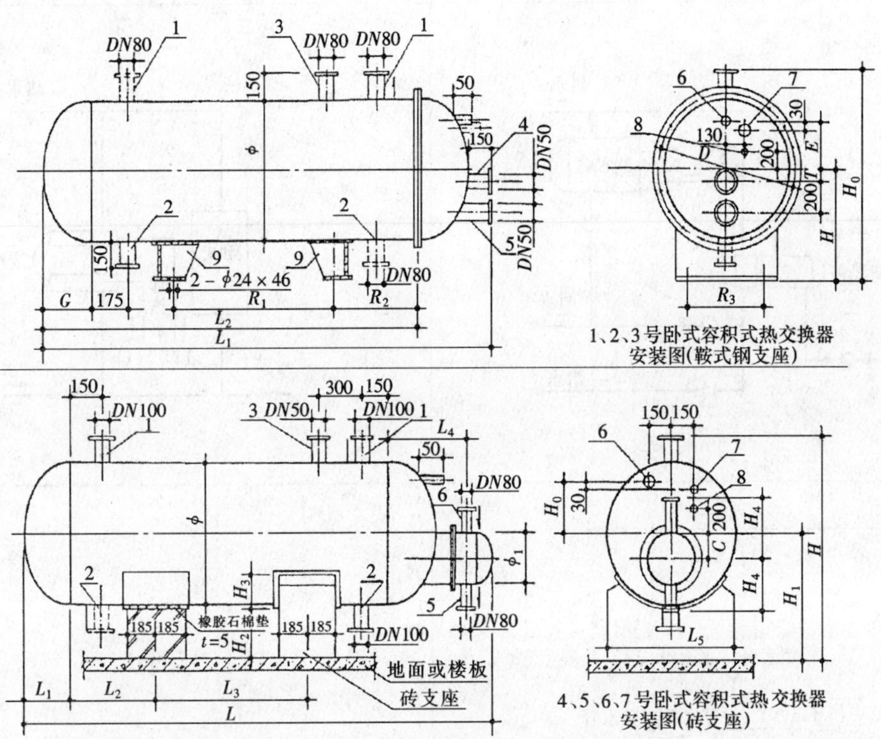

1、2、3号卧式容积式热交换器安装图(鞍式钢支座)

4、5、6、7号卧式容积式热交换器安装图(砖支座)

1—出水管；2—进水管；3—安全阀接管；4—蒸汽管（热水管）；5—冷凝水管（回水管）；6—温度计管接头；7—压力表管接头；8—温包管管箍接头；9—支座

说明：1. 热交换器管程工作压力≤0.4MPa，壳程工作压力为0.6MPa，出口热水温度不高于70℃

2. 表中所注容积是已扣除U形管体积（按所容纳的最多根数计算）的外壳体积

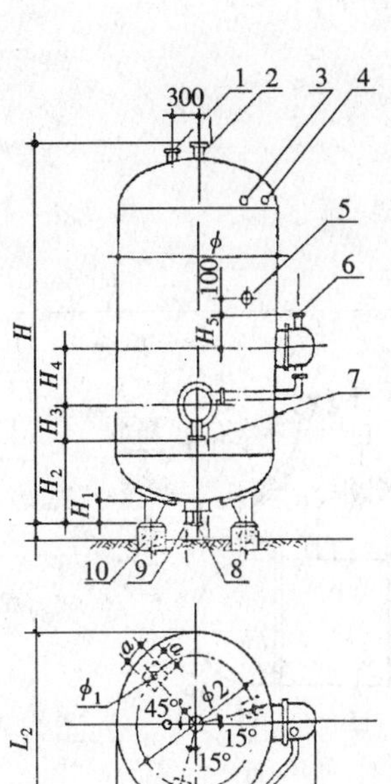

安装图（砖支座）

型号 参数	RV-02-3Al$_t$	RV-02-3Bl$_t$	RV-02-5Al$_t$	RV-02-5Bl$_t$	RV-02-3Al$_t$	RV-02-3Bl$_t$
热媒	热水	蒸汽	热水	蒸汽	热水	蒸汽
SFV（m²）	3	3	5	5	8	8
ϕ	1200	1200	1600	1600	1800	1800
H	3038	3038	3253	3253	3785	3785
H_1	236	236	249	249	277	277
H_2	602	587	722	707	808	779
H_3	346	311	339	304	383	312
H_4	600	550	600	550	700	600
H_5	340	340	340	340	376	376
H_4	≥150	≥150	≥150	≥150	200	200
DN_1	40	40	50	50	65	65
DN_2	50	50	65	65	80	80
DN_3	65	65	65	65	80	80
DN_4	65	32	65	40	80	40
DN_5	50	50	65	65	80	80
L_1	1834	1806	2251	2223	2535	2489
L_2	1834	1788	2251	2199	2535	2424
x	350	350	400	400	400	400
ϕ_1	40	40	40	40	46	46
ϕ_2	800	800	1100	1100	1250	1250
质量（kg）	3569/3900	3338/3666	2771/3287	2469/2985	3254/4156	2771/3668

编号	名　称	规格
1	安全阀接管	DN_1
2	出水管接头	DN_2
3	温度计管接头	$DN20$
4	压力表管接头	$DN15$
5	温包管接头	$M36\times1.5$
6	热媒进口	DN_2
7	热媒出口	DN_4
8	进水管接头	DN_4
9	排污管	$DN25$
10	混凝土支座	$a\times m$

说明：

1. 热水温度不得高于70℃
2. 表中所列重量为同一型号所对应的两种不同设计压力下的重量（左侧为壳程设计压力0.6MPa的热交换器重量，包括罐体本身、附件、保温层）
3. 支座与热交换器之间采用地脚螺栓固定（GB 799—76），容积为3m²、5m²的热交换器采用$\phi24\times400$地脚螺栓，容积为8m²者用$\phi30\times500$地脚螺栓，在浇筑基座时准确预埋

RV-02系列立式容积式热交换器安装图

8.4-7 常见热水加热装置的规格及安装示意图（续）

贮水罐设置方式

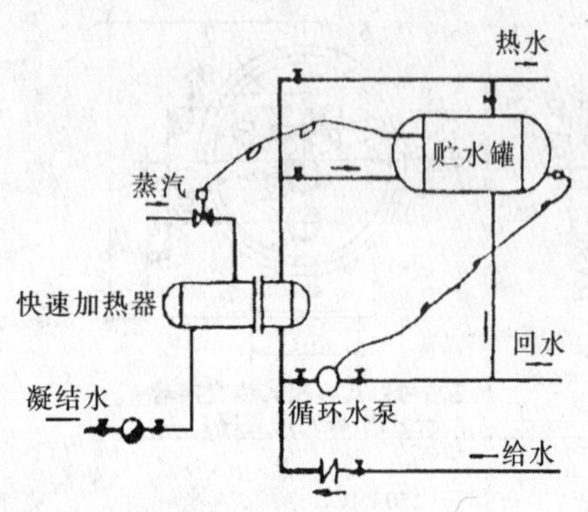

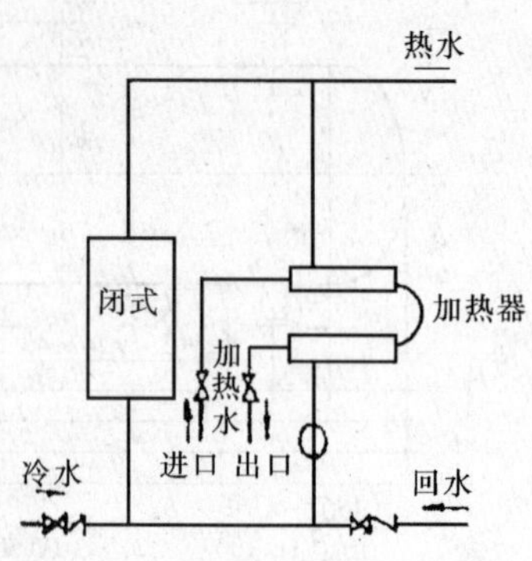

贮水罐接管位置

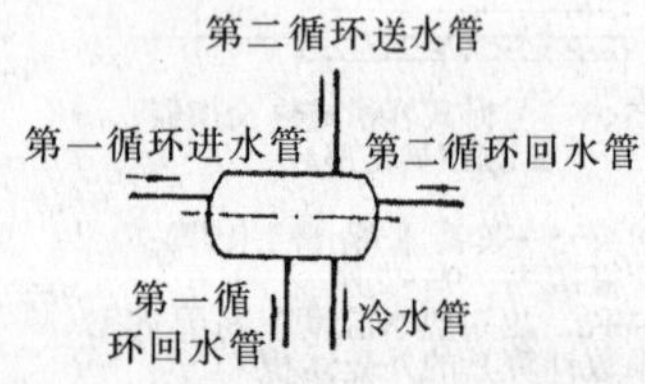

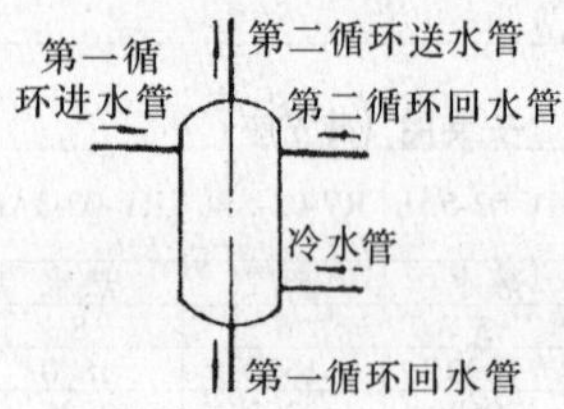

第一循环进水管应在顶部以下 1/4 高度处接入，回水与给水管分别从底部接入。第二循环送水管应从顶部接出，自然循环时间水管一般从顶部 1/4 以下高度处接入，机械循环时宜从中心线以下接近底部处接入，也可与给水管连接从底部接入。贮水罐上应设安全阀、膨胀管、压力表、水位计、泄水管等

贮水罐与锅炉配合设置

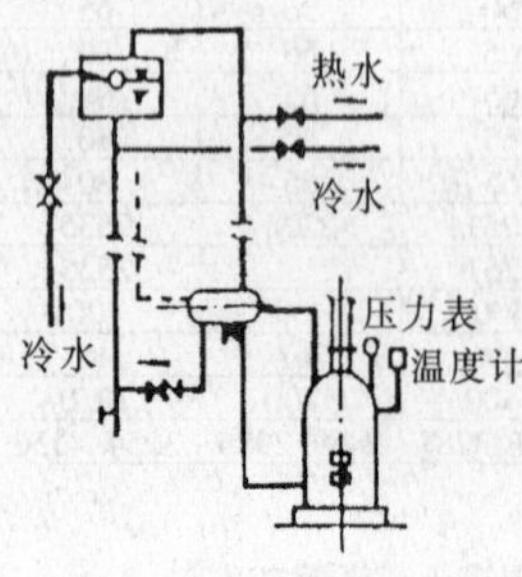

温度调节器安装示意

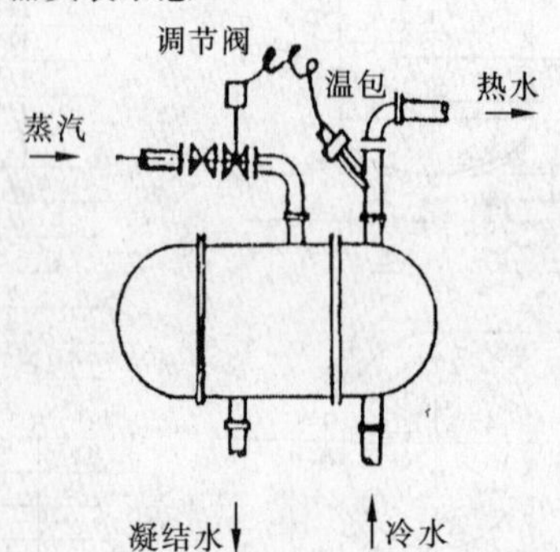

8.4-8　电加热的热功率（W/m）与特点

水温℃		25	30	35	40	45	50	55	60	65
220V/16A的最大加热回路	90m	—	—	16	14	12	10	7.8	5.5	3.5
	105m	16	14	12	9.2	8.2	6.8	5.4	3.8	2
	150m	11	10	8.2	6.5	6	4.8	3.3	2.2	1.5

1. 用于连接管路短和小型建筑物
2. 加热带的长度等于管长
3. 加热带要保温
4. 用胶带固定
5. 投资和运行费用低

1. 占地面积小
2. 三通件 1m/个，附件 0.5m/个
3. 较高的二次能源消耗，较高的电费
4. 可以区域加热
5. 管道热损失小

特点和要求：

1. 加热带温度约 55℃
2. 随着温度的升高，塑料丝的电阻自动升高（PTC）
3. 取消了水泵和循环管
4. 没有混合管安装的问题
5. 可以减少腐蚀点
6. 不要开墙槽和打洞
7. 短时间提高温度可以杀死细菌

8.5　热水供应管网的计算

计算内容主要是：确定热媒管道的管径及其相应的水头损失；确定热水管网的管径及循环管路（包括配水管路）的水头损失；选定系统所需设置的各种设备如水加热设备、循环水泵、排气器、疏水器、膨胀管或膨胀水箱等

8.5-1　热媒管网的计算

热媒种类	热　水	蒸　汽
计算流量	$G_{ms}=(1.1\sim1.2)\dfrac{Q}{C(t_{mc}-t_{mz})}$　(8.5-1) G_{ms}——计算流量，kg/h Q——设计小时耗热量，kJ/h t_{mc}，t_{mz}——热媒管网中热水的初温和终温，℃ C——水的比热，$C=4.19$（kJ/kg·K）	$G_{mh}=(1.1\sim1.2)\dfrac{Q}{r_h}$　(8.5-2) G_{mh}——蒸汽管段流量，kg/h Q——设计小时耗热量，kJ/h r_h——汽化潜热，按蒸汽压力由蒸汽表中选用，kJ/kg
管径选择	采用平均比摩阻法，以管中流速不大于 1.2m/s，每米管长沿程水头损失控制在 5～10mm，按热水采暖水力计算表确定管径。算出相应管路的总水头损失 H_h	蒸汽管径按采暖蒸汽管道管径计算表选择，低压高压蒸汽管道常用流速见 8.5-2；凝结水管管径可参考 8.5-3
设备选择	1. 自然循环作用水头 $H_{zr}=10\Delta h(\rho_1-\rho_2)$　(Pa)　(8.5-3) 2. 若　$H_{zr}\geqslant(1.10\sim1.15)H_h$　(8.5-4) 可自然循环 3. 若 $H_{zr}<H_h$ 时，选择热水循环水泵，其扬程和流量应比理论计算数值要大一些	疏水器的选择，参见采暖部分

8.5-2　蒸汽管道常用流速

低压蒸汽管道常用流速

管径（mm）	15～20	25～32	40	50～80	100～150	≥200
流速（m/s）	≤10	10～15	15～20	20～25	25～35	35～45

高压蒸汽管道常用流速

管径（mm）	15～20	25～32	40	50～80	100～150	≥200
流速（m/s）	10～15	15～20	20～25	25～35	30～40	40～60

8.5-3　凝结水管管径

由加热器至疏水器间不同管径通过的设计小时耗热量

管径（mm）	15	20	25	40	50	65	80	100	125	150
热量（kJ/h）	33494	108857	355880	460548	887602	2101774	3098232	4814820	7871184	17835768

8.5-3 凝结水管管径（续）

蒸汽供暖系统干式和湿式自流凝结管径计算表

凝水管径（mm）	形成凝水时，由蒸汽放出的热（kW）					
	干式凝水管			湿式凝水管（垂直或水平的）		
	低压蒸汽		高压蒸汽	计算管段的长度（m）		
	水平管段	垂直管段		50 以下	50～100	100 以上
1	2	3	4	5	6	7
15	4.7	7	8	33	21	9
20	17.5	26	29	82	53	3029
25	33	49	45	145	93	47
32	79	116	93	310	200	100
40	120	180	128	440	290	135
50	250	370	230	760	550	250
76×3	580	875	550	01750	1220	580
89×3.5	870	1300	815	2620	1750	875
102×4	1280	2000	1220	3605	2320	1280
114×4	1630	2440	1570	4540	3000	1600

余压凝结水管管径选择

p（绝对大气压）	管　径										
1.77（10^5Pa）	15	20	25	32	40	50	70	125	150	1595	2196	2196
1.96	15	20	25	32	50	70	100	125	159×5	2196	2196	2196
2.45～2.94	20	25	32	40	50	70	100	150	1595	2196	2196	2196
>2.94	20	25	32	40	50	70	100	150	2196	2196	2196	2737
R（Pa/m）	按上述管径通过热量（kJ/h）											
50	39147	8709	174171	253301	571498	1084381	2369728	3307572	6615144	12895344	13774572	21436416
100	43543	131047	283028	357971	803866	1532369	3289216	4689216	9294696	18212580	19468620	30228696
200	65314	185057	370532	506603	1138810	2168762	6615144	6615144	13146552	25748820	31526604	42705360
300	82899	217714	477295	619640	1394204	2553948	8122392	8122392	16077312	10467000	33703740	52335000
400	108852	251208	544284	715943	1607731	3077298	9378432	9278432	18589392	36425160	39146580	60389960
500	152400	283865	611273	799679	1800324	3416429	10467000	10467000	20766528	39565260	43542720	67826160

8.5-4 配水管网水力计算

计算步骤	计　算　内　容
设计流量	1. 设计秒流量的确定同室内给水，卫生器具额定流量、当量、支管管径和流出水头应按一个阀开确定 2. 最大小时热水用量，应采用相应的热水用水量标准、用水时间和小时变化系数
管径选择	管径可使用水温接近热水水温的热水管道水力计算表确定，热水流速不宜大于 1.5m/s，如建筑物对防止噪声有严格要求或管径小于或等于 25mm 时，宜采用 0.6～0.8m/s
压力损失	计算管道水头损失，局部压力损失可取沿程压力损失的 20%～30%
水压确定	确定所需水压或复核管网水压，其方法与室内给水管网相同

8.5-5 循环管网的水力计算

循环管网的计算在配水管网计算的基础上进行。计算的基本原理是在按经验选用循环管径的条件下，管网需要维持多大的循环流量，才能补偿管网的热损失，因此计算的主要内容是热损失和循环流量

8.5-5 循环管网的水力计算（续）

<table>
<tr><th>计算类别</th><th>计 算 公 式</th><th>备 注</th></tr>
<tr><td rowspan="2">自然循环压力</td><td>$H_{zr} \geqslant 1.35H$ (8.5-5)
$H = (h_p + h_h) + h_j$ (8.5-5a)
$H_{zr} = 10\Delta h\ (\rho_3 - \rho_4)$ (8.5-5b)
$H_{zr} = 10\left[\Delta h_1\ (\rho_5 - \rho_6) + \Delta h_2\ (\rho_7 - \rho_8)\right]$ (8.5-5c)</td><td>H_{zr}—计算环路的自然压力，可按式（8.5-5b）、式（8.5-5c）计算，Pa，mmH_2O
H—计算环路通过循环流量时所产生的自然循环水头损失，可按式（8.5-5a）确定，mmH_2O
h_p，h_h—循环流量通过配水、回水计算管路的沿程和局部水头损失，Pa，mmH_2O
h_j—循环流量通过水加热器的水头损失，对容积式水加热器、热水锅炉和热水贮罐，水头损失可不计，其他加热设备应经计算确定，Pa，mmH_2O</td></tr>
<tr><td>Δh ρ_4 ρ_3</td><td>ρ_6 ρ_5 Δh_1 ρ_8 ρ_7 Δh_2</td></tr>
<tr><td>管网热损失及循环流量</td><td>$$q_s = \pi DLK(1-\eta)\left(\frac{t_c + t_z}{2} - t_0\right) = L(1-\eta)\Delta q_s \quad (8.5\text{-}5d)$$
$$q_x = \frac{q_s}{(t_c - t_z)c} \quad (8.5\text{-}5e)$$
$$Q_x = q_{x1} + q_{x2} + \cdots + q_{xn} \quad (8.5\text{-}5f)$$
$$q_{xn} = \frac{\Sigma q_{sn}}{\Sigma q_s(n-1) - q_s(n-1)} \cdot q_{x(n-1)} \quad (8.5\text{-}5g)$$</td><td>q_s—配水管网中任一计算管段热损失，kJ/h
K—无保温时管道的传热系数，对普通钢管约为41.9kJ/（m^2·h·K）
η—保温系数，无保温时 $\eta = 0$，简单保温时 $\eta = 0.6$，较好保温时 $\eta = 0.7 \sim 0.8$
t_0—计算管段周围空气温度，可按表 8.5-6 选用，℃
t_c，t_z—计算管段起、终点水温，℃
D—管道外径，m，已知温差和管径时，可从 8.5-7 中直接查出
L—计算管段长度，m
Δq_s—无保温时单位长度管道的热损失，kJ/（h·m）
q_x—计算管段的循环流量，kg/h
C—热水的比热，取 $C = 4.19$kJ/（kg·K）
Q_x—热水管网中计算管路中某管段中的总循环流量，L/h
q_{x1}，q_{x2}，…q_{xn}—某管段及其以后各管段中所需的循环流量（配水管路中有循环管的管段），L/h
q_{xn}—n 管段的循环流量，L/h
$q_{x(n-1)}$—（$n-1$）管段的循环流量，L/h
Σq_{sn}—管段 n 本身及其后所有管段热损失之和，kJ/h
$\Sigma q_{s(n-1)}$—管段（$n-1$）本身及其后所有管段的热损失之和，kJ/h
$q_{s(n-1)}$—管段（$n-1$）的热损失，kJ/h</td></tr>
</table>

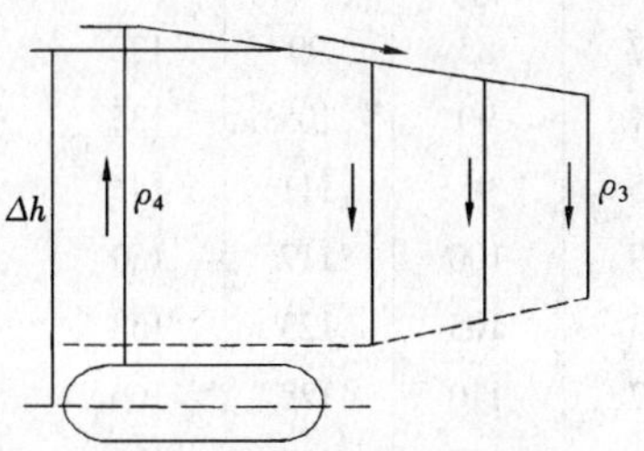

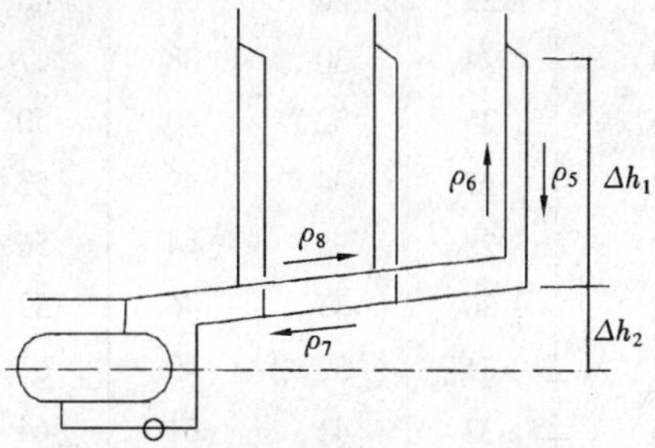

8.5-6　管段周围空气温度 t_0 值（℃）

管道敷设情况	t_0（℃）
有采暖房间内明装	18～20
有采暖房间内暗装	30
敷设在采暖房间顶棚内	采用一月份室外平均温度
敷设在不采暖的地下室	5～10
敷设在室内地沟内	35

8.5-7　不保温热水管道的单位长度热损失［kcal/（h·m）］

Δt（℃）	焊接钢管直径（上行——公称直径，mm；下行——外径，mm）										
	15	20	25	32	40	50	65	80	100	125	150
	21.3	26.8	33.5	42.3	48	60	75.5	88.5	114	140	165
1	2	3	4	5	6	7	8	9	10	11	12
30	21	27	33	42	48	59	75	88	113	139	163
32	22	28	35	45	51	63	80	93	120	148	174
34	24	30	38	47	54	67	85	99	128	157	185
36	25	32	40	50	57	71	90	105	135	166	196
38	27	34	42	53	60	75	95	111	143	176	207
40	28	35	44	56	63	79	100	117	150	185	218
42	30	37	46	59	67	83	105	123	158	194	229
44	31	39	49	61	70	87	110	128	166	203	240
45	32	41	51	64	73	91	115	134	173	212	250
48	34	42	53	67	76	95	120	140	181	222	261
50	35	44	55	71	79	99	125	146	188	231	272
52	37	46	58	73	82	103	130	152	196	240	283
54	38	48	60	75	86	107	135	158	203	249	294
56	39	50	62	78	89	111	140	163	211	259	305
58	41	51	64	81	92	115	145	169	218	268	316
60	42	53	66	84	95	119	150	175	233	277	327
62	44	55	69	87	98	123	155	181	233	286	338
64	45	57	71	89	101	127	160	187	241	296	348
66	46	58	73	92	105	131	165	193	248	305	359
68	48	60	75	95	108	135	169	199	256	314	370
70	49	62	77	98	111	139	174	204	263	323	381
72	51	64	81	100	114	143	179	210	271	333	392
74	52	65	82	103	117	147	184	216	278	342	403
76	53	67	84	106	120	150	189	222	286	351	414
78	55	69	86	109	124	154	194	228	293	360	425
80	56	71	88	112	127	158	199	234	301	369	435
82	58	73	91	114	130	162	204	239	308	379	446
84	59	74	93	117	133	166	209	245	316	389	457
86	60	76	95	120	136	170	214	251	324	397	468
88	62	78	97	123	139	174	219	257	331	406	479
90	63	80	100	126	143	178	224	263	339	416	490
92	65	81	102	128	146	182	229	267	346	425	501
94	66	83	104	131	149	186	234	274	354	434	512
96	67	85	106	134	152	190	239	280	361	443	523
98	69	87	108	137	155	194	244	286	369	453	533
100	70	88	111	140	158	198	249	292	376	462	544

8.5-8 管段起、终点水温（t_0，t_z）近似计算法

长度比温降法	面积比温降法	温降因素法
$\Delta t_{pj}=\frac{\Delta T}{\Sigma L}$ (8.5-8*a*) $t_c=t_z+\Delta t_{pj}\Sigma l$ (8.5-8*b*)	$\Delta t_{pj}=\frac{\Delta T}{\Sigma F}$ (8.5-8*c*) $t_c=t_z+\Delta t_{pj}\Sigma f$ (8.5-8*d*)	$\Delta t=M\frac{\Delta T}{\Sigma M}$ (8.5-8*e*) $t_c=t_z+\Delta t$ (8.5-8*f*) $M=\frac{L(1-\eta)}{D}$ (8.5-8*g*)

Δt_{pj}—配水管网中长度比温降，℃/m，或面积比温降，℃/m²

ΔT—计算配水管路始、终点温差，℃

ΣL，ΣF—配水管网管道总长度，m，或总面积，m²

t_c—所求计算管段起点的水温，℃

t_z—所求计算配水管路终点水温，一般为 55～60℃

Σl，Σf—所计算管段起点以后配水管路的总长度，m；或总面积，（可按 8.5-9 计算），m²

Δt—计算管段的温降，℃

M—计算管段的温降因素；由管长 L、保温因素（$1-\eta$）及管径 D 确定

ΔT—配水管路起、终点温差，℃

ΣM—配水管路各管段温降因素的总和

8.5-9 每米长普压钢管在不同保温层厚度时的展开面积（m²）

保温层厚度（mm）	DN（mm） 20	25	32	40	50	70	80	90	100
0	0.084	0.1052	0.1327	0.1508	0.1885	0.2372	0.2780	0.3180	0.3581
25	0.2411	0.2623	0.2898	0.3079	0.3456	0.3943	0.4351	0.4750	0.5152
30	0.2725	0.2937	0.3212	0.3393	0.3769	0.4257	0.4665	0.5064	0.5466
40	0.3354	0.3566	0.3841	0.4021	0.4398	0.4885	0.5294	0.5693	0.6095

8.5-10 机械循环水泵所需流量、扬程计算

计算类别	计 算 公 式	备 注
全日制机械循环	$Q_b\geqslant q_x+q_f$ $H_b\geqslant\left(\frac{q_f+q_x}{q_x}\right)^2h_p+h_h$ (8.5-10*a*) $q_x=\frac{Q_s\times3600}{C\Delta t}$ (8.5-10*b*)	Q_b—循环水泵的流量，L/s q_x—循环流量，可按式 8.5-1*b* 计算，L/s q_f—循环附加流量，应按建筑物性质，使用要求确定，一般宜取设计小时用水量的 15%，L/s H_b—循环水泵扬程，kPa h_p，h_h—循环流量通过配水，回水管网的水头损失，kPa Q_b—配水管道的热损失（W），应经计算确定，一般可取设计小时耗热量的 5%～10%
定时供应热水机械循环	$Q_b\geqslant\frac{60V_{gs}}{t_s}$ $H_b\geqslant h_p+h_h$ (8.5-10*c*)	Δt—配水管道的热水温度差，根据系统大小确定，一般采用 5～15℃，℃ C—水的比热，kJ/（kg·K） V_{gs}—循环管网的全部容积，但不包括不设循环管的各管段及热水罐（箱）热水锅炉中的水容积，L t_s—在最长配水和循环水环路中，水循环一次所需时间，一般取 t_s= 15～30min

[1]当采用半即热式水加热器或快速水加热器时，水泵扬程计算尚应计算水加热器水头损失

8.5-11 循环管网计算步骤及方法

序号	计 算 步 骤	方 法
1	选取计算管路	从热水管网系统图中选取循环水头损失最大的环路
2	确定计算管路和其他配水管路的管径	按给水管网计算方法，见配水管网的计算

8.5-11 循环管网计算步骤及方法（续）

序号	计算步骤	方法
3	初步选定计算管路中回水管路管径	一般比相应配水管段管径小1~2号，对自然循环宜较机械循环适当大一些，甚至可与相应配水管段管径相等。回水管的直径不得小于20mm
4	选定计算配水管路的最大温度降	即锅炉或水加热器的出水温度与最不利配水点水温的温度差，应根据供水系统大小和循环方式确定，一般采用5~10℃，最大不得超过15℃。在系统较大和采用自然循环时宜采用较大的温度差，否则采用较小的温度差
5	算出计算配水管路各管段的热损失及其循环流量	按式（8.5-5*d*）、式（8.5-5*e*）计算 q_s 及 q_x 值，各管段的起终点水温（t_c、t_z）按8.5-8近似计算方法确定，若最后算出的出水温度与规定水温相差较大（一般不超过1℃）则应根据计算所得的水温，重新计算各管段热损失和循环流量，直到起点水温与规定水温相符为止
6	算出环路中配水管路各管段中总循环流量	按式（8.5-5*f*）计算
7	算出环路中通过循环流量的沿程和局部水头损失 H	按式（8.5-5*a*）计算
8	算出计算环路的自然压力 H_z	按式（8.5-5*b*）、式（8.5-5*c*）计算
9	比较计算环路的自然压力（H_{zr}）和计算环路通过循环流量的水头损失（H）	当符合式（8.5-5）时，配管计算结束，即能够自然循环，否则可放大计算环路的回水管径，减小循环水头损失，直到满足式（8.5-5）为止
10	选择循环水泵	若放大回水管路管径不合理时，改为机械循环，循环水泵所需流量和扬程按式（8.5-10*a*）、式（8.5-10*c*）确定

8.6 热水管道和附件敷设

8.6-1 管道敷设的要求

1. 热水管管径小于及等于100mm时，应采用热水铝塑复合管、PPR管和相应的配件。宾馆、高级住宅、别墅等建筑，宜采用铜管、聚丁烯管或不锈钢管

2. 热水管道系统，应有补偿管道温度伸缩的措施，宜采用金属波纹管等。上行下给式系统配水干管的最高点，应设排气装置；下行上给式热水配水系统，应利用最高配水点放气，在系统的最低点，应有泄水装置或利用最低配水点泄水

3. 下行上给式系统设有循环管道时，其回水立管应在最高配水点以下（约0.5m）与配水立管连接；上行下给式系统中只需将循环管道与各立管连接

4. 热水管网还应在下列管段上装设止回阀：水加热器或贮水器的冷水供水管，机械循环第二循环回水管，混合器的冷水与热水供应管

5. 水加热器的出水温度，当要求稳定且有限制时，应设自动温度调节装置，当热水供应系统和热水管网连接，并装有快速加热器时，应设自动温度调节装置

6. 每个水加热器、贮水罐和冷热水混合器上，应装设温度计，必要时，热水回水干管上也可装温度计

7. 当需要计量热水点用水量时，可在水加热设备的冷水供水管上装设冷水水表；对成组和个别用水点可在专供支管上装设热水水表

8. 热水横管的坡度不应小于0.003，以便放气和泄水

9. 热水锅炉、水加热器、贮水器、热水配水干管、机械循环回水干管和有结冻可能的自然循环回水管，应保温。保温层的厚度应经计算确定

10. 热水管穿过建筑物顶棚、楼板、墙壁和基础处，应加套管

8.6-2 冷、热水表的安装

热水表安装图（DN15～40）

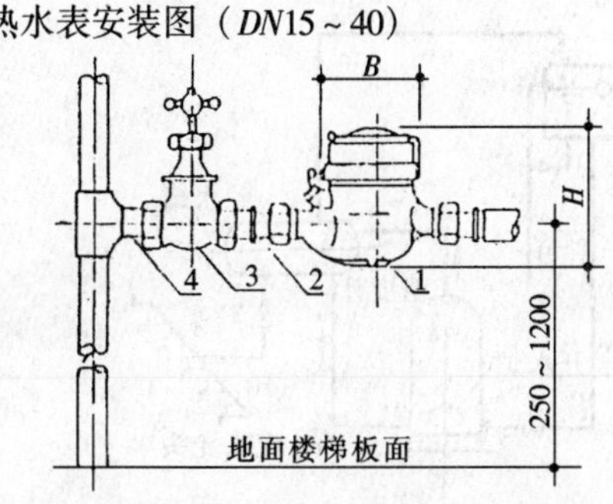

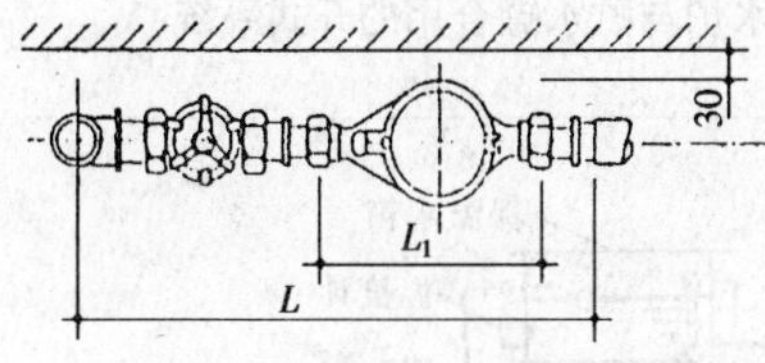

1—水表；2—补芯；3—铜阀；4—短管

旋翼湿式冷、热水表技术数据表

公称口径 DN（mm）		计算等级	最小流量	公称流量	最大流量	最小示值	最大示值
			m^3/h			m^3	
LXS 旋翼湿式冷水表	15	A级	0.045	1.5	3	0.001	9999
		A级	0.030			0.0001	
	20	A级	0.075	2.5	5	0.001	9999
		A级	0.050			0.0001	
	25	A级	0.105	3.5	7	0.001	9999
		A级	0.070			0.0001	
	40	A级	0.300	10	20	0.01	99999
		A级	0.200			0.001	
LXSR 热水表	15		0.045	1.5	3	0.0002	10000
	20		0.075	2.5	5	0.0002	10000
	25		0.090	3.5	7	0.0002	10000
	40		0.220	10	20	0.002	10000

旋翼湿式冷、热水表安装尺寸表

公称口径	冷水表				热水表			
（DN）	B	L_1	L	H	B	L_1	L	H
15	95.5	165	≥470	105.5	95	165	≥470	107
20	95.5	195	≥542	107.5	95	195	≥542	108.5
25	100	225	≥566	116.5	100	225	≥566	115.5
40	120	245	≥653	151	120	245	≥653	150.5

说明：1. 水表口径与阀门口径相同时可取补芯

2. 装表前应排净管内杂物，以放堵塞

3. 水表必须水平安装，箭头方向与水流方向一致，并应安装在管理方便，不致冻结，不受污染，不易损坏的地方

4. 冷水表介质温度 40℃，热水表介质温度 100℃，工作压力均为 1.0MPa

8.6-3 自动排气阀

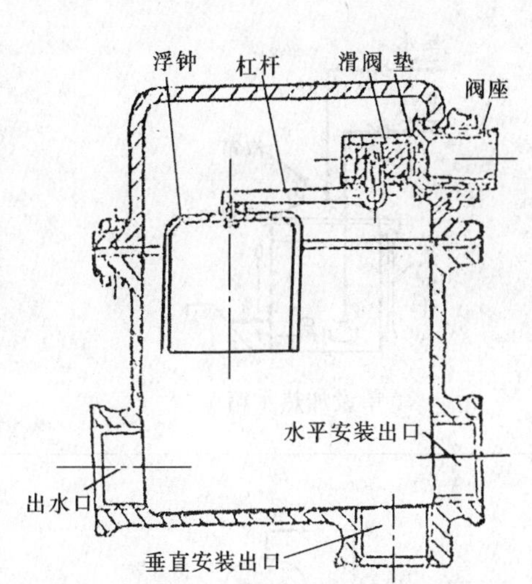

自动排气阀的选用，主要依据系统的工作压力，当热水工作温度小于及等于 95℃，工作压力小于及等于 0.2MPa 时，选用排气孔径 $d=2.5$mm 的阀座；当工作压力为 0.2、0.4MPa 时，选用排气孔径 $d=1.6$mm 的阀座

自动排气阀应垂直安装在系统的最高处，不得歪斜

8.6-4 热水立管与水平干管的连接方式

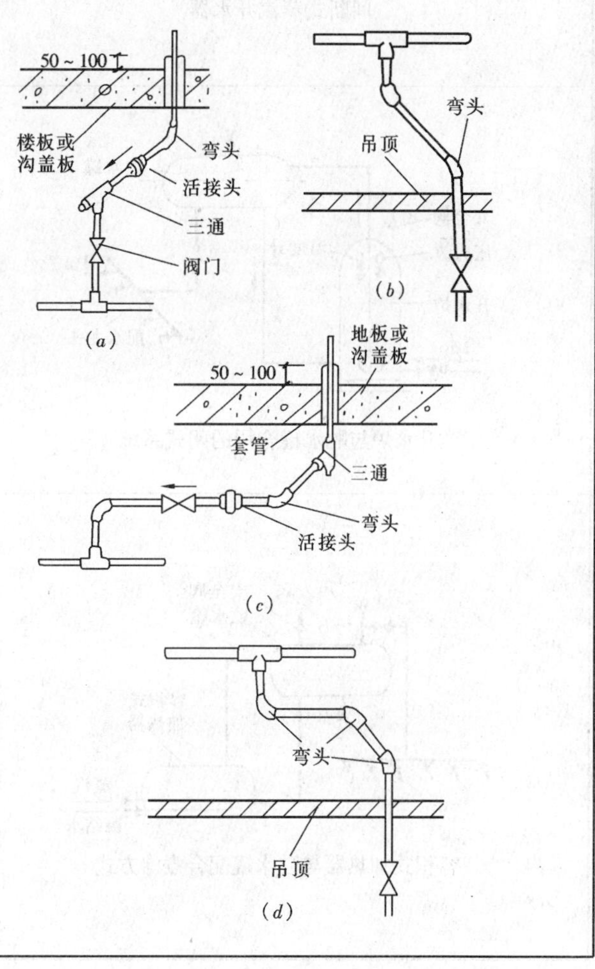

8.6-5 饮用热水装置的连接方式

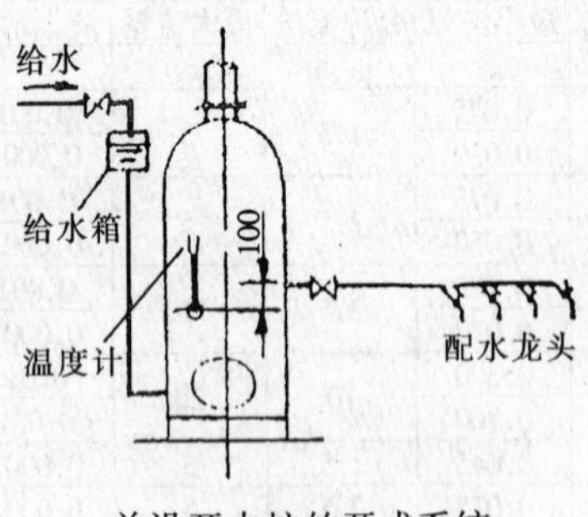

单设开水炉的开式系统

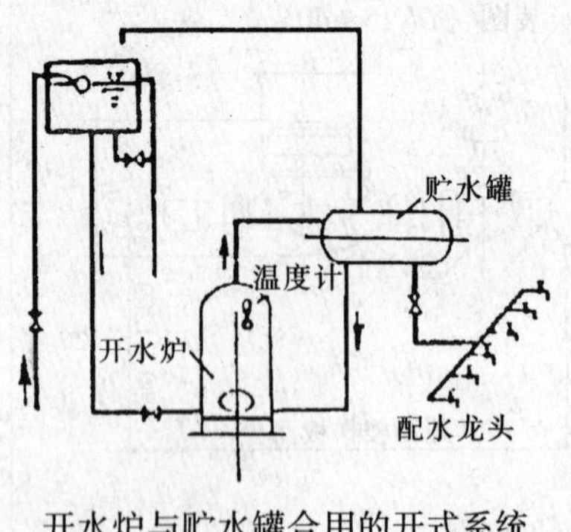

开水炉与贮水罐合用的开式系统

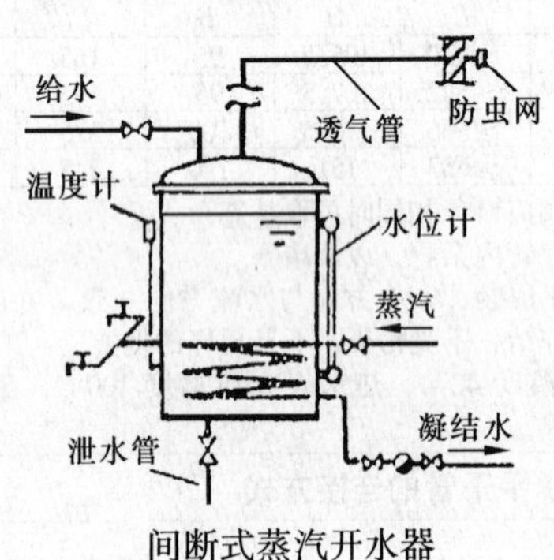

间断式蒸汽开水器

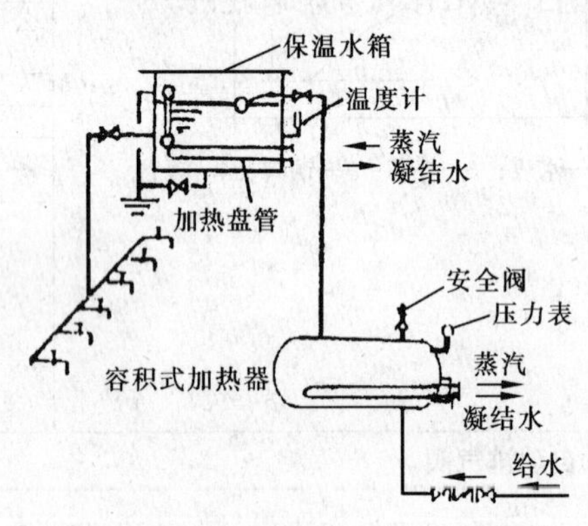

容积式加热器与保温水箱配合煮沸方式

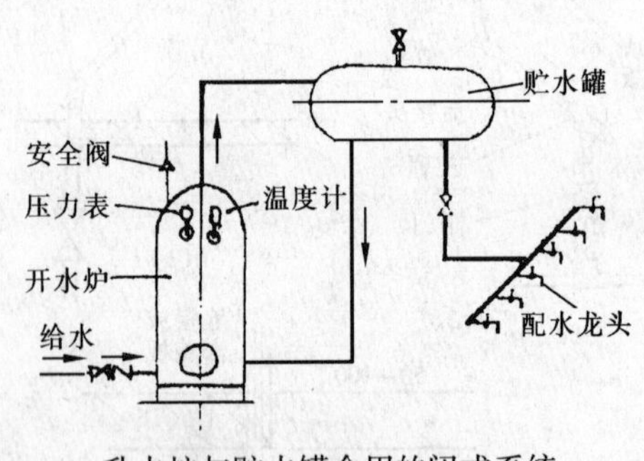

升水炉与贮水罐合用的闭式系统

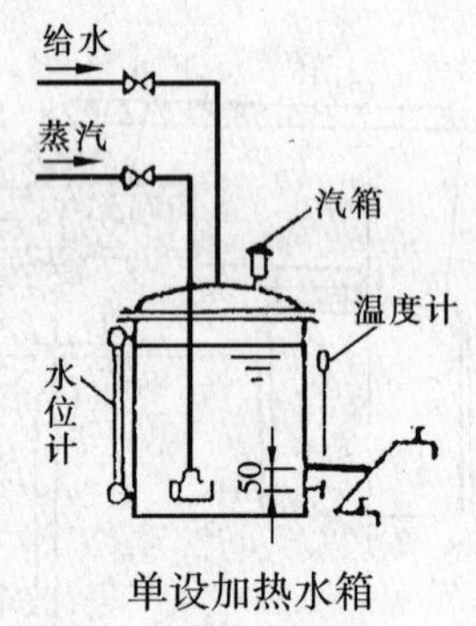

单设加热水箱

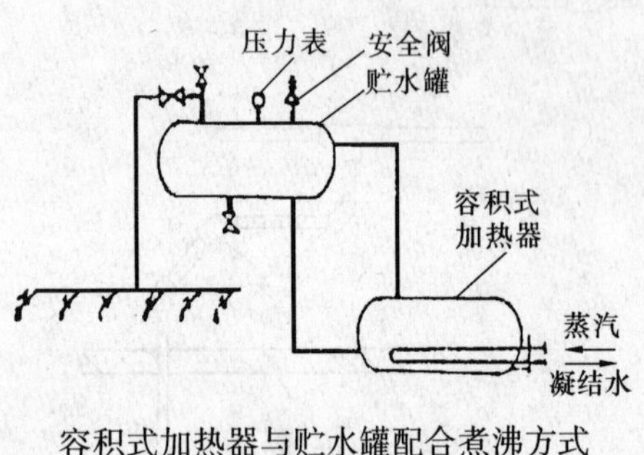

容积式加热器与贮水罐配合煮沸方式

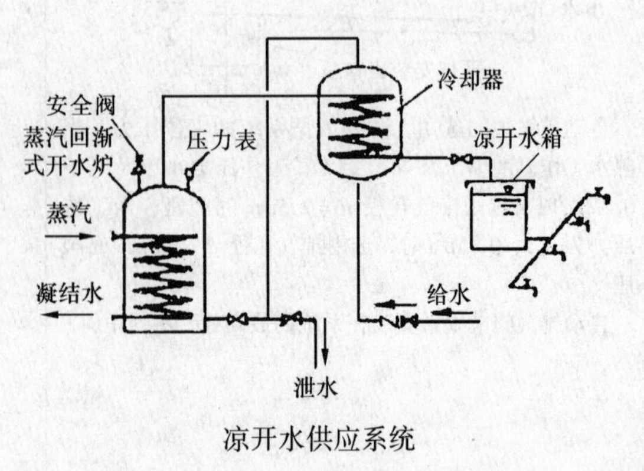

凉开水供应系统

9. 供热

9.1 采暖的要求和系统的分类

9.1-1 供热设备的要求

经济性的要求	正确的系统选择（根据新建筑、旧建筑等），最有利的能源形式，与（生活）热水供应结合在一起，理想的调节装置，保温，维护，可控制通风
生态学的要求	节能，发电厂余热的利用，回收能源的利用，排放量小，储油罐的防护和排放措施
运行的要求	无故障运行方式，足够的运行安全性，考虑有关的规定，细致的调节装置，保养合同，顾客的售后服务
舒适性的要求	良好的温度分布，简单的操作，无噪声，调整快速，无吸风现象，充分保证（饮用）热水的供应

9.1-2 采暖系统的分类

划分的特征	类型			
根据热媒的不同	蒸汽采暖	低压蒸汽采暖：$p_g \leq 0.07$MPa		
		高压蒸汽采暖：$p_g > 0.07$MPa		
	热水采暖[1]	低温水采暖：$t < 50 \sim 75$℃		
		中温水采暖：$t = 75 \sim 95$℃		
		高温水采暖：$t > 100$℃		
	热风采暖	以空气为热媒，将室外或室内再循环空气或部分室内与室外的混合空气加热后直接送入室内，与室内空气进行混合换热，维持室内空气一定的温度		
根据热媒供回方式的不同	单管系统	热媒顺序地流过散热器，并顺序地在各散热器中冷却		
	双管系统	热水（蒸汽）经供给立管或水平供给管平行地分配给多组散热器，冷却后的热水（冷凝水）自每个散热器直接沿回水（冷凝水）立管或水平管返回热源		
根据系统循环的动力不同	重力循环系统	依靠水的密度差进行循环		
	机械循环系统	依靠机械力（水泵）进行		
根据供热范围的不同	局部采暖系统	热源、管道与散热器连成整体而不能分离的采暖系统。如火墙、火炕、电暖风机、燃气红外辐射器等		
	独立采暖系统	仅为一户或几户住宅而设置的采暖系统		
	集中采暖系统	采用锅炉或水加热器对水集中加热，通过管道向一幢或数幢房屋供应热能的采暖系统		
	区域采暖系统	以集中供热的热网作为热源，用以满足一个建筑群或一个区域需要的采暖系统。它的供热规模比集中采暖要大得多，在我国北方一些城市的采暖系统就是利用热电厂或区域锅炉房供热的		
根据散热方式的不同	辐射式采暖	散热器主要是以辐射的形式散热	低温辐射	辐射体表面温度小于80℃
			中温辐射	辐射体表面温度在80～200℃
			高温辐射	辐射体表面温度大于200℃
	对流式采暖	散热器主要是以对流的形式散热	直流式	空气全部来自室外
			再循环式	空气全部来自室内
			混合式	部分室外空气和部分室内空气混合

[1]各个国家对热水温度的界定不同，表格中的温度列出的是德国的标准，我国没有中温水概念，我国定义是 $t <$ 100℃为低温水采暖、$t > 100$℃为高温水采暖。但随着我国节能要求的提高和建筑物保温措施的改善，低温水采暖会逐步被采纳

9.1-3 热水采暖系统形式

自然循环热水循环采暖系统形式

序号	形式名称	图式	适用范围	特点
1	单管上供下回式	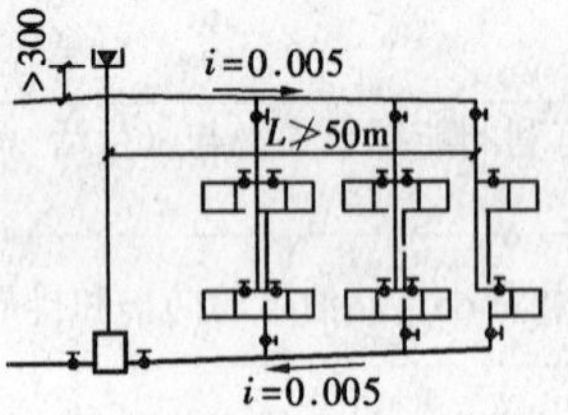 >300 $i=0.005$ $L>50$m $i=0.005$	作用半径不超过50m的三层以下建筑	升温慢，作用压力小，管径大系统简单不消耗电能，易产生垂直失调
2	双管下供下回式	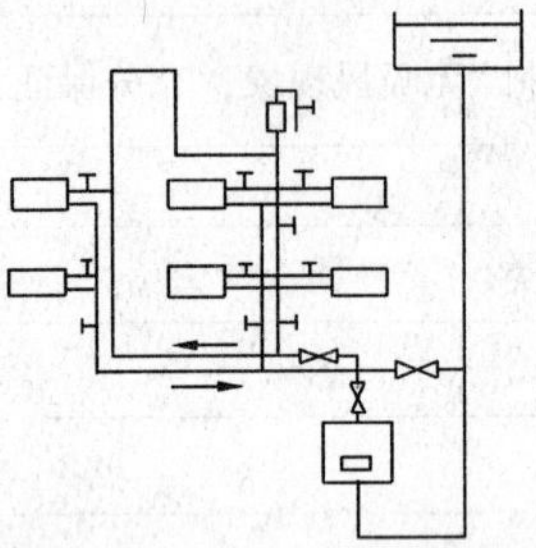	适合于建筑物有顶层，顶棚下敷设供水干管有困难，作用半径不超过50m以下的三层建筑物	供水管道均设在底部，此系统排气困难，通常在顶层散热器设手动或自动的放气门，或在顶部设置空气管
3	单管上供下回顺流式	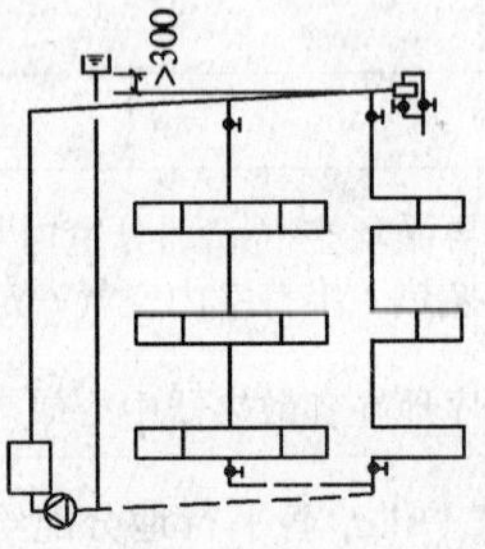 >300	作用半径不超过50m的多层建筑	各散热器彼此串联，图中左半部为垂直串联，右半部为水平串联，该系统升温慢，作用压力小，管径大，系统简单，不消耗电能、水力稳定性好
4	自然循环上供下回单管跨越式系统	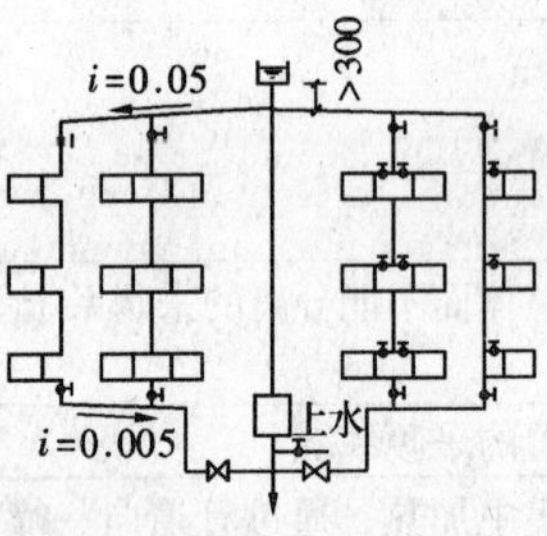 $i=0.05$ >300 $i=0.005$ 上水	作用半径不超过50m，室温有调节要求的建筑物	图中左半部为垂直单管跨越式，右半部为水平单管跨越式，散热器热量调节方便

机械循环热水供暖系统形式

序号	形式名称	图式	适用范围	特点
1	双管上供下回式	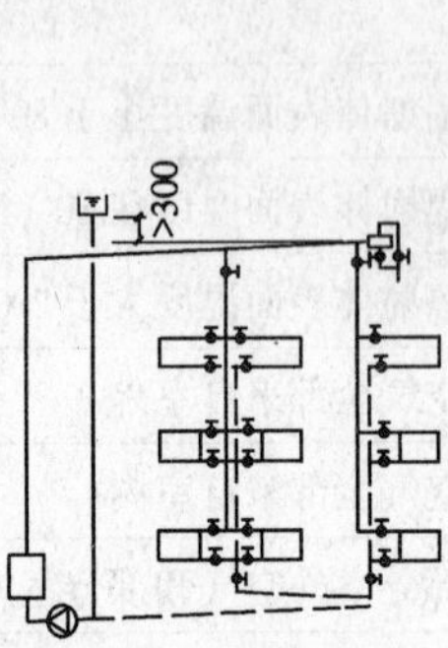 >300	室温有调节要求的四层以下建筑物	各散热器均为并联，可以单独调节，易出现垂直失调

9.1-3 热水采暖系统形式（续）

序号	形式名称	图式	适用范围	特点
2	双管下供下回式	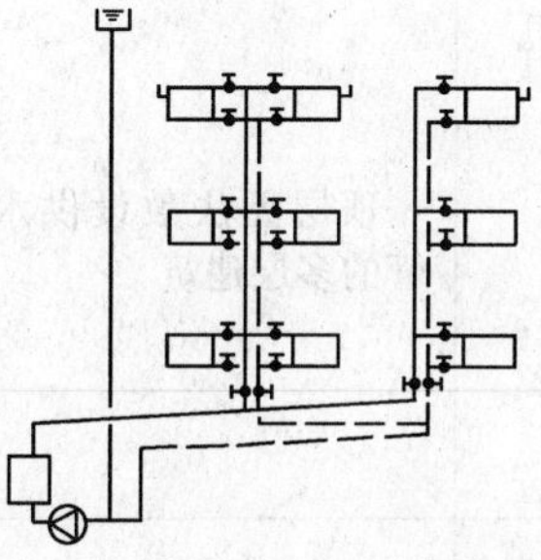	室温有调节要求且顶层不能敷设干管时的四层以下建筑	缓和了上供下回式系统的垂直失调现象 安装供、回水干管需设置地沟 室内无供水干管，顶层房间美观 排气不便
3	双管中供式	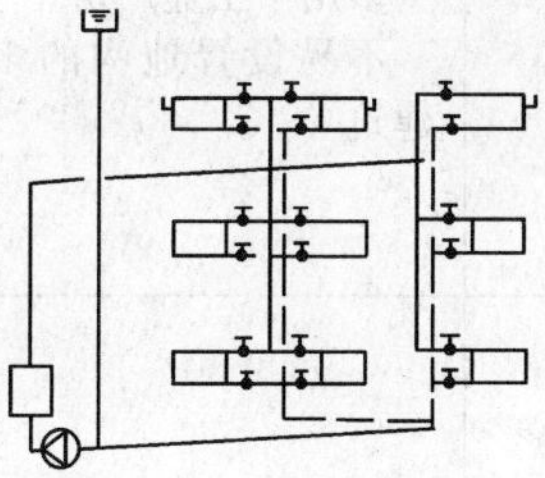	适用于加建楼层的原有建筑物或“品”字形建筑（上部建筑面积少于下部的建筑）供暖或顶层无法敷设供水干管的场合	可解决一般供水干管挡窗问题 解决垂直失调比上供下回有利 对楼层扩建有利 排气不利
4	单，双管下供上回式	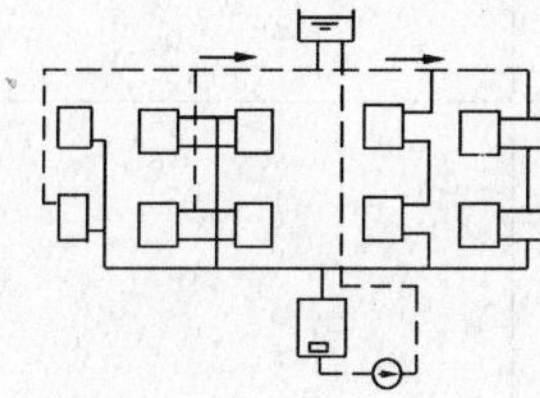	该系统不可采用单管跨越式 双管适用于四层以下建筑物	水与空气浮升方向一致，便于排气 缓解多层建筑上热下冷的问题 对高温水有利，不易汽化，便于用膨胀水箱定压 散热面积增大
5	垂直单管顺流式	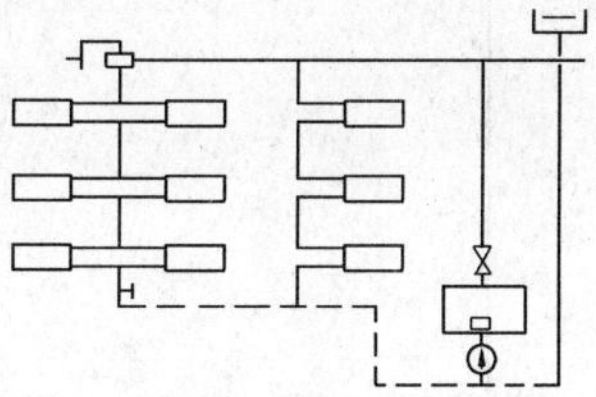	适用于多层建筑	系统简单，造价低 水力稳定性好 排气方便
6	垂直单管跨越式	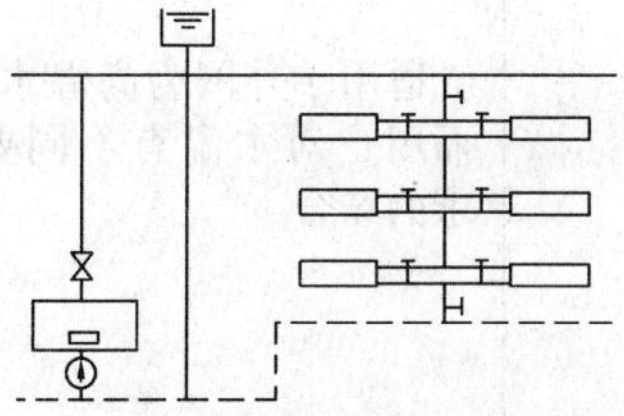	适用于对室温有调节要求的多层建筑	室温可调节 造价比单管顺流式高

9.1-3 热水采暖系统形式（续）

序号	形式名称	图式	适用范围	特点
7	垂直单管双线式	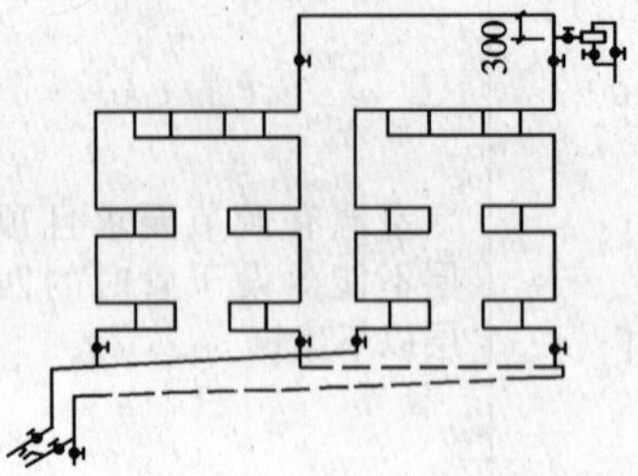 300	顶层无法敷设供水干管的多层建筑	当热媒为高温水时可降低散热器表面温度 排气阀的安装必须正确
8	垂直单管上供上回式	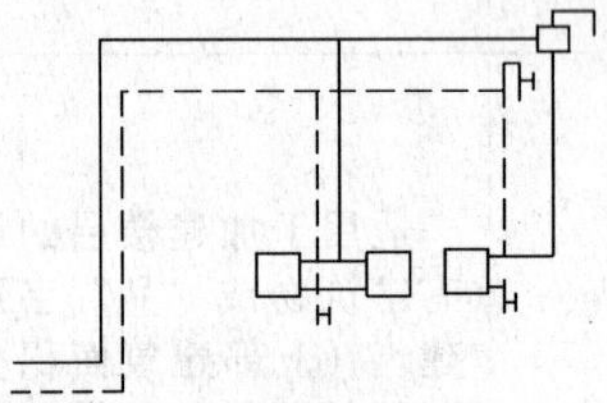	多用于工业厂房 不易设置地沟的多层建筑	减少地面管道以及过门地沟的麻烦 排气不便 泄水不便 检修方便
9	垂直单管跨越式与顺流式混合	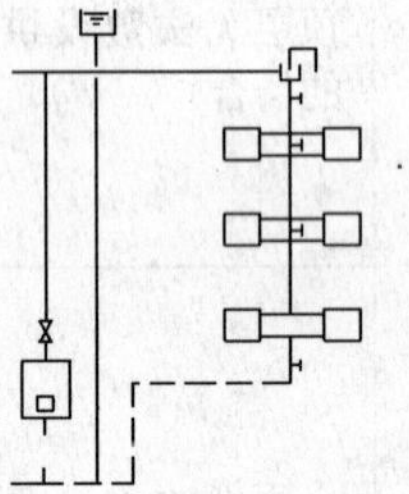	多层建筑和高层建筑	适当缓解垂直失调问题
10	单，双管混合式	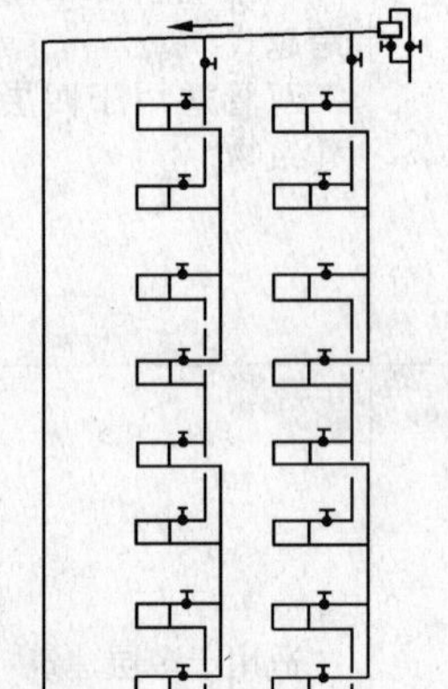	适用于高层建筑	既能像双管那样进行散热器个别调节，又能像单管那样不会产生严重的水力失调
11	下供上回与上供下回联合式	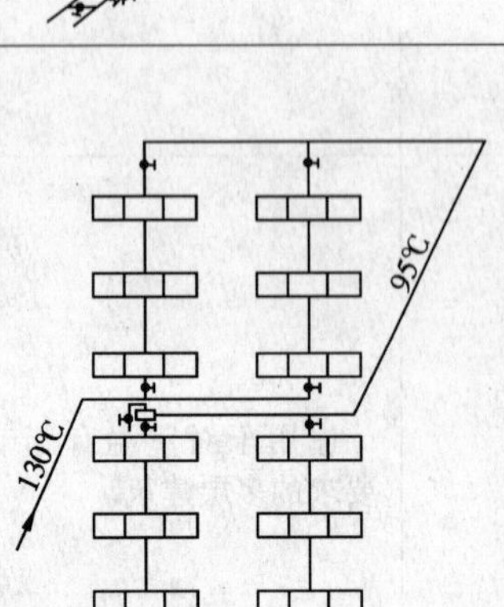 95℃ 130℃ 70℃	适用于外网为高温水，而用户对水温有不同要求的场合	该系统由两大部分组成，其中下供上回式为高温水，上供下回式为低温水

9.1-3 热水采暖系统形式（续）				
序号	形式名称	图式	适用范围	特点
12	水平单管顺流式	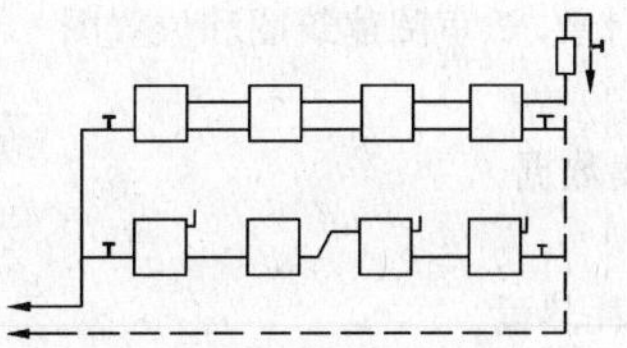	适用于不能敷设立管的公共建筑与一般建筑物	省管材，造价低 管道穿楼板少，施工容易 散热器接口易漏水 排气不便
13	单管水平跨越式	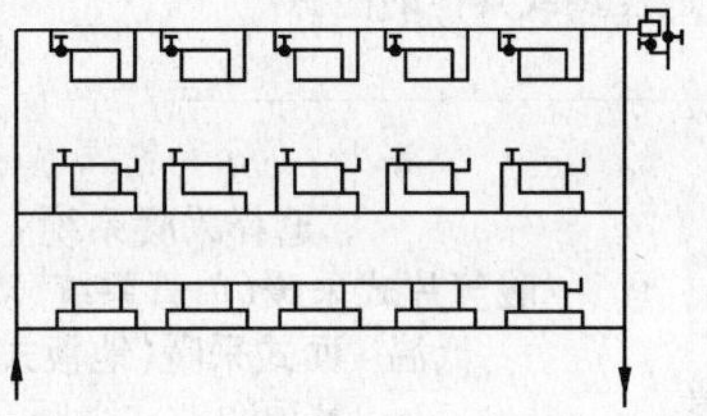	单层建筑串联散热器组数过多时	每组散热器流量可调节 排气不便
14	竖向分层式	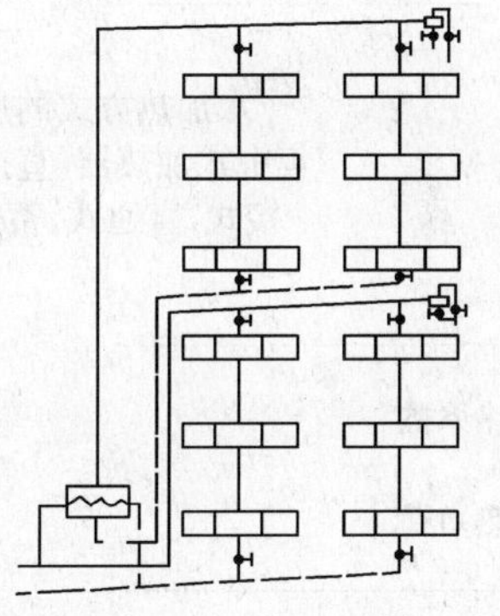	外网为高温水	入口换热设备造价高
15	双水箱分层式	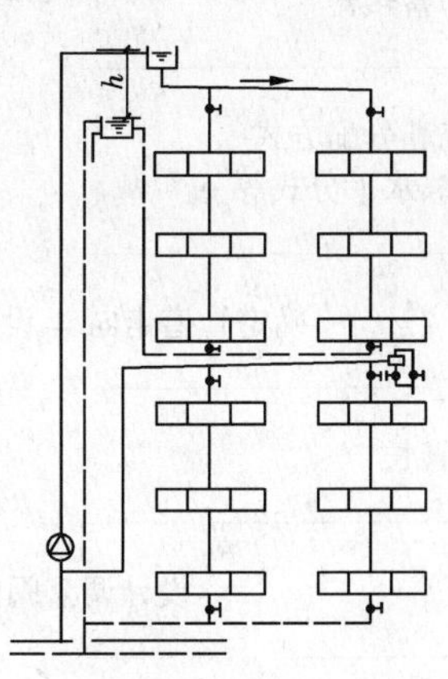	外网为低温水	管理较复杂 采用开式水箱空气进入系统易腐蚀管道
16	水平双线式	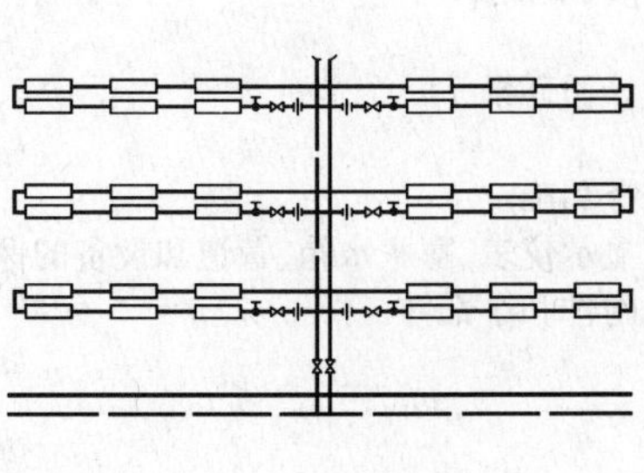	适用于承压能力较高的蛇形管或辐射板式散热器	可分层调节并通过设置的节流孔板使各环路阻力平衡，在一定程度上克服水平失调和垂直失调

9.2 采暖热负荷计算

9.2-1 采暖系统设计程序

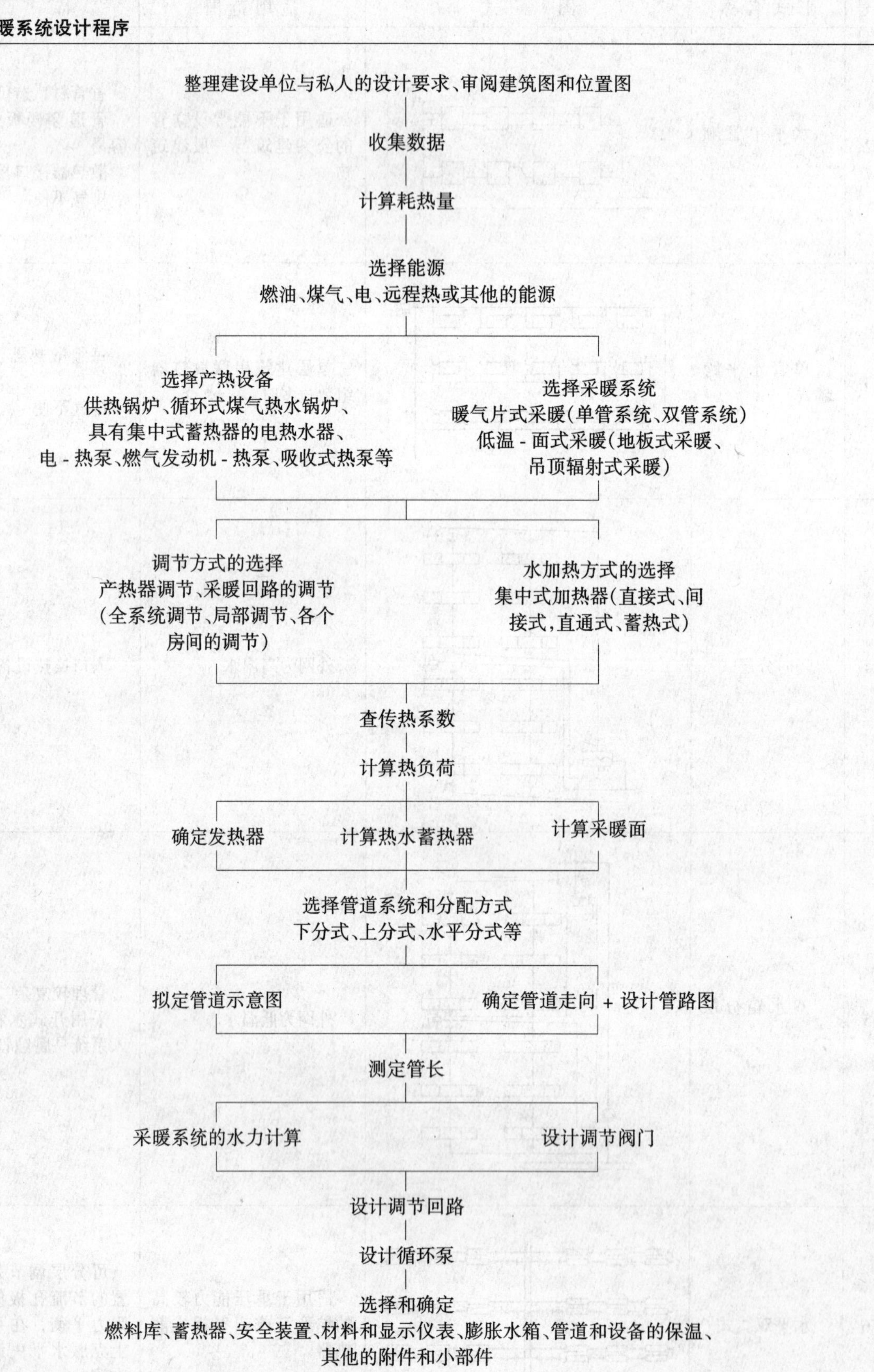

9.2-2　采暖设计热负荷的定义

在采暖室外温度下，为维持室内所要求的温度，在单位时间内由散热设备向房间提供的热量

9.2-3　建筑采暖设计热负荷计算方法的确定

根据热平衡原理确定，即要维持室内一定的温度，就必须使房间的得热量与失热量达到平衡

房间的失热量	围护结构的耗热量
	加热由门窗缝隙渗入室内的冷空气的耗热量，即冷风渗透耗热量
	加热由门、孔洞及相邻房间侵入的冷空气的耗热量，即冷风侵入耗热量
	水分蒸发耗热量
	加热由外部运入的冷物料和运输工具的耗热量
	通风耗热量和通过其他途径散失的热量
房间的得热量	最小负荷班的工艺设备散热量
	热管道及其他热表面的散热量
	热物料的散热量
	太阳辐射得热量
	通过其他途径获得的热量

对于一般民用建筑和散热量不大的工厂车间，得热量很少，可不计算，而失热量通常只考虑围护结构耗热量，冷风渗透耗热量，冷风侵入耗热量，对散发量不大，且不稳定的耗热量可不予计入

9.2-4　围护结构的耗热量

围护结构的基本耗热量[1]	在设计条件下，通过房间各部分围护结构（门、窗、地板、屋面等）从室内传到室外的稳定传热量之和
围护结构修正耗热量	围护结构的传热状况发生变化而对其基本耗热量的修正，它包括风力修正、高度修正、朝向修正

[1] 见 1.3-31

9.2-5　居住及公共建筑物采暖室内计算温度

序号	房间名称	室内温度（℃）		序号	房间名称	室内温度（℃）	
		一般	上下范围			一般	上下范围
	一、居住建筑			7	手术、分娩准备室	22	20~22
1	饭店、宾馆的卧室与起居室	20	18~13	8	儿童病房	22	20~22
2	住宅、宿舍的卧室与起居室	18	16~20	9	病人厕所	20	18~22
3	厨房	10	5~15	10	病人浴室	25	21~25
4	门厅、走廊	16	14~16	11	诊室	20	18~20
5	浴室	25	21~25	12	病人食堂、休息室	20	18~22
6	洗室	18	16~20	13	日光浴室	20	
7	公共厕所	15	14~16	14	医务人员办公室	18	18~22
8	厨房的储藏室	5	可不采暖	15	工作人员厕所	16	14~16
9	楼梯间	14	12~14				
	二、医疗建筑				三、幼儿园、托儿所		
1	病房（成人）	20	18~22	1	儿童活动室	18	16~20
2	手术室及产房	25	22~26	2	儿童厕所	18	16~20
3	X 光室及理疗室	20	18~22	3	儿童洗室	18	16~20
4	治疗室	20	18~22	4	儿童浴室	25	
5	体育疗法	18	16~22	5	婴儿室、病儿室	20	18~22
6	消毒室、绷带管室	18	16~18	6	医务室	20	18~22

9.2-5　居住及公共建筑物采暖室内计算温度（续）

序号	房　间　名　称	室内温度（℃）一般	室内温度（℃）上下范围
	四、学校		
1	教室	16	16～18
2	化学室验室、生物室	16	16～18
3	其他实验室	16	16～18
4	礼堂	16	15～18
5	体育馆	15	13～18
	五、影剧院		
1	观众厅	16	14～18
2	休息室	16	14～18
3	放映室	15	14～16
4	舞台（芭蕾舞除外）	18	16～18
5	化妆室（芭蕾舞除外）	18	16～20
6	吸烟室	14	12～16
7	售票处（大厅）	12	12～16
	售票处（小房间）	18	16～18
	六、商业建筑		
1	商店营业室（百货、书籍）	15	14～16
2	副食商店中营业室（油盐杂货）	12	12～14
3	鱼肉、蔬菜营业室	10	
4	鱼肉、疏菜储藏室	5	
5	米面储藏室	10	
6	面货仓库	12	
7	其他仓库	8	5～10
	七、体育建筑		
1	比赛厅（体操除外）	16	14～20
2	休息厅	16	
3	练习厅（体操除外）	16	16～18
4	运动员休息室	20	18～22
5	运动员更夜室	22	
6	游泳馆、室内游泳池	26	25～28
	八、图书资料馆建筑		
1	书报资料库	16	15～18
2	阅览室	18	16～20
3	目录厅、出纳厅	16	16～18
4	特藏库	20	18～22
5	胶卷库	15	12～18
6	展览厅、报告厅	16	
	九、公共饮食建筑		
1	餐厅、小吃部	16	14～18
2	休息厅	18	16～20
3	厨房（加工部分）	16	
4	厨房（烘烤部分）	5	
5	干货储存	12	
6	菜储存	5	
7		12	
	食品剩余	2	
	洗碗间	20	
	十、洗衣房		
1	洗衣车间	15	14～16
2	烫衣车间	10	8～12
3	包装间	15	
4	接收衣服间	15	
5	取衣处	15	
6	集中衣服处	10	
7	水箱间	5	
	十一、澡塘、理发馆		
1	更衣	22	20～25
2	浴池	25	24～28
3	淋浴室	25	
4	浴池与更衣之间的门斗	25	
5	蒸汽浴室	40	
6	盆塘	25	
7	理发室	18	
8	消毒室		
	干净区	15	
	脏区	15	
9	烧火间	15	
	十二、交通、通讯建筑		
1	火车站		
	候车大厅	16	14～16
	售票、问讯（小房间）	16	16～18
2	长途汽车站	16	14～16
3	广播、电视台		
	演播室	20	20～22
	技术用房	20	18～22
	布景、道具加工间	16	16～18
	十三、生活服务建筑		
1	衣服、鞋帽修理店	16	16～18
2	钟表、眼镜修理店	18	18～20
3	电视机、收音机修理店	18	18～20
4	照像馆		
	摄影室		
	洗印室（黑白）	18	
	洗印室（彩色）	18	18～20
	十四、公共建筑的共同部分	18	18～20
1	门厅、走道		
2	办公室	14	14～18
3	厨房	18	16～18
4	厕所	10	5～15
5	电话机房	16	14～16
6	配电间	18	18～20
7	通风机房	18	16～18
8	电梯机房	15	14～16
9	汽车库（停车场、无修理间）	5	
10	小型汽车库（一般检修）	5	5～10
11	汽车修理间	12	10～14
12	地下停车库	14	12～16
13	公共食堂	12	10～12
		16	14～16

9.2-6 集中供暖的车间空气温度规定值

作业强度	最低温度（℃）	
	一般情况	非一般情况[1]
轻作业	15	10
中作业	12	7
重作业	10	8

[1]非一般情况指每名工人占用 50～100m^2 面积时，若每名工人占用 100m^2 以上面积时，按局部供暖设计

9.2-7 辅助用室的冬季室内空气温度[1]

辅助用室名称	室内空气温度（℃）
厕所、洗室	12
食堂	14
办公室、休息室	16～18
技术资料室	16
存衣室	16
淋浴室	25
淋容室的换衣室	23
女工卫生室	23
哺乳室	20

[1]设计温度不得低于表中值

9.2-8 围护结构冬季室外计算参数

序号	城市名称	冬季室外计算温度 t_w（℃）				供暖期			
		Ⅰ型	Ⅱ型	Ⅲ型	Ⅳ型	日平均温度≤+5℃天数	平均温度 $\bar{t}_w$（℃）	平均相对湿度 $\bar{\varphi}_w$（%）	度日数 D_d（℃·d）
1	2	3	4	5	6	7	8	9	10
	黑龙江省								
1	哈尔滨	－26	－29	－31	－33	177	－9.9	66	4938
2	嫩　江	－33	－36	－39	－41	199	－13.3	66	6229
3	齐齐哈尔	－25	－28	－30	－32	182	－10.2	62	5132
4	富　锦	－25	－28	－30	－32	184	－10.6	65	5262
5	牡丹江	－24	－27	－29	－31	178	－9.4	65	4877
6	呼　玛	－39	－42	－45	－47	207	－14.8	69	6790
7	佳木斯	－26	－29	－32	－34	181	－10.3	—	5122
8	安　达	－26	－29	－32	－34	180	－10.4	64	5112
9	伊　春	－30	－33	－35	－37	194	－12.5	70	5917
10	克　山	－29	－31	－33	－35	192	－11.9	66	5741
	吉林省								
11	长　春	－23	－26	－28	－30	171	－8.3	63	4497
12	吉　林	－25	－29	－31	－34	171	－9.1	68	4607
13	延　吉	－20	－22	－24	－26	170	－7.1	58	4267
14	通　化	－24	－26	－28	－30	169	－7.6	69	4326
15	双　辽	－21	－23	－25	－27	167	－7.8	61	4309
16	四　平	－22	－24	－26	－28	164	－7.4	61	4166
17	白　城	－23	－25	－27	－28	176	－8.9	54	4734
18	长　白	－24	－27	－29	－31	185	－9.1	68	5014
	辽宁省								
19	沈　阳	－19	－21	－23	－25	152	－5.6	58	3587
20	丹　东	－14	－17	－19	－21	145	－3.4	60	3103
21	大　连	－11	－14	－17	－19	131	－1.4	58	2541
22	阜　新	－17	－19	－21	－23	156	－5.7	50	3697
23	抚　顺	－21	－24	－27	－29	154	－7.0	65	3850
24	朝　阳	－16	－18	－20	－22	150	－4.9	42	3435
25	本　溪	－19	－21	－23	－25	152	－5.6	62	3587
26	锦　州	－15	－17	－19	－20	145	－4.0	47	3190
27	鞍　山	－18	－21	－23	－25	145	－4.7	59	3292
28	锦　西	－14	－16	－18	－19	143	－4.2	50	3175

9.2-8 围护结构冬季室外计算参数（续）

序号	城市名称	冬季室外计算温度 t_w（℃）				供暖期			
		Ⅰ型	Ⅱ型	Ⅲ型	Ⅳ型	日平均温度 ≤+5℃天数	平均温度 $\overline{t_w}$（℃）	平均相对湿度 $\overline{\varphi_w}$（%）	度日数 D_d（℃·d）
1	2	3	4	5	6	7	8	9	10
	新疆维吾尔自治区								
29	乌鲁木齐	−22	−26	−30	−33	162	−8.5	75	4293
30	塔城	−23	−27	−30	−33	163	−6.5	71	3994
31	哈密	−19	−22	−24	−26	138	−5.2	48	3202
32	伊宁	−20	−26	−30	−34	141	−4.7	75	3201
33	喀什	−12	−14	−16	−18	118	−2.6	63	2431
34	富蕴	−36	−40	−42	−45	178	−12.6	73	5447
35	克拉玛依	−24	−28	−31	−33	148	−9.0	68	3996
36	吐鲁番	−15	−19	−21	−24	120	−4.8	50	2736
37	库车	−15	−18	−20	−22	121	−3.8	56	2638
38	和田	−10	−13	−16	−18	111	−2.1	50	2231
	青海省								
39	西宁	−13	−16	−18	−20	162	−3.3	50	3451
40	玛多	−23	−29	−34	−38	286	−7.1	56	7179
41	大柴旦	−19	−22	−24	−26	205	−7.0	34	5125
42	共和	−15	−17	−19	−21	186	−5.0	44	4242
43	格尔木	−15	−18	−21	−23	181	−4.9	35	4145
44	玉树	−13	−15	−17	−19	195	−3.1	46	4115
	甘肃省								
45	兰州	−11	−13	−15	−16	133	−2.8	60	2766
46	酒泉	−16	−19	−21	−23	156	−4.3	52	3479
47	敦煌	−14	−18	−20	−23	139	−4.1	49	3072
48	张掖	−16	−19	−21	−23	156	−4.7	55	3541
49	山丹	−17	−21	−25	−28	165	−5.1	55	3812
50	平凉	−10	−13	−15	−17	138	−1.6	59	2705
51	天水	−7	−10	−12	−14	117	−0.2	67	2129
	宁夏回族自治区								
52	银川	−15	−18	−21	−23	146	−3.7	57	3168
53	中宁	−12	−16	−19	−22	139	−3.0	52	2919
54	固原	−14	−17	−20	−22	161	−3.3	57	3429
55	石嘴山	−15	−18	−20	−22	151	−4.0	49	3322
	陕西省								
56	西安	−5	−8	−10	−12	102	1.1	66	1724
57	榆林	−16	−20	−23	−26	149	−4.4	56	3338
58	延安	−12	−14	−16	−18	131	−2.4	57	2672
59	宝鸡	−5	−7	−9	−11	103	1.1	65	1741
60	华山	−14	−17	−20	−22	164	−2.8	57	3411
	内蒙古自治区								
61	呼和浩特	−19	−21	−23	−25	166	−6.2	53	4017
62	锡林浩特	−27	−29	−31	−33	192	−10.5	60	5509
63	海拉尔	−34	−38	−40	−43	210	−14.2	69	6762
64	通辽	−20	−23	−25	−27	165	−7.4	48	4042
65	赤峰	−18	−21	−23	−25	160	−6.0	40	3840
66	满州里	−31	−34	−36	−38	211	−12.8	64	6499
67	博克图	−28	−31	−34	−36	212	−11.2	63	6190
68	二连浩特	−26	−30	−32	−35	180	−9.9	53	5022
69	多伦	−26	−29	−31	−33	194	−9.0	62	5238
70	白云鄂博	−23	−26	−28	−30	191	−8.2	52	5004

9.2-8　围护结构冬季室外计算参数（续）

序号	城市名称	冬季室外计算温度 t_w（℃）				供暖期			
		Ⅰ型	Ⅱ型	Ⅲ型	Ⅳ型	日平均温度≤+5℃天数	平均温度 $\bar{t}_w$（℃）	平均相对湿度 $\bar{\varphi}_w$（%）	度日数 D_d（℃·d）
1	2	3	4	5	6	7	8	9	10
	山西省								
71	太　原	−12	−14	−16	−18	137	−2.6	53	2822
72	大　同	−17	−20	−22	−24	162	−5.2	49	3758
73	长　治	−13	−17	−19	−22	138	−2.7	57	2857
74	五台山	−28	−32	−34	−37	273	−8.2	62	7153
75	阳　泉	−11	−12	−15	−16	126	−1.2	46	2419
76	临　汾	−9	−13	−15	−18	114	−1.2	54	2189
77	晋　城	−9	−12	−15	−17	122	−1.1	53	2329
78	运　城	−7	−9	−11	−13	105	0.1	57	1901
79	北京市	−9	−12	−14	−16	126	−1.6	50	2470
80	天津市	−9	−11	−12	−13	120	−1.5	57	2340
	河北省								
81	石家庄	−8	−12	−14	−17	114	−0.5	56	2109
82	张家口	−15	−18	−21	−23	154	−4.7	42	3496
83	秦皇岛	−11	−13	−15	−17	135	−2.4	51	2754
84	保　定	−9	−11	−13	14	120	−1.2	60	2304
85	邯　郸	−7	−9	−11	−13	108	0.0	60	1944
86	唐　山	−10	−12	−14	−15	129	−2.0	55	2580
87	承　德	−14	−16	−18	−20	146	−4.4	44	3270
88	丰　宁	−17	−20	−23	−25	163	−5.6	44	3847
	山东省								
89	济　南	−7	−10	−12	−14	103	0.7	52	1702
90	青　岛	−6	−9	−11	−13	110	0.9	66	1881
91	烟　台	−6	−8	−10	−12	110	0.3	60	1947
92	德　州	−8	−12	−14	−17	114	−0.7	63	2132
93	淄　博	−9	−12	−14	−16	112	−0.5	61	2072
94	泰　山	−16	−19	−22	−24	166	−3.7	52	3602
95	兖　州	−7	−9	−11	−12	106	0.4	62	1950
96	潍　坊	−8	−11	−13	−15	115	−0.7	61	2151
	江苏省								
97	南　京	−3	−5	−7	−9	77	3.0	74	1155
98	徐　州	−5	−8	−10	−12	96	1.6	63	1574
99	连云港	−5	−7	−9	−11	93	1.3	68	1629
	安徽省								
100	合　肥	−3	−7	−10	−13	72	3.0	73	1080
101	阜　阳	−6	−9	−12	−14	86	2.1	66	1367
102	蚌　埠	−4	−7	−10	−12	85	2.4	68	1326
103	黄　山	−11	−15	−17	−20	121	−3.4	64	2589
	江西省								
104	天目山	−10	−13	−15	−17	136	−2.0	68	2720
105	庐　山	−8	−11	−13	−15	106	1.7	70	1728

9.2-8　围护结构冬季室外计算参数（续）

序号	城市名称	冬季室外计算温度 t_w（℃）				供暖期			
		Ⅰ型	Ⅱ型	Ⅲ型	Ⅳ型	日平均温度 ≤+5℃天数	平均温度 $\overline{t}_w$（℃）	平均相对湿度 $\overline{\varphi}_w$（%）	度日数 D_d（℃·d）
1	2	3	4	5	6	7	8	9	10
	河南省								
106	郑　州	−5	−7	−9	−11	100	1.4	58	1660
107	安　阳	−7	−11	−13	−15	106	0.4	59	1866
108	濮　阳	−7	−9	−11	−12	105	0.0	69	1890
109	新　乡	−5	−8	−11	−13	98	0.7		1695
110	洛　阳	−5	−8	−10	−12	93	2.2	55	1469
111	南　阳	−4	−8	−11	−14	94	2.5	67	1457
112	信　阳	−4	−7	−10	−12	80	2.7	72	1224
113	商　丘	−6	−9	−12	−14	102	1.4	67	1693
114	开　封	−5	−7	−9	−10	102	1.3	63	1703
	湖北省								
115	武　汉	−2	−6	−8	−11	59	3.5	77	856
	湖南省								
116	南　岳	−7	−10	−13	−15	86	1.3	80	1436
	四川省								
117	阿　坝	−12	−16	−20	−23	189	2.8	57	3931
118	甘　孜	−10	−14	−18	−21	165	−1.2	43	3168
119	康　定	−7	−9	−11	−12	140	0.2	65	2492
120	峨眉山	−12	−14	−15	−16	202	−1.5	83	3939
	贵州省								
121	威　宁	−5	−7	−9	−11	97	3.1	78	1445
	西藏自治区								
122	拉　萨	−6	−8	−9	−10	143	0.5	35	2503
123	噶　尔	−17	−21	−24	−27	241	−5.5	28	5664
124	日喀则	−8	−12	−14	−17	159	−0.5	28	2942

9.2-9　温差修正系数 *n* 值

序号	围护结构及其所处情况	n（α）
1	外墙，平屋顶及直接接触室外空气的楼板等	1.00
2	带通风间层的平屋顶，坡屋顶闷顶及与室外空气相通的不供暖地下室上面的楼板等	0.90
3	与有外门窗的不供暖楼梯间相邻的隔墙： 多层建筑 高层建筑	 0.70 0.60
4	不供暖地下室上面的楼板： 当外墙上有窗户时 当外墙上无窗户且位于室外地坪以上时 外墙上无窗户且位于室外地坪以下时	 0.75 0.60 0.40
5	与有外门窗的不供暖房间相邻的隔墙 与无外门窗的不供暖房间相邻的隔墙	0.70 0.40
6	伸缩缝、沉降缝墙 防震缝墙	0.30 0.70

9.2-10 内表面换热系数 a_n 及内表面换热阻 R_n 值

表面特性	a_n [W/(m²·K)]	R_n (m²·K/W)
墙、地面；表面平整的顶棚、屋盖或楼板以及带肋的顶棚 $h/s \leqslant 0.3$	8.72	0.11
有井形突出物的顶棚、屋盖或楼板 $h/s > 0.3$	7.56	0.13

注：表中 h 为肋高；s 为肋间净距

9.2-11 外表面换热系数 a_w 及外表面换热阻 R_w 值

外表面状况	a_w [W/(m²·K)]	R_w [(m²·K)/W]
与室外空气直接接触的表面	23.26	0.04
不与室外空气直接接触的表面：		
阁楼楼板上表面	8.14	0.12
不供暖地下室顶棚下表面	5.82	0.17

9.2-12 室内空气与围护结构内表面之间的允许温差 [Δt][1)] (℃)

序号	建筑物与房间类型	外墙	平屋顶和闷顶下顶棚
1	居住建筑、医院和幼儿园等	6.0	4.0
2	办公楼、学校和门诊部等	6.0	4.5
3	公共建筑（上述指明者除外）和工业企业辅助建筑（潮湿房间除外）	7.0	5.5
4	室内空气潮湿的公共建筑和工业企业辅助建筑：[2)] 当不允许外墙和顶棚内表面结露时 当允许外墙内表面结露，但不允许顶棚内表面结露时	 $t_n - t_d$[3)] 7.0	 $0.8\ (t_n - t_d)$ $0.9\ (t_n - t_d)$

[1)]对于直接接触室外空气的楼板和不供暖地下室上面的楼板，当有人长期停留时，取 $\Delta t = 2.5$℃；当无人长期停留时，取 $\Delta t = 5$℃

[2)]潮湿房间系指室内空气温度低于或等于 12℃，相对湿度大于 75%，室内空气温度为 13～24℃，相对湿度大于 60%；室内空气温度高于 24℃，相对湿度大于 50%的房间

[3)]t_n、t_d 分别为室内空气温度和露点温度，℃

9.2-13 常用围护结构的传热系数 K 值 [W/(m²·K)]

类型	K	类型	K
A. 门		塑料框 单层	5.00
实体木制外门 单层	4.65	双层	2.40～3.30
双层	2.33	金属框 单层	6.40
带玻璃阳台外门 单层（木框）	5.82	双层	3.26
双层（木框）	2.68	单框二层玻璃窗	3.49
单层（金属框）	6.40	商店橱窗	4.65
双层（金属框）	3.26	C. 外墙	
单层内门	2.91	内表面抹灰砖墙 24 砖墙	2.08
B. 外窗及天窗		37 砖墙	1.56
木 框 单层	5.82	49 砖墙	1.27
双层	2.68	D. 内墙（双面抹灰）12 砖墙	2.31
		24 砖墙	1.72

9.2-14 常用建筑材料的导热系数 λ

材料名称	密度 ρ	导热系数 λ		材料名称	密度 ρ	导热系数 λ	
	kg/m^3	W/(m·K)	kcal/(m·h·K)		kg/m^3	W/(m·K)	kcal/(m·h·K)
石棉水泥块和板	1900	0.350	0.30	铸铁	7200	50.000	43.00
石棉水泥隔热板	500	0.128	0.11	用重砂浆的实心砖砌体	1800	0.814	0.70
石棉水泥隔热板	300	0.093	0.08	用轻砂浆的实心砖砌体	1700	0.755	0.65
石棉毡	420	0.116	0.10	水泥砂浆或水泥砂浆抹灰	1800	0.930	0.80
沥青焦渣	1460	0.280	0.24	混合砂浆或混合砂浆抹灰	1700	0.872	0.75
钢筋混凝土	2500	1.630	1.40	石灰砂浆	1600	0.814	0.70
钢筋混凝土	2400	1.550	1.33	外表面抹面灰浆	1600	0.875	0.75
碎石或卵石混凝土	2200	1.280	1.10	内表面抹面灰浆	1600	0.697	0.60
碎砖混凝土	1800	0.873	0.75	木板条外表面抹石灰浆	1400	0.697	0.60
轻混凝土（矿渣混凝土等）	1500	0.698	0.60	木板条内表面抹石灰浆	1400	0.524	0.45
轻混凝土（矿渣混凝土等）	1200	0.523	0.45	沥青纸毡	600	0.175	0.15
轻混凝土（矿渣混凝土）	1000	0.407	0.35	窗玻璃	2500	0.755	0.65
加气混凝土、泡沫混凝土	1000	0.396	0.34	玻璃棉	200	0.058	0.05
加气混凝土、泡沫混凝土	800	0.290	0.25	高炉熔渣、燃料渣	1000	0.290	0.25
加气混凝土、泡沫混凝土	600	0.210	0.18	高炉熔渣、燃料渣	700	0.221	0.19
加气混凝土、泡沫混凝土	400	0.151	0.13	矿渣砖	1400	0.580	0.50
加气混凝土、泡沫混凝土	300	0.128	0.11	矿渣棉	350	0.070	0.06
纯石膏及块	1250	0.465	0.40	建筑用毛毡	150	0.058	0.05
松与纵木垂直木纹	550	0.175	0.15	石　棉	200	0.070	0.06
松与枞木顺木纹	550	0.350	0.30	泡沫水泥	297	0.190	0.163
密切的刨花	300	0.116	0.10	泡沫水泥	468	0.298	0.256
木锯末	250	0.093	0.08	硬泡沫塑料板	42	0.047	0.04
防腐锯末	300	0.128	0.11	软泡沫塑料板	62	0.047	0.04
胶合板	600	0.175	0.15	木丝板（刨花板）	730	0.081	0.07
建筑钢	7850	58.000	50.00	木纤维板	600	0.163	0.14

9.2-15 多种材料围护结构平均传热阻修正系数 φ 值

λ_2/λ_1 或 $\frac{\lambda_2+\lambda_3}{2}/\lambda_1$	φ	λ_2/λ_1 或 $\frac{\lambda_2+\lambda_3}{2}/\lambda_1$	φ
0.09～0.19	0.86	0.40～0.69	0.96
0.20～0.39	0.93	0.70～0.99	0.98

当围护结构由两种材料组成时 λ_2 应取较小值，λ_1 应取较大值，然后求得两者的比值

当围护结构由三种材料组成或有两种厚度不同的空气间层时，φ 值可按比值 $\frac{\lambda_2+\lambda_3}{2}/\lambda_1$ 确定

当围护结构中存在圆孔时应先将圆孔折算成同面积的方孔，然后再按上述规定计算

9.2-16 部分材料热阻指标

普通砖外墙在各种厚度下的总热阻值 R_0（m^2·℃/W）和热惰性指标 D 值

墙厚	无抹灰			单面抹灰			双面抹灰			备注
(mm)	R_0	D	t_w 类型	R_0	D	t_w 类型	R_0	D	t_w 类型	
120	0.299	1.56	Ⅳ	0.321	1.81	Ⅲ	0.344	2.06	Ⅲ	普通砖 $\rho=1800kg/m^3$，$\lambda=0.81W/(m·℃)$，$S=10.53W/(m^2·℃)$。20厚水泥砂浆抹灰层：$R=0.023$，$D=0.248$。双面抹灰层：$R=0.046$，$D=0.496$ $R_n+R_w=0.11+0.04=0.15$
180	0.372	2.34	Ⅲ	0.395	2.59	Ⅲ	0.418	2.84	Ⅲ	
240	0.446	3.12	Ⅲ	0.469	3.37	Ⅲ	0.492	3.62	Ⅲ	
370	0.607	4.81	Ⅱ	0.630	5.06	Ⅱ	0.653	5.31	Ⅱ	
490	0.755	6.37	Ⅰ	0.778	6.62	Ⅰ	0.801	6.87	Ⅰ	
620	0.915	8.06	Ⅰ	0.938	8.31	Ⅰ	0.961	8.56	Ⅰ	

9.2-16 部分材料热阻指标（续）

空心砖在各种厚度下的总热阻值 R_0（$m^2·K/W$）和热惰性指标 D 值

墙厚	无抹灰			单面抹灰			双面抹灰			备注
(mm)	R_0	D	t_w 类型	R_0	D	t_w 类型	R_0	D	t_w 类型	
120	0.357	1.56	Ⅳ	0.380	1.80	Ⅲ	0.403	2.05	Ⅲ	空心砖墙 $\rho=1400kg/m^3$，$\bar{\lambda}=0.58W/(m·K)$，$S=7.52W/(m^2·K)$ 其他同上 （$\bar{\lambda}$ 为平均导热系数）
180	0.460	2.33	Ⅲ	0.483	2.58	Ⅲ	0.506	2.83	Ⅲ	
240	0.564	3.11	Ⅲ	0.587	3.36	Ⅲ	0.610	3.61	Ⅲ	
370	0.788	4.80	Ⅱ	0.811	5.05	Ⅱ	0.834	5.29	Ⅱ	
490	0.995	6.35	Ⅰ	1.018	6.60	Ⅰ	1.041	6.85	Ⅰ	
620	1.219	8.04	Ⅰ	1.242	8.29	Ⅰ	1.256	8.54	Ⅰ	

空气间层热阻值 [$m^2·K/W$]

位置、热流状况及材料特征	冬季状况							夏季状况						
	间层厚度 [mm]							间层厚度 [mm]						
	5	10	20	30	40	50	60以上	5	10	20	30	40	50	60以上
一般空气间层														
热流向下（水平、倾斜）	0.10	0.14	0.17	0.18	0.19	0.20	0.20	0.09	0.12	0.15	0.15	0.16	0.16	0.15
热流向上（水平、倾斜）	0.10	0.14	0.15	0.16	0.17	0.17	0.17	0.09	0.11	0.13	0.13	0.13	0.13	0.13
垂直空气间层	0.10	0.14	0.16	0.17	0.18	0.18	0.18	0.09	0.12	0.14	0.14	0.15	0.15	0.15
单面铝箔空气间层														
热流向下（水平、倾斜）	0.16	0.28	0.43	0.51	0.57	0.60	0.64	0.15	0.25	0.37	0.44	0.48	0.52	0.54
热流向上（水平、倾斜）	0.16	0.26	0.35	0.40	0.42	0.42	0.43	0.14	0.20	0.28	0.29	0.30	0.30	0.28
垂直空气间层	0.16	0.26	0.39	0.44	0.47	0.49	0.50	0.15	0.22	0.31	0.34	0.36	0.37	0.37
双面铝箔空气间层														
热流向下（水平、倾斜）	0.18	0.34	0.56	0.71	0.84	0.94	1.01	0.16	0.30	0.49	0.63	0.73	0.81	0.86
热流向上（水平、倾斜）	0.17	0.29	0.45	0.52	0.55	0.56	0.57	0.15	0.25	0.34	0.37	0.38	0.38	0.35
垂直空气间层	0.18	0.31	0.49	0.59	0.65	0.69	0.71	0.15	0.27	0.39	0.46	0.49	0.50	0.50

几种保温材料在各种厚度下的热阻 R 及热惰性指标 D 值

保温层厚度 (mm)	沥青膨胀珍珠岩		加气混凝土块		水泥膨胀珍珠岩		水泥膨胀蛭石	
	R（$m^2·K/W$）	D	R（$m^2·K/W$）	D	R（$m^2·K/W$）	D	R（$m^2·K/W$）	D
1	2	3	4	5	6	7	8	9
40	0.333	0.76	0.182	0.65	0.250	0.59	0.286	0.55
50	0.417	0.95	0.227	0.81	0.313	0.73	0.357	0.69
60	0.500	1.14	0.273	0.97	0.375	0.88	0.429	0.82
70	0.583	1.33	0.318	1.13	0.438	1.03	0.500	0.96
80	0.667	1.52	0.364	1.29	0.500	1.18	0.571	1.10
90	0.750	1.71	0.409	1.46	0.563	1.32	0.643	1.23
100	0.833	1.90	0.455	1.62	0.625	1.47	0.714	1.37
125	1.042	2.38	0.568	2.02	0.781	1.84	0.893	1.71
150	1.250	2.85	0.682	2.43	0.938	2.20	1.071	2.06
175	1.458	3.33	0.795	2.83	1.094	2.57	1.250	2.40
200	1.667	3.80	0.909	3.24	1.250	2.94	1.429	2.74
225	1.875	4.28	1.023	3.64	1.406	3.30	1.607	3.09
250	2.083	4.75	1.136	4.05	1.563	3.67	1.786	3.43
275	2.292	5.23	1.250	4.45	1.719	4.04	1.964	3.77
300	2.500	5.70	1.364	4.85	1.875	4.41	2.143	4.11
325	2.708	6.18	1.477	5.26	2.031	4.77	2.321	4.46
350	2.917	6.65	1.591	5.66	2.188	5.14	2.500	4.80

9.2-17　非保温贴土地面传热系数

当外围护结构是贴土非保温地面时，地面的基本传热耗热量为：

$$Q_{jd} = K_{pj \cdot d} F_d \ (t_n - t_w)$$

式中　Q_{jd}——围护结构基本传热耗热量，W

$K_{pj \cdot d}$——房间贴土非保温地面的平均传热系数，见 9.2.9、9.2.10，W/（m^2·K）

F_d——房间地面面积，m^2

当房间仅有一面外墙时的 $K_{pj \cdot d}$（W/m^2·K）

房间宽度（进深）（m）	3.0~3.6	3.9~4.5	4.8~6.0	6.6~8.4	9
$K_{pj \cdot d}$	0.40	0.35	0.30	0.25	0.20

具有两面不相邻外墙的房间，应将房间分割为两个彼此相等，各具一面外墙的部分，使用此 $K_{pj \cdot d}$

当房间具有两面相邻外墙时的 $K_{pj \cdot d}$（W/m^2·K）

房间宽度（进深）(m) \ 房间长度（开间）(m)	3.0	3.6	4.2	4.8	5.4	6.0
3.0	0.65	0.60	0.57	0.55	0.53	0.52
3.6	0.60	0.56	0.54	0.52	0.50	0.48
4.2	0.57	0.54	0.52	0.49	0.47	0.46
4.8	0.55	0.52	0.49	0.47	0.45	0.44
5.4	0.53	0.50	0.47	0.45	0.43	0.41
6.0	0.52	0.48	0.46	0.44	0.41	0.40
当房间长或宽度超出 6m 时	超出部分可按上表查 $K_{pj \cdot d}$					
当房间有三面外墙时	需将房间先划分为两个相等的部分，每部分包含一个冷拐角。然后，据分割后的长与宽，使用本表					
当房间有四面外墙时	需将房间先划分为四个相等的部分					

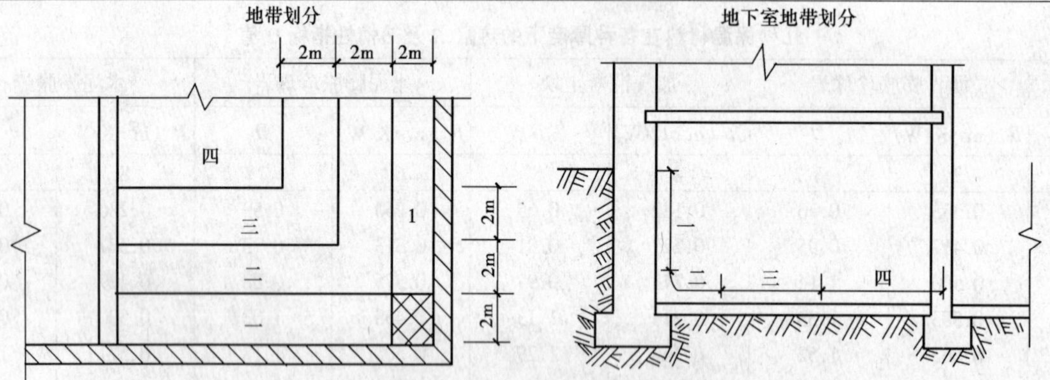

当地下水位较高时，还应附加地下水的吸热（德国）

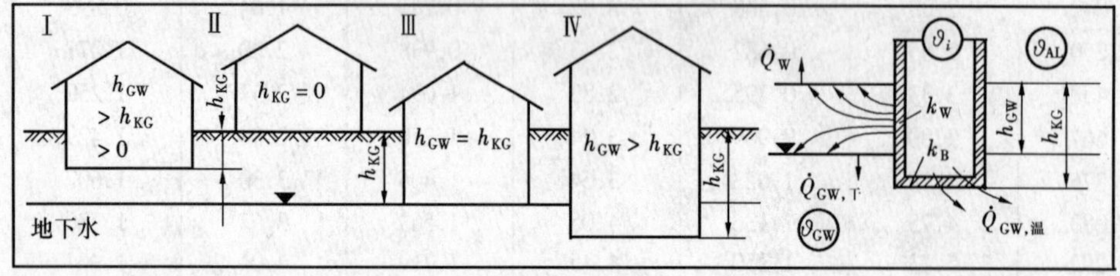

h_{GW}—地下水水位；h_{KG}—地下室深度

$\dot{Q}_W$—向室外传热　$\dot{Q}_{GW,干}$—向地下水传热（土壤）　$\dot{Q}_{GW,温}$—地下水吸热

9.2-18　高层建筑外墙传热系数

高层建筑外墙的传热系数随高度的增加而增加，下表为增加以后的 K 值，将此 K_j 代入基本耗热量计算公式可计算窗户温差的传热量

高层建筑窗户的计算传热系数 K（$W/m^2\cdot K$）

外窗中心距室外地坪高度（m）	单层金属窗 $K=6.4W/(m^2\cdot K)$ 当地室外风速（m/s）				双层金属窗 $K=3.26W/(m^2\cdot K)$ 当地室外风速（m/s）			
	3	4	5	6	3	4	5	6
1.5	6.4	6.4	6.4	6.6		3.3	3.3	3.3
4.5	6.4	6.4	6.7	6.8	3.26	3.3	3.3	3.4
7.5	6.4	6.5	6.8	6.9	3.3	3.3	3.4	3.4
10.5	6.4	6.6	6.8	7.0	3.3	3.3	3.4	3.4
13.5	6.4	6.7	6.8	7.0	3.3	3.3	3.4	3.4
16.5	6.4	6.7	6.9	7.1	3.3	3.3	3.4	3.4
19.5	6.5	6.7	7.0	7.1	3.3	3.4	3.4	3.5
22.5	6.5	6.8	7.0	7.2	3.3	3.4	3.4	3.5
25.5	6.5	6.8	7.0	7.2	3.3	3.4	3.4	3.5
28.5	6.5	6.7	7.0	7.1	3.3	3.4	3.4	3.5
31.5	6.5	6.8	7.0	7.2	3.3	3.4	3.4	3.5
34.5	6.5	6.8	7.0	7.2	3.3	3.4	3.4	3.5
37.5	6.6	6.8	7.1	7.2	3.3	3.4	3.4	3.5
40.5	6.6	6.8	7.1	7.3	3.3	3.4	3.4	3.5
43.5	6.6	6.9	7.1	7.3	3.3	3.4	3.4	3.5
46.5	6.6	6.9	7.1	7.3	3.3	3.4	3.5	3.5
49.5	6.6	6.9	7.2	7.3	3.3	3.4	3.5	3.5
52.5	6.7	6.9	7.2	7.3	3.3	3.4	3.5	3.5
55.5	6.7	6.9	7.2	7.4	3.3	3.4	3.5	3.5
58.5	6.6	7.0	7.2	7.4	3.3	3.4	3.5	3.3

9.2-19　围护结构的附加耗热量

在基本耗热量的基础上乘以一个百分数来进行计算，考虑了各项附加后，围护结构的耗热量可用下式计算

$$Q_1=Q_j(1+\beta_{ch}+\beta_f+\beta_{li}+\beta_m)(1+\beta_{f\cdot g})(1+\beta_j)$$

式中　Q_j——围护结构的基本耗热量，W

β_{ch}——朝向附加率

β_f——风力附加率

β_{li}——两面外墙附加率

β_m——围墙面积比过大附加率

$\beta_{f\cdot g}$——房高附加率

β_j——间歇附加率

9.2-19　围护结构的附加耗热量（续）

附加率表（修正率表）

序号	附加（修正）项目	附加率（修正率）（%）	备　　注
1	朝向修正 β_{ch} 北、东北、西北 东、西 东南、西南 南	 0~10 -5 -10~-15 -15~-30	1. 当围护物倾斜放置时，取其垂直投影面的朝向和面积 2. 选用 β_{ch}值应考虑当地冬季日照率、辐射照度、建筑物使用和被遮挡等情况 3. 冬季日照率<35%时，东南、西南和南向的 β_{ch}宜为-10%~0，东、西向可不修正
2	风力修正 β_f	5~10	仅用于高地，海边，海岸，旷野
3	两面外墙修正 β_{1i}	5	仅用于外墙，外门，外窗
4	窗墙面积比过大修正 β_m	10	当窗墙面积比大于1:1时，仅对外窗
5	房高附加 $\beta_{f\cdot g}$	0.02（h-4）≤15%	h—房间净高，m；对外墙，外窗，外门，地面和顶棚均适用，不适用于楼梯间
6	间歇附加 β_j 仅白天供暖 不经常使用	 20 30	对外墙，外窗，外门，地面，顶棚均适用

考虑朝向修正后单位面积围护结构传热耗热量 q_1（W/m²）

城市	围护结构 名称	传热系数 [W/（m²·K）]	在 t_n 及 β_{ch} 下 t_n=18℃ E	S	W	N	t_n=16℃ E	S	W	N
北京、天津	外墙	1.0	26	19~23	26	27~30	24	18~21	24	25~28
		1.2	31	23~28	31	32~36	29	21~26	29	30~33
		1.4	36	26~32	36	38~42	33	25~30	33	35~39
		1.6	41	30~37	41	43~48	38	28~34	38	40~44
		1.8	46	34~41	46	49~53	43	32~38	43	45~50
	外窗、阳台门	5.82	149	110~134	149	157~173	138	102~124	138	146~160
		6.40	164	121~147	164	173~190	152	112~136	152	160~176
	屋　顶	0.8				21~22				19~20
		0.9				23~24				21~23
		1.0				26~27				24~25
		1.1				28~30				26~28
		1.2				31~32				29~30
太原	外墙	0.8	23	17~20	23	24~26	21	16~19	21	22~25
		1.0	29	21~26	29	30~33	27	20~24	27	28~31
		1.2	34	25~31	34	36~40	32	24~29	32	34~37
		1.4	40	29~36	40	42~46	37	27~33	37	39~43
		1.6	46	34~41	46	48~53	43	31~38	43	45~49
	外窗、阳台门	5.82	166	122~148	166	175~192	155	114~139	155	163~179
		6.4	182	134~163	182	192~211	170	125~152	170	179~197
		2.68	76	56~68	76	80~88	71	53~64	71	75~83
		3.26	93	68~83	93	98~108	87	64~78	87	91~100

9.2-19 围护结构的附加耗热量（续）

城市	围护结构		在 t_n 及 β_{ch} 下							
	名称	传热系数 [W/（m^2·K)]	$t_n=18℃$				$t_n=16℃$			
			E	S	W	N	E	S	W	N
太原	屋 顶	0.7 0.8 0.9 1.0 1.1				20~21 23~24 26~27 29~30 31~33				19~20 21~22 24~25 27~28 29~31
沈阳、呼和浩特	外 墙	0.8 1.0 1.2 1.4 1.6	28 35 42 49 56	21~25 26~31 31~38 36~44 41~50	28 35 42 49 56	30~33 37~41 44~49 52~57 59~65	27 33 40 47 53	20~24 25~30 29~36 34~42 39~48	27 33 40 47 53	28~31 35~39 42~46 49~54 56~62
	外窗、阳台门	2.68 3.26	94 115	69~84 84~103	94 115	99~109 121~133	89 108	66~80 80~97	89 108	94~103 114~126
	屋 顶	0.5 0.6 0.7 0.8 0.9				18~19 21~22 25~26 28~30 32~33				17~18 20~21 23~25 27~28 30~32
哈尔滨	外 墙	0.6 0.8 1.0 1.1 1.2	25 33 42 46 50	18~22 25~30 31~37 34~41 38~45	25 33 42 46 50	26~29 35~39 44~48 48~53 53~58	24 32 40 44 48	18~21 24~29 29~36 32~39 35~43	24 32 40 44 48	25~28 34~37 42~46 46~51 50~55
	外窗、阳台门	2.68 3.26	112 136	83~100 100~122	112 136	118~130 143~158	107 130	79~96 96~116	107 130	113~124 137~150
	屋 顶	0.40 0.50 0.60 0.70 0.80				18 22 26 31 35				17 21 25 29 34
长 春	外 墙	0.70 0.80 0.90 1.00 1.10	27 31 35 39 43	20~24 23~28 26~31 29~35 32~38	27 31 35 39 43	29~32 33~36 37~41 41~45 45~50	26 30 33 37 41	19~23 22~27 25~30 27~33 30~36	26 30 33 37 41	27~30 31~34 35~39 39~43 43~47
	外窗、阳台门	2.68 3.26	104 127	77~93 94~114	104 127	110~121 134~147	99 121	73~89 89~108	99 121	105~115 127~140
	屋 顶	0.5 0.6 0.7				21 25 29				20 23 27

9.2-19　围护结构的附加耗热量（续）

城市	围护结构		在 t_n 及 β_{ch} 下							
	名称	传热系数 [W/(m²·K)]	$t_n = 18℃$				$t_n = 16℃$			
			E	S	W	N	E	S	W	N
济南	外墙	1.2	29	21~26	29	30~33	26	19~23	26	28~30
		1.4	33	25~30	33	35~39	31	23~27	31	32~35
		1.6	38	28~34	38	40~44	35	26~31	35	37~40
		1.8	43	32~38	43	45~50	39	29~35	39	41~46
		2.0	48	35~43	48	50~55	44	32~39	44	46~51
	外窗、阳台门	5.82	138	102~124	138	146~160	127	94~114	127	134~147
		6.40	152	112~136	152	160~176	140	103~125	140	147~162
	屋顶	0.8				20				18
		0.9				23				21
		1.0				25				23
		1.1				28				25
		1.2				30				28
郑州、西安	外墙	1.2	26	19~23	26	28~30	24	18~21	24	25~28
		1.4	31	23~27	31	32~35	28	21~25	28	29~32
		1.6	35	26~31	35	37~40	32	24~29	32	34~37
		1.8	39	29~35	39	41~46	36	26~32	36	38~42
		2.0	44	32~39	44	46~51	40	29~36	40	42~46
	外窗、阳台门	5.82	127	94~114	127	134~147	116	86~104	116	122~134
		6.40	140	103~125	140	147~162	128	94~114	128	134~148
	屋顶	0.8				17~18				16~17
		0.9				20~21				18~19
		1.0				22~23				20~21
		1.1				24~25				22~23
		1.2				27~28				24~25
兰州	外墙	1.0	28	20~25	28	29~32	26	19~23	26	27~30
		1.1	30	22~27	30	32~35	28	21~25	28	30~33
		1.2	33	24~30	33	35~38	31	23~28	31	32~36
		1.3	36	26~32	36	38~41	33	25~30	33	35~39
		1.4	39	28~35	39	41~45	36	26~32	36	38~42
	外窗、阳台门	3.26	90	66~80	90	95~104	84	62~75	84	88~97
		6.4	176	130~158	176	186~204	164	121~147	164	173~190
		2.68	74	54~66	74	78~85	69	51~62	69	72~80
		5.82	160	118~143	160	169~186	149	110~134	149	157~173
	屋顶	0.8				22~23				21~22
		0.9				25~26				23~24
		1.0				28~29				26~27
乌鲁木齐	外墙	0.8	30	22~27	30	32~35	29	21~26	29	30~33
		0.9	34	25~31	34	36~40	32	24~29	32	34~38
		1.0	38	28~34	38	40~44	36	27~32	36	38~42
		1.1	42	31~37	42	44~48	40	29~36	40	42~46
		1.2	46	34~41	46	48~53	43	32~39	43	46~50

9.2-19　围护结构的附加耗热量（续）

城市	围护结构		在 t_n 及 β_{ch} 下							
	名称	传热系数 [W/（m^2·K）]	$t_n = 18℃$				$t_n = 16℃$			
			E	S	W	N	E	S	W	N
乌鲁木齐	外窗、阳台门	2.68	102	75 ~ 91	102	107 ~ 118	97	71 ~ 87	97	102 ~ 112
		3.26	124	91 ~ 111	124	130 ~ 143	118	87 ~ 105	118	124 ~ 136
	屋　顶	0.6				23 ~ 24				22 ~ 23
		0.8				30 ~ 32				29 ~ 30
		1.0				38 ~ 40				37 ~ 38

1) β_{ch}按规范给定范围计算；对屋顶的 β_{ch}采用 0 及 –5%

9.2-20　按各主要城市区分的朝向修正率 σ（%）[1]

序号	地　名	朝向				计算条件
		南	西南，东南	西，东	北，西北，东北	
1	哈尔滨	–17	–9	+5	+12	供暖房间的外围护物是双层木窗，两砖墙
2	沈　阳	–19	–10	+5	+13	
3	长　春	–25	–16	–1	+8	
4	乌鲁木齐	–20	–12	+2	+8	
5	呼和浩特	–27	–18	–2	+8	
6	佳木斯	–19	–10	+3	+10	
7	银　川	–27	–16	+2	+13	单层木窗，一砖墙
8	格尔木	–26	–16	+1	+13	
9	西　宁	–28	–18	–1	+10	
10	太　原	–26	–15	+1	+11	
11	喀　什	–18	–11	+1	+6	
12	兰　州	–17	–10	0	+6	
13	和　田	–22	–11	+2	+9	
14	北　京	–30	–17	+2	+12	
15	天　津	–27	–16	+1	+11	
16	济　南	–27	–14	+5	+16	
17	西　安	–17	–10	0	+5	
18	郑　州	–23	–13	+2	+10	
19	敦　煌	–26	–14	+4	+15	
20	哈　密	–24	–13	+4	+14	

1）此表用于不具有分朝向调节能力的供暖系统

若所用条件与表列计算条件不符，可用下式修正：

对序号 1 ~ 6：$\sigma' = 1.491\dfrac{\sigma}{f'_e K'_c + f'_q K'_q}$

对序号 7 ~ 20：$\sigma' = 2.849\dfrac{\sigma}{K'_c f'_c + K'_q f'_a}$

式中　f'_c、f'_q——单位围护物面积下的窗、墙所占百分比

K'_c、K'_q——所用条件下的窗、墙传热系数

9.2-21　冷风渗透耗热量

$$Q_2 = 0.278\,C_p V \rho_w\,(t_n - t_w)$$

式中　Q_2——冷风渗透耗热量，W

C_p——干空气定压质量比热，$C_p = 1.0056$kJ/（kg·K）

ρ_w——采暖室外计算温度下的空气密度，kg/m^3

9.2-21 冷风渗透耗热量（续）

V——渗透空气的体积流量，m^3/h

$V=\Sigma lLn$　其中　l—门窗缝隙的计算长度，m

L—每米门窗缝隙的基准渗风量，下表

n—缝隙渗风量的朝向修正系数，下表

t_n，t_w——采暖室内外计算温度，℃

每米门窗缝隙的基准渗风量 L[1)] ［m^3/（h·m）］

门窗类型	冬季室外平均风速（m/s）						特性常数，指数	
	1	2	3	4	5	6	a	b
单层木窗	1.0	2.0	3.1	4.3	5.5	6.7	1.63	0.56
双层木窗	0.7	1.4	2.2	3.0	3.9	4.7	1.15	0.56
单层钢窗	0.6	1.5	2.6	3.9	5.2	6.7	1.08	0.67
双层钢窗	0.4	1.1	1.8	2.7	3.6	4.7	0.76	0.67
推拉铝窗	0.2	0.5	1.0	1.6	2.3	2.9	0.36	0.78
平开铝窗	0.0	0.1	0.3	0.4	0.6	0.8	0.09	0.78

[1)]每米外门缝隙的 L，为表中间类型外窗 L 的两倍

当有密封条时，表中数据可乘以 0.5～0.6 的系数

缝隙渗风量的朝向修正系数 n

城　市	朝　　向							
	N	NE	E	SE	S	SW	W	NW
北　京	1.00	0.50	0.15	0.10	0.15	0.15	0.40	1.00
天　津	1.00	0.40	0.20	0.10	0.15	0.20	0.10	1.00
张家口	0.90	0.40	0.10	0.10	0.10	0.10	0.35	1.00
太　原	0.90	0.40	0.15	0.20	0.30	0.20	0.70	1.00
呼和浩特	0.70	0.25	0.10	0.15	0.20	0.15	0.70	1.00
沈　阳	1.00	0.70	0.30	0.30	0.40	0.35	0.30	0.70
长　春	0.35	0.35	0.15	0.25	0.70	1.00	0.90	0.40
哈尔滨	0.30	0.15	0.20	0.70	1.00	0.85	0.70	0.60
济　南	0.45	1.00	1.00	0.40	0.55	0.55	0.25	0.15
郑　州	0.65	0.90	0.65	0.15	0.20	0.40	1.00	1.00
成　都	1.00	1.00	0.45	0.10	0.10	0.10	0.10	0.40
贵　阳	0.70	1.00	0.70	0.15	0.25	0.15	0.10	0.25
西　安	0.70	1.00	0.70	0.25	0.40	0.50	0.35	0.25
兰　州	1.00	1.00	1.00	0.70	0.50	0.20	0.15	0.50
西　宁	0.10	0.10	0.70	1.00	0.70	0.10	0.10	0.10
银　川	1.00	1.00	0.40	0.30	0.25	0.20	0.65	0.35
乌鲁木齐	0.35	0.35	0.55	0.75	1.00	0.70	0.25	0.35

当建筑物为高层建筑物时，冷风渗透耗热量为热压与风压的综合作用其渗透量为：

$$Q_z=0.278C_p lLm\rho_w\ (t_n-t_w)$$

式中　m——风压与热压作用下冷风渗透的综合修正系数

当建筑物为多层建筑物时，$m=n$

9.2-22 冷风侵入耗热量

对于每班开启的时间不大于 15 分钟的外门冷风侵入耗热量的大小，可按大门基本耗热量的附加 200%～500% 的方法进行计算，对于开启时间长的外门，冷风侵入量可根据《工业通风》等原理进行计算，或根据经验公式或用图表确定

9.2-22　冷风侵入耗热量（续）

外门开启冷风侵入耗热量计算方法

序号	外门类型与特征		外门开启冲入冷风耗热量 Q_3 的计算方法	备　注
1	多层建筑外门（短时间开启）	单层门	外门基本耗热量 Q 的计算方法	N—外门所在层以上的楼层数
		双层门（有门斗）	$80N\%$	
		三层门（有两个门斗）	$60N\%$	
2	多层建筑外门（开启时间较长）	同一项	将1项中各对应值乘1.5~2.0	
3	高层建筑外门（开启不频繁）	大门直接对着室外，且迎着主导风向	按门厅换气次数 $n=3\sim4$ 计算冲入冷风量。再计算其耗热量	1. 也可按1、2项方法 2. 考虑热压作用时，当建筑物总高在30m左右。则将 n 值增大50%
		不迎主导风向	冲入冷风量取4100~4800m^3/h	
4	高层建筑外门	一层门（手动）	冲入冷风量取4100~4600m^3/h	1. 建筑物高50m 2. 室内外温差为15~25℃ 3. 一个门每小时出入人数约为250人
		二层门（手动）	冲入冷风量取1700~2200m^3/h	

9.2-23　工业厂房及其辅助用房间室内空气温度的确定（℃）

序号	车　间　性　质	室内空气温度（℃）	序号	车　间　性　质	室内空气温度（℃）
	一、铸造与蜡模精密铸造		2	油漆车间（自然干燥）	18
1	浇注与清理工部	12~15		七、焊接车间	
2	造型工部	14~16		装配焊接工部	12~14
3	落砂与落芯工部	10~14		八、木工车间	
4	蜡模制造工部	16~18	1	机加装配工部	16~18
	二、锻压车间		2	塑料模、菱苦土模工部	18~20
1	锻压工部	8~12	3	木材干燥工部	5
2	机修、酸洗、模修、粗加工工部	14~16		九、中央试验室	
3	备料、清理	12~14	1	各试验室	14~18
屋	水压机房、泵房	10	2	贮藏、库房	5~8
	三、热处理车间			十、辅助用房间	
1	热处理工部	14~16	1	厕所、洗室	12
2	热处理（中重型时）	12~14	2	食堂	14
	四、金工装配车间		3	办公室、休息室、技术资料室	16~18
	装配、机加工部	12~16	4	存衣室	16
	五、表面处理车间		5	沐浴室	25
1	酸洗、电镀工部	16~18	6	沐浴室的换衣室	23
2	磨光、喷砂工部	14	7	女工卫生室	23
	六、油漆车间		8	哺乳室	20
1	油漆车间（有烘干室）	14~16			

9.2-24　工业区建筑冷风渗透耗热量占房间围护物耗热量的百分数

窗　类　型	建筑物高度（m）		
	<4.5	4.5~10.0	10.0
单层玻璃	25	35	40
单、双层玻璃	20	30	35
双层玻璃	15	25	30

9.2-25　用于计算工业建筑大门冲入冷风量的系数 *a* 及 *A* 值

室外温度 t_w（℃）	a						A					
	房高 6m		房高 11m		房高 15m		大门尺寸 3m×3m		大门尺寸 4m×4m		大门尺寸 4.7m×5m	
	$t_n=5$℃	$t_n=15$℃	$t_n=5$℃	$t_n=15$℃	$t_n=5$℃	$t_n=15$℃	$t_n=5$℃	$t_n=15$℃	$t_n=5$℃	$t_n=15$℃	$t_n=5$℃	$t_n=15$℃
0						1.15	3.50	4.60	7.50	9.50	13.00	18.50
-5				1.38	1.17	1.55	4.00	5.10	8.60	10.70	16.00	21.00
-10	0.83	1.05	1.20	1.55	1.46	1.86	4.50	6.00	10.00	11.80	18.90	23.50
-15	0.96	1.20	1.42	1.75	1.75	2.12	5.00	6.80	11.30	13.10	22.00	26.00
-20	1.10	1.34	1.64	1.95	2.05	2.38	6.00	7.50	12.90	14.70	25.00	28.50
-25	1.20	1.44	4.80	2.08	2.25	2.60	7.00	8.20	14.30	16.00	28.00	31.00
-30	1.30	1.52	2.00	2.20	2.48	2.75	7.80	9.00	15.70	17.40	31.00	33.70

9.2-26　建筑物热负荷估算

面积热指标法

$$Q_n = qF$$

式中　Q_n——采暖热负荷，W

q——采暖面积热指标，W/m²

F——采暖建筑物的建筑面积，m²

民用建筑热指标推荐值

建筑物类型	热指标（W/m²）	建筑物类型	热指标（W/m²）
住宅	55~65	旅馆	60~70
居住区综合	60~70	商店	65~80
学校办公	60~80	食堂、餐厅	115~140
医院、托幼	65~80	影剧院、展览馆	95~115
图书馆	45~75	大礼堂、体育馆	115~165

体积热指标法

$$Q_n = aq_{n\cdot v}V\ (t_{n\cdot p} - t_w)$$

$$Q_f = aq_{f\cdot v}V\ (t_{n\cdot p} - t_{w\cdot f})$$

式中　$q_{n\cdot v}$、$q_{f\cdot v}$——建筑物供暖、通风体积热指标

a——修正系数

$t_{w\cdot f}$——室外通风（冬）计算温度，℃

$t_{n\cdot p}$——室内平均计算空气温度，℃

民用建筑体积热指标 $q_{n\cdot v}$、$q_{f\cdot v}$［W/（m³·K）］

建筑名称	V (10^3m³)	$q_{n\cdot v}$	$q_{f\cdot v}$	$t_{n\cdot p}$（℃）	建筑名称	V (10^3m³)	$q_{n\cdot v}$	$q_{f\cdot v}$	$t_{n\cdot p}$（℃）
行政建筑、办公楼	≤5	0.50	0.10	18	剧院	≤10	0.34	0.48	15
	5~10	0.44	0.09			10~15	0.31	0.47	
	10~15	0.41	0.08			15~20	0.26	0.44	
	>15	0.37	0.19			20~30	0.23	0.42	
俱乐部	≤5	0.43	0.29	16		>30	0.21	0.40	
	5~10	0.38	0.27		商店	≤5	0.44	—	15
	>10	0.35	0.23			5~10	0.38	0.09	
电影院	≤5	0.42	0.50	14		>10	0.36	0.33	
	5~10	0.37	0.45		托儿所幼儿园	≤5	0.44	0.13	20
	>10	0.35	0.44			>5	0.40	0.12	

9.2-26 建筑物热负荷估算（续）

建筑名称	V ($10^3 m^3$)	$q_{n \cdot v}$	$q_{f \cdot v}$	$t_{n \cdot p}$ (℃)
学　校	≤5 5～10 >10	0.45 0.41 0.38	0.10 0.09 0.08	16
医　院	≤5 5～10 10～15 >15	0.47 0.42 0.37 0.35	0.34 0.33 0.30 0.29	20
浴　室	≤5 5～10 >10	0.33 0.29 0.27	1.16 1.10 1.05	25
洗衣房	≤5 5～10 >10	0.44 0.38 0.36	0.93 0.91 0.87	15
公共饮食 餐　厅 食品厂	≤5 5～10 >10	0.41 0.38 0.35	0.81 0.76 0.70	16
试验室	≤5 5～10 >10	0.43 0.41 0.38	1.16 1.10 1.05	16
消防车库	≤2 2～5 >5	0.56 0.53 0.52	0.16 0.10 0.10	15
汽车库	≤2 2～3 3～5 >5	0.81 0.70 0.64 0.58	— — 0.81 0.76	10
铸铁车间	10～15 50～100 100～150	0.35～0.29 0.29～0.26 0.26～0.21	1.28～1.16 1.16～1.05 1.05～0.93	12
铸铜车间	5～10 10～20 20～30	0.47～0.41 0.41～0.29 0.30～0.23	2.91～2.32 2.32～1.74 1.74～1.40	14
热处理车间	<10 10～30 30～75	0.47～0.35 0.35～0.29 0.29～0.23	1.51～1.4 1.4～1.16 1.16～0.7	14

建筑名称	V ($10^3 m^3$)	$q_{n \cdot v}$	$q_{f \cdot v}$	$t_{n \cdot p}$ (℃)
锻造车间	<10 10～50 50～100	0.47～0.35 0.35～0.29 0.29～0.17	0.81～0.7 0.7～0.58 0.58～0.35	8
机加车间	5～10 10～15 50～100 100～200	0.64～0.52 0.52～0.47 0.47～0.44 0.44～0.41	0.47～0.29 0.29～0.17 0.17～0.14 0.14～0.09	15
木工车间	<5 5～10 10～50	0.7～0.64 0.64～0.52 0.52～0.47	0.7～0.58 0.58～0.52 0.52～0.47	16
电镀车间	<2 2～5 5～10	0.76～0.7 0.7～0.64 0.64～0.52	5.82～4.65 4.65～3.49 3.49～2.32	16
金属结构 车间	50～100 100～150	0.44～0.41 0.41～0.35	0.62～0.52 0.52～0.41	13
修理车间	5～10 10～20	0.7～0.58 0.58～0.52	0.23～0.17 0.17～0.11	15
水泵房	<0.5 0.5～1.0 1～2 2～3	1.22 1.16 0.70 0.58	— — — —	10
空压机房	<0.5 0.5～1 1～2 2～5 5～10	2.23～0.81 0.81～0.7 0.7～0.52 0.52～0.47 0.47～0.41	— — — — —	12
生活及 辅助间	0.5～1 1～2 2～5 5～10 10～20	0.7～0.52 0.52～0.47 0.47～0.38 0.38～0.35 0.35～0.29	— — 0.16～0.14 0.14～0.13 0.13～0.12	18
单身宿舍	5～10 10～15	0.44～0.38 0.38～0.36	— —	18

修 正 系 数 a 值

供暖室外计算温度（℃）	a	供暖室外计算温度（℃）	a
0	2.05	－25	1.08
－5	1.67	－30	1.00
－10	1.45	－35	0.95
－15	1.29	－40	0.90
－20	1.17		

内容取自前苏联资料，由于前苏联建筑的保温性能大都优于我国的现状；因此，引用热指标时，宜增大一定比例，建议乘以 1.10～1.20。

9.3 供热水力计算

9.3-1 热水采暖系统管道管径计算

$t_g=95℃$，$t_h=70℃$，$k=0.2mm$ 流量 G，kg/h；热负荷 Q，W；比摩阻 R，Pa/m；流速 v，m/s									
公称直径		10.00		15.00		20.00		25.00	
内径（mm）		9.50		15.75		21.25		27.00	
G	Q	R	v	R	v	R	v	R	v
24.0	697.7	15.96	0.10	2.11	0.03				
26.0	755.8	35.45	0.10	2.29	0.04				
28.0	814.0	40.57	0.11	2.47	0.04				
30.0	872.1	46.01	0.12	2.64	0.04				
32.0	930.2	51.79	0.13	2.82	0.05				
34.0	988.4	57.90	0.14	2.99	0.05				
36.0	1046.5	64.34	0.14	3.17	0.05				
38.0	1104.7	71.11	0.15	3.35	0.06				
40.0	1162.8	78.20	0.16	3.52	0.06				
42.0	1220.9	85.62	0.17	6.78	0.06				
44.0	1279.1	93.37	0.18	7.36	0.06				
46.0	1337.2	101.45	0.18	7.97	0.07				
48.0	1395.4	109.86	0.19	8.60	0.07	1.28	0.04		
50.0	1453.5	118.59	0.20	9.25	0.07	1.33	0.04		
52.0	1511.6	127.65	0.21	9.92	0.08	1.38	0.04		
54.0	1569.8	137.03	0.22	10.62	0.08	1.43	0.04		
56.0	1627.9	146.75	0.22	11.34	0.08	1.49	0.04		
58.0	1686.1	156.79	0.23	12.08	0.08	2.76	0.05		
60.0	1744.2	167.15	0.24	12.84	0.09	2.93	0.05		
62.0	1802.3	177.85	0.25	13.63	0.09	3.11	0.05		
64.0	1860.5	188.87	0.26	14.43	0.09	3.29	0.05		
66.0	1918.6	200.21	0.26	15.26	0.10	3.47	0.05		
68.0	1976.8	211.88	0.27	16.11	0.10	3.66	0.05		
70.0	2034.9	223.88	0.28	16.99	0.10	3.85	0.06		
72.0	2093.0	236.21	0.29	17.88	0.10	4.05	0.06		
74.0	2151.2	248.86	0.29	18.80	0.11	4.25	0.06		
76.0	2209.3	261.84	0.30	19.74	0.11	4.46	0.06		
78.0	2267.5	275.14	0.31	20.70	0.11	4.67	0.06		
80.0	2325.6	288.77	0.32	21.68	0.12	4.88	0.06		
82.0	2383.7	302.72	0.33	22.69	0.12	5.10	0.07		
84.0	2441.9	317.00	0.33	23.71	0.12	5.33	0.07		
86.0	2500.0	331.61	0.34	24.76	0.12	5.56	0.07		
88.0	2558.2	346.54	0.35	25.83	0.13	5.79	0.07		
90.0	2616.3	361.80	0.36	26.93	0.13	6.03	0.07		
95.0	2761.6	401.37	0.38	29.75	0.14	6.65	0.08		
100.0	2907.0	442.98	0.40	32.72	0.15	7.29	0.08	2.24	0.05
105.0	3052.3	486.62	0.42	35.82	0.15	7.96	0.08	2.45	0.05
110.0	3197.7	532.30	0.44	39.05	0.16	8.66	0.09	2.66	0.05
115.0	3342.1	580.01	0.46	42.42	0.17	9.39	0.09	2.88	0.06
120.0	3488.4	629.76	0.48	45.93	0.17	10.15	0.10	3.10	0.06
125.0	3683.7	681.54	0.50	49.57	0.18	10.93	0.10	3.34	0.06
130.0	3779.1	735.36	0.52	53.35	0.19	11.74	0.10	3.58	0.06
135.0	3924.4	791.21	0.54	57.27	0.20	12.68	0.11	3.83	0.07

9.3-1 热水采暖系统管道管径计算（续）

$t_g=95℃$，$t_h=70℃$，$k=0.2mm$ 流量 G，kg/h；热负荷 Q，W；比摩阻 R，Pa/m；流速 v，m/s									
公称直径		10.00		15.00		20.00		25.00	
内径（mm）		9.50		15.75		21.25		27.00	
G	Q	R	v	R	v	R	v	R	v
140.0	4069.8	849.10	0.56	61.32	0.20	13.45	0.11	4.09	0.07
145.0	4215.1	909.02	0.58	65.50	0.21	14.34	0.12	4.35	0.07
150.0	4360.5	970.98	0.60	69.82	0.22	15.27	0.12	4.63	0.07
155.0	4505.8	1034.97	0.62	74.28	0.22	16.22	0.12	4.91	0.08
160.0	4651.2	1100.99	0.64	78.87	0.23	17.19	0.13	5.20	0.08
165.0	4796.5	1169.05	0.66	83.60	0.24	18.20	0.13	5.50	0.08
170.0	4941.9	1239.14	0.68	88.46	0.25	19.23	0.14	5.80	0.08
175.0	5087.2	1311.27	0.70	93.46	0.25	20.29	0.14	6.12	0.09
180.0	5232.6	1385.43	0.72	98.59	0.26	21.38	0.14	6.44	0.09
185.0	5377.9	1461.62	0.74	103.86	0.27	22.50	0.15	6.77	0.09
190.0	5523.3	1539.85	0.76	109.26	0.28	23.64	0.15	7.11	0.09
195.0	5668.6	1620.11	0.78	114.80	0.28	24.81	0.16	7.45	0.10
200.0	5814.0	1702.41	0.80	120.48	0.29	26.01	0.16	7.80	0.10
210.0	6104.7	1873.10	0.84	132.23	0.30	28.49	0.17	8.53	0.10
220.0	6395.4	2051.93	0.88	144.52	0.32	31.08	0.18	9.29	0.11
230.0	6686.1	2238.90	0.92	157.35	0.33	33.77	0.18	10.08	0.11
240.0	6976.8	2434.00	0.96	170.73	0.35	36.58	0.19	10.90	0.12
250.0	7267.5	2637.23	1.00	184.64	0.36	39.50	0.20	11.75	0.12
260.0	7558.2	2848.60	1.04	109.09	0.38	42.52	0.21	12.64	0.13
270.0	7848.9	3068.10	1.08	214.08	0.39	45.66	0.22	13.55	0.13
280.0	8139.6	3295.74	1.12	229.61	0.41	48.91	0.22	14.50	0.14
290.0	8430.3	3531.51	1.16	245.68	0.42	52.26	0.23	15.47	0.14
300.0	8721.0	3775.42	1.20	262.29	0.44	55.72	0.24	16.48	0.15
310.0	9011.7	4027.46	1.24	279.44	0.45	59.30	0.25	17.51	0.15
320.0	9302.4	4287.64	1.28	297.13	0.46	62.98	0.25	18.58	0.16
330.0	9593.1	4555.95	1.32	315.36	0.48	66.77	0.26	19.68	0.16
340.0	9883.8	4832.40	1.36	334.13	0.49	70.67	0.27	20.81	0.17
350.0	10174.5	5116.97	1.40	353.44	0.51	74.68	0.28	21.97	0.17
360.0	10465.2	5409.69	1.43	373.29	0.52	78.80	0.29	23.16	0.18
370.0	10755.9	5710.54	1.47	393.67	0.54	83.03	0.29	24.38	0.18
380.0	11046.6	6019.51	1.51	414.60	0.55	87.37	0.30	25.63	0.19
390.0	11337.3	6336.63	1.55	436.06	0.57	91.81	0.31	26.91	0.19
400.0	11628.0	6661.88	1.59	458.07	0.58	96.37	0.32	28.23	0.20
410.0	11918.7	6995.27	1.63	480.61	0.59	101.03	0.33	29.57	0.20
420.0	12209.4	7336.79	1.67	503.69	0.61	105.80	0.33	30.94	0.21
430.0	12500.1	7686.44	1.71	527.31	0.62	110.69	0.34	32.35	0.21
440.0	12790.8	8044.23	1.75	551.48	0.64	115.68	0.35	33.78	0.22
450.0	13081.5	8410.15	1.79	576.18	0.65	120.78	0.36	35.25	0.22
460.0	13372.2	8784.20	1.83	601.41	0.67	125.99	0.37	36.74	0.23
470.0	13662.9	9166.38	1.87	627.19	0.68	131.30	0.37	38.27	0.23
480.0	13953.6	9556.71	1.91	653.51	0.70	136.73	0.38	39.83	0.24
490.0	14244.3	9955.17	1.95	680.37	0.71	142.27	0.39	41.42	0.24
500.0	14535.0	10361.76	1.99	707.76	0.73	147.91	0.40	43.03	0.25

9.3-1 热水采暖系统管道管径计算（续）

$t_g=95℃$，$t_h=70℃$，$k=0.2mm$

流量 G，kg/h；热负荷 Q，W；比摩阻 R，Pa/m；流速 v，m/s

公称直径		10.00		15.00		20.00		25.00	
内径（mm）		9.50		15.75		21.25		27.00	
G	Q	R	v	R	v	R	v	R	v
520.0	15116.4	11199.35	2.07	764.17	0.75	159.53	0.41	46.36	0.26
540.0	15697.8	12069.47	2.15	822.74	0.78	171.58	0.43	49.81	0.27
560.0	16279.2	12972.13	2.23	883.46	0.81	184.07	0.45	53.38	0.28
580.0	16860.6	13907.31	2.31	946.34	0.84	196.99	0.46	57.08	0.29
600.0	17442.0	14875.05	2.39	1011.37	0.87	210.35	0.48	60.89	0.30
620.0	18023.4			1078.56	0.90	224.14	0.49	64.83	0.31
640.0	18604.8			1147.90	0.93	238.37	0.51	68.89	0.32
660.0	19186.2			1219.41	0.96	253.04	0.53	73.07	0.33
680.0	19767.6			1293.07	0.99	268.14	0.54	77.37	0.34
700.0	20349.0			1368.88	1.02	283.67	0.56	81.79	0.35
720.0	20930.4			1446.85	1.04	299.64	0.57	86.34	0.36
740.0	21511.8			1526.97	1.07	316.05	0.59	91.01	0.37
760.0	22093.2			1609.26	1.10	332.89	0.61	95.79	0.38
780.0	22674.6			1693.70	1.13	350.17	0.62	100.71	0.38
800.0	23256.0			1780.29	1.16	367.88	0.64	105.74	0.39
820.0	23837.4			1869.04	1.19	386.03	0.65	110.89	0.40
840.0	24418.8			1959.95	1.22	404.61	0.67	116.17	0.41
860.0	25000.2			2053.01	1.25	423.63	0.69	121.56	0.42
880.0	25581.6			2148.23	1.28	443.08	0.70	127.08	0.43
900.0	26163.0			2245.60	1.31	462.97	0.72	132.72	0.44
950.0	27616.5			2498.47	1.38	514.60	0.76	147.36	0.47
1000.0	29070.0			2764.81	1.45	568.94	0.80	162.75	0.49
1050.0	30523.5			3044.62	1.52	626.01	0.84	178.90	0.52
1100.0	31977.0			3337.92	1.60	685.79	0.88	195.81	0.54
1150.0	33430.5			3644.68	1.67	748.30	0.92	213.49	0.57
1200.0	34884.0			3964.92	1.74	813.52	0.96	231.92	0.59
1250.0	36337.5			4298.63	1.81	881.47	1.00	251.11	0.62
1300.0	37791.0			4645.82	1.89	952.13	1.04	271.06	0.64
1350.0	39244.5					1025.52	1.08	291.77	0.67
1400.0	40698.0					1101.62	1.12	313.24	0.69
1450.0	42151.5					1180.44	1.16	335.47	0.72
1500.0	43605.0					1261.98	1.19	358.46	0.74
1550.0	45058.5					1346.25	1.23	382.21	0.76
1600.0	46512.0					1433.23	1.27	406.71	0.79
1650.0	47965.5					1522.93	1.31	431.98	0.81
1700.0	49419.0					1615.35	1.35	458.01	0.84
1750.0	50872.5					1710.49	1.39	484.79	0.86
1800.0	52326.0					1808.35	1.43	512.34	0.89
1850.0	53779.5					1908.93	1.47	540.64	0.91
1900.0	55233.0					2012.23	1.51	569.70	0.94
1950.0	56686.5					2118.25	1.55	599.53	0.95
2000.0	58140.0					2226.98	1.59	630.11	0.99

9.3-1 热水采暖系统管道管径计算（续）

$t_g = 95℃$，$t_h = 70℃$，$k = 0.2mm$

流量 G，kg/h；热负荷 Q，W；比摩阻 R，Pa/m；流速 v，m/s

公称直径		32.00		40.00		50.00		70.00	
内径（mm）		35.75		41.00		53.00		68.00	
G	Q	R	v	R	v	R	v	R	v
330.0	9593.1	4.81	0.09	2.44	0.07				
340.0	9883.8	5.08	0.10	2.58	0.07				
350.0	10174.5	5.36	0.10	2.72	0.07				
360.0	10465.2	5.64	0.10	2.86	0.08				
370.0	10755.9	5.93	0.10	3.00	0.08				
380.0	11046.6	6.23	0.11	3.15	0.08				
390.0	11337.3	6.54	0.11	3.31	0.08				
400.0	11628.0	6.85	0.11	3.46	0.09				
410.0	11918.7	7.17	0.12	3.62	0.09				
420.0	12209.4	7.49	0.12	3.78	0.09				
430.0	12500.1	7.83	0.12	3.95	0.09				
440.0	12790.8	8.17	0.12	4.12	0.09				
450.0	13081.5	8.51	0.13	4.29	0.10				
460.0	13372.2	8.87	0.13	4.47	0.10				
470.0	13662.9	9.23	0.13	4.65	0.10				
480.0	13953.6	9.59	0.14	4.83	0.10				
490.0	14244.3	9.97	0.14	5.02	0.10				
500.0	14535.0	10.35	0.14	5.21	0.11				
520.0	15116.4	11.13	0.15	5.60	0.11	1.57	0.07		
540.0	15697.8	11.94	0.15	6.00	0.12	1.68	0.07		
560.0	16279.2	12.78	0.16	6.42	0.12	1.79	0.07		
580.0	16860.6	13.65	0.16	6.85	0.12	1.91	0.07		
600.0	17442.0	14.54	0.17	7.29	0.13	2.03	0.08		
620.0	18023.4	15.46	0.17	7.75	0.13	2.16	0.08		
640.0	18604.8	16.41	0.18	8.22	0.14	2.29	0.08		
660.0	19186.2	17.39	0.19	8.71	0.14	2.42	0.08		
680.0	19767.6	18.39	0.19	9.20	0.15	2.55	0.09		
700.0	20349.0	19.43	0.20	9.71	0.15	2.69	0.09		
720.0	20930.4	20.48	0.20	10.24	0.15	2.83	0.09		
740.0	21511.8	21.57	0.21	10.78	0.16	2.98	0.09		
760.0	22093.2	22.69	0.21	11.33	0.16	3.13	0.10		
780.0	22674.6	23.83	0.22	11.89	0.17	3.28	0.10		
800.0	23256.0	25.00	0.23	12.47	0.17	3.44	0.10		
820.0	23837.4	26.19	0.23	13.06	0.18	3.60	0.11		
840.0	24418.8	27.42	0.24	13.66	0.18	3.76	0.11		
860.0	25000.2	28.67	0.24	14.28	0.18	3.93	0.11		
880.0	25581.6	29.95	0.25	14.91	0.19	4.10	0.11		
900.0	26163.0	31.25	0.25	15.56	0.19	4.27	0.12	1.24	0.07
950.0	27616.5	34.64	0.27	17.22	0.20	4.72	0.12	1.37	0.07
1000.0	29070.0	38.20	0.28	18.98	0.21	5.19	0.13	1.50	0.08
1050.0	30523.5	41.93	0.30	20.81	0.22	5.69	0.13	1.64	0.08
1110.0	31977.0	45.83	0.31	22.73	0.24	6.20	0.14	1.79	0.09
1150.0	33430.5	49.90	0.32	24.73	0.25	6.74	0.15	1.94	0.09

9.3-1 热水采暖系统管道管径计算（续）

$t_g=95℃$，$t_h=70℃$，$k=0.2mm$

流量 G，kg/h；热负荷 Q，W；比摩阻 R，Pa/m；流速 v，m/s

公称直径		32.00		40.00		50.00		70.00	
内径（mm）		35.75		41.00		53.00		68.00	
G	Q	R	v	R	v	R	v	R	v
1200.0	34884.0	54.14	0.34	26.81	0.26	7.29	0.15	2.10	0.09
1250.0	36337.5	58.55	0.35	28.98	0.27	7.87	0.16	2.26	0.10
1300.0	37791.0	63.14	0.37	31.23	0.28	8.47	0.17	2.43	0.10
1350.0	39244.5	67.89	0.38	33.56	0.29	9.09	0.17	2.61	0.11
1400.0	40698.0	72.82	0.39	35.98	0.30	9.74	0.18	2.79	0.11
1450.0	42151.5	77.92	0.41	38.48	0.31	10.40	0.19	2.97	0.11
1500.0	43605.0	83.19	0.42	41.06	0.32	11.09	0.19	3.17	0.12
1550.0	45058.5	88.63	0.44	43.72	0.33	11.79	0.20	3.37	0.12
1600.0	46512.0	94.24	0.45	46.47	0.34	12.52	0.20	3.57	0.12
1650.0	47965.5	100.02	0.46	49.30	0.35	13.27	0.21	3.78	0.13
1700.0	49419.0	105.98	0.48	52.21	0.36	14.04	0.22	4.00	0.13
1750.0	50872.5	112.10	0.49	55.20	0.37	14.83	0.22	4.22	0.14
1800.0	52326.0	118.39	0.51	58.28	0.39	15.65	0.23	4.44	0.14
1850.0	53779.5	124.86	0.52	61.44	0.40	16.48	0.24	4.68	0.14
1900.0	55233.0	131.50	0.53	64.68	0.41	17.34	0.24	4.92	0.15
1950.0	56686.5	138.30	0.55	68.01	0.42	18.22	0.25	5.16	0.15
2000.0	58140.0	145.28	0.56	71.42	0.43	19.12	0.26	5.41	0.16
2100.0	61047.0	159.75	0.59	78.48	0.45	20.98	0.27	5.93	0.16
2200.0	63954.0	174.91	0.62	85.88	0.47	22.92	0.28	6.47	0.17
2300.0	66861.0	190.74	0.65	93.60	0.49	24.96	0.29	7.03	0.18
2400.0	69768.0	207.26	0.68	101.66	0.51	27.07	0.31	7.62	0.19
2500.0	72675.0	224.47	0.70	110.04	0.53	29.28	0.32	8.23	0.19
2600.0	75582.0	242.35	0.73	118.76	0.56	31.56	0.33	8.86	0.20
2700.0	78489.0	260.92	0.76	127.81	0.58	33.94	0.35	9.52	0.21
2800.0	81396.0	280.18	0.79	137.19	0.60	36.39	0.36	10.20	0.22
2900.0	84303.0	300.11	0.82	146.89	0.62	38.93	0.37	10.90	0.23
3000.0	87210.0	320.73	0.84	156.93	0.64	41.56	0.38	11.62	0.23
3100.0	90117.0	342.04	0.87	167.30	0.66	44.27	0.40	12.37	0.24
3200.0	93024.0	364.02	0.90	178.00	0.68	47.07	0.41	13.14	0.25
3300.0	95931.0	386.69	0.93	189.03	0.71	49.95	0.42	13.93	0.26
3400.0	98838.0	410.04	0.96	200.39	0.73	52.92	0.44	14.74	0.26
3500.0	101745.0	434.08	0.99	212.08	0.75	55.97	0.45	15.58	0.27
3600.0	104652.0	458.80	1.01	224.10	0,77	59.11	0.46	16.44	0.28
3700.0	107559.0	484.20	1.04	236.45	0.79	62.33	0.47	17.33	0.29
3800.0	110466.0	510.29	1.07	249.13	0.81	65.64	0.49	18.23	0.30
3900.0	113373.0	537.06	1.10	262.15	0.83	69.03	0.50	19.16	0.30
4000.0	116280.0	564.51	1.13	275.49	0.86	72.50	0.51	20.12	0.31
4100.0	119187.0	592.64	1.15	289.16	0.88	76.07	0.53	21.09	0.32
4200.0	122094.0	621.46	1.18	303.16	0.90	79.71	0.54	22.09	0.33
4300.0	125001.0	650.96	1.21	317.50	0.92	83.44	0.55	23.11	0.33
4400.0	127908.0	681.15	1.24	332.16	0.94	87.26	0.56	24.15	0.34
4500.0	130815.0	712.02	1.27	347.15	0.96	91.16	0.58	25.22	0.35
4600.0	133722.0	743.57	1.29	362.48	0.98	95.14	0.59	26.31	0.36

9.3-1　热水采暖系统管道管径计算（续）

$t_g=95℃$，$t_h=70℃$，$k=0.2mm$ 流量 G，kg/h；热负荷 Q，W；比摩阻 R，Pa/m；流速 v，m/s									
公称直径		80.00		100.00		125.00		150.00	
内径（mm）		80.50		106.00		131.00		156.00	
G	Q	R	v	R	v	R	v	R	v
1500.0	43605.0								
1550.0	45058.5								
1600.0	46512.0								
1650.0	47965.5								
1700.0	49419.0								
1750.0	50872.5								
1800.0	52326.0								
1850.0	53779.5	2.01	0.10						
1900.0	55233.0	2.12	0.11						
1950.0	56686.5	2.22	0.11						
2000.0	58140.0	2.33	0.11						
2100.0	61047.0	2.55	0.12						
2200.0	63954.0	2.77	0.12						
2300.0	66861.0	3.01	0.13						
2400.0	69768.0	3.26	0.13						
2500.0	72675.0	3.52	0.14						
2600.0	75582.0	3.79	0.14						
2700.0	78489.0	4.06	0.15						
2800.0	81396.0	4.35	0.16						
2900.0	84303.0	4.64	0.16						
3000.0	87210.0	4.95	0.17						
3100.0	90117.0	5.26	0.17						
3200.0	93024.0	5.59	0.18	1.41	0.10				
3300.0	95931.0	5.92	0.18	1.49	0.11				
3400.0	98838.0	6.26	0.19	1.58	0.11				
3500.0	101745.0	6.62	0.19	1.66	0.11				
3600.0	104652.0	6.98	0.20	1.75	0.12				
3700.0	107559.0	7.35	0.21	1.85	0.12				
3800.0	110466.0	7.73	0.21	1.94	0.12				
3900.0	113373.0	8.12	0.22	2.03	0.12				
4000.0	116280.0	8.52	0.22	2.13	0.13				
4100.0	119187.0	8.93	0.23	2.23	0.13				
4200.0	122094.0	9.34	0.23	2.34	0.13				
4300.0	125001.0	9.77	0.24	2.44	0.14				
4400.0	127908.0	10.21	0.24	2.55	0.14				
4500.0	130815.0	10.65	0.25	2.66	0.14				
4600.0	133722.0	11.11	0.26	2.77	0.15				
4700.0	136629.0	11.57	0.26	2.88	0.15				
4800.0	139536.0	12.05	0.27	3.00	0.15				
4900.0	142443.0	12.63	0.27	3.12	0.16				
5000.0	145350.0	13.03	0.28	3.24	0.16				
5200.0	151164.0	14.04	0.29	3.48	0.17				
5400.0	156978.0	15.09	0.30	3.74	0.17	1.30	0.11	0.55	0.08

9.3-2 在 $\theta_{pj}=80$℃时热水采暖钢管管径计算（德国）												
	螺纹钢管					无缝钢管						
DN	10	15	20	25	32	40	50	65	80	100	125	150
d_i(mm)[2]	12.5	16.0	21.6	27.2	35.9	39.3	51.2	70.3	82.5	100.8	125.0	150.0
R (Pa/m)	上栏数字:体积流量 $\dot{V}$(L/h)(相当于1K温差的热流) 下栏数字:热水流速 m/s											
2.4	13.0 0.030	25.7 0.035	59.3 0.050	114 0.055	244 0.070	322 0.075	663 0.090	1520 0.11	2360 0.13	4010 0.14	7200 0.17	11800 0.19
2.8	14.4 0.035	28.2 0.040	64.8 0.050	124 0.060	267 0.075	350 0.080	722 0.10	1660 0.12	2560 0.14	4360 0.16	7840 0.18	12700 0.20
3.3	15.9 0.040	31.2 0.045	71.2 0.055	136 0.070	293 0.085	384 0.090	791 0.11	1820 0.13	2820 0.15	4770 0.17	8550 0.20	13950 0.22
4.0	17.9 0.045	34.9 0.050	79.2 0.065	151 0.075	326 0.095	428 0.10	879 0.12	2010 0.15	3120 0.17	5310 0.19	9470 0.22	15500 0.26
5	20.3 0.050	39.7 0.060	89.7 0.070	172 0.085	370 0.11	485 0.11	995 0.14	2270 0.17	3530 0.19	6040 0.22	10700 0.24	17500 0.28
6	22.3 0.055	44.0 0.065	99.4 0.080	192 0.095	412 0.12	539 0.13	1100 0.15	2500 0.19	3910 0.20	6680 0.24	11900 0.28	19200 0.32
7	24.3 0.060	47.9 0.070	108 0.085	208 0.10	447 0.13	587 0.14	1200 0.16	2720 0.20	4250 0.22	7260 0.26	12900 0.30	20800 0.34
8	26.1 0.065	51.5 0.075	117 0.095	224 0.11	482 0.14	632 0.15	1290 0.18	2950 0.22	4560 0.24	7790 0.28	13900 0.32	22200 0.35
10	29.6 0.070	58.4 0.085	133 0.11	254 0.13	546 0.16	715 0.17	1460 0.20	3330 0.24	5140 0.28	8720 0.32	15600 0.36	25000 0.40
12	32.8 0.080	64.9 0.095	147 0.12	281 0.14	601 0,17	789 0.18	1630 0.22	3680 0.28	5690 0.30	9660 0.34	17200 0.40	27800 0.46
14	35.8 0.085	70.9 0.10	160 0.13	307 0.15	657 0.19	862 0.20	1780 0.24	4000 0.30	6180 0.34	10500 0.38	18600 0.44	30300 0.50
16	38.6 0.095	76.4 0.11	173 0.14	331 0.17	710 0.20	926 0.22	1910 0.26	4300 0.32	6640 0.36	11300 0.40	20000 0.46	32700 0.53
18	41.3 0.10	81.5 0.12	184 0.15	354 0.18	755 0.22	987 0.24	2030 0.28	4580 0.34	7090 0.38	12100 0.44	21400 0.50	34800 0.55
20	43.8 0.11	86.1 0.13	195 0.16	374 0.19	801 0.24	1050 0.26	2150 0.30	4830 0.36	7480 0.40	12800 0.46	22500 0.55	36700 0.60
24	48.5 0.12	94.9 0.14	217 0.18	413 0.20	882 0.26	1160 0.28	2360 0.32	5330 0.40	8250 0.44	14000 0.50	24900 0.60	40400 0.65
28	52.9 0.13	104 0.15	236 0.19	451 0.22	959 0.28	1250 0.30	2570 0.36	5790 0.44	8960 0.48	15300 0.55	27100 0.65	43800 0.70
33	58.1 0.14	115 0.17	261 0.21	498 0.25	1060 0.30	1385 0.32	2816 0.39	6381 0.47	9874 0.53	16660 0.60	29600 0.68	45200 0.73
[1]在50℃时,根据 ϕ, *R* 值大约高4%~7%； [2]内径、外径见有关内容												

9.3-2 在 $\theta_{pj}=80$℃时热水采暖钢管管径计算(德国)(续)

	螺纹钢管					无缝钢管						
DN	10	15	20	25	32	40	50	65	80	100	125	150
d_i(mm)[2]	12.5	16.0	21.6	27.2	35.9	39.3	51.2	70.3	82.5	100.8	125.0	150.0
R (Pa/m)	上栏数字:体积流量 $\dot{V}$(L/h)(相当于 1K 温差的热流) 下栏数字:热水流速 m/s											
36	60.8 0.15	120 0.18	273 0.22	519 0.25	1100 0.32	1450 0.34	2940 0.40	6610 0.50	10300 0.55	17400 0.65	29500 0.70	47600 0.75
40	64.5 0.16	127 0.19	298 0.24	545 0.28	1160 0.34	1540 0.36	3110 0.42	7000 0.50	10800 0.60	18400 0.65	32800 0.75	52600 0.85
45	68.8 0.17	136 0.20	309 0.24	583 0.30	1240 0.36	1630 0.38	3300 0.46	7440 0.55	11500 0.60	19500 0.70	34900 0.80	55700 0.90
50	73.1 0.18	144 0.22	325 0.26	615 0.30	1310 0.38	1720 0.40	3490 0.48	7870 0.60	12200 0.65	20600 0.75	36800 0.85	59000 0.95
55	77.6 0.19	151 0.22	344 0.28	645 0.32	1380 0.40	1820 0.42	3650 0.50	8310 0.60	12900 0.70	21700 0.80	38600 0.90	61900 1.0
60	81.3 0.20	159 0.24	360 0.30	679 0.34	1450 0.42	1900 0.44	3830 0.55	8690 0.65	13500 0.70	22700 0.80	40300 0.95	65000 1.1
65	84.6 0.20	167 0.24	376 0.30	707 0.36	1510 0.44	1990 0.46	3990 0.55	9070 0.65	14100 0.75	23700 0.85	41900 1.0	67800 1.1
70	87.9 0.22	173 0.26	391 0.32	738 0.36	1580 0.44	2060 0.48	4150 0.55	9440 0.70	14600 0.80	24700 0.90	43500 1.0	70600 1.1
75	91.6 0.22	180 0.26	406 0.32	766 0.38	1630 0.46	2140 0.50	4320 0.60	9810 0.75	15200 0.80	25500 0.90	45100 1.1	73300 1.2
80	94.9 0.24	186 0.28	419 0.34	798 0.40	1690 0.48	2220 0.50	4470 0.60	10100 0.75	15700 0.85	26400 0.95	46700 1.1	75800 1.2
90	101 0.24	199 0.30	447 0.36	850 0.42	1800 0.50	2350 0.55	4770 0.65	10800 0.80	16600 0.90	28100 1.0	49600 1.2	80400 1.3
100	107 0.26	211 0.32	474 0.38	900 0.44	1900 0.55	2400 0.60	5050 0.70	11400 0.85	17600 0.95	29700 1.1	52400 1.2	84800 1.4
110	113 0.28	222 0.32	500 0.40	946 0.48	2000 0.55	2620 0.60	5310 0.75	11900 0.90	18500 1.0	31200 1.2	55100 1.4	89000 1.6
120	118 0.28	233 0.34	524 0.42	992 0.50	2090 0.60	2740 0.65	5550 0.75	12500 0.95	19300 1.0	32700 1.2	57600 1.3	93400 1.5
130	123 0.30	246 0.36	548 0.44	1030 0.55	2180 0.60	2860 0.65	5800 0.80	13000 1.0	20100 1.1	34100 1.3	60100 1.5	97100 1.6
140	128 0.32	252 0.38	570 0.46	1070 0.55	2270 0.65	2970 0.70	6020 0.85	13500 1.0	20900 1.1	35400 1.3	62500 1.5	101000 1.6
150	132 0.32	262 0.38	591 0.48	1110 0.55	2350 0.65	3080 0.70	6230 0.85	14000 1.0	21600 1.2	36700 1.3	64800 1.5	105000 1.7

[1]在 50℃时,根据 ϕ, *R* 值大约高 3%～6%; [2]内径、外径见有关内容

9.3-2 在 $\theta_{pj}=80$℃时热水采暖钢管管径计算(德国)(续)

	螺纹钢管					无缝钢管						
DN	10	15	20	25	32	40	50	65	80	100	125	150
d_i(mm)[2]	12.5	16.0	21.6	27.2	35.9	39.3	51.2	70.3	82.5	100.8	125.0	150.0
R (Pa/m)	上栏数字:体积流量 $\dot{V}$(L/h)(相当于1K温差的热流) 下栏数字:热水流速 m/s											
160	137 0.34	271 0.40	611 0.50	1150 0.60	2430 0.70	3190 0.75	6450 0.90	14500 1.1	22400 1.2	37900 1.4	67000 1.6	108000 1.8
170	142 0.34	280 0.40	631 0.50	1190 0.60	2510 0.70	3290 0.75	6640 0.90	15000 1.1	23000 1.2	39100 1.4	69000 1.6	112000 1.8
180	146 0.36	289 0.42	648 0.50	1220 0.60	2600 0.75	3390 0.80	6850 0.95	15400 1.1	23800 1.3	40200 1.4	71100 1.7	115000 1.9
190	151 0.36	299 0.44	668 0.55	1260 0.65	2670 0.75	3490 0.80	7050 0.95	15900 1.2	24500 1.3	41300 1.5	73000 1.7	118000 1.9
200	155 0.38	307 0.46	687 0.55	1290 0.65	2750 0.80	3590 0.85	7240 1.0	16300 1.2	25100 1.3	42400 1.5	74900 1.7	121000 2.0
220	163 0.40	322 0.48	723 0.60	1360 0.70	2890 0.80	3770 0.85	7640 1.0	17100 1.3	26500 1.4	44600 1.6	78700 1.8	127000 2.0
240	171 0.42	337 0.50	757 0.60	1430 0.70	3030 0.85	3940 0.90	7970 1.1	17900 1.3	27700 1.5	46400 1.7	82300 1.9	133000 2.2
260	179 0.44	352 0.50	790 0.65	1490 0.75	3160 0.90	4110 0.95	8310 1.1	18700 1.4	28800 1.5	48600 1.7	85700 2.0	139000 2.2
280	186 0.46	367 0.55	822 0.65	1550 0.80	3290 0.95	4280 1.0	8640 1.2	19400 1.4	29900 1.6	50400 1.8	89100 2.0	144000 2.4
300	193 0.46	381 0.55	852 0.70	1610 0.80	3410 1.0	4430 1.0	8970 1.2	20100 1.5	31000 1.7	52200 1.9	92300 2.2	150000 2.4
330	204 0.50	402 0.60	894 0.70	1700 0.85	3500 1.0	4660 1.1	9420 1.3	21100 1.6	32500 1.7	54700 2.0	96800 2.2	157000 2.6
360	216 0.50	421 0.60	933 0.75	1770 0.90	3750 1.1	4880 1.1	9860 1.4	22100 1.6	34000 1.8	57300 2.0	101000 2.4	164000 2.6
400	226 0.55	447 0.65	989 0.80	1870 0.95	3960 1.1	5150 1.2	10400 1.4	23300 1.7	35900 1.9	60500 2.2	107000 2.4	173000 2.8
450	240 0.60	475 0.70	1050 0.85	1990 1.0	4210 1.2	5480 1.3	11100 1.5	24800 1.8	38000 2.0	64300 2.4	114000 2.6	184000 3.0
500	254 0.60	502 0.75	1110 0.90	2100 1.0	4450 1.3	5800 1.4	11700 1.6	26200 1.9	40200 2.2	67800 2.4	120000 2.8	—
550	267 0.65	527 0.75	1170 0.95	2210 1.1	4680 1.3	6090 1.4	12300 1.7	27600 2.0	42200 2.2	71200 2.6	126000 3.0	—
600	280 0.70	552 0.80	1230 1.0	2310 1.2	4900 1.4	6380 1.5	12800 1.8	28900 2.2	44200 2.4	74500 2.6	132000 3.0	—

[1] 在50℃时,R 值大约高3%~6%(根据 ϕ)

[2] 内径和外径见有关内容

9.3-3 在 $\theta_{pj}=80$℃时热水采暖铜管管径计算

$d_a \times s$[2)] i(mm)	12×1	15×1	18×1	22×1	28×1.5	35×1.5	$d_a \times s$[2)] i(mm)	12×1	15×1	18×1	22×1	28×1.5	35×1.5
R (Pa/m)	上栏:体积流量 $\dot{V}$(L/h) 下栏:热水流速 v(m/s)						R (Pa/m)	上栏:体积流量 $\dot{V}$(L/h) 下栏:热水流速 v(m/s)					
14	21 0.08	44 0.09	77 0.11	143 0.13	263 0.15	515 0.18	110	70 0.26	144 0.31	252 0.36	462 0.42	842 0.49	1640 0.58
16	23 0.08	47 0.10	84 0.12	154 0.14	284 0.17	556 0.20	120	74 0.27	151 0.32	266 0.38	485 0.44	885 0.52	1720 0.61
18	25 0.09	51 0.11	90 0.13	165 0.15	304 0.18	594 0.21	130	77 0.28	158 0.34	277 0.39	507 0.46	926 0.54	1800 0.64
20	26 0.10	54 0.12	95 0.14	176 0.16	323 0.19	631 0.22	140	80 0.29	166 0.35	290 0.41	529 0.48	966 0.56	1880 0.67
22	28 0.10	57 0.12	100 0.14	184 0.17	338 0.20	660 0.24	150	84 0.30	172 0.37	301 0.43	551 0.50	1000 0.58	1950 0.69
24	29 0.11	60 0.13	105 0.15	194 0.18	355 0.21	700 0.25	160	87 0.32	179 0.38	312 0.44	571 0.52	1040 0.61	2020 0.72
26	30 0.11	63 0.13	110 0.16	203 0.18	371 0.22	730 0.26	170	90 0.33	185 0.40	323 0.46	591 0.54	1080 0.63	2090 0.74
28	31 0.11	66 0.14	115 0.16	212 0.19	390 0.23	760 0.27	180	93 0.34	191 0.41	334 0.48	610 0.56	1110 0.65	2140 0.77
30	33 0.12	68 0.15	120 0.17	220 0.20	404 0.24	790 0.28	190	96 0.35	198 0.42	344 0.49	629 0.57	1150 0.67	2220 0.79
35	36 0.13	75 0.16	132 0.18	240 0.22	445 0.26	860 0.31	200	99 0.36	203 0.43	355 0.50	647 0.59	1180 0.69	2290 0.81
40	39 0.14	80 0.17	141 0.20	259 0.24	476 0.27	930 0.33	220	104 0.38	214 0.46	374 0.53	683 0.62	1250 0.72	2410 0.86
45	42 0.15	86 0.18	151 0.21	277 0.25	508 0.30	990 0.35	240	109 0.39	225 0.48	393 0.56	717 0.65	1320 0.76	2540 0.90
50	44 0.16	92 0.20	161 0.23	294 0.27	540 0.31	1050 0.37	260	114 0.42	235 0.50	411 0.58	750 0.68	1370 0.80	2650 0.94
55	47 0.17	97 0.21	170 0.24	311 0.28	570 0.33	1110 0.39	280	120 0.44	245 0.53	428 0.61	782 0.71	1420 0.83	2760 0.98
60	49 0.18	102 0.22	179 0.25	328 0.30	600 0.35	1170 0.41	300	125 0.45	255 0.55	445 0.63	813 0.74	1480 0.86	2870 1.02
65	52 0.19	107 0.23	187 0.27	342 0.31	626 0.36	1220 0.43	330	131 0.48	270 0.58	470 0.67	859 0.78	1560 0.91	3030 1.08
70	54 0.20	111 0.24	195 0.28	357 0.33	652 0.38	1270 0.45	360	139 0.50	284 0.61	493 0.70	901 0.82	1640 0.95	3170 1.13
75	56 0.20	115 0.25	202 0.29	372 0.34	675 0.40	1320 0.47	400	147 0.53	302 0.62	523 0.74	956 0.87	1740 1.01	3370 1.20
80	58 0.21	120 0.26	211 0.30	385 0.35	703 0.41	1370 0.49	450	157 0.57	322 0.69	561 0.80	1015 0.93	1850 1.08	3590 1.28
90	62 0.23	129 0.27	225 0.32	412 0.38	752 0.44	1460 0.52	500	167 0.61	342 0.73	595 0.85	1080 0.99	1970 1.15	3800 1.35
100	66 0.24	137 0.29	239 0.34	437 0.40	800 0.47	1550 0.55	600	185 0.67	379 0.81	658 0.94	1200 1.09	2190 1.27	4220 1.50

1)在 50℃时,R 值大约高 6%;2) d_a 外径、s 壁厚见有关内容

9.3-4 热水及蒸汽供暖系统局部阻力系数 ζ 值

局部阻力名称	ζ	说明	局部阻力名称	在下列管径 DN(mm)时的 ζ 值					
				15	20	25	32	40	≥50
散热器	2.0	以热媒在导管中的流速计算局部阻力	截止阀	16.0	10.0	9.0	9.0	8.0	7.0
铸铁锅炉	2.5		旋塞	4.0	2.0	2.0	2.0		
钢制锅炉	2.0		斜杆截止阀	3.0	3.0	3.0	2.5	2.5	2.0
突然扩大	1.0	以其中较大的流速计算局部阻力	闸阀	1.5	0.5	0.5	0.5	0.5	0.5
突然缩小	0.5		弯头	2.0	2.0	1.5	1.5	1.0	1.0
直流三通(图①)[1]	1.0		90°煨弯及乙字管	1.5	1.5	1.0	1.0	0.5	0.5
旁流三通(图②)[1]	1.5		括弯(图⑥)	3.0	2.0	2.0	2.0	2.0	2.0
合流三通(图③)[1]	3.0		急弯双弯头	2.0	2.0	2.0	2.0	2.0	2.0
分流三通(图③)[1]	3.0		缓弯双弯头	1.0	1.0	1.0	1.0	1.0	1.0
直流四通(图④)	2.0								
分流四通(图⑤)	3.0								
方形补偿器	2.0								
套管补偿器	0.5								

[1]表中三通局部阻力系数，未考虑流量比，是一种简化形式。对分流、合流三通误差较大

9.3-5 热水供暖系统局部阻力系数 $\zeta=1$ 的局部损失动压值 $P_d=\rho v^2/2$

v (m/s)	P_d (Pa)	v (m/s)	P_d (Pa)	v (m/s)	P_d (Pa)	v (m/s)	P_d (Pa)	v (m/s)	P_d (Pa)	v (m/s)	P_d (Pa)
0.01	0.05	0.13	8.34	0.25	30.44	0.37	67.67	0.49	117.71	0.61	183.42
0.02	0.20	0.14	9.61	0.26	33.34	0.38	70.61	0.50	122.61	0.62	189.3
0.03	0.45	0.15	11.08	0.27	36.29	0.39	74.53	0.51	127.52	0.65	207.88
0.04	0.80	0.16	12.56	0.28	38.25	0.40	78.45	0.52	131.37	0.68	227.48
0.05	1.23	0.17	14.22	0.29	41.19	0.41	82.37	0.53	138.31	0.71	248.07
0.06	1.77	0.18	15.89	0.30	44.13	0.42	86.3	0.54	143.21	0.74	268.67
0.07	2.45	0.19	17.75	0.31	47.08	0.43	91.2	0.55	149.09	0.77	291.23
0.08	3.14	0.20	19.61	0.32	49.99	0.44	95.13	0.56	154	0.8	314.79
0.09	4.02	0.21	21.57	0.33	53.93	0.45	99.08	0.57	159.88	0.85	355
0.10	4.9	0.22	23.53	0.34	56.88	0.46	103.98	0.58	165.77	0.9	398.18
0.11	5.98	0.23	26.48	0.35	59.82	0.47	108.89	0.59	170.67	0.95	443.29
0.12	7.06	0.24	28.44	0.36	63.74	0.48	112.81	0.60	176.55	1	490.3

9.3-6 低压蒸汽供暖系统局部阻力系数 $\zeta=1$ 的局部损失动压值 $P_d=\rho v^2/2$

v (m/s)	P_d (Pa)	v (m/s)	P_d (Pa)	v (m/s)	P_d (Pa)	v (m/s)	P_d (Pa)
5.5	9.58	10.5	34.93	15.5	76.12	20.5	133.16
6.0	11.4	11.0	38.34	16.0	81.11	21.0	139.73
6.5	13.39	11.5	41.9	16.5	86.26	21.5	146.46
7.0	15.53	12.0	45.63	17.0	91.57	22.0	153.36
7.5	17.82	12.5	49.5	17.5	97.04	22.5	160.41
8.0	20.28	13.0	53.5	18.0	102.66	23.0	167.61
8.5	22.89	13.5	57.75	18.5	108.44	23.5	174.89
9.0	25.66	14.0	62.1	19.0	114.38	24.0	182.51
9.5	28.6	14.5	66.6	19.5	120.48	24.5	190.19
10.0	31.69	15.0	71.29	20.0	126.74	25.0	198.03

9.3-7 当量阻力法计算热水采暖管管径

$$\Delta P = A(\zeta_d + \Sigma\zeta)G^2$$

式中 A——常数(因管径不同而异)

G——流量,m^3/h

ζ_d——当量局部阻力系数,$\zeta_d = \lambda/dl$,不同管径的 λ/d 值如下

d	15	20	25	32	40	50	70	80	100
λ/d	2.6	1.8	1.3	0.9	0.76	0.54	0.4	0.31	0.24

令 $\zeta_{zh} = \lambda/dl + \Sigma\zeta$,按上式制成下表

按 $\zeta_{zh}=1$ 确定热水供暖系统管段阻力损失的管径计算表

项目	DN(mm)									流速 v	ΔP
	15	20	25	32	40	50	70	80	100	(m/s)	(Pa)
水流量 G (kg/h)	75	137	220	386	508	849	1398	2033	3023	0.11	5.9
	82	149	240	421	554	926	1525	2218	3298	0.12	7.0
	89	161	260	457	601	1004	1652	2402	3573	0.13	8.2
	95	174	280	492	647	1081	1779	2587	3848	0.14	9.5
	102	186	301	527	693	1158	1906	2772	4122	0.15	10.9
	109	199	321	562	739	1235	2033	2957	4397	0.16	12.5
	116	211	341	597	785	1312	2160	3141	4672	0.17	14
	123	223	361	632	832	1390	2287	3326	4947	0.18	15.8
	130	236	381	667	878	1467	2415	3511	5222	0.19	17.6
	136	248	401	702	947	1583	2605	3788	5634	0.20	19.4
	143	261	421	738	970	1621	2669	3881	5771	0.21	21.4
	150	273	441	773	1016	1698	2796	4065	6046	0.22	23.5
	157	285	461	808	1063	1776	2923	4250	6321	0.23	25.7
	164	298	481	843	1109	1853	3050	4435	6596	0.24	27.9
	170	310	501	878	1155	1930	3177	4620	6871	0.25	30.4
	177	323	521	913	1201	2007	3304	4805	7146	0.26	32.9
	184	335	541	948	1247	2084	3431	4989	7420	0.27	35.4
	191	347	561	983	1294	2162	3558	5174	7695	0.28	38
	198	360	581	1019	1340	2239	3685	5359	7970	0.29	40.9
	205	372	601	1054	1386	2316	3812	5544	8245	0.30	43.7
	211	385	621	1089	1432	2393	3939	5729	8520	0.31	46.7
	218	397	641	1124	1478	2470	4067	5913	8794	0.32	49.7
	225	410	661	1159	1525	2548	4194	6098	9069	0.33	53
	232	422	681	1194	1571	2625	4321	6283	9344	0.34	56.2
	237	434	701	1229	1617	2702	4448	6468	9619	0.35	59.5
	245	447	721	1264	1663	2825	4575	6653	9894	0.36	63
	252	459	741	1300	1709	2856	4702	6837	10169	0.37	66.5
	259	472	761	1335	1756	2934	4829	7022	10443	0.38	70.1
	273	496	801	1405	1848	3088	5083	7392	10993	0.40	77.8
	286	521	841	1475	1940	3242	5337	7761	11543	0.42	85.7
	300	546	882	1545	2033	3397	5592	8131	12092	0.44	94
	314	571	922	1616	2125	3551	5846	8501	12642	0.46	102.8
	327	596	962	1686	2218	3706	6100	8870	13192	0.48	111.9
	341	621	1002	1756	2310	3860	6354	9240	13741	0.50	121.5
	375	683	1102	1932	2541	4246	6989	10164	15115	0.55	147
	409	745	1202	2107	2772	4632	7625	11088	16490	0.60	192.4
	443	807	1302	2283	3003	5018	8260	12012	17864	0.65	205.3
	477	869	1402	2459	3234	5404	8896	12936	19238	0.70	238.1
	511	931	1503	2634	3465	5790	9531	13860	20612	0.75	273.3
			1603	2810	3696	6176	10166	14784	21986	0.80	311
				3161	4158	6948	11437	16631	24734	0.90	393.5
				3512	4620	7720	12708	18479	27483	1.00	485.8
						9264	15250	22175	32979	1.20	699.6
						10808	17791	25871	38476	1.40	952.2

9.3-8 高压蒸汽供暖系统局部阻力的当量长度 l_d(m)

局部阻力名称	在下列管径 DN(mm)时的 l_d 值							
	20	25	32	40	50	70	80	100
ζ=1	0.597	0.83	1.22	1.39	1.82	2.81	4.05	4.95
柱型散热器	0.7	1.2	1.7	2.4	—	—	—	—
钢制锅炉	—	—	2.4	2.8	3.6	5.6	8.1	9.9
突然扩大	0.6	0.8	1.2	1.4	1.8	2.8	4.1	5.0
突然缩小	0.3	0.4	0.6	0.7	0.9	1.4	2.0	2.5
直流三通	0.6	0.8	1.2	1.4	1.8	2.8	4.1	5.0
旁流三通	0.9	1.2	1.8	2.1	2.7	4.2	6.1	7.4
分(合)流三通	1.8	2.5	3.7	4.2	5.5	8.4	12.2	14.9
直流四通	1.2	1.7	2.4	2.8	3.6	5.6	8.1	9.9
分(合)流四通	1.8	2.5	3.7	4.2	5.5	8.4	12.2	14.9
"Π"形补偿器	1.2	1.7	2.4	2.8	3.6	5.6	8.1	9.9
集气罐	0.9	1.2	1.8	2.1	2.7	4.2	6.1	7.4
除污器	6.0	8.3	12.2	13.9	18.2	28.1	40.5	49.5
截止阀	6.0	7.5	11.0	11.1	12.7	19.7	28.4	34.7
闸　阀	0.3	0.4	0.6	0.7	0.9	1.4	2.0	2.5
弯　头	1.2	1.2	1.8	1.4	1.9	2.8	—	—
90°煨弯	0.9	0.8	1.2	0.7	0.9	1.4	2.0	2.5
乙字弯	0.9	0.8	1.2	0.7	0.9	1.4	2.0	2.5
括　弯	1.2	1.6	2.4	2.8	3.6	5.6	—	—
急弯双弯头	1.2	1.6	2.4	2.8	3.6	5.6	—	—
缓弯双弯头	0.6	0.8	1.2	1.4	1.8	2.8	4.1	5.0

9.3-9 低压蒸汽采暖系统管路水力计算表($K=0.2$mm, $P=5000\sim20000$Pa)

比摩阻 R (Pa/m)	上行:通过热量 Q(W);下行:蒸汽流速 v(m/s);水煤气管(公称直径)						
	15	20	25	32	40	50	70
5	790 2.92	1510 2.92	2380 2.92	5260 3.67	8010 4.23	15760 5.1	30050 5.75
10	918 3.43	2066 3.89	3541 4.34	7727 5.4	11457 6.05	23015 7.43	43200 8.35
15	1090 4.07	2490 4.68	4395 5.45	10000 6.65	14260 7.64	28500 9.31	53400 10.35
20	1239 4.55	2920 5.65	5240 6.41	11120 7.8	16720 8.83	33050 10.85	61900 12.1
30	1500 5.55	3615 7.61	6340 7.77	13700 9.6	20750 10.95	40800 13.2	76600 14.95
40	1759 6.51	4220 8.2	7730 8.98	16180 11.30	24190 12.7	47800 15.3	89400 17.35
60	2219 8.17	5130 9.94	9310 11.4	20500 14	29550 15.6	58900 19.03	110700 21.4
80	2510 9.55	5970 11.6	10630 13.15	23100 16.3	34400 18.4	67900 22.1	127600 21.8
100	2900 10.7	6820 13.2	11900 14.6	25655 17.9	38400 20.35	76000 24.6	142900 27.6
150	3520 13	8323 16.1	14678 18	31707 22.15	47358 25	93495 30.2	168200 33.4
200	4052 15	9703 18.8	16975 20.9	36545 25.5	55568 29.4	108210 35	202800 38.9
300	5049 18.7	11939 23.2	20778 25.6	45140 31.6	68360 35.6	132870 42.8	250000 48.2

9.3-10　低压蒸汽[1]采暖管路水力计算用动压头（Pa）

v (m/s)	$\frac{v^2}{2}\rho$ (Pa)	v (m/s)	$\frac{v^2}{2}\rho$ (Pa)	v (m/s)	$\frac{v^2}{2}\rho$ (Pa)	v (m/s)	$\frac{v^2}{2}\rho$ (Pa)
5.5	9.58	10.5	34.93	15.5	76.12	20.5	133.16
6.0	11.4	11.0	38.34	16.0	81.11	21.0	139.73
6.5	13.39	11.5	41.9	16.5	86.26	21.5	146.46
7.0	15.53	12.0	45.63	17.0	91.57	22.0	153.36
7.5	17.82	12.5	49.5	17.5	97.04	22.5	160.41
8.0	20.28	13.0	53.5	18.0	102.66	23.0	167.61
8.5	22.89	13.5	57.75	18.5	108.44	23.5	174.98
9.0	25.66	14.0	62.1	19.0	114.38	24.0	182.51
9.5	28.6	14.5	66.6	19.5	120.48	24.5	190.19
10.0	31.69	15.0	71.29	20.0	126.74	25.0	198.03

[1] 制表蒸汽密度 $\rho = 0.6337\text{kg/m}^3$

9.3-11　室内高压蒸汽采暖系统管径计算表（$P = 200$kPa，$K = 0.2$mm）

公称直径		10		15		20		25		32		40	
内径（mm）		12.50		15.75		21.25		27		35.75		41	
外径（mm）		17		21.25		26.75		33.50		42.25		48	
Q	G	Δp_m	v	Δp_m	v	Δp_m	v	Δp_m	v	Δp_m	v	Δp_m	v
2000	3	72	6	22	3.8								
3000	5	192	10	59	6.3	13	3.5						
4000	7	369	14	113	8.8	24	4.9	7	3				
5000	8	479	16	146	10.1	32	5.5	9	3.4				
6000	10	742	20	225	12.6	48	6.9	14	4.3				
7000	11	894	22.1	271	13.9	58	7.6	17	4.7				
8000	13			376	16.4	80	9	24	5.6	5	3.2		
9000	15			497	18.9	106	10.4	31	6.4	7	3.7		
10000	16			564	20.2	120	11.1	35	6.9	8	3.9		
12000	20					186	13.9	54	8.6	13	4.9	6	3.7
14000	23					244	16	71	9.8	17	5.6	8	4.3
16000	26					310	18	90	11.2	21	6.4	10	4.8
18000	29					384	20.1	112	12.5	26	7.1	13	5.4
20000	33					496	22.9	144	14.2	34	8.1	17	6.1
24000	39					688	27.1	199	16.8	47	9.6	23	7.3
28000	46					953	31.9	275	19.8	65	11.3	32	8.6
32000	52					1215	36.1	350	22.3	82	12.7	40	9.7
36000	59							449	25.4	105	14.5	52	11
40000	65							543	27.9	127	15.9	62	12.1
44000	72							665	30.9	155	17.6	76	13.4
48000	78							779	33.5	181	19.1	89	14.5
55000	90							1033	38.7	240	22.1	118	16.8
65000	106							1428	45.6	332	26	163	19.8
75000	123									445	30.1	218	22.9
85000	139									566	34.1	278	25.9
95000	155									702	38	344	28.9
110000	180									944	44.1	462	33.5
130000	213									1318	52.2	645	39.7
150000	245											851	45.7
170000	278											1093	51.8
190000	311											1366	58

9.3-11　室内高压蒸汽采暖系统管径计算（$P=200kPa$，$K=0.2mm$）（续）

公称直径		50		70		89×4		108×4		133×4		159×4	
内径（mm）		53		68		81		100		125		151	
外径（mm）		60		75.50		89		108		133		159	
Q	G	Δp_m	v	Δp_m	v	Δp_m	v	Δp_m	v	Δp_m	v	Δp_m	v
17000	28	3	3.1										
19000	31	4	3.5										
22000	36	5	4										
26000	43	7	4.8										
30000	49	9	5.5	2	3.3								
34000	56	12	6.2	3	3.8								
38000	62	15	6.9	4	4.2								
42000	69	19	7.7	5	4.7	2	3.4						
46000	75	22	8.3	6	5.1	2	3.6						
50000	82	26	9.1	7	5.6	3	3.9						
60000	98	37	10.9	10	6.6	4	4.7	1	3.1				
70000	114	50	12.7	14	7.7	5	5.4	2	3.6				
80000	131	65	14.6	18	8.8	7	6.3	2	4.1				
90000	147	82	16.4	22	10	9	7	3	4.6				
100000	163	100	18.2	27	11	11	7.8	3	5.1	1	3.3		
120000	196	144	21.9	39	13.3	16	9.3	5	6.1	1	3.9		
140000	229	196	25.5	54	15.5	22	10.9	7	7.2	2	4.6	0	3.2
160000	262	255	29.2	70	17.7	28	12.5	9	8.2	3	5.3	1	3.6
180000	294	321	32.8	88	19.9	35	14	12	9.2	3	5.9	1	4.1
200000	327	396	36.5	108	22.2	44	15.6	14	19.2	4	6.6	1	4.6
240000	392	566	43.7	155	26.6	62	18.7	21	12.3	5	7.9	2	5.5
280000	458	771	51.1	210	31	85	21.9	28	14.3	9	9.2	3	6.4
320000	523	1003	58.3	273	35.4	110	25	37	16.4	11	10.5	4	7.3
360000	589	1271	65.7	346	39.9	139	28.1	46	18.5	14	11.8	5	8.2
400000	654			426	44.3	171	31.2	57	20.5	18	13.1	7	9.1
440000	719			514	48.7	206	34.3	69	22.5	21	14.4	8	10
480000	785			612	53.2	246	37.5	82	24.6	26	15.7	10	10.9
550000	899			801	60.9	321	42.9	107	28.2	33	18	13	12.5
650000	1063			1117	72	448	50.8	149	33.3	47	21.3	18	14.8
750000	1226					595	58.5	198	38.4	62	24.6	24	17.1
850000	1390					763	66.4	254	43.5	79	27.9	31	19.4
950000	1553					951	74.2	316	48.7	99	31.1	38	21.6
1100000	1798							423	56.3	132	36	51	25
1300000	2125							590	66.6	184	42.6	71	29.6
1500000	2452							784	76.8	244	49.2	94	34.1
1700000	2779									313	55.7	121	38.7
1900000	3106									391	62.3	151	43.2
2200000	3597									523	72.1	202	50.1
2600000	4251											281	59.2
3000000	4905											374	68.3

9.3-12　采暖管路局部阻力当量长度（m）（$K=0.2mm$）

局部阻力名称	公称直径（mm）												
	15	20	25	32	40	50	70	80	100	125	150	175	200
	1/2″	3/4″	1″	1¼″	1½″	2″	2½″	3″	4″	5″	6″		
双柱散热器	0.7	1.1	1.5	2.2	—	—	—	—	—	—	—	—	—
钢制锅炉	—	—	—	—	2.6	3.8	5.2	7.4	10.0	13.0	14.7	17.6	20.0
突然扩大	0.4	0.6	0.8	1.1	1.3	1.9	2.6	—	—	—	—	—	—
突然缩小	0.2	0.3	0.4	0.6	0.7	1.0	1.3	—	—	—	—	—	—
截止阀	6.0	6.4	6.8	9.9	10.4	13.3	18.2	25.9	35.0	45.5	51.3	61.6	70.7

9.3-12 采暖管路局部阻力当量长度（m）（$K=0.2mm$）（续）

局部阻力名称	公称直径（mm）												
	15	20	25	32	40	50	70	80	100	125	150	175	200
	1/2″	3/4″	1″	1¼″	1½″	2″	2½″	3″	4″	5″	6″		
斜杆截止阀	1.1	1.7	2.3	2.8	3.3	3.8	5.2	7.4	10.0	13.0	14.7	17.6	20.2
闸阀	—	0.3	0.4	0.6	0.7	1.0	1.3	1.9	2.5	3.3	3.7	4.4	5.1
旋塞阀	1.5	1.5	1.5	2.2	—	—	—	—	—	—	—	—	—
方形补偿器	—	—	1.7	2.2	2.6	3.8	5.2	7.4	10.0	13.0	14.7	17.6	20.2
套管补偿器	0.2	0.3	0.4	0.6	0.7	1.0	1.3	1.9	2.5	3.3	3.7	4.4	5.1
直流三通	0.4	0.6	0.8	1.1	1.3	1.9	2.6	3.7	5.0	6.5	7.3	8.8	10.0
旁流三通	0.6	0.8	1.1	1.7	2.0	2.8	3.9	5.6	7.5	9.8	11.0	13.2	15.1
分流合流三通	1.1	1.7	2.2	3.3	3.9	5.7	7.8	11.1	15.0	19.5	22.0	26.4	30.3
直流四通	0.7	1.1	1.5	2.2	2.6	3.8	5.2	7.4	10.0	13.0	14.7	17.6	20.2
分流四通	1.1	1.7	2.2	3.3	3.9	5.7	7.8	11.1	15.0	19.5	22.0	26.4	30.3
弯头	0.7	1.1	1.1	1.7	1.3	1.9	2.6	—	—	—	—	—	—
90°煨弯与乙字弯	0.6	0.7	0.8	0.9	1.0	1.1	1.3	1.9	2.5	3.3	3.7	4.4	5.1
括弯	1.1	1.1	1.5	2.2	2.6	3.8	5.2	7.4	10.0	13.0	14.7	17.6	20.2
急弯双弯	0.7	1.1	1.5	2.2	2.6	3.8	5.2	7.4	10.0	13.0	14.7	17.6	20.2
缓弯双弯	0.4	0.6	0.8	1.1	1.3	1.9	2.6	3.7	5.0	6.5	7.3	8.8	10.1

1) 本表主要用于高压蒸汽供暖管道，管径在 70mm 以下的适用于热水及低压蒸汽管道

9.3-13 低压蒸汽采暖系统干式和湿式自流凝结水管管径计算表

凝水管径（mm）	形成凝水时由蒸汽放出的热（kW）				
	干式凝水管	湿式凝水管（垂直或水平的）			
		计算管段的长度（mm）			
	水平管段	垂直管段	50 以下	50～100	100 以上
15	4.7	7	33	21	9.3
20	17.5	26	82	53	29
25	33	49	145	93	47
32	79	116	310	200	100
40	120	180	440	290	135
50	250	370	760	550	250
76×3	580	875	1750	1220	580
89×3.5	870	1300	2620	1750	875
102×4	1280	2000	3605	2320	1280
114×4	1630	2440	4540	3000	1600

9.3-14 开式高压凝水管径计算表（$K=0.5\mathrm{mm}$，$\rho_{pj}=5.8\mathrm{kg/m^3}$，$P=200\mathrm{kPa}$）

R (Pa/m)	在下列管径时通过的热量（kW）											
	15	20	25	32	40	50	70	80	100	125	150	219×6
20	3.76	8.34	15.5	31.8	45.2	98.6	174	287	541	714	1570	3070
40	5.28	11.7	21.9	45.6	65	140	245	405	764	1010	2231	4310
60	6.46	14.4	26.8	55.7	78.7	171	299	496	939	1230	2712	5260
80	7.52	16.7	31	63.6	90.4	197	348	573	1080	1430	3150	6130
100	8.46	18.6	34.8	71.8	101	220	389	637	1200	1590		6820
120	9.16	20.2	37.9	78.5	111	243	425	704	1330	1750	3830	7430
150	10.1	22.8	42.5	88.1	124	271	476	786	1480	1960	4290	8340
200	11.7	26.2	49	101	137	312	552	902	1700	2250	4920	9630
250	13.2	29.3	54.7	106	153	351	617	1010	1910	2540	5530	16800
300	14.4	32.2	59.9	124	169	382	672	1100	2090	2760		11700

9.3-15 闭式高压凝水管径计算表（$P=200\mathrm{kPa}$，$K=0.5\mathrm{mm}$，$\rho_{pj}=7.88\mathrm{kg/m^3}$）

R (Pa/m)	在下列管径时通过的热量（kW）											
	15	20	25	32	40	50	70	80	100	125	150	219×6
20	4.35	9.63	17.9	37.0	52.3	115	202	332	628	880	1810	3550
40	6.11	13.6	25.5	52.8	74.9	162	285	470	890	1120	2580	5000
60	7.52	16.6	31.1	64.6	91.1	198	348	575	1090	1430	3140	6690
80	8.69	19.1	35.9	74.0	105	229	404	640	1260	1660	3630	7080
100	9.75	21.6	40.3	83.4	117	256	451	740	1460	1840	4030	7870
120	10.6	23.5	44.0	91.0	129	281	493	813	1540	2030	4440	8660
150	11.7	26.3	49.3	102	144	315	552	910	1720	2280	4980	9690
200	13.6	30.1	56.7	117	167	362	637	1045	1970	2610	5710	11100
250	15.2	34.1	63.4	132	187	406	716	1174	2220	2940	6420	12500
300	16.7	37.1	69.5	144	204	444	780	1280	2420	3190	7000	13600

9.3-16 室内高压凝水管局部阻力当量长度（m）（$K=0.5\mathrm{mm}$）

局部阻力名称	公称直径										
	15	20	25	32	40	50	70	80	100	125	150
	1/2″	3/4″	1″	1¼″	1½″	2″	2½″	3″	4″	5″	6″
突然扩大	0.4	0.6	0.8	1.1	1.4	1.8	2.5	3.1	4.4	5.7	7.0
突然缩小	0.2	0.3	0.4	0.55	0.7	0.9	1.25	1.5	2.2	2.8	3.5
截止阀	6.1	6.5	6.9	10.0	10.6	12.8	17.5	21.5	30.4	40	49.3
斜杆截止阀	1.1	1.7	2.3	2.8	3.3	3.6	5.0	6.2	8.7	11.4	14.1
闸阀	0.6	0.6	0.6	0.6	0.7	0.9	1.3	1.6	2.3	3.0	3.7
套管补偿器	0.2	0.3	0.4	0.6	0.7	0.9	1.3	1.6	2.3	3.0	3.7
方形补偿器	—	—	1.5	2.2	2.6	3.5	5.0	6.2	8.7	11.4	14.1
直流三通	0.4	0.6	0.8	1.1	1.4	1.8	2.5	3.1	4.4	5.7	7.0
旁流三通	0.6	0.9	1.2	1.7	2.0	2.8	3.7	4.6	6.4	8.4	10.4
合流分流三通	1.1	1.7	2.3	3.3	4.0	5.5	7.5	9.2	13.0	17.1	21.1

9.3-16 室内高压凝水管局部阻力当量长度（m）（$K=0.5mm$）（续）

局部阻力名称	公称直径										
	15	20	25	32	40	50	70	80	100	125	150
	1/2″	3/4″	1″	1¼″	1½″	2″	2½″	3″	4″	5″	6″
直流四通	0.8	1.1	1.5	2.2	2.6	3.6	5.0	6.2	8.7	11.4	16.1
分流四通	1.1	1.7	2.3	3.3	4.0	5.5	7.5	9.2	13.0	17.1	21.1
弯头	0.8	1.1	1.2	1.3	1.4	1.8	2.5	3.1	4.4	5.7	7.0
90°煨弯及乙字弯	0.6	0.7	0.8	0.9	0.9	1.0	1.3	1.6	2.3	3.0	3.7
急弯双弯头	0.8	1.1	1.5	2.2	2.6	3.6	5.0	6.2	8.7	11.4	14.1
缓弯双弯头	0.4	0.6	0.8	1.1	1.4	1.8	2.5	3.1	4.4	5.7	7.0

9.4 散热器与附件的选择

9.4-1 散热器的类型

根据材质	铸铁型、钢制型、铝制型、塑料型
根据结构	管型、柱型、翼型、板型
根据传热方式	对流型、辐射型
铸铁制散热器	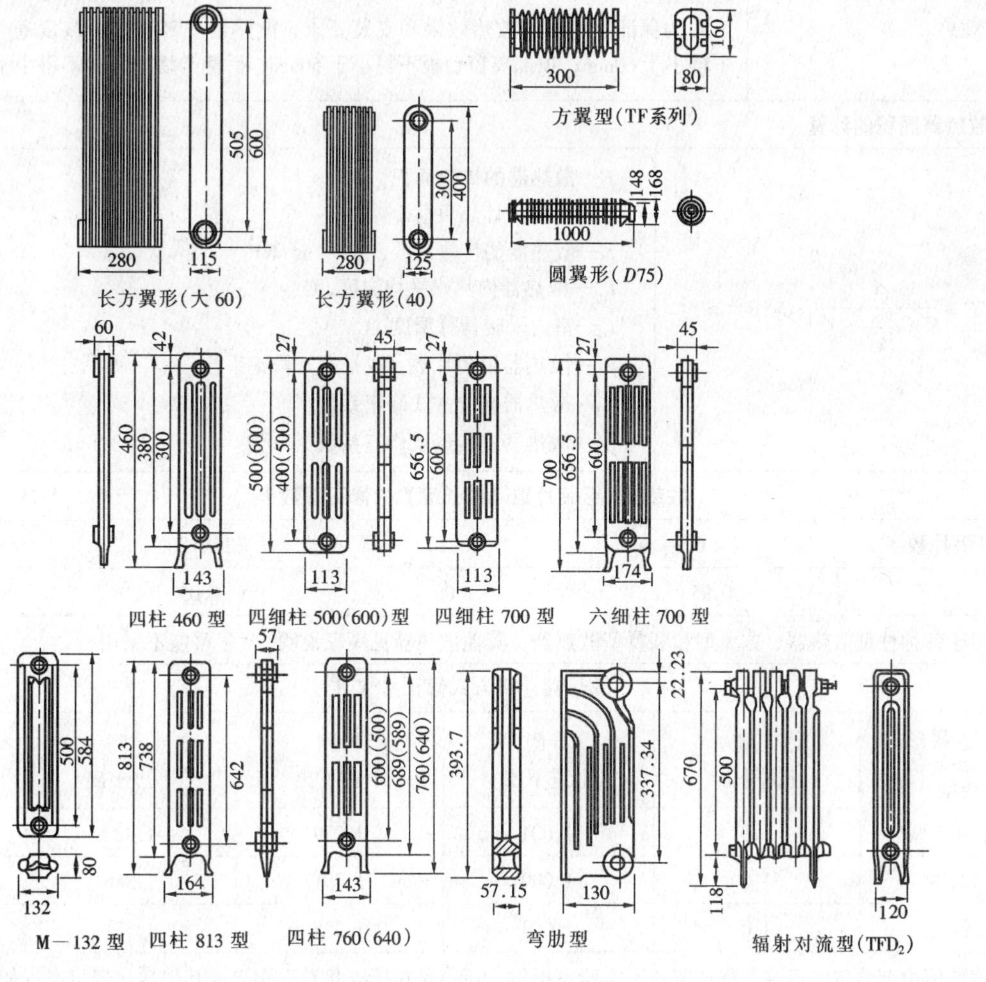

9.4-1　散热器的类型（续）

钢制散热器

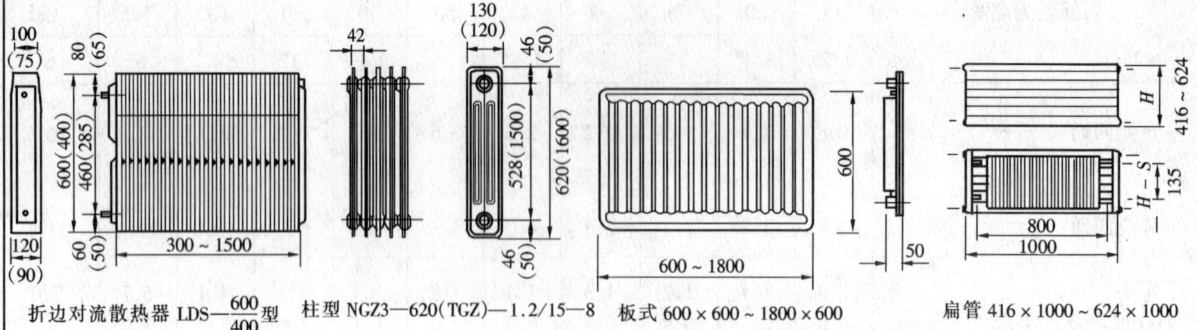

折边对流散热器 LDS—$\frac{600}{400}$型　柱型 NGZ3—620(TGZ)—1.2/15—8　板式 600×600 ~ 1800×600　扁管 416×1000 ~ 624×1000

9.4-2　散热器的选择要求与布置

要求	布置
1. 热工性能好	1. 力求使室温均匀，能较迅速地加热室外渗入的冷空气，工作区（或呼吸区）温度适宜，尽量少占用室内有效空间和使用面积
2. 金属热强度大，价格便宜	2. 散热器一般布置在房间外墙一侧，有外窗时应装在窗台下
3. 具有一定的金属强度	3. 楼梯间的散热器应尽量布置在底层，或按一定比例分配在下部各层
4. 适合不同建筑物的需要、易于布置	4. 从节能的角度出发，散热器一般明装，即敞开设置或安装于深度不大于 130mm 的墙槽内
5. 美观	5. 为保证散热器的散热效果和安装要求，散热器底部距地面高度通常为 150mm，不得小于 60mm；顶部离窗台板不得小于 50mm；后侧与墙面净距不得小于 25mm

9.4-3　散热器面积的计算

$$F=\frac{Q}{K\ (t_{pj}-t_n)}\beta_1\cdot\beta_2\cdot\beta_3$$

F—散热器的传热面积，m^2

Q—采暖设计热负荷，W

K—散热器的传热系数，W/（$m^2\cdot K$）

t_{pj}—散热器内热媒平均温度，℃

t_n—室内采暖计算温度，℃

β_1—散热器组装片数（或长度）修正系数

β_2—散热器连接方式修正系数

β_3—散热器安装形式修正系数

散热器[1]组装片数（或长度）的修正系数 β_1

每组片数	<6	6 ~ 10	11 ~ 20	>20[2]
β_1	0.95	1.00	1.05	1.10

[1]适用于各种柱型散热器、方翼型和圆翼型散热器，其他散热器见厂家说明　[2]尽可能不采用

散热器连接方式修正系数 β_2

散热器类型 \ 连接形式	同侧上进下出	异侧上进下出	异侧下进下出	异侧下进上出	同侧下进上出
四柱 813 型	1.0	1.004	1.239	1.422	1.426
M-132 型	1.0	1.009	1.251	1.386	1.396
长翼型	1.0	1.009	1.225	1.331	1.369

[1]本表数值由前哈尔滨建筑工程学院热工实验室提供，该值是在标准状态下测得；其他散热器可以近似地套用

9.4-3 散热器面积的计算（续）

散热器安装形式修正系数 β_3	
安 装 形 式	β_3
装在墙的凹槽内（半暗装），散热器上部离墙距离 10mm	1.06
明装，但散热器上部有窗台板覆盖、散热器上沿离窗台板距离为 150mm	1.02
装在罩内，上部、下部开口，开口高度均为 150mm	1.04
装在罩内，上部敞开，下部距地面 150mm	0.65

9.4-4 散热器内热媒平均温度的确定

$$t_{pj}=\frac{t_j+t_c}{2}$$

t_{pj}—散热器内热媒平均温度，℃

t_j—散热器的进水温度，℃

t_c—散热器的出水温度，℃

$$t_{hun}=t_g-\frac{\Sigma Q_{n-1}\cdot(t_g-t_h)}{\Sigma Q}$$

或 $$t_{hun}=t_g-\frac{0.86\Sigma Q_{n-1}}{G_L}$$

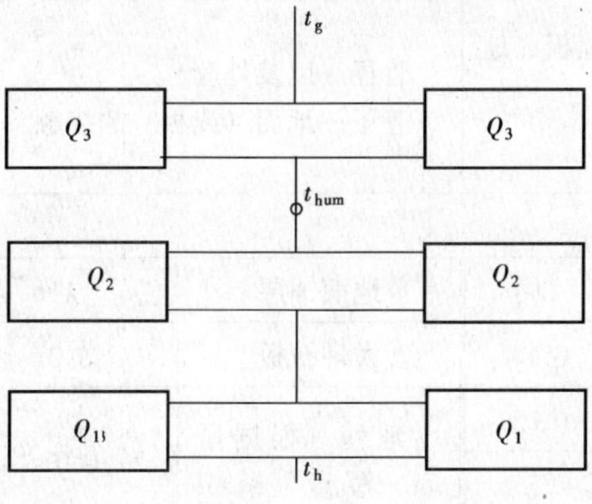

t_{hun}—计算管段的混合水温度，℃

t_g—立管供水温度，℃

t_h—立管回水温度，℃

ΣQ_{n-1}—计算管段（按水流方向）各层散热器散热量之和，W

ΣQ—立管上所有散热器散热量之和，W

G_L—立管质量流量，kg/h

0.86—单位换算系数

9.4-5 散热器片数（或长度）的确定

$$n=\frac{F}{f}$$

n—散热器片数或长度

F—所需散热器散热面积，m^2

f—每片或每米长度散热器的散热面积，m^2

9.4-6 地面式采暖敷设和运行的说明（德国）

1. 在人停留的房间里可以整面积的敷设（也可以在厨房、壁橱敷设）
2. 在大型遮盖物（例如家具）下，相应地减少功率
3. 在卫生间里，在浴缸和淋浴缸下留出有关的地面
4. 尽可能使用统一的地板铺面，通常 $R_\lambda=0.1m^2\cdot K/W$；在卫生间，$R_\lambda=0.1m^2\cdot K/W$；在 $R_\lambda>0.1m^2\cdot K/W$ 时（max =0.15）根据专门的约定
5. 具有最大热流密度的房间作为（整个建筑物）设计温度
6. 供水与回水温度的幅度 $\sigma=\theta_g-\theta_h$ 尽可能小于 6K，在边缘地带尽可能小于 4K，θ_{dm}见 9.4-7
7. 小的管道间距和低的水温，能使纵断面温度均匀（砖石地面管道间距小于 25cm，卫生间管道间距小于 10cm）

9.4-6 地面式采暖敷设和运行的说明（德国）（续）

8. 楼板上的地板结构厚度为8~15mm，根据所需要的R_λ、λ、水泥地面、铺面等

9. 加热敷设地面时，水泥砂浆面层第一次加热最早要在3周之后，硬石膏—滑移地面[1)]要在1周之后；在地面敷设期间，要用约5bar的压力进行压力试验

10. 水流速度不要超过0.4~0.8m/s，相应的R值为150~200Pa/m

11. 各个房间的温度调节可以改善自动调节的作用和独立的使用，并节能

[1)]该地面含有石膏、塑性剂、水泥和水，富有弹性，可以承受温差的变化而不开裂

9.4-7 地面式采暖的温度（德国）

最高的地板表面温度[1)]	$\theta_{F,max}$		平均表面温度（所有面的平均值），平均表面超出温度
停留的房间（逗留面）	≤29℃	$\theta_{F,m}-\Delta\theta_H$	$\theta_{F,m}-\theta_i$
卫生间（$\leqslant\theta_i+9K$）[2)]，例如在$\theta_i=24$℃时	≤33℃		加热介质超出温度 $\theta_H-\theta_i$
边缘区域=1m（θ_i+15K）	≤35℃	$\Delta\theta_{H,A}$	在相应地面的加热介质设计超出温度

[1)]出于热的生理学的理由，应该避免超过温度规定值。由此得出较高的热流密度：

$$q=8.92\ (\theta_{FB}-\theta_i)^{1.1}$$和热功率

[2)]θ_i—室内温度

9.4-8 对地面表面的热流密度 q 的影响因素

管子的分布 T（管距尺寸） 覆盖层（一般指地面）d、λ	具有$R_{\lambda B}$的地面铺层，如木地板、地毯 导热板（干敷设）	管径（以及外套） 管了—地面（或板）的接触

9.4-9 地面铺层的导热系数 λ，W/（m·K）；$R_\lambda=d/\lambda$（厚度 d，mm）

地面铺层	λ	地面铺层	λ	地面铺层	λ	地面铺层	λ
水泥地面	1.4	熔渣砖	0.8	地毡	0.17	大理石板	3.0
瓷地砖	1.0	芯块粘合板	0.2	软木板	0.05	地毯（根据厂家、厚度、编织情况等）	0.07~0.2
陶地砖	1.2	陶瓷锦砖	0.04	塑料板（例如PVC）	0.23		

9.4-10 基本特性曲线

系统的$\theta_{F,m}$与温度幅度$\sigma=\theta_V-\theta_R$、$R_{\lambda B}$、以及热损失有关；允许的最大热流密度与系统有关

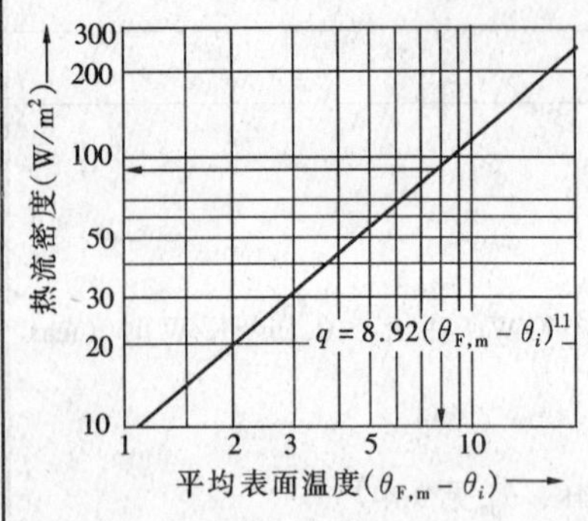

9.4-11 功率特性曲线与界限曲线

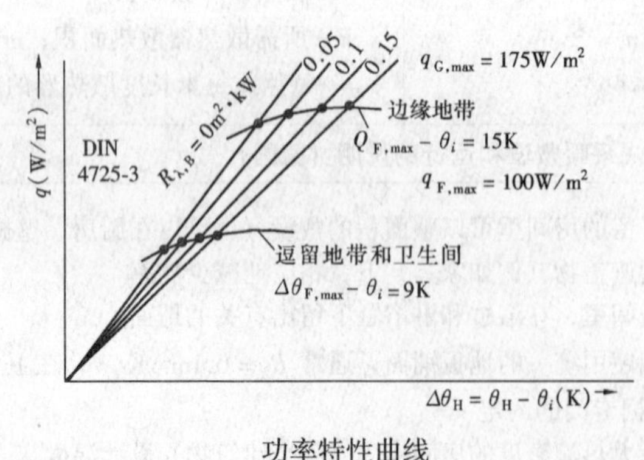

功率特性曲线

9.4-12 热负荷特性曲线与 R_λ 的关系（与厂家有关）

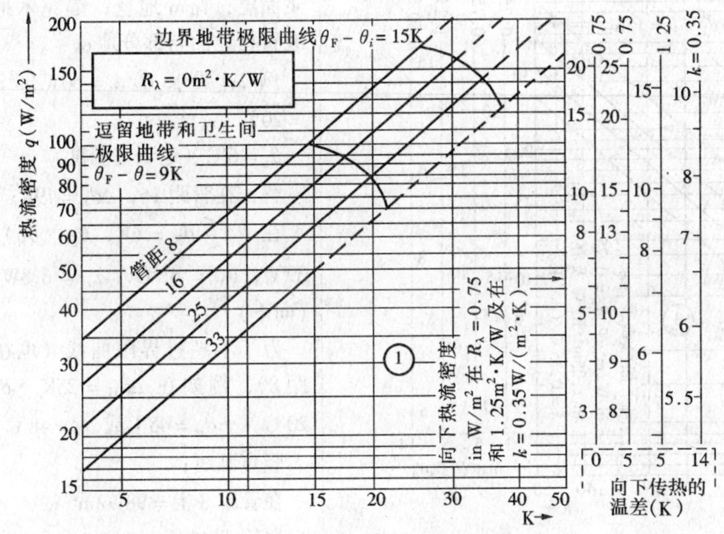

加热介质超出温度 $\Delta\theta_H=\theta_H-\theta_i$

该曲线地面铺盖层为 45mm 水泥砂浆面层（管道覆盖层）、瓷地砖；大理石

设计例 1：

已知：管距 8，温差幅度 $\theta_V-\theta_R=6K$；

$\theta_i=22℃$（卫生间）

求：在极限曲线上最大的供水温度和向上和向下的放热

解：$\Delta\theta_H=14.6K=\theta_m(\theta_H)-\theta_i$

$\theta_m=14.6K+22℃=36.6℃$

$\theta_V=39.6℃=40℃$

$q=98W/(m^2\cdot K)$

向下（在 $\Delta\theta=5K$）和

$R_\lambda=0.75m^2\cdot K/W$ 时，$=18W$

在地界边带：$\Delta\theta_H=25K$，$\theta_m=47℃$

$\theta_V=50℃$

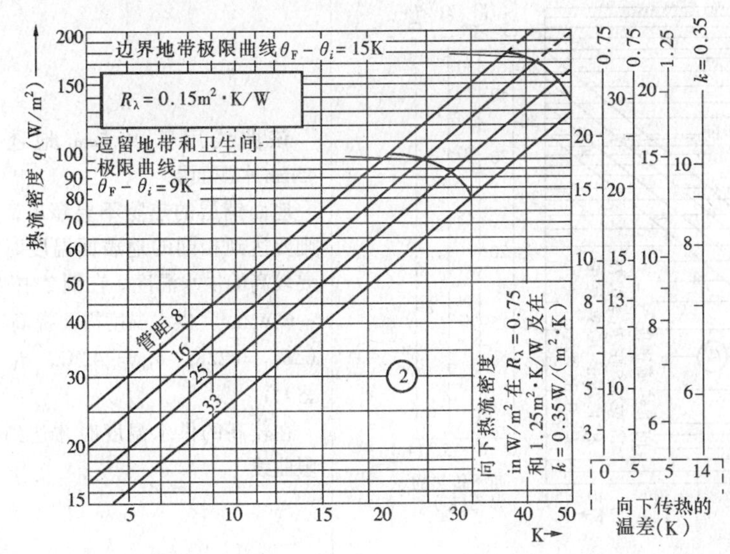

加热介质超出温度 $\Delta\theta_H=\theta_H-\theta_i$

该曲线是用于铺盖层为 10mm 的镶花地板和 45mm 水泥砂浆面层、或瓷地砖与薄毯地面

相对于例 1，在管距 8 时，θ_V 约为 46℃；在管距 25 时，θ_V 约为 52℃。

在管距 33、$\Delta\theta_H=16K$ 时，热流密度（向上的放热）只有管距 8 的一半。

R_λ 和向下放热的 k 值，见 9.4-19

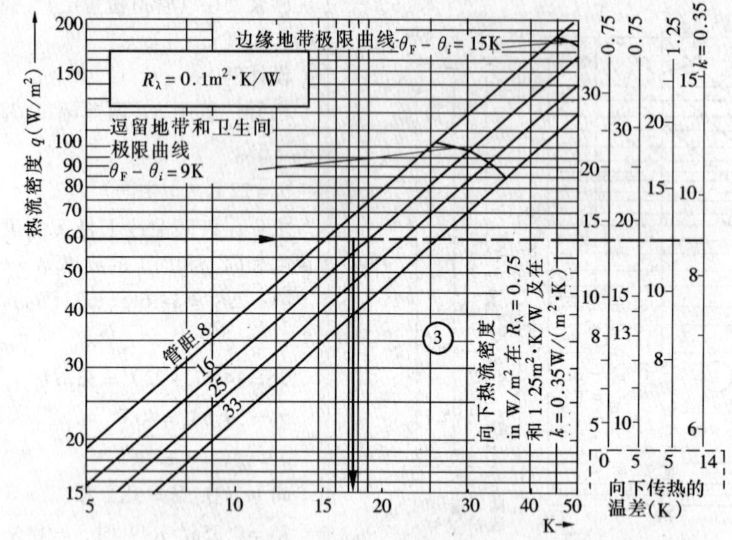

加热介质超出温度 $\Delta\theta_H=\theta_H-\theta_i$

通常停留房间的曲线，水泥砂浆面层；7mm 地毯；镶花木地板或石材地面与部分地毯

例 2：要求 $Q/A=60\text{W/m}^2$；$\theta_i=20℃$，

$\theta_u=6℃$（地下室温度）

解：在管距 16，$\Delta\theta_H=19\text{K}$；

在 $\theta_V-\theta_R=6\text{K}$，$\theta_m$（$\theta_H$）$=39℃$，$\theta_V=42℃$，$q_u=8.8\text{W/m}^2$（向下）

为了不超过界限曲线（也在管距 8），例如在 $\Delta\theta_H=25\text{K}\rightarrow\theta_i=20℃$，$\rightarrow\theta_m=45℃$或 $\theta_V=48℃$

竖直画线：

在管距 8 上 $=98\text{W/m}^2$

在管距 16 上 $=80\text{W/m}^2$

在管距 25 上 $=68\text{W/m}^2$

在管距 33 上 $=57\text{W/m}^2$

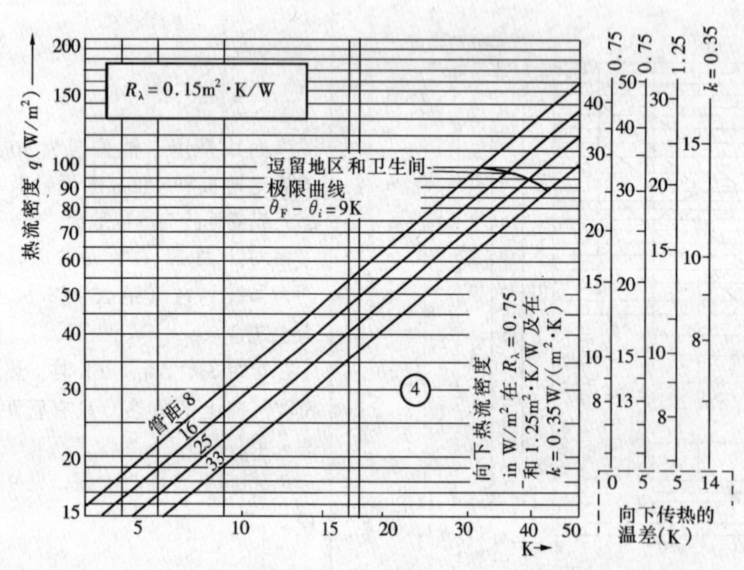

加热介质超出温度 $\Delta\theta_H=\theta_H-\theta_i$

该曲线用于 10.5mm 地毯与 45mm 水泥面层

地面铺层的热阻不要超出，否则要达到相同的地表面温度时需要较高的供水温度。在例 2 中（$q=60\text{W/m}^2$）供水温度需要提高 3K（$\Delta\theta_H=22\text{K}$，$\theta_m=42℃$，$\theta_V=45℃$）

在较高的供水温度时才达到极限曲线

9.4-13 地面结构（湿式和干式）

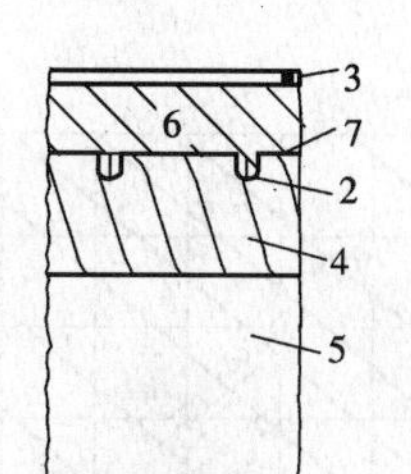

湿式　　干式

1—水泥灰浆地面
2—供热管
3—地面铺盖层
4—绝热层
5—楼板
6—分配层
7—导热板

9.4-14 散热管的排列

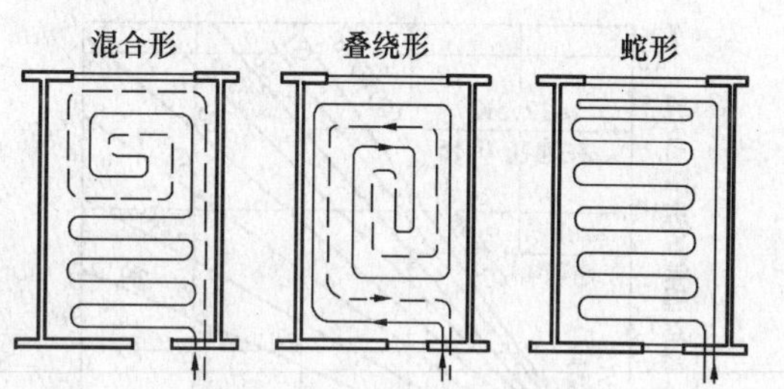

9.4-15 地面式采暖敷设实例

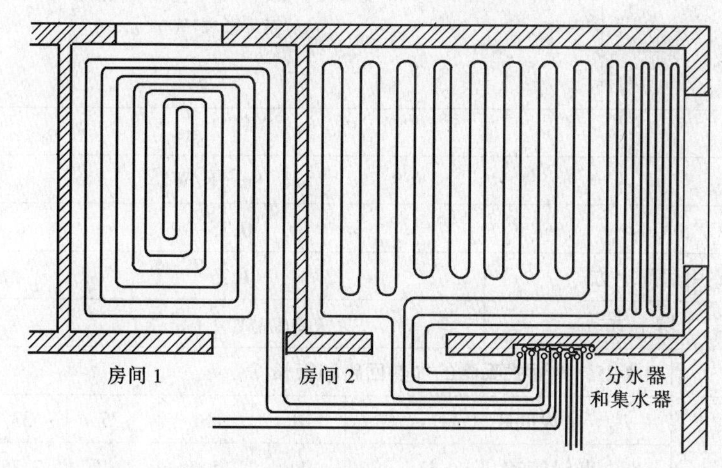

边缘地带热流密度要大于其他位置

各个房间的供、回水通过分水器与集水器连接

9.4-16 地面式采暖热负荷与热水管敷设间距（德国）

平均管道温度 $\vartheta_{H(m)}$（℃）	采暖室内计算温度 ϑ_i（℃）	铺有 $R_\lambda = 0.1\text{m}^2\cdot\text{k/W}$ 层的热负荷（W）热水管间距（mm）									
		300	250	225	200	175	150	125	100	75	50
35	15	61	66	68	71	73	76	78	80	83	84
	18	51	56	58	60	62	64	66	68	70	71
	20	45	49	51	53	55	56	58	60	61	63
	22	39	42	44	45	47	49	50	52	53	54
	24	35	35	35	37	38	40	42	43	45	46
40	15	76	83	86	89	92	95	98	101	104	106
	18	67	72	75	78	81	84	86	89	91	93
	20	61	66	68	71	73	76	78	80	82	84
	22	54	59	61	63	66	68	70	72	74	76
	24	48	52	54	56	58	60	62	64	65	67
45	15	92	99	103	107	111	115	119	122	125	128
	18	82	89	93	96	100	103	106	110	112	115
	20	76	83	86	89	92	95	98	101	104	106
	22	70	76	79	82	84	87	90	93	95	97
	24	63	69	71	74	77	79	82	84	87	89

9.4-17 R_λ 对所需媒质温度的影响

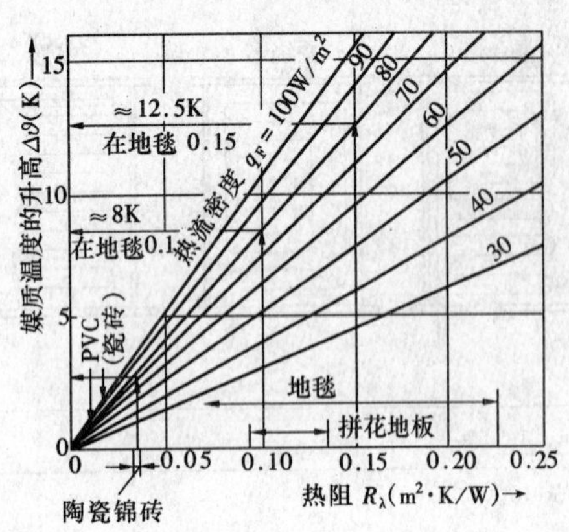

陶瓷锦砖

9.4-18 地表面温度的确定

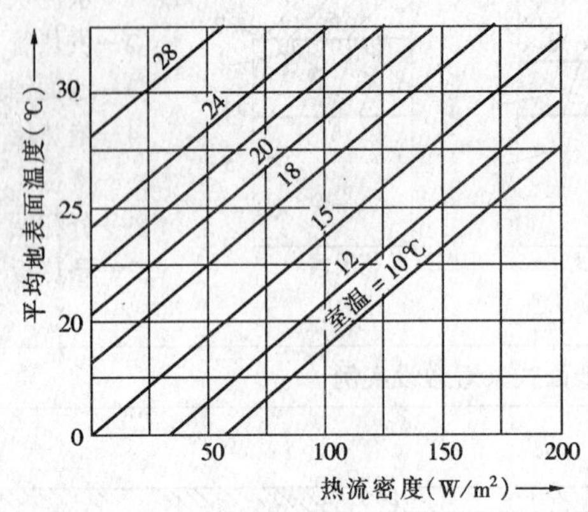

9.4-19 地面式采暖隔热最小热阻 R_λ

在加热面下的隔热层	R_λ (m²·K/W)
在同一类使用的房间上方（20℃/20℃）	0.75
在非同一类使用的房间上方或非住宅用房间上方	1.25
在未采暖的房间（地下室）、室外、土壤上方	$K \leqslant 0.35$W/（m²·K）

9.4-20 塑料管的压力损失

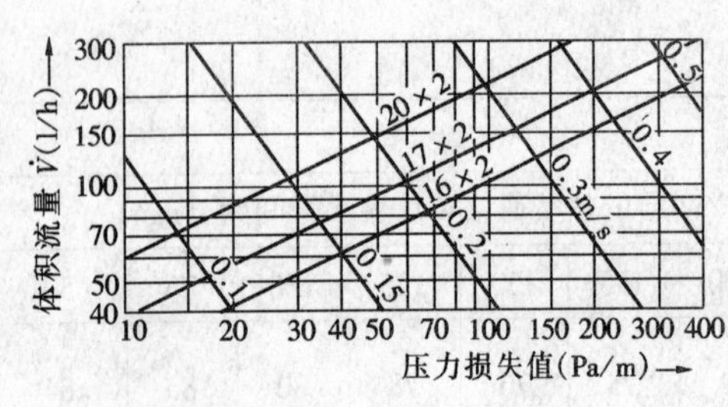

9.4-21 地面式采暖的加热回路和管长

敷设间距（cm）	8	16	25	33
敷设管道（m/m²）	11	5.5	3.7	2.75
最大加热回路的（m²）	8.3	16.7	25.0	33.3

最大加热回路管长 100～120m

Δp，根据最不利回路，包括分水器附件等

分水器（供水、回水阀门全开）

(L/h)	50	70	100	120	150	170	200	250	300
(Pa)	70	160	320	450	700	1000	1300	2000	3000

9.4-22 地面式采暖分水器上调节阀的节流曲线（德国）

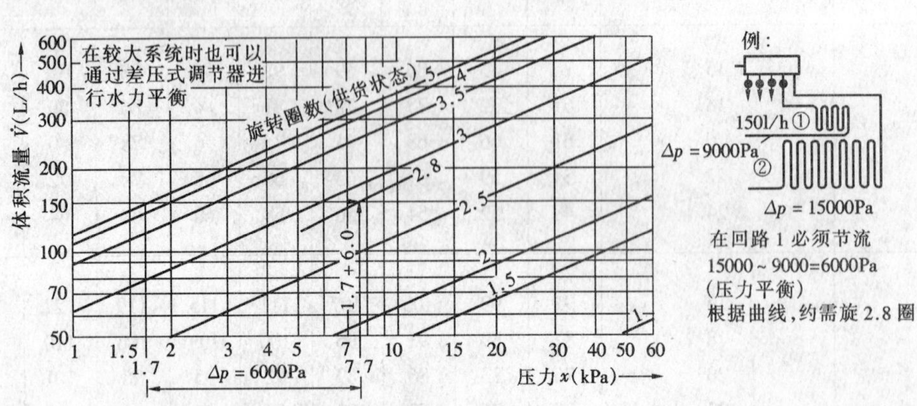

9.4-23 铸铁散热器性能表

型　号	散热面积 (m^2/片)	水容量 (L/片)	重　量 (kg/片)	工作压力[1]（MPa）		备注
				低压	高压[2]	
方翼型（大 60）	1.17	8	28	0.4	—	
方翼型（小 60）	0.8	5.7	19.3	0.4	—	
圆翼型（$D=75$）	1.8	4.42	38.2	0.5	—	
四柱 813 型	0.28	1.4	8	0.5	0.8	
四柱 760 型	0.235	1.16	6.6	0.5	0.8	
四柱 640 型	0.20	1.03	5.7	0.5	0.8	
二柱 700 型	0.24	1.35	6	0.5	0.8	
M-132 型	0.24	1.32	7	0.5	0.8	

[1]工作压力均系指热媒为热水，当使用蒸汽热媒时，$P_g \ngtr 0.2$MPa 圆翼型不受此限

[2]为稀土灰口铸铁散热器（河北翼县散热器厂出品）

9.4-24 铸铁散热器的传热系数 k［W/（$m^2 \cdot K$）］

型　号	热　水　热　媒 $\Delta t = t_{pj} - t_n$（K）												蒸汽热媒（MPa）			计算式
	30	35	40	45	50	55	60	64.5	70	75	80	85	0.03	0.07	⩾0.1	
方翼型（大 60）	4.52	4.72	4.9	5.06	5.21	5.35	5.49	5.59	5.73	5.84	5.95	6.05	6.12	6.27	6.36	* $k=1.743\Delta t^{0.28}$
M-132 型	6.42	6.71	6.97	7.21	7.43	7.63	7.82	7.99	8.18	8.34	8.5	8.64	8.75	8.97	9.10	* $k=2.426\Delta t^{0.286}$
四柱 813 型	6.25	6.55	6.82	7.06	7.29	7.50	7.70	7.87	8.07	8.24	8.40	8.56	8.66	8.89	9.03	* $k=2.237\Delta t^{0.302}$
四柱 760 型	6.78	7.09	7.38	7.64	7.88	8.10	8.31	8.49	8.69	8.87	9.04	9.20	9.31	9.55	9.69	* $k=2.503\Delta t^{0.293}$
二柱 700 型	5.08	5.29	5.49	5.67	5.83	5.98	6.13	6.25	6.39	6.51	6.62	6.73	6.81	6.97	7.07	$k=2.02\Delta t^{0.271}$
四柱 640 型	6.31	6.47	6.61	6.74	6.85	6.95	7.05	7.13	7.23	7.31	7.58	7.46	7.51	7.61	7.67	$k=3.663\Delta t^{0.16}$
圆翼型（单排）			5.23		5.23		5.81		5.81		5.81		6.97	6.97	7.79	
圆翼型（双排）			4.65		4.65		4.94		5.23		5.23		5.81	5.81	6.51	
圆翼型（三排）			4.07		4.07		4.65		4.65		4.65		5.23	5.23	5.81	

1. * 为前哈尔滨建筑工程学院 ISO 热工试验室测试，其余为清华大学 ISO 热工试验室测试
2. 散热器表面均为喷银粉漆，如刷不含金属调合漆时，表中 k 值可增加 10%左右
3. 散热器为明装，同侧连接上进下出
4. 圆翼型因无 k 值公式故暂按原手册数据采用
5. 试验室测试数据比实际使用情况的条件差，在实际情况下传热系数将比表列数据略高些

9.4-25 钢制散热器热工性能

类　型	规　格	散热面积 (m^2/片)	水容量 (L/片)	工作压力		重 量		传热系数[W/(m^2/K)]		备　注
				板厚 1.25 mm	板厚 1.5 mm	板厚 1.25 mm	板厚 1.5 mm	$\Delta t_{pj}=$ 64.5 (℃)	计算式 $k=A \cdot \Delta t_{pj}^{B}$	
				MPa		kg/片 (m)				
柱　型	640×120	1.5	1.0	0.6	0.8	1.9	2.2	8.24	$2.292\Delta t^{0.3071}$	k 为表面涂银粉测定
板　式	600×800 600×1000 600×1200	2.1 2.75 3.27	3.6 4.6 5.4	0.6 0.6 0.6	0.8 0.8 0.8	12.2 15.4 18.2	14.6 18.6 21.8	6.89 6.76 6.76	$2.5\Delta t^{0.230}$	k 为表面涂调和漆时测定
闭式钢串片	150×80 240×100 500×90	3.15 5.72 7.44	1.05 1.47 2.50	1.0 1.0 1.0		10.5 17.4 30.5		3.84 2.75 2.84	$1.67\Delta t^{0.20}$ $1.3\Delta t^{0.18}$ $1.74\Delta t^{0.12}$	散热面积单位为 m^2/m，k 按 150kg/h 时测得

9.4-25 钢制散热器热工性能（续）

类型		规格	散热面积（m^2/片）	水容量（L/片）	工作压力 板厚1.25mm	工作压力 板厚1.5mm	重量 板厚1.25mm	重量 板厚1.5mm	传热系数（W/m^2·K） Δt_{pj} = 64.5（℃）	计算式 $k = A \cdot \Delta t_{pj}^{B}$	备注
					MPa		kg/片（m）				
扁管式	单板	624×1000	1.377	5.49	0.6		18.1		8.9	$3.34\Delta t^{0.285}$	
	双板	624×1000	2.75	10.98	0.6		36.2		7.7	$2.4\Delta t^{0.276}$	
	单板带对流片	624×1000	5.55	5.49	0.6		27.4		3.4	$1.23\Delta t^{0.246}$	
	双板带对流片	624×1000	11.1	10.98	0.6		54.8		3.1	$0.96\Delta t^{0.231}$	

9.4-26 温控阀的压力损失曲线（德国）

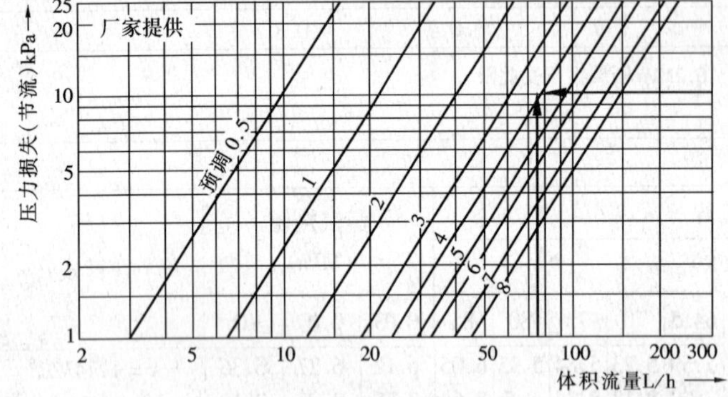

预调位置	比例宽度 2K	k_V 值
2	0.12	0.12
3	0.18	0.18
4	0.23	0.25
5	0.28	0.32
6	0.33	0.38
7	0.38	0.44
8	0.41	0.51

k_V 值可以根据厂家提供的数据进行调节

例：一散热器额定功率 $\dot{Q} = 1300\text{W}$，$\Delta t = t_g - t_h = 15\text{K}$

$\dot{m} = \dfrac{\dot{Q}}{c \cdot \Delta t} = \dfrac{1300\text{W}}{1.163\,\dfrac{\text{Wh}}{\text{kg}\cdot\text{K}} \times 15\text{K}} = 75\text{kg/h}$ 在曲线上查得，所需要的温控阀压力损失为 10kPa

温控阀预调位置为 4，在表格中查得 $k_V = 0.25$

9.4-27 在大流量时温控阀的压力损失（Pa）[1)]（德国）

流量		30	40	50	60	70	80	100	120	150	200	250	300	400
DN15	角阀	—	—	—	—	—	—	—	—	80	150	240	350	650
	直通阀	—	—	—	—	—	—	80	100	180	320	500	750	1300
DN20，25	角阀	—	—	—	—	—	—	—	—	—	70	130	180	320
	直通阀	—	—	—	—	—	—	—	—	≈50	120	170	250	450
在 2k 的 p 范围		≈50	100	150	230	300	400	600	800	1400	2500	4000	5500	10000

1)重力循环或单管系统跨越式　2)全开

9.4-28 三通和四通混合阀（选择曲线）与调节器

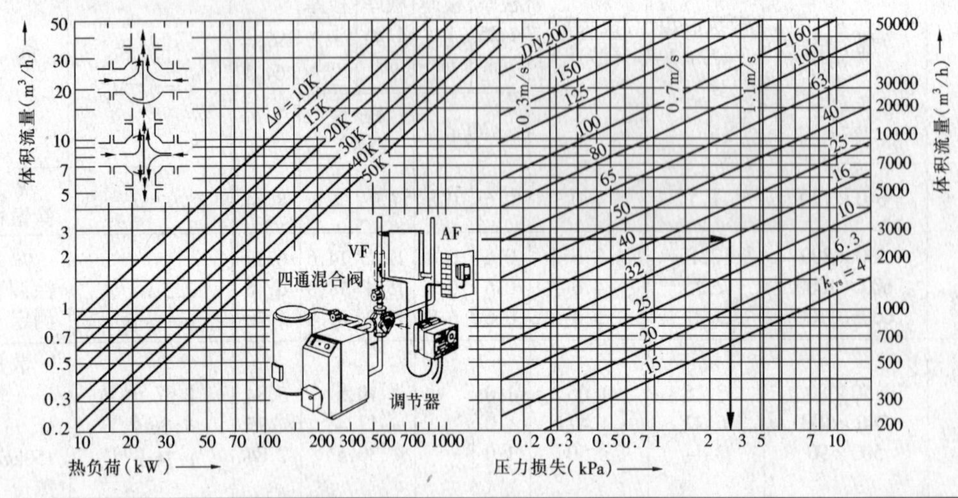

9.4-29 块状辐射板的规格表（板长为 1.8m，管径为 15mm）

型　号	1	2	3	4	5	6	7	8	9
管子根数	3	6	9	3	6	9	3	6	9
管子间距（mm）	100	100	100	125	125	125	150	150	150
板宽（mm）	300	600	900	375	750	1125	450	900	1350
板面积（m^2）	0.54	1.08	1.62	0.675	1.35	2.025	0.81	1.62	2.43

9.4-30 带状辐射板规格表

型　号		1	2	3	4	5	6	7	8	9
管子根数		3	5	7	3	5	7	3	5	7
管子间距（mm）		125	125	125	150	150	150	200	200	200
板宽（mm）		375	625	875	450	750	1050	600	1000	1100
板面积（m^2）	长 3.6m	1.35	2.25	3.15	1.62	2.7	3.78	2.16	3.6	5.04
	长 5.4m	2.025	3.375	4.725	2.43	4.05	5.67	3.24	5.4	7.56
管径（mm）			15			20			25	

9.4-31 块状辐射板的总散热量（W）

室内温度（℃）	辐射板型号								
	1	2	3	4	5	6	7	8	9
70kPa 蒸汽（表压）									
5	1175	2268	3222	1338	2570	3652	1477	2826	4024
8	1140	2210	3129	1303	2501	3559	1431	2745	3919
10	1117	2163	3070	1279	2454	3489	1407	2698	3838
12	1093	2128	2012	1256	2407	3419	1384	2652	3768
14	1070	2082	2954	1233	2361	3361	1349	2593	3687
16	1047	2035	2896	1210	2314	3291	1326	2547	3617
200kPa 蒸汽（表压）									
5	1361	2617	3710	1558	2977	4233	1710	3256	4652
8	1326	2559	3617	1512	2896	4129	1663	3175	4536
10	1303	2512	3559	1489	2849	4059	1640	3117	4454
12	1279	2466	3501	1454	2803	3989	1617	3059	4373
14	1256	2431	3443	1442	2756	3931	1593	3012	4303
16	1233	2396	3384	1419	2710	3873	1570	2967	4233
300kPa 蒸汽（表压）									
5	1454	2803	3954	1921	3175	4547	1835	3489	4966
8	1419	2733	3873	1617	3105	4443	1791	3408	4861
10	1396	2698	3815	1593	3059	4373	1768	3361	4792
12	1372	2663	3757	1570	3012	4303	1745	3315	4722
14	1349	2617	3698	1547	2966	4233	1721	3256	4652
16	1326	2570	3640	1524	2919	4164	1698	3210	4582

9.4-31 块状辐射板的总散热量（W）（续）

室内温度（℃）	辐射板型号								
	1	2	3	4	5	6	7	8	9
	400kPa 蒸汽（表压）								
5	1624	2931	4198	1750	3361	4815	1931	3675	5215
8	1500	2873	4117	1721	3291	4710	1884	3605	5111
10	1477	2838	4059	1698	3245	4640	1861	3559	5071
12	1454	2791	4001	1675	3198	4571	1838	3512	5001
14	1431	2756	3943	1652	3152	4512	1814	3466	4931
16	1407	2710	3884	1628	3105	4443	1791	3408	4861
	130/70℃高温水								
5	919	1733	2454	1035	1977	2838	1105	2117	3035
8	884	1675	2373	1000	1919	2745	1070	2047	2942
10	861	1640	2326	977	1872	2675	1047	2000	2873
12	837	1605	2268	954	1826	2617	1023	1954	2803
14	814	1570	2221	930	1791	2559	1000	1907	2745
16	791	1535	2175	907	1745	2489	977	1872	2675

9.4-32 NC 型暖风机技术性能表

型号	热媒	热量（W）	空气量（m^3/h）	出口温度（℃）	电动机	空气出口速度（m/s）	重量（kg）
NC-30	0.1MPa 蒸汽 130～70℃热水	27900 11000	2100	55 31	JWO_7B_{-4} 0.25kW	6.0	85
NC-60	0.1MPa 蒸汽 130～70℃热水	60500 23800	5000	50 28	Y802-4 0.75kW	7.0	142
NC-90	0.1MPa 蒸汽 130～70℃热水	83700 33100	7100	50 30	Y90S-6 0.75kW	7.0	202
NC-125	0.1MPa 蒸汽 130～70℃热水	145300 66300	10000	56 34	Y100L-6 1.5kW	6.7	352

9.4-33 NBL 型暖风机技术性能表

型号	热媒	热量（W）	空气出口温度（℃）	出口风速（m/s）	通风机		电动机		散热器		外形尺寸（mm）$A\times B\times H$	重量（kg）
					风量（kg/h）	转数（r/min）	型号	功率（kW）	型号	面积（m^2）		
MBL-200	0.2MPa 蒸汽 0.3MPa 蒸汽 0.4MPa 蒸汽	214000 233000 249000	54 57 60	10	19700	510	Y100 L_2-4	3.0	SRZ-16 ×7D1 台	50	1200×750×2500	650
	130～70℃热水 150～70℃热水	214000 240000	55 60		19000	540			SRZ-16 ×7D2 台	100		915
NBL-300	0.2MPa 蒸汽 0.3MPa 蒸汽 0.4MPa 蒸汽	320000 319000 372000	54 57 60	10	29500	380	Y132 M_2-6	5.5	SRZ-17 ×10D 1 台	74	1400×1000 ×3166	930

9.4-34　$BS^{19}_{49}H$-16Q 型热动力式疏水器最大连续排水量[1)]

压差 ΔP (10^5Pa)	公称直径 DN (mm)[2)]					
	15	20	25	32	40	50
	排水量 G (kg/h)					
0.3	80	95	140	165	290	556
0.5	100	115	166	235	350	645
1.0	130	158	228	370	460	750
1.5	156	184	271	445	540	835
2.0	170	206	310	509	600	908
2.5	180	225	343	550	650	990
3.0	190	240	373	594	693	1070
3.5	202	260	400	635	736	1150
4.0	214	276	428	675	780	1230
4.5	224	293	450	719	828	1309
5.0	235	315	480	758	872	1390

1) $\Delta P > 5 \times 10^6$Pa 时，排水量按 5×10^6Pa 时选用。排水量是在过冷度 3～6℃时测定的

2) 公称直径是疏水器的接管直径的公称值

本表选自机械工业部第六设计研究院、郑州市高山水暖器材厂《热动力式疏水阀使用说明书》

9.4-35　除污器（或过滤器）规格表

类型	规格 DN (mm)	备注
立式直通除污器	40～200	构造见国标图，工作压力为 600～1200kPa
卧式直通除污器	150～450	构造见国标图，工作压力为 600～1200kPa
卧式角通除污器	150～450	构造见国标图，工作压力为 600～1200kPa
QG 型汽 SG 型水 过滤器（丝扣接口）	15～50	体积小，工作压力为 1600kPa
QG 型汽 SG 型水 过滤器（法兰接口）	15～450	体积小，工作压力为 1600kPa

除污器局部阻力系数 $\zeta = 4 \sim 6$，过滤器局部阻力系数 $\zeta = 2.2$

9.4-36　膨胀水箱的作用

1. 容纳系统水受热膨胀所增加的体积，避免水膨胀因系统超压而被破坏
2. 利用静压可以保持膨胀管与系统连接点的压力恒定，对系统起着定压作用
3. 通过开式膨胀水箱排除系统中的空气

9.4-37　热水采暖系统的定压

定压的作用

热水管网不可能十分严密，漏水和丢水经常发生，致使管网各处的压力经常波动下降，热水管网水温也经常变化，水的体积随水温升降而胀缩，水体积的胀缩同样要引起管网中压力的升降波动。在高温热水系统中，不论是管网循环水泵运行还是停止运行，都要加压力于系统某一点，以使管网各处压力都超过相应子系统供水温度的饱和压力。因此，为了使热水管网能够按照水压图运行，维持压力稳定，就必须设置定压装置，使管网中一个点上的压力维持在给定值。供热管网中维持压力不变的点叫做管网的恒压点

管网定压静水头的确定方法

保证高温热水不致汽化。此时管网静水头要大于或等于室内系统最高点与基准面的标高差加上高温热水的饱和压力。这样系统内的高温热水在任何时候都不致汽化，这是优点。但这时整个系统的水头将被抬高，以致供水温度受到散热器耐压强度的限制而不得不降低，以减小所需的饱和压力

9.4-37 热水采暖系统的定压（续）

保证室内系统不致倒空。此时管网静水头只要大于或等于室内系统最高点与基准面的标高差加上 2～5mH_2O 安全量即可。这样，当循环水泵停止运行时室内系统最高点将产生汽化现象。这可以在循环水泵重新启动前将进出锅炉房的总阀门关住，开泵后先徐徐打开总供水阀门，利用循环水泵将补给水注入系统中，待压力达到饱和压力并保持一段时间后，再开总回水阀门进行整个系统水循环，并在开大总回水阀门的同时，继续开大总供水阀门。这样，可以避免管网内发生水击现象

热水采暖系统的定压方式

开式膨胀水箱定压

1. 利用水箱安装在高处所造成的水头使系统形成一定的静压。宜用于 100℃以下的热水系统。对于高温热水系统，为防止汽化，水箱必须装得很高。因而安装高度往往受到限制

2. 开式膨胀水箱的安装高度（箱底）应比最高用户的室内系统最高点高出 2～5m（若为高温热水系统，还应加上相应于供水温度下的饱和压力的高度）

闭式膨胀水箱定压

在密闭容器中的水面上用气体加压，以使系统形成一定的压力

闭式膨胀水箱不受安装高度的限制，可用于高温热水系统，膨胀水箱中的压力可用氮气或蒸汽压力维持（不应采用压缩空气）

补给水箱和补给水泵定压

恒压式水泵定压

恒压式水泵定压系统。这种系统在补水量波动不太大的情况下，补给水泵连续运行并且扬程基本上是稳定的，而水箱安装高度是不变的，因此这种定压方式的静水头基本上是恒定的。在大型供热系统中，系统的漏水量常大于循环水温度变化时水的膨胀量，此时可不考虑系统的溢水问题

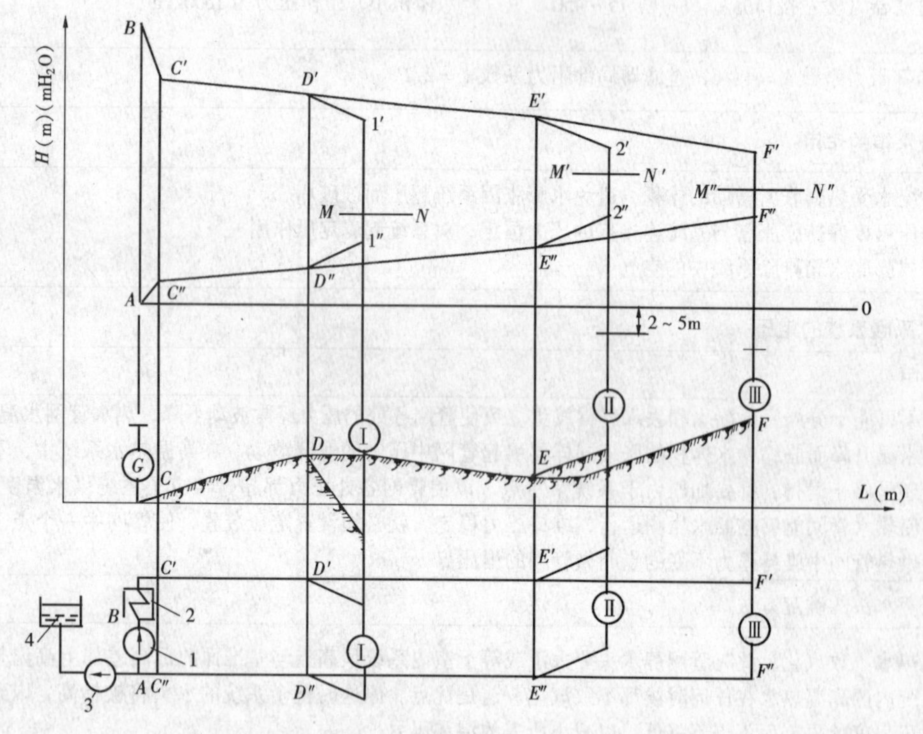

9.4-37　热水采暖系统的定压（续）

恒压式水泵定压系统水压图

1—循环水泵；2—加热设备（热水锅炉或热交换器）；3—补给水泵；4—补给水箱

为了保证系统的安全，也可以在循环水泵的吸水侧或出水侧安装一重锤式安全阀，以便当系统压力升高时泄水之用

变压式水泵定压系统

本系统靠补给水泵间断运行维持静水头的，使静水头有一定的变化范围，在水压图上静水头线有上限和下限两条。先将电接点压力表的指针上下限调到相应的压力位置，当管网 A 点的压力因管内水漏损或水温降低等原因而下降到静水头线的下限位置时，压力表指针与下限接触，此时通过电气系统将补给水泵启动开始补水，直到压力上升到上限接点接触，当管网 A 点的压力因水温升高或其他原因上升到静水头线的上限时，压力表的指针与上限接触，发出信号，通过电气系统打开电磁阀将管网循环水放到补给水箱内，直至压力降到允许的上限为止

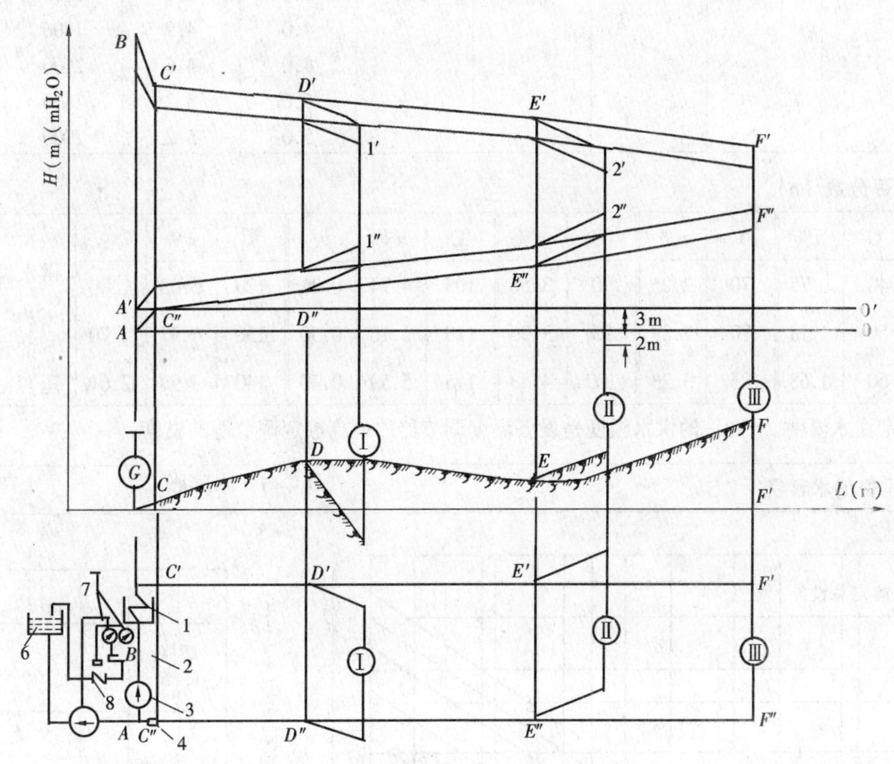

变压式水泵定压系统水压图

1—汽—水热交换器；2—分水缸；3—循环水泵；4—除污器；5—补给水泵；6—补给水箱；7—电接点压力表；8—电磁阀

蒸汽锅筒定压

这种定压方式是以蒸汽为定压气源，以锅炉的锅筒为定压装置，利用锅筒内预留的水面蒸汽空间的蒸汽给系统加压的一种方式

氮气加压罐定压

以氮气为定压气源、以氮气罐为定压装置的系统

9.4-38 开式膨胀水箱规格表

型号	方形					圆形			
	公称容积 (m^3)	有效容积 (m^3)	外形尺寸（mm）			公称容积 (m^3)	有效容积 (m^3)	筒体（mm）	
			长	宽	高			内径	高度
1	0.5	0.61	900	900	900	0.3	0.35	900	700
2	0.5	0.63	1200	700	900	0.3	0.33	800	800
3	1.0	1.15	1100	1100	1100	0.5	0.54	900	1000
4	1.0	1.20	1400	900	1100	0.5	0.59	1000	900
5	2.0	2.27	1800	1200	1200	0.8	0.83	1000	1200
6	2.0	2.06	1400	1400	1200	0.8	0.81	1100	1000
7	3.0	3.50	2000	1400	1400	1.0	1.1	1100	1300
8	3.0	3.20	1600	1600	1400	1.0	1.2	1200	1200
9	4.0	4.32	2000	1600	1500	2.0	2.1	1400	1500
10	4.0	4.37	1800	1800	1500	2.0	2.0	1500	1300
11	5.0	5.18	2400	1600	1500	3.0	3.3	1600	1800
12	5.0	5.35	2200	1800	1500	3.0	3.4	1800	1500
13						4.0	4.2	1800	1800
14						4.0	4.6	2000	1600
15						5.0	5.2	1800	2200
16						5.0	5.2	2000	1800

9.4-39 水膨胀百分数（*n*）

℃	n%	℃	n%	℃	n%	℃	n%	℃	n%	p_D	℃	n%	p_D
10	1)	40	0.75	70	2.25	90	3.58	105	4.74	0.21	120	6.03	1.00
20	0.14	50	1.18	80	2.89	95	3.96	110	5.16	0.50	130	6.97	1.70
30	0.40	60	1.68	85	3.23	100	4.43	115	5.59	0.70	140	7.98	2.61

n—相应于允许的供水温度[2]

p_D—在相应温度下的汽化压力（表压）

[1] 10℃为设定注水温度　[2] 允许的供水温度是设备温度调节器的最高额定调节值的温度

9.4-40 采暖设备的水容积

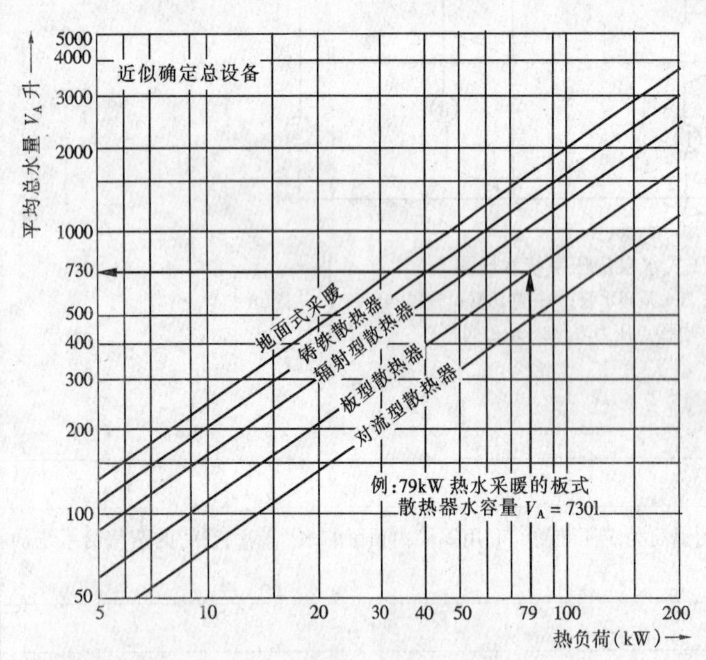

例：79kW 热水采暖的板式散热器水容量：$V_A = 730l$

9.4-41 水膨胀

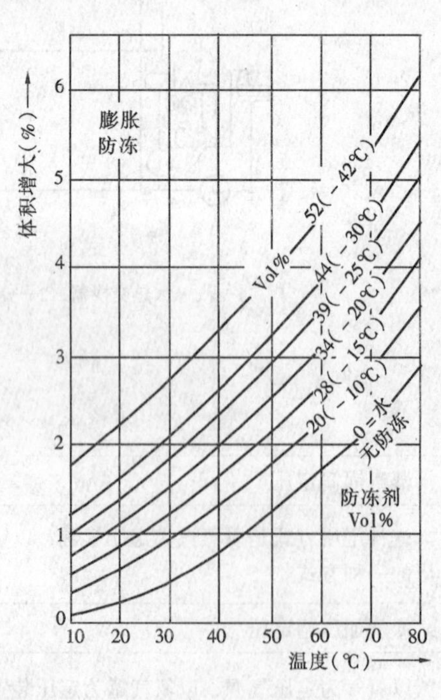

9.4-42　膜式封闭膨胀水箱的选择（根据热负荷）（德国）

容器型号	静压[1]	设备热负荷（kW）[2]			容器型号	静压[1]	设备热负荷[2]（kW）		
		板式散热器[3]	辐射型散热器[4]	地面式采暖[5]			板式散热器[3]	辐射型散热器[4]	地面式采暖[5]
2/0.5	0.5	1.9（2.4）	1.1（1.4）	0.9（1.1）	12/1	1	5.2（8.9）	3.0（5.2）	2.4（4.2）
4/0.5	0.5	3.9（4.8）	2.3（2.8）	1.8（2.3）	18/1	1	9.7（15.3）	5.6（8.9）	4.8（7.2）
8/0.5	0.5	7.8（9.6）	4.5（5.6）	3.7（4.5）	25/1	1	17.2（24.9）	10.0（14.6）	8.1（11.7）
12/0.5	0.5	11.6（14.4）	6.7（8.4）	5.5（6.8）	35/1	1	28.0（38.9）	16.3（22.5）	13.2（18.3）
18/0.5	0.5	19.4（23.6）	11.3（13.7）	9.1（11，1）	50/1	1	44.3（59.7）	25.7（34.6）	20.8（28.1）
25/0.5	0.5	30.8（36.6）	17.9（21.2）	14.5（17.2）	80/1	1	75.6（97.4）	43.9（56.5）	35.6（45.8）
35/0.5	0.5	46.9（55.1）	27.2（31.9）	22.1（25.9）	25/1.5	1.5	3.8（14.4）	2.2（7.8）	1.8（6.8）
50/0.5	0.5	70.9（81.0）	41.1（47.0）	33.4（38.1）	35/1.5	1.5	9.2（22.6）	5.3（13.1）	4.3（10.6）
80/0.5	0.5	114（130）	65.9（75.3）	53.4（61.0）	50/1.5	1.5	17.2（36.6）	10.0（21.2）	8.1（17.2）
100/0.5	0.5	156（178）	90.5（103）	73.4（83.9）	80/1.5	1.5	33.4（64.3）	19.4（37.3）	15.7（30.2）

[1]氮气注入压力（bar）（相应于 5m、10m、15m）　[2]在 2.5bar 保证压力或工作压力 $P_e=2$bar（括号值：保证压力 3bar 或 $P_e=2.5$bar）时的平衡压力　[3]设定：8.7L/W，在对流式散热器约高 65%的值　[4]钢制辐射散器 15L/kW（在铸铁时约高 25%的值　[5]18.5L/kW

9.4-43　膜式封闭膨胀水箱的选择举例

例：设备水容量 730L，供水温度 80℃，静压 8m，终止压力 2.5bar

在加热过程前			在加热过程中	在加热过程后	膨胀体积	额定体积
V_n V_n 氮气 (a)	V_n V_n 氮气 (b)	V_n V_n-V_V 氮气 (c)	水 氮气 (d)	水 氮气 (e)	$V_e=\frac{V_A\cdot n}{100}$	$V_n=\frac{V_e+V_V}{D_f}$
					$V_e=\frac{730\cdot 2.89}{100}$ $V_e=21.10$	$V_n=\frac{21.10+3.7}{0.44}$ $V_n=56.36$
供货状态	加压状态		V_V 水容纳量		$V_{n(H)}=80$l（在 1bar 预压时）⇒型号 80/1	
预压 p_0	没有容纳水	容纳水	在 $V_n<15$l→$V_A\cdot 20\%$ $V_n>15$l→$V_A\cdot 0.5\%$			

9.4-44　GQS 系列气压供水设备性能表

序号	规　格	补水量（m^3/h）	气压罐安装尺寸			锅炉容量（t/h）
			D	H	H_0	
1	GQS-1.0	1.0	800	2000	2400	2
2	GQS-1.5	1.5	1000	2000	2400	3
3	GQS-2.0	2.0	1200	2000	2400	4
4	GQS-3.0	3.0	1400	2400	2800	6
5	GQS-4.0	4.0	1600	2400	2800	8
6	GQS-5.0	5.0	1600	2800	3200	10
7	GQS-6.5	6.5	2000	2400	2900	14
8	GQS-7.5	7.5	2000	2700	3200	18
9	GQS-10	10	2000	3500	4000	20

9.4-45　Y43H-10 型活塞式减压阀选用表[1)]

阀前压力 P_1 (MPa)	阀后压力 P_2 (MPa)	公称直径 DN (mm) 40	50	阀前压力 P_1 (MPa)	阀后压力 P_2 (MPa)	公称直径 DN (mm) 40	50
0.3	0~0.15	460	562	0.8	0.60 0.65	865 786	1058 961
0.4	0~0.2 0.25	566 552	692 674	0.9	0.50 0.55 0.60 0.65 0.70 0.75	1073 1041 1018 972 902 813	1312 1272 1245 1188 1102 994
0.5	0~0.3 0.35	705 623	812 762				
0.6	0~0.35 0.4 0.45	766 740 683	938 905 832				
0.7	0~0.40 0.45 0.50 0.55	870 848 802 738	1064 1036 982 902	1.0	0~0.55 0.60 0.65 0.70 0.75 0.80 0.85	1147 1136 1112 1071 1018 939 814	1402 1390 1358 1310 1243 1148 994
0.8	0~0.45 0.50 0.55	968 950 916	1184 1160 1120				

1) 表中所列流量为饱和蒸汽量（kg/h）已考虑 20% 的余量

9.4-46　Y43H-16 型活塞式减压阀选用表

阀前压力 P_1 (MPa)	阀后压力 P_2 (MPa)	不同直径下减压阀通过的热量（kW） 25	32	40	50	70	80	100	125	150
0.8	≤0.47	95.3	172	385	502	604	1070	1670	2628	3730
0.7	≤0.40	85.4	154	346	451	542	959	1500	2360	3370
0.6	≤0.35	77.3	140	314	409	492	866	1360	2140	3040
0.5	≤0.30	66.5	119	268	352	422	749	1170	1840	2620
0.4	≤0.235	58.1	105	236	308	368	654	1024	1610	2280
0.3	≤0.20	36.4	65.7	147	191	231	409	639	1009	1430
0.2	≤0.18	45.6	82.5	185	240	288	512	800	1260	1800

9.5　热补偿器与管道活动支座

9.5-1　热补偿器类型

自然补偿	依靠管道的自然转弯，L、Z 型，简单，补偿量小
方形补偿器	补偿量大，不易泄露，占地面积大，施工繁锁
伸缩补偿器	补偿量大，占地面积小，易泄露，有单向、双向补偿器
波纹补偿器	占地面积较小，不易泄露，补偿量小

9.5-2 *DN*50、70、80、100 方形补偿器线算图

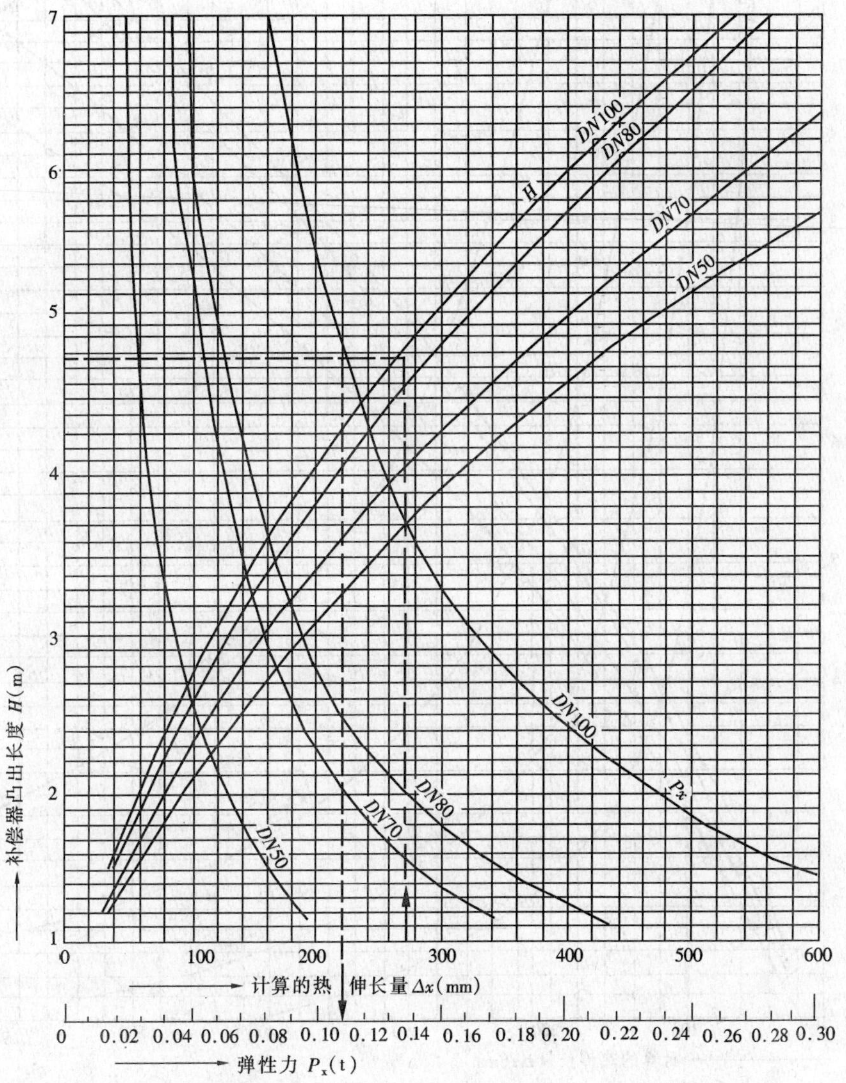

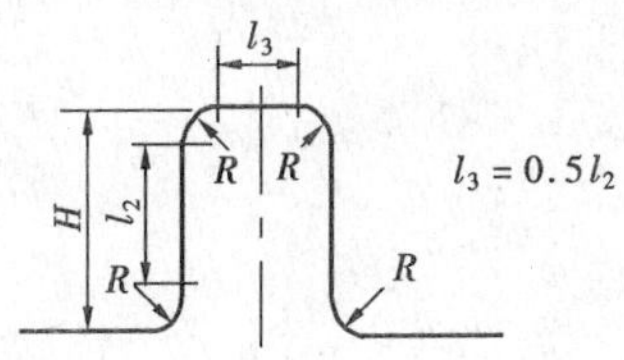

$l_3 = 0.5l_2$

DN（mm）	$D_\omega \times \delta$（mm）
50	57×3.5
70	76×3.5
80	89×3.5
100	108×4

9.5-3 *DN*125、150、175、200 方形补偿器线算图

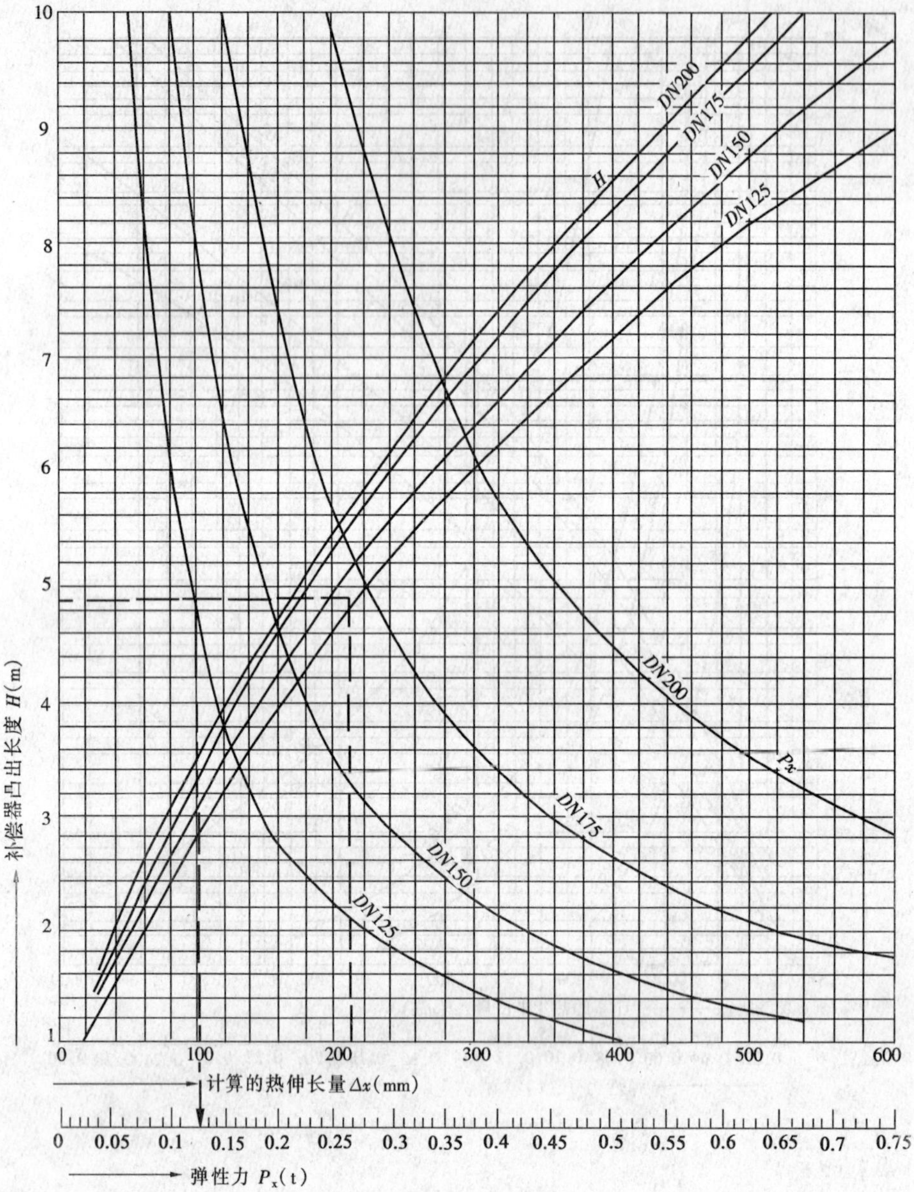

补偿器凸出长度 H(m)

计算的热伸长量 Δx(mm)

弹性力 P_x(t)

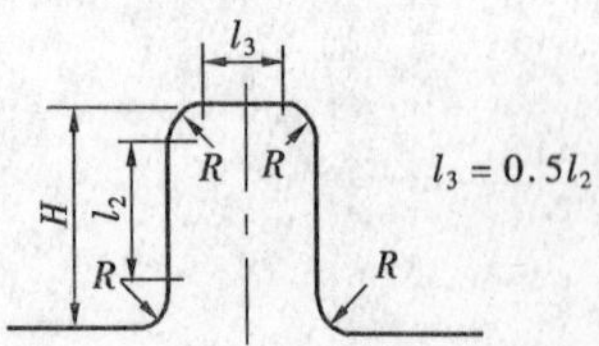

$l_3 = 0.5l_2$

DN（mm）	$D_\omega \times \delta$（mm）
125	133×4
150	159×4.5
175	194×5
200	219×6

9.5-4 *DN*250、300、350、400 方形补偿器线算图

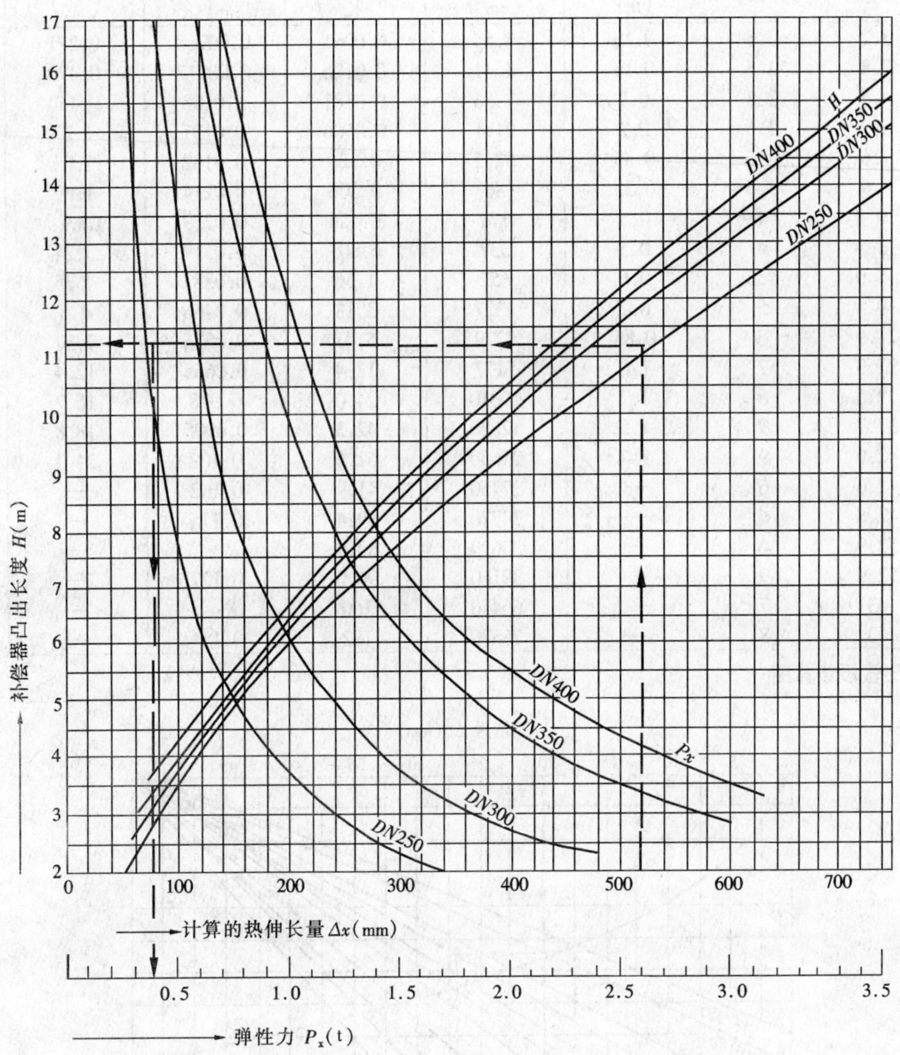

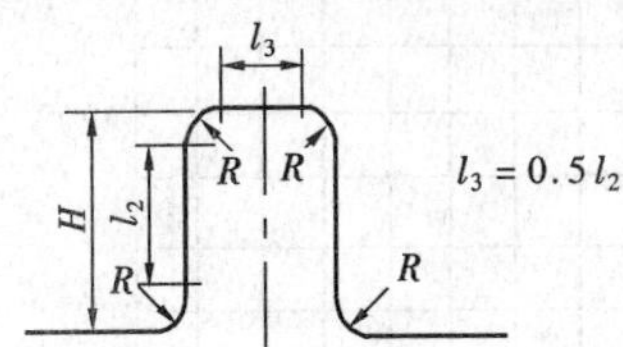

DN (mm)	$D_{\omega}\times\delta$ (mm)
250	273×7
300	325×8
350	377×9
400	426×9

9.5-5 计算 P_x、P_y 及 σ_w 的辅助数值

公称直径 D_0 (mm)	外径 D_w (cm)	壁厚 δ (mm)	弯管中心半径 R (m)	管子横断面的惯性矩 I (cm^4)	$\frac{\alpha EI}{10^7}$ $\left(\frac{kg\cdot m^2}{K}\right)$	$\frac{\alpha ED_w}{10^7}$ $\left(\frac{kg\cdot m}{mm^2\cdot K}\right)$	$\frac{\alpha EI}{10^7 R^2}$ $\left(\frac{kg}{℃}\right)$	$\frac{\alpha ED_w}{10^7 R}$ $\left(\frac{kg}{mm^2\cdot K}\right)$
25	3.2	2.5	0.15	2.54	0.0061	0.00768	0.271	0.0512
32	3.8	2.5	0.15	4.41	0.0106	0.00912	0.470	0.0608
40	4.5	2.5	0.2	7.56	0.0181	0.0108	0.454	0.054
50	5.7	3.5	0.2	21.1	0.0506	0.0137	1.27	0.0685
70	7.6	3.5	0.35	52.5	0.126	0.0182	1.03	0.0521
80	8.9	3.5	0.35	86	0.206	0.0214	1.69	0.0611
100	10.8	4	0.5	177	0.425	0.0259	1.7	0.0518
125	13.3	4	0.5	337	0.809	0.0319	3.24	0.0633
150	15.9	4.5	0.6	652	1.56	0.0382	4.35	0.0636
175	19.4	5	0.7	1327	3.18	0.0466	6.5	0.0665
200	21.9	6	0.85	2279	5.47	0.0526	7.57	0.0618
250	27.3	7	1.0	5177	12.4	0.0655	12.4	0.0655
300	32.5	8	1.2	10010	24.0	0.078	16.7	0.065
350	37.7	9	1.5	17620	42.3	0.0905	18.8	0.0604
400	42.6	9	1.7	25650	61.6	0.102	21.3	0.0601
400	42.6	6	—	17450	41.9	0.102	—	—
450	47.8	6	—	24770	59.4	0.115	—	—
500	52.9	6	—	33690	80.9		—	—
500	52.9	7	—	39160	94.0	0.127	—	—
600	63	7	—	66440	160		—	—
600	63	8	—	75570	182	0.151	—	—

9.5-6 T形补偿管段线算图

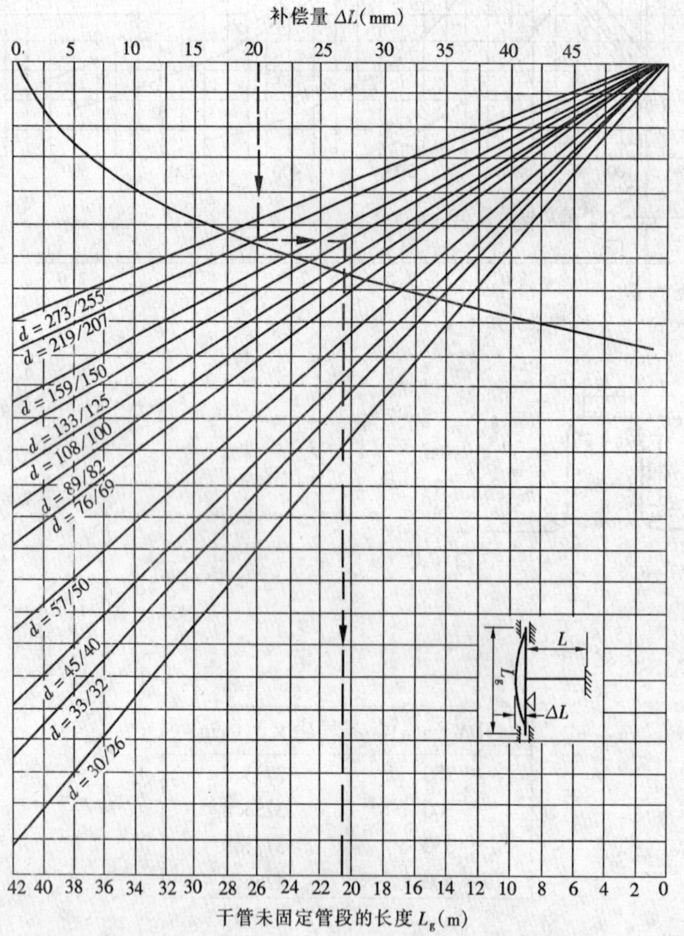

9.5-7 夹角大于90°的L形管段短臂固定点上补偿弯曲应力系数 C 线算图

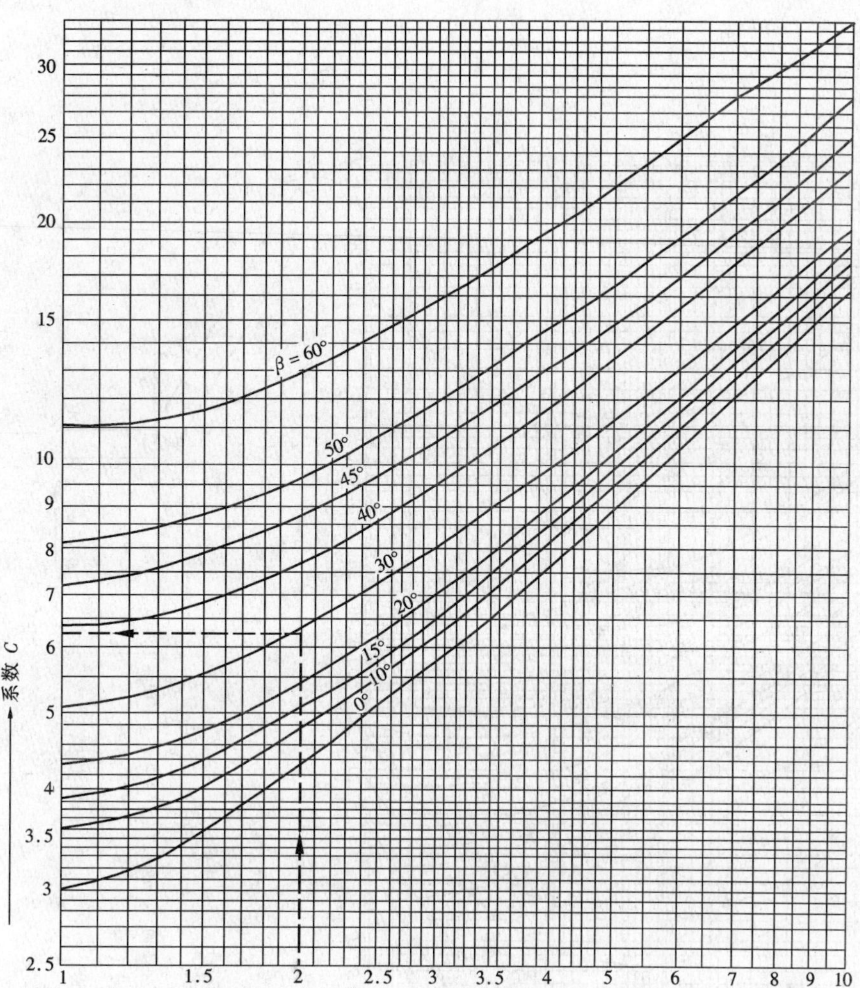

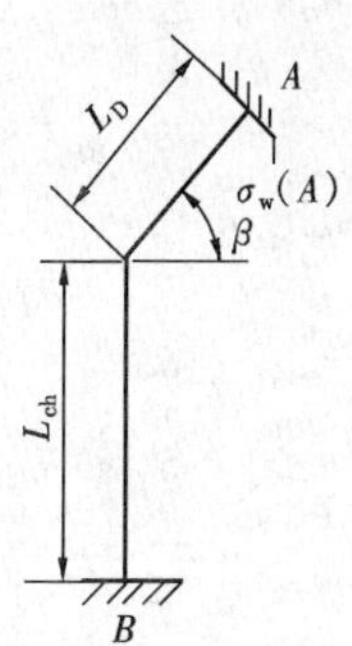

线图依据：

$$C = \frac{1.5\ (n^3 + 2n^2 + 1)}{n\ (n+1)\ \cos\beta} + \frac{1.5\ (n+3)}{(n+1)} \tan\beta$$

式中 $n = \frac{L_{ch}}{L_D}$，$L_{ch} > L_D$

L_{ch}——长臂长，m

L_D——短臂长，m

$\beta = \varphi - 90°$，φ——L形管段夹角，度

9.5-8 夹角大于90°的 L 形管段短臂上的变形弹力 P_x、P_y 的系数 A、B 线算图

线图依据：

$$A=\frac{3\left[\left(n^3+4n^2+3\right)+\sin\beta\left(n^2+7n\right)\right]}{n\left(1+n\right)\cos\beta}$$

$$B=\frac{3\left[\left(3n^3+4n+1\right)+n^2\sin^2\beta\left(n^3+7n\right)+n\sin\beta\left(n^4+4n^3+10n+1\right)\right]}{n^3\cos^2\beta\left(1+n\right)}$$

式中 $n=\frac{L_{ch}}{L_D}$，$L_{ch}>L_D$；$\angle\beta=0°\sim60°$

9.5-9 Z 形管段的最大补偿弯曲应力 $\sigma_{w(max)}$ 的系数 C_{max} 线算图

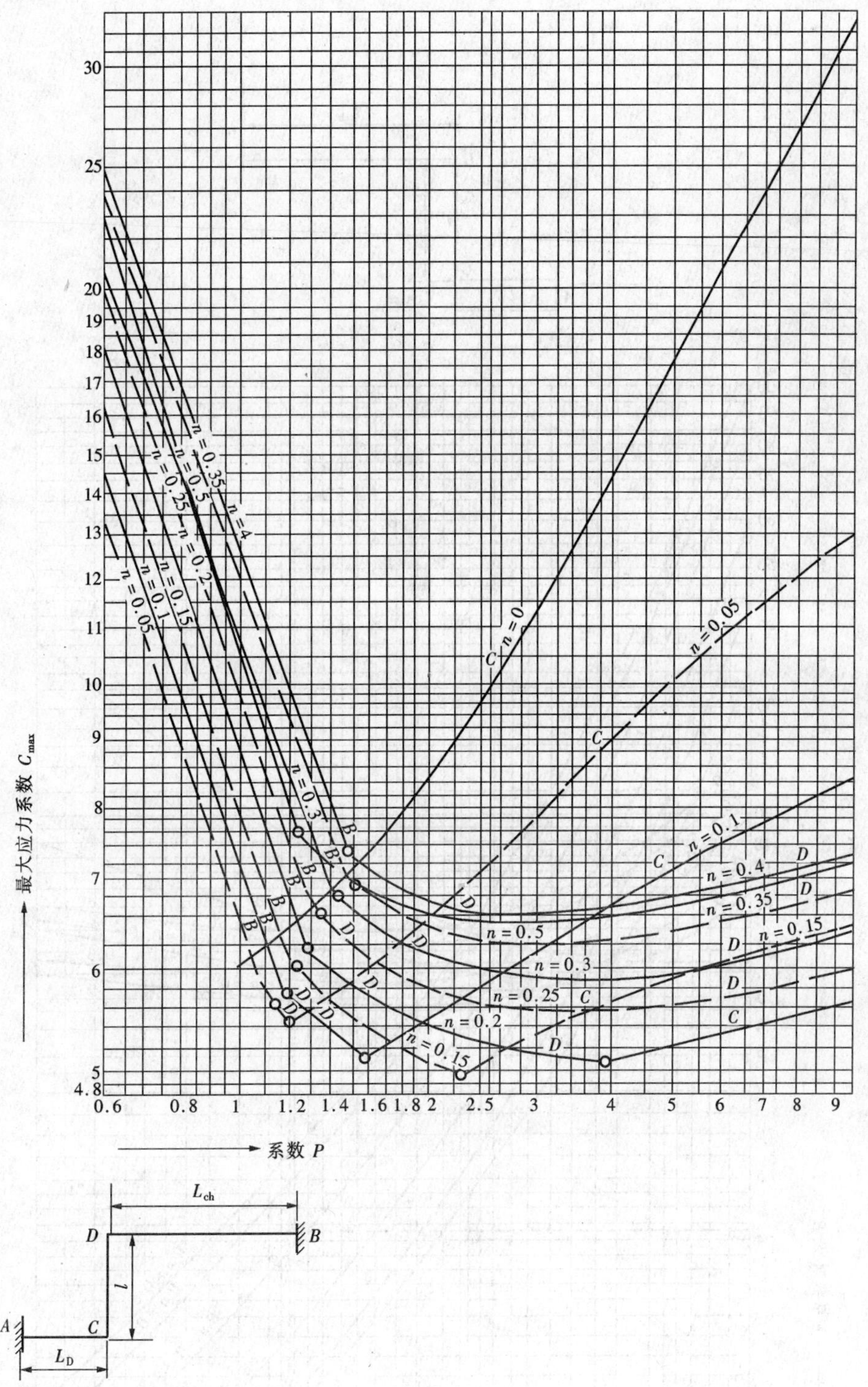

线图依据：

A 及 B 式同前

$$C_{(B)}=\frac{1+2Pn}{2(1+P)}A-\frac{P^2+2P-2Pn}{2(1+P)}B \quad C_{(C)}=\frac{P^2-2Pn^2}{2(1+P)}B-\frac{1+2P-2Pn}{2(1+P)}A \quad C_{(D)}=\frac{1+2Pn}{2(1+P)}A+\frac{P^2-2P^2n}{2(1+P)}B$$

式中 $P=\dfrac{L_{ch}+L_D}{l}$，$n=\dfrac{L_D}{L_{ch}+L_D}$，$L_{ch}>L_D$

9.5-10 Z形管段的变形弹力 P_x、P_y 的系数 A、B 线算图

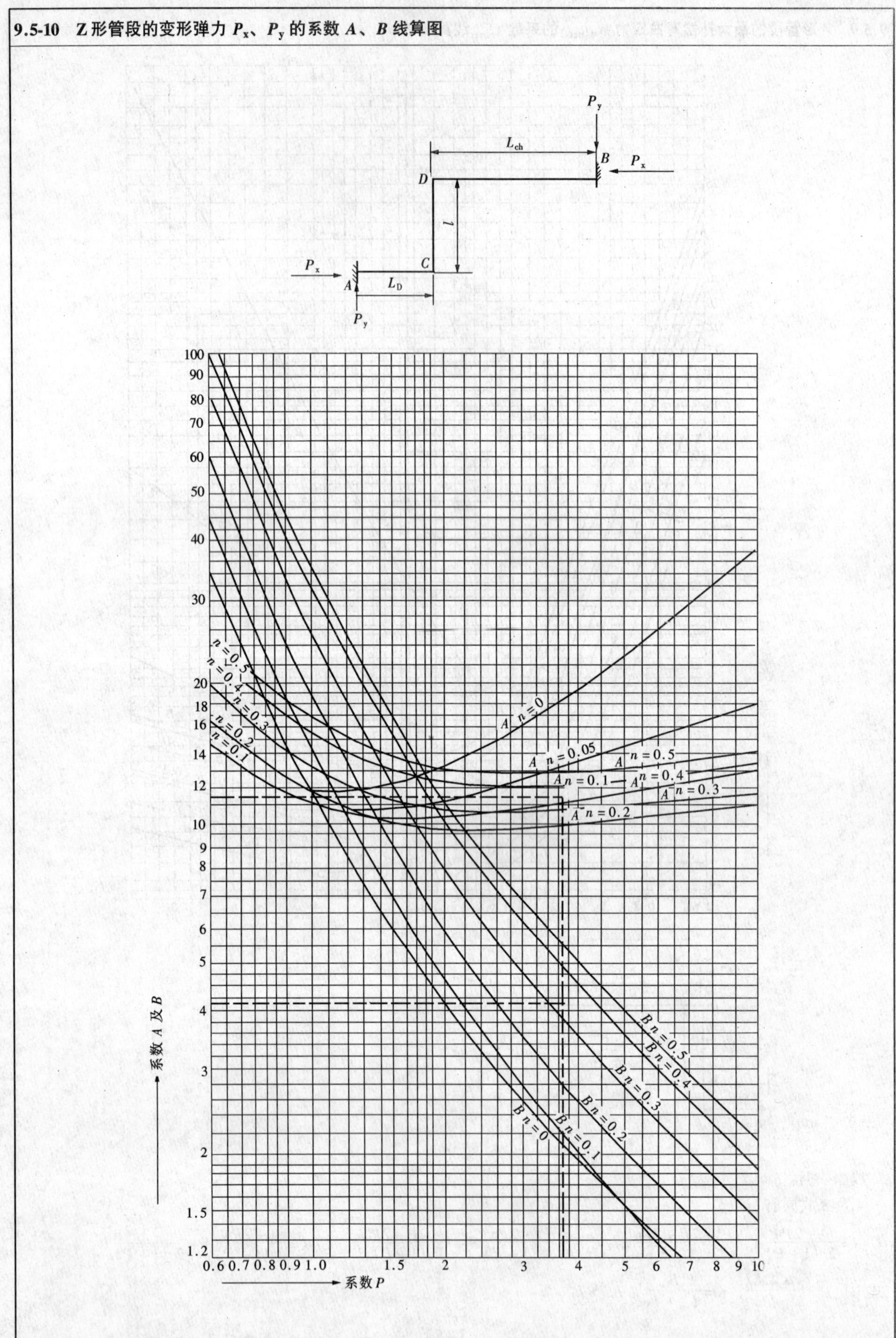

9.5-11　管道活动支座最大允许跨距

公称直径 DN（mm）	内径 D_n（mm）	外径 D_w（mm）	管子断面惯性矩 I（$10^{-6}m^4$）	管子断面抗弯矩 W_0（$10^{-6}m^3$）	带水的保温管重 q（N/m）	按强度条件计算的最大跨距 L_{max}（m）	按刚性条件（$i=0.002$）不容许有反坡向时的 L_{max} 值（m）	最大挠度 $y_{max}=0.1$ DN 时的 L_{max} 值（m）
25	27	32	2.54	1.58	187.3	3.1	1.9	2.6
32	33	38	4.41	2.32	205.9	3.6	2.3	3.1
40	40	45	7.55	3.36	225.6	4.2	2.6	3.6
50	50	57	21.11	7.40	313.8	4.9	3.1	4.5
65	66	73	46.3	12.4	431.5	5.8	3.7	5.4
80	82	89	86	19.3	578.6	6.2	4.1	6.2
100	100	108	177	32.8	696.8	7.4	5.0	7.4
125	125	133	337	50.8	921.8	8.0	5.6	8.5
150	150	159	652	82	1167	9.0	6.4	9.9
200	207	219	2279	208	1667	12.0	8.8	13.3
250	259	273	5177	379	2148	14.1	10.5	16.1
300	309	325	10010	616	2765	15.8	12.0	18.7
350	359	377	17620	935	3305	17.8	13.4	21.3
400	408	426	25600	1204	4148	18.0	14.0	22.6

本表适用于通行地沟和架空敷设管道，保温材料密度系按照 600kg/m³ 计算的

9.5-12　波纹管补偿器性能（$PN=1.0$MPa）

序号	公称通径（mm）	型　号	轴向补偿量（mm）	刚度（N/mm）	有效面积（cm²）	导流管直径 d_n（mm）	端管 $D_w\times S$	外径 W_0（mm）	绕长 L（mm）	重量（kg） 带导流管	重量（kg） 不带导流管
1	50	D（N）0450-1.0-1	14	80	35.25	44	57×3.5	77	260	1.12	1
2		D（N）0450-1.0-2	18	100					240	1.08	0.97
3		D（N）0450-1.0-3	8	131					220	1.05	0.95
4	65	D（N）0465-1.0-1	16	115	60.82	62	76×4	100	280	1.73	1.55
5		D（N）0465-1.0-2	12	144					256	1.65	1.49
6		D（N）0465-1.0-3	10	192					232	1.58	1.44
7	80	D（N）0480-1.0-1	28	102	83.20	74	89×4	117	340	2.77	2.52
8		D（N）0480-1.0-2	22	128					312	2.62	2.40
9		D（N）0480-1.0-3	16	170					284	2.46	2.27
10	100	D（N）04100-1.0-1	34	107	124.69	93	108×4	144	360	3.91	3.47
11		D（N）04100-1.0-2	28	134					328	3.61	3.23
12		D（N）04100-1.0-3	20	179					296	3.32	2.99

9.5-12 波纹管补偿器性能（$PN = 1.0MPa$）（续）

序号	公称通径（mm）	型　号	轴向补偿量（mm）	刚度（N/mm）	有效面积（cm^2）	导流管直径 d_n（mm）	端管 $D_w \times S$	外径 W_0（mm）	绕长 L（mm）	重量（kg）	
										带导流管	不带导流管
13		D（N）04125-1.0-1	36	157					380	5.43	4.86
14	125	D（N）04125-1.0-2	30	197	183.85	117	133×4.5	173	344	4.96	4.47
15		D（N）04125-1.0-3	22	262					308	4.47	4.07
16		D（N）04150-1.0-1	44	144					400	7.12	6.44
17	150	D（N）04150-1.0-2	34	180	257.30	142	159×4.5	203	360	6.51	5.94
18		D（N）04150-1.0-3	26	240					320	5.90	5.44

9.5-13 在不同传热系数时的保温层厚度

（1）已知允许的单位热损失，计算保温层厚度

$$\ln\frac{D_0}{d_0} = 2\pi\lambda\left(\frac{t_m - t_{am}}{q} - R_0\right)$$

$$\delta' = \frac{D_0}{2}\left(\frac{D_0}{d_0} - 1\right)$$

$$\delta = \delta' - \delta_k$$

式中 δ'——保温层计算厚度，m

δ——保温层设计厚度，m

δ_k——保护层对保温层计算厚度的修正值（取值见 9.5-14），m

D_0——管道保温层外径，m

d_0——管道外径，m

t_m——管道内介质温度，℃

t_{am}——周围空气温度，℃

λ——保温材料导热系数，W/（m·℃）

q——管道单位长度允许热损失，W/m

R_0——保温结构外表面热阻（取值见 9.5-15），m·℃/W

（2）控制保温结构外表面温度为一定值时，计算保温层厚度

$$\ln\frac{D_0}{d_0} = 2\pi\lambda\left(\frac{t_m - t_{am}}{q} - R_0\right)$$

$$\delta' = \frac{D_0}{2}\left(\frac{D_0}{d_0} - 1\right)$$

$$\delta = \delta' - \delta_k$$

符号同上

（3）按保温的年运行总费用值为最小，并考虑投资的偿还年限，计算保温层经济厚度，计算时需对不同厚度试算，以使下列等式成立为准：

$$\frac{2}{d_0}\sqrt{\frac{mb\ (t_0 - t_{am})}{10^9\left(s + \dfrac{2s_1}{D_0}\right)\left(P + \dfrac{1}{\tau_0}\right)}} = \frac{\dfrac{D_0}{d_0}\ln\dfrac{D_0}{d_0} + \dfrac{2\lambda}{ad_0}}{\sqrt{1 - \dfrac{2\lambda}{aD_0}}}$$

式中 m——年工作时数，h/a

b——供热价格，元/GW

P——保温投资及运行费用年分摊率，一般取 $P = 15\%$

τ_0——投资偿还年限，a

s，s_1——保温层、保护层价格，元/m^3

a——保温层表面放热系数，W/（m^2·℃）

9.5-14 保护层对保温层计算厚度的修正值 δ_k (m)

保护层 \ 导热系数		0.0698	0.0814	0.093	0.105	0.116	0.128	0.14	0.151	0.163	0.175	0.186
石棉硅藻土厚度（mm）	10	3	3	4	4	5	5	6	6	7	7	8
	15	4	5	6	7	8	8	9	10	10	11	12
	20	6	7	8	9	10	10	12	13	14	15	16
石棉水泥厚度（mm）	10	2	2	2	3	3	3	4	4	4	5	5
	15	3	3	4	4	5	5	6	6	6	7	7
	20	4	4	5	5	6	7	7	8	9	9	10

9.5-15 管道保温结构外表面热阻 R_0 (m·K/W)

DN（mm）	介质温度 t_1（室内布置）（℃）					介质温度 t_1（室外布置）（℃）				
	≤100	200	300	400	500	≤100	200	300	400	500
25	0.301	0.258	0.215	0.198	0.189	0.103	0.095	0.086	0.077	0.077
32	0.275	0.232	0.198	0.163	0.138	0.095	0.086	0.077	0.069	0.060
40	0.258	0.215	0.181	0.155	0.129	0.086	0.077	0.069	0.060	0.052
50	0.198	0.163	0.138	0.120	0.103	0.069	0.060	0.052	0.043	0.043
100	0.155	0.129	0.112	0.095	0.077	0.052	0.043	0.043	0.034	0.034
125	0.129	0.112	0.095	0.077	0.069	0.043	0.034	0.034	0.026	0.026
150	0.103	0.096	0.077	0.069	0.060	0.034	0.026	0.026	0.026	0.026
200	0.086	0.077	0.069	0.060	0.052	0.034	0.026	0.026	0.017	0.017
250	0.077	0.069	0.060	0.052	0.043	0.34	0.017	0.017	0.017	0.017
300	0.069	0.060	0.052	0.043	0.043	0.026	0.017	0.017	0.017	0.017
350	0.060	0.052	0.043	0.043	0.043	0.026	0.017	0.017	0.017	0.017
400	0.052	0.043	0.043	0.034	0.034	0.017	0.017	0.017	0.017	0.017
500	0.043	0.034	0.034	0.034	0.034	0.017	0.017	0.017	0.017	0.017
600	0.036	0.032	0.032	0.030	0.028	0.017	0.013	0.013	0.012	0.011
700	0.033	0.029	0.029	0.028	0.026	0.014	0.012	0.011	0.010	0.010
800	0.029	0.025	0.025	0.025	0.023	0.013	0.010	0.010	0.009	0.009
900	0.026	0.025	0.025	0.022	0.022	0.011	0.0009	0.009	0.009	0.009
1000	0.023	0.022	0.022	0.021	0.021	0.010	0.008	0.008	0.008	0.008
2000	0.014	0.013	0.012	0.011	0.010	0.009	0.004	0.004	0.004	0.004

9.5-16 单向套管式补偿器主要尺寸

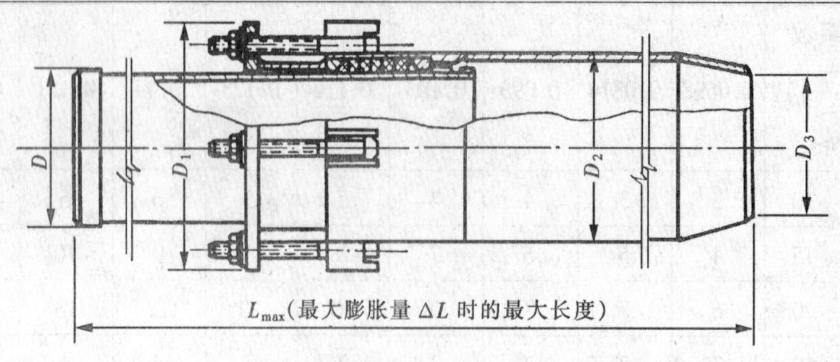

公称直径 DN	D	D_1	D_2	D_3	L_{max}	最大膨胀量 (ΔL)	重量 (kg)	伸缩器的摩擦力 P_C (t) 由拉紧螺栓产生的	当介质工作压力 $P=1kg/cm^2$ 产生的	图册号
	(mm)									
100	108	190	133	100	830	250	18.66	0.985	0.059	R 408 – 1
125	133	215	159	125	840	250	23.82	0.99	0.080	R 408 – 2
150	159	250	194	150	905	250	34.78	1.32	0.122	R 408 – 3
200	219	345	273	205	1170	300	79.87	1.3	0.284	R 408 – 4
250	273	395	325	259	1170	300	101.24	1.99	0.336	R 408 – 5
300	325	450	377	311	1275	350	142.26	2.03	0.360	R 408 – 6
350	377	500	426	363	1285	350	163.00	2.06	0.367	R 408 – 7
400	426	560	478	412	1360	400	206.35	2.76	0.450	R 408 – 8
450	478	610	529	464	1360	400	231.68	2.78	0.465	R 408 – 9
500	529	675	594	515	1370	400	309.08	3.68	0.730	R 408 – 10
600	630	780	704	614	1375	400	380.00	4.40	0.88	R 408 – 11
700	720	875	794	704	1380	400	454.33	5.00	1.00	R 408 – 12

9.6 锅炉

9.6-1 锅炉的分类

分类方式	类型	分类方式	类型
根据能源	燃煤锅炉、燃油锅炉、燃气锅炉、电锅炉、余热锅炉等	根据安装方式	快装锅炉、组装锅炉、散装锅炉
根据工质	热水锅炉、蒸汽锅炉、热水和蒸汽两用锅炉等	根据容量	小型锅炉、中型锅炉、大型锅炉
根据材料	铸铁锅炉、钢制锅炉、铸铁与钢混合锅炉等	根据温度	低温热水锅炉、中温热水锅炉、高温热水锅炉
根据水循环动力	自然循环锅炉、机械循环锅炉	根据压力	低压锅炉、中压锅炉、高压锅炉
根据燃烧设备	层燃炉、室燃炉、沸腾炉	根据烟气的流程	火管锅炉、水管锅炉、水火管锅炉

9.6-2 锅炉本体的组成

锅筒	炉子	安全辅助设备
管束、水冷壁、集箱和下降管等组成的一个封闭汽水系统	煤斗、炉排、炉膛、除渣板、燃烧器等组成的燃烧设备	安全阀、水位表、高低水位警报器、压力表、主汽阀、排污阀、止回阀、吹灰器

9.6-3 锅炉的辅机

燃料供给系统	水处理与给水系统	送、引风系统	调节系统

9.6-4 锅炉基本参数

蒸 发 量	指蒸汽锅炉每小时所生产的额定蒸汽量，常用符号 D 来表示，单位是 t/h
热 功 率	供热锅炉，可用额定热功率来表征容量的大小，常用符号 Q 来表示，单位是 MW 热功率与蒸发量之间的关系，可由下式表示： $Q=0.000278D\ (i_q-i_{gs})$ (MW) 式中 D——锅炉的蒸发量，t/h i_q、i_{gs}——分别为蒸汽和给水的焓值，kJ/kg 对于热水锅炉： $Q=0.000278G\ (i''_{cs}-i'_{js})$ (MW) 式中 G——热水锅炉每小时送出的水量，t/h i''_{cs}、i'_{js}——分别为锅炉进出热水的焓值，kJ/kg
蒸汽、热水的额定参数	锅炉产生蒸汽的参数，是指锅炉出口处蒸汽或热水的额定压力（表压力）和温度。对生产饱和蒸汽的锅炉来说，一般只标明蒸汽压力，对生产过热蒸汽（或热水）的锅炉，则需标明压力和蒸汽（或热水）温度
受热面蒸发率	每平方米受热面每小时所产生的蒸汽量，就叫做锅炉受热面的蒸发率，用 D/H 表示，单位为［(kg/(m^2·h)］，H 指汽锅和附加受热面等与烟气接触的金属表面积，即烟气与水（或蒸汽）进行热交换的表面积。受热面的大小，工程上一般以烟气放热的一侧来计算，单位 m^2
受热面发热率	热水锅炉每平方米受热面每小时能生产的热量，用符号 Q/H 表示 受热面蒸发率或发热率越高，则表示传热好，锅炉所耗金属量少，锅炉结构也紧凑
锅炉的热效率	指每小时送进锅炉的燃料（全部完全燃烧时）所能发出的热量中有百分之几被用来产生蒸汽或加热水，以符号 η_{gl} 表示。它是一个能真实说明锅炉运行的热经济性的指标
金 属 耗 率	相应于锅炉每吨蒸发量所耗用的金属材料的重量，一般为 2～6t/t
耗 电 率	产生每吨蒸汽耗用电的度数

9.6-5 锅炉型号的表示

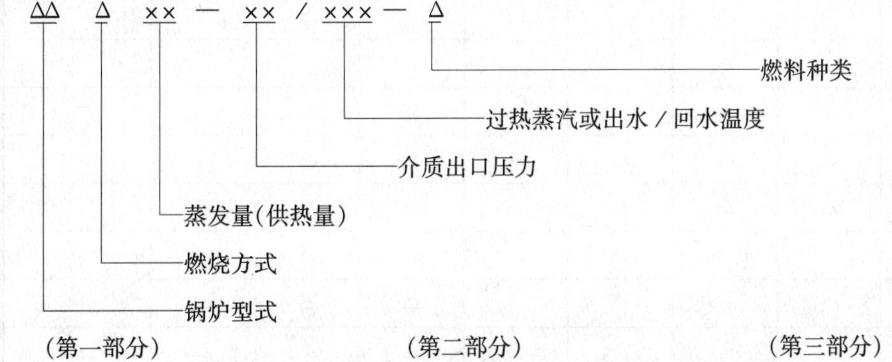

（第一部分）　　（第二部分）　　（第三部分）

型号的第一部分共分三段：第一段用两个汉语拼音字母代表锅炉本体形式；第二段用一个汉语拼音字母代表燃烧方式；第三段用阿拉伯数字表示蒸发量

型号的第二部分共分两段，中间以斜线分开；第一段用阿拉伯数字表示蒸汽出口压力；第二段用阿拉伯数字表示过热蒸汽（或热水）的温度。对于生产饱和蒸汽的锅炉，则没有斜线和第二段

型号的第三部分共分一段：用汉语拼音字母代表燃料种类，同时以罗马数字与其并列代表燃料分类

9.6-6 蒸汽锅炉参数系列（GB 1927—80）（△表示存在）

额定蒸发量（t/h）	额定出口蒸汽压力（MPa）（表压）										
	0.4	0.7	1.0	1.25			1.6		2.5		
	额定出口蒸汽温度（℃）										
	饱和	饱和	饱和	饱和	250	350	饱和	350	饱和	350	400
0.1	△										
0.2	△										
0.5	△	△									
1	△	△	△								
2		△	△	△			△				
4		△	△	△			△		△		
6			△	△	△	△	△	△	△		
8			△	△	△	△	△	△	△		
10			△	△	△	△	△	△	△	△	△
15				△	△	△	△	△	△	△	△
20				△		△	△	△	△	△	△
35				△			△	△	△	△	△
65										△	△

9.6-7 热水锅炉参数系列（GB 3166—82）（△表示存在）

额定热功率（MW）	额定出口/进口水温度（℃）									
	95/70			115/70		130/70		150/90		180/110
	允许工作压力（MPa）（表压）									
	0.4	0.7	1.0	0.7	1.0	1.0	1.25	1.25	1.6	2.5
0.1	△									
0.2	△									
0.35	△	△								
0.7	△	△		△						
1.4	△	△		△						
2.8	△	△	△	△	△	△	△	△		
4.2		△	△	△	△	△	△	△		
7.0		△	△	△	△	△	△	△		
10.5					△		△	△		
14.0					△		△	△	△	
29.0							△	△	△	△
46.0									△	△
58.0									△	△
116.0									△	△

9.6-8 锅炉本体形式代号

火管锅炉		水管锅炉	
锅炉本体形式	代号	锅炉本体形式	代号
立式水管	LS（立、水）	单锅筒立式 单锅筒纵置式	DL（单，立） DZ（单、纵）
立式火管	LH（立、火）	单锅筒横置式 双锅筒纵置式	DH（单、横） SZ（双、纵）
卧式内燃	WN（卧、内）	双锅筒横置式 纵横锅筒式 强制循环式	SH（双、横） ZH（纵、横） QX（强、循）
卧式外燃	WW（卧、外）		

9.6-9 燃烧方式代号

燃烧方式	代号	燃烧方式	代号
固定炉排	G（固）	下饲式炉排	A（下）
固定双层炉排	C（层）	往复推饲炉排	W（往）
活动手摇炉排	H（活）	沸腾炉	F（沸）
链条炉排	L（链）	半沸腾炉	B（半）
抛煤机	P（抛）	室燃炉	S（室）
倒转炉排加抛煤机	D（倒）	旋风炉	X（旋）
振动炉排	Z（振）		

9.6-10 燃料品种代号

燃料品种		代号	燃料品种	代号
劣质煤	Ⅰ类劣质煤	LⅠ	木柴	M
	Ⅱ类劣质煤	LⅡ	稻糠	D
无烟煤	Ⅰ类无烟煤	WⅠ	甘蔗渣	G
	Ⅱ类无烟煤	WⅡ	柴油	Y_C
	Ⅲ类无烟煤	WⅢ	重油	Y_Z
烟煤	Ⅰ类烟煤	AⅠ	天然气	Q_T
	Ⅱ类烟煤	AⅡ	焦炉煤气	Q_J
	Ⅲ类烟煤	AⅢ	液化石油气	Q_Y
褐煤		H	油母页岩	Y_M
贫煤		P	其他燃料	T
型煤		X		

9.6-11 卧式内燃回火管锅炉数据

锅炉型号	蒸发量（t/h）	蒸气压力（MPa）	给水温度（℃）	燃　料	炉膛容积（m^3）	炉排面积（m^2）	受热面面积（m^2）	外形尺寸（m）长×宽×高
WNG1-8	1	0.8		烟　煤		1.2	34	4.3×2.6×3.1
WNG1.5-8	1.5	0.8				1.62	54	4.9×2.7×3.2
WNG2-8	2	0.8				2.35	75	4.2×3×2.8
WNL2-8	2	0.8			1.2	2.48	73	5.5×2.8×3.6
WN12-13	2	1.3			1.2	2.48	80	5.5×2.8×3.6
WN14-13	4	1.3			2.96	4.44	144	5.9×3.3×3.6
WNS0.5-10-Y	0.5	1.0	≤20	轻/重柴油	0.3		16	2.8×1.43×1.86
WNS1-10-Y	1	1.0	≤20	轻/重柴油	0.4		25	3.5×1.45×1.9
WNS2-10-Y	2	1.0	≤20	柴油 60 号重油	0.8		30	3.85×2.35×2.4
WNS2-13-Q	2	1.3	20	天然气			44	4.27×1.58×3.11

9.6-12 LSG 型立式弯水管锅炉数据

型　号	蒸发量（t/h）	蒸气压力（MPa）	炉排面积（m^2）	受热面面积（m^2）	外形尺寸（mm）长×宽×高	重　量（t）
LSG0.2-5-A	0.2	0.5	0.47	7.7	1145×1440×2750	1.67
LSG0.2-5-A	0.2	0.5	0.5	8	ϕ1016×2859	2.18
LSG0.2-5-A	0.2	0.5	0.6	9.6	ϕ1300×2586	1.5
LSG0.4-8-A	0.4	0.8	0.8	15.2	ϕ2000×3275	2.8
LSG0.4-8-A	0.4	0.8	0.7	12.2	ϕ1424×3133	2.6
LSG0.5-8-A	0.5	0.8	0.75	21.3	ϕ1700×3200	2.7

9.6-13 立式直水管锅炉数据

型　号	蒸发量（t/h）	蒸气压力（MPa）	炉排面积（m^2）	受热面面积（m^2）	外形尺寸（mm）长×宽×高	重　量（t）
LSG0.5-8-A	0.5	0.8	0.95	20.6	ϕ1390×3361	4
LSG0.7-8-A	0.7	0.5	0.975	28	ϕ1424×3740	4
LSG0.7-8-A	0.7	0.5	1.1	19	ϕ1380×3360	3
LSG1.0-8-A	1	0.8	1.49	35	ϕ1624×4400	4

9.6-14 快装链条炉排炉数据

型　号	蒸发量（t/h）	炉排面积（m^2）	本体受热面积（m^2）	省煤器面积（m^2）	最大件重量（t）	煤种	外形尺寸(mm)长×宽×高	最大运输件尺寸（mm）长×宽×高
KZL0.5-7	0.5	1.1	21.7		5	A	3100×1500×2570	3100×1500×2570
KZL0.5-8	0.5	1.03	17		10.4	AⅢ	4200×1840×3865	4200×1840×2495
KZL0.5-8	0.5	1.3	20.2	6.3	10.5	AⅡ	4500×2000×3850	1860×2000×2200
KZL1-8	1	2	31.7		15	AⅠ	5400×2000×2650	5400×2000×2650

9.6-14 快装链条炉排炉数据（续）

型　　号	蒸发量 (t/h)	炉排面积 (m^2)	本体受热面积 (m^2)	省煤器面积 (m^2)	最大件重量 (t)	煤种	外形尺寸（mm） 长×宽×高	最大运输件尺寸 (mm) 长×宽×高
KZL1-8-A2	1	1.8	30		11.6	AⅡ	4970×2000×4400	4970×2000×3300
KZL1-8-A	1	3	46		18.2	A	5400×3790×4000	5400×3790×4000
KZL2-8	2	3	59.2		17	AⅢ	5450×2463×4858	5200×2300×3640
KZL2-8-A	2	3	56.4		18.8	AⅢ	5500×2500×4700	5500×2400×3200
KZL2-8-A	3	3.26	67		20	AⅠ	5000×1600×3400	5000×1600×3400
KZL2-8-A	2	3	56.4		17	AⅡ	5451×2643×4508	5451×2390×3200
KZL2-8-A2	2	3.1	57.5		20	AⅠ	12000×2700×3970	5800×2500×2950
KZL2-13	2	3	56.2		18	AⅢ	7010×2960×4400	5180×2294×3120
KZL2-13-A2	2	3.4	73.8		27.2	AⅡ	7132×2460×3550	7132×2460×3550
KZL4-13-A	4	4.55	103	27.8	23	AⅡ	5833×4532×4723	5833×2803×3548
KZL4-13-A	4	4.55	103	27.8	22	AⅢ	7000×4532×4723	5928×2650×3586
KZL4-13-A	4	4.55	103	27.8	26	AⅢ	7000×4900×4800	6000×2700×3500
KZL4-13-A	4	4.55	103	27.8	25.5	AⅢ	6950×4472×4775	5928×2650×3550
KZL4-13-A	4	4.55	103	25	25	AⅢ	13000×2900×4770	5900×2650×3500
KZL4-13-A	4	4.55	103	30.8	26.8	AⅢ	7100×4460×4770	5928×2650×4770

9.6-15 快装纵置式倾斜往复炉排锅炉数据

型　　号	蒸发量 (t/h)	炉排面积 (m^2)	本体受热面积 (m^2)	省煤器面积 (m^2)	最大件重量 (t)	煤　种	外形尺寸(mm) 长×宽×高	最大运输件尺寸 (mm) 长×宽×高
KZW0.5-7-A	0.5	1.6	19		8.3	AⅡ	3740×1720×2700	3740×1720×2700
KZW1-7-A	1	1.5	39		10	AⅢ	5084×1700×3792	5084×1600×2912
KZW1-8	1	2	31		9.5	AⅠ，P	4800×2300×3440	4800×1850×2500
KZW2-7-A	2	2.9	33		1.5	AⅢ	5970×2070×4320	5970×2070×3330
KZW2-8	2	3	62		13.5	AⅠ	5000×2700×3800	5600×2150×2900
KZW2-8-A	2	3.37	68		14	AⅡ	5803×4229×4406	5690×2190×3325
KZW2-8-A	2	3.4	57		12.4	AⅢ	5450×2463×4658	5450×2463×4658
KZW4-13-A	4	5.53	118	31	22	AⅢ	8500×4174×5081	6358×2650×3526

9.6-16　快装纵置式平推往复炉排锅炉数据

型　号	蒸发量 (t/h)	炉排面积 (m^2)	本体受热面积 (m^2)	最大件重量 (t)	煤　种	外形尺寸(mm) 长×宽×高	最大运输件尺寸 (mm) 长×宽×高
KZW（P）1-7	1	2	32	11	AⅡ	5345×3250×3800	4500×2850×2500
KZW（P）1-7	1	2	33	10	A，P	4700×2250×3615	4700×2020×2695
KZW（P）1-8	1	2.5	29.2	11	AⅢ	4480×1850×2950	4480×1850×2950
KZW（P）1-8-A	1	2.3	23	12	AⅡ	5200×1790×3530	5200×1790×3530
KZW（P）2-8	2	3	59	16.2	AⅡ	5450×2460×4858	5200×2300×3640
KZW（P）2-8	2	3.6	69	15	WⅢ	4600×2200×3240	4600×2200×3240
KZW（P）2-7	2	3.6	56.4	18	A，P	5650×2773×4558	5450×2394×3170

9.6-17　链条炉排横锅筒锅炉数据

型　号	本体受热面面积 (m^2)	省煤器面积 (m^2)	空气预热器面积 (m^2)	炉排面积 (m^2)	适用燃料	金属重量 (t)	外形尺寸（mm） 长×宽×高
SHL4-13-WⅠ	104.6	97		7.4	WⅠ	26.7	10950×5150×7860
SHL4-13-WⅢ	85.8	50		6.2	WⅢ	34.5	9000×4000×7360
SHL6.5-13-A	159	98		7.24	AⅡ，P	30	8892×4270×7500
SHL6.5-13-A	133	47.2		7.3	AⅡ，P	49	8510×4300×6600
SHL6.5-13-A	130	142		8.4	AⅡ，P	40	10200×6000×6600
SHL6.5-13-W	131	154		10.5	WⅡ	52	10860×6740×6150
SHL6.5-16-A	132	47	85	7.28	A	50	8700×6300×7000
SHL6.5-16-AⅡ	130.6	47	85	6.6	AⅡ	33.6	8090×6270×6600
SHL6.5-25-A	132	142		8.4	AⅡ，P	42	10200×6000×6600
SHL6-25-AⅡ	130.6	47	85	6.6	AⅡ	35.3	8090×6270×6100
SHL10-13-A	301	94.9	170	11.8	AⅡ，P	70	12000×7000×7000
SHL10-13-A	249.4	94.9	168	11	AⅡ，P	65	8890×4279×7500
SHL10-13-A	231	70.8	170	10.8	AⅡ，P	65	9440×4500×8700
SHL10-13-A	285.2	147.5	170	10	AⅡ	70	11980×6400×5370
SHL10-13-A	281.8	94.9	170	11.8	AⅡ	70	12000×7000×10000
SHL10-13/350-A	331.8	118	170	11.8	AⅡ	72	12000×7000×10000
SHL10-13/350	326	94.4	170	11.8	AⅡ，P	75	12000×7000×10000
SHL10-13/350-A	342	94.4	170	11.8	AⅡ，P	80	9440×4500×8700
SHL10-13-W	304	94.4	170	11.8	WⅢ	80	11600×7000×9700
SHL10-13/350-W	342	94.4	170	11.8	WⅢ	80	11600×7000×9700
SHL10-25-A	301	94.4	170	11.8	AⅡ，P	75	12000×7000×7000

9.6-17　链条炉排横锅筒锅炉数据（续）

型　号	本体受热面面积（m^2）	省煤器面积（m^2）	空气预热器面积（m^2）	炉排面积（m^2）	适用燃料	金属重量（t）	外形尺寸（mm）长×宽×高
SHL10-25-A	231	94.4	170	10.8	AⅡ，P	80	9440×4500×8700
SHL10-25/400-A	324.6	118	170	11.8	AⅡ	72.8	12000×7000×10000
SHL20-13-A	388.4	268	350	20.4	AⅡ	116	15000×7800×12300
SHL20-13-A	451.2	108	385	19.5	AⅡ	122	125000×9500×12000
SHL20-13-W	471.4	268	365	23.5	W	119	14500×8500×12000
SHL20-13/350-A	532	268	365	21.5	AⅡ	120	13500×8500×12000
SHL20-13/250-W	494	268	365	23.5	W	119	14500×8500×12000
SHL20-25-A	462	268	365	21.5	A	119	13500×8500×13000
SHL20-25/400-A	577	268	365	21.5	A	125	13500×8500×12000
SHL20-25/400-W	585	268	365	23.5	W	129	14500×8500×12000
SHL20-25/400-A	435	230	394	18.4	A	105	13500×7800×11400

9.6-18　往复炉排横锅筒锅炉数据

型　号	本体受热面面积（m^2）	省煤器面积（m^2）	炉排面积（m^2）	适用煤种	金属重量（t）	外形尺寸(mm)长×宽×高
SHW2-8	64.4	14.6	3.5		9.4	6400×4060×3700
SHW4-10	116	24.3	5.5		13.6	8890×4900×3700
SHW4-13-A	102	50	4.5		19	8000×4200×4000

9.6-19　振动炉排纵锅筒锅炉数据

型　号	本体受热面面积（m^2）	省煤器面积（m^2）	炉排面积（m^2）	外形尺寸(mm)长×宽×高
SZZ4-13-A	105	47.4	4.08	6320×3450×3780
SZZ4-13-A	115	47.4	4	6820×3450×3780
SZZ4-13-A	102	27.7	4.38	6200×4200×4200

9.6-20　往复炉排纵锅筒锅炉数据

型　号	本体受热面面积（m^2）	省煤器面积（m^2）	空气预热器面积（m^2）	炉排面积（m^2）	锅炉总重（t）	外形尺寸(mm)长×宽×高
SZW2-8	64		28	3.8	11.6	6000×3900×4600
SZW2-8-A	86.5			2.7	8	5070×3190×3400
SZW2-8-A	86.5	12.5		2.7	8.7	5070×3190×3400
SZW2-10-L	67.5		46	3.8	16	4600×3180×3800
SZW2-13-A	86.5	12.5		2.7	7.2	5070×3190×3400

9.6-20　往复炉排纵锅筒锅炉数据（续）

型　号	本体受热面面积（m^2）	省煤器面积（m^2）	空气预热器面积（m^2）	炉排面积（m^2）	锅炉总重（t）	外形尺寸（mm）长×宽×高
SZW2-13-A	86.5			2.7	9	5070×3190×3000
SZW2-13-L	77			2.7	12	5380×3600×4100
SZW4-13-A	135	47.4		5.52	15.1	7000×5000×5000
SZW4-13-A	125.5	47.4		5.52	16	6360×3770×4230
SZW4-13-A	90	73		4.6		6930×4830×4560
SZW4-13	124		72	6.5	20	6900×4100×8300
SZW4-13-L	123		93	7.14	23	7240×4300×6500
SZW6-13	177		102	9	23.7	8800×5500×7700
SZW6-13-L	154	47.2	108	10.2	40	7450×3360×101000
SZW10-13	284		162	13.9	40	10000×9900×7400
SZW（P）4-13-A	58			5	23	7500×4000×4000

9.6-21　链条炉排纵锅筒锅炉数据

型　号	本体受热面面积（m^2）	省煤器面积（m^2）	空气预热器面积（m^2）	炉排面积（m^2）	锅炉总重（t）	外形尺寸(mm)长×宽×高
SZL2-13/400-WⅢ	83.7	30.8	过热器 9.7	3.84	18	7400×6730×6000
SZL2-25-AⅡ	69	26		3.12	14	6500×4700×4600
SZL4-13-A	117	27.7	27.7	5.1	18	7500×3800×4500
SZL4-13-A	115	43.6		4.68	18.8	6400×4400×4900
SZL4-13-P	117	27.8		4	17.8	6800×4500×4400
SZL6.5-13-A	172.5	141.6		8.6	45	
SZL6.5-13P	204	87.2		7.2	30	9700×5600×5730
SZL10-13-A	293	94.4	175.4	12.5	62	11500×6500×12500
SZL10-13-P	303	70		10.4	51	10200×5500×5850
SZL10-13/350-A	232	212	过热器 54	11.3	57.8	11700×6800×11000

9.6-22　倒转链条炉排锅炉数据

型　号	本体受热面面积（m^2）	蒸汽过热器面积（m^2）	省煤器面积（m^2）	空气预热器面积（m^2）	炉排面积（m^2）	锅炉总重（t）	外形尺寸(mm)长×宽×高
SZD10-13-A	212		94.4	168	9.5	56	9840×5580×6280
SZD10-13/350-A	212	43.6	94.4	168	9.5	57.5	9840×5580×6280
SZD10-13/400-A	212	53.7	94.4	168	9.5	59.5	9840×5580×6280
SZD20-13	407		223	285	11	74	10000×4700×9700
SZD20-13/350-A	330	100	223	285	11	76	10000×4700×9700
SZD20-13/350-A	330	100	223	285	11	76	12000×4700×9000
SZD20-25/400-A	319	143	223	285	11	78	12000×4700×9000

9.6-23 燃油、燃气纵锅筒锅炉数据

型　　号	本体受热面面积 (m^2)	省煤器面积 (m^2)	蒸汽过热器面积 (m^2)	金属总重 (t)	外形尺寸(mm) 长×宽×高
SZS6-13-Y	145			17	5250×3320×3760
SZS6.5-13-Y	194			34.4	6780×3960×4830
SZS6.5-13/300-Y	194		23		6780×3960×4830
SZS10-13-Y	276			38	8080×3960×4830
SZS10-13-Y	346				9500×5980×5800
SZS10-13-Y	346				7350×3940×4840
SZS10-13/300-Y	276		35		8080×3960×4830
SZS10-16-Y	346				7350×3940×4840
SZS20-13/250-Y	411	104	23.7	36.1	13800×5200×5400
SZS20-13/250-Y	370		24.8		8950×3040×4180
DZS6-13-Y	160				7240×4200×5100
DZS6-13-Y	85.5			8	6180×2860×3730
DZS10-13-Y	234	62.5		21.7	8670×3970×5100
SZS10-13/250-Q	155.6	39	9.5	12.84	4760×3400×4700

9.6-24 锅炉常用燃料

固　　体	举例：烟煤、无烟煤、褐煤、木炭、焦炭等
液　　体	举例：煤油、柴油、重油、渣油等
气　　体	举例：天然气、焦炉煤气、液化石油气等

9.6-25 燃料的成分

燃料（固体、液体）一般是由可燃成分和不可燃成分组成的混合物

元素分析成分	碳（C）、氢（H）、氧（O）、氮（N）、硫（S）、灰分（A）、水分（W）
工业分析成分	水分（W）、挥发分（V）、固定碳（C_{gd}）、灰分（A）

9.6-26 燃料的分析基准

对于既定的燃料，其碳、氢、氧、氮和硫的绝对含量是不变的，但燃料的水分和灰分会随着开采、运输和贮存等条件的不同，以至气候条件的变化而变化，从而使燃料各组成成分的质量百分数含量也随之变化。因此，提供或应用燃料成分分析数据时，必须标明其分析基准，只有分析基准相同的分析数据，才能确切地说明燃料的特性，评价和比较燃料的优劣。

分析基准，也即计算基数，通常是采用以下四种分析基准计算得出的：

收到基

空气干燥基

干燥基

干燥无灰基

收　到　基	以进入锅炉房准备燃烧的燃料为分析基准，及炉前应用燃料取样
空气干燥基	以在实验室条件下（$t=20℃$、$\Phi=60\%$）进行风干后的燃料为分析基准
干　燥　基	以全部除去水分的的干燥燃料为分析基准
干燥无灰基	以除去全部水分和灰分的燃料为分析基准

C	H	O	N	S	A	W	
						Wn	Ww

干燥无灰基成分　$C^r+H^r+O^r+N^r+S^r=100\%$

干燥基成分　$C^g+H^g+O^g+N^g+S^g+A^g=100\%$

空气干燥基成分　$C^f+H^f+O^f+N^f+S^f+A^f+W^f=100\%$

收到基成分　$C^y+H^y+O^y+N^y+S^y+A^y+W^y=100\%$

9.6-27 燃料不同基成分换算系数表

已知基	所求基			
	空气干燥基 ad	收到基 ar	干燥基 d	干燥无灰基 daf
空气干燥基 ad		$\frac{100-M_{ar}}{100-M_{ad}}$	$\frac{100}{100-M_{ad}}$	$\frac{100}{100-(M_{ad}+A_{ad})}$
收到基 ar	$\frac{100-M_{ad}}{100-M_{ar}}$		$\frac{100}{100-M_{ar}}$	$\frac{100}{100-(M_{ar}+A_{ar})}$
干燥基 d	$\frac{100-M_{ad}}{100}$	$\frac{100-M_{ar}}{100}$		$\frac{100}{100-A_{d}}$
干燥无灰基 daf	$\frac{100-(M_{ad}+A_{ad})}{100}$	$\frac{100-(M_{ar}+A_{ar})}{100}$	$\frac{100-A_{d}}{100}$	

9.6-28 燃料的发热量

1kg 燃料（或 1m^3 气体燃料）完全燃烧时所放出的热量，单位 kJ/kg（或 kJ/m^3）

高位发热量	低位发热量
燃烧产生的水以凝结水形式的发热量	燃烧产生的水以水蒸气形式的发热量

不同基高位发热量的换算

所求基发热量	给定基发热量			
	Q_{ar}^{gw}	Q_{ad}^{gw}	Q_{d}^{gw}	Q_{daf}^{gw}
Q_{ar}^{gw}		$Q_{ad}^{gw}\frac{100-M_{ar}}{100-M_{ad}}$	$Q_{d}^{gw}\frac{100-M_{ar}}{100}$	$Q_{daf}^{gw}\frac{100-M_{ar}-A_{ar}}{100}$
Q_{ad}^{gw}	$Q_{ar}^{gw}\frac{100-M_{ad}}{100-M_{ar}}$		$Q_{d}^{gw}\frac{100-M_{ad}}{100}$	$Q_{daf}^{gw}\frac{100-M_{ad}-A_{ad}}{100}$
Q_{d}^{gw}	$Q_{ar}^{gw}\frac{100}{100-M_{ar}}$	$Q_{ad}^{gw}\frac{100}{100-M_{ad}}$		$Q_{daf}^{gw}\frac{100-A_{d}}{100}$
Q_{daf}^{gw}	$Q_{ar}^{gw}\frac{100}{100-M_{ar}-A_{ar}}$	$Q_{ad}^{gw}\frac{100}{100-M_{ad}-A_{ad}}$	$Q_{d}^{gw}\frac{100}{100-A_{d}}$	

不同基低位发热量的换算

所求基发热量	给定基发热量			
	Q_{ar}^{dw}	Q_{ad}^{dw}	Q_{d}^{dw}	Q_{daf}^{dw}
Q_{ar}^{dw}		$(Q_{ad}^{dw}+25M_{ad})\times\frac{100-M_{ar}}{100-M_{ad}}-25M_{ar}$	$Q_{d}^{dw}\frac{100-M_{ar}}{100}-25M_{ar}$	$Q_{daf}^{dw}\frac{100-M_{ar}-A_{ar}}{100}-25M_{ar}$
Q_{ad}^{dw}	$(Q_{ar}^{dw}+25M_{ar})\times\frac{100-M_{ad}}{100-M_{ar}}-25M_{ad}$		$Q_{d}^{dw}\frac{100-M_{ad}}{100}-25M_{ad}$	$Q_{daf}^{dw}\frac{100-M_{ad}-A_{ad}}{100}-25M_{ad}$
Q_{d}^{dw}	$(Q_{ar}^{dw}+25M_{ar})\times\frac{100}{100-M_{ar}}$	$(Q_{ad}^{dw}+25M_{ad})\times\frac{100}{100-M_{ad}}$		$Q_{daf}^{dw}\frac{100-A_{d}}{100}$
Q_{daf}^{dw}	$(Q_{ar}^{dw}+25M_{ar})\times\frac{100}{100-M_{ar}-A_{ar}}$	$(Q_{ad}^{dw}+25M_{ad})\times\frac{100}{100-M_{ad}-A_{ad}}$	$Q_{d}^{dw}\frac{100}{100-A_{d}}$	

9.6-29 燃烧的条件、过程与故障的影响因素

燃烧的条件	燃烧的过程		燃烧的特性	
燃料 氧气 燃点	燃烧的准备阶段：燃料的预热、干燥、燃料与空气的混合 燃烧阶段：燃料的着火和释放热量 燃尽阶段：灰渣的形成		燃点 火焰温度 火焰速度 爆炸极限	
燃烧故障的影响因素	燃料方面	空气方面	烟气方面	运行方面
	燃料的成分与性质	风压	炉膛和烟囱的抽力	调节系统
	燃料的压力	空气的温度	风的影响	磨损部件
	燃料的温度	空气的湿度	室外温度	燃料供给系统和燃烧器污染、供水系统、水处理系统

9.6-30 有害发散物的来源

有害发散物	燃料			燃烧		
	燃煤	燃油	燃气	燃煤	燃油	燃气
一氧化碳(CO)	–	–	–	+	+	+
二氧化碳(CO_2)	–	–	–	+	+	+
氮氯化物(NOx)	–	+	–	+	+	+
烟(C)	–	–	–	+	+	+
碳氢化合物(CxHx)	+	+	+	+	+	+
二氧化硫(SO_2)	–	+	极少	+	+	–
三氧化硫(SO_3)	–	–	–	+	+	–
尘	+	+	–	+	+	–

9.6-31 造成地球温室效应的气体[1)]

份额基本量	大气中浓度（ppm）	相对份额（%）	每年增加（%）
二氧化碳(CO_2)	353000	60	0.5
甲烷(CH_4)	1700	15	1.0
臭氧(O_3)	10～50	8	0.5
FCKW	0.6	12	8.2
一氧化二氮(N_2O)	310	5	0.3

1) 绝大部分在燃烧燃煤、燃油和燃气时产生

9.6-32 限制发散物的原则性措施

燃料方面	选用低硫燃料，减少燃煤锅炉，尽量使用天然气，使用再生能源，利用电厂热，只使用保持大自然原状的木材
燃烧方面	减少 SO_2（例如煤的使用），减少 NOx（相应的温度和空气过量，新的燃烧技术），通过理想的燃烧技术来减少 CO
烟气方面	理想的烟气流程，烟气脱硫，专门的过滤器，催化剂

9.6-33 燃料在空气中的燃点（平均值）

燃料	燃点（℃）	燃料	燃点（℃）	燃料	燃点（℃）
汽油	350～520	木材	200～300	褐煤	200～240
天然气	650	木碳	300～425	碳黑	500～600
城市燃气	500	焦炭	550～600	肥煤	250（260）
轻质燃油	230～250	丙烷	500	无烟煤	480

9.6-34　设计用代表性煤种成分与低位发热量

煤种		代表性设计用燃料	V^r (%)	W^y	A^y	C^y	H^y	S^y	O^y	N^y	Q_{dw} (kJ/kg)
石煤、煤矸石	Ⅰ	湖南株洲煤矸石	45.03	9.82	67.10	14.80	1.19	1.50	5.30	0.29	5033
	Ⅱ	安徽淮北煤矸石	14.74	3.90	65.79	19.49	1.42	0.69	8.34	0.37	6950
	Ⅲ	浙江安仁石煤	8.05	4.13	58.04	28.04	0.62	3.57	2.73	2.87	9307
褐　煤		黑龙江扎赉诺尔	43.75	34.63	17.02	34.65	2.34	0.31	10.48	0.57	12288
无烟煤	Ⅰ	京西安家滩	6.18	8.00	33.12	54.70	0.78	0.89	2.23	0.28	18187
	Ⅱ	福建天湖山	2.84	9.80	13.98	74.15	1.19	0.15	0.59	0.14	25435
	Ⅲ	山西阳泉三矿	7.85	8.00	19.02	65.65	2.64	0.51	3.19	0.99	24428
贫　煤		四川芙蓉	13.25	9.00	28.67	55.19	2.38	2.51	1.51	0.74	20901
烟煤	Ⅰ	吉林通化	21.91	10.50	43.10	38.46	2.16	0.61	4.65	0.52	13536
	Ⅱ	山东良庄	38.50	9.00	32.48	46.55	3.06	1.94	6.11	0.83	17693
	Ⅲ	安徽淮南	38.48	8.85	21.37	57.42	3.81	0.64	7.16	0.93	22211

9.6-35　设计用代表性燃油成分及部分参数

煤　种	W^y (%)	A^y (%)	C^y (%)	H^y (%)	O^y (%)	S^y (%)	N^y (%)	Q_{dw} (kJ/kg)	密度 (kg/m^3)
200号重油	2	0.026	83.973	12.23	0.568	1	0.2	41868	0.92～1.01
100号重油	1.05	0.05	82.5	12.5	1.91	1.5	0.49	40612	0.92～1.01
渣　油	0.4	0.03	86.17	12.35	0.31	0.26	0.48	41797	
0号轻柴油	0	0.01	85.55	13.49	0.66	0.25	0.04	42915	

9.6-36　燃烧设备

层燃炉	燃料被层铺在炉排上进行燃烧的炉子，也叫火床炉。它是目前国内供热锅炉中采用得最多的一种燃烧设备，常用的有手烧炉、风力—机械抛煤机炉、链条炉以及往复炉排炉和振动炉排炉等多种形式
室燃炉	燃料随空气流进入炉室呈悬浮状燃烧的炉子，又名悬燃炉，如燃用煤粉的煤粉炉，燃用液体、气体燃料的燃油炉和燃气炉
沸腾炉	燃料在炉室中被由下而上送入的空气流托起，并上下翻腾而进行燃烧的炉子，是目前燃用劣质燃料和脱硫及减少氮氧化物的颇为有效的一种燃烧设备

9.6-37　水冷炉排主要参数

名　称		数　据
水冷炉排管外径（mm）		Φ38～Φ63.5
水冷炉排管管空距离（mm）		22～26
通风截面比（%）		30～40
炉排倾角		8°～12°
炉排最大深度（m）		1.7～1.8
单炉门炉排最大宽度（m）		1.0～1.1
1t/h蒸发量的炉排面积（m^2）	机械引风	≈2
	自然通风	≮2.5

名　称		数　据
下降管与炉排截面比		≮$\frac{1}{4}$
引出管与炉排截面比		≮$\frac{1}{3}$
炉膛中心高度（mm）		500～600
水冷炉排传热系数（W/m^2·K）		69.8～81.4
单位炉排面积工质吸热量（W/m^2）		(58.2～69.8)×10^3
炉排下负压（P_0）	机械引风	150～200
	自然通风	≈50

9.6-38　双层炉排锅炉基本参数

炉　型	SZN1-7	SZN60-7/95	DZN30-7/95
锅炉蒸发量（t/h）	1		
锅炉供热量（W）		69.8×10^4	34.9×10^4
锅炉蒸汽压力（表压）	7	7	7
蒸汽或出水温度（℃）	169.6（饱和）	95	95
给水或回水温度（℃）	20	70	70
锅炉效率（%）	67.7	69.9	67
煤　种	Ⅰ类烟煤	Ⅱ类烟煤	Ⅲ类烟煤
水冷炉排面积（m^2）	1.90	1.90	1.003
水冷炉排面积热负荷（W/m^2）	56.75×10^3	56.75×10^3	56.75×10^3
水冷炉排单位面积工质吸热量（W/m^2）	69.8×10^3	69.8×10^3	69.8×10^3

9.6-39　链条炉排部分参数

链条炉排上煤层厚度

煤　种	粘结性烟煤	不粘结性烟煤	无烟煤和贫煤
煤层厚度（mm）	60～120	80～140	100～160

链条炉燃料特性指标

煤特性	W^y（%）	A^g（%）	灰熔点（℃）	粘结性	颗粒度（mm）
	≯20	30～10	＞1200	不允许强粘结性或不焦结煤	0～6 占 50%～60% 最大粒度≯20

链条炉排工作特性

炉 排 片 形 式	链 带 式		鳞 片 式	横 梁 式
	轻　型	31　型		
适用锅炉容量（t/h）	1～10	1～10	10～20	20～40
通风截面比（%）	16	12	6	4.5～9.4
炉排最大宽度（m）			4.52	5.40～5.60
炉排最大有效面积（m^2）			32	44.6
金属耗量（kg/m^2）	680	820	770～880	1500～1700

9.6-40　倾斜往复炉排工作特性

通风截面比（%）	7～12	活动炉排移动速度（m/h）	0.2～4
炉排倾角	12°～20°	行程（mm）	30～70，最大为 160
炉排面与水平线夹角	8°～10°	炉排片迭压长度（mm）	约 75

9.6-41　倾斜往复炉排尺寸参数

锅炉型号	锅炉蒸发量（t/h）	煤　种	炉排有效面积（m^2）	炉排规格 长×宽（m）
SZW6.5-13	6.5	煤　煤	7.5	20排×1.6
SHW6-13	6	褐煤、劣质煤	6.6	
SZW6-13	6	煤煤　贫煤	6.34	3.96×1.6
SZW6-13-L	6	Ⅰ类烟煤、贫煤	10.24	5.27×2.0
SZW4-13-L	4	Ⅰ类烟煤、贫煤	7.14	5.06×1.6
SZW4-13	4	烟煤、贫煤	5.63	3.52×1.6
SZW4-13-A	4	Ⅲ类烟煤	5.18	4.56×1.36
KZW4-13-A	4	Ⅱ类烟煤	5.53	3.62×1.53
SZW2-13-A	2	Ⅱ类烟煤	2.7	3.22×1.0
DZW2-8	2	烟煤+无烟煤	4.1	2.70×1.2
KZW2-8-A	2	Ⅲ类烟煤	3.4	3.25×1.046
DZW1-	1	Ⅱ、Ⅲ类烟煤	3.8	2.70×1.1
KZW1-7-AⅢ	1	褐　煤	1.9	2.7×1.71
KZW1-8	1	烟煤及贫煤	1.98	12排×0.9
KZW0.5-7	0.5	烟煤及贫煤	1.26	121排×0.65
SZW0.5-7-A	0.5	Ⅱ类烟煤	1.6	2.77×0.7

9.6-42　平推往复炉排的工作特性参数

通风截面比（%）	约8	固定炉排上下起伏度（mm）	28（活动炉排行程为100mm）		
炉排片倾角	11°				
炉排头部高度（mm）	60	煤种适应性	Ⅱ类烟煤	Ⅲ类烟煤	褐　煤
往复行程长度（mm）	90～180	煤层厚度（mm）	80～100	80～90	150～120

9.6-43　平推往复炉排结构参数

锅炉型号	蒸 发 量（t/h）	煤　种	炉排面积（m^2）	炉排规格（长×宽）（m）
SZW4-13-A	4	Ⅱ类烟煤	5	4.67×1.2
KZWP2-8	2	Ⅱ类烟煤	3	3.0×1.2
KZW2-8	2	Ⅱ类烟煤、贫煤	3	3.0×1.2
KZW1-8	1	Ⅱ类烟煤，贫煤	2	2.5×0.8
KZWP1-8	1	Ⅱ类烟煤	2	2.8×0.8
LSW0.5-7-A	0.5	烟　煤	1.08	1.5×0.8
KZW0.3-7-A	0.3	—	0.8	1.6×0.5

9.6-44 风力抛煤机主要技术参数

名称	单位	数值
转子直径	mm	216
转子长度	mm	340
配用电动机转速	rpm	930
电动机功率	kW	1.0
转子圆周速度	m/s	4.52
分配板（调节角度板）的可调距离		
由转子轴线向后	mm	50
由转子轴线向前	mm	18
活塞推煤板的频率	次/min	23.4~107.0
活塞推煤板的最大行程	mm	25~37
抛煤机最大给煤量	kg/h	900~3200
抛煤风喷嘴出口空气速度	m/s	20

名称	单位	数值
风力抛煤需要的空气量		
下喷嘴	m^3/s	320
两侧喷嘴	m^3/s	230
总空气量	m^3/s	550
抛煤机摇动炉排的抛煤风压	Pa	700~800
冷却抛煤机外壳必需的空气压头	Pa	100
冷却抛煤机外壳必需的空气量	m^3/h	80

9.6-45 振动炉排的工作特性

名称	固定支点振动炉排	活动支点振动炉排	名称	固定支点振动炉排	活动支点振动炉排
炉排安装方式	水平安装	水平安装	偏心块转速（rpm）	1000~1400	800~1000
弹簧板与水平夹角 θ	60°~70°	60°~70°	煤层移动速度（mm/s）	~100	~100
炉排的振动角 β	20°~30°	20°~30°	煤层厚度（mm）	100~140	100~140
振幅可调范围（mm）	1~3	2~8	炉排金属耗量（kg/m^2）	500	500

9.6-46 沸腾炉热力特性参数

名称	符号	单位	Ⅰ类石煤或煤矸石	Ⅱ类石煤或煤矸石	Ⅲ类石煤或煤矸石	Ⅰ类烟煤	褐煤	Ⅰ类无烟煤
沸腾层过量空气系数	α_{ft}	—	1.1~1.2			1.1~1.2	1.1~1.2	1.1~1.2
沸腾层燃烧分额	δ	—	0.85~0.95			0.75~0.85	0.7~0.8	0.95~1.0
气体未完全燃烧损失	q_e	%	0~1	0~1.5	0~1.5	0~1.5	0~1.5	0~1
固体未完全燃烧损失	Q_4	%	21~27	18~25	15~21	2~17	5~12	18~25
飞灰分额	α_{fh}	—	0.25~0.35	0.25~0.40	0.40~0.52	0.4~0.5	0.4~0.6	0.4~0.5
飞灰可燃物含量	C_{fh}	%	8~13	10~19	11~19	15~20	10~20	20~40
布风板下风压	p	kPa	5.5~5.6			5.0~6.5	5.0~6.0	4.5~6.5

9.6-47 燃油雾化的方式、雾化喷射角和喷射形状（德国）

油压雾化	喷射式雾化	旋转式雾化	压缩空气雾化	超声波雾化
80° 60° 45° 30°	(a)	(b)	(c)	(a) 实心 (b) 空心 (c) 半空心（通用）
一些公司喷嘴不同喷射特性				
R PLP AR 公司：Monarch	S H 公司：Danfoss	S Q H 公司：Steinen	A B W 公司：Delavan	D 公司：Bergonzo

9.6-47　燃油雾化的方式、雾化喷射角和喷射形状（德国）（续）

油压雾化	喷射式雾化	旋转式雾化	压缩空气雾化	超声波雾化

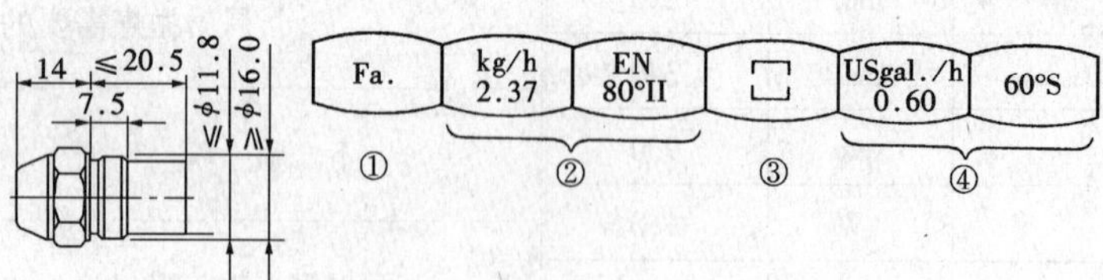

①公司标记　②欧洲标准委员会标示　③国际生产厂家条码　④通用数据

新的欧洲标准标记表示：在 10bar（1000kPa）、黏滞度 3.4mm²/s 和密度 840kg/m³ 时的流量，流量偏差 ±4%，喷射试样特性[1]和喷射角参数

[1]喷射特性表示，喷射试样是否空心或实心，对此使用下列参数：Ⅰ很实心、Ⅱ实心、Ⅲ空心、Ⅳ很空心；使用的喷射角有 60°、70°、80°、90°或 100°

9.6-48　燃油的燃烧参数

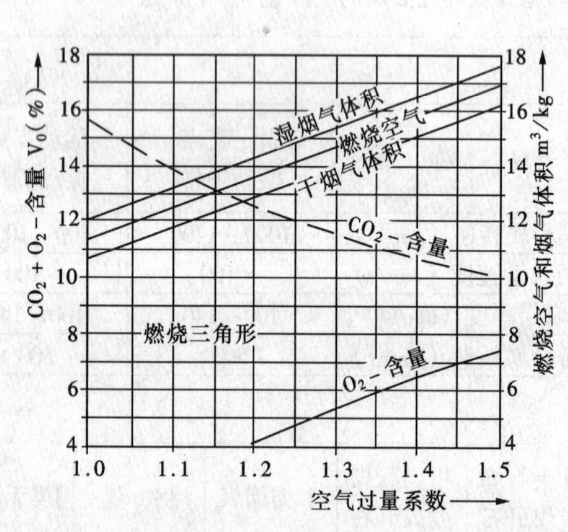

9.6-49　燃油的烟气损失

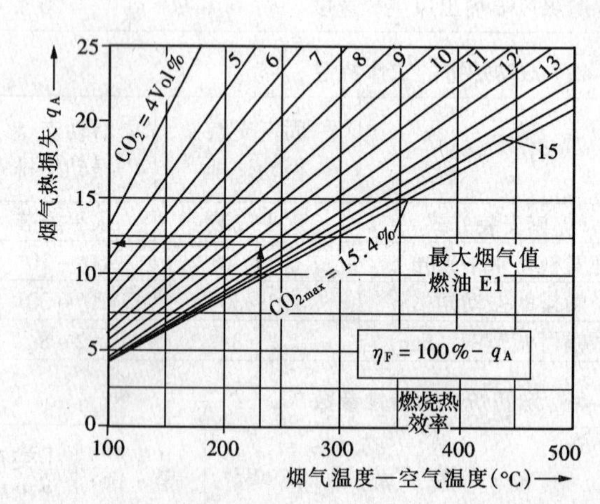

9.6-50　黏滞度-温度曲线

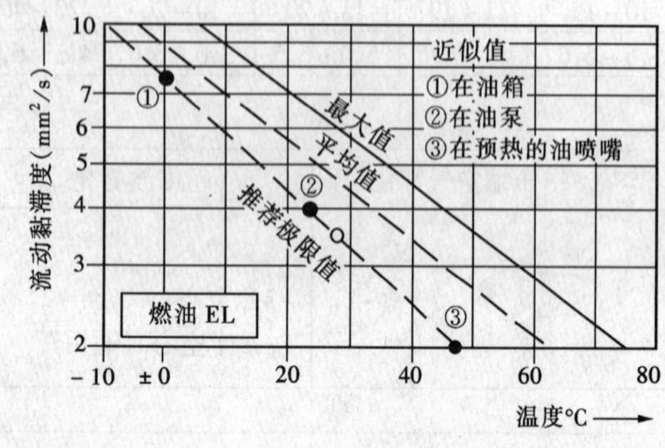

9.6-51　燃油流通量和预热

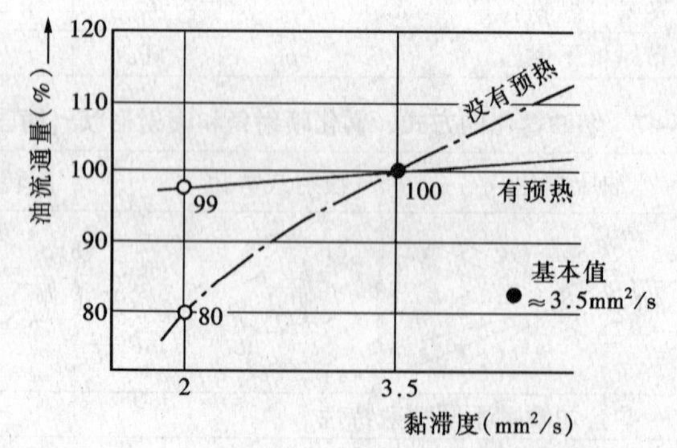

9.6-52 燃油额定流通量

额定流通量 (kg/h)	在10bar时的流通量 max. 值 (kg/h)	min. 值 (kg/h)	max. 值 (l/h)	min. 值 (gal/h)
1.00	1.040	0.960	1.190	0.32
1.25	1.300	1.200	1.488	0.40
1.60	1.664	1.536	1.904	0.51
1.80	1.872	1.728	2.142	0.57
2.00	2.080	1.920	2.380	0.64
2.25	2.340	2.160	2.678	0.71
2.50	2.600	2.400	2.975	0.79
2.80	2.912	2.688	3.332	0.89
3.15	3.276	3.024	3.748	1.00
3.55	3.692	3.408	4.224	1.13
4.00	4.160	3.840	4.750	1.27
4.50	4.680	4.320	5.355	1.43
5.00	5.200	4.800	5.950	1.59
5.60	5.824	5.376	6.664	1.78
6.30	6.552	6.048	7.497	2.00

$$\dot{V}_2 = \dot{V}_1 \cdot \sqrt{\frac{p_2}{p_1}}$$

$\dot{V}_1$ 在 10bar 时的检验流量

$\dot{V}_2$ 在选择压力 p_2 时的流量

p_1 10bar 检验压力

p_2 选择压力 bar

$$\dot{V} = \frac{\dot{Q}_K}{\rho \cdot H_i \cdot \eta_K}$$

(l/h)

$\dot{Q}_K$ 锅炉额定功率

9.6-53 Danfoss 公司喷嘴油流通量

额定流通量[1] (kg/h)	单位 (gal/h)	在下列压力的流通量 8 (bar)	9 (bar)	11 (bar)	12 (bar)	14 (bar)
1.46	0.40	1.30	1.39	1.53	1.59	1.72
1.87	0.50	1.67	1.77	1.96	2.04	2.21
2.11	0.55	1.88	2.00	2.21	2.31	2.49
2.37	0.60	2.11	2.25	2.49	2.59	2.80
2.67	0.65	2.38	2.53	2.80	2.92	3.15
2.94	0.75	2.62	2.79	3.08	3.22	3.47
3.31	0.85	2.96	3.14	3.47	3.63	3.91
3.72	1.00	3.32	3.53	3.90	4.07	4.40
4.24	1.10	3.79	4.02	4.45	4.64	5.01
4.45	1.20	3.98	4.22	4.67	4.87	5.26
4.71	1.25	4.21	4.47	4.94	5.15	5.57
5.17	1.35	4.62	4.90	5.42	5.66	6.11
5.84	1.50	5.22	5.54	6.13	6.39	6.90
6.08	1.65	5.43	5.77	6.38	6.66	7.19

[1]在 10bar 时

9.6-54 煤的分类和发热量

煤种	特性	挥发分 V_{ar} (%)	水分 W_{ar} (%)	灰分 A_{ar} (%)	低位发热量 Q_{ar}^{dw} (kJ/kg)
无烟煤	Ⅰ 类	5 ~ 10	< 10	> 25	15000 ~ 21000
	Ⅱ 类	< 5	< 10	< 25	> 21000
	Ⅲ 类	5 ~ 10	< 10	< 25	> 21000
烟　煤	Ⅰ 类	≥20	7 ~ 15	> 40	> 11000 ~ 15500
	Ⅱ 类	≥20	7 ~ 15	25 ~ 40	> 15500 ~ 19700
	Ⅲ 类	≥20	7 ~ 15	< 25	> 19700
褐　煤		> 40	> 20	> 30	8400 ~ 15000

9.6-55 燃气的发热量和华白指数

燃气种类	高位发热量 (kWh/Nm³)	低位发热量 (kWh/Nm³)	高位华白指数 (kWh/Nm³)	燃气种类	高位发热量 (kWh/Nm³)	低位发热量 (kWh/Nm³)	高位华白指数 (kWh/Nm³)
城市煤气	4.6 ~ 5.5	4.1 ~ 5.0	6.4 ~ 7.8	丙　烷	26.2 ~ 28.3	24.5 ~ 26.0	21.5 ~ 22.7
远程煤气	5.0 ~ 5.9	4.5 ~ 5.3	7.8 ~ 9.3	丁　烷	36.6 ~ 37.2	33.8 ~ 34.3	25.5 ~ 25.7
低值天然气	8.4 ~ 13.1	7.6 ~ 11.8	10.5 ~ 13.0	液化气—空气	7.5	6.8	6.8 ~ 7.0
高值天然气			12.8 ~ 15.7	天然气—空气	6.0 ~ 6.4	5.4 ~ 5.8	7.0

9.6-56　燃料燃烧所需的理论空气消耗量（标准状态下的平均值）

燃料种类	每千克燃料所需理论空气消耗量（m^3）	燃料种类	每立方米燃料所需理论空气消耗量（m^3）	每立方米燃料所需实际空气消耗量（m^3）
褐煤饼	5.6	高值天然气	10.0	12.5～15
燃　油	10.8	低值天然气	8.4	10.5～12
木　材	3.8	城市煤气	3.7	5～6
焦　炭	7.7	远程煤气	4.2	5～6
无烟煤	8.3	丁　烷	30.9	
		丙　烷	23.8	
		液化气 50/50	27.5	35（或 $18m^3/kg$）

9.6-57　锅炉每生产 1t 蒸汽所产生的烟气量估算参考值（m^3）

燃烧方式	排烟过量空气系数 α_{py}	排烟温度（℃） 150	200	250
层　燃　炉	1.55	2300	2570	2840

9.6-58　各种燃料烟气中的 CO_2 含量和 O_2 的含量

燃　料	CO_{2max}	CO_2（最佳）	O_2（最佳）	燃　料	CO_{2max}	CO_2（最佳）	O_2（最佳）
燃　油	15.4%	12%～14%	2%～6%	城市煤气	13.6%	10%～12%	2%～6%
天然气	11.9%	8%～10%	2%～6%	丙　烷	13.8%	10%～12%	2%～6%

9.6-59　炉体散热损失（%）

锅炉容量（t/h）	0.5	1	2	4	6	8	10	15	20	35
无尾部受热面	5.0	4.5	3.0	2.1	1.5	1.2				
有尾部受热面			3.5	2.9	2.4	2.0	1.7	1.5	1.3	1.0

9.6-60　燃烧热平衡

$$q_r = 100\% = q_1 + q_2 + q_3 + q_4 + q_5 + q_6$$

q_r——单位质量固体或液体燃料的低位发热量

q_1——锅炉的有效吸热量

q_2——排烟热损失

q_3——化学不完全燃烧热损失

q_4——机械不完全燃烧热损失

q_5——炉体散热损失

q_6——灰渣物理热损失

9.6-61　储油系统建设原则

锅炉房设置，其总容量应根据油的运输方式确定：火车或船舶运输为 20～30 天的锅炉房最大计算耗油量；汽车油罐车运输，为 5～10 天的锅炉房最大计算耗油量；油管输送为 3～5 天的锅炉房最大计算耗油量。当工厂设有总油库时，锅炉房燃用的重油或柴油，应由总油库统一安排。油为易燃品，要特别注意防火的安全。室内油箱允许的最大容量，室外油罐与建筑物的距离等，都应严格按照消防部门对防火要求的规定

地上半地下贮油罐或贮油罐组应设置防火堤，防火堤要符合现行国家标准《建筑设计防火规范》的要求。轻油贮油罐与重油贮油罐不应布置在同一个防火堤内

油泵房至贮油罐之间的管道地沟，应有防止油品流散和火灾蔓延的隔绝措施。油管道宜采用地上敷设。当采用地沟敷设时，地沟与建筑物与外墙连接处应填砂或用耐火材料隔断。设置轻油罐的场所宜设有防止轻油流失的设施。重油贮油罐及在管道内输送过程中应有加热装置。为保证油路畅通，输油泵和管道上的过滤器都要设置备用

9.6-62　燃油的输送系统

轻质油，一般需要油罐、油箱、输油泵及连接管

重质油，需要设备除同轻质油外，还需要加热设备

9.6-63 电池组式地上塑料储油罐（德国）

容量（L）	长度（mm）	宽度（mm）[1]	高度（mm）[2]	重量（≈kg）
1000	1100	740	1690	34
1600	1600	740	1690	59
2000	2110	740	1700	87

[1]安装尺寸 760mm

[2]带管道约 120mm 高

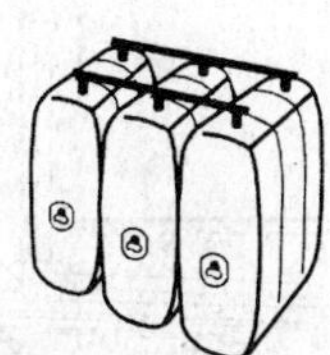

容量（L）	长度（mm）	宽度（mm）[1]	高度（mm）[2]	重量（≈kg）
1850	1580	740	1855	85
2500	2240	860	1580	126
3000	2240	990	1580	131

[1]安装尺寸 20/38/45mm

[2]带管道约 140mm 高

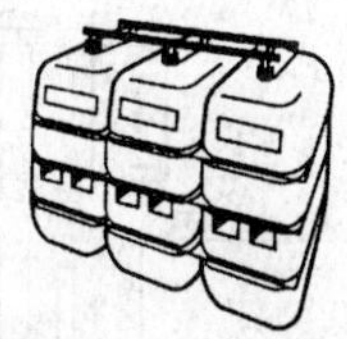

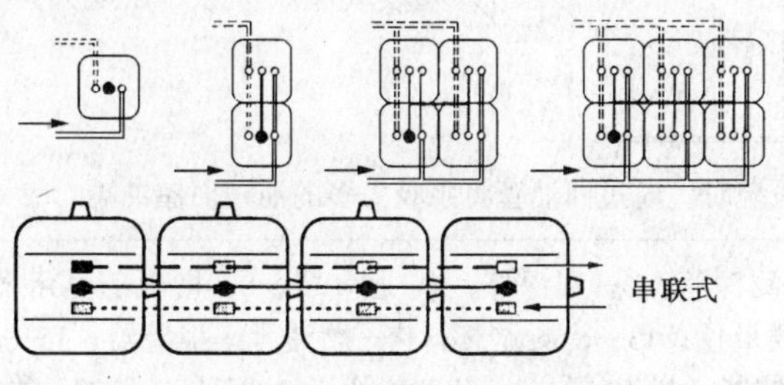

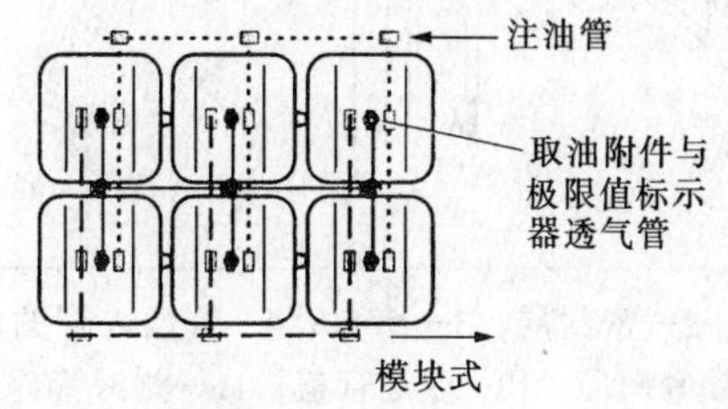

9.6-64 燃油贮存室[1]基础面的最小尺寸（m²）

	贮存量（L）	2000	4000	6000	8000	10000	15000	20000	25000	3000
基础面[2]	储油罐组[3]（max = 5）	5.0	7.5	10.5	13.5	16.0	—	—	—	—
	地下室焊接油罐[3]	6.0	8.0	9.0	11.0	14.5	18.0	23.0	28.0	33.0

[1]贮存室的地面和墙必须是渗油的；在建筑物内最大储油量为 10000L；在储油量大于 5000L 的房间不能有明火设备；储油量小于等于 5000L 的房间，储油罐距锅炉、烟囱、烟管的最小距离为 1m（具有防辐射的可以小些）

[2]在贮存室高 2.1m、油罐高 1.5 时；在塑料储油罐时占地面积可相应小些

[3]储油罐应放置在很平的地面

9.6-65 储油罐的注油管、通气管和取油管（德国）

注油管	通气管	取油管
1. 在建筑物外面的接管应容易接近 2. 应配有可关闭的盖子 3. 电池组式的储油罐上的注油管高于油罐上沿至少 0.3m，高于油罐底部最多 3.5m 4. 在注油前，要进行密封性检验 5. 要避免不许可的应力（例如应考虑其他敷设的管道的膨胀） 6. 管径 *DN*50 7. 在多列安装时，注油管每列应横向连接 8. 应注意注油压力和注油速度	1. 无关闭阀门 2. 连接在储油罐的最高点，带有抬头坡，通向室外 3. 管径至少 *DN*40 4. 应防止雨水和污物落入 5. 应避免正压和负压 6. 通气口高于注油管和地面至少 0.5m，不能接入封闭的房间 7. 在多列安装时，通气管每列应横向连接 8. 螺纹连接应拧紧 9. 要考虑吸收可能的膨胀	1. 只能从油罐的上方引入 2. 抽吸部位高于油罐底部至少 5cm 3. 所有储油罐的取油管应相互绝对密封地连接起来 4. 管径应使得流速小于等于 0.4m/s 5. 如果储油罐在贮存室，取油管的关闭机构应在贮存室外面 6. 供油管和回油管应安装总阀（通常带极限值显示器）

9.6-66 地下双壁储油罐和有关附件（德国）

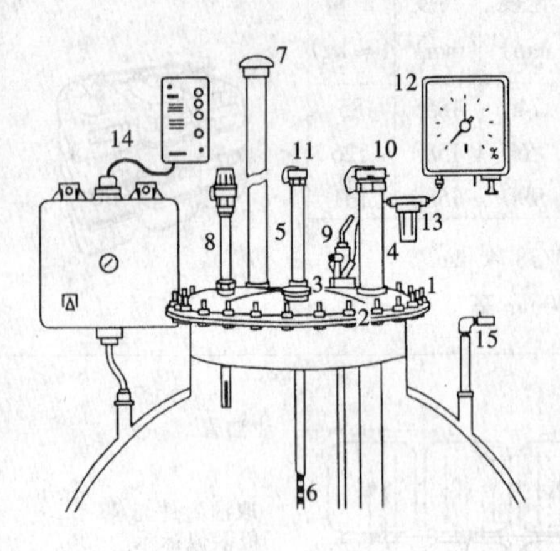

设备举例：单管系统，自动排气自动监控吸油管

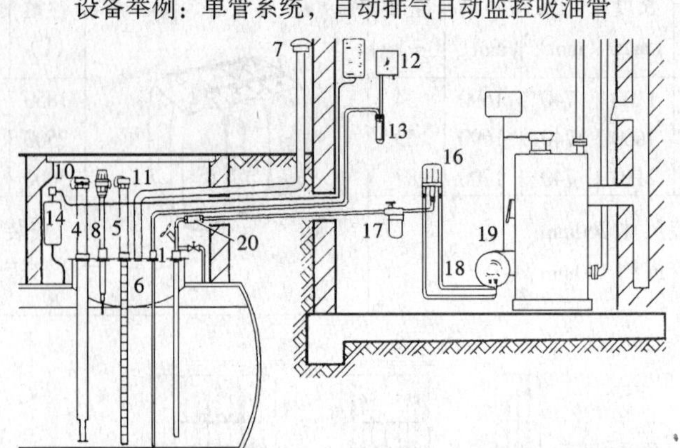

在双管系统时，通过回油管将泵吸太多的油送回储油罐

1—顶盖；2—密封层；3—堵头；4—带插入管的注油管；5—测深管；6—测深杆；7—通气罩；8—极限值显示器；9—复合锁紧螺母；10—注油管盖；11—测深管盖；12—容量测量仪；13—冷凝水杯；14—燃油泄露报警器；15—燃油泄露报警器连接件；16—燃油系统排空气装置；17—燃油过滤器（与16复合）；18—软管；19—双接头；20—关闭附件和绝缘活接头

9.6-67 地下储油罐的安装要求和双层油罐尺寸（德国）

1. 只允许专门的公司进行安装
2. 储油罐的覆盖层（土层）厚度，包括路基、路面，最多1m，最少0.3m
3. 到建筑物、地皮界限和公共管网的最小距离为1m
4. 在若干个油罐时，间距至少0.4m
5. 储油罐的周围至少应有20cm的砂或细的砾（根据施工要求）石包裹起来
6. 在有浮力危险时（例如洪水、高位地下水），必须有1.3倍浮力的保险系数
7. 到顶盖井的坡度约1%～2%，顶盖井的直径尽可能小于等于1m，比顶盖的直径至少大0.2m

容量（L）	外径ϕ（mm）	长(max.)（mm）	重量（kg）	控制液体（l）	底高（mm）	检查孔ϕ（mm）
3000	1275	2775	870	30	210	500
5000	1625	2855	1170	39	285	500
7000	1625	3775	1490	66	285	500
10000	1625	5385	2015	90	350	500
13000	1625	6995	2510	114	350	500
16000	1625	8605	3000	135	350	500
20000	2025	7000	3610	140	350	600

数据由厂家提供，内板厚5mm、外板厚3mm，油罐容积可到$16m^3$，内板厚6mm、外板厚3mm，容积可到$30m^3$，内板厚7mm、外板厚4mm，容积可到$60m^3$；内壁检验压力2bar

9.6-68 油管长度的确定（德国）

单管系统（在储油罐和燃烧器或过滤器之间只有一根管子）

D（kg/h）	（mm）	*H*（m）	4	3.5	3.0	2.5	2.0	1.5	1.0	0.5	0	−0.5	−1.0	−1.5	−2.0	−2.5	−3.0	−3.5	−4.0
<2.5	4	燃烧器油泵和储油罐底阀之间的垂直距离	93	90	87	83	77	72	66	60	55	49	43	38	32	26	21	14	8
	6		100	100	100	100	100	100	100	100	100	100	100	100	100	100	94	85	67
	8		100	100	100	100	100	100	100	100	100	100	100	100	100	100	100	100	100
2.5～6.3	4		44	41	39	36	34	31	29	26	24	21	19	16	13	11	8	6	3
	6		100	100	100	100	100	100	100	100	100	100	93	84	71	59	46	33	20
	8		100	100	100	100	100	100	100	100	100	100	100	100	100	100	100	100	100
6.3～12	6		100	100	97	94	89	82	76	69	63	56	50	43	36	30	23	16	8
	8		100	100	100	100	100	100	100	100	100	100	100	100	98	87	75	54	34

9.6-68 油管长度的确定（德国）（续）

1. 在地势较高的储油罐流出压力小于等于 2.0bar
2. 在安装完毕必须用压缩空气或氮气（至少压力 5bar）进行压力试验（不与燃烧器连接）
3. 静吸取高度 H（最大为 4m）等于在油泵和抽吸底阀之间的垂直距离，抽吸阻力不可以超过 0.4bar
4. 表格中的数据已经考虑了局部阻力（底阀、关闭阀、过滤器）
5. 单管系统通常在储油罐和过滤器之间附加一根回油管
6. 油软管最大 1.5m，最高 70℃，不允许金属制的，连接不能张得太紧

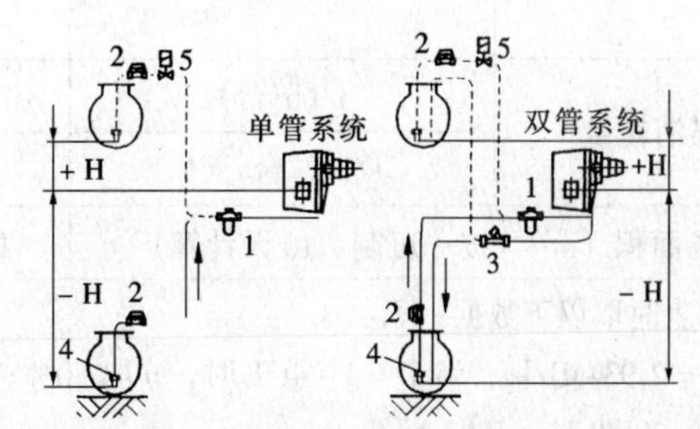

1—带关闭旋塞的过滤器；2—快速关闭阀；3—止回阀；4—底阀；5—电磁阀

双管系统（在储油罐和燃烧器之间还有一根回油管），尽可能避免采用

泵			H（m）															
	A	6		26	24	23	22	20	19	18	16	15	13	12	11	9	8	6	5	—
	B	8		88	77	73	68	64	60	55	51	47	42	38	34	29	25	21	16	12
	C	10		100	100	100	100	100	100	100	100	100	100	93	82	71	61	50	39	29

9.6-69 根据压力和状态的蒸汽分类

低压蒸汽	$p \leqslant 70$kPa 的蒸汽
高压蒸汽	$p > 70$kPa 的蒸汽
真空蒸汽	压力低于大气压、水的汽化温度小于 100℃的蒸汽
湿 蒸 汽	含有没有汽化的水的蒸汽
饱和蒸汽	水完全汽化、介于湿蒸汽和干蒸汽之间的蒸汽
过热蒸汽	将饱和蒸汽进一步加热后的蒸汽
二次蒸汽	当冷凝水在低于相应的饱和蒸汽压力时产生的蒸汽
余 汽	由电厂（透平）等出来的蒸汽
新 汽	相对于余汽和二次蒸汽，从蒸汽锅炉出来的蒸汽

9.6-70 蒸汽压力使用的近似值 （bar）

建筑物采暖	水平延伸的设备			手工业用（烹饪设备、洗衣作坊等）	0.2～0.5
	≤200m	≤300m	≤500m	专门使用余汽的设备	1～3
	0.05～0.1	0.15	0.2	蒸汽远程供热（最高压力 10bar）	2～3

9.6-71 储油罐注油管和通气管管径

注油管	通 气 管 和 排 气 管		注油管	通 气 管 和 排 气 管	
	油罐检验压力小于 0.3bar	油罐检验压力大于等于 0.3bqr		油罐检验压力小于 0.3bar	油罐检验压力大于等于 0.3bqr
*DN*50	*DN*50	*DN*40	*DN*80	*DN*50	*DN*40

9.6-72 贮煤场的面积[1)]

名称	单位	锅炉容量 D（t/h）					
		1	2	4	6	10	20
燃煤消耗量	t/(h·台)	0.175	0.35	0.7	1.07	1.65	3.3
	t/(班·台·天)	14	28	56	86	132	265
贮煤场面积（m^2）（按一班制、10天计算）		16.7	33.4	43.4	67	104	207

[1)]制表时取以下数据：

$Q^y_{dw}=2.934$MJ/kg；当 $D=1\sim4$t/h 时，η 取 70%；当 $D=6\sim20$t/h 时，η 取 75%；当 $D=1\sim2$t/h 时，H 取 2m；当 $D=4\sim20$t/h 时，H 取 3m

9.6-73 灰渣量与灰渣场面积[1)]

名称	单位	锅炉容量 D（t/h）					
		1	2	4	6	10	20
灰渣量	t/（h·台）	0.0525	0.105	0.21	0.321	0.495	0.99
	t/（班·5天·台）	2.1	4.2	8.4	13	19.8	39.7
灰渣场面积（m^2）（按一班制5天计）		2.47	4.93	7.95	12.1	18.6	37.2

[1)]制表时取以下数值：

$Q^y_{dw}=2.934$MJ/kg；当 $D=1\sim4$t/h 时，η 取 70%；当 $D=6\sim20$t/h 时，η 取 75%；当 $D=1\sim2$t/h 时，H_h 取 2m；当 $D=4\sim20$t/h 时，H_h 取 2.5m

9.6-74 燃煤锅炉房运煤系统

类型	特点
胶带输送机上煤系统	运行可靠，运转平稳，运输能力高，运行费用低；占地面积大，投资大
多斗提升机上煤系统	占地面积小，设备造价较便宜，可靠性不够好
埋刮板输送机上煤系统	外形尺寸小，占地面积小，布置灵活，既能垂直提升、又能水平运输，工人操作条件和环境卫生好；加工制造和安装要求较高，造价偏高
单斗滑轨输送机上煤系统	设备构造简单，占地面积小；间断运煤，运输能力有限，维修工作量较大
吊煤罐上煤系统	系统简单，设备制造容易和投资省；运输能力有限
简易小翻斗上煤系统	

9.6-75 常用运灰渣系统

系统类型	作业特点	优点	缺点	适用范围
1. 螺旋除渣机	可水平或倾斜连续输送灰渣	（1）设备简单，运行基本可靠，操作简单 （2）飞灰量少，锅炉房卫生条件好，运行费用低	（1）运送量小 （2）螺旋叶片磨损快，检修工作量大，出现大块灰渣时易卡住	适用于1～4t/h的小型快装锅炉

9.6-75 常用运灰渣系统（续）

系统类型	作业特点	优点	缺点	适用范围
2. 刮板式除渣机	可做水平或倾斜运输	(1) 适应性强，无论北方或南方，室内、室外均能适应 (2) 运输量适应范围广 (3) 设备构造简单，易加工，投资省 (4) 检修比较方便	(1) 金属耗量多，部件磨损快 (2) 电耗偏大	适用于6t/h以下的小型锅炉
3. 马丁式除渣机		(1) 设备紧凑，体积小，布置方便，运行可靠，既能除渣又能碎渣 (2) 湿式除渣，改善了锅炉房卫生条件	(1) 结构复杂，加工工作量大 (2) 排渣量增大时，易发生故障	适用于6～20t/h锅炉
4. 圆盘式除渣机	设备无碎渣能力，大块灰渣易卡住，在蜗轮与主轴间装有安全离合器，一旦灰渣卡住时，还应使电机反转，故需设有报警装置及电机反转按钮	(1) 操作维护简单，运行安全可靠，湿式除渣，改善了卫生条件 (2) 转速比马丁除渣机低，磨损小	设备制造复杂，投资高	适用于10～20t/h锅炉（层燃炉）。不适用于燃用强结焦性煤
5. 低压水力冲灰	冲灰水的压力0.4～0.6MPa，灰渣池中水质呈碱性（pH>10），不能直接排入下水道。现多以除尘器之冲灰水（酸性pH=4～5）中和，达到排放标准，如仍达不到排放标准时，则应投入化学药品中和	(1) 系统运行安全可靠，机械化程度高，节省劳力，操作简便 (2) 卫生条件好，机械设备少，维修工作量少	(1) 需建造庞大的灰渣池，还需设置灰渣抓取设备，基建投资高 (2) 湿灰渣的贮运不方便，尤其在寒冷地区，灰渣装卸较困难	适用于大、中型锅炉房。室外气温低于-5℃的地区不适用

9.6-76 锅炉房除灰、渣系统推荐表

锅炉类型及台类	灰渣量（t/h）	推荐采用的除灰渣系统
锅炉房总蒸发量小于8t/h	<0.5	(1) 刮板除渣机+手推车 (2) 螺旋除渣机+手推车 (3) 框链除渣机
4t/h、3～4台	0.5～1.0	(1) 螺旋除渣机+手推车 (2) 框链除渣机 (3) 刮板除渣机
6t/h、1～2台 10t/h、1～2台	1.0～2.0	(1) 马丁除渣机（圆盘除渣机）+皮带机 (2) 框链除渣机 (3) 刮板式除渣机 (4) 轻便轨道翻斗矿车（干法人工除灰）
6t/h、3～4台 10t/h、3～4台 20t/h、2～4台	≥2.0	(1) 马丁除渣机+皮带机 (2) 圆盘除渣机+皮带机 (3) 水力除灰

9.6-77 烟囱的作用

自然通风：烟道出口与烟囱相连。由于外界冷空气和烟囱内热烟气的密度差使烟囱产生引力，即烟囱的自生风

机械通风：机械通风时烟风道阻力由送、引风机克服。因此，烟囱的作用主要不是用来产生引力，而是使排出的烟气符合环境保护的要求

9.6-78 机械通风烟囱高度确定

烟囱高度确定的原则

在自然通风和机械通风时，烟囱的高度都应根据排出烟气中所含的有害物质——SO_2、NO、飞灰等的扩散条件来确定，使附近的环境处于允许的污染程度之下。因此，烟囱高度的确定，应符合现行国家标准《工业“三废”排放试行标准》、《工业企业设计卫生标准》、《锅炉大气污染物排放标准》和《大气环境质量标准》的规定

新建锅炉烟囱周围半径 200m 距离内有建筑物时，烟囱应高出最高建筑物 3m 以上。锅炉房总容量大于 28MW（40t/h）时，其烟囱高度应按环境影响评价要求确定，但不得低于 45m

烟囱高度见 9.6-79

9.6-79 烟囱的尺寸

烟囱高度							
锅炉房总容量	(t/h)	< 1	1 ~ < 2	2 ~ < 4	4 ~ < 10	10 ~ < 20	20 ~ < 40
	(MW)	< 0.7	0.7 ~ < 1.4	1.4 ~ < 2.8	2.8 ~ < 7	70 ~ 14	14 ~ < 28
烟囱最低允许高度	(m)	20	25	30	35	40	45

烟囱高度与出口内径

烟囱出口内径（m）	烟囱高度（m）	烟囱出口内径（m）	烟囱高度（m）
0.8	20、25、30	1.7	40、45、50
1.0	25、30、35	2.0	45、50、60
1.2	30、35、40	2.5	50、60
1.4	35、40、45	3.0	60

9.6-80 烟囱出口烟气流速

通风方式	运行情况		通风方式	运行情况	
	全负荷时	最小负荷		全负荷时	最小负荷
机械通风	10 ~ 20	4 ~ 5	自然通风	6 ~ 10	2.5 ~ 3

1. 选用流速时应根据锅炉房扩建的可能性取适当数值，一般不宜取用上限
2. 应注意烟囱出口烟气流速在最小负荷时不宜小于 2.5 ~ 3m 以免冷空气倒灌

9.6-81 每米高度所产生的抽力（单位：mmH_2O）

烟囱内烟气的平均温度（℃）	在相对湿度 $\varphi = 70\%$，大气压力为 750mmHg 下的空气比重										
	1.420	1.375	1.327	1.300	1.276	1.252	1.228	1.206	1.182	1.160	1.237
	空气温度（℃）										
	−30	−20	−10	−5	0	+5	+10	+15	+20	+25	+30
140	0.565	0.515	0.470	0.442	0.415	0.391	0.368	0.345	0.320	0.300	0.277
160	0.597	0.550	0.502	0.475	0.451	0.427	0.403	0.381	0.357	0.335	0.312
180	0.631	0.585	0.537	0.510	0.486	0.462	0.438	0.416	0.392	0.370	0.347
200	0.665	0.620	0.572	0.545	0.521	0.497	0.473	0.451	0.427	0.405	0.382

9.6-81 每米高度所产生的抽力（单位：mmH_2O）（续）

烟囱内烟气的平均温度（℃）	在相对湿度 $\varphi=70\%$，大气压力为750mmHg下的空气比重										
	1.420	1.375	1.327	1.300	1.276	1.252	1.228	1.206	1.182	1.160	1.237
	空 气 温 度（℃）										
	−30	−20	−10	−5	0	+5	+10	+15	+20	+25	+30
220	0.698	0.650	0.602	0.575	0.551	0.527	0.503	0.481	0.457	0.435	0.412
240	0.728	0.678	0.630	0.603	0.579	0.555	0.531	0.509	0.485	0.463	0.440
260	0.755	0.705	0.657	0.630	0.606	0.582	0.558	0.536	0.512	0.490	0.467
280	0.780	0.728	0.680	0.653	0.629	0.605	0.581	0.559	0.535	0.513	0.490
300	0.800	0.751	0.703	0.676	0.652	0.628	0.605	0.582	0.558	0.536	0.513
320	0.820	0.772	0.724	0.697	0.673	0.649	0.625	0.603	0.579	0.557	0.534
340	0.842	0.792	0.744	0.717	0.693	0.669	0.645	0.623	0.599	0.577	0.554
360	0.862	0.810	0.762	0.735	0.711	0.687	0.663	0.641	0.617	0.595	0.572
380	0.880	0.827	0.779	0.752	0.728	0.704	0.680	0.658	0.634	0.612	0.589

9.6-82 各种除尘器的性能及能耗指标

类 型	除尘效率（%）	最小捕集粒径（μm）	压力损失（Pa）	能 耗（kJ/m^3）
重力沉降室	<50	50~10	50~120	
惯性除尘器	50~70	20~50	300~800	
通用型旋风除尘器	60~85	20~40	400~800	0.8~6.0
高效型旋风除尘器	80~90	5~10	1000~1500	1.6~4.0
袋式除尘器	95~99	<0.1	800~1500	3.0~4.5
电除尘器	90~98	<0.1	125~200	0.3~1.0
喷 淋 塔	70~85	10	25~250	0.8
泡沫除尘器	85~95	2	800~3000	1.1~4.5
文氏管除尘器	90~98	<0.1	5000~20000	8.0~35.0
自激式除尘器	~99	<0.1	900~1800	4.0~4.5
卧式旋风水膜除尘器	~98	2~5	750~1250	3.0~4.0

9.6-83 旋风除尘器效率（%）

粉尘粒径（μm）	通用型[1]	高效型[2]	粉尘粒径（μm）	通用型[1]	高效型[2]
<5	<50	50~80	25~40	80~95	95~99
5~20	50~80	80~90	>40	95~99	95~99

[1]通用型，相对断面比 $K=4\sim6$；

[2]高效型，相对断面比 $K=6\sim13.5$。

9.6-84 部分除尘器的性能与外形尺寸

XZZ、XZD/G、XND/G、XCX/G型除尘器性能

除尘器型号	配用锅炉吨位（t/h）	组装形式	处理烟气量（m^3/h）	设备阻力（mmH_2O）	除尘效率（%）	备 注
XZZ-D450	0.5	单 筒	2000	88	91	
XZZ-D550	1.0	单 筒	3000	79	92	
XZZ-D750	2.0	单 筒	6000	88	88	
XZZ-D750	4.0	双筒并联	12000	88	90.6	
XZZ-D950	6.5	双筒并联	19500	95	88~92	
XZZ-D850	10.0	四筒并联	30000	86	88~92	

9.6-84 部分除尘器的性能与外形尺寸（续）

除尘器型号	配用锅炉吨位 (t/h)	组装形式	处理烟气量 (m^3/h)	设备阻力 (mmH_2O)	除尘效率 (%)	备注
XZD/G-ϕ578	1.0	单　筒	3300	79～87	94	
XZD/G-ϕ810	2.0	单　筒	6500	79～87	94	
XZD/G-ϕ1100	6.0	单　筒	18000	79～87	94	
XZD/G-ϕ1100	10.0	双筒并联	30000	79～87	94	
XZD/G-ϕ1100	20.0	四筒并联	54000	107	94	
XND/G-ϕ464	1.0	单　筒	3000	82～91	92	
XND/G-ϕ656	2.0	单　筒	6000	82～91	92	
XND/G-ϕ888	4.0	单　筒	11000	82～91	92	
XCX/G-ϕ720	4.0	四筒并联	11800	70～114	80～95	
XCX/G-ϕ880	6.0	四筒并联	18000	55～134	80～95	
XCX/G-ϕ1130	10.0	四筒并联	30000	55～134	80～95	

XZD/G 型除尘器主要外形尺寸（单位：mm）

型　号	A	B	C	D_1	E	F	G	H	L	D_2	D_3
XZD/G-ϕ578	322	174	174	ϕ624	148	931	350	975	1679	ϕ298	ϕ193
XZD/G-ϕ810	444	232	231	ϕ856	209	1281	480	1325	2269	ϕ413	ϕ251
XZD/G-ϕ1100	591	308	308	ϕ1146	315	1756	650	1800	3074	ϕ558	ϕ323

XND/G 型除尘器主要外形尺寸（单位：mm）

型　号	A	B	C	D	E	F	G	H	M	R	d_1	d_3
XND/G-ϕ464	53	301	418	510	67	372	289	1242	161	914	ϕ328	ϕ100
XND/G-ϕ656	58	416	571	702	102	509	397	1713	220	1263	ϕ460	ϕ138
XND/G-ϕ888	73	558	763	934	135	675	578	2279	290	1683	ϕ651	ϕ185

XCX/G 型除尘器主要外形尺寸（单位：mm）

型　号	A	B	H	H_1	H_2	H_3	H_4	D_1	D_2	d
XCX/G-ϕ720	193	300	3019	2050	216	453	100	760	360	226
XCX/G-ϕ880	231	360	3670	2510	264	558	100	926	446	266
XCX/G-ϕ1130	292	460	4680	3220	339	721	100	1170	565	331

9.6-85　锅炉房的位置要求

1. 锅炉房应靠近热负荷集中的地区，以便缩短供热管道的长度，减少热损失

2. 锅炉房的位置应有较好的地形和地质条件，应建在供热区地势较低的区域，以便于凝结水或热水回水的自流回锅炉；但锅炉房的地面标高至少高出洪水位500mm以上

3. 锅炉房的位置要便于燃料和灰渣的运输和存放。锅炉房附近的地面上或地下应有足够的空地以贮存燃料和堆放灰渣，而且应靠近河道、铁路或公路，使运输方便、运输距离最短、转运次数少

4. 锅炉房的位置应符合《工业企业设计卫生标准》、《建筑设计防火规范》及其他安全规范中的有关规定。为了减少烟尘、煤、灰、烟气、噪声对周围环境的影响，锅炉房应位于常年主导风向的下风侧；锅炉房应有较好的朝向，以有利于自然通风和采光；炉前操作处应尽量避免西晒

5. 锅炉房附近应留有扩建的余地，锅炉房扩建端不设置永久性或体型大的设备或构筑物。燃料贮存、灰渣场也应留有扩建余地

6. 锅炉房的位置应便于给水、排水和供电

7. 如果企业有燃油贮存罐、煤气站等，应尽量采用共用或部分共用的燃料供给系统、除灰系统和软水系统等

9.6-86　锅炉房工艺布置的要求

锅炉布置的尺寸要求

1. 锅炉前端与锅炉房前墙的净距：蒸汽锅炉1～4t/h，热水锅炉0.7～2.8MW，不宜小于3m；蒸汽锅炉6～20t/h，热水锅炉4.2～14MW，不宜小于4m。当需要在炉前进行拨火、清炉操作时，炉前净距应能满足操作要求。链条炉前要留有检修炉排的场地；燃煤快装锅炉要为清扫烟箱、火管留有足够空间。燃油和燃气锅炉的前端应留有维修燃烧器、安放消声器的空间

2. 锅炉侧面和后面的通道净距：蒸汽锅炉1～4t/h，热水锅炉0.7～2.8MW，不宜小于0.8m；蒸汽锅炉6～20t/h，热水锅炉4.2～14MW，不宜小于1.5m。通道净距应能满足吹灰、拨火、除渣、安装和检修螺旋除渣机的要求

3. 锅炉的操作地点和通道的净空高度不应小于2m，并应能满足起吊设备操作高度的要求；当锅筒、省煤器等上方不需要通行时，其净空高度可为0.7m。快装锅炉及本体较矮的锅炉，为满足通风要求，除应符合上述要求外，锅炉房屋架下弦标高，建议不小于5m，如采取措施，可小于此值

4. 灰渣斗下部的净空，当人工除渣时，不应小于1.9m；机械除渣时，要根据所选择的除渣机外形尺寸确定。除灰室宽度，每边应比灰车宽0.7m。灰渣斗的内壁倾角不宜小于60°。煤斗下的下底标高除了要保证溜煤管的角度不小于60°外，还应考虑炉前采光和检修所要求的高度，一般高于运行层地面3.5～4m

辅助设备的布置要求

1. 送、引风机和水泵等设备间的通道尺寸应满足设备操作和检修的需要，并且不应小于0.8m；如果上述设备布置在锅炉房的偏屋时，从偏屋地坪到屋面凸出部分之间的净空，应能满足设备操作和检修的需要，并且不应小于2.5m

2. 机械过滤器、离子交换器、连接排污扩容器、除氧水箱等设备的突出部位间的净距，一般不应小于1.5m

3. 汽水集配器、水箱等设备前应考虑有供操作、检修的空间，其通道宽度不应小于1.2m

4. 除尘器设于锅炉后部的风机间内，其位置应有利于灰尘的运输和设备的检修

连接设备的各种管道布置

1. 管道的布置主要取决于设备的位置

2. 为了便于安装、支撑和检修以及整齐美观，管道应尽量沿墙和柱敷设，大管在内，小管在外；保温管在内，非保温管在外。管道布置不应妨碍门、窗的启闭与影响室内采光

3. 为了满足焊接、装置仪表、附件和保温等的施工安装、运行、检修的需要，管道与梁、柱、墙和设备之间要留有一定距离

9.6-87 锅炉房对土建专业的要求

1. 锅炉间属于丁类厂房，蒸汽锅炉大于 4t/h、热水锅炉大于 2.8MW 时，锅炉间建筑不低于二级耐火等级；蒸汽锅炉小于等于 4t/h、热水锅炉小于等于 2.8MW 时，锅炉间建筑不低于三级耐火等级

2. 锅炉间外墙的门、窗应向外开；锅炉间与辅助间隔墙上的门、窗应向锅炉间开。为了便于运输，外门台阶应做成坡道

3. 锅炉房一般每层至少有两个出入口，分别设在相对的两侧。锅炉房炉前总宽度不超过 12m、面积不超过 $200m^2$ 的单层锅炉间，可只设一个门

4. 锅炉房应预留设备最大部件搬运通过的孔洞，孔洞一般与门窗结合考虑

5. 每台锅炉的基础不能分开，应为一个整体，与楼板相接处，要设置沉降缝

6. 锅炉房的地面，至少应高出室外地面约 150mm，以免积水和便于泄水。锅炉房设在地下室和烟道通过地下时，应有可靠的防止地面水和地下水渗入的措施。地下室的地面要有向集水坑倾斜的坡度，以便使地面积水顺利地汇入坑内排出

7. 砖砌或钢筋混凝土烟囱一般设置在锅炉房的后面，烟囱中心与锅炉房后墙的距离应满足烟囱地基与锅炉房地基不接触的要求，如果它们之间不设风机等设备，其距离一般为 6～8m

8. 锅炉房应采用轻型屋顶，每平方米一般不超过 120kg；否则，屋顶应设天窗，或在高出锅炉的锅炉房外墙上开设玻璃窗，开窗面积不得小于锅炉房面积的 10%

9.6-88 锅炉房对电气专业的要求

1. 如果锅炉使用单位不允许中断供汽或热水时，锅炉房应由两个回路的电源供电

2. 照明应满足锅炉的运行需要。锅炉压力表、仪表盘、水位计处应设置局部照明；煤场和灰渣场应设置照明；化验室宜用日光灯照明

3. 锅炉房应有保证事故备用照明，或备用行灯、手电筒。备用照明一般设在操作点，汽动给水泵操作区、出口处，水泵和软水箱处，送、引风机处，主要出入口等

4. 锅炉房烟囱应装设避雷装置，地面立式贮油罐应考虑避雷和防静电措施

9.6-89 锅炉房对给、排水专业的要求

1. 如果锅炉使用单位不允许中断供汽或热水时，锅炉房应用两根来自不同水源的或室外环形管网不同管段的给水管

2. 锅炉房进水水压要满足水处理系统的需要（不低于 0.2～0.3MPa），否则要设增压泵

3. 锅炉高温污水应先排到排污降温池，水温只有降到 40℃以下时，方可排入下水道。锅炉房排污水 pH 值最高为 6～9，否则应中和达到标准后，方可排入下水道

4. 煤场附近应有洒水和煤堆自燃时熄火用的供水点

5. 锅炉房操作层、出灰层和水泵间等地面应有排水措施

6. 锅炉房的耗水量和排水量应按具体情况分析计算。化验冷却水量可按 $0.3～0.5m^3$/班计算；引风机轴承冷却水量可按 $0.5m^3/h$ 计算；炉排轴承冷却水量可按每台运行锅炉 $0.5m^3/h$ 计算；每吨灰浇水量可按 $0.3～0.5m^3/t$ 计算；排污降温池的冷却水量按排污量的 3～4 倍计算；蒸汽锅炉补给水量可根据生产用汽凝结水损失量、室外管网凝结水损失量（可按锅炉房蒸发量的 5%考虑）、锅炉房内部汽水损失量（可按锅炉房蒸发量的 2%～5%考虑）、锅炉排污量（可按锅炉房蒸发量的 5%～10%考虑）之和确定；热水锅炉的补给水量可按热水管网循环水量的 1%～30%计算

9.6-90　锅炉房设计所需的原始资料

热负荷资料

1. 建设单位的各栋建筑物的蒸汽热负荷或热水热负荷，包括小时最大热负荷、小时平均热负荷、全年热负荷
2. 采暖通风用的小时最大热负荷
3. 生活用小时热负荷和使用时间，例如浴室、炊事、饮水等
4. 蒸汽或热水的参数、热负荷变化的特点（用热时间、使用情况）与热负荷变化曲线
5. 各项用热的回水量和回水温度
6. 建设单位用热发展情况，例如是否分期建设、将来扩建的可能性等

燃料资料

1. 燃料是正确选择锅炉型号、确定燃料输送系统的重要依据
2. 选用燃煤锅炉时，中小型锅炉房只需要煤质工业分析资料即可
3. 选用燃油锅炉时，应向燃料供应公司索取产油地点、价格、运输方式、燃油的成分与元素分析、燃油的各项性质指标等
4. 选用燃气锅炉时，应向煤气公司了解燃气的气源、管网压力与供气管的距离、燃气价格、燃气的成分与元素分析、燃气的各项性质指标等

水质资料

水源种类、供水压力及水质全分析资料

气象资料

海拔高度，采暖和冬、夏季通风的室外计算温度，采暖期室内平均温度，采暖天数，冬季和夏季的主导风向及频率，冬季和夏季的大气压力，最大的冻土深度等

地质资料

1. 在设计地下室、地沟和地下管道时，需要知道土层的地耐力、湿陷性黄土等级、地下水位
2. 当所在地区的地震强度在7度以上时，设计防震的房屋结构、设置锅炉钢架时，需要知道地震等级资料

设备和材料资料

1. 锅炉机组资料：在进行初步设计时，应掌握锅炉及辅机的主要技术参数、型号、规格、外形图及价格资料；在进行施工图设计时，应取得锅炉安装图纸，以便了解设备基础、配管、平台扶梯操作位置等情况
2. 辅助设备的资料：风机、水泵、水处理、燃料供给与除灰等各种标准设备及非标准设备的图纸、技术参数、价格等
3. 材料资料：保温材料、管材等
4. 其他有关资料：施工地点的交通、供电、供水情况；上级批文、有关协议文件；当地卫生环保的有关规定等

9.6-91　改建和扩建锅炉房所需的资料

1. 原建锅炉房的施工图：包括工艺布置图、热力系统图、区域布置图，对重要的或改动的尺寸，要进行实测校对
2. 原锅炉房的设备及库存的设备的规格、型号、数量、制造厂、使用年限、主要尺寸、运行情况和存在问题等
3. 原有锅炉房的建筑结构资料
4. 原锅炉房的运行记录、存在的问题、事故分析资料等

9.6-92 德国威能公司壁挂式锅炉原理图

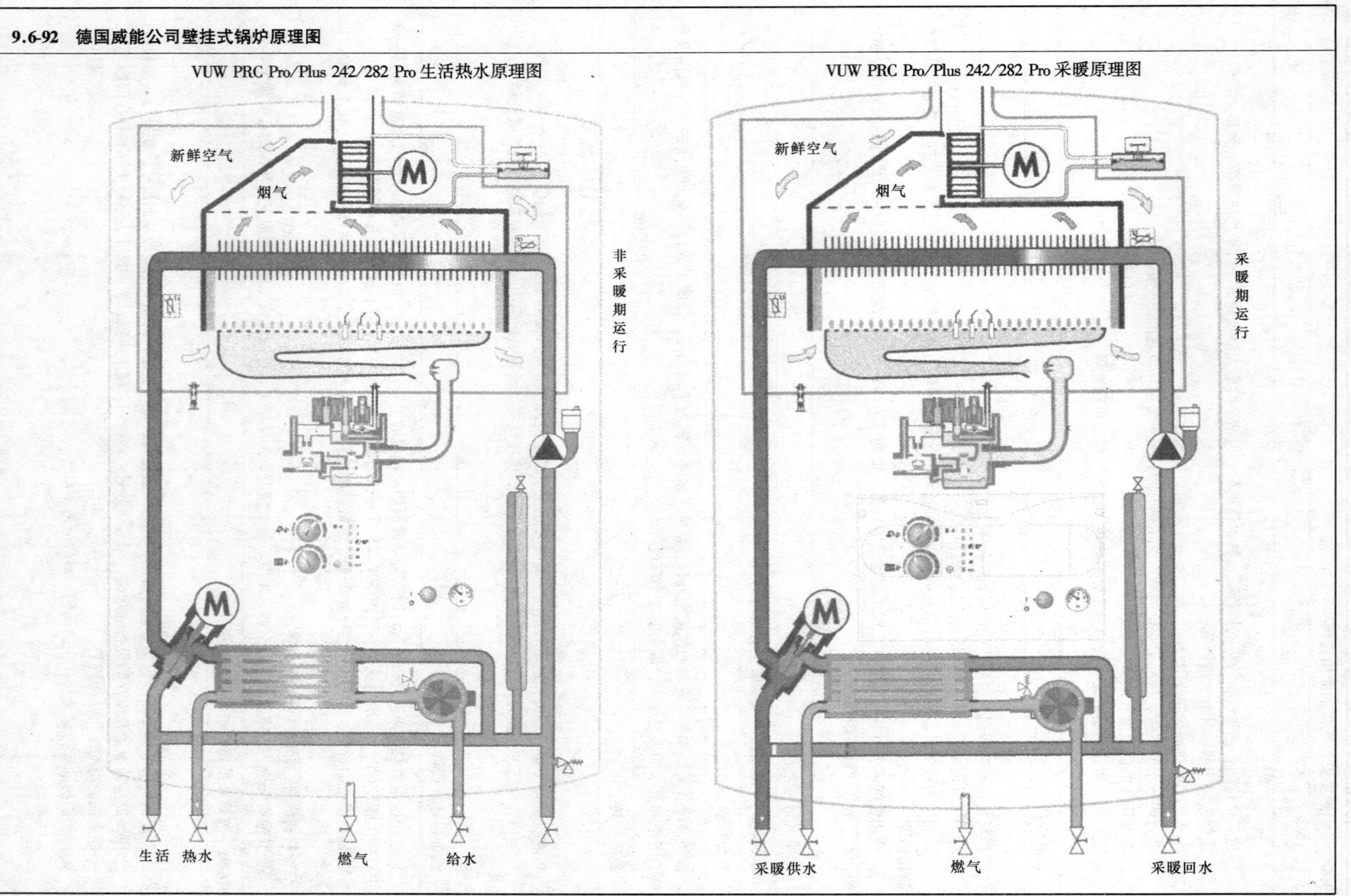

9.7 锅炉水质处理

9.7-1 锅炉水质标准

锅炉型式 \ 项目			给水[1]					炉水[2]							
			悬浮物（mg/L）	总硬度（me/L）	溶解氧[5]（mg/L）	含油量（mg/L）	pH（25℃）	总碱度（me/L）		溶解固形物（mg/L）		SO_3^{2-}（mg/L）	PO_4^{3-}[6]（mg/L）	相对碱度[3]（游离NaOH/溶解固形物）	pH（25℃）
								无过热器	有过热器	无过热器	有过热器				
立式锅炉 卧式内燃锅炉	炉内加药		≤20	≤3.5			>7	10~20		<5000				<0.2	10~12
	炉外化学		≤5	≤0.03			>7	≤22		<5000				<0.2	10~12
火管锅炉 水火管锅炉 燃油燃气锅炉	工作压力（MPa）	≤1.0[4]	≤5	≤0.03	≤0.1	≤2	>7	≤22		<4000		10~40		<0.2	10~12
		>1.0 ≤1.6	≤5	≤0.03	≤0.1	≤2	>7	≤20	≤14	<3500	<3000	10~40	10~30	<0.2	10~12
		>1.6 ≤2.5	≤5	≤0.03	≤0.05	≤2	>7	≤14	≤12	<3000	<2500	10~40	10~30	<0.2	10~12
热水锅炉	≤95℃炉内加药[7]		≤20	≤3.5			>7								10~12
	>95℃炉外化学		≤5	≤0.6	≤0.1[8]	≤2[8]	>7								8.5~10

[1]对于热水锅炉，此项目为补给水
[2]对于热水锅炉，此项目为循环水
[3]如锅炉为全焊结构，可不考虑此值
[4]当锅炉蒸发量小于等于1.4MW（2t/h），采用炉内加药处理时，其给水和炉水应符合炉内加药栏的规定，但炉水的溶解固形物应小于4000mg/L
[5]锅炉蒸发量大于等于1.4MW（2t/h），均要除氧。对于供汽轮机用汽的锅炉给水含氧量均应小于等于0.05mg/L。若采用化学除氧，则监测炉水的亚硫酸根含量
[6]仅用于供汽轮机用汽的锅炉
[7]如采用炉外化学处理时，应符合热水温度大于95℃的水质指标
[8]对于热水锅炉，循环水与补给水此两项指标相同

9.7-2 离子交换器设备计算[1)]

序号	名　　称	符号	单位	计 算 公 式	备　　注
1	总的软化水量	D_{z0}	m^3/h		
2	软化速度	v	m/h		
3	总的软化面积	F	m^2	$F=\frac{D_{z0}}{v}$	
4	同时工作的交换器台数	n	台	选定	
5	每台交换器的软化面积	f	m^2	$f=\frac{F}{n}$	
6	实际选用每台交换器软化面积	f_1	m^2	根据 f 从设备规格选定	
7	实际软化速度	v_1	m/h	$v_1=\frac{D_{z0}}{nf_1}$	
8	停运一台交换器时的软化速度	v_f	m/h	$v_f=\frac{D_{z0}}{(n-1)\ f_1}$	
9	交换剂工作能力	E	克当量/m^3		
10	原水总硬度	H_0	毫克当量/L	根据水质分析资料	
11	交换剂体积	V	m^3	根据已选定设备	
12	水质变更系数	k	—	一般为 1.25	
13	一台交换器再生所需总时间	t_{z0}	h		
14	交换器运行延续时间	T	h	$T=\frac{(E-0.5q_1H_0)\ V}{D_{z0}H_0k}-t_{z0}$	一般不小于 8~12 小时
15	交换器正洗单位耗水量	q_1	m^3/m^3		
16	交换器反洗强度	q	L/（m^2·s）		
17	交换器反洗时间	t_j	分		
18	交换器反洗耗水量	δ	m^3/（台·次）	$\delta=\frac{60qtf_1}{1000}$	
19	反洗水箱容积	V_j		$V_j=1.2\delta$	
20	交换器正洗耗水量	δ_1	m^3/（台·次）	$\delta_1=q_1V$	
21	再生一次用盐量	B	kg	$B=\frac{ZEV}{1000}$	

[1)]当交换器有备用时，则交换器运行延续时间 T，不考虑一台交换器再生所需总时间 t_{z0}

[2)]当采用软化水正洗交换器时，$0.5q_1H_0$ 项可不考虑

硬 度 范 围	毫摩尔/L	毫克当量/L
1 软	0 ~1.31	0 ~2.619
2 中硬	1.32~2.51	2.620~5.018
3 硬	2.52~3.81	5.019~7.617
4 很硬	>3.82	>7.618

1mmol/l≐5.6°d 德国度

1°dH≐0.357mval/L

1mval/l≐2.8°dH

1°dH ≐0.179mmol/L

≐10mgCaO/L

≐7.14mg Ca/L

≐7.14mg MgO/L

≐4.30mg Mg/L

9.7-3 钠离子交换器主要工艺指标

钠离子交换器规格 直径×全高 (mm)	φ300×1966[1)]	φ400×2310[1)]	φ500×3000[4)]	φ750×3000[4)]	φ1000×3700[4)]	φ1500×4700[4)]	φ2000×5000[4)]	计 算 依 据
交换器面积 F（m^2）	0.07	0.126	0.196	0.441	0.785	1.770	3.140	
交换剂层高度 h（m）	1.00	1.20	1.50	1.50	2.00	2.50[2)]/2.00	2.50[2)]/2.00	
交换剂体积 V（m^3）	0.07	0.151	0.294	0.66	1.57	4.43/3.54	7.85/6.28	
出力 D（m^3/h）	/2.00[2)]	/4.00	2.00/5.00	4.50/11.00	8.00/20.00	17.50/45.00	55.00/80.00	设计流速 10～25m/h（按样本取值）/15～30m/h（取25）
周期交换能力 E_0（t·度）	/265	/570	250/900	560/2030	1330/4830	3770/10900	6670/19400	工作交换容量 250～360ge/m^3（取300）/1100～1500ge/m^3（取1100）
每次反洗用水量 G_1（m^3/15min）	/0.49	/1.06	0.53/0.71	1.19/1.59	2.12/2.82	4.77/6.38	8.34/11.30	反洗强度 3～4L/s·m^2（取3）/4L/s·m^2 时间15min
每次正洗用水量 G_2（m^3/次）			1.18	2.65	4.71	10.60	18.90	正洗流速6～8m/h（取8），时间30～50（取45）min
配制盐液用水量 G_3（m^3/次）	/0.14～0.28	/0.30～0.60	0.204～0.326/0.48～0.96	0.455～0.728/1.09～2.18	1.08～1.73/2.58～5.16	3.06～4.90/5.83～11.66	5.43～8.68/10.40～20.80	盐液浓度 5%～8%/5%～10%
还原时总用水量 G（m^3/次）	/0.63～0.77	/1.36～1.66	1.914～2.036/2.37～2.85	4.295～4.568/5.33～6.42	7.91～8.56/10.11～12.69	18.43～20.27/22.81～28.64	32.80～36.05/40.60～51.00	$G = G_1 + G_2 + G_3$
每次还原食盐耗量 B（kg/次）	/14	/30	16.30/48	36.40/109	86.50/258	245/583	434/1040	盐耗率 160～200g/ge（取180）/120～150g/ge（取150）
小时最大耗水量[3)]（m^3/h）	/～1.95	/～4.24	1.57/2.12～2.84	3.54/4.76～6.36	6.28/8.48～11.30	14.15/19.20～25.00	25.20/34.90～45.20	分子按正洗计算，分母按反洗计算，（其数值小者为磺化煤，大者为树脂）。

1) 表中φ300～φ400两种小型树脂软水器的工艺指标摘自动力设施重复使用图集CR103，按单级倒置固定床逆流交换方式进行，φ500～φ2000离子交换器按单级固定床顺流再生方式运行

2) 表中数据按两种交换剂进行计算，分子为磺化煤，分母为732号强酸树脂

3) 小时最大耗水量，无反洗水箱时应按反洗计算，有反洗水箱时按正洗计算

4) φ500～φ2000如按逆流再生方式运行，其还原盐耗及盐液量可按表中数值的60%取值

9.7-4 国产离子交换树脂的主要性能

产品牌号	类　别	外　观	全交换容　量(me/g)	工作交换容　量(me/g)	机械强度	粒径(mm)	体积改变率(%)	湿真密度(g/mL)	湿视密度(g/mL)	出厂离子型	允许 pH 值范围	允许温度(℃)
732 号	强酸苯乙烯型	淡黄色至褐色球状	≥4.5	1.1～1.5		0.3～1.2	$Na^+ \to H^+$ +7.5	1.24～1.29	0.75～0.85	Na^+	1～14	<110
强酸 1 号	强酸苯乙烯型	淡黄球状	≥4.5	≥1.8	长期使用磨损极微	0.3～1.2	$Na^+ \to H^+$ +1.8～2.2	>1.4（干真密度）	0.76～0.8	Na^+	1～14	<110
010 号	强酸苯乙烯型	黄棕或金黄球状	4～5	≥1.7	长期使用磨损极微	0.3～1.2	$Na^+ \to H^+$ +1.8～2.2	>1.4（干真密度）	0.76～0.8	Na^+	1～14	<120（Na 型）<100（H 型）
724 号	弱酸丙烯酸型	乳白球状	≥9			0.3～0.84				H^+	5～14	<120
711 号	强碱苯乙烯型	淡黄至金黄球状	≥3.5	0.35～0.45		0.3～1.2	在水溶液中 +85	1.04～1.08	0.65～1.75	Cl^-	0～12	<70（Cl 型）<50（OH 型）
717 号	强碱苯乙烯型	淡黄至金黄球状	≥3	0.3～0.35	≥95%	0.3～1.2	$Cl^- \to H^-$ +5	1.06～1.11	0.65～1.75	Cl^-	0～12	<60
201 号	强碱苯乙烯型	淡黄球状	2.7	1.0	长期使用磨损极微	0.3～1.0		>1.13（干真密度）	0.64～0.68	Cl^-	0～12	<60
763 号	强碱大孔Ⅰ型	淡黄至黄色球状	≥3.4			0.3～0.84		1.06～1.10	0.65～0.75	Cl^-	0～12	<40
701 号	弱碱环氧型	金黄至琥珀色球状	≥9	0.7～1.1	≥90%	0.3～2.0	$OH^- \to Cl^-$ +20	1.05～1.09	0.60～0.75	OH^-	0～9	<80
704 号	弱碱苯乙烯型	淡黄球状	≥5	0.6～1.0		0.3～1.2	$OH^- \to Cl^-$ +2.5	1.04～1.08	0.65～0.75	Cl^-	0～9	<90
703 号	弱碱大孔丙烯酰型	淡黄至褐色	≥6.5			0.3～2.0		1.06～1.10	0.70～0.75	OH^-	0～9	<100

9.7-5 主要的水处理系统及其适用范围

序号	水处理系统	适用进水水质	出水水质	备注
1	炉内水处理	$H_0 \leqslant 3.5$me/L $A_0 \leqslant 5.5$me/L $C_0 \leqslant 20$mg/L pH≥7		炉水保持 $A_K \geqslant 8$me/L，仅结松软薄垢及沉渣
2	混凝—沉淀	$C_0 < 150$mg/L	一般 < 10mg/L，特殊情况下≯15mg/L	一般设两个沉淀池，如进水 C_0 经常低于 30mg/L亦可只设一个
3	混凝—澄清	水力循环澄清池 C_0≯2000mg/L; 脉冲澄清池 C_0≯3000mg/L	≤10mg/L	
4	过滤	单流机械过滤进水浊度≤20mg/L 双层滤料过滤进水浊度≤100mg/L	< 5mg/L < 5mg/L	
5	石灰降碱处理（沉淀软化）	$H_T > 6$me/L $A_0 > 6$me/L $H_F < 1$me/L 或 $A_0 - H_0 \leqslant 1.5 \sim 2$me/L	$H_C = H_F +$（0.7～1），me/L $A_C =$（0.7～1）+ a =（0.7～1）+（0.2～0.3）me/L	可用 Fe_2SO_4、Fe_2Cl_3 作混凝剂 出水 H_F 不变，H_T 可除掉大部分 a 为石灰裕量，me/L
6	石灰纯碱水处理（沉淀软化）	$H_0 \leqslant 15$me/L H_T 较大 水中存在 H_F	$H_C = 0.3 \sim 0.4$me/L $A_C = 1.3 \sim 1.6$me/L	可用 Fe_2SO_4、Fe_2Cl_3 作混凝剂
7	单级钠离子交换	$H_0 \leqslant 10$me/L H_T 较小 $S_0 < 300$mg/L $P_A < 10\%$ 相对碱度≤0.2	$H_C < 0.03 \sim 0.05$me/L $A_C = H_T$me/L	对 S_0 及 A_0 大的水不宜采用
8	双级钠离子交换	$H_0 > 10$me/L H_T 较小 $S_0 > 500 \sim 600$mg/L $P_A < 10\%$ 相对碱度≤0.2	$H_{C1} < 0.05 \sim 0.1$me/L $H_{C2} < 0.005$me/L $A_C = H_T$me/L	
9	局部钠离子交换	水量、水压及供水水质较稳定 $H_0 = 5 \sim 8$me/L $\frac{H_T}{H_0} > 0.5$ 混合水 $H_0 \leqslant 3.5$me/L 且 $P_A < 10\%$	$H_C =$（$1 - \gamma_{Na}$）H_0，me/L $A_C = 0.5 \sim 1.0$me/L （在炉内混合反应后）	软化和部分除碱，以防止炉水碱度过高
10	石灰—钠离子交换	$H_0 > 6$me/L $A_0 > 6$me/L H_T 较大	$H_C < 0.03 \sim 0.05$me/L $A_C = 0.8 \sim 1.2$me/L	
11	钠离子交换＋酸	$H_0 < 4$me/L H_T 较大， 酸化后 S_0 增加不致使 P_A 太大	$H_C < 0.03 \sim 0.05$me/L $A_C = 0.5 \sim 0.8$me/L	

9.7-5 主要的水处理系统及其适用范围（续）

序号	水处理系统	适 用 进 水 水 质	出 水 水 质	备 注
12	串联氢—钠离子交换	（1）$H_F > 3.6$me/L时，$\frac{H_T}{H_0} \leqslant 0.5$ （2）$SO_4^{2-} + Cl^- \geqslant 5.3 \sim 7.0$me/L	$H_C < 0.03 \sim 0.05$me/L $A_C = 0.5 \sim 0.8$me/L	
13	不足酸串联氢—钠离子交换	H_F较少或有负硬 $H_T > 1$me/L $S_0 < 2000 \sim 3000$mg/L	$H_C < 0.03 \sim 0.05$me/L $A_C = 0.3 \sim 0.5$me/L	采用固定床时，交换剂仅适合用磺化煤或弱酸树脂
14	并联氢—钠离子交换	（1）$H_F < 3.6$me/L时，$\frac{H_T}{H_0} \geqslant 0.5$ （2）$SO_4^{2-} + Cl^- \leqslant 5.3 \sim 7.0$me/L	$H_C < 0.03 \sim 0.05$me/L $A_C = 0.2 \sim 0.35$me/L	
15	并联铵—钠离子交换	$\frac{Na^+}{总阳离子} > 25\%$ $\frac{Na^+}{H_0} > 30\% \sim 35\%$ $y_{NH_4^+} < 40\%$ $> 85\% \sim 90\%$	$H_C < 0.03 \sim 0.05$me/L $A_C = 0.35 \sim 0.50$me/L（在炉内受热后）	
16	综合铵—钠离子交换	$\frac{Na^+}{总阳离子} < 25\%$ $\frac{Na^+}{H_0} < 30\% \sim 35\%$ $y_{NH_4^+} = 40\% \sim 90\%$	$H_C < 0.03 \sim 0.05$me/L $A_C = 0.50 \sim 1.00$me/L（在炉内受热后）	
17	电渗析	$H_0 > 10$me/L $S_0 = 1000 \sim 4000$mg/L	$H_C = 0.3$me/L 一级处理： $S_{C1} =$（$0.3 \sim 0.4$）S_0 二级处理： $S_{C2} = 0.1S_0$mg/L	

表中 H_C、A_C——残留硬度及残留碱度，me/L

A_K——炉水碱度，me/L

P_A——锅炉排污百分率，%

y_{Na^+}、$y_{NH_4^+}$——各为通过钠离子和铵离子交换器的水量百分比

9.7-6 水质指标单位换算

mg/L	德国度[1]	me/L[2]	ppm
1	2.8/e	1/e	50.1/e
e/2.8	1	1/2.8	17.9
e	2.8	1	50.1
0.02e	0.056	0.02	1

[1] 1 德国度 = 10mg/L·CaO

[2] e——化合物或元素的当量

9.7-7 机械过滤器主要工艺的设计指标

序号	指标名称	单位	过滤用材料					
			石英砂		大理石		无烟煤	
			单流	双流	单流	双流	单流	双流
1	过滤物料							
	平均直径	mm	0.5~1.0	0.5~1.2	0.5~1.0	0.5~1.2	0.8~1.5	0.8~1.5
	真密度	t/m^3	2.6~2.7	2.6~2.7	2.5~2.8	2.5~2.8	1.4~1.7	1.4~1.7
	视密度	t/m^3	1.6~1.7	1.6~1.7	1.6~1.7	1.6~1.7	0.75~0.9	0.75~0.9
2	过滤层高度	m	1.2	2~2.4	1.2	2~2.4	1.2	2~2.4
3	过滤速度（原水未经沉淀）	m/h						
	正常情况		4	8	4	8	4	8
	加速情况		5	10	5	10	5	10
4	过滤物料计算除污力 E_1	kg/m^3	0.75	1.87	0.75	1.87	1.0	2.5
	E_2	kg/m^2	0.9	4~4.48	0.90	4~4.48	1.2	5.37~6
5	每一过滤循环中滤液计算量	m^3/m^2	45	200~224	45	200	60	268~300
6	过滤器运行延续时间 T	h	9	20~22	9	20~22	12	26~30
7	冲洗前通过过滤器阻力	kPa	100	100	100	100	100	100
8	冲洗水压力	kPa	100	120	100	120	100	120
9	冲洗强度 q_1	L/(m^2·s)	15	18	15	18	10	12
10	冲洗时间 t_1	min	10	20	10	20	10	20
11	单位面积冲洗耗水量	m^3/m^2	9	21.6	9	21.6	6	13.4
12	过滤器本身消耗水计算比耗（按每一循环滤液的%计）	%	20	10.8~9.6	20	10.8	10	5~4.5
13	在用水冲洗前压缩空气吹洗过滤器（通过下部排水系统）							
	（1）至过滤器的空气压力	MPa	0.1	0.12	0.1	0.12	0.1	0.12
	（2）吹洗强度 q_2	L/(m^2·s)	20	24	20	24	12	15
	（3）吹洗时间 t_2	min	3	5	3	5	3	5
	（4）空气用量	m^3/m^2	3.6	7.2	3.6	7.2	2.2	4.5

9.7-8 炉内水处理常用软水剂的性能作用

类别		名称	性能作用	备注
沉淀剂		Na_2CO_3（纯碱）	主要消除水中 $H_{F.Ca}$，维持炉水［CO_3^{2-}］离子浓度，防止生成 $CaSO_4$ 垢 调整炉水碱度和pH值	由于水解作用：$Na_2CO_3 + H_2O \rightarrow 2NaOH + CO_2$ 炉水中［OH^-］升高，对安全运行不利，故 $P > 1.5MPa$，对以 $H_{F.Ca}$为主的水质不宜采用
		NaOH（苛性钠）	主要消除水中 $H_{F.Mg}$，调整炉水碱度和pH值	
		Na_3PO_4（磷酸三钠）	代替上述碱剂，沉淀水中钙镁盐类；增加泥垢流动性，适用于任何压力的锅炉	生成的 $Mg_3(PO_4)_2$ 沉淀比较黏，故水中Mg盐比较大时要少用或不用
		Na_2HPO_4（磷酸氢二钠） NaH_2PO_4（磷酸二氢钠）	作用与 Na_3PO_4 相似，能降低炉水碱度，适用于负硬较大的给水	
泥垢调节剂	天然有机物	栲胶	主要成分是单宁，能调整水垢，在水垢质点外层形成隔离膜，使水垢处于细小分散状态 在碱性水质中具有吸氧能力	
		腐植酸钠（H_m-COONa）	使水垢晶体畸变，颗粒变小，易于流动	最佳用量10~20mg/L，$A_K > 8me/L$

10. 通风与空调

10.1　空气的状态参数与建筑物对空气的要求

10.1-1　湿空气的密度、水蒸气压力、含湿量和焓（大气压 $B=1.013\times10^5$Pa）

空气温度 t (℃)	干空气密度 ρ (kg/m³)	饱和空气密度 ρ_b (kg/m³)	饱和空气的水蒸气分压力 $p_{q,b}$ ($\times10^2$Pa)	饱和空气含湿量 d_b (g/kg 干空气)	饱和空气焓 i_b (kJ/kg 干空气)
−20	1.396	1.395	1.02	0.63	−18.55
−19	1.394	1.393	1.13	0.70	−17.39
−18	1.385	1.384	1.25	0.77	−16.20
−17	1.379	1.378	1.37	0.85	−14.99
−16	1.374	1.373	1.50	0.93	−13.77
−15	1.368	1.367	1.65	1.01	−12.60
−14	1.363	1.362	1.81	1.11	−11.35
−13	1.358	1.357	1.98	1.22	−10.05
−12	1.353	1.352	2.17	1.34	−8.75
−11	1.348	1.347	2.37	1.46	−7.45
−10	1.342	1.341	2.59	1.60	−6.07
−9	1.337	1.336	2.83	1.75	−4.73
−8	1.332	1.331	3.09	1.91	−3.31
−7	1.327	1.325	3.36	2.08	−1.88
−6	1.322	1.320	3.67	2.27	−0.42
−5	1.317	1.315	4.00	2.47	1.09
−4	1.312	1.310	4.36	2.69	2.68
−3	1.308	1.306	4.75	2.94	4.31
−2	1.303	1.301	5.16	3.19	5.90
−1	1.298	1.295	5.61	3.47	7.62
0	1.293	1.290	6.09	3.78	9.42
1	1.288	1.285	6.56	4.07	11.14
2	1.284	1.281	7.04	4.37	12.89
3	1.279	1.275	7.57	4.70	14.74
4	1.275	1.271	8.11	5.03	16.58
5	1.270	1.266	8.70	5.40	18.51
6	1.265	1.261	9.32	5.79	20.51
7	1.261	1.256	9.99	6.21	22.61
8	1.256	1.251	10.70	6.65	24.70
9	1.252	1.247	11.46	7.13	26.92
10	1.248	1.242	12.25	7.63	29.18
11	1.243	1.237	13.09	8.15	31.52
12	1.239	1.232	13.99	8.75	34.08
13	1.235	1.228	14.94	9.35	36.59
14	1.230	1.223	15.95	9.97	39.19
15	1.226	1.218	17.01	10.6	41.78
16	1.222	1.214	18.13	11.4	44.80
17	1.217	1.208	19.32	12.1	47.73

10.1-1 湿空气的密度、水蒸气压力、含湿量和焓（大气压 $B = 1.013 \times 10^5$Pa）（续）

空气温度 t (℃)	干空气密度 ρ (kg/m³)	饱和空气密度 ρ_b (kg/m³)	饱和空气的水蒸气分压力 $p_{q,b}$ ($\times 10^2$Pa)	饱和空气含湿量 d_b (g/kg 干空气)	饱和空气焓 i_b (kJ/kg 干空气)
18	1.213	1.204	20.59	12.9	50.66
19	1.209	1.200	21.92	13.8	54.01
20	1.205	1.195	23.31	14.7	57.78
21	1.201	1.190	24.80	15.6	61.13
22	1.197	1.185	26.37	16.6	64.06
23	1.193	1.181	28.02	17.7	67.83
24	1.189	1.176	29.77	18.8	72.01
25	1.185	1.171	31.60	20.0	75.78
26	1.181	1.166	33.53	21.4	80.39
27	1.177	1.161	35.56	22.6	84.57
28	1.173	1.156	37.71	24.0	89.18
29	1.169	1.151	39.95	25.6	94.20
30	1.165	1.146	42.32	27.2	99.65
31	1.161	1.141	44.82	28.8	104.67
32	1.157	1.136	47.43	30.6	110.11
33	1.154	1.131	50.18	32.5	115.97
34	1.150	1.126	53.07	34.4	122.25
35	1.146	1.121	56.10	36.6	128.95
36	1.142	1.116	59.26	38.8	135.65
37	1.139	1.111	62.60	41.1	142.35
38	1.135	1.107	66.09	43.5	149.47
39	1.132	1.102	69.75	46.0	157.42
40	1.128	1.097	73.58	48.8	165.80
41	1.124	1.091	77.59	51.7	174.17
42	1.121	1.086	81.80	54.8	182.96
43	1.117	1.081	86.18	58.0	192.17
44	1.114	1.076	90.79	61.3	202.22
45	1.110	1.070	95.60	65.0	212.69
46	1.107	1.065	100.61	68.9	223.57
47	1.103	1.059	105.87	72.8	235.30
48	1.100	1.054	111.33	77.0	247.02
49	1.096	1.048	117.07	81.5	260.00
50	1.093	1.043	123.04	86.2	273.40
55	1.076	1.013	156.94	114	352.11
60	1.060	0.981	198.70	152	456.36
65	1.044	0.946	249.38	204	598.71
70	1.029	0.909	310.82	276	795.50
75	1.014	0.868	384.50	382	1080.19
80	1.000	0.823	472.28	545	1519.81
85	0.986	0.773	576.69	828	2281.81
90	0.973	0.718	699.31	1400	3818.36
95	0.959	0.656	843.09	3120	8436.40
100	0.947	0.589	1013.00	—	—

10.1-2　干空气成分的体积百分数

气　体　名　称	氮（N_2）	氧（O_2）	二氧化碳（CO_2）	稀有气体
体积百分数（%）	78.3	20.90	0.03	0.94

10.1-3　空气压力对热容、密度、温度和湿度的影响

项　　目	公　　式	式中各项注释
空气压力对热容的影响	$v = RT/P$	P—空气压力，Pa v—气体的比容，m^3/kg R—气体常数，J/（kg·K） T—气体的热力学温度，K ρ—空气密度，kg/m^3 P_q—水蒸气分压力，Pa d—空气的含湿量，kg/kg 干空气 d_b—空气的饱和含湿量，kg/kg 干空气 p_b—饱和水蒸气分压力，Pa φ—相对湿度，%
空气压力对密度的影响	$\rho = P/RT$	
空气压力对温度的影响	$T = P \cdot v/R$	
空气压力对湿度的影响	$d = 0.662P_q/（P - P_b）$ $\varphi =（d/d_b）\cdot（P - P_q）/（P - P_b）\times 100\%$	

10.1-4　某些工作场所的群集系数 ϕ

工　作　场　所	群　集　系　数	工　作　场　所	群　集　系　数
影剧院	0.89	旅　馆	0.93
百货商场（售货）	0.89	图书馆阅览室	0.96
纺织厂	0.9	铸造车间	1.0
体育馆	0.92	炼钢车间	1.0

10.1-5　不同温度条件下的成年男子散热、散湿量

劳动强度	热湿量	温　度（℃）														
		16	17	18	19	20	21	22	23	24	25	26	27	28	29	30
静　坐	显　热	99	93	90	87	84	81	78	74	71	67	63	58	53	48	43
	潜　热	17	20	22	23	26	27	30	34	37	41	45	50	55	60	65
	全　热	116	113	112	110	110	108	108	108	108	108	108	108	108	108	108
	散湿量	26	30	33	35	38	40	45	50	56	61	68	75	82	90	97
极轻劳动	显　热	108	105	100	97	90	85	79	75	70	65	61	57	51	45	41
	潜　热	34	36	40	43	47	51	56	59	64	69	73	77	83	89	93
	全　热	142	141	140	140	137	136	135	134	134	134	134	134	134	134	134
	散湿量	50	54	59	64	69	76	83	89	96	102	109	115	123	132	139
轻劳动	显　热	117	112	106	99	93	87	81	76	70	64	58	51	47	40	35
	潜　热	71	74	79	84	90	94	100	106	112	117	123	130	135	142	147
	全　热	188	186	185	183	183	181	181	182	182	181	181	181	182	182	182
	散湿量	105	110	118	126	134	140	150	158	167	175	184	194	203	212	220
中等劳动	显　热	150	142	134	126	117	112	104	97	88	83	74	67	61	52	45
	潜　热	86	94	102	110	118	123	131	138	147	152	161	168	174	183	190
	全　热	236	236	236	236	235	235	235	235	235	235	235	235	235	235	235
	散湿量	128	141	153	165	175	184	196	207	219	227	240	250	260	273	283
重劳动	显　热	192	186	180	174	169	163	157	151	145	140	134	128	122	116	110
	潜　热	215	221	227	233	238	244	250	256	262	267	273	279	285	291	297
	全　热	407	407	407	407	407	407	407	407	407	407	407	407	407	407	407
	散湿量	321	330	339	347	356	365	373	382	391	400	408	417	425	434	443

成年女子的散热、散湿量为成年男子的 0.84，儿童散热、散湿量为成年男子的 0.75

表中显热、潜热和全热的单位为 W，散湿量的单位为 g/h

10.1-6　舒适性空调的温、湿度和空气速度

夏　季			冬　季		
温度（℃）	相对湿度（%）	风速（m/s）	温度（℃）	相对湿度（%）	风速（m/s）
24～28	40～65	≤0.3	18～22	40～60	≤0.2

10.1-7 空气压力对空气的热容、密度、温度和湿度的影响

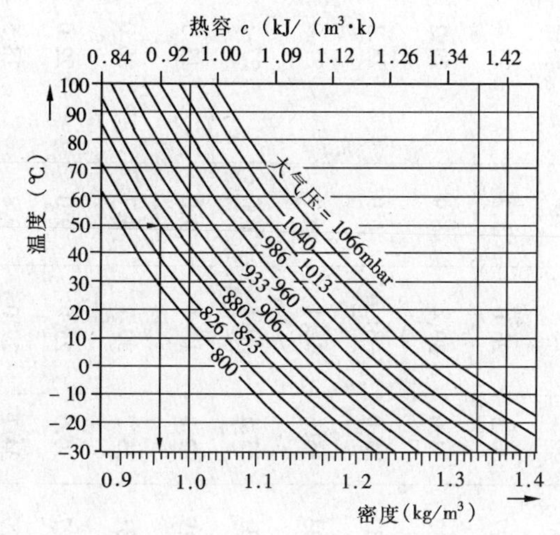

海拔高度（m）	0	500	1000	2000	3000
大气压（mbar）	1013	955	899	795	701
温度（℃）	15	11.8	8.5	2.05	-4.5

例：海拔 1500m 高，温度 50℃

根据上表大气压为 850mbar，查左边曲线，密度为 0.92kg/m

在压力上升时，绝对湿度增加

在压力 p 时，可以近似地：$x_{s(p)} = x_{s(1)}/p_j$

例：空气温度为 20℃，初始压力为 1bar（绝对压力），最终压力为 3bar（计示压力）

由 10.1-1 查得 $x_s = 14.4/4 = 3.67$g/kg

相对湿度：$\varphi = x/x_s \rightarrow x = x_s \cdot \varphi$

10.1-8 通风的任务和要求

任务

1. 保证提供充足的空气
2. 排除有害物质、气味和粉尘
3. 排除水蒸气（去湿）
4. 避免异味的传播
5. 用室外空气冷却室内空气
6. 取暖（无抽力的送风）
7. 热量的回收（有热的回风）
8. 通过空气过滤器净化空气
9. 防止室外的噪声（因为窗户紧闭）
10. 提供良好的工作条件和提高生产能力

要求

1. 保证提供所需要的体积流量
2. 保证室内空气的分布理想
3. 避免拔风现象
4. 避免噪声干扰
5. 运行和保养经济
6. 认真地选择设备和材料

10.1-9 空调舒适性的影响参数

热的影响参数[1]	室内空气温度 围护结构内表面的温度 空气速度 相对湿度	物理影响参数	噪声干扰 静电电荷
		光学影响参数	照明不好或刺眼 能眺望、颜色、植物
化学影响参数	有异味和使人不愉快的物质 粉尘、气体、烟等	其他的影响参数	衣着、健康、活动、停留时间等

[1]热的舒适性由人对热和冷的敏感性决定

10.1-10 围护结构最大传热系数［W/（m²·K）］

围护结构名称	工艺性空气调节 室内允许波动范围（℃）			舒适性空气调节
	±0.1～0.2	±0.5	≥±1.0	
屋 盖	—	—	0.8	1.0
顶 棚	0.5	0.8	0.9	1.2
外 墙	—	0.8	1.0	1.5
内墙和楼板[1]	0.7	0.9	1.2	2.0

[1]表中内墙和楼板的有关数值，仅适用于相邻房间的温差大于 3℃时

确定围护结构的传热系数时，尚应符合围护结构最小传热阻的规定

10.1-11 围护结构外表面的换热系数 α_w［W/（m²·K）］

室外平均风速（m/s）	1.0	1.5	2.0	2.5	3.0	3.5	4.0
换热系数 α_w	14.0	17.5	19.8	23.1	24.4	26.1	27.9

10.1-12 室外气象参数

序号	地名	台站位置			大气压力 hPa（mbar）		年平均温度（℃）	室外计算（干球）温度（℃）								夏季空气调节室外计算湿球温度（℃）
								冬季				夏季				
		北纬	东经	海拔（m）	冬季	夏季		采暖	空气调节	最低日平均	通风	通风	空气调节	空气调节日平均	计算日较差	
1	2	3	4	5	6	7	8	9	10	11	12	13	14	15	16	17
1	北京	39°48′	116°28′	31.2	1020.4	998.6	11.4	−9	−12	−15.9	−5	30	33.2	28.6	8.8	26.4
2	天津	39°06′	117°10′	3.3	1026.6	1004.8	12.2	−9	−11	−13.1	−4	29	33.4	29.2	8.1	26.9
3	太原	37°47′	112°33′	777.9	932.9	919.2	9.5	−12	−15	−17.8	−7	28	31.2	26.1	9.8	23.4
4	呼和浩特	40°49′	111°41′	1063.0	900.9	889.4	5.8	−19	−22	−25.1	−13	26	29.9	25.0	9.4	20.8
5	沈阳	41°46′	123°26′	41.6	1020.8	1000.7	7.8	−19	−22	−24.9	−12	28	31.4	27.2	8.1	25.4
6	长春	43°54′	125°13′	236.8	994.0	977.9	4.9	−23	−26	−29.8	−16	27	30.5	25.9	8.8	24.2
7	哈尔滨	45°41′	126°37′	171.7	1001.5	985.1	3.6	−26	−29	−33.0	−20	27	30.3	26.0	8.3	23.4
8	上海	31°10′	121°26′	4.5	1025.1	1005.3	15.7	−2	−4	−6.9	3	32	34.0	30.4	6.9	28.2
9	南京	32°00′	118°48′	8.9	1025.2	1004.0	15.3	−3	−6	−9.0	2	32	35.0	−31.4	6.9	28.3
10	南昌	28°36′	115°55′	46.7	1018.8	999.1	17.5	0	−3	−5.6	5	33	35.6	32.1	6.7	27.9
11	广州	23°08′	113°19′	6.6	1019.5	1004.5	21.8	7	5	2.9	13	31	33.5	30.1	6.5	27.7
12	拉萨	29°40′	91°08′	3658.0	650.0	652.3	7.5	−6	−8	−10.3	−2	19	22.8	18.1	9.0	13.5
13	西安	34°18′	108°56′	396.9	978.7	959.2	13.3	−5	−8	−12.3	−1	31	35.2	30.7	8.7	26.0
14	银川	38°29′	106°13′	1111.5	895.7	883.5	8.5	−15	−18	−23.4	−9	27	30.6	25.9	9.0	22.0
15	乌鲁木齐	43°47′	87°37′	917.9	919.9	906.7	5.7	−22	−27	−33.3	−15	29	34.1	29.0	9.8	18.5

10.1-12 室外气象参数（续）

序号	地名	最热月平均温度（℃）	室外计算相对湿度（%）			室外风速（m/s）			最多风向及其频率						冬季日照率（%）	最大冻土深度（cm）
									冬季		夏季		全年			
			最冷月月平均	最热月月平均	最热月14时平均	冬季最多风向平均	冬季平均	夏季平均	风向	频率（%）	风向	频率（%）	风向	频率（%）		
1	2	18	19	20	21	22	23	24	25	26	27	28	29	30	31	32
1	北京	25.8	45	78	64	4.8	2.8	1.9	C N NNW	19 13 13	C N	24 9	C N	20 10	67	85
2	天津	26.4	53	78	65	6.0	3.1	2.6	C NNW	13 13	SE	11	C NNW	10 8	62	69
3	太原	23.5	51	72	54	3.3	2.6	2.1	C NNW	24 14	C NNW	26 13	C NNW	24 13	64	77
4	呼和浩特	21.9	56	64	49	4.5	1.6	1.5	C NW	49 10	C SSW	42 7	C NN	43 8	69	143
5	沈阳	24.6	64	78	64	3.2	3.1	2.9	N	13	S	17	S	12	58	148
6	长春	23.0	68	78	64	5.1	4.2	3.5	SW	20	SW	15	SW	17	66	169
7	哈尔滨	22.8	74	77	61	4.7	3.8	3.5	S SSW	13 13	S	13	S SSW	12 12	63	205
8	上海	27.8	75	83	67	3.8	3.1	3.2	NW WNW	14 12	ESE SE	15 15	ESE	10	43	8
9	南京	28.0	73	81	64	3.8	2.6	2.6	C NE	25 10	C SE	18 13	C NE E	22 9 9	46	9
10	南昌	29.6	74	75	58	5.4	3.8	2.7	N	29	C SW	19 12	N	22	34	—
11	广州	28.4	70	83	67	3.5	2.4	1.8	C N	29 27	C SE	28 14	C N	29 28	40	—
12	拉萨	15.1	28	54	44	2.4	2.2	1.8	C E	25 15	C ESE	29 14	C ESE	25 14	77	26
13	西安	26.6	67	72	55	2.7	1.8	2.2	C NE	33 13	C NE	24 16	C NE	29 14	43	45
14	银川	23.4	58	64	47	2.2	1.7	1.7	C N	33 11	C S	31 11	C N S	32 8 8	75	103
15	乌鲁木齐	23.5	80	44	31	2.5	1.7	3.1	C S	30 11	NW	15	C NW	17 11	50	133

10.1-12 室外气象参数（续）

序号	地名	设计计算用采暖期天气及其平均温度				起止日期		极端最低温度（℃）	极端最高温度（℃）	极端温度平均值（℃）		统计年份
		日平均温度≤+5℃（+8℃）的天数		日平均温度≤+5℃（+8℃）期间内的平均温度（℃）		日平均温度≤+5℃（+8℃）的起止日期（月、日）				极端最低	极端最高	
1	2	33		34		35		36	37	38	39	40
1	北　京	129	（149）	−1.6	（−0.2）	11.9～3.17	（11.1～3.29）	−27.4	40.6	−17.1	37.1	1951～1980
2	天　津	122	（147）	−0.9	（0.3）	11.16～3.17	（11.4～3.30）	−22.9	39.7	−14.7	37.1	1955～1980
3	太　原	144	（162）	−2.1	（−1.2）	11.2～3.25	（10.23～4.2）	−25.5	39.4	−21.4	35.2	1951～1980
4	呼和浩特	171	（188）	−5.9	（−4.8）	10.20～4.8	（10.9～4.14）	−32.8	37.3	−27.0	34.1	1951～1980
5	沈　阳	152	（177）	−5.7	（−4.0）	11.3～4.3	（10.19～4.13）	−30.6	38.3	−26.8	34.0	1951～1980
6	长　春	174	（192）	−8.0	（−6.6）	10.22～4.13	（10.11～4.20）	−36.5	38.0	−30.2	33.8	1951～1980
7	哈尔滨	170	（198）	−9.5	（−7.8）	10.18～4.14	（10.6～4.21）	−38.1	36.4	−33.4	34.2	1951～1980
8	上　海	62	（109）	4.1	（5.3）	12.24～2.23	（11.29～3.17）	−10.1	38.9	−6.7	36.6	1951～1980
9	南　京	83	（115）	3.2	（4.3）	12.8～2.28	（11.22～3.16）	−14.0	40.7	−8.6	37.4	1951～1980
10	南　昌	35	（83）	5.0	（6.1）	12.30～2.2	（12.10～3.2）	−9.3	40.6	−5.0	38.1	1951～1980
11	广　州	0	（0）	—	（—）	—	（—）	0.0	38.7	1.9	36.3	1951～1980
12	拉　萨	149	（182）	0.7	（1.8）	10.29～3.26	（10.16～4.15）	−16.5	29.4	−14.8	26.0	1951～1980
13	西　安	101	（127）	1.0	（2.1）	11.21～3.1	（11.9～3.15）	−20.6	41.7	−11.8	39.4	1951～1980
14	银　川	149	（170）	−3.4	（−2.1）	10.30～3.27	（10.19～4.6）	−30.6	39.3	−22.5	35.1	1951～1980
15	乌鲁木齐	157	（177）	−8.5	（−7.3）	10.24～3.29	（10.16～4.10）	−41.5	40.5	−29.7	38.4	1951～1980

10.1-13　室内温度与相对湿度的关系

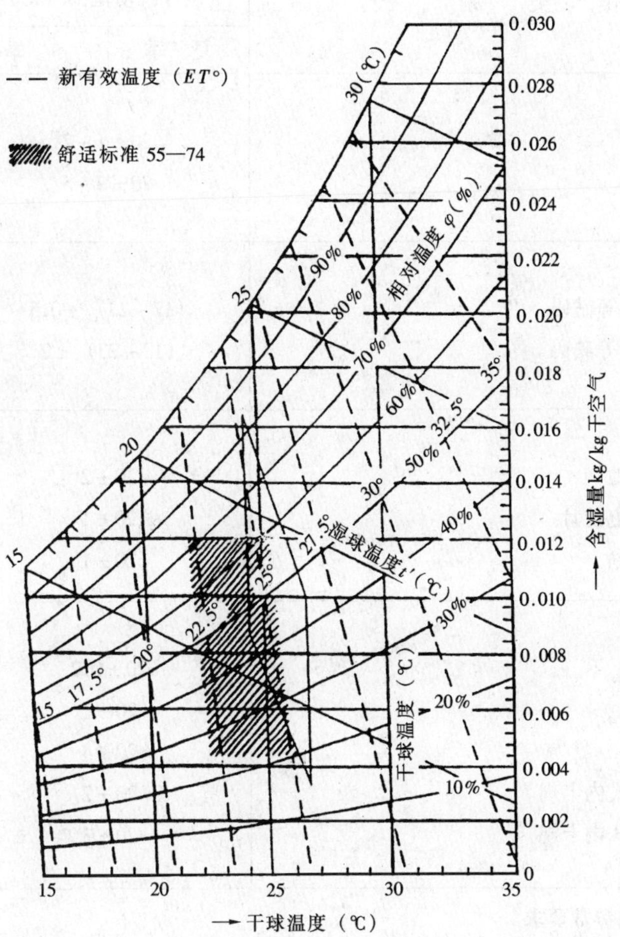

10.1-14　机械工业部分使用环境的室内参数要求

工　作　类　别	空气温度基数及其允许波动范围（℃）		空气相对湿度范围（%）	备　注
	夏　季	冬　季		
Ⅰ级坐标镗床、大型高精度分度蜗轮滚齿机、量具半精研及手工研磨等	20±1	20±1	40～65	
Ⅱ级坐标镗床、精密丝杠车床、精密滚齿机、精密轴承的装配、分析天平$\left(感量\frac{1}{10万}g\right)$	23±1	17±1	40～65	
精密轴承精加工	16～27		40～65	
高精度外圆磨床、高精度平面磨床	16～24		40～65	
高精度刻线机（机械刻划法）	20±0.1～0.2		40～65	加工精密线纹尺（或分度盘）
高精度刻线机（光电瞄准并联机械刻划法）	18～22		40～65	
光学量仪的装配	17～23			

10.1-15　各种计量室的室内参数要求

工　作　类　别	空气温度基数及其允许波动范围（℃）		空气相对湿度范围（%）	备　注
	夏　季	冬　季		
1. 热学计量室 标准热电偶 压力计、真空表	20±1~2 20±2~5		<70	
2. 力学计量室 检定1~3级天平，一等砝码 检定4~6级天平，二等砝码	（17~23）±0.5 （17~23）±2		50~60	
3. 电学计量室 检定一、二等标准电池 检定直流高阻、低阻电位计 检定0.01~0.02级电桥	20±2 20±1 20±1		<70	
4. 长度计量室 检定一等量块 检定三等量块 检定五等量块 检定一级精度4分尺式内卡规 检定二级精度4分尺式内卡规	20±0.2 20±1 20±4 20±2 20±3		50~60	

10.1-16　光学仪器工业室内参数要求

工　作　类　别	空气温度基数及其允许波动范围（℃）	空气相对温度（%）	备　注
抛光间、细磨间、镀膜（或镀银）间、胶合间、照明复制间、光学系统装配和调整间	（22~24）±2（夏季）	<65	室内空气有较高的净化要求
精密刻划间	20±0.1~0.5	<65	

10.1-17　电子工业部分工作间内空气温湿度基数及允许波动范围

工　作　间　名　称	空气温度基数及其允许波动范围（℃）		空气相对湿度范围（%）	备　注
	夏　季	冬　季		
1. 无线电元件工厂 电解电容器、薄膜电容器车间	26~28	16~18	40~60	这些车间主要是控制室内空气的含湿量

10.1-17　电子工业部分工作间内空气温湿度基数及允许波动范围（续）				
工作间名称	空气温度基数及其允许波动范围（℃）		空气相对湿度范围（%）	备注
	夏季	冬季		
2. 仓库				
密封性成品		≮5	≯70	
非密封性成品	≯28		≯70	
3. 无线电整机工厂				
部装车间的密封焊接间	25^{+3}_{-8}	16~18	50±10	
部装车间的精密部件装配间	20±5	16~18	50±10	
总装车间的测试间	20±5	16~18	60±10	
成品包装间	23^{+3}_{-8}	16~18	60±10	
精密铸造的制模及涂料间	18~25	18~25	50±10	
4. 厂仪器室				
仪器校准室	20±2	20±2	50±10	
仪器储存室	25^{+3}_{-8}	16~18	50±10	
电气测量实验室	20±1		50±10	
5. 半导体器件工厂				
精缩间	22±1	22±1	50~60	
翻版间	22±1	22±1	50~60	
光刻间	22±1	22±1	50~60	有很高的洁净要求
扩散间	23±5	23±5	60~70	
蒸发、钝化	23±5	23±5	60~70	
外延	23±5	23±5	60~70	
6. 黑白显像管厂				
涂屏间	25±1	25±1	60~70	
装架间	24±2	22±2	60~70	
热操作间	<30		<70	
阴极、热丝涂覆	24±2	22±2	50~60	
7. 彩色显像管厂				
屏锥涂覆、药调	（24~26）±1	（24~26）±1	55±5	
内石墨涂覆、低熔玻璃调和	26±2	26±2	≤50	
屏装配、蒸铝、封口	26±3	26±3	55±10	有洁净要求
封口、荧光粉再生	26±3	26±3	55±10	
电子枪清洗、装配	（24~26）±1	（24~26）±1	55±5	
荧光粉回收	26±1	26±1	55±5	
8. 录像机厂				
磁头、磁鼓加工洁净室	22±1	22±1	55±5	
精密测定室	21±1	21±1	<60	洁净室为1000级
精密研磨、精密放电加工	23±2	23±2	<60	
其余加工、装配等	26±2	22±2	40~70	

10.1-18 纺织工业有关空气温湿度要求

棉纺织工业生产车间的空气温、湿度要求

车间名称	夏季		冬季	
	温度（℃）	相对湿度（%）	温度（℃）	相对湿度（%）
1. 纯棉纺织				
清棉	29~31	55~65	20~22	55~65
梳棉	29~31	55~60	22~24	55~60
精梳	28~30	55~60	22~24	55~60
并条	29~31	60~70	22~24	60~70
粗纱	29~31	60~70	22~24	60~70
细纱	30~32	55~60	24~26	55~60
捻线	30~32	60~65	23~25	60~65
织布准备	29~31	65~70	20~23	65~70
织布	28~30	70~75	22~25	70~75
整理	28~30	55~65	18~20	55~65
2. 涤棉混纺织				
清棉	29~31	60~70	20~22	60~70
梳棉	29~31	55~60	22~24	55~60
精梳	28~30	55~60	22~24	55~60
并条	29~31	55~60	22~24	55~60
粗纱	29~31	55~60	22~24	55~60
细纱	30~32	50~55	24~26	50~55
捻线	30~32	55~60	23~25	55~60
织布准备	28~30	60~65	20~23	60~65
织布	28~30	70~75	22~25	70~75
整理	28~30	55~65	18~20	55~65

人造纤维工厂各工段的空气温、湿度要求

车间名称	夏季		冬季	
	温度（℃）	相对湿度（%）	温度（℃）	相对湿度（%）
黄化	<32	>65	>16	>65
熟成、过滤	（16~22）±0.5	—	（16~22）±0.5	—
长丝、纺丝	（25~31）±1	70~85	（25~31）±1	70~85
筒绞，分级包装	27±1	60~70	25±1	60~70
短纤维纺丝	<32	—	>16	—
计量泵校验	20±1		20±1	
物理检验	20±2	65±3	20±2	65±3

10.1-18 纺织工业有关空气温湿度要求（续）

合成纤维工业生产车间的空气温湿度要求

车间名称	夏季		冬季	
	温度（℃）	相对湿度（%）	温度（℃）	相对湿度（%）
1. 锦纶 66 长丝				
纺丝	<33		>18	
卷绕	23±0.5	71±5	23±0.5	71±5
牵伸	22±2	65±5	22±2	65±5
平衡	21±2	65±6	21±2	65±5
络筒	19±1	60±5	19±1	60±5
倍捻	21±1	65±5	21±1	65±5
计量泵校验	20±2		20±2	
侧吹风	22.5±0.5	70±5	22.5±0.5	70±5
2. 涤纶长丝（高速纺）				
纺丝	<30		>20	
卷绕	（24~26）±2	65±5	（24~26）±2	65±5
平衡	（24~26）±2	65±5	（24~26）±2	65±5
拉伸丝架	（24~26）±2	65±5	（24~26）±2	65±5
拉伸	<32	<70	<32	<70
拉伸变形	（24~26）±2	65±5	（24~26）±2	65±5
分级包装	<28	40~70	>20	40~70
计量泵校验	25±2		25±2	
侧吹风	（18~26）±1	（65~80）±（3~5）	（18~26）±1	（65~80）±（3~5）
3. 维纶				
原液	自然	自然		
纺丝及热处理：				
(1) 纺丝	33±3	55~65	33±3	55~65
(2) 热处理	38±3	<45	38±3	<45
(3) 冷却切断	34±2	~50	20±2	~50
整理	34±2	~50	20±2	~50
4. 腈纶				
聚合	≤33	>65	≥16	>65
纺丝	≤33		≥18	
毛条	28±1	65±5	22±1	65±5
物理检验	20±2	65±（2、3、5）	20±2	65±（2、3、5）
仪表控制	≤28	<70	18	<70

10.1-19　医药工业室内空气参数要求

工作类别	空气温度（℃）		空气相对湿度（%）	备注
	夏季	冬季		
1. 抗菌素无菌分装车间青霉素、链霉素分装，菌落试验，无菌鉴定，无菌更衣室等房间	≯22（盖瓶塞的工艺操作） ≯25（灌装安瓿等发热量较大的）	20	≯55	≯这些房间内的空气温度主要是满足人的舒适要求，夏季穿两套无菌工作服，冬季无菌工作服内不能穿毛衣等内衣
2. 针剂及大输液车间调配、灌装等属于半无菌操作的房间	25	18	≯65	穿一件无菌工作服
3. 青霉素片剂车间	一般	一般	≯55	

10.1-20　造纸工业室内空气参数要求

工作类别	空气温度基数及允许波动范围（℃）		空气相对湿度及允许波动范围（℃）		备注
	夏季	冬季	夏季	冬季	
薄型纸完成（分切）工段	25±1	20±1	65±5		
高级纸完成工段	26±2		65±5		
物理性能检验室	20±0.5~2		(60~65)±2~3		
薄型纸的打浆、抄纸、复卷、湿润等工段	≯30	≯18	≯70	≯75	打浆工段冬季室温要求一般为20℃

10.1-21　开机时电子计算机机房的空气温湿度

项目＼级别	A级		B级	备注
	夏季	冬季	全年	
温度	23±2℃	20±2℃	18±28℃	
相对湿度	45%~65%		40%~70%	在静态条件下，每升空气中≥0.5μm的尘粒数，应少于18000粒
温度变化率	<5℃/h 并不得结露		<10℃/h 并不得结露	

10.1-22　停机时电子计算机机房的空气温湿度

项目＼级别	A级	B级	备注
温度	5~35℃	5~35℃	
相对湿度	40%~70%	20%~80%	在主操作员位置、噪声应小于60dB（A）
温度变化率	<5℃/h 并不得结露	<10℃/h 并不得结露	

10.1-23 纪录介质库的温湿度

项目＼品种	卡片	纸带	磁带		磁盘	
			长期保存已记录的	未记录的	已记录的	未记录的
温度	5~40℃		18~28℃	0~40℃	18~28℃	0~40℃
相对湿度	30%~70%	40%~70%	20%~80%		20%~80%	

10.1-24 橡胶工业有关车间内空气温湿度基数及允许波动值

车间（工作间）名称	空气温度基数及其允许波动范围（℃）	空气相对湿度（%）
钢丝锭子室	25±1	小于40
高压胶管钢丝编织室	23±2	62.5±2.5
成型车间	18~28	~70
实验室（部分）	20±1	~60
中心控制室	22±1	~60
混炼胶（丁腈胶）存放	20±3	

10.1-25 湿空气的焓

焓的意义	湿空气焓值的计算公式	说明
焓是工质的热力状态参数，代表流动的工质向流动前方传递的总能量中取决于热力状态的那部分能量。在压力不变时，焓差值即为热交换量 而在空调工程中，湿空气的处理过程基本上是定压过程，要计算空气处理过程中热交换量，就要计算湿空气的焓	$h=1.01t+0.001d（2500+1.859t）$ $d=622\cdot p_q/（p-p_b）$	h——1kg干空气的焓和0.001$d$kg水蒸气的焓的和，称为（1+0.001d）kg湿空气的焓，kJ/kg·干空气 d——空气的含湿量，g/kg干空气 t——湿空气的温度，℃ p_q——湿空气中水蒸气的分压力，Pa p_b——湿空气达到饱和时的水蒸气分压力，Pa φ——空气的相对湿度，% p——湿空气的总压力，即大气压力，Pa

10.1-26 湿空气 *h-d* 图（10.13mbar）

空气状态参数
t——空气温度 φ——相对湿度，0.5 为 50% x——绝对湿度 h——热焓 p_D——水蒸气压力 t_T——露点温度 t_f——湿球温度（由于空气潮湿可达到的最低温度，h = 恒量）

空气状态的变化

1. 混合过程

例如：在冬天

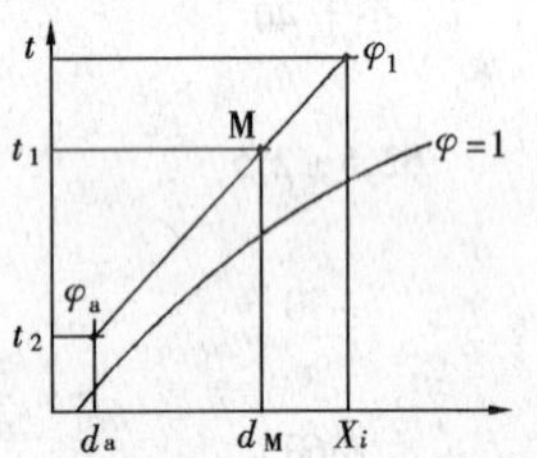

a——室外　　i——室内

M——混合空气状态（这里约30%室外空气）

2. 加热（x 为恒量）

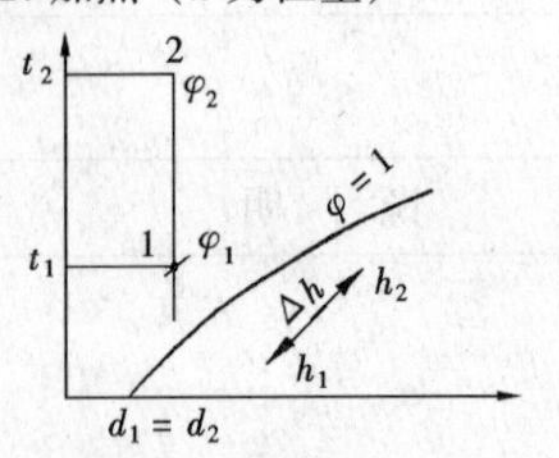

$$Q_{Fec} = m_{kq} \cdot \Delta u$$

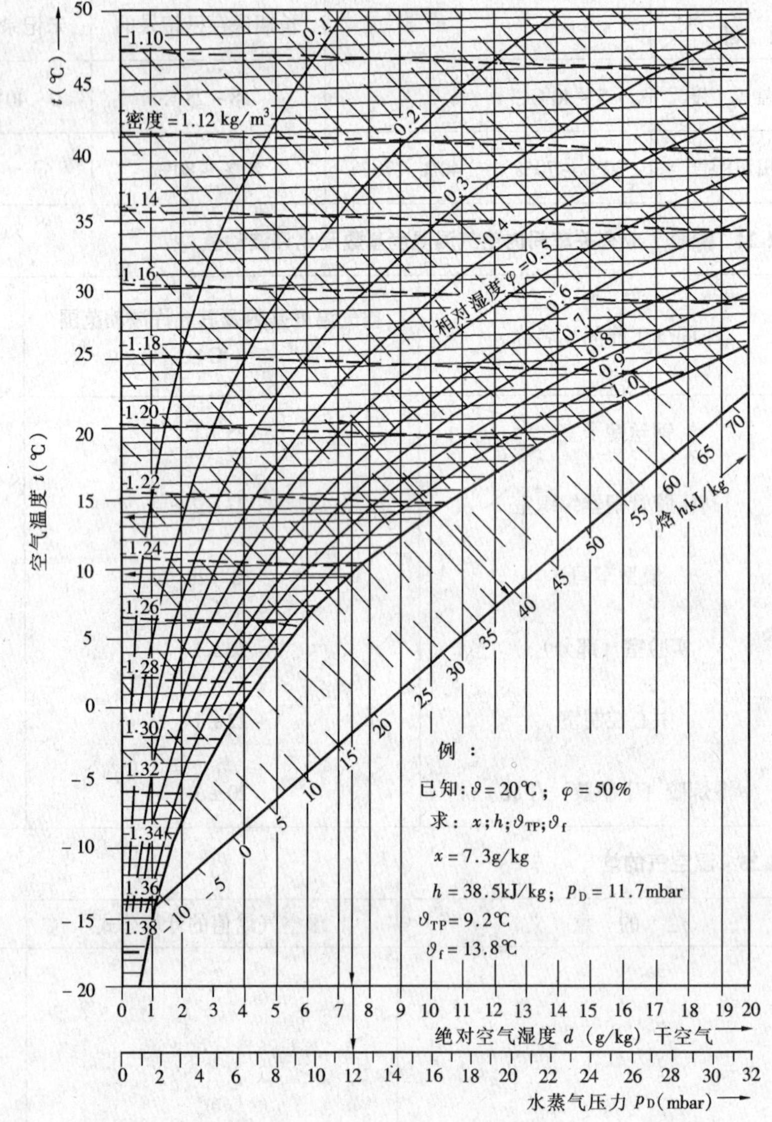

3. 冷却过程（$\theta_k > \theta_{TP}$）即干的冷却器表面（无去湿）

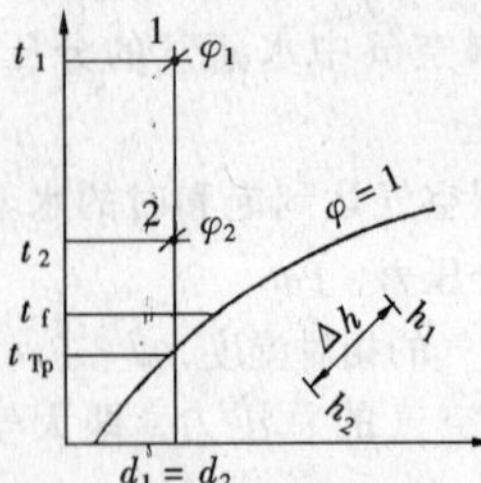

θ_{TP}——冷却器表面温度

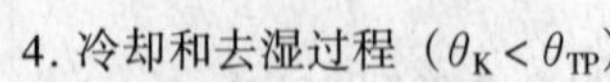

4. 冷却和去湿过程（$\theta_K < \theta_{TP}$）

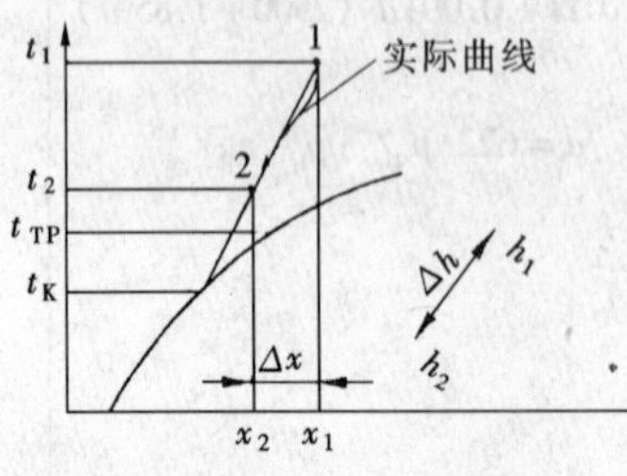

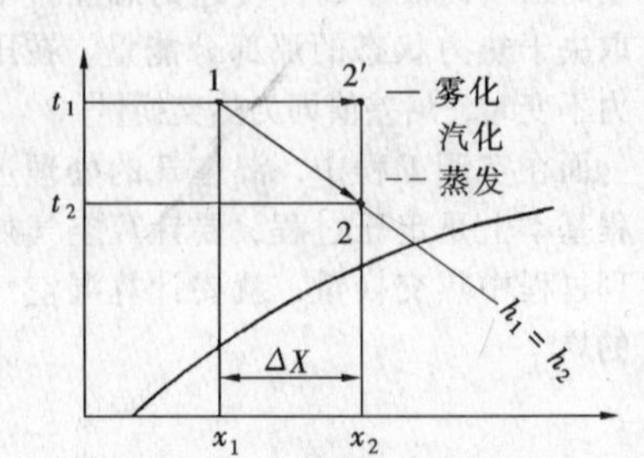

冷却量（kJ/h）	除湿量	加湿量（g/h）
$Q_V = m_{kq} \cdot \Delta h$	$m_{sq} = m_{kq} \cdot \Delta d$（−）	$m_{sh} = m_{kq} \cdot \Delta d$（+）

10.2　通风空调系统的类型与确定

10.2-1　自然通风类型

类　别	图　示	适用范围	特　点
热压作用	炉	1. 用于工业与民用建筑的全面通风 2. 用于某些热设备的局部排气	1. 比较经济、不消耗动力，可获得巨大的通风量 2. 通风量与室外气象条件密切相关，难以人为控制
风压作用			
热压风压同时作用	v_h　p_{xb}　b K_b　t_w ρ_w　h　$t_{pj}\rho_{pj}$　K_a a　p_{xa}		

10.2-2　自然通风风速计算

风　速	$v=\mu\sqrt{\dfrac{2\Delta P}{\rho}}$	μ——窗孔流量系数，$\mu=\dfrac{1}{\sqrt{\xi}}$ ξ——窗外局部阻力系数 ρ——空气密度，kg/m^3 ΔP——窗孔两侧压力差

10.2-3　进、排风窗局部阻力系数 ζ[1]值

窗扇结构	开启角度 $\alpha°$	$b/l=1:1$[2]	$b/l=1:2$[2]	$b/l=1:\infty$[2]
单层窗上悬（进风）	15	16	20.6	30.8
	30	5.65	6.9	9.15
	45	3.68	4.0	5.15
	60	3.07	3.18	3.54
	90	2.59	2.59	2.59
单层窗上悬（排风）	15	11.1	17.3	30.8
	30	4.9	6.9	8.6
	45	3.18	4.0	4.7
	60	2.51	3.07	3.3
	90	2.22	2.51	2.51
单层窗中悬	15	45.3	—	59.0
	30	11.1	—	13.6
	45	5.15	—	6.55
	60	3.18	—	3.18
	90	2.43	—	2.68
双层窗上悬	15	14.8	30.8	—
	30	4.9	9.75	—
	45	3.83	5.15	—
	60	2.96	3.54	—
	90	2.37	2.37	—
双层窗上下悬	15	18.8	45.3	59.0
	30	6.25	11.1	17.3
	45	3.83	5.9	8.6
	60	3.07	4.0	5.0
	90	2.37	2.77	2.77
竖轴板式进风窗	90	2.37		

[1]各跨间的膛孔阻力系数 $\zeta=1.56$；无挡风板的矩形天窗作为进风用时，当窗扇开启的角度 $\alpha=35°$时，$\zeta=12.2$；厂房大门 $\zeta=1.56$

[2] b 代表窗扇高度，l 代表窗扇长度

10.2-4　常用避风天窗的局部阻力系数 ζ 值

简图	项目	X-Ⅰ型
1.25h　3h　1.25h　80°　$i=1/12$	l/h	1.25
	ζ	4.0
	用途及说明	1. 天窗无窗扇，并可防雨，适用于南方高温车间 2. 防雨角度按 30°～35°计算

简图	项目	X-Ⅱ型
1.25h　3h　1.25h　80°　$i=1/12$	l/h	1.25
	ζ	4.6
	用途及说明	1. 天窗无窗扇，并可防雨，适用于南方高温车间 2. 防雨角度按 30°～35°计算

10.2-4 常用避风天窗的局部阻力系数 ζ 值（续）

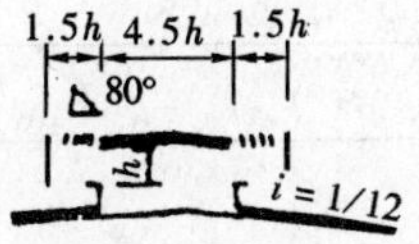

X-Ⅲ型

l/h	1.5
ζ	2.2
用途及说明	1. 天窗无窗扇，并可防雨，适用于南方高温车间 2. 防雨角度按 30°～35°计算

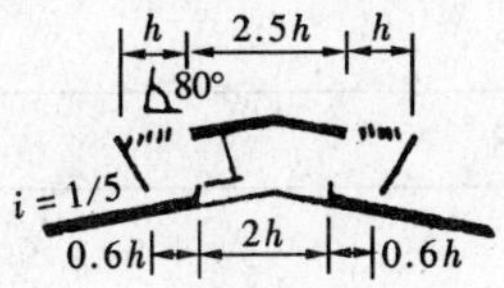

X-Ⅳ型

l/h	1.0
ζ	4.1
用途及说明	1. 天窗无窗扇，并可防雨，适用于南方高温车间 2. 防雨角度按 30°～35°计算

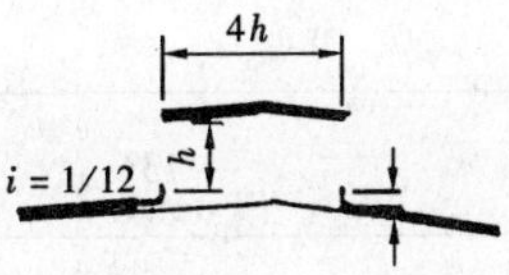

不避风型天窗

ζ	2.52
用途及说明	适用于不避风和不调节的车间

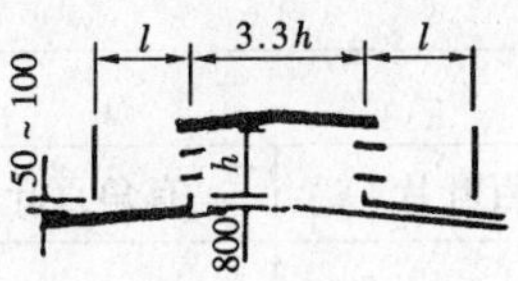

中悬式矩形天窗

开启角度	l/h	ζ
80°	1.5	4.2
说　明	结构简单，局部阻力系数小，可以调节，适用于高温车间	

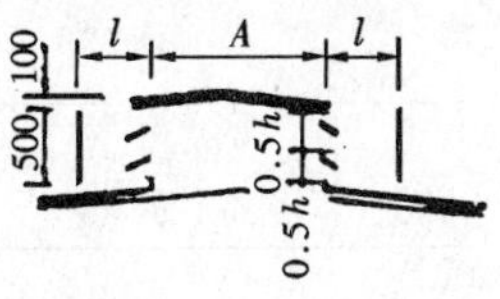

上悬式矩形天窗

开启角度	35°				45°				55°			
l/h	1	1.5	2	2.5	1	1.5	2	2.5	1	1.5	2	2.5
ζ	13.9	11.5	9.5	9.1	11.5	9.2	6.8	6.1	11.7	7.1	5.1	4.3
说　明	1. 窗扇受开启机构限制，开启角度不大 2. 结构简单，但阻力系数大											

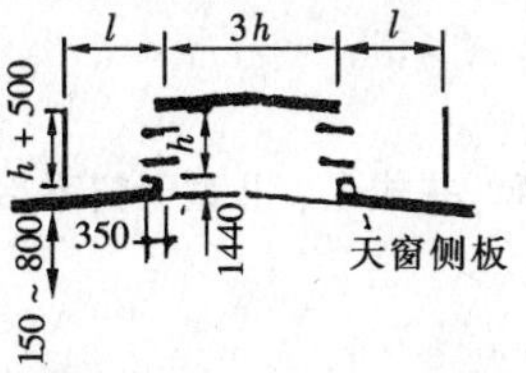

带水平挡板矩形天窗

窗扇开启角度	80°
l/h	1.5
ζ	3.9
说　明	空气动力性能良好，局部阻力系数小

10.2-4　常用避风天窗的局部阻力系数 ζ 值（续）

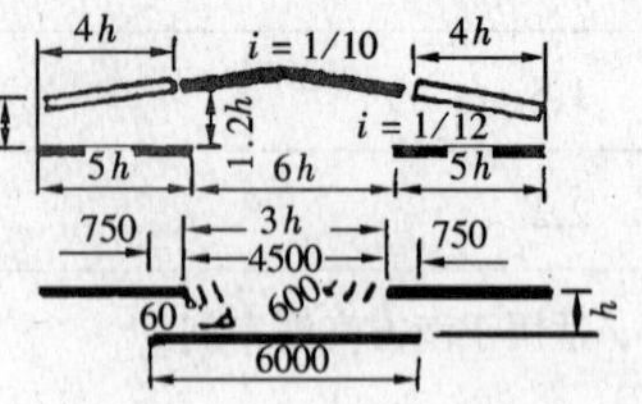

<table>
<tr><td rowspan="4"></td><td colspan="7">井式Ⅰ型（6m 柱距）天窗</td></tr>
<tr><td>防雨角度</td><td colspan="6">45°</td></tr>
<tr><td>ζ</td><td colspan="6">3.84</td></tr>
<tr><td>说　明</td><td colspan="6">1. 根据热源位置灵活布置
2. 天窗无窗扇，并可防雨
3. 适用于高温车间</td></tr>
<tr><td rowspan="4"></td><td colspan="7">井式Ⅱ型（6m 柱距）天窗</td></tr>
<tr><td>防雨角度</td><td colspan="6">45°</td></tr>
<tr><td>ζ</td><td colspan="6">4.8</td></tr>
<tr><td>说　明</td><td colspan="6">1. 根据热源位置灵活布置
2. 天窗无窗扇，并可防雨
3. 适用于高温车间</td></tr>
<tr><td rowspan="4"></td><td colspan="7">锯齿形天窗</td></tr>
<tr><td>遮阳板倾角</td><td colspan="3">+18.5°</td><td colspan="3">−13°</td></tr>
<tr><td>ζ</td><td colspan="3">2.1</td><td colspan="3">3.1</td></tr>
<tr><td>说　明</td><td colspan="6">适用于轧钢车间</td></tr>
<tr><td rowspan="5"></td><td colspan="7">炼铁车间天窗</td></tr>
<tr><td>窗口形式</td><td colspan="2">没有百叶片</td><td colspan="2">有直百叶片</td><td colspan="2">有角百叶片</td></tr>
<tr><td>l/h</td><td>1</td><td>1.5</td><td>1</td><td>1.5</td><td>1</td><td>1.5</td></tr>
<tr><td>ζ</td><td>6.4</td><td>5.8</td><td>8</td><td>6.7</td><td>10</td><td>7.5</td></tr>
<tr><td>说　明</td><td colspan="6">1. 适用于炼铁车间
2. A/h = 2</td></tr>
<tr><td rowspan="3"></td><td colspan="7">多边形组合天窗</td></tr>
<tr><td>ζ</td><td colspan="6">2.71</td></tr>
<tr><td>说　明</td><td colspan="6">1. 工厂化生产，局部阻力系数小
2. 适用于电厂锅炉间等高温车间</td></tr>
</table>

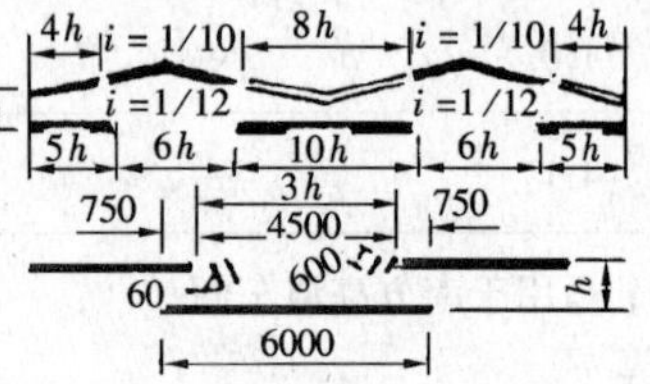

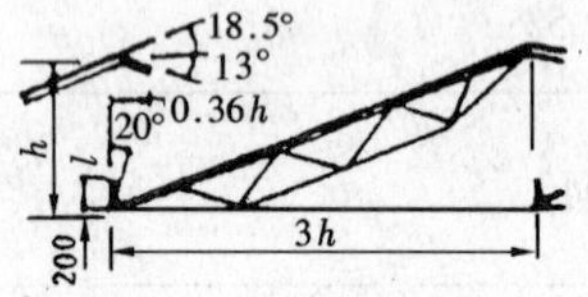

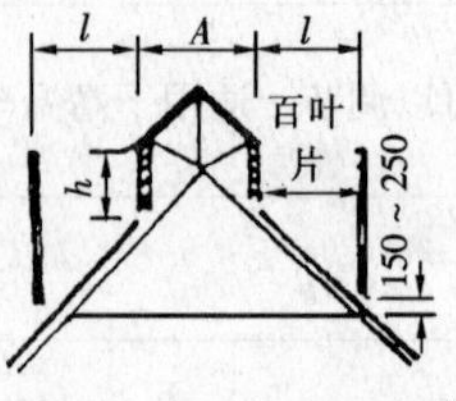

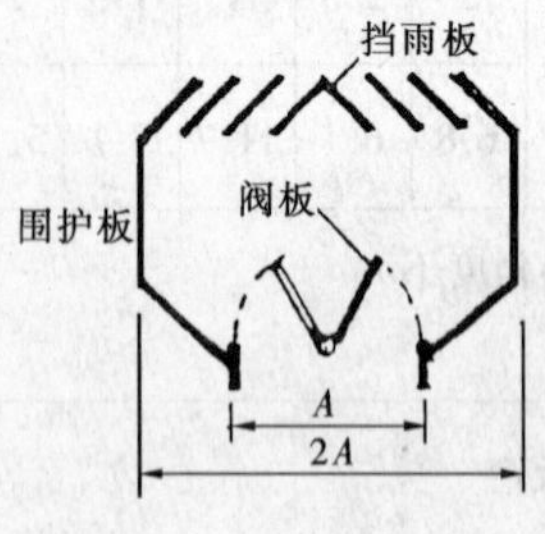

l 表示挡风板至天窗距离，A 表示喉口宽度，h 表示天窗高度

X-Ⅰ ~ X-Ⅳ型系北京钢铁设计院试验值，无窗扇型天窗系冶金建筑研究院试验值，井式Ⅰ、Ⅱ型天窗系冶金建研院试验值

多边形组合天窗系东北电力设计院提供数值

所列局部阻力系数值皆对天窗口速度而言

10.2-5 室内工作地点温度（℃）

夏季通风室外计算温度（℃）	≤22	23	24	25	26	27	28	29~32	≥33
允许温差	10	9	8	7	6	5	4	3	2
工作地点温度	≤32	32						32~35	35

10.2-6 排风口温度计算公式

项　目	公　式	适 用 条 件
温度梯度法	$t_p = t_H + \Delta t_H (H-2)$	散热较均匀，且不大于 116W/m³ 时
散热量有效系数法	$m = m_1 m_2 m_3$	

式中　Δt_H——温度梯度,℃/m，按 10.2-7 采用

H——排风口中心距地面高度，m

m_1——根据热源占地面积 f 和地面面积 F 之比值，按 10.2-11 确定

m_2——根据热源高度，按 10.2-8 采用

m_3——根据热源的辐射散热量 Q_f 和总散热量 Q 之比值，按 10.2-12 确定

10.2-7 温度梯度 Δt_H 值

车间散热强度（W/m³）	厂房高度（m）										
	5	6	7	8	9	10	11	12	13	14	15
11.6~23.2	1	0.9	0.8	0.7	0.6	0.5	0.4	0.4	0.4	0.3	0.2
24.4~46.5	1.2	1.2	0.9	0.8	0.7	0.6	0.5	0.5	0.5	0.4	0.4
47.7~69.8	1.5	1.5	1.2	1.1	0.9	0.8	0.8	0.8	0.8	0.8	0.5
70.9~93	—	1.5	1.5	1.3	1.2	1.2	1.2	1.2	1.1	1.0	0.9
105.8~116.3	—	—	—	1.5	1.5	1.5	1.5	1.5	1.5	1.4	1.3

如果散热量大而且比较集中，或者厂房较高，则不推荐用上式计算

10.2-8 系数 m_2 值

热源高度（m）	≤2	4	6	8	10	12	≥14
m_2	1.0	0.85	0.75	0.65	0.60	0.55	0.5

10.2-9　夏季车间自然通风计算表

条　　件	风量计算公式	
车间无局部排风时	$G=\dfrac{Q}{C\ (t_p-t_w)\ \beta}=\dfrac{mQ}{C\ (t_n-t_w)\ \beta}$	Q——室内全部显热量，kW G_{pj}——局部排风量，kg/s t_{wf}——夏季通风室外计算温度，℃ β——进风有效系数 C——空气比热，$C=1.01$kJ/kg·K t_p——车间排风温度，℃ m——温差比
车间有局部排风时	$G=\dfrac{mQ}{C\ (t_p-t_w)}=\dfrac{(1-m)\ G_{pj}}{\beta}$	

10.2-10　进、排风口面积计算表

计算项目	公　　式（m）	
进风口面积	$F_j=\dfrac{G_j}{\sqrt{\dfrac{2g\rho_{wf}h_j\ (\rho_{wf}-\rho_{np})}{\zeta_j}}}$	g——重力加速度，9.81m/s^2 G_j，G_p——进风量及排风量，kg/s h_j，h_p——进风口及排风口中心与中和界的高差，m ρ_{wf}——夏季通风室外计算温度下的空气密度，kg/m^3 ρ_p——排风温度下的空气密度，kg/m^3 ρ_{np}——室内空气的平均密度，kg/m^3，按作业地带和排风口处空气密度的平均值采用 ζ_j，ζ_β——进风口及排风口的局部阻力系数，按 10.3-6 确定
排风口面积	$F_p=\dfrac{G_p}{\sqrt{\dfrac{2g\rho_p h_p\ (\rho_{wf}-\rho_{np})}{\zeta_p}}}$	

10.2-11　系数 m_1 值

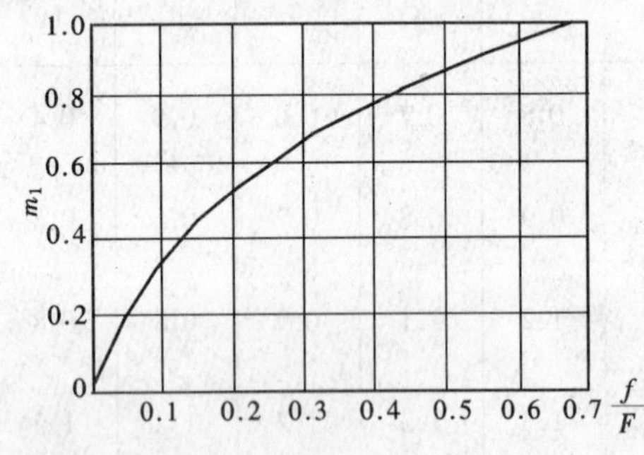

f/F	0.1	0.2	0.3	0.4	0.5	0.6	0.7
m_1	0.28	0.48	0.66	0.77	0.87	0.96	1.0

10.2-12　系数 m_3 值

Q_f/Q	≤0.4	0.5	0.55	0.60	0.65	0.7
m_3	1.0	1.07	1.12	1.18	1.30	1.45

10.2-13 进风有效系数 β 的确定

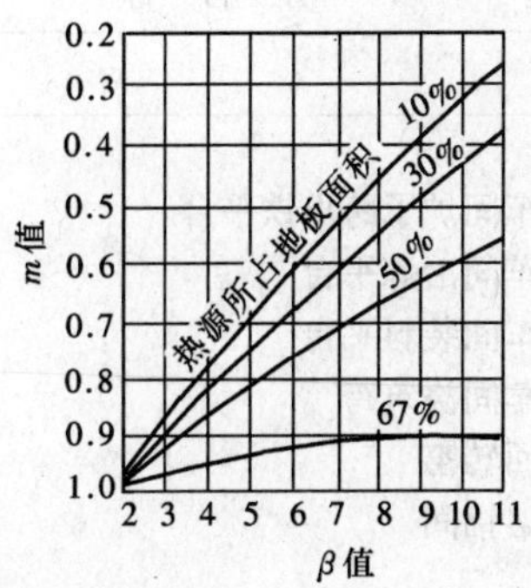

10.2-14 散热量有效系数 m 值

序号	生产厂房名称		m 值
1	炼铁车间	炉台及出铁场	0.45
2	炼钢车间	（1）平炉、电炉或转炉跨间	0.4
		（2）铸锭跨间	0.3
		（3）脱锭跨间	0.3
		（4）整模跨间	0.3
		（5）涂油间	0.6
		（6）混铁炉间	0.44
		（7）余热锅炉房	0.7
3	轧钢车间	（1）均热炉及轧机跨间	0.5
		（2）初轧机跨间、毛坯仓库及成品库	0.4
		（3）加热炉间、加热炉炉渣走廊（渣场）	0.3
		（4）主电室、冷床跨及缓冷跨间	0.65～0.85
		（5）冷拔钢管跨间	0.35
		（6）半连续轧钢成卷钢板冷却跨	0.38
		（7）半连续轧钢热处理间	0.6
		（8）半连续轧钢辊底炉跨间	0.6
		（9）车轮轮箍厂车轮加工间	0.8
		（10）车轮轮箍厂环形加热炉间	0.4
4	铸造车间	（1）分散就地浇筑铸铁车间	0.25
		（2）铸钢和铸铜车间，传送机铸造车间	0.45
		（3）混合铸造间，铸件落砂工段	0.35
		（4）清理工部	0.35～0.4
5	锻工车间	（1）锻工场（有炉子设备）	0.3
		（2）水压机车间	0.31
6	热处理车间		0.45
7	煤气炉房	（1）第一层	0
		（2）第二层	0.65
8	水泵站	（1）循环水泵站	0.65
		（2）焦油泵房	0.95

10.2-14 散热量有效系数 *m* 值（续）

序号	生 产 厂 房 名 称		*m* 值
9	空气压缩机站		0.55
10	铁合金厂	(1) 电炉冶炼车间炉子跨出铁平台 (2) 电炉冶炼车间冶炼平台 (3) 电炉冶炼车间装料平台 (4) 电炉冶炼车间浇筑跨 (5) 焙烧车间回转窑 (6) 铝粒车间熔铝间	0.3 0.6 0.3 0.4 0.5 0.4
11	焦化厂凝结及回收车间	(1) 硫铵工段的第一层和第二层脱酚泵房，焦油库泵房 (2) 硫铵工段的第三层湿苯仓库泵房，粗苯工段泵房鼓风机室第一层 (3) 冷凝及凝结水泵房，电气滤过器变流变电所鼓风机房第二层	0.95 0.45 0.65
12	脱硫车间	(1) 碱溶解槽间，过滤间 (2) 脱硫塔泵站（在车间内有换热器）压缩空气站，配电站的配电装置 (3) 脱硫塔泵站（在车间内没有换热器），有局部排气罩的车间	0.5 0.7 0.85
13	潮湿破碎车间	(1) 下部地区 (2) 中部地区 (3) 上部地区	0.2 0.4 0.4
14	苯馏车间	(1) 粗苯仓库、纯产品仓库及蒸馏工段泵房 (2) 中间产品泵房，洗涤工段分离机室 (3) 二硫化碳仓库	0.3 0.6 1.0
15	焦油蒸馏车间	焦油仓库泵房，焦油蒸馏间，油类结晶间	0.9
16	结晶萘车间	(1) 洗涤工段、蒸馏工段第一层及第四层 (2) 蒸馏工段第二层和第三层 (3) 机器间（压缩空气站）	1.0 0.8 0.7
17	选矿厂	有转筒式干燥器的干燥工段	0.35
18	耐火砖厂	隧道窑工段	0.45
19	制铝厂	(1) 电解车间 (2) 锻烧车间～主要工作区 (3) 煅烧车间～干燥转筒平面上	0.65 0.4 0.6
20	氮肥工厂	(1) 合成氨车间 (2) 接触车间第一层 (3) 接触车间第二层	0.7 0.25 0.3
21	火力发电厂	(1) 汽机房 (2) 锅炉房	0.3～0.5 0.25～0.35

10.2-15 通风井中空气速度计算

公 式	适用条件	
$V_{fm}=\sqrt{\dfrac{0.4V_f^2+16(H_r+P_x)}{1.2+\Sigma\xi+0.02\dfrac{l}{a}}}$	用于圆形风帽	$\Sigma\xi$——所有局部阻力之和 V_{fm}——通风井中速度，m/s P_x——排风系统入口处室内余压，kg/m^2 d——通风井直径，m V_f——室外空气流速，m/s H_r——附加热压，kg/m^2 l——通风井长度，m a——矩形通风井边长，m
$V_{fm}=\sqrt{\dfrac{0.28V_f^2+16(H_r+P_x)}{1.6+\Sigma\xi+0.02\dfrac{l}{a}}}$	用于矩形风帽	

10.2-16 通风井中空气浮力计算

$H=H_c-H_r-P_x=K\dfrac{V_f^2r}{2g}-\xi_{fm}\dfrac{V_{fm}^2r}{2g}$	H_c——排风系统中的阻力（不包括风帽本身阻力），kg/m^2 H_r——附加热压，$H_r=h_0(r_w-r_{fw})$，kg/m^2 P_x——排风系统入口处室内余压，kg/m^2 K——风帽的空气动力系统，圆形 $K=0.4$，矩形 $K=0.28$ ξ_{fm}——风帽的局部阻力系数，圆形 $\xi_{fm}=1.2$，矩形 $\xi_{fm}=1.6$ V_f,V_{fm}——室外空气流速和风帽连接管中的风速，m/s r_w,r_{fm}——室外空气密度和风帽连接管空气密度，kg/m^3 g——重力加速度，$g=9.81m/s^2$

10.2-17 机械通风的分类

分 类	图 示		
全面通风	全面送风 室外空气 风道 送风口 送风机 室内脏空气	全面排风 室外空气 轴流风机	全面送排风 加热器 过滤器 室外空气 离心风机 轴流风机
局部通风	局部送风	局部排风 1 2 3 4 5	

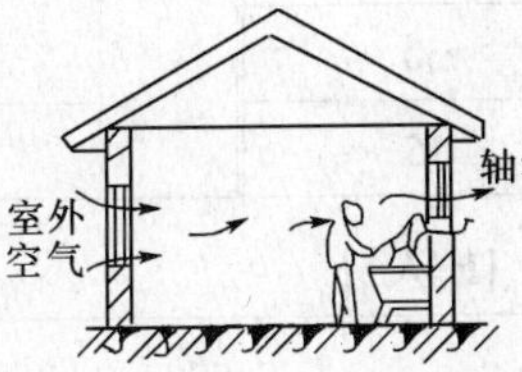

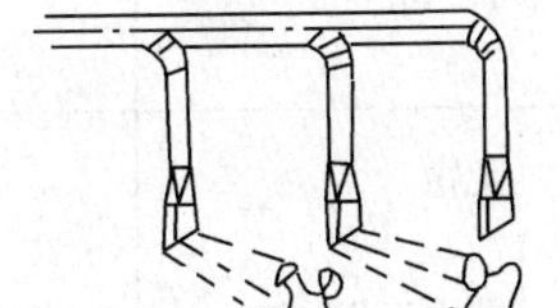

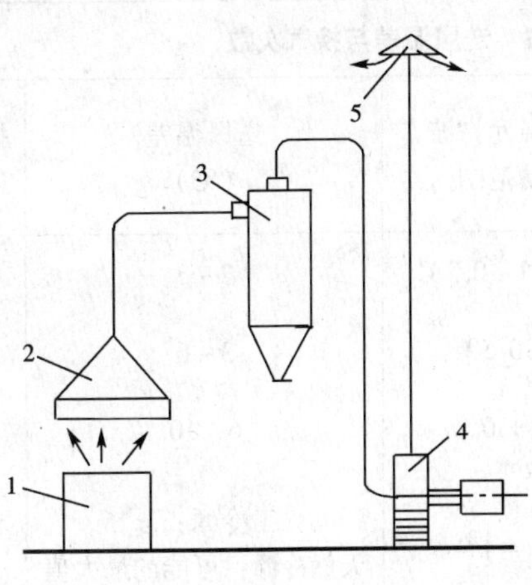

10.2-18　热风采暖的送风温度

送风形式	送风口风速	送风温度（℃）
暖风机送风	送风口高度 3～3.5m 送风速度 $V \leqslant 5m/s$	宜采用 30～50℃
	送风口高度 4～4.5m 送风速度 $V > 5m/s$	
集中送风	一般 $V = 5 \sim 15m/s$	宜采用 30～50℃，不高于 70℃
	公共建筑外门 $V < 6m/s$	公共建筑与工业厂房不高于 50℃
热风幕送风	生产厂房外门 $V < 8m/s$	高大外门，不高于 70℃
	高大的外门 $V < 25m/s$	

10.2-19　民用建筑最小新风量

建筑类型（房间名称）			每人最小新风量 [m^3/（h·p）]	建筑类型（房间名称）			每人最小新风量 [m^3/（h·p）]
影剧院、博物馆、体育馆、商店			9	旅游旅馆	餐厅、宴会厅、多功能厅	一级	30
办公室			18			二级	25
图书馆、会议室、普通餐厅			17			三级	20
医院门诊部和普通病房			18			四级	15
商业中心、百货大楼			10		商业、服务	一级	20
医院手术室、高级病房、公寓			20			二级	20
旅游旅馆	客房	一级	50			三级	10
		二级	43			四级	10
		三级	30		大厅四季厅	一级	10
		四级	15			二级	10
						三级	—
						四级	—
					美容理发、康乐设施		30

10.2-20　工艺性生产厂房的空调新风量 [m^3/（h·人）]

厂房用途	新风量
一般工艺性生产厂房	不小于 30m^3/（h·p）
洁净厂房	不小于 40m^3/（h·p）

10.2-21　送风温差与换气次数

室温允许波动范围	送风温差（℃）	换气次数（N/h）
±0.1～0.2℃	2～3	150～20
±0.5℃	3～6	>8
±1.0℃	6～10	≥5
>±1℃	人工冷源：≤15 天然冷源：可能的最大值	

10.2-22　保持室内正压所需的换气次数

房间特征	换气次数（N/h）
无外门、无窗	0.25～0.5
无外门、一面有窗	0.5～1.0
无外门、二面有窗	1.0～1.5
无外门、三面有窗	1.5～2.0

10.2-23　外墙冷负荷计算温度 t_{1l}（℃）

朝向／时间	Ⅰ型外墙 S	SW	W	NW	N	NE	E	SE	Ⅱ型外墙 S	SW	W	NW	N	NE	E	SE
0	34.7	36.3	36.6	34.5	32.3	35.3	37.5	36.9	36.1	38.2	38.5	36.0	33.1	36.2	38.5	38.1
1	34.9	36.6	36.9	34.7	32.3	35.4	37.6	37.1	36.2	38.5	38.9	36.3	33.2	36.1	38.4	38.1
2	35.1	36.8	37.2	34.9	32.4	35.5	37.7	37.2	36.2	38.6	39.1	36.5	33.2	36.0	38.2	37.9
3	35.2	37.0	37.4	35.1	32.5	35.5	37.7	37.2	36.1	38.6	39.2	36.5	33.2	35.8	38.0	37.7
4	35.3	37.2	37.6	35.3	32.6	35.5	37.7	37.2	35.9	38.4	39.1	36.5	33.1	35.6	37.6	37.4
5	35.3	37.3	37.8	35.4	32.6	35.5	37.6	37.2	35.6	38.2	38.9	36.3	33.0	35.3	37.3	37.0
6	35.3	37.4	37.9	35.5	32.7	35.4	37.5	37.1	35.3	37.9	38.6	36.1	32.8	35.0	36.9	36.6
7	35.3	37.4	37.9	35.5	32.6	35.4	37.4	37.0	35.0	37.5	38.2	35.8	32.6	34.7	36.4	36.2
8	35.2	37.4	37.9	35.5	32.6	35.2	37.3	36.9	38.6	37.1	37.8	35.4	32.3	34.3	36.0	35.8
9	35.1	37.3	37.8	35.5	32.5	35.1	37.1	36.7	34.2	36.6	37.3	35.1	32.1	33.9	35.5	35.3
10	34.9	37.1	37.7	35.4	32.5	34.9	36.8	36.5	33.9	36.1	36.8	34.7	31.8	33.6	35.2	34.9
11	34.8	37.0	37.5	35.2	32.4	34.7	36.6	36.3	33.5	35.7	36.3	34.3	31.6	33.5	35.0	34.6
12	34.6	36.7	37.3	35.1	32.2	34.6	36.4	36.1	33.2	35.2	35.9	33.9	31.4	33.5	35.0	34.5
13	34.4	36.5	37.1	34.9	32.1	34.5	36.2	35.9	32.9	34.9	35.5	33.6	31.3	33.7	35.2	34.6
14	34.2	36.3	36.9	34.7	32.0	34.4	36.1	35.7	32.8	34.6	35.2	33.4	31.2	33.9	35.6	34.8
15	34.0	36.1	36.6	34.5	31.9	34.4	36.1	35.7	32.9	34.4	34.9	33.2	31.2	34.3	36.1	35.2
16	33.9	35.9	36.4	34.4	31.8	34.4	36.2	35.6	33.1	34.3	34.8	33.2	31.3	34.6	36.6	35.7
17	33.8	35.7	36.2	34.2	31.8	34.4	36.3	35.7	33.4	34.4	34.8	33.2	31.4	34.9	37.1	36.2
18	33.8	35.6	36.1	34.1	31.8	34.5	36.4	35.8	33.9	34.7	34.9	33.3	31.6	35.2	37.5	36.7
19	33.9	35.5	36.0	34.0	31.8	34.6	36.6	36.0	34.4	35.2	35.3	33.5	31.8	35.4	37.9	37.2
20	34.0	35.5	35.9	34.0	31.8	34.8	36.8	36.2	34.9	35.8	35.8	33.9	32.1	35.7	38.2	37.5
21	34.1	35.6	36.0	34.0	31.9	34.9	37.0	36.4	35.3	36.5	36.5	34.4	32.4	35.9	38.4	37.8
22	34.3	35.8	36.1	34.1	32.0	35.0	37.2	36.6	35.7	37.2	37.3	35.0	32.6	36.1	38.5	38.0
23	34.5	36.0	36.3	34.3	32.1	35.2	37.3	36.8	36.0	37.7	38.0	35.5	32.9	36.2	38.6	38.1
最大值	35.3	37.4	37.9	35.5	32.7	35.5	37.7	37.2	36.2	38.6	39.2	36.5	33.2	36.2	38.6	38.1
最小值	33.8	35.5	35.9	34.0	31.8	34.4	36.1	35.7	32.8	34.3	34.8	33.2	31.2	33.5	35.0	34.5

朝向／时间	Ⅲ型外墙 S	SW	W	NW	N	NE	E	SE	Ⅳ型外墙 S	SW	W	NW	N	NE	E	SE
0	38.1	41.9	42.9	39.3	34.7	36.9	39.1	39.1	37.8	42.4	44.0	40.3	34.9	36.3	38.0	38.1
1	37.5	41.4	42.5	39.1	34.4	36.4	38.4	38.4	36.8	41.1	42.6	39.3	34.3	35.5	37.0	37.1
2	36.9	40.6	41.8	38.6	34.1	35.8	37.6	37.6	35.8	39.6	41.0	38.1	33.6	34.6	35.9	36.0
3	36.1	39.7	40.8	37.9	33.6	35.1	36.7	36.8	34.7	38.2	39.5	36.9	32.9	33.7	34.9	35.0
4	35.3	38.7	39.8	37.1	33.1	34.4	35.9	35.9	33.8	36.8	38.0	35.7	32.1	32.8	33.9	33.9
5	34.5	37.6	38.6	36.2	32.5	33.7	35.0	35.0	32.8	35.5	36.5	34.5	31.4	32.0	32.9	33.0
6	33.7	36.6	37.5	35.3	31.9	33.0	34.1	34.2	31.9	34.3	35.2	33.4	30.7	31.2	32.0	32.0
7	33.0	35.5	36.4	34.4	31.3	32.3	33.3	33.3	31.1	33.2	33.9	32.4	30.0	30.5	31.1	31.2
8	32.2	34.5	35.4	33.5	30.8	31.6	32.5	32.5	30.3	32.1	32.8	31.5	29.4	30.0	30.6	30.5
9	31.5	33.6	34.4	32.7	30.3	31.2	32.1	31.9	29.7	31.3	31.9	30.7	29.1	30.2	30.8	30.3
10	30.9	32.8	33.5	32.0	30.0	31.3	32.1	31.7	29.3	30.7	31.3	30.2	29.1	31.2	32.0	30.9
11	30.5	32.2	32.8	31.5	29.8	31.9	32.8	32.0	29.3	30.4	30.9	30.0	29.2	32.8	33.9	32.2
12	30.4	31.8	32.4	31.2	29.8	32.8	34.1	32.8	29.8	30.5	30.9	30.1	29.6	34.4	36.2	34.0
13	30.6	31.6	32.1	31.1	30.0	33.9	35.6	34.0	30.8	30.8	31.1	30.4	30.1	35.8	38.5	36.2
14	31.3	31.7	32.1	31.2	30.3	34.9	37.2	35.4	32.3	31.5	31.6	31.0	30.7	36.8	40.3	38.2
15	32.3	32.1	32.3	31.4	30.7	35.7	38.5	36.9	34.1	32.6	32.3	31.7	31.5	37.5	41.4	40.0
16	33.5	32.9	32.8	31.9	31.3	36.3	39.5	38.2	36.1	34.4	33.5	32.5	32.3	37.9	41.9	41.1
17	34.9	34.1	33.7	32.5	31.9	36.8	40.2	39.3	37.8	36.5	35.3	33.6	33.1	38.2	42.1	41.7
18	36.3	35.7	35.0	33.3	32.5	37.2	40.5	39.9	39.1	38.9	37.7	35.1	33.9	38.4	42.0	41.9
19	37.4	37.5	36.7	34.5	33.1	37.5	40.7	40.3	39.9	41.2	40.3	36.9	34.5	38.5	41.7	41.8
20	38.1	39.2	38.7	35.8	33.6	37.7	40.7	40.5	40.2	43.0	42.8	38.9	35.0	38.5	41.3	31.4
21	38.6	40.6	40.5	37.3	34.1	37.7	40.6	40.4	40.0	44.0	44.6	40.4	35.5	38.2	40.7	40.9
22	38.7	41.6	42.0	38.5	34.5	37.6	40.2	40.1	39.5	44.1	45.3	41.1	35.6	37.7	39.9	40.1
23	38.5	42.0	42.8	39.2	34.7	37.4	39.7	39.7	38.7	43.5	45.0	41.0	35.4	37.1	39.0	39.2
最大值	38.7	42.0	42.9	39.3	34.7	37.7	40.7	40.5	40.2	44.1	45.3	41.1	35.6	38.5	42.1	41.9
最小值	30.4	31.6	32.1	31.1	29.8	31.2	32.1	31.7	29.3	30.4	30.9	30.0	29.1	30.0	30.6	30.3

10.2-23　外墙冷负荷计算温度 t_{1l}（℃）（续）

朝向/时间	Ⅴ型外墙 S	SW	W	NW	N	NE	E	SE	Ⅵ型外墙 S	SW	W	NW	N	NE	E	SE
0	36.2	40.9	42.7	39.5	34.2	34.8	36.0	36.1	33.7	37.4	39.0	36.7	32.6	32.8	33.5	33.6
1	34.9	38.9	40.5	37.8	33.3	33.7	34.7	34.9	32.4	35.3	36.6	34.7	31.5	31.7	32.3	32.4
2	33.7	37.1	38.4	36.1	32.3	32.7	33.6	33.7	31.3	33.6	34.6	33.1	30.5	30.7	31.2	31.3
3	32.6	35.4	36.5	34.6	31.4	31.8	32.5	32.6	30.3	32.2	32.9	31.7	29.6	29.8	30.3	30.3
4	31.5	33.9	34.9	33.2	30.5	30.9	31.5	31.6	29.4	30.9	31.6	30.5	28.8	29.0	29.4	29.4
5	30.6	32.6	33.4	32.0	29.7	30.0	30.6	30.6	28.6	29.9	30.4	29.5	28.1	28.3	28.6	28.7
6	29.8	31.5	32.1	30.9	29.0	29.3	29.7	29.8	27.9	29.0	29.4	28.7	27.5	27.7	27.9	28.0
7	29.0	30.4	31.0	30.0	28.4	28.7	29.1	29.1	27.4	28.3	28.6	28.0	27.2	27.8	28.1	27.8
8	28.4	29.7	30.1	29.3	28.1	29.0	29.4	28.9	27.2	28.0	28.3	27.7	27.7	29.9	30.4	28.9
9	28.1	29.2	29.6	28.9	28.3	30.5	31.1	29.8	27.5	28.1	28.4	27.9	28.5	33.5	34.5	31.6
10	28.3	29.1	29.4	28.8	28.7	33.0	34.1	31.8	28.6	28.8	29.0	28.6	29.3	37.0	39.2	35.3
11	29.0	29.4	29.7	29.2	29.3	35.4	37.4	34.5	30.5	29.8	30.0	29.7	30.2	39.5	43.2	39.2
12	30.5	30.1	30.3	29.8	30.0	37.3	40.5	37.4	33.3	31.1	31.2	30.9	31.3	40.5	45.8	42.6
13	32.7	31.1	31.1	30.7	30.9	38.4	42.8	40.2	36.5	33.0	32.5	32.3	32.6	40.5	46.6	45.0
14	35.2	32.6	32.2	31.8	31.9	38.9	43.8	42.3	39.7	35.7	34.2	33.6	33.8	40.1	45.9	46.0
15	37.7	34.9	33.7	32.9	33.0	39.1	43.9	43.4	42.2	39.3	36.8	35.0	34.9	39.9	44.6	45.7
16	39.8	37.8	36.0	34.2	34.0	39.2	43.6	43.7	43.7	43.1	40.6	37.0	35.8	39.7	43.5	44.6
17	41.3	40.9	39.1	36.0	34.8	39.3	43.0	43.4	44.1	46.5	44.8	39.6	36.4	39.5	42.5	43.4
18	42.0	43.7	42.5	38.3	35.5	39.2	42.4	42.9	43.4	48.8	48.7	42.6	36.8	39.2	41.5	42.2
19	41.9	45.8	45.7	40.7	36.0	39.0	41.7	42.1	42.0	49.6	51.3	45.2	37.1	38.6	40.4	40.9
20	41.2	46.8	47.9	42.8	36.4	38.5	40.8	41.2	40.3	48.6	51.6	46.1	37.1	37.6	39.1	39.5
21	40.1	46.4	48.4	43.5	36.4	37.8	39.7	40.0	38.5	45.9	49.1	44.5	36.4	36.5	37.7	38.0
22	38.9	45.0	47.2	42.8	36.0	36.9	38.5	38.3	36.7	42.8	45.4	41.8	35.2	35.2	36.2	36.4
23	37.5	43.0	45.1	41.3	35.2	35.9	37.2	37.4	35.1	39.9	42.0	39.1	33.9	33.9	34.8	34.9
最大值	42.0	46.8	48.4	43.5	36.4	39.3	43.9	43.7	44.1	49.6	51.6	46.1	37.1	40.5	46.6	46.0
最小值	28.1	29.1	29.4	28.8	28.1	28.7	29.1	28.9	27.2	28.0	28.3	27.7	27.2	27.7	27.9	27.8

10.2-24　玻璃窗的传热系数 *K*

单层玻璃窗传热系数［W/（m²·K）］

α_w \ α_n	5.0	5.5	6.0	6.5	7.0	7.5	8.0
14	4.28	4.59	4.88	5.16	5.43	5.67	5.92
15	4.37	4.67	4.99	5.27	5.55	5.82	6.08
16	4.43	4.75	5.07	5.37	5.43	5.95	6.20
17	4.49	4.84	5.15	5.46	5.77	6.05	6.33
18	4.55	4.89	5.23	5.56	5.87	6.16	6.45

单层玻璃窗的 ***K***［W/（m²·K）］值

α_w[1] \ α_n[1]	5.8	6.4	7.0	7.6	8.1	8.7	9.3	9.9	10.5	11.0
16.3	4.28	4.59	4.88	5.16	5.43	5.68	5.92	6.15	6.37	6.58
17.4	4.37	4.68	4.99	5.27	5.55	5.82	6.07	6.32	6.55	6.77
18.6	4.43	4.76	5.07	5.37	5.66	5.94	6.20	6.45	6.70	6.93
19.8	4.49	4.84	5.15	5.47	5.77	6.05	6.33	6.59	6.84	7.08
20.9	4.55	4.90	5.23	5.56	5.86	6.15	6.44	6.71	6.98	7.23
22.1	4.61	4.97	5.30	5.63	5.95	6.26	6.55	6.83	7.11	7.36
23.3	4.65	5.01	5.37	5.71	6.04	6.34	6.64	6.93	7.22	7.49
24.4	4.70	5.07	5.43	5.77	6.11	6.43	6.73	7.04	7.33	7.61
25.6	4.73	5.12	5.48	5.84	6.18	6.50	6.83	7.13	7.43	7.71
26.7	4.78	5.16	5.54	5.90	6.25	6.58	6.91	7.22	7.52	7.82
27.9	4.81	5.20	5.58	5.94	6.30	6.64	6.98	7.30	7.62	7.92
29.1	4.85	5.25	5.63	6.00	6.36	6.71	7.05	7.37	7.70	8.00

[1] α_n 和 α_w 的单位是 W/（m²·K）

10.2-24 玻璃窗的传热系数 *K*（续）

双层玻璃窗的 *K*（W/m²·K）值

$\alpha_w^{1)}$ \ $\alpha_n^{1)}$	5.8	6.4	7.0	7.6	8.1	8.7	9.3	9.9	10.5	11.0
16.3	2.52	2.63	2.72	2.80	2.87	2.94	3.01	3.07	3.12	3.17
17.4	2.55	2.65	2.74	2.84	2.91	2.98	3.05	3.11	3.16	3.21
18.6	2.57	2.67	2.78	2.86	2.94	3.01	3.08	3.14	3.20	3.26
19.8	2.59	2.70	2.80	2.88	2.97	3.05	3.12	3.17	3.23	3.28
20.9	2.61	2.72	2.83	2.91	2.99	3.07	3.14	3.20	3.26	3.31
22.1	2.63	2.74	2.84	2.93	3.01	3.09	3.16	3.23	3.29	3.34
23.3	2.64	2.76	2.86	2.95	3.04	3.12	3.19	3.26	3.31	3.37
24.4	2.66	2.77	2.87	2.97	3.06	3.11	3.21	3.27	3.34	3.40
25.6	2.67	2.79	2.90	2.99	3.07	3.15	3.22	3.29	3.36	3.41
26.7	2.69	2.80	2.91	3.00	3.09	3.17	3.24	3.31	3.37	3.13
27.9	2.70	2.81	2.92	3.01	3.11	3.19	3.26	3.33	3.40	3.45
29.1	2.71	2.83	2.93	3.04	3.12	3.20	3.28	3.35	3.41	3.47

1) α_n 和 α_w 的单位是 W/（m²·K）

10.2-25 玻璃窗传热系数修正系数

窗 框 形 式	单 层 窗	双 层 窗	窗 框 形 式	单 层 窗	双 层 窗
全部玻璃	1.00	1.00	木窗框，60%玻璃	0.80	0.85
木窗框，80%玻璃	0.90	0.95	金属窗框，80%玻璃	1.00	1.20

10.2-26 玻璃窗冷负荷计算温度 t_{1l}（℃）

时间（h）	0	1	2	3	4	5	6	7	8	9	10	11
t_{1l}	27.2	26.7	26.2	25.8	25.5	25.3	25.4	26.0	26.9	27.9	29.0	29.9
时间（h）	12	13	14	15	16	17	18	19	20	21	22	23
t_{1l}	30.8	31.5	31.9	32.2	32.2	32.0	31.6	30.8	29.9	29.1	28.4	27.8

10.2-27 玻璃窗的地点修正值 t_d（℃）

编 号	城 市	t_d	编 号	城 市	t_d
1	北京	0	21	成都	−1
2	天津	0	22	贵阳	−3
3	石家庄	1	23	昆明	−6
4	太原	−2	24	拉萨	−11
5	呼和浩特	−4	25	西安	2
6	沈阳	−1	26	兰州	−3
7	长春	−3	27	西宁	−8
8	哈尔滨	−3	28	银川	−3
9	上海	1	29	乌鲁木齐	1
10	南京	3	30	台北	1
11	杭州	3	31	二连	−2
12	合肥	3	32	汕头	1
13	福州	2	33	海口	1
14	南昌	3	34	桂林	1
15	济南	3	35	重庆	3
16	郑州	2	36	敦煌	−1
17	武汉	3	37	格尔木	−9
18	长沙	3	38	和田	−1
19	广州	1	39	喀什	0
20	南宁	1	40	库车	0

10.2-28 冷负荷计算温度地点修正系数值

Ⅰ-Ⅳ型结构

编号	城市	S	SW	W	NW	N	NE	E	SE	水平
1	北京	0.0	0.0	0.0	0.0	0.0	0.0	0.0	0.0	0.0
2	天津	-0.4	-0.3	-0.1	-0.1	-0.2	-0.3	-0.1	-0.3	-0.5
3	石家庄	0.5	0.6	0.8	1.0	1.0	0.9	0.8	0.6	-0.4
4	太原	-3.3	-3.0	-2.7	-2.7	-2.8	-2.8	-2.7	-3.0	-2.8
5	呼和浩特	-4.3	-4.3	-4.4	-4.5	-4.6	-4.7	-4.4	-4.3	-4.2
6	沈阳	-1.4	-1.7	-1.9	-1.9	-1.6	-2.0	-1.9	-1.7	-2.7
7	长春	-2.3	-2.7	-3.1	-3.3	-3.1	-3.4	-3.1	-2.7	-3.6
8	哈尔滨	-2.2	-2.8	-3.4	-3.7	-3.4	-3.8	-3.4	-2.8	-4.1
9	上海	-0.8	-0.2	0.5	1.2	1.2	1.0	0.5	-0.2	0.1
10	南京	1.0	1.5	2.1	2.7	2.7	2.5	2.1	1.5	2.0
11	杭州	1.0	1.4	2.1	2.9	3.1	2.7	2.1	1.4	1.5
12	合肥	1.0	1.7	2.5	3.0	2.8	2.8	2.4	1.7	2.7
13	福州	-0.8	0.0	1.1	2.1	2.2	1.9	1.1	0.0	0.7
14	南昌	0.4	1.3	2.4	3.2	3.0	3.1	2.4	1.3	2.4
15	济南	1.6	1.9	2.2	2.4	2.3	2.3	2.2	1.9	2.2
16	郑州	0.8	0.9	1.3	1.8	2.1	1.6	1.3	0.9	0.7
17	武汉	0.4	1.0	1.7	2.4	2.2	2.3	1.7	1.0	1.3
18	长沙	0.5	1.3	2.4	3.2	3.1	3.0	2.4	1.3	2.2
19	广州	-1.9	-1.2	0.0	1.3	1.7	1.2	0.0	-1.2	-0.5
20	南宁	-1.7	-1.0	0.2	1.5	1.9	1.3	0.2	-1.0	-0.3
21	成都	-3.0	-2.6	-2.0	-1.1	-0.9	-1.3	-2.0	-2.6	-2.5
22	贵阳	-4.9	-4.3	-3.4	-2.3	-2.0	-2.5	-3.5	-4.3	-3.5
23	昆明	-8.5	-7.8	-6.7	-5.5	-5.2	-5.7	-6.7	-7.8	-7.2
24	拉萨	-13.5	-11.8	-10.2	-10.0	-11.0	-10.1	-10.2	-11.8	-8.9
25	西安	0.5	0.5	0.9	1.5	1.8	1.4	0.9	0.5	0.4
26	兰州	-4.8	-4.4	-4.0	-3.8	-3.9	-4.0	-4.0	-4.4	-4.0
27	西宁	-9.6	-8.9	-8.4	-8.5	-8.9	-8.6	-8.4	-8.9	-7.9
28	银川	-3.8	-3.5	-3.2	-3.3	-3.6	-3.4	-3.2	-3.5	-2.4
29	乌鲁木齐	0.7	0.5	0.2	-0.3	-0.4	-0.4	0.2	0.5	0.1
30	台北	-1.2	-0.7	0.2	2.6	1.0	1.3	0.2	-0.7	-0.2
31	二连	-1.8	-1.9	-2.2	-2.7	-3.0	-2.8	-2.2	-1.9	-2.3
32	汕头	-1.9	-0.9	0.5	1.7	1.8	1.5	0.5	-0.9	0.4
33	海口	-1.5	-0.6	1.0	2.4	2.9	2.3	1.0	-0.6	1.0
34	桂林	-1.9	-1.1	0.0	1.1	1.3	0.9	0.0	-1.1	-0.2
35	重庆	0.4	1.1	2.0	2.7	2.8	2.6	2.0	1.1	1.7
36	敦煌	-1.7	-1.3	-1.1	-1.5	-2.0	-1.6	-1.1	-1.3	-0.7
37	格尔木	-9.6	-8.8	-8.2	-8.3	-8.8	-8.3	-8.2	-8.8	-7.6
38	和田	-1.6	-1.6	-1.4	-1.1	-0.8	-1.2	-1.4	-1.6	-1.5
39	喀什	-1.2	-1.0	-0.9	-1.0	-1.2	-1.9	-0.9	-1.0	-0.7
40	库车	0.2	0.3	0.2	-0.1	-0.3	-0.2	-0.2	0.3	0.3

10.2-28　冷负荷计算温度地点修正系数值（续）

Ⅴ-Ⅵ型结构

编号	城　市	S	SW	W	NW	N	NE	E	SE	水　平
1	北　京	0.0	0.0	0.0	0.0	0.0	0.0	0.0	0.0	0.0
2	天　津	−0.4	−0.3	−0.1	−0.1	−0.2	−0.3	−0.1	−0.3	−0.5
3	石家庄	0.5	0.6	0.8	1.0	1.0	0.9	0.8	0.6	0.4
4	太　原	−3.3	−3.0	−2.7	−2.7	−2.8	−2.8	−2.7	−3.0	−2.8
5	呼和浩特	−4.3	−4.3	−4.4	−4.5	−4.6	−4.7	−4.4	−4.3	−4.2
6	沈　阳	−1.4	−1.7	−1.9	−1.9	−1.6	−2.0	−1.9	−1.7	−2.7
7	长　春	−2.3	−2.7	−3.1	−3.3	−3.1	−3.4	−3.1	−2.7	−3.6
8	哈尔滨	−2.2	−2.8	−3.4	−3.7	−3.4	−3.8	−3.4	−2.8	−4.1
9	上　海	−1.0	−0.2	0.5	1.2	1.2	1.0	0.5	−0.2	0.1
10	南　京	1.0	1.5	2.1	2.7	2.7	2.5	2.1	1.5	2.0
11	杭　州	0.6	1.4	2.1	2.9	3.1	2.7	2.1	1.4	1.5
12	合　肥	1.0	1.7	2.5	3.0	2.8	2.8	2.4	1.7	2.7
13	福　州	−1.9	0.0	1.1	2.1	2.2	1.9	1.1	0.0	0.7
14	南　昌	−0.4	1.3	2.4	3.2	3.0	3.1	2.4	1.3	2.4
15	济　南	1.6	1.9	2.2	2.4	2.3	2.3	2.2	1.9	2.2
16	郑　州	0.8	0.9	1.3	1.8	2.1	1.6	1.3	0.9	0.7
17	武　汉	−0.1	1.0	1.7	2.4	2.2	2.3	1.7	1.0	1.3
18	长　沙	−0.2	1.3	2.4	3.2	3.1	3.0	2.4	1.3	2.2
19	广　州	−3.9	−2.2	0.0	1.3	1.7	1.2	0.0	−1.8	−0.5
20	南　宁	−3.3	−1.4	0.2	1.5	1.9	1.3	0.2	−1.6	−0.3
21	成　都	−3.2	−2.6	−2.0	−1.1	−0.9	−1.3	−2.0	−2.6	
22	贵　阳	−5.3	−4.3	−3.4	−2.3	−2.0	−2.5	−3.5	−4.3	−3
23	昆　明	−10.0	−8.3	−6.7	−5.5	−5.2	−5.7	−6.7	−8.1	−7
24	拉　萨	−13.5	−11.8	−8.9	−8.3	−11.0	−9.3	−9.5	−11.8	−7
25	西　安	0.5	0.5	0.9	1.5	1.8	1.4	0.9	0.5	0
26	兰　州	−4.8	−4.4	−4.0	−3.8	−3.9	−4.0	−4.0	−4.4	−4
27	西　宁	−9.6	−8.9	−8.4	−8.5	−8.9	−8.6	−8.4	−8.9	−7
28	银　川	−3.8	−3.5	−3.2	−3.3	−3.6	−3.4	−3.2	−3.5	−1
29	乌鲁木齐	0.7	0.5	0.2	−0.3	−0.4	−0.4	0.2	0.5	0
30	台　北	−2.7	−1.8	−0.3	2.6	1.9	1.3	0.2	−1.0	−0
31	二　连	−1.8	−1.6	−1.9	−2.7	−3.0	−2.8	−2.2	−1.9	−2
32	汕　头	−4.0	−1.7	0.5	1.7	1.8	1.5	0.5	−1.1	0
33	海　口	−3.5	−0.9	1.0	3.0	2.9	2.6	1.0	−1.3	1
34	桂　林	−3.1	−1.1	0.0	1.1	1.3	0.9	0.0	−1.1	−0
35	重　庆	0.1	1.1	2.0	2.7	2.8	2.6	2.0	1.1	1
36	敦　煌	−1.7	−0.2	0.6	−0.4	−2.0	−1.6	−1.1	−1.3	−0
37	格尔木	−9.6	−8.8	−7.6	−7.8	−8.8	−8.3	−8.2	−8.8	−7
38	和　田	−1.6	−1.6	−1.4	−1.1	−0.8	−1.2	−1.4	−1.6	−1
39	喀　什	−1.2	−1.0	−0.9	−1.0	−1.2	−1.9	−0.9	−1.0	−0
40	库　车	0.2	0.3	0.2	−0.1	−0.3	−0.2	0.2	0.3	0

10.2-29　人体显热散热冷负荷系数 C_{CL}

在室内的总小时数	每个人进入室内后的小时数																							
	1	2	3	4	5	6	7	8	9	10	11	12	13	14	15	16	17	18	19	20	21	22	23	24
2	0.49	0.58	0.17	0.13	0.10	0.08	0.07	0.06	0.05	0.04	0.04	0.03	0.03	0.02	0.02	0.02	0.02	0.01	0.01	0.01	0.01	0.01	0.01	0.01
4	0.49	0.59	0.66	0.71	0.27	0.21	0.16	0.14	0.11	0.10	0.08	0.07	0.06	0.06	0.05	0.04	0.04	0.03	0.03	0.03	0.02	0.02	0.02	0.01
6	0.50	0.60	0.67	0.72	0.76	0.79	0.34	0.26	0.21	0.18	0.15	0.13	0.11	0.10	0.08	0.07	0.06	0.06	0.05	0.04	0.04	0.03	0.03	0.03
8	0.51	0.61	0.67	0.72	0.76	0.80	0.82	0.84	0.38	0.30	0.25	0.21	0.18	0.15	0.13	0.12	0.10	0.09	0.08	0.07	0.06	0.05	0.05	0.04
10	0.53	0.62	0.69	0.74	0.77	0.80	0.83	0.85	0.87	0.89	0.42	0.34	0.28	0.23	0.20	0.17	0.15	0.13	0.11	0.10	0.09	0.08	0.07	0.06
12	0.55	0.64	0.70	0.75	0.79	0.81	0.84	0.86	0.88	0.89	0.91	0.92	0.45	0.36	0.30	0.25	0.21	0.19	0.16	0.14	0.12	0.11	0.09	0.08
14	0.58	0.66	0.72	0.77	0.80	0.83	0.85	0.87	0.89	0.90	0.91	0.92	0.93	0.94	0.47	0.38	0.31	0.26	0.23	0.20	0.17	0.15	0.13	0.11
16	0.62	0.70	0.75	0.79	0.82	0.85	0.87	0.88	0.90	0.91	0.92	0.93	0.94	0.95	0.95	0.96	0.49	0.39	0.33	0.28	0.24	0.20	0.18	0.16
18	0.66	0.74	0.79	0.82	0.85	0.87	0.89	0.90	0.92	0.93	0.94	0.94	0.95	0.96	0.96	0.97	0.97	0.97	0.50	0.40	0.33	0.28	0.24	0.21

10.2-30　有罩设备和用具显热冷负荷系数 C_{CL}

连续使用小时数	开始使用后的小时数																							
	1	2	3	4	5	6	7	8	9	10	11	12	13	14	15	16	17	18	19	20	21	22	23	24
2	0.27	0.40	0.25	0.18	0.14	0.11	0.09	0.08	0.07	0.06	0.05	0.04	0.04	0.03	0.03	0.03	0.02	0.02	0.02	0.02	0.01	0.01	0.01	0.01
4	0.28	0.41	0.51	0.59	0.39	0.30	0.24	0.19	0.16	0.14	0.12	0.10	0.09	0.08	0.07	0.06	0.05	0.05	0.04	0.04	0.03	0.03	0.02	0.02
6	0.29	0.42	0.52	0.59	0.65	0.70	0.48	0.37	0.30	0.25	0.21	0.18	0.16	0.14	0.12	0.11	0.09	0.08	0.07	0.06	0.05	0.05	0.04	0.04
8	0.31	0.44	0.54	0.61	0.66	0.71	0.75	0.78	0.55	0.43	0.35	0.30	0.25	0.22	0.19	0.16	0.14	0.13	0.11	0.10	0.08	0.07	0.06	0.06
10	0.33	0.46	0.55	0.62	0.68	0.72	0.76	0.79	0.81	0.84	0.60	0.48	0.39	0.33	0.28	0.24	0.21	0.18	0.16	0.14	0.12	0.11	0.09	0.08
12	0.36	0.49	0.58	0.64	0.69	0.74	0.77	0.80	0.82	0.85	0.87	0.88	0.64	0.51	0.42	0.36	0.31	0.26	0.23	0.20	0.18	0.15	0.13	0.12
14	0.40	0.52	0.61	0.67	0.72	0.76	0.79	0.82	0.84	0.86	0.88	0.89	0.91	0.92	0.67	0.54	0.45	0.38	0.32	0.28	0.24	0.21	0.19	0.16
16	0.45	0.57	0.65	0.70	0.75	0.78	0.81	0.84	0.86	0.87	0.89	0.90	0.92	0.93	0.94	0.94	0.69	0.56	0.46	0.39	0.34	0.29	0.25	0.22
18	0.52	0.63	0.70	0.75	0.79	0.82	0.84	0.86	0.88	0.89	0.91	0.92	0.93	0.94	0.95	0.95	0.96	0.96	0.71	0.58	0.48	0.41	0.35	0.30

10.2-31　无罩设备和用具显热冷负荷系数 C_{CL}

连续使用小时数	开始使用后的小时数																							
	1	2	3	4	5	6	7	8	9	10	11	12	13	14	15	16	17	18	19	20	21	22	23	24
2	0.56	0.64	0.15	0.11	0.08	0.07	0.06	0.05	0.04	0.04	0.03	0.03	0.02	0.02	0.02	0.02	0.01	0.01	0.01	0.01	0.01	0.01	0.01	0.01
4	0.57	0.65	0.71	0.75	0.23	0.18	0.14	0.12	0.10	0.08	0.07	0.06	0.05	0.05	0.04	0.04	0.03	0.03	0.02	0.02	0.02	0.02	0.01	0.01
6	0.57	0.65	0.71	0.67	0.79	0.82	0.29	0.22	0.18	0.15	0.13	0.11	0.15	0.08	0.07	0.06	0.06	0.05	0.04	0.04	0.03	0.03	0.03	0.02
8	0.58	0.66	0.72	0.76	0.80	0.82	0.85	0.87	0.33	0.26	0.21	0.18	0.15	0.13	0.11	0.10	0.09	0.08	0.07	0.06	0.05	0.04	0.04	0.03
10	0.60	0.68	0.73	0.77	0.81	0.83	0.85	0.87	0.89	0.90	0.36	0.29	0.24	0.20	0.17	0.15	0.13	0.11	0.10	0.08	0.07	0.07	0.06	0.05
12	0.62	0.69	0.75	0.79	0.82	0.84	0.86	0.88	0.89	0.91	0.92	0.93	0.38	0.31	0.25	0.21	0.18	0.16	0.14	0.12	0.11	0.09	0.08	0.07
14	0.64	0.71	0.76	0.80	0.83	0.85	0.87	0.89	0.90	0.92	0.93	0.93	0.94	0.95	0.40	0.32	0.27	0.23	0.19	0.17	0.15	0.13	0.11	0.10
16	0.67	0.74	0.79	0.82	0.85	0.87	0.89	0.90	0.91	0.92	0.93	0.94	0.95	0.96	0.96	0.97	0.42	0.34	0.28	0.24	0.20	0.18	0.15	0.13
18	0.71	0.78	0.82	0.85	0.87	0.89	0.90	0.92	0.93	0.94	0.94	0.95	0.96	0.96	0.97	0.97	0.97	0.98	0.43	0.35	0.29	0.24	0.21	0.18

10.2-32　照明散热冷负荷系数 C_{CL}

灯具造型	空调设备运行时数(小时)	开灯时数(小时)	开灯后的小时数																							
			0	1	2	3	4	5	6	7	8	9	10	11	12	13	14	15	16	17	18	19	20	21	22	23
明装荧光灯	24	13	0.37	0.67	0.71	0.74	0.76	0.79	0.81	0.83	0.84	0.86	0.87	0.89	0.90	0.92	0.29	0.26	0.23	0.20	0.19	0.17	0.15	0.14	0.12	0.11
	24	10	0.37	0.67	0.71	0.74	0.76	0.79	0.81	0.83	0.84	0.86	0.87	0.29	0.26	0.23	0.20	0.19	0.17	0.15	0.14	0.12	0.11	0.10	0.09	0.08
	24	8	0.37	0.67	0.71	0.74	0.76	0.79	0.81	0.83	0.84	0.29	0.26	0.23	0.20	0.19	0.17	0.15	0.14	0.12	0.11	0.10	0.09	0.08	0.07	0.06
	16	13	0.60	0.87	0.90	0.91	0.91	0.93	0.93	0.94	0.93	0.95	0.95	0.96	0.96	0.97	0.29	0.26								
	16	10	0.60	0.82	0.83	0.84	0.84	0.84	0.85	0.85	0.86	0.88	0.90	0.32	0.28	0.25	0.23	0.19								
	16	8	0.51	0.79	0.82	0.84	0.85	0.87	0.88	0.89	0.90	0.29	0.26	0.23	0.20	0.19	0.17	0.15								
	12	10	0.63	0.90	0.91	0.93	0.93	0.94	0.95	0.95	0.95	0.96	0.96	0.37												
暗装荧光灯或明装白炽灯	24	10	0.34	0.55	0.61	0.65	0.68	0.71	0.74	0.77	0.79	0.81	0.83	0.39	0.35	0.31	0.28	0.25	0.23	0.20	0.18	0.16	0.15	0.14	0.12	0.11
	16	10	0.58	0.75	0.79	0.80	0.80	0.81	0.82	0.83	0.84	0.86	0.87	0.39	0.35	0.31	0.28	0.25								
	12	10	0.69	0.86	0.89	0.90	0.91	0.91	0.92	0.93	0.94	0.95	0.95	0.50												

10.2-33　空调系统的分类

分　类	空调系统	系统特征	系统应用
按空气处理设备的设置情况分类	集中系统	集中进行空气的处理、输送和分配	单风管系统 双风管系统 变风量系统
	半集中系统	除了有集中的中央空调器外，在各自空调房间内还分别有处理空气的“未端装置”	末端再热式系统 风机盘管机组系统 诱导器系统
	全分散系统	每个房间的空气处理分别由各自的整体式空调器承担	单元式空调器系统 窗式空调器系统 分体式空调器系统 半导体空调器系统
按负担室内空调负荷所用的介质来分类	全空气系统	全部由处理过的空气负担室内空调负荷	一次回风式系统 一、二次回风式系统
	空气—水系统	由处理过的空气和水共同负担室内空调负荷	再热系统和诱导器系统并用 全新风系统和风机盘管机组系统并用
	全水系统	全部由水负担室内空调负荷，一般不单独使用	风机盘管机组系统
	冷剂系统	制冷系统蒸发器直接放室内吸收余热余湿	单元式空调器系统 窗式空调器系统 分体式空调器系统
按集中系统处理的空气来源分类	封闭式系统	全部为再循环空气，无新风	再循环空气系统
	直流式系统	全部用新风，不使用回风	全新风系统
	混合式系统	部分新风，部分回风	一次回风系统 一、二次回风系统
按风管中空气流速分类	低速系统	考虑节能与消声要求的矩形风管系统，风管截面较大	民用建筑主风管风速低于 10m/s 工业建筑主风管风速低于 15m/s
	高速系统	考虑缩小管径的圆形风管系统，耗能多，噪声大	民用建筑主风管风速高于 12m/s 工业建筑主风管风速高于 15m/s

10.2-34　空调房间围护结构的传热系数 K 值 [W/(m²·K)]

围护结构名称	工艺性空气调节 室温允许波动范围（℃）			舒适性空气调节
	±0.1~0.2	±0.5	≥±1.0	
屋　盖[3]	—	—	0.8 (0.7)	1.0 (0.9)
顶　棚[3]	0.5 (0.4)	0.8 (0.7)	0.9 (0.8)	1.2 (1.0)
外　墙	—	0.8 (0.7)	1.0 (0.9)	1.5 (1.3)
内墙和楼板[1]	0.7 (0.6)	0.9 (0.8)	1.2 (1.0)	2.0 (1.7)

[1]表中内墙和楼板的有关数值，仅适用于相邻房间的温差大于3℃时

[2]确定围护结构的传热系数时，尚应符合围护结构最小传热阻的规定

[3]一般情况下，≥±1℃的房间，只要在顶棚或屋盖上设置保温层，不必重复设置

10.2-35　各种空调系统比较

系统分类 / 比较分级 / 项目	集中式系统		半集中式系统		分散式系统
	单风管定风量	变风量	风机盘管	诱导器	单元式或房间空调器
初投资	B	C	B	C	A
节能效果与运行费用	A	A	B	C	B
施工安装	C	C	B	B	A
使用寿命	A	A	B	A	C
使用灵活性	C	C	B	B	A
机房面积	C	C	B	B	A
恒温控制	A	B	B	C	B
恒湿控制	A	C	C	C	C
消声	A	A	B	C	C
隔振	A	A	B	A	C
房间清洁度	A	A	C	C	C
风管系统	C	C	B	B	A
维护管理	A	B	B	B	C
防火、防爆、房间串气	C	C	B	A	A

表中 A—较好；B—一般；C—较差

10.2-36　各种空调系统适用条件和使用特点

空调系统	适用条件	空调装置	
		装置类别	使用特点
集中式	1. 房间面积大或多层、多室而热湿负荷变化情况类似 2. 新风量变化大 3. 室内温度、湿度、洁净度、噪声、振动等要求严格 4. 全年多工况节能 5. 采用天然冷源	单风管定风量直流式	房间内产生有害物质，不允许空气再循环使用
		单风管定风量一次回风式	仅作夏季降温用或室内相对湿度波动范围要求严格，且湿负荷变化较大
		单风管定风量一、二次回风式	室内散湿量较小，且不允许选用较大送风温差
		变风量	室温允许波动范围 t≥±1℃，显热负荷变化较大
		冷却器	要求水系统简单，但室内相对湿度要求不严者
		喷水室	1. 采用循环喷水蒸发冷却或天然冷源 2. 室内相对湿度要求较严或相对湿度要求较大而又有较大发热量者 3. 喷水室兼作辅助净化措施

10.2-36　各种空调系统适用条件和使用特点（续）

空调系统	适用条件	空调装置	
		装置类别	使用特点
半集中式	1. 房间面积大但风管不易布置 2. 多层多室屋高较低，热湿负荷不一致或参数要求不同 3. 室内温湿度要求 $t \geq \pm 1℃, \varphi \geq \pm 10\%$ 4. 要求各室空气不要串通 5. 要求调节风量	风机盘管	1. 空调房间较多，空间较小，且各房间要求单独调节 2. 建筑物面积较大但主风管敷设困难
		诱导器	多房间层高低，且同时使用，空气不允许互相串通，室内要求防爆
分散式	1. 各房间工作班次和参数要求不同且面积较小 2. 空调房间布置分散 3. 工艺变更可能性较大或改建房屋层高较低且无集中冷源	冷风降温机组	仅用于夏季降温去湿
		恒温恒湿机组	房间全年要求恒温恒湿

10.2-37　常用空调系统比较

比较项目	集中式空调系统	单元式空调器	风机盘管空调系统
设备布置与机房	1. 空调与制冷设备可以集中布置在机房 2. 机房面积较大，层高较高 3. 有时可以布置在屋顶上或安设在车间柱间平台上	1. 设备成套，紧凑，可以放在房间内，也可以安装在空调机房内 2. 机房面积较小，只及集中系统的50%，机房层高较低 3. 机组分散布置，敷设各种管线较麻烦	1. 只需要新风空调机房，机房面积小 2. 风机盘管可以安设在空调房间内 3. 分散布置，敷设各种管线较麻烦
风管系统	1. 空调送回风管系统复杂，布置困难 2. 支风管和风口较多时不易均衡调节风量	1. 系统小，风管短，各个风口风量的调节比较容易达到均匀 2. 直接放室内时，可不接送风管，也没有回风管 3. 小型机组余压小，有时难于满足风管布置和必需的新风量	1. 放室内时，不接送、回风管 2. 当和新风系统联合使用时，新风管较小
节能与经济性	1. 可以根据室外气象参数的变化和室内负荷变化实现全年多工况节能运行调节，充分利用室外新风，减少与避免冷热抵消，减少冷冻机运行时间 2. 对于热湿负荷变化不一致或室内参数不同的多房间，不经济 3. 部分房间停止工作不需空调时，整个空调系统仍须运行，不经济	1. 不能按室外气象参数的变化和室内负荷变化实现全年多工况节能运行调节，过渡季不能用全新风。大多用电加热，耗能大 2. 灵活性大，各空调房间可根据需要停开	1. 灵活性大，节能效果好，可根据各室负荷情况自行调节 2. 盘管冬夏兼用，内壁容易结垢，降低传热效率 3. 无法实现全年多工况节能运行调节
使用寿命	使用寿命长	使用寿命较短	使用寿命较长
安装	设备与风管的安装工作量大周期长	1. 安装投产快 2. 对旧建筑改造和工艺变更的适应性强	安装投产较快，介于集中式空调系统与单元式空调器之间

10.2-37 常用空调系统比较（续）

比较项目	集中式空调系统	单元式空调器	风机盘管空调系统
维护运行	空调与制冷设备集中安设在机房，便于管理和维修	机组易积灰与油垢，清理比较麻烦，使用二三年后，风量、冷量将减少；难以做到快速加热（冬天）与快速冷却（夏天）。分散维修与管理较麻烦	布置分散，维护管理不方便。水系统复杂，易漏水
温湿度控制	可以严格地控制室内温度和室内相对湿度	各房间可以根据各自的负荷变化与参数要求进行温湿度调节。对要求全年须保证室内相对湿度允许波动范围小于±5%或要求室内相对湿度较大时，较难满足。多数机组按17～21kJ/kg的最大焓降设计，对室内温度要求较低，室外湿球温度较高，新风量要求较多时，较难满足	对室内温湿度要求较严时，难于满足
空气过滤与净化	可以采用初效、中效和高效过滤器，满足室内空气清洁度的不同要求。采用喷水室时，水与空气直接接触，易受污染，须常换水	过滤性能差，室内清洁度要求较高时难于满足	过滤性能差，室内清洁度要求较高时难于满足
消声与隔振	可以有效地采取消声和隔振措施	机组安设在空调房间内时，噪声、振动不好处理	必须采用低噪声风机，才能保证室内要求
风管互相串通	空调房间之间有风管连通，使各房间互相污染。当发生火灾时会通过风管迅速蔓延	各空调房间之间不会互相污染、串声。发生火灾时也不会通过风管蔓延	各空调房间之间不会互相污染

10.2-38 空调加湿方法汇总

方法	处理过程	特征	使用例
等温加湿	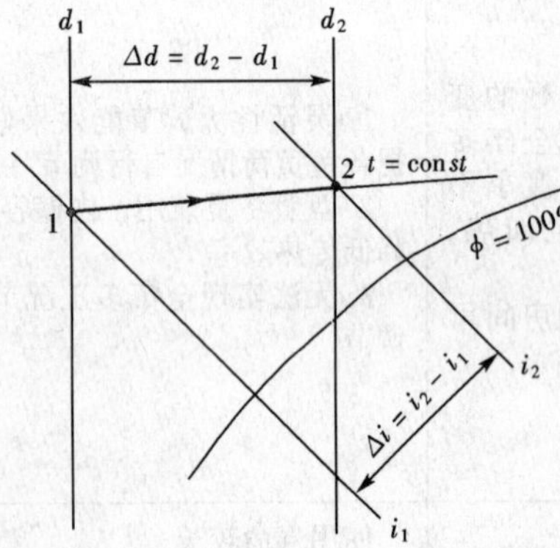	$t_1 = t_2 = \text{const}$，没有显热交换；$d_2 > d_1$，湿量增加的同时，潜热量增加，故热焓由 i_1 增至 i_2	干蒸汽加湿、电极、电热加湿器等

10.2-38　空调加湿方法汇总（续）

方法	处理过程	特　征	使用例
等焓加湿		加湿过程中虽有显热和潜热交换，但由于进行的速度相等，所以空气的热焓保持不变，即 $i_1 = i_2 = \text{const}$，而空气的温度由 t_1 降至 t_2	喷水室（循环水），超声波和板面加湿器、透膜式加湿器等
加热加湿		水温高于空气的干球温度，显热交换量大于潜热交换量；在 d_1 增至 d_2 的过程中，空气温度相应由 t_1 升至 t_2	喷水室（热水温度高于空气干球温度）
冷却加湿		水温低于空气的湿球温度，但又高于空气的露点温度；空气与水的接触过程中，空气失去部分显热，其干球温度下降；水由于部分蒸发，从而空气的含湿量由 d_1 增至 d_2	喷水室（水温低于空气的湿球温度，高于露点温度）

10.2-39 各种加湿方法的比较

序号	方法	优点	缺点
1	干蒸汽加湿器	加湿迅速、均匀、稳定，效率接近100%；不带水滴、不带细菌；节省电能，运行费低；装置灵活，布置方便；既可设在空调器（机）内，也可布置在风管里	必须有汽源，并伴有输汽管道；设备结构比较复杂，初投资高
2	电极（热）加湿器	加湿迅速、均匀、稳定；控制方便、灵活；不带水滴、不带细菌；装置简单，无需汽源，无噪声	耗电量大，运行费高；不使用软化水或蒸馏水时，内部易结垢，清洗较困难
3	超声波加湿器	体积小，加湿强度大，加湿迅速，耗电量少；使用灵活，无需汽源；控制性能好；雾粒小而均匀，加湿效率高	可能带菌；单价较高；使用寿命短（振动子寿命约5000h）；加湿后尚需升温
4	喷水室	可以利用循环水，节省能源；不需汽源；装置简单，设置费与运行费低；稳定、可靠	可能带菌；水滴较大；存在冷热抵消
5	板面蒸发加湿器	加湿效果较好，运行可靠，费用低廉；具有一定的加湿速度；板面垫层兼有过滤作用	易产生微生物污染，必须进行水处理
6	红外线加湿器	加湿迅速、不带水滴、不带细菌；使用灵活、控制性能好；装置较简单	耗电量大，运行费高；使用寿命不长（5000～7000h）；价格高
7	透膜式加湿器	构造简单，运行可靠；具有一定的加湿速度；初投资和经常费都低	易产生微生物污染，必须进行水处理

10.2-40 各种加湿器的加湿能力

类型	加湿能力（kg/h）	耗电量［kW/（kg·h）］	类型	加湿能力（kg/h）	耗电量［kW/（kg·h）］
干蒸汽加湿器	100～300	—	红外线加湿器	2～20	0.89
超声波加湿器	1.2～20	0.05	喷水室	大容量	—
电极式加湿器	4～20	0.78			

10.2-41 电加热器温升的经验数据

室温允许波动范围（℃）	控制内容	送风方式	
		侧面送风或散流器送风	孔板送风
±0.1	室温 送风收敛控制	$\Delta t=1.5℃+1℃+0.5℃$ $\Delta t=2℃+4℃$	$\Delta t=1.5℃+1℃+0.5℃$ $\Delta t=2℃+4℃$
±0.2	室温 送风收敛控制	$\Delta t=2℃+1℃+1℃$ $\Delta t=2℃+4℃$	$\Delta t=5℃+3℃+2℃$
±0.5	室温	$\Delta t=5℃+2.5℃+2.5℃$	$\Delta t=6℃+3℃$
≥±1	室温	$\Delta t=8℃+4℃$	$\Delta t=8℃+4℃$

对采暖地区，室温控制电加热器的总功率按过渡季的扰量计算来确定，一般取$\Delta t=4\sim6℃$

电加热器采用手动控制时，可按表中分组进行调节，电加热器采用自动控制时，表中分组可以减少一些，电加热器也可以部分自控部分手动

10.2-42　集中空调系统划分原则

项　目	空 调 系 统 合 并	空 调 系 统 分 开
≥±0.5℃ 或 ≥±5%	1. 各室邻近，且室内温湿度基数、单位送风量的热湿扰量、使用班次和运行时间接近时 2. 单位送风量的热扰量虽不同，但有室温调节加热器的再热系统	1. 房间分散 2. 室内温湿度基数、单位送风量的热湿扰量、使用班次和运行时间差异较大时
±0.1～0.2℃	恒温面积较小且附近有温湿度基数和使用班次相同的恒温房间时	恒温面积较大且附近恒温房间温湿度基数和使用班次不同时
清洁度	1. 产生同类有害物质的多个空调房间 2. 个别房间产生有害物质，但可用局部排风较好地排除，而回风不致影响其他要求干净的房间时	1. 个别产生有害物质的房间不宜与其他要求干净的房间合一系统 2. 有洁净室等级要求的房间不宜和一般空调房间合一系统
噪声标准	1. 各室噪声标准相近时 2. 各室噪声标准不同，但可作局部消声处理时	各室噪声标准差异较大而难于作局部消声处理时
大面积空调	1. 室内温湿度精度要求不严且各区热湿扰量相差不大时 2. 室内温湿度精度要求较严且各区热湿扰量相差较大时，可用按区分别设置再热系统的分区空调	1. 按热湿扰量的不同，分系统分别控制 2. 负荷特性相差较大的内区与周边区，以及同一时间内须分别进行加热和冷却的房间，宜分区设置空调系统

10.2-43　气流组织和送风量

空气洁净度等级		100 级		1000 级	10000 级	100000 级
气流组织形式	气流流型	垂直单向流	水平单向流	非单向流	非单向流	非单向流
	送风主要方式	1. 顶棚满布高效空气过滤器送风（高效空气过滤器占顶棚面积不小于60%） 2. 侧布高效空气过滤器，顶棚设阻尼层送风 3. 全孔板顶棚送风	1. 送风墙满布高效空气过滤器水平送风 2. 送风墙局部布置高效空气过滤器水平送风（高效空气过滤器占送风墙面积不小于40%）	1. 孔板顶棚送风 2. 条形布置高效空气过滤器顶棚送风 3. 间隔布置带扩散板高效空气过滤器顶棚送风	1. 局部孔板顶棚送风 2. 带扩散板高效空气过滤器顶棚送风 3. 上侧墙送风	1. 带扩散板高效空气过滤器顶棚送风 2. 上侧墙送风
	回风主要方式	1. 格栅地面回风 （1）满布 （2）均匀局部布置 2. 相对两侧墙下部均匀布置回风口	1. 回风墙满布回风口 2. 回风墙局部布置回风口	1. 相对两侧墙下部均匀布置回风口 2. 洁净室面积较大时，可采取地面均匀布置回风口	1. 单侧墙下部布置回风口 2. 当采用走廊回风时，在走廊内均匀布置回风口或在走廊端部集中设置回风口	1. 单侧墙下部布置回风口 2. 当采用走廊回风时，在走廊内均匀布置回风口或在走廊端部集中设置回风口
送风量	气流流经室内断面风　速（m/s）	不小于 0.25	不小于 0.35	—	—	—
	换气次数（h^{-1}）	—	—	不小于 50	不小于 25	不小于 15

10.2-43　气流组织和送风量（续）

空气洁净度等级	100 级		1000 级	10000 级	100000 级
送风口风速（m/s）	孔板孔口 3~5		孔板孔口 3~5	1. 孔板孔口 3~5 2. 侧送风口 （1）贴附射流 2~5 （2）非贴附射流同侧墙下部回风 1.5~2.5，对侧墙下部回风 1.0~1.5	侧送风口 （1）贴附射流 2~5 （2）非贴附射流同侧墙下部回风 1.5~2.5，对侧墙下部回风 1.0~1.5
回风口风速（m/s）	不大于 2	不大于 1.5	1. 洁净室内回风口不大于 2 2. 走廊内回风口不大于 4	1. 洁净室内回风口不大于 2 2. 走廊内回风口不大于 4	1. 洁净室内回风口不大于 2 2. 走廊内回风口不大于 4

垂直层流洁净室采用相对两侧墙下部均匀布置回风口方式，仅适用于两对侧墙间距不大于 5m 的场合

10.2-44　单向流与非单向流洁净室的比较

	层 流 洁 净 室	乱流洁净室
适用洁净级别	≤100 级	1000 级~100000 级
换气次数（h^{-1}）	500~250	80~15
气流组织	用高效过滤器满布（满布率 80%~60%）垂直或水平单向流	普通空调送回风方式
送风量（m^3/h）	$L_r \ll L_j$ L_r—热湿处理的风量； L_j—净化要求风量	$L_r < L_j$
循环空气	两次回风＋净化循环回风机	一次或两次回风方式
自净时间（min）	2~5	20~30
噪声水平（dB）A	60~65	55~60
造　价（元/m^2）	4500~7500	约 1500~3000
运行能耗（kW/m^2）	1.2~1.8	0.1~1.2

10.2-45　生物洁净室与工业洁净室的区别

比较项目	生 物 洁 净 室	工 业 洁 净 室
装修材料	室内需定期消毒、灭菌，内装修材料及设备应能承受药物腐蚀	内装修及设备以不产尘为原则，仅需经常擦抹以免积尘
人员处理	人员和设备需经消毒灭菌方可进入	人员和设备经吹淋或纯水冲洗后进入
测　试	不可能当时测定空气的含菌浓度，需经 48 小时培养，不能得到瞬时值	室内空气含尘浓度可当时获知，可连续检测，自动记录
过滤效率	需除去的微生物粒径较大，可采用较低档次的过滤器，而保证所需的较高过滤效率（见表 13.5-2）	需除去的是大于 0.5μm 的尘埃粒子
人的影响	室内污染源主要是人体发菌	室内污染源主要是人体发尘

10.2-46 生物洁净室分类

分　　类	内　　容
手术室	特别整形外科、股关节膝关节置换、心脏人工瓣膜、内脏器官移植、神经外科系大手术，需要无菌手术
特殊病房	强力化学疗法白血病、白血减少的恶性肿瘤、再生障碍性贫血、脏器移植前后免疫、深度烧伤或烫伤等需要无菌病房护理
无菌制剂	无菌制剂是直接注入身体的药品，关系到生命的安危，制剂过程必须无菌
实验动物饲养室	为医药食品的安全性试验及病理研究，要求实验动物在生物洁净环境中饲养
制药工业	药品是关系到人体健康和生命安危的必需品，药品制造过程应防止受微生物污染
化妆品工业	化妆品是微生物良好的营养源，因此很容易受微生物污染变质，尤其是眼睑膏、眼睑画笔、睫毛染脂等被污染后会引起眼周围溃疡，结膜炎等
食品工业	过去普遍采用高温杀菌，因此食品某些营养成分被破坏，色香味及组织难于保全天然品质。采用无菌封袋、无菌装罐可提高食品质量，延长保存时间，还可节能，提高效率
生物安全	在遗传工程、药品病理检验、国防科研中，常常需要在无菌无尘环境中进行操作，防止高危险病毒、放射性物质等的外溢，危害人体健康和污染环境而需要洁净

10.2-47 无菌手术室净化空调形式

形　　式	特　　点
固定式垂直单向流	一般不是全室满布高效过滤器，而是主要集中在手术台上方。优点：噪声易于控制；缺点：施工周期长、造价高
单元式垂直单向流	通常由通风机、高效过滤器和围挡板组成层流罩，吊装在手术台的上方。围挡板常用乙烯塑料围帘，透明玻璃和塑料板制
固定式水平单向流	1. 室内相对壁面分别做成送风墙和回风墙。如京都大学手术室。送风流速 0.5m/s，送风量 15600m^3/h，新风量 3120m^3/h，换气次数约 240h^{-1} 2. 单侧壁面送风，相对侧顶棚回风
单元式水平单向流	这种形式多用于原有手术室改造上，形成单向流区，方法有两种： 1. 专设侧壁，保证手术台部位周围层流 2. 送风部位设置导流片，通常称无隔墙式水平单向流
非单向流式	有两种形式： 1. 在原有手术室基础上送风导流加装高效过滤器 2. 在室内设置高效过滤器风口 送风形式有顶送和侧送

10.3 风管的水力计算

10.3-1 沿程压力损失的基本计算公式

计　算　公　式		说　　明
圆形风管的风量计算公式	$L = 900\pi \cdot d^2 \cdot v$	L——风量，m^3/h d——风管内径，m v——风速，m/s
矩形风管的风量计算公式	$L = 3600 \cdot a \cdot b \cdot v$	a, b——风管断面净宽和净高，m
沿程压力损失	$\Delta P_m = R_m \cdot L$	ΔP_m——风管沿程压力损失，Pa R_m——单位管长沿程压力损失，Pa/m L——风管长度，m
单位管长沿程压力损失	$R_m = (\lambda / d_e) \cdot (v^2/2) \cdot \rho$	λ——摩擦阻力系数 d_e——风管当量直径，m 对于圆形风管 $d_e = d$ 对于矩形风管 $d_e = 2ab/(a+b)$ ρ——空气密度，kg/m^3
摩擦阻力系数	$1/\sqrt{\lambda} = -2\log(k/3.71 d_e + 2.51/R_e\sqrt{\lambda})$	k——风管内壁的当量绝对粗糙度，m R_e——雷诺数，$R_e = v \cdot d/\gamma$ γ——运动黏度，m^2/s

10.3-2 钢板圆形风管计算

速 度 (m/s)	动 压 (Pa)	风管断面直径 (mm)				上行：风量（m^3/h） 下行：单位摩擦阻力（Pa/m）				
		100	120	140	160	180	200	220	250	280
1.0	0.60	28	40	55	71	91	112	135	175	219
		0.22	0.17	0.14	0.12	0.10	0.09	0.08	0.07	0.06
1.5	1.35	42	60	82	107	136	168	202	262	329
		0.45	0.36	0.29	0.25	0.21	0.19	0.17	0.14	0.12
2.0	2.40	55	80	109	143	181	224	270	349	439
		0.76	0.60	0.49	0.42	0.36	0.31	0.28	0.24	0.21
2.5	3.75	69	100	137	179	226	280	337	437	548
		1.13	0.90	0.74	0.62	0.54	0.47	0.42	0.36	0.31
3.0	5.40	83	120	164	214	272	336	405	524	658
		1.58	1.25	1.03	0.87	0.75	0.66	0.58	0.50	0.43
3.5	7.35	97	140	191	250	317	392	472	611	768
		2.10	1.66	1.37	1.15	0.99	0.87	0.78	0.66	0.57
4.0	9.60	111	160	219	286	362	448	540	698	877
		2.68	2.12	1.75	1.48	1.27	1.12	0.99	0.85	0.74
4.5	12.15	125	180	246	322	408	504	607	786	987
		3.33	2.64	2.17	1.84	1.58	1.39	1.24	1.05	0.92
5.0	15.00	139	200	273	357	453	560	675	873	1097
		4.05	3.21	2.64	2.23	1.93	1.69	1.50	1.28	1.11
5.5	18.15	152	220	300	393	498	616	742	960	1206
		4.84	3.84	3.16	2.67	2.30	2.02	1.80	1.53	1.33
6.0	21.60	166	240	328	429	544	672	810	1048	1316
		5.69	4.51	3.72	3.14	2.71	2.38	2.12	1.80	1.57
6.5	25.35	180	260	355	465	589	728	877	1135	1425
		6.61	5.25	4.32	3.65	3.15	2.76	2.46	2.10	1.82
7.0	29.40	194	280	382	500	634	784	945	1222	1535
		7.60	6.03	4.96	4.20	3.62	3.17	2.83	2.41	2.10
7.5	33.75	208	300	410	536	679	840	1012	1310	1645
		8.66	6.87	5.65	4.78	4.12	3.62	3.22	2.75	2.39
8.0	38.40	222	320	437	572	725	896	1080	1397	1754
		9.78	7.76	6.39	5.40	4.66	4.09	3.64	3.10	2.70
8.5	43.35	236	340	464	608	770	952	1147	1484	1864
		10.96	8.70	7.16	6.06	5.23	4.58	4.08	3.48	3.03
9.0	48.60	249	360	492	643	815	1008	1215	1571	1974
		12.22	9.70	7.98	6.75	5.83	5.11	4.55	3.88	3.37
9.5	54.15	263	380	519	679	861	1064	1282	1659	2083
		13.54	10.74	8.85	7.48	6.46	5.66	5.04	4.30	3.74
10.0	60.00	277	400	546	715	906	1120	1350	1746	2193
		14.93	11.85	9.75	8.25	7.12	6.24	5.56	4.74	4.12
10.5	66.15	291	420	574	751	951	1176	1417	1833	2303
		16.38	13.00	10.70	9.05	7.81	6.85	6.10	5.21	4.53
11.0	72.60	305	440	601	786	997	1232	1485	1921	2412
		17.90	14.21	11.70	9.89	8.54	7.49	6.67	5.69	4.95
11.5	79.35	319	460	628	822	1042	1288	1552	2008	2522
		19.49	15.47	12.84	10.77	9.30	8.15	7.26	6.20	5.39
12.0	86.40	333	480	656	858	1087	1344	1620	2095	2632
		21.14	16.78	13.82	11.69	10.09	8.85	7.88	6.72	5.84
12.5	93.75	346	500	683	894	1132	1400	1687	2183	2741
		22.86	18.14	14.94	12.64	10.91	9.57	8.52	7.27	6.32
13.0	101.40	360	521	710	929	1178	1456	1755	2270	2851
		24.64	19.56	16.11	13.62	11.76	10.31	9.19	7.84	6.82
13.5	109.35	374	541	737	965	1223	1512	1822	2357	2961
		26.49	21.03	17.32	14.65	12.64	11.09	9.88	8.43	7.33
14.0	117.60	388	561	765	1001	1268	1568	1890	2444	3070
		28.41	22.55	18.87	15.71	13.56	11.89	10.60	9.04	7.86
14.5	126.15	402	581	792	1036	1314	1624	1957	2532	3180
		30.39	24.13	19.87	16.81	14.51	12.72	11.34	9.67	8.41
15.0	135.00	416	601	819	1072	1359	1680	2025	2619	3290
		32.44	25.75	21.21	17.94	15.49	13.58	12.10	10.33	8.98
15.5	144.15	430	621	847	1108	1404	1736	2092	2706	3399
		34.56	27.43	22.59	19.11	16.50	14.47	12.89	11.00	9.56
16.0	153.60	443	641	874	1144	1450	1792	2160	2794	3509
		36.74	29.17	24.02	20.32	17.54	15.38	13.71	11.70	10.17

10.3-2 钢板圆形风管计算（续）

速 度 (m/s)	动 压 (Pa)	风管断面直径 (mm)				上行：风量（m^3/h） 下行：单位摩擦阻力（Pa/m）				
		320	360	400	450	500	560	630	700	800
1.0	0.60	287	363	449	569	703	880	1115	1378	1801
		0.05	0.04	0.04	0.03	0.03	0.02	0.02	0.02	0.02
1.5	1.35	430	545	674	853	1054	1321	1673	2066	2701
		0.10	0.09	0.08	0.07	0.06	0.05	0.04	0.04	0.03
2.0	2.40	574	727	898	1137	1405	1761	2230	2755	3601
		0.17	0.15	0.13	0.11	0.10	0.09	0.08	0.07	0.06
2.5	3.75	717	908	1123	1422	1757	2201	2788	3444	4501
		0.26	0.23	0.20	0.17	0.15	0.13	0.11	0.10	0.08
3.0	5.40	860	1090	1347	1706	2108	2641	3345	4133	5402
		0.37	0.32	0.28	0.24	0.21	0.18	0.16	0.14	0.12
3.5	7.35	1004	1272	1572	1991	2459	3081	3903	4821	6302
		0.49	0.42	0.37	0.32	0.28	0.24	0.21	0.19	0.16
4.0	9.60	1147	1454	1796	2275	2811	3521	4460	5510	7202
		0.62	0.54	0.47	0.41	0.36	0.31	0.27	0.24	0.20
4.5	12.15	1291	1635	2021	2559	3162	3962	5018	6199	8102
		0.78	0.67	0.59	0.51	0.45	0.39	0.34	0.30	0.25
5.0	15.00	1434	1817	2245	2844	3513	4402	5575	6888	9003
		0.94	0.82	0.72	0.62	0.55	0.48	0.41	0.36	0.31
5.5	18.15	1578	1999	2470	3128	3864	4842	6133	7576	9903
		1.13	0.98	0.86	0.74	0.65	0.57	0.49	0.43	0.37
6.0	21.60	1721	2180	2694	3412	4216	5282	6691	8265	10803
		1.33	1.15	1.01	0.87	0.77	0.67	0.58	0.51	0.43
6.5	25.35	1864	2362	2919	3697	4567	5722	7248	8954	11703
		1.55	1.34	1.17	1.02	0.89	0.78	0.68	0.59	0.51
7.0	29.40	2008	2544	3143	3981	4918	6163	7806	9643	12604
		1.78	1.54	1.35	1.17	1.03	0.90	0.78	0.68	0.58
7.5	33.75	2151	2725	3368	4266	5270	6603	8363	10332	13504
		2.02	1.75	1.54	1.33	1.17	1.02	0.88	0.78	0.66
8.0	38.40	2295	2907	3592	4550	5621	7043	8921	11020	14404
		2.29	1.98	1.74	1.51	1.32	1.15	1.00	0.88	0.75
8.5	43.35	2438	3089	3817	4834	5972	7483	9478	11709	15304
		2.57	2.22	1.95	1.69	1.49	1.30	1.12	0.99	0.84
9.0	48.60	2581	3271	4041	5119	6324	7923	10036	12398	16205
		2.86	2.48	2.18	1.88	1.66	1.44	1.25	1.10	0.94
9.5	54.15	2725	3452	4266	5403	6675	8363	10593	13087	17105
		3.17	2.74	2.41	2.09	1.84	1.60	1.39	1.22	1.04
10.0	60.00	2868	3634	4490	5687	7026	8804	11151	13775	18005
		3.50	3.03	2.66	2.30	2.02	1.77	1.53	1.35	1.15
10.5	66.15	3012	3816	4715	5972	7378	9244	11709	14464	18906
		3.84	3.32	2.92	2.53	2.22	1.94	1.68	1.48	1.26
11.0	72.60	3155	3997	4939	6256	7729	9684	12266	15153	19806
		4.20	3.63	3.19	2.76	2.43	2.12	1.84	1.62	1.38
11.5	79.35	3298	4179	5164	6541	8080	10124	12824	15842	20706
		4.57	3.95	3.47	3.01	2.65	2.31	2.00	1.76	1.50
12.0	86.40	3442	4361	5388	6825	8432	10564	13381	16530	21606
		4.96	4.29	3.77	3.26	2.87	2.50	2.17	1.91	1.62
12.5	93.75	3585	4542	5613	7109	8783	11005	13939	17219	22507
		5.36	4.64	4.08	3.53	3.10	2.71	2.35	2.07	1.76
13.0	101.40	3729	4724	5837	7394	9134	11445	14496	17908	23407
		5.78	5.00	4.40	3.81	3.35	2.92	2.53	2.23	1.90
13.5	109.35	3872	4906	6062	7678	9485	11885	15054	18597	24307
		6.22	5.38	4.73	4.09	3.60	3.14	2.72	2.39	2.04
14.0	117.60	4016	5087	6286	7962	9837	12325	15611	19286	25207
		6.67	5.77	5.07	4.39	3.86	3.37	2.92	2.57	2.19
14.5	126.15	4159	5269	6511	8247	10188	12765	16169	19974	26108
		7.13	6.17	5.42	4.70	4.13	3.60	3.12	2.75	2.34
15.0	135.00	4302	5451	6735	8531	10539	13205	16726	20663	27008
		7.61	6.59	5.79	5.01	4.41	3.85	3.33	2.93	2.50
15.5	144.15	4446	5633	6960	8816	10891	13646	17284	21352	27908
		8.11	7.02	6.17	5.34	4.70	4.10	3.55	2.13	2.66
16.0	153.60	4589	5814	7184	9100	11242	14086	17842	22041	28808
		8.62	7.46	6.56	5.68	5.00	4.36	3.78	2.32	2.83

10.3-2 钢板圆形风管计算（续）

速 度 (m/s)	动 压 (Pa)	风管断面直径 (mm)				上行：风量（m^3/h）下行：单位摩擦阻力（Pa/m）			
		900	1000	1120	1250	1400	1600	1800	2000
1.0	0.60	2280	2816	3528	4397	5518	7211	9130	11276
		0.01	0.01	0.01	0.01	0.01	0.01	0.01	0.01
1.5	1.35	3420	4224	5292	6595	8277	10817	13696	16914
		0.03	0.03	0.02	0.02	0.02	0.01	0.01	0.01
2.0	2.40	4560	5632	7056	8793	11036	14422	18261	22552
		0.05	0.04	0.04	0.03	0.03	0.02	0.02	0.02
2.5	3.75	5700	7040	8819	10992	13795	18028	22826	28190
		0.07	0.06	0.06	0.05	0.04	0.04	0.03	0.03
3.0	5.40	6840	8448	10583	13190	16554	21633	27391	33828
		0.10	0.09	0.08	0.07	0.06	0.05	0.04	0.04
3.5	7.35	7980	9856	12347	15388	19313	25239	31956	39465
		0.14	0.12	0.11	0.09	0.08	0.07	0.06	0.05
4.0	9.60	9120	11265	14111	17587	22072	28845	36522	45103
		0.18	0.15	0.14	0.12	0.10	0.09	0.08	0.07
4.5	12.15	10260	12673	15875	19785	24831	32450	41087	50741
		0.22	0.19	0.17	0.15	0.13	0.11	0.10	0.08
5.0	15.00	11400	14081	17639	21983	27590	36056	45652	56379
		0.27	0.24	0.21	0.18	0.16	0.13	0.12	0.10
5.5	18.15	12540	15489	19403	24182	30349	39661	50217	62017
		0.32	0.28	0.25	0.22	0.19	0.16	0.14	0.12
6.0	21.60	13680	16897	21167	26380	33108	43267	54782	67655
		0.38	0.33	0.29	0.25	0.22	0.19	0.16	0.14
6.5	25.35	14820	18305	22930	28579	35867	46872	59348	73293
		0.44	0.39	0.34	0.30	0.26	0.22	0.19	0.17
7.0	29.40	15960	19713	24694	30777	38626	50478	63913	78931
		0.50	0.44	0.39	0.34	0.30	0.25	0.22	0.19
7.5	33.75	17100	21121	26458	32975	41385	54083	68478	84569
		0.57	0.51	0.44	0.39	0.34	0.29	0.25	0.22
8.0	38.40	18240	22529	28222	35174	44144	57689	73043	90207
		0.65	0.57	0.50	0.44	0.38	0.33	0.28	0.25
8.5	43.35	19381	23937	29986	37372	46903	61295	77608	95845
		0.73	0.64	0.56	0.49	0.43	0.37	0.32	0.28
9.0	48.60	20521	25345	31750	39570	49663	64900	82174	101483
		0.81	0.72	0.63	0.55	0.48	0.41	0.35	0.31
9.5	54.15	21661	26753	33514	41769	52422	68506	86739	107121
		0.90	0.79	0.69	0.61	0.53	0.45	0.39	0.35
10.0	60.00	22801	28161	35278	43967	55181	72111	91304	112759
		0.99	0.88	0.76	0.67	0.59	0.50	0.43	0.38
10.5	66.15	23941	29569	37042	46165	57940	75717	95869	118396
		1.09	0.96	0.84	0.74	0.64	0.55	0.48	0.42
11.0	72.60	25081	30978	38805	48364	60699	79322	100434	124034
		1.19	1.05	0.92	0.80	0.70	0.60	0.52	0.46
11.5	79.35	26221	32386	40569	50562	63458	82928	105000	129672
		1.30	1.14	1.00	0.88	0.77	0.65	0.57	0.50
12.0	86.40	27361	33794	42333	52760	66217	86534	109565	135310
		1.41	1.24	1.08	0.95	0.83	0.71	0.62	0.54
12.5	93.75	28501	35202	44097	54959	68976	90139	114130	140948
		1.52	1.34	1.17	1.03	0.90	0.77	0.67	0.59
13.0	101.40	29641	36610	45861	57157	71735	93745	118695	146586
		1.64	1.45	1.27	1.11	0.97	0.83	0.72	0.63
13.5	109.35	30781	38018	47625	59355	74494	97350	123260	152224
		1.77	1.56	1.36	1.19	1.04	0.89	0.77	0.68
14.0	117.60	31921	39426	49389	61554	77253	100956	127826	157862
		1.90	1.67	1.46	1.28	1.12	0.95	0.83	0.73
14.5	126.15	33061	40834	51153	63752	80012	104561	132391	163500
		2.03	1.79	1.56	1.37	1.20	1.02	0.89	0.78
15.0	135.00	34201	42242	52916	65950	82771	108167	136956	169138
		2.17	1.91	1.67	1.46	1.28	1.09	0.95	0.83
15.5	144.15	35341	43650	54680	68149	85530	111773	141521	174776
		2.31	2.03	1.78	1.56	1.36	1.16	1.01	0.89
16.0	153.60	36481	45058	56444	70347	88289	115378	146086	180414
		2.45	2.16	1.89	1.66	1.45	1.23	1.07	0.95

10.3-3 钢板矩形风管计算

速度 (m/s)	动压 (Pa)	风管断面宽×高 (mm) 上行：风量（m^3/h） 下行：单位摩擦阻力（Pa/m）								
		120 120	160 120	200 120	160 160	250 120	200 160	250 160	200 200	250 200
1.0	0.60	50	67	84	90	105	113	140	141	176
		0.18	0.15	0.13	0.12	0.12	0.11	0.09	0.09	0.08
1.5	1.35	75	101	126	135	157	169	210	212	264
		0.36	0.30	0.27	0.25	0.25	0.22	0.19	0.19	0.16
2.0	2.40	100	134	168	180	209	225	281	282	352
		0.61	0.51	0.46	0.42	0.41	0.37	0.33	0.32	0.28
2.5	3.75	125	168	210	225	262	282	351	353	440
		0.91	0.77	0.68	0.63	0.62	0.55	0.49	0.47	0.42
3.0	5.40	150	201	252	270	314	338	421	423	528
		1.27	1.07	0.95	0.88	0.87	0.77	0.68	0.66	0.58
3.5	7.35	175	235	294	315	366	394	491	494	616
		1.68	1.42	1.26	1.16	1.15	1.02	0.91	0.88	0.77
4.0	9.60	201	268	336	359	419	450	561	565	704
		2.15	1.81	1.62	1.49	1.47	1.30	1.16	1.12	0.99
4.5	12.15	226	302	378	404	471	507	631	635	792
		2.67	2.25	2.01	1.85	1.83	1.62	1.45	1.40	1.23
5.0	15.00	251	336	421	449	523	563	702	706	880
		3.25	2.74	2.45	2.25	2.23	1.97	1.76	1.70	1.49
5.5	18.15	276	369	463	494	576	619	772	776	968
		3.88	3.27	2.92	2.69	2.66	2.36	2.10	2.03	1.79
6.0	21.60	301	403	505	539	628	676	842	847	1056
		4.56	3.85	3.44	3.17	3.13	2.77	2.48	2.39	2.10
6.5	25.35	326	436	547	584	681	732	912	917	1144
		5.30	4.47	4.00	3.68	3.64	3.22	2.88	2.78	2.44
7.0	29.40	351	470	589	629	733	788	982	988	1232
		6.09	5.14	4.59	4.23	4.18	3.70	3.31	3.19	2.81
7.5	33.75	376	503	631	674	785	845	1052	1059	1320
		6.94	5.86	5.23	4.82	4.77	4.22	3.77	3.64	3.20
8.0	38.40	401	537	673	719	838	901	1123	1129	1408
		7.84	6.62	5.91	5.44	5.39	4.77	4.26	4.11	3.61
8.5	43.35	426	571	715	764	890	957	1193	1200	1496
		8.79	7.42	6.63	6.10	6.04	5.35	4.78	4.61	4.06
9.0	48.60	451	604	757	809	942	1014	1263	1270	1584
		9.80	8.27	7.39	6.80	6.73	5.96	5.32	5.14	4.52
9.5	54.15	476	638	799	854	995	1070	1333	1341	1672
		10.86	9.17	8.19	7.54	7.46	6.61	5.90	5.70	5.01
10.0	60.00	501	671	841	899	1047	1126	1403	1411	1760
		11.97	10.11	9.03	8.31	8.23	7.28	6.51	6.28	5.52
10.5	66.15	526	705	883	944	1099	1183	1473	1482	1848
		13.14	11.09	9.91	9.12	9.03	7.99	7.14	6.89	6.06
11.0	72.60	551	738	925	989	1152	1239	1544	1552	1936
		14.36	12.12	10.83	9.97	9.87	8.74	7.80	7.54	6.63
11.5	79.35	576	772	967	1034	1204	1295	1614	1623	2024
		15.63	13.20	11.79	10.86	10.74	9.51	8.50	8.20	7.21
12.0	86.40	602	805	1009	1078	1256	1351	1684	1694	2112
		16.96	14.32	12.79	11.78	11.65	10.32	9.22	8.90	7.83
12.5	93.75	627	839	1051	1123	1309	1408	1754	1764	2200
		18.34	15.48	13.83	12.74	12.60	11.16	9.97	9.63	8.46
13.0	101.40	652	873	1093	1168	1361	1464	1824	1835	2288
		19.77	16.69	14.91	13.73	13.59	12.03	10.75	10.38	9.13
13.5	109.35	677	906	1135	1213	1413	1520	1894	1905	2376
		21.25	17.94	16.03	14.76	14.61	12.93	11.55	11.16	9.81
14.0	117.60	702	940	1178	1258	1466	1577	1965	1976	2464
		22.79	19.24	17.19	15.83	15.67	13.87	12.39	11.97	10.52
14.5	126.15	727	973	1220	1303	1518	1633	2035	2046	2552
		24.38	20.59	18.39	16.94	16.76	14.84	13.26	12.80	11.26
15.0	135.00	752	1007	1262	1348	1570	1689	2105	2117	2640
		26.03	21.98	19.64	18.08	17.89	15.84	14.15	13.67	12.02
15.5	144.15	777	1040	1304	1393	1623	1746	2175	2188	2728
		27.73	23.41	20.92	19.26	19.06	16.88	15.08	14.56	12.80
16.0	153.60	802	1074	1346	1438	1675	1802	2245	2258	2816
		29.48	24.89	22.24	20.48	20.26	17.94	16.03	15.48	13.61

10.3-3 钢板矩形风管计算（续）

速 度 (m/s)	动 压 (Pa)	风管断面宽×高 (mm)				上行：风量（m^3/h） 下行：单位摩擦阻力（Pa/m）				
		320 160	250 250	320 200	400 200	320 250	500 200	400 250	320 320	500 250
1.0	0.60	180	221	226	283	283	354	354	363	443
		0.08	0.07	0.07	0.06	0.06	0.06	0.05	0.05	0.05
1.5	1.35	270	331	339	424	424	531	531	544	665
		0.17	0.14	0.14	0.13	0.12	0.12	0.11	0.10	0.10
2.0	2.40	360	441	451	565	566	707	708	726	887
		0.29	0.24	0.24	0.22	0.21	0.20	0.18	0.18	0.17
2.5	3.75	450	551	564	707	707	884	885	907	1108
		0.44	0.36	0.37	0.33	0.31	0.30	0.28	0.26	0.25
3.0	5.40	540	662	677	848	849	1061	1063	1089	1330
		0.61	0.50	0.51	0.46	0.43	0.42	0.39	0.37	0.35
3.5	7.35	630	772	790	989	990	1238	1240	1270	1551
		0.81	0.66	0.68	0.61	0.58	0.56	0.51	0.49	0.46
4.0	9.60	720	882	903	1130	1132	1415	1417	1452	1773
		1.04	0.85	0.87	0.79	0.74	0.72	0.66	0.63	0.60
4.5	12.15	810	992	1016	1272	1273	1592	1594	1633	1995
		1.29	1.06	1.08	0.98	0.92	0.90	0.82	0.78	0.74
5.0	15.00	900	1103	1129	1413	1414	1769	1771	1815	2216
		1.57	1.29	1.32	1.19	1.12	1.09	1.00	0.95	0.90
5.5	18.15	990	1213	1242	1554	1556	1945	1948	1996	2438
		1.88	1.54	1.57	1.42	1.33	1.31	1.19	1.13	1.08
6.0	21.60	1080	1323	1354	1696	1697	2122	2125	2177	2660
		2.22	1.81	1.85	1.68	1.57	1.54	1.40	1.33	1.27
6.5	25.35	1170	1433	1467	1837	1839	2299	2302	2359	2881
		2.57	2.11	2.15	1.95	1.83	1.79	1.63	1.55	1.48
7.0	29.40	1260	1544	1580	1978	1980	2476	2479	2540	3103
		2.96	2.42	2.47	2.24	2.10	2.06	1.87	1.78	1.70
7.5	33.75	1350	1654	1693	2120	2122	2653	2656	2722	3325
		3.37	2.76	2.82	2.55	2.39	2.34	2.13	2.03	1.93
8.0	38.40	1440	1764	1806	2261	2263	2830	2833	2903	3546
		3.81	3.12	3.18	2.88	2.70	2.65	2.41	2.30	2.19
8.5	43.35	1530	1874	1919	2402	2405	3007	3010	3085	3768
		4.27	3.50	3.57	3.23	3.03	2.97	2.71	2.58	2.45
9.0	48.60	1620	1985	2032	2544	2546	3184	3188	3266	3989
		4.76	3.90	3.98	3.61	3.38	3.31	3.02	2.87	2.73
9.5	54.15	1710	2095	2145	2685	2687	3360	3365	3448	4211
		5.28	4.32	4.41	4.00	3.75	3.67	3.34	3.18	3.03
10.0	60.00	1800	2205	2257	2826	2829	3537	3542	3629	4433
		5.82	4.77	4.86	4.41	4.13	4.05	3.69	3.51	3.34
10.5	66.15	1890	2315	2370	2968	2970	3714	3719	3810	4654
		6.39	5.23	5.34	4.84	4.53	4.44	4.05	3.85	3.67
11.0	72.60	1980	2426	2483	3109	3112	3891	3896	3992	4876
		6.98	5.72	5.84	5.29	4.95	4.86	4.42	4.21	4.01
11.5	79.35	2070	2536	2596	3250	3253	4068	4073	4173	5098
		7.60	6,23	6.35	5.76	5.39	5.29	4.82	4.59	4.37
12.0	86.40	2160	2646	2709	3391	3395	4245	4250	4355	5319
		8.25	6.76	6.89	6.24	5.85	5.74	5.23	4.98	4.74
12.5	93.75	2250	2757	2822	3533	3536	4422	4427	4536	5541
		8.92	7.31	7.46	6.75	6.33	6.20	5.65	5.38	5.12
13.0	101.40	2340	2867	2935	3674	3678	4598	4604	4718	5763
		9.62	7.88	8.04	7.28	6.83	6.69	6.09	5.80	5.52
13.5	109.35	2430	2977	3048	3815	3819	4775	4781	4899	5984
		10.34	8.47	8.64	7.83	7.34	7.19	6.55	6.24	5.94
14.0	117.60	2520	3087	3160	3957	3960	4952	4958	5081	6206
		11.09	9.09	9.27	8.40	7.87	7.71	7.03	6.69	6.37
14.5	126.15	2610	3198	3273	4098	4102	5129	5136	5262	6427
		11.87	9.72	9.92	8.98	8.42	8.25	7.52	7.16	6.82
15.0	135.00	2700	3308	3386	4239	4243	5306	5313	5444	6649
		12.67	10.38	10.59	9.59	8.99	8.81	8.03	7.64	7.28
15.5	144.15	2790	3418	3499	4381	4385	5483	5490	5625	6871
		13.49	11.06	11.28	10.22	9.58	9.39	8.55	8.14	7.75
16.0	153.60	2880	3528	3612	4522	4526	5660	5667	5806	7092
		14.35	11.75	11.99	10.86	10.18	9.98	9.09	8.66	8.24

10.3-3　钢板矩形风管计算（续）

速　度 (m/s)	动　压 (Pa)	风管断面宽×高 (mm)　上行：风量（m^3/h）下行：单位摩擦阻力（Pa/m）								
		400 320	630 250	500 320	400 400	500 400	630 320	500 500	630 400	800 320
1.0	0.60	454	558	569	569	712	716	891	896	910
		0.04	0.04	0.04	0.04	0.03	0.04	0.03	0.03	0.03
1.5	1.35	682	836	853	853	1068	1073	1337	1344	1364
		0.09	0.09	0.08	0.08	0.07	0.07	0.06	0.06	0.07
2.0	2.40	909	1115	1137	1138	1424	1431	1782	1792	1819
		0.15	0.15	0.14	0.13	0.12	0.12	0.10	0.10	0.11
2.5	3.75	1136	1394	1422	1422	1780	1789	2228	2240	2274
		0.23	0.23	0.21	0.20	0.17	0.19	0.15	0.16	0.17
3.0	5.40	1363	1673	1706	1706	2136	2147	2673	2688	2729
		0.32	0.32	0.29	0.28	0.24	0.26	0.21	0.22	0.24
3.5	7.35	1590	1951	1990	1991	2492	2504	3119	3136	3183
		0.43	0.43	0.38	0.37	0.33	0.35	0.28	0.29	0.32
4.0	9.60	1817	2230	2275	2275	2848	2862	3564	3584	3638
		0.55	0.55	0.49	0.47	0.42	0.44	0.36	0.37	0.40
4.5	12.15	2045	2509	2559	2560	3204	3220	4010	4032	4093
		0.68	0.68	0.61	0.59	0.52	0.55	0.45	0.46	0.50
5.0	15.00	2272	2788	2843	2844	3560	3578	4455	4481	4548
		0.83	0.83	0.74	0.72	0.63	0.67	0.55	0.56	0.61
5.5	18.15	2499	3066	3128	3129	3916	3935	4901	4929	5002
		0.99	0.99	0.89	0.86	0.76	0.80	0.65	0.67	0.73
6.0	21.60	2726	3345	3412	3413	4272	4293	5346	5377	5457
		1.17	1.17	1.04	1.01	0.89	0.94	0.77	0.79	0.86
6.5	24.35	2953	3624	3696	3697	4627	4651	5792	5825	5912
		1.36	1.36	1.21	1.18	1.03	1.10	0.90	0.92	1.00
7.0	29.40	3180	3903	3980	3982	4983	5009	6237	6273	6367
		1.57	1.56	1.40	1.35	1.19	1.26	1.03	1.06	1.15
7.5	33.75	3408	4181	4265	4266	5339	5366	6683	6721	6822
		1.78	1.78	1.59	1.54	1.36	1.44	1.17	1.21	1.31
8.0	38.40	3635	4460	4549	4551	5695	5724	7128	7169	7276
		2.02	2.01	1.80	1.74	1.53	1.63	1.33	1.36	1.48
8.5	43.35	3862	4739	4833	4835	6051	6082	7574	7617	7731
		2.26	2.25	2.02	1.96	1.72	1.82	1.49	1.53	1.67
9.0	48.60	4089	5018	5118	5119	6407	6440	8019	8065	8186
		2.52	2.51	2.25	2.18	1.92	2.03	1.66	1.71	1.86
9.5	54.15	4316	5297	5402	5404	6763	6798	8465	8513	8641
		2.80	2.78	2.49	2.42	2.13	2.25	1.84	1.89	2.06
10.0	60.0	4543	5575	5686	5688	7119	7155	8910	8961	9095
		3.08	3.07	2.75	2.67	2.34	2.49	2.03	2.09	2.27
10.5	66.15	4771	5854	5971	5973	7475	7513	9356	9409	9550
		3.38	3.37	3.02	2.93	2.57	2.73	2.23	2.29	2.49
11.0	72.60	4998	6133	6255	6257	7831	7871	9801	9857	10005
		3.70	3.68	3.30	3.20	2.81	2.98	2.44	2.50	2.72
11.5	79.35	5225	6412	6539	6541	8187	8229	10247	10305	10460
		4.03	4.01	3.59	3.48	3.06	3.25	2.65	2.73	2.97
12.0	86.40	5452	6690	6824	6826	8543	8586	10692	10753	10914
		4.37	4.35	3.90	3.78	3.32	3.52	2.88	2.96	3.22
12.5	93.75	5679	6969	7108	7110	8899	8944	11138	11201	11369
		4.73	4.70	4.22	4.09	3.59	3.81	3.11	3.20	3.48
13.0	101.40	5906	7248	7392	7395	9255	9302	11583	11649	11824
		5.10	5.07	4.55	4.41	3.88	4.11	3.36	3.45	3.75
13.5	109.35	6134	7527	7677	7679	9611	9660	12029	12097	12279
		5.48	5.45	4.89	4.74	4.17	4.42	3.61	3.71	4.04
14.0	117.60	6361	7805	7961	7964	9967	10017	12474	12546	12734
		5.88	5.85	5.24	5.08	4.47	4.74	3.87	3.98	4.33
14.5	126.15	6588	8084	8245	8248	10323	10375	12920	12994	13188
		6.29	6.26	5.61	5.44	4.78	5.07	4.14	4.26	4.63
15.0	135.00	6815	8363	8530	8532	10679	10733	13365	13442	13643
		6.71	6.68	5.99	5.81	5.11	5.41	4.42	4.55	4.95
15.5	144.15	7042	8642	8814	8817	11035	11091	13811	13890	14098
		7.15	7.12	6.38	6.19	5.44	5.77	4.71	4.84	5.27
16.0	153.60	7269	8920	9098	9101	11391	11449	14256	14338	14553
		7.60	7.57	6.78	6.58	5.78	6.13	5.01	5.15	5.60

10.3-3 钢板矩形风管计算（续）

速 度 (m/s)	动 压 (Pa)	风管断面宽×高 (mm) 上行：风量（m^3/h） 下行：单位摩擦阻力（Pa/m）								
		630 500	1000 320	800 400	630 630	1000 400	800 500	1250 400	1000 500	800 630
1.0	0.60	1122	1138	1139	1415	1425	1426	1780	1784	1799
		0.03	0.03	0.03	0.02	0.02	0.02	0.02	0.02	0.02
1.5	1.35	1683	1707	1709	2123	2137	2139	2670	2676	2698
		0.05	0.06	0.06	0.04	0.05	0.05	0.05	0.04	0.04
2.0	2.40	2244	2276	2278	2831	2850	2852	3560	3568	3598
		0.09	0.10	0.09	0.08	0.09	0.08	0.08	0.07	0.07
2.5	3.75	2805	2844	2848	3538	3562	3565	4450	4460	4497
		0.13	0.16	0.14	0.11	0.13	0.12	0.12	0.11	0.10
3.0	5.40	3365	3413	3417	4246	4275	4278	5340	5351	5397
		0.19	0.22	0.20	0.16	0.18	0.16	0.17	0.15	0.14
3.5	7.35	3926	3982	3987	4953	4987	4991	6229	6243	6296
		0.25	0.29	0.26	0.21	0.24	0.22	0.22	0.20	0.19
4.0	9.60	4487	4551	4556	5661	5700	5704	7119	7135	7196
		0.32	0.38	0.33	0.27	0.31	0.28	0.29	0.25	0.24
4.5	12.15	5048	5120	5126	6369	6412	6417	8009	8027	8095
		0.39	0.47	0.42	0.34	0.38	0.35	0.36	0.32	0.30
5.0	15.00	5609	5689	5695	7076	7125	7130	8899	8919	8995
		0.48	0.57	0.51	0.41	0.47	0.42	0.43	0.39	0.36
5.5	18.15	6170	6258	6265	7784	7837	7843	9789	9811	9894
		0.57	0.68	0.61	0.49	0.56	0.51	0.52	0.46	0.43
6.0	21.60	6731	6827	6834	8492	8549	8556	10679	10703	10794
		0.68	0.80	0.71	0.58	0.66	0.60	0.61	0.54	0.51
6.5	25.35	7292	7396	7404	9199	9262	9269	11569	11595	11693
		0.79	0.93	0.83	0.68	0.76	0.70	0.71	0.63	0.59
7.0	29.40	7853	7964	7974	9907	9974	9982	12459	12487	12593
		0.90	1.07	0.95	0.78	0.88	0.80	0.82	0.73	0.68
7.5	33.75	8414	8533	8543	10614	10687	10695	13349	13379	13492
		1.03	1.22	1.09	0.89	1.00	0.91	0.93	0.83	0.77
8.0	38.40	8975	9102	9113	11322	11399	11408	14239	14271	14392
		1.16	1.38	1.23	1.00	1.13	1.03	1.05	0.94	0.87
8.5	43.35	9536	9671	9682	12030	12112	12121	15129	15163	15291
		1.31	1.55	1.38	1.12	1.27	1.16	1.18	1.05	0.98
9.0	48.60	10096	10240	10252	12737	12824	12834	16019	16054	16191
		1.46	1.73	1.54	1.25	1.41	1.29	1.32	1.17	1.09
9.5	54.15	10657	10809	10821	13445	13537	13547	16909	16946	17090
		1.61	1.92	1.70	1.39	1.57	1.43	1.46	1.30	1.21
10.0	60.00	11218	11378	11391	14153	14249	14260	17798	17838	17990
		1.78	2.11	1.88	1.53	1.73	1.58	1.61	1.43	1.34
10.5	66.15	11779	11947	11960	14860	14962	14973	18688	18730	18889
		1.95	2.32	2.06	1.68	1.90	1.73	1.77	1.57	1.47
11.0	72.60	12340	12516	12530	15568	15674	15686	19578	19622	19789
		2.13	2.54	2.26	1.84	2.07	1.89	1.93	1.72	1.61
11.5	79.35	12901	13084	13099	16276	16386	16399	20468	20514	20688
		2.32	2.76	2.46	2.00	2.26	2.06	2.11	1.87	1.75
12.0	86.40	13462	13653	13669	16983	17099	17112	21358	21406	21588
		2.52	3.00	2.66	2.17	2.45	2.24	2.28	2.03	1.90
12.5	93.75	14023	14222	14238	17691	17811	17825	22248	22298	22487
		2.73	3.24	2.88	2.35	2.65	2.42	2.47	2.20	2.05
13.0	101.40	14584	14791	14808	18398	18524	18538	23138	23190	23387
		2.94	3.50	3.11	2.54	2.86	2.61	2.66	2.37	2.21
13.5	109.35	15145	15360	15377	19106	19236	19251	24028	24082	24286
		3.16	3.76	3.34	2.73	3.07	2.81	2.87	2.55	2.38
14.0	117.60	15706	15929	15947	19814	19949	19964	24918	24974	25186
		3.39	4.03	3.58	2.92	3.30	3.01	3.07	2.73	2.55
14.5	126.15	16267	16498	16517	20521	20661	20677	25808	25866	26085
		3.63	4.31	3.83	3.13	3.53	3.22	3.29	2.92	2.73
15.0	135.00	16827	17067	17086	21229	21374	21390	26698	26757	26985
		3.88	4.60	4.09	3.34	3.77	3.44	3.51	3.12	2.91
15.5	144.15	17388	17636	17656	21937	22086	22103	27588	27649	27884
		4.13	4.91	4.36	3.56	4.01	3.66	3.74	3.32	3.11
16.0	153.60	17949	18204	18225	22644	22799	22816	28478	28541	28784
		4.39	5.22	4.64	3.78	4.27	3.89	3.98	3.53	3.30

10.3-3 钢板矩形风管计算（续）

速 度 (m/s)	动 压 (Pa)	风管断面宽×高 (mm)			上行：风量（m^3/h） 下行：单位摩擦阻力（Pa/m）					
		1250 500	1000 630	800 800	1250 630	1600 500	1000 800	1250 800	1000 1000	1600 630
1.0	0.60	2229	2250	2287	2812	2854	2861	3575	3578	3602
		0.02	0.02	0.02	0.02	0.02	0.01	0.01	0.01	0.01
1.5	1.35	3343	3376	3430	4218	4282	4291	5362	5368	5402
		0.04	0.03	0.03	0.03	0.04	0.03	0.03	0.03	0.03
2.0	2.40	4457	4501	4574	5624	5709	5721	7150	7157	7203
		0.07	0.06	0.06	0.05	0.06	0.05	0.04	0.04	0.05
2.5	3.75	5572	5626	5717	7030	7136	7151	8937	8946	9004
		0.10	0.09	0.09	0.08	0.09	0.07	0.07	0.06	0.07
3.0	5.40	6686	6751	6860	8436	8563	8582	10725	10735	10805
		0.14	0.12	0.12	0.11	0.13	0.10	0.09	0.09	0.10
3.5	7.35	7800	7876	8004	9842	9990	10012	12512	12525	12605
		0.18	0.17	0.16	0.15	0.17	0.14	0.12	0.12	0.14
4.0	9.60	8914	9002	9147	11248	11417	11442	14300	14314	14406
		0.23	0.21	0.20	0.19	0.22	0.18	0.16	0.16	0.18
4.5	12.15	10029	10127	10290	12654	12845	12873	16087	16103	16207
		0.29	0.26	0.25	0.24	0.27	0.22	0.20	0.19	0.22
5.0	15.00	11143	11252	11434	14060	14272	14303	17875	17892	18008
		0.35	0.32	0.31	0.29	0.33	0.27	0.24	0.24	0.27
5.5	18.15	12557	12377	12577	15466	15699	15733	19662	19681	19809
		0.42	0.39	0.37	0.35	0.39	0.33	0.29	0.28	0.32
6.0	21.60	13372	13503	13721	16872	17126	17164	21450	21471	21609
		0.50	0.45	0.44	0.41	0.46	0.38	0.34	0.33	0.38
6.5	25.35	14486	14628	14864	18278	18553	18594	23237	23260	23410
		0.58	0.53	0.51	0.48	0.54	0.45	0.40	0.39	0.44
7.0	29.40	15600	15753	16007	19684	19980	20024	25025	25049	25211
		0.67	0.61	0.58	0.55	0.62	0.51	0.46	0.44	0.50
7.5	33.75	16715	16878	17151	21090	21408	21454	26812	26838	27012
		0.76	0.69	0.66	0.63	0.71	0.58	0.52	0.51	0.57
8.0	38.40	17829	18003	18294	22496	22835	22885	28600	28627	28812
		0.86	0.78	0.75	0.71	0.80	0.66	0.59	0.57	0.65
8.5	43.35	18943	19129	19437	23902	24262	24315	30387	30417	30613
		0.97	0.88	0.84	0.80	0.89	0.74	0.66	0.64	0.73
9.0	48.60	20058	20254	20581	25308	25689	25745	32175	32206	32414
		1.08	0.98	0.94	0.89	1.00	0.83	0.74	0.72	0.81
9.5	54.15	21172	21379	21724	26714	27116	27176	33962	33995	34215
		1.20	1.08	1.04	0.99	1.11	0.92	0.82	0.79	0.90
10.0	60.00	22286	22504	22868	28120	28543	28606	35749	35784	36015
		1.32	1.20	1.15	1.09	1.22	1.01	0.90	0.88	0.99
10.5	66.15	23401	23629	24011	29526	29971	30036	37537	37574	37816
		1.45	1.31	1.26	1.19	1.34	1.11	0.99	0.96	1.09
11.0	72.60	24515	24755	25154	30932	31398	31467	39324	39363	39617
		1.58	1.44	1.38	1.30	1.46	1.21	1.08	1.05	1.19
11.5	79.35	25629	25880	26298	32338	32825	32897	41112	41152	41418
		1.72	1.56	1.50	1.42	1.59	1.32	1.18	1.15	1.30
12.0	86.40	26743	27005	27441	33744	34252	34327	42899	42941	43219
		1.87	1.70	1.63	1.54	1.73	1.43	1.28	1.24	1.41
12.5	93.75	27858	28130	28584	35150	35679	35757	44687	44730	45019
		2.02	1.84	1.76	1.67	1.87	1.55	1.39	1.34	1.52
13.0	101.40	28972	29256	29728	36556	37106	37188	46474	46520	46820
		2.18	1.98	1.90	1.80	2.02	1.67	1.49	1.45	1.64
13.5	109.35	30086	30381	30871	37962	38534	38618	48262	48309	48621
		2.35	2.13	2.04	1.93	2.17	1.80	1.61	1.56	1.76
14.0	117.60	31201	31506	32015	39368	39961	40048	50049	50098	50422
		2.52	2.28	2.19	2.07	2.33	1.93	1.72	1.67	1.89
14.5	126.15	32315	32631	33158	40774	41388	41479	51837	51887	52222
		2.69	2.44	2.34	2.22	2.49	2.06	1.85	1.79	2.02
15.0	135.00	33429	33756	34301	42180	42815	42909	53624	53676	54023
		2.87	2.61	2.50	2.37	2.66	2.20	1.97	1.91	2.16
15.5	144.15	34544	34882	35445	43586	44242	44339	55412	55466	55824
		3.06	2.78	2.66	2.52	2.83	2.35	2.10	2.04	2.30
16.0	153.60	35658	36007	36588	44992	45669	45769	57199	57255	57625
		3.25	2.95	2.83	2.68	3.01	2.49	2.23	2.16	2.45

10.3-3 钢板矩形风管计算（续）

速 度 (m/s)	动 压 (Pa)	风管断面宽×高 (mm) 1250 1000	1600 800	2000 800	上行：风量（m^3/h） 下行：单位摩擦阻力（Pa/m） 1600 1000	2000 1000	1600 1250	2000 1250
1.0	0.60	4473	4579	5726	5728	7163	7165	8960
		0.01	0.01	0.01	0.01	0.01	0.01	0.01
1.5	1.35	6709	6868	8589	8592	10745	10748	13440
		0.02	0.02	0.02	0.02	0.02	0.02	0.02
2.0	2.40	8945	9157	11452	11456	14327	14330	17921
		0.04	0.04	0.04	0.03	0.03	0.03	0.03
2.5	3.75	11181	11447	14314	14321	17908	17913	22401
		0.06	0.06	0.06	0.05	0.05	0.04	0.04
3.0	5.40	13418	13736	17177	17185	21490	21495	26881
		0.08	0.08	0.08	0.07	0.06	0.06	0.05
3.5	7.35	15654	16025	20040	20049	25072	25078	31361
		0.11	0.11	0.10	0.09	0.09	0.08	0.07
4.0	9.60	17890	18315	22903	22913	28653	28661	35841
		0.14	0.14	0.13	0.12	0.11	0.10	0.09
4.5	12.15	20126	20604	25766	25777	32235	32243	40321
		0.17	0.18	0.16	0.15	0.14	0.13	0.12
5.0	15.00	22363	22893	28629	28641	35817	35826	44801
		0.21	0.22	0.20	0.18	0.17	0.16	0.14
5.5	18.15	24599	25183	31492	31505	39398	39408	49281
		0.25	0.26	0.24	0.22	0.20	0.19	0.17
6.0	21.60	26835	27472	34355	34369	42980	42991	53762
		0.29	0.31	0.28	0.26	0.24	0.22	0.20
6.5	25.36	29071	29761	37218	37233	46562	46574	58242
		0.34	0.36	0.33	0.30	0.27	0.26	0.23
7.0	29.40	31308	32051	40080	40098	50143	50156	62722
		0.39	0.41	0.38	0.35	0.31	0.30	0.27
7.5	33.75	33544	34340	42943	42962	53725	53739	67202
		0.45	0.47	0.43	0.39	0.36	0.34	0.30
8.0	38.40	35780	36629	45806	45826	57307	57321	71682
		0.50	0.53	0.49	0.45	0.41	0.38	0.34
8.5	43.35	38016	38919	48669	48690	60888	60904	76162
		0.57	0.60	0.55	0.50	0.46	0.43	0.38
9.0	48.60	40253	41208	51532	51554	64470	64486	80642
		0.63	0.66	0.61	0.56	0.51	0.48	0.43
9.5	54.15	42489	43497	54395	54418	68052	68069	85122
		0.70	0.74	0.68	0.62	0.56	0.53	0.47
10.0	60.00	44725	45787	57258	57282	71633	71652	89603
		0.77	0.81	0.75	0.68	0.62	0.58	0.52
10.5	66.15	46961	48076	60121	60146	75215	75234	94083
		0.85	0.89	0.82	0.75	0.68	0.64	0.57
11.0	72.60	49198	50365	62983	63010	78797	78817	98563
		0.93	0.97	0.90	0.82	0.75	0.70	0.63
11.5	79.35	51434	52655	65846	65875	82378	82399	103043
		1.01	1.06	0.98	0.89	0.81	0.76	0.68
12.0	86.40	53670	54944	68709	68739	85960	85982	107523
		1.10	1.15	1.06	0.97	0.88	0.83	0.74
12.5	93.75	55906	57233	71572	71603	89542	89564	112003
		1.19	1.25	1.15	1.05	0.95	0.90	0.80
13.0	101.40	58143	59523	74435	74467	93123	93147	116483
		1.28	1.34	1.24	1.13	1.03	0.97	0.87
13.5	109.35	60379	61812	77298	77331	96705	96730	120964
		1.37	1.44	1.33	1.22	1.11	1.04	0.93
14.0	117.60	62615	64101	80161	80195	100287	100312	125444
		1.47	1.55	1.43	1.30	1.19	1.11	1.00
14.5	126.15	64851	66391	83204	83059	103868	103895	129924
		1.58	1.66	1.53	1.40	1.27	1.19	1.07
15.0	135.00	67088	68680	85887	85923	107450	107477	134404
		1.68	1.77	1.63	1.49	1.35	1.27	1.14
15.5	144.15	69324	70969	88749	88787	111031	111060	138884
		1.79	1.89	1.74	1.59	1.44	1.36	1.22
16.0	153.60	71560	73259	91612	91651	114613	114643	143364
		1.91	2.01	1.85	1.69	1.53	1.44	1.29

10.3-4 钢板非标准矩形风管计算

速 度 (m/s)	动 压 (Pa)	风管断面宽×高 (mm) 320×120	400×120	400×160	500×160	630×200	800×200
		上行：风量（m^3/h） 下行：单位摩擦阻力（Pa/m）					
1.0	0.60	134	168	225	282	445	565
		0.11	0.10	0.08	0.07	0.05	0.05
1.5	1.35	201	252	338	423	667	848
		0.23	0.21	0.16	0.15	0.11	0.10
2.0	2.40	269	336	451	564	889	1130
		0.38	0.35	0.27	0.25	0.19	0.18
2.5	3.75	336	420	563	705	1112	1413
		0.57	0.53	0.40	0.37	0.28	0.26
3.0	5.40	403	504	676	846	1334	1696
		0.79	0.74	0.56	0.52	0.39	0.37
3.5	7.35	470	588	789	987	1556	1978
		1.05	0.98	0.75	0.69	0.52	0.49
4.0	9.60	537	673	902	1128	1779	2261
		1.34	1.25	0.95	0.89	0.67	0.63
4.5	12.15	604	757	1014	1269	2001	2544
		1.67	1.56	1.19	1.10	0.84	0.78
5.0	15.00	672	841	1127	1410	2223	2826
		2.03	1.90	1.45	1.34	1.02	0.95
5.5	18.15	739	925	1240	1551	2446	3109
		2.43	2.26	1.73	1.61	1.22	1.14
6.0	21.60	806	1009	1352	1692	2668	3391
		2.86	2.67	2.03	1.89	1.43	1.34
6.5	25.35	873	1093	1465	1834	2890	3674
		3.32	3.10	2.36	2.20	1.66	1.56
7.0	29.40	940	1177	1578	1975	3113	3957
		3.82	3.56	2.72	2.53	1.91	1.80
7.5	33.75	1007	1261	1690	2116	3335	4239
		4.35	4.06	3.10	2.88	2.18	2.05
8.0	38.40	1074	1345	1803	2257	3557	4522
		4.91	4.58	3.50	3.25	2.46	2.31
8.5	43.35	1142	1429	1916	2398	3780	4804
		5.51	5.14	3.92	3.65	2.76	2.59
9.0	48.60	1209	1513	2028	2539	4002	5087
		6.14	5.73	4.37	4.07	3.08	2.89
9.5	54.15	1276	1597	2141	2680	4224	5370
		6.81	6.35	4.85	4.51	3.42	3.20
10.0	60.00	1343	1681	2254	2821	4447	5652
		7.51	7.00	5.35	4.97	3.77	3.53
10.5	66.15	1410	1765	2367	2962	4669	5935
		8.24	7.69	5.87	5.46	4.13	3.88
11.0	72.60	1477	1850	2479	3103	4891	6218
		9.00	8.40	6.41	5.96	4.52	4.24
11.5	79.35	1544	1934	2592	3244	5114	6500
		9.80	9.15	6.98	6.49	4.92	4.61
12.0	86.40	1612	2018	2705	3385	5336	6783
		10.63	9.92	7.57	7.05	5.34	5.01
12.5	93.75	1679	2102	2817	3526	5558	7065
		11.50	10.73	8.19	7.62	5.77	5.41
13.0	101.40	1746	2186	2930	3667	5781	7348
		12.40	11.57	8.83	8.22	6.23	5.84
13.5	109.35	1813	2270	3043	3808	6003	7631
		13.33	12.44	9.50	8.83	6.69	6.28
14.0	117.60	1880	2354	3155	3949	6225	7913
		14.30	13.34	10.18	9.47	7.18	6.73
14.5	126.15	1947	2438	3268	4090	6448	8196
		15.30	14.27	10.90	10.14	7.68	7.20
15.0	135.00	2015	2522	3381	4231	6670	8478
		16.33	15.23	11.63	10.82	8.20	7.69
15.5	144.15	2082	2606	3493	4372	6892	8761
		17.39	16.23	12.39	11.53	8.74	8.19
16.0	153.60	2149	2690	3606	4513	7115	9044
		18.49	17.25	13.17	12.25	9.29	8.71

10.3-4 钢板非标准矩形风管计算（续）

速度 (m/s)	动压 (Pa)	风管断面宽×高 (mm) 800 250	1000 250	1000 320	1250 320	上行：风量（m^3/h） 下行：单位摩擦阻力（Pa/m） 1600 400	2000 500	2000 630
1.0	0.60	709 0.04	887 0.04	1138 0.03	1421 0.03	2280 0.02	3569 0.02	4504 0.01
1.5	1.35	1063 0.08	1330 0.08	1707 0.06	2131 0.06	3419 0.04	5354 0.03	6756 0.03
2.0	2.40	1417 0.14	1773 0.13	2276 0.10	2842 0.10	4559 0.07	7139 0.06	9008 0.05
2.5	3.75	1772 0.21	2216 0.20	2844 0.16	3552 0.15	5699 0.11	8924 0.09	11260 0.07
3.0	5.40	2126 0.30	2660 0.28	3413 0.22	4262 0.21	6839 0.16	10708 0.12	13512 0.10
3.5	7.35	2480 0.40	3103 0.37	3982 0.29	4973 0.28	7978 0.21	12493 0.16	15763 0.13
4.0	9.60	2835 0.51	3546 0.48	4551 0.38	5683 0.35	9118 0.27	14278 0.20	18015 0.16
4.5	12.15	3189 0.63	3989 0.59	5120 0.47	6394 0.44	10258 0.33	16062 0.25	20267 0.20
5.0	15.00	3543 0.77	4433 0.72	5689 0.57	7104 0.54	11398 0.41	17847 0.31	22519 0.25
5.5	18.15	3898 0.92	4876 0.86	6258 0.68	7815 0.64	12538 0.49	19632 0.37	24771 0.30
6.0	21.60	4252 1.08	5319 1.02	6827 0.80	8525 0.76	13677 0.57	21417 0.44	27023 0.35
6.5	25.35	4607 1.26	5762 1.18	7396 0.93	9235 0.88	14817 0.67	23201 0.51	29275 0.41
7.0	29.40	4961 1.44	6206 1.36	7964 1.07	9946 1.01	15957 0.77	24986 0.58	31527 0.47
7.5	33.75	5315 1.65	6649 1.55	8533 1.22	10656 1.15	17097 0.87	26771 0.67	33779 0.53
8.0	38.40	5670 1.86	7092 1.75	9102 1.38	11367 1.30	18236 0.99	28556 0.75	36031 0.60
8.5	43.35	6024 2.09	7536 1.97	9671 1.55	12077 1.46	19376 1.11	30340 0.84	38283 0.68
9.0	48.60	6378 2.33	7979 2.19	10240 1.73	12787 1.63	20516 1.23	32125 0.94	40535 0.76
9.5	54.15	6733 2.58	8422 2.43	10809 1.92	13498 1.81	21656 1.37	33910 1.04	42787 0.84
10.0	60.00	7087 2.84	8865 2.68	11378 2.11	14208 1.99	22796 1.51	35694 1.15	45039 0.92
10.5	66.15	7441 3.12	9309 2.94	11947 2.32	14919 2.19	23935 1.66	37479 1.26	47290 1.01
11.0	72.60	7796 3.41	9752 3.22	12516 2.54	15629 2.39	25075 1.81	39264 1.38	49542 1.11
11.5	79.35	8150 3.72	10195 3.50	13084 2.76	16389 2.60	26215 1.97	41049 1.50	51794 1.21
12.0	86.40	8504 4.03	10638 3.80	13653 3.00	17050 2.83	27355 2.14	42833 1.63	54046 1.31
12.5	93.75	8859 4.36	11082 4.11	14222 3.24	17760 3.06	28495 2.31	44618 1.76	56298 1.42
13.0	101.40	9213 4.70	11525 4.43	14791 3.50	18471 3.30	29634 2.49	46403 1.90	58550 1.53
13.5	109.35	9567 5.06	11968 4.76	15360 3.76	19181 3.54	30774 2.68	48187 2.05	60802 1.64
14.0	117.60	9922 5.42	12411 5.11	15929 4.03	19892 3.80	31914 2.88	49972 2.19	63054 1.76
14.5	126.15	10276 5.80	12855 5.47	16498 4.31	20602 4.07	33054 3.08	51757 2.35	65306 1.39
15.0	135.00	10630 6.19	13298 5.84	17067 4.60	21312 4.34	34193 3.29	53542 2.51	67558 2.02
15.5	144.15	10985 6.60	13741 6.22	17636 4.91	22023 4.63	35333 3.50	55326 2.67	69810 2.15
16.0	153.60	11339 7.02	14185 6.61	18204 5.22	22733 4.92	36473 3.72	57111 2.84	72062 2.28

10.3-5 风管的局部阻力计算公式

计 算 公 式	说 明
$\Delta P_j = \zeta_0 v^2 \cdot \rho/2$	ΔP_j——局部压力损失，Pa ζ_0——局部阻力系数， v——风管内该压力损失发生处的空气流速，m/s ρ——空气密度，kg/m^3

10.3-6 局部阻力系数

管件 A 进风口的局部阻力系数

A-1 安装在墙上的风管

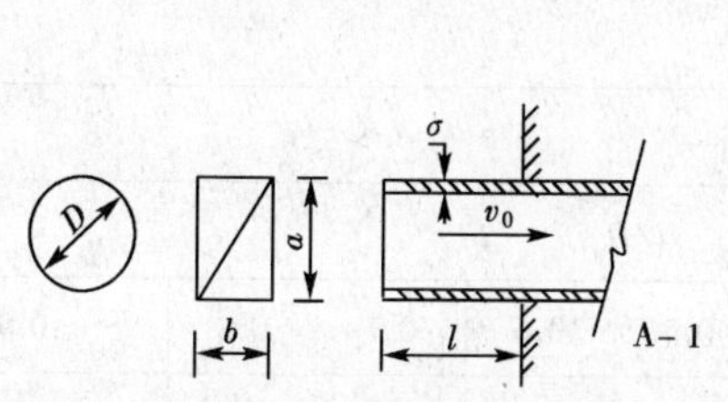

δ/D	ζ_0						
	l/D						
	0	0.002	0.01	0.05	0.2	0.5	≥1.0
~0	0.50	0.57	0.68	0.80	0.92	1.0	1.0
0.02	0.50	0.51	0.52	0.55	0.66	0.72	0.72
>0.05	0.50	0.50	0.50	0.50	0.50	0.50	0.50

当风管为矩形时，D 为流速当量直径

当这种管件的入口处装有网格时，应进行修正。边壁较薄时，即 $\delta/D \leqslant 0.05$ 时

$$\zeta_0 = 1 + \zeta_s$$

边壁较厚时，即 $\delta/D > 0.05$ 时

$$\zeta_0 = \zeta'_0 + \zeta_s$$

式中 ζ'_0——管件的局部阻力系数，见上表

ζ_s——网格的局部阻力系数，见管件 G-8

A-2 不安在端墙上的锥形渐缩喇叭口

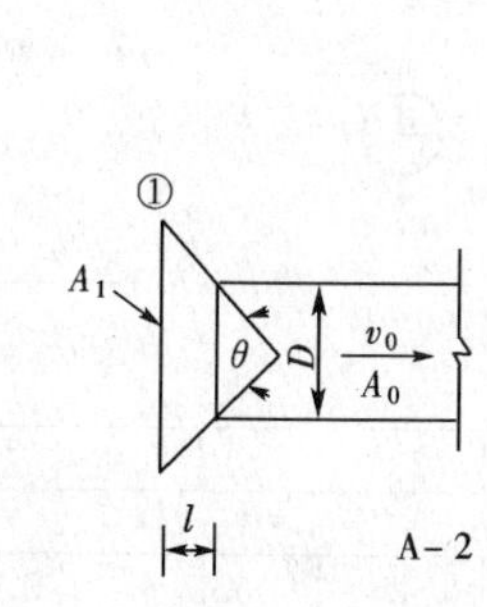

$\frac{l}{D}$	ζ_0								
	θ (°)								
	0	10	20	30	40	60	100	140	180
0.025	1.0	0.96	0.93	0.90	0.86	0.80	0.69	0.59	0.50
0.05	1.0	0.93	0.86	0.80	0.75	0.67	0.58	0.53	0.50
0.10	1.0	0.80	0.67	0.55	0.48	0.41	0.41	0.44	0.50
0.25	1.0	0.68	0.45	0.30	0.22	0.17	0.22	0.34	0.50
0.60	1.0	0.46	0.27	0.18	0.14	0.13	0.21	0.33	0.50
1.0	1.0	0.32	0.20	0.14	0.11	0.10	0.18	0.30	0.50

当断面①处有网格时，应进行修正

10.3-6 局部阻力系数（续）

A-3 安装在端墙上的锥形渐缩喇叭口

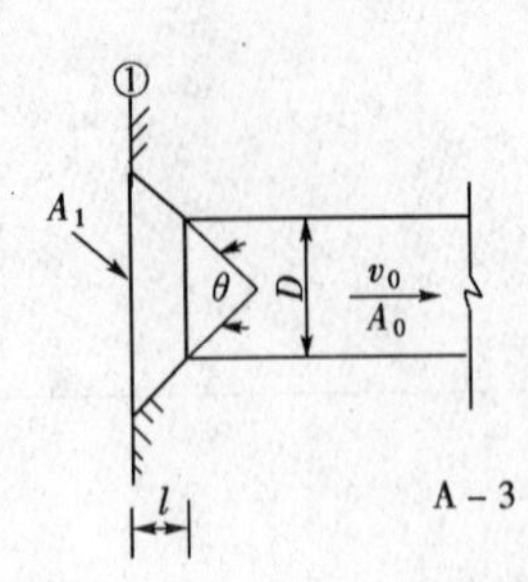

$\frac{l}{D}$	ζ₀ θ (°) 0	10	20	30	40	60	100	140	180
0.025	0.50	0.47	0.45	0.43	0.41	0.40	0.42	0.45	0.50
0.05	0.50	0.45	0.41	0.36	0.33	0.30	0.35	0.42	0.50
0.075	0.50	0.42	0.35	0.30	0.26	0.23	0.30	0.40	0.50
0.10	0.50	0.39	0.32	0.25	0.22	0.18	0.27	0.38	0.50
0.15	0.50	0.37	0.27	0.20	0.16	0.15	0.25	0.37	0.50
0.60	0.50	0.27	0.18	0.13	0.11	0.12	0.23	0.36	0.50

当断面①处有网格时，应进行修正

A-4 罩形进风口

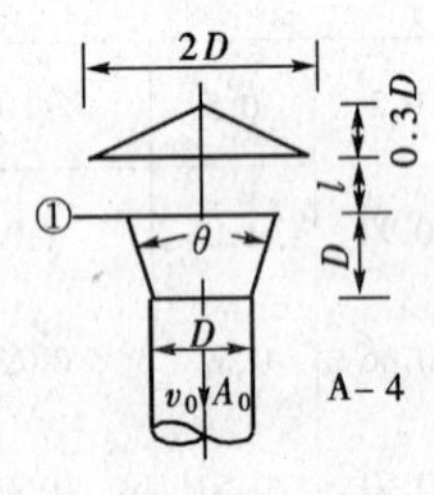

θ (°)	ζ₀ l/D 0.1	0.2	0.3	0.4	0.5	0.6	0.7	0.8	≥0.9
0	2.5	1.8	1.5	1.4	1.3	1.2	1.2	1.1	1.1
15	1.3	0.77	0.60	0.48	0.41	0.30	0.29	0.28	0.25

若断面①处有网格时，应进行修正

A-5 带或不带凸边的渐缩型罩子

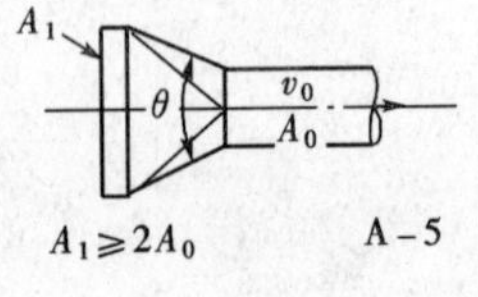

圆　形　罩

θ (°)	0	20	40	60	80	100	120	140	160	180
ζ₀	1.0	0.11	0.06	0.09	0.14	0.18	0.27	0.32	0.43	0.50

矩　形　罩

θ (°)	0	20	40	60	80	100	120	140	160	180
ζ₀	1.0	0.19	0.13	0.16	0.21	0.27	0.33	0.43	0.53	0.62

对于矩形罩子，θ 系指大角

管件 B 出风口的局部阻力系数

B-1 直管出风口

$\zeta_0 = 1.0$

当出口断面处有网格时，应进行修正

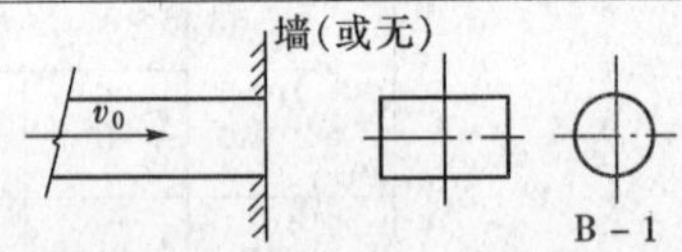

B-2 锥形出风口，圆风管

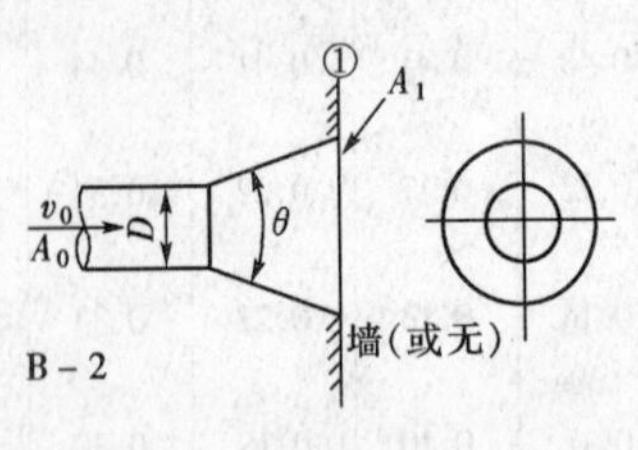

A_1/A_0	ζ₀ θ (°) 14	16	20	30	45	60	≥0.9
2	0.33	0.36	0.44	0.74	0.97	0.99	1.0
4	0.24	0.28	0.36	0.54	0.94	1.0	1.0
6	0.22	0.25	0.32	0.49	0.94	0.98	1.0
10	0.19	0.23	0.30	0.50	0.94	0.72	1.0
16	0.17	0.20	0.27	0.49	0.94	1.0	1.0

当断面①处有网格时，应进行修正

10.3-6 局部阻力系数（续）

B-3 矩形平面扩散出风口

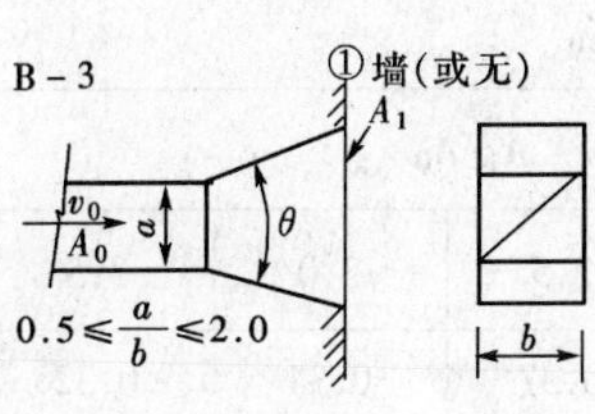

A_1/A_0	ζ_0					
	θ (°)					
	14	20	30	45	60	≥90
2	0.37	0.38	0.50	0.75	0.90	1.1
4	0.25	0.37	0.57	0.82	1.0	1.1
6	0.28	0.47	0.64	0.87	1.0	1.1

当断面①处有网格时，应进行修正

B-4 矩形锥形扩散出风口（靠墙或不靠墙）

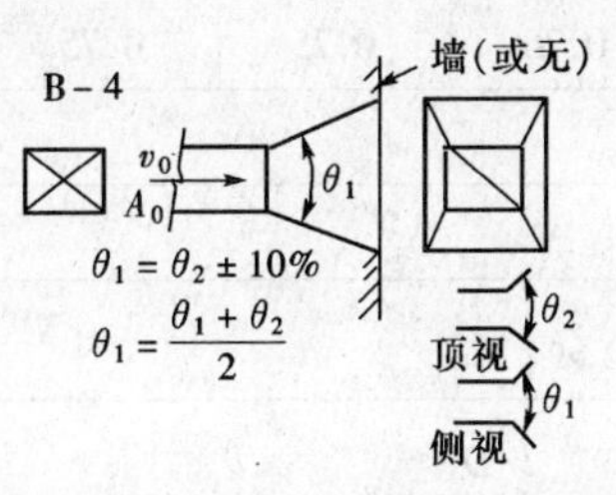

A_1/A_0	ζ_0					
	θ (°)					
	10	14	20	30	45	≥60
2	0.44	0.58	0.70	0.86	1.0	1.1
4	0.31	0.48	0.61	0.76	0.94	1.1
6	0.29	0.47	0.62	0.74	0.94	1.1
10	0.26	0.45	0.60	0.73	0.89	1.0

当断面①处有网格时，应进行修正

B-5 通过90°弯头排至大气的出风口

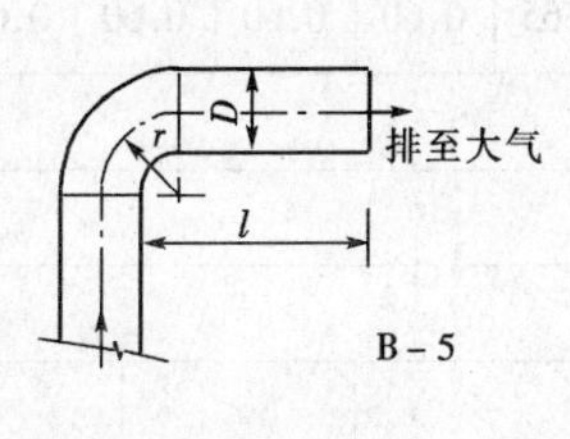

$\frac{r}{b}$	ζ_0									
	l/b									
	0	0.5	1.0	1.5	2.0	3.0	4.0	6.0	8.0	12.0
0.5	3.0	3.1	3.2	3.0	2.7	2.4	2.2	2.1	2.1	2.0
0.75	2.2	2.2	2.1	1.8	1.7	1.6	1.6	1.5	1.5	1.5
1.0	1.8	1.5	1.4	1.4	1.3	1.3	1.2	1.2	1.2	1.2
1.5	1.5	1.2	1.1	1.1	1.1	1.1	1.1	1.1	1.1	1.1
2.5	1.2	1.1	1.1	1.0	1.0	1.0	1.0	1.0	1.0	1.0

矩形风管的 ζ_0 值如上表

对于圆形风道（$r/D = 1.0$）时

l/D	0.9	1.3
ζ_0	1.5	1.4

当出口处有网格时，应进行修正

B-6 不接风管，风机出口为不对称的扩散出风口

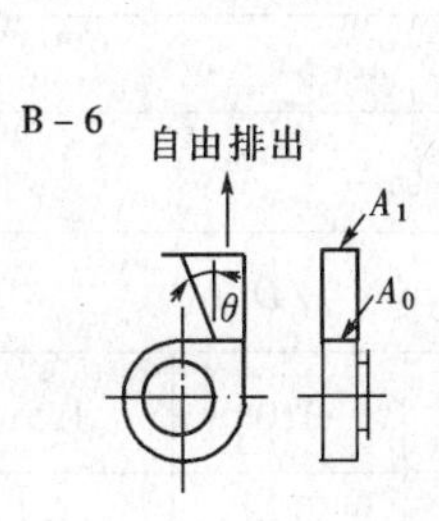

θ (°)	ζ_0					
	A_1/A_0					
	1.5	2.0	2.5	3.0	3.5	4.0
10	0.51	0.34	0.25	0.21	0.18	0.17
15	0.54	0.36	0.27	0.24	0.22	0.20
20	0.55	0.38	0.31	0.27	0.25	0.24
25	0.59	0.43	0.37	0.35	0.33	0.33
30	0.63	0.50	0.46	0.44	0.43	0.42
35	0.65	0.56	0.53	0.52	0.51	0.50

当断面①处有网格时，应进行修正

10.3-6 局部阻力系数（续）

B-7 不接风管，风机出口为锥形扩散

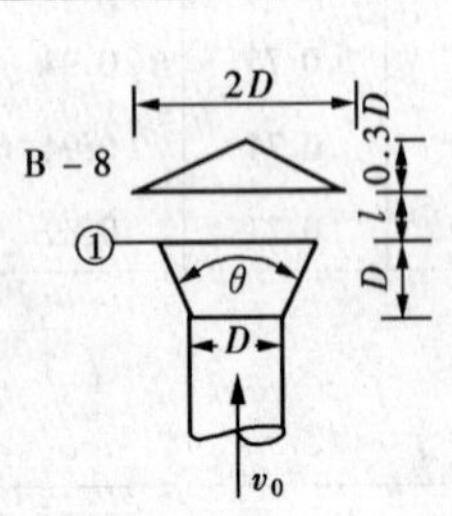

θ (°)	ζ_0					
	A_1/A_0					
	1.5	2.0	2.5	3.0	3.5	4.0
10	0.54	0.42	0.37	0.34	0.32	0.31
15	0.67	0.58	0.53	0.51	0.50	0.51
20	0.75	0.67	0.65	0.64	0.64	0.65
25	0.80	0.74	0.72	0.70	0.70	0.72
30	0.85	0.78	0.76	0.75	0.75	0.76

当断面①处有网格时，应进行修正

B-8 排气罩

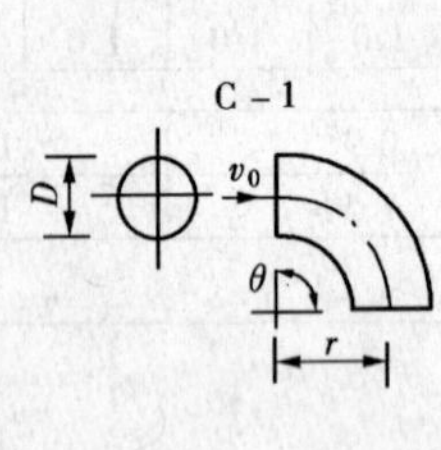

θ (°)	ζ_0									
	l/D									
	0.1	0.2	0.25	0.3	0.35	0.4	0.5	0.6	0.8	1.0
0	4.0	2.3	1.9	1.6	1.4	1.3	1.2	1.1	1.0	1.0
15	2.6	1.2	1.0	0.80	0.70	0.65	0.60	0.60	0.60	0.60

当断面①处有网络时，应进行修正

管件 C 弯头的局部阻力系数

C-1 90°圆形弯头

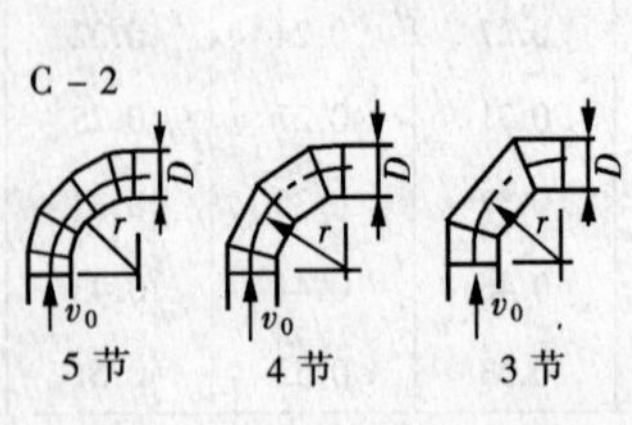

r/D	0.5	0.75	1.0	1.5	2.0	2.5
ζ'_0	0.71	0.33	0.22	0.15	0.13	0.12

上表 ζ'_0 为 90°弯头时的局部阻力系数，当弯头不是 90°时，则要乘上修正系数 ε_θ

C-2 3、4、5 节 90°圆弯头

节数	ζ_0				
	r/D				
	0.5	0.75	1.0	1.5	2.0
5	—	0.46	0.33	0.24	0.19
4	—	0.50	0.37	0.27	0.24
3	0.98	0.54	0.42	0.34	0.33

10.3-6 局部阻力系数（续）

C-3 矩形风管不带导叶的弧形弯头

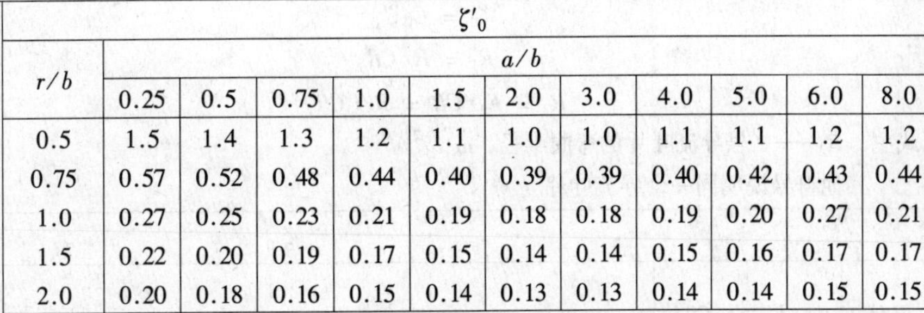

r/b	ζ'0 a/b 0.25	0.5	0.75	1.0	1.5	2.0	3.0	4.0	5.0	6.0	8.0
0.5	1.5	1.4	1.3	1.2	1.1	1.0	1.0	1.1	1.1	1.2	1.2
0.75	0.57	0.52	0.48	0.44	0.40	0.39	0.39	0.40	0.42	0.43	0.44
1.0	0.27	0.25	0.23	0.21	0.19	0.18	0.18	0.19	0.20	0.27	0.21
1.5	0.22	0.20	0.19	0.17	0.15	0.14	0.14	0.15	0.16	0.17	0.17
2.0	0.20	0.18	0.16	0.15	0.14	0.13	0.13	0.14	0.14	0.15	0.15

C－3

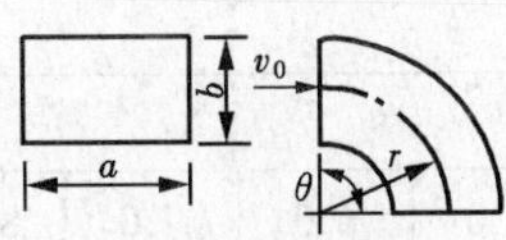

r/b	ε'Re $Re\times10^4$ 1	2	3	4	6	8	10	14	≥20
0.5	1.40	1.26	1.19	1.4	1.09	1.06	1.04	1.0	1.0
≥0.75	2.0	1.77	1.64	1.56	1.46	1.38	1.30	1.15	1.0

ζ'_0 为雷诺数 $Re\geqslant20\times10^4$ 时的局部阻力系数，当 $Re<20\times10^4$ 时，应按下式计算

$$\zeta_0 = \varepsilon'_{Re}\zeta'_0$$

Re 按式（8.3-4）计算

C-4 30°Z 形圆风管弯头

C－4

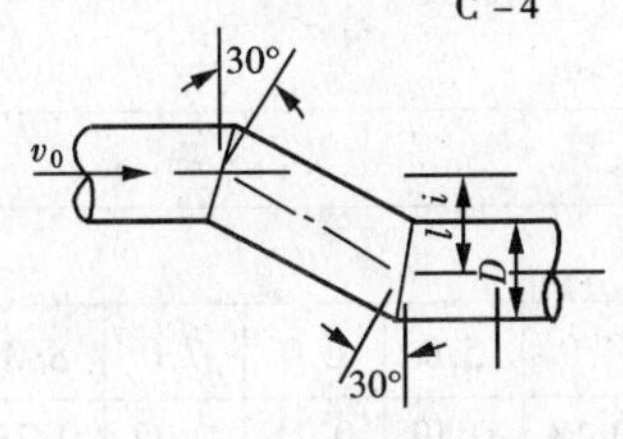

l/D	0	0.5	1.0	1.5	2.0	2.5	3.0
ζ'0	0	0.15	0.15	0.16	0.16	0.16	0.16

$$\zeta_0=\varepsilon_{Re}\cdot\zeta'_0$$

Re 按式（8.3-4）计算，ε_{Re}修正值见表 8.3-2

C-5 矩形风管带导流叶片光滑弯曲的弯头

（1）一个导流叶片

C-5

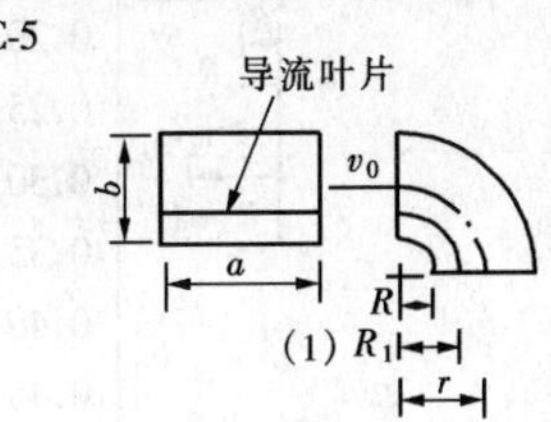

$$\zeta_0 = \varepsilon_0\zeta'_0$$

$$R_1 = R/CR$$

式中 R——弯头的内半径，m

R_1——导流叶片的弯曲半径，m

CR——弯曲的比值，见下表

ε_0——见表 8.3-1

R/b	r/b	CR	ζ'0 a/b 0.25	0.5	1.0	1.5	2.0	3.0	4.0	5.0	6.0	7.0	8.0
0.05	0.55	0.218	0.52	0.40	0.43	0.49	0.55	0.66	0.75	0.84	0.93	1.0	1.1
0.10	0.60	0.302	0.36	0.27	0.25	0.28	0.30	0.35	0.39	0.42	0.46	0.49	0.52
0.15	0.65	0.361	0.28	0.21	0.18	0.19	0.20	0.22	0.25	0.26	0.28	0.30	0.32
0.20	0.70	0.408	0.22	0.16	0.14	0.14	0.15	0.16	0.17	0.18	0.19	0.20	0.21
0.25	0.75	0.447	0.18	0.13	0.11	0.11	0.11	0.12	0.13	0.14	0.14	0.15	0.15
0.30	0.80	0.480	0.15	0.11	0.09	0.09	0.09	0.09	0.10	0.10	0.11	0.11	0.12
0.35	0.85	0.509	0.13	0.09	0.08	0.07	0.07	0.08	0.08	0.08	0.08	0.09	0.09
0.40	0.90	0.535	0.11	0.08	0.07	0.06	0.06	0.06	0.06	0.07	0.07	0.07	0.07
0.45	0.95	0.557	0.10	0.07	0.06	0.05	0.05	0.05	0.05	0.05	0.05	0.06	0.06
0.50	1.00	0.577	0.09	0.06	0.05	0.05	0.04	0.04	0.04	0.05	0.05	0.05	0.05

10.3-6 局部阻力系数（续）

（2）两个导流叶片

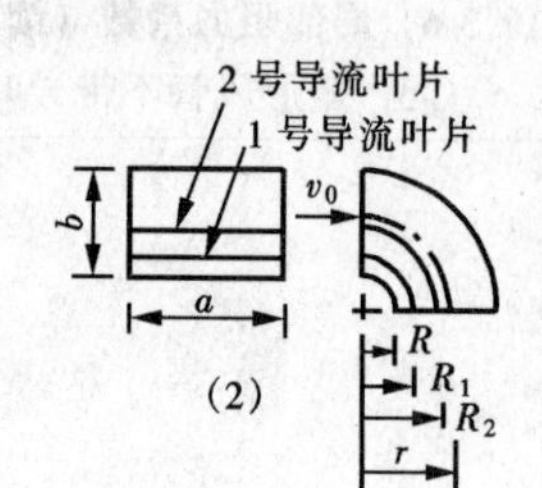

$$\zeta_0 = C_0\zeta'_0$$

$$R_1 = R/CR$$

$$R_2 = R_1/CR = R/(CR)^2$$

式中　R_2——2 号导流叶片的弯曲半径，m

其他符号说明同一个导流叶片

R/b	r/b	CR	ζ'₀										
			a/b										
			0.25	0.5	1.0	1.5	2.0	3.0	4.0	5.0	6.0	7.0	8.0
0.05	0.55	0.362	0.26	0.20	0.22	0.25	0.28	0.33	0.37	0.41	0.45	0.48	0.51
0.10	0.60	0.450	0.17	0.13	0.11	0.12	0.13	0.15	0.16	0.17	0.19	0.20	0.21
0.15	0.65	0.507	0.12	0.09	0.08	0.08	0.08	0.09	0.10	0.10	0.11	0.11	0.11
0.20	0.70	0.550	0.09	0.07	0.06	0.05	0.06	0.06	0.06	0.06	0.07	0.07	0.07
0.25	0.75	0.585	0.08	0.05	0.04	0.04	0.04	0.04	0.05	0.05	0.05	0.05	0.05
0.30	0.80	0.613	0.06	0.04	0.03	0.03	0.03	0.03	0.03	0.03	0.04	0.04	0.04
0.35	0.85	0.638	0.05	0.04	0.03	0.03	0.03	0.03	0.03	0.03	0.03	0.03	0.03
0.04	0.90	0.659	0.05	0.03	0.03	0.02	0.02	0.02	0.02	0.02	0.02	0.02	0.02
0.45	0.95	0.677	0.04	0.02	0.02	0.02	0.02	0.02	0.02	0.02	0.02	0.02	0.02
0.50	1.00	0.693	0.03	0.02	0.02	0.02	0.02	0.01	0.01	0.01	0.01	0.01	0.01

（3）三个导流叶片

R/b	r/b	CR	ζ'₀										
			a/b										
			0.25	0.5	1.0	1.5	2.0	3.0	4.0	5.0	6.0	7.0	8.0
0.05	0.55	0.467	0.11	0.10	0.12	0.13	0.14	0.16	0.18	0.19	0.21	0.22	0.23
0.10	0.60	0.549	0.07	0.05	0.06	0.06	0.06	0.07	0.07	0.08	0.08	0.08	0.09
0.15	0.65	0.601	0.05	0.04	0.04	0.04	0.04	0.04	0.04	0.04	0.04	0.05	0.05
0.20	0.70	0.639	0.03	0.03	0.03	0.03	0.03	0.03	0.03	0.03	0.03	0.03	0.03
0.25	0.75	0.669	0.03	0.02	0.02	0.02	0.02	0.02	0.02	0.02	0.02	0.02	0.02
0.30	0.80	0.693	0.03	0.02	0.02	0.02	0.02	0.01	0.01	0.01	0.01	0.01	0.01
0.35	0.85	0.714	0.02	0.02	0.01	0.01	0.01	0.01	0.01	0.01	0.01	0.01	0.01
0.40	0.90	0.731	0.02	0.01	0.01	0.01	0.01	0.01	0.01	0.01	0.01	0.01	0.01
0.45	0.95	0.746	0.01	0.01	0.01	0.01	0.01	0.01	0.01	0.01	0.01	0.01	0.01
0.50	1.00	0.760	0.01	0.01	0.01	0.01	0.01	0.01	0.01	0.01	0.01	0.01	0.01

$$\zeta_0 = \varepsilon_0\zeta'_0$$

图中　R_3——3 号导流叶片的弯曲半径，m

$$R_3 = R_2/CR = R/(CR)^3$$

其他符号说明同两个导流叶片的解释

C-6　矩形风管斜接弯头带单层导流叶片

编号	相关尺寸（mm）			ζ_0
	r	s	l	
1	50	40	20	0.12
2	110	60	0	0.15
3	110	80	40	0.18

10.3-6 局部阻力系数（续）

C-7 矩形风管斜接弯头带双层导流叶片

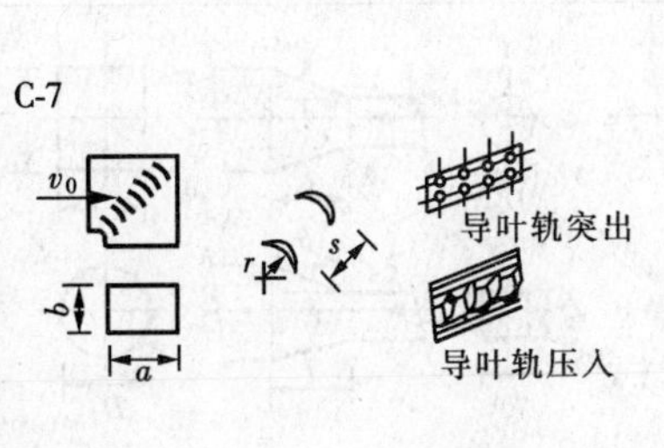

编号	相关尺寸 r	相关尺寸 s	ζ_0 速度（m/s）5	10	15	20	备注
1	2.0	1.5	0.27	0.22	0.19	0.17	导叶轨突出
2	2.0	1.5	0.33	0.29	0.26	0.23	导叶轨压入
3	2.0	2.13	0.38	0.31	0.27	0.24	导叶轨突出
4	4.5	3.25	0.26	0.21	0.18	0.16	导叶轨突出

管件 D 渐扩变径管的局部阻力系数

D-1 圆风管锥形扩散管

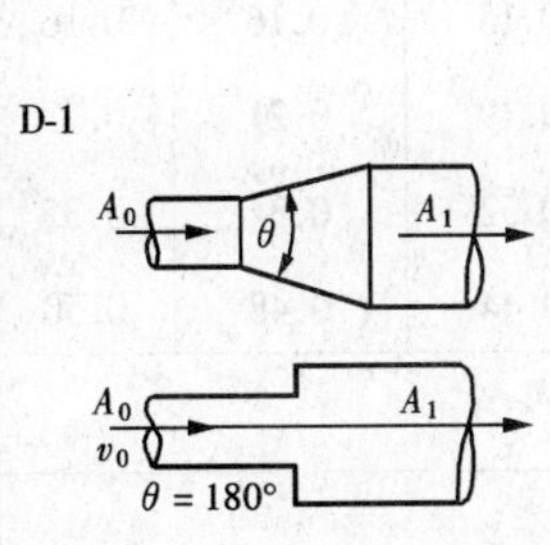

ζ_0

Re	A_1/A_0	θ（°）16	20	30	45	60	90	120	180
0.5×10^5	2	0.14	0.19	0.32	0.33	0.33	0.32	0.31	0.30
	4	0.23	0.30	0.45	0.61	0.68	0.64	0.63	0.62
	6	0.27	0.33	0.48	0.66	0.77	0.74	0.73	0.72
	10	0.29	0.38	0.59	0.76	0.80	0.83	0.84	0.83
	≥16	0.31	0.38	0.60	0.84	0.88	0.88	0.88	0.88
2×10^5	2	0.07	0.12	0.23	0.28	0.27	0.27	0.27	0.26
	4	0.15	0.18	0.36	0.55	0.59	0.59	0.57	0.57
	6	0.19	0.28	0.44	0.90	0.70	0.71	0.71	0.69
	10	0.20	0.24	0.43	0.76	0.80	0.81	0.81	0.81
	≥16	0.21	0.28	0.52	0.76	0.87	0.87	0.87	0.87
$\geqslant6\times10^5$	2	0.05	0.07	0.12	0.27	0.27	0.27	0.27	0.27
	4	0.17	0.24	0.38	0.51	0.56	0.58	0.58	0.57
	6	0.16	0.29	0.46	0.60	0.69	0.71	0.70	0.70
	10	0.21	0.33	0.52	0.60	0.76	0.83	0.84	0.83
	≥16	0.21	0.34	0.56	0.72	0.79	0.85	0.87	0.89

D-2 矩形风管金字塔型扩散管

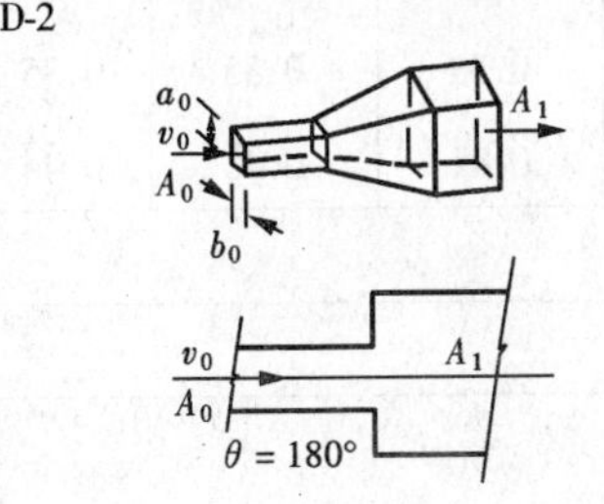

ζ_0

A_1/A_0	θ（°）16	20	30	45	60	90	120	180
2	0.18	0.22	0.25	0.29	0.31	0.32	0.33	0.30
4	0.35	0.43	0.50	0.56	0.61	0.63	0.63	0.63
6	0.42	0.47	0.58	0.68	0.72	0.76	0.76	0.75
≥10	0.42	0.49	0.59	0.70	0.80	0.87	0.85	0.86

D-3 矩形风管平面扩散管

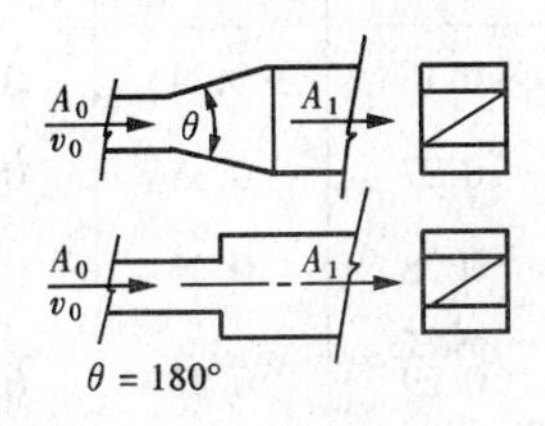

ζ_0

A_1/A_0	θ（°）14	20	30	45	60	90	180
2	0.09	0.12	0.20	0.34	0.37	0.38	0.35
4	0.16	0.25	0.42	0.60	0.68	0.70	0.66
6	0.19	0.30	0.48	0.65	0.76	0.83	0.80

10.3-6 局部阻力系数（续）

D-4 天圆地方

按下述方法求出当量角 θ，然后由管件 D-2 的表中查出 ζ_0 值

(1) 从圆形变成矩形

$$\tan(\theta/2) = (1.13\sqrt{a_1 b_1} - D_0)/2l$$

(2) 从矩形变到圆形

$$\tan(\theta/2) = (D_1 - 1.13\sqrt{a_0 \cdot b_0})/2l$$

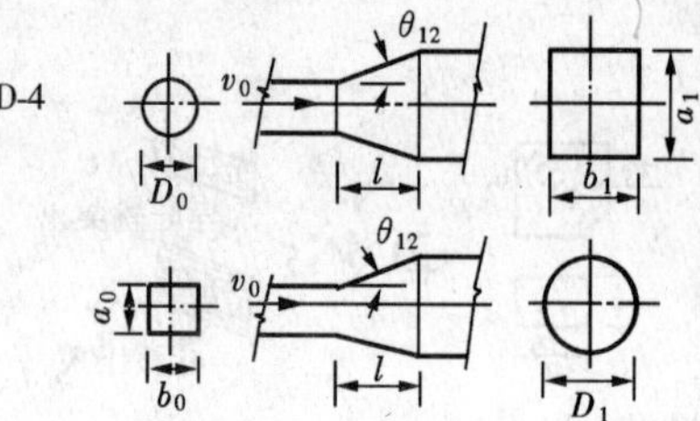

D-5 风机出口接风管的平面对称扩散管

D-5

θ (°)	ζ_0					
	A_1/A_0					
	1.5	2.0	2.5	3.0	3.5	4.0
10	0.05	0.07	0.09	0.10	0.11	0.11
15	0.06	0.09	0.11	0.13	0.13	0.14
20	0.07	0.10	0.13	0.15	0.16	0.16
25	0.08	0.13	0.16	0.19	0.21	0.23
30	0.16	0.24	0.29	0.32	0.34	0.35
35	0.24	0.34	0.39	0.44	0.48	0.50

D-6 风机出口接风管的平面不对称扩散管

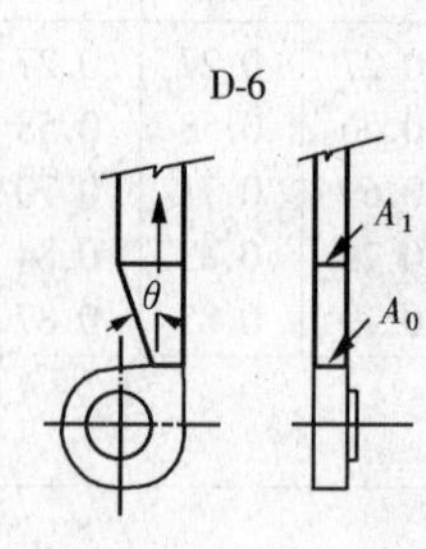

θ (°)	ζ_0					
	A_1/A_0					
	1.5	2.0	2.5	3.0	3.5	4.0
10	0.08	0.09	0.10	0.10	0.11	0.11
15	0.10	0.11	0.12	0.13	0.14	0.15
20	0.12	0.14	0.15	0.16	0.17	0.18
25	0.15	0.18	0.21	0.23	0.25	0.26
30	0.18	0.25	0.30	0.33	0.35	0.35
35	0.21	0.31	0.38	0.41	0.43	0.44

管件 E 渐缩变径管的局部阻力系数

E-1 圆形风管和矩形风管的渐缩管

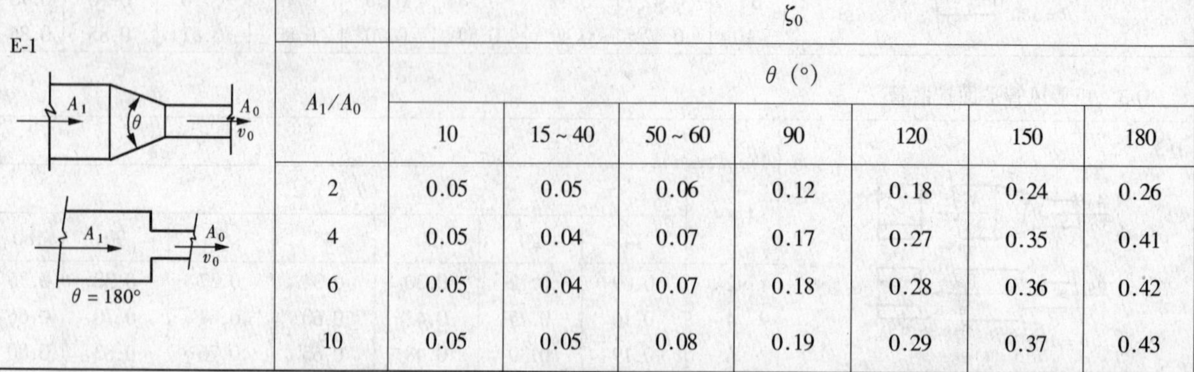

A_1/A_0	ζ_0						
	θ (°)						
	10	15~40	50~60	90	120	150	180
2	0.05	0.05	0.06	0.12	0.18	0.24	0.26
4	0.05	0.04	0.07	0.17	0.27	0.35	0.41
6	0.05	0.04	0.07	0.18	0.28	0.36	0.42
10	0.05	0.05	0.08	0.19	0.29	0.37	0.43

10.3-6 局部阻力系数（续）

E-2 圆形风管和矩形风管的锥形渐缩管

E-2

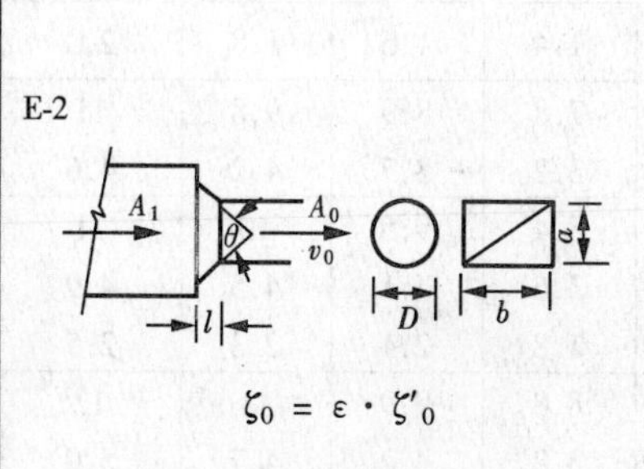

$\zeta_0 = \varepsilon \cdot \zeta'_0$

l/D	ζ'_0，θ (°) 0	10	20	30	40	60	100	140	180
0.025	0.50	0.47	0.45	0.43	0.41	0.40	0.42	0.45	0.50
0.05	0.50	0.45	0.41	0.36	0.33	0.30	0.35	0.42	0.50
0.075	0.50	0.42	0.35	0.30	0.26	0.23	0.30	0.40	0.50
0.10	0.50	0.39	0.32	0.25	0.22	0.18	0.27	0.38	0.50
0.15	0.50	0.37	0.27	0.20	0.16	0.15	0.25	0.37	0.50
0.60	0.50	0.27	0.18	0.13	0.11	0.12	0.23	0.36	0.50

A_0/A_1	0	0.2	0.4	0.6	0.8	0.9	1.0
ε	1.0	0.85	0.68	0.50	0.30	0.18	0

管件 F 三通的局部阻力系数

F-1 圆形风管 Y 形合流三通

F-1

v_2 A_2 45° v_1A_1 $A_2 = A_1$ v_3A_3

支通道 ζ_{13}

v_3/v_1	A_3/A_1 0.1	0.2	0.3	0.4	0.6	0.8	1.0
0.4	−0.56	−0.44	−0.35	−0.28	−0.15	−0.04	0.05
0.5	−0.48	−0.37	−0.28	−0.21	−0.09	0.02	0.11
0.6	−0.38	−0.27	−0.19	−0.12	0	0.10	0.18
0.7	−0.26	−0.16	−0.08	−0.01	0.10	0.20	0.28
0.8	−0.21	−0.02	0.05	0.12	0.23	0.32	0.40
0.9	0.04	0.13	0.21	0.27	0.37	0.46	0.53
1.0	0.22	0.31	0.38	0.44	0.53	0.62	0.69
1.5	1.4	1.5	1.5	1.6	1.7	1.7	1.8
2.0	3.1	3.2	3.2	3.2	3.3	3.3	3.3
2.5	5.3	5.3	5.3	5.4	5.4	5.4	5.4
3.0	8.0	8.0	8.0	8.0	8.0	8.0	8.0

主 通 道 ζ_{12}

v_2/v_1	A_3/A_1 0.1	0.2	0.3	0.4	0.6	0.8	1.0
0.1	−8.6	−4.1	−2.5	−1.7	−0.97	−0.58	−0.34
0.2	−6.7	−3.1	−1.9	−1.3	−0.67	−0.36	−0.18
0.3	−5.0	−2.2	−1.3	−0.88	−0.42	−0.19	−0.05
0.4	−3.5	−1.5	−0.88	−0.55	−0.21	−0.05	0.05
0.5	−2.3	−0.95	−0.51	−0.28	−0.06	0.06	0.13
0.6	−1.3	−0.50	−0.22	−0.09	0.05	0.12	0.17
0.7	−0.63	−0.18	−0.03	0.04	0.12	0.16	0.18
0.8	−0.18	0.01	0.07	0.10	0.13	0.15	0.17
0.9	0.03	0.07	0.08	0.09	0.10	0.11	0.13
1.0	−0.01	0	0	0.10	0.02	0.04	0.05

10.3-6 局部阻力系数（续）

F-2 圆风管锥形合流三通

支通道 ζ_{13}											
$\frac{A_2}{A_1}$	$\frac{A_3}{A_1}$	L_3/L_2									
		0.2	0.4	0.6	0.8	1.0	1.2	1.4	1.6	1.8	2.0
0.3	0.2	−2.4	−0.01	2.0	3.8	5.3	6.6	7.8	8.9	9.8	11
	0.3	−2.8	−1.2	0.12	1.1	1.9	2.6	3.2	3.7	4.2	4.6
0.4	0.2	−1.2	0.93	2.8	4.5	5.9	7.2	8.4	9.5	10	11
	0.3	−1.6	−0.27	0.81	1.7	2.4	3.0	3.6	4.1	4.5	4.9
	0.4	−1.8	−0.72	0.07	0.66	1.1	1.5	1.8	2.1	2.3	2.5
0.5	0.2	−0.46	1.5	3.3	4.9	6.4	7.7	8.8	9.9	11	12
	0.3	−0.94	0.25	1.2	2.0	2.7	3.3	3.8	4.2	4.7	5.0
	0.4	−1.1	−0.24	0.42	0.92	1.3	1.6	1.9	2.1	2.3	2.5
	0.5	−1.2	−0.38	0.18	0.58	0.88	1.1	1.3	1.5	1.6	1.7
0.6	0.2	−0.55	1.3	3.1	4.7	6.1	7.4	8.6	9.6	11	12
	0.3	−1.1	0	0.88	1.6	2.3	2.8	3.3	3.7	4.1	4.5
	0.4	−1.2	−0.48	0.10	0.54	0.89	1.2	1.4	1.6	1.8	2.0
	0.5	−1.3	−0.62	−0.14	0.21	0.47	0.68	0.85	0.99	1.1	1.2
	0.6	−1.3	−0.69	−0.26	0.04	0.26	0.42	0.57	0.66	0.75	0.82
0.8	0.2	0.06	1.8	3.5	5.1	6.5	7.8	8.9	10	11	12
	0.3	−0.52	0.35	1.1	1.7	2.3	2.8	3.2	3.6	3.9	4.2
	0.4	−0.67	−0.05	0.43	0.80	1.1	1.4	1.6	1.8	1.9	2.1
	0.6	−0.75	−0.27	0.05	0.28	0.45	0.58	0.68	0.76	0.83	0.88
	0.7	−0.77	−0.31	−0.02	0.18	0.32	0.43	0.50	0.56	0.61	0.65
	0.8	−0.78	−0.34	−0.07	0.12	0.24	0.33	0.39	0.44	0.47	0.50
1.0	0.2	0.40	2.1	3.7	5.2	6.6	7.8	9.0	11	11	12
	0.3	−0.21	0.54	1.2	1.8	2.3	2.7	3.1	3.7	3.7	4.0
	0.4	−0.33	0.21	0.62	0.96	1.2	1.5	1.7	2.0	2.0	2.1
	0.5	−0.38	0.05	0.37	0.60	0.79	0.93	1.1	1.2	1.2	1.3
	0.6	−0.41	−0.02	0.23	0.42	0.55	0.66	0.73	0.80	0.85	0.89
	0.8	−0.44	−0.10	0.11	0.24	0.33	0.39	0.43	0.46	0.47	0.48
	1.0	−0.46	−0.14	0.05	0.16	0.23	0.27	0.29	0.30	0.30	0.29

F-2

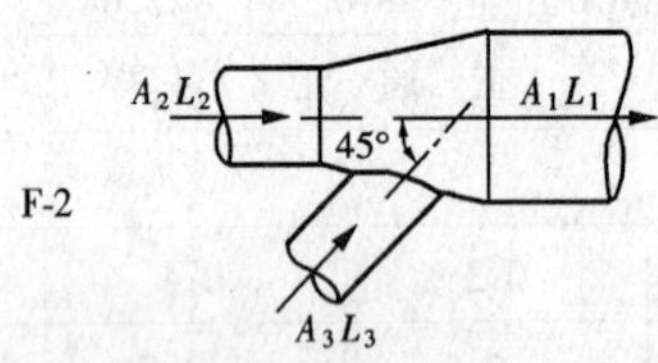

主通道 ζ_{12}											
$\frac{A_2}{A_1}$	$\frac{A_3}{A_1}$	L_3/L_2									
		0.2	0.4	0.6	0.8	1.0	1.2	1.4	1.6	1.8	2.0
0.3	0.2	5.3	−0.01	2.0	1.1	0.34	−0.20	−0.61	−0.93	−1.2	−1.4
	0.3	5.4	3.7	2.5	1.6	1.0	0.53	0.16	−0.14	−0.38	−0.58
0.4	0.2	1.9	1.1	0.46	−0.07	−0.49	−0.83	−1.1	−1.3	−1.5	−1.7
	0.3	2.0	1.4	0.81	0.42	0.08	−0.20	−0.43	−0.62	−0.78	−0.92
	0.4	2.0	1.5	1.0	0.68	0.39	0.16	−0.04	−0.21	−0.35	−0.47
0.5	0.2	0.77	0.34	−0.09	−0.48	−0.81	−1.1	1.3	−1.5	−1.7	−1.8
	0.3	0.85	0.56	0.25	−0.03	−0.27	−0.48	−0.67	−0.82	−0.96	−1.1

10.3-6 局部阻力系数（续）

主 通 道 ζ_{12}

$\frac{A_2}{A_1}$	$\frac{A_3}{A_1}$	L_3/L_2									
		0.2	0.4	0.6	0.8	1.0	1.2	1.4	1.6	1.8	2.0
0.5	0.4	0.88	0.66	0.43	0.21	0.02	−0.15	−0.30	−0.42	−0.54	−0.64
	0.5	0.91	0.73	0.54	0.36	0.21	0.06	−0.06	−0.17	−0.26	−0.35
0.6	0.2	0.30	0	−0.34	−0.67	−0.96	−1.2	−1.4	−1.6	−1.8	−1.9
	0.3	0.37	0.21	−0.02	−0.24	−0.44	−0.63	−0.79	−0.93	−1.1	−1.2
	0.4	0.40	0.31	0.16	−0.1	−0.16	−0.30	−0.43	−0.54	−0.64	−0.73
	0.5	0.43	0.37	0.26	0.14	0.02	−0.09	−0.20	−0.29	−0.37	−0.45
	0.6	0.44	0.41	0.33	0.24	0.14	0.05	−0.03	−0.11	−0.18	−0.25
0.8	0.2	−0.06	−0.27	−0.57	−0.86	−1.1	−1.4	−1.6	−1.7	−1.9	−2.0
	0.3	0	−0.08	−0.25	−0.43	−0.62	−0.78	−0.93	−1.1	−1.2	−1.3
	0.4	0.04	0.02	−0.08	−0.21	−0.34	−0.46	−0.57	−0.67	−0.77	−0.85
	0.5	0.06	0.08	0.02	−0.06	−0.16	−0.25	−0.34	−0.42	−0.50	−0.57
	0.6	0.07	0.12	0.09	0.03	−0.04	−0.11	−0.18	−0.25	−0.31	−0.37
	0.7	0.08	0.15	0.14	0.10	0.05	−0.01	−0.07	−0.12	−0.17	−0.22
	0.8	0.09	0.17	0.18	0.16	0.11	0.07	0.02	−0.02	−0.07	−0.11
1.0	0.2	−0.19	−0.39	−0.67	−0.96	−1.2	−1.5	−1.6	−1.8	−2.0	−2.1
	0.3	−0.12	−0.19	−0.35	−0.54	−0.71	−0.87	−1.0	−1.2	−1.3	−1.4
	0.4	−0.09	−0.10	−0.19	−0.31	−0.43	−0.55	−0.66	−0.77	−0.86	−0.94
	0.5	−0.07	−0.04	−0.09	−0.17	−0.26	−0.35	−0.44	−0.52	−0.59	−0.66
	0.6	−0.06	0	−0.02	−0.07	−0.14	−0.21	−0.28	−0.34	−0.40	−0.46
	0.8	−0.04	0.06	0.07	0.05	0.02	−0.03	−0.07	−0.12	−0.16	−0.20
	1.0	−0.03	0.09	0.13	0.13	0.11	0.08	0.06	0.03	−0.01	−0.03

F-3 矩形风管 Y 形合流三通

F-3

支 通 道 ζ_{13}

$\frac{A_3}{A_2}$	$\frac{A_3}{A_1}$	L_3/L_1								
		0.1	0.2	0.3	0.4	0.5	0.6	0.7	0.8	0.9
0.25	0.25	−0.50	0	0.50	1.2	2.2	3.7	5.8	8.4	11
0.33	0.25	−1.2	−0.40	0.40	1.6	3.0	4.8	6.8	8.9	11
0.5	0.5	−0.50	−0.20	0	0.25	0.45	0.70	1.0	1.5	2.0
0.67	0.5	−1.0	−0.60	−0.20	0.10	0.30	0.60	1.0	1.5	2.0
1.0	0.5	−2.2	−1.5	−0.95	−0.50	0	0.40	0.80	1.3	1.9
1.0	1.0	−0.60	−0.30	−0.10	−0.04	0.13	0.21	0.29	0.36	0.42
1.33	1.0	−1.2	−0.80	−0.40	−0.20	0	0.16	0.24	0.32	0.38
2.0	1.0	−2.1	−1.4	−0.90	−0.50	−0.20	0	0.20	0.25	0.30

主 通 道 ζ_{12}

A_2/A_1	A_3/A_1	L_3/L_1								
		0.1	0.2	0.3	0.4	0.5	0.6	0.7	0.8	0.9
0.75	0.25	0.30	0.30	0.20	−0.10	−0.45	−0.92	−1.5	−2.0	−2.6
1.0	0.5	0.17	0.16	0.10	0	−0.08	−0.18	−0.27	−0.37	−0.46
0.75	0.5	0.27	0.35	0.32	0.25	0.12	−0.03	−0.23	−0.42	−0.58
0.5	0.5	1.2	1.1	0.90	0.65	0.35	0	−0.40	−0.80	−1.3
1.0	1.0	0.18	0.24	0.27	0.26	0.23	0.18	0.10	0	−0.12
0.75	1.0	0.75	0.36	0.38	0.35	0.27	0.18	0.05	−0.08	−0.22
0.5	1.0	0.80	0.87	0.80	0.68	0.55	0.40	0.25	0.08	−0.10

10.3-6 局部阻力系数（续）

F-4 矩形风管45°接入的合流T形三通

F-4	A_3/A_2	A_2/A_1	A_3/A_1
A_2L_2 A_1L_1 v_1 A_3L_3	0.5	1.0	0.5

支 通 道 ζ_{13}

v_1 (m/s)	L_3/L_1									
	0.1	0.2	0.3	0.4	0.5	0.6	0.7	0.8	0.9	1.0
<6	−0.83	−0.68	−0.30	0.28	0.55	1.03	1.50	1.93	2.50	3.03
>6	−0.72	−0.52	−0.23	0.34	0.76	1.14	1.83	2.01	2.90	3.63

主 通 道 ζ_{12}

L_3/L_1	0	0.1	0.2	0.3	0.4	0.5	0.6	0.7	0.8	0.9	1.0
ζ_{12}	0	0.16	0.27	0.38	0.46	0.53	0.57	0.59	0.60	0.59	0.55

F-5 圆风管Y形分流三通

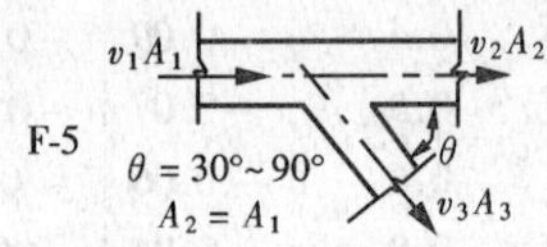

支通道 ζ_{13}

(1) $\theta = 30°$

A_3/A_1	L_3/L_1								
	0.1	0.2	0.3	0.4	0.5	0.6	0.7	0.8	0.9
0.8	0.75	0.55	0.40	0.28	0.21	0.16	0.15	0.16	0.19
0.7	0.72	0.51	0.36	0.25	0.18	0.15	0.16	0.20	0.26
0.6	0.69	0.46	0.31	0.21	0.17	0.16	0.20	0.28	0.39
0.5	0.65	0.41	0.26	0.19	0.18	0.22	0.32	0.47	0.67
0.4	0.59	0.33	0.21	0.20	0.27	0.40	0.62	0.92	1.3
0.3	0.55	0.28	0.24	0.38	0.76	1.3	2.0	—	—
0.2	0.40	0.26	0.58	1.3	2.5	—	—	—	—
0.1	0.28	1.5	—	—	—	—	—	—	—

(2) $\theta = 45°$

A_3/A_1	L_3/L_1								
	0.1	0.2	0.3	0.4	0.5	0.6	0.7	0.8	0.9
0.8	0.78	0.62	0.49	0.40	0.34	0.31	0.32	0.35	0.40
0.7	0.77	0.59	0.47	0.38	0.34	0.32	0.35	0.41	0.50
0.6	0.74	0.56	0.44	0.37	0.35	0.36	0.43	0.54	0.68
0.5	0.71	0.52	0.41	0.38	0.40	0.45	0.59	0.78	1.0
0.4	0.66	0.47	0.40	0.43	0.54	0.69	0.95	1.3	1.7
0.3	0.66	0.48	0.52	0.73	1.2	1.8	2.7	—	—
0.2	0.56	0.56	1.0	1.8	—	—	—	—	—
0.1	0.60	2.1	—	—	—	—	—	—	—

10.3-6 局部阻力系数（续）

（3）$\theta=60°$

A_3/A_1	L_3/L_1								
	0.1	0.2	0.3	0.4	0.5	0.6	0.7	0.8	0.9
0.8	0.83	0.71	0.62	0.56	0.52	0.50	0.53	0.60	0.68
0.7	0.82	0.69	0.61	0.56	0.54	0.54	0.60	0.70	0.82
0.6	0.81	0.68	0.60	0.58	0.58	0.61	0.72	0.87	1.1
0.5	0.79	0.66	0.61	0.62	0.68	0.76	0.94	1.2	1.5
0.4	0.76	0.65	0.65	0.74	0.89	1.1	1.4	1.8	2.3
0.3	0.80	0.75	0.89	1.2	1.8	2.6	3.5	—	—
0.2	0.77	0.96	1.6	2.5	—	—	—	—	—
0.1	1.0	2.9	—	—	—	—	—	—	—

（4）$\theta=90°$

A_3/A_1	L_3/L_1								
	0.1	0.2	0.3	0.4	0.5	0.6	0.7	0.8	0.9
0.8	0.95	0.92	0.92	0.93	0.94	0.95	1.1	1.2	1.4
0.7	0.95	0.94	0.95	0.98	1.0	1.1	1.2	1.4	1.6
0.6	0.96	0.97	1.0	1.1	1.1	1.2	1.4	1.7	2.0
0.5	0.97	1.0	1.1	1.2	1.4	1.5	1.8	2.1	2.5
0.4	0.99	1.1	1.3	1.5	1.7	2.0	2.4	—	—
0.3	1.1	1.4	1.8	2.3	—	—	—	—	—
0.2	1.3	1.9	2.9	—	—	—	—	—	—
0.1	2.1	—	—	—	—	—	—	—	—

主通道 ζ_{12}

v_2/v_1	0	0.1	0.2	0.3	0.4	0.5	0.6	0.8	1.0
ζ_{12}	0.35	0.28	0.22	0.17	0.13	0.09	0.06	0.02	0

F-6 圆风管 T 形 90°锥形分流三通

F-6

支 通 道 ζ_{13}

v_3/v_1	0	0.2	0.4	0.6	0.8	1.0	1.2	1.4	1.6	1.8	2.0
ζ_{13}	1.0	0.85	0.74	0.62	0.52	0.42	0.36	0.32	0.32	0.37	0.52

主通道 ζ_{12}见管件 F-5

F-7 圆风管 T 形 45°锥形分流三通

主通道 ζ_{12}见管件 F-5

F-7

支 通 道 ζ_{13}

v_3/v_1	0	0.2	0.4	0.6	0.8	1.0	1.2	1.4	1.6	1.8	2.0
ζ_{13}	1.0	0.84	0.61	0.41	0.27	0.17	0.12	0.12	0.14	0.18	0.27

10.3-6 局部阻力系数（续）

F-8 矩形风管 Y 形分流三通

F-8 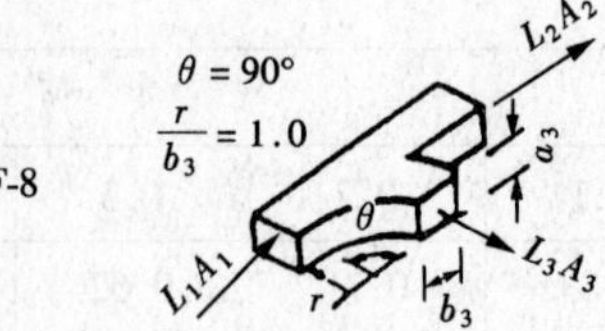

支 通 道 ζ_{13}

$\frac{A_3}{A_2}$	$\frac{A_3}{A_1}$	L_3/L_1								
		0.1	0.2	0.3	0.4	0.5	0.6	0.7	0.8	0.9
0.25	0.25	0.55	0.50	0.60	0.85	1.2	1.8	3.1	4.4	6.0
0.33	0.25	0.35	0.35	0.50	0.80	1.3	2.0	2.8	3.8	5.0
0.5	0.5	0.62	0.48	0.40	0.40	0.48	0.60	0.78	1.1	1.5
0.67	0.5	0.52	0.40	0.32	0.30	0.34	0.44	0.62	0.92	1.4
1.0	0.5	0.44	0.38	0.38	0.41	0.52	0.68	0.92	1.2	1.6
1.0	1.0	0.67	0.55	0.46	0.37	0.32	0.29	0.29	0.30	0.37
1.33	1.0	0.70	0.60	0.51	0.42	0.34	0.28	0.26	0.26	0.29
2.0	1.0	0.60	0.52	0.43	0.33	0.24	0.17	0.15	0.17	0.21

主 通 道 ζ_{12}

$\frac{A_3}{A_2}$	$\frac{A_3}{A_1}$	L_3/L_1								
		0.1	0.2	0.3	0.4	0.5	0.6	0.7	0.8	0.9
0.25	0.25	-0.01	-0.03	-0.01	0.05	0.13	0.21	0.29	0.38	0.46
0.33	0.25	0.08	0	-0.02	-0.01	0.02	0.08	0.16	0.24	0.34
0.5	0.5	-0.03	-0.06	-0.05	0	0.06	0.12	0.19	0.27	0.35
0.67	0.5	0.04	-0.02	-0.04	-0.03	-0.01	0.04	0.12	0.23	0.37
1.0	0.5	0.72	0.48	0.28	0.13	0.05	0.04	0.09	0.18	0.30
1.0	1.0	-0.02	-0.04	-0.04	-0.01	0.06	0.13	0.22	0.30	0.38
1.33	1.0	0.10	0.01	-0.03	-0.03	-0.01	0.03	0.10	0.20	0.30
2.0	1.0	0.62	0.38	0.23	0.13	0.08	0.05	0.06	0.10	0.20

F-9 矩形风管 Y 形分流三通

F-9 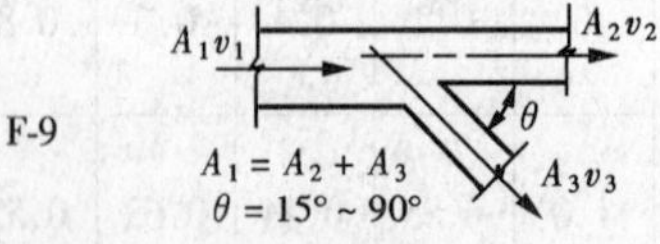

支 通 道 ζ_{13}

θ (°)	v_3/v_1												
	0.1	0.2	0.3	0.4	0.5	0.6	0.8	1.0	1.2	1.4	1.6	1.8	2.0
15	0.81	0.65	0.51	0.38	0.28	0.20	0.11	0.06	0.14	0.30	0.51	0.76	1.0
30	0.84	0.69	0.56	0.44	0.34	0.26	0.19	0.15	0.15	0.30	0.51	0.76	1.0
45	0.87	0.74	0.63	0.54	0.45	0.38	0.29	0.24	0.23	0.30	0.51	0.76	1.0
60	0.90	0.82	0.79	0.66	0.59	0.53	0.43	0.36	0.33	0.39	0.51	0.76	1.0
90	1.0	1.0	1.0	1.0	1.0	1.0	1.0	1.0	1.0	1.0	1.0	1.0	1.0

10.3-6 局部阻力系数（续）

主通道 ζ_{12}						
θ (°)	15~60					90
$\frac{v_2}{v_1}$	A_2/A_1					
	0~1.0	0~0.4	0.5	0.6	0.7	≥0.8
0	1.0	1.0	1.0	1.0	1.0	1.0
0.1	0.81	0.81	0.81	0.81	0.81	0.81
0.2	0.64	0.64	0.64	0.64	0.64	0.64
0.3	0.50	0.50	0.52	0.52	0.50	0.50
0.4	0.36	0.36	0.40	0.38	0.37	0.36
0.5	0.25	0.25	0.30	0.28	0.27	0.25
0.6	0.16	0.16	0.23	0.20	0.18	0.16
0.8	0.04	0.04	0.17	0.10	0.07	0.04
1.0	0	0	0.20	0.10	0.05	0
1.2	0.07	0.07	0.36	0.21	0.14	0.07
1.4	0.39	0.39	0.79	0.59	0.39	—
1.6	0.90	0.90	1.4	1.2	—	—
1.8	1.8	1.8	2.5	—	—	—
2.0	3.2	3.2	4.0	—	—	—

F-10 T形分流三通，矩形主通道至圆形支通道

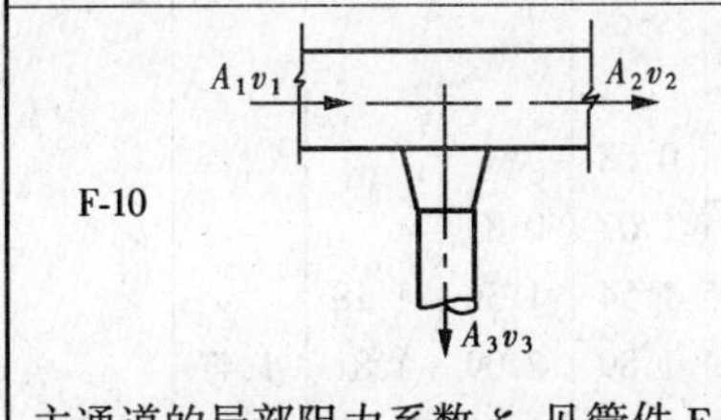

F-10

主通道的局部阻力系数 ζ_{12}见管件 F-5

支通道 ζ_{13}						
v_3/v_1	0.40	0.50	0.75	1.0	1.3	1.5
ζ_{13}	0.80	0.83	0.90	1.0	1.1	1.4

F-11 T形分流三通，矩形主通道、支通道

F-11

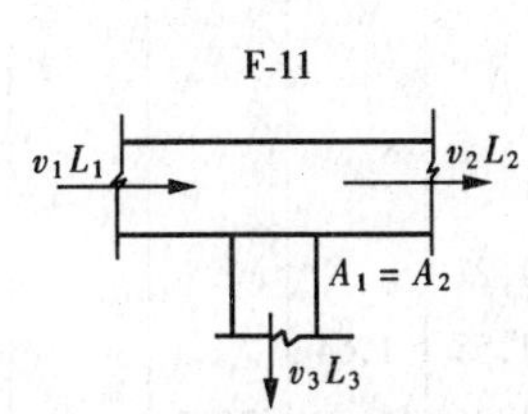

支通道 ζ_{13}									
v_3/v_1	L_3/L_1								
	0.1	0.2	0.3	0.4	0.5	0.6	0.7	0.8	0.9
0.2	1.03								
0.4	1.04	1.01							
0.6	1.11	1.03	1.05						
0.8	1.16	1.21	1.17	1.12					
1.0	1.38	1.40	1.30	1.36	1.27				
1.2	1.52	1.61	1.68	1.91	1.47	1.66			
1.4	1.79	2.01	1.90	2.31	2.28	2.20	1.95		
1.6	2.07	2.28	2.13	2.71	2.99	2.81	2.09	2.20	
1.8	2.32	2.54	2.64	3.09	3.72	3.48	2.21	2.29	2.57

主通道的局部阻力系数 ζ_{12}见管件 F-5

10.3-6 局部阻力系数（续）

F-12 T形分流三通，矩形主通道、支通道，45°斜接

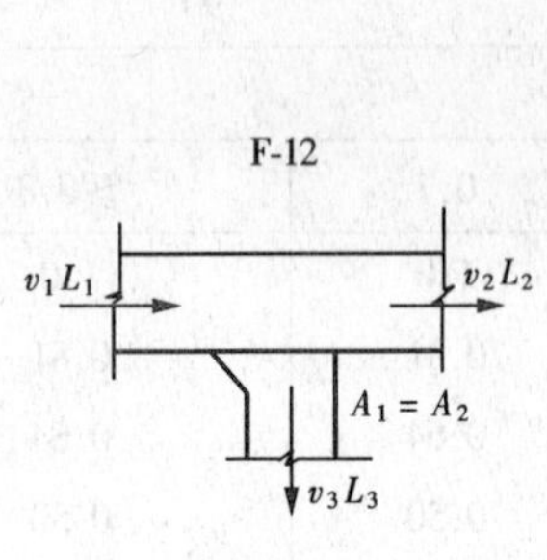

v_3/v_1	支通道 ζ_{13} L_3/L_1 0.1	0.2	0.3	0.4	0.5	0.6	0.7	0.8	0.9
0.2	0.91								
0.4	0.81	0.79							
0.6	0.77	0.72	0.70						
0.8	0.78	0.73	0.69	0.66					
1.0	0.78	0.98	0.85	0.79	0.74				
1.2	0.90	1.11	1.16	1.23	1.03	0.86			
1.4	1.19	1.22	1.26	1.29	1.54	1.25	0.92		
1.6	1.35	1.42	1.55	1.59	1.63	1.50	1.31	1.09	
1.8	1.44	1.50	1.75	1.74	1.72	2.24	1.53	1.40	1.17

主通道的局部阻力系数 ζ_{12}见管件 F-5

F-13 T形分流三通，矩形主通道和支通道，45°斜接并带阀门

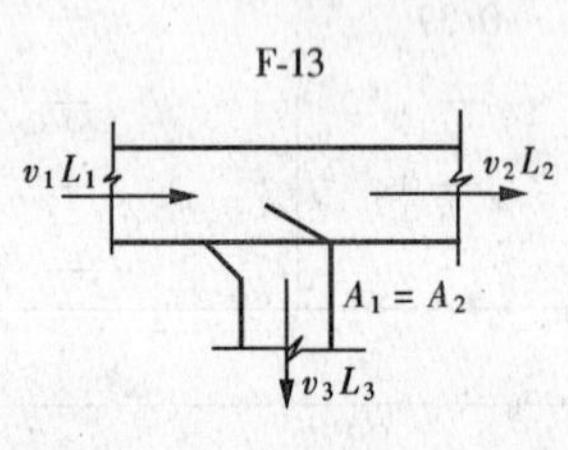

v_3/v_1	支通道 ζ_{13} L_3/L_1 0.1	0.2	0.3	0.4	0.5	0.6	0.7	0.8	0.9
0.2	0.61								
0.4	0.46	0.61							
0.6	0.43	0.50	0.54						
0.8	0.39	0.43	0.62	0.53					
1.0	0.34	0.57	0.77	0.73	0.68				
1.2	0.37	0.64	0.85	0.98	1.07	0.83			
1.4	0.57	0.71	1.04	1.16	1.54	1.36	1.18		
1.6	0.89	1.08	1.28	1.30	1.89	2.09	1.81	1.47	
1.8	1.33	1.34	2.04	1.78	1.90	2.40	2.77	2.23	1.92

主通道的局部阻力系数 ζ_{12}见管件 F-14

F-14 矩形风管，T形分流三通带分流板

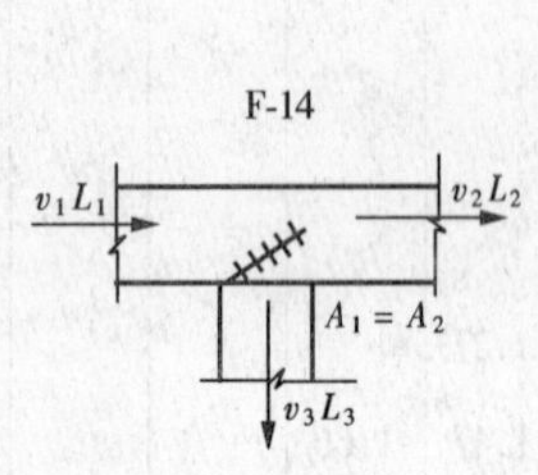

v_3/v_1	支通道 ζ_{13} L_3/L_1 0.1	0.2	0.3	0.4	0.5	0.6	0.7	0.8	0.9
0.2	0.60								
0.4	0.62	0.69							
0.6	0.74	0.80	0.82						
0.8	0.99	1.10	0.95	0.90					
1.0	1.48	1.12	1.41	1.24	1.21				
1.2	1.91	1.33	1.43	1.52	1.55	1.64			
1.4	2.47	1.67	1.70	2.04	1.86	1.98	2.47		
1.6	3.17	2.40	2.33	2.53	2.31	2.51	3.13	3.25	
1.8	3.85	3.37	2.89	3.23	3.09	3.03	3.30	3.74	4.11

主通道 ζ_{12}									
v_3/v_1	0.2	0.4	0.6	0.8	1.0	1.2	1.4	1.6	1.8
ζ_{12}	0.03	0.04	0.07	0.12	0.13	0.14	0.27	0.30	0.25

10.3-6 局部阻力系数（续）

F-15 矩形风管Y形对称裤衩三通

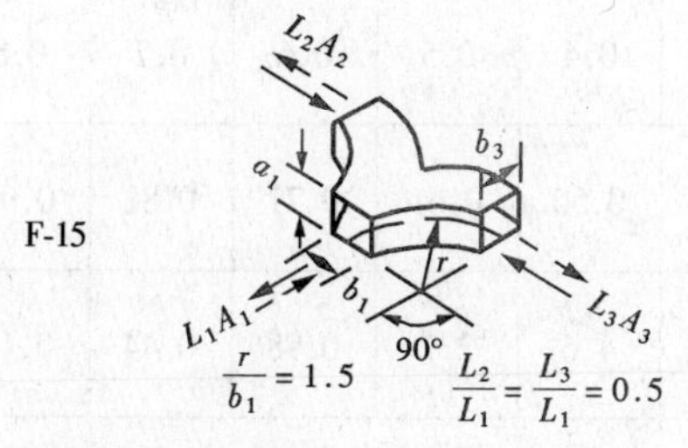

合流（→）		
A_2/A_1 或 A_3/A_1	0.50	1.0
ζ_{12}或 ζ_{13}	0.23	0.07
分流（←）		
A_2/A_1 或 A_3/A_1	0.50	0.0
ζ_{12}或 ζ_{13}	0.30	0.25

F-16 矩形或圆形风管、Y形三通

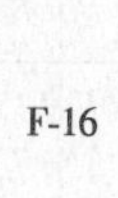
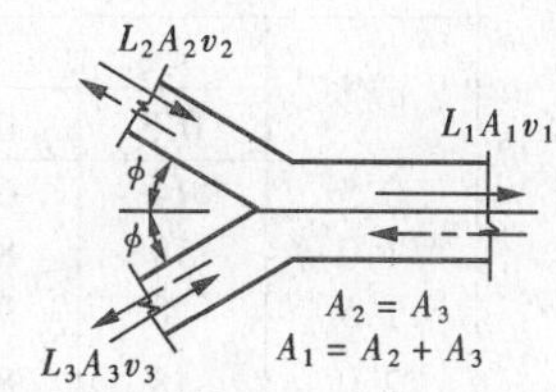

合　流（→）

ζ_{12}或 ζ_{13}

$\theta_2=\theta_3$ (°)	L_2/L_1 或 L_3/L_1										
	0	0.10	0.20	0.30	0.40	0.50	0.60	0.70	0.80	0.90	1.0
15	−2.6	−1.9	−1.3	−0.77	−0.30	0.10	0.41	0.67	0.85	0.97	1.0
30	−2.1	−1.5	−1.0	−0.53	−0.10	0.28	0.69	0.91	1.1	1.4	1.6
45	−1.3	−0.93	−0.55	−0.16	0.20	0.56	0.92	1.3	1.6	2.0	2.3

分　流（←）

ζ_{12}或 ζ_{13}

$\theta_2=\theta_3$ (°)	L_2/L_1 或 L_3/L_1												
	0.1	0.2	0.3	0.4	0.5	0.6	0.8	1.0	1.2	1.4	1.6	1.8	2.0
15	0.81	0.65	0.51	0.38	0.28	0.20	0.11	0.06	0.14	0.30	0.51	0.76	1.0
30	0.84	0.69	0.56	0.44	0.34	0.26	0.19	0.15	0.15	0.30	0.51	0.76	1.0
45	0.87	0.74	0.63	0.54	0.45	0.38	0.29	0.24	0.23	0.30	0.51	0.76	1.0
60	0.90	0.82	0.79	0.66	0.59	0.53	0.43	0.36	0.33	0.39	0.51	0.76	1.0
90	1.0	1.0	1.0	1.0	1.0	1.0	1.0	1.0	1.0	1.0	1.0	1.0	1.0

管件G 阻挡物的局部阻力系数

G-1 圆形蝶阀

G-1 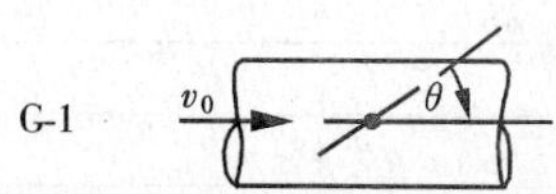

θ (°)	0	10	20	30	40	50	60
ζ_0	0.20	0.52	1.5	4.5	11	29	108

G-2 矩形蝶阀

G-2 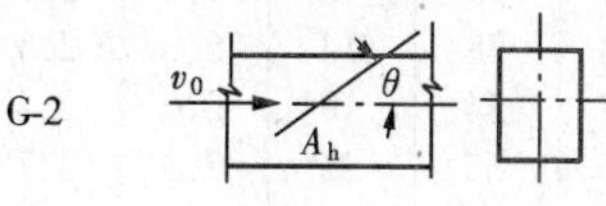

θ (°)	0	10	20	30	40	50	60
ζ_0	0.04	0.33	1.2	3.3	9.0	26	70

10.3-6 局部阻力系数（续）

G-3 圆形插板阀

G-3	h/D	0.2	0.3	0.4	0.5	0.6	0.7	0.8	0.9
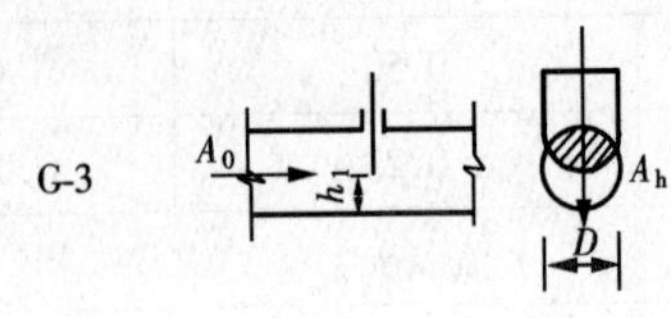	A_h/A_0	0.25	0.38	0.50	0.61	0.71	0.81	0.90	0.96
	ζ_0	35	10	4.6	2.1	0.98	0.44	0.17	0.06

G-4 矩形插板阀

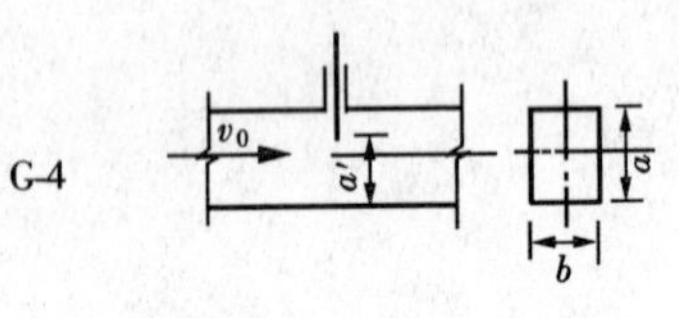

G-4	ζ_0						
a/b	a'/a						
	0.3	0.4	0.5	0.6	0.7	0.8	0.9
0.5	14	6.9	3.3	1.7	0.83	0.32	0.09
1.0	19	8.8	4.5	2.4	1.2	0.55	0.17
1.5	20	9.1	4.7	2.7	1.2	0.47	0.11
2.0	18	8.8	4.5	2.3	1.1	0.51	0.13

G-5 矩形风管流线型叶片蝶阀

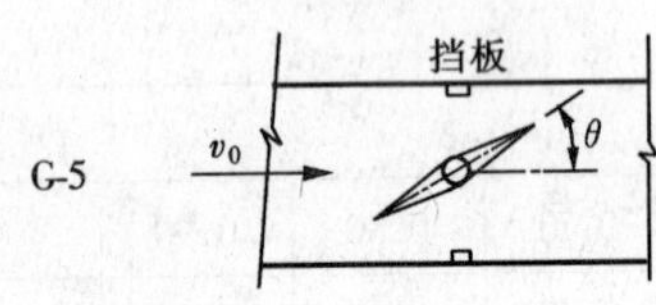

θ (°)	0	10	20	30	40	50	60
ζ_0	0.50	0.65	1.6	4.0	9.4	24	67

G-6 矩形风管平行式多叶阀

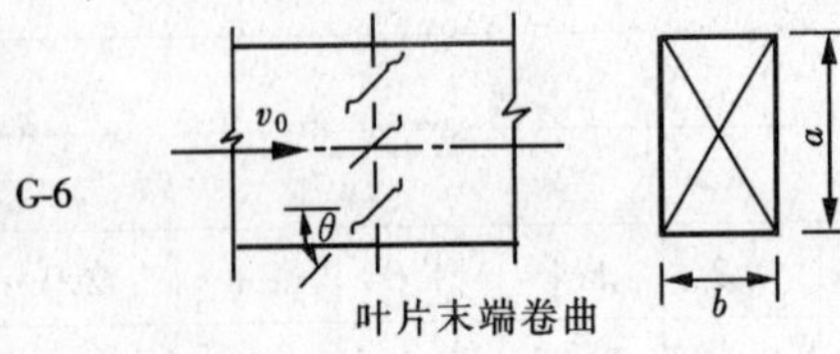

$\frac{l}{s}$	ζ_0								
	θ (°)								
	80	70	60	50	40	30	20	10	0
0.3	116	32	14	9.0	5.0	2.3	1.4	0.79	0.52
0.4	152	38	16	9.0	6.0	2.4	1.5	0.85	0.52
0.5	188	45	18	9.0	6.0	2.4	1.5	0.92	0.52
0.6	245	45	21	9.0	5.4	2.4	1.5	0.92	0.52
0.8	284	55	22	9.0	5.4	2.5	1.5	0.92	0.52
1.0	361	65	24	10	5.4	2.6	1.6	1.0	0.52
1.5	576	102	28	10	5.4	2.7	1.6	1.0	0.52

$$\frac{l}{s}=\frac{n\cdot b}{2(a+b)}$$

式中 l——合计的阀门叶片总长度，mm

s——风管的周长，mm

n——阀门叶片的数量

b——平行于叶片轴的风管尺寸，mm

G-7 矩形风管对开式多叶阀

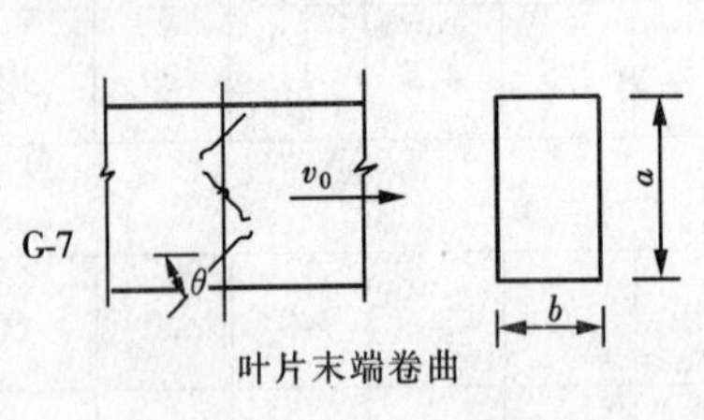

$\frac{l}{s}$	ζ_0								
	θ (°)								
	80	70	60	50	40	30	20	10	0
0.3	807	284	73	21	9.0	4.1	2.1	0.85	0.52
0.4	915	332	100	28	11	5.0	2.2	0.92	0.52
0.5	1045	377	122	33	13	5.4	2.3	1.0	0.52
0.6	1121	411	148	38	14	6.0	2.3	1.0	0.52
0.8	1299	495	188	54	18	6.6	2.4	1.1	0.52
1.0	1521	547	245	65	21	7.3	2.7	1.2	0.52
1.5	1654	677	361	107	28	9.0	3.2	1.4	0.52

10.3-6 局部阻力系数（续）

l、s 的说明见管件 G-6

G-8 风管中安有网格的矩形和圆形风管

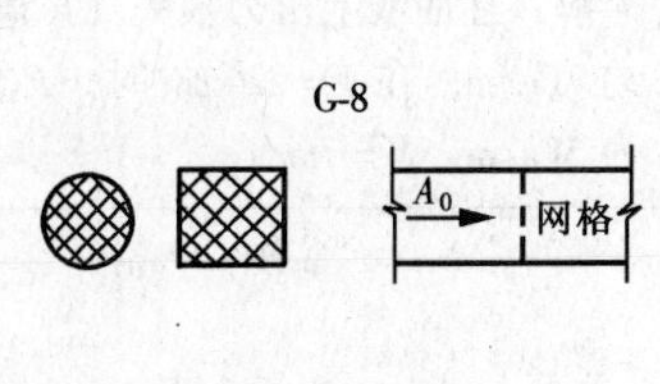

n	0.30	0.40	0.50	0.55	0.60	0.65	0.70	0.75	0.80	0.90	1.0
ζ_0	6.2	3.0	1.7	1.3	0.97	0.75	0.58	0.44	0.32	0.14	0

$$n = \frac{A_{0r}}{A_0}$$

式中 n——网格的过风面积比

A_{0r}——网格的全部可流通面积，mm^2

A_0——风管断面积，mm^2

10.3-7 柔性管、隔热管的热损失和温度降

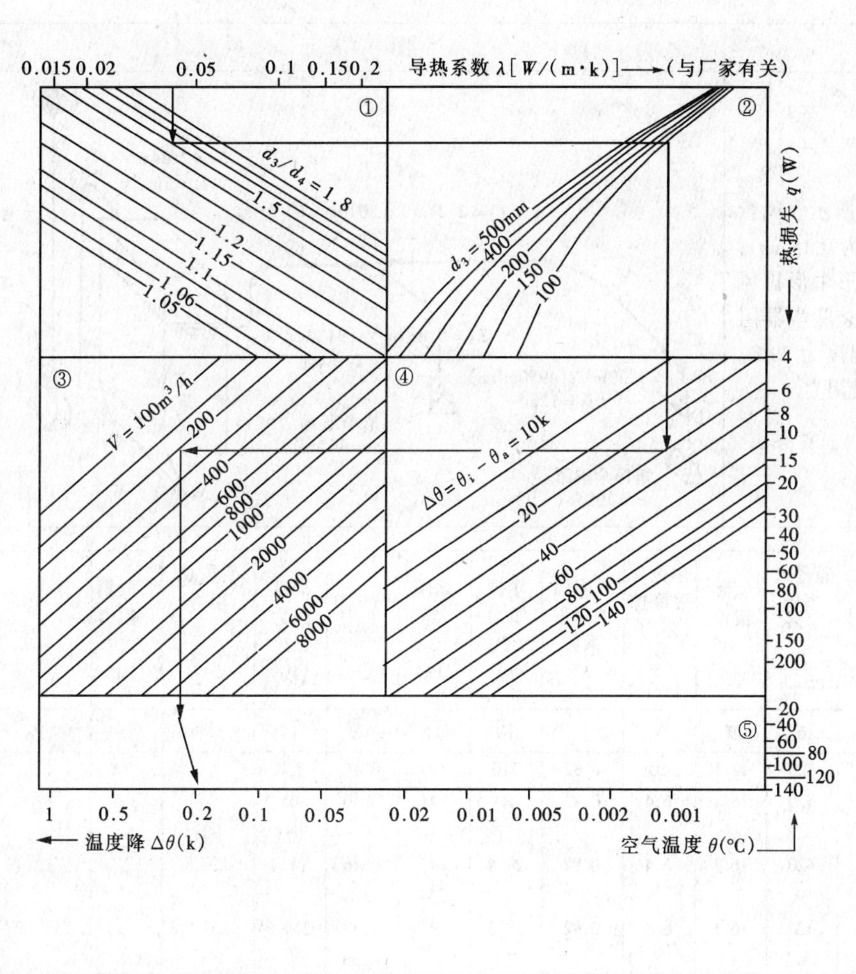

DN	φ 外径 (mm)	φ 内径 (mm)	重量 钢 (kg/m)	重量 铝 (kg/m)
80	87	80	0.50	0.25
100	107	100	0.65	0.32
125	132	125	0.80	0.40
允许压力 3150Pa				
160	168	160	1.00	0.50
200	208	200	1.30	0.65
允许压力 2500Pa				
250	259	250	1.80	0.90
315	324	315	2.40	1.20
允许压力 2000Pa				
400	410	400	不受约束的	
允许压力 1600Pa				
500	511	500	不受约束的	
允许压力 1000Pa				

1）标准管径为条件，其他的标准管径：63、71、90、102、140、180、224、280、355、450

标准直径约等于内径，矩形风管当量直径 $D=\frac{2ab}{a+b}$

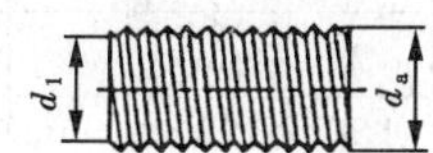

结构形式	(A) 半柔性	(B) 中等柔性	(C) 全柔性
最小弯曲半径	$r=1.5\cdot d_i$	$r=1\cdot d_i$	$r=1\cdot d_i$

10.3-8 柔性管的压力损失（与厂家有关）

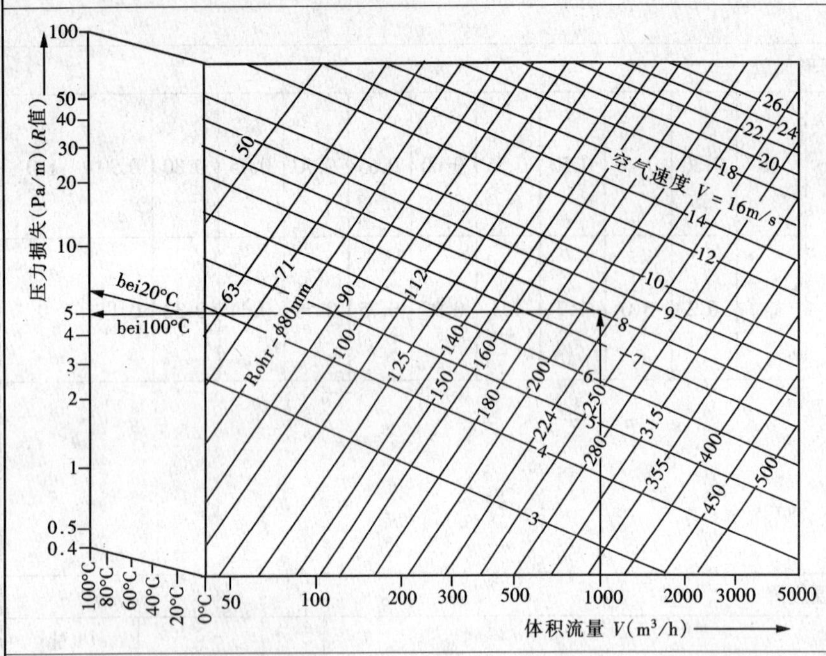

例 1：已知体积流量为 $1000m^3/h$，空气温度为 20℃，选择速度 8m/s，选择管径

解：在曲线上压力损失（R 值）约 7Pa/m，在 $\phi=224mm$ 时，R 值为 5Pa/m，$V=7m/s$

例 2：允许空气流速 6m/s，管径 400mm，空气温度 50℃，求 $V=1800m^3/h$ 的压力损失

解：在曲线上 $R=1.8Pa/m$

10.3-9 风管水力计算举例

题　意	图　示
有一个简单的除尘系统如图所示。风管均采用钢板制作（绝对粗糙度为 0.15mm），各管段风量，长度见右图，矩形伞形排风罩扩张角分别为 30° 和 40°，布袋除尘器阻力为 981Pa；系统中空气平均温度为 50℃。求该系统的风管断面尺寸和系统阻力	$L_3=2.24m^3/s$ ③ $l_3=5m$ $L_2=2.24m^3/s(8070m^3/h)$ $l_2=8.5m$ ② $L_4=2.24m^3/s$ $l_4=6.5m$ ④ ⑤ $L_5=0.867m^3/s(3120m^3/h)$ $l_5=4m$ $L_1=1.37m^3/s(4950m^3/h)$ $l_1=12m$ ① 矩形伞形罩 $\alpha=40°$ 矩形伞形罩 $\alpha=30°$

管段编号	风量 L (m^3/s)	管长 l (m)	初选流速 v (m/s)	矩形风管尺寸 $a\times b$ (mm)	直径或当量直径 D (mm)	实际流速 v (m/s)	单位长度摩擦阻力 R_m (Pa/m)	摩阻温度修正系数 K_1	摩擦阻力 ΔP_m (Pa)	动压 $\frac{v^2\rho}{2}$ (Pa)	局部阻力系数 ζ	局部阻力 Z (Pa)	管段总阻力 $\Delta P=\Delta P_m+Z$ (Pa)	管段累计阻力 $\Sigma\Delta P$ (Pa)	备注
1	2	3	4	5	6	7	8	9	10	11	12	13	14	15	16
①	1.37	12	16		320	17.1	10	0.92	110	159	0.86	137			
②	2.24	8.5	16		420	16.1	6.4	0.92	50	141	0.46	65			
除尘器												981	981		
③	2.24	5	16		420	16.1	6.4	0.92	29.4	141 264	0.46 0.1	91.4	120.8		
④	2.24	6.5	16		420	16.1	6.4	0.92	38.3	141 527	1.30 0.06	214.6	252.9	1716.7	
⑥	0.867	4	16		260	16.3	12	0.92	44	145	0.56	81	125		阻力平衡后的管径 D_5 = 210mm

10.4 通风空调系统的设备与附件

10.4-1 通风机的性能参数

<table>
<tr><th>主要性能参数</th><th>说　　明</th></tr>
<tr><td>
1. 风量 L：通常指的是在工作状态下抽送的气体量，m^3/h
2. 风压 P：通风机所产生的风压（全压）包括静压和动压两部分
3. 功率 N_y：通风机的有效功率，按下式确定：$N_y = L \cdot P/3600$
消耗在通风机轴上的功率（通风机的输入功率）称轴功率 N_z
4. 效率 η：由于风机在运行过程中有能量损失，故轴功率 N_z 应大于有效功率 N_y，二者之比称为全压效率 $\eta = N_y/N_z$
考虑了风机的机械效率及电机容量的安全系数后，所需的轴功率：$N_z = L \cdot p/(\eta \cdot 3600 \cdot \eta_m)$ 配用电机功率，按下式计算：
$$N = N_z \cdot K$$
5. 通风机的比转数 n_s，表示通风机在标准状态下流量 L（m^3/h），风压 P（Pa）以及转速 n（r/min）之间的关系。同一种类型的风机，比转数必然相等
$$n_s = n/(P/L)^{0.5} \cdot P^{0.25}$$
</td><td>
N_y——风机有效功率，W
L——风机所输送的风量，m^3/h
P——风机所产生的风压，Pa
η_m——风机机械效率，一般按下表选取
风机的机械效率表
<table>
<tr><th>传动方式</th><th>机械效率 η_m（%）</th></tr>
<tr><td>电动机直联</td><td>100</td></tr>
<tr><td>联轴器直联</td><td>98</td></tr>
<tr><td>三角皮带传动</td><td>95</td></tr>
</table>
K——电动机容量安全系数，按下表选取
电机容量安全系数
<table>
<tr><th>电动机功率（kW）</th><th>电动机容量安全系数 K</th></tr>
<tr><td>. 0.5</td><td>1.5</td></tr>
<tr><td>0.5~1.0</td><td>1.4</td></tr>
<tr><td>1~2</td><td>1.3</td></tr>
<tr><td>2~5</td><td>1.2</td></tr>
<tr><td>>5</td><td>1.13</td></tr>
</table>
</td></tr>
</table>

10.4-2 离心式通风机型号组成顺序

<table>
<tr><th colspan="2">型　　号</th></tr>
<tr><th>形　　式</th><th>品　　种</th></tr>
<tr><td>
□ - □ - □□ - □
表示设计序号4)
表示比转数3)
表示压力系数2)
表示用途1)
</td><td>
№ · □
表示机号5)
</td></tr>
</table>

1)用途代号

2)压力系数采用一位整数。个别前向叶轮的压力系数大于 1.0 时，亦可用两位整数表示。若用二叶轮串联结构，则用 2×压力系数表示

3)比转数采用两位整数。若用二叶轮并联结构，或单叶轮双吸入结构，则用 2×比转数表示

4)若产品的形式中产生有重复代号或派生型时，则在比转数后加注序号，采用罗马数字体Ⅰ，Ⅱ等表示。

设计序号用阿拉伯数字“1”，“2”等表示。供对该型产品有重大修改时用。若性能参数、外形尺寸、地基尺寸，易损件没有更动时，不应使用设计序号。启用时应向鼓风机研究所申请备案

5)机号用叶轮直径的 dm 数表示

10.4-3 轴流式通风机型号组成顺序

型号	
形式	品种
□ □ □□ □ □ 表示设计序号[5)] 表示转子位置[4)] 表示叶轮毂比[3)] 表示用途[2)] 表示叶轮数[1)]	№·□ 表示机号

[1)]叶轮数代号，单叶轮可不表示，双叶轮用“2”表示

[2)]用途代号

[3)]叶轮毂比为叶轮底径与外径之比，取两位整数

[4)]转子位置代号卧式用“A”表示，立式用“B”表示。产品无转子位置变化可不表示

[5)]若产品的形式中产生有重复代号或派生型时，则在设计序号前加注序号。采用罗马数字体Ⅰ、Ⅱ等表示

10.4-4 通风机的六种传动方式

代号		A	B	C	D	E	F
传动方式	离心通风机	无轴承，电机直联传动	悬臂支承，皮带轮在轴承中间	悬臂支承，皮带轮在轴承外侧	悬臂支承，联轴器传动	双支承，皮带在外侧	双支承，联轴器传动
	轴流通风机	同上	同上	同上	悬臂支承联轴器传动（有风筒）	悬臂支承，联轴器传动（无风筒）	齿轮传动

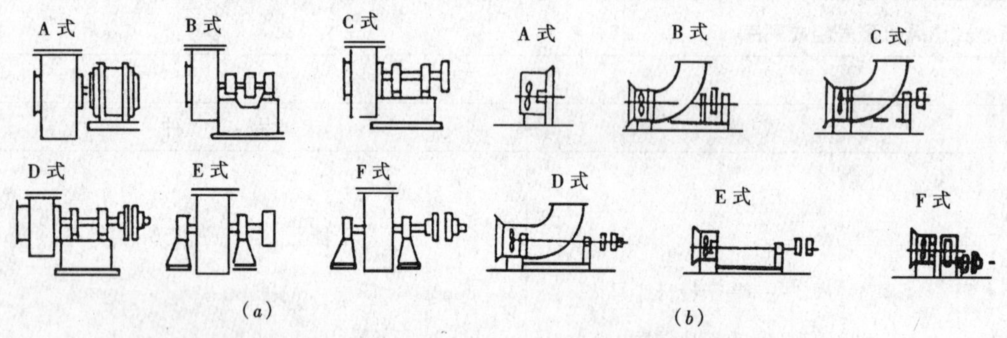

（a）离心通风机的传动方式；（b）轴流通风机的传动方式

10.4-5 风机特性曲线

特性曲线意义	风机特性曲线
1. 为了全面评定通风机的性能，就必须了解在各种工况下通风机的风压、功率、效率与风量的关系，这些关系就形成了通风机的特性曲线 2. 通风机特性曲线通常包括（转速一定）：全压随风量的变化；静压随风量的变化；功率随风量的变化；全效率随风量的变化；静效率随风量的变化。因此，一定的风量对应于一定的全压、静压、功率和效率 3. 每种通风机的性能曲线是不同的	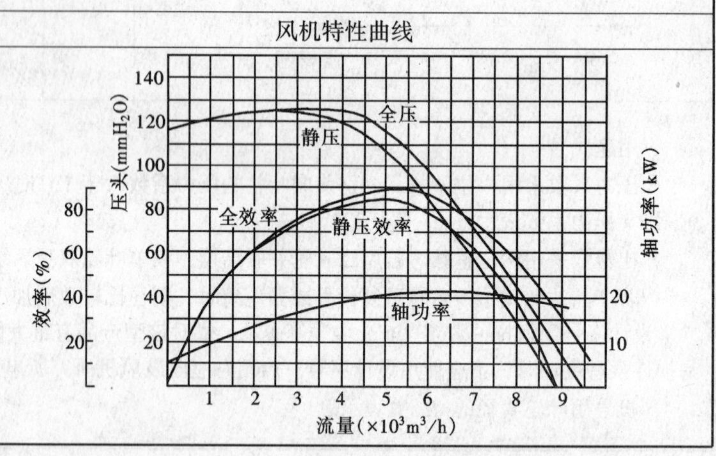

10.4-6 通风机性能的变化

选择风机时应注意，性能曲线和样本上给出的性能，均指风机在标准状态下（大气压为 101.3kPa、温度 20℃、空气密度 $\rho=1.20\text{kg/m}^3$）的参数。如果使用条件改变，其性能应按下列各式进行换算，按换算后的性能参数进行选择

计 算 公 式	各 项 注 释
改变介质密度 ρ，转速 n 时 $L = L_o \cdot n/n_o$ $P = p_o \cdot (n/n_o)^2 \cdot (\rho/\rho_o)$ $N = N_o \cdot (n/n_o)^3 \cdot (\rho/\rho_o)$ $\eta = \eta_o$ 当大气压力 P_o 及其温度 t 改变时 $L = L_o$ $P = P_o \cdot (p_b/p_{bo}) \cdot (273+20)/(273+t)$ $N = N_o \cdot (p_b/p_{bo}) \cdot (273+20)/(273+t)$ $\eta = \eta_o$	式中 L_o、P_o、N_o、n_o、η_o、ρ_o、P_{bo}——标准状态或性能表中的风量、风压、功率、转数、效率、空气密度、大气压 L、P、N、n、η、ρ、P_b、t——实际工作条件下的风量、风压、功率、转数、效率、空气密度、大气压和温度

10.4-7 通风机性能范围及主要用途

类别	型 号	名 称	全压范围 (Pa)	风量范围 (m^3/h)	功率范围 (kW)	输送介质最高允许温度 $\not> t$ (℃)	主要用途	备 注
一般离心通风机	4-72-11 T4-72 4-79 11-74	离心通风机 离心通风机 离心通风机 低噪声离心通风机	200~3240 180~3200 180~3400 150~760	991~227500 850~408000 990~438000 495~82700	1.1~210 0.75~310 0.75~245 0.18~10	80 80 80	一般厂房通风换气 一般厂房通风换气 一般厂房通风换气 低噪声场所：空调设备配套	代替原 QDG 代替原 HDG
排尘离心通风机	C4-73-11 6-46-11	排尘离心通风机 排尘离心通风机	300~4000 410~1900	1725~19350 708~46320	0.8~22 1.1~55	80	输送含有尘埃、细碎纤维，木质杂屑等气体的专用设备	代替 7-40 C-40
防爆离心通风机	B4-72-11	防爆离心通风机	200~3240	991~77500	1.1~75		用于产生易挥发性气体的厂房通风换气	选用可按 4-72-11
防腐离心通风机	F4-72	不锈钢离心通风机	280~3240	1470~8370	1.1~13			
高压离心通风机	9-20-11 101 8-18-001 12	离心通风机 离心通风机	3370~16250 3450~16900	690~57590 619~97600	1.5~410 1.5~410	50 80	一般锻冶炉及高压强制通风用	新产品
高压离心通风机	101 9-27-001 12	离心通风机	3700~12450	1485~110200	4.5~570	80	一般锻冶炉及高压强制通风用	新产品
锅炉离心通风机	G4-73-11	锅炉离心通风机	590~7000	15900~680000	1.0~1250	80	用于 2~670t/h 蒸汽锅炉或一般矿井通风	
锅炉离心通风机	Y4-73-11 9-35 Y9-35	锅炉离心引风机 锅炉离心通风机 锅炉离心引风机	370~4340 850~6070 550~3770	15900~680000 2460~190300 4430~190300	5.5~1000 3.0~625 4.0~440	200 80 200	用于 2~670t/h 蒸汽锅炉的引风 用于 2~240t/h 蒸汽锅炉通风 用于 2~240t/h 蒸汽锅炉引风	

10.4-7 通风机性能范围及主要用途（续）

类别	型号	名称	全压范围（Pa）	风量范围（m^3/h）	功率范围（kW）	输送介质最高允许温度≯t（℃）	主要用途	备注
塑料离心通风机	上塑 4-72	塑料离心通风机	90～1560	395～18560	0.37～5.5	50	用于防腐、防爆厂房排风	
	营塑 4-72-A	塑料离心通风机	200～2040	1330～18560	1.1～5.5			
	北塑 4-72	塑料离心通风机	280～1160	1170～10180	1.1～4.0			
	S4-72	塑料离心通风机	70～1200	991～13500	1.1～4.0			
	P4-72	塑料离心通风机	90～1160	395～18560	0.6～5.5			
	株塑 4-72	塑料离心通风机	90～1160	395～18560	0.6～5.5			
	株塑 4-62	塑料离心通风机	100～1750	576～16000	1.1～7.5			
塑料通风机	川塑 4-62	塑料离心通风机	100～1750	576～1600	1.1～7.5		用于防腐、防爆厂房排风	
	牡塑 A		200～1500	510～13000	1.0～5.5			
	厦塑 A		130～900	1000～4000	1.1～3.0			
	厦塑 B		300～700	6000～11000	5.5			
排毒塑料通风机	F270	电动、手摇两用塑料离心通风机	300～1200	300～600		-30～+80	用于防空洞、地下厂房排送有毒及无毒气体	
轴流通风机	T40-11	轴流通风机	32～483	564～48200	3.2～48.3	45		新产品
	30K4-11（03-11）	轴流通风机	25～450	515～49500	2.5～45.3	45	一般工厂车间、办公室换气	
	$40L_1$-11	轴流通风机	35～250	800～14500	0.05～2.8		一般工厂通风及厂房	
	$GD30K_2$-12	管道轴流通风机	85～420	5170～34000	0.8～7.5		排易爆易燃气体	代替原CZL-11
轴流通风机	63A-11	轴流通风机	1300～2300	27000～10000	7.5～2.5		主要用于轧钢主电机通风（风压风量可调）	新产品
	No21/2	手提式轴流通风机	190	1500	0.18		用于人防工程	有单相、三相电源两种
轴流喷雾风机	038-$\frac{11}{12}$	劳研喷雾风机	射程 18(m)	20800	3.0		高温车间局部吹风降温	目前产品多为移动式
	035-11	喷雾降温风机	射程 12(m)	10800	0.8			
	XiN-7A	移动式降温风机	射程$\frac{7}{10}$(m)	8600 13000	1.1 3.0			
	$YL30K_1$-11	移动冷风机	射程$\frac{7}{10}$(m)	8600 13000	1.1 3.0			
	PFO35-11	移动式喷雾风机	射程$\frac{12}{20}$(m)	8600 13000	0.8 1.5			
	103 型	旋转式喷雾器			0.18		主要用于对空气的局部加湿	新产品
排气扇	FA	排气扇		33～155（m^3/min）	46～600W	40	一般车间、仓库排气	
	FTA	排气扇		40～270（m^3/min）	90～850W			
	PF	排气扇		45～150（m^3/min）	120～550W			
	600mm	排气扇		160（m^3/min）	580W			

10.4-7 通风机性能范围及主要用途（续）								
类别	型　号	名　称	全压范围（Pa）	风量范围（m³/h）	功率范围（kW）	输送介质最高允许温度≯t（℃）	主要用途	备　注
电风扇	FTS2-9 FS2-9 FTB2-9 FB2-9 36″、48″、56″ 10″～16″	落地式电风扇 落地式电风扇 墙壁式电风扇 墙壁式电风扇 吊　扇 台　扇		270（m³/min） 130（m³/min） 270（m³/min） 130（m³/min） 140～280（m³/min） 22～60（m³/min）	350W 120W 350W 120W 75～85W 30～66W		一般车间、办公室降温	

10.4-8 风机盘管类型			
分类	形　式	特　点	使　用　范　围
风机类型	离心式风机	前向多翼型，效率较高，每台机组风机单独控制，采用单相电容调速低噪声电机，调节电机输入电压改变风机转速，高、中、低三档变风量	宾馆客房、办公楼等
	贯流式风机	前向多翼型、端面封闭，全压系数较大，效率较低（η＝30%～50%），进、出风口易与建筑物相配合，调节方法同上	为配合建筑布置时用
结构形式	立式 L	暗装可安设在窗台下，出风口向上或向前，明装可安设在地面上，出风口向上、向前或向斜上方。可省去吊顶	要求地面安装或全玻璃结构的建筑物和一些公共场所以及工业建筑。北方冬季停开风机作散热器用
	卧式 W	节省建筑面积，可与室内建筑装饰布置相协调，须用吊顶与管道间	宾馆客房、办公楼、商业建筑等
	立柱式 Z	占地面积小；安装、维修、管理方便，冬季可靠机组自然对流散热；可节省管道间与吊顶。造价较贵	宾馆客房、医院等。北方冬季停开风机作散热器用
	顶棚式 D	节省建筑面积，可与室内建筑装饰相协调。维护方便	办公室、商业建筑等
安装形式	明装 M	维护方便；卧式明装机组吊在顶棚下，可作为建筑装饰品；立式明装安装简便，不美观，可加装饰面板成为立式半明装	卧式明装用于客房、酒吧、商业建筑等要求美观的场合；立式明装用于旧建筑改造或要求省投资、施工快的场合
	暗装 A	维护麻烦，卧式机组暗装在顶棚内，送风口在前部，回风口在下部或后部。立式机组暗装在窗台下，较美观，占地	要求整齐美观的房间

10.4-9 风机盘管基本参数与允许噪声						
FP 代号	名义风量（m³/h）	名义供冷量	名义供热量	单位风机功率供冷量（W）	水压力损失（kPa）	允许声级≤dB（A）
		（W）				
FP-2.5	250	1400	2100	40	15	35
FP-3.5	350	2000	3000	45	20	37
FP-5	500	2800	4200	50	21	39
FP-6.3	630	3500	5250	55	30	40
FP-7.1	710	4000	6000	52	40	42
FP-8	800	4500	6750	50	44	45
FP-10	1000	5300	7950	45	54	46
FP-12.5	1250	6600	9900	47	34	47
FP-14	1400	7400	11100	45	38	49
FP-16	1600	8500	12750	45	40	50
FP-20	2000	10600	15900	40	50	51
FP-25	2500	13300	19950	—	—	

10.4-10　组合式空调机组的噪声极限值（dB）

风　量（m^3/h）	全　压（Pa）	带回风机组	净化机组	新风机组	带喷淋的机组
<10000	400	68	73	65	70
10000~20000	600	78	80	75	77
25000~50000	800	85	90	85	85
60000~100000	1000	90	93	90	90
120000~160000	1200	95	98	95	95

10.4-11　风机盘管新风供给方式

新风供给方式	示　意　图	特　　点	适用范围
房间缝隙自然渗入	(a)	1. 无组织渗透风，室温不均匀 2. 简单 3. 卫生条件差 4. 初投资与运行费低 5. 机组承担新风负荷，长时间在湿工况下工作	1. 人少，无正压要求，清洁度要求不高的空调房间 2. 要求节省投资与运行费用的房间 3. 新风系统布置有困难或旧有建筑改造
机组背面墙洞引入新风	(b)	1. 新风口可调节，冬、夏季最小新风量，过渡季大量新风量 2. 随新风负荷的变化，室内直接受到影响 3. 初投资与运行费节省 4. 须作好防尘、防噪声、防雨、防冻措施 5. 机组长时间在湿工况下工作	1. 人少、要求低的空调房间 2. 要求节省投资与运行费用的房间 3. 新风系统布置有困难或旧有建筑改造 4. 房高为5m以下的建筑物
单设新风系统，独立供给室内	(c)	1. 单设新风机组，可随室外气象变化进行调节，保证室内湿度与新风量要求 2. 投资大 3. 占空间多 4. 新风口可紧靠风机盘管，也可不在一处，以前者为佳	要求卫生条件严格和舒适的房间，目前最常用
单设新风系统供给风机盘管	(d)	1. 单设新风机组，可随室外气象变化进行调节，保证室内湿度与新风量要求 2. 投资大 3. 新风接至风机盘管，与回风混合后进入室内，加大了风机风量，增加噪声	要求卫生条件严格的房间，目前较少用

10.4-12　空气过滤器

空气过滤器的分类

名　称	效率（%）（测试方法）	阻　力（Pa）	
		初	终
初效过滤器	<90（计重法）	30~50	<100
中效过滤器	40~90（比色法）	50~100	<200
亚高效过滤器	90~99.9（钠焰法）	80~120	
高效过滤器	99.9~99.99（计数法）	200	400

10.4-12　空气过滤器（续）

常用过滤器的技术性能表

类别	系列	型　号	滤　料	额定风量（m^3/h）	效率（计重法）（%）	阻力（Pa）初	阻力（Pa）终	容尘量（g）	有效捕集粒径（μm）
粗效过滤器	自动卷绕式	ZJK-Ⅰ-1 ZJK-Ⅰ-2 ZJK-Ⅰ-3 ZJK-Ⅰ-4 ZJK-Ⅰ-5	DV 化纤组合毡	8000～12000 12000～18000 18000～24000 24000～34000 34000～44000	99～99.5（工业尘）	90	220	1500 g/m^2	＞10
	YP	YP-X YP-D YP-D	泡沫塑料	200 200 300	≥40（大气尘）	65 50 90	130 100 180	＞50 ＞90 ＞90	
	M	M-Ⅲ		2000	55（大气尘）	100	200	1400	
	K	KZG-Ⅰ KZG-Ⅱ	无纺布	2000 2000	≥35 ≥50	34 36			
高效过滤器	GBD	GBD-D4Z GBD-01 GBD-03	玻璃纤维滤纸	330 1000 1500	≥99.91（大气尘计数）	58 140 120		～500 ～500 ～750	
	GB	GB-01 GB-03		1000 1500	≥99.91（钠焰法）	200～300 150～250		＞500 ＞750	
	GX	GX-0B GX-0C GX-Ⅰ GX-Ⅱ GX-Ⅲ		1000 1000 1000 1500	≥99.96（钠焰法）	～200 ～200 254 200		＞500 ＞500 ＞500	
	GNF	GNF-01 GNF-03		1000 1500	≥99.91	200 150		＞500 ＞750	
	GNW	GNW-01 GNW-03		1000 1500	（大气尘计数）	200 150		＞500 ＞750	
	GK	GK-8A GK-10A GK-10B GK-10C GK-10D GK-12A GK-12B GK-13A GK-15A GK-15B GK-15C GK-15D GK-20A GK-20B GK-22A GK-30A	超细玻璃纤维滤纸	800 1000 1200 1300 1500 2000 2200 3000	优等品： Ⅰ类 ≥99.998 Ⅱ类 ≥99.995 一等品： ≥99.99 二等品： 99.95 （钠焰法）	直隔板 ≤240 斜隔板 ≤200		500 500 500 600 500 750 750 800 900 750 850 1000 1200 1200 1400 1600	
中效过滤器	YB	YB-X YB-D YB-D	玻璃纤维	200 200 300	≥60（大气尘计重）	90 60 105	180 120 210	50 90 90	

10.4-12 空气过滤器（续）

常用过滤器的技术性能表

类别	系列	型　号	滤　料	额定风量 (m^3/h)	效率（计重法）(%)	阻力（Pa）		容尘量 (g)	有效捕集粒径 (μm)
						初	终		
中效过滤器	M	M-Ⅰ M-Ⅱ M-Ⅳ	泡沫塑料	2000 2000 1600	≥70 （大气尘计重）	40	200	800 500 500	
	ZX	ZX-1		3000	≥66 （大气尘计重）	60	200	300	
	W	WV WZ-1 WD-1	涤纶无纺布	2000	80 （人工尘计重）	40 40 38	200	460 575 690	
亚高效过滤器	ZKL	ZKL-01 ZKL-03	棉短绒纤维滤纸	1000 1500	>90 （钠焰法）	<100 <80			
	GZH	GZH-01 GZH-03	玻璃纤维滤纸	1000 1750	≥95 （钠焰法）	≤120			

10.4-13 防火、防排烟阀门

防火、防排烟阀门性能及规格

序号	名　称	型　号	功 能 特 点	规　格
1	防火调节阀	FH-02SFW	70℃自动关闭，手动复位，0～90°无级调节，可以输出关闭电讯号	矩形≥100×100×160 圆形≥ϕ100×140
2	防烟防火阀	FYH-02 SDW	70℃自动关闭，电讯号 DC24V 关闭，手动关闭，手动复位，输出关闭电讯号	矩形≥250×250×320 圆形≥ϕ250×320
		FYH-03 SDFW	70℃自动关闭，电讯号 DC24V 关闭，手动关闭，手动复位，0～90°无级调节，输出关闭电讯号	
3	排烟阀	PY-02SD	电讯号 DC24V 开启，手动开启，手动复位，输出开启电讯号	矩形≥250×250×320
		PY-02YSD	电讯号 DC24V 开启，远距离手动开启，远距离手动复位，输出开启电讯号	
4	排烟防火阀	PYFH 02 SDW	电讯号 DC24V 开启，手动开启，280℃重新关闭，手动复位，输出动作电讯号	矩形≥320×320×320
		PYFH-02YSDW	电讯号 DC24V 开启，远距离手动开启，280℃重新关闭，手动复位，输出动作电讯号	
5	板式排烟口	PYK-02YSD	电讯号 DC24V 开启，远距离手动开启，远距离手动复位，输出开启电讯号	矩形≥320×320
6	多叶排烟口 多叶送风口	PSK-02SD	电讯号 DC24V 开启，手动开启，手动复位，输出开启电讯号	矩形≥500×500
		PSK-02SDW	电讯号 DC24V 开启，手动开启，280℃重新关闭，输出动作电讯号	
		PSK-02YSDW	电讯号 DC24V 开启，远距离手动开启，280℃重新关闭，手动复位，输出动作电讯号	

防火、防排烟阀门基本分类表

类　别	名　称	性 能 及 用 途
防火类	防火阀	70℃温度熔断器自动关闭（防火），可输出联动讯号，用于通风空调系统风管内，防止火势沿风管蔓延
	防烟防火阀	靠烟感器控制动作，用电讯号通过电磁铁关闭（防烟），还可70℃温度熔断器自动关闭（防火）用于通风空调系统风管内，防止烟火蔓延

10.4-13　防火、防排烟阀门（续）

防火、防排烟阀门基本分类表

类　别	名　　称	性　能　及　用　途
防烟类	加压送风口	靠烟感器控制，电讯号开启，也可手动（或远距离缆绳）开启，可设280℃温度熔断器重新关闭装置，输出动作电讯号，联动送风机开启。用于加压送风系统的风口，起赶烟、防烟作用
排烟类	排烟阀	电讯号开启或手动开启，输出开启电讯号联动排烟机开启，用于排烟系统风管上
	排烟防火阀	电讯号开启，手动开启，280℃靠温度熔断器重新关闭，输出动作电讯号，用于排烟风机吸入口处管道上
	排烟口	电讯号开启，手动（或远距离缆绳）开启，输出电讯号联动排烟机，用于排烟房间的顶棚或墙壁上。可设280℃时重新关闭装置
	排烟窗	靠烟感器控制动作，电讯号开启，还可缆绳手动开启，用于自然排烟处的外墙上

10.4-14　风管基本系列管径

圆形通风管道规格

外径 D（mm）	钢板制风管		塑料制风管		外径 D（mm）	钢板制风管		塑料制风管	
	外径允许偏差（mm）	壁厚（mm）	外径允许偏差（mm）	壁厚（mm）		外径允许偏差（mm）	壁厚（mm）	外径允许偏差（mm）	壁厚（mm）
100					500		0.75	±1	
120					560				4.0
140		0.5			630				
160					700				
180				3.0	800		1.0		5.0
200					900				
220	±1		±1		1000	±1		±1.5	
250					1120				
280					1250				
320		0.75			1400		1.2～1.5		6.0
360					1600				
400				4.0	1800				
450					2000				

矩形通风管道规格

外边长 $a\times b$（mm）	钢板制风道		塑料制风道		外边长 $a\times b$（mm）	钢板制风道		塑料制风道	
	外边长允许偏差（mm）	壁厚（mm）	外边长允许偏差（mm）	壁厚（mm）		外边长允许偏差（mm）	壁厚（mm）	外边长允许偏差（mm）	壁厚（mm）
120×120					400×200				
160×120					400×250				
160×160					400×320				
200×120		0.5			400×400				
200×160					500×200		0.75	-2	4.0
200×200					500×250				
250×120	-2		-2	3.0	500×320	-2			
250×160					500×400				
250×200					500×500				
250×250		0.75			630×250				
320×160					630×320				
320×200					630×400		1.0	-3	5.0
320×250					630×500				
320×320					630×630				

10.4-14 风管基本系列管径（续）									
矩形通风管道规格									
外边长 $a \times b$ (mm)	钢板制风道		塑料制风道		外边长 $a \times b$ (mm)	钢板制风道		塑料制风道	
	外边长允许偏差（mm）	壁厚（mm）	外边长允许偏差（mm）	壁厚（mm）		外边长允许偏差（mm）	壁厚（mm）	外边长允许偏差（mm）	壁厚（mm）
800×320					1250×500				
800×400					1250×630				6.0
800×500				5.0	1250×800				
800×630					1250×1000				
800×800					1600×500				
1000×320		1.0			1600×630				
1000×400	−2		−3		1600×800	−2	1.2	−3	
1000×500					1600×1000				8.0
1000×630				6.0	1600×1250				
1000×800					2000×800				
1000×1000					2000×1000				
1250×400		1.2			2000×1250				

10.4-15 金属风管制作的要求

1. 圆形风管应先优先采用基本系列，矩形风管的长边与短边之比不宜大于 4:1

2. 板材的拼接咬口和圆形风管的闭合咬口可采用单咬口，矩形风管或配件的四角组合可采用转角咬口、联合角咬口、按口式咬口，圆形弯管的组合可采用立咬口。长咬合风管允许承受的静压为 700Pa、全压为 2000Pa

3. 风管各段间的连接应采用可拆卸的形式，管段长度宜为 1.8～4m

4. 风管与法兰连接采用翻边时，翻边应平整、宽度应一致，且不应小于 6mm，并不得有开裂与孔洞

5. 风管无法兰连接可采用承插、插条、薄钢板法兰弹簧夹等的连接形式，插条板比风管板厚一号

6. 风管的密封应以板材连接的密封为主，可采用密封胶嵌缝和其他方法密封。密封胶性能应符合使用环境的要求，密封面宜设在风管的正压侧

7. 矩形风管边长大于等于 630mm，保温风管边长大于等于 800mm、且其管段长度大于 1200mm 时，均应采取加固措施

8. 风管加固可采用楞筋、立筋、角钢、扁钢、加固筋和管内支撑等形式。对边长小于等于 800mm 的风管，宜采用楞筋、楞线的方法加固；中压和高压风管的管段长度大于 1200mm 时，应采用加固框的形式加固；高压风管的单咬口缝应有加固、补强等措施

9. 风管和配件的板材连接，钢板厚度小于等于 1.2mm 时，宜采用咬接；钢板厚度大于 1.2mm 时，宜采用焊接；镀锌钢板及有保护层的钢板，应采用咬接或铆接

10. 风管与角钢法兰的连接，管壁厚度小于等于 1.5mm 时，可采用翻边铆接，铆接应牢固；管壁厚度大于 1.5mm 时，可采用满焊或翻边间断焊；风管与扁钢法兰连接，可采用翻边连接或焊接

10.4-16 风管系统的强度与密封的要求

系统类别	系统工作压力（Pa）	强度要求	密封要求	使用范围
低压系统	≤500	一般	咬口缝及连接处无孔洞及缝隙	一般空调及排气等系统
中压系统	>500 且 ≤1500	局部增强	连接面及四角咬缝处增加密封措施	1000 级及以下空气净化、排烟、除尘等系统
高压系统	>1500	特殊加固，不得用按扣式咬缝	所有咬缝连接面及固定件四周采取密封措施	1000 级以上空气净化、气力输送、生物工程等系统

10.4-17 风管单位面积允许漏风量［m^3/（$h \cdot m^2$）］

系统类别 / 工作压力（Pa）	低压系统	中压系统	高压系统	系统类别 / 工作压力（Pa）	低压系统	中压系统	高压系统
100	2.11	—	—	1000	—	3.14	—
200	3.31	—	—	1200	—	3.53	—
300	4.30	—	—	1500	—	4.08	—
400	5.19	—	—	1800	—	—	1.36
500	6.00	2.00	0.67	2000	—	—	1.53
600	—	2.25	—	2500	—	—	1.64
800	—	2.71	—		—	—	1.90

10.4-18 空气净化系统风管的制作

1. 风管的板材加工前应去除板材表面油污、积尘，并应选用中性清洁剂清洗

2. 施工现场应保持清洁；风管部件和设备搬运时不得碰伤，存放时应采取避免积尘和受潮的措施

3. 板材应减少拼接：矩形风管底边宽度小于等于900mm时，不应有拼接缝；底边宽度大于900mm时，应减少纵向接缝，且不得有横向拼接缝

4. 风管所用的螺钉、螺母、垫圈和铆钉均应采用镀锌或其他防腐措施，并不得采用抽芯铆钉

5. 本系统风管不得采用楞筋方法加固，加固框或加固筋不得设在风管内

6. 按系统洁净等级或设计要求，在咬口缝、铆钉缝及法兰翻边四角等缝隙处采取涂密封胶或其他密封措施

7. 本系统风管的无法兰连接，不得使用S型插条、直角型平插条及立联合角插条；1000级以上空气洁净系统不得采用按口式咬口

10.4-19 风管的材料类型

金属风管			非金属风管			
普通钢板	镀锌钢板	铝板	硬PVC板	玻璃钢	复合材料	砖、混凝土

10.4-20 一般风阀的类型与要求

1. 插板阀（直插板阀、斜插板阀）的壳体应严密，壳体内壁应作防腐处理，插板应平整，启闭应灵活，并应有可靠的插板固定装置

2. 蝶阀阀板与壳体的间隙应均匀，不得碰擦；拉链式蝶阀的链条应按其位置高度配制

3. 三通调节风阀的拉杆或手柄的转轴与风管结合处应严密；拉杆可在任意位置上固定；手柄开关应标明调节的角度；阀板应调节方便，并不得与风管碰擦

4. 多叶风阀的叶片间距应均匀，关闭时应相互贴合，搭接应一致；大截面的多叶调节风阀应提高叶片与轴的刚度，并宜实施分组调节

5. 保温调节风阀的连杆，设置在阀体外侧时应加设防护罩

10.4-21 风管及部件安装的要求

1. 风管和空气处理室内，不得敷设电线、电缆以及输送有毒、易燃、易爆气体或液体的管道

2. 风管及配件可拆卸的接口及调节机构、不得装设在墙或楼板内

3. 风管及部件安装前，应清除内外杂物及污物，并保持清洁

4. 风管及部件安装完毕后，应按系统压力等级进行严密性检验

5. 严密性检验：低压系统抽检率为5%，且抽检不得少于一个系统；中压系统抽检率为20%，且抽检不得少于一个系统；高压系统应全数进行漏风量测试

6. 系统风管漏风量测试：被抽检系统应全数合格，若有不合格时，应加倍抽检直至全数合格

7. 支、吊架不得设置在风口、阀门、检查门及自控机构处；吊杆不宜直接固定在法兰上

8. 风管支、吊架的间距：水平安装的风管，直径或长边尺寸小于400mm，间距不大于4m；直径或长边尺寸大于等于400mm，间距不大于3m。垂直安装的风管，间距不大于4m，但每根立管的固定件不应少于2个

10.4-21 风管及部件安装的要求（续）

9. 法兰垫片的厚度宜为3～5mm，垫片应与法兰平齐，不得凸入管内

10. 垫片的材质：输送空气温度低于70℃的风管，应采用橡胶板、闭孔海绵橡胶板、密封胶带或其他闭孔弹性材料；输送空气或烟气温度高于70℃的风管，应采用石棉橡胶板；输送含有腐蚀性介质气体的风管，应采用耐酸橡胶板或软PE板；输送产生凝结水或含有蒸汽的潮湿空气的风管，应采用橡胶板、闭孔海绵橡胶板

11. 连接法兰的螺栓应均匀拧紧，其螺母应在同一侧

12. 柔性短管的安装应松紧适度，不得扭曲

13. 可伸缩性金属或非金属软风管的长度不大于2m，并不得有死弯或塌凹

14. 输送含有易燃、易爆气体和安装在易燃、易爆环境的风管系统均应有良好的接地，并应减少接口

10.4-22 通风与空调设备安装的要求

1. 安装前应开箱检查设备的型号、规格及附件数量，设备的完好情况

2. 对设备基础进行验收

3. 现场组装的空调机组，应做漏风量测试：空调机组静压为700Pa时，漏风率不大于3%；空气净化系统的机组、静压应为1000Pa、室内洁净度低于1000级时，漏风率不大于2%；洁净度高于或等于1000级时，漏风率不大于1%

4. 风机盘管机组安装前应进行单机三速试运转及水压试验，试验压力为系统工作压力的1.5倍，不漏为合格

5. 冷却塔安装应平稳，地脚螺栓的固定应牢固

6. 玻璃钢冷却塔和用塑料制品作填料的冷却塔，安装应严格执行防火规定

7. 冷却塔的出水管口及喷嘴的方向和位置应正确，布水均匀；有转动布水器的冷却塔，其转动部分必须灵活，喷水出口宜向下，与水平呈30°夹角，且方向平直，不应垂直向下

10.4-23 通风与空调综合效能的测定与调整项目

通风、除尘系统	1. 室内空气中含尘浓度或有害气体浓度与排放浓度的测定 2. 吸气罩罩口气流特性的测定 3. 除尘器阻力和除尘效率的测定 4. 空气油烟、酸雾过滤装置净化效率的测定
空调系统	1. 送、回风口空气状态参数的测定与调整 2. 空调机组性能参数的测定与调整 3. 室内空气温度与相对湿度的测定与调整 4. 对气流有特殊要求的空调区域，做气流速度的测定
恒温恒湿空调系统	1. 空调系统项目 2. 室内静压的测定与调整 3. 空调机组各功能段性能的测定和调整 4. 室内温度和相对湿度场的测定与调整 5. 室内气流组织的测定
空气净化系统	1. 恒温恒湿空调系统项目 2. 生产负荷状态下室内空气净化度的测定 3. 室内单向流截面平均风速和均匀度的测定 4. 室内浮游菌和沉降菌的测定 5. 室内自净时间的测定 6. 高于100级的洁净室及生物净化系统，还应进行设备泄露控制、防止污染扩散等测定

10.4-24 测点的要求

1. 一般空调房间应选择人员经常活动的范围或工作面

2. 恒温恒湿房间应选择离围护结构内表面0.5m、离地面高度为0.5～1.5m处

3. 洁净室垂直单向流和非单向流的工作区域与恒温恒湿房间相同；水平单向流以距送风墙0.5m处的纵断面为第一工作面

4. 通风、空调房间噪声的测定，一般以房间中心离地高度为1.2m处

5. 风管内温度的测定，一般只测中心点

11. 建设工程预算与工程量清单计价

11.1 预算的基本概念

11.1-1 建设项目的概念

概念	按一个总体设计的建设工程并组织施工，在完工后能形成完整的、系统的、独立的生产能力或使用价值的工程。例如一个工厂、一所学校等	
组成	建筑工程、设备及其安装工作、设备购置、工器具生产用器购置及其他工作	
建设程序	建设前期	进行投资控制、投资估算
	准备时期	进行设计、总概算、修正总概算、施工图预算
	建设时期	进行工程建设、工程结算、竣工结算

11.1-2 工程项目的分类

单项工程	是建设项目的组成部分，具有独立的设计条件、独立的概算，建成后可以独立地发挥设计文件所规定的效益或生产能力的工程。例如学校的实验楼、图书馆等		
单位工程	是单项工程的组成部分，具有独立的施工图设计并能独立施工的工程。例如实验楼的建筑工程、安装工程		
分部工程	是单位工程的组成部分	建筑工程	按建筑物和构筑物的主要部位划分，如地基及基础工程、主体工程、地面工程、装饰工程等
		安装工程	按安装工程的种类划分，如给排水、采暖、通风、空调、动力、照明、工艺管道等
分项工程	是分部工程的组成部分	建筑工程	按主要工种划分，如土石方工程、砌筑工程、钢筋工程、混凝土工程、抹灰工程、屋面防水工程等
		安装工程	按用途划分，如采暖系统的管道安装、散热器安装、管道保温等，照明系统的配管、配线、灯具安装等

11.1-3 建设工程预算的概念

建设工程预算	从建设工程的设想立项开始，经可行性研究、勘察设计、建设准备、建筑安装施工、竣工投入运行这一全过程所消耗的费用之和。它是按国家规定的计算标准、定额、计算规则、计算方法和有关政策法令，预先计算出来的造价

11.1-4 建设工程预算的分类与用途

种　类	用　　途
投资估算	估算投资额；控制总投资；编制计划任务书
设计概算	确定项目投资额；建设拨、贷款；考核设计及建设成本
施工图预算	工程预算造价、拨款与贷款的依据；编制计划；核算；招标、投标
工程结算	中间结算（分期拨付工程款）、定期结算、阶段结算
	竣工结算（工程实际造价、结算价款完清财务手续、成本分析）
竣工决算	建设项目总价；形成固定资产；考核投资效果

11.1-5 建设工程总费用的组成

名称	工程费用	工程建设其他费用	预备费	投资方向调节税	建设期贷款利息	经营性项目铺底流动资金
内容	前期工程费用 建筑工程费用 安装工程费用 设备及工器具购置费用	土地使用费用 与建设有关的费用 与未来经营有关的费用	基本预备费 价差预备费			

11.1-6 施工定额的概念

概念	是施工企业内部直接用于施工管理的一种技术定额
作用	根据定额可以直接计算出不同工程项目施工的人工、材料、施工机械台班的需要量；它是施工管理的基础，是实行企业内部经济核算的依据，也是制定预算定额的基础

11.1-7 施工定额的分类

劳动定额	时间定额	完成一定产量所需要的时间	两者互为倒数关系
	产量定额	单位时间内应该完成的产量	
材料消耗定额	在节约和合理使用材料的情况下，完成合格单位产品所必须消耗的一定规格的材料、半成品或配件的数量；包括材料的净用量和必要的工艺性损耗		
施工机械台班使用定额	完成合格单位产品所必需的施工机械台班消耗标准	施工机械台班时间定额	两者互为倒数关系
		施工机械台班产量定额	

11.1-8 预算定额的概念

概念	按社会平均必要劳动量确定的建筑安装工程合格单位产品所消耗的物化劳动和活劳动的标准。预算定额是在施工定额基础上的综合和扩大
作用	编制概算定额的基础资料
	编制施工图预算的依据
	建筑安装企业施工管理及经济核算的主要依据
	建设工程招标、投标中确定标底和标价的主要依据
	设计单位做工程设计方案比较、做技术经济分析的依据

11.1-9 预算定额的组成《全国统一安装工程预算定额》

标　号	名　称	说　明
GYD-201-2000	机械设备安装工程	1.《全国统一安装工程预算定额》共分13分册 2. 每册均由目录、分册说明、章说明、定额项目表、附注和附录组成 3. 各地区根据《全国统一安装工程预算定额》中的实物耗量指标，结合本地区的人工、材料、机械台班预算单价，编制只供本地区使用的预算定额：《××地区安装工程单位估价表》
GYD-202-2000	电气设备安装工程	
GYD-203-2000	热力设备安装工程	
GYD-204-2000	炉窑砌筑工程	
GYD-205-2000	静置设备与工艺金属结构制作安装工程	
GYD-206-2000	工业管道工程	
GYD-207-2000	消防及安全防范设备安装工程	
GYD-208-2000	给排水、采暖、燃气工程	
GYD-209-2000	通风空调工程	
GYD-210-2000	自动化控制仪表安装工程	
GYD-211-2000	刷油、防腐蚀、绝热工程	
GYD-213-2003	建筑智能化系统设备安装工程	
GYD-212-2000	通信设备及线路工程（另行发布）	
GYD_{CZ}-201-2000	安装工程预算工程量计算规则	

11.1-10 安装工程费用及取费方法

序号	费用名称	计　算　式
（一）	直接费	按预（概）算定额（估价表）计算的项目基价之和
A	人工费	按预（概）算定额（估价表）计算的人工费之和
（二）	综合费用	A×费率（按工程类别）
（三）	利　润	A×费率（按工程类别）
（四）	有关费用	1+2+3+4+5+6+7+8
1	远地施工增加费	A×费率
2	赶工措施费	A×费率
3	文明施工增加费	A×费率
4	住房公积金等项费用	按各地、市规定
5	地区差价	按各地、市规定
6	材料差价	按各地、市规定
7	其　他	按有关规定计算
8	工程风险系数	（一）+（二）+（三）×费率
（五）	劳动保险基金	[（一）+（二）+（三）+（四）]×费率
（六）	工程定额测定费	[（一）+（二）+（三）+（四）]×费率
（七）	税　金	[（一）+（二）+（三）+（四）+（五）+（六）]×费率
（八）	单位工程费用	（一）+（二）+（三）+（四）+（五）+（六）+（七）

<table>
<tr><td colspan="2">11.1-11　安装工程施工图预算</td></tr>
<tr><td>概念</td><td>以单位工程施工图为依据，按照安装工程预算定额的规定和要求、以及有关造价费用的标准和规定，结合工程现场施工条件，按一定的工程费用计算程序，计算出来的安装工程造价，称为“安装工程施工图预算”，简称“安装工程预算”或“安装预算”，其书面文字称为“安装工程预算书”</td></tr>
<tr><td>编制施工图预算的依据</td><td>①施工图；②预算定额或估价表；③工程量计算规则；④安装定额解释汇编；⑤安装工程间接费定额；⑥施工组织设计或施工方案；⑦材料预算价格或材料市场价格汇总资料；⑧国家和地区有关工程造价的文件；⑨安装工程概、预算手册或资料；⑩工程承包合同或工程协议书</td></tr>
<tr><td>编制施工图预算应具备的条件</td><td>①施工图纸已会审；②施工组织设计已审批；③工程承包合同已签定生效（如合同中的双方责任、工程承包范围、工程款项拨付及结算办法、材料价格差的调整方法及依据、定货与加工等责任均已明确）</td></tr>
<tr><td>施工图预算价格计算的步骤</td><td>①读施工图，熟悉施工图内容；②熟悉施工组织设计或施工方案，熟悉工程承包合同及招投标文件的要求；③划分工程项目；④按施工图计算工程量；⑤汇总工程量、立项、套定额；⑥计算直接费、分析工料；⑦按计算费用程序计算各种费用及工程造价；⑧计算各种经济指标；⑨编写预算造价书的编制说明；⑩预算造价书的自校、校核、审核、复制、签章</td></tr>
<tr><td>安装工程施工图预算造价书的组成</td><td>①封面；②安装工程造价预算书编制说明；③工程费用及造价计算程序表；④价差调整计算表（一般指未计价材料）；⑤工程造价预算分析表；⑥材料、设备（人工工日）数量汇总表；⑦工程量计算表（备查）</td></tr>
<tr><td>安装工程施工图预算造价计算程序</td><td>计算程序是安装工程费用表的具体计算，先计算出计费基础定额人工费，然后以序计算该计算的其他费用</td></tr>
</table>

<table>
<tr><td colspan="2">11.1-12　安装工程施工图预算造价用系数计算的费用</td></tr>
<tr><td colspan="2">安装工程施工图预算造价计算的特点之一，就是用系数计算一些费用，系数有子目系数和综合系数两种</td></tr>
<tr><td>子目系数</td><td>是费用计算的最基本的系数，子目系数计算的费用构成直接费，并且是综合系数的计算基础</td></tr>
<tr><td>综合系数</td><td>是以单位工程全部人工费的系数（包括章节系数、子目系数）作为计算基础计算费用的一种系数。综合系数计算的费用也构成直接费。有的综合系数计算出费用后，按一定的百分比取出作为人工费，此人工费作为计费基础；有的综合系数只是计算出增加费用，不作为计费基础。请注意，不可混淆
1. 从定额各册说明中可知，综合系数有脚手架搭拆费计算系数、系统调试费计算系数等
2. 当安装施工中发生下列情况时，按定额总说明规定系数进行费用计算：安装施工与生产同时进行时增加系数；有害健康环境中施工增加系数；在高原、高寒特殊地区施工增加系数；在洞库内安装施工增加系数等</td></tr>
</table>

<table>
<tr><td colspan="3">11.1-13　安装工程施工图预算造价价差的调整</td></tr>
<tr><td>调整原因</td><td colspan="2">执行定额统一“基价”后，定额执行地区价与定额编制中心区价必然产生一个差，必须进行调整，以便真实地反映当地的工程造价</td></tr>
<tr><td rowspan="3">调整项目</td><td>人工工日单价的调整</td><td>人工工日单价 = 人工工日基价 × 工资地区系数</td></tr>
<tr><td>材料预算单价价差的调整</td><td>它与国家对价格政策、工程造价费用及计算的规定有关，在市场经济下，对材料价格必须动态管理</td></tr>
<tr><td>施工机械台班单价价差的调整</td><td>施工机械台班费价差额 = 单位工程台班费总和 × 机械台班调差额</td></tr>
</table>

<table>
<tr><td colspan="2">11.1-14　工程造价预算书的校核与审查</td></tr>
<tr><td>校核的程序</td><td>自校、校核与审核</td></tr>
<tr><td>校核的方法</td><td>根据施工图和预算底稿，向编者询问，如工程量的计算、费用计取的依据及取定、价差的处理方法、按系数计算的费用等；检查有无漏错项、多算、少算、数据是否平衡等</td></tr>
<tr><td>审查的方法</td><td>全面审查法、重点审查法、指标审查法</td></tr>
</table>

11.2 安装工程量的计算规则

11.2-1 管道与支架安装

各种管道	均以施工图所示中心长度，以“m”为计量单位，不扣除阀门、管件、减压器、疏水器、水表、补偿器等所占的长度	
套管	镀锌薄钢板套管	其安装费用已包括在管道安装定额中，不得另行计算。但其制作以“个”为计量单位，查第8册定额
	钢管	以“m”为计量单位，按照所使用的管材累计后套室外钢管（焊接）项目
补偿器	各种补偿器制作安装，均以“个”为计量单位；方形补偿器的两臂，按臂长的两倍合并在管道长度内	
管道消毒、冲洗	均按管道长度以“m”为计量单位，不扣除阀门、管件所占的长度	
管道支架	室内管道（螺纹连接）管径在 *DN*32 以下的支架，其安装已包括在定额内，不再另行计算	
	室内管道管径在 *DN*32 以上的支架，以“kg”为计量单位，另行计算	

11.2-2 阀门、水位标尺安装

各种阀门	安装均以“个”为计量单位。法兰阀门安装，如仅为一侧法兰连接时，定额所列法兰、带帽螺栓及垫圈数量减半，其余不变
各种法兰连接用垫片	均按石棉橡胶板计算，如用其他材料，不得调整
法兰阀（带短管甲乙）	均以“套”为计量单位，如接口材料不同时，可作调整
自动排气阀	以“个”为计量单位，已包括了支架制作安装，不得另行计算
浮球阀	以“个”为计量单位，已包括了联杆及浮球的安装，不得另行计算
浮标液面计 水位标尺	其定额是按国标编制的，如设计与国标不符时，可作调整

11.2-3 低压器具、水表组成与安装

减压器 疏水器	组成安装以“组”为计量单位，如设计组成与定额不同时，阀门和压力表数量可按设计用量进行调整，其余不变
减压器规格	安装按高压侧的直径计算
法兰水表	以“组”为计量单位，定额中旁通管道及止回阀如与设计规定的安装形式不同时，阀门及止回阀可按设计规定进行调整，其余不变

11.2-4 卫生器具制作安装

卫生器具	组成安装以“组”为计量单位，已按标准图综合了卫生器具与给水管、排水管连接的人工与材料用量，不得另行计算
浴　盆	安装不包括支座和四周侧面的砌砖及瓷砖粘贴
蹲便器	已包括了固定大便器的垫砖，但不包括大便器蹲台砌筑
大便槽、小便槽 自动冲洗水箱	以“套”为计量单位，已包括了水箱托架的制作与安装，不得另行计算
小便槽 冲洗管	制作与安装以“m”为计量单位，不包括阀门安装，其工程量可按相应定额另行计算
脚踏开关	已包括了弯管与喷头的安装，不得另行计算
冷热水 混合器	安装以“套”为计量单位，不包括支架制作安装及阀门安装，其工程量可按相应定额另行计算
蒸汽—水 加热器	安装以“台”为计量单位，包括莲蓬头安装，不包括支架制作安装及阀门、疏水器安装，其工程量可按相应定额另行计算
容积式水 加热器	安装以“台”为计量单位，不包括安全阀安装、保温与基础砌筑可按相应定额另行计算

11.2-4　卫生器具制作安装（续）

电热水器 电开水炉	安装以“台”为计量单位，只考虑本体安装，连接管、连接件等工程量可按相应定额另行计算
饮水器	安装以“台”为计量单位，阀门和脚踏开关工程量可按相应定额另行计算

11.2-5　供暖器具安装

热空气幕	安装以“台”为计量单位，其支架制作安装可按相应定额另行计算
长翼、柱型铸铁散热器	组成安装以“片”为计量单位，其汽包垫不得换算
圆翼型铸铁散热器	组成安装以“节”为计量单位
光排管散热器	制作安装以“m”为计量单位，已包括连管长度，不得另行计算

11.2-6　小型容器制作安装

钢板水箱制作	按施工图所示尺寸，不扣除人孔、手孔质量，以“kg”为计量单位，法兰和短管水位计可按相应定额另行计算
钢板水箱安装	按国家标准图集水箱容量“m^3”为计量单位，执行相应定额。各种水箱安装，均以“个”为计量单位

11.2-7　燃气管道及附件、器具安装

管　件	除铸铁管外，管道安装中已包括管件安装和管件本身价值
承插铸铁管	安装定额中未列出接头零件，其本身价值应按设计用量另行计算，其余不变
钢　管	焊接挖眼接管工作，均在定额中综合取定，不得另行计算
调长器	调长器及调长器与阀门连接，包括一副法兰安装，螺栓规格和数量以压力为0.6MPa的法兰装配，如压力不同可按设计要求的数量、规格进行调整，其他不变
燃气表	安装按不同规格、型号分别以“块”为计量单位，不包括表托、支架、表底垫层基础，其工程量可根据设计要求另行计算
燃气加热设备、灶具	按不同用途、规定型号，分别以“台”为计量单位
气　嘴	安装按规格型号连接方式，分别以“个”为计量单位

11.2-8　通风空调工程管道制作安装

<table>
<tr><td rowspan="2">风管制作</td><td rowspan="2">以施工图规格不同按展开面积计算，不扣除检查孔、测定孔、送风口、吸风口等所占面积</td><td>圆形风管面积（m^2）</td><td>$F=\pi\cdot D\cdot L$</td><td>D—圆形风管直径，m
L—管道中心线长度，m</td></tr>
<tr><td>矩形风管面积（m^2）</td><td>$F=s\cdot L$</td><td>s—矩形风管截面周长，m
L—管道中心线长度，m</td></tr>
<tr><td>风管安装</td><td colspan="4">长度一律以施工图所示中心线长度为准（主管与支管以其中心线交点划分），包括弯头、三通、变径管、天圆地方等管件的长度，但不得包括部件所占长度。直径和周长按图示尺寸为准展开，咬口重叠部分已包括在定额内，不得另行计算</td></tr>
<tr><td>风管
导流叶片</td><td colspan="4">制作安装按图示叶片的面积计算</td></tr>
<tr><td rowspan="2">渐缩管</td><td>圆形风管</td><td colspan="3">按平均直径</td></tr>
<tr><td>矩形风管</td><td colspan="3">按平均周长</td></tr>
<tr><td>塑料风管
复合型材料风管</td><td colspan="4">制作安装定额所列规格直径为内径，周长为内周长</td></tr>
<tr><td rowspan="3">柔性软风管</td><td colspan="4">安装按图示管道中心线长度，以“m”为计量单位</td></tr>
<tr><td colspan="4">柔性软风管阀门安装以“个”为计量单位</td></tr>
<tr><td colspan="4">软管（帆布接口）制作安装，按图示尺寸以“m^2”为计量单位</td></tr>
</table>

<table>
<tr><td colspan="4">11.2-8　通风空调工程管道制作安装（续）</td></tr>
<tr><td>风管检查孔</td><td colspan="3">检查孔重量，按第 9 册定额附录四“国标通风部件标准重量表”计量</td></tr>
<tr><td>风管测定孔</td><td colspan="3">制作安装，按其型号以“个”为计量单位</td></tr>
<tr><td colspan="2">薄钢板通风管道、净化通风管道、玻璃钢通风管道、复合型材料通风管道</td><td colspan="2">制作安装中已包括法兰、加固框和吊托支架，不得另行计算</td></tr>
<tr><td colspan="2">不锈钢通风管道
铝板通风管道</td><td colspan="2">制作安装中不包括法兰和吊托支架，可按相应定额以“kg”为计量单位另行计算</td></tr>
<tr><td colspan="2">塑料通风管道</td><td colspan="2">制作安装不包括吊托支架，可按相应定额以“kg”为计量单位另行计算</td></tr>
<tr><td colspan="4">11.2-9　通风空调工程部件制作安装</td></tr>
<tr><td>标准部件</td><td colspan="2">制作按其成品重量以“kg”为计量单位，根据设计型号、规格，按第 9 册定额附录四“国标通风部件标准重量表”计算重量</td><td rowspan="2">部件的安装按图示规格尺寸（周长或直径）以“个”为计量单位，分别执行相应定额</td></tr>
<tr><td>非标准部件</td><td colspan="2">制作按图示成品重量计算</td></tr>
<tr><td rowspan="2">钢百叶窗
活动金属百叶风口</td><td>制作</td><td colspan="2">以“m”为计量单位</td></tr>
<tr><td>安装</td><td colspan="2">按规格尺寸以“个”为计量单位</td></tr>
<tr><td>风帽筝绳</td><td colspan="3">制作安装按图示规格、长度，以“kg”为计量单位</td></tr>
<tr><td>风帽泛水</td><td colspan="3">制作安装按图示展开面积，以“m^2”为计量单位</td></tr>
<tr><td>挡水板</td><td colspan="3">制作安装按空调器断面面积计算，以“m^2”为计量单位</td></tr>
<tr><td>钢板密闭门</td><td colspan="3">制作安装以“个”为计量单位</td></tr>
<tr><td>设备支架</td><td colspan="3">制作安装按图示尺寸以“kg”为计量单位，执行第 5 册《静置设备与工艺金属结构制作安装工程》相应项目和工程量计算规则</td></tr>
<tr><td>电加热器外壳</td><td colspan="3">制作安装按图示尺寸以“kg”为计量单位</td></tr>
<tr><td colspan="2">风机减振台座</td><td colspan="2">制作安装执行设备支架定额，定额内不包括减振器，应按设计规定另行计算</td></tr>
<tr><td colspan="2">高、中、低效过滤器
净化工作台</td><td colspan="2">安装以“台”为计量单位</td></tr>
<tr><td>风淋室</td><td colspan="3">安装按不同重量以“台”为计量单位</td></tr>
<tr><td>洁净室</td><td colspan="3">安装按重量计算，执行第 9 册第 8 章“分段组装式空调器”安装定额</td></tr>
<tr><td colspan="4">11.2-10　通风空调设备安装</td></tr>
<tr><td>风　机</td><td colspan="3">安装按设计不同型号以“台”为计量单位</td></tr>
<tr><td rowspan="2">空调器</td><td colspan="2">整体式空调机组</td><td>安装按不同重量和安装方式以“台”为计量单位</td></tr>
<tr><td colspan="2">分段组装式空调器</td><td>安装按重量以“台”为计量单位</td></tr>
<tr><td>风机盘管</td><td colspan="3">安装按安装方式不同以“台”为计量单位</td></tr>
<tr><td>空气加热器
除尘设备</td><td colspan="3">安装按重量不同以“台”为计量单位</td></tr>
<tr><td colspan="4">11.2-11　除锈、刷油工程工程量计算方法</td></tr>
<tr><td colspan="2">设备筒体、管道表面积计算公式：$S=\pi \cdot D \cdot L$</td><td colspan="2">D—设备或管道直径
L—设备筒体、管道延长米</td></tr>
<tr><td colspan="4">计算设备筒体、管道表面积时已包括各种管件、阀门、人孔、管口凹凸部分，不再另行计算</td></tr>
</table>

11.2-12 防腐蚀工程工作量计算方法

<table>
<tr><td>设备筒体、管道表面积</td><td colspan="2">计算公式同 11.2-11</td></tr>
<tr><td rowspan="3">阀门、弯头、法兰表面积</td><td>阀门表面积计算公式：
$S=\pi\cdot D\cdot 2.5D\cdot K\cdot N$</td><td>$D$—阀门直径，$K$—1.05
N—阀门个数</td></tr>
<tr><td>弯头表面积计算公式：
$S=\pi\cdot D\cdot 1.5D\cdot K\cdot 2\pi\cdot N/B$</td><td>$D$—弯头直径，$K$—1.05
N—弯头个数
90°弯头：$B=4$；45°弯头：$B=8$</td></tr>
<tr><td>法兰表面积计算公式：
$S=\pi\cdot D\cdot 1.5D\cdot K\cdot N$</td><td>$D$—法兰直径，$K$—1.05
N—法兰个数</td></tr>
<tr><td>设备和管道法兰翻边防腐蚀工程量</td><td>计算公式：
$S=\pi\cdot(D+A)\cdot A$</td><td>D—直径
A—法兰翻边宽</td></tr>
</table>

11.2-13 绝热工程量计算方法

<table>
<tr><td colspan="2">设备筒体或管道绝热、防潮和保护层工程量</td><td>$V=\pi\cdot(D+1.033\delta)\cdot 1.033\delta$ (1)
$S=\pi\cdot(D+2.1\delta+0.0082)\cdot L$ (2)</td><td>D—直径　1.033、2.1—调整系数
δ—绝热层厚度
L—设备筒体或管道长
0.0082—捆扎线直径或钢带厚</td></tr>
<tr><td rowspan="3">伴热管道绝热工程量</td><td>单管伴热或双管伴热（管径相同，夹角小于90°时）</td><td>$D'=D_1+D_2+$（10～20mm） (3)</td><td rowspan="3">D'—伴热管道综合值
D_1—主管道直径
D_2—伴热管道直径
10～20mm—主管道与伴热管道之间的间隙
注：将计算出来的 D' 分别代入式（1）、式(2)，计算出伴热管道的绝热层、防潮层和保护层工程量</td></tr>
<tr><td>双管伴热（管径相同，夹角大于90°时）</td><td>$D'=D_1+1.5D_2+$（10～20mm） (4)</td></tr>
<tr><td>双管伴热（管径不同，夹角小于90°时）</td><td>$D'=D_1+D_{伴大}+$（10～20mm） (5)</td></tr>
<tr><td colspan="2">设备封头绝热、防潮和保护层工程量</td><td colspan="2">$V=\pi\cdot[(D+1.033\delta)/2]^2\cdot 1.033\delta\cdot 1.5\cdot N$ (6)
$S=\pi\cdot[(D+2.1\delta)/2]^2\cdot 1.5\cdot N$ (7)</td></tr>
<tr><td colspan="2">阀门绝热、防潮和保护层工程量</td><td colspan="2">$V=\pi\cdot(D+1.033\delta)\cdot 2.5D\cdot 1.033\delta\cdot 1.05\cdot N$ (8)
$S=\pi\cdot(D+2.1\delta)\cdot 2.5D\cdot 1.05\cdot N$ (9)</td></tr>
<tr><td colspan="2">法兰绝热、防潮和保护层工程量</td><td colspan="2">$V=\pi\cdot(D+1.033\delta)\cdot 1.5D\cdot 1.033\delta\cdot 1.05\cdot N$ (10)
$S=\pi\cdot(D+2.1\delta)\cdot 1.5D\cdot 1.05\cdot N$ (11)</td></tr>
<tr><td colspan="2">弯头绝热、防潮和保护层工程量</td><td colspan="2">$V=\pi\cdot(D+1.033\delta)\cdot 1.5D\cdot 2\pi\cdot 1.033\delta\cdot N/B$ (12)
$S=\pi\cdot(D+2.1\delta)\cdot 1.5D\cdot 2\pi\cdot N/B$ (13)</td></tr>
<tr><td colspan="2">拱顶罐封头绝热、防潮和保护层工程量</td><td colspan="2">$V=2\pi r\cdot(h+1.033\delta)\cdot 1.033\delta$ (14)
$S=2\pi r\cdot(h+2.1\delta)$ (15)</td></tr>
</table>

11.2-14 刷油、防腐和绝热工程计量单位

<table>
<tr><td rowspan="3">刷油工程和防腐蚀工程</td><td>设备和管道以“m^2”为计量单位</td></tr>
<tr><td>一般金属结构和管廊钢结构以“kg”为计量单位</td></tr>
<tr><td>H 型钢制结构（包括大于 400mm 以上的型钢）以“$10m^2$”为计量单位</td></tr>
</table>

11.2-14 刷油、防腐和绝热工程计量单位（续）	
绝热工程	绝热层以“m^3”为计量单位，防潮层和保护层以“m^2”为计量单位
注：计算设备、管道内壁防腐蚀工程量时，当壁厚大于等于10mm时，按其内径计算；当壁厚小于10mm时，按其外径计算	

11.2-15 除锈工程

1. 喷射除锈按Sa2.5级标准确定。若变更级别标准，Sa3级按人工、材料、机械乘以系数1.1，Sa2级或Sa1级乘以系数0.9计算
2. 本章定额不包括除微锈（标准：氧化皮安全紧附，仅有少量锈点），发生时按轻锈定额乘以系数0.2
3. 因施工需要发生的二次除锈，其工程量另行计算

11.2-16 刷油工程

1. 本章定额按安装地点就地刷（喷）油漆考虑，如安装前管道集中刷油，人工乘以系数0.7（暖气片除外）
2. 刷标志色环等零星刷油，执行本章定额相应项目，其人工乘以系数2.0
3. 本章定额主材与稀干料可换算，但人工与材料量不变

11.2-17 防腐蚀涂料工程

1. 本章定额不包括加热固化内容，应按相应定额另行计算
2. 涂料配比与实际设计配合比不同时，应根据设计要求进行换算，但人工、机械不变
3. 本章定额过氯乙烯涂料是按喷涂施工方法考虑的，其他涂料均按刷涂考虑。若发生喷涂施工时，其人工乘以系数0.3，材料乘以系数1.16，增加喷涂机械内容

11.2-18 手工糊衬玻璃钢工程

1. 如因设计要求或施工条件不同，所用胶液配合比、材料品种与本章定额不同时，应按本章各种胶液中树脂用量为基数进行换算
2. 玻璃钢聚合固化方法与定额不同时，按施工方案另行计算
3. 本章定额是按手工糊衬方法考虑的，不适用于手工糊制或机械成型的玻璃钢制品工程

11.2-19 橡胶板及塑料板衬里工程

1. 本章热硫化橡胶板衬里的硫化方法，按间接硫化处理考虑，需要直接硫化处理时，其人工乘以系数1.25，其他按施工方案另行计算
2. 本章定额中塑料板衬里工程，搭接缝均按胶接考虑；若采用焊接时，其人工乘以系数1.8，胶浆用量乘以系数0.5

11.2-20 绝热工程

1. 依据规范要求，保温厚度大于100mm，保冷厚度大于0.8mm时应分层安装，工程量应分层计算，采用相应厚度定额
2. 保护层镀锌薄钢板厚度是按0.8mm以下综合考虑的，若采用厚度大于0.8mm时，其人工乘以系数1.2；卧式设备保护层安装，其人工乘以系数1.05
3. 设备和管道绝热均按现场安装后绝热施工考虑，若先绝热后安装时，其人工乘以系数0.9
4. 采用不锈钢薄板保护层安装时，其人工乘以系数1.25，钻头用量乘以系数2.0，机械台班乘以系数1.15

11.2-21　工业管道安装

管道安装	管道安装按压力等级、材质、焊接形式分别列项，以“10m”为计量单位
	管道安装不包括管件连接内容，其工程量可按设计用量执行本定额管件连接项目
	各种管道安装工程量，均按设计管道中心长度，以“延长米”计算，不扣除阀门及各种管件所占长度，主材应按定额用量计算
	衬里钢管预制安装，管件按成品，弯头两端按接短管焊法兰考虑，定额中包括了直管、管件、法兰全部安装工作内容（二次安装、一次拆除）。但不包括衬里及场外运输
	有缝钢管螺纹连接项目已包括封头、补芯安装内容，不得另行计算
	伴热管项目已包括煨弯工序内容，不得另行计算
	加热套管安装按内、外管分别计算工程量，执行相应定额项目
管件连接	各种管件连接均按压力等级、材质、焊接形式，不分种类，以“10个”为计量单位
	管件连接中已综合考虑了弯头、三通、异径管、管帽、管接头等管口含量的差异，应按设计图纸用量，执行相应定额项目
	现场加工的各种管道，在主管上挖眼接管三通、摔制异径管，均应按不同压力、材质、规格，以主管径执行管件连接相应定额，不另计制作费和主材费
	挖眼接管三通支线管径小于主管径1/2时，不计算管件工程量；在主管上挖眼焊接管接头、凸台等配件，按配件管径计算管径工程量
	管件用法兰连接时执行法兰安装相应项目，管件本身安装不再计算安装费
	全加热套管的外套管件安装，定额按两半管件考虑的，包括两道纵缝和两个环缝。两半封闭短管可执行两半弯头项目
	半加热外套管摔口后焊在内套管上，每个焊口按一个管件计算。外套碳钢管如焊在不锈钢管内套管上，焊口间需加不锈钢短管衬垫，每处焊口按两个管件计算，衬垫短管按设计长度计算，如无设计规定时，可按50mm长度计算
	在管道上安装的仪表部件，由管道安装专业负责安装
	1　在管道上安装的仪表一次部件，执行本章管件连接相应定额乘以系数0.7
	2　仪表的温度计扩大管制作安装，执行本章管件连接定额系数乘以1.5，工程量按大口径计算
	管件制作，执行本册第五章相应定额
阀门安装	各种阀门按不同压力、连接形式、不分种类以“个”为计量单位。压力等级按设计图纸规定执行相应定额
	各种法兰阀门安装与配套法兰的安装，应分别计算工程量
	螺栓与透镜垫的安装费已包括在定额内，其本身价值另行计算
	螺栓的规格数量，如设计未作规定时，可根据法兰阀门的压力和法兰密封形式，按本定额附录的“法兰螺栓重量表”计算
	减压阀直径按高压侧计算
	电动阀门安装包括电动机安装，检查接线工程量应另行计算
	阀门安装综合考虑了壳体压力试验（包括强度试验和严密性试验）、解体研磨工序内容，执行定额时，不得因现场情况不同而调整
	阀门壳体液压试验介质是按普通水考虑的，如设计要求用其他介质时，可作调整
	阀门安装不包括阀体磁粉探伤、密封作气密性试验、阀杆密封填料的更换等特殊要求的工作内容
	直接安装在管道上的仪表流量计，执行阀门安装相应项目乘以系数0.7

11.2-21　工业管道安装（续）	
法兰安装	低、中、高压管道、管件、法兰、阀门上的各种法兰安装，应按不同压力、材质、规格和种类，分别以“副”为计量单位。压力等级按设计图纸规定执行相应定额
	不锈钢、有色金属的焊环活动法兰安装，可执行翻边活动法兰安装相应定额，但应将定额中的翻边短管换为焊环，并另行计算其价值
	低、中、高压法兰安装的垫片是按石棉橡胶板考虑的，如设计有特殊要求时可做调整
	法兰安装不包括安装后系统调试运转中的冷、热态紧固内容，发生时可另行计算
	高压碳钢螺纹法兰安装，包括了螺栓涂二硫化钼工作内容
	高压对焊法兰包括了密封面涂机油工作内容，不包括螺栓涂二硫化钼、石墨机油或石墨粉。硬度检查应按设计要求另行计算
	中压螺纹法兰安装，按低压螺纹法兰项目乘以系数 1.2
	用法兰连接的管道安装，管道与法兰分别计算工程量，执行相应定额
	在管道上安装的节流装置，已包括了短管装拆工作内容，执行法兰安装相应定额乘以系数 0.8
	配法兰的盲板只计算主材费，安装费已包括在单片法兰安装中
	焊接盲板（封头）执行管件连接相应项目乘以系数 0.8
	中压平焊法兰执行低压平焊法兰项目乘以系数 1.2
板卷管与管件制作	板卷管制作，按不同材质、规格以“t”为计量单位，主材用量包括规定的损耗量
	板卷管件制作，按不同材质、规格、种类以“t”为计量单位，主材用量包括规定的损耗量
	成品管材制作管件，按不同材质、规格、种类以“个”为计量单位，主材用量包括规定的损耗量
	三通不分同径或异径，均按主管径计算，异径管不分同心或偏心，按大管径计算
	各种板卷管与板卷管件制作，其焊缝均按透油试漏考虑，不包括单件压力试验和无损探伤
	各种板卷管与板卷管件制作，是按在结构（加工）厂制作考虑的，不包括原材料（板材）及成品的水平运输、卷筒钢板展开、分段切割、平直工作内容，发生时应按相应定额另行计算
	用管材制作管件项目，其焊缝均不包括试漏和无损探伤工作内容。应按相应管道类别要求计算探伤费用
	中频煨弯定额不包括煨制时胎具更换内容
管道压力试验、吹扫与清洗	管道压力试验、吹扫与清洗按不同的压力、规格，不分材质以“100m”为计量单位
	定额内均已包括临时用空压机和水泵作动力进行试压、吹扫、清洗管道连接的临时管线、盲板、阀门、螺栓等材料摊销量
	不包括管道之间的串通临时管口及管道排放口至排放点的临时管，其工程量应按施工方案另行计算
	调节阀等临时短管制作装拆项目，使用管道系统试压、吹扫时需要拆除的阀件以临时短管代替连通管道，其工作内容包括完工后短管拆除和原阀件复位等
	液压试验和气体试验已包括强度试验和严密性试验工作内容
	泄露性试验适用于输送剧毒、有毒及可燃介质的管道，按压力、规格，不分材质以“m”为计量单位
	当管道与设备作为一个系统进行试验时，如管道的试验压力等于或小于设备的试验压力，则按管道的试验压力进行试验
	如管道的试验压力超过设备的试验压力，且设备的试验压力不低于管道设计压力的 115%时，可按设备的试验压力进行试验

11.2-21 工业管道安装（续）	
无损探伤与焊缝热处理	管材表面磁粉探伤和超声波探伤，不分材质、壁厚以“m”为计量单位
	焊缝X光射线、γ射线探伤，按壁厚不分规格、材质以“张”为计量单位
	焊缝磁超声波、磁粉及渗透探伤，按规格不分材质、壁厚以“口”为计量单位
	计算X光、γ射线探伤工程量时，按管材的双壁厚执行相应定额项目
	管材对接焊接过程中的渗透探伤检验及管材表面的渗透探伤检验，执行管材对接焊缝渗透探伤定额
	管道焊缝采用超声波无损探伤时，其检测范围内的打磨工程量按展开长度计算
	无损探伤定额已综合考虑了高空作业降效因素
	无损探伤定额中不包括固定射线探伤仪器适用的各种支架的制作，因超声波探伤所需的各种对比试块的制作，发生时可根据现场实际情况另行计算
	管道焊缝应按照设计要求的检验方法和数量进行无损探伤。当设计无规定时，管道焊缝的射线照相检验比例应符合规范规定。管口射线片子数量按现场实际排片张数计算
	焊前预热和焊后热处理，按不同材质、规格及施工方法以“口”为计量单位
	热处理的有效时间是依据《工业管道工程施工及验收规范》（GB 50235—97）所规定的加热速率、温度下的恒定时间及冷却速率公式计算，并考虑必要的辅助时间、拆除和回收用料等工作内容
	执行焊前预热和焊后热处理定额时，如施焊后立即进行焊口局部热处理，人工乘以系数0.87
	电加热片加热进行焊前预热或焊后局部处理时，如要求增加一层石棉布保温，石棉布的消耗量与高硅（氧）布相同，人工不再增加
	用电加热片或电感应法加热进行焊前预热或焊后局部处理的项目中，除石棉布和高硅（氧）为一次性消耗材料外，其他各种材料均按摊销量记入定额
	电加热片是按履带式考虑的，如实际与定额不符是可按实调整
工艺管架制作安装	一般管架制作安装以“100kg”为计量单位，适用于单件重量在100kg以内的管架制作安装，单件重量大于100kg的管架制作安装应执行相应定额
	木垫式管架重量中不包括木垫重量，但木垫安装已包括在定额内
	弹簧式管架制作，不包括弹簧自身价格，其价格应另行计算
	有色金属管、非金属管的管架制作安装，按一般管架定额乘以系数1.1
	采用成型钢管焊接的异形管架制作安装，按一般管架定额乘以系数1.3，其中不锈钢用焊条可作调整
冷排管	冷排管制作与安装以“m”为计量单位。定额内包括煨弯、组对、焊接、钢带的轧绞、绕片工作内容；不包括钢带退火和冲、套翅片，其工程量应另行计算
套管制作与安装	按不同规格，分一般穿墙套管和柔、刚性套管，以“个”为计量单位，所需的钢管和钢板已包括在制作定额内，执行定额时应按设计及规范要求选用项目
充氩保护	管道焊接焊口充氩保护定额，适用于各种材质氩弧焊接或氩电联焊焊接方法的项目，按不同的规格和充氩部位，不分材质以“口”为计量单位。执行定额时，按设计及规范要求选用项目

<table>
<tr><td colspan="4">11.2-22　工业与民用锅炉安装</td></tr>
<tr><td>常压快装锅炉</td><td colspan="3">常压、立式、快装锅炉，组装、燃油（汽）整装成套设备安装以“台”为计量单位</td></tr>
<tr><td rowspan="12">散装锅炉安装</td><td colspan="3">按设备的铭牌重量“t”为计量单位，其设备重量的计算范围包括</td></tr>
<tr><td>1</td><td>钢架</td><td>钢架、燃烧室、省煤器及空气预热器的立柱、横梁</td></tr>
<tr><td>2</td><td>汽包</td><td>汽包、联箱及其支承座等</td></tr>
<tr><td>3</td><td>水冷壁</td><td>水冷壁管、对流管、降水管、上升管、管道支吊架、水冷壁固定装置、挂钩及拉钩等</td></tr>
<tr><td>4</td><td>过热器</td><td>过热气管及汽包至过热气的饱和蒸汽管、管钩、底座、支吊架</td></tr>
<tr><td>5</td><td>省煤器</td><td>省煤器、锷片管、弯头和表记等，进出水联箱，省煤器到汽包的进水管、吹灰设备</td></tr>
<tr><td>6</td><td>空气预热器</td><td>整体管式空气预热器、框架、风罩、拆烟罩和热风管等</td></tr>
<tr><td>7</td><td>本体管路</td><td>由制造厂随本体供货的吹灰管、定期和连续排污管、压力表和水位表管、放水管以及管路配件（水位计、压力表、各类阀门）、支吊架等</td></tr>
<tr><td>8</td><td>吹灰器</td><td></td></tr>
<tr><td>9</td><td>各种结构</td><td>各种烟道门、检查门、炉门、看火孔、灰渣斗、铸铁、隔火板、炉顶搁条、密封装置及其小构件等</td></tr>
<tr><td>10</td><td>走台梯子</td><td>锅炉本体和省煤器的平台、扶梯、栏杆和支架</td></tr>
<tr><td>11</td><td>链式炉排</td><td>两侧墙板、前后移动轴、上下滑轨、传动链条、煤闸门、挡火器、减速箱、电动机等</td></tr>
<tr><td>附属设备</td><td colspan="3">附属设备安装，分别以“台”或“套”为计量单位</td></tr>
<tr><td>烟道、风道、烟囱</td><td colspan="3">烟道、风道、烟囱制作安装执行第五册《静置设备与工艺金属结构制作安装工程》相应定额</td></tr>
<tr><td rowspan="8">水泵安装</td><td colspan="3">以“台”为计量单位，以设备重量“t”分列定额项目</td></tr>
<tr><td colspan="3">在计算设备重量时，设备重量计算方法如下</td></tr>
<tr><td>1</td><td>直联式泵</td><td>按泵本体、电动机以及底座的总重量计算</td></tr>
<tr><td>2</td><td>非直联式泵</td><td>按泵本体及底座的总重量计算。不包括电动机重量，但包括电动机安装</td></tr>
<tr><td colspan="3">整体出厂的泵在防锈保证期内，其内部零件不宜拆卸，只清洗外表。当超过防锈保证期或有明显缺陷需拆卸时，按本定额“拆装、检查”项目执行。其拆卸、清洗和检查应符合设备技术文件规定。当无规定时，应符合下列要求</td></tr>
<tr><td>1</td><td colspan="2">拆下叶轮部件清洗洁净，叶轮应无损伤</td></tr>
<tr><td>2</td><td colspan="2">冷却水管路应清洗洁净，并应保持畅通</td></tr>
<tr><td>3</td><td colspan="2">管道泵和共轴式泵不宜拆卸</td></tr>
<tr><td rowspan="4">风机安装</td><td colspan="3">以“台”为单位，以设备重量“t”分列定额项目。设备重量计算方法如下</td></tr>
<tr><td colspan="2">直联式风机</td><td>按风机本体及电动机和底座的总重量计算</td></tr>
<tr><td colspan="2">非直联式风机</td><td>按风机本体和底座的总重量计算</td></tr>
<tr><td colspan="3">风机安装按照规范及有关规定，需拆装、检查的，方可按本定额“拆装、检查”项目执行</td></tr>
</table>

11.3　建设工程工程量清单计价

11.3-1　工程量清单的概念

工程量清单	是表现拟建工程的工程量清单项目、措施项目、其他项目名称和相应数量的明细清单。由招标人按照"计价规范"附录中统一的项目编码、项目名称、计量单位和工程量计算规则进行编制，包括分部分项工程量清单、措施项目清单、其他项目工程量清单 工程量清单是编制招标工程标底和投标报价的依据，也是支付工程进度款和办理工程结算、调整工程量以及工程索赔的依据

11.3-2　工程量清单计价

工程量清单计价的概念	是指投标人完成由招标人提供的工程量清单所需的全部费用，包括分部分项工程费、措施项目费、其他项目费和规费、税金。工程量清单计价采用综合单价计价（综合单价是指完成规定计量单价项目所需的人工费、材料费、机械使用费、管理费、利润、并考虑风险因素）
工程量清单计价的意义	1. 是工程造价深化改革的产物 2. 是规范建设市场秩序，适应社会主义市场经济发展的需要 3. 是为促进建设市场有序竞争和企业健康发展的需要 4. 有利于我国工程造价管理政府职能的转变 5. 是适应我国加入世界贸易组织（WTO），融入世界大市场的需要
工程量清单计价的方法	是建设工程招标投标中，招标人按照国家统一的工程量计算规则，提供工程数量，由投标人依据工程量清单自主报价，并按照经评审低价中标的工程造价计价方式
工程量清单计价的依据	1. 招标文件规定的有关内容 2. 设计施工图 3. 施工现场情况 4. 统一的工程量计算规则 5. 分部分项工程分类、计量单位

11.3-3　工程量清单格式的填写

工程量清单的组成	（应由招标人填写） 1. 封面 2. 工程量清单总说明（应按下列内容填写） 1）工程概况：建设规模、工程特征、计划工期、施工现场实际情况、交通运输情况、自然地理条件、环境保护要求等 2）工程招标和分包范围 3）工程量清单编制依据 4）工程质量、材料、施工等的特殊要求 5）招标人自行采购材料的名称、规格型号、数量等 6）预留金、自行采购材料的金额数量 7）其他需要说明的问题 3. 分部分项工程量清单 4. 措施项目清单 5. 其他项目清单 6. 零星工作项目表 7. 主要材料价格表 8. 封底

11.3-4 工程量清单中的工程量调整

调整的方法	1. 工程竣工结算时，应根据招标文件规定对实际完成的工程量进行调整 2. 工程竣工时，承包人应根据工程量清单中的工程量和完成工程量提出调整（变更）意见，经发包人（或工程师）核实确定后，作为工程竣工结算的依据 3. 工程量变更单价的确定 1）合同中已有适用于变更工程的价格，按合同已有的价格变更合同价款 2）合同中只有类似于变更工程的价格，可参照类似价格变更合同价款 3）合同中没有适用或类似于变更工程的价格，由承包人提供适当的变更价格，经工程师认可后执行

11.3-5 工程量清单计价与定额预算计价的不同

	工程量清单计价	定额预算计价
清单计价与定额预算计价的区别	1. 编制依据不同	
	依据标书中工程量清单、施工现场、合理的施工方法、企业定额、市场价格信息、主管部门发布的社会平均消耗量定额	依据图纸、预算和费用定额、造价信息、费用文件
	2. 计价办法不同	
	清单计价是招标单位统一计算工程量，列出“工程量清单”。投标单位根据“清单”、自身装备、施工经验、企业成本、企业定额管理水平自主报价	定额计价是招标与投标单位，分别按图计算工程量和套用定额计算价格
	3. 表现形式不同	
	清单计价是采用综合单价形式（包括人工费、材料费、机械使用费、管理费、利润、风险因素）。工程量发生变化时，单价一般不做调整	定额计价一般是总价形式
	4. 编制时间不同	
	清单计价必须是在发出招标文件前编制	定额计价是在发出招标文件后编制
	5. 费用组成不同	
	清单计价工程费用包括分部分项工程费、措施项目费、其他项目费、规费、税金、工程量清单中没有体现的，施工中又必须发生的工程内容所需费用和风险因素而增加的费用	定额计价费用包括直接费、综合费、其他费用、利润、有关费用、劳动保险基金、工程定额测定费和税金
	6. 评标方法不同	
	清单计价是采用合理低报价中标法	定额计价投标一般是采用百分制评分法
	7. 合同价格调整方式不同	
	清单计价合同价调整方式主要是索赔。清单的综合单价一般通过招标中报价的形式体现，中标后，报价作为签定施工合同的依据相对固定下来，结算按实际完成工程量乘以清单中相应的单价计算。清单计价不得随意调整	定额计价合同价调整方式采用设计变更和现场签证、政策性调整

11.4　建设工程工程量清单计价规范	
“计价规范”的概念	国家标准《建设工程工程量清单计价规范》（GB 50500—2003）于2003年2月17日经建设部第119号公告批准颁布，于2003年7月1日实施 本规范适用于建设工程工程量清单计价活动。全部使用国有资金投资或国有资金投资为主的大中型建设工程应执行本规范
“计价规范”的主要内容	“计价规范”包括正文和附录两大部分，二者具有同等效力 正文共五章，包括：总则、术语、工程量清单编制、工程量清单计价、工程量清单及其计价格式等内容，分别就“计价规范”的适用范围、遵循的原则、编制工程量清单应遵循的原则、工程量清单计价格式活动的规则、工程量清单及其计价格式作了明确规定 附录包括：附录A建筑工程工程量清单项目及计算规则 附录B装饰装修工程工程量清单项目及计算规则 附录C安装工程工程量清单项目及计算规则 附录D市政工程工程量清单项目及计算规则 附录E园林绿化工程工程量清单项目及计算规则 附录中包括项目编码、项目名称、项目特征、计量单位、工程量计算规则和工程内容。其中项目编码、项目名称、计量单位、工程量计算规则作为四统一的内容，要求招标人在编制工程量清单时必须执行
“计价规范”的特点	工程量清单计价规范具有：强制性、实用性、竞争性、通用性的特点
工程量清单项目及计算规则与《全国统一安装工程预算工程量计算规则》的区别	
清单项目及计算规则与预算工程量计算规则区别	1. 工程量清单计算规则全国统一，在“计价规范”附录中，每一个清单项目都有一个相应的工程量计算规则 2. 工程量清单计量原则是以实体安装就位的净尺寸计算，这与国际通用做法（FIDIC）是一致的 3. 预算工程量的计算是在净值的基础上，加上人为的预留量（预留量随施工方法、措施的不同变化）。这种规定限制了竞争的范围，这与市场机制是违背的，是计划经济体制下的计算规则
11.5　费用的分类	
不可竞争性费用	企业营业税、城乡维护建设税、教育费附加、劳动保险费、财产保险费、工会和职工教育费、工程保险费、排污费、定额管理费等
竞争性费用	1. 企业和现场管理费用（管理人员工资、办公费、差旅交通费、固定资产使用费、工具用具使用费、财务费等）
	2. 施工措施性费用（临时设施费、垂直机械运输费、建筑物超高增加人工与机械脚手架费、冬雨期施工增加费、夜间施工增加费、材料二次搬运费、特殊工种培训费、特殊地区施工增加费、仪器仪表使用费、检验试验费等）
	3. 施工企业利润
分部分项工程单价组成	1. 全费单价＝直接成本费＋不可竞争性费用＋竞争性费用 2. 部分费用单价＝直接成本费＋竞争性费用 3. 直接成本费单价＝人工费＋材料费＋机械费
标底价、投标报价计算	1. 计算直接成本（包括人工费、材料费、机械费） 2. 计算间接成本（包括管理费、规费、其他费用） 3. 计算利润（不属于直接成本、间接成本的部分） 4. 计算税金（应计入工程造价内的营业税、城乡维护建设税及教育费附加）

12. 隔声与消防

12.1 隔声

12.1-1 声音的概念、分类和声音的传播

声音的分类		声音的传播	阻碍声音传播的方式
固体声		固体的振动（墙壁、管道、风管）	依靠界面的反射、隔振，例如基础、柔性的风管管件，管卡的衬垫隔声[1]
空气声		空气的振动（例如在隧道中） 烟气的振动（例如在烟囱中）	依靠吸收声能（转化成热），例如消声器消声[2]
声源功率	W	客观的、明了的声学指标（见生产厂商资料）	
声压比的对数	dB	依赖于距离和空间（例如对话筒或耳膜的压力）	
声音频率	Hz	每秒振动的次数（响亮的、轻微的声音，高音、低音）	

[1]用材料、构件或结构来阻碍空气声穿过界面（例如风管），也就是说隔空气声

[2]使气流顺利通过又能有效地降低噪声的设备

12.1-2 噪声源

噪声的含义	物理角度	不规则的、间歇的或随机的声振动	在一定环境中不应该有的声音；只有空气声可以被耳朵感觉得到
	心理角度	任何难听的、不和谐的声或干扰	

机械噪声源	空气动力性噪声	交通运输工具噪声	社会活动噪声
机械噪声、齿轮噪声、轴承噪声、电磁噪声、液压泵与管路系统噪声、建筑施工机械噪声等	喷射噪声、涡流噪声、旋转噪声、周期性进排气噪声、燃烧噪声、阀门激波噪声等	汽车噪声、铁路噪声、地铁噪声、飞机噪声等	家用电器及用具噪声、公寓楼内生活噪声、社会活动噪声等

12.1-3 噪声声平的近似值

L_pdB（A）	举　　例	备　注	L_pdB（A）	举　　例	备　注
10	几乎听不见	很轻	70~80	街道上繁忙的交通	很响，而且令人厌烦
15~20	深夜里在露天、教堂等		75~85	地铁，工厂	
25~30	电台播音室，耳语	轻声，还是可以听到	80~85	叫喊，大声打电话	
30~40	安静的住宅区		80~90	载重汽车，嘈杂的工作室	部分地不可忍受
40~50	办公室，轻声的说话		90~100	火车经过	
50~60	普通的交谈	适度的嘈杂，有干扰	100~110	锻造，响亮的流行音乐	
55~65	吸尘器		110~120	飞机，响亮的汽车喇叭	部分地有疼痛感觉
60~65	嘈杂的办公室，商店		120~130	风镐	
65~70	打字机，狗叫		130~150	喷气式发动机	

12.1-4 室内通风空调设备评定的声平 dB（A）（参考值）

房间的类型	举　例	要求 高	要求 低	房间的类型	举　例	要求 高	要求 低
办公室	单个办公室	35	40	教室对外开放的房间	阅览室	30	35
	大房间办公室	45	50		教室、阶梯教室	35	40
	车间[1]	50	—		博物馆	35	40
	实验室	≤52	40		饮食店	40	55
聚会场所	音乐厅、歌剧院	25	30		商店	45	60
	剧场、电影院	30	35	运动场所	例如体育馆	45	50
	会议室	35	40	其他的房间	电台播音室	15	25
					电视台演播室	25	30
住　室	旅馆房间[2]	30	35		计算机房	45	60
公共场所房间	休息室	30	40		洗衣房、厨房	50	65
	洗手间、厕所	45	55				

[1]根据生产情况，这个值可能更高些。　[2]在夜里，这个值要低 5dB

12.1-5　工作地点允许的声压

大多数脑力劳动	55dB	通常的工作[1]	85dB
简单的机械化办公室工作	70dB	休息室、卫生间、准备室	55dB

[1]在对这个水平不应提出过高的要求时，允许超过 5dB

12.1-6　百货商店等室内允许的声压

办公室、培训室	45dB	说明：对照 12.1-4
准备室、摄影室、货物交接处	55dB	
加工室、厨房、车间、食堂、剧场更衣室	60dB	对照 12.1-5
销售室、服务接待室、餐馆[1]	60dB	
要求空气输送量大的商店，超级市场	65dB	[1]这里一般取更小些的值
在空气幕帘的范围内	70dB	

12.1-7　对附近允许发出的声响

区域、发声地	dB（A）[1]	区域、发声地	dB（A）[1]
在厂区附近	70（70）[2]	专门的住宅区域	50（35）[2]
企业为主的地区	65（50）	文化设施、医院、疗养院的发声值	45（35）
企业和住宅	60（45）		
住宅为主的地区	55（40）	在住宅内部	35（25）

[1]短时间内，在室外可以超过 30dB（夜里 20dB），在室内允许超过 10dB
[2]括号里的值为夜里的

12.1-8　隔声方式（根据施工方法）

建筑维护结构	轻型隔声构件
砖墙、钢筋混凝土墙板和楼板等	钢结构隔声室、隔声罩、隔声屏、隔声门、隔声窗等

12.1-9　窗户、门、墙的隔空气声的平均值（*D*）

窗户和门(dB)		隔声值与墙的质量有关										双砌墙(cm)	
单层窗	20～30	质量	kg/m²	3	5	10	50	100	200	500	1000	实心砖 2×6(1.5)	56
隔声窗	30～35	*D*	dB	20	22	27	37	40	43	50	54	浮石水泥 2×5(3.0)	53
箱形窗	30～35	单砌的、24cm 厚的砖墙		空心砖		350kg/m²			50dB			石膏板 2×5(3.7)	53
单层门	20～25			实心砖		460kg/m²			53dB			轻质结构板 2×5(4.5)	52
双层门	30～40			石灰沙砖		510kg/m²			54dB			“( )”内是空气层的厚度	

12.1-10　隔声板材

单层板材	双层板材	单层墙体	双层墙体
金属板、塑料板、石膏板、五合板、石棉水泥板、草纸板等	双层金属板、双层钢丝网抹灰板、双层复合板等	炭化石灰板墙、加气混凝土墙、矿渣珍珠岩砖墙、碳酸岩砌块、硅酸盐条板、矿渣三孔空心砖、石膏蜂窝板墙等	塑料贴面压榨板双层墙、纸面石膏板双层墙、炭化石灰板和纸面石膏板复合墙、加气混凝土双层墙、五合板蜂窝板双层墙、厚砖墙两面抹灰、空心砖墙两面抹灰、双层厚砖墙等
新型隔声轻质板材：PC 板（纤维水泥加压板）、PC 板（聚碳酸酯耐击板）、WJ 板（不燃性玻璃钢板）、彩钢夹芯板			

12.1-11　吸声材料(结构)

多孔吸声材料	共振吸声材料	特殊吸声结构
纤维状、颗粒状、泡沫状	单个共振器、穿孔板共振吸声结构、薄膜共振吸声结构、薄板共振吸声结构	空间吸声体、吸声屏

12.1-12　吸声材料的作用

1. 缩短和调整室内混响时间，消除回声以改善室内的听闻条件
2. 降低室内的噪声级
3. 作为管道衬垫或消声器件的原材料，以降低通风系统的噪声
4. 在轻质隔声结构内和隔声罩内表面作为辅助材料，以提高构件的隔声量

12.1-13　消声器分类

原　理	形　　式	消声性能	主　要　用　途
阻性消声器	管式、片式、蜂窝式、列管式、折板式、声流式、弯头式、元件式、百叶式、迷宫式、圆盘式、圆环式、小室式	中高频	通风空调系统管道、机房进出风口、空气动力设备进排风口等
抗性消声器	膨胀式(扩张式)、共振式、微穿孔板式、干涉式、电子式等	低中频、低频、宽频带低中频	空压机、柴油机、汽车发动机等以低中频噪声为主的设备噪声
复合式消声器	阻抗复合式、阻性及共振复合式、抗性及微穿孔板复合式等	宽频带	各类宽频带噪声源
排气放空消声器	节流减压式、小孔喷注式、节流减压及小孔喷注复合式、多孔材料扩散式	宽频带	各类排气放空噪声

12.1-14　振动控制的基本方法

振　源　控　制	振动传递过程中的控制	隔　振　措　施
采用振动小的加工工艺(如用焊接代替铆接、用压延代替冲压等)，减少振动源的扰动(尽可能选择振动小的设备、选择合适型号和质量好的往复机械、管道设计时应注意适当配置各管道元件改变振源机械结构的固有频率等)	加大振源和受振对象之间的距离(设计时要考虑建筑物选址、厂区总平面布置、车间和建筑物内的工艺布置，利用伸缩缝、沉降缝、防震缝，设置隔振沟等)	积极隔振(对动力设备采取的隔振措施，即减少振动的输出)和消极隔振(对防振对象采取的隔振措施，即减少振动的输入)：在振源或防振对象与支承结构之间加隔振器材(在动力机器与管道之间加柔性连接件、管路穿墙处应垫以弹性材料、每隔一定距离设置隔振吊架和隔振支座等)

12.1-15　隔振器材或隔振器分类

隔　振　垫	隔　振　器	柔　性　接　管
橡胶隔振垫，玻璃纤维垫，金属丝网隔振垫，软木、毛毡、乳胶海绵等制成的隔振垫	橡胶隔振器，全金属隔振器(螺旋弹簧隔振器、螺簧隔振器、板簧隔振器、钢丝绳隔振器等)，空气弹簧、弹性吊架(橡胶类、金属弹簧类或复合型)	可曲挠橡胶接头，金属波纹管，橡胶、帆布、塑料等柔性接头

12.2　防火与消防

12.2-1　建材的防火等级

构　件　名　称		燃烧性能和耐火极限(h)			
		耐火等级 一　级	耐火等级 二　级	耐火等级 三　级	耐火等级 四　级
墙	防火墙	非燃烧体 4.00	非燃烧体 4.00	非燃烧体 4.00	非燃烧体 4.00
	承重墙、楼梯间、电梯井的墙	非燃烧体 3.00	非燃烧体 2.50	非燃烧体 2.50	难燃烧体 0.50
	非承重外墙、疏散走道两侧的隔墙	非燃烧体 1.00	非燃烧体 1.00	难燃烧体 0.50	难燃烧体 0.25
	房间隔墙	非燃烧体 0.75	非燃烧体 0.50	难燃烧体 0.50	难燃烧体 0.25

12.2-1　建材的防火等级(续)

柱	支承多层的柱	非燃烧体 3.00	非燃烧体 2.50	非燃烧体 2.50	难燃烧体 0.50
	支承单层的柱	非燃烧体 2.50	非燃烧体 2.00	非燃烧体 2.00	燃烧体
梁		非燃烧体 2.00	非燃烧体 1.50	非燃烧体 1.00	难燃烧体 0.50
楼板		非燃烧体 1.50	非燃烧体 1.00	非燃烧体 0.50	难燃烧体 0.25
屋顶承重构件		非燃烧体 1.50	非燃烧体 0.50	燃烧体	燃烧体
疏散楼梯		非燃烧体 1.50	非燃烧体 1.00	非燃烧体 1.00	燃烧体
吊顶(包括吊顶搁栅)		非燃烧体 0.25	难燃烧体 0.25	难燃烧体 0.15	燃烧体

1. 以木柱承重且以非燃烧材料作为墙体的建筑物,其耐火等级应按四级确定

2. 工业建筑的预制钢筋混凝土装配式结构,其缝隙节点或金属承重构件节点的外露部位,应做防火保护层,其耐火极限不应低于本表相应构件的规定

3. 二级耐火等级的建筑物吊顶,如采用非燃烧体时,其耐火极限不限

4. 在二级耐火等级的建筑物中,面积不超过 100m^2 的房间隔墙,如执行本表的规定有困难时,可采用耐火极限不低于 0.3h 的非燃烧体

5. 一、二级耐火等级民用建筑疏散走道两侧的隔墙,按本表规定执行有困难时,可采用 0.75h 非燃烧体

12.2-2　生产的火灾危险性分类

生产类别	火灾危险性特征(使用或生产的物质)
甲	1. 闪点小于 28℃的液体;爆炸下限小于 10%的气体 2. 常温下能自行分解或在空气中氧化即能导致迅速自燃或爆炸的物质 3. 常温下受到水或空气中水蒸气的作用,能产生可燃气体并引起燃烧或爆炸的物质 4. 遇酸、受热、撞击、摩擦、催化以及遇有机物或硫磺等易燃的无机物,极易引起燃烧或爆炸的强氧化剂 5. 手撞击、摩擦或与氧化剂、有机物接触时能引起燃烧或爆炸的物质 6. 在密闭设备内操作温度等于或超过物质本身自燃点的生产
乙	1. 闪点大于等于 28℃至小于 60℃的液体 2. 爆炸下限大于等于 10%的气体 3. 不属于甲类的氧化剂;不属于甲类的化学易燃危险固体 4. 助燃气体 5. 能与空气形成爆炸性混合物的浮游状态的粉尘、纤维、闪点大于等于 60℃的液体雾滴
丙	1. 闪点大于等于 60℃ 2. 可燃固体
丁	对非燃物质进行加工,并在高热或熔化状态下经常产生强辐射热、火花或火焰的生产
戊	常温下使用或加工非燃烧物质的生产

1. 在生产过程中,如使用或产生易燃、可燃物质的量较少,不足以构成爆炸或火灾危险时,可以按实际情况确定其火灾危险性的类别

2. 一座厂房内或防火分区内有不同性质的生产时,其分类应按火灾危险性较大的的部分确定,但火灾危险性大的部分占本层或防火分区面积的比例小于 5%(丁、戊类生产厂房的油漆工段小于 10%),且发生事故时不足以蔓延到其他部位,或者采取防火措施能防止火灾蔓延时,可按火灾危险性较小的部分确定

12.2-3　厂房的耐火等级、层数和占地面积

生产类别	耐火等级	最多允许层数	防火分区最大允许占地面积(m^2)			
			单层厂房	多层厂房	高层厂房	厂房的地下室和半地下室
甲	一级 二级	除生产必须采用多层者外,宜采用单层	4000 3000	3000 2000	— —	— —

12.2-3　厂房的耐火等级、层数和占地面积(续)

生产类别	耐火等级	最多允许层数	防火分区最大允许占地面积(m^2)			
			单层厂房	多层厂房	高层厂房	厂房的地下室和半地下室
乙	一级 二级	不限 6	5000 4000	4000 3000	2000 1500	— —
丙	一级 二级 三级	不限 不限 2	不限 8000 3000	6000 4000 2000	3000 2000 —	500 500 —
丁	一、二级 三级 四级	不限 3 1	不限 4000 1000	不限 2000 —	4000 — —	1000 — —
戊	一、二级 三级 四级	不限 3 1	不限 5000 1500	不限 3000 —	6000 — —	1000 — —

1. 防火分区间应用防火墙分隔。一、二级耐火等级的单层厂房(甲类厂房除外)如面积超过本表规定，设置防火墙有困难时，可用防火水幕带或防火卷帘加水幕分隔

2. 甲、乙、丙类厂房装有自动灭火设备时，防火分区最大允许占地面积可按本表的规定增加一倍；丁、戊类厂房装设自动灭火设备时，其占地面积不限。局部设置时，增加面积可按该局部面积的一倍计算

3. 一、二级耐火等级的谷物筒仓工作塔，且每层人数不超过 2 人时，最多允许层数可不受本表限制

4. 邮政楼的邮件处理中心可按丙类厂房确定

12.2-4　厂房的防火间距

耐火等级	防火间距(m)		
	耐火等级 一、二级	耐火等级 三　级	耐火等级 四　级
一、二级	10	12	14
三　级	12	14	16
四　级	14	16	18

12.2-5　厂房疏散楼梯、走道和门的宽度指标

厂房层数	一二层	三　层	≥四层
宽度指标(m/百人)	0.60	0.80	1.00

注：当使用人数少于 50 人时，楼梯、走道和门的最小宽度可适当减少，但门的最小宽度≮0.80m。这里的宽度为净宽度

12.2-6　汽车加油机、地下油罐与建筑物、铁路、道路的防火间距

名　　称			防火间距(m)
民用建筑、明火或散发火花的地点			25
独立的加油机管理室距地下油罐			5
靠地下油罐一面墙上无门窗的独立加油机管理室距地下油罐			不　限
独立的加油机管理室距加油机			不　限
其他建筑(本规范另规定较大间距者除外)	耐火等级	一、二级	10
		三　级	12
		四　级	14
厂外铁路线(中心线)			30
厂内铁路线(中心线)			20
道路(路边)			5

1. 汽车加油站的油罐应采用地下卧式油罐，并宜直接埋设。甲类液体总储量不应超过 $60m^3$，单罐容量不应超过 $20m^3$，当总储量超过时，应按 12.2-10 的规定执行

2. 油罐上应设有直径不小于 38mm 并带有阻火器的放散管，其高度距地面不应小于 4m，且高出管理室屋面不小于 50cm

3. 汽车加油机、地下油罐与民用建筑之间如设有高度不低于 2.2m 的非燃烧体实体围墙隔开，其防火间距可适当减少

12.2-7 储存物品的火灾危险性分类

储存物品分类	火灾危险性的特征
甲	1. 闪点小于28℃的液体 2. 爆炸下限小于10%的气体,以及受到水或空气中水蒸气的作用,能产生爆炸下限小于10%气体的固体物质 3. 常温下能自行分解或在空气中氧化即能导致迅速自燃或爆炸的物质 4. 常温下受到水或空气中水蒸气的作用,能产生可燃气体并引起燃烧或爆炸的物质 5. 遇酸、受热、撞击、摩擦以及遇有机物或硫磺等易燃的无机物,极易引起燃烧或爆炸的强氧化剂 6. 受撞击、摩擦或与氧化剂、有机物接触时能引起燃烧或爆炸的物质
乙	1. 闪点大于等于28℃至小于60℃的液体 2. 爆炸下限大于等于10%的气体 3. 不属于甲类的氧化剂 4. 不属于甲类的化学易燃危险固体 5. 助燃气体 6. 常温下与空气接触能缓慢氧化、积热不散引起自燃的物品
丙	闪点大于等于60℃;可燃固体
丁	难燃烧物品
戊	非燃烧物品

12.2-8 甲类物品库房与建筑物的防火间距

建筑物名称			甲类3、4项		甲类1、2、5、6项	
			储量(t)			
			≤5	>5	≤10	>10
民用建筑、明火或散发火花的地点			30	40	25	30
其他建筑	耐火等级	一、二级	15	20	12	15
		三级	20	25	15	20
		四级	25	30	20	25

1. 甲类物品库房之间的防火间距不应小于20m,若第3、4项物品储量不超过2t,第1、2、5、6项物品储量不超过5t时,可减为12m
2. 甲类物品库房与重要公共建筑物的防火间距不应小于50m

12.2-9 乙、丙、丁、戊类物品库房的防火间距

耐火等级	防火间距(m)		
	耐火等级一、二级	耐火等级三级	耐火等级四级
一、二级	10	12	14
三级	12	14	16
四级	14	16	17

12.2-10 储罐、堆场与建筑物的防火间距

名称	一个罐区或堆场的总储量(m^3)	防火间距(m)[1]		
		一、二级	三级	四级
甲、乙类液体	1~50	12	15	20
	51~200	15	20	25
	201~1000	20	25	30
	1001~5000	25	60	40
丙类液体	5~250	12	15	20
	251~1000	15	20	25
	1001~5000	20	25	30
	5001~25000	25	60	40

[1]防火间距应从建筑物最近的储罐外壁、堆垛外缘算起。但储罐防火堤外侧基脚线至建筑物的距离不应小于10m

12.2-11　储气罐或罐区与建筑物、储罐、堆场的防火间距

名　　称			防火间距（m）			
			总容积（m^3）			
			≤1000	1001～10000	10001～50000	>50000
明火或散发火花的地点，民用建筑，甲、乙、丙类液体储罐，易燃材料堆场、甲类物品库房			25	30	35	40
其他建筑	耐火等级	一、二级	12	15	20	25
		三　级	15	20	25	30
		四　级	20	25	30	35

1. 固定容积的可燃气体储罐与建筑物、堆场的防火间距应按本表的规定执行，总容积按其水容量（m^3）和工作压力（绝对压力，$1kgf/cm^2 = 9.8 \times 10^4 Pa$）的乘积计算

2. 干式可燃气体储罐与建筑物、堆场的防火间距应按本表增加25%。容积不超过$20m^3$的可燃气体储罐与所属厂房的防火间距不限

12.2-12　液化石油气储罐或罐区与建筑物、堆场的防火间距（m）

名　　称			总容积（m^3）					
			≤10	11～30	31～200	201～1000	1001～2500	2501～5000
				单罐容积（m^3）				
				≤10	≤50	≤100	≤400	≤1000
明火或散发火花的地点			35	40	50	60	70	80
民用建筑，甲、乙、丙类液体储罐，易燃材料堆场			30	35	45	55	65	75
丙类液体储罐，可燃气体储罐			25	30	35	45	55	65
助燃气体储罐，可燃材料堆场			20	25	30	40	50	60
其他建筑	耐火等级	一、二级	12	18	20	25	30	40
		三　级	15	20	25	30	40	50
		四　级	20	25	30	40	50	60

12.2-13　民用建筑的耐火等级、层数、长度和建筑面积

耐火等级	最多允许层数	防火分区间		备　注
		最大允许长度（m）	每层最大允许建筑面积（m^2）	
一、二级	保障安全 方便使用 经济合理	150	2500	1. 体育馆、剧院、展览建筑等的观众厅、展览厅的长度和面积可以根据需要确定 2. 托儿所、幼儿园的儿童用房及儿童游乐厅等儿童活动场所不应设置在四层及四层以上或地下、半地下建筑内
三　级	5层	100	1200	1. 托儿所、幼儿园的儿童用房及儿童游乐厅等儿童活动场所和医院、疗养院的住院部分不应设置在三层及三层以上或地下、半地下建筑内 2. 商店、学校、电影院、剧院、礼堂、食堂、菜市场不应超过二层
四　级	2层	60	600	学校、食堂、菜市场、托儿所、幼儿园、医院等不应超过一层

12.2-13 民用建筑的耐火等级、层数、长度和建筑面积(续)

1. 重要的公共建筑应采用一、二级耐火等级的建筑。商店、学校、食堂、菜市场如采用一、二级耐火等级的建筑有困难,可采用三级耐火等级的建筑

2. 建筑物的长度,系指建筑物各分段中线长度的总和。如遇有不规则的平面而有各种不同量法时,应采用较大值

3. 建筑内设置自动灭火系统时,每层最大允许建筑面积可按本表增加一倍。局部设置时,增加面积可按该局部面积一倍计算

4. 防火分区应采用防火墙分隔,如有困难时,可采用防火卷帘和水幕分隔

5. 托儿所、幼儿园及儿童游乐厅等儿童活动场所应独立建造,当必须设置在其他建筑内时,宜设置独立的出入口

12.2-14 民用建筑的防火间距

耐火等级	防火间距(m)		
一、二级	6	7	9
三 级	7	8	10
四 级	9	10	12

12.2-15 楼梯门和走道的净宽度指标(m/百人)

层 数	耐 火 等 级		
	一、二级	三 级	四 级
一、二层	0.65	0.75	1.00
三 层	0.75	1.00	—
≥四层	1.00	1.25	—

12.2-16 疏散宽度指标(m/百人)

疏 散 部 位		剧院、电影院、礼堂		体 育 馆		
		耐 火 等 级				
		一、二级	三 级	一、二级	一、二级	一、二级
		观众厅座位数(个)				
		≤2500	≤1200	3000～5000	5001～10000	10001～20000
门和走道	平坡地面	0.65	0.85	0.43	0.37	0.32
	阶梯地面	0.75	1.00	0.50	0.43	0.37
楼 梯		0.75	1.00	0.50	0.43	0.37

1. 每层疏散楼梯的总宽度应按本表规定执行,当每层人数不等时,其总宽度可分层计算,下层楼梯的总宽度按其上层人数最多一层的人数计算

2. 底层外门的总宽度应按该层或该层以上人数最多的一层人数计算,不供楼上人员疏散的外门,可按本层人数计算

3. 录像厅、放映厅的疏散人数应根据该场所的建筑面积按 1.0 人/m^2 计算;其他歌舞娱乐、放映游艺场所的疏散人数应根据该场所建筑面积按 0.5 人/m^2 计算

12.2-17 防火墙要求

1. 应直接设置在基础上或钢筋混凝土的框架上

2. 应截断燃烧体和难燃烧体的屋顶结构,且应高出非燃烧体屋面不小于 40cm,高出燃烧体或难燃烧体屋面不小于 50cm。当屋盖为耐火极限不低于 0.5h 的非燃烧体时,防火墙(包括纵向防火墙)可砌至屋面基层的底部,不高出屋面

3. 建筑物的外墙如为难燃烧体时,防火墙应突出难燃烧体墙的外表面 40cm;防火带的宽度,从防火墙中心线起每侧不应小于 2m。

4. 防火墙内不应设置排气道,民用建筑如必须设置时,其两侧的墙身截面厚度均不应小于 12cm。防火墙上不应开门窗洞口,如必须开设时,应采用甲级防火门窗,并应能自行关闭

5. 可燃气体和甲、乙、丙类液体管道不应穿过防火墙,其他管道必须穿过时,应用非燃烧材料将缝隙紧密填塞

12.2-18 城镇居住区室外消防用水量

人数(万人)	同一时间内的火灾次数(次)	一次灭火用水量(L/s)
≤1.0	1	10
≤2.5	1	15
≤5.0	2	25
≤10.0	2	35
≤20.0	2	45
≤30.0	2	55
≤40.0	2	65
≤50.0	3	75
≤60.0	3	85
≤70.0	3	90
≤80.0	3	95
≤100	3	100

注:城镇的室外消防用水量应包括居住区、工厂、仓库(含堆场、储罐)和民用建筑的室外消火栓用水量。当与 12.2-19 不一致时,应取其较大值

12.2-19 建筑物的室外消火栓用水量

耐火等级	建筑物名称	建筑物类别	一次灭火用水量（L/s） 建筑物体积（m^3） ≤1500	1501~3000	3001~5000	5001~20000	20001~50000	>50000
一、二级	厂 房	甲、乙	10	15	20	25	30	35
		丙	10	15	20	25	30	40
		丁、戊	10	10	10	15	15	20
	库 房	甲、乙	15	15	25	25	—	—
		丙	15	15	25	25	35	45
		丁、戊	10	10	10	15	15	20
	民用建筑		10	15	15	20	25	30
三 级	厂房或库房	乙、丙	15	20	30	40	45	—
		丁、戊	10	10	15	20	25	35
	民用建筑		10	15	20	25	30	—
四 级	丁、戊类厂房或库房		10	15	20	25	—	—
	民用建筑		10	15	20	25	—	—

注：室外消火栓用水量应按消防需水量最大的一座建筑物或一个防火分区计算

12.2-20 堆场、储罐的室外消火栓用水量

名 称		总储量或总容量	消防用水量（L/s）
粮食（t）	圆筒仓土圆囤	30~500	15
		501~5000	25
		5001~20000	40
		20001~40000	45
	席穴囤	30~500	20
		501~5000	35
		5001~20000	50
棉、麻、毛、化纤、百货（t）		10~500	20
		501~1000	35
		1001~5000	50
稻草、麦秸、芦苇等易燃材料（t）		50~500	20
		501~5000	35
		5001~10000	50
		10001~20000	60
木材等可燃材料（m^3）		50~1000	20
		1001~5000	30
		5001~10000	45
		10001~25000	55
煤和焦炭		100~5000	15
		>5000	20
可燃气体储罐或储罐区（m^3）	湿式	501~10000	20
		10001~50000	25
		>50000	30
		≤10000	20
		10001~50000	30
		>50000	40

12.2-21 储罐区冷却水的供给范围和供给强度

设备类型	储罐名称			供给范围	供给强度［L/(s·m)］
移动式水枪	着火罐	固定顶立式罐（包括保温罐）		罐周长	0.60
		浮顶罐（包括保温罐）		罐周长	0.45
		卧式罐		罐表面积	0.10
		地下立式罐、半地下和地下卧式罐		无覆土的表面积	0.10
	相邻罐	固定顶立式罐	非保温罐	罐周长的一半	0.35
			保温罐		0.20
		卧式罐		罐表面积的一半	0.10
		半地下、地下罐		无覆土罐表面积的一半	0.10
固定		立式罐		罐周长	0.50
		卧式罐		罐表面积	0.10
		立式罐		罐周长的一半	0.50
		卧式罐		罐表面积的一半	0.10

注：地上储罐的高度超过15m时，宜采用固定式冷却设备。冷却水的供给强度应进行校核

12.2-22 设置室内消防给水的建筑物

1. 厂房、库房、高度不超过 24m 的科研楼（存有与水接触能引起燃烧爆炸的物品除外）
2. 大于 800 个座位的剧院、电影院、俱乐部和超过 1200 个座位的礼堂、体育馆
3. 体积大于 5000m^3 的车站、码头、机场建筑物以及展览馆、商店、病房楼、门诊楼、图书馆、书库等
4. 大于 7 层的单元式住宅，大于 6 层的塔式住宅、通廊式住宅、底层设有商业网点的单元式住宅
5. 大于 5 层或体积大于 10000m^3 的教学楼等其他民用建筑
6. 国家级文物保护单位的重点砖木或木结构的古建筑

12.2-23 室内消火栓用水量

建筑物名称	高度、层数、体积或座位数	消火栓用水量（L/s）	同时使用水枪数量（支）	每支水枪最小流量（L/s）	每根立管最小流量（L/s）
厂　房	高度小于等于 24m、体积小于等于 10000m^3	5	2	2.5	5
	高度小于等于 24m、体积大于 10000m^3	10	2	5	10
	高度大于 24m 至 50m	25	5	5	15
	高度大于 50m	30	6	5	15
科研楼、试验楼	高度小于等于 24m、体积小于等于 10000m^3	10	2	5	10
	高度小于等于 24m、体积大于 10000m^3	15	3	5	10
库　房	高度小于等于 24m、体积小于等于 5000m^3	5	1	5	5
	高度小于等于 24m、体积大于 5000m^3	10	2	5	10
	高度大于 24m 至 50m	30	6	5	15
	高度大于 50m	40	8	5	15
车站、码头、机场建筑物和展览馆等	5001 ~ 25000m^3	10	2	5	10
	25001 ~ 50000m^3	15	3	5	10
	大于 50000m^3	20	4	5	15
商店、病房楼、教学楼	5001 ~ 10000m^3	5	2	2.5	5
	10001 ~ 25000m^3	10	2	5	10
	大于 25000m^3	15	3	5	10
剧院、电影院、俱乐部、礼堂、体育馆等	801 ~ 1200 个	10	2	5	10
	1201 ~ 5000 个	15	3	5	10
	5001 ~ 10000 个	20	4	5	15
	大于 10000 个	30	6	5	15
住　宅	7 ~ 9 层	5	2	2.5	5
其他建筑	小于等于 6 层或体积大于等于 10000m^3	15	3	5	10
国家级文物保护单位的重点砖木、木结构的古建筑	体积小于等于 10000m^3	20	4	5	10
	体积大于 10000m^3	25	5	5	15

注：丁、戊类高层工业建筑室内消火栓的用水量可按本表减少 10L/s，同时使用水枪数量可按本表减少 2 支

12.2-24 室内消防给水管道要求

1. 七至九层的单元住宅和不超过 8 户的通廊式住宅，其室内消防给水管道可为枝状，进水管可采用一条

2. 室内消火栓超过 10 个且室内消防用水量大于 15L/s 时，室内消防给水管道至少应有两条进水管与室外环状管网连接，并应将室内管道连成环状

3. 进水管上设置的计量设备不应降低进水管的过水能力

4. 超过六层的塔式（采用双出口消火栓者除外）和通廊式住宅、超过五层或体积超过 10000m^3 的其他民用建筑、超过四层的厂房和库房，如室内消防立管为两条或两条以上时，应至少每两根立管相连组成环状管道，每条立管直径应按最不利点消火栓出水和 12.2-23 规定的流量确定

5. 高层工业建筑室内消防立管应成环状，且管道的直径不应小于 100mm

6. 超过四层的厂房和库房、高层工业建筑、设有消防管网的住宅及超过五层的其他民用建筑，其室内消防管网应设消防水泵接合器。距接合器 15～40m 内，应设室外消火栓或消防水池

7. 室内消防给水管道应用阀门分成若干独立段，当某段破坏时，停止使用的消火栓在一层中不应超过 5 个

8. 消防用水与其他用水合并的室内管道，当其他用水达到最大秒流量时，应仍能供应全部消防用水量。淋浴用水量可按计算用水量的 15% 计算，洗刷用水量可不计算在内

9. 室内消火栓给水管网与自动喷水灭火设备的管网，宜分开设置；如有困难，应在报警阀前分开设置

10. 严寒地区非采暖的厂房、库房的室内消火栓，可采用干式系统，但在进水管上应设快速启闭装置，管道最高处设排气阀

12.2-25 室内消火栓的要求

1. 设有消防给水的建筑物，其各层（如无可燃的设备层除外）均应设置消火栓

2. 布置室内消火栓，应保证有两支水枪的充实水柱同时达到室内任何部位。建筑高度小于等于 24m、且体积小于等于 5000m^3 的库房，可采用一支水枪充实水柱到达室内任何部位

3. 水枪的充实水柱长度一般不应小于 7m；甲、乙类厂房、超过六层的民用建筑、超过四层的厂房和库房内，不应小于 10m；高层工业建筑、高架库房内，水枪的充实水柱长度不应小于 13m

4. 室内消火栓栓口处的静水压力应不超过 80m 水栓，若超过时应采用分区给水系统；消火栓栓口处的出水压力超过 50m 水柱时，应有减压设施

5. 室内消火栓应设在明显易于取用地点；栓口离地面高度为 1.1m，其出水方向宜向下或与设置消火栓的墙面成 90°角

6. 冷库的室内消火栓应设在常温穿堂或楼梯间内

7. 同一建筑物内应采用统一规格的消火栓、水枪和水带，每根水带的长度不应超过 25m

8. 室内消火栓的间距应由计算确定，高层工业建筑、高架库房、甲、乙类厂房内的消火栓间距不应超过 30m；其他单层和多层建筑室内消火栓的间距不应超过 50m

9. 若管网和水箱的压力不能满足最不利点消火栓水压要求，应在每个室内消火栓处直接启动消防水泵的按钮，并应有保护设施

12.2-26 消防水箱的要求

1. 设置常高压给水系统的建筑物，如能保证最不利点消火栓和自动喷水灭火设备等的水量和水压时，可不设消防水箱

2. 室内消防水箱（包括气压水罐、水塔、分区给水系统的分区水箱），应储存 10min 的消防用水量。当室内消防用水量不超过 25L/s、经计算水箱消防储水量超过 12m^3 时，仍可采用 12m^3；当室内消防用水量超过 25L/s、经计算水箱消防储水量超过 18m^3 时，仍可采用 18m^3

3. 消防用水与其他用水的水箱，一般不应合并

4. 发生火灾后，由消防水泵供给的消防用水，不应进入消防水箱

12.2-27 消防水泵房

1. 消防水泵房应采用一、二级耐火等级的建筑。附设在建筑内的消防水泵房，应用耐火极限大于等于 1h 的非燃烧体墙和楼板与其他部位隔开。消防水泵房应设直通室外的出口，设在楼层上的消防水泵房应靠近安全出口

2. 一组消防水泵的吸水管不应少于两条。高压和临时高压消防给水系统，其每台工作消防水泵应有独立的吸水管。消防水泵宜采用自灌式引水

3. 消防水泵房应有不少于两条的出水管直接与环状管网连接，出水管上宜设检查用的放水阀门

4. 固定消防水泵应设备用泵，其工作能力不应小于一台主要泵。但室外消防用水量不超过 25L/s 的工厂、仓库、七层至九层的单元式住宅可不设备用泵

5. 消防水泵应保证在火警后 5min 内开始工作，并在火场断电时仍能正常运转（应设备用发电机，双电源或双回路供电，内燃机）

12.2-28　灭火设备

灭火设备类型	用　　途
闭式自动喷水灭火设备	1. 大于等于50000纱锭的棉纺厂的开包、清花车间；大于等于5000锭的麻纺厂的分级、梳麻车间；服装、针织高层厂房；面积大于1500m^{2}的木器厂房，火柴厂的烤梗、筛选部位；泡沫塑料厂的预发、成型、切片、压花部位 2. 单座面积大于1000m^{2}的棉、毛、丝、麻、化纤、毛皮及其制品库房；单座面积大于600m^{2}的火柴库房；建筑面积大于500m^{2}的可燃物品的地下库房；可燃、难燃物品的高架库房和高层库房（冷库、高层卷烟成品库房除外）；省级以上或藏书量大于100万册图书馆的书库 3. 大于1500个座位的剧院观众厅、舞台上部（屋顶采用金属构件时）、化妆室、道具室、储藏室、贵宾室；大于2000个座位的会堂或礼堂的观众厅、舞台上部、储藏室、贵宾室；大于3000个座位的体育馆、观众厅的吊顶上部、贵宾室、器材室、运动员休息室 4. 省级邮政楼的邮袋库 5. 每层面积大于3000m^{2}或建筑面积大于9000m^{2}的百货商场、展览大厅 6. 设有空气调节系统的旅馆和综合办公楼内的走道、办公室、餐厅、商店、库房和无楼层服务员的客房 7. 国家级文物保护单位的重点砖木或木结构建筑 8. 建筑面积大于500m^{2}的地下商店 9. 设置在地下、半地下、地上四层及四层以上的歌舞娱乐放映游艺场所；设置在建筑的首层、二层和三层，且建筑面积大于300m^{2}的歌舞娱乐放映游艺场所
水幕设备	1. 大于1500个座位的剧院和大于2000个座位的会堂、礼堂的舞台口，以及与舞台相连的侧台、后台的门窗洞口 2. 应设防火墙等防火分隔物而无法设置的开口部位 3. 防火卷帘或防火幕的上部
雨淋喷水灭火设备	1. 建筑面积大于400m^{2}的演播室，建筑面积大于500m^{2}的电影摄影棚 2. 大于1500个座位的剧院和大于2000个座位的会堂舞台的葡萄架下部 3. 日装瓶数量大于3000瓶的液化石油气储配站的灌瓶间、实瓶库 4. 建筑面积大于60m^{2}或储存量大于2t的硝化棉、喷漆棉、火胶棉、赛璐珞胶片、硝化纤维库房 5. 火柴厂的氯酸钾压碾厂房，建筑面积大于100m^{2}生产、使用硝化棉、喷漆棉、火胶棉、赛璐珞胶片、硝化纤维的厂房
水喷雾灭火系统	1. 单台容量大于等于40MW的厂矿企业可燃油油浸电力变压器、单台容量大于等于90MW可燃油油浸电厂电力变压器或单台容量大于等于125MW的独立变电所燃油油浸电力变压器 2. 飞机发动机试车台的试车部位
气体灭火系统	1. 省级或大于100万人口城市广播电视发射塔楼内的微波机房、分米波机房、米波机房、变配点室和不间断电源（UPS）室 2. 国际电信局、大区中心、省中心和一万路以上的地区中心的长途程控交换机房、控制室和信令转接点室 3. 两万线以上的市话汇接局和六万门以上的市话端局程控交换机房、控制室和信令转接点室 4. 中央及省级治安、防灾和局级及以上的电力等调度指挥中心的通信机房和控制室 5. 主机房的建筑面积大于等于140m^{2}的电子计算机房中的主机房和基本工作间的已记录（磁）纸介质库 6. 其他特殊重要设备室
二氧化碳等气体灭火系统	1. 省级或藏书量大于100万册的图书馆的特藏库 2. 中央和省级的档案馆中的珍藏库和非纸质档案库 3. 大、中型博物馆中的珍品库房 4. 一级纸绢质文物的陈列室 5. 中央和省级广播电视中心内，建筑面积大于等于120m^{2}的音像制品库房
蒸汽灭火系统	1. 使用蒸汽的甲、乙类厂房和操作温度等于或超过本身自燃点的丙类液体厂房 2. 单台锅炉蒸发量大于2t/h的燃油、燃气锅炉房 3. 火柴厂的火柴生产联合机部位 4. 有条件并适用蒸汽灭火系统设置的场所

13. 工业标准和工程规范目录

13.1 材料类

13.1-1 型材

1. 热轧圆钢，方钢及六角钢（GB 702—86 GB 705—89）
2. 冷拉圆钢，方钢及六角钢（GB 905—82 GB 906—82 GB 907—82）
3. 热轧扁钢（GB 704—88）
4. 热轧等边角钢（GB 9787—88）
5. 热轧不等边角钢（GB 9788—88）
6. 热轧普通槽钢（GB 707—88）
7. 热轧普通工字钢（GB 706—88）
8. 轧钢薄钢板品种，规格（GB 708—88）

13.1-2 辅料

1. 平纹无碱玻璃布规格性能（JC 170—80）
2. 常用油毡的技术指标（GB 326—89）
3. 工业用橡胶板的规格尺寸（GB/T 5574—1994）
4. 石棉橡胶板的规格尺寸（GB/T 3985—1983）
5. 耐油石棉橡胶的规格尺寸（GB/T 539—1983）

13.1-3 管道工程常用的五金材料

1. 六角螺栓 C 级外形，规格、质量（GB 5780—86）
2. 六角螺栓全螺纹 C 级外形，规格、质量（GB 5781—86）
3. 六角螺栓 A 级和 B 级的外形，规格、质量（GB 5782—86）
4. 六角螺栓全螺纹 A 级和 B 级外形、规格、质量（GB 5783—86）
5. 六角螺栓细牙杆 B 级外形、规格、质量（GB 5784—86）
6. 六角螺栓细牙 A 级和 B 级外形、规格、质量（GB 5785—86）
7. 六角螺栓细牙全螺纹 A 级和 B 级外形、规格、质量（GB 5786—86）
8. 工型六角螺母 C 级规格、质量（GB 41—86）
9. 工型六角螺母 A 级和 B 级规格质量（GB 6170—86）
10. 工型六角螺母（细牙）A 级和 B 级规格、质量（GB 6171—86）
11. 平垫圈 C 级的尺寸、质量（GB 95—85）
12. 大垫圈 A 级和 C 级尺寸、质量（GB 96—85）
13. 平垫圈 A 级的尺寸、质量（GB 97.1—85）
14. 倒角型 A 级尺寸、质量（GB 97.2—85）
15. 小垫圈 A 级尺寸、质量（GB 848—85）
16. 弹簧 A 级尺寸、质量（GB 93—87）
17. 一般用途低碳钢钢丝（GB/T 343—94）
18. 优质碳素钢钢丝（GB/T 3206—82）
19. 合金结构钢钢丝（GB/T 3079—93）
20. 不锈钢丝（GB/T 4240—93）
21. 钢丝绳（GB/T 8918—96）
22. 工业用金属丝编织方孔筛网（5330—85）

13.1-4 管材

1. 低压流体输送用焊接钢管和镀锌焊接钢管（GB/T 3092—93，GB/T 3091—93）
2. 结构用冷拔无缝钢管（GB/T 8162—87）
3. 结构用热轧无缝钢管（GB/T 8163—87）
4. 结构用不锈钢热轧无缝钢管（GB/T 14975—94）
5. 结构用不锈钢冷拔（轧）无缝钢管（GB/T 14975—94）
6. 流体输送用不锈钢热轧（挤、扩）无缝钢管（GB/T 14976—94）
7. 中低压锅炉用无缝钢管（GB 3087—82）
8. 高压锅炉用热轧无缝钢管（GB 5310—95）
9. 锅炉热交换器不锈钢无缝钢管（GB 13296—91）

10. 直缝电焊钢管（GB/T 13793—92）
11. 流体输送不锈钢焊接钢管（GB/T 12771—91）
12. 石油裂化用无缝钢管（GB 9948—88）
13. 化肥设备用高压无缝钢管（GB 6479—86）
14. 砂型离心铸铁直管（GB 3421—82）
15. 连续铸铁直管（GB 3421—82）
16. 排水铸铁直管（GB 8716—88）
17. 拉制铜管（GB/T 1527—87）
18. 拉制黄铜管（GB/T 1529—87）
19. 黄铜焊接管（GB/T 11092—89）
20. 挤制铝青铜管（GB/T 8889—88）
21. 铝及铝合金管（GB/T 4436—95）
22. 工业用铝及铝合金拉（轧）制管（GB/T 6893—86）
23. 铝及铝合金焊接管（GB/T 1057—89）
24. 钛及钛合金管（GB/T 3624—1995）
25. 给水用聚氯乙烯（PVC-U）管材（GB/T 1002.1—96）
26. 给水用聚丙烯（PP）管材（QB 1929—93）
27. 给水用低密度聚氯乙烯（HDPE.LLDPE）管材（QB 1930—93）
28. 给水用高密度聚乙烯（HDPE）管材（GB/T 13663—92）
29. 燃气用埋地聚乙烯管材（GB 1558.1—95）
30. 聚乙烯燃气管道工程技术规程（CJJ 63—95）
31. 埋地排污废水用硬聚氯乙烯（PVC-U）管材（GB 15558.1—95）
32. 建筑排水用硬聚氯乙烯管材（GB/T 5386.1—92）
33. 流体输送用软聚氯乙烯管材（GB/T 13257.1—92）

13.1-5 法兰

1. 铸铁管法兰的尺寸（GB 4216.2-6-84）
2. 灰铸铁法兰公称压力、试验压力和工作压力（GB 4216.1—84）
3. 灰铸铁管法兰用石棉橡胶垫片尺寸（GB 4216.9—84）
4. 平面整体钢制管法兰（GB 9113.1-2-88）
5. 凸面整体钢制管法兰（GB 9113.3-5-88）
6. 平面板式平焊钢制法兰（GB 9119.1-4-88）
7. 凸面板式增焊钢制管法兰（GB 9119.5-10-88）
8. 平面对焊钢制管法兰（GB 9115.1-5-88）
9. 凸面对焊钢制管法兰（GB 9115.6-11-88）
10. 平面带颈平焊钢制管法兰（GB 9116.1-3-88）
11. 凸面带颈平焊钢制管法兰（GB 9116.4-88）
12. 平面型钢制管法兰用压石棉橡胶垫片（GB 9126.1-88）
13. 凸面型钢制管法兰用压石棉橡胶垫片（GB 9126.2-88）
14. 凹面型钢制管法兰用压石棉橡胶垫片（GB 9126.3-88）

13.1-6 管件

1. 钢制对焊无缝管件（GB 12459—90）
2. 可锻铸铁管件（GB 3289—82）
3. 钢板制对焊管件（GB/T 13401—920）
4. 锻钢制承插管件（GB/T 14383—93）
5. 锻钢制螺纹管件（GB/T 14626—93）
6. 钢制法兰管件（GB/T 17185—97）

13.2 工程设计类

1. 建筑给排水设计规范（GBJ 15—88）
2. 建筑设计防火规范（GBJ 16—87）
3. 高层民用建筑设计防火规范（GB 50045—95）
4. 工业设备及管道绝热工程设计规范（GB 50264—97）
5. 自动喷水灭火系统设计规范（GBJ 84—85）
6. 建筑制图标准（GBJ 104—87）
7. 游泳池给水排水设计规范
8. 建筑中水设计规范（CTCS 30:91）

9. 锅炉房设计规范（GB 50041—92）
10. 采暖通风与空气调节术语标准（GB 50155—92）
11. 电子计算机房设计规范（GB 50174—93）
12. 民用建筑热工设计规范（GB 50176—93）
13. 氢氧站设计规范（GB 50177—93）
14. 旅馆建筑热工与空气调节节能设计标准（GB 50189—93）
15. 采暖通风与空气调节设计规范（GBJ 19—87）（2001 年版）
16. 冷库设计规范（GBJ 72—84）
17. 洁净厂房设计规范（GBJ 73—84）
18. 采暖通风与空气调节制图标准（GBJ 114—88）
19. 人民防空工程设计防火规范（GBJ 98—87）
20. 民用建筑节能设计标准（JGJ 26—86）
21. 旅馆建筑设计规范（JGJ 62—90）

13.3 施工类

1. 采暖与给排水工程施工质量及验收规范（GB 50242—2002）
2. 工业金属管道工程施工及验收规范（GB 50235—97）
3. 通风与空调工程施工质量及验收规范（GB 50243—2002）
4. 工业锅炉安装工程施工及验收规范（GB 50273—98）
5. 制冷设备、空调设备安装工程施工及验收规范（GB 50274—98）
6. 压缩机、风机、泵安装工程施工及验收规范（GB 50275—98）
7. 建筑排水硬聚氯乙烯管道施工及验收规范（CJJ 30—89）
8. 工业设备及管道绝热工程施工及验收规范（GBJ 126—89）
9. 工业安装工程质量检验评定统一标准（GB 50252—94）
10. 氨制冷系统安装工程施工及验收规范（GBJ 12—2000，J 38—2000）
11. 机械设备安装工程施工及验收通用规范（GB 50231—98）
12. 连续输送设备安装工程施工及验收规范（GB 50270—98）

主要参考文献

1. 机械工程标准手册编委会．机械工程标准手册．管路附件卷．中国标准出版社，2002
2. 江苏省建设厅编．安装工程预算工程量计算规则．江苏省单位估价表，2001
3. 建筑设计防火规范（GBJ 16－87）(2001 年修订版)．
4. 陆耀庆主编．供暖通风设计手册．中国建筑工业出版社，1987
5. 陆耀庆主编．实用供热空调设计手册．中国建筑工业出版社，1993
6. 李维荣主编．五金手册．机械工业出版社，2002 年
7. 建筑工程常用数据系列手册编写组编．暖通空调常用数据手册（第二版）．中国建筑工业出版社，2002
8. 建筑给水排水设计规范（GBJ 15—88）．
9. 张闻民，阎雨润，程勇编著．暖卫安装工程施工手册．中国建筑工业出版社
10. 马大猷主编．噪声与振动控制工程手册．机械工业出版社，2002
11. 采暖通风与空气调节设计规范（GB 50019—2003）
12. 通风与空调工程施工质量验收规范（GB 50243—2002）
13. 室外给水设计规范（GBJ 13—86）
14. 建筑给水排水设计规范（GBJ 50015—2003）
15. 核工业部第二研究设计院主编．给水排水设计手（室内给水排水）．第 2 册．中国建筑工业出版社，1985
16. 王增长主编，曾雪华副主编，孙慧修主审．建筑给水排水工程（第四版）．中国建筑工业出版社，1998
17. 上海市第一机电工业局《读本》编审委员会编．焊工．机械工业出版社，1985
18. 供热工程．中国建筑工业出版社
19. 房屋建筑制图统一标准（GBT 50001—2001）
20. 给水排水制图标准（GBT 50106—2001）
21. 暖通空调制图标准（GBT 50114—2001）
22. 颜金樵主编．工程制图．高等教育出版社
23. 建设部标准定额研究所宣贯辅导教材．建设工程工程量清单计价规范．中国计划出版社，2003
24. 张士炯主编．新型五金手册（第二版）．中国建筑工业出版社，2001 年
25. 航天工业部第 2 设计研究院编．工业锅炉房设计手册．中国建筑工业出版社，1986 年
26. 〈Tabellenbuch（Sanitaer，Heizung，Lueftung)〉 Verlag Dr．Max Gehalen．Bad Homburg vor der Hoehe，1998
27. 〈Der Zentrahlheizungs -und Lueftungsbauer Technologie〉 Handwerk und Technik - Hamburg，2002
28. 〈Fachkenntnisse Sanitaerinstallateure〉 Handwerk und Technik - Hamburg 1981
29. 〈Fachkunde Sanitertechnik〉 Verlag Europal-Lehrmittel Nourney，Vollmer GmbH&Co．1997
30. 〈Heizungs-und Lueftungstechnik〉 Ernst Klett Verlag Stuttgart Muenchen Duesseldorf Leipzig 1996

主要参考文献